Definitionen der Basiseinheiten	
1 Meter	Länge der Strecke, die Licht im Vakuum während der Dauer von (1/299 792 458) Sekunden durchläuft (17. Generalkonferenz für Maß und Gewicht, Oktober 1983).
1 Kilogramm	Masse des Internationalen Kilogrammprototyps (1. Generalkonferenz für Maß und Gewicht, 1889).
1 Sekunde	9 192 631 770faches der Periodendauer der dem Übergang zwischen den beiden Hyperfeinstrukturniveaus des Grundzustandes von Atomen des Nuklids ^{133}Cs entsprechenden Strahlung (13. Generalkonferenz für Maß und Gewicht, 1967).
1 Kelvin	273,16tes Teil der thermodynamischen Temperatur des Tripelpunktes des Wassers (13. Generalkonferenz für Maß und Gewicht, 1967).
1 Candela	Lichtstärke in einer bestimmten Richtung einer Strahlungsquelle, die monochromatische Strahlung der Frequenz $540 \cdot 10^{12}$ Hertz aussendet und deren Strahlstärke in dieser Richtung (1/683) Watt durch Steradiant beträgt (16. Generalkonferenz für Maß und Gewicht, 1979).
1 Mol	Stoffmenge eines Systems, das aus ebensoviel Einzelteilchen besteht, wie Atome in 12/1000 Kilogramm des Kohlenstoffnuklids ^{12}C enthalten sind. Nimmt man soviel Gramm eines Stoffes, wie der Summe von Protonen und Neutronen entspricht, so erhält man 1 mol jedes Stoffes. H_2O:18; 1 mol H_2O = 18 g
1 Ampere	Stärke eines konstanten elektrischen Stromes, der, durch zwei im Vakuum parallel im Abstand 1 m voneinander angeordnete, geradlinige, unendlich lange Leiter von vernachlässigbar kleinem, kreisförmigem Querschnitt fließend, zwischen diesen Leitern je 1 m Leiterlänge die Kraft $0,2 \cdot 10^{-6}$ N hervorrufen würde (9. Generalkonferenz für Maß und Gewicht, 1948).

Begriffe zur Informationstechnik (nach ...)	
Ablaufsteuerung	Es erfolgt ein zwangsläufig schrittweiser Ablauf. Die Weiterschaltbedingung kann dabei prozeß- oder zeitabhängig sein.
asynchrone Steuerung	Die Signaländerung der Ausgangssignale erfolgt nur durch die Änderung der Eingangssignale. Die Steuerung arbeitet ohne ein Taktsignal.
analoges Signal	Es ist stetig veränderbar.
analoge Steuerung	Innerhalb der Signalverarbeitung treten überwiegend analoge Signale auf.
binäre Steuerung	Innerhalb der Signalverarbeitung werden die binären Eingangssignale zu binären Ausgangssignalen verarbeitet.
digitale Steuerung	Innerhalb der Signalverarbeitung treten überwiegend digitale Signale auf. Dabei werden vorwiegend zahlenmäßig dargestellte Informationen verarbeitet.
Eingabeglied	Es dient zur Aufnahme und Aufbereitung von Eingabesignalen oder Eingabedaten.
prozeßabhängige Ablaufsteuerung	Die Weiterschaltbedingung ist von den Signalen der gesteuerten Anlage abhängig.
Regelkreis	Die Gesamtheit aller Glieder, die in den geschlossenen Wirkungsablauf eingebunden sind.
Steuereinrichtung	Der Teil des Wirkungsweges, der die Beeinflussung der Strecke in der geforderten Weise bewirkt.
Steuerglied	Funktionsglieder, die zwischen Signalglied und Stellglied geschaltet sind.
Steuerkette	Die Anordnung der einzelnen Steuerkomponenten nacheinander.
synchrone Steuerung	Synchron zu einem Taktsignal werden die Signale verarbeitet.
Verknüpfungssteuerung	Den Eingangssignalkombinationen werden aufgrund logischer Verknüpfungen die Kombinationen der Ausgangssignale zugeordnet.
zeitgeführte Ablaufsteuerung	Die Weiterschaltbedingung ist von der Zeit abhängig. Hierfür werden Zeitglieder, Zähler u.a.m. verwendet.

GRUNDKENNTNISSE METALL

Technologie – Technische Mathematik
Technische Kommunikation

Von
Christof Braun
Heinz Diekmann
Manfred Einloft
Reiner Haffer
Günter Kotsch
Hans Meier
Rainer Möller
Wolfgang Neininger
Gunter Offterdinger
Siegfried Pietrass
Klaus-Dieter Schumacher
Martin Staniczek
Jochen Timm

2. Auflage

Mit vielen Beispielen, Übungen
und zahlreichen mehrfarbigen Abbildungen

HANDWERK UND TECHNIK, HAMBURG

Autoren und Verlag danken den genannten Firmen und Institutionen für die Überlassung von Vorlagen bzw. Abdruckgenehmigungen folgender Abbildungen:

abc-Elektrogeräte Volz GmbH & Co, Kirchheim/Teck, S. 18.3 — AEG Elektrowerkzeuge GmbH, Winnenden, S. 191.2 — Alzmetall GmbH & Co, Altenmarkt/Alz, S. 45.1, 2; 176.2, 194.2 — Bauer & Schaurte Karcher GmbH, Neuss, S. 65.3 — Black & Decker GmbH, Idstein, S. 71.1 — Boehringer Werkzeugmaschinen GmbH, Goeppingen, S. 185.3 — Bundesanstalt für Arbeit, Nürnberg, S. 134.1 — Busak+Luyken, Dichtungen GmbH & Co, Stuttgart, S.69.1 — CASIO Computer Co GmbH Deutschland, Hamburg, S. 203.2 — Commodore Büromaschinen GmbH, Frankfurt, S. 112, 3a, b — Continental Gummi-Werke AG, Hannover, S. 1.1 — DAKO Werkzeugfabriken David Kotthaus GmbH & Co. KG, Remscheid, S. 31.3 — Deutsches Museum, München, S. 113.1 — Friedr. Dick GmbH, Esslingen, S. 42.2 — Chr. Eisele GmbH+Co. KG, Köngen, S. 41.2 — EPSON Deutschland GmbH, Düsseldorf, S. 114.3; 115.1 — Fachverband Pulvermetallurgie, Hagen-Emst, S. 27.4 — FAG Kugelfischer Georg Schäfer KGaA, Schweinfurt, S. 62.2 — Fasti-Werk Carl August Fastenrath GmbH & Co KG, Wermelskirchen, S. 29.4; 30.1 — Festo KG Werk Berkheim, Esslingen, S. 341.1 — Gardena Kress+Kastner GmbH, Ulm, S. 58.3 — Gildemeister Max Müller GmbH, Hannover, 193.2 — GN Telematic GmbH, München, S. 115.4 — Gossen GmbH Meß- und Regeltechnik, Erlangen, S. 161.3 — Hahn & Kolb GmbH & Co, Stuttgart, S.41.1 b; 97.1; 98.1 — Hartmann & Braun AG, Frankfurt/M., S. 161.2 — Werner Hayen, Hamburg, 19.4; 114.1; 282.1, 3 — Berthold Hermle, Gosheim, S. 52.2 — Hoesch Stahl AG, Dortmund, S. 11.1, 3 — Hüller Hille GmbH, Ludwigsburg, S. 12.1; 15.1 — IBM Deutschland GmbH, Stuttgart, S. 109.1; 111.2 — Jungheinrich, Hamburg, S. 99.1; 101.2; 102.1, 2 — kabelmetall electro Gesellschaft mit beschränkter Haftung, Hannover, S. 164.1 — KLOPP-Werke, Solingen, S. 59.2; 60.2 — Krämer+Grebe GmbH & Co KG, Biedenkopf-Wallau, S. 21.1 — Krupp Widia, Essen, S. 19.5 — KUKA Schweißanlagen & Roboter GmbH, Augsburg, S. 106.1 — Loctite Deutschland GmbH, München, S. 68.2, 4; 69.2; 70.1 — Lorenz GmbH & Co, Ettlingen, S. 1.1 — LUKAS-ERZETT Vereinigte Schleif- und Fräswerkzeugfabriken GmbH & Co KG, Engelskirchen, S. 42.3 — MAHLE GMBH, EC-WERK, Stuttgart, S. 264.2 — MAHO Aktiengesellschaft, Pfronten, S. 145.2 — Carl Mahr GmbH & Co, Esslingen, S. 83.4; 87.2, 4 — Mannesmann Demag Fördertechnik, Wetter, S. 177.1; 181.1; 186.2 u. 3; 196 — Mauser Werke Oberndorf GmbH, Oberndorf, S. 86.1; 88.5; 89.1, 5; 90.1, 6 — MEBA-Maschinenbau GmbH, Westerheim, S. 41.1a — L. Meili & Co AG, Zürich, S. 78.1 — Messer Griesheim GmbH, Frankfurt/M., S. 74.4; 75.1, 2, 3, 6, 7 — Messerschmitt-Bölkow-Blohm GmbH (MBB), Hamburg, S. 16 — Messerschmitt-Bölkow-Blohm, Unternehmensbereich Drehflügler, Ottobrunn b. München, S. 19.6 — messwelk gmbh, Kleinostheim, S. 81.4; 85.4; 86.2 — Metabowerke GmbH & Co, Nürtingen, S. 45.3 — Willy Meyer+Sohn GmbH & Co, Hemer-Ihmert, S. 25.2 — Mikron AG, Biel/Schweiz, S. 105.1 — Mitsui Maschinen GmbH Yamaha-Division, Meerbusch, S. 77.1 — Motorola GmbH GB Halbleiter, München, S. 108.3 — nbn Elektronik GmbH, Herrsching, S. 116.2 — ND Norsk Data, Bad Homburg, S. 112.4 — Nefit Fasto Wärmetechnik GmbH, Duisburg, S. 173.3 — J.D. Neuhaus, Hebezeuge, Witten, S. 244.1 — Nordlicht, Atelier und Bildvertrieb, Henstedt-Ulzburg, S. 242.2; 279.1 — norelem, Markgröningen, S. 289.1...8, 315.1 — Oerlikon Schweißautomatik GmbH & Co, Eisenberg, S. 59.1 — Pfaff-silberblau Hebezeugfabrik GmbH, Augsburg, S. 261.1, 3; 262.2 — Max-Planck-Institut für Eisenforschung, Düsseldorf, S. 9.2 — Paul Pleiger Maschinenfabrik GmbH & Co KG, Witten, S. 15.3 — William Prym-Werke GmbH & Co KG, Stolberg, S. 64.1 — Reinardt Maschinenbau GmbH, Sindelfingen, S. 54.1 — M. Reuther GmbH & Co, Werkzeugmaschinenfabrik, Bielefeld, S. 186.1 — Röhm GmbH, Sontheim an der Brenz, S. 97.2; 98.1 — Roland DG Europe N.V., Oevel-Westerlo/Belgien, S. 115.2 — SAMPOH Mitutoyo Meßgeräte, Neuss, S. 81.5; 83.1, 2; 85.2, 3; 86.3...6; 89.2 — Carl Schenk AG, Darmstadt, S. 1.3 — Schmalbach-Lubeca, Braunschweig, S. 31.1 — Schupa Elektro GmbH+Co KG, Schalksmühle, S. 166.2 — SECO TOOLS GmbH, Erkrath, S. 1.1 — SHARP ELEKTRONICS (EUROPE) GMBH, Hamburg, S. 111.4 — SKF GmbH, Schweinfurt, S. 1,1 — Stahlberatung, Düsseldorf, S. 68.3; 69.3; 70.2; 72.1, 3, 4; 74.1 — STEINEL NORMALIEN GmbH, Villingen-Schwenningen, S. 356.1 — Karl Stolzer GmbH & Co Maschinenfabrik, Achern, S. 40.4; 185.1 — Struers-metallografische Geräte, Düsseldorf-Erkrath, S. 6.3; 10.2, 3; 15.2, 4 — SYSTEM 3R International AB, Vällingby/Schweden, S. 90.4 — Thyssen Heinrichshütte AG, Hattingen, S. 34.4 — Traub AG, Reichenbach/Fils, S. 1.1; 104.1 — Trumpf GmbH+Co, Ditzingen, S. 30.2, 3 — Vandenhoeck & Ruprecht, Göttingen, (aus: Menninger, Zahlwort und Ziffer), S. 107.4 — VAW Vereinigte Aluminium-Werke AG, Bonn, S. 17.2 — Verlag des Deutschen Verbandes für Schweißtechnik e.V., Düsseldorf (aus: Weck/Leistner, Metallographische Anleitung zum Farbätzen nach dem Tauchverfahren — Teil II), S. 71.2 — Volkswagen AG, Wolfsburg, S. 24.1; 60.3; 132.2 — WABCO Westinghouse Steuerungstechnik GmbH & Co., Hannover, S. 18.2 — Weiler Werkzeugmaschinen, Herzogenaurach, S. 50.1; 111.5 — Zinn-Informationsbüro GmbH, Düsseldorf, S. 8.2. — Zwick GmbH & Co, Ulm, S. 180.1

Aus den nachstehend aufgeführten Büchern des Verlages Handwerk und Technik GmbH, Hamburg, stellten die Autoren freundlicherweise ebenfalls Abbildungen zur Verfügung:
HT 3111 „Grundkenntnisse Metall"
HT 3232 „Moderne Schweiß- und Schneidtechnik"

Die technischen und grafischen Zeichnungen wurden nach Vorlagen ausgeführt durch Thomas Hoppe, Ingenieur- und Zeichenbüro, Hamburg 1

Umschlaggestaltung: ALI Werkstatt für Gestaltung, Wendeburg, mit einem Foto von Manfred Kage, Institut für wissenschaftliche Fotografie, Schloß Weißenstein.

Der Firma Maihak AG, Hamburg danken wir für die Unterstützung bei der Erstellung des Fotos S. 279.
Das Umschlagmotiv zeigt den Kristallaufbau von Palladium (Rasterelektronenmikroskop-Aufnahme).

Die Normblattangaben werden wiedergegeben mit Erlaubnis des DIN Deutsches Institut für Normung e.V. Maßgebend für das Anwenden der Norm ist deren Fassung mit dem neuesten Ausgabedatum, die bei der Beuth Verlag GmbH, Burggrafenstraße 4–10, 1000 Berlin 30 erhältlich ist.

ISBN 3.582.03181.0

Alle Rechte vorbehalten.
Jegliche Verwertung dieses Druckwerkes bedarf — soweit das Urheberrechtsgesetz nicht ausdrücklich Ausnahmen zuläßt — der vorherigen schriftlichen Einwilligung des Verlages.
Verlag Handwerk und Technik G.m.b.H., Lademannbogen 135, 2000 Hamburg 63   1989
Gesamtherstellung: Universitätsdruckerei H.Stürtz AG, Würzburg

Vorwort

Das völlig neu erstellte Werk „Grundkenntnisse Metall nach Neuordnung" wendet sich an die Auszubildenden in allen Metallberufen im Dualen System und in vollschulischer Ausbildung. Es ist in die Teile:
- Technologie
- Technische Mathematik und
- Technische Kommunikation

gegliedert und enthält die Lerngebiete, die aufgrund der Neuordnung der Metallberufe in den KMK-Rahmenrichtlinien und den Lehrplänen der einzelnen Bundesländer für die berufsfeldbreite Grundbildung aufgeführt sind:
- Werkstofftechnik
- Fertigungstechnik
- Informationsverarbeitung
- Steuerungstechnik
- Elektrotechnik
- Maschinen- und Gerätetechnik
- Technische Kommunikation

Das vorliegende Buch wird damit den veränderten Anforderungen gerecht, die sich aus der Entwicklung der Technik ergeben und die an eine zeitgemäße Ausbildung der Metallberufe gestellt werden.

Dabei handelt es sich nicht nur um eine inhaltliche Anpassung an die geänderten Anforderungen, sondern es sollen auch extrafunktionale Qualifikationen, wie z.B. Handlungs- und Methodenkompetenz sowie das Anwenden von Problemlösungsstrategien beim Auszubildenden gefördert werden.

Diese Intentionen sind im Buch dadurch verwirklicht, daß im Teil **Technologie** an konkreten Beispielen, Fertigungsaufgaben und Baugruppen Entscheidungszusammenhänge transparent gemacht, Querbezüge aufgezeigt, der Kompromißcharakter der Technik betont und eine begründete Auswahl getroffen wird. Dadurch ist es möglich, übergeordnete Strukturen herauszuarbeiten und Problemlösungsstrategien offenzulegen.

Der **Teil Technische Mathematik** ermöglicht Vertiefung und Anwendung der mathematischen Inhalte, die zumeist in den einzelnen Lerngebieten im Teil Technologie schon integriert sind.

Ausgehend von Fachproblemen aus der Erfahrungswelt des Schülers werden systematisch Lösungsschritte aufgezeigt, Formeln hergeleitet und allgemeine Lösungsalgorithmen entwickelt. Die praxisbezogenen Übungsaufgaben und die vielfältigen Querbezüge zwischen den Teilen Technische Mathematik und Technologie sind eine weitere Grundlage für einen handlungsorientierten, integrativ angelegten Unterricht.

In der **Technischen Kommunikation** liegt das Schwergewicht auf dem Zeichnungslesen, wobei gleichzeitig die formalen Zeichenfertigkeiten geschult werden. Ausgehend von Gesamtzeichnungen, die technische Geräte, Maschinen oder Vorrichtungen aus dem Erfahrungskreis der Auszubildenen darstellen, sind die Einzelteile hinsichtlich Form, Größe und Funktion zu analysieren. Zusätzliche Fotos, perspektivische Darstellungen und Explosionszeichnungen erleichtern das Verstehen der Gesamtzeichnung. Das Auflösen der komplexen Zeichnung schult die Raumvorstellung und ermittelt die Anforderungen an das konkrete Beispiel. Daraus lassen sich Entscheidungskriterien für die Fertigung des Werkstükkes ableiten.

Durch die Praxisnähe der Lerninhalte, durch Beispiele und methodische Vorgehensweisen ermöglicht dieses Buch eine enge Verzahnung von Theorie und Praxis.

Jedes Kapitel enthält Übungsaufgaben, die das Gelernte vertiefen, seine Anwendung erfordern und eine Kontrolle des Lernerfolges erlauben.

Die einzelnen Lerngebiete sind in sich abgeschlossen, um sowohl den Lehrplänen der einzelnen Bundesländer zu entsprechen als auch den pädagogischen Entscheidungen des jeweiligen Lehrers Rechnung zu tragen.

Autoren und Verlag

Inhaltsverzeichnis

TECHNOLOGIE

1	**Werkstofftechnik**	1
1.1	**Anforderungen an die Eigenschaften von Werkstoffen**	1
1.1.1	Physikalische Eigenschaften	2
1.1.2	Chemische Eigenschaften	4
1.1.3	Technologische Eigenschaften	4
1.1.4	Umweltverträglichkeit	5
1.2	**Einteilung der Werkstoffe**	5
1.3	**Metallische Werkstoffe**	5
1.3.1	Kristallographischer Aufbau	6
1.3.1.1	Kristallbegriff	6
1.3.1.2	Kornbildung und Gefüge	6
1.3.1.3	Kristallbildung in Zweistoffsystemen	7
1.3.1.4	Eigenschaft ändern durch Wärmebehandlung	8
1.3.1.5	Wärmebehandlungsverfahren bei Stahl	9
1.3.2	Eisenwerkstoffe	10
1.3.2.1	Roheisen	11
1.3.2.2	Stahl	11
1.3.2.3	Gußeisen	15
1.3.3	Nichteisenmetalle	16
1.3.3.1	Aluminium und Aluminiumlegierungen	16
1.3.3.2	Kupfer und Kupferlegierungen	17
1.3.3.3	Sonstige Nichteisenmetalle	18
1.4	**Nichtmetalle und Verbundstoffe**	18
1.4.1	Kunststoffe	18
1.4.2	Verbundwerkstoffe	19
1.4.3	Kühl- und Schmierstoffe	20
	Übungen	20
2	**Fertigungs- und Prüftechnik**	21
2.1	**Urformen**	21
2.1.1	Schwerkraftgießen	21
2.1.1.1	Sandguß	21
2.1.1.2	Feingießen	24
2.1.2	Druckgießen	25
2.1.3	Spritzgießen	26
2.1.4	Sintern	26
	Übungen	27
2.2	**Umformen**	28
2.2.1	Blechumformen	28
2.2.1.1	Biegen	28
2.2.1.2	Tiefziehen	31
2.2.2	Massivumformen	33
2.2.2.1	Schmieden	33
	Übungen	36
2.3	**Trennen**	37
2.3.1	Keilförmige Werkzeugschneide	37
2.3.2	Spanen	38
2.3.2.1	Sägen	38
2.3.2.2	Feilen	41
2.3.2.3	Bohren, Senken, Reiben und Gewindeschneiden	43
2.3.2.4	Drehen	47
2.3.2.5	Fräsen	50
2.3.3	Zerteilen	52
2.3.3.1	Scherschneiden	52
2.3.3.2	Messer- und Beißschneiden	55
	Übungen	56
2.4	**Fügen**	58
2.4.1	Lösbare und unlösbare Verbindungen	58
2.4.2	Verschiedene Wirkweisen der Kraftübertragung	58
2.4.2.1	Stoffschlüssige Verbindungen	58
2.4.2.2	Formschlüssige Verbindungen	59
2.4.2.3	Kraftschlüssige Verbindungen	59
2.4.3	Reibung	60
2.4.4	Ausführungsmöglichkeiten form- und kraftschlüssiger Verbindungen	61
2.4.4.1	Preßverbindungen	62
2.4.4.2	Paßfederverbindungen	63
2.4.4.3	Stiftverbindungen	64
2.4.4.4	Schraubenverbindungen	65
2.4.5	Ausführungsmöglichkeiten stoffschlüssiger Verbindungen	69
2.4.5.1	Kleben	69
2.4.5.2	Löten	71
2.4.5.3	Schweißen	74
	Übungen	76
2.5	**Prüftechnik**	77
2.5.1	Einheiten	77
2.5.2	Dezimale Teile des Meters	77
2.5.3	Werkstücke haben unterschiedliche Funktionen	78
2.5.4	Toleranzen	79
2.5.5	Allgemeintoleranzen	80
2.5.6	Strichmaßstäbe	80
2.5.7	Meßschieber	80
2.5.7.1	Aufbau, Bauarten	80
2.5.7.2	Fehlermöglichkeiten beim Messen mit Meßschiebern	83
2.5.8	Maßbezugstemperatur	84
2.5.9	Meßschrauben	84
2.5.9.1	Aufbau der Bügelmeßschraube	84
2.5.9.2	Überprüfen der Bügelmeßschrauben mit Endmaßen	86
2.5.9.3	Innenmeßschrauben, Sonderbauarten	86
2.5.9.4	Fehlermöglichkeiten beim Messen mit Meßschrauben	87
2.5.10	Grenzlehrdorne, Grenzrachenlehren	87
2.5.11	Prüfen mit Lehren	88
2.5.12	Verwendung eines Tasters	88
2.5.13	Einsatz der Meßuhr	88
2.5.14	Messen von Winkeln	89
2.5.15	Prüfen von Winkeln mit Stahlwinkeln	89
2.5.16	Winkelendmaße	90

2.5.17	Fehlermöglichkeiten beim Messen und Lehren	91
2.5.18	Einordnung der Begriffe Prüfen – Messen – Lehren	91
	Übungen	92
2.6	**Planung einer Fertigungsaufgabe**	**93**
2.6.1	Von der Aufgabenstellung zur technischen Zeichnung	93
2.6.2	Auswählen und Bereitstellen	94
2.6.2.1	Fertigungsverfahren	94
2.6.2.2	Drehmeißel	94
2.6.2.3	Schnittgeschwindigkeit, Umdrehungsfrequenz, Vorschub	95
2.6.2.4	Bildliche Darstellung der Arbeitsschritte	96
2.6.2.5	Spannen der Drehmeißel	97
2.6.3	Spannmittel für Werkstücke	97
2.6.4	Auswahl der Prüfmittel	98
2.6.5	Arbeitsschritte für Fertigungsaufgaben an Werkzeugmaschinen	98
	Übungen	98
2.7	**Betriebliche Kommunikation**	**99**
2.7.1	Normung	99
2.7.2	Informationsfluß innerhalb eines Betriebes	101
2.7.2.1	Verkauf und Vertrieb	101
2.7.2.2	Konstruktion und Entwicklung	101
2.7.2.3	Fertigung	102
2.7.2.4	Finanzen (kaufmännische Abteilung)	103
2.7.3	Nutzung moderner Kommunikationsmittel	104
3	**Informationsverarbeitung**	**105**
3.1	**Computer und Beruf**	**105**
3.1.1	Computer in der Berufs- und Erfahrungswelt	105
3.1.2	Entwicklung der Informationsverarbeitung	107
3.1.3	Darstellungsarten von Informationen	108
3.2	**Hard- und Software für die Informationsverarbeitung**	**110**
3.2.1	Hardware von informationsverarbeitenden Systemen	110
3.2.1.1	Merkmale computergesteuerter Systeme	110
3.2.1.2	Eingabeeinheiten	111
3.2.1.3	Verarbeitungsbaugruppen	113
3.2.1.4	Ausgabeeinheiten	114
3.2.1.5	Interne und externe Datenspeicher	116
3.2.2	Software von informationsverarbeitenden Systemen	117
3.2.2.1	Betriebssysteme	117
3.2.2.2	Ausgewählte Anwenderprogramme	118
3.3	**Programmieren von Verarbeitungssystemen**	**120**
3.3.1	Beschreibungsformen und systematische Lösungsschritte	120
3.3.2	Programmiersprachen	121
3.3.2.1	Ausgewählte Hochsprachen	121
3.3.2.2	Besonderheiten der Programmiersprachen	124
3.3.2.3	Befehle für Dateioperationen	125
3.3.3	Einführung in BASIC und PASCAL	126
3.3.3.1	Symbole und ihre Übersetzung	126
3.3.3.2	Programmierung	127

3.4	**Auswirkungen der neuen Technologien auf die Berufs- und Erfahrungswelt**	**132**
3.4.1	Veränderte berufliche Qualifikationen	134
3.4.2	Datenschutz und Datensicherung	135
	Übungen	136
4	**Steuerungstechnik**	**138**
4.1	**Merkmale von Steuern und Regeln**	**138**
4.1.1	Beispiel für eine Steuerung	138
4.1.2	Beispiel für eine Regelung	138
4.1.3	Beispiele für Steuerungen in der Technik	139
4.2	**Verbindungsprogrammierte Steuerungen**	**141**
4.2.1	Pneumatische Steuerungen	141
4.2.1.1	Eingabebauteile	141
4.2.1.2	Verarbeitungsbauteile	142
4.2.1.3	Ausgabebauteile	143
4.2.1.4	Stromventile	144
4.2.1.5	Pneumatischer Schaltplan	144
4.2.2	Elektrische Steuerungen	144
4.2.2.1	Eingabebauteile (Schalter und Sensoren)	145
4.2.2.2	Verarbeitungseinheit und Ausgabebauteile (Aktoren)	146
4.2.3	Lösungsschritte zur Verwirklichung	148
4.2.3.1	Beschreibungsformen von Steuerungen	148
4.2.3.2	Funktionstabelle	148
4.2.3.3	Pneumatischer Schaltplan	150
4.2.3.4	Elektrischer Schaltplan	151
4.3	**Speicherprogrammierte Steuerungen**	**151**
4.3.1	Codierung der Funktionstabelle	151
4.3.2	Steuerungsprogramm	152
4.3.3	Programmsicherung	154
4.3.4	Anschluß der Hardware	154
4.3.5	Start der Steuerung	155
4.3.6	Systematische Lösung	155
4.3.7	Steuerungstechnische Ausführungsformen	156
	Übungen	156
5	**Elektrotechnik**	**158**
5.1	**Elektrizität als Energieform**	**158**
5.2	**Grundzusammenhänge im elektrischen Stromkreis**	**158**
5.2.1	Aufbau und Darstellung des Stromkreises	158
5.2.2	Elektrische Vorgänge in Werkstoffen	159
5.2.3	Elektrische Spannung	160
5.2.4	Elektrischer Strom	161
5.2.5	Elektrischer Widerstand	163
5.2.6	Die Abhängigkeit des Stromes von Spannung und Widerstand	164
5.2.7	Mehrere Verbraucher im Stromkreis	166
5.3	**Elektrische Leistung und Arbeit**	**168**
5.3.1	Elektrische Leistung	168
5.3.2	Elektrische Arbeit	169

5.4	**Unfallgefahr durch elektrischen Strom**	169	6.2.1.5	Leistung	181
5.4.1	Wirkung des Stromes auf den menschlichen Körper	169	6.2.1.6	Reibung und Wirkungsgrad	181
5.4.2	Erste Hilfe	170	6.2.2	Ausgewählte Arbeitsmaschinen	182
5.4.3	Schutzmaßnahmen gegen gefährliche Körperströme	170	6.2.2.1	Schiefe Ebene	182

5.4 Unfallgefahr durch elektrischen Strom — 169
- 5.4.1 Wirkung des Stromes auf den menschlichen Körper — 169
- 5.4.2 Erste Hilfe — 170
- 5.4.3 Schutzmaßnahmen gegen gefährliche Körperströme — 170
- 5.4.4 Umgang mit Elektrogeräten – Unfallverhütung — 171

Übungen — 171

6 Maschinen- und Gerätetechnik — 173

6.1 Blockdiagramm eines Heizungssystems — 173
- 6.1.1 Energiefluß — 174
- 6.1.2 Stoffluß — 175
- 6.1.3 Informationsfluß — 175
- 6.1.4 Systematisierung (Funktionsmodell) — 175

6.2 Maschinen als technische Systeme — 176
- 6.2.1 Physikalisch-technische Grundlagen — 176
- 6.2.1.1 Kraft — 176
- 6.2.1.2 Kraftdarstellung — 178
- 6.2.1.3 Arbeit und Energie — 179
- 6.2.1.4 Energieerhaltung — 179
- 6.2.1.5 Leistung — 181
- 6.2.1.6 Reibung und Wirkungsgrad — 181
- 6.2.2 Ausgewählte Arbeitsmaschinen — 182
- 6.2.2.1 Schiefe Ebene — 182
- 6.2.2.2 Hebel — 182
- 6.2.2.3 Rolle — 183
- 6.2.2.4 Werkzeugmaschinen — 184
- 6.2.2.5 Transport- und Fördersysteme — 186
- 6.2.3 Ausgewählte Kraftmaschinen — 187
- 6.2.3.1 Pneumatische Kraftmaschinen — 187
- 6.2.3.1.1 Physikalisch-technische Grundlagen — 187
- 6.2.3.1.2 Zylinder — 188
- 6.2.3.1.3 Verdichter — 189
- 6.2.3.1.4 Druckluftmotoren — 189
- 6.2.3.2 Hydraulische Kraftmaschinen — 190
- 6.2.3.2.1 Physikalisch-technische Grundlagen — 190

6.3 Grundlegende Funktionsgruppen — 191
- 6.3.1 Übersetzung — 191
- 6.3.2 Führen — 192
- 6.3.3 Verbinden — 192
- 6.3.4 Speichern — 193
- 6.3.5 Tragen und Stützen — 193

6.4 Bau- und Funktionseinheiten einer Bohrmaschine — 194

Übungen — 195

TECHNISCHE MATHEMATIK

1 Grundlagen für technische Berechnungen ... 197

1.1 Grundrechenarten ... 197
1.1.1 Mathematische Zeichen und Begriffe ... 197
1.1.2 Zahlen und Zahlenmengen ... 197
1.1.3 Rechenregeln für Zahlen und Zahlsymbole ... 198
1.1.4 Umformung von Bestimmungsgleichungen ... 199

1.2 Größenwert, Zahlenwert, Einheit ... 200
1.2.1 Umgang mit Zahlenwert, Einheit und Größenwert ... 200
1.2.2 Vielfache und Teile von Einheiten ... 200
1.2.3 Umrechnung von Einheiten innerhalb von Bestimmungsgleichungen ... 202

1.3 Taschenrechner ... 203
1.3.1 Aufbau eines wissenschaftlichen Taschenrechners ... 203
1.3.2 Hinweise zum grundsätzlichen Umgang ... 204
1.3.3 Einsatz des Taschenrechners ... 205

1.4 Dreisatz, Verhältnis (Proportionen) ... 207

1.5 Prozentrechnung ... 209

1.6 Grafische Darstellungen ... 210
1.6.1 Entwicklung einer grafischen Darstellung ... 210
1.6.2 Lesen einer grafischen Darstellung ... 210
1.6.3 Beispiele für grafische Darstellungen ... 211

1.7 Der Satz des Pythagoras ... 214

1.8 Winkelfunktionen ... 216

1.9 Lösen von Textaufgaben ... 218

2 Berechnung fertigungs- und prüftechnischer Größen ... 220

2.1 Längen ... 220
2.2 Flächen ... 223
2.3 Volumen ... 226
2.4 Massen ... 229
2.5 Grenzmaße, Mittenmaß, Grenzabmaße, Toleranz ... 231
2.6 Rand-, Mitten- und Lochabstände ... 234
2.7 Koordinatensysteme ... 235
2.8 Gleichförmige Bewegungen ... 236
2.8.1 Geradlinige Bewegung ... 236
2.8.2 Kreisförmige Bewegungen ... 238
2.8.2.1 Bestimmen der Umfangsgeschwindigkeit ... 238
2.8.2.2 Bestimmen der Umdrehungsfrequenz ... 238
2.8.3 Weg-Zeit-Diagramme ... 241

2.9 Kräfte ... 242
2.9.1 Berechnung von Gewichtskräften ... 242

2.10 Zeichnerische Darstellung von Kräften ... 244
2.10.1 Kräfte auf einer Wirkungslinie ... 244
2.10.2 Zusammenfassen von Kräften auf verschiedenen Wirkungslinien ... 245
2.10.3 Kräftezerlegung in Teilkräfte (Komponenten) ... 247
2.10.4 Krafteck ... 248

2.11 Berechnung von Kräften ... 249
2.11.1 Kräfte am Hebel ... 249
2.11.2 Reibkräfte ... 251
2.11.3 Kräfte an der schiefen Ebene ... 252
2.11.4 Kräfte am Keil ... 253

2.12 Energie, Arbeit, Leistung, Wirkungsgrad ... 254
2.12.1 Energie und Arbeit ... 254
2.12.2 Leistung und Wirkungsgrad ... 256

3 Ermitteln steuerungstechnischer Größen ... 257

3.1 Pneumatik und Hydraulik ... 257
3.1.1 Druckwirkungen allgemein ... 257
3.1.2 Kolbenkräfte ... 259
3.1.3 Kraftübersetzung ... 261
3.1.4 Kolbengeschwindigkeit ... 262
3.1.5 Luftverbrauch ... 264

3.2 Aussagenlogik ... 265

3.3 Zahlensysteme ... 267
3.3.1 Dualsystem ... 267
3.3.2 Hexadezimalsystem ... 268

4 Berechnung elektrischer Größen ... 271

4.1 Der elektrische Stromkreis ... 271
4.1.1 Widerstand elektrischer Leiter ... 271
4.1.2 Das Ohmsche Gesetz ... 272
4.1.3 Mehrere Verbraucher im Stromkreis ... 273
4.1.3.1 Reihenschaltung ... 273
4.1.3.2 Parallelschaltung ... 275

4.2 Elektrische Leistung und Arbeit ... 276
4.2.1 Elektrische Leistung ... 276
4.2.2 Elektrische Arbeit ... 277

TECHNISCHE KOMMUNIKATION

1	**Grundlagen**	280
1.1	Die Technische Kommunikation: Überblick	280
1.2	Zeichengeräte und ihre Handhabung	282
1.3	Normschrift	283
2	**Darstellung eines technischen Gerätes**	284
2.1	Anordnungs-Plan (Explosionszeichnung)	285
2.2	Schriftfeld, Stückliste	287
2.2.1	Schriftfeld	287
2.2.2	Stückliste	287
2.2.3	Normteile	288
2.2.4	Fremdteile	289
3	**Darstellung in Ansichten**	290
3.1	Geometrische Basiskonstruktionen	290
3.2	Raumecke und Darstellung eines Werkstücks in Ansichten	292
3.3	Papierformate	294
3.4	Linienarten und Linienbreiten	295
3.5	Maßstäbe	295
3.6	Beziehungen (Relationen) zwischen den Ansichten eines Werkstücks	296
3.7	Entwicklung einer Draufsicht	297
3.8	Verkürzt erscheinende Flächen in technischen Zeichnungen	298
3.9	Geometrische Basiskörper	300
3.10	Rundungen und Übergänge	301
3.11	Bearbeitungsformen	302
3.12	Raumvorstellung	303
3.12.1	Elemente eines Werkstücks: Flächen, Ecken und Kanten	303
3.12.2	Zeichnungen in sechs Ansichten	304
3.13	Gesamt-Zeichnung	306
3.13.1	Form und Anwendung der Einzelteile	307
3.13.2	Arbeitsplanung: Anordnungs-Plan, Fertigungs-Plan	307
4	**Regeln zur Maßeintragung an prismatischen Körpern**	308
4.1	Elemente der Maßeintragung	308
4.2	Anordnung der Maße in einer Zeichnung	309
4.3	Kettenmaße	310
4.4	Hilfsmaße	310
4.5	Maßbezugsebenen	311
4.6	Teilzeichnungen	312
5	**Skizzen**	315
5.1	Anfertigen von Skizzen	315
5.2	Axonometrische Projektionen	317
6	**Form und Bemaßung von zylindrischen Formen und Werkstücken**	320
6.1	Beispiele zur Einführung	320
6.2	Zylindrische Werkstücke mit Ausfräsungen in drei Ansichten	322
6.3	Bemaßung von Drehteilen, Bohrungen, Rundungen und Kugeln	324
6.4	Symbole in technischen Zeichnungen	326
6.4.1	Darstellung der Oberflächenbeschaffenheit in technischen Zeichnungen	326
6.4.2	Weitere Symbole in technischen Zeichnungen	326
7	**Darstellungen im Vollschnitt**	328
7.1	Beispiele zur Einführung	328
7.2	Regeln zur Schnittdarstellung (DIN 6)	330
7.3	Zylindrische Werkstücke im Schnitt	332
7.4	Werkstücke, die in einer Ansicht eindeutig dargestellt werden können	333
7.5	Anwendungen der Schnittdarstellung	334
8	**Gewindedarstellung**	336
8.1	Beispiele zur Einführung	336
8.2	Regeln zur Gewindedarstellung nach DIN 27	338
8.3	Gewindebemaßung nach DIN ISO 6410	340
8.4	Technische Beschreibung: Einfach wirkender Zylinder	341
8.5	Anwendungen der Gewindedarstellung	342

9	Darstellungen im Halbschnitt	344
9.1	Beispiele zur Einführung	344
9.2	Regeln zur Darstellung im Halbschnitt (DIN 6)	346
9.3	Regeln zur Bemaßung im Halbschnitt	348
9.4	Weitere Schnittarten nach DIN 6	350
9.5	Besonderer Schnittverlauf	351
9.6	Zusammenfassung und Anwendung der Schnittdarstellungen	353

10	Technische Systeme	354
10.1	Anordnungs-Plan zur Scheibenkupplung	354
10.2	Darstellung im Blockschaltbild	355
10.3	Maßbild	356
10.4	Änderung der Biegevorrichtung	357

11	Arbeitsplanung	358
11.1	Fräsen (der 1. Stirnfläche)	358
11.2	Anreißen, Körnen und Bohren	359

12	Grafische Darstellungen	360
12.1	Diagramme	360
12.2	Pläne	362
12.2.1	Struktogramm und Ablaufplan	362
12.2.2	Darstellungsarten von Algorithmen	364
12.2.3	Schalt- und Funktionsplan	365
12.2.3.1	Pneumatischer Schaltplan	365
12.2.3.2	Elektrischer Schaltplan	367
12.2.3.3	Funktionsplan	368
Anhang		369
Sachwortverzeichnis		371

1 Werkstofftechnik

1.1 Anforderungen an die Eigenschaften von Werkstoffen

1 CNC-Drehmaschine

Groß ist die Vielfalt der Bauteile einer modernen Werkzeugmaschine. Alle müssen sinnvoll zusammenwirken, um die gewünschte Funktion zu ermöglichen. Die Konstrukteure haben die Aufgabe, diese Einzelteile zu gestalten und funktionsgerecht zueinander zu fügen. Dazu gehört neben der Bestimmung der geometrischen Abmessungen die Frage nach dem geeigneten Werkstoff. Welcher Werkstoff ist in der Lage, die speziellen Anforderungen zu erfüllen, die z.B. die mechanischen Beanspruchungen (Bild 2) an die Bauteile stellen?

Ein Zahnrad des Hauptgetriebes muß die Leistung des Antriebes übertragen können. Um den **Verschleiß** an den Zahnflanken möglichst gering zu halten, ist eine große **Oberflächenhärte** erforderlich. Der Werkstoff muß eine große **Festigkeit** besitzen, damit die auftretenden **Kräfte** das Zahnrad nicht zerstören. Er soll **elastisch** sein, damit sich das Zahnrad unter Belastung nicht bleibend verformt. Wenn die Beanspruchung nicht mehr wirkt, gehen die entstandenen kleinen Verformungen wieder zurück. Die **Wärme**, die durch Verformung und Reibung an den Zahnflanken entsteht, muß sich rasch verteilen und gut **abgeleitet** werden können. Der Werkstoff darf nicht **chemisch** mit dem Schmiermittel reagieren und sich dabei **zersetzen**.

Ein Dämpfungselement unter dem Maschinenbett hat ganz andere Aufgaben, und dementsprechend gelten für die Werkstoffauswahl völlig andere Überlegungen. Dieses Bauteil muß die Masse der gesamten Maschine tragen und somit sehr **druckstabil** sein. Es soll sich unter Belastung **elastisch** verformen und dabei **Schwingungsstöße abbauen**, ohne sie auf den Untergrund zu übertragen. Schwingungen vom Boden sollen nicht auf die Maschine übergreifen. Auf ständig wechselnde Stöße muß der Werkstoff immer entsprechend reagieren und darf **nicht spröde** werden.

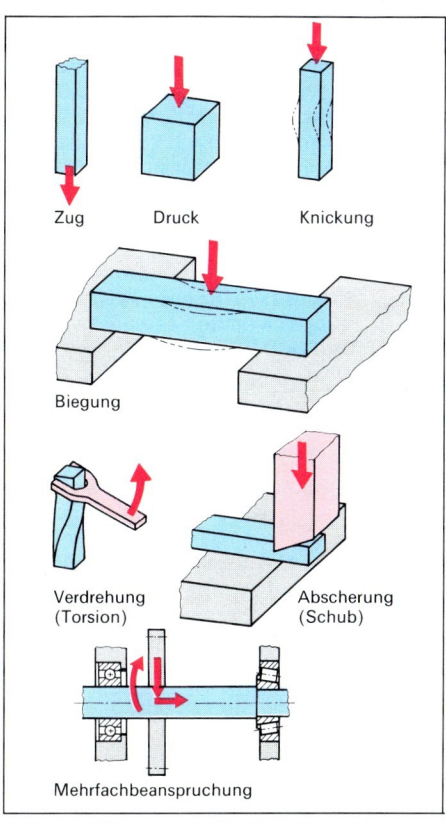

2 Beanspruchungsarten für Werkstücke

1.1 Eigenschaften von Werkstoffen

1.1.1 Physikalische Eigenschaften

Werkstoffeigenschaften lassen sich unter verschiedenen Gesichtspunkten in Gruppen zusammenfassen. Es gibt Eigenschaften, die zum **physikalischen**, andere eher zum **chemischen** Werkstoffverhalten zählen, und wieder andere beschreiben das Verhalten bei der Verarbeitung und Anwendung. Dies sind die **technologischen** Eigenschaften.

Überlegen Sie:
Welche Anforderungen stellen die anderen Maschinenteile (Bild 1, Seite 1) an die Werkstoffeigenschaften?

1.1.1 Physikalische Eigenschaften

Stoff	Dichte ϱ in kg/dm³	Längenausdehnungskoeffizient α in 1/K	elektrische Leitfähigkeit $\varkappa$ in m/($\Omega \cdot$ mm²)	Schmelzpunkt in °C	Siedepunkt in °C
Aluminium	2,7	0,000024	34,96	660	2270
Blei	11,3	0,000029	4,76	327	1750
Cu-Sn-Legierung	ca. 8,7	0,000018		ca. 950	2300
Cu-Zn-Legierung	ca. 8,5	0,000018		ca. 900	2300
Eisen	7,8	0,000011	7,69	1535	2880
Gußeisen	ca. 7,25	0,000011		ca. 1200	2500
Kohlenstoff	3,51	0,0000012		ca. 3540	
Kupfer	8,93	0,000017	55,87	ca. 1083	2300
Plexiglas	1,18		10^{-15}		
Polyvinylchlorid	1,35	0,000080			
Porzellan	ca. 2,4	0,0000045	$8,3 \cdot 10^{-15}$	ca. 1600	
Stahl niedriglegiert	ca. 7,85	0,000012	ca. 2,5	ca. 1500	2500
Stahl hochlegiert	7,8···8,0	0,000011···0,000016		ca. 1450	2500
Titan	4,54	0,0000082	1,25	1670	3535
Wolfram	19,3	0,0000045	18,18	3370	5900
Zink	7,13	0,000029	16,0	419,5	907
Zinn	7,28	0,000027	8,7	231,8	2275

1 Stoffkonstanten verschiedener Werkstoffe

Die physikalischen Eigenschaften eines Werkstoffs beschreiben die Reaktion auf äußere, den Stoff nicht verändernde Einflüsse. (Physik: Lehre der Naturgesetze bei nicht veränderten Stoffen.) Viele dieser Eigenschaften sind durch Stoffkonstante festgelegt (Bild 1).

Die **Dichte** ϱ eines Stoffes ist festgelegt durch das Verhältnis Masse m zu Volumen V: $\varrho = m/V$.

Thermische Einflüsse dehnen das Material je nach **Längenausdehnungskoeffizient** α, der sich aus Ausgangslänge l_0, Längenänderung Δl und Temperaturänderung ΔT errechnen läßt: $\alpha = \Delta l / (l_0 \cdot \Delta T)$.

Ein Material kann durch die Erwärmung eventuell aufschmelzen oder verdampfen. Diese Eigenschaften werden durch den für jeden Stoff festliegenden **Schmelzpunkt** bzw. **Siedepunkt** beschrieben.

Die Eigenschaft eines Werkstoffes, den elektrischen Strom mehr oder weniger gut zu leiten, beschreibt eine Stoffkonstante, die **elektrische Leitfähigkeit** $\varkappa$. Sie läßt sich ermitteln, indem man den elektrischen Widerstand R eines Leiters mit bekannter Länge l und Querschnitt S bestimmt: $\varkappa = l/(S \cdot R)$. Der Kehrwert davon ist der **spezifische elektrische Widerstand** ϱ (vgl. Kap. 5.2.5).

Eine Belastung durch Licht oder andere Strahlung kann die Struktur im Inneren des Stoffes ändern; Strahlen können durchgelassen, reflektiert oder absorbiert werden. Von sehr großer Bedeutung im Bereich der Metallverarbeitung sind die nun folgenden Reaktionen auf mechanische Beanspruchung.

Elastizität

> Elastizität ist die Fähigkeit eines Körpers, seine ursprüngliche Gestalt wieder einzunehmen, wenn die Belastung aufgehoben ist.

Unter Belastung verformt sich ein Körper zunächst, ohne zerstört zu werden. Diese Verformung kann nach Ende der Belastung erhalten bleiben (**plastische Verformung**), oder wieder zurückgehen (**elastische Verformung**). In Wirklichkeit hat jede plastische Verformung einen elastischen Anteil. Ein anschauliches Beispiel für einen elastischen Werkstoff ist Gummi, wie er in Maschinenfüßen als Schwingungsdämpfer wirkt. Deutlich sichtbar wird das Dämpfungselement zusammengedrückt, wenn die Maschine vom Kran auf den Boden gestellt wird. Bei großer Belastung der Maschine kann man beobachten, wie die Schwingung im Element durch Verformung gedämpft wird. Baut man den Maschinenfuß aus, wird man feststellen, daß sich die ursprüngliche Form des Gummibauteils kaum geändert hat. Allerdings verformt sich Gummi nicht verhältnisgleich (proportional) zur beanspruchenden Kraft, wie es ein ideal elastisches Verhalten fordert.

Zähigkeit

> Zähigkeit ist das Vermögen, innere Spannungen durch Verformung zu verteilen und damit ohne Beschädigung aufnehmen zu können.

1.1 Eigenschaften von Werkstoffen   1.1.1 Physikalische Eigenschaften

Zähigkeit ist das Gegenteil von **Sprödigkeit**. Ein zäher Werkstoff läßt sich verformen, ohne sofort zu Bruch zu gehen. Wie stark er sich verformen läßt, beschreibt die **Dehnbarkeit**.

Festigkeit

> Festigkeit ist der Widerstand eines Körpers gegen Verformen oder Trennen durch eine äußere Kraft.

Je nach Art der Kraftwirkung wird zwischen **Zug-, Druck-, Biegefestigkeit, Scher-, Verdrehfestigkeit** usw. unterschieden. Für das Zahnrad aus dem Hauptgetriebe einer Werkzeugmaschine sind z.B. die Druck-, Biege- und Scherfestigkeit von Bedeutung. Der Druck auf die Zahnflanken muß aufgenommen werden; die Zähne werden auf **Biegung** und **Abscherung** beansprucht.

Härte

> Härte ist der Widerstand eines Körpers gegen das Eindringen eines anderen Körpers in die Oberfläche.

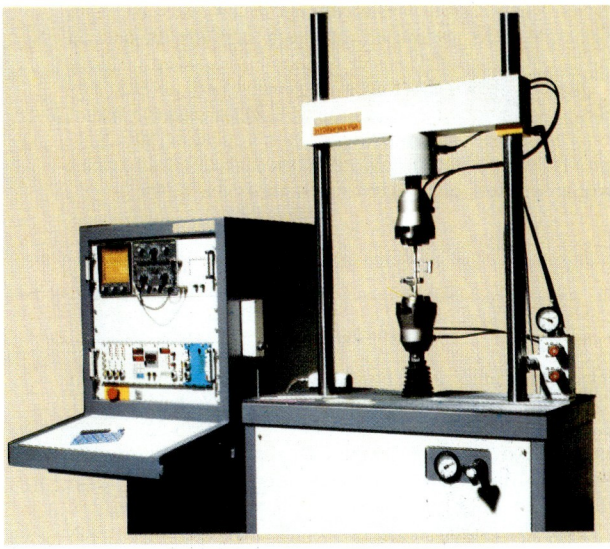

1 Hydraulisch-elektronische Universalprüfmaschine

Diese Werkstoffeigenschaft ist nicht mit der Festigkeit gleichzusetzen, denn Werkstoffe können sehr hart sein, ohne große Festigkeit zu besitzen, wie z.B. Glas. Oberflächen von Werkstücken, die gegen andere gleiten oder abrollen, müssen hart sein. Zahnflanken rollen teilweise gleitend aufeinander ab. Sind sie zu weich, entstehen unter hohem Druck trotz Schmiermittel Riefen und Abriebspuren.

Zugversuch

Eine gute Information über die mechanischen Eigenschaften eines Werkstoffs ergibt sich durch den Zugversuch (Bild 1). Dabei wird eine Probe mit festgelegtem Querschnitt einer bis zum Bruch steigenden Zugbelastung ausgesetzt. Die Verlängerung der Probe und die jeweilige Belastung werden protokolliert. Eine Zuordnung dieser Werte wird im Kraft-Verlängerungs-Diagramm vorgenommen.

Das erste Diagramm (Bild 2) kennzeichnet eine Probe aus Vergütungsstahl. Die Kurve steigt zunächst konstant an (Hooke'sche Gerade). Kraft und Verlängerung sind **proportional**. In diesem Bereich ist der Werkstoff **elastisch**, d.h., bei Entlastung geht die Verlängerung vollständig zurück. Im oberen Bereich weicht die Kurve von der Geraden ab. Dies bedeutet, daß der Werkstoff nun **plastisch** verformt wird. Bei Entlastung geht die Verlängerung parallel zur Anfangsgeraden zurück. Es bleibt eine **Restverformung**.

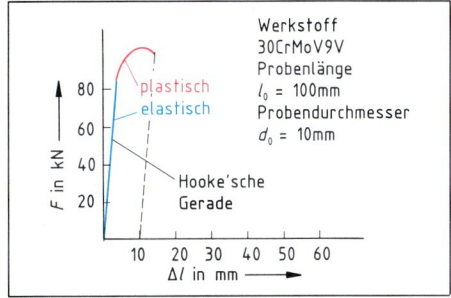

2 Kraft-Verlängerungsdiagramm für einen Vergütungsstahl

Das zweite Diagramm (Bild 3) wurde für einen allgemeinen Baustahl erstellt. Die Kurve beginnt mit einer Geraden, dem elastischen Bereich. Danach folgt eine Zone mit unregelmäßigem plastischen **Fließverhalten**, der sogenannten **Streckgrenze**. Dann steigt die Kurve gekrümmt an bis zu einem Maximalwert. Anschließend geht die Kraft wieder zurück, da sich die Probe einschnürt, d.h. dünner wird. Auch dieser Stahl verkürzt sich bei Entlastung parallel zur Anfangsgeraden. Verglichen mit dem ersten Kurvenverlauf sind die Verlängerungen größer. Dieser Werkstoff ist zäh und gut umformbar.

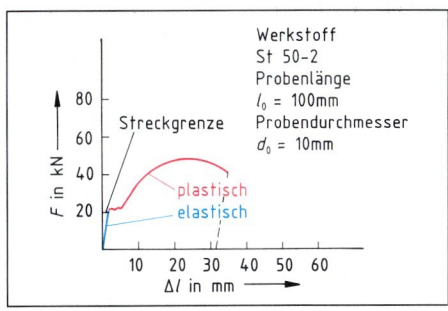

3 Kraft-Verlängerungsdiagramm für einen Baustahl

Das dritte Diagramm (Bild 4) zeigt einen Werkstoff, der fast keinen elastischen Bereich hat. Die Kurve hat einen gebogenen Verlauf, der plastisches Verhalten anzeigt. Hierbei handelt es sich um Kupfer, das schon bei niedrigerer Belastung große bleibende Verlängerungen erkennen läßt. Ein zäher Werkstoff mit geringer Festigkeit und einer **Bruchdehnung** über 50%.

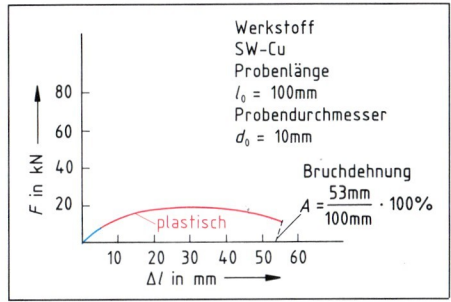

4 Kraft-Verlängerungsdiagramm für weichgeglühtes Kupfer

1.1 Eigenschaften von Werkstoffen — 1.1.2 Chemische, 1.1.3 Technologische Eigenschaften

In der technischen Anwendung sollen sich Bauteile nicht bleibend verformen. Deshalb darf die Belastung nur im elastischen Bereich liegen. Für die Umformung dagegen müssen die Kräfte im plastischen Bereich liegen, um die neue Form zu erhalten. Der elastische Anteil der Verformung ist dabei immer zu berücksichtigen. Sollen Werkstoffe zertrennt werden, müssen die Kräfte noch größer werden, um die Festigkeit zu überwinden.

1.1.2 Chemische Eigenschaften

Für die chemischen Eigenschaften im Metallbereich spielt vor allem die Beständigkeit gegen Umwelteinflüsse eine Rolle. (Chemie: Lehre von der Umwandlung oder Verbindung der Stoffe.) Der Werkstoff kann sich eventuell durch Luftsauerstoff oder Wasser chemisch verändern. Auch die Reaktion mit schwachen Säuren, wie sie im Regen vorkommen, ist von Bedeutung, da Regenwasser durch darin gelöste Gase (CO_2, SO_2, Cl_2 u.a.) schwach sauer ist (saurer Regen).

Korrosionsbeständigkeit

> Die chemische Beständigkeit von Metallen gegen Einflüsse von außen nennt man Korrosionsbeständigkeit.

Bei Eisenwerkstoffen ist **Rosten** ein Problem. Rostfreier Stahl ist teuer und entspricht mit seinen anderen Eigenschaften meist nicht den Anforderungen. Rostanfällige Bauteile müssen durch Oberflächenbeschichten, wie z.B. Lackieren, Verchromen, Verzinken oder einfach Einölen geschützt werden. Nicht nur Metalle können durch Umwelteinflüsse zerstört werden. Holz oder Leder kann **faulen**, und auch Kunststoffe werden angegriffen, z.B. durch Licht, Wärme oder chemische Einflüsse.

Eine weitere wichtige chemische Eigenschaft ist das Verhalten bei Zersetzung, z.B. bei einem Brand. Hierbei können schädliche Stoffe an die Umwelt abgegeben werden, wodurch ein Gesundheitsrisiko entstehen kann. Besonders einige Kunststoffe entwickeln bei Verbrennung giftige Dämpfe, oder die Verbrennungsprodukte verbinden sich mit der Luftfeuchtigkeit, dem Regen oder Abwasser. Ätzender Regen und verseuchtes Grund- und Oberflächenwasser sind die Folgen. Besondere Maßnahmen für die Beseitigung des Industriemülls sind deshalb gesetzlich vorgeschrieben.

Ähnliche Gefahren können z.B. auch durch Öle, Lacke, Kühlschmierstoffe oder Reinigungsmittel hervorgerufen werden. Zusätzlich können viele Stoffe auch eine direkte Gesundheitsgefährdung für den Menschen bedeuten, wenn sie z.B. in die Atemwege oder auf die Haut gelangen. Deshalb sollten ungefährliche Stoffe verwendet werden, bzw. die Unfallverhütungsvorschriften zum Umgang mit diesen Stoffen sind zu beachten.

1.1.3 Technologische Eigenschaften

Von besonderer Bedeutung für die metallverarbeitenden Berufe sind die technologischen Eigenschaften der Werkstoffe, die sich aus physikalischen und chemischen Voraussetzungen ableiten lassen. (Technologie: Lehre von der Gewinnung und der Verarbeitung der Stoffe.) Viele technologische Eigenschaften lassen sich in der Werkstatt durch einfache Versuche überprüfen (Bild 1). Die physikalischen und chemischen Werkstoffeigenschaften sind für das fertige Bauteil wichtig, die technologischen Eigenschaften für die Herstellung des Bauteils.

Durch Umformen werden geometrische Formen unter Beibehaltung der Massen verändert. Eine Grenze für die Umformung bildet die maximale **Verformbarkeit**. Eine weitere Umformung würde das Material zu Bruch gehen lassen. Für Formbleche, wie sie z.B. für Abdeckhauben und Gehäuseteile einer Werkzeugmaschine Verwendung finden, ist die Verformbarkeit sehr wichtig.

Eine gute **Zerspanbarkeit** erleichtert die Bearbeitung des Werkstoffes durch spanende Verfahren.

Andere Werkstoffe lassen sich im aufgeschmolzenen Zustand gut in eine Form gießen, in der sie maßgenau erstarren, sie haben eine gute **Gießbarkeit**. Maschinenunterteile und Gehäuse mit komplizierten Formen werden meist gegossen.

Schweißbarkeit und **Lötbarkeit** beschreiben die Möglichkeiten, mehrere Werkstücke durch Schweißen oder Löten zusammenzufügen.

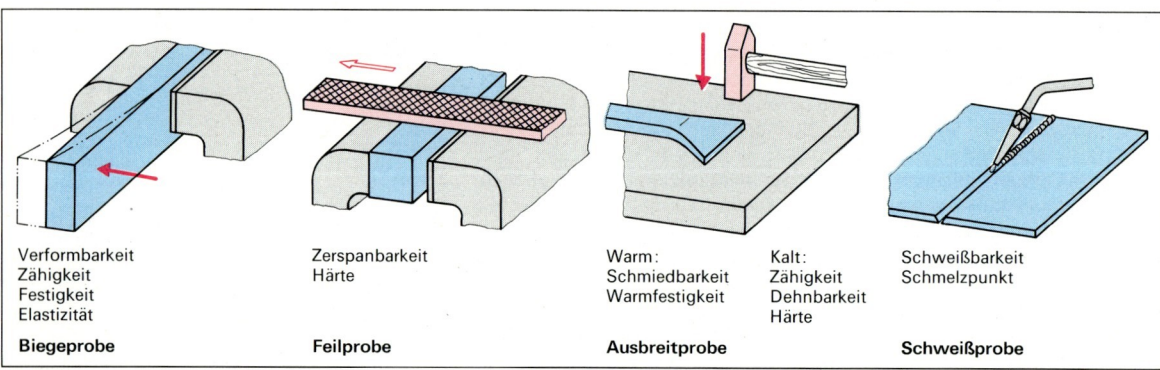

Verformbarkeit Zähigkeit Festigkeit Elastizität	Zerspanbarkeit Härte	Warm: Schmiedbarkeit Warmfestigkeit	Kalt: Zähigkeit Dehnbarkeit Härte	Schweißbarkeit Schmelzpunkt
Biegeprobe	**Feilprobe**	**Ausbreitprobe**		**Schweißprobe**

1 Einfache Eigenschaftsprüfungen in der Werkstatt

1.1.4 Umweltverträglichkeit

Bei der Beurteilung von Werkstoffen sind Umweltaspekte zu berücksichtigen. Wir leben in einem hochindustrialisierten Land mit großer Bevölkerungsdichte. Deshalb sind die Umweltbelastungen bei der Herstellung, Verarbeitung und Anwendung von Werkstoffen möglichst gering zu halten. Außerdem sollte bei der Herstellung mit der Energie sparsam umgegangen werden. Auf Probleme der Abfallbeseitigung und der Folgebelastung für Luft, Wasser und Boden muß ebenfalls geachtet werden. Viele Werkstoffe, mit denen man vor Jahren noch recht sorglos umgegangen ist, sind heute als Gefahren für Mensch, Tier und Pflanzenwelt erkannt. Das gilt zum Beispiel für Blei bei Rohren für die Wasserversorgung oder Asbest für Brems- und Kupplungsbeläge. Deshalb wird versucht, durch immer strengere gesetzliche Auflagen die Schadstoffbelastung für Luft und Wasser zu reduzieren. Industrie und Handwerk reagieren darauf mit neuen Technologien, besseren **Filter-** und **Klärmethoden** und mit **Rückgewinnung** und **Wiederverwendung** der gefährlichen Stoffe (Recycling), wenn es möglich ist.

1.2 Einteilung der Werkstoffe

Will man für eine bestimmte Anwendung einen Werkstoff auswählen, kommt aufgrund der Anforderungen meist nicht nur ein Stoff in Frage. Oft müssen Vor- und Nachteile gegeneinander abgewogen und dann eine Entscheidung getroffen werden. Die Werkstoffe kann man in Haupt- und Untergruppen einteilen, die ähnliche Eigenschaften oder Herstellungsart haben. Damit zunächst grundsätzlich entschieden werden kann, muß man einiges über den Aufbau der verschiedenen Stoffe wissen. Die Übersicht (Bild 1) geht von der Grobeinteilung nach **Metall-Nichtmetall** aus. Auch eine physikalische Unterscheidung, z.B. nach Aggregatzustand in Gase, Flüssigkeiten und Festkörper, ist sinnvoll. Hilfsstoffe sind zwar im eigentlichen Sinn keine Werkstoffe, aber sie bedingen und beeinflussen Verarbeitung und Einsatz der Werkstoffe wesentlich.

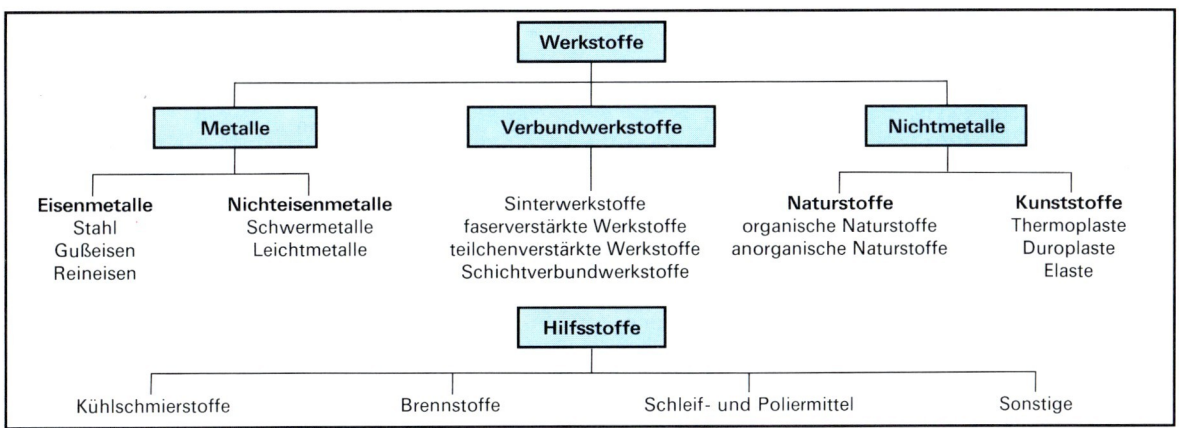

1 Einteilung der Werkstoffe

1.3 Metallische Werkstoffe

Die größte Gruppe von reinen Stoffen (Elemente), die wir auf unserer Erde kennen, sind die Metalle (Bild 2). Viele von ihnen haben als Werkstoffe Bedeutung. Einige Merkmale sind ihnen gemeinsam. Zum einen sind sie, verglichen mit anderen Stoffen, gute Leiter für elektrischen Strom und Wärme. Das liegt an der, im Gegensatz zu anderen Stoffen, guten Beweglichkeit der Elektronen im Metall. Ursache dafür ist ihr atomarer Aufbau, die **Metallbindung**. Die Elektronen sind nicht sehr fest an einzelne Atomreste (Ionen) gebunden. Zum andern ordnen sich die Atome regelmäßig im Raum an. Sie bilden ein **Kristallgitter**. Gelegentlich kann man die einzelnen Kristalle mit bloßem Auge erkennen, z.B. Zink oder Aluminium (Bild 3).

Metalle	Kurzzeichen
Aluminium	Al
Blei	Pb
Chrom	Cr
Eisen	Fe
Kobalt	Co
Kupfer	Cu
Magnesium	Mg
Molybdän	Mo
Nickel	Ni
Niob	Nb
Silber	Ag
Tantal	Ta
Vanadium	V
Wolfram	W
Zink	Zn

2 Chemische Kurzzeichen von Metallen (Auswahl)

3 Kristallgefüge einer Aluminiumlegierung (geätzt)

1.3.1 Kristallographischer Aufbau

1.3.1.1 Kristallbegriff

Zwischen den kleinsten Teilchen der Stoffe, den Atomen bei Elementen oder den Molekülen bei chemischen Verbindungen, wirken Kräfte, die für die Stoffeigenschaften große Bedeutung haben. Bei den Metallen stellt sich beim Erkalten einer Schmelze das Kräftegleichgewicht so ein, daß sich die kleinsten Teilchen regelmäßig im Raum anordnen. Diese Anordnung nennt man **Kristall**. Die räumliche Grundform ist ein Würfel oder eine Säule mit regelmäßiger Grundfläche (Bild 1). Das Kräftegleichgewicht sorgt für Festigkeit, Härte und Elastizität.

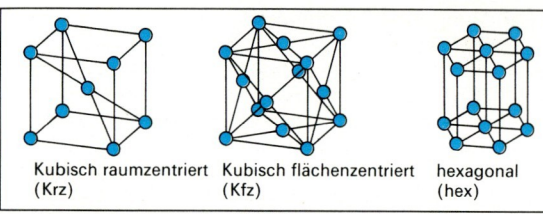

1 Kristallgitterformen (modellhaft)

1.3.1.2 Kornbildung und Gefüge

Kristalle sind unterschiedlich groß. Beim Erstarren bilden sich gleichzeitig an verschiedenen Stellen Kristallkeime, an die sich Teilchen so lange anlagern, bis die Kristalle aneinanderstoßen und die gesamte Schmelze erstarrt ist. Während des Abkühlungsvorgangs wird ständig Wärme an die Umgebung abgegeben. Beim Erstarren ändert sich die Temperatur im Schmelztiegel nicht. Sie sinkt erst weiter ab, wenn der ganze Festkörper erstarrt ist. Daraus läßt sich schließen, daß bei der Kristallbildung Wärmeenergie frei wird. Dasselbe geschieht beim Übergang vom gasförmigen in den flüssigen Zustand.

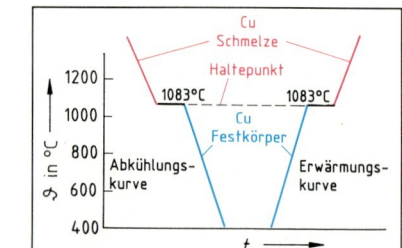

2 Abkühlungs- und Erwärmungskurve für Kupfer

In **Abkühlungskurven** (Bild 2) läßt sich dieser Vorgang darstellen. Auf der Senkrechten ist die Temperatur, auf der Waagerechten die Zeit aufgetragen. Wird die Erstarrungstemperatur erreicht, bleibt die Kurve so lange auf gleichem Temperaturniveau, bis die gesamte Schmelze erstarrt ist. Auch bei der Erwärmung treten diese **Haltepunkte** in umgekehrter Richtung auf. Beim Schmelzvorgang muß also Wärmeenergie zugeführt werden, ohne daß sich die Temperatur erhöht.

Der feste Körper besteht aus vielen Kristallen, den **Kristalliten** oder **Körnern**. Die Anordnung der Körner, die man meist nur unter dem Mikroskop sehen kann, heißt **Gefüge** (Bild 3). Wenn es gelingt, diese Kristallordnung zu beeinflussen, kann man damit auch die Eigenschaften der Stoffe ändern. Dies geschieht beispielsweise beim Verformen.

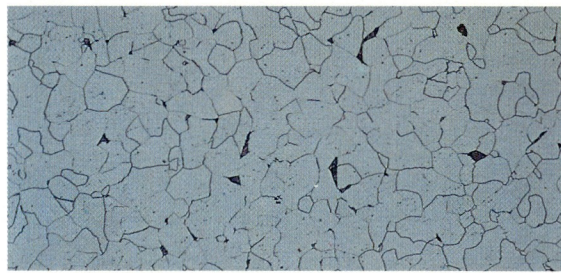

3 Schliffbild eines Eisengefüges

Bei einem ideal gebauten Kristall müssen zur plastischen Verformung ganze Atomlagen gegeneinander verschoben werden. Dies geschieht auf den Ebenen mit dem geringsten Atomabstand, den **Gleitebenen** (Bild 4). Ist die Kraft groß genug, wird eine Atomlage soweit verschoben, daß sich die Bindungskräfte neu orientieren. Die zur Verschiebung notwendigen Kräfte lassen sich berechnen. Es ergibt sich jedoch, daß die tatsächlich nötigen Kräfte viel geringer sind. Dies liegt an Gitterbaufehlern im Kristall. Die Bindungskräfte sind dort wesentlich kleiner. Entsprechend können auch die Verschiebungskräfte geringer sein. Solche Gitterbaufehler sind vor allem **Versetzungen** (Bild 5), **Leerstellen** und **Zwischengitteratome** (Bild 6). Durch das Verschieben auf einer Gleitebene werden in anderen Ebenen weitere Gitterbaufehler erzeugt. Bei zu großer Fehlerdichte werden die Gleitebenen verbogen und damit eine weitere Verformung behindert. Der Werkstoff wird hart und spröde.

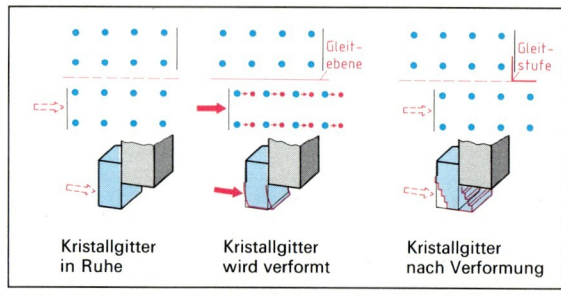

4 Verschiebung auf Gleitebenen in einem idealen Kristall

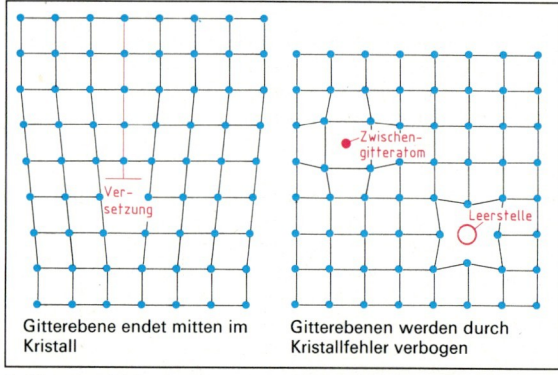

5 Gitterbaufehler durch Versetzung einer Ebene

6 Gitterbaufehler durch Leerstelle und Zwischengitteratom

1.3 Metallische Werkstoffe — 1.3.1 Kristallographischer Aufbau

Beispiel:
Beim Biegen eines Eisendrahtes läßt sich feststellen, daß sich die einmal gebogene Stelle kaum wieder zurückbiegen läßt. Der Draht wird sich leichter neben der Biegestelle verformen lassen. Nach mehrmaligem Hin- und Herbiegen geht der Draht zu Bruch. Durch die Verformung sind zu viele neue Gitterbaufehler im Kristall erzeugt worden. Das regelmäßige Kristallgefüge ist zerstört, das Material spröde geworden.

Die Steigerung der Härte ist bei vielen Fertigungsverfahren erwünscht. Sie kann aber auch eine weitere Verformung unmöglich machen. Ein **Glühen** bei einer Temperatur unterhalb des Schmelzpunktes beseitigt viele Gitterfehler durch Umordnen (Erholung) oder Neubildung (Rekristallisation) der Kristalle. Das Material ist wieder weich für eine weitere Umformung.

1.3.1.3 Kristallbildung in Zweistoffsystemen

Das Zulegieren von Fremdstoffen beeinflußt die Kristallbildung und die Eigenschaften. In der Schmelze lassen sich die meisten Metalle untereinander mischen. Bei der Erstarrung sind grundsätzlich zwei Reaktionen denkbar. Entweder baut der Grundstoff den Fremdstoff in sein Kristallgitter ein, oder der Fremdstoff bildet ein eigenes Kristallgitter. Die Fähigkeit, fremde Atome in den Kristall einzubauen, heißt **Löslichkeit im festen Zustand**. Von ihr hängt es ab, ob bei der Erstarrung eine Entmischung auftritt. Eine vollständige Trennung der beiden Stoffe gibt es in keinem Fall. Das **Zustandsschaubild** liefert Information über das Legierungsverhalten zweier Stoffe. Die verschiedenen Kristallisationszustände können bei unterschiedlichen Zusammensetzungen und Temperaturen abgelesen werden. Das Zustandsschaubild läßt sich aus Abkühlungskurven von Legierungen mit unterschiedlichen Konzentrationen ermitteln.

Mischkristallbildung

Abkühlungskurve und Zustandsdiagramm (Bild 1) gelten für das Legierungssystem Kupfer-Nickel. Kupfer-Nickel-Legierungen finden z.B. bei der Herstellung von Münzen und Heizdraht Verwendung. Bei den Abkühlungskurven lassen sich nicht nur Haltepunkte, sondern auch **Knickpunkte** erkennen. Knickpunkte treten hier paarweise auf und deuten auf Beginn und Ende eines Umwandlungsprozesses hin. Eine Legierung mit 60% Cu und 40% Ni zeigt in der Abkühlungskurve bei ca. 1260 °C den oberen Knickpunkt. Wird das aufgeschmolzene Metall abgekühlt, beginnt bei diesem Punkt die Kristallbildung. Sie ist bei ca. 1190 °C, dem unteren Knickpunkt, abgeschlossen. Kupfer und Nickel bilden gleiche Gittertypen (kfz) und haben fast gleich große Atomradien. Es werden **Mischkristalle** gebildet, bei denen die Gitterplätze entweder von Kupfer oder von Nickel besetzt werden. Solch ein Mischkristall heißt **Substitutionsmischkristall** (Bild 2). Die Stoffkonzentration ist nicht in allen Körnern gleich. Die zuerst gebildeten Kristalle enthalten mehr Kupfer, die zuletzt gebildeten mehr Nickel. Stoffe, die sich weniger ähnlich sind, können **Einlagerungsmischkristalle** (Bild 3) bilden, bei denen die Fremdatome in die Lücken des Grundgitters eingebaut sind. Dadurch wird das Gitter aufgeweitet und verspannt. Weil die Gleitebenen verbogen sind, wird die Verformung behindert. Dies bewirkt eine Steigerung der Festigkeit und der Härte. Bei Bildung von Einlagerungsmischkristallen ist die Löslichkeit für Fremdatome begrenzt.

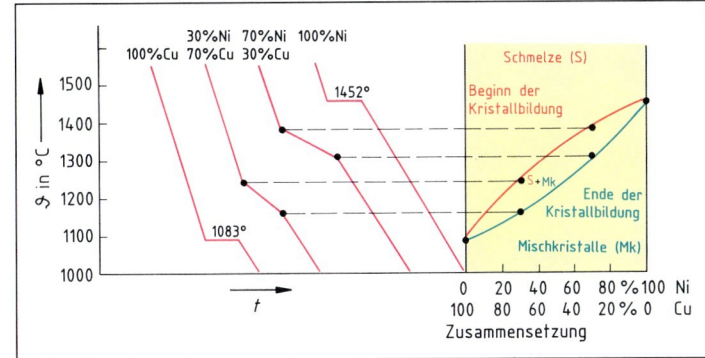

1 Abkühlungskurven und Zustandsdiagramm für das Zweistoffsystem Cu-Ni

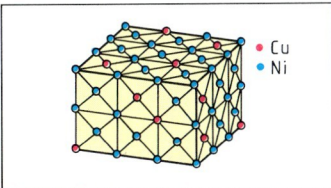 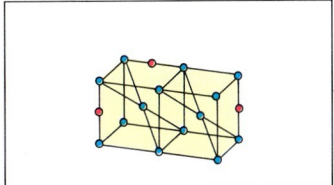

2 Substitutionsmischkristall   **3** Einlagerungsmischkristall

Kristallgemischbildung

Legierungen aus Zinn und Blei (Bild 4) werden vor allem als Weichlote verwendet. Ihr Schmelzpunkt liegt niedriger als der der Ausgangsstoffe. Die Abkühlungskurven enthalten mit Ausnahme der reinen Stoffe

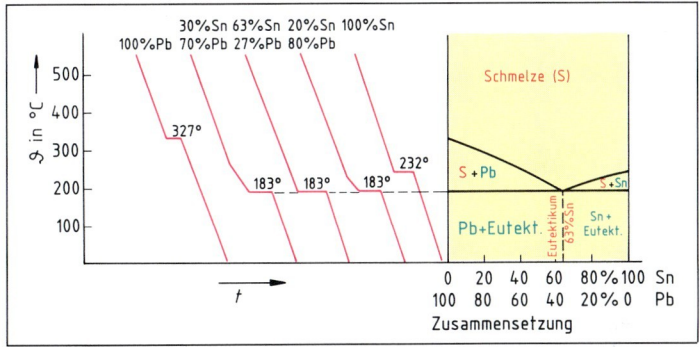

4 Abkühlungskurven und Zustandsdiagramm für das Zweistoffsystem Pb-Sn (schematisch)

1.3 Metallische Werkstoffe

1.3.1 Kristallographischer Aufbau

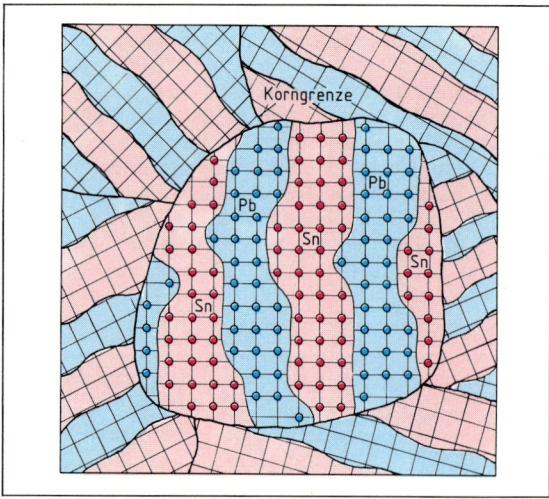

1 Bildung eines eutektischen Gefüges

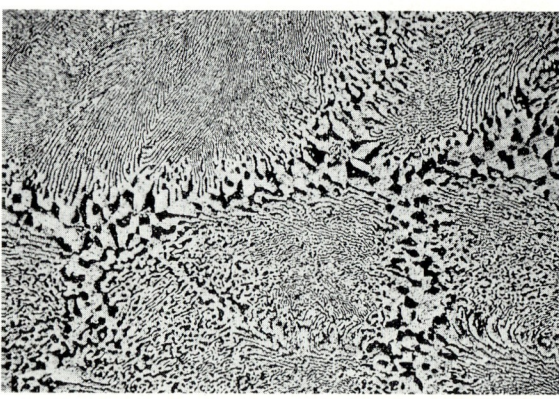

2 Schliffbild einer Legierung mit 63% Sn und 37% Pb

und der Zusammensetzung 63% Sn/37% Pb je einen Knick- und Haltepunkt. Diese beiden Stoffe entmischen sich bei der Erstarrung. Bei einer Legierung mit 70% Blei und 30% Zinn tritt bei ca. 260°C ein Knickpunkt auf. Von dieser Temperatur ab beginnen sich Bleikristalle zu bilden. Die restliche Schmelze enthält deshalb immer weniger Blei, d.h., die Zusammensetzung der Schmelze „rutscht nach rechts" im Diagramm. Bei sinkender Temperatur werden immer mehr Bleikristalle ausgeschieden, bis die Zusammensetzung 63% Zinn und 37% Blei in der Restschmelze erreicht ist. Dies ist bei 183 °C der Fall. Die Abkühlungskurven zeigen hier alle einen Haltepunkt, bei dem die gesamte Schmelze erstarrt. Da sich aber Blei und Zinn nicht gut lösen, werden abwechselnd Plättchen aus Bleikristallen und Zinnkristallen gebildet, die in einem Korn nebeneinander liegen (Bild 1). Da diese Körner so regelmäßig gebaut sind, heißen sie **eutektisch** (gr. schön gebaut). Die Legierung mit 70% Pb und 30% Sn hat also bei Raumtemperatur Körner, die fast nur Blei enthalten und Körner, die aus Blei- und Zinnkristallen gemischt sind. Die Stoffe haben sich bei der Erstarrung entmischt. Die Stelle im Zustandsdiagramm, an der nur eutektisches Gefüge entsteht (63% Sn und 37% Pb, Bild 2) heißt **Eutektikum**. Diese Zusammensetzung weist den niedrigsten Schmelzpunkt und nur einen Haltepunkt auf. Während andere Zusammensetzungen beim Erkalten zuerst teigig werden, erstarrt diese Legierung schlagartig bei 183 °C. Diese Zusammensetzung wird als Elektrolot verwendet. Bei Zinngehalten über 63% entsteht ein **Kristallgemisch** aus Zinnkristallen und eutektischen Kristallen.

1.3.1.4 Eigenschaftändern durch Wärmebehandlung am Beispiel von Stahl

Das Zustandsdiagramm Eisen-Kohlenstoff

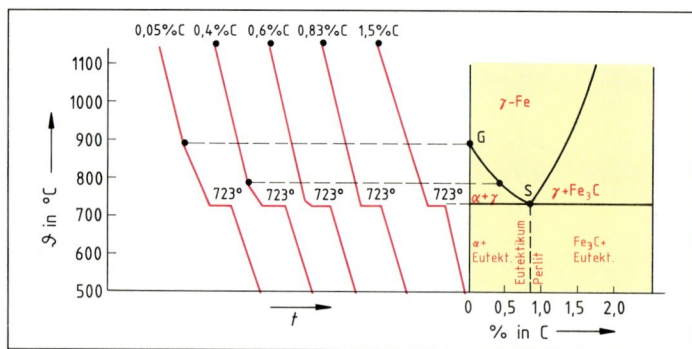

3 Abkühlungskurven und Zustandsdiagramm (vereinfachter Ausschnitt) für das Zweistoffsystem Fe-C

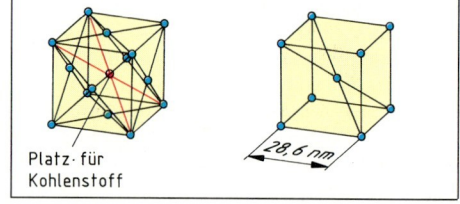

4 Austenitgitter, γ-Eisen

5 Ferritgitter, α-Eisen

Die Legierung aus Eisen und Kohlenstoff hat ein recht kompliziertes Zustandsdiagramm. Da Stahl nur bis 2,06% Kohlenstoff enthält, genügt es, einen Teil des Diagramms in vereinfachter Form zu betrachten (Bild 3). Die Eisen-Kohlenstoff-Legierung bildet beim Abkühlen aus der Schmelze unterschiedliche Kristallformen aus. Dies bedeutet, daß der bereits feste Stoff bei einer bestimmten Temperatur nochmals neue Kristalle bildet. Dies geschieht durch Umklappen der Gitterform. In dem dargestellten Ausschnitt ist unterhalb 1150 °C die Legierung bereits vollständig erstarrt. Es hat sich eine kubisch flächenzentrierte Kristallform ausgebildet, die man **Austenit** oder **γ-Eisen** nennt. Dieser Kristall hat in der Mitte des Raumgitters viel Platz für die Aufnahme von Fremdatomen (Bild 4). Deshalb ist die Löslichkeit für Kohlenstoff recht groß. Bei sinkender Temperatur nimmt diese Löslichkeit jedoch ab. Bei einem Kohlenstoffgehalt unter 0,83% beginnen sich Kristalle bei Temperaturen unterhalb der Linie G-S um-

1.3 Metallische Werkstoffe   1.3.1 Kristallographischer Aufbau

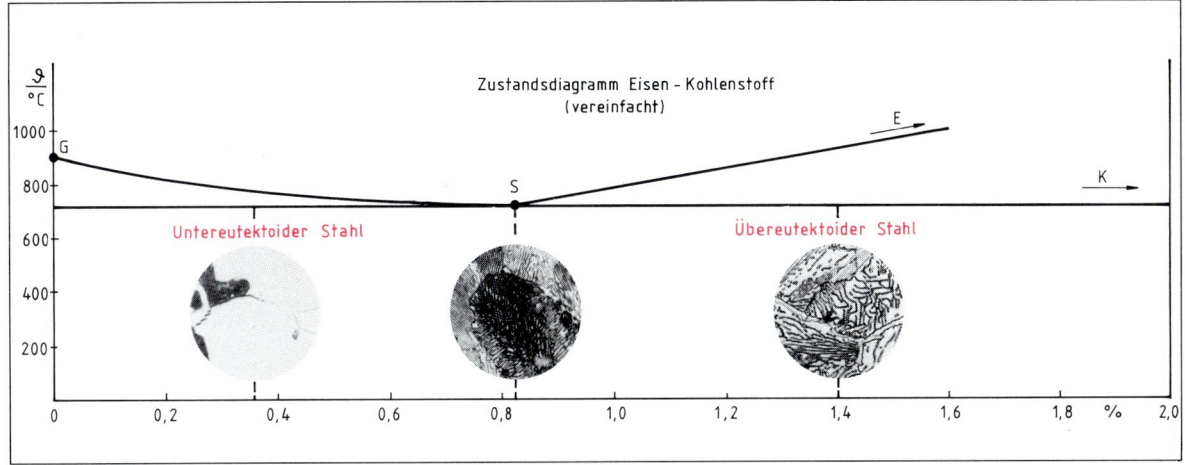

1 Gefüge von unlegiertem Stahl bei Raumtemperatur

zuordnen in eine kubisch raumzentrierte Kristallstruktur, **Ferrit** oder **α-Eisen** genannt (Seite 8; Bild 5). Kohlenstoffatome in der Raummitte sind dabei hinderlich. Da bei so hohen Temperaturen die Beweglichkeit der Teilchen groß ist (Diffusion), wird der Kohlenstoff in die verbleibenden Austenitkristalle hinausgedrängt. Die Kohlenstoffkonzentration im verbleibenden Austenit steigt bis auf 0,83% C an. Diese Konzentration wird bei einer Temperatur von 723 °C erreicht. Der Haltepunkt zeigt die vollständige Umwandlung des restlichen Austenits. Wie bei der Legierung aus Zinn und Blei bildet sich ein eutektisches Gefüge, das man **Perlit** nennt. Streifig nebeneinander lagern sich raumzentrierte Ferritkristalle neben tetragonalen Kristallen aus **Fe₃C** an, einer Eisenverbindung mit dem Kohlenstoff, die **Zementit** genannt wird.

Nach dem Zustandsdiagramm (Bild 1) hat Stahl mit weniger als 0,83% C (untereutektoider Stahl) demnach bei Raumtemperatur ein Gefüge aus Ferrit und Perlit. Werden Legierungen zwischen 0,83% und 2,06% C aus dem Austenitbereich abgekühlt, scheiden unterhalb der Linie S-E zunächst Fe₃C-Kristalle (Zementit) aus. Die restlichen Austenitkristalle verarmen an Kohlenstoffgehalt bis auf 0,83% und bilden Perlit. Ein Stahl mit mehr als 0,83% C (übereutektoider Stahl) hat bei Raumtemperatur ein Gefüge aus Perlit und Zementit. Ein rein perlitisches Gefüge hat ein Stahl mit 0,83% C. Ferrit (α-Eisen) ist sehr weich, zäh und magnetisch. Zementit (Fe₃C) ist sehr hart und spröde. Da sich Perlit aus beiden Bestandteilen zusammensetzt, ist dieses Gefüge mittelhart, fest und ausreichend zäh. Der Austenit (γ-Eisen), der durch Zulegieren von Chrom und Nickel auch bei Raumtemperatur stabil sein kann, ist unmagnetisch und korrosionsfest.

1.3.1.5 Wärmebehandlungsverfahren bei Stahl

Verschiedene Fertigungsverfahren, wie z.B. Schweißen, Biegen, Tiefziehen sowie Überhitzungen im Einsatz führen zu unerwünschten Gitterumwandlungen. Kristallgitterumwandlungen im festen Zustand bieten die Möglichkeit, auch bei halb- oder ganz fertiggestellten Werkstücken die Eigenschaften zu beeinflussen. Wichtige Verfahren der Wärmebehandlung sind **Härten**, **Vergüten**, **Anlassen** und verschiedene **Glühbehandlungen**.

Glühen

> Glühen nennt man das langsame Erwärmen, dann Halten auf Glühtemperatur mit anschließendem langsamen Abkühlen.

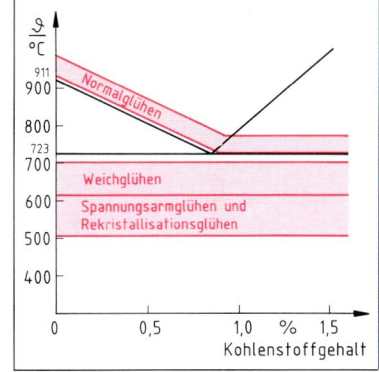

2 Glühbereiche für unlegierte Stähle

Durch Glühen kann man den Gitteraufbau durch Wärmeeinfluß gezielt beeinflussen. Je nach Temperatur erreicht man verschiedene Umwandlungen (Bild 2). Spannungen, die durch Warmumformen, Urformen oder spanende Bearbeitung entstanden sind, können durch **Spannungsarmglühen** weitgehend abgebaut werden. Dabei werden Gitterfehler beseitigt. Kristallgitter, die durch eine Kaltumformung stark verzerrt sind, bilden sich durch **Rekristallisationsglühen** neu. Beim **Weichglühen** wird z.B. Stahl längere Zeit auf hoher Temperatur gehalten, damit möglichst große Körner entstehen. Das Gegenteil soll beim **Normalglühen** erreicht werden, nämlich ein feinkörniges Gefüge durch kurze Haltezeit. Ungleiche Legierungskonzentrationen lassen sich durch **Diffusionsglühen** besser verteilen.

1.3 Metallischer Aufbau

Härten

> Beim Härten wird Stahl auf eine Temperatur oberhalb der G-S-K-Linie erwärmt, eine Zeitlang auf Temperatur gehalten und nachfolgend rasch abgekühlt.

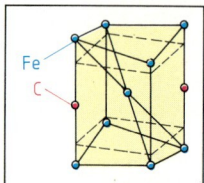

Bild 1 Martensitgitter, α-Eisen verspannt

Die Löslichkeit für Fremdatome ist im kubisch flächenzentrierten Austenit sehr viel größer als im kubisch raumzentrierten Ferrit. Bei der langsamen Abkühlung ist genügend Zeit, den Kohlenstoff aus den sich bildenden Ferritkristallen zu drängen. Erfolgt die Abkühlung jedoch schneller, so werden Kohlenstoffatome im Ferritgitter festgehalten. In der Raummitte ist nun kein Platz mehr. Sie werden an den Würfelkanten eingebaut, wo sehr viel weniger Raum vorhanden ist (Bild 1). Die Folge ist eine erhebliche Verspannung des Kristallgitters. Diese Gitterform wird **Martensit** genannt. In diesem Härtegefüge ist eine Verschiebung der Atome auf den Gleitebenen stark behindert. Das macht den Werkstoff hart und spröde. Je nach Kohlenstoffgehalt und Abkühlungsgeschwindigkeit lassen sich unterschiedliche Härtesteigerungen erreichen. Unlegierter Stahl wird beim Härten auf eine Temperatur von ca. 50 °C oberhalb der Linie G-S-K gebracht. Dann wird in Wasser oder Öl abgeschreckt. Bewegung des Werkstücks verhindert, daß durch Dampfblasenbildung weiche Stellen an der Oberfläche auftreten. Legierungszusätze können die **kritische Abkühlungsgeschwindigkeit**, die gerade noch zur Martensitbildung führt, verändern. So gibt es Stähle, die schon bei Abkühlung an der Luft Härtegefüge bilden. Auch die **Durchhärtbarkeit** wird beeinflußt, da die Abkühlung im Inneren eines dicken Werkstücks langsamer vor sich geht (Bilder 2 und 3).

Bild 2 Schliffbild eines durchgehärteten Werkstückes

Anlassen

> Anlassen ist das Erwärmen und Halten eines Stahls auf einer Temperatur von 200 bis 400 °C mit nachfolgender langsamer Abkühlung.

Die rasche Abkühlung, die zur Ausbildung des Härtegefüges notwendig ist, bringt neben der erwünschten Härtesteigerung auch eine meist unerwünschte Versprödung des Werkstoffs mit sich. Abhilfe schafft hier ein nochmaliges Erwärmen auf ca. 200 bis 400 °C. Die Beweglichkeit der Atome wird dadurch erhöht. Es erfolgt ein Abbau der Spannungsspitzen, ohne daß das Gitter umgewandelt wird. Ein Teil der Härtesteigerung geht verloren. Die Festigkeit wird allerdings wesentlich verbessert, da der Werkstoff nicht mehr so spröde ist. Durch unterschiedliche Anlaßtemperaturen und -zeiten lassen sich Härtegrad und Festigkeit je nach Bedarf erreichen.

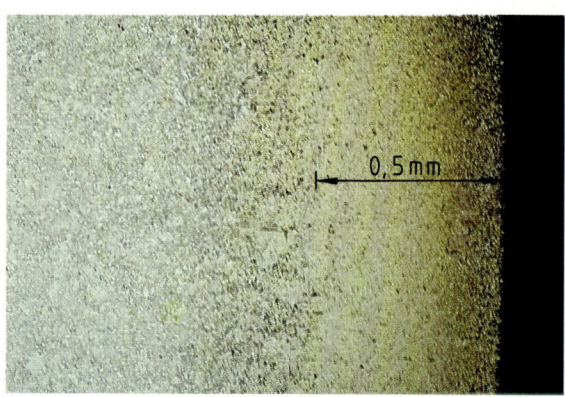

Bild 3 Schliffbild eines randschichtgehärteten Werkstückes

Vergüten

> Vergüten nennt man das Härten eines Stahls mit nachfolgendem Anlassen bei einer Temperatur von 500 bis 700 °C.

Das Wärmebehandlungsverfahren Vergüten wird bei Stählen angewendet, die fest und doch zäh sein sollen. Nach dem Härtevorgang wird deshalb auf eine höhere Temperatur erwärmt.

1.3.2 Eisenwerkstoffe

Eisen ist der wichtigste Werkstoff der ersten Phase des industriellen Zeitalters. Werkzeuge, Waffen und Gebrauchsgegenstände aus Eisen sind jedoch schon seit ca. 5000 Jahren bekannt. Eisen ist nach Aluminium das zweithäufigste Metall auf der Erde. Viele Gesteine und Mineralien sind eisenhaltig. Wirtschaftlich sinnvoll nutzbare Eisenerze sind **Magneteisenstein**, **Roteisenstein** und **Brauneisenstein**. Diese Erze sind chemische Verbindungen des Eisens mit dem Sauerstoff. Außerdem sind viele andere Stoffe als Verunreinigungen enthalten. Mehr und mehr wird aber **Eisenschrott** als Rohstoff eingesetzt. Damit verliert die Verhüttung von Erzen im Hochofen zu Roheisen an Bedeutung. Auch moderne Technologien, bei denen in Schachtöfen durch Gase die Erze direkt, das heißt ohne Schmelzphase, zu Eisenschwamm reduziert werden, gewinnen nur langsam an Bedeutung.

1.3.2.1 Roheisen

Roheisen ist ein kohlenstoffreiches Ausgangsprodukt für die Weiterverarbeitung zu Stahl und Gußeisen.

Es enthält noch sehr viele Verunreinigungen. Die sogenannten **Eisenbegleiter** Schwefel, Phosphor, Mangan, Silizium, Stickstoff und Wasserstoff machen das Roheisen spröde und für eine technologische Anwendung unbrauchbar.

Zur Roheisengewinnung muß den zerkleinerten und gereinigten Eisenerzen der Sauerstoff entzogen werden. Zu dieser Reduktion (Rückführung) ist ein Stoff erforderlich, der den Sauerstoff an sich binden kann. Beim Hochofenprozeß bewirkt dies der Kohlenstoff in Form von **Kokskohle**. Koks ist außerdem in der Lage, durch Verbrennung die notwendige Prozeßwärme zu liefern.

Im Hochofen werden **Eisenerze** zu **Roheisen** reduziert und Kohlenstoff zu Kohlenmonoxid und Kohlendioxid oxidiert (Bild 2). Dies nennt man Redoxvorgang. Dazu setzt man außer den Erzen und Koks auch noch weitere **Zuschläge**, vor allem Kalk, ein. Damit wird ein Teil der Verunreinigungen in der leichten, dünnflüssigen **Schlacke** gebunden, die sich über der schwereren Roheisenschmelze absetzt. Ein Hochofen muß kontinuierlich mehrere Jahre lang beschickt werden. Bei einer Unterbrechung und der damit verbundenen Abkühlung wird er unbrauchbar. Der Durchsatz des eingebrachten Guts von oben nach unten dauert ca. 8 bis 14 Stunden.

Alle 2 bis 6 Stunden wird zunächst die oben schwimmende Schlacke abgestochen, das heißt, eine verstopfte Öffnung wird aufgebohrt. Anschließend erfolgt der Roheisenabstich (Bild 3). Hochofenprodukte sind die Schlacke, die als Granulat im Tiefbau und in der Zementindustrie verwendet wird, das giftige, brennbare Gichtgas, das aufgefangen und zur Winderhitzung verwendet wird, und das Roheisen. Manganreiches (weißes) **Stahlroheisen** wird zu Stahl veredelt, siliziumreiches (graues) **Gießereiroheisen** wird zu Gußeisen verarbeitet.

3 Roheisenabstich an einer Hochofenanlage

1.3.2.2 Stahl

Ein Meßschieber (Bild 4) muß formstabil und korrosionsbeständig sein. Er soll bei einem unbeabsichtigten Stoß nicht unbrauchbar werden. Als Werkstoff kommt ein legierter korrosionsbeständiger Werkzeugstahl mit Chrom- und Vanadiumzusatz in Frage.

1 Erzbunker und Hochofenanlage

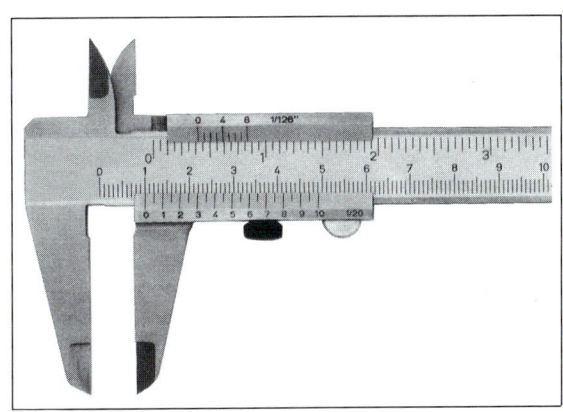

2 Prinzip einer Hochofenanlage

4 Rostgeschützter Meßschieber

1.3 Metallischer Aufbau — 1.3.2 Eisenwerkstoffe

Bei einer Welle, z.B. der Hauptspindel (Bild 1), sind vor allem die Festigkeitseigenschaften von Bedeutung. Selbst die Rostanfälligkeit spielt nur eine untergeordnete Rolle, denn im Ölnebel besteht nur geringe Korrosionsgefahr. Die Welle muß eine große Oberflächenhärte haben, im Kern aber zäh sein. Dafür kann ein Einsatz- oder ein Vergütungsstahl mit entsprechender Wärmebehandlung verwendet werden.

> Stahl ist ein Eisenwerkstoff mit einem Kohlenstoffgehalt bis ca. 2%.

Nach der **Anwendung** lassen sich Bau- und Werkzeugstähle unterscheiden. **Baustähle** sind Werkstoffe für Hoch-, Tief- und Maschinenbau. **Werkzeugstähle** werden bei Werkzeugen zum Ur- und Umformen, Fügen und Trennen sowie als Prüfmittel eingesetzt.

Nach **Reinheit** kann man **Grundstähle**, **Qualitätsstähle** und **Edelstähle** unterscheiden. Nur Qualitäts- und Edelstähle sind für Härteverfahren geeignet. Edelstähle zeichnen sich durch einen besonders niedrigen Gehalt an Phosphor und Schwefel aus.

Teilt man Stähle nach der **Zusammensetzung** ein, kann man **unlegierte** Stähle, **niedriglegierte** Stähle (Legierungsbestandteile unter 5%) und **hochlegierte** Stähle unterscheiden.

Stahl ist ein universell einsetzbarer Werkstoff, der sich durch Zusätze von Legierungselementen, bzw. durch geeignete Wärmebehandlung in seinen Eigenschaften verändern und den Anforderungen anpassen läßt (Bild 2).

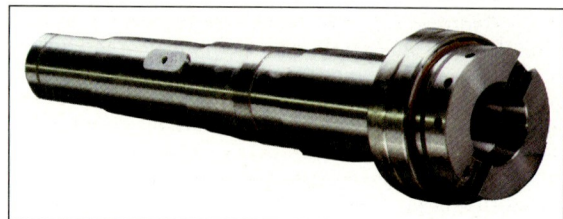

1 Hauptspindel einer Werkzeugmaschine

Legierungselemente	Festigkeit	Härte	Dehnung	Korrosionsbeständigkeit	Zähigkeit	Zerspanbarkeit	Schmiedbarkeit	Schweißbarkeit
Chrom	+	+	−	+	−	−		
Kobalt	+	+	−					
Kohlenstoff	+	+	−	+	−	−	−	−
Mangan	+	+				−		
Molybdän	+	+	−		+	−	−	
Nickel	+	+	+	+	+	−		
Phosphor	+						−	
Schwefel		+			−	+		
Stickstoff	+	+						
Silizium	+	+	−		−	−		
Vanadium	+	+	−		+	−		
Wolfram	+	+	−	+		−		

2 Einflüsse von Legierungselementen auf Stahleigenschaften

Stahlerzeugung

Als Rohstoff für die Stahlerzeugung ist neben dem Stahlroheisen vor allem die Wiederverwendung (Recycling) von Schrott von Bedeutung. Um die gewünschte Stahlzusammensetzung zu erreichen, müssen aus dem Ausgangsmaterial einige unerwünschte Stoffe entfernt werden (Frischen), andere Legierungsbestandteile kommen dazu.

Massenstähle werden mit dem **Sauerstoffblasverfahren** hergestellt. Dabei wird Sauerstoff in die Schmelze geblasen (Bild 3). Je nach Temperatur und Blasdauer werden dabei die Stahlbegleiter durch den Sauerstoff verbrannt. Sie entweichen entweder als Abgas oder werden in der Schlacke gebunden. Die Temperatur der Schmelze steigt dabei ständig an. Zur **Kühlung** muß fester **Stahlschrott** eingebracht werden, da bei Überhitzung die Rohstahlschmelze wieder mit dem Sauerstoff reagiert. Sind die unerwünschten Bestandteile so weit wie nötig entfernt, wird abgegossen. Dabei werden die zusätzlichen Legierungselemente eingebracht, bis die geforderte Zusammensetzung erreicht ist.

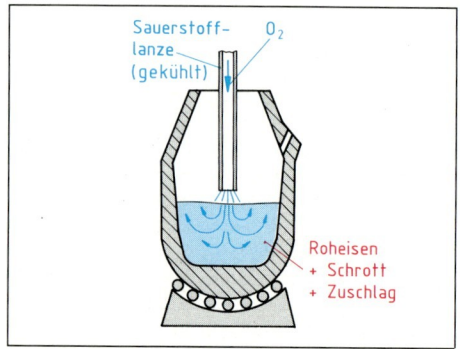

3 Sauerstoffblasanlage, L-D Konverter (nach dem Verfahren der Eisenwerke Linz-Donawitz)

Bessere Stahlqualitäten werden im **Elektro-Lichtbogenofen** (Bild 1) erzeugt. Dabei werden vor allem feste Ausgangsstoffe, wie ausgewählter Stahlschrott, aber auch Rohstahl, aus dem Sauerstoffblasverfahren durch die hohen Temperaturen eines elektrischen Lichtbogens aufgeschmolzen. Durch die Temperaturen bis 3500 °C verbrennen die unerwünschten Stahlbegleiter mit dem Sauerstoff, der an den Rost im Schrott gebunden ist, bzw. aus der Umgebungsluft kommt. Eine Füllung ergibt bis 300 t Qualitäts- oder Edelstahl.

Sollte die gewünschte Zusammensetzung noch nicht erreicht sein, können im **Induktionsofen** (Bild 2) eine oder mehrere Füllungen umgeschmolzen werden. Durch Induktionsstrom wird der Stahl nochmals aufgeschmolzen, und weitere Legierungsbestandteile können eingebracht werden. Ausgewählte Rohstähle lassen sich so mischen, daß sich die geforderte Zusammensetzung ergibt. Diese Umschmelzprozesse müssen gelegentlich mehrmals durchlaufen werden, was den Preis für solche Spezialstähle in die Höhe treibt.

Im flüssigen Rohstahl sind noch Gase gelöst, die beim Erstarren als Blasen aufsteigen und den Gefügeaufbau stören. Wird solcher Rohstahl in Kokillen abgegossen, ist die Verteilung der Legierungselemente ungleichmäßig (Seigerungen). Es können durch die Gasblasen Hohlräume entstehen. Solchen Stahl nennt man unberuhigt. Um beruhigten Stahl zu erhalten, wird die Rohstahlschmelze vor dem Abguß in speziellen Gefäßen entgast. Das heißt, gelöster Stickstoff und Wasserstoff werden durch Unterdruck entzogen (Vakuumverfahren). Der Sauerstoff läßt sich dadurch nur schlecht entfernen. Er kann durch Zusätze gebunden werden, die Oxide bilden.

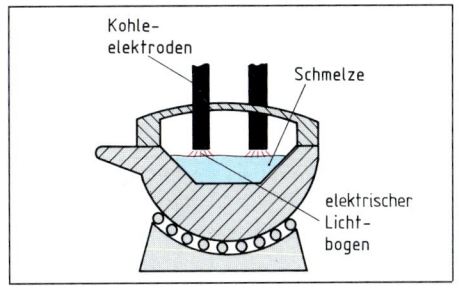

1 Elektro-Lichtbogenofen

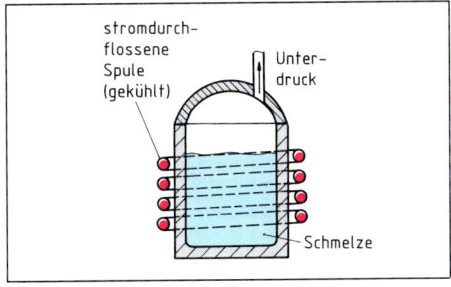

2 Elektro-Induktionsofen

Normungsbeispiele für Stahl

Aus Stahl kann durch Gießen ein Werkstück hergestellt werden, das eventuell nur noch wenig nachgearbeitet werden muß. Durch Walzen werden vorgegossene Rohblöcke zu Blechen oder Profilen umgeformt, die dann mit anderen Fertigungsverfahren zu einsatzfähigen Werkstücken verarbeitet werden.

Für die verschiedenen Einsatzbereiche werden ganz bestimmte Stahlsorten und Lieferformen gebraucht. Um diese genau zu bezeichnen, muß eine einheitliche Absprache zwischen Stahlerzeuger und Anwender bestehen. Es muß z.B. festgelegt werden, welche Zusammensetzung und welche Eigenschaften eine Stahlsorte hat. Dies ist in **Normen** geregelt. Angepaßt an die moderne Datenverarbeitung wurde ein System von Werkstoffnummern nach **DIN 17007** entwickelt.

Die siebenstelligen Nummern kann man in drei Abschnitte unterteilen. Die erste Stelle ist das Kurzzeichen für die **Werkstoffhauptgruppe** (Bild 3). Es folgt eine vierstellige Sortennummer, deren ersten beiden Ziffern die **Sortenklasse** (Bild 4) bezeichnen, die beiden weiteren sind Zählnummern. Die beiden letzten Ziffern heißen **Anhängezahlen**. Damit werden Herstellungsart und Weiterbehandlung angegeben (Bild 5).

Werkstoffhauptgruppen nach DIN 17007	
0	Roheisen und Ferrolegierungen
1	Stahl
2	Nichteisen-Schwermetalle
3	Nichteisen-Leichtmetalle
4...8	Nichtmetallische Werkstoffe
9	freie Kennzahl

3

Sortenklassen Hauptgruppe 1 nach DIN 17007	
01...02	allgem. unlegierter Baustahl
03...07	Qualitätsstähle unlegiert
08...09	Qualitätsstähle legiert
10	Sonderstähle
11...12	Baustähle
15...18	Werkzeugstähle unlegiert
20...28	Werkzeugstähle legiert
32...33	Schnellarbeitsstähle
34	Verschleißfeste Stähle
35	Wälzlagerstähle
40...45	Nichtrostende Stähle
47...48	Hitzebeständige Stähle
59...84	Baustähle
85	Nitrierstähle
88	Hartlegierungen

4

Anhängezahlen Hauptgruppe 1 nach DIN 17007		
	6. Stelle	7. Stelle
0	unbestimmt	beliebige Behandlung
1	Thomasstahl unberuhigt	normalgeglüht
2	Thomasstahl beruhigt	weichgeglüht
3	sonstige Art unberuhigt	wärmebehandelt gut zerspanbar
4	sonstige Art beruhigt	zähvergütet
5	S-M Stahl unberuhigt	vergütet
6	S-M Stahl beruhigt	hartvergütet
7	O_2 Blasstahl unberuhigt	kaltverformt
8	O_2 Blasstahl beruhigt	federhart kaltverformt
9	Elektrostahl	behandelt nach bes. Angaben

5

1.3 Metallischer Aufbau — 1.3.2 Eisenwerkstoffe

Weiter gibt es eine **Euronorm**, die sich bisher noch nicht durchgesetzt hat. Nach **DIN 17006** (teilweise zurückgezogen, aber dennoch meist angewendet) wurden die Stahlbezeichnungen in einen **Herstellungs-, Zusammensetzungs-** und **Behandlungsteil** getrennt.

Im Zusammensetzungsteil der **einfachen Baustähle** steht die **Mindestzugfestigkeit** (Kurzzeichen R_m). Dies ist die höchste Zugbelastung, die der Stahl pro mm² Querschnitt ohne Bruch aushält. Beispielsweise wird mit St 37 ein allgemeiner Baustahl mit $R_m = 370$ N/mm² bezeichnet. Das bedeutet, daß die Zahl hinter St mit 10 multipliziert die Mindestzugfestigkeit in N/mm² angibt. Davor kann im Herstellungsteil z.B. noch eine Angabe über die Erschmelzungsart oder die Art des Abgusses stehen (Bild 1). Am Ende kann noch eine Güteklasse oder eine Gewährleistungsgarantie angegeben werden. R St 37-2 bedeutet, der Stahl wurde beruhigt vergossen und hat die Güteklasse 2. Daraus lassen sich beispielsweise Abdeckbleche einer Werkzeugmaschine fertigen.

Unlegierte Qualitäts- oder **Edelstähle** (weniger als 1% Legierungselemente) werden im Zusammensetzungsteil nach dem Buchstaben C mit dem **Kohlenstoffanteil** in $^1/_{100}$% bezeichnet. Bei Werkzeugstählen steht dahinter ein W und die Güteklasse.

Eine Körnerspitze könnte z.B. aus C 80 W1 gefertigt sein. Dies ist ein unlegierter Werkzeugstahl mit 0,8% Kohlenstoff der Güteklasse 1. Danach können noch Angaben über die Behandlung folgen (Bild 2).

Bei **niedrig legierten Stählen** (bis 5% Legierungsbestandteile) steht im Zusammensetzungsteil am Anfang der **Kohlenstoffgehalt**, dann folgen die **chemischen Kurzzeichen** der Legierungselemente in der Reihenfolge ihrer Anteile. Danach werden die Anteile in gleicher Reihenfolge angegeben, allerdings nicht direkt mit der Prozentzahlen, sondern durch sogenannte **Multiplikatoren** (Bild 3) berechnete Schlüsselzahlen. Der Werkstoff einer Getriebewelle könnte 16 Mn Cr 5 heißen. Das ist ein niedriglegierter Stahl mit 0,16% Kohlenstoff $^5/_4$% = 1,25% Mangan und nicht genannte Anteile an Chrom (kleiner als 1%).

Hochlegierte Stähle sind durch ein vorangestelltes X gekennzeichnet. Nach den **chemischen Kurzzeichen** folgen in gleicher Reihenfolge die **direkten Prozentangaben** der Legierungselemente. Ein rostfreier Stahl z.B. für einen Haltegriff könnte X 12 Cr Ni 18 8 heißen. Er enthält 0,12% Kohlenstoff, 18% Chrom und 8% Nickel.

Lieferformen für Stahl sind z.B. Bleche, Drähte, Bänder, Rohre, Stabstahl und Formstahl. Diese halbfertigen Produkte nennt man **Halbzeuge**. Sie sind in unterschiedlichen Normen nach Maßen und Lieferzustand festgelegt (Bild 4). Sie werden durch Umformen wie Walzen oder Ziehen hergestellt. Halbzeuge sind in vielen Fällen das Ausgangsmaterial für die Fertigung. Auf Konstruktionszeichnungen sind im Schriftfeld Halbzeugangaben zu finden. Solche Angaben bestehen aus Halbzeugart (evtl. Kurzzeichen, Bild 5), DIN-Nummer, Maßangabe, zulässigen Abweichungen, Behandlungszustand und Werkstoff. Die Reihenfolge ist je nach Norm unterschiedlich.

Bezeichnungsbeispiele:

Fl 16 × 8 DIN 174 – St 37-2 K

Sechskantstahl 12 DIN 176 – 9 S 20 K

Vierkantstahl 20 DIN 178 – St 37-2 K

Rd DIN 671 – St 50-2 K – 40

Bd 0,80 P × 450 GK × 2150 PS DIN 1544 – Ck 60

Bl DIN 1541 – St 13 0 5 g – 0,80 × 1000 GK × 3000

Ro DIN 2391 – C – St 35 NBK 100 × D 94

L DIN 59370 – St 37-2 K – S 12 × 2

Dr DIN 177 – D5-2 blank – 2,5

[-Profil DIN 1026 – St 37-2 – [200

I-Profil DIN 1025 – St 44-2 – I 120

IPB-Profil DIN 1025 – St 52-3 – IPB 200

Herstellungsteil (Auswahl) nach DIN 17006	
A	alterungsbeständig
E	Elektrostahl
G	gegossen
I	Elektrostahl (induktiv)
M	Siemens-Martin Stahl
Q	kaltstauchbar
R	beruhigt vergossen
S	schmelzschweißbar
U	unberuhigt vergossen
Y	Sauerstoffaufblasstahl

1

Behandlungsteil (Auswahl) nach DIN 17006	
A	angelassen
E	einsatzgehärtet
G	weichgeglüht
g	glatt
H	gehärtet
K	kaltverformt
N	normalgeglüht
NT	nitriert
S	spannungsarmgeglüht
V	vergütet

2

Multiplikatoren für niedrig legierte Stähle nach DIN 17006			
Aluminium (Al)	10	Nickel (Ni)	4
Beryllium (Be)	100	Niob (Nb)	10
Blei (Pb)	10	Phosphor (P)	100
Cer (Ce)	100	Schwefel (S)	100
Chrom (Cr)	4	Silicium (Si)	4
Kobalt (Co)	4	Tantal (Ta)	10
Kupfer (Cu)	10	Titan (Ti)	10
Mangan (Mn)	4	Vanadium (V)	10
Molybdän (Mo)	10	Wolfram (W)	4
Stickstoff (N)	100	Zirkonium (Zr)	10

3

Halbzeugnormen (Auswahl)	
Bänder	DIN 1016, DIN 1544, DIN 1623
Bleche	DIN 1016, DIN 1541, DIN 1543, DIN 1623, DIN 17155
Rohr	DIN 2391, DIN 2410, DIN 1629, DIN 2458, DIN 2394
Drähte	DIN 177, DIN 2078, DIN 17223
Flachprofil	DIN 174, DIN 1017, DIN 59200
I-Profil	DIN 1025
Rundprofil	DIN 668, DIN 1013, DIN 59130
Sechskantprofil	DIN 176, DIN 1015
T-Profil	DIN 1024, DIN 59051
U-Profil	DIN 1026
Vierkantprofil	DIN 178, DIN 1014
Winkelprofil	DIN 1022, DIN 1028, DIN 1029, DIN 59370

4

Kurzzeichen für Halbzeugprofile			
Band	Bd	Rohr	Ro
Blech	Bl	Rundprofil	Rd
Draht	Dr	T-Profil	T
Flachprofil	Fl	U-Profil	[
I-Profil	I	Winkelprofil	L

5

1.3.2.3 Gußeisen

Viele Unterteile von Werkzeugmaschinen (Bild 1) werden aus Gußeisen hergestellt. Die komplizierte Form muß nur an den Verbindungsstellen nachgearbeitet werden. Das Material ist druckfest, steif und schwingungsdämpfend. Hierzu eignet sich besonders **Gußeisen mit Lamellengraphit** (lamellarer Grauguß, Kurzzeichen GG oder GGL). Hierbei ordnet sich der Kohlenstoff in Lamellen oder Blättchen an, die schwingungsdämpfend wirken und die Zugfestigkeit verringern (Bild 2).

Beispiel:
GG-35: Gußeisen mit Lamellengraphit,
$R_m = 350$ N/mm², Werkstoffnummer: 0.6035

GGL-NiMn 13-7: Hochlegiertes Gußeisen mit Lamellengraphit, ca. 13% Ni, ca. 7% Mn, Werkstoffnummer: 0.6652

> Gußeisen ist ein Eisenwerkstoff mit einem Kohlenstoffgehalt über 2%, der einmal erstarrt, ohne Wärmebehandlung nicht mehr mechanisch umformbar ist

Werkstücke werden aus Gußeisen hergestellt, wenn hohe Druckfestigkeit verlangt wird und komplizierte geometrische Formen eine andere Fertigung unwirtschaftlich machen (z.B. Maschinenunterteile und -gehäuse). Auch einfachere Formen (z.B. Kanaldeckel) werden gegossen, wenn eine große Stückzahl gefertigt werden soll. Der relativ hohe Kohlenstoffgehalt sorgt für einen niedrigen Schmelzpunkt, gutes Fließverhalten und große Härte bei geringer Dehnung. Gußeisen rostet kaum und ist nur schlecht schweißbar. Einfaches Gußeisen wird im **Kupolofen** erzeugt, der ähnlich wie der Hochofen aufgebaut ist. Als Ausgangsstoffe dienen Gießereiroheisen, Guß- und Stahlschrott, Zuschläge und Koks. Dabei wird je nach Anteil die erwünschte Zusammensetzung erreicht. Bessere Gußqualitäten werden überwiegend im **Elektroofen** erschmolzen.

Bei hochbeanspruchten Werkstücken aus Gußeisen, wie z.B. bei einem Pumpenrotor (Bild 3), muß der Werkstoff höhere Festigkeiten aufweisen. **Gußeisen mit Kugelgraphit** (Späroguß, globularer Grauguß, Kurzzeichen GGG) ist dafür geeignet. Der Kohlenstoff ist in diesem Gußwerkstoff kugelförmig geformt (Bild 4). Dies verbessert die Festigkeitseigenschaften.

Beispiel:
GGG-50: Gußeisen mit Kugelgraphit, $R_m = 500$ N/mm², Werkstoffnummer: 0.7050

GGG-NiCr 20-3: Gußeisen mit Kugelgraphit, ca. 20% Ni, ca. 3% Cr, Werkstoffnummer: 0.7661

Im **Hartguß** (Kurzzeichen GH, nicht genormt) kommt der Kohlenstoff vor allem in Verbindung mit dem Eisen als Eisenkarbid vor, ein sehr harter Gefügebestandteil, der den Werkstoff sehr verschleißfest macht. Hartguß wird z.B. für harte Platten, Walzen, Kugeln in Steinmühlen verwendet.

Temperguß ist ein durch Wärmebehandlung zäh gewordenes Sondergußeisen. Es ist nach dem **Tempern** in Grenzen mechanisch verformbar. Je nach Behandlung unterscheidet man weißen Temperguß (Kurzzeichen GTW), bei dem der Kohlenstoffgehalt in der Randzone verringert ist. Beim schwarzen Temperguß (Kurzzeichen

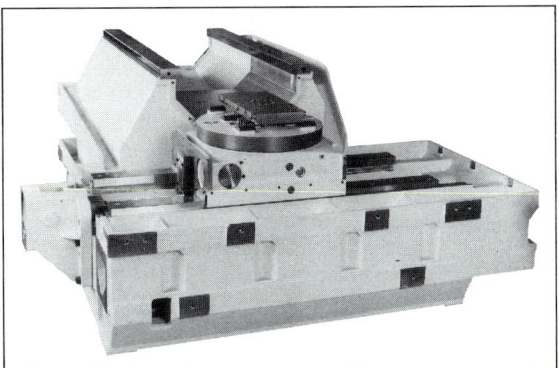

1 Maschinenunterteile für Werkzeugmaschinen

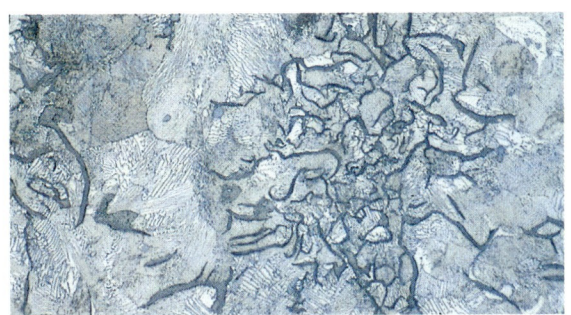

2 Gußeisen mit lamellenförmigem Graphit im Gefüge

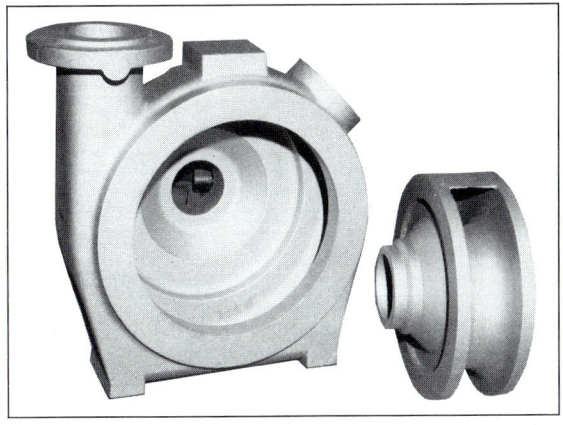

3 Gehäuse und Rotor für eine Schmutzwasserpumpe

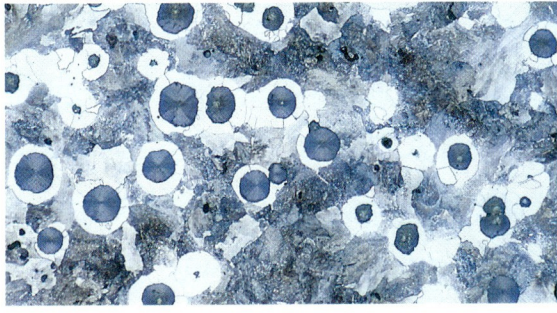

4 Gußeisen mit kugelförmigem Graphit im Gefüge

GTS) bildet der Kohlenstoff eigene Bestandteile (Temperkohle). Aus Temperguß werden vielerlei Werkstücke gefertigt, wie Handräder, Hebel, Flügelschrauben und andere Formstücke.

Beispiel:

GTW-40-05: Weißer Temperguß, $R_m = 400$ N/mm², 5% Dehnung, Werkstoffnummer: 0.8040

GTS-55-04: Schwarzer Temperguß, $R_m = 550$ N/mm², 4% Dehnung, Werkstoffnummer: 0.8155

Stahlguß (Kurzzeichen GS) ist in Formen gegossener Stahl, also kein Gußeisen nach obiger Definition.

Beispiel:

GS-60: Stahlguß, $R_m = 600$ N/mm², Werkstoffnummer: 1.0558

GS-22 Mo 4: Niedrig legierter Stahlguß, 0,22% C, 0,4% Mo, Werkstoffnummer: 1.5419

1.3.3 Nichteisenmetalle

Neben Eisen sind vor allem die Leichtmetalle (Dichte bis 5 kg/dm³) als Konstruktionswerkstoffe wichtig. Sie gewinnen an Bedeutung im Fahrzeugbau auf Straße und Schiene sowie in Luft- und Raumfahrt. Die Bezeichnungen für Nichteisenmetalle sind nach **DIN 1700** genormt. Eine Dreiteilung ist wieder nach **Herstellungs-, Zusammensetzungs-** und **Behandlungsteil** (Bilder 1 und 2) vorgenommen. Im Zusammensetzungsteil steht bei unlegierten Stoffen nach dem chemischen Kurzzeichen der Reinheitsgrad. Bei Legierungen folgen dem Grundelement die chemischen Kurzzeichen der Legierungsstoffe mit %-Angabe.

Herstellungsteil (Auswahl) nach DIN 1700			
G	Guß allgemein	GZ	Schleuderguß
GD	Druckguß	L	Lot
GK	Kokillenguß	Lg	Lagermetall

1

Behandlungsteil nach DIN 1700			
R	Reinstwerkstoff	g	geglüht
F	Festigkeitskennzahl	ho	homogenisiert
HV	Vickershärte	p	gepreßt
a	ausgehärtet	pl	plattiert
ka	kaltausgehärtet	wh	gewalzt
wa	warmausgehärtet	zh	gezogen

2

Beispiel:

G-Al Si 12 ka: Aluminium-Gußlegierung mit 12% Silizium, kalt ausgehärtet, Werkstoffnummer: 3.2581.61

Al 99,5: Reinaluminium mit maximal 0,5% Verunreinigungen

Cu Zn 40: Kupferknetlegierung (Messing) mit 40% Zink, Werkstoffnummer: 2.0360

L-Zn Cu 42: Zinnlot mit 42% Kupfer

1.3.3.1 Aluminium und Aluminiumlegierungen

Was wäre die moderne Luftfahrt ohne den Werkstoff Aluminium? Nicht nur die Außenhaut von Großraumflugzeugen (Bild 3), sondern auch die tragenden Elemente im Inneren sind aus Aluminiumlegierungen. Reines Aluminium ist leicht, weich, sehr gut verformbar und hat gute Korrosionsbeständigkeit. Das liegt daran, daß Aluminium auf der Oberfläche eine dichte Schutzschicht (Oxidhaut) bildet, die weitere Korrosion verhindert. Wegen seiner guten Leiteigenschaften bei günstigen Materialkosten wird es auch in der Elektrotechnik eingesetzt. In der Verpackungsindustrie schätzt man das geschmacksneutrale Verhalten und die Möglichkeit, es zu dünnen Folien mit guter Festigkeit zu walzen.

3 Großraumflugzeug

Durch Legieren mit anderen Stoffen lassen sich Festigkeitseigenschaften erreichen, die mit einfachen Stählen zu vergleichen sind. Aluminium und seine Legierungen sind schweißbar und gut zerspanbar. Das alles sind Eigenschaften, die im Fahrzeugbau sehr erwünscht sind; vor allem, wenn sie gepaart sind mit geringer Dichte und damit geringer zu bewegender Masse.

Während viele Metalle schon Jahrtausende Anwendung finden, gewann das Aluminium erst im vergangenen Jahrhundert an Bedeutung, obwohl es das häufigste Metall auf der Erde ist. Erst seit der Jahrhundertwende ist Aluminium in größeren Mengen herstellbar und damit als Konstruktionswerkstoff einzusetzen. Dies liegt daran, daß zur großtechnischen Herstellung **elektrische Energie** in erheblichem Umfang benötigt wird.

Aluminiumherstellung

Ausgangsstoff für die Aluminiumgewinnung ist das **Bauxit**, ein Mineral mit einem großen Gehalt an **Aluminiumoxid** (Al_2O_3). Das Bauxit wird zunächst aufbereitet und das Aluminiumoxid durch chemische und physikalische Trennverfahren herausgelöst. Es entsteht ein trockenes Pulver aus reinem Aluminiumoxid, die **Tonerde**.

Elektrolyse

> Elektrolyse nennt man das chemische Trennen (Zersetzen) von Stoffen mit Hilfe des elektrischen Stroms.

1.3 Metallischer Aufbau   1.3.3 Nichteisenmetalle

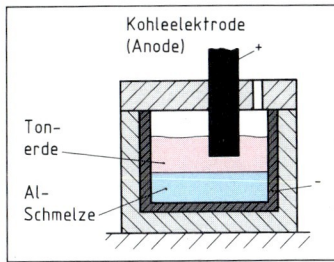

1 Aufbau eines Elektrolyseofens

2 Elektrolysehalle eines Aluminiumwerkes

Der Strom zersetzt die Tonerde in **Elektrolyseöfen** (Bilder 1 und 2) zu Aluminium und Kohlenoxidgas. Das flüssige Aluminium setzt sich unten ab. Mit Unterdruckgefäßen wird es abgesaugt. Der Energiebedarf zur Aluminiumerzeugung ist sehr hoch. Für eine Tonne Aluminium werden 14 000 kWh benötigt. Die Standortentscheidung für ein Aluminiumwerk hängt deshalb vor allem von der Verfügbarkeit und dem Preis der elektrischen Energie ab.

Die Festigkeit von Aluminium wird durch Legieren mit anderen Stoffen gesteigert. Diese Stoffe bilden beim Erstarren schwer verformbare Mischkristalle. Die wichtigsten Legierungselemente sind Cu, Si, Mg, Zn. In **aushärtbaren** Legierungen entmischen sich die Stoffe und bilden eigene harte Kristalle. Diese Entmischung findet auch bei niedrigen Temperaturen statt (Altern). Durch Lagern bei erhöhter Temperatur wird der Prozeß beschleunigt (künstliches Altern). Die legierten Aluminiumwerkstoffe werden eingeteilt in **Knetlegierungen** für die Umformung und in **Gußlegierungen** mit guten Gießeigenschaften (Bild 3).

Aluminiumknetlegierungen (Auswahl nach DIN 1725T1)		Aluminiumgußlegierungen (Auswahl nach DIN 1725T2)	
Al Mn 1	Niete, Schrauben	G-Al Si 2	dünnwandige Gußteile
Al Mn 1 Mg 1	Konservendosen, Verpackungen	G-Al Si 6 Cu 4	Zylinderköpfe
Al Mg Si 1	E-Technik, Profile	GD-Al Mg 9	Büro- und Haushaltsgeräte
Al Cu Mg 1	Niete, Flugzeugbau, Maschinenbau	G-Al Si 9 Mg	dünnwandige, zähe Gußteile
Al Zn 4,5 Mg 1	Schweißkonstruktionen	G-Al Cu 4 Ti	hochfeste, einfache Gußteile

3 Beispiele für Aluminiumlegierungen

1.3.3.2 Kupfer und Kupferlegierungen

Kupfer ist vor allem als Werkstoff für die Elektro- und Installationstechnik bekannt. Seit einigen tausend Jahren wird das Kupfer mit seinen Legierungen als Werkstoff genutzt. Nach einer Kupfer-Legierung mit Zinn, der Bronze, wurde ein ganzes Zeitalter benannt. Auch die Legierung mit Zink, das Messing, ist schon lange bekannt. Beide Bezeichnungen sind nicht genormt. Kupfer gehört zu den **Schwermetallen.** Es ist weich, zäh, gut umformbar und bildet wie das Aluminium eine dichte Schutzschicht (Patina) an der Oberfläche, die gute Korrosionseigenschaften bewirkt. Nach Silber leitet es den elektrischen Strom am besten. Es ist schlecht zerspanbar und unlegiert auch schlecht gießbar. Stoffschlüssiges Verbinden durch Löten und Schweißen ist gut möglich.

Reines Kupfer hat als Werkstoff im Maschinenbau nur geringe Bedeutung. Als Legierungsgrundstoff bietet es jedoch eine große Anwendungsvielfalt. Bereits erwähnt wurden die **Kupfer-Zink-** und die **Kupfer-Zinn**-Legierung. Weitere wichtige Legierungselemente sind Ni, Al, Pb. Kupferlegierungen werden als **Lagerwerkstoffe, Lote, Guß-** und **Knetwerkstoffe** (Bild 4) verwendet.

Kupferknetlegierungen (Auswahl nach DIN 17660)	
Cu Zn 30	Instrumentenbau, Niete
CU Zn 40	Schmiedemessing
Cu Zn 40 Pb 3	Uhrenmessing, Drehteile
Cu Zn 31 Si 1	Lagerbuchsen, Gleitelemente
Cu Sn 6	Federn
Cu Sn 6 Zn 6	Verschleißteile
Cu Ni 18 Zn 19 Pb	Feinmechanik, Optik
Cu Al 9 Mn 2	hochfeste Lagerteile

Kupfergußlegierungen (Auswahl nach DIN 1705)	
G-Cu Sn 12	Schneckenräder, Gelenksteine
G-Cu Sn 12 Ni	Lagerschalen, Laufräder
G-Cu Sn 5 Zn Pb	Wasserarmaturen
G-Cu Sn 2 Zn Pb	dünnwandige Armaturen

Kupferlote (Auswahl nach DIN 8513)	
L-Cu Zn 46	für Stahl, Temperguß, Kupfer
L-Cu Ni 10 Zn 42	für Stahl, Nickellegierungen, Gußeisen
L-Cu Sn 12	für Eisen- und Nickelwerkstoffe

4 Kupfer

1.3.3.3 Sonstige Nichteisenmetalle

Weitere Metalle, die im Maschinenbau in reiner oder legierter Form als Werkstoff eingesetzt werden, sind in folgender Übersicht (Bild 1) mit ihren wichtigsten Stoffeigenschaften aufgeführt.

Magnesium (Mg)	Titan (Ti)	Zink (Zn)	Zinn (Sn)	Blei (Pb)
Leichtmetall, leicht brennbar (Achtung: nicht mit Wasser löschen), Verwendung in Feuerwerkskörpern, Legierungen mit Al und Cu	Bezüglich der Dichte an der Grenze Leicht-/Schwermetall, Festigkeit wie Baustahl, korrosionsfest, zäh, Verwendung im Leichtbau, Luft-, Raumfahrt	Schwermetall, große Wärmedehnung, korrosionsbeständig, giftig, Verwendung als Korrosionsschutzüberzug (Feuerverzinkung), Legierungsmetall mit Cu, Al	Schwermetall, gut umformbar, gießbar, korrosionsbeständig, Besonderheit: Zinnschrei (Geräusch beim Verformen durch Gitterumklappen), Verwendung als Korrosionsschutz (Weißblech), Legierungen, Lote	Schwerstes Gebrauchsmetall, weich, zäh, korrosionsbeständig, giftig, strahlenabsorbierend, Verwendung als Belastungsgewicht, Strahlenschutz, Bauklempnerei, Lagermetall, Farbengrundstoff, Akkumulatoren, Benzinzusatz

1 Auswahl weiterer wichtiger Nichteisen-Metalle

1.4 Nichtmetalle und Verbundstoffe

Neben den Metallen gibt es viele andere Werkstoffe, die auch im Maschinenbau Anwendung finden. **Keramik** ist als Schneidstoff von Bedeutung. Holz, Beton und Stein wird bei Maschinen dagegen nur selten Einsatz finden. **Kunststoffe** und **Verbundwerkstoffe** werden jedoch auch im Maschinenbau zunehmend eingesetzt.

Im Gegensatz zu früheren Zeiten, wo man nahezu ausschließlich aus bekannten Werkstoffen die geeigneten ausgewählt hat, versucht man heute, für bestimmte Einsatzgebiete ganz neue Werkstoffe zu entwickeln, die genau die erforderlichen Eigenschaften besitzen. Viele dieser Neuentwicklungen, z.B. aus der Raumfahrt, sind uns heute schon selbstverständlich (Beschichtungen für Töpfe und Pfannen).

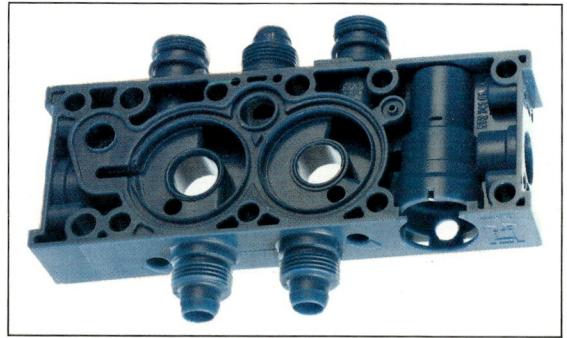

2 Grundkörper für ein Pneumatikventil

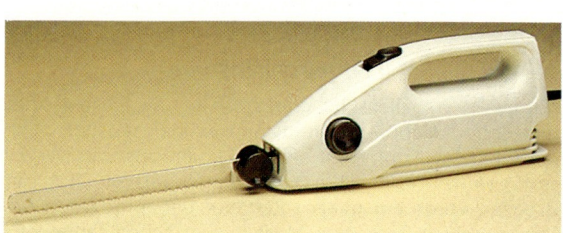

3 Gehäuse einer Küchenmaschine

1.4.1 Kunststoffe

Der Entwicklung in der chemischen Industrie ist eine spezielle Gruppe der Werkstoffe zu verdanken, die Kunststoffe. Die komplizierte Form des Ventilgrundkörpers (Bild 2) läßt sich in **Spritzgußtechnik** sehr günstig in hoher Stückzahl fertigen. Das Material erstarrt formstabil und muß kaum nachgearbeitet werden. Das Gehäuseteil (Bild 3) ist schlagfest und in Grenzen temperaturbeständig. Es läßt sich durch **Formpressen** herstellen.

Erdöl, aber auch **Erdgas** und **Kohle** sind Ausgangsprodukte für die meisten Kunststoffe. Sie sind aus **fadenförmigen Riesenmolekülen** (Makromolekülen) (Bild 4) aufgebaut, die eine filzartige oder netzartige Struktur bilden. Dadurch ergeben sich ihre speziellen Eigenschaften. Kunststoffe, die bei Erwärmung immer wieder zäh fließend verformbar werden, nennt man **Thermoplaste** (Thermomere). Dies begrenzt ihre Anwendung bei höheren Temperaturen. Bei tiefen Temperaturen neigen sie zum Verspröden.

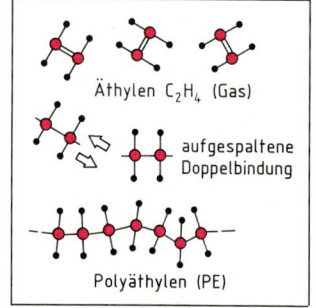

4 Entstehung von Makromolekülen durch Kettenbildung

1.4 Nichtmetalle und Verbundstoffe

1.4.2 Verbundwerkstoffe

Andere Kunststoffe behalten ihre einmal eingenommene Form auch bei Erwärmung. Sie heißen **Duroplaste** (Duromere). Bei noch höheren Temperaturen zersetzt sich der Stoff. Diese Eigenschaften hängen vom Vernetzungsgrad der Makromoleküle ab. Unvernetzt ist der Werkstoff thermoplastisch (Bild 1), stark vernetzt ist er duroplastisch (Bild 3). Bei einer Teilvernetzung entsteht ein gummiartiger **Elast** (Elastomere; Bild 2), der bei hohen Temperaturen schmierig wird, aber nicht verformt werden kann.

Überlegen Sie:

Aus welcher Kunststoffart könnten die Beispielwerkstücke (Bilder 2 und 3, Seite 18) gefertigt sein?

Bei sonst sehr unterschiedlichen Eigenschaften ist allen Kunststoffen gemeinsam, daß sie **schlechte Leiter** für elektrischen Strom und Wärme sind. Sie sind beliebig einfärbbar. Bei normalen Temperaturen sind sie sehr stabil und werden in der Natur kaum abgebaut. Große Wärme zerstört den chemischen Aufbau. Die Zerfallsprodukte stellen teilweise eine erhebliche **Umweltbelastung** dar. Trotzdem steigt ihr Einsatz ständig, da ihre positiven Eigenschaften und ihr Preis die Entscheidung für diesen Werkstoff begünstigen.

Manche Kunststoffe spalten bei der chemischen Aushärtung ein Gas ab, das sie vor dem Erhärten aufschäumen läßt. In andere können Gase eingeblasen werden. So entstehen **Schaumstoffe** als Dämm- oder Polstermaterial. Thermoplaste werden in **Schneckenpressen** oder **Walzgerüsten** zu Endlosprofilen geformt. Durch **Spritzpressen** oder **Spritzgießen** können beliebige Formen gefertigt werden. Elaste und Duroplaste werden durch **Spritzpressen** oder **Formpressen** verarbeitet.

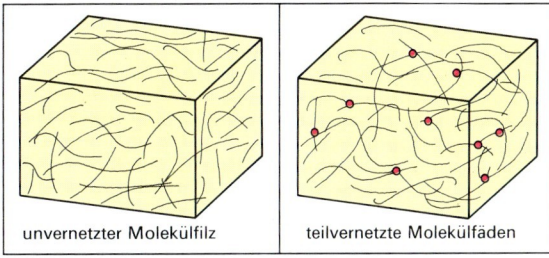

1 Thermoplast, Kunststoff mit unvernetzten Molekülen

2 Elast, Kunststoff mit teilvernetzten Molekülen

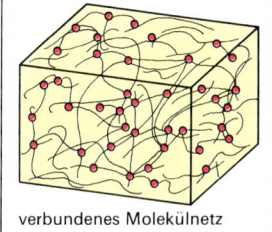

3 Duroplast, Kunststoff mit vernetzten Molekülen

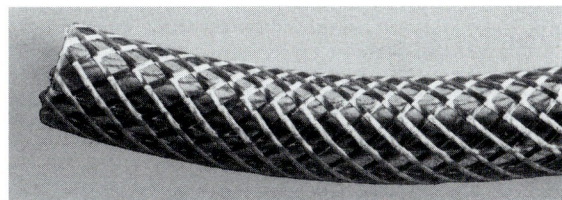

4 Hochdruckschlauch mit Glasfasergewebeeinlage

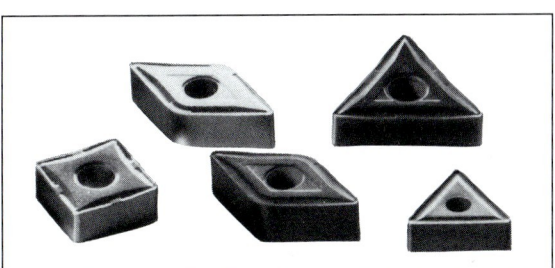

5 Wendeschneidplatten aus Hartmetall und Keramik

1.4.2 Verbundwerkstoffe

Verbundwerkstoffe kombinieren die positiven Eigenschaften unterschiedlicher Werkstoffe. Kunststoffe werden eingesetzt, die beispielsweise durch **Glasfaser-**, **Kohlefaser-** oder **Metalleinlagen** verstärkt werden (Bild 4). Auch Papier- oder Textileinlagen werden als Füllstoff verwendet. Platinen für die Steuerungselektronik sind aus solchen Stoffen gefertigt. Auch Stahlbeton oder Spanplatten gehören zu den Verbundwerkstoffen. Eine andere Gruppe sind die **Sinterwerkstoffe** (Sintern: siehe Kap. 2.1.4). Durch Sintern lassen sich auch zähe metallische Grundstoffe mit harten keramischen Teilchen verbinden (Hartmetalle, Bild 5). Dies macht sie zu idealen **Schneidstoffen**, da sie verschleißfest, hart und doch zäh sind. Als **Wendeschneidplatten** sind sie aus der Zerspanung nicht mehr wegzudenken. Zur weiteren Verbesserung der Schneideigenschaften werden sie oft noch auf der Oberfläche **beschichtet**.

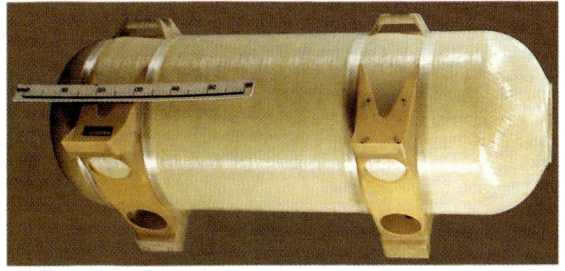

6 Airbus-Wassertank aus glasfaserverstärktem Kunststoff (GFK)

1.4.3 Kühl- und Schmierstoffe

Hilfsstoffe bilden zwar keine Konstruktionselemente, werden aber für die Produktion benötigt. Dazu gehört die wichtige Gruppe der Kühl- und Schmierstoffe.

Schmierstoffe vermindern die Reibung zwischen gleitenden Bauteilen, schützen Oberflächen und leiten Wärme ab. Diese Aufgabe können bei geringen Geschwindigkeiten Fette erfüllen. Bei höheren Geschwindigkeiten kommen dünnflüssigere (niedrigviskose) **Öle** zum Einsatz. Gute Schmierstoffe enthalten **oberflächenaktive Zusätze**, die gefährdete Oberflächen gut gegen Verschleiß schützen. Es gibt natürliche und künstliche (synthetische) Schmierstoffe. Sie müssen druckstabil und beständig bei hohen Temperaturen sein. Sie sollen nicht schäumen und dürfen nur wenig Luft und Wasser aufnehmen.

Kühlstoffe leiten Reibungswärme ab. Dadurch wird eine Zerstörung der Bauteile verhindert. Besonders gut eignet sich hierfür Wasser, da es eine große Wärmeenergiemenge aufnehmen kann. Leider fördert es die Korrosion. Ideal ist deshalb ein Gemisch aus Öl und Wasser (Emulsion). Kühlschmierstoffe schmieren und kühlen entsprechend ihrer Zusammensetzung.

Schmierstoffe und Kühlemulsionen dürfen nicht in die Kanalisation gelangen. Beim Wechseln sind die **Entsorgungsvorschriften** zu beachten, um eine unnötige Wasserverseuchung zu vermeiden.

Übungen

Eigenschaften von Werkstoffen

1. Nach welchen Gesichtspunkten treffen Konstrukteure Entscheidungen für die Werkstoffauswahl?
2. Welche Eigenschaften sind für einen I-förmigen Stahlträger von Bedeutung?
3. Ordnen Sie die zu 2. gefundenen Eigenschaften nach den Gesichtspunkten physikalisch, chemisch, technologisch ein.
4. Unterscheiden Sie die Eigenschaften Festigkeit und Härte.
5. Welche Eigenschaften lassen sich bei einem Zugversuch ermitteln?
6. Unterscheiden Sie plastisches und elastisches Werkstoffverhalten.
7. Wie lassen sich die Belastungsgrenzen für ein Bauteil durch das Kraft-Verlängerungsdiagramm dieses Werkstoffs bestimmen?
8. Welche chemischen Eigenschaften sind bei der Werkstoffauswahl zu beachten?
9. Mit welchen physikalischen Eigenschaften hängt die Zerspanbarkeit eines Werkstoffs zusammen?
10. Mit welchen physikalischen und chemischen Eigenschaften hängt die Schweißbarkeit eines Werkstoffs zusammen?

Metallischer Werkstoffaufbau

11. Wie läßt sich die elektrische Leitfähigkeit der Metalle durch den kristallinen Aufbau erklären?
12. Begründen Sie die Festigkeit und Härte eines Werkstoffs aus ihrem kristallinen Aufbau.
13. Skizzieren Sie die Grundform eines kubisch raumzentrierten und flächenzentrierten Kristallgitters.
14. Begründen Sie das Auftreten von Haltepunkten bei der Abkühlung oder Erwärmung von Metallen.
15. Beschreiben Sie die Verschiebungsvorgänge im Kristall bei der elastischen und plastischen Verformung.
16. Was ist ein Zustandsschaubild?
17. Unterscheiden Sie Mischkristallbildung und Kristallgemischbildung.
18. Nennen Sie Gefügebestandteile, die Ihnen bei Stahl bekannt, mit ihrer Kristallstruktur.
19. Erklären Sie die kristallinen Vorgänge bei der langsamen und bei der schnellen Abkühlung eines untereutektoiden Stahls.
20. Nennen Sie Wärmebehandlungsverfahren bei Stahl und begründen Sie die Eigenschaftsänderungen.

Herstellung und Verwendung von Werkstoffen

21. Beschreiben Sie die Produktionsschritte vom Eisenerz zum Block aus Qualitätsstahl.
22. Erklären Sie folgende Werkstoffbezeichnungen: St 70-2, 20 Mn Cr 5, Ck 15.
23. Nennen Sie Lieferformen für Stahl.
24. Begründen Sie die unterschiedlichen Eigenschaften von Stahl und Gußeisen.
25. Wie wird ein hochlegierter Stahlguß mit 0,8% Kohlenstoff, 12% Chrom und geringen Anteilen an Nickel bezeichnet?
26. Vergleichen Sie die Werkstoffe Stahl und Aluminium bezüglich Herstellung, Verarbeitung und Anwendung.
27. Wie wird eine Aluminium-Gußlegierung mit 5% Magnesium und geringen Anteilen Silizium bezeichnet?
28. Welche Kupferlegierungen sind Ihnen bekannt und wozu werden sie eingesetzt?
29. Welche anderen NE-Metalle und -Legierungen haben technische Bedeutung?
30. Warum werden Kunststoffe und Verbundwerkstoffe auch im Maschinenbau immer mehr eingesetzt?

2 Fertigungs- und Prüftechnik

2.1 Urformen

Für die abgebildete Verpackungsmaschine, die in Serie gefertigt wird, werden je Maschine vier der dargestellten Deckelhebel benötigt. Mittels der Hebel, die aus Gewichts- und Korrosionsgründen aus Aluminium hergestellt werden sollen, wird der Deckel von einer auf die andere Station geschwenkt.

Geht man der Frage nach, wie der Hebel funktionsgerecht und wirtschaftlich hergestellt werden kann, kommen u.a. die folgenden Möglichkeiten in Betracht. Dabei wird davon ausgegangen, daß alle drei Alternativen die gleiche Funktionsfähigkeit gewährleisten und dem Hersteller zur Verfügung stehen.

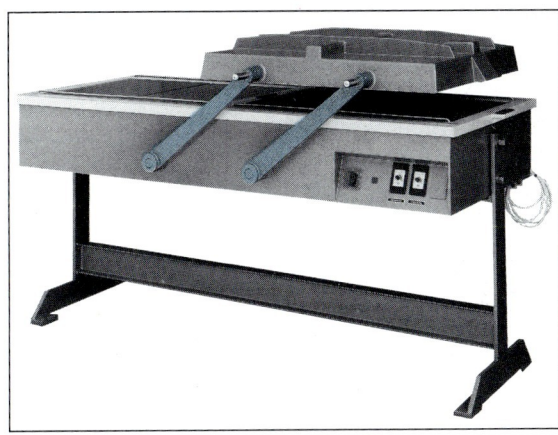

1 Verpackungsmaschine

Fräsen

Würde der Hebel aus einer Aluminiumplatte gefräst, müßte mehr Material zerspant werden, als das Fertigteil letztlich besitzt. Zu dem Werkstoffverlust kommen die Kosten für die umfangreiche Fräsarbeit hinzu. Das spanabhebende Fertigungsverfahren ist somit in diesem Fall unwirtschaftlich.

Schweißen

Der Hebel könnte aus den dargestellten drei Einzelteilen geschweißt werden (Bild 3). Die Kosten für das Material, das Zuschneiden und Schweißen betragen pro Hebel 40 DM.

Gießen

Um den Hebel zu gießen, muß eine Sandform hergestellt werden. Der erforderliche Hohlraum in der Sandform wird mittels eines Modelles erzeugt. Die Herstellung des Holzmodelles kostet 500 DM, während die Kosten für Material und Gießen 30 DM betragen.

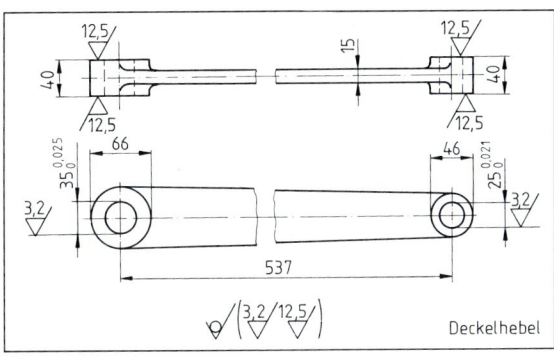

2 Herzustellender Hebel

In dem Diagramm Bild 4 sind die Kosten für das Gießen bzw. Schweißen des Hebels in Abhängigkeit von der Stückzahl aufgezeichnet. Bei Stückzahlen unter 50 ist das Schweißen die kostengünstigere Alternative. Obwohl beim Gießen für die Modellherstellung Kosten in Höhe von 500 DM anfallen, erweist es sich ab 50 Stück als die wirtschaftlichere Lösung. Da für die Produktion der Maschinen mehr als 50 Hebel benötigt werden, ist das Gießen als Fertigungsverfahren vorzuziehen.

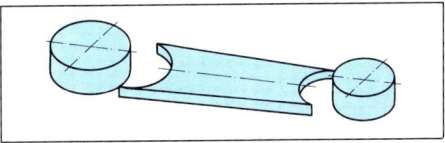

3 Einzelteile für geschweißten Hebel

2.1.1 Schwerkraftgießen

Flüssiges Metall füllt beim Schwerkraftgießen aufgrund seiner Schwerkraft die vorbereitete Form aus.

2.1.1.1 Sandguß

Beim Sandguß besteht die das Gießmetall aufnehmende Form meistens aus zwei Sandformen, die aufeinandergesetzt den Hohlraum bilden, in den das flüssige Metall gegossen wird.

Nachdem das Metall erstarrt ist, werden die Sandform zerstört und der Abguß entnommen. Aus diesem Grunde werden sie „verlorene Formen" genannt.

Der Hohlraum in der Sandform wird mit einem Modell erzeugt, das dem Werkstück in seiner Form ähnlich ist.

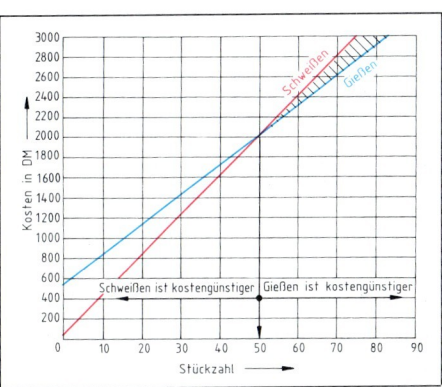

4 Kostenvergleich von Schweißen und Gießen

2.1 Urformen

2.1.1 Schwerkraftgießen

Wie kann das Modell für den Deckelhebel aussehen?

- Zunächst ist die **Modellteilung** festzulegen, d.h., es muß bestimmt werden, welche Bereiche im Ober- bzw. Unterkasten geformt werden, damit das Modell leicht eingeformt und problemlos aus der Sandform entnommen werden kann.
- An den Stellen, an denen der Abguß spanend bearbeitet werden soll, ist das Modell um die **Bearbeitungszugaben** zu vergrößern.
- Damit sich das Modell leicht aus der Sandform nehmen läßt, ohne diese zu beschädigen, wird es mit Formschrägen versehen.
- Da sich das Metallvolumen während der Abkühlung auf Raumtemperatur verringert, muß das Modell um den Betrag der **Festkörperschwindung** größer hergestellt werden.
- Das Modell wird mit **Übergangsradien** versehen, die das Entformen erleichtern, das Fließen des Metalls in der Form begünstigen, Erstarrungsspannungen und Kerbwirkungen vermindern.

1 Modell des Hebels

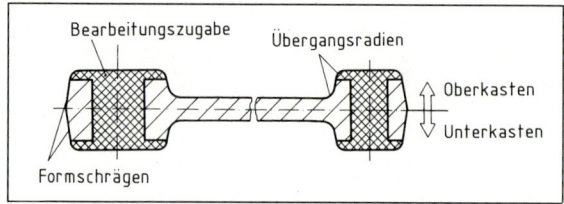

2 Modellriß des Hebels

Volumenverminderung während des Abkühlens

Nach dem Gießen kühlt das Metall in der Form ab. Mit dem Sinken der Temperatur ist eine Abnahme des Volumens zu verzeichnen, die in drei Phasen erfolgt:

1. Phase:

Von der Gießtemperatur bis zum Beginn der Erstarrung wird dem Metall Wärme und damit Energie entzogen, wodurch die zunächst in der Schmelze frei beweglichen Metallatome immer mehr an Bewegungsenergie verlieren, was gleichzeitig zu einer Verminderung des Volumens führt.

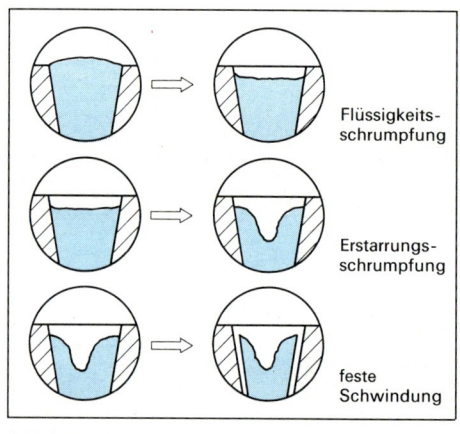

3 Volumenabnahme zwischen Gießtemperatur und Raumtemperatur

2. Phase:

Während der Erstarrung nimmt das Volumen weiter ab. Die Erstarrung beginnt an der Oberfläche des Gußteils, weil dort der Wärmeentzug am größten ist. Äußeres Zeichen dieser Volumenminderung sind die trichterförmigen Einfallstellen am Trichter und Speiser, die durch das Abgeben des flüssigen Metalls an das Gußteil entstehen.

3. Phase:

Das Gußteil kühlt **von der Erstarrungstemperatur bis auf Raumtemperatur** ab. Die dabei entstehende Volumenabnahme wird als „feste Schwindung" bezeichnet. Das Schwindmaß gibt Auskunft darüber, um wieviel Prozent das Gußteil kleiner als die Form bzw. das Modell ist.

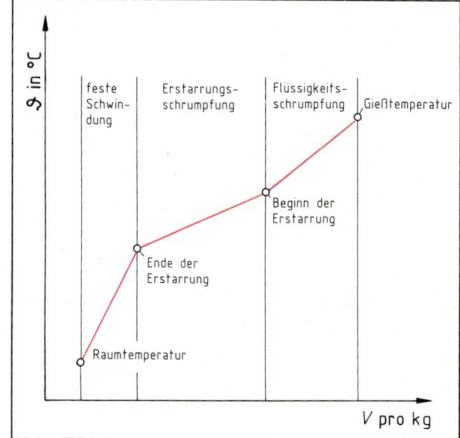

4 Schrumpfungsphasen am Einguß der Sandform

2.1 Urformen

2.1.1 Schwerkraftgießen

Aufgabe:
Wie groß muß der Abstand der beiden Lageraugen am Modell des Deckelhebels sein, wenn am Gußteil 537 mm gefordert sind und als Gußwerkstoff eine Aluminiumlegierung gewählt wird?

Aus der Tabelle ergibt sich bei einem Schwindmaß von 1,2% für Aluminium, daß die Länge am Abguß (537 mm) 98,8% der Modellänge entspricht:

98,8% = 537 mm
100% = ? mm

$$1\% = \frac{537\ mm}{98,8\%}$$

$$100\% = \frac{537\ mm \times 100\%}{98,8\%} \Rightarrow$$

$$\text{Modellmaß} = \frac{\text{Werkstücklänge} \times 100\%}{100\% - \text{Schwindmaß}}$$

Der Abstand muß am Modell 543,5 mm betragen.

Weitere Aufgaben siehe Technische Mathematik Kap. 1.4

Richtwerte für Schwindmaße	
Gußwerkstoff	Schwindmaß
Gußeisen mit Lamellengraphit	1%
Stahlguß	2%
Temperguß weiß (GTW)	1,6%
Temperguß schwarz (GTS)	0,6%
Aluminium-Gußlegierungen	1,2%
Magnesium-Gußlegierungen	1,2%
Cu-Sn-Gußlegierungen	1,5%
Cu-Zn-Gußlegierungen	1,2%
Cu-Sn-Zn-Gußlegierungen	1,3%

1 Schwindungstabelle nach DIN 1511

Wie läuft der Form- und Gießvorgang ab?

Zunächst wird von der zweiteiligen Form der Unterkasten erstellt. Dazu wird die entsprechende Modellhälfte auf den Aufstampfboden gelegt. Der Formkasten wird mit Formsand, der meistens aus Quarzsand und Bindemitteln besteht, gefüllt und verdichtet (Bild 2).

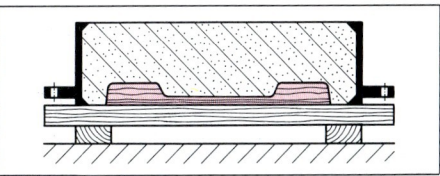

2 Unterkasten wird über die Modellhälfte geformt

Nach dem Wenden des Unterkastens wird die zweite Modellhälfte auf die erste gelegt, wo sie mit Stiften gegen Verschieben gesichert ist. Bevor der Oberkasten mit Formsand gefüllt wird, ist die Formteilung zu pudern, damit sich die entstehenden zwei Formhälften leicht voneinander trennen lassen. Als Modelle für Einguß und Speiser werden konische Stäbe mit eingeformt. **Der Oberkasten wird dann ebenfalls mit Formsand gefüllt,** verdichtet und abgezogen. Damit die beim Gießen entstehenden Gase leichter entweichen können, wird „Luft gestochen", d.h., es werden mit Spießen Löcher in die Sandform des Oberkastens gestochen. Trichter- und Speisermodelle werden entfernt (Bild 3).

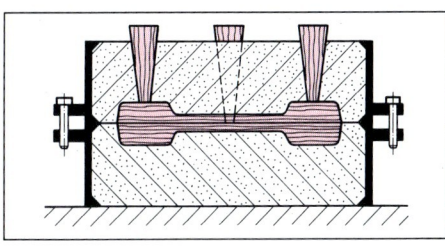

3 Oberkasten wird mit zweiter Modellhälfte sowie Modellen für Einguß und Steiger geformt

Der Oberkasten wird vom Unterkasten abgehoben, und die beiden Modellhälften werden aus Ober- und Unterkasten entnommen. Gießtümpel, Lauf und Anschnitt werden geformt. Dabei hat der Lauf die Aufgabe, das flüssige Metall vom Trichter in die Nähe der Gießform zu leiten, während der Anschnitt den Übergang vom Lauf zur Form darstellt.

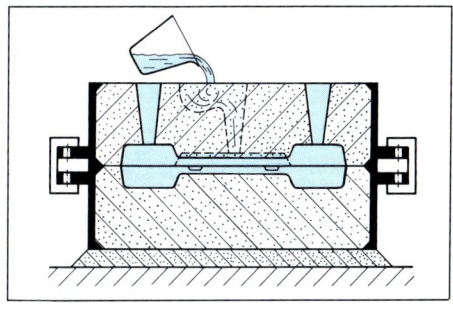

4 Abgießen der Sandform, nachdem die Modellhälften entnommen wurden

Nachdem der Oberkasten auf den Unterkasten gesetzt worden ist, kann abgegossen werden. Nach dem Erkalten des Gußteils wird die Form ausgeleert. Von dem Gußstück werden Eingußsystem und Speiser entfernt.

Mittels Sandguß können einfache (z.B. der oben dargestellte Deckelhebel) bis sehr komplizierte Teile (z.B. Zylinderblöcke von Verbrennungsmotoren) von mittleren bis sehr großen Massen hergestellt werden. Die so gegossenen Werkstücke besitzen die typische narbige Gußoberfläche.

Durch die geteilten Formen haben sie Grate, die vor der weiteren Verwendung beseitigt werden müssen. Im Vergleich mit anderen Urformverfahren sind mittels Sandguß nur weniger gute Oberflächenqualitäten zu erzielen und gröbere Toleranzen einzuhalten.

5 Gußteil mit Eingußsystem und Speisern

2.1.1.2 Feingießen

Der dargestellte Turbolader nutzt die im Abgas enthaltene Strömungsenergie, um damit die zur Verbrennung notwendige Luft vorzuverdichten. Dadurch erhöht sich die pro Arbeitstakt zur Verfügung stehende Luftmenge. Es kann mehr Kraftstoff eingespritzt werden. Die Leistung steigt bei gleichem Hubraum und gleicher Drehzahl.

Das Turbinenrad, das von den Abgasen angetrieben wird, befindet sich mit dem Verdichterrad, das die frisch angesaugte Luft komprimiert, auf einer gemeinsamen Welle. Die Umdrehungsfrequenz kann über 100000/min betragen, wobei die Temperaturen über 700 °C liegen können.

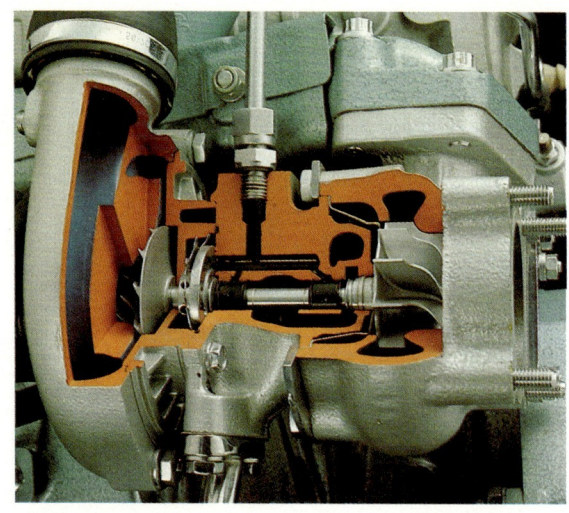

1 Schnitt durch einen Pkw-Turbolader

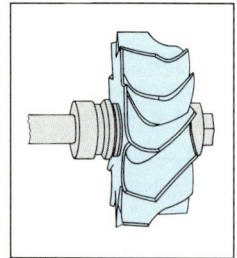

2 Turbinenrad

Welche Forderungen ergeben sich aus den Betriebsbedingungen an die Form und den Werkstoff des Turbinenrades?

- **Hohe Oberflächenqualität** wegen der sonst entstehenden Strömungsverluste,
- **hohe Genauigkeit bei sehr komplizierter Form**, damit keine Unwucht bei den hohen Drehzahlen auftritt, d.h. **einbaufertig ohne Grat und Nacharbeit**,
- **Hitzebeständigkeit** wegen der vorhandenen Temperaturen,
- **Korrosionsbeständigkeit** gegenüber den Auspuffgasen,
- **Verschleißfestigkeit und hohe Festigkeit des Werkstoffes** wegen der großen Zentrifugalkräfte.

Ursache für den entstehenden Grat beim Sandguß ist die geteilte Sandform. Damit die Form nicht geteilt zu werden braucht, nimmt man beim Feinguß Wachsmodelle, die mittels Spritzgießen hergestellt werden (siehe Kap. 2.1.3). An ein vorgefertigtes Eingußsystem werden die Wachsmodelle zu sogenannten Gießtrauben zusammengeklebt.

Um eine gute Oberfläche des Gießteils zu erhalten, muß die Hohlform das Modell sehr genau abbilden. Deshalb werden die Wachsmodelle nicht mit normalem Formsand umgeben, sondern mehrfach in eine keramische Masse getaucht und besandet, bis die erforderliche keramische Wandstärke vorhanden ist.

Damit die Form ihre Stabilität und Festigkeit erhält, wird sie abschließend gebrannt. Dabei schmilzt gleichzeitig das Wachs und läuft aus der Form, wodurch das Modell verlorengeht.

Nach dem Gießen wird die Form ebenfalls zerstört, die Werkstücke werden vom Eingußsystem getrennt. Die so entstandenen Gußteile bedürfen keiner oder nur noch geringer Nacharbeit (z.B. beim Turbinenrad die spanende Bearbeitung der Bohrung).

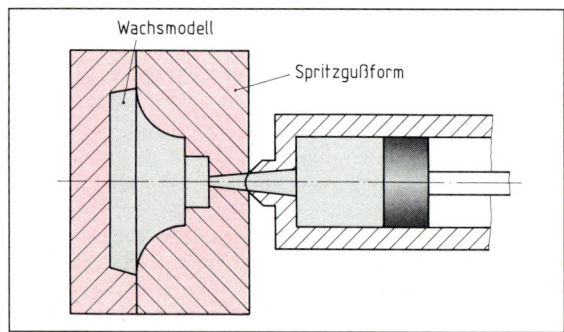

3 Spritzen der Wachsmodelle

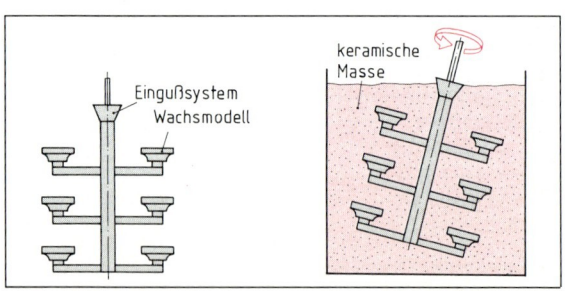

4 Gießtraube mit Wachsmodellen und Eintauchen der Gießtraube in keramische Masse

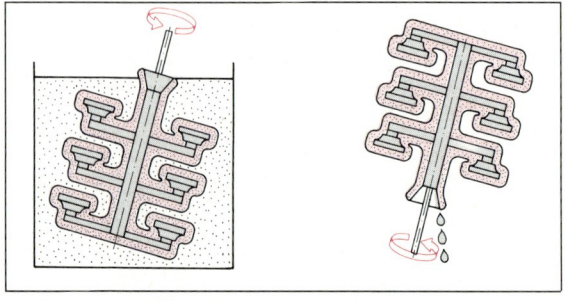

5 Besanden, Brennen und Ausschmelzen der Gießtraube

2.1 Urformen 2.1.2 Druckgießen

Aufgrund der komplizierten Herstellung der Form beeinflussen die Werkstoffkosten (z.B. warmfeste und bei hohen Temperaturen schmelzende Eisenlegierungen) den Preis lediglich im geringeren Maße. Der Kostenschwerpunkt liegt eindeutig bei der Form für die Wachsmodelle und bei der Herstellung der keramischen Gießtraube. Dieser „umständliche" Weg des Feingießens mit verlorenen Modellen und verlorenen Formen läßt sich nicht umgehen. Eine Dauerform aus Stahl würde den Belastungen aufgrund der hohen Temperaturen der hochschmelzenden Legierungen nicht standhalten.

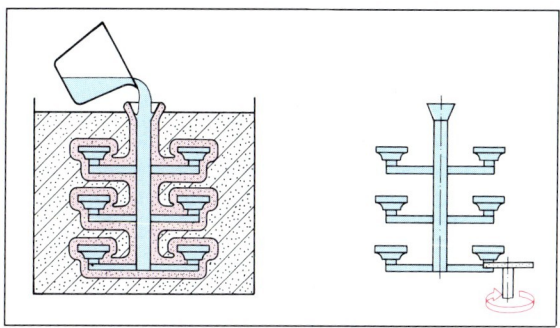

1 Gießen, Abtrennen der Gußteile von der Gießtraube

2.1.2 Druckgießen

50000 Stück des dargestellten Scheinwerfergehäuses sind zu fertigen. Als Werkstoff wurde aus mehreren Gründen eine **Aluminiumlegierung** gewählt:

- **hohe Korrosions- und Witterungsbeständigkeit,** weil die Scheinwerfer im Freien eingesetzt werden,
- **gute Wärmeleitfähigkeit,** damit die entstehende Wärme gut abgeleitet werden kann und
- **gute Gießbarkeit.**

2 Halogen-Scheinwerfer

Weiterhin werden von dem Gehäuse **hohe Oberflächenqualität und enge Toleranzen verlangt,** damit der Zusammenbau des Scheinwerfers ohne spanende Nacharbeit gewährleistet ist. Ein besonderes Problem stellen die sehr **dünnen, hohen Kühlrippen** dar, die erforderlich sind, um die entstehende Wärme gut an die umgebende Luft zu übertragen. Wird das Gehäuse mittels Feinguß hergestellt, ist damit zu rechnen, daß das flüssige Metall nicht bis in die letzte Ecke der sehr dünnen Kühlrippen läuft, weil die **Fließgeschwindigkeit** im Vergleich zur **Erstarrungsgeschwindigkeit** zu klein ist. Aufgrund dieser Überlegungen wird das Scheinwerfergehäuse mittels Druckguß hergestellt.

Beim Druckgießen werden geeignete Nichteisenmetall-Legierungen unter hohem Druck in geteilte Dauerformen vergossen. In der gekühlten Form erstarrt der Werkstoff rasch. Durch den hohen Druck und die damit verbundene hohe Gießgeschwindigkeit werden auch die feinsten Einzelheiten und sehr dünne Wandstärken abgeformt. Nach dem Erstarren werden die Form geöffnet und über ein Auswerfersystem das Werkstück aus der Form gedrückt. Wegen der Kosten für die Dauerform und die Druckgußmaschine ist das Druckgießen nur bei entsprechend hohen Stückzahlen wirtschaftlich.

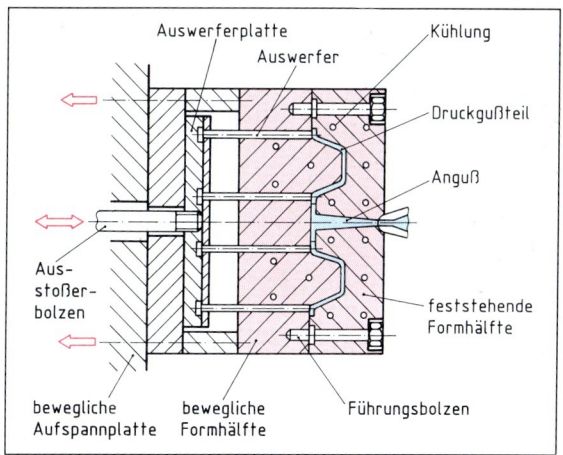

3 Druckgußform im Schnitt

Beim Druckgießen werden Warmkammer- und Kaltkammerverfahren angewendet. Beim **Warmkammerverfahren** steht die Druckkammer im Metallbad und nimmt dessen Temperatur an. Dieses Verfahren hat den Vorteil, daß das Metall aus dem Inneren des Bades entnommen wird und keine Metalloxide von der Oberfläche der Schmelze vergossen werden. Es setzt jedoch voraus, daß die Druckkammer der Temperatur der Schmelze problemlos standhält. Aus diesem Grunde eignet sich das Verfahren für niedrigschmelzende Schwermetalle (hauptsächlich Zinklegierungen mit Verarbeitungstemperaturen bis zu 430 °C).

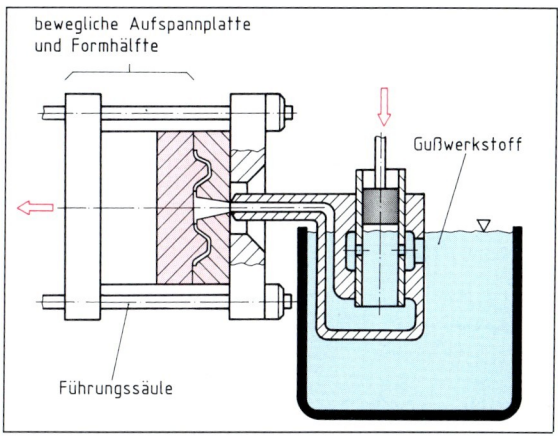

4 Warmkammerverfahren

25

2.1 Urformen — 2.1.3 Spritzgießen / 2.1.4 Sintern

Aluminiumlegierungen (z.B. Scheinwerfergehäuse), deren Gießtemperaturen zwischen 640 °C und 740 °C liegen, werden auf **Kaltkammermaschinen** vergossen. Dabei liegt die Druckkammer außerhalb des Metallbades und wird wegen der höheren Temperaturen in ähnlicher Weise wie die Form gekühlt. Die Schmelze wird der Kammer mittels Gießlöffel durch entsprechende Vorrichtungen in erforderlicher Menge zugeführt, bevor der Kolben das Metall in die Form preßt.

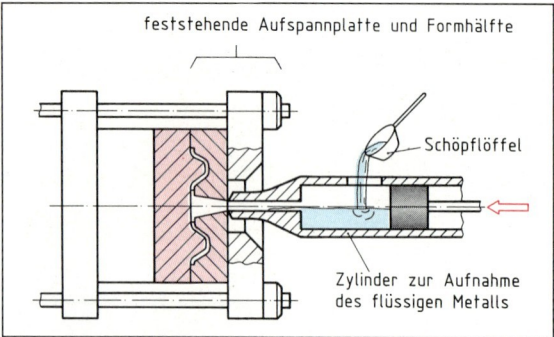

1 Kaltkammerverfahren

2 Abguß des Halogenscheinwerfergehäuses

2.1.3 Spritzgießen

Thermoplastische Kunststoffe werden in ähnlicher Weise in Dauerform hergestellt wie Metalle im Druckgußverfahren. Ausgangsstoff ist dabei ein Kunststoffgranulat, das der Spritzmaschine kontinuierlich zugeführt und unter Einwirkung von Wärme mittels einer Schnecke durchgeknetet und plastifiziert wird. Die zähe, teigige Masse wird durch eine Düse in die gekühlte Dauerform gespritzt, in der sie erstarrt und anschließend von Auswerfern aus der geöffneten Form gestoßen wird.

2.1.4 Sintern

An den Bohrer mit Hartmetallschneide und an die Gleitlagerbuchse (Bild 4) werden hinsichtlich ihrer Eigenschaften recht unterschiedliche Anforderungen gestellt. Während die Hartmetallschneide sehr hart und verschleißfest sein soll, muß die Lagerschale gute Gleit- und Einlaufeigenschaften besitzen. Mit dem Urformverfahren Sintern lassen sich durch geeignete Werkstoffwahl und entsprechende Verfahrensweisen so unterschiedliche Eigenschaften erzielen.

Ausgangsstoff ist ein Metallpulver. Hergestellt wird es durch Mahlen, Zertrümmern oder Zerstäuben von flüssigem Metall in Wasser oder Luft. **Durch die auf den jeweiligen Verwendungszweck abgestimmte Mischung von Metallpulvern und Nichtmetallpulvern werden die gewünschten Eigenschaften des Werkstücks in erster Linie bestimmt.** Für die Hartmetallschneide verwendet man Pulver aus Wolfram-, Titan- oder Tantalcarbiden sowie Nickel- bzw. Cobaltpulver.

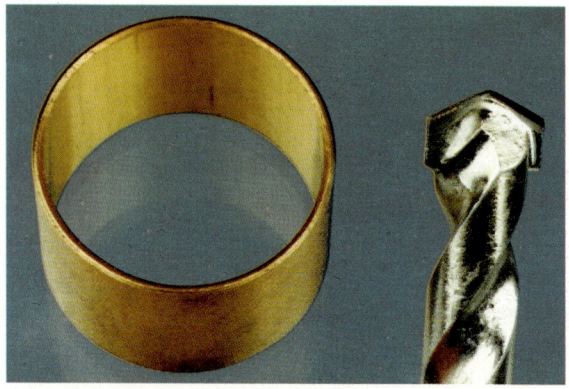

4 Gleitlagerbuchse und Hartmetallschneide aus Sinterwerkstoffen

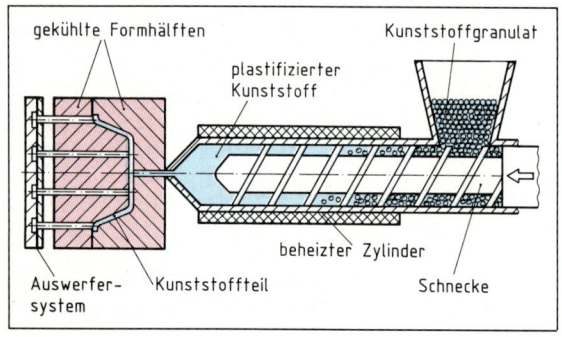

3 Spritzgießen

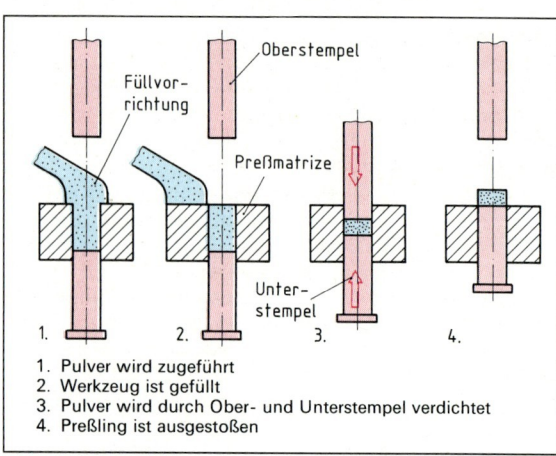

1. Pulver wird zugeführt
2. Werkzeug ist gefüllt
3. Pulver wird durch Ober- und Unterstempel verdichtet
4. Preßling ist ausgestoßen

5 Pressen des gemischten Pulvers

2.1 Urformen

2.1.4 Sintern – Übungen

Die Carbide zeichnen sich durch ihre hohe Härte aus, während z.B. Cobalt ein gutes Bindemittel ist. Pulver aus Eisen-Kupfer-Kohlenstoff, Eisen-Kupfer-Blei, Kupfer-Zinn mit Zusätzen von Graphit werden für Sintergleitlager bevorzugt, weil sie geringe Härte und damit gute Einlaufeigenschaften besitzen.

Zur Formgebung wird das gemischte Pulver in ein geschlossenes, dreiteiliges Werkzeug eingefüllt, das aus Matrize, Unter- und Oberstempel besteht. Anschließend wird es mit mechanischen oder hydraulischen Pressen mit einem Preßdruck zwischen 20000 bis 60000 N/cm² auf **20 bis 50% des Ausgangsvolumens zusammengepreßt.** Je höher der Preßdruck ist, d.h. je weniger Porenräume entstehen, um so dichter wird das geformte Teil. Während die Hartmetallschneide mit sehr hohem Druck geformt wird, um ein möglichst dichtes und hartes Gefüge zu erreichen, wird das Gleitlager weniger fest gepreßt, damit Porenräume (10 bis 25% des Volumens) bestehenbleiben. Diese Porenräume werden mit Öl getränkt, bevor das Gleitlager eingebaut wird. Dadurch hat das Lager im Betrieb eine selbstschmierende Wirkung. Nach dem Pressen besitzen die Teile eine geringe Festigkeit, die lediglich ausreicht, um sie weiterzuverarbeiten.

Die aus „verkrallten" Pulverkörnern bestehenden Werkstücke werden gesintert, damit sie den erforderlichen Zusammenhalt bekommen. **Dazu werden sie in Sinteröfen erhitzt, wobei die Pulverteilchen miteinander verbacken.** Bleibt die Sintertemperatur unterhalb der Schmelztemperatur des niedrigst schmelzenden Metalles, vereinigen sich die Pulverteilchen zunächst durch Diffusion an den Berührungspunkten, bevor dann ein vollständig neues Gefüge entsteht (siehe Abbildung). Überschreitet die Sintertemperatur den Schmelzpunkt des niedrigst schmelzenden Metalles, wird dieses flüssig und umfließt die anderen Bestandteile, womit gleichzeitig ein Legieren verbunden ist.

Abschließend werden die Sinterteile durch erneutes Pressen kalibriert, wodurch sie zum einen eine hohe Form- und Maßgenauigkeit sowie Oberflächenqualität erhalten und zum anderen eine zusätzliche Verdichtung erfahren.

Mittels Sintern können metallische und nichtmetallische Werkstoffe bzw. deren Mischungen in idealer Weise miteinander kombiniert werden. Es können auch Werkstoffe gesintert werden, die sich im Schmelzfluß nicht oder nur unwirtschaftlich herstellen ließen. Der Porenrand kann in weiten Bereichen variiert werden, und es ergeben sich keine Werkstoffverluste durch Eingußsysteme wie beim Gießen.

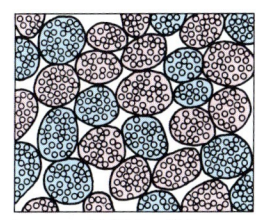 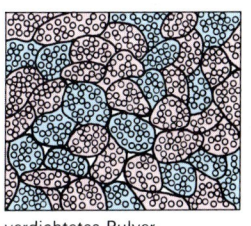

lose geschichtetes Pulver — verdichtetes Pulver

1 Schematische Darstellung der Gefügeverdichtung

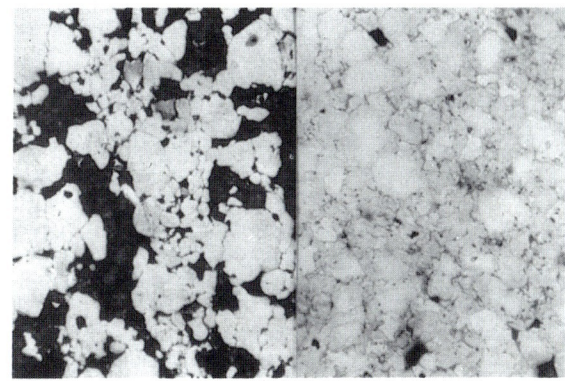

2 Gefüge vor und nach dem Sintern

Übungen

Sandguß
1. Welche Aufgabe übernimmt das Modell bei der Formherstellung?
2. Um welche Beträge muß das Modell größer als die Sandform sein?
3. Was versteht man unter Schwindmaß?
4. Während welcher Abkühlungsphase nimmt das Metallvolumen am meisten ab?
5. Es soll eine Platte von 400 mm × 600 mm × 50 mm aus Grauguß gegossen werden. Welche Maße muß das Modell haben?
6. Welche Vor- und Nachteile besitzt der Sandguß, und wozu wird er bevorzugt eingesetzt?

Feingießen
1. Wann und warum wird das Feingießen dem Sandguß vorgezogen?
2. Wie läuft das Feingießen von der Modellherstellung bis zum fertigen Gußteil ab?

Druck- und Spritzgießen
1. Beschreiben Sie das Druckgießen.
2. Welche Vor- und Nachteile besitzt das Druckgießen gegenüber dem Sandguß?
3. Vergleichen Sie Kalt- und Warmkammerverfahren hinsichtlich der Gießmetalle, Gießtemperaturen, Maschinenaufbau und Metalloxide im Werkstück.
4. Was sind die grundsätzlichen Unterschiede zwischen Spritzgießen und Druckgießen?

Sintern
1. Beschreiben Sie den Prozeß des Pressens und Sinterns.
2. Wodurch läßt sich bei Sinterwerkstoffen der Porenraum variieren?
3. Wie entsteht beim Sintern der feste Zusammenhalt?
4. Warum lassen sich Aluminium und Wolfram sintern, jedoch nicht legieren?
5. Woraus bestehen Hartmetalle?

2.2 Umformen

2.2.1 Blechumformen
2.2.1.1 Biegen

Die dargestellte Lasche aus St 37 soll im Schraubstock gebogen werden. Damit der angegebene Biegeradius R6 eingehalten werden kann, muß ein Biegeklotz mit entsprechender Form und entsprechendem Radius hergestellt werden. Biegeklotz und Flachstahl werden in den Schraubstock gespannt, und der Stahlstreifen wird mit Hammerschlägen umgebogen. Bei näherer Betrachtung des Biegebereiches ist zu erkennen, daß sich **der Werkstoff im äußeren Bereich verlängert und im inneren verkürzt hat.** Die außenliegenden Kristallite wurden gedehnt, die innen befindlichen gestaucht. In der Mitte (Schwerpunktachse) gibt es einen Bereich, in dem die **Kristallite weder verkürzt noch verlängert werden.** Diese unveränderte Werkstoffzone wird als **neutrale Zone** bezeichnet.

Werkstoffe können nur umgeformt werden, wenn sie nach dem Verformen nicht wieder in ihre ursprüngliche Form zurückkehren, d.h., sie müssen ein plastisches Verhalten aufweisen. Beim Biegen erfahren die äußeren Zonen eine starke Verlängerung Δl und die inneren Zonen eine starke Stauchung, d.h., **sie werden zunächst elastisch und dann plastisch verformt.** Bei der **elastischen Verformung** entsteht ein verspanntes Gitter, das sich bei Entlastung entspannt und rückverformt. Während der **plastischen Verformung** verschieben sich die Metallionen auf den Gleitebenen. Je näher die Fasern an der neutralen Zone liegen, um so geringer wird bei ihnen der plastisch verformte Anteil. Das führt dazu, daß es in der Nähe der neutralen Zone einen Bereich gibt, der sich lediglich elastisch verformt. Ist der Biegevorgang beendet, d.h., wird der Werkstoff entlastet, haben die elastisch verformten Bereiche das Bestreben, in ihre Ausgangslänge zurückzukehren, wodurch das verformte Teil zurückfedert. **Die Rückfederung ist um so größer, je größer der Anteil der elastisch verformten Zonen ist.** Dieser wächst mit zunehmendem Verhältnis von Biegeradius R zur Blechdicke s. Beim Biegen ist die Rückfederung zu berücksichtigen, d.h., der Biegewinkel muß um den Betrag der Rückfederung vergrößert werden.

Wird das gleiche Blech mit unterschiedlichen Biegeradien gebogen (Abb. 5), ergeben sich verschiedene Dehnungen ε an den äußeren bzw. Stauchungen ε_d an den inneren Fasern. **Je kleiner der Biegeradius ist, um so größer ist die Dehnung bzw. Stauchung.** Werden unterschiedliche Blechstärken bei gleichem Biegeradius gebogen (Bild 5), ergibt sich folgender Zusammenhang: **Je größer die Blechdicke, um so größer ist die Dehnung bzw. Stauchung. Dehnung und Stauchung nehmen mit größer werdendem Biegewinkel zu.**

Beim Biegen darf an den äußeren Zonen die Bruchdehnung nicht überschritten werden, weil dort sonst Risse entstehen, die bei Belastung zum Bruch des Bauteils führen würden. Da das plastische Dehnungsvermögen und damit auch die Bruchdehnung der verschiedenen Werkstoffe unterschiedlich ist, müssen die Biegeradien so gewählt werden, daß die Bruchdehnung nicht erreicht wird. Aus den Ausführungen ergibt sich folgender Zusammenhang:

Je größer die Blechdicke und der Biegewinkel und je geringer das plastische Dehnungsvermögen des Werkstoffes sind, um so größer muß der Biegeradius gewählt werden.

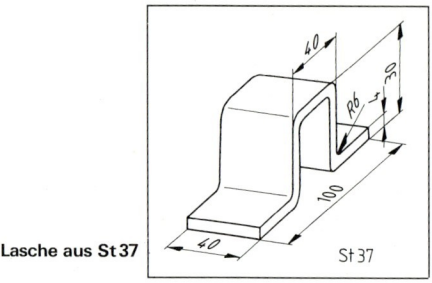

1 Lasche aus St 37

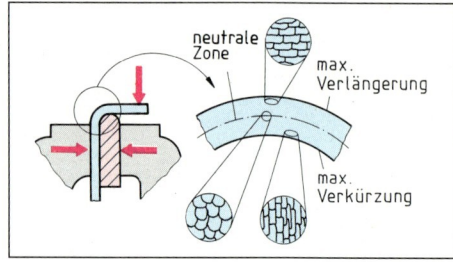

2 Biegesituation mit vergrößertem Biegebereich

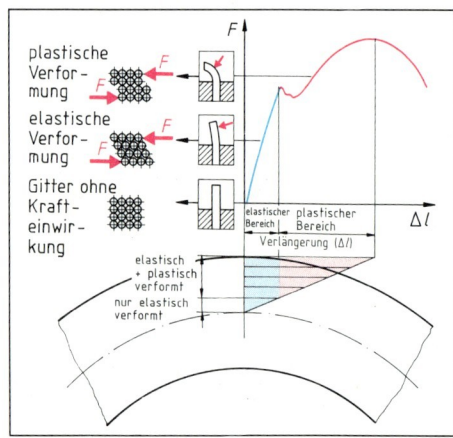

3 Elastische und plastische Verformung im gestreckten Bereich

4 Rückfederung beim Biegen

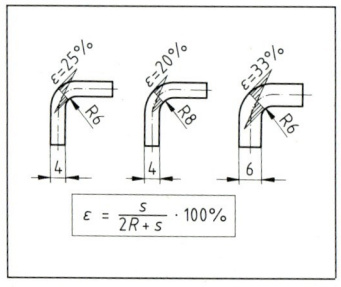

$$\varepsilon = \frac{s}{2R+s} \cdot 100\%$$

5 Dehnung bei verändertem Biegeradius und veränderter Blechdicke

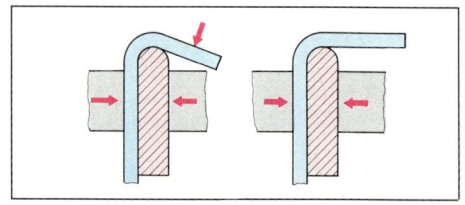

6 Umformbarkeit verschiedener Werkstoffe

2.2 Urformen — 2.2.1 Blechumformen

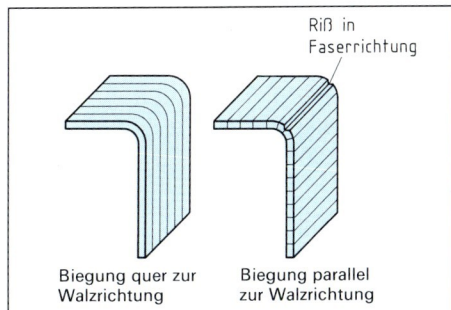

1 Gefahr der Rißbildung beim Biegen parallel zur Walzrichtung

Werkstoff	Blechdicke in mm									
	1	1,5	2,5	3	4	5	6	7	8	10
Stahl bis $R_m = 390$ N/mm²	1	1,6	2,5	3	5	6	8	10	12	16
Stahl bis $R_m = 490$ N/mm²	1,2	2	3	4	5	8	10	12	16	20
Stahl bis $R_m = 640$ N/mm²	1,6	2,5	4	5	6	8	10	12	16	20
Reinaluminium (kaltverfestigt)	1,0	1,6	2,5	4	6					
AlCuMg-Leg. (ausgehärtet)	2,5	4	6	10						
CuZn-Leg. (kaltverfestigt)	1,6	2,5	4	6						
Kupfer (weichgeglüht)	1,6	2,5	4	4						

2 Mindestbiegeradien für Biegewinkel α kleiner 120°

Der Mindestbiegeradius, der nicht unterschritten werden darf, kann Tabellen entnommen werden (Bild 2). In diesen Tabellen wird davon ausgegangen, daß die Biegung quer zur Walzrichtung erfolgt. **Liegt die Biegung parallel zur Walzrichtung, ist die Gefahr der Rißbildung sehr groß** (Bild 1). Läßt sich das Biegen parallel zur Walzrichtung nicht vermeiden, ist der Biegeradius entsprechend größer zu wählen.

Vor dem Biegen muß der Flachstahl auf die entsprechende Länge abgesägt werden. Es stellt sich also die Frage, wie groß die gestreckte Länge (Länge des ungebogenen Teils) für das jeweilige Biegeteil ist. Da die neutrale Zone weder gestreckt noch gestaucht wird, gilt:

Länge der neutralen Zone = gestreckte Länge des Biegeteils

Die neutrale Zone des Biegeteils wird in einzelne Teilstücke zerlegt, deren Längen berechnet werden. Die Summe der Teillängen ergibt die theoretische Gesamtlänge.

Aufgabe:
Die gestreckte Länge des dargestellten Biegeteils ist zu berechnen!

$l = 2 \cdot l_1 + 4 \cdot l_2 + 2 \cdot l_3 + l_4$

$l_1 = 20$ mm

$4 \cdot l_2 = d \cdot \pi$

$4 \cdot l_2 = 16$ mm $\cdot \pi$

$4 \cdot l_2 = 50,3$ mm

$l_3 = 10$ mm

$l_4 = 20$ mm

$l = 2 \cdot 20$ mm $+ 50,3$ mm $+ 2 \cdot 10$ mm $+ 20$ mm
$l = 130,3$ mm

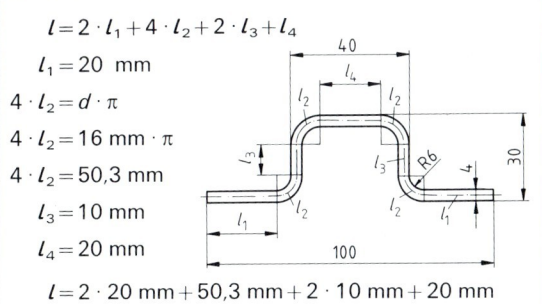

Der Flachstahl wird auf eine Länge von 135 mm abgesägt und nach dem Biegen auf die Gesamtbreite (100 mm) gefertigt.

Weitere Aufgaben siehe Technische Mathematik Kap. 2.1

Für das Biegen stehen die verschiedensten Biegemaschinen zur Verfügung.

Schwenkbiegemaschine

Bei der Schwenkbiegemaschine, deren Schwenkwangen von Hand oder mechanisch betätigt werden, können unterschiedliche Spannschienen eingesetzt werden. Die Auswahl dieser Spannschienen richtet sich nach der jeweiligen Biegearbeit. Beim Schwenkbiegen handelt es sich um ein freies Biegen, weil das Werkstück nur einseitig eingespannt wird, so daß kurze Schenkellängen am Biegeteil möglich sind. Es lassen sich mit diesem Verfahren auch Blechteile fertigen, bei denen die Biegungen bzw. Biegelinien nicht parallel sind.

Soll der dargestellte Versteifungswinkel (Bild 4) gebogen werden, muß zunächst seine Abwicklung in Form

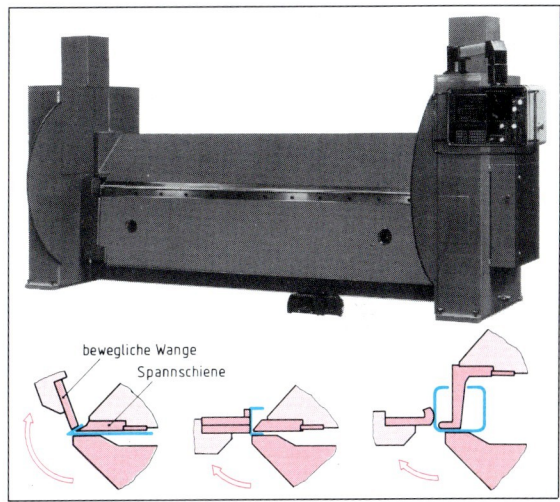

3 Schwenkbiegemaschine

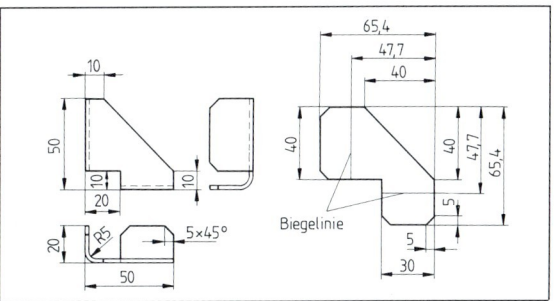

4 Versteifungswinkel mit Abwicklung

2.2 Umformen

2.2.1 Blechumformen

und Größe ermittelt werden. Dazu werden die gestreckten Längen und die Lage der Biegelinien (Mitte des gebogenen Bereiches) berechnet, so daß sich die gezeichnete Abwicklung ergibt.

Aufgabe:
Zur Ermittlung des entstehenden Werkstoffverlustes (Verschnitt) sind die Ausgangsfläche des Bleches und die Fläche der Abwicklung zu bestimmen. Dazu wird die Abwicklung in Einzelflächen zerlegt, die dann berechnet und entsprechend zusammengefaßt werden.

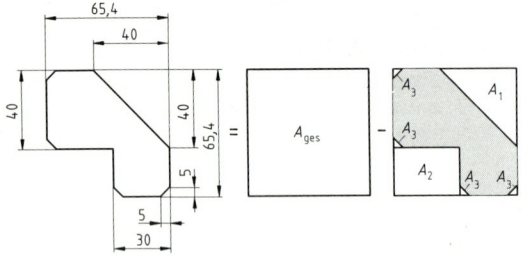

$A = A_{ges} - A_1 - A_2 - 4 \cdot A_3$
$A_{ges} = 4277,2 \text{ mm}^2$
$A_1 = 800 \text{ mm}^2$
$A_2 = 899,2 \text{ mm}^2$
$4 \cdot A_3 = 50 \text{ mm}^2$
$A = 4277,2 \text{ mm}^2 - 800 \text{ mm}^2 - 899,2 \text{ mm}^2 - 50 \text{ mm}^2$
$A = 2528 \text{ mm}^2$

Der Verschnitt A_v beträgt:

$A_v = A_{ges} - A$
$A_v = 4277,2 \text{ mm}^2 - 2528 \text{ mm}^2$
$A_v = 1749,2 \text{ mm}^2$

Bei dem dargestellten Versteifungswinkel entstehen bei Einzelfertigung (bezogen auf das Ausgangsblech) rund 41% Verschnitt bzw. (bezogen auf das Fertigteil) ca. 69% Verschnitt.

Weitere Aufgaben siehe Technische Mathematik Kap. 2.2

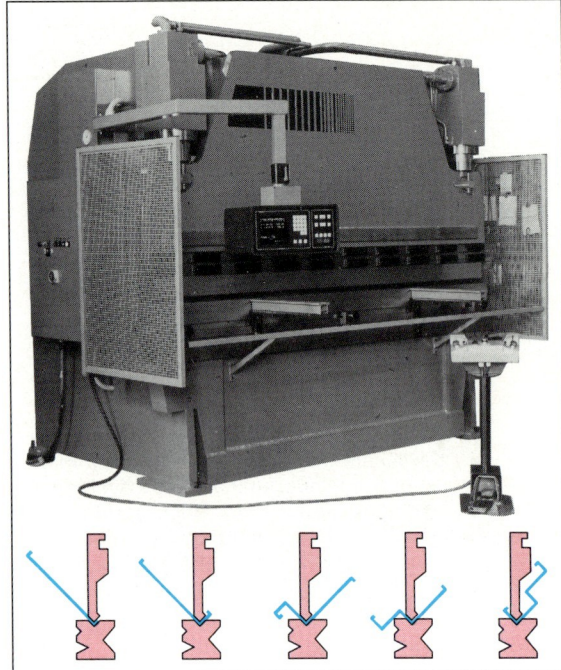

1 Abkantpresse

2 CNC-Biegezentrum

Abkantpresse
Bei der Abkantpresse (Bild 1) wird das Biegeteil im Gesenk, das aus Stempel und Matrize besteht, gebogen. Dabei wird der Winkel der Matrize um den Betrag der elastischen Rückfederung verkleinert. Es werden mit dieser Maschine vor allem Profile gebogen, bei denen die Biegelinien parallel verlaufen.

CNC-Biegezentrum
Vollautomatische CNC-Biegezentren mit zehn und mehr gesteuerten Achsen werden für komplexe und hochgenaue Blechteile mit Toleranzen von 0,1 mm und 15' eingesetzt. Durch die CNC-Steuerung, das einfache und schnelle Einrichten der Maschine sowie den automatischen Gesenkwechsel lassen sich komplizierte Blechteile (Bild 2) in der Klein- und Mittelserienfertigung wirtschaftlich herstellen.

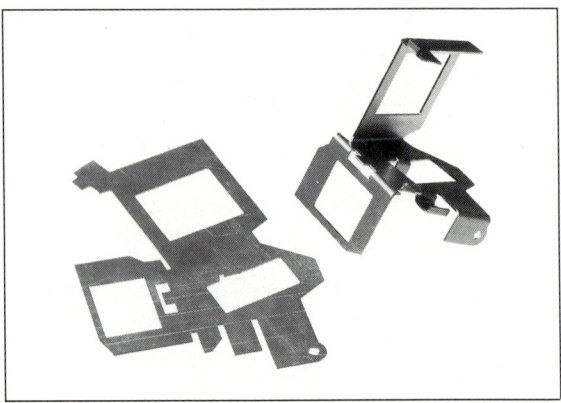

3 Komplexes Biegeteil

2.2 Umformen

2.2.1 Blechumformen

Beim freien **Biegen von Rohren** besteht die Gefahr, daß sich der Rohrquerschnitt sehr stark verengt, wobei ein elliptischer Querschnitt entstehen würde. Damit keine Querschnittsveränderungen eintreten, wird beim Rohrbiegen der Kreisquerschnitt durch Rollen begrenzt. Bei geschweißten Rohren ist die Schweißnaht in den Bereich der neutralen Faser zu legen, um sie möglichst spannungsfrei zu halten.

2.2.1.2 Tiefziehen

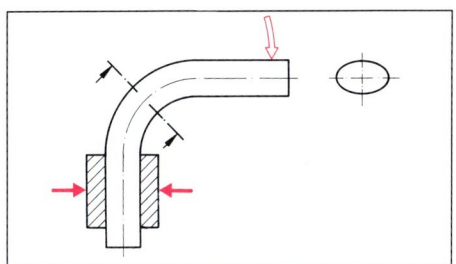

2 Querschnittsveränderung beim freien Biegen eines Rohres

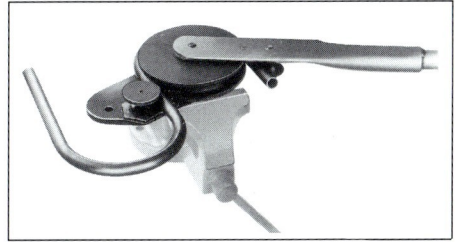

3 Rohrbiegevorrichtung

1 Tiefziehteile

Sehr viele metallische Hohlteile (z.B. Getränkedosen, Karosserieteile für Kraftfahrzeuge, Badewannen usw.) werden durch Tiefziehen gefertigt.

> Beim Tiefziehen werden aus Blechzuschnitten Hohlkörper hergestellt oder schon vorgezogene Werkstücke zu höheren Hohlteilen mit kleineren Querschnitten umgeformt. Dabei ist keine Änderung der Blechdicke beabsichtigt.

Wird ein runder Blechzuschnitt (Ronde) zu einem Becher oder einer Dose in einem Ziehwerkzeug umgeformt, das lediglich aus Ziehstempel und Matrize besteht, bekommt der Becher unerwünschte Falten. Ursache der **Faltenbildung** sind die Dreiecke (Bild 5), die übrigbleiben, wenn man sich den Bechermantel aus hochgebogenen Rechtecken vorstellt. **Um einen faltenfreien Becher zu erhalten, muß der scheinbar zuviel vorhandene Werkstoff umgeformt werden.** Das ist nur möglich, wenn die Werkstoffteilchen im Flansch (Umformzone) in radialer Richtung (F_z) verlängert und in tangentialer Richtung (F_d) gestaucht werden. Dazu müssen Zugkräfte (F_Z) in radialer und Druckkräfte (F_D) in tangentialer Richtung auf die Werkstoffteilchen einwirken. Beim Tiefziehen handelt es sich somit um eine **Zugdruckumformung**. Die Zugkräfte nehmen im Flansch von innen nach außen ab, während die Druckkräfte zunehmen.

Werkstoffe, die sich zum Tiefziehen eignen, müssen sich durch die Zug- und Druckkräfte gut umformen lassen. Sie müssen trotz hohem Dehnungsvermögen ausreichende Festigkeit besitzen, damit sie den Zugkräften in der Zarge (zylindrischer Teil) standhalten, ohne zu reißen.

Die Faltenbildung, die durch die Druckkräfte geschieht, wird durch den Einsatz des **Niederhalters** verhindert. Die Kraft, mit der der Niederhalter auf das Blech drückt, muß so groß sein, daß sich einerseits keine Falten bilden, andererseits aber noch ein gutes Gleiten des Bleches in den Ziehspalt möglich ist. Ist die Niederhalterkraft zu groß, werden die Zugspannungen in der Zarge zu hoch, und der Becher reißt am Boden.

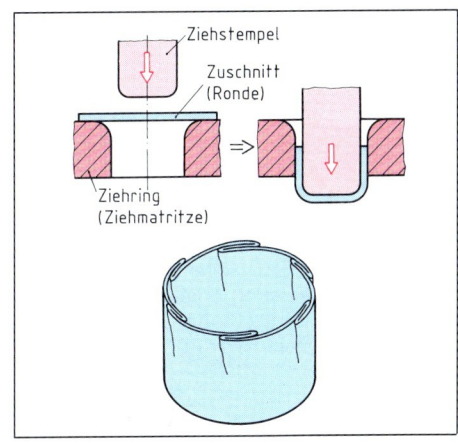

4 Tiefziehen ohne Niederhalter und Folgen

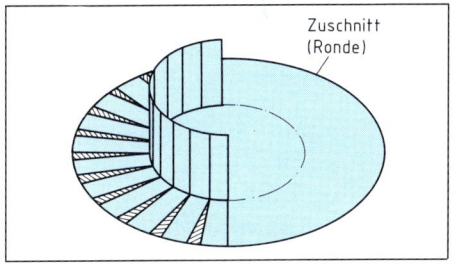

5 Werkstoffverteilung

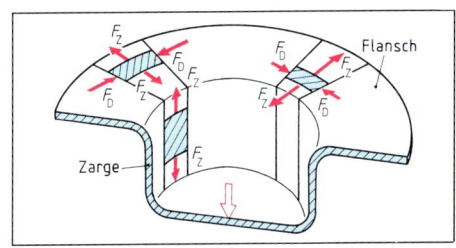

6 Zugkräfte und Druckkräfte am Tiefziehteil

2.2 Umformen
2.2.1 Blechumformen

Durch Verwendung geeigneter **Schmierstoffe,** die gleichmäßig und dünn auf das Blech bzw. den Ziehring aufgetragen werden, verringert sich die Reibung zwischen Werkzeug und Blech. Auf diese Weise werden der Werkzeugverschleiß gemindert, die Oberflächenbeschaffenheit des Ziehteils verbessert und das Umformen erleichtert.

Wenn auch beim Tiefziehen die Wandstärke im Mittel gleich bleibt, treten doch örtlich Dickenänderungen auf. Die tangentialen Druckkräfte, die im Verlauf des Tiefziehvorganges größer werden, führen zu einer Stauchung des Werkstoffes, wodurch das Blech am Ende dicker wird. Der **Ziehspalt** zwischen Stempel und (Matrize) muß daher größer als die Blechdicke sein. Seine Größe ist von der Dicke und dem Werkstoff des Bleches abhängig. Wird der Ziehspalt zu groß gewählt, kommt es wieder zur Faltenbildung.

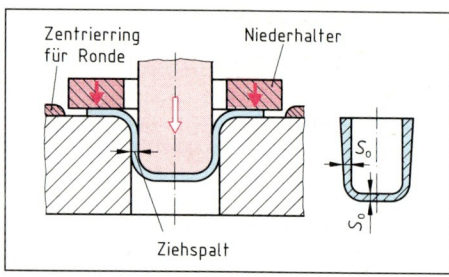

1 Tiefziehen mit Niederhalter

> **Aufgabe:**
> Der dargestellte Rondendurchmesser D ist zu berechnen! Hierbei wird davon ausgegangen, daß die Flächen von Ronde und Tiefziehteil gleich groß sind.
>
> $A_{Ronde} = A_{Becher}$
> $A_{Ronde} = A_{Boden} + A_{Zarge}$
> $\dfrac{D^2 \cdot \pi}{4} = \dfrac{d^2 \cdot \pi}{4} + d \cdot \pi \cdot h$
> $D^2 = \dfrac{d^2 \cdot \pi}{4} \cdot \dfrac{4}{\pi} + d \cdot \pi \cdot h \cdot \dfrac{4}{\pi}$
>
> $\boxed{D = \sqrt{d^2 + 4\,h\,d}}$

Weitere Aufgaben siehe Technische Mathematik Kap. 2.2

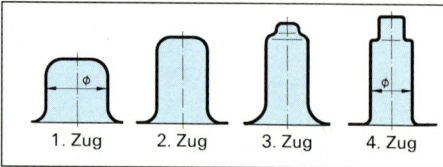

2 Tiefziehen in mehreren Zügen

In ähnlicher Weise lassen sich die Rondendurchmesser für einfache Tiefziehteile berechnen. Bei komplizierten Teilen wird die optimale Zuschnittsform durch Versuche ermittelt.

Hohe, schlanke Tiefziehwerkstücke können nicht in einem Zuge auf die Endform gebracht werden, weil die Zugkraft in der Zarge dabei zu groß wird und der Boden ausreißt. Sie müssen in mehreren Zügen umgeformt werden. **Auskunft über die Tiefziehfähigkeit eines Werkstoffes gibt sein Tiefziehverhältnis β.**

Werkstoff	$\beta_{0\,max}$	β_1 ohne	β_1 mit Zwischenglühen
St 10	1,7	1,2	1,5
St 12	1,8	1,2	1,6
St 14	2,0	1,3	1,7
X 15 CrNiSi 25 20	2,0	1,2	1,8
CuZn 37 weich	2,1	1,4	2,0
CuZn 37 hart	1,9	1,2	1,7
AlCuMg 1 weich	2,0	1,5	1,8
AlCuHg 1 kaltausgehärtet	1,8	1,3	1,5

3 Tiefziehverhältnisse

$$\text{Tiefziehverhältnis } \beta = \dfrac{\text{Durchmesser vor dem Ziehen}}{\text{Durchmesser nach dem Ziehen (Stempel)}}$$

Besitzt ein Werkstoff ein $\beta_{0\,max}$ von 2, dann darf der Rondendurchmesser beim ersten Zug maximal zweimal so groß wie der Stempeldurchmesser sein, wird der Rondendurchmesser größer gewählt, reißt der Boden aus.

Die β_1-Werte gelten für die Berechnung weiterer Züge.

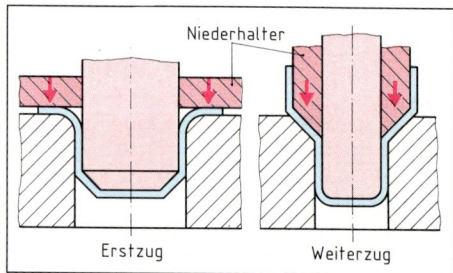

4 Erst- und Weiterzug

> **Aufgabe:**
> Wie viele Ziehstufen sind für einen zylindrischen Becher aus USt14 von 50 mm Durchmesser, 70 mm Höhe und 1 mm Blechdicke erforderlich?
>
> $D = \sqrt{d^2 + 4\,h\,d}$ $\underline{D = 128 \text{ mm}}$
>
> $d_1 = \dfrac{D}{\beta_{0\,max}}$ $\underline{d_1 = 64 \text{ mm}}$
>
> $D_2 = \dfrac{d_1}{\beta_1}$ $\underline{d_2 = 50 \text{ mm}}$
>
> Es sind zwei Züge erforderlich:
> 1. Zug 64 mm Stempeldurchmesser
> 2. Zug 50 mm Stempeldurchmesser

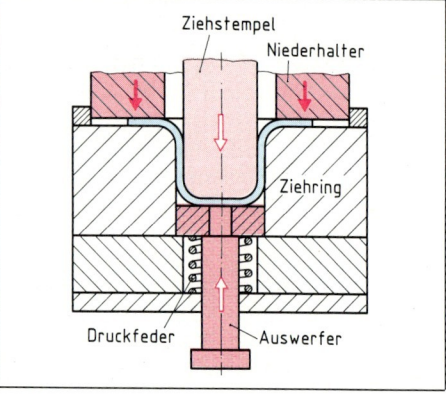

5 Tiefziehen mit Rand

2.2.2 Massivumformen
2.2.2.1 Schmieden

> Beim Schmieden wird das meist erwärmte Werkstück durch Druckkräfte plastisch umgeformt.

Durch die Druckumformung wird das ursprünglich vorhandene **Gefüge** feinkörniger und verdichtet. Der **Faserverlauf** paßt sich der Werkstückkontur an, d.h., er wird nicht wie beim Spanen unterbrochen. Aufgrund dieser Eigenschaften werden Schmiedeteile bevorzugt bei **dynamischer Belastung** eingesetzt (z.B. Kurbelwellen).

Stahl, Aluminium, Aluminiumknetlegierungen, Kupfer und Kupferknetlegierungen sind die wichtigsten schmiedbaren Metalle. **Die Schmiedbarkeit dieser Werkstoffe wird von ihrer jeweiligen Zusammensetzung beeinflußt.** Da die Dehnbarkeit des Stahles mit zunehmendem **C-Gehalt** abnimmt, sinkt auch seine Schmiedbarkeit. **Phosphor** macht den Stahl rotbrüchig und senkt seine Schmiedbarkeit erheblich.

Durch das Erwärmen der Rohteile auf Schmiedetemperatur wird eine Verbesserung der Umformbarkeit erreicht. Die Schmiedetemperatur ist vom Werkstoff des Schmiedeteils abhängig. Dabei ist darauf zu achten, daß das **Erwärmen unterhalb des Schmiedebereiches langsam und gleichmäßig** erfolgt. Dadurch sind die Temperaturunterschiede zwischen äußeren und inneren Bereichen des Schmiederohlings nicht zu groß, und es entstehen keine Spannungsrisse. Danach wird rasch auf die Schmiedetemperatur erwärmt, damit kein **Grobkorn** entsteht. Um die Reaktion des Stahls mit dem Luftsauerstoff möglichst gering zu halten, sollen Schmiedeteile nicht unnötig lange erwärmt werden, damit eine **Entkohlung der Randschicht** und **Zunderbildung** möglichst eingeschränkt werden. Die dennoch entstehenden Zunderschichten müssen entfernt werden. Der damit verbundene Werkstoffverlust wird als **Abbrand** bezeichnet. In besonderen Öfen kann die Erwärmung des Schmiederohlings kontrolliert erfolgen. Wird mit dem Schweißbrenner oder im Schmiedefeuer erhitzt, dient die Glühfarbe des erwärmten Werkstoffes zur Beurteilung der erreichten Temperatur. Baustahl wird bis zur Gelbglut, Werkzeugstahl bis Kirschrotglut erhitzt. **Wird Stahl zu hoch erwärmt, fängt er an zu sprühen. Dabei verbrennt der Kohlenstoff des Stahls.** Der Stahl wird unbrauchbar. Geschmiedete Teile werden langsam abgekühlt, damit die dabei entstehenden Verspannungen möglichst gering sind.

Freiformen

> Beim Freiformen – in der Praxis häufig Freiformschmieden genannt – geschieht die Formgebung mit Werkzeugen, die nicht oder nur teilweise die Form des Werkstückes besitzen.

In der industriellen Fertigung hat das Schmieden von Hand mit Hammer und Amboß nur noch eine untergeordnete Bedeutung. Wichtiger ist das Freiformen mittlerer und großer Werkstücke (z.B. Schiffskurbelwelle) mit **Schmiedehämmern** oder **Schmiedepressen**.

Gesenkformen

> Beim Gesenkformen, das in der Praxis oft als Gesenkschmieden bezeichnet wird, bewegen sich die Formwerkzeuge (Gesenke) gegeneinander. Die Gesenke umschließen das Werkstück und verformen es plastisch, so daß das Werkstück die Form des Gesenkhohlraumes annimmt.

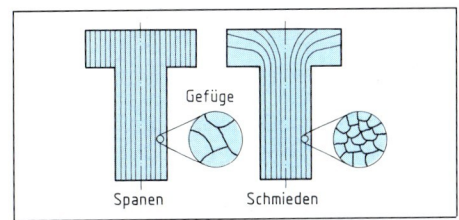

1 Faserverlauf und Gefüge von zerspanten und geschmiedeten Werkstücken

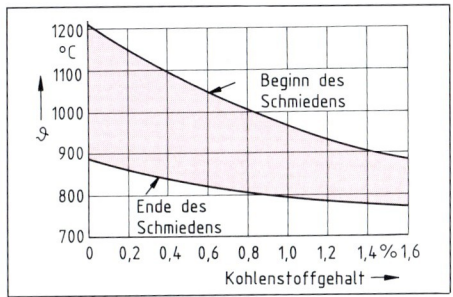

2 Schmiedebereich unlegierter Stähle

3 Freiformen mit Hammer und Amboß

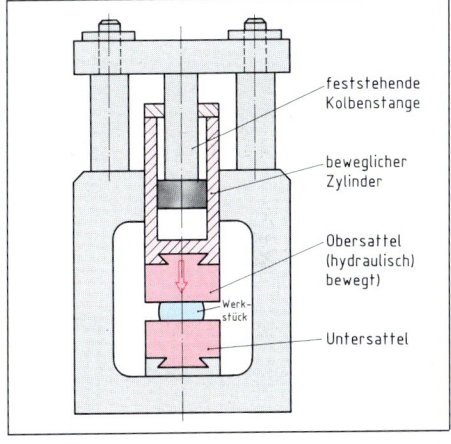

4 Schema einer hydraulischen Schmiedepresse mit 8 m Höhe

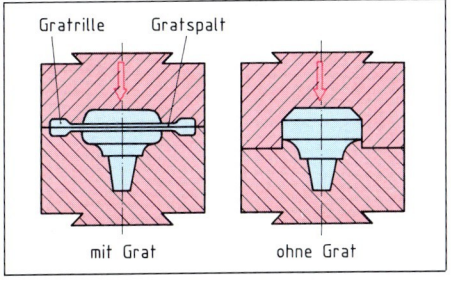

5 Gesenkformen

2.2 Umformen — 2.2.2 Massivumformen

Das **Formpressen ohne Grat** erfolgt in geschlossenen Werkzeugen. Dadurch werden Werkstoff und Nacharbeit eingespart. Jedoch muß das Volumen von Rohling und Fertigteil genau übereinstimmen, und die Rohlinge müssen sehr genau im Gesenk positioniert werden. Daher werden meist nur **einfache Schmiedeteile** auf diese Weise hergestellt.

Beim **Formpressen mit Grat** wird mit **Werkstoffüberschuß** gearbeitet. Der überschüssige Werkstoff fließt dabei durch den Gratspalt in die Gratrille. Der am Schmiedeteil vorhandene Grat wird anschließend mit Schneid- bzw. Stanzwerkzeugen entfernt.

Die **Gesenkformen** müssen den auftretenden thermischen und stoßartigen Belastungen standhalten. Niedrig- und hochlegierte Stähle mit den Legierungselementen Chrom, Molybdaen, Nickel und Vanadium haben sich als Gesenkwerkstoffe bewährt. Damit der Rohling leichter die Form ausfüllt und das Schmiedeteil sich gut aus dem Gesenk nehmen läßt, wird das Gesenk mit Formschrägen und Übergangsradien versehen. Da das Werkstück nach dem Schmieden auf Raumtemperatur abkühlt und sein Volumen dabei abnimmt, muß das Gesenk um den Betrag der Schwindung vergrößert werden.

Bei komplizierten Schmiedestücken kann die Endform nicht auf einmal erzielt werden. Es werden daher meist in mehreren Arbeitsgängen **Zwischenformen** in Gesenken geschmiedet.

Wegen der hohen Herstellungskosten der Gesenke und der benötigten Schmiedehämmer bzw. -pressen eignet sich das **Gesenkschmieden nur für die Massenproduktion**. Je nach Form, Werkstoff und Masse des Schmiedeteils können zwischen 3000 bis 100000 Werkstücke in einem Gesenk geschmiedet werden. Neben den schon genannten Vorzügen des Schmiedens zeichnen sich Gesenkschmiedeteile durch **gute Maßhaltigkeit, saubere Oberfläche und kurze Fertigungszeiten** aus.

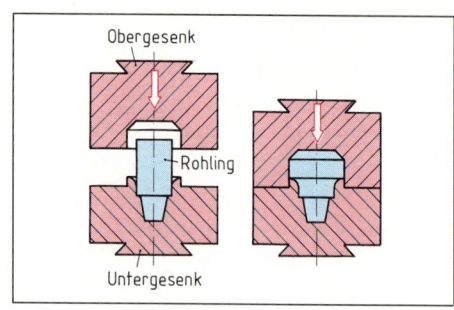

1 Formpressen ohne Grat

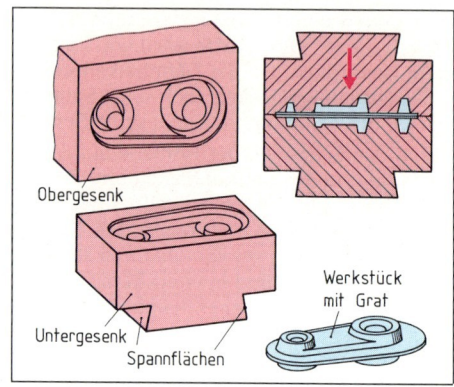

2 Formpressen mit Grat

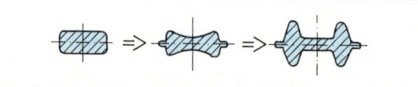

3 Gesenkformen eines H-Profils mit Zwischenformen

Rohlängenberechnung

Aufgabe:
Durch Formpressen ohne Grat soll aus einem runden Rohling der Bolzen mit Vierkantbund geschmiedet werden. Welche Länge muß der Rohling haben?

Volumen des Rohlings = Volumen des Schmiedeteils

$V_R = V_W$

$V_W = V_{Zylinder} + V_{Quader}$

$V_W = \dfrac{d^2 \cdot \pi \cdot h_1}{4} + a^2 \cdot h_2$

$V_W = \dfrac{(36\ mm)^2 \cdot \pi \cdot 35\ mm}{4} + (40\ mm)^2 \cdot 15\ mm$

$V_W = 59625{,}6\ mm^2$

$V_R = \dfrac{d^2 \cdot \pi \cdot l_R}{4}$

$l_R = \dfrac{4\ V_R}{d^2 \cdot \pi}$

$l_R = \dfrac{4 \cdot 59625{,}6\ mm^2}{(30\ mm)^2 \cdot \pi}$

$l_R = 84{,}3\ mm$

Weitere Aufgaben siehe Technische Mathematik Kap. 2.3

Die beim Freiformen oder Formpressen mit Grat entstehenden Werkstoffverluste (Abbrand und Grat) werden durch eine prozentuale Volumenzugabe oder eine Längenzugabe zur theoretischen Rohlänge l_R berücksichtigt.

4 Gesenkschmieden eines Eisenbahnrades

2.2 Umformen

Einteilung der Umformverfahren nach DIN 8582

Druckumformen	Zugdruckumformen	Zugumformen	Biegeumformen	Schubumformen
Walzen	Durchziehen	Längen	Biegen mit geradliniger Werkzeugbewegung – Gesenkbiegen	Verschieben
Freiformen	Tiefziehen	Weiten	Rollbiegen	Absetzen
Gesenkformen	Kragenziehen	Tiefen	Biegen mit drehender Werkzeugbewegung – Walzrunden	Durchsetzen
Eindrücken	Drücken		Schwenkbiegen	Verdrehen
Durchdrücken	Knickbauchen			

2.2 Umformen — Übungen

Biegen

1. Warum federn gebogene Teile nach dem Biegen zurück?
2. Begründen Sie, von welchen Größen der Biegeradius abhängt.
3. Was versteht man unter elastischer und plastischer Verformung und welche Vorgänge laufen dabei ab?
4. Wie verändert sich das Gefüge des Werkstückes im Biegebereich?
5. Erklären Sie den Begriff „neutrale Zone".
6. Wie groß ist die gestreckte Länge des dargestellten Profils?

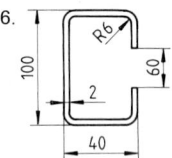

7. Wann werden Schwenkbiegemaschinen eingesetzt?
8. Welche Teile eignen sich besonders für das Biegen auf der Abkantpresse?
9. Welche Vorteile bietet ein CNC-Biegezentrum?
10. Wodurch kann man beim Rohrbiegen den Kreisquerschnitt beibehalten?

Tiefziehen

1. Warum handelt es sich beim Tiefziehen um eine Zugdruckumformung?
2. Beschreiben Sie Aufbau und Funktion eines Tiefziehwerkzeuges.
3. Welche Aufgabe hat der Niederhalter?
4. Warum werden beim Tiefziehen Schmierstoffe benutzt?
5. Aus welchem Grunde muß der Ziehspalt größer als die Blechdicke gewählt werden?
6. Entwickeln Sie für das dargestellte Profil die Formel für den Rondendurchmesser.

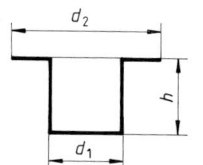

7. Worüber gibt das Tiefziehverhältnis Auskunft?

Schmieden

1. Welche Vorteile haben geschmiedete gegenüber zerspanten Werkstücken und wo werden sie bevorzugt eingesetzt?
2. Wie wirkt sich Kohlenstoff- und Phosphorgehalt auf die Schmiedbarkeit des Stahles aus?
3. In welchem Temperaturbereich ist ein unlegierter Stahl mit 0,8% C zu schmieden und was ist beim Erwärmen zu beachten?
4. Beschreiben Sie den Unterschied zwischen Frei- und Gesenkformen.
5. Was ist bei der Gesenkherstellung zu beachten?
6. Welche Vor- und Nachteile hat das Gesenkformen?
7. Bei der Kugellagerherstellung werden Kugeln mit 20 mm Durchmesser geschmiedet. Wie lang müssen die Rohlinge sein, wenn dafür Stangenmaterial mit 18 mm Durchmesser genommen und mit einem Zuschlag von 10% für Abrand und Grat gerechnet wird?

2.3 Trennen

2.3.1 Keilförmige Werkzeugschneide

Zur Herstellung unterschiedlicher geometrischer Formen und für die verschiedenen Fertigungsverfahren stehen eine Vielzahl von Werkzeugen zur Verfügung (Meißel, Sägeblatt, Drehmeißel, Fräser, Handschere usw.). Die Grundform der Schneide ist der Keil.

Aus dem alltäglichen Leben ist bekannt, daß keilförmige Schneiden nach längerem Gebrauch nachgeschliffen werden müssen (z.B. Scherenschleifen). Die für Werkzeugwechsel und Schleifen benötigte Arbeitszeit kostet Geld. An Schneidkeile wird deshalb die Forderung gestellt, daß sie die Schneidfähigkeit lange behalten. Die Zeit, die sich ein Werkzeug bis zum Nachschleifen im Eingriff befindet, wird als **Standzeit** bezeichnet.

Der Schneidkeil kann aufgrund der aufgebrachten Kräfte beschädigt oder zerstört werden. Am Beispiel eines einfachen Werkzeugs (Meißel) werden die Kräfteverhältnisse erläutert. Mit dem Hammer wird eine senkrecht nach unten wirkende Kraft erzeugt. Mit Hilfe eines Parallelogrammes läßt sich die Zerlegung der Hammerkraft in die einzelnen Kräfte darstellen, die senkrecht zu den Flächen des Keils wirken. Die im Werkzeug wirkenden Kräfte erzeugen entsprechende Gegenkräfte im Werkstück. Dadurch wird Werkstoff verdrängt. Diese Beanspruchung führt zum Abstumpfen. Die Erfahrung zeigt, daß Schneiden mit großem Keilwinkel Beanspruchungen besser aufnehmen: die Standzeit wird erhöht.

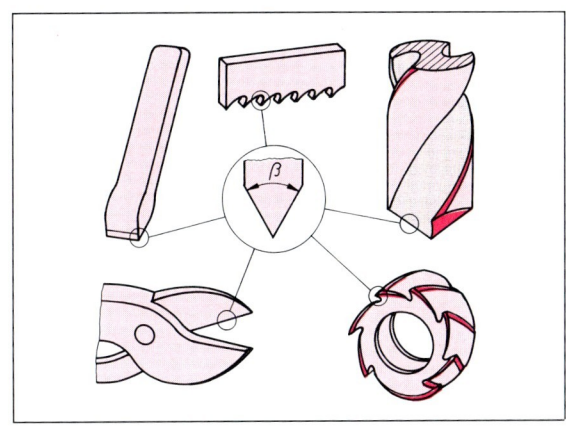

1 Keilförmige Werkzeugschneiden

> Bei großem Keilwinkel werden aufgrund der höheren Stabilität der Schneide längere Standzeiten erzielt.

Die Kräftezerlegung bei unterschiedlichen Keilwinkeln zeigt, daß bei kleinerem Keilwinkel günstigere Bedingungen für das Trennen entstehen. Die senkrecht zu den Flächen des Keils wirkenden Kräfte sind größer, und die verdrängte Werkstoffmenge ist geringer.

> Aufgrund der Kräfteverhältnisse begünstigen kleine Keilwinkel das Trennen.

Werkstoffe mit geringerer Härte und Festigkeit (z.B. Aluminium im Vergleich zu Stahl) setzen dem Trennen einen geringeren Widerstand entgegen. Da die erforderliche Kraft klein ist, wird die Schneide weniger beansprucht. Der Keilwinkel kann klein gewählt werden, was das Trennen erleichtert. Bei härteren Werkstoffen ist für die geforderte Stabilität (Standzeit) ein entsprechend großer Keilwinkel erforderlich. Die ungünstigeren Trennbedingungen müssen hingenommen werden.

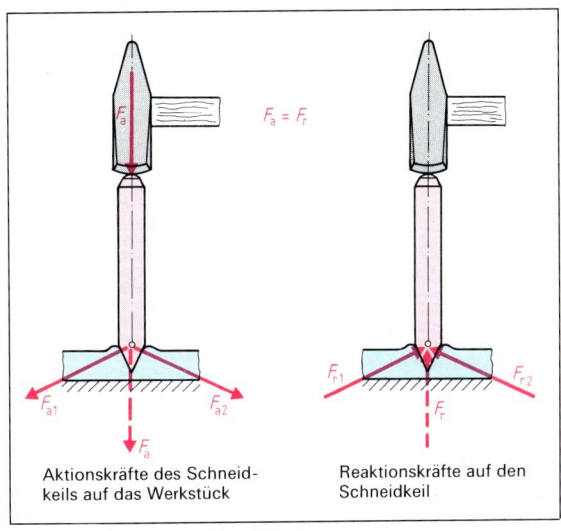

2 Kräftezerlegung am Schneidkeil

> Härte und Festigkeit der Werkstoffe legen im wesentlichen die Größe des Keilwinkels fest, weiche Werkstoffe erlauben kleinen Keilwinkel, harte Werkstoffe erfordern wegen der geforderten Standzeit großen Keilwinkel.

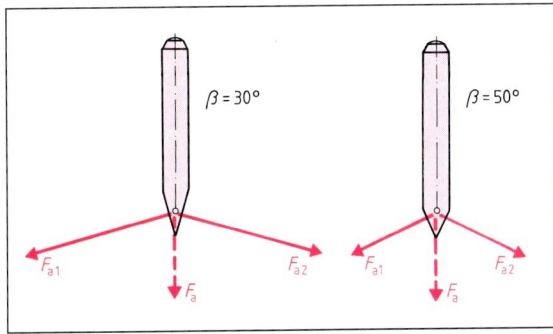

3 Kräftezerlegung bei unterschiedlichen Keilwinkeln

2.3.2 Spanen

Problemstellung

Mit zwei Stahlgelenken wird eine Abdeckplatte aus Aluminium beweglich festgehalten. Die Einzelteile sind mit geeigneten Verfahren zu fertigen.

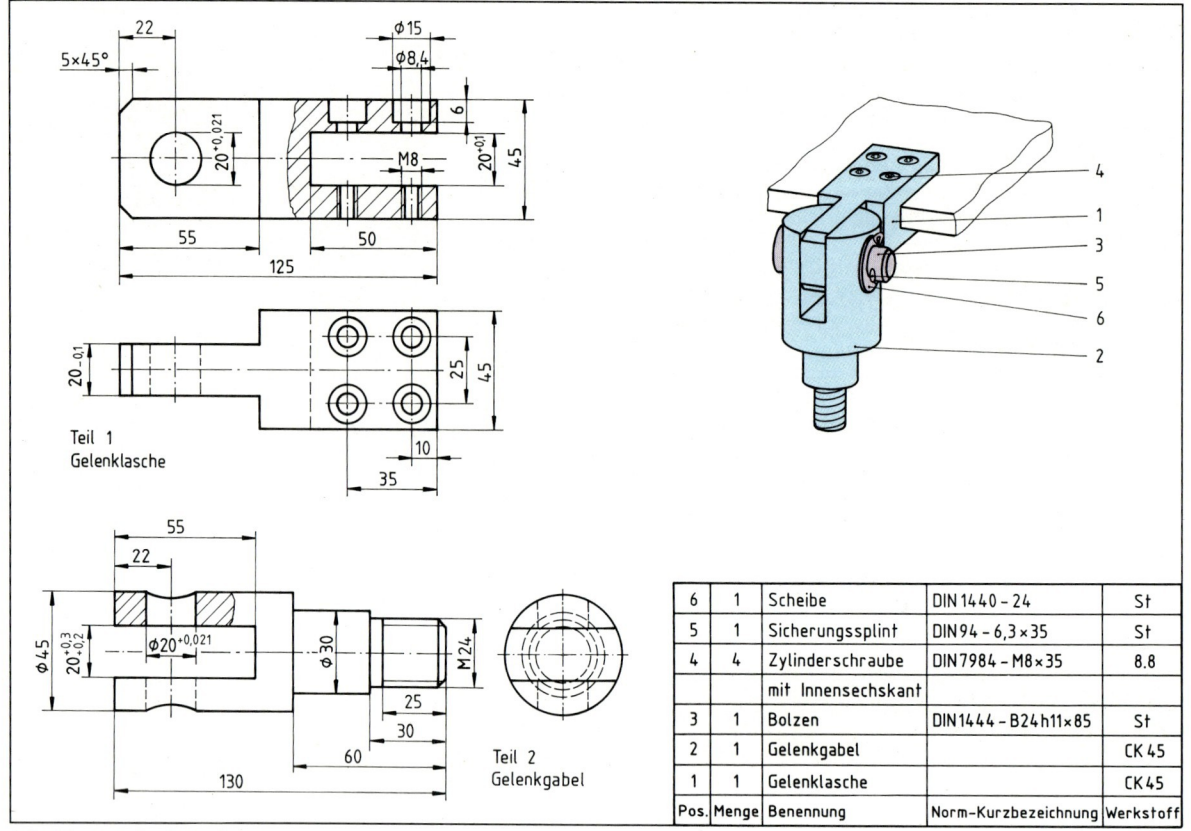

6	1	Scheibe	DIN 1440 – 24	St
5	1	Sicherungssplint	DIN 94 – 6,3 × 35	St
4	4	Zylinderschraube mit Innensechskant	DIN 7984 – M8 × 35	8.8
3	1	Bolzen	DIN 1444 – B24 h11 × 85	St
2	1	Gelenkgabel		CK 45
1	1	Gelenklasche		CK 45
Pos.	Menge	Benennung	Norm-Kurzbezeichnung	Werkstoff

1 Stahlgelenk für Abdeckplatte

Fertigungsverfahren

Bei Einzelfertigung wird auf verfügbare Maschinen und Werkzeuge zurückgegriffen. Zur Herstellung bieten sich zerspanende Fertigungsverfahren (Sägen, Feilen, Bohren, Senken, Reiben, Gewindeschneiden, Drehen und Fräsen) an.

Die **Fertigungsmöglichkeiten** ergeben sich aus der Werkstatteinrichtung:

- Werkplätze mit Schraubstöcken und den üblichen Handwerkzeugen
- Ständerbohrmaschine
- Hubsägemaschine
- Universaldrehmaschine
- Universalfräsmaschine

Eine sachgerechte Nutzung der Möglichkeiten erfordert umfassende Kenntnisse über die Verfahren.

2.3.2.1 Sägen

Für die Fertigung der Gelenkgabel und Gelenklasche muß blanker Rund- und Quadratstahl auf Maß gesägt werden.

Beim Sägen bewirken keilförmige Schneiden die Spanabnahme. Bei den folgenden Betrachtungen steht das Sägen beispielhaft für andere spanabhebende Werkzeuge.

Das Sägeblatt besteht aus einer Vielzahl hintereinanderliegender Schneidkeile. Die spanabhebende Wirkung ergibt sich aus einer entsprechenden Schrägstellung und Bewegung der Keile. Drei **Werkzeugwinkel** beeinflussen die Spanabnahme:

Freiwinkel α (alpha),
begrenzt durch Schnitt- und Freifläche

Keilwinkel β (beta),
begrenzt durch Frei- und Spanfläche

Spanwinkel γ (gamma),
begrenzt durch Spanfläche und Senkrechte auf Schnittfläche

2.3 Trennen — 2.3.2 Spanen

Damit die Winkel eindeutig festgelegt sind, wird ein rechtwinkliges Koordinatensystem beschrieben, dessen Ursprung die Spitze des Schneidkeiles darstellt. Die Werkstückoberfläche legt eine Achse fest. Die zweite Achse steht senkrecht auf dieser. Die Summe der Winkel beträgt 90°.

$$\alpha + \beta + \gamma = 90°$$

Werkstück- und Werkzeugwerkstoff (Schneidstoff) legen infolge der geforderten Standzeit der Schneide den Keilwinkel fest.

Durch unterschiedliche Schrägstellungen des Keils werden Frei- und Spanwinkel beeinflußt.

Beim **Zerspanvorgang** dringt der Schneidkeil des Werkzeuges in den Werkstoff ein. Der Spanwerkstoff wird zusammengedrängt, abgetrennt und an der Spanfläche nach oben weggeschoben. Die Stellung des Keils legt den Grad der Umformung fest. Bei einer steilen Stellung des Keils wird der Werkstoff stärker umgeformt, und der Spanwerkstoff zerbricht in kleine Stücke, einen **Reißspan.** Bei größer werdendem Spanwinkel bildet sich letztlich ein zusammenhängender Span, ein **Fließspan.** In den Zwischenstufen sind einzelne Spanteile mehr oder weniger stark verschweißt, es bildet sich ein **Scherspan**.

Neben dem Spanwinkel beeinflussen die Werkstoffeigenschaften und die Schnittgeschwindigkeit die Spanbildung. Spröde Werkstoffe mit einer geringen Bruchdehnung führen selbst bei einer kleinen Umformung durch einen großen Spanwinkel zum Reißspan.

> Aufgrund des geringeren Umformungsgrades begünstigt ein großer Spanwinkel die Spanbildung.
> Bei zähen Werkstoffen bildet sich vornehmlich ein Fließspan.

Der Freiwinkel verhindert die Reibung zwischen Frei- und Schnittfläche und verhindert damit die Erwärmung der Schneide.
Das elastische Verhalten des Werkstoffes bewirkt ein Nachfedern nach der Spanabnahme. Deshalb vermeidet erst ein Freiwinkel mit entsprechender Größe, daß die Schneide abstumpft und die Standzeit verkürzt werden.

> Um Reibung zu vermindern, ist ein Freiwinkel erforderlich. Er liegt in der Regel zwischen 6° und 12°.

Aufbau und Schneidengeometrie von Sägeblättern zeigen **verfahrensspezifische Eigenarten.**

Sägeblätter unterscheiden sich im Abstand von Zahnecke zu Zahnecke (Zahnteilung t). Während des Zerspanvorganges nehmen die Zahnlücken (Spanräume) die Späne auf und führen diese aus der Schnittfuge. Die Wahl der Zahnteilung und damit des Spanraumes ist vom zerspanten Volumen abhängig. Weiche Werkstoffe erlauben eine größere Spanabnahme. Wegen des größeren Spanraumes ist eine grobe Zahnteilung t erforderlich:

$$\text{z.B. 16 Zähne/inch:} \quad t = \frac{25{,}4 \text{ mm}}{16} = 1{,}59 \text{ mm}.$$

Ein gleichmäßiger Bewegungsablauf erfordert, daß mehrere Zähne gleichzeitig im Eingriff sind. Damit werden bei entsprechenden Werkstücken (z.B. Rohre) der Zahnteilung obere Grenzen gesetzt. Selbst bei weichen Werkstoffen ist dann eine entsprechend feine Zahnteilung zu wählen.

> Aufgrund des größeren Spanraumes eignet sich eine grobe Zahnteilung für weiche Werkstoffe und lange Schnittfugen.

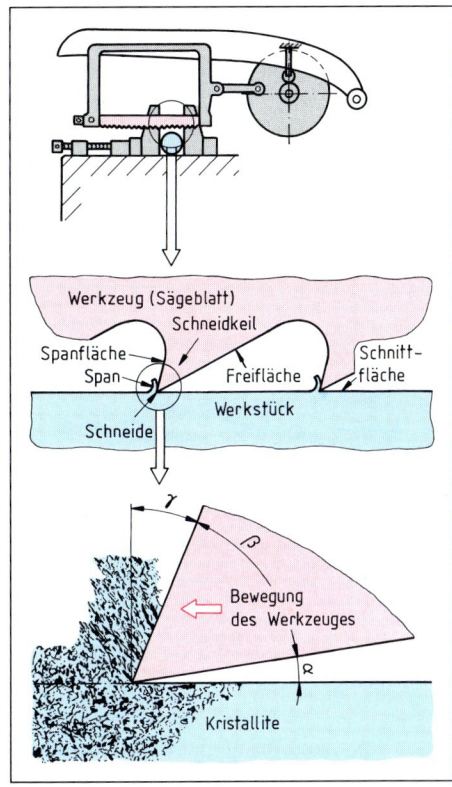

1 Werkzeugwinkel und Zerspanvorgang

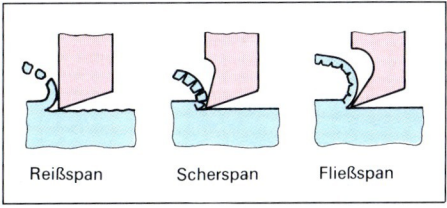

2 Spanarten

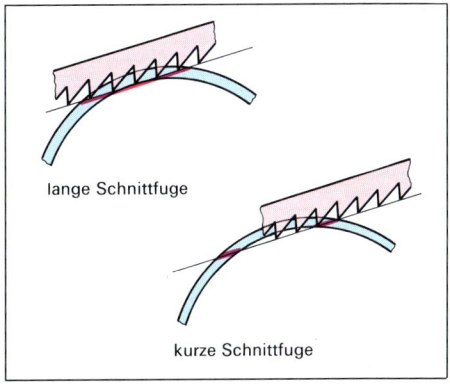

3 Sägen von Rohren

2.3 Trennen

2.3.2 Spanen

Die Schneidkeile von Hand- und Maschinensägeblättern zeigen zwei Besonderheiten:
- Das Handsägeblatt hat einen kleineren Spanwinkel, obwohl dadurch die Spanbildung erschwert wird.
- Der Freiwinkel ist bei beiden ungewöhnlich groß.

Bei gegebenem Keilwinkel werden durch die Stellung des Keils der Span- und Freiwinkel festgelegt. Bei einem großen Spanwinkel entsteht infolge der Kräfteverhältnisse ein dicker Span. Ab einer bestimmten Spangröße würde die Kraft nicht mehr ausreichen, den Zerspanvorgang fortzuführen. Somit ist bei Handsägeblättern ein kleiner Spanwinkel zu wählen.

Sägemaschinen erbringen eine größere Kraft. Der Spanwinkel ist deshalb vergleichsweise größer.

Für die Standzeit der Schneide wäre ein größerer Keilwinkel günstig. Dennoch ist selbst bei feiner Zahnteilung ein ausreichend großer Spanraum erforderlich. Dieser wird durch den großen Freiwinkel erreicht.

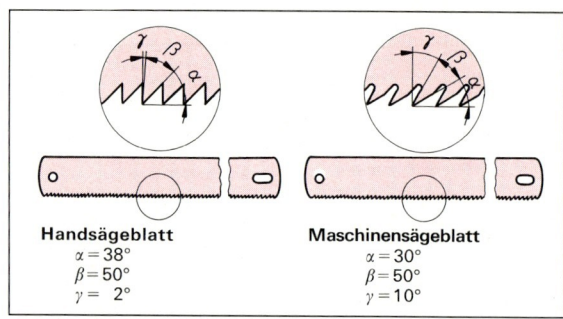

1 Schneidkeile von Sägeblättern

Handsägeblatt: $\alpha = 38°$, $\beta = 50°$, $\gamma = 2°$
Maschinensägeblatt: $\alpha = 30°$, $\beta = 50°$, $\gamma = 10°$

> Schneidkeile von Sägeblättern sind durch kleine Spanwinkel und große Freiwinkel gekennzeichnet.

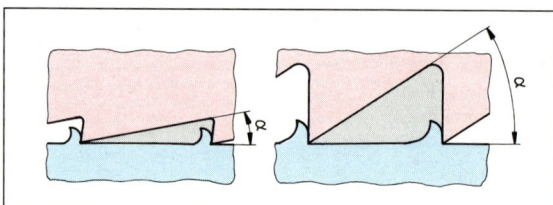

2 Freiwinkel und Spanraum

Entspräche die Sägeblattdicke der Sägefugenbreite, so wäre eine starke Reibung zwischen Werkstoff und Werkzeug die Folge. Dies würde den erforderlichen Kraftaufwand erhöhen. Zudem könnte die durch Reibung bedingte Wärmeentwicklung die Festigkeit des Schneidenwerkstoffes erniedrigen. Die geringere Festigkeit und der erhöhte Kraftaufwand würden die Standzeit vermindern. Um dieses Problem zu lösen, ist das Sägeblatt so gestaltet, daß die Sägeblattdicke geringer ist als die Sägefugenbreite. Beim Schränken werden die Zähne abwechselnd nach links und rechts gebogen. Dünne Sägeblätter werden gewellt. Durch Hohlschleifen erhält man breitere Zahnschneiden.

> Geschränkte, gewellte und hohlgeschliffene Sägeblätter schneiden frei, da die Sägefugenbreite größer ist als die Sägeblattdicke.

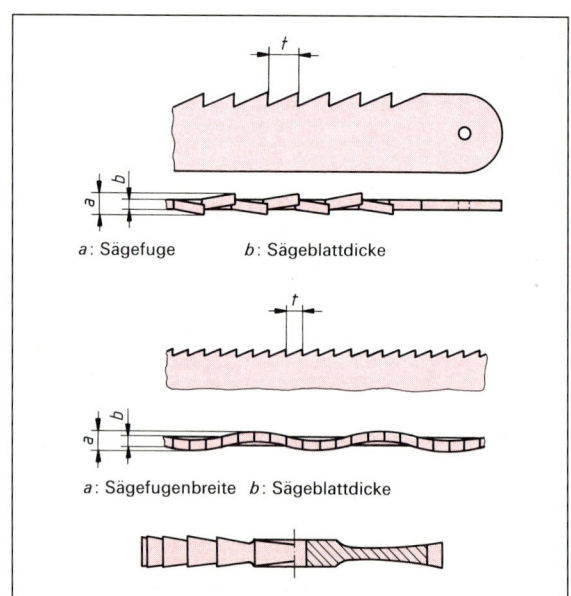

a: Sägefuge b: Sägeblattdicke
a: Sägefugenbreite b: Sägeblattdicke

3 Freischneiden durch Schränken, Wellen und Hohlschleifen

Sägemaschinen erbringen hohe Kräfte und ermöglichen einen gleichmäßigen Bewegungsablauf während des Zerspanvorganges.

Bei der **Hubsägemaschine** führt das Werkzeug eine geradlinige Schnittbewegung durch. Diese erfolgt über die Bewegungslänge mit unterschiedlicher Geschwindigkeit. Der Gesamtweg beinhaltet eine Beschleunigungs- und Verzögerungsstrecke.

Fertigungszeiten werden mit durchschnittlichen Geschwindigkeiten berechnet.

Für geradlinige Bewegungen gilt: $$v = \frac{s}{t}$$

Geschwindigkeit v z.B. in $\frac{m}{min}$

Weg s z.B. in m

Zeit t z.B. in min

Für die Bewegung eines Werkzeuges wird eine **Schnittgeschwindigkeit** v_c errechnet.

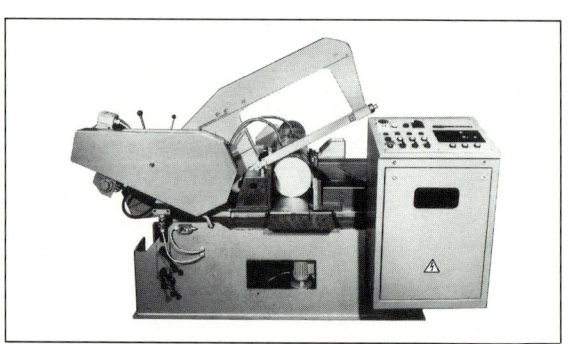

4 Hubsägemaschine

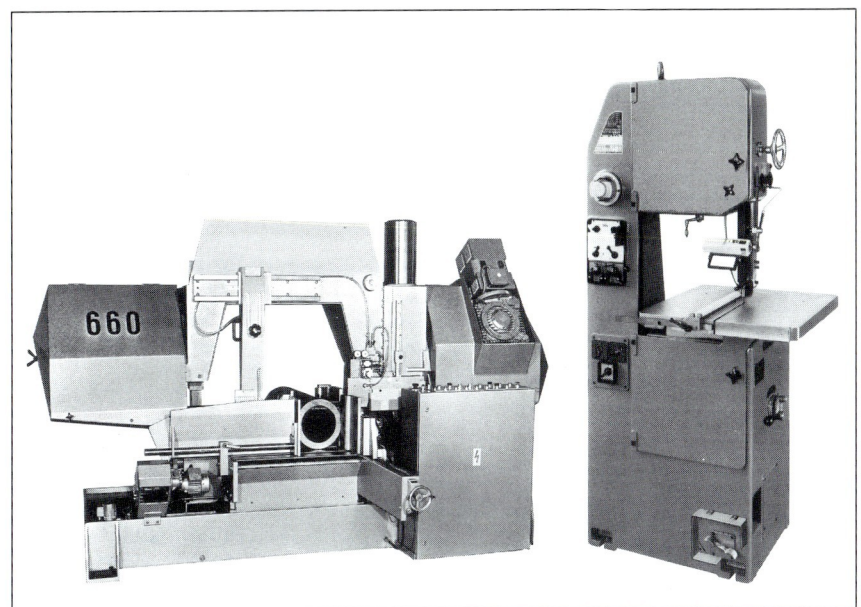

1 Bandsägemaschinen

2 Kreissägemaschine

Jedem Arbeitshub folgt bei der Hubsägemaschine ein Leerhub, bei dem kein Span abgenommen wird. Bei der Geschwindigkeitsberechnung sind beide Hübe zu berücksichtigen. Arbeits- und Leerhub erfolgen in gegensätzlicher Richtung. Der Bewegungsablauf wird unterbrochen.

Eine wirtschaftliche Fertigung erfordert eine ununterbrochene und somit zeitsparende Spanabnahme. Die Konstruktion leistungsfähiger Maschinen muß dieser Forderung Rechnung tragen.

Bei einer **Bandsägemaschine** läuft ein endloses Sägeband über zwei Scheiben. Die Zerspanung erfolgt mit einer geradlinig ununterbrochenen Bewegung und konstanter Geschwindigkeit. Für die Berechnung gilt die Formel für die geradlinige Bewegung.

Durch die Drehung des Werkzeuges entsteht bei der **Kreissägemaschine** eine kreisförmige Schnittbewegung v_c. Aufgrund des ununterbrochenen Schnittes und der robusten Bauweise von Maschine und Werkzeug eignet sich dieses Verfahren besonders für das Ablängen großer Querschnitte und bei Massenfertigung.

Bei kreisförmiger Bewegung gilt für eine Umdrehung:
Weg = Umfang des Kreises: $s = U = d \cdot \pi$

Die Umdrehungsfrequenz (Drehzahl) n gibt die Anzahl der Umdrehungen in der Minute an. Multipliziert mit dem Umfang des Kreises ergibt sich der pro Minute zurückgelegte Weg.

Für kreisförmige Bewegungen gilt: $\boxed{v = d \cdot \pi \cdot n}$

Umfangsgeschwindigkeit v z.B. in $\dfrac{m}{min}$

Durchmesser des Kreises d z.B. in m

Umdrehungsfrequenz n z.B. in $\dfrac{1}{min}$

Die Arbeitszeit ergibt sich aus der Bewegung, mit der das Werkstück gegen die Säge geführt wird. Dies ist die Vorschubbewegung v_f. Bei der Hubsäge entsteht diese Bewegung durch die Belastung von oben, die die Säge nach unten drückt.

2.3.2.2 Feilen

Das Feilen hat durch den Einsatz moderner Fertigungsverfahren (z.B. Drahterodieren) an Bedeutung in der Produktion verloren. Dennoch kann darauf in besonders gelagerten Fällen der Einzelfertigung und bei Reparaturarbeiten nicht verzichtet werden. Das Feilen von Hand erfordert viel Geschick und Übung. Mit Feilmaschinen erreicht man größere Spanleistungen bei geringerem körperlichen Einsatz und höhere Form- und Maßgenauigkeit.

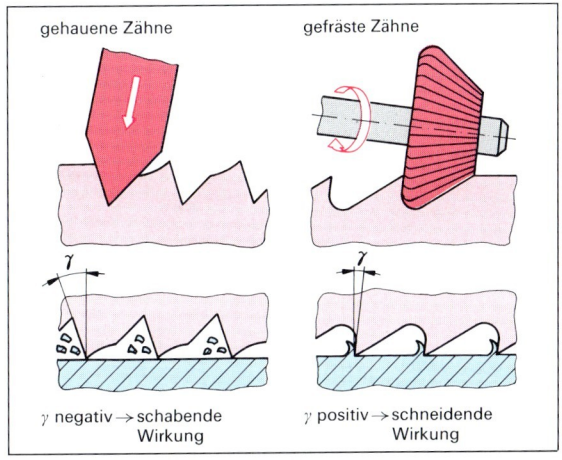

3 Schneidkeile von Feilen (Herstellung und Wirkung)

2.3 Trennen 2.3.2 Spanen

Die unterschiedlichen **Zahnformen** erfordern verschiedene Herstellungsverfahren.

Da die Winkelsumme von α, β und γ stets 90° beträgt, ergibt sich bei gehauenen Feilen ein negativer Spanwinkel. Infolge des hohen Umformungsgrades des Spanwerkstoffes lassen sich nur kleine Späne abtrennen. Die gehauene Feile wirkt schabend. Gefräste Feilen haben einen positiven Spanwinkel und damit schneidende Wirkung (Bild 3; Seite 41).

> Ein negativer Spanwinkel am Schneidkeil ergibt eine schabende Wirkung.

Ein **Feilenblatt** besteht aus hinter- und nebeneinanderliegenden Schneidkeilen. Den Abstand zwischen hintereinanderliegenden Feilenzähnen bezeichnet man als **Hiebteilung.** Die **Hiebzahl** gibt die Anzahl der Hiebe (Einkerbungen) je cm Feilenlänge an.

Eine hohe Oberflächenqualität (saubere Oberfläche) wird erzielt, wenn möglichst viele Zähne im Eingriff sind und kleinste Späne abgenommen werden. Hierzu eignen sich gehauene Feilen mit hohen Hiebzahlen (10 bis 34; Schlichtfeilen). Zudem ist zu vermeiden, daß die Oberfläche durch Späne beschädigt (zerkratzt) wird. Eine seitliche Spanabfuhr ist sicherzustellen. Einhiebige Feilen mit Spanteiler und Feilen mit Kreuzhieb erfüllen diese Anforderungen.

Um bei unterschiedlicher Werkstückgeometrie Feilarbeiten durchführen zu können, müssen die Feilenquerschnitte entsprechend gestaltet werden. Ecken können mit Dreikant- und Halbrund-Werkstattfeilen formgenau bearbeitet werden. Für eine Nacharbeit an Flächen bieten sich flachstumpfe und flachspitze Werkstattfeilen an.

> Die Auswahl eines Werkzeuges für einen Arbeitsgang ist von der geforderten Oberflächenqualität, der Werkstückgeometrie und vom Werkstoff abhängig.

Die unterschiedlichen **Feilmaschinen** gleichen in ihrem Bewegungsablauf den entsprechenden Sägemaschinen.

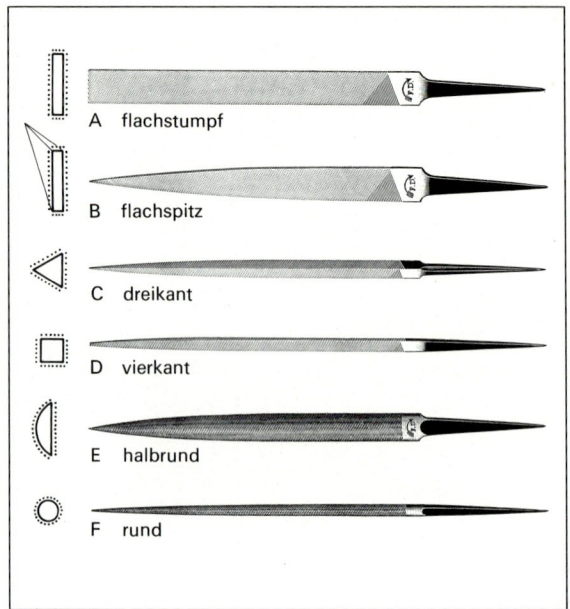

2 Querschnittsformen von Präzisionsfeilen

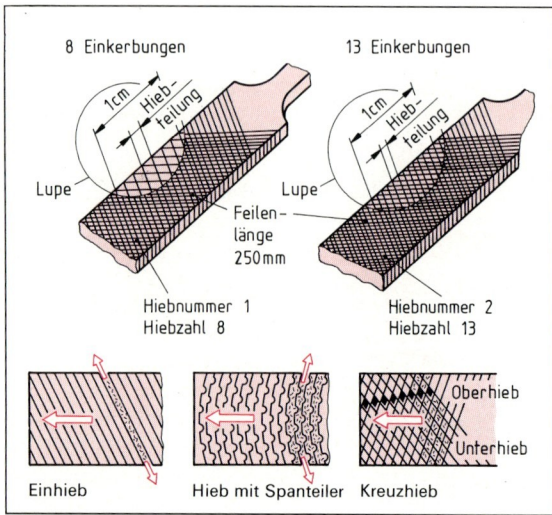

1 Feilenblatt

3 Feilmaschinen

2.3.2.3 Bohren, Senken, Reiben und Gewindeschneiden

Die Einzelteile des Stahlgelenkes werden verschiedenartig gefügt. Hierzu müssen Bohrungen in unterschiedlicher Qualität, d.h. unterschiedlicher Maß- und Formgenauigkeit sowie Oberflächengüte gefertigt werden. Während an die Schraubendurchgangslöcher keine hohen Qualitätsanforderungen gestellt werden (es gelten die Allgemeintoleranzen), müssen die Bohrungen in der Gelenkgabel und Gelenklasche zur Aufnahme des Bolzens maß- und formgenau erstellt werden. Dadurch werden eine eindeutige Führung und somit ein problemloses Öffnen und Schließen der Platte gesichert.

Weiterhin sind in der Gelenklasche Senkungen für die Schraubenköpfe herzustellen und Innengewinde zu schneiden.

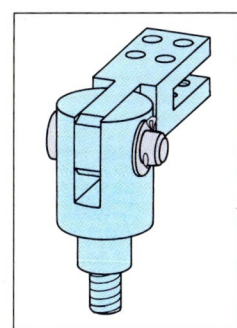

1 Stahlgelenk

Bohren

Bohrungen des gleichen Durchmessers (Schraubendurchgangslöcher) sind in der Gelenklasche aus Stahl und der Platte aus Aluminium zu fertigen. Unterschiedliche Werkstoffe erfordern verschiedene Werkzeuge und Arbeitsgeschwindigkeiten.

Die Werkzeugausgabe stellt drei verschiedene Bohrertypen zur Verfügung. Eine sachgerechte Entscheidung verlangt Kenntnisse über Schneiden und Winkel am Spiralbohrer. Es gelten die bisher erarbeiteten Erkenntnisse über die Bedingungen am Schneidkeil.

Spiralbohrer sind zweischneidige Werkzeuge. In einen zylinderförmigen Grundkörper sind zwei wendelförmige Nuten zur Spanabfuhr eingearbeitet. Der Bohrer wird an den Fasen im Bohrloch geführt. Sie sind schmal, um die Reibung an der Bohrlochwand gering zu halten. Die Spanabnahme erfolgt in erster Linie durch die zwei Hauptschneiden.

Der Keilwinkel am Werkzeug ergibt sich durch den werkzeugseitig vorgegebenen Spanwinkel (Seitenspanwinkel) und den durch Hinterschleifen der Hauptschneiden entstehenden Freiwinkel von ca. 7°. Somit ergibt ein großer Seitenspanwinkel (Bohrertyp W) einen entsprechend kleinen Keilwinkel. Dieser Bohrertyp erleichtert den Zerspanvorgang. Die Stabilität des Schneidkeiles genügt nur weichen Werkstoffen. Für harte und spröde Werkstoffe ist Typ H bestimmt. Eine ausreichend hohe Standzeit wird durch die große Stabilität des Werkzeuges erreicht.

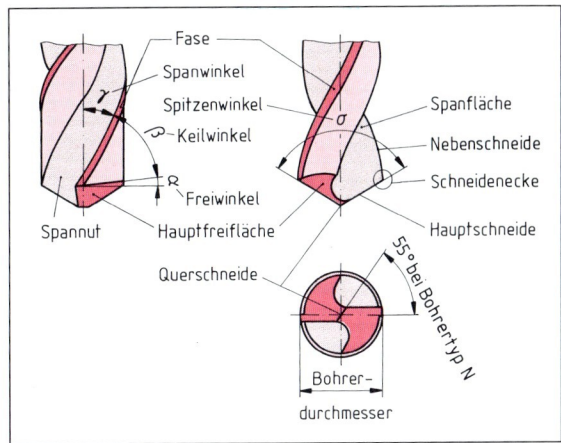

2 Schneiden und Winkel am Spiralbohrer

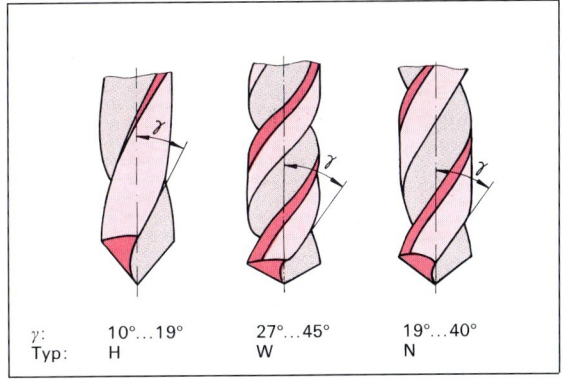

| γ: | 10°…19° | 27°…45° | 19°…40° |
| Typ: | H | W | N |

3 Spiralbohrertypen

> Für **h**arte Werkstoffe (z.B. hochfester Stahl, einige Cu-Legierungen) wird Bohrertyp **H** angewendet, für **n**ormale Werkstoffe (z.B. Baustahl) Bohrertyp **N** und für **w**eiche Werkstoffe (z.B. Aluminium) Bohrertyp **W**.

Der **Spitzenwinkel** beeinflußt die Stabilität des Werkzeuges und die Wärmeabfuhr durch das Werkzeug. Kleine Spitzenwinkel ergeben lange Hauptschneiden, über die die Wärme gut abgeführt wird (z.B. 80° für Preßstoffe). Mit einem großen Spitzenwinkel wird der Spanablauf verbessert und dadurch die Schnittkraft verringert. Er eignet sich für gut wärmeleitende und langspanende Werkstoffe.

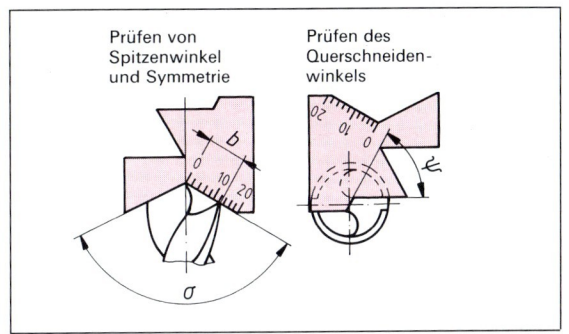

4 Spitzenwinkel und Querschneide

2.3 Trennen — 2.3.2 Spanen

Der Spitzenwinkel für Stahl beträgt 118°.

Die Querschneide verbindet die zwei Hauptschneiden im Bereich des Bohrerkerns. Sie hat schabende Wirkung und erhöht die Vorschubkraft. Die durch Reibung auftretende Wärme setzt die Festigkeit des Schneidstoffes herab. Die Schneide wird stärker abgenutzt.

Durch Vorbohren auf die Größe der Querschneide wird deren schabende Wirkung vermieden.

Die Vorschubkraft wird erheblich verringert, wenn auf die Größe der Querschneide vorgebohrt wird.

Zur Zerspanung sind zwei **Bewegungen** erforderlich. Die kreisförmige Schnittbewegung und die geradlinige Vorschubbewegung werden vom Werkzeug ausgeführt. Durch den Vorschub in Richtung der Bohrerachse dringen die sich drehenden Hauptschneiden fortlaufend in den Werkstoff ein und trennen Späne ab.

Die Schneidecken des Bohrers bewegen sich dabei durch die Überlagerung von Schnitt- und Vorschubbewegung wendelförmig (Wirkbewegung).

Die Schnittgeschwindigkeit v_c, angegeben in m/min, ist die Wegstrecke in Metern, die von der Bohrerfase in

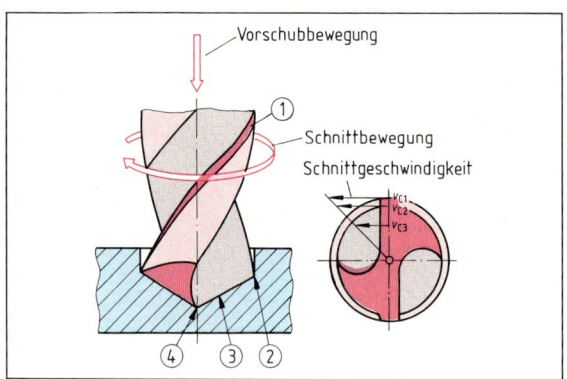

einer Minute zurückgelegt wird. Zur Bohrerachse hin nimmt die Schnittgeschwindigkeit stetig ab. Gemäß der Formel $v_c = d \cdot \pi \cdot n$ wird die Schnittgeschwindigkeit in der Werkzeugmitte ($d = 0$) zu 0. An der Querschneide herrschen somit aufgrund der Bewegungsgrößen ungünstige Zerspanbedingungen. Der Vorschub f wird in mm je Umdrehung angegeben.

Der Einfluß der Werkstoffe auf die Geschwindigkeiten wird am folgenden Beispiel verdeutlicht.

Aufgabe:

In die Gelenklasche des Stahlgelenks (Ck 45) und die Abdeckplatte (gering legiertes Aluminium) sollen die Schraubendurchgangslöcher ($d = 8{,}4$ mm) gebohrt werden. Der Spiralbohrer ist aus HSS (Hochleistungs-Schnellarbeitsstahl (hochlegierter Werkzeugstahl) hergestellt. Es wird mit einer Emulsion kühlgeschmiert.

Ermitteln Sie aus Tabellen die Werte für die Schnittgeschwindigkeiten v_c und die Vorschübe f.

Berechnen Sie die Umdrehungsfrequenz n des Bohrers und die Vorschubgeschwindigkeit v_f.

Lösung:

In den Tabellen werden, für mehrere Werkstoffe zusammengefaßt, Bereiche angegeben, aus denen je nach Anforderung die Schnittdaten ausgewählt werden. Bei der Auswahl gelten unter anderem folgende Kriterien:

1. Werkstoffe:
Gehört der Werkstoff innerhalb einer Gruppe zu den festeren, werden untere Bereichswerte ausgewählt.

2. Oberfläche:
Für eine gute Oberfläche (geringe Rauhtiefe) ergibt eine hohe Schnittgeschwindigkeit bei kleinem Vorschub gute Zerspanbedingungen.

3. Standzeit:
Soll das Werkzeug lange ohne Nachschliff arbeiten, ist ein unterer Bereichswert angebracht.

4. Schmierzustand:
Wird nur mit wenig oder ganz ohne Kühlschmiermittel gearbeitet, müssen niedrige Werte eingestellt werden.

Ein Überschreiten der Bereichsobergrenze ist in jedem Fall zu vermeiden. Gelten die Tabellen für mehrere Abmessungen, müssen die Einstelldaten durch Zwischenwertbildung abgeschätzt werden. Folgende Daten wurden gewählt:

Platte aus Aluminiumlegierung:
$$v_c = 60\,\frac{m}{min};\ f = 0{,}20\text{ mm}$$

Gelenklasche aus Ck 45: $\quad v_c = 30\,\frac{m}{min};\ f = 0{,}09\text{ mm}$

Bewerten Sie diese gewählten Werte.

$$v_c = d \cdot \pi \cdot n$$
$$n = \frac{v_c}{d \cdot \pi}$$

Platte aus Aluminiumlegierung:
$$n = \frac{60\text{ m}}{min \cdot 0{,}0084\text{ m} \cdot \pi};\ n = 2273\,\frac{1}{min}$$

Gelenklasche aus Ck 45:
$$n = \frac{30\text{ m}}{min \cdot 0{,}0084\text{ m} \cdot \pi};\ n = 1137\,\frac{1}{min}$$

Die Geschwindigkeit der Vorschubbewegung v_f läßt sich aus dem Vorschub pro Umdrehung f und der Umdrehungsfrequenz n ermitteln:

$$v_f = n \cdot f$$

Platte aus Aluminiumlegierung:
$$v_f = \frac{2273 \cdot 0{,}20\text{ mm}}{min};\ v_f = 454{,}60\,\frac{mm}{min}$$

Gelenklasche aus Ck 45:
$$v_f = \frac{1137 \cdot 0{,}09\text{ mm}}{min};\ v_f = 102{,}33\,\frac{mm}{min}$$

Weitere Aufgaben siehe Technische Mathematik Kap. 2.8.2

2.3 Trennen — 2.3.2 Spanen

Richtwerte für Schnittgeschwindigkeit und Vorschub beim Bohren, Bohrer HSS

Werkstoffe	v_c in $\frac{m}{min}$	f in mm bei Ø 7 mm	f in mm bei Ø 10 mm	Kühlschmierung	Werkstoffe	v_c in $\frac{m}{min}$	f in mm bei Ø 7 mm	f in mm bei Ø 10 mm	Kühlschmierung
unleg. Baustähle bis 750 N/mm²	25…32	0,09	0,11	Emulsion	Al-Leg. (gering leg.)	50…63	0,18…0,22	0,25	Emulsion
unleg. Baustähle über 750 N/mm²	16…20	0,09	0,11	Emulsion	Al-Leg. bis 11% Si	40…50	0,18…0,22	0,25	Emulsion
leg. Stähle	8…12	0,09	0,11	Emulsion	Al-Leg. über 11% Si	25…32	0,18	0,22	Emulsion
Gußeisen bis 250 N/mm²	16…20	0,16	0,22	Emulsion	CuZn-Legierung spröde (CuZn40Pb2)	63	0,18…0,22	0,25	trocken
Gußeisen über 250 N/mm²	12…16	0,12	0,15	Emulsion	CuZn-Legierung zäh (CuZn37, CuZn40)	32…40	0,18	0,22	Emulsion
Mangan-Hartstahl	3	0,05	0,07	trocken	Kunststoff, weich Thermoplaste	32	0,18…0,22	0,25	Wasser
Magnesium-Leg.	63	0,18…0,22	0,25	trocken, Schneidöl	Kunststoffe mit Füllstoffen (Glasfaser)	16	0,22	0,28	Luft

Bohrungsdurchmesser, Schnittgeschwindigkeit und Vorschub bestimmen das in der Minute zerspante Volumen. Die hierzu erforderliche Kraft legt die Schnittleistung fest. Wegen der geringeren Werkstoffestigkeit wird z.B. bei Aluminium eine höhere Schnittgeschwindigkeit und ein größerer Vorschub als bei Stahl gewählt.

Schnittgeschwindigkeit und Vorschub bestimmen die Schnittleistung eines Spiralbohrers.

Um die Möglichkeiten hochfester Schneidstoffe zu nutzen, sind **leistungsfähige** Bohrmaschinen einzusetzen.

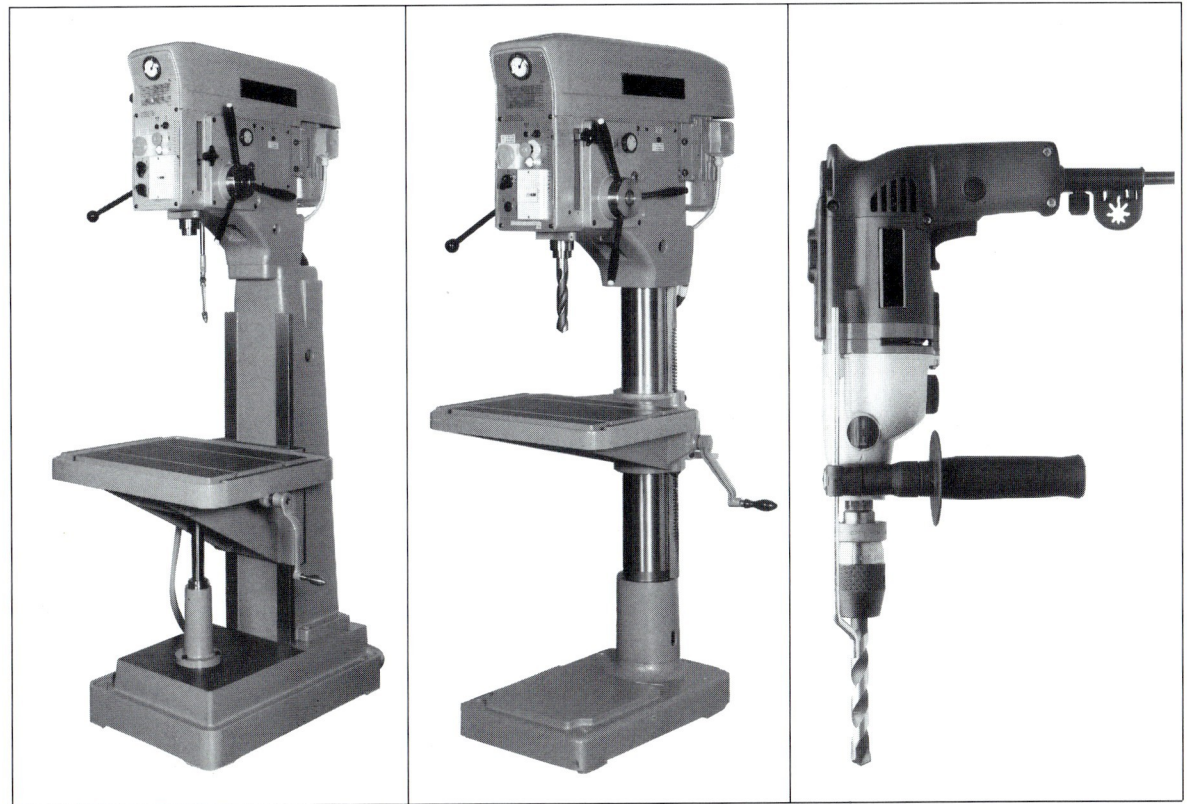

1 Ständerbohrmaschine   2 Säulenbohrmaschine   3 Handbohrmaschine

2.3 Trennen — 2.3.2 Spanen

Senken

Senker sind ein- oder mehrschneidige Werkzeuge. Sie werden zum Entgraten scharfkantiger Bohrungen und zum Versenken von Schraubenköpfen genutzt. Zum Entgraten verwendet man Kegelsenker mit einem Spitzenwinkel von 60°. Mit 90° werden Schraubenköpfe und mit 75° Nietköpfe versenkt. Flachsenker werden zum Versenken der Köpfe von Schrauben mit Innensechskant benötigt.

> Um Verletzungen an den scharfkantigen Bohrungen zu verhindern, wird jede fertige Bohrung gesenkt.

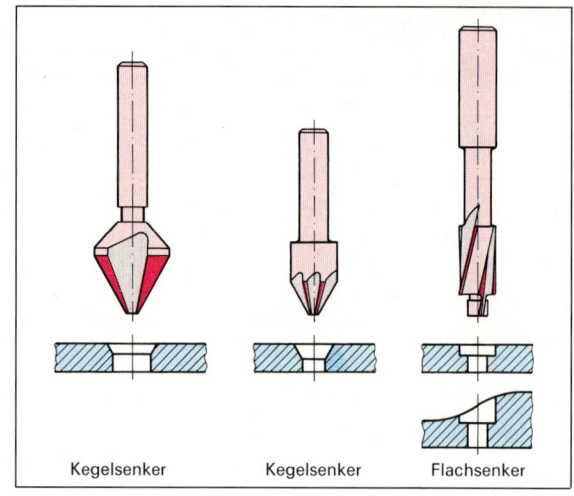

1 Senkerarten

Reiben

Der Bolzen verbindet Gelenklasche und Gelenkgabel beweglich. Ein einwandfreies Öffnen und Schließen der Platte erfordert eine entsprechende Maßgenauigkeit, Formgenauigkeit und Oberflächengüte der Bohrung.

Mit Spiralbohrern können Bohrungen mit angemessener Qualität nicht erzielt werden. Um den gestellten Anforderungen zu genügen, ist das zu zerspanende Volumen gering zu halten. Dies wird erreicht durch

- Vorbohren mit einem Spiralbohrer von 0,2 bis 0,6 mm unter Maß (**Reibzugabe**) und
- Verteilen des Zerspanvolumens bei Reiben auf mehrere Schneidkeile (6 bis 14).

Durch die **Schneidengeometrie** mit dem leicht negativen Spanwinkel ergeben sich kleine Späne. Die Oberflächenqualität wird verbessert.

Durch eine ungleiche Teilung der **Reibahle** wird die Arbeitsqualität erhöht. Hätte die Reibahle gleiche Teilung, würden die Späne voraussichtlich immer an der gleichen Stelle und an allen Schneiden gleichzeitig abbrechen. In die Vertiefungen könnten die Zähne einhaken und sogenannte Rattermarken erzeugen. Da sich bei gerader Schneidenzahl zwei Schneiden gegenüberstehen, kann der Durchmesser der Reibahle leicht gemessen werden.

Das Reiben von Hand verlangt Übung und Geschick. Der lange Anschnitt der Handreibahle erleichtert die Führung in die Bohrung, da das zu zerspanende Volumen nur langsam zunimmt. Beim Reiben mit der Maschine übernimmt die Maschinenspindel die Führung.

Die Drehrichtung der Schnittbewegung ist auch beim Rückhub beizubehalten. Beim Zurückdrehen könnten eingeklemmte Späne einen Schneidenbruch verursachen.

Das Reiben kann z.B. an **Bohrmaschinen** erfolgen. Die Schnittgeschwindigkeit liegt wesentlich niedriger als beim Bohren. Es sollte mit großem Vorschub gerieben werden.

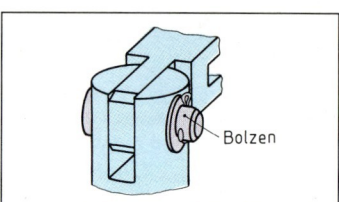

2 Bewegliche Verbindung von Gelenkgabel und Gelenklasche

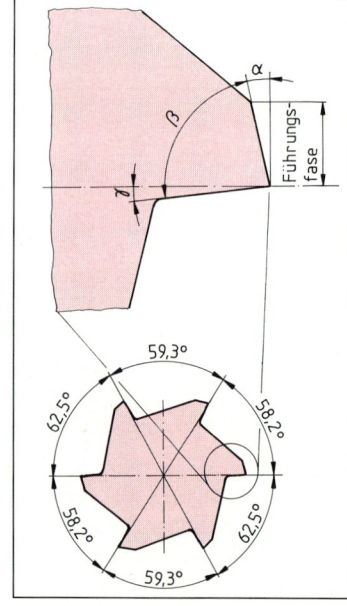

3 Schneidkeile der Reibahle

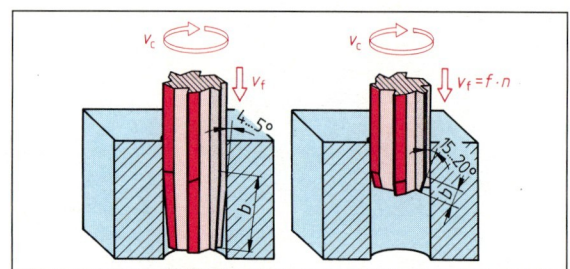

4 Hand- und Maschinenreibahle

Werkstoff	Reiben	Flachsenken	Bohren
unlegierter Stahl	4…12	6…14	25…32
legierter Stahl	4…10	8…10	16…20
CuZn-Legierung	10…20	25…30	32…40
Al-Legierung	8…20	20…25	40…50

5 Richtwerte für Schnittgeschwindigkeit v_c in m/min für Werkzeuge aus HSS

Gewindeschneiden

An der Gelenklasche sind Innengewinde und an der Gelenkgabel ein Außengewinde zu schneiden. Mittels Schrauben werden die Einzelteile des Stahlgelenkes verbunden. Als Befestigungsgewinde finden metrische ISO-Gewinde Anwendung. Die Maße am Gewinde sind Tabellen zu entnehmen.

Werkzeuge zum Gewindeschneiden von Hand entsprechen in Form und Maßen dem genormten Gewinde. Innengewinde werden mit Gewindebohrern und Außengewinde mit Schneideisen hergestellt.

Die Schneidengeometrie richtet sich nach dem zu bearbeitenden Werkstoff. Für weiche Werkstoffe erhält der Schneidkeil einen größeren Spanwinkel. Die Anzahl der Schneiden wird verringert, und dadurch werden die Spanräume vergrößert.

Der Zerspanvorgang erfolgt am Anschnitt des Werkzeuges. Wie beim Reiben ist beim Innengewindeschneiden von Hand am Gewindebohrer ein langer Anschnitt angebracht (Muttergewindebohrer). Meist wird die Zerspanarbeit auf drei Gewindebohrer verteilt (Gewindebohrersatz).

Die wirtschaftlichere maschinelle Fertigung ist dem Gewindeschneiden von Hand vorzuziehen. Mit Zusatzeinrichtung in der Bohrmaschine für Umdrehungsfrequenz- und Drehrichtungsänderung oder mit Gewindeschneidapparaten mit selbsttätigem Links-Rücklauf können Innengewinde problemlos und schnell hergestellt werden. Außengewinde werden in der Einzelfertigung häufig auf Drehmaschinen gefertigt. Bei der Massenproduktion (z.B. Schraubenherstellung) haben sich spanlose Fertigungsverfahren (z.B. Gewindewalzen) durchgesetzt.

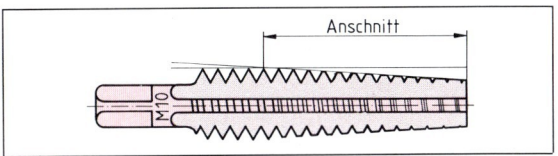

3 Muttergewindebohrer

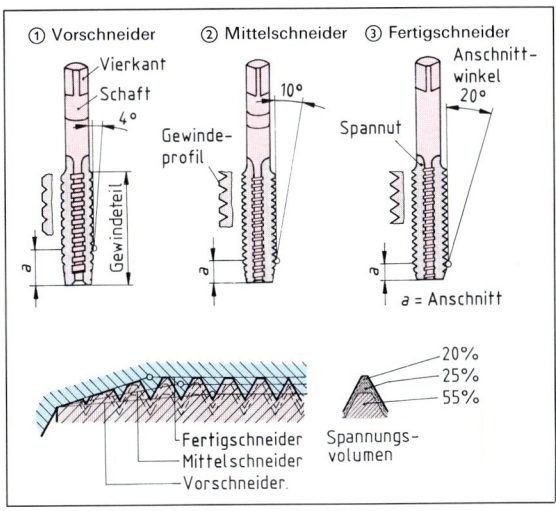

4 Gewindebohrersatz

2.3.2.4 Drehen

Nach dem Absägen wird die Gelenkgabel gedreht und anschließend gefräst und gebohrt. Die zylinderförmige Seite der Gelenkgabel wird vollständig durch Drehen hergestellt.

Die unterschiedlichen Dreharbeiten (auf Durchmesser drehen und auf Länge drehen) ergeben unterschiedliche Bewegungsabläufe beim Zerspanvorgang. Die verschiedenen Formen des Drehteiles (z.B. Außengewinde) beeinflussen die Gestaltung des Werkzeuges.

Das Zerspanvolumen ergibt sich aus drei Längen: Spanungsdicke, Spanungsbreite und Länge des Spanes. Somit sind zur Spanbildung grundsätzlich drei Bewegun-

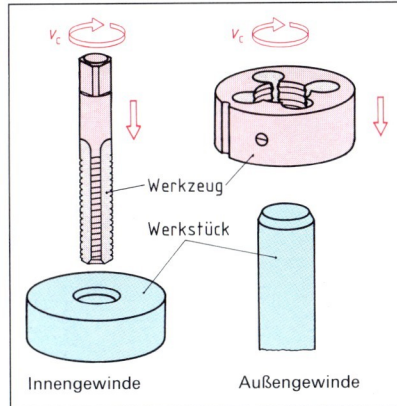

1 Schneiden von Gewinden

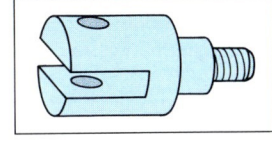

5 Gelenklasche

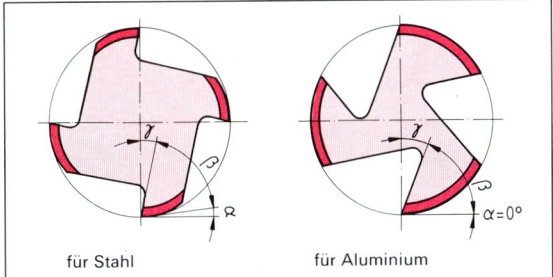

2 Schneidkeile an Gewindebohrern

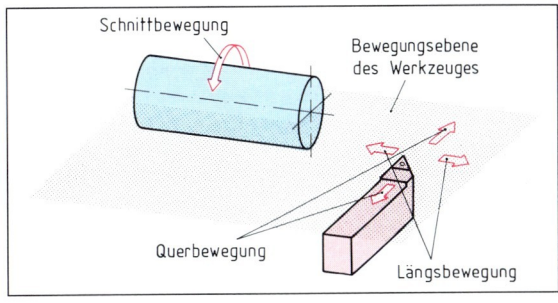

6 Bewegungen beim Drehen

2.3 Trennen — 2.3.2 Spanen

gen erforderlich. Zur Fertigung zylindrischer Teile ist eine kreisförmige **Hauptbewegung** erforderlich. Für die Konstruktion der Werkzeugmaschine ist es zweckmäßig, wenn die kreisförmige Schnittbewegung vom Werkstück durchgeführt wird. Richtung von Vorschub- und Zustellbewegung sind von der jeweiligen Dreharbeit abhängig.

Zylindrische Formen werden erzeugt, wenn der Vorschub parallel zur Werkstückachse (axial) verläuft. Bei diesem **Längsrunddrehen** (auf Durchmesser drehen) erfolgt die Zustellbewegung quer zur Werkstückachse in Einzelschritten, bevor die Zerspanung beginnt.

Entsteht beim Drehen eine ebene Fläche, z.B. an der Stirnseite eines Zylinders (auf Länge drehen), so spricht man vom **Querplandrehen.** Der Vorschub erfolgt quer und die Zustellung längs zur Achse.

Um gleiche Zerspanbedingungen beizubehalten, ist mit konstanter Schnittgeschwindigkeit zu arbeiten. Gemäß der Formel $v = d \cdot \pi \cdot n$ muß demnach zur Drehachse hin die Drehzahl steigen. Moderne Maschinen ermöglichen dies bis zu gewissen Grenzen.

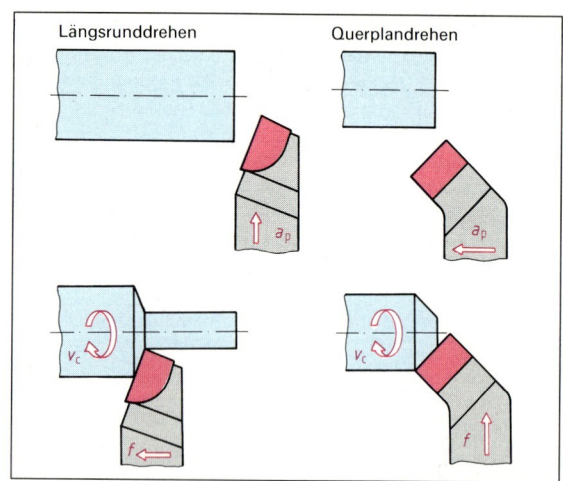

1 Vorschub und Schnittiefe bei unterschiedlichen Dreharbeiten

> Beim Drehen wird die kreisförmige Schnittbewegung vom Werkstück ausgeführt. Vorschub- und Zustellbewegung unterscheiden sich beim Rund- und Plandrehen.

Der Zerspanvorgang ist abhängig von
- Härte und Festigkeit des Werkstoffes,
- Härte und Festigkeit des Schneidstoffes,
- und der geforderten Oberflächengüte.

Bei gegebenen Zerspanbedingungen kann die Schnittgeschwindigkeit in Abhängigkeit von Schnittiefe (Zustellung) und Vorschub Tabellen entnommen werden.

Die tatsächlich einzustellenden Werte sind stark von den Möglichkeiten der jeweiligen Werkzeugmaschine (z.B. Leistung oder Führungen) abhängig. Vom Facharbeiter werden deshalb entsprechende Kenntnisse und Erfahrungen gefordert. Ein qualifizierter Facharbeiter kann dann z.B. bei der Fertigung mit CNC-Werkzeugmaschinen **Programme** optimieren (z.B. durch Verändern von Vorschub und Schnittiefe).

Werkstoff	Winkel am Schneidkeil		
	α	β	γ
weich, z.B. Al und Al-Leg.	12°	53°	25°
mittelhart und fest, z.B. Stahl	10°	70°	10°
hart und spröd, z.B. Hartguß	8°	97°	−15°

2 Tabelle zur Ermittlung der Winkel am Schneidkeil

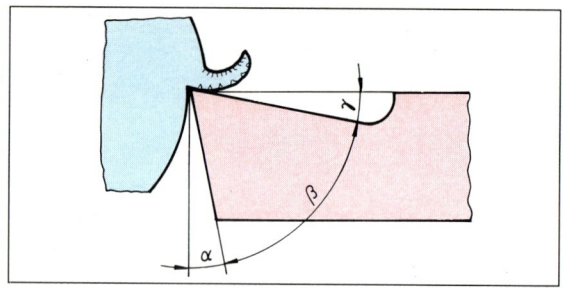

3 Winkel am Schneidkeil

> Der sachgerechte Umgang mit Tabellen zeichnet den qualifizierten Facharbeiter aus.

Die **Größen der Winkel** an der Schneide sind ebenfalls Tabellen zu entnehmen. Durch die Wahl der Winkel sollen folgende Ziele erreicht werden:
- optimaler Zerspanvorgang mit großem Spanwinkel
- größte Standzeit der Schneide mit großem Keilwinkel.

Die gegensätzlichen Zielsetzungen schließen die ideale Lösung aus. Der praxisgerechte Kompromiß berücksichtigt z.B. den Werkstoff des Werkstückes und den Schneidstoff des Werkzeuges. Wirtschaftlichen Gesichtspunkten, z.B. Kostensenkung durch Kürzen von Fertigungszeiten, wird zudem Rechnung getragen.

Neben den bekannten Winkeln am einschneidigen Drehmeißel beeinflussen der **Einstellwinkel** ($\varkappa$: Kappa) und der **Eckenwinkel** (ε: Epsilon) den Zerspanvorgang.

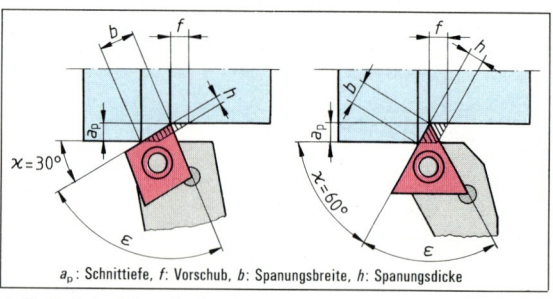

a_p: Schnittiefe, f: Vorschub, b: Spanungsbreite, h: Spanungsdicke

4 Einfluß des Einstellwinkels auf die Spanbildung

Ein kleiner Einstellwinkel verringert bei gleichbleibendem Vorschub und gleicher Schnittiefe die Spanungsdicke h und vergrößert die Spanungsbreite b. Der Werkstoff wird entlang einer größeren Linie abgetrennt. Durch die längeren Schneidkanten werden die Schneiden geringer belastet und die Wärmeabfuhr verbessert. Die Standzeit wird dadurch erhöht.

In der Praxis haben sich Einstellwinkel zwischen 30° und 60° für viele Anwendungsfälle bewährt. Verschiedene geometrische Formen (z.B. scharfkantige Übergänge erfordern jedoch Einstellwinkel über 90°.

Neben dem Keilwinkel β beeinflußt der Eckenwinkel ε die Stabilität der Werkzeugschneide. Je größer der Eckenwinkel, desto geringer ist die Gefahr des Werkzeugbruches. Die Schneidenecke wird weniger erhitzt.

Eckenwinkel liegen zwischen 35° und 90°.

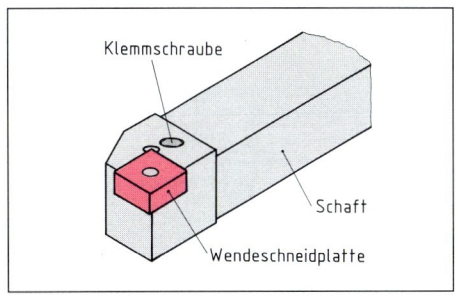

1 Hartmetallwendeschneidplatte

Beim Drehen ist die gesamte Zerspanarbeit von einer Schneide zu leisten. Eine wirtschaftliche Fertigung fordert die Nutzung hoher Schnittgeschwindigkeiten, Vorschübe und Schnittiefen. Der Schneidstoff ist somit besonders hohem Verschleiß ausgesetzt.

Als Schneidstoffe für Drehmeißel verwendet man vorwiegend verschleißfeste Hartmetalle.

Sie werden meist in Form von Wendeschneidplatten in Klemmhaltern eingesetzt. Die anfällige Schneidenecke wird gerundet. Genormt sind Eckenradien von 0,4 mm bis 2,4 mm.

Durch ausreichende Kühlschmierung wird die Reibung zwischen Span und Werkzeug verringert. Zudem wird Wärme abgeleitet. In Kühlschmier-Emulsionen schweben Öltropfen in Wasser. Das Öl besitzt die Schmier- und das Wasser die Kühlwirkung. Die Standzeit des Drehmeißels wird erhöht. Es kann mit höheren Schnittgeschwindigkeiten gearbeitet werden, und es werden bessere Oberflächen erzielt.

Ausreichende Kühlschmierung verbessert die Standzeit und die Arbeitsqualität.

Die zur Herstellung der Gelenkgabel geeigneten Drehmeißel sind auszuwählen. Um einerseits in vorgegebener Zeit ein maximales Volumen bei ausreichender Standzeit des Werkzeuges zu zerspanen und andererseits beste Oberflächenqualitäten zu erzielen, sind verschleißfeste Wendeschneidplatten vorteilhaft.

Um auf Länge abzudrehen (Querplandrehen), wurden geeignete Drehmeißel mit Wendeschneidplatten entwickelt.

Das Verhältnis der Spandicke zur Spanungsbreite ist bei einem Einstellwinkel von ca. 45° besonders günstig. Scharfkantige Durchmesserübergänge können damit aber nicht gefertigt werden. Zum groben Überdrehen (**Schruppen**) der Durchmesser 40 mm und 24 mm werden im Beispiel Wendeschneidplatten mit einem Einstellwinkel von 95° und einem Eckenwinkel von 80° eingesetzt. Überdreht auf Maß (**Schlichten**) wird mit einer Wendeschneidplatte mit $\varkappa = 93°$ und $\varepsilon = 55°$.

Für das Gewindedrehen stehen besondere Schneidplatten mit dem Gewindeprofil zur Verfügung, die eine maßgenaue Fertigung ermöglichen.

Die Auswahl des Drehmeißels ist neben dem zu bearbeitenden Werkstoff von der Dreharbeit und der Fertigungsstufe (Schruppen oder Schlichten) abhängig.

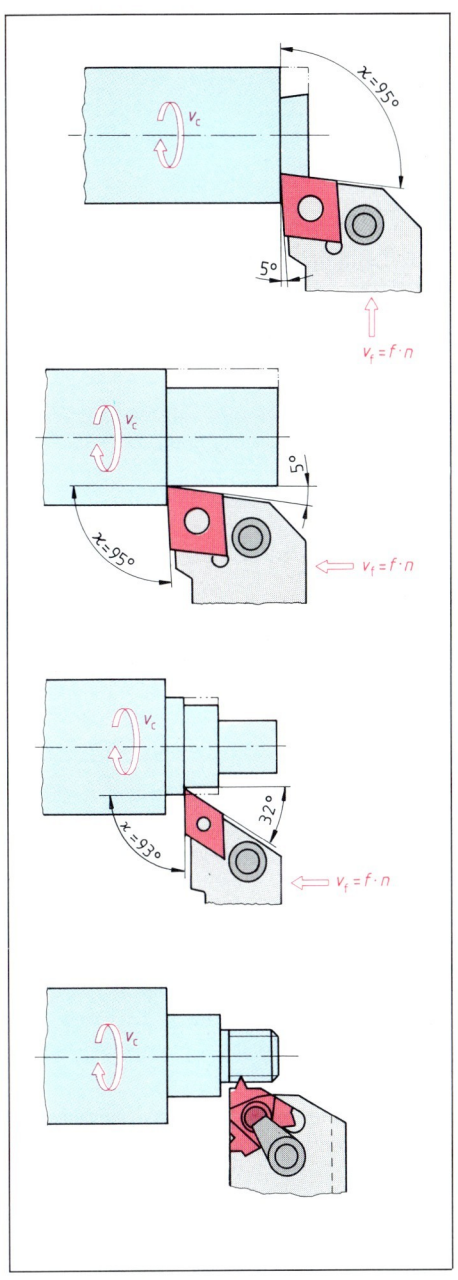

2 Auswahl des Drehmeißels

2.3 Trennen   2.3.2 Spanen

Drehmaschinen haben die Aufgabe, Werkstück und Werkzeug aufzunehmen und die erforderlichen Bewegungen auszuführen.

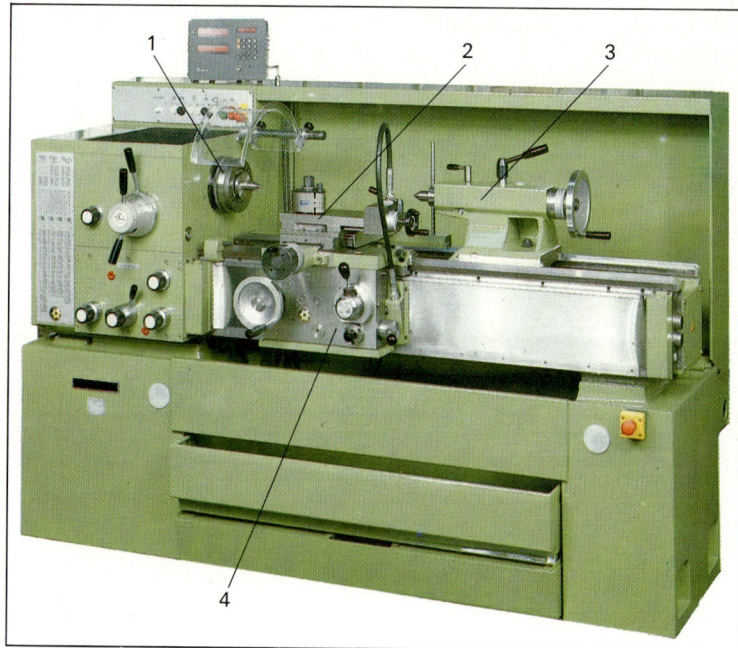

Die Arbeitsspindel (1) nimmt mit z.B. einem Dreibackenfutter das Werkstück auf. An der Maschine ist erkennbar, daß eine Vorrichtung den Arbeiter vor sich drehenden Teilen schützt. Unfallschutz ist auch bei der Maschinenkonstruktion zu beachten. Der Werkzeugschlitten (2) dient zur Aufnahme des Werkzeuges. Im Reitstock (3) werden Werkzeuge wie Bohrer und Reibahle aufgenommen. Bei langen und dünnen Werkstücken dient der Reitstock als Gegenhalterung.

Die verschiedenen Dreharbeiten und Zerspanbedingungen erfordern unterschiedliche Geschwindigkeiten, z.B. lassen sich über Getriebe Drehzahlen verändern.

In der Schloßplatte (4) erfolgt die Umformung der vom Motor und vom Vorschubgetriebe gelieferten Drehbewegung in die geradlinige Vorschubbewegung.

1 Universaldrehmaschine

Universaldrehmaschinen werden vermehrt durch Drehmaschinen mit numerischer Steuerung ersetzt, die bei kompliziert geformten Werkstücken auch schon in der Einzelfertigung wirtschaftlich sind. Der Einsatz von Drehautomaten ist bei großen Stückzahlen lohnend.

2 Gelenklasche

2.3.2.5 Fräsen

Die Gelenklasche ist zu fräsen. Das Fertigungsverfahren erfüllt folgende Bedingungen:

- Mehrschneidiges Werkzeug, damit das Zerspanvolumen verteilt und damit die Zerspanleistung erhöht wird.
- Kreisförmige Schnittbewegung für ununterbrochenen Schnitt.

Da keine zylindrischen Formen zu fertigen sind, kann im Gegensatz zum Drehen das Werkzeug die kreisförmige Bewegung ausführen. Fräser sind als mehrschneidige Werkzeuge gestaltet. Hochlegierter Werkzeugstahl (HSS-Stähle) oder Schneidplatten aus Hartmetall als Schneidstoff ermöglichen große Spanabnahme.

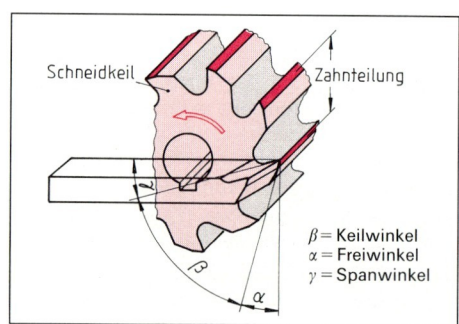

Beim **Walzenfräser** wirken die Schneidkeile am Umfang. An der Spanbildung des **Walzenstirnfräsers** sind Haupt- und Nebenschneiden beteiligt.

3 Walzenfräser

Die zur Herstellung der Gelenklasche geeigneten Fräser sind auszuwählen.

Es ist zuerst der prismatische Grundkörper zu fräsen. Ein Fräskopf mit eingesetzten Schneidplatten (Messerkopf) zum Stirn-Planfräsen ermöglicht kürzeste Fertigungszeiten.

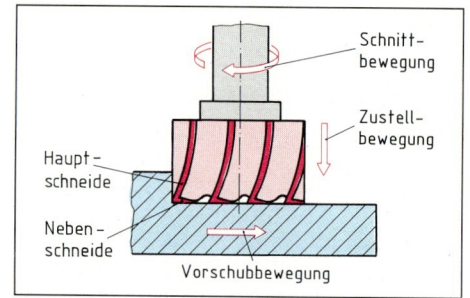

Zur Aufnahme der Gelenklasche in die Gelenkgabel sind Ecken auszufräsen. Die Form bestimmt einen Walzenstirnfräser. Mit einem Fräser mit eingesetzten Schneidplatten sind die größten Geschwindigkeiten erreichbar.

4 Walzenstirnfräser

2.3 Trennen — 2.3.2 Spanen

Die Nut zur Aufnahme und Fixierung der Aluminium-Platte ist mit einem Schaftfräser herzustellen. Dieser eignet sich durch seine Bauweise besonders für tiefe Nuten. Zur Fertigung der unterschiedlichen Nutformen stehen entsprechende Fräser zur Verfügung.

> Die Auswahl eines Fräsers folgt grundsätzlich den gleichen Kriterien wie die Auswahl eines Drehmeißels.

Beim Schaftfräser erfolgt die Spanabnahme überwiegend durch die Schneidkeile am Umfang des Fräsers: Das Werkzeug führt die kreisförmige Schnittbewegung und das Werkstück die geradlinige Vorschub- und Zustellbewegung durch. Durch den Zerspanweg unterscheiden sich die aufeinander bezogenen Bewegungen und beeinflussen den Zerspanvorgang. Zum Beginn der Spanabnahme eines Schneidkeiles verlaufen Schnitt- und Vorschubbewegung entgegengesetzt, auf dem halben Weg senkrecht zueinander und gegen Ende der Zerspanung in gleicher Richtung.

Die Werkstückoberfläche wird beim **Umfangsfräsen** durch die am Umfang liegenden Hauptschneiden erzeugt.

Der für das Umfangsfräsen typische „kommaförmige" Span wird in Abhängigkeit vom Bewegungsablauf gebildet.

Beim **Gegenlauffräsen** sind Schnitt- und Vorschubbewegung einander entgegengesetzt. Vor der Spanabnahme gleitet der Schneidkeil auf der Werkstückoberfläche. Diese Reibung verschleißt den Schneidstoff. Der Spanwerkstoff muß auf eine bestimmte Dicke gestaucht werden, bevor ein Span abgetrennt werden kann. Durch das elastische Werkstoffverhalten federt ein Teil des angestauchten Materials zurück. Dies verschlechtert die Güte der Oberfläche. Dieses Verfahren verbessert jedoch die Standzeit des Fräsers bei Werkstücken mit harten Oberflächen (z.B. Walz- und Gußhaut). Der Fräser trifft von innen auf die harte Oberfläche und sprengt diese ab. Dadurch wird der Schneidkeil nicht zusätzlich beansprucht.

Durch die gleichgerichteten Bewegungen entsteht beim **Gleichlauffräsen** ein Span mit der größten Dicke zu Beginn des Zerspanvorganges und der kleinsten am Ende. Damit sind die Voraussetzungen zur Erzielung guter Oberflächenqualitäten gegeben. Das Gleichlauffräsen ist jedoch nur auf Maschinen ohne Spiel in der Vorschubspindel möglich.

> Im Vergleich mit dem Gegenlauffräsen ergibt bei entsprechenden Werkzeugmaschinen in der Regel das Gleichlauffräsen bessere Arbeitsergebnisse.

Stirnfräsen ist Fräsen, bei dem an der Stirnseite des Fräswerkzeuges liegende Schneiden die Werkstückoberfläche erzeugen. Es entsteht ein Span mit nahezu gleichbleibendem Querschnitt. Das Zerspanvolumen wird auf mehrere Schneiden verteilt. Es sind deshalb größere Vorschübe möglich. Fertigungszeiten werden verkürzt.

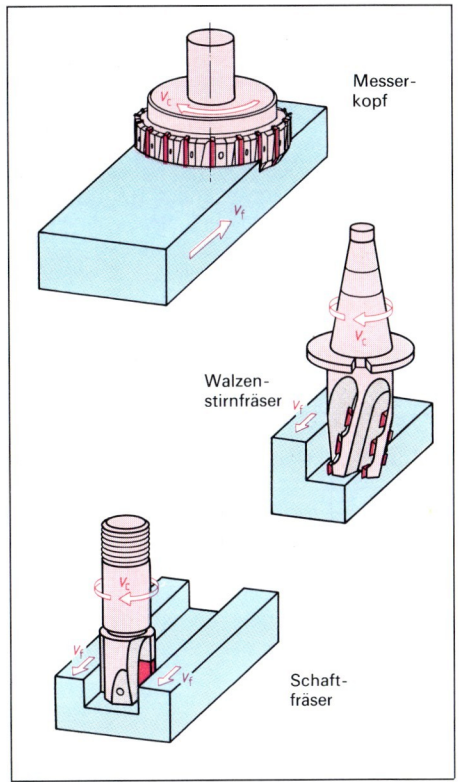

1 Auswahl des Fräsers

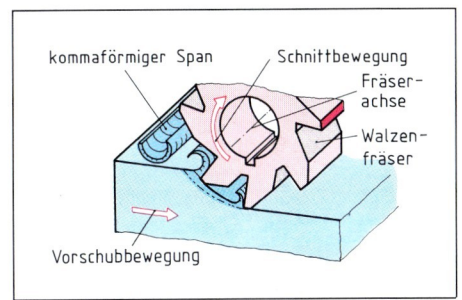

2 Umfangsfräser

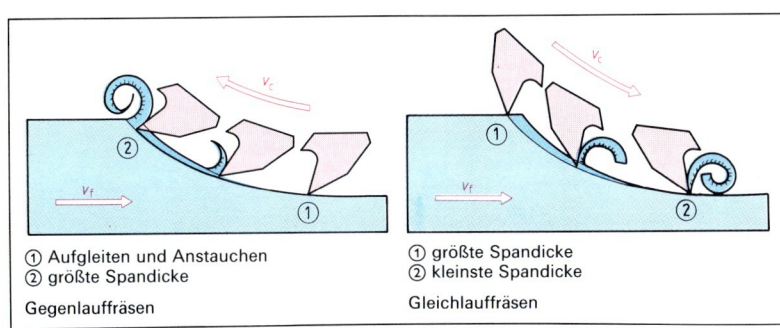

① Aufgleiten und Anstauchen
② größte Spandicke
Gegenlauffräsen

① größte Spandicke
② kleinste Spandicke
Gleichlauffräsen

4 Spanbildung beim Umfangsfräsen

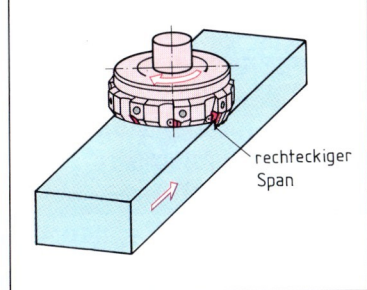

3 Stirnfräsen

2.3 Trennen 2.3.3 Zerteilen

> Aus wirtschaftlichen Erwägungen wird meist das Stirnfräsen dem Umfangsfräsen vorgezogen.

Sollen zwei Flächen erzeugt werden, so sind Stirn- und Umfangsfräsen zu kombinieren: **Stirn-Umfangs-Fräsen.** Die Oberflächen werden gleichzeitig durch die am Umfang des Fräsers liegenden Hauptschneiden und die an der Stirnseite liegenden Nebenschneiden gefertigt.

Nach der Wahl von Fräser und Fräsverfahren werden aus Tabellen die erforderlichen Geschwindigkeiten in Abhängigkeit von Schneid- und Werkstoff entnommen. Dabei wird der Vorschub je Fräserzahn angegeben. Multipliziert mit der Anzahl der Schneiden wird der Vorschubweg je Fräserumdrehung errechnet.

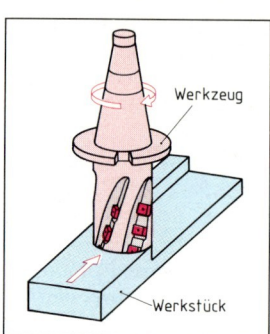

1 Stirn-Umfangs-Fräsen

Es gilt: $$f = f_z \cdot z$$

Vorschub pro Umdrehung: f in mm
Zahnvorschub: f_z in mm
Zähnezahl: z

Es folgt: $$v_f = f \cdot n$$

Vorschubgeschwindigkeit: v_f in $\frac{mm}{min}$

Umdrehungsfrequenz: n in $\frac{1}{min}$

zusammengefaßt: $$v_f = f_z \cdot z \cdot n$$

> Zum Schruppen werden große Vorschübe pro Zahn und kleine Schnittgeschwindigkeiten gewählt. Gute Oberflächen erreicht man mit kleinen Zahnvorschüben und höheren Schnittgeschwindigkeiten.

Der Aufbau einer **Universal-Werkzeugfräsmaschine** veranschaulicht den Fräsvorgang. Die Frässpindel (1) nimmt das mehrschneidige Werkzeug auf und führt die kreisförmige Schnittbewegung durch. Auf dem Werkstücktisch (2) wird das Werkstück aufgespannt. Er läßt sich längs und quer bewegen und bewirkt damit in der Regel den Vorschub. Zur Zustellung ist der Werkstücktisch vertikal verstellbar.

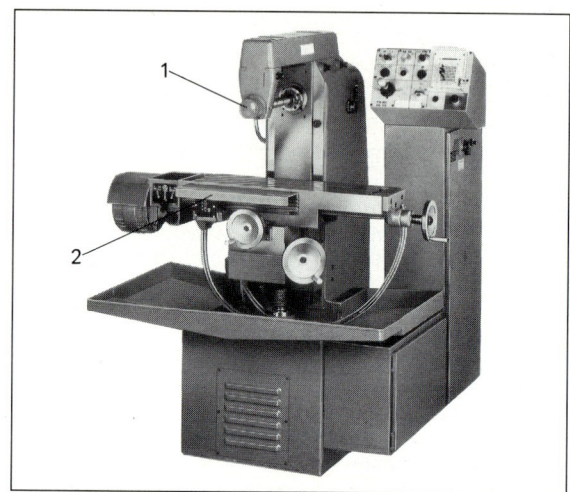

2 Universalfräsmaschine

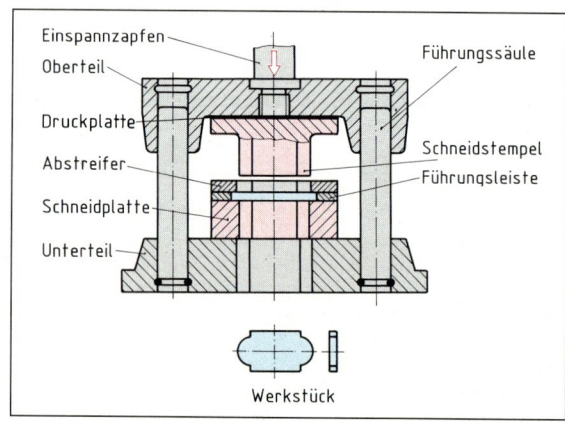

3 Säulenführungsschnitt

2.3.3 Zerteilen

Bei der Verarbeitung von Blechen müssen Außen- und Innenkonturen gefertigt werden. In der Großserien- und Massenfertigung (z.B. Karosserieteile in der Automobilindustrie) erfüllen Schneidwerkzeuge diese Aufgabe schnell und hinreichend genau. Für Einzelfertigung und kleinere Stückzahlen stehen einfachere Handwerkzeuge und Maschinen zur Verfügung.

2.3.3.1 Scherschneiden

Die zwei keilförmigen Schneiden gleiten aneinander vorbei.

Die **Schneidkeile** ähneln in der Form zerspanenden Werkzeugen. Die Winkel an der Schneide haben jedoch andere Funktionen und wirken in anderer Weise:

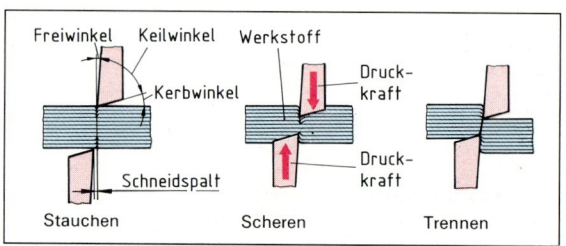

4 Scherschneidvorgang bei offener Schnittlinie

2.3 Trennen

- Auf den eigentlichen Schneidvorgang nimmt im wesentlichen der **Keilwinkel** Einfluß. Er liegt zwischen 75° und 90°.
- Damit die Schneidkeile nicht an der Schnittfläche des Werkstückes reiben und diese beschädigen, haben sie häufig einen **Freiwinkel** (Hinterschliff) von etwa 2°.
- Ein **Kerbwinkel** verringert den Kraftaufwand zum Einkerben, da der Schneidkeil dann linienförmig und nicht flächig wirkt.
- Der **Schneidspalt** von $\frac{1}{10}$ bis $\frac{1}{20}$ der Werkstoffdicke soll verhindern, daß sich die Schneiden gegenseitig beschädigen. Er darf aber nicht zu groß gewählt werden, damit sich kein Werkstoff zwischen die Schneidkeile zwängt. Dadurch würde am Werkstück ein zu großer Grat entstehen, und die Schneidkeile würden beschädigt werden.

Die sich aneinander vorbeibewegenden Schneiden bewirken eine Drehung des Werkstückes. Aufgrund des Schneidspaltes wird ein Kraftmoment erzeugt, dem z.B. ein Niederhalter entgegenwirkt.

> Beim Scherschneiden tragen keilförmige Schneiden mit Frei- und Kerbwinkel zu einer Verringerung des Kraftaufwandes bei.

Beim Zerspanen sind zur Bildung eines Spanes drei Bewegungen erforderlich. Da beim Zerteilen eine Fläche erzeugt wird, sind hierfür nur zwei Bewegungen aufzubringen. Eine davon wird durch die Länge der Schneidkanten ersetzt. Unabhängig von der Form der Schnittlinie und des Scherschneidwerkzeuges ist der **Ablauf eines Schneidvorganges** durch folgende Phasen gekennzeichnet:

- **Stauchen**
  Nach dem Aufsetzen des Werkzeuges auf das Blech biegt sich dieses erst elastisch und dann plastisch durch und wird hierbei gestaucht.
- **Scheren**
  Beim Eindringen des Werkzeuges in das Blech entstehen Risse in der Scherzone.
- **Trennen**
  In der letzten Phase erfolgt die Trennung des Werkstückes.

Je größer die Schnittfläche ist, desto größer ist die erforderliche Schneidkraft. Den Widerstand, den ein Werkstoff diesem Zerteilvorgang entgegensetzt, wird als **Scherwiderstand** bezeichnet. Die Scherfestigkeit läßt sich näherungsweise aus der Zugfestigkeit des Werkstoffes berechnen.

Für Stahl gilt: $\tau_{aB} \approx 0{,}8 \cdot R_m$

Scherfestigkeit τ_{aB} in $\frac{N}{mm^2}$

Zugfestigkeit R_m in $\frac{N}{mm^2}$

> Die erforderliche Schneidkraft wird größer, wenn die Schnittlinienlänge, die Werkstückdicke und die Scherfestigkeit zunehmen.

2.3.3 Zerteilen

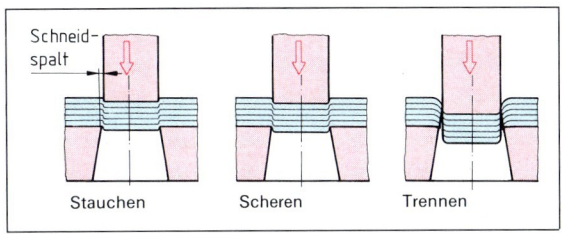

1 Scherschneidvorgang bei geschlossener Schnittlinie

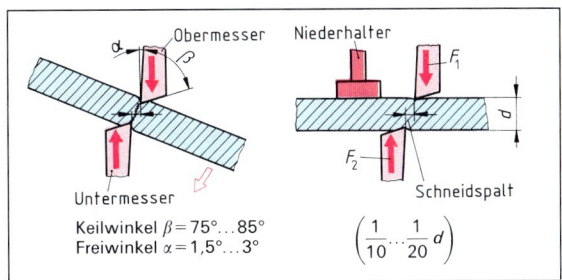

Keilwinkel $\beta = 75°\ldots 85°$
Freiwinkel $\alpha = 1{,}5°\ldots 3°$

$\left(\frac{1}{10}\ldots\frac{1}{20}\,d\right)$

2 Kraftmoment der Schneiden

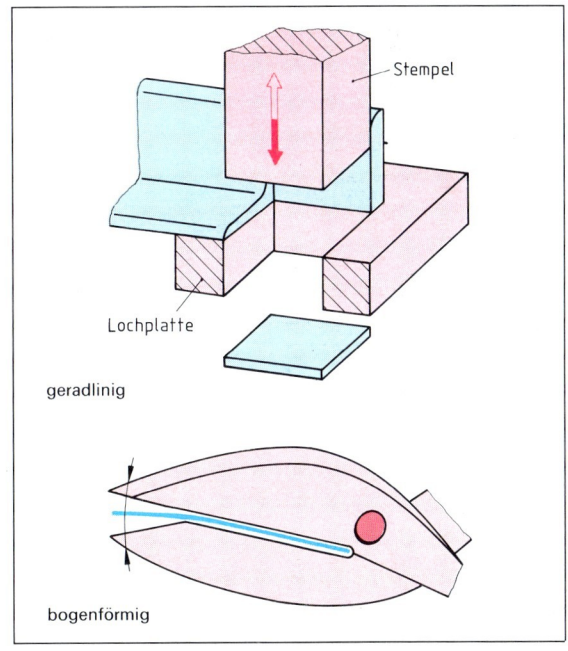

3 Bewegungen beim Scherschneiden

Bei Schneidwerkzeugen erfolgt die erforderliche Bewegung geradlinig. Damit die Schneidkräfte aufgebracht werden können, sind entsprechend leistungsfähige Pressen einzusetzen.

Die Gestaltung von Werkzeugen (z.B. Scheren) führt dazu, daß die Bewegung oft leicht bogenförmig verläuft. Dadurch wirken die Schneiden nicht schlagartig in der

2.3 Trennen — 2.3.3 Zerteilen

vollen Länge. Die Schneiden kreuzen sich in der Schnittfläche und dringen entlang der Schnittlinie allmählich in das Werkstück ein. Durch Verkürzen der wirkenden Schneidlinie am Werkzeug bzw. durch zeitliches Verschieben des Eingriffs der Schneidkanten kann die aufzubringende Schneidkraft verringert werden.

Der Schneidweg (Hub) vergrößert sich und gemäß der physikalischen Grundbedingung „Arbeit = Kraft · Weg" bleibt die Schneidarbeit gleich groß.

Maschinenscheren bringen große Kräfte auf. **Hebelscheren** besitzen ein festes Unter- und ein drehbar gelagertes Obermesser. Die Drehbewegung bewirkt, daß die Schneiden zeitlich versetzt und damit allmählich eingreifen. Durch Hebelsysteme wird Kraft übersetzt.

Tafelscheren werden mechanisch oder hydraulisch betätigt. Sie sind meist mit einem selbsttätigen Niederhalter ausgestattet. Um auch bei geradliniger Bewegung die Schneidkraft zu mindern, wird eine Schneide leicht schräggestellt, so daß sich die Schneiden während des Scherschneidens kreuzen.

Damit bei Handwerkzeugen die erforderliche Kraft aufgebracht werden kann, muß mittels Hebelwirkung die Handkraft übersetzt werden. Bei der Handschere stellt der Bolzen den Drehpunkt und die Handgriffe und Schneiden stellen die Hebelarme dar.

Es gilt das Hebelgesetz:

$$\begin{array}{c} \text{rechtsdrehendes} \\ \text{Moment} \\ F_1 \cdot l_1 \end{array} = \begin{array}{c} \text{linksdrehendes} \\ \text{Moment} \\ F_2 \cdot l_2 \end{array}$$

Für die Schneidkraft ergibt sich:

$$F_2 = \frac{F_1 \cdot l_1}{l_2}$$

Kraft F in N
Hebelarm l in m

Beispiel:

Ein Aluminiumblech setzt dem Zerteilen einen Widerstand von 300 N entgegen. Läßt sich das Blech an den Stellen 1 und/oder 2 der Handschere zerteilen?

Stelle 1

$$F_2 = \frac{F_1 \cdot l_1}{l_2}$$

$$F_2 = \frac{60 \text{ N} \cdot 150 \text{ mm}}{30 \text{ mm}}$$

$$\underline{F_2 = 300 \text{ N}}$$

Stelle 2

$$F_2' = \frac{F_1 \cdot l_1}{l_2'}$$

$$F_2' = \frac{60 \text{ N} \cdot 150 \text{ mm}}{60 \text{ mm}}$$

$$\underline{F_2' = 150 \text{ N}}$$

Überlegen Sie:
An welcher Stelle läßt sich das Aluminiumblech zerteilen?

Handscheren werden entsprechend ihrer Verwendung gestaltet. Es werden linke und rechte Blechscheren unterschieden. Bei der rechten Blechschere liegt der Abfall rechts der Schneide. Die Durchlaufschere eignet sich für längere Schnitte, da das Blech unterhalb der Hand läuft. Durch die kurzen und einseitig gekrümmten Schneidkeile eignet sich die Lochschere für nicht geradlinig verlaufende Schnitte.

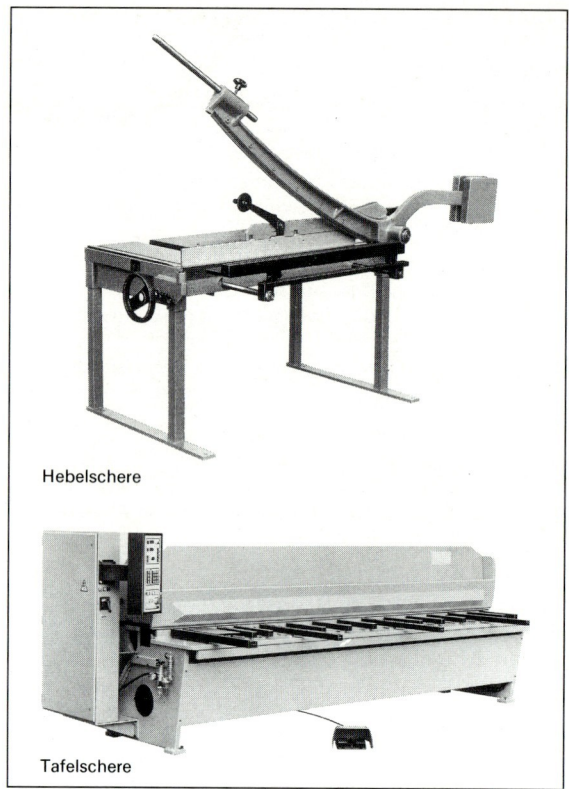

Hebelschere

Tafelschere

1 Maschinenscheren

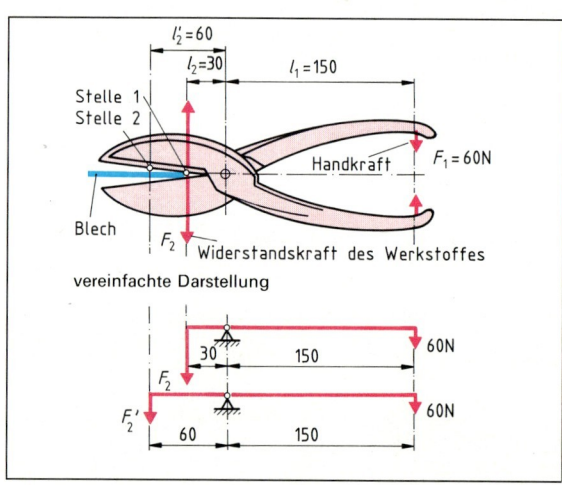

vereinfachte Darstellung

2 Hebelgesetz beim Scherschneiden

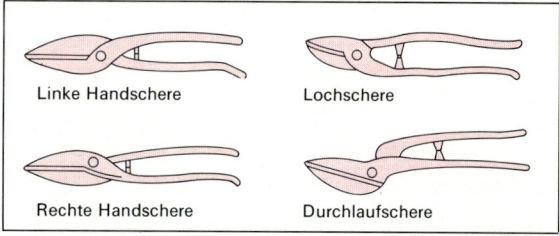

Linke Handschere — Lochschere
Rechte Handschere — Durchlaufschere

3 Handscheren

2.3 Trennen — 2.3.3 Zerteilen

2.3.3.2 Messer- und Beißschneiden

Bei beiden Verfahren dringt der Keil in den Werkstoff ein und zerteilt ihn, wobei das letzte Teil des Werkstückes in der Regel zerrissen wird. Das Zerteilen erfolgt spanlos. Im Gegensatz zum Spanen sind beide Flächen des Keils bei der Bearbeitung im Eingriff. Es gibt somit weder Frei- noch Spanwinkel.

> Abgesehen von verfahrensspezifischen Eigenheiten bestimmt somit allein der Keilwinkel den Zerteilvorgang.

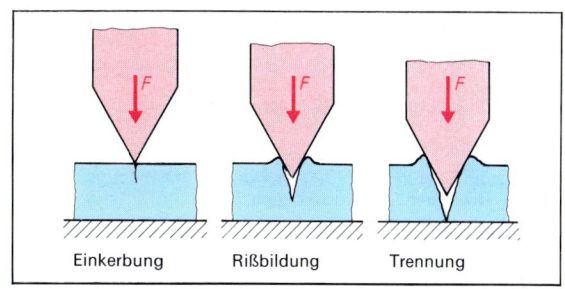

1 Zerteilvorgang

Beim **Messerschneiden** werden Werkstoffe mit einschneidigen Werkzeugen zerteilt.

Wenn Scheiben auszuschneiden sind, liegen die Schneiden eines Locheisens am inneren Umfang. Die schräge, wulstige Schnittfläche entsteht am Abfallstück. Locheisen zum Lochen haben die Schneiden am äußeren Umfang, damit das Loch eine gerade Schnittfläche erhält.

Mit **Rohrabschneidern** können Rohre nahezu aller Werkstoffe getrennt werden. Durch Bewegung der Spindel verformt das Schneidrad das Rohr. Beim Drehen des Rohrabschneiders dringt das Schneidrad in den Werkstoff ein. Nach jeder Umdrehung muß über die Spindel zugestellt werden.

Auch Meißel können zum Zerteilen benutzt werden. Beim Beschneiden, Einschneiden oder Abschneiden arbeiten sie als Messerschneidwerkzeug.

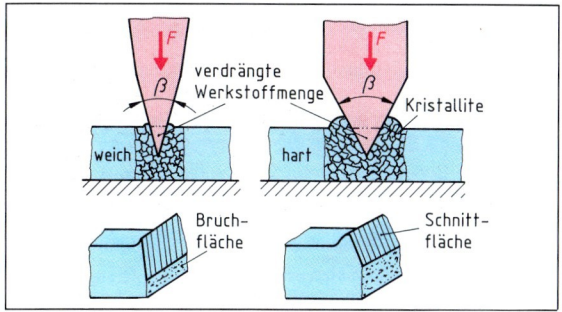

2 Keilwinkel und Zerteilvorgang

Beim **Beißschneiden** bewegen sich zwei Schneiden aufeinander zu.

Schrotmeißel und Abschrot sind die beiden Schneidkeile des Beißschneidvorganges beim Schmieden. Ihre Keilwinkel sind der Werkstoffestigkeit anzupassen. Durch Erwärmen des Werkstoffes verringern sich infolge Energiezufuhr die Bindungskräfte im Kristallgitter. Der Werkstoff verliert an Festigkeit, und es kann ein kleinerer Keilwinkel gewählt werden.

Zu den Beißschneidwerkzeugen zählen alle zangenförmigen Trennwerkzeuge, wie Kneifzange, Seitenschneider und Hebelvornschneider. Durch unterschiedliche Größen und Gestaltung der Werkzeuge können über Hebelwirkung verschieden hohe Zerteilkräfte aufgebracht werden.

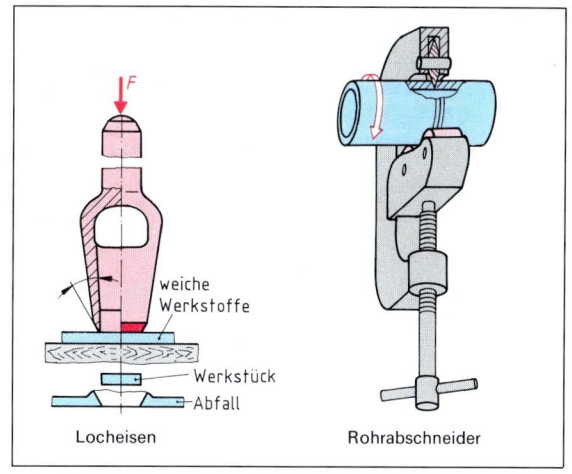

3 Messerschneiden

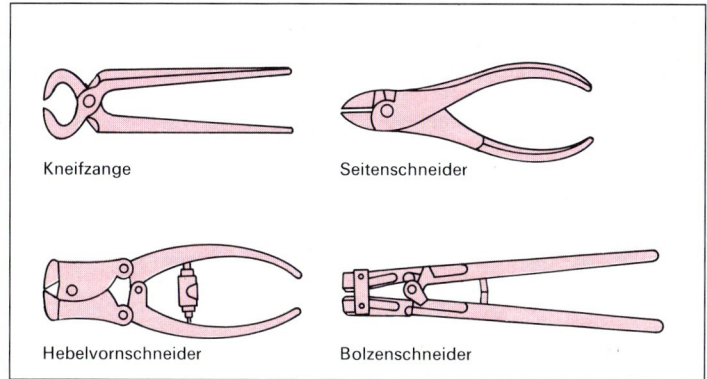

5 Beißschneidwerkzeuge

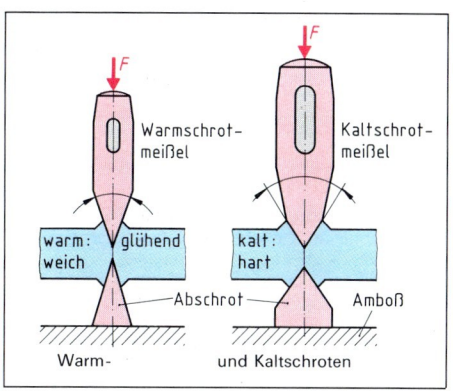

4 Beißschneiden

2.3 Trennen — Übungen

Schneidkeil

1. Skizzieren Sie die Kräfteverhältnisse an einem Meißel mit einem Keilwinkel von 70°.
2. Erläutern Sie die Wahl des Keilwinkels in Abhängigkeit von Standzeit und Werkstoffestigkeit.
3. Erklären Sie die Funktion des Spanwinkels bei den spanenden Fertigungsverfahren.
4. Weshalb haben die Schneidkeile an Sägeblättern einen verhältnismäßig großen Freiwinkel?
5. Beschreiben Sie anhand des Zerspanvorganges die schabende Wirkung eines negativen Spanwinkels.
6. Wie unterscheiden sich die Bohrertypen H, N und W in den Winkeln am Schneidkeil?
   Welche Auswirkungen hat dies auf Standzeit und Zerspanvorgang?
7. In welcher Weise beeinflußt der Spitzenwinkel eines Spiralbohrers die Stabilität der Werkzeugschneide?
8. Welche Bedeutung hat der Eckenwinkel für den Drehmeißel?
9. Skizzieren Sie einen Drehmeißel während des Zerspanvorganges, und tragen Sie Frei-, Keil- und Spanwinkel ein.
10. Tragen Sie in einen skizzierten Drehmeißel in Draufsicht Einstell- und Eckenwinkel ein.
11. Nennen Sie mehrschneidige Werkzeuge.
    Weshalb können mit mehrschneidigen Werkzeugen große Schnittleistungen erzielt werden?
12. Mit der Gestaltung der Schneidengeometrie werden höchste Standzeit und optimale Zerspanung angestrebt. Erklären Sie anhand der Winkel am Schneidkeil, daß diese Ziele nicht gemeinsam erzielt werden können.
13. Wählen Sie für folgende Fälle die Winkel am Schneidkeil aus, und begründen Sie Ihre Entscheidung:
    a) ein weiches Material soll spanabhebend von Hand bearbeitet werden,
    b) ein harter Werkstoff soll eine hohe Oberflächenqualität erhalten,
    c) maschinell soll eine große Spanabnahme erfolgen und dennoch eine gute Oberfläche erzielt werden.

Bewegungen

14. Die zur Spanabnahme erforderlichen Bewegungen können geradlinig oder kreisförmig sein. Weshalb ist es vorteilhaft, wenn eine Bewegung kreisförmig ist?
15. Um ein Volumen zu zerspanen, sind eine Schnitt-, Vorschub- und Zustellbewegung erforderlich. Bestimmen Sie an einem selbstgewählten Beispiel die Form der Bewegungen und legen Sie fest, ob diese vom Werkzeug oder Werkstück durchgeführt werden.
16. Beim Bohren werden offensichtlich durch das Werkzeug nur zwei Bewegungen erzeugt. Durch welche Größe wird die dritte Bewegung ersetzt?
17. Unterscheiden Sie Plan- und Runddrehen in den Bewegungsabläufen.
18. Weshalb ergeben sich beim Plandrehen Probleme, eine gleichmäßig saubere Oberfläche zu erhalten?
19. Welche Auswirkungen auf den Zerspanvorgang haben die unterschiedlichen Bewegungsabläufe beim Gleich- und Gegenlauffräsen?
20. Hochmoderne Werkzeugmaschinen erlauben hohe Geschwindigkeiten und große Spanabnahme. Welche Auswirkungen hat diese Entwicklung auf Schneidengeometrie und Schneidstoff?
21. Wovon ist die Höhe der Geschwindigkeiten abhängig?
22. Welcher Bestandteil einer Kühlschmieremulsion verringert den durch Reibung bedingten Werkzeugverschleiß?
23. Ein Spiralbohrer mit einem Durchmesser von 25 mm zerspant mit einer Umdrehungsfrequenz von $320 \frac{1}{min}$. Berechnen Sie die Schnittgeschwindigkeit in $\frac{m}{min}$.
24. Eine Welle mit dem Durchmesser von 100 m wird auf einer Universaldrehmaschine mit $n = 127 \frac{1}{min}$ rundgedreht. Wird hierbei die vorgegebene Schnittgeschwindigkeit von $40 \frac{m}{min}$ überschritten?
25. Eine Bügelsäge mit dem Hubweg $s = 200$ mm hat die Kurbelumdrehungsfrequenz von $n = 50 \frac{1}{min}$. Berechnen Sie die mittlere Schnittgeschwindigkeit.

Spanen

26. Erläutern Sie den Vorteil von geschränkten, gewellten und hohlgeschliffenen Sägeblättern.
27. Wodurch unterscheiden sich Hub- und Kreissäge?
28. Unterscheiden Sie den Zerspanvorgang mit gehauenen und gefrästen Feilen.
29. Die Bezeichnungen Hiebzahl und Hiebnummer sind zu unterscheiden.
30. Benennen Sie sechs Feilen nach ihrer Querschnittsform.
31. Erläutern Sie Gemeinsamkeiten von Feil- und Sägemaschinen.
32. Welche Bewegungen führt der Spiralbohrer durch?
    In welcher Form bewegt sich der Schneidkeil während des Zerspanvorganges?
33. Der Spitzenwinkel eines Bohrers für Stahl beträgt 118°. Welche Wirkungen hat dieser relativ große Spitzenwinkel?
34. Weshalb werden größere Bohrungen mindestens auf die Größe der Querschneide vorgebohrt?
35. Wodurch wird die Schnittleistung beeinflußt?
36. Worin unterscheiden sich die Geschwindigkeiten beim Bohren, Reiben und Gewindeschneiden?
37. Erklären Sie den Zweck des Reibens.
38. Beschreiben Sie den Zerspanvorgang beim Reiben.
39. Begründen Sie die ungleiche Teilung der Reibahlenzähne.
40. Stellen Sie den Arbeitsplan für das Schneiden eines Innengewindes M10 auf.
41. Vergleichen Sie Gewindebohrer für Stahl und Leichtmetall.
42. Weshalb haben Muttergewindebohrer und Handreibahlen einen langen Anschnitt?
43. Erläutern Sie die Zerspanung durch einen dreiteiligen Gewindebohrersatz.
44. Welcher Schneidstoff wird bei Drehmeißeln vorwiegend verwendet?
45. Ermitteln Sie die Umdrehungsfrequenz zum Schruppen von Stahl bei einem Werkstückdurchmesser von 30 mm.
46. Beschreiben Sie die Aufgaben der wichtigsten Bauteile einer Drehmaschine.
47. Stellen Sie den unterschiedlichen Zerspanvorgang bei Umfangs- und Stirnfräser dar.
48. Nach welchen Kriterien erfolgt die Auswahl eines Fräsers für eine Fertigungsaufgabe.
49. Sie sollen die Fräser zur Fertigung eines prismatischen Körpers auswählen. Welche Hilfsmittel unterstützen Sie?

Zerteilen

50. Worin unterscheidet sich das Scherschneiden vom Messer- und Beißschneiden?
51. Wie kann die Schneidkraft beim Scherschneiden verringert werden?
52. Auf einen Keil wirkt senkrecht eine Kraft von $F = 20$ N. Ermitteln Sie für die Keilwinkel $\beta = 30°$ und $\beta = 60°$ die Flankenkräfte.
53. Warum darf das Spiel zwischen Schermessern nicht zu groß sein?
54. 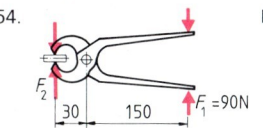 Ermitteln Sie die Schneidkraft F_2.
55. Unterscheiden Sie Messer- und Beißschneiden.
56. Geben Sie den allgemeinen Zusammenhang zwischen Keilwinkel, Kraftaufwand und Werkstoffart an.
57. Wie läßt sich das Verhältnis von Schnitt- zu Bruchfläche beim Zerteilvorgang beeinflussen?
58. Welche Bewegungen sind zum Zerteilen erforderlich?
59. Erläutern Sie den Scherschneidvorgang.
60. Durch welche Maßnahme kann beim Messer- und Beißschneiden die Schneidkraft verringert werden?

Stahlgelenk

61. Überprüfen und erläutern Sie die normgerechte Bezeichnung der Zylinderschraube mit Innensechskant.
62. Mit welchem Spiralbohrer wird in die Aluminiumplatte gebohrt?
63. Bestimmen Sie die Maße des Bolzens.
64. Ergänzen Sie erforderlichenfalls die Bemaßung um Toleranzangaben.
65. Suchen Sie nach Möglichkeiten, den Bolzen gegen axiales Verschieben zu sichern.
66. Wie tief wird die Senkung in der Gelenklasche ausgeführt?
67. Es bereitet Schwierigkeiten, eine gekrümmte Fläche anzubohren. Wie läßt sich dieses Problem durch eine veränderte Gestaltung der Gelenkgabel lösen? Skizzieren Sie die geänderte Gelenkgabel, und beschreiben Sie die Fertigung.
68. Stellen Sie einen Arbeitsplan für die Gelenkgabel und Gelenklasche auf.
69. Wie kann sich die Fertigung der Gelenkgabel und Gelenklasche bei Massenfertigung ändern?
70. Skizzieren Sie für das Stahlgelenk einen alternativen und funktionsfähigen Lösungsvorschlag.

2.4 Fügen

Manche Gegenstände können bereits als Einzelteil genutzt werden, z.B. ein Schlüssel oder ein Strichmaßstab. Die meisten technischen Produkte setzen sich jedoch aus vielen Einzelteilen zusammen, z.B. Werkzeugmaschinen, Fahrzeuge oder Computer.

2.4.1 Lösbare und unlösbare Verbindungen

Es gibt sehr viele Möglichkeiten, wie man Einzelteile miteinander verbinden kann: durch **Schrauben,** durch **Kleben,** durch **Schweißen,** durch **Stifte** u.a. Nicht jedes Fügeverfahren ist aber für jeden Zweck geeignet. Es ist z.B. nicht sinnvoll, die Felge eines Autorades mit der Achse (bzw. der Welle) zu verschweißen, also unlösbar zu verbinden. Neben anderen Nachteilen wäre ein Reifenwechsel nach einer Panne sehr schwer. Hier ist eine lösbare Verbindung (durch Schrauben) wesentlich besser.

Auch bei anderen Fügeaufgaben muß entschieden werden ob eine **lösbare** Verbindung nötig bzw. sinnvoll ist, oder ob eine **unlösbare** Verbindung gewählt werden kann. So können z.B. Wasserleitungsrohre unlösbar miteinander verbunden werden, ein Schlauch dagegen muß in vielen Fällen wieder gelöst werden können.

> Bei lösbaren Verbindungen können die Bauteile ohne Beschädigung demontiert werden.
> Bei unlösbaren Verbindungen wird die Fügestelle oder das Verbindungselement zerstört. Dabei können die Bauteile beschädigt werden.

Überlegen Sie:
Suchen Sie weitere Beispiele, in denen lösbare Verbindungen notwendig bzw. unlösbare Verbindungen möglich sind.

> Fügen ist das auf Dauer angelegte Verbinden (oder sonstige Zusammenbringen) von zwei oder mehr Werkstücken.

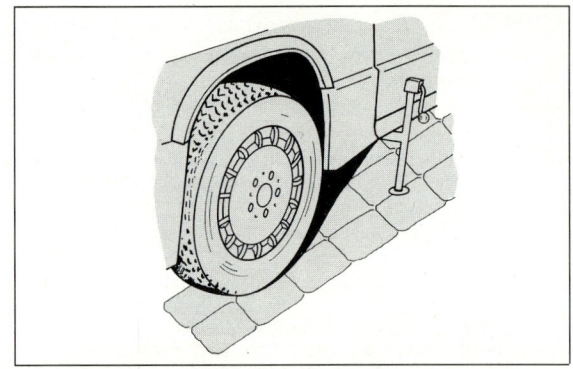

1 Ein Autorad ist lösbar mit der Achse verbunden

2 Wasserleitungsrohre können unlösbar miteinander verbunden sein

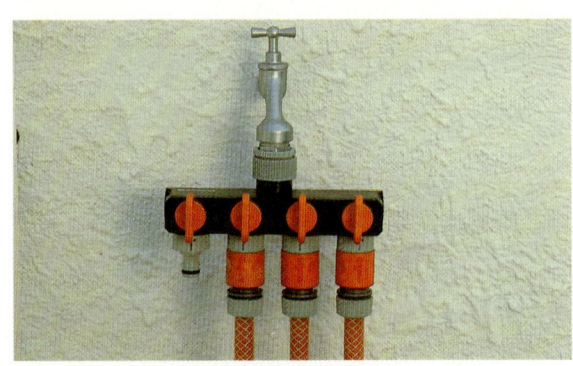

3 Lösbare Steckverbindung eines Wasserschlauches

2.4.2 Verschiedene Wirkweisen der Kraftübertragung

Vielfach müssen Kräfte (bzw. Drehmomente) zwischen gefügten Bauteilen übertragen werden, beispielsweise von der Antriebswelle auf das Autorad. Die Fügeverfahren kann man aufgrund ihrer Wirkweise in drei verschiedene Gruppen einteilen (Abb. 4).

2.4.2.1 Stoffschlüssige Verbindungen

In diesem Fall werden die Bauteile durch flüssigen Werkstoff miteinander verbunden. Vor allen Dingen bei metallischen Zusatzstoffen ist hierzu Wärme erforderlich. Das flüssige Metall verbindet sich im Bereich der Fügestelle mit dem Werkstoff der Bauteile und stellt so eine stoffschlüssige Verbindung her (Schweißen, Löten). Es

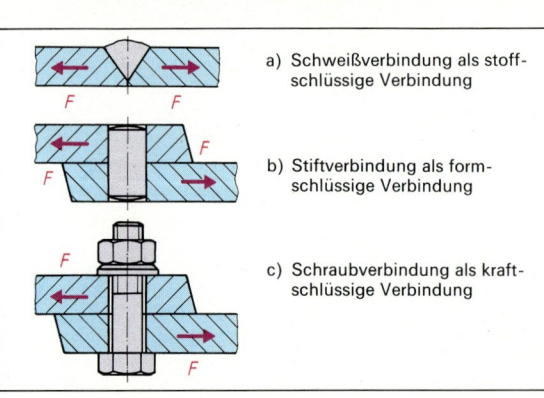

a) Schweißverbindung als stoffschlüssige Verbindung

b) Stiftverbindung als formschlüssige Verbindung

c) Schraubverbindung als kraftschlüssige Verbindung

4 Möglichkeiten der Kraftübertragung

2.4 Fügen   2.4.2 Verschiedene Wirkweisen der Kraftübertragung

1 Fügen von Aluminiumblechen durch Schweißen

2 Zahnräder übertragen Kräfte durch Formschluß

ist auch möglich, daß der Zusatzwerkstoff sehr fest an den Oberflächen der Bauteile haftet und so einen Stoffschluß herstellt (Kleben).

2.4.2.2 Formschlüssige Verbindungen

In Abb. 4b, Seite 58 sind zwei Platten durch einen Stift verbunden. Die Bohrung (d.h. ihr Durchmesser und ihre zylindrische Form) ist so hergestellt, daß der Stift an der Mantelfläche anliegt. Bei einer Belastung wird deshalb die Kraft F von dem Stift unmittelbar auf die andere Platte übertragen. Der Stift wird in diesem Fall auf Abscherung beansprucht.

Formschluß liegt z.B. auch

- beim Ineinandergreifen zweier Zahnräder oder
- beim Anziehen einer Schraube (zwischen Ringschlüssel und Schraubenkopf) vor.

2.4.2.3 Kraftschlüssige Verbindungen

Bei der in Abb. 4c, Seite 58 dargestellten Verbindung sind die Bohrungen in den Platten größer als der Schraubendurchmesser. Eine formschlüssige Kraftübertragung ist deshalb nicht möglich. Dazu müßten die Platten so weit verschoben werden, bis die Bohrungswandungen die Schraube berühren. Dieser Fall soll aber nicht eintreten – folglich liegt eine andere Wirkweise vor: Die Kraft F wird durch Reibung übertragen.

Beim Anziehen der Mutter werden die beiden Platten zusammengepreßt. Diese Preßkraft wird als **Normalkraft** F_N bezeichnet.

Bei genügend großer Normalkraft F_N können die Platten nicht mehr gegeneinander verschoben werden, weil die Reibungskraft F_R ausreicht, um die Kraft F weiterzuleiten.

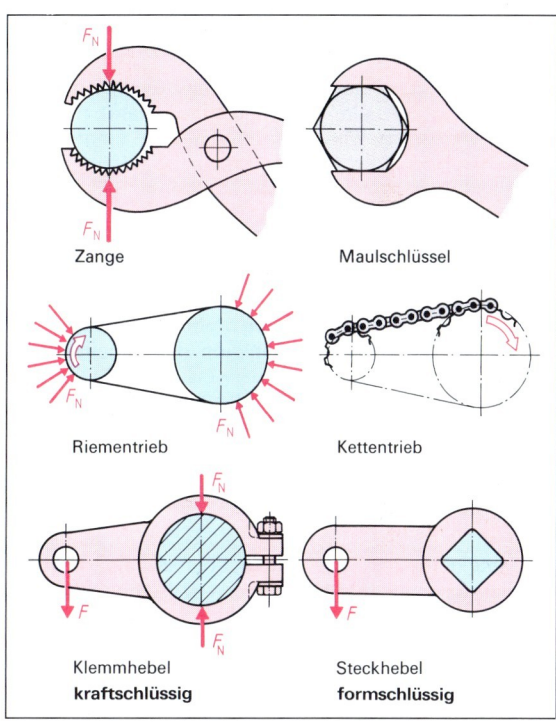

3 Gegenüberstellung kraft- und formschlüssiger Verbindungen

Bei stoffschlüssigen Verbindungen werden Bauteile durch meist flüssigen Werkstoff gefügt. Die Verbindungen sind in der Regel unlösbar.

Von Formschluß spricht man, wenn die Bauteile entweder durch ein zusätzliches Element verbunden sind, das sich in vorbereitete Formflächen setzt (z.B. ein Stift) oder wenn die Bauteile aufgrund ihrer Form ineinander greifen (z.B. zwei Zahnräder).

Beim Kraftschluß werden äußere Kräfte über Wirkflächen durch Reibung übertragen.

2.4.3 Reibung

Reibung tritt nicht nur zwischen ruhenden Flächen auf. Wenn z.B. ein Maschinenschlitten verfahren wird, dann wirkt zwischen den beiden Kontaktflächen eine **Reibungskraft** F_R. Sie muß überwunden werden, wenn sich der Schlitten bewegen soll.

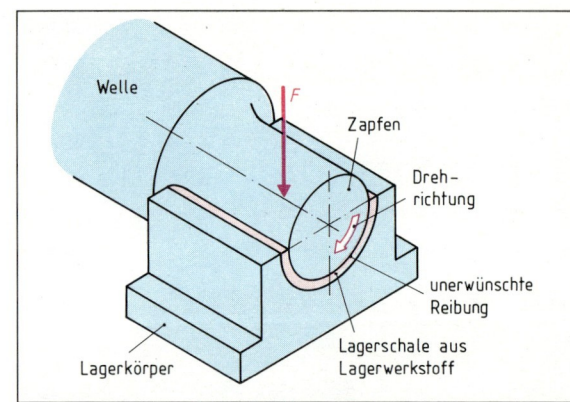

1 Gleitlager

Reibung tritt auf, wenn
- die Flächen zweier Bauteile durch eine Normalkraft F_N zusammengepreßt werden und
- eine Kraft F von einem Bauteil auf ein anderes übertragen wird, z.B. bei verschraubten Platten. oder
- ein Teil bewegt wird, z.B. beim Werkzeugschlitten.

Reibung liegt vor, wenn eine Kiste auf dem Boden geschoben wird oder ein Autoreifen auf der Fahrbahn rollt. Nicht anders ist es, wenn sich ein Zapfen in einer Lagerbohrung dreht. Eine Fahrzeugbremse wäre ohne Reibung wirkungslos, genauso wie ein Riementrieb.

Überlegen Sie:
Zeigen Sie für die genannten Beispiele, wo die Kraft F_N und wo F_R wirkt.

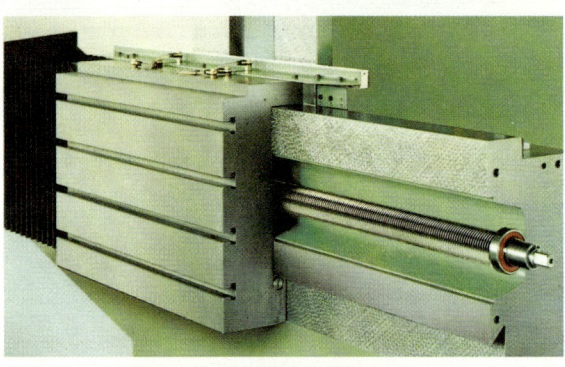

2 Werkzeugschlitten (unerwünschte Reibung)

In einigen Fällen ist die Reibung erwünscht, sie ist sogar die Voraussetzung für die Funktion der Baueinheit. In anderen Fällen ist Reibung unerwünscht, z.B. bei dem Maschinenschlitten. Neben anderen Nachteilen verursacht die Reibung dort Verschleiß an den Führungsflächen.

Es ist deshalb wichtig, die Einflußfaktoren zu kennen, die die Reibungskraft verändern.

Mit Hilfe der in der Tabelle angegebenen Versuchswerte soll der Zusammenhang zwischen der Reibungskraft F_R und der Normalkraft F_N untersucht werden.

In dem Versuch wurden die Reibungskräfte ermittelt, die beim Verschieben unterschiedlicher Massen (und damit unterschiedlicher Gewichtskräfte) erforderlich waren. Die Reibungsverhältnisse zwischen den Flächen wurden dabei nicht verändert.

3 Bremsscheibe (erwünschte Reibung)

Der Versuch in Bild 4 zeigt, daß sich F_R (annähernd) in gleicher Weise verändert wie F_N, d.h., wenn F_N verdoppelt wird, verdoppelt sich auch F_R usw. Dadurch ist es möglich, die Reibung, die bei den einzelnen Versuchen aufgetreten ist, mit einer Kennzahl auszudrücken.

Diese Kennzahl ist die Reibungszahl μ. Sie ist das Verhältnis von Reibungskraft F_R zur Normalkraft F_N. In den vorliegenden Versuchen muß die Reibungszahl (nahezu) gleich bleiben, denn die Reibungsverhältnisse wurden nicht verändert.

$$\mu = \frac{F_R}{F_N}$$

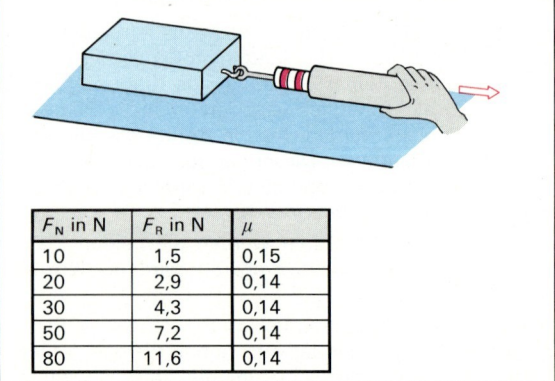

F_N in N	F_R in N	μ
10	1,5	0,15
20	2,9	0,14
30	4,3	0,14
50	7,2	0,14
80	11,6	0,14

4 Versuchsanordnung zum Messen von Reibungskräften

2.4 Fügen — 2.4.4 Ausführungsmöglichkeiten form- und kraftschlüssiger Verbindungen

Beispiel:

$F_R = 10\ \text{N},\ F_N = 100\ \text{N}$ $\quad \mu = \dfrac{10\ \text{N}}{100\ \text{N}};\ \underline{\underline{\mu = 0{,}1}}$

Durch eine
- schlechtere Schmierung,
- rauhere Oberfläche oder
- andere Werkstoffpaarung

kann die Reibung vergrößert werden.

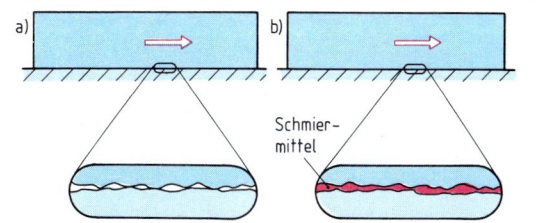

Aus den Gleitflächen ist jeweils ein Teilstück stark vergrößert herausgezeichnet worden. Es ist zu sehen, daß sich die Oberflächen nur an einzelnen Punkten berühren. Dort entsteht Reibung. Diese kann durch Schmiermittel verringert werden. Im Idealfall „schwimmt" das obere Teil auf dem Schmiermittel.

1 Gleitflächen a) ohne b) mit Schmiermittel

Die Werkstoffpaarung und die Oberflächenbeschaffenheit werden jedoch nur dann voll wirksam, wenn eine schlechte oder keine Schmierung vorliegt.
Im Ruhezustand ist die Reibung am größten; man spricht deshalb auch von der **Haftreibung**. Die Oberflächenspitzen haben sich relativ fest in der anderen Fläche eingedrückt und evtl. vorhandenes Schmiermittel verdrängt. Im Bewegungszustand ist die Reibung kleiner, hierbei liegt **Gleitreibung** vor.

2.4.4 Ausführungsmöglichkeiten form- und kraftschlüssiger Verbindungen

In Abb. 2 ist ein Schraubstock abgebildet, der an einer Maschinensäge zum Spannen der Werkstücke verwendet wird. Die Gewindespindel wird über ein Handrad betätigt.
An diesem Schraubstock sollen drei Fügestellen und die dafür möglichen Lösungen betrachtet werden:
- Verbindung zwischen Handrad und Gewindespindel,
- Befestigung des hinteren Spannbackens,
- Befestigung des beweglichen Backens mit der Mutter der Gewindespindel.

In allen drei Fällen könnten aufgrund der Funktion unlösbare Verbindungen gewählt werden. Allerdings müßte für diesen Fall der Schraubstock umkonstruiert und die Fertigungsfolge geändert werden. Auf keinen Fall dürfte z.B. der feste Backen mit dem Unterteil verschweißt werden, nachdem die Teile fertig bearbeitet sind. Dabei würde aufgrund örtlicher Wärmeeinwirkung eine Veränderung der geometrischen Form eintreten (Verzug).
Auch die relativ große Härte, die bei dem Backen gefordert ist, würde sich unter dem Einfluß der Wärme verändern. Folglich müßte z.B. eine harte Platte nachträglich aufgeschraubt werden.
Gegen eine unlösbare Verbindung sprechen auch die Nachteile, die bei einer Reparatur eintreten. Unter Umständen muß wegen eines defekten Einzelteiles eine

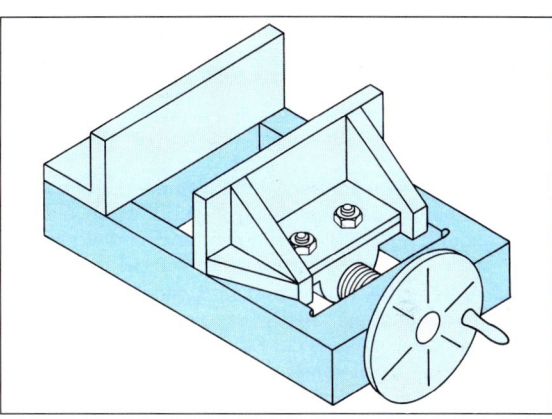

2 Schraubstock

ganze Baugruppe ersetzt werden, weil die Teile unlösbar miteinander verbunden sind. Bei komplizierteren Vorrichtungen oder Maschinen kann die Demontage schwieriger sein, wenn bestimmte Teile unlösbar miteinander verbunden sind.
Diese Überlegungen führen zu dem Schluß, daß in den drei betrachteten Beispielen nach Möglichkeit lösbare Verbindungen gewählt werden sollten.
Für die Verbindung zwischen dem Handrad und der Gewindespindel gibt es eine Reihe von Möglichkeiten (die hier allerdings nicht vollständig aufgezählt und besprochen werden können):
- Preßverbindung (Abb. 3)
- Paßfederverbindung (Abb. 4)
- Stiftverbindung (Abb. 5)

Um eine begründete Auswahl zu treffen, werden die wesentlichen Merkmale dieser Verbindungen betrachtet.

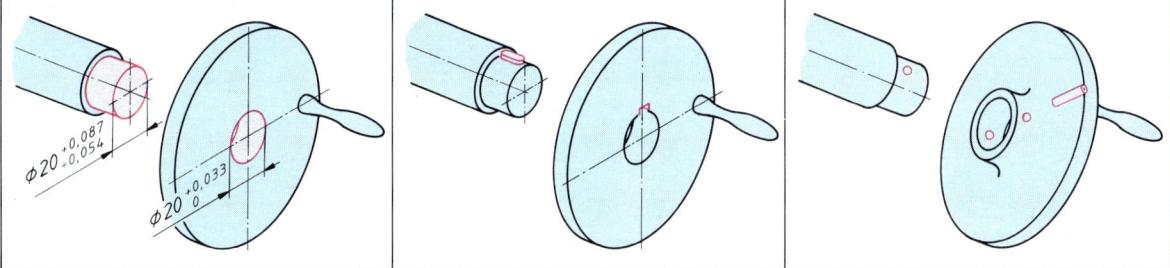

3 Preßverbindung   **4 Paßfederverbindung**   **5 Stiftverbindung**

2.4 Fügen 2.4.4 Ausführungsmöglichkeiten form- und kraftschlüssiger Verbindungen

2.4.4.1 Preßverbindungen

Bei der Preßverbindung liegt vor der Montage zwischen Bohrung und Welle ein Übermaß vor, d.h., die Welle ist etwas größer als die Bohrung. Deshalb wird der Werkstoff beim Fügen in den Randzonen elastisch und unter Umständen auch plastisch verformt. Dadurch baut sich zwischen den Flächen Haftreibung und damit eine Haftkraft auf, mit der auch stoßartige und wechselnde Drehmomente übertragen werden können.

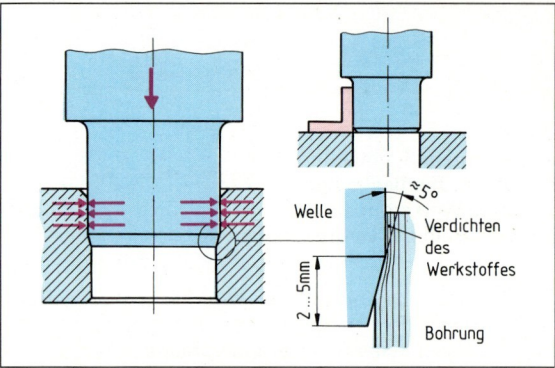

1 Längspreßverbindung
Beim Einpressen wird der Werkstoff in den Grenzschichten elastisch und unter Umständen auch plastisch verformt.

Mit Preßverbindungen werden z.B. die Radkränze von Eisenbahnrädern auf Radkörpern befestigt. Sie werden auch bei Schwungrädern, Zahnkränzen u.ä. verwendet.
Die Größe des Übermaßes hängt u.a. vom Verwendungszweck und vom Durchmesser ab. Für viele Anwendungsgebiete liegen Erfahrungswerte vor. Daneben ist es auch möglich, das Übermaß zu berechnen, z.B. bei neuen Konstruktionen.

Für das Fügen von Preßverbänden gibt es zwei Möglichkeiten:
- Die Teile werden vor der Montage in die richtige Ausgangsstellung gebracht (Abb. 1) und durch eine in Längsrichtung wirkende Fügekraft ineinandergepreßt. So ist eine **Längspreßverbindung** entstanden.
- Das Außenteil wird erwärmt und dehnt sich infolge der Erwärmung aus. Ziel ist es, die Bohrung so weit zu vergrößern, daß bei der Montage zwischen beiden Teilen etwas Spiel vorliegt. Beim Abkühlen preßt sich das Außenteil fest auf die Welle. Bei dieser Arbeitsweise liegt eine **Querpreßverbindung** vor.

Ist die Erwärmung des Außenteiles nicht möglich, dann wird der gleiche Effekt durch Abkühlen der Welle erreicht. Im ersten Fall (Erwärmung des Außenteiles) spricht man von einer **Schrumpfverbindung**, im zweiten von einer **Dehnverbindung**.

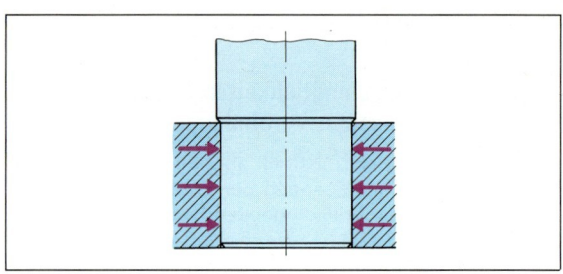

2 Schrumpfverbindung
Das Außenteil zieht sich beim Abkühlen zusammen und erzeugt dadurch große Reibungskräfte.

Ein einwandfreies Funktionieren einer Preßverbindung ist nur möglich, wenn die Teile richtig vorbereitet und das Fügen ordnungsgemäß durchgeführt wurde.

Für die Fertigung müssen für die Welle und für die Bohrungen Toleranzen angegeben werden (vgl. Kap. 2.5.4).

Beispiel:

Welle: $\varnothing\, 50^{+0,059}_{+0,043}$ $G_{oA} = 50{,}059$ mm
$G_{uA} = 50{,}043$ mm

Bohrung: $\varnothing\, 50^{+0,025}_{0}$ $G_{oI} = 50{,}025$ mm
$G_{uI} = 50{,}000$ mm

Beim Fügen von Welle und Bohrung können zwei Grenzfälle auftreten:
- Kombination von G_{oA} mit G_{uI}
- Kombination von G_{uA} mit G_{oI}

Hieraus ergeben sich das größtmögliche und das kleinstmögliche Übermaß $P_{ü}$.

$P_{ü\,höchst} = G_{oA} - G_{uI}$;
$P_{ü\,höchst} = 50{,}059\ \text{mm} - 50{,}000\ \text{mm}$; $\underline{P_{ü\,höchst} = 0{,}059\ \text{mm}}$

$P_{ü\,mindest} = G_{uA} - G_{oI}$;
$P_{ü\,mindest} = 50{,}043\ \text{mm} - 50{,}025\ \text{mm}$; $\underline{P_{ü\,mindest} = 0{,}018\ \text{mm}}$

Innerhalb dieser Grenzen muß das tatsächliche Übermaß liegen.

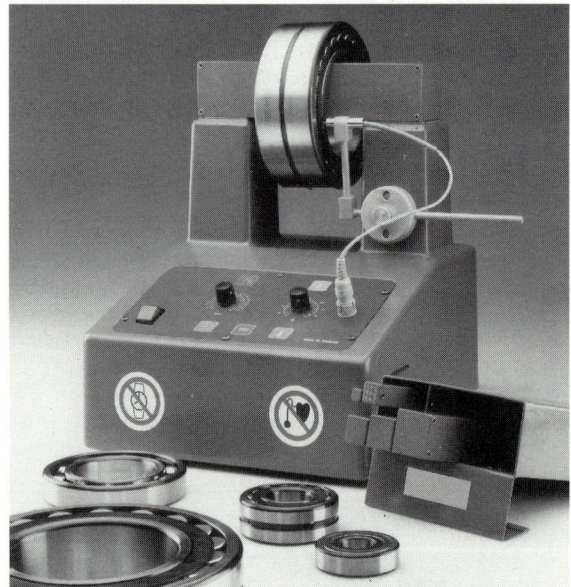

3 Induktives Wälzlager-Anwärmgerät
Die Erwärmung des Außenteils wird oft in gas- oder elektrisch beheizten Öfen durchgeführt. Für Wälzlager hat sich die induktive Erwärmung bewährt, bei der mit elektrischer Energie gearbeitet wird.

Überlegen Sie: Wo sollen die Wälzlager montiert werden: Am Außendurchmesser oder in der Bohrung?

2.4 Fügen   2.4.4 Ausführungsmöglichkeiten form- und kraftschlüssiger Verbindungen

Auf folgende Punkte muß geachtet werden:

Längspreßverbindungen

- Eines der beiden Teile (meist die Welle) muß angefast sein. Der Fasenwinkel soll höchstens 5° betragen; die Fasenlänge wird, je nach Übermaß, zwischen 2 mm und 5 mm gewählt.
- Die Fügeflächen müssen vor dem Zusammenbau leicht eingeölt werden, um eine Riefenbildung (Fressen) an den Oberflächen zu vermeiden.

Querpreßverbindungen

- Das Erwärmen (bzw. das Abkühlen) des Bauteiles soll möglichst gleichmäßig erfolgen, um unterschiedliche Wärmedehnungen und die damit verbundene Veränderung der Form (Verzug) zu vermeiden.
- Teile, die durch die Erwärmung beschädigt werden können (z.B. Dichtungen), sind vorher auszubauen.

Preßverbände sollten nur mit Hilfe von Drucköl wieder getrennt werden, weil sonst schwere Beschädigungen an den Fügeflächen entstehen können. Das Öl wird von einem Druckerzeuger über Zuleitungen und durch Bohrungen in der Welle an die Fügestelle geleitet und löst dort die Verbindung.

Für die Befestigung des Handrades könnte aufgrund der Funktion eine Schrumpfverbindung gewählt werden. Dagegen spricht allerdings, daß ein Lösen der Verbindung sehr problematisch ist.

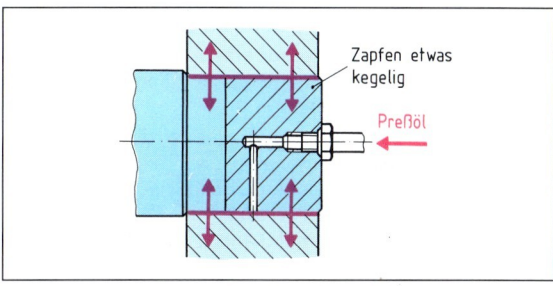

1 Dehnverbindung

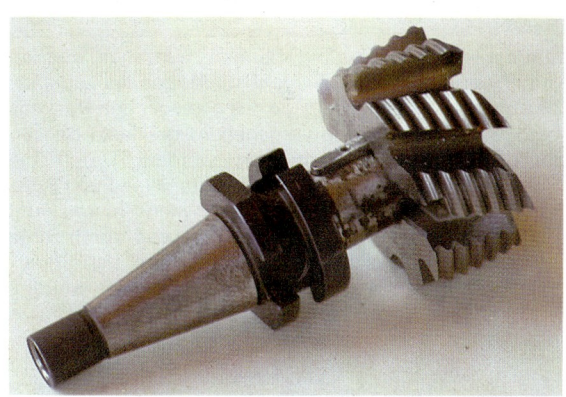

2 Lösen einer Preßverbindung mit Hilfe von Preßöl

2.4.4.2 Paßfederverbindung

> Die Paßfeder wirkt formschlüssig. In die Welle und in die Bohrung werden Nuten eingearbeitet, die die Paßfeder aufnehmen.

Für die Breite der Nuten werden kleine Toleranzen vorgegeben (Größenordnung: je nach Breite 20 bis 30 μm), um der Paßfeder einen sicheren Sitz zu geben. Die Nuten werden so hergestellt, daß die Paßfeder oben Spiel hat. Damit ist sichergestellt, daß das aufmontierte Teil nicht aus der Mitte gedrückt wird und damit eine Rundlaufabweichung entsteht. Das ist für viele Zahnräder, Kupplungen und Riemenscheiben sehr wichtig. Die Paßfederverbindung ist leicht zu montieren und zu demontieren, und sie ist für die genannten Teile oft die kostengünstigste Lösung. Die Verbindung kann außerdem so gestaltet werden, daß sich Bauteile, z.B. Zahnräder, in Längsrichtung verschieben lassen. Dazu müssen die Toleranzen von Paßfeder und Nut aufeinander abgestimmt werden.

Paßfederverbindungen eignen sich schlecht zum Übertragen großer wechselseitiger Drehmomente. Nachteilig ist auch, daß eine Sicherung gegen axiales Verschieben eingebaut werden muß.

Für das Handrad könnte eine Paßfederverbindung gewählt werden, jedoch ist noch zu klären, ob eine Stiftverbindung nicht kostengünstiger ist.

3 Paßfederverbindung bei einem Fräser

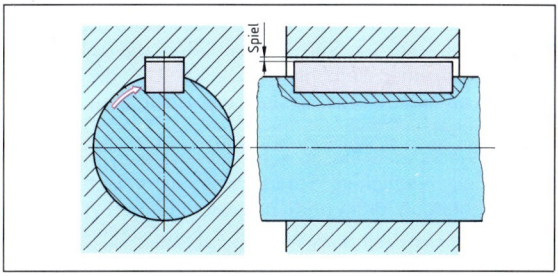

4 Paßfederverbindung im Schnitt

2.4 Fügen 2.4.4 Ausführungsmöglichkeiten form- und kraftschlüssiger Verbindungen

2.4.4.3 Stiftverbindungen

Stiftverbindungen erfüllen zwei Aufgaben:
- Sie übertragen formschlüssig Kräfte oder Drehmomente.
- Sie fixieren die Lage der Bauteile zueinander und verhindern ein Verschieben. Nach einer Demontage können die Teile problemlos in der richtigen Lage eingebaut werden.

Es gibt für verschiedene Aufgaben unterschiedliche Ausführungsformen, z.B. Zylinderstifte, Kegelstifte, Spiralspannstifte oder Kerbstifte. Die einzelnen Stiftarten werden in mehreren Stahlqualitäten ausgeführt.

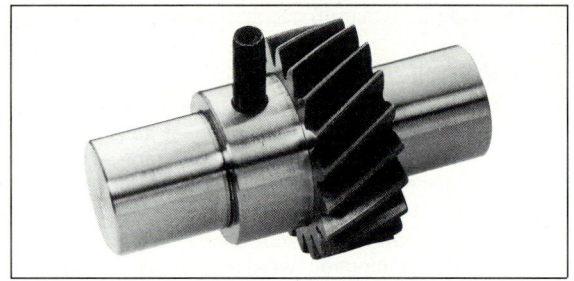

1 Anwendungsbeispiel für einen Spiralspannstift

Spiralspannstift

Dieser Stift wird aus Federstahl gewickelt. Sein Außendurchmesser hat vor der Montage ein Übermaß von rund 0,2 mm. Die Aufnahmebohrungen werden mit Spiralbohrern hergestellt. Beim Eintreiben paßt er sich dem Bohrungsdurchmesser an. Der Spiralspannstift läßt sich ohne Beschädigung austreiben und kann beliebig oft in der gleichen Bohrung wieder eingebaut werden. Allerdings können an die Positioniergenauigkeit keine großen Ansprüche gestellt werden.

Für die Befestigung des Handrades ist dieser Stift gut geeignet. Die Positioniergenauigkeit in axialer Richtung ist für das Handrad ausreichend. Positiv ist, daß die Bohrung nicht nachbearbeitet werden muß und deshalb kostengünstig gefertigt werden kann.

Mit dem Spiralspannstift ist in diesem Fall eine gute Lösung gefunden worden. Es gibt aber Fügeaufgaben, bei denen ein Stift in einer anderen Ausführungsform gewählt werden muß, z.B. bei der Befestigung des hinteren Backens.

Um die Werkstücke richtig spannen zu können, müssen die beiden Backen des Schraubstocks parallel zueinander angeordnet sein. Die Lage des beweglichen Backens wird durch die Führung vorgegeben. Der feste Backen muß dazu parallel positioniert werden. Durch die Schrauben ist die Lage durch den Unterschied von Bohrungs- und Schraubendurchmesser nicht hinreichend genau bestimmt. Die richtige Position wird durch Stifte festgelegt und gesichert. Allerdings kann der Spiralspannstift nicht für diese Aufgabe verwendet werden, weil die geforderte Genauigkeit mit diesem Stift nicht einzuhalten ist. Für diesen Fall eignen sich Zylinderstifte.

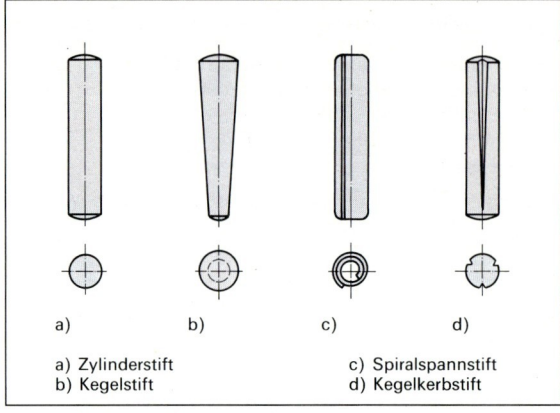

a) Zylinderstift
b) Kegelstift
c) Spiralspannstift
d) Kegelkerbstift

2 Verschiedene Stiftarten

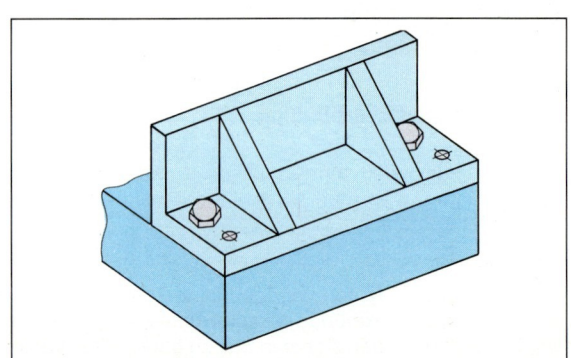

3 Fester Spannbacken

Zylinderstifte

Diese Stifte ermöglichen ein genaueres Festlegen der Lage, weil sowohl bei dem Stift als auch bei der Bohrung kleinere Toleranzen und bessere Oberflächenqualitäten vorgegeben sind. Der Stift ist geschliffen, die Bohrungen werden mit einer Reibahle bearbeitet. Um die richtige Lage zu erreichen, müssen die Teile zusammen gebohrt und gerieben werden.

Für die vielfältigen Einsatzgebiete werden Zylinderstifte mit unterschiedlichen Toleranzen mit verschiedenen Oberflächenqualitäten und aus verschiedenen Werkstoffen (Werkzeugstahl und Baustahl) hergestellt. Die einzelnen Stiftarten werden durch die Form ihrer Enden gekennzeichnet.

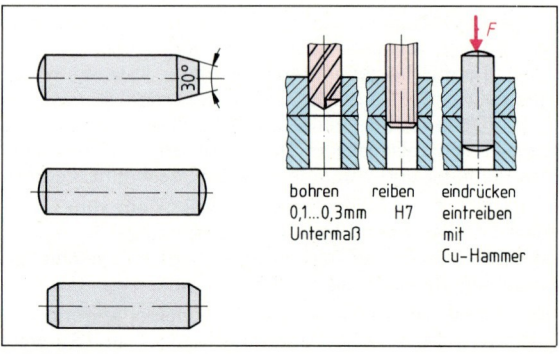

4 Zylinderstifte

2.4 Fügen 2.4.4 Ausführungsmöglichkeiten form- und kraftschlüssiger Verbindungen

	Kerbstift (Zylinderkerbstift)	Kegelstift	Spannstift
Spezifische Merkmale	Am Umfang sind 3 um 120° versetzte Kerben eingewalzt. Dadurch entstehen Wulste, die sich beim Eintreiben teils plastisch, teils elastisch verformen	Dieser Stift eignet sich für Teile, deren Lage sehr genau fixiert sein muß. Die Verbindung ist teuer	Vor dem Eintreiben hat der Spannstift Übermaß. Bei der Montage wird er zusammengedrückt. Er preßt sich deshalb an die Bohrungswand.
Herstellung der Bohrung	Bohren	a) Bohren (in Stufen oder mit dem Kegelbohrer) b) Reiben	Bohren
Wiederverwendbarkeit nach einer Demontage	Kann mehrmals wiederverwendet werden	Beliebig oft	Kann mehrmals wiederverwendet werden
Belastbarkeit	Der volle Querschnitt des Stiftes steht zur Kraftaufnahme zur Verfügung		Der Querschnitt ist durch die Kreisringform verkleinert

1 Stiftarten

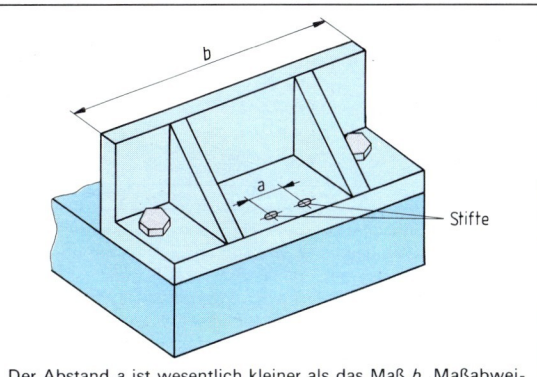

Der Abstand *a* ist wesentlich kleiner als das Maß *b*. Maßabweichungen oder Spiel bei den Stiften wirken sich entsprechend stärker aus. Die richtige Lage des Backens ist deshalb hier nur schlecht gewährleistet.

2 Falsche Anordnung der Stifte

- Gehärtete Stifte bestehen aus Werkzeugstahl. Sie werden für hochbeanspruchte Teile im Vorrichtungsbau, im Werkzeugbau u.a. verwendet.

- Ungehärtete Stifte werden neben ihrer Funktion als Kraftübertragungselement und zum Fixieren von Bauteilen auch als Gelenk- und Scharnierstift eingesetzt. In diesem Fall können etwas größere Toleranzen gegeben werden. Als Werkstoff werden Baustähle verwendet (St 40, St 50, St 60).

Anordnung der Stifte. Stifte, die zum Festlegen von Bauteilen dienen, sollen in möglichst großer Entfernung voneinander angeordnet werden. Etwa vorhandenes Spiel zwischen Stift und Bohrung wirkt sich bei einem kleinen Abstand der Stifte stärker aus als bei einem großen Abstand, d.h., die Positionierung ist unsicherer.

In der Tabelle Bild 1 werden weitere Stiftarten miteinander verglichen. Dabei ist zu berücksichtigen, daß die Aufzählung nicht vollständig ist und daß es innerhalb der aufgeführten Gruppen noch weitere Formen gibt. So werden z.B. von dem Kerbstift 15 verschiedene Arten hergestellt.

2.4.4.4 Schraubenverbindungen

Innerhalb der lösbaren Verbindungen ist die Schraube das am häufigsten verwendete Verbindungselement. Sie wird für die unterschiedlichsten Aufgaben eingesetzt und muß dem jeweiligen Verwendungszweck angepaßt sein. Deshalb gibt es Schrauben in vielen Größen und Längen, aber auch in verschiedenen Ausführungsarten und aus verschiedenen Werkstoffen.

3 Schrauben in verschiedenen Ausführungsformen

2.4 Fügen — 2.4.4 Ausführungsmöglichkeiten form- und kraftschlüssiger Verbindungen

	Stiftschraube	Innensechskantschraube	Gewindestift
Spezifische Merkmale	Die Stiftschraube hat an beiden Enden Gewindezapfen, die unterschiedlich lang sind. Das Ende mit dem kurzen Gewinde wird in das Werkstück geschraubt.	Der Schraubenkopf kann im Werkstück versenkt werden, weil die Formflächen für das Werkzeug als Innensechskant ausgeführt sind.	Gewindestifte haben über ihre ganze Länge ein Gewinde. Zum Anziehen dient ein Schlitz oder ein Innensechskant.
Bemerkung	Das Lösen der Verbindung erfolgt durch die Mutter. Deshalb wird das Gewinde im Bauteil geschont.	In vielen Anwendungsfällen sind versenkte Schraubenköpfe erforderlich • teils aus Sicherheitsgründen, • teils um die Funktion der Bauteile sicherzustellen.	Mit Gewindestiften werden Maschinenteile wie z.B. Lagerbuchsen oder Stellringe gegen Verdrehen und axiales Verschieben gesichert.

1 Merkmale von Schraubenarten

Am Schraubstock werden an zwei Stellen Schrauben verwendet:

- Der feste Backen ist neben den Zylinderstiften noch mit zwei Schrauben befestigt. Sie sollen verhindern, daß der Backen aufgrund der Spannkräfte kippt (Abb. 2, Seite 65 und 2).
- Die Mutter der Gewindespindel ist mit zwei Schrauben an dem beweglichen Backen befestigt. (Die Gewindespindel besitzt im Gegensatz zu den Schrauben ein Bewegungsgewinde.)

In beiden Fällen werden Sechskantschrauben verwendet, allerdings sind die Einbauverhältnisse verschieden. Im ersten Fall ist das Muttergewinde in das massiv ausgeführte Unterteil geschnitten worden. Im zweiten Fall werden Muttern aufgeschraubt.

Durch die Form der Bauteile bzw. durch die Montageverhältnisse wird meist festgelegt, welche der beiden Möglichkeiten in Frage kommt.

Wenn das Muttergewinde in ein Bauteil geschnitten wird, dann muß eine bestimmte Einschraubtiefe erreicht werden, um eine Beschädigung des Gewindes zu vermeiden. Diese Mindesttiefe hängt von der Festigkeit des Werkstoffes ab, aus dem das Bauteil gefertigt ist. Bei Bauteilen aus Stahl entspricht die Mindesteinschraubtiefe etwa der Mutternhöhe. In Tabelle Bild 3 sind für einige Werkstoffe die Einschraubtiefen angegeben.

In der Übersicht Bild 1 sind wichtige Merkmale der drei aufgeführten Schraubenarten zusammengestellt.

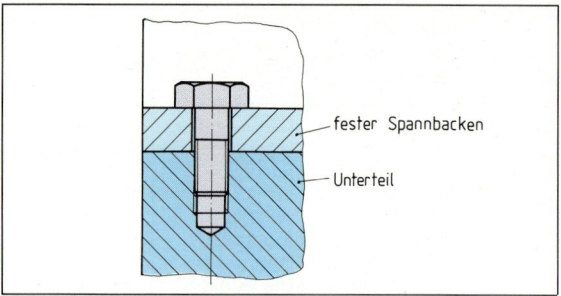

2 Schraube am festen Spannbacken

Werkstoff	Einschraubtiefe (für die Festigkeitsklassen 3.6 und 4.6)
Stahl bis 800 $\frac{N}{mm^2}$	$0{,}8 \cdot d$
Grauguß	$1{,}3 \cdot d$
Aluminiumlegierungen	$1{,}2 \cdot d$
Kunststoffe	$2{,}5 \cdot d$

$d=$ Schraubendurchmesser

3 Mindesteinschraubtiefen

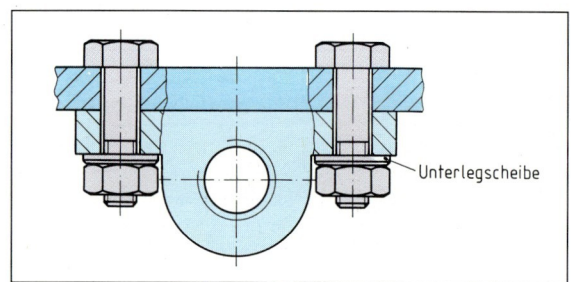

4 Befestigung der Mutter der Gewindespindel

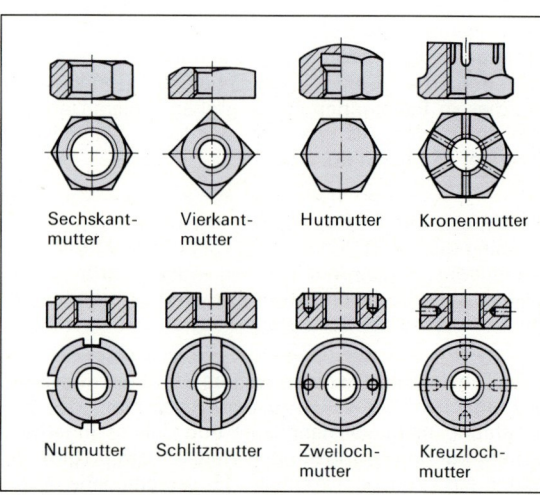

5 Genormte Mutternformen

2.4 Fügen — 2.4.4 Ausführungsmöglichkeiten form- und kraftschlüssiger Verbindungen

Muttern

Auch die Muttern werden den vielfältigen Aufgaben angepaßt und deshalb in unterschiedlichen Formen ausgeführt. Die Kronenmutter kann mit einem Splint gesichert werden. Die Hutmutter verdeckt das Gewindeende. Das kann für den Unfallschutz wichtig sein. Gleichzeitig wird eine Beschädigung des Schraubenendes verhindert.

Rändelmuttern und Flügelmuttern werden mit der Hand angezogen.

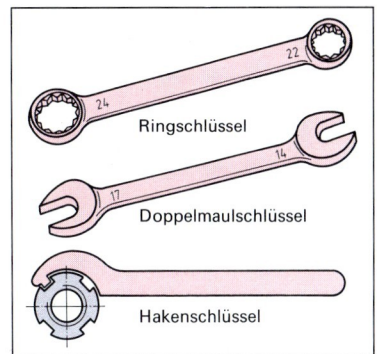

1 Schraubenschlüssel

Unterlegscheiben

Scheiben sind erforderlich, wenn die Oberfläche des Bauteiles nicht beschädigt werden darf, z.B. weil sie vernickelt ist. Bei weichen Bauteilen bzw. bei der Verwendung hochfester Schrauben hat die Unterlegscheibe die Aufgabe, die Schraubenkraft über eine größere Fläche in das Bauteil zu leiten.

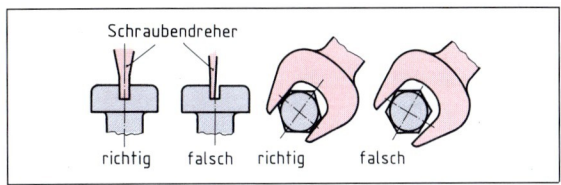

2 Richtige Auswahl von Schraubendreher und Schraubenschlüssel

Das Anziehen der Schraubenverbindungen

Die Werkzeuge zum Anziehen der Schraubenverbindungen sind den Formflächen am Schraubenkopf und den Montageverhältnissen angepaßt (Abb. 1).

> Das Werkzeug muß die richtige Größe besitzen. Nur so ist gesichert, daß keine Unfälle durch Abrutschen des Werkzeuges entstehen und der Schraubenkopf nicht beschädigt wird.

Durch das Anziehen der Schraubenverbindung werden die Bauteile mit der Normalkraft F_N zusammengepreßt. Diese Normalkraft muß einen bestimmten Wert erreichen, um eine funktionsfähige Schraubenverbindung sicherzustellen. Wird die Verbindung von Hand mit einem Maul- oder einem Ringschlüssel angezogen, dann bleibt es dem Empfinden des Monteurs überlassen, wie fest er die Schraube anzieht. Dabei bestehen zwei Gefahren:

- Die geforderte Normalkraft wird nicht erreicht, weil die Verbindung nicht fest genug angezogen wurde.
- Die Schraube wird zu kräftig angezogen, d.h., sie wird bis in den plastischen Bereich belastet. Diese Gefahr besteht vor allen Dingen bei kleinen Schraubendurchmessern.

Zum besseren Verständnis sind die Vorgänge beim Anziehen einer Schraubenverbindung in Abb. 4 dargestellt.

Abb. 4a zeigt eine Verbindung, bei der die Mutter nur lose aufgeschraubt sein soll. Der Schraubenschaft wird dann gedanklich durch eine Feder ersetzt (Abb. 4b). Beim Anziehen wird die Feder gedehnt. Die Zugkraft in der Feder steigt in gleichem Maße an, in dem die Mutter gedreht wird. Sie wirkt über den Schraubenkopf und die Mutter als Druckkraft auf die Bauteile. In der Endstellung ist die Feder um das Maß Δl verlängert worden.

Beim Anziehen einer richtigen Schraubenverbindung sind die Vorgänge ganz ähnlich. Auch die Schraube wird auf Zug belastet und dehnt sich. Die Längendehnung ist allerdings wesentlich kleiner als bei der Feder. Die Zugkraft, die auch als Vorspannkraft F_V bezeichnet wird, ist dagegen wesentlich größer. Aber auch hier gilt der Zusammenhang:

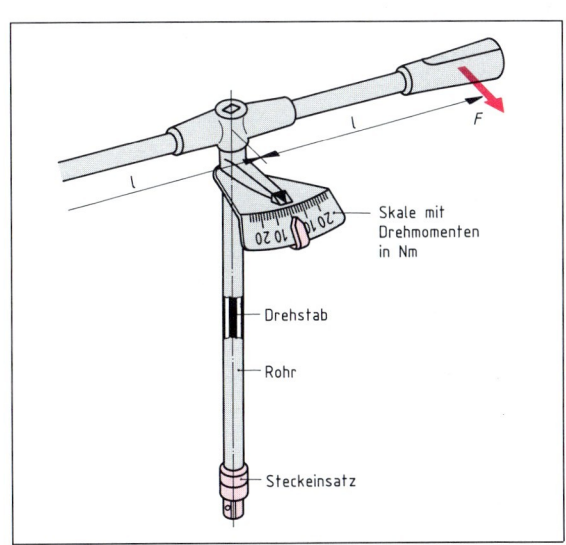

3 Drehmomentenschlüssel

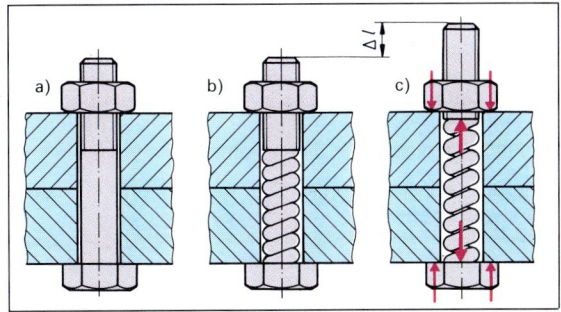

4 Verlängerung der Schrauben beim Anziehen
In dieser Abbildung ist der Schraubenschaft gedanklich durch eine Feder ersetzt worden.

2.4 Fügen — 2.4.4 Ausführungsmöglichkeiten form- und kraftschlüssiger Verbindungen

Je fester die Schraube angezogen wird, desto größer wird die Vorspannkraft und desto größer ist die Längenänderung.

> Die Vorspannkraft kann im Normalfall nicht direkt gemessen werden. Folglich muß man sie indirekt (über andere Größen) erfassen.

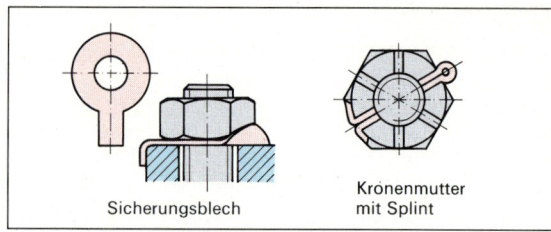

1 Formschlüssige Sicherungselemente (Sicherungsblech, Kronenmutter mit Splint)

Eine Möglichkeit ist das Messen der Längenänderung der Schraube. Diese Methode wird auch in manchen Fällen angewendet. Sie ist aber relativ umständlich. Deshalb sind auch andere Verfahren entwickelt worden, z.B. der Drehmomentenschlüssel, dessen Funktion nachstehend erläutert wird.

Bei der Montage einer Schraubenverbindung ist nicht nur die Anzugskraft wichtig, sondern auch die Hebellänge, an dem diese Kraft wirkt. Wird z.B. durch das Aufstecken eines Rohres die Hebellänge verdoppelt, vergrößert sich in gleichem Maße die Wirkung, die von diesem Hebel ausgeht. Es ist deshalb sinnvoll, beide Größen zu einer zusammenzufassen. Diese Größe wird als **Drehmoment** M bezeichnet.

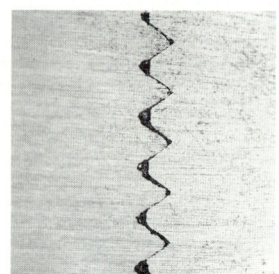

2 Schnitt durch eine mit Klebstoff gesicherte Schraubenverbindung

$$M = F \cdot l$$

M: Drehmoment in Nm
F: Kraft in N
l: Hebellänge in m

Beispiele:

$F = 150$ N; $l_1 = 0{,}2$ m
$M_1 = F \cdot l_1$
$M_1 = 150$ N $\cdot$ 0,2 m
$\underline{M_1 = 30 \text{ Nm}}$

$F = 150$ N; $l_2 = 0{,}4$ m
$M_2 = F \cdot l_2$
$M_2 = 150$ N $\cdot$ 0,4 m
$\underline{M_2 = 60 \text{ Nm}}$

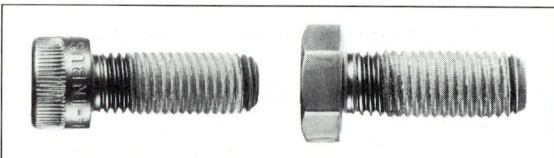

3 Schrauben, die vom Hersteller mit Klebstoff versehen wurden

Mit dem Drehmomentenschlüssel wird das Drehmoment gemessen, mit dem die Schraubenverbindung angezogen wird.

Beim Anziehen wirken sehr hohe Reibungskräfte. Sie erzeugen ebenfalls Drehmomente, die aber in die Gegenrichtung wirken. Zu ihrer Überwindung ist in manchen Fällen 90% des aufgebrachten Drehmomentes erforderlich. Die Schraubenhersteller geben in Tabellen für die einzelnen Schraubengrößen und -werkstoffe die entsprechenden Drehmomente an.

Schraubensicherungen

Eine Sicherung ist nicht für jede Schraubenverbindung erforderlich. Es ist möglich, daß die Reibungskräfte im Gewinde und an den Anlageflächen so groß sind, daß sich die Verbindung nicht selbsttätig löst. Bei ungünstigen Betriebsverhältnissen, z.B. bei starken Erschütterungen, muß dagegen eine Sicherung eingebaut werden.

Schraubensicherungen haben je nach ihrem Einsatzgebiet zwei verschiedene Aufgaben zu erfüllen:

- In manchen Fällen soll ein vollständiges Abschrauben, d.h. der Verlust der Mutter, verhindert werden. Typische „Verliersicherungen" sind formschlüssige Sicherungselemente, z.B. die Kronenmutter mit Splint oder ein Sicherungsblech.

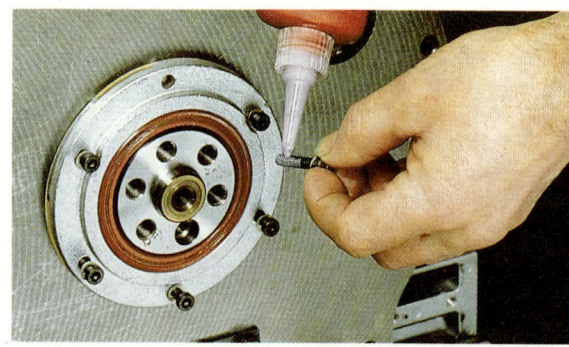

4 Auftragen des Klebstoffs vor dem Einschrauben

- Wesentlich anspruchsvoller ist dagegen die Aufgabe, die bei der Montage erzeugte Vorspannkraft ohne wesentlichen Verlust aufrechtzuerhalten. Hierzu eignet sich z.B. Klebstoff.

Der Klebstoff kann vor der Montage aufgebracht werden (Abb. 4) oder der Hersteller bringt ihn in Form von Mikrokapseln auf, die beim Einschrauben aufgehen und den Klebstoff freigeben (Abb. 3).

Die zum Fügen des Schraubstocks verwendeten Schrauben könnten durch Kleben gesichert werden.

2.4.5 Ausführungsmöglichkeiten stoffschlüssiger Verbindungen

2.4.5.1 Kleben

Bei manchen Werkzeugmaschinen werden die Führungen mit einem speziellen Kunststoff beschichtet, oder auf der Führungsfläche wird eine Kunststoffbahn befestigt. Gegenüber einer Metalloberfläche wird dadurch eine niedrigere Reibungszahl erreicht. Beim Beschichten tritt noch ein erheblicher Kostenvorteil ein. Bei einer Werkzeugmaschine wird z.B. die Führungsbahn des Bettes fertig bearbeitet. Bei dem zugehörigen Schlitten wird sie nur geschruppt und anschließend mit Kunststoff beschichtet. Der Schlitten wird dann auf die fertig bearbeitete Gegenfläche gelegt und dadurch abgeformt. Eine Feinbearbeitung der Führungsbahn des Schlittens kann entfallen.

Da die Führungsbahnen relativ dünn sind (ca. 3 mm), lassen sie sich nur schlecht mit Schrauben befestigen. Durch Schrauben würde aber auch die Flächenpressung zwischen der Bahn und der Auflage sehr ungleichmäßig. Im Bereich der Schraube wäre sie größer als in den Zonen zwischen den Schrauben. Durch diese unterschiedlichen Druckzonen entstünde eine wellige Oberfläche.

In diesem Fall muß ein Fügeverfahren gewählt werden, das eine gleichmäßige Druckverteilung gewährleistet. Stoffschlüssige Verbindungen erfüllen diese spezielle Forderung recht gut.

Die Kunststoffbahn kann durch Kleben auf dem Maschinenbett befestigt werden. Durch Löten oder Schweißen lassen sich so verschiedenartige Stoffe wie Metalle und Kunststoffe nicht verbinden.

> Das Kleben wird zum Fügen verschiedenartiger und gleichartiger Werkstoffe gewählt.

Bei den Schraubensicherungen (Kap. 2.4.4.4) wurde schon auf das Kleben hingewiesen. Weitere Beispiele zeigen die Bilder 1 bis 3. In manchen Anwendungsfällen soll durch den Klebstoff eine Dichtwirkung erzielt werden (Bild 1, Seite 70). Dabei wird das Kleben oft mit anderen Fügetechniken (z.B. Schrauben) kombiniert. Die Vor- und Nachteile des Klebens sind am Ende des Kapitels zusammengestellt.

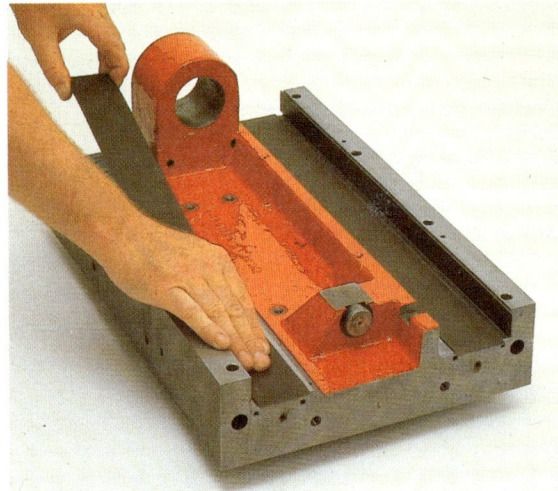

1 Auftragen eines Gleitbelages auf eine Führungsbahn

2 Schrumpfklebung
Eine Schrumpfverbindung wird in diesem Fall zusätzlich geklebt.

3 Kleben von Blechen

2.4 Fügen

2.4.5 Ausführungsmöglichkeiten stoffschlüssiger Verbindungen

Adhäsion und Kohäsion

> Der Klebstoff ist in der Lage, an völlig verschiedenartigen Werkstoffen, z.B. Metallen, fest zu haften. Die Haftkraft, die dabei in den Grenzschichten wirkt, wird als **Adhäsion** bezeichnet.
>
> Unter **Kohäsion** versteht man die Kräfte, die zwischen den Atomen bzw. den Molekülen eines Stoffes wirken.

Wenn z.B. zwei Bauteile, die durch eine Klebschicht verbunden sind, durch eine Zugkraft belastet werden, dann müssen
- die Kohäsion der Bauteile,
- die Adhäsion zwischen den Fügeteilen und dem Klebstoff sowie
- die Kohäsion der Klebschicht

größer sein als die Zugkraft. Sonst reißt die Verbindung.

1 Abdichten eines Gehäusedeckels
Spezielle Klebstoffe werden auch zum Abdichten eingesetzt. Vorteilhaft ist, daß sich der Klebstoff vollständig den Oberflächen anpaßt.

Vorbereitung der Oberflächen

Die Adhäsion kommt nur voll zur Wirkung, wenn zwei Bedingungen erfüllt sind:
- Die Oberflächen müssen sauber sein. Fremdschichten (z.B. Öl-, Fett- oder Oxidschichten) sowie Staub oder Schmutzpartikel verhindern den Kontakt des Klebstoffs mit dem Grundwerkstoff.
- Der Klebstoff muß auf der Oberfläche ein gutes Benetzungsverhalten zeigen. Darunter versteht man die Fähigkeit des Klebstoffs, sich auf der Oberfläche auszubreiten.

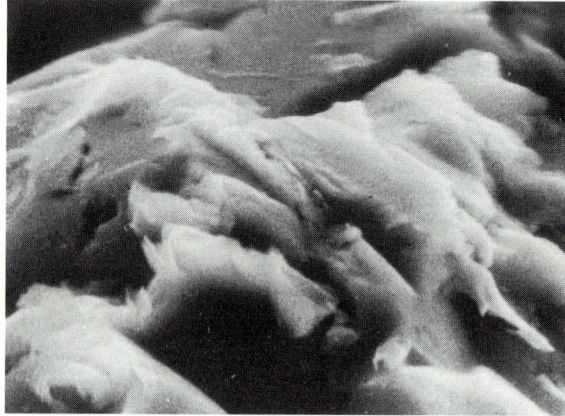

2 Gestrahlte Stahloberfläche, Vergrößerung 6200:1
Bei dieser Vergrößerung sind deutlich die durch das Strahlen entstandene „Hinterschneidungen" zu sehen, in denen sich der Klebstoff verzahnen kann.

Belastungsmöglichkeiten von Klebverbindungen

Klebverbindungen sollten so belastet werden, daß die Kraft auf die gesamte Fläche verteilt wird. Das ist bei Scher- oder/und Druckkräften der Fall. Auch Torsionskräfte können gut aufgenommen werden, wenn die Bauteile ineinander gesteckt sind. Zugkräfte sind ungünstig, weil die Zugfestigkeit der Klebstoffe gering ist. Schälkräfte müssen unbedingt vermieden werden, denn bei dieser Beanspruchungsart wird jeweils nur die vorderste Schicht belastet.

In Abb. 3 sind einige Beispiele angeführt, wie man durch konstruktive Umgestaltung die Beanspruchung ändern kann.

In vielen Fällen müssen die Oberflächen mit einem Fettlösungsmittel gereinigt werden. Sind die Metalloberflächen mit einer Oxidschicht überzogen, erfolgt eine Vorbehandlung durch Sandstrahlen oder Schmirgeln.

Das Benetzungsverhalten wird durch die Werkstoffkombination Klebstoff/Grundwerkstoff festgelegt. Bei ungünstigem Verhalten (z.B. bei einigen Kunststoffen) kann durch Ätzen der Oberfläche eine Verbesserung erreicht werden.

Beim Kleben müssen unbedingt die Verarbeitungshinweise des Herstellers beachtet werden.

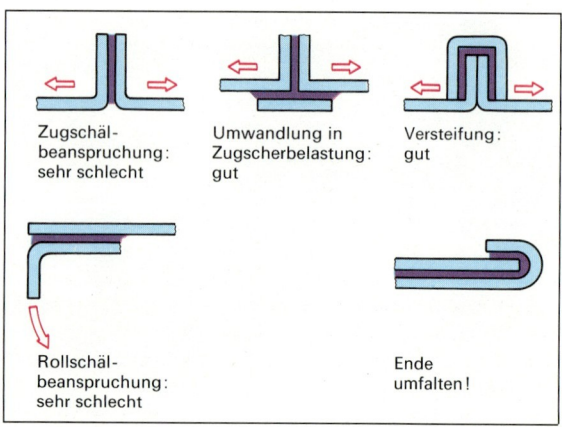

3 Belastungsarten

2.4 Fügen 2.4.5 Ausführungsmöglichkeiten stoffschlüssiger Verbindungen

Vor- und Nachteile der Klebverbindungen

Vorteile:
- Unterschiedliche Werkstoffe können gefügt werden.
- Keine Beeinflussung der Bauteile durch hohe Temperaturen.
- Für die Fügeflächen sind keine Paßmaße erforderlich.
- Es lassen sich gas- und flüssigkeitsdichte Verbindungen herstellen.
- Bei Blechkonstruktionen sind glatte Außenflächen möglich.
- Gleichmäßige Kraftübertragung
- Die Klebschicht wirkt schwingungsdämpfend
- Das Kleben kann mit einfachen Mitteln durchgeführt werden.

Nachteile:
- Die Klebflächen müssen vorbereitet werden.
- Manche Klebstoffe benötigen eine lange Abbindezeit
- Klebungen können nicht alle Belastungsarten aufnehmen
- Begrenzte Warmfestigkeit
- Veränderung der Klebstoffestigkeit durch Alterungsvorgänge.

1 Hartmetallbestücktes Sägeblatt

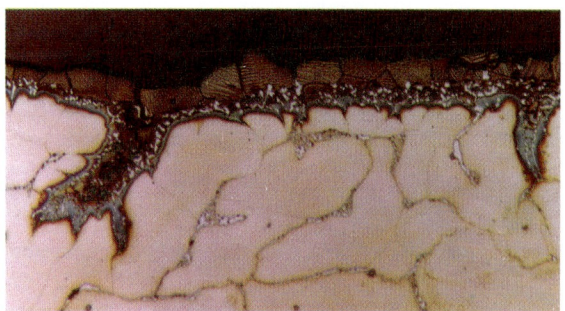

2 Diffusionszonen einer Lötnaht

2.4.5.2 Löten

Das abgebildete Sägeblatt ist mit Hartmetallschneiden ausgerüstet. Mit den Schneidplatten können dann gute Arbeitsergebnisse erzielt werden, wenn sie ordnungsgemäß an dem Träger (Sägeblatt) befestigt sind. Ein Festklemmen der Schneidplatten – wie bei Drehmeißeln oder Fräswerkzeugen – ist bei dem Sägeblatt nicht möglich, denn die Bedingungen, die in diesem Fall vorliegen, sind dafür zu ungünstig. Aufgrund der Zerspanung könnte die Schneidplatte nur mit der unteren Seite formschlüssig angelegt werden. Ein Festklemmen ist unter diesen Umständen zu unsicher.

In Frage kommt eine stoffschlüssige Verbindung. Kleben ist in diesem Fall aber nicht möglich, weil die Klebfläche zu klein und die Beanspruchung der Klebschicht zu ungünstig ist. Schweißen scheidet auch aus, denn damit können nur gleichartige Werkstoffe verbunden werden. Diese Einschränkung besteht beim Löten nicht.

> Beim Löten werden die Bauteile mit einem flüssigen Zusatzwerkstoff, dem Lot, verbunden. Die Bauteile bleiben dabei im festen Zustand. Es ist deshalb möglich, Metalle oder Legierungen miteinander zu verbinden, deren Schmelzpunkte weit auseinander liegen.

Das geschmolzene Lot dringt in die Randschichten der Bauteile ein und bildet mit dem Grundwerkstoff eine Legierung. Als Lot werden Metalle (z.B. Kupfer) oder Legierungen (z.B. aus Kupfer und Zinn) verwendet.

Das Eindringen des Lotes in den Grundwerkstoff wird als **Diffusion** bezeichnet.

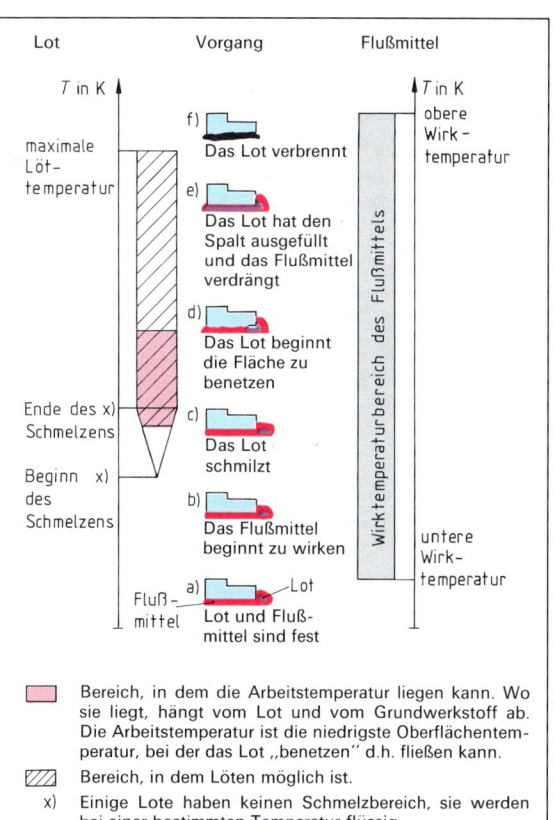

3 Wichtige Temperaturbegriffe beim Löten

71

2.4 Fügen — 2.4.5 Ausführungsmöglichkeiten stoffschlüssiger Verbindungen

Die Tiefe der Diffusionsschicht hängt sehr stark davon ab, wie weit der Schmelzpunkt des Lotes von dem Schmelzpunkt des Grundwerkstoffes entfernt ist. Je größer dieser Unterschied ist, um so dünner ist die Diffusionsschicht und um so niedriger ist die Festigkeit der Verbindung.

> Um eine Legierungsbildung bzw. um ausreichend große Adhäsionskräfte zu erreichen, sind zwei Bedingungen zu erfüllen:
> - Die Oberflächen müssen metallisch rein sein, d.h., Oxidschichten, Fette oder sonstige Verunreinigungen müssen entfernt werden. Sie verhindern die Legierungsbildung bzw. den Aufbau von Adhäsion.
>   Oxidschichten werden beim Löten durch den Einsatz von Flußmitteln beseitigt.
> - Zwischen Lot und Grundwerkstoff muß ein gutes Benetzungsverhalten vorliegen. Darunter versteht man die Fähigkeit des flüssigen Lotes, sich auf der Werkstoffoberfläche auszubreiten. Bei einem schlechten Benetzungsverhalten füllt das Lot den Lötspalt oder die Lötfuge nicht voll aus.

Das Benetzungsverhalten wird von folgenden Faktoren beeinflußt:

Arbeitstemperatur

An der Lötstelle muß eine bestimmte Mindesttemperatur vorliegen, die sogenannte Arbeitstemperatur. Es ist die niedrigste Oberflächentemperatur, bei der das Lot benetzt. Ihre Höhe ist von der Zusammensetzung des Lotes abhängig.

Oberflächenbeschaffenheit

Die Rauheit der Oberfläche beeinflußt das Benetzungsverhalten. Je rauher die Oberfläche ist, desto schlechter ist die Benetzung.

Lote

Lote unterscheiden sich sehr stark in der Höhe ihres Schmelzbereiches bzw. ihrer Schmelztemperatur. Die Lötverfahren werden unter diesem Gesichtspunkt in zwei Bereiche eingeteilt:

Weichlöten

Beim Weichlöten werden Lote verwendet, deren Schmelztemperatur unter 450 °C liegen. Typische Weichlote sind Zinn-Blei-Lote.
Die Festigkeit dieser Lötnähte ist vergleichsweise niedrig, denn:
- die Diffusionsschicht ist relativ dünn, dadurch wird die Verbindung zwischen Lot und Grundwerkstoff beeinträchtigt,
- die Kohäsion des reinen Lotes ist niedrig. Reines Lot liegt im mittleren Bereich der Naht vor.

Durch das Weichlöten kann eine Dichtwirkung erzielt werden (z.B. bei Wasserleitungsrohren). Das Verfahren wird z.B. auch im elektrotechnischen Bereich zur Herstellung unlösbarer leitender Verbindungen eingesetzt.

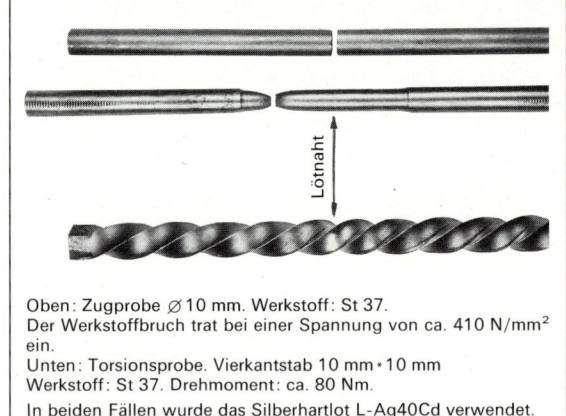

Oben: Zugprobe ⌀ 10 mm. Werkstoff: St 37.
Der Werkstoffbruch trat bei einer Spannung von ca. 410 N/mm² ein.
Unten: Torsionsprobe. Vierkantstab 10 mm ∗ 10 mm
Werkstoff: St 37. Drehmoment: ca. 80 Nm.
In beiden Fällen wurde das Silberhartlot L-Ag40Cd verwendet.

1 Gelötete Proben vor dem Löten und nach der Prüfung

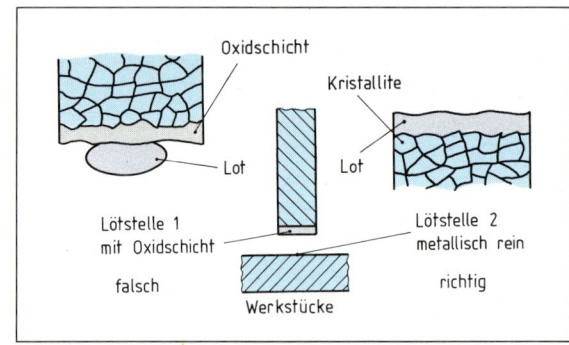

2 Voraussetzungen für eine gute Lötung

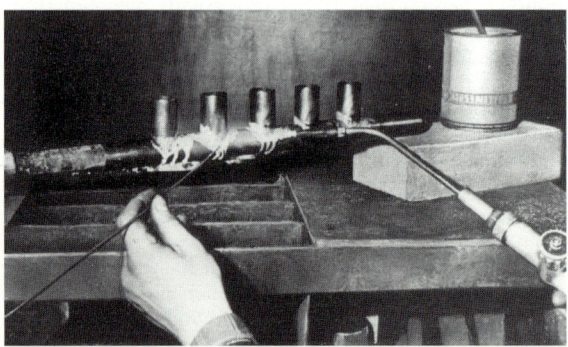

3 Manuelles Hartlöten

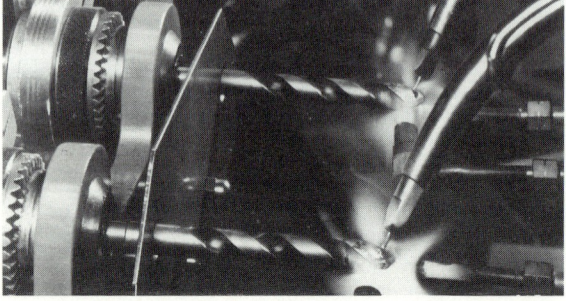

4 Löten von Hartmetallplatten an Bohrerspitzen

2.4 Fügen — 2.4.5 Ausführungsmöglichkeiten stoffschlüssiger Verbindungen

Hartlöten

Beim Hartlöten liegt die Schmelztemperatur der Lote über 450 °C. Für die in der Praxis verwendeten Lote liegt die Untergrenze allerdings bei ca. 600 °C. Für Schwermetalle werden hauptsächlich kupfer- und silberhaltige Lote eingesetzt. Für Leichtmetalle stehen aluminiumhaltige Lote zur Verfügung.

Bei einer fachgerecht durchgeführten Hartlötung kann die Festigkeit der Lötnaht höher sein, als die des Grundwerkstoffes (Bild 1, Seite 72).

Auch die Schneidplatten des Sägeblattes müssen hartgelötet werden. Dazu eignet sich am besten ein Silberlot.

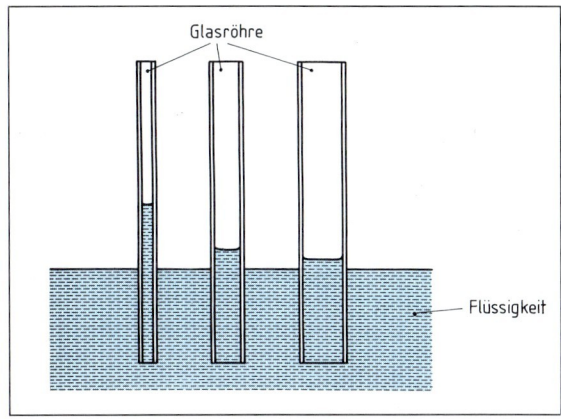

1 Die Steighöhe der Flüssigkeit hängt vom Durchmesser ab

Flußmittel

Das Lot kann nur in den Grundwerkstoff diffundieren, wenn keine Oxidschicht vorhanden ist.

Flußmittel haben die Aufgabe, vorhandene Oxide von der Lötfläche zu beseitigen und ihre Neubildung zu verhindern.

Flußmittel sind in der Regel Säuren, oder sie enthalten Bestandteile, die bei Erwärmung Säuren abspalten. Die Flußmittel benetzen die Metalloxide und reduzieren sie, d.h., sie entziehen dem Metalloxid den Sauerstoff, so daß ein reines Metall vorliegt.

Anschließend lösen sie die Zersetzungsprodukte und transportieren sie ab. Das Flußmittel muß sich bei der Arbeitstemperatur vollständig vom flüssigen Lot verdrängen lassen.

Jedes Flußmittel hat einen ganz bestimmten Wirktemperaturbereich. Das ist der Bereich, in dem das Flußmittel aktiv ist. Er muß auf die Arbeitstemperatur des Lotes abgestimmt sein. Die untere Wirktemperatur soll etwa 50 °C unter der Arbeitstemperatur liegen (Bild 3, Seite 71).

Nach DIN 8511 wird bei den Flußmitteln folgende Unterteilung vorgenommen:

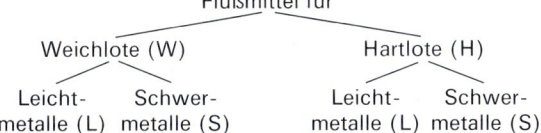

Die Rückstände fast aller Flußmittel wirken korrosiv. Sie müssen deshalb sorgfältig entfernt werden!

Kapillarer Fülldruck

Das Füllen eines Lötspaltes wird mit Hilfe des kapillaren Fülldruckes erreicht.

Bei diesem Effekt steigt die Flüssigkeit in einem engen Rohr oder in einem engen Spalt gegen die Schwerkraft nach oben, z.B. wie bei einem Schwamm, der Flüssigkeit „aufsaugt".

Der kapillare Fülldruck hängt von der Spaltbreite ab: Je enger der Spalt ist, um so größer ist der Fülldruck. Der in Abb. 1 skizzierte Versuch zeigt diesen Effekt.

Bei Spaltbreiten bis 0,2 mm ist der kapillare Fülldruck so groß, daß sich der Spalt von selbst mit Lot füllt.

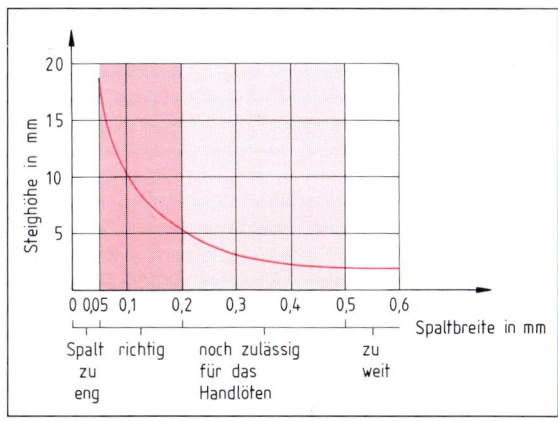

2 Abhängigkeit der Steighöhe eines Lotes von der Spaltbreite

Vor- und Nachteile des Lötens

Vorteile:

- Durch Löten können alle gebräuchlichen Metalle sowie Glas und Keramik gefügt werden.
- Bauteile mit sehr großen Unterschieden in den Wandstärken können verbunden werden.
- Die Löttemperaturen sind teilweise erheblich niedriger als beim Schweißen. Dadurch wird der Verzug geringer, und die Spannungen, die sich durch die (ungleiche) Wärmeeinbringung aufbauen, sind niedriger.
- Lötverbindungen sind dicht und elektrisch und thermisch leitfähig.

Nachteile:

- Besonders beim Weichlöten werden nur geringe Festigkeitswerte erreicht.
- Lötverbindungen sind korrosionsanfällig – wegen der unterschiedlichen Werkstoffe von Lot und Grundwerkstoff (Potentialunterschiede).
- Wegen der geringen Spalttoleranzen muß die Werkstückvorbereitung genau sein.
- Der Einsatz von Flußmitteln oder Schutzgas ist immer erforderlich.

2.4.5.3 Schweißen

Im Rohrleitungsbau werden oft lange Leitungsstränge benötigt, die nicht wieder gelöst werden müssen. In diesen Fällen kann eine unlösbare Verbindung gewählt werden. Wenn die Rohre stumpf aneinanderstoßen, können sie geschweißt werden. Löten und vor allen Dingen Kleben sind für diese Verbindungen in der Regel nicht gut geeignet, weil die Berührungsfläche der Rohre relativ klein ist.

Das Schweißen hat im Rohrleitungsbau gegenüber lösbaren Verbindungen den Vorteil, daß es zuverlässiger und billiger ist. Diese Punkte können auf viele andere Anwendungsgebiete des Schweißens im Stahlhochbau, im Behälterbau, im Maschinen- und Fahrzeugbau und andere übertragen werden.

1 Knotenpunkt an einer Stahlrohrkonstruktion

> Beim Verbindungsschweißen werden Bauteile unter Anwendung von Wärme in der sogenannten Schweißzone vereinigt. Dabei kann Zusatzwerkstoff verwendet werden.

Die Lage, die die Bauteile zueinander haben, wird durch die **Stoßart** angegeben (Abb. 2).

Für verschiedene Einsatzgebiete, Zielsetzungen und Werkstoffe sind spezielle Schweißverfahren entwickelt worden. Sie unterscheiden sich u.a. in der Art der Wärmequelle (z.B. elektrischer Strom, Gas oder Laser).

Wichtige Vorgänge in der Schweißzone sollen am Beispiel des **Gasschmelzschweißens** behandelt werden.

Die Kanten der Werkstücke sind nach Abb. 3 vorzubereiten. Die hier abgebildeten Nahtformen sind erforderlich, um auch bei größeren Wandstärken ein Durchschweißen bis zum Grund zu erreichen.

Als Brenngas wird beim Gasschweißen fast ausnahmslos **Acetylen** (C_2H_2) verwendet. Es ist ein Gas mit hohem Heizwert und hoher Zündgeschwindigkeit, allerdings ist es hochexplosiv. Deshalb müssen die Sicherheitsvorschriften genau eingehalten werden. Das Acetylen wird im Brenner mit **Sauerstoff** (O_2) im Volumenverhältnis 1:1 gemischt. Beide Gase werden meist in Stahlflaschen

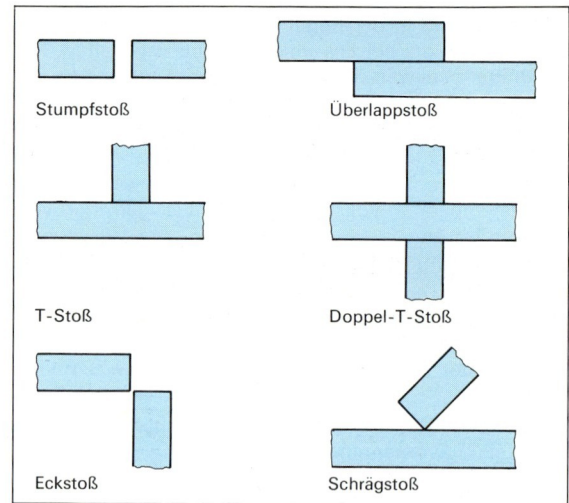

2 Stoßarten

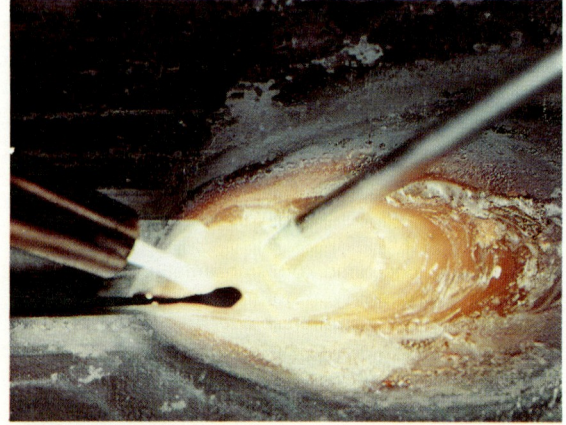

4 Gasschweißen

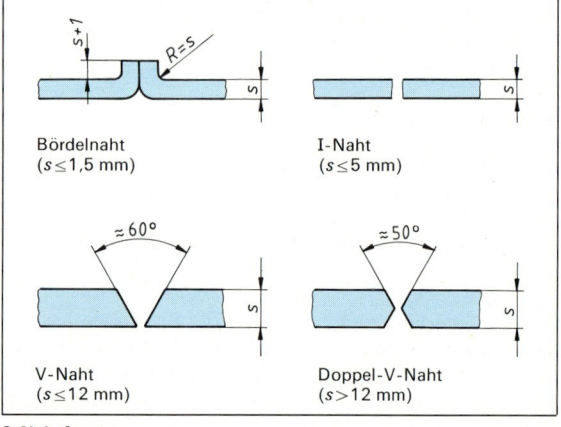

3 Nahtformen

unter hohem Druck gespeichert. Mit Druckminderern wird der Flaschendruck auf den Arbeitsdruck herabgesetzt und durch Schläuche (Sauerstoff: blau, Acetylen: rot) dem Brenner zugeführt.

Das Gasgemisch verbrennt in zwei Stufen. Unmittelbar vor dem Brenner bildet sich der Flammenkegel, in dem das C_2H_2 zu $2C$ und H_2 zerfällt. Der freigewordene Kohlenstoff verbrennt zu CO. In der zweiten Zone werden Wasserstoff und Kohlenmonoxid oxidiert. Dazu wird noch Sauerstoff aus der umgebenden Luft benötigt.

Das richtige Einstellen des Acetylen-Sauerstoff-Verhältnisses ist für den Erfolg der Schweißarbeit von großer Bedeutung. Bei Sauerstoffüberschuß besteht die Gefahr, daß ein Teil des Werkstoffes verbrennt. Deshalb ist es auch sehr wichtig, daß die Streuflamme Abb. 1 den Sauerstoff der Luft von der Schweißzone fernhält. Werden die Oxide in der Schweißnaht eingeschlossen, wird dadurch die Qualität der Naht erheblich vermindert. Wird der Flamme zu viel Acetylen zugeführt, enthält die Flamme freien Kohlenstoff, der sich mit dem Werkstoff verbinden kann. Diesen Vorgang nennt man auch Aufkohlen. Dadurch werden zwar die Festigkeit und die Härte erhöht, aber gleichzeitig wird der Werkstoff spröder.

Die richtige Einstellung der Flamme ist am Flammenkegel zu erkennen. Bei dem Mischungsverhältnis von 1:1 (man spricht in diesem Fall auch von der neutral eingestellten Flamme) ist der Flammenkegel scharf begrenzt. Bei Acetylenüberschuß ist er dagegen größer und endet mit einem unscharfen Rand. Bei Sauerstoffüberschuß ist der Kegel zu klein.

Durch die hohe Flammentemperatur werden die Bauteile an den Rändern aufgeschmolzen. Sie fließen mit dem Zusatzwerkstoff zusammen und bilden nach dem Erstarren die Schweißnaht.

Beim Handschweißen hängen gute Arbeitsergebnisse von der Erfahrung und der Geschicklichkeit des Schweißers ab. Wichtig ist auch die richtige Arbeitstechnik, d.h., ob das Nachlinksschweißen oder das Nachrechtsschweißen angewendet wird (Abb. 4 und 5).

Nachlinksschweißen

Die Flamme ist auf die noch offene Fuge gerichtet. Der Schweißstab wird vor der Flamme geführt und von Zeit zu Zeit in das Schmelzbad getaucht. Der Brenner pendelt leicht. Durch diese Arbeitstechnik bläst die Flamme das Schmelzbad in Schweißrichtung. Dadurch wird die Gefahr des „Durchbrennens" kleiner (das ist bei dünnen Blechen sehr wichtig), gleichzeitig besteht aber die Gefahr, daß das flüssige Schweißgut in die noch nicht aufgeschmolzene Unterseite (Wurzel) gedrückt wird.

Nachrechtsschweißen

Die Flamme ist auf die Schweißnaht gerichtet. Der Brenner wird geradlinig geführt; der Draht kreist. Das Schweißbad wird bei dieser Brennerhaltung am Vorlaufen gehindert. Es bildet sich eine für dieses Verfahren typische Schweißöse aus. Sie ist die Gewähr dafür, daß die Wurzel gut durchgeschweißt wird. Die Bildung der Schweißöse kann während des Schweißens gut beobachtet werden.

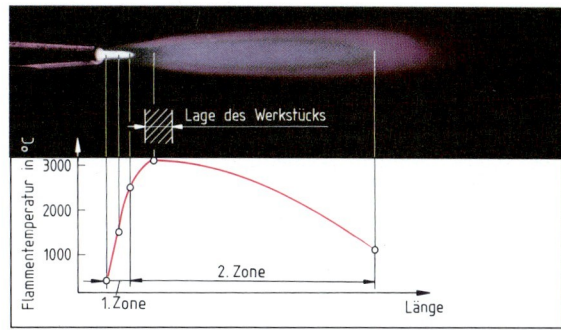

1 Verlauf der Flammentemperatur einer neutral eingestellten Schweißflamme

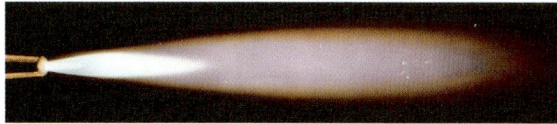

2 Schweißflamme mit Brenngasüberschuß

3 Schweißflamme mit Sauerstoffüberschuß

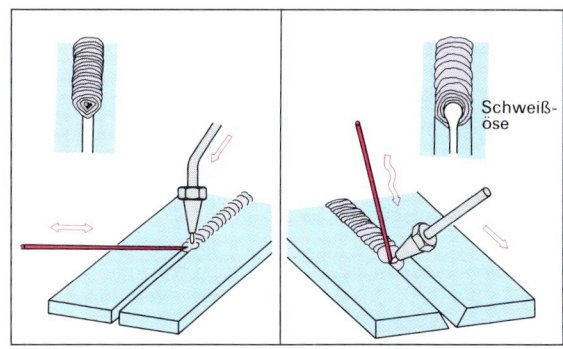

4 Nachlinksschweißen   **5** Nachrechtsschweißen
(vgl. Bild 4, Seite 74)

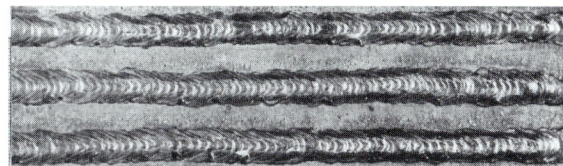

6 Auftragsschweißung, „nachlinks" ausgeführt

7 Auftragsschweißung „nachrechts" ausgeführt

Einfluß auf den Werkstoff

Beim Schweißen wird bei den meisten Verfahren der Schmelzpunkt überschritten. Durch die dafür benötigten hohen Temperaturen treten **Gefügeänderungen** auf.

Bei unlegierten Stählen mit einem Kohlenstoffgehalt über 0,25% kann eine Aufhärtung in der benachbarten Zone eintreten.

In diesem Bereich sind die Gefügekörner bei Temperaturen zwischen 1100 °C und 1400 °C zusammengewachsen, d.h., es ist ein grobkörniges Gefüge entstanden, das ungünstige Eigenschaften hat.

Durch die Temperaturunterschiede und die damit verbundenen unterschiedlichen Längendehnungen bauen sich Spannungen auf, die zu einem Verzug führen.

Bei hochbeanspruchten Teilen werden die negativen Folgen des Schweißens durch eine Glühbehandlung gemindert.

Unfallverhütung

Beim Schweißen entstehen durch leichtsinnige Arbeitsweise große Unfallgefahren, die zu Schäden an Leben und Gesundheit sowie an Sachgütern führen können. Nachstehend sind wichtige Regeln zur Unfallverhütung aufgeführt (sie werden in der Fachbildung noch ergänzt):

- Flaschen nicht werfen.
- Stehende Flaschen sind gegen Umfallen zu sichern.
- Starke Wärmestrahlung auf die Flaschen (z.B. durch die Sonne) ist zu vermeiden.
- Die Anschlüsse der Sauerstoffflaschen dürfen nicht geschmiert werden, da Sauerstoff mit Öl oder Fett explosionsartig reagiert.
- Zum Schutz der Augen vor der Strahlung der Schweißflamme und vor Spritzern muß der Schweißer eine Schutzbrille tragen.
- Durch entsprechende Bekleidung muß die Haut abgeschirmt sein.
- Sauerstoff darf nicht als „Kühlluft" verwendet werden, denn die Bekleidung reichert sich dadurch mit Sauerstoff an und kann leicht in Brand geraten.

Vor- und Nachteile des Schweißens

Vorteile:

- Die Schweißnaht kann die Festigkeit der Grundwerkstoffe erreichen.
- Geringe Anforderungen an die Oberflächenreinheit und die Fugentoleranz.
- Gegenüber Schraubenverbindungen kann Gewicht eingespart werden, weil Überlappungen vielfach nicht erforderlich sind.
- In vielen Fällen sehr wirtschaftlich.
- Ausführung auch auf Baustellen möglich.

Nachteile:

- Beschränkung auf schweißgeeignete Werkstoffe.
- Gefügeveränderungen.
- Eigenspannungen und Verzug.
- Nur für gleichartige Werkstoffe geeignet.

Übungen

1. Suchen Sie je drei Beispiele für lösbare und unlösbare Verbindungen.
2. Nennen Sie die wesentlichen Merkmale von Stoffschluß, Formschluß und Kraftschluß.
3. Welche Faktoren vergrößern die Reibungskraft F_R?
4. Wodurch wird die Reibungszahl μ beeinflußt?
5. Ein Werkzeugschlitten hat eine Masse $m = 200$ kg, $\mu = 0,06$. Berechnen Sie F_R.
6. Nennen Sie Beispiele, in denen die Reibung
    a) erwünscht und
    b) unerwünscht ist.
7. Was verstehen Sie unter folgenden Begriffen:
    a) Längspreßverbindung
    b) Querpreßverbindung
    c) Schrumpfverbindung
    d) Dehnverbindung
8. Worauf muß bei der Vorbereitung von Preßverbänden geachtet werden?
9. Dürfen Preßverbände wieder gelöst werden? (Begründen Sie Ihre Meinung.)
10. Skizzieren Sie eine Paßfederverbindung.
11. Welche Vor- und Nachteile haben Paßfederverbindungen?
12. Welche Aufgaben können Stifte übernehmen?
13. Vergleichen Sie den Spiralspannstift mit dem Zylinderstift nach folgenden Gesichtspunkten: Spezifische Merkmale, Herstellung der Bohrung, Qualität der Lagefixierung.
14. Warum sollen Stifte möglichst weit entfernt voneinander angeordnet werden?
15. Wann und warum werden
    a) Stiftschrauben,
    b) Innensechskantschrauben
    verwendet.
16. Nennen Sie drei verschiedene Mutternarten und ihre Besonderheiten.
17. Warum ist es sehr wichtig, beim Anziehen einer Schraubenverbindung das richtige Werkzeug zu verwenden?
18. Erläutern Sie die Funktion des Drehmomentenschlüssels.
19. Nach welchen Gesichtspunkten können Schraubensicherungen eingeteilt werden?
20. Was verstehen Sie unter den Begriffen „Adhäsion" und „Kohäsion"?
21. Welche Bedingungen müssen beim Kleben erfüllt sein, um möglichst hohe Adhäsionskräfte zu erreichen?
22. Mit welchen Belastungsarten dürfen Klebeverbindungen nicht beansprucht werden? Begründen Sie Ihre Meinung.
23. Nennen Sie Vor- und Nachteile der Klebeverbindungen.
24. Welche spezifischen Merkmale kennzeichnen das Löten?
25. Wodurch wird das Benetzungsverhalten beim Löten beeinflußt?
26. Unterscheiden Sie Hart- und Weichlöten.
27. Welche Aufgaben haben Flußmittel?
28. Nennen Sie Vor- und Nachteile des Lötens.
29. Nennen und skizzieren Sie verschiedene Stoßarten und Nahtformen.
30. Welche Wirkungen hat eine Flamme mit
    a) Acetylenüberschuß,
    b) Sauerstoffüberschuß?
31. Erläutern Sie die Arbeitstechniken „Nachlinksschweißen" und „Nachrechtsschweißen".
32. Welche Unfallverhütungsmaßnahmen kennen Sie?
33. Nennen Sie Vor- und Nachteile des Schweißens.

2.5 Prüftechnik

2.5.1 Einheiten

Die Kurbelwelle und das Pleuel eines Motors werden an unterschiedlichen, räumlich oft weit voneinander entfernten Maschinen hergestellt. Trotzdem müssen die Teile bei der Montage zusammenpassen. Hierfür sind verbindliche Vereinbarungen erforderlich, die in Normen festgelegt sind, z.B. DIN-Normen, ISO-Normen und VDE-Vorschriften.

Ein funktionsgerechtes Zusammenpassen ist nur möglich, wenn die Werkstückmaße mit den Angaben der Zeichnung übereinstimmen. Dazu sind vor, während und nach der Fertigung Kontrollen erforderlich. Eine wichtige Kontrolle ist das Überprüfen der Längenmaße.

Eine Länge ist eine **physikalische Größe** (so wie die Zeit oder die Temperatur). Wenn sie gemessen werden soll, dann benötigt man dafür eine **Maßeinheit**. Diese muß:

- genau festgelegt sein und
- von allen Beteiligten verwendet werden.

Die Maßeinheit der Länge ist das **Meter**. Seine genaue Festlegung ist im „Gesetz über Einheiten im Meßwesen" erfolgt. Mit diesem Gesetz wurde in der Bundesrepublik Deutschland das **Internationale Einheitensystem (SI-System)** verbindlich.

Das Meter ist eine der sieben Basiseinheiten des SI-Systems. Alle anderen SI-Einheiten sind von diesen abgeleitet, z.B. $\frac{m}{s}$ als Einheit für die Geschwindigkeit, m^2 für die Fläche oder m^3 für das Volumen. Außerhalb des SI-Systems gibt es noch andere zugelassene Einheiten, z.B. die Einheit Grad für die Winkelangabe.

Die angelsächsischen Länder verwenden das Inch (Zoll) als Maßeinheit der Länge:

$$1'' = 25,4 \text{ mm}$$

2.5.2 Dezimale Teile des Meters

Die meisten Werkstückmaße sind kleiner als ein Meter. Würde man diese Maße trotzdem in „Meter" angeben, dann enthielten die technischen Zeichnungen sehr viele unanschauliche und auch umständliche Angaben, z.B. 0,0025 m anstatt 2,5 mm. Aus diesem Grund ist das Meter für die unterschiedlichen Anwendungsbereiche weiter unterteilt worden:

$$1 \text{ m} = 10 \text{ dm} = 100 \text{ cm} = 1000 \text{ mm}$$

Für die Fertigung und für die Meßtechnik sind die Unterteilungen des Millimeters sehr wichtig:

$^1/_{10}$ mm = 0,1 mm
$^1/_{100}$ mm = 0,01 mm
$^1/_{1000}$ mm = 0,001 mm = 1 µm (Mikrometer)

> Eine Größenangabe besteht immer aus einem Zahlenwert und der Einheit, z.B.:
> $$l = 28,4 \text{ mm}$$
> Zahlenwert   Einheit

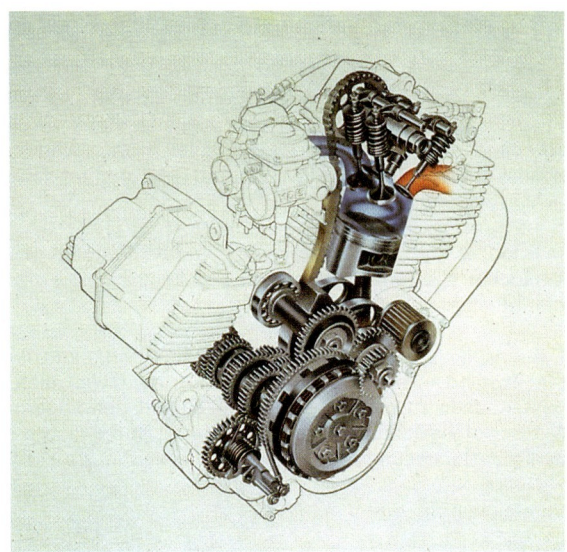

1 Motor

Basisgröße		Basiseinheit	
Name	Formelzeichen	Name	Zeichen
Länge	l	**Meter**	m
Masse	m	**Kilogramm**	kg
Zeit	t	**Sekunde**	s
elektrische Stromstärke	I	**Ampere**	A
thermodynamische Temperatur	$T; \Theta$	**Kelvin**	K
Stoffmenge	$n; \nu$	**Mol**	mol
Lichtstärke	I_v	**Candela**	cd

2 Basisgrößen und Basiseinheiten

Vielfache

Zehnerpotenz für das		Vorsätze	Vorsatzzeichen
Zehnfache	10	Deka	da
Hundertfache	10^2	Hekto	h
Tausendfache	10^3	Kilo	k
Millionenfache	10^6	Mega	M
Milliardenfache	10^9	Giga	G
Billionenfache	10^{12}	Tera	T

Teile

Zehnerpotenz für das		Vorsätze	Vorsatzzeichen
Zehntel	10^{-1}	Dezi	d
Hundertstel	10^{-2}	Zenti	c
Tausendstel	10^{-3}	Milli	m
Millionstel	10^{-6}	Mikro	µ
Milliardstel	10^{-9}	Nano	n
Billionstel	10^{-12}	Piko	p

3 Vielfache und Teile von Einheiten

2.5 Prüftechnik   2.5.3 Werkstücke haben unterschiedliche Funktionen

2.5.3 Werkstücke haben unterschiedliche Funktionen

In den folgenden Abschnitten werden am Beispiel eines Laufwerks für einen Elektrozug (Bild 1) verschiedene Maßkontrollverfahren besprochen. Zur Auswahl des geeigneten Kontrollverfahrens muß zunächst der Aufbau des Laufwerks und die Funktion der einzelnen Teile geklärt werden.

In Bild 2 ist das Laufwerk von vorne, in Bild 3 von der Seite gezeichnet. Versuchen Sie zunächst, diese beiden Zeichnungen mit Bild 1 in Verbindung zu bringen!

Die Einzelteile der Lagerung sind in Bild 4 und – im zusammengebauten Zustand – in Bild 5 zu sehen. Um die Teile nach der Montage besser sehen zu können, sind sie – bis auf den Lagerbolzen – in der Mitte „aufgeschnitten". In Bild 2 ist die rechte Seite ebenfalls in dieser Darstellungsweise gezeichnet, allerdings nicht perspektivisch.

Vergleichen Sie Bild 5 mit Bild 2!

Die Lagerbolzen sind mit den Seitenteilen verschraubt. Beim Anziehen der Muttern wirkt die Schraubenkraft über den linken Bund des Bolzens und den Innenring des Kugellagers auf die Scheibe und damit auf das Seitenteil. In der Bohrung des Laufrades wird ein Verschieben des Kugellagers durch einen Sicherungsring verhindert.

Die Laufräder liegen nicht in der vollen Breite auf dem I-Profil, sie sind hinterdreht. Dadurch übertragen sie die Kraft dichter am Steg des I-Profils, d.h., die „Kraftaufnahme" ist für das I-Profil günstiger.

1 Laufwerk für einen Elektrozug

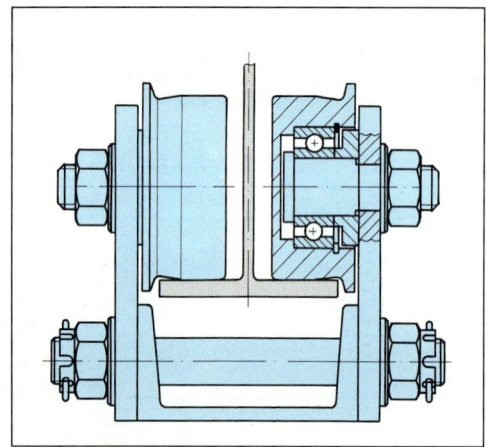

2 Das Laufwerk von vorne gesehen

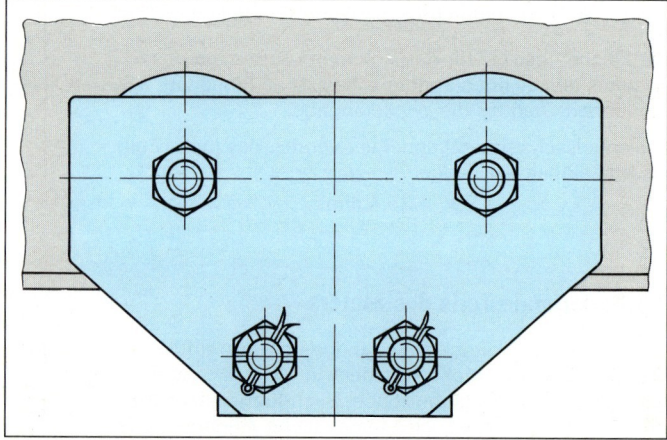

3 Seitenansicht des Laufwerks

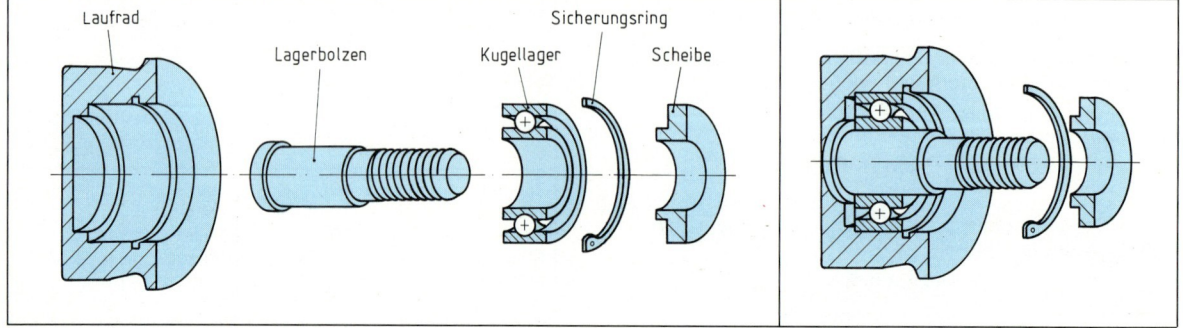

4 Einzelteile der Radlagerung

5 Einzelteile der Radlagerung nach der Montage

2.5.4 Toleranzen

Das Seitenteil ist 230 mm lang. Ohne zusätzliche Vereinbarung ist mit dieser Längenangabe das „genaue" Maß gemeint, d.h., auch kleinste Abweichungen werden nicht geduldet.

Es ist selbst mit den besten Fertigungsverfahren und bei der größten Sorgfalt nicht möglich, eine Anzahl von Werkstücken auf das gleiche Maß zu bringen. Dafür gibt es verschiedene Ursachen, z.B. abstumpfende Werkzeugschneiden.

Das „genaue" Maß ist für die Länge des Seitenteils auch nicht erforderlich. Weder das Zusammenpassen der Einzelteile, noch die Funktion des Laufwerks werden beeinträchtigt, wenn dieses Maß innerhalb gewisser Grenzen „etwas" größer oder kleiner ist. Wenn die Teile allerdings ein bestimmtes Maß überschreiten, kann z.B. nicht mehr die vorgesehene Stückzahl aus einer Blechtafel ausgeschnitten werden, oder es gibt Schwierigkeiten bei der Aufnahme in die Spannvorrichtung.

Es ist deshalb sinnvoll, nach beiden Seiten **Grenzmaße** festzulegen, die nicht überschritten werden dürfen.

Das obere Grenzmaß ist das **Höchstmaß** G_o, das untere Grenzmaß das **Mindestmaß** G_u. Die Differenz ist die **Maßtoleranz** T.

Grenzmaße müssen auch für Maße festgelegt werden, die für das „Zusammenpassen" sehr wichtig sind, z.B. für den Lagerbolzen an der Stelle, an der das Kugellager aufgenommen wird. In diesem Fall wird allerdings die Toleranz wesentlich kleiner gewählt werden müssen als bei den Außenmaßen des Seitenteils. Hier ist viel schneller die Grenze erreicht, bei der die Teile nicht mehr montiert werden können, bzw. bei der es zu Betriebsstörungen kommt.

> Für jedes Werkstückmaß muß eine Toleranz angegeben werden. Ein Maß ist „gut", wenn es innerhalb der Toleranz liegt.

Je kleiner die Toleranz gewählt werden muß, um so größer ist der fertigungs- und meßtechnische Aufwand, d.h., um so höher sind die Kosten. Um sowohl funktionsfähige Teile zu erhalten, als auch möglichst niedrige Fertigungskosten zu erreichen, wird nach folgendem Grundsatz verfahren:

> Toleranzen sind so groß wie möglich und so klein wie nötig zu wählen.

Die Größe der Toleranz beeinflußt die Auswahl des Meßgerätes, so muß z.B. für das Messen eines Wellendurchmessers, der ein Kugellager aufnehmen soll, ein anderes Meßgerät verwendet werden, als für die Überprüfung der Länge des Seitenteils.

Die Toleranz wird in Zeichnungen mit Hilfe der **Grenzabmaße** angegeben.

Beispiel:

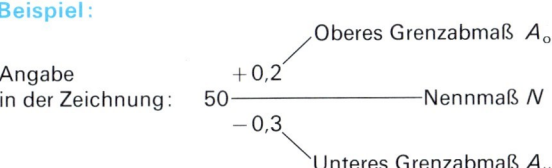

Angabe in der Zeichnung: $50 \begin{array}{c} +0,2 \\ -0,3 \end{array}$ — Nennmaß N, Oberes Grenzabmaß A_o, Unteres Grenzabmaß A_u

Höchstmaß G_o: $G_o = N + A_o$; $G_o = 50\text{ mm} + 0,2\text{ mm} = 50,2\text{ mm}$
Mindestmaß G_u: $G_u = N + A_u$; $G_u = 50\text{ mm} - 0,3\text{ mm} = 49,7\text{ mm}$
Maßtoleranz T: $T = G_o - G_u$; $T = 50,2\text{ mm} - 49,7\text{ mm} = 0,5\text{ mm}$

Aufgaben hierzu siehe Technische Mathematik Kap. 2.5

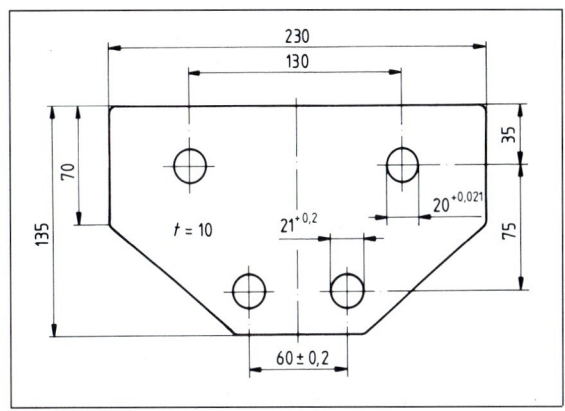

1 Seitenteil

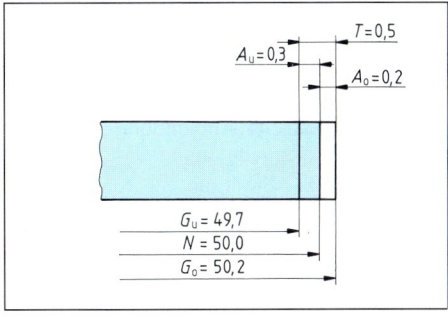

2 Darstellung wichtiger Grundbegriffe, die im Zusammenhang mit der Toleranz genormt sind

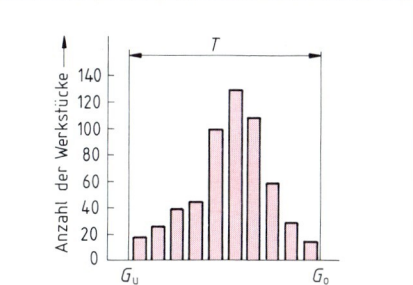

Eine Serie von 475 Werkstücken ist gemessen worden. Die Ergebnisse sind in dem Histogramm festgehalten. Die vorgegebene Toleranz ist in 10 gleiche Bereiche aufgeteilt. Für jeden Bereich ist angegeben, wieviel Werkstücke mit ihrem Istmaß in diesem Feld liegen. Die meisten Werkstücke haben ihr Maß im mittleren Bereich. Das ist richtig, denn eine Häufung in der Nähe von G_o oder G_u hätte eine relativ hohe Ausschußquote zur Folge, weil das „Abklingen" der Stückzahlen zur Seite nicht vermieden werden kann.

3 Histogramm

2.5 Prüftechnik

2.5.5 Allgemeintoleranzen

Für verschiedene Maße des Seitenteils sind in der Zeichnung keine Grenzabmaße angegeben. In diesem Fall kommen die in DIN 7168 genormten Allgemeintoleranzen zur Anwendung. Diese Vereinbarung gilt grundsätzlich für Zeichnungsmaße ohne Toleranzangaben.

Nach der Tabelle hängt die Größe der Toleranz vom Nennmaß ab. Das folgende Beispiel zeigt, daß diese Einteilung richtig ist:

Für das Nennmaß 150 mm sind die Grenzabmaße nach dem Genauigkeitsgrad „mittel" mit ±0,5 mm festgelegt. Würde diese Toleranz auf das Nennmaß 0,5 mm übertragen, dann wäre das Ergebnis unsinnig: Das Mindestmaß wäre 0,0 mm, das Höchstmaß 1,0 mm. Für das Nennmaß 0,5 mm muß folglich eine kleinere Toleranz gewählt werden.

> Die Größe einer Maßtoleranz wird von zwei Faktoren beeinflußt:
> - vom Verwendungszweck bzw. der Funktion des Bauteils
> - von der Größe des Nennmaßes

Für unterschiedliche Anwendungen sind in der Norm vier Genauigkeitsgrade angegeben.

Überlegen Sie: Ermitteln Sie für das Nennmaß $N = 230$ mm nach dem Genauigkeitsgrad „mittel" folgende Werte: A_o, A_u, G_o und G_u!

Genauig-keits-grad	Abmaße in mm für Nennmaßbereich in mm				
	0,5[1] bis 3	über 3 bis 6	über 6 bis 30	über 30 bis 120	über 120 bis 400
f (fein)	±0,05	±0,05	±0,1	±0,15	±0,2
m (mittel)	±0,1	±0,1	±0,2	±0,3	±0,5
g (grob)	±0,15	±0,2	±0,5	±0,8	±1,2
sg (sehr grob)	–	±0,5	±1	±1,5	±2

[1]) Bei Nennmaßen unter 0,5 mm sind die Abmaße direkt am Nennmaß anzugeben

1 Auszug aus DIN 7168 (Allgemeintoleranzen)

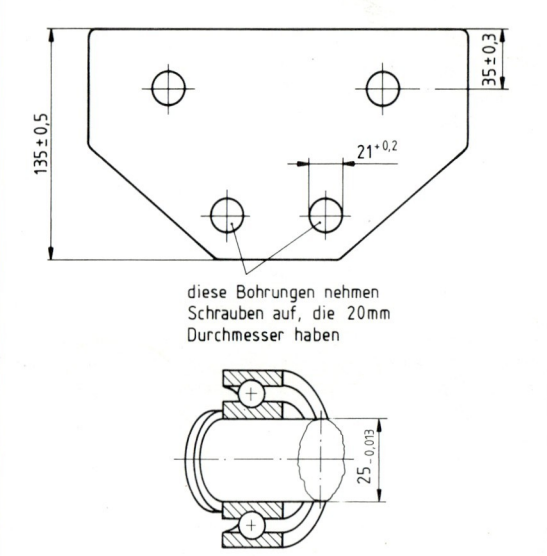

Die Größe der Toleranz hängt sowohl vom Verwendungszweck (Vergleich der beiden Durchmessermaße 21 mm und 25 mm) als auch von der Größe des Nennmaßes ab (Vergleich der beiden Längsmaße 35 mm und 135 mm).

Das Nennmaß der Bohrung ist 1 mm größer als der Außendurchmesser der Schraube. Folglich kann die Toleranz der Bohrung größer sein als die Toleranz der Welle, die ein Kugellager aufnimmt.

2 Maße mit unterschiedlichen Toleranzen

2.5.6 Strichmaßstäbe

Bei Maßstäben sind im Millimeterabstand Teilstriche eingearbeitet.

Sie werden als **Stahlmaßstab** (bis 500 mm Meßbereich), als **Gliedermaßstab** und als **Rollbandmaß** hergestellt.

Für die Außenmaße des Seitenteils kann beim Anreißen und beim Nachmessen ein Strichmaßstab verwendet werden. Für die angegebene Toleranz $T = 1$ mm ist die Millimetereinteilung ausreichend. Die Grenzmaße z.B. 229,5 mm und 230,5 mm können noch mit hinreichender Genauigkeit ermittelt werden.

2.5.7 Meßschieber

2.5.7.1 Aufbau, Bauarten

Bei dem unteren Bohrungsabstand des Seitenteils ist eine Toleranz von 0,4 mm vorgegeben. Auch bei anderen Teilen, z.B. bei der Scheibe, liegen Toleranzen in dieser Größenordnung vor. Das Stahlbandmaß ist mit seiner Millimetereinteilung für diese Toleranzen ungeeignet. Als Meßgerät kommt jetzt der Meßschieber in Frage.

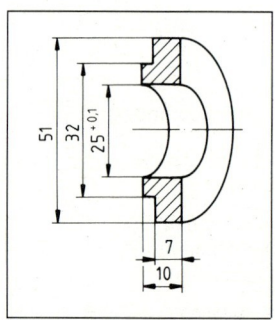

3 Scheibe

2.5 Prüftechnik   2.5.7 Meßschieber

Meßschieber gibt es auch in Sonderausführungen:

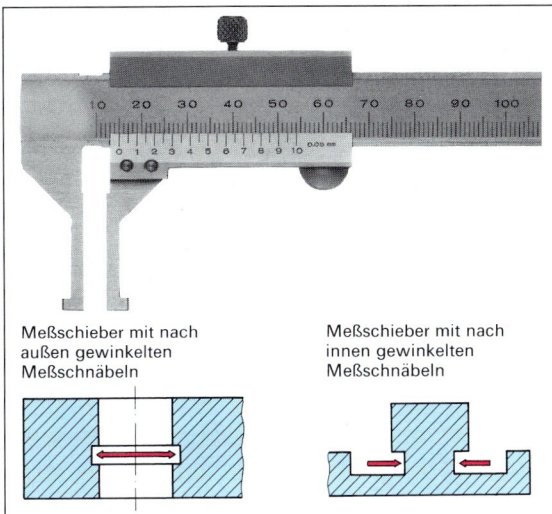

1 Meßschieber mit nach außen gewinkelten Meßschnäbeln zum Messen von Nuten

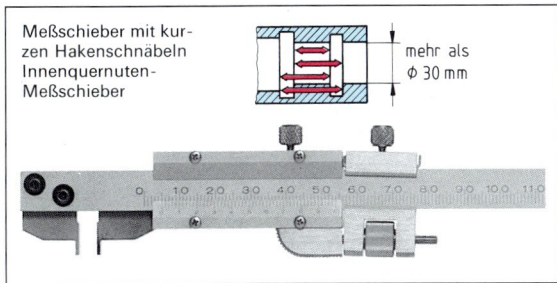

2 Meßschieber mit kurzen Hakenschnäbeln. Mit diesem Meßschieber kann z.B. die Länge einer Nut gemessen werden.

2.5.7.2 Fehlermöglichkeiten beim Messen mit Meßschiebern

Es ist möglich, daß bei einer Wiederholungsmessung, bei der unter Umständen ein anderer Meßschieber verwendet wird, nicht mehr der gleiche Meßwert ermittelt wird. Die Ursache kann ein fehlerhaftes Meßgerät sein. So können bei einem Meßschieber z.B. die Schenkel abgenutzt sein, oder die Führung des Schiebers ist schlecht.

Die unterschiedlichen Meßwerte können ihre Ursache aber auch in einer falschen Handhabung des Meßgerätes haben. Nachstehend werden zwei Fehlermöglichkeiten besprochen, die besonders bei Meßschiebern eine Rolle spielen.

Kippfehler

Bei falscher Handhabung des Meßgerätes kann sich der bewegliche Meßschenkel leicht schräg stellen und dadurch den Meßwert verfälschen.

Das Schrägstellen oder Kippen wird dann besonders zur Gefahr, wenn die Meßschenkel mit ihrem unteren Ende das Werkstück berühren. Es kommt zu einer Hebelwirkung, denn die Meßkraft wirkt weiter oben (in Höhe der Schiene).

> Der Kippfehler ist klein, wenn
> - das Werkstück möglichst dicht an die Schiene gelegt wird
> - die Meßkraft auf den richtigen Wert begrenzt wird

Die Größe des Kippfehlers wird auch von der Führungsqualität des Schiebers beeinflußt. Hier können vor allen Dingen ältere Meßschieber Schwächen zeigen.

Bei richtiger Handhabung und einem guten Meßschieber kann der Kippfehler bei Nonienwerten von $1/10$ mm und $1/20$ mm so klein gehalten werden, daß er nicht mehr ins Gewicht fällt.

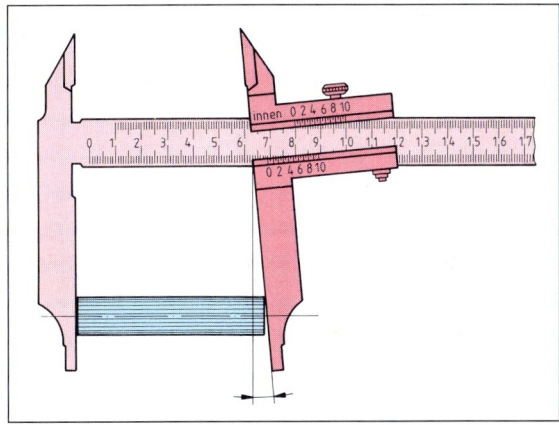

3 Kippfehler beim Meßschieber

Was beim Meßschieber noch tragbar ist, gilt nicht für Meßgeräte, die bei Werkstücktoleranzen von einigen hundertstel Millimetern (oder noch kleineren Toleranzen) eingesetzt werden. Bei diesen Meßgeräten muß ein Kippfehler ausgeschlossen sein. Die Forderung ist erfüllt, wenn durch die Meßkraft keine Hebelwirkung erzeugt wird. Hierzu darf die zu messende Strecke nicht parallel zum Maßstab liegen, sondern sie muß die geradlinige Fortsetzung der als Maßstab dienenden Teilung bilden. Bild 4 zeigt eine Anordnung, bei der dieser **meßtechnische Grundsatz** erfüllt ist.

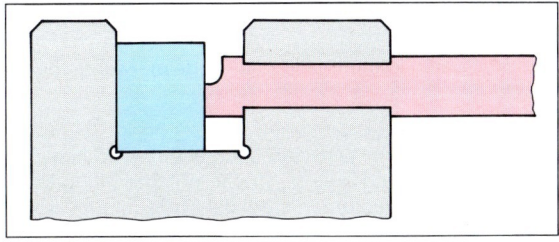

4 Meßprinzip ohne Kippfehler

2.5 Prüftechnik — 2.5.8 Maßbezugstemperatur

Parallaxe

Bei Meßschiebern mit Nonien kann ein falscher Meßwert ermittelt werden, wenn die Blickrichtung beim Ablesen schräg auf die Skale gerichtet ist. Zu einem Ablesefehler kommt es, wenn die beiden Skalen nicht in einer Höhe liegen. Diesen Fehler bezeichnen wir auch als Parallaxe.

Durch eine konstruktive Maßnahme kann dieser Fehler ausgeschaltet werden: Die Führung des Meßschiebers muß so gestaltet werden, daß die beiden Maßstäbe in einer Ebene liegen.

Weitere Fehlerquellen werden im Abschnitt 2.5.17 besprochen.

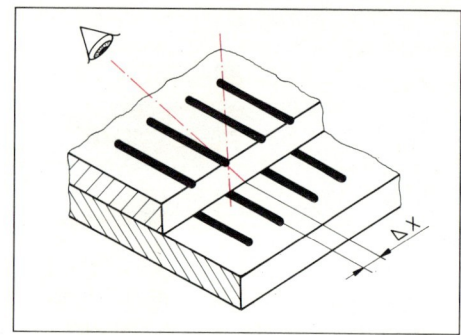

1 Ursachen für das Entstehen der Parallaxe

2.5.8 Maßbezugstemperatur

Werkstücke dehnen sich beim Erwärmen aus. Ein Bauteil aus Stahl mit einer Länge von 100 mm dehnt sich bei einem Temperaturunterschied von 10 K um rund $1/_{100}$ mm. Es kommt also zu unterschiedlichen Meßwerten, wenn Werkstücke bei verschiedenen Temperaturen gemessen werden, beispielsweise kurz nach einer spanenden Bearbeitung oder nach einer gewissen Zeit, wenn sich das Werkstück abgekühlt hat.

In einer Norm ist festgelegt, daß maßliche Prüfungen bei einer Temperatur von 20 °C (293 K) durchgeführt werden müssen.

In Prüfräumen wird diese Temperatur permanent aufrechterhalten. Damit ist sichergestellt, daß die Meßgeräte und die Meßmaschinen nicht bei einer falschen Temperatur eingesetzt werden, was Meßfehler zur Folge hätte.

2 Meßschieber mit parallaxfreier Ablesung (Nonius und Hauptteilung liegen in einer Ebene)

2.5.9 Meßschrauben

2.5.9.1 Aufbau der Bügelmeßschraube

Der Durchmesser 25 mm am Lagerbolzen hat eine sehr kleine Toleranz: $T = 13$ µm. Sie muß so klein gewählt werden, um eine gute Aufnahme des Kugellagers zu erreichen. Dieses Maß kann nicht mehr mit dem Meßschieber ermittelt werden. Auch ein Meßschieber mit Rundskale bzw. mit digitaler Anzeige ist hier überfordert:

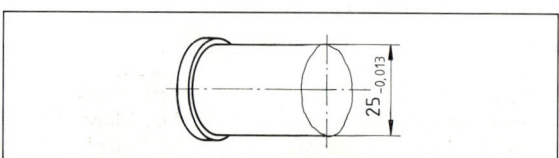

3 Lagerbolzen (vgl. S. 78)

- Der Skalenteilungswert bzw. der Zifferschrittwert steht mit $1/_{100}$ mm ($= 10$ µm) sehr ungünstig zur Größe der Maßtoleranz (13 µm).
- Das Mindestmaß (24,987 mm) kann mit der Rundskale nur ungenügend, mit der digitalen Anzeige überhaupt nicht erfaßt werden.
- Außerdem können „Kippfehler" den Meßwert verfälschen.

Als Meßgerät kommt jetzt die Bügelmeßschraube in Frage.

Bei Meßschiebern wird die Länge eines Millimeters durch den Abstand zweier Striche auf der Hauptskale festgelegt oder „verkörpert". Bei der Meßschraube übernimmt diese „Maßverkörperung" die Steigung des Gewindes.

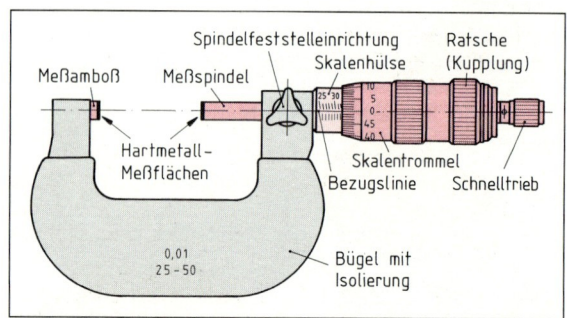

4 Bügelmeßschraube

2.5 Prüftechnik   2.5.9 Meßschrauben

Bei einer Spindelsteigung von 1 mm bewegt sich die Meßspindel
- bei 1 Umdrehung um 1 mm
- bei $^1/_2$ Umdrehung um $^1/_2$ mm
- bei $^1/_{10}$ Umdrehung um $^1/_{10}$ mm in Längsrichtung.

Der Umfang der Skalentrommel ist in 100 Abstände unterteilt. Wird ein Teilstrich weitergedreht, dann bewegt sich die Spindel in Längsrichtung um $^1/_{100}$ mm weiter.

Volle Millimeter können bei diesen Meßschrauben auf der Skalenhülse abgelesen werden. Hier ist eine Skale mit Millimeterteilung aufgetragen.

Der Abstand zwischen zwei Teilstrichen darf nach DIN 863 nicht kleiner als 0,8 mm sein. Kleinere Abstände führen zu Ableseschwierigkeiten. Mit dieser Festlegung entsteht ein relativ großer Durchmesser für die Skalentrommel von 25,5 mm, der beim Messen unpraktisch ist.

Der Durchmesser kann kleiner gewählt werden, wenn die Steigung der Spindel verkleinert wird, z.B. auf 0,5 mm. In diesem Fall müssen nur 50 Teilungen an der Skalentrommel untergebracht werden, denn bei 2 Umdrehungen wird die Meßspindel um $2 \cdot 0,5$ mm = 1 mm weiterbewegt. Zwei Umdrehungen entsprechen 100 Teilungen.

Allerdings kann es jetzt Verwechslungen zwischen zwei vollen Millimetermaßen geben, z.B. kann das Maß 20,75 mm mit dem Maß 20,25 mm vertauscht werden und umgekehrt. Deshalb ist bei diesen Meßschrauben unterhalb der Bezugslinie eine Skale für halbe Millimeter aufgetragen.

Im folgenden sind weitere wichtige Merkmale und Besonderheiten der Meßschrauben aufgeführt:

- Bei der Bügelmeßschraube sind Kippfehler ausgeschlossen, denn die Ursache dieses Fehlers ist beseitigt. Es gibt keinen Meßschenkel, der sich schräg stellen kann. Die Meßkraft wirkt in Längsrichtung der Meßspindel direkt auf das Werkstück.

- Die über die Skalentrommel eingeleitete Meßkraft wird durch das Gewinde stark vergrößert. Dabei besteht die Gefahr, daß der zulässige Wert überschritten wird. Das hätte nicht nur ein falsches Meßergebnis zur Folge, sondern auch einen hohen Verschleiß am Meßgerät. Deshalb wird eine Kupplung (oder „Gefühlsratsche") eingebaut, mit der dieser Fehler vermieden werden kann.

- Meßschieber können schnell über einen weiten Bereich verstellt werden. Das ist bei Meßschrauben nicht möglich, denn die Verstellung erfolgt über das Gewinde. Große Verstellwege sind zeitraubend. Deshalb wird bei Meßschrauben der Meßbereich wesentlich kleiner gewählt, als bei den Meßschiebern. Üblich sind Bereiche von 25 mm. Mit dem sogenannten „Schnelltrieb" – einem verkleinerten Durchmesser hinter der Skalentrommel – kann die Verstellung beschleunigt werden. (Oft ist die Kupplung im Schnelltrieb eingebaut.)

- Beim Messen muß verhindert werden, daß Wärme von der Hand auf die Meßschraube übergeht. Dadurch würde sich der Bügel ausdehnen – ein falsches Meßergebnis wäre die Folge. Deshalb ist am Bügel eine Isolierung angebracht.

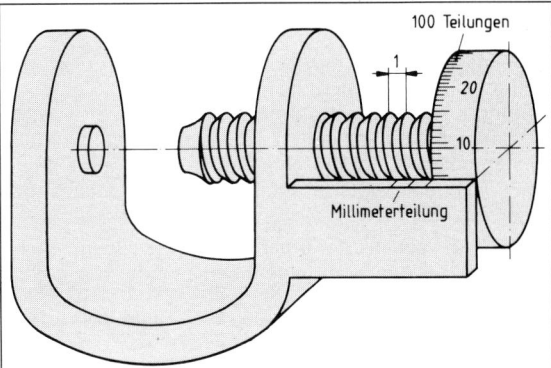

Die Schraube hat eine Steigung (Abstand zweier benachbarter Gewindegänge) von 1 mm. Bei einer Umdrehung bewegt sich die Schraube um dieses Maß 1 mm in Längsrichtung. Bei $^1/_{100}$ Umdrehung ist die Längsbewegung folglich $^1/_{100}$ mm.
Überlegen Sie: Wie könnte der Skalenteilungswert auf $^1/_{1000}$ mm verkleinert werden?

1 Funktionsmodell einer Bügelmeßschraube

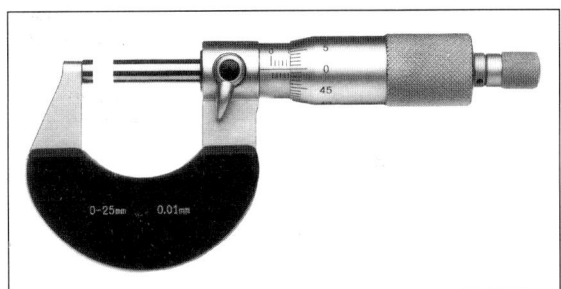

2 Bügelmeßschraube mit 0,5 mm Spindelsteigung

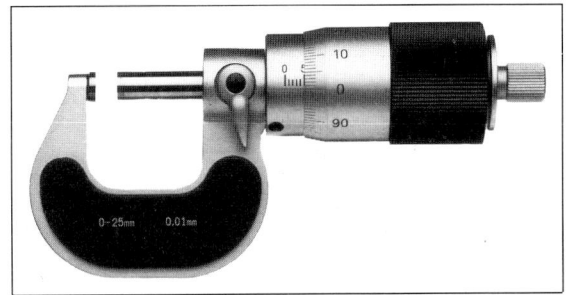

3 Bügelmeßschraube mit 1 mm Spindelsteigung

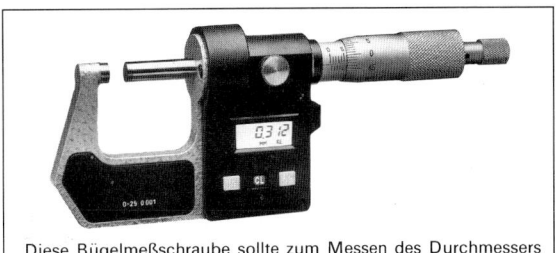

Diese Bügelmeßschraube sollte zum Messen des Durchmessers 25 mm bei dem Lagerbolzen verwendet werden.

4 Bügelmeßschraube mit digitaler Anzeige

2.5.9.2 Überprüfen der Bügelmeßschrauben mit Endmaßen

Bügelmeßschrauben müssen von Zeit zu Zeit überprüft werden, ob sie noch richtige Meßwerte liefern. Zur Überprüfung können **Parallelendmaße** verwendet werden. Ein Endmaß wird wie ein Werkstück zwischen die Meßflächen gelegt. Die Meßschraube ist in Ordnung, wenn sie die Länge anzeigt, die auf dem Parallelendmaß angegeben ist.

Parallelendmaße sind Körper mit rechteckigem Querschnitt, bei denen zwei gegenüberliegende Flächen als „Meßflächen" ausgebildet sind. Das Maß zwischen diesen Flächen ist mit einer sehr kleinen Toleranz gefertigt. Auch die Abweichung von der genauen parallelen Lage ist sehr klein. Die Oberflächen sind so „glatt", daß zwei Endmaße, die aneinandergeschoben werden, haften bleiben. Endmaße werden mit unterschiedlichen Genauigkeitsgraden hergestellt (00, K, 0, 1, 2). Der Genauigkeitsgrad 00 hat die kleinsten Toleranzen. Für das Prüfen von Meßgeräten ist der Genauigkeitsgrad 1 vorgesehen.

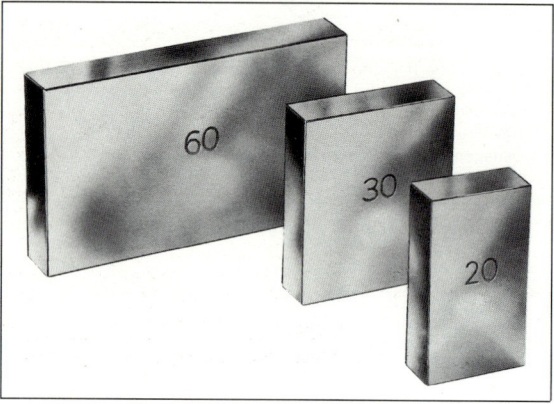

1 Einzelendmaße

2 Endmaßsatz

2.5.9.3 Innenmeßschrauben, Sonderbauarten

Bohrungen können mit Innenmeßschrauben gemessen werden. Dabei ist die Innenmeßschraube mit 3-Linien-Berührung der einfachen Ausführung vorzuziehen. Die Handhabung dieses Gerätes ist einfacher, dadurch können unter Umständen Meßfehler vermieden werden.

Ähnlich wie bei den Meßschiebern gibt es auch bei den Meßschrauben viele Sonderausführungen für spezielle Meßaufgaben.

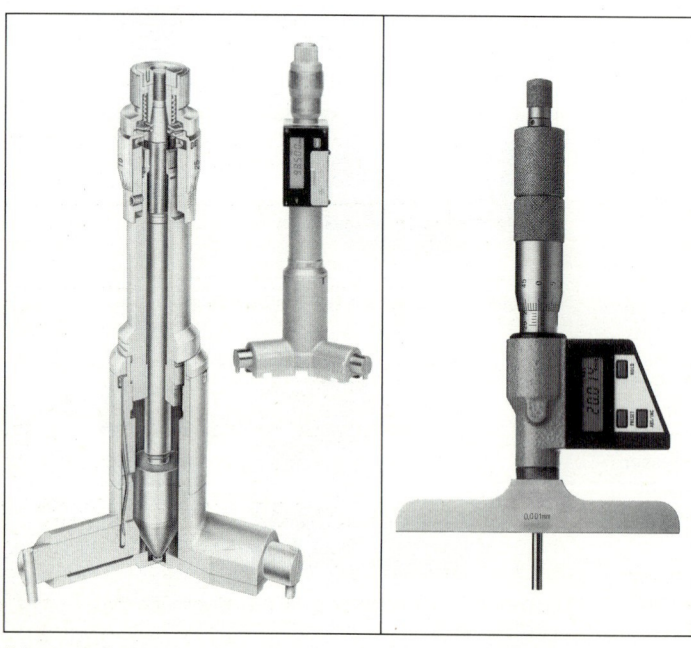

3 Innenmeßschraube mit 3-Linien-Berührung

4 Tiefenmeßschraube

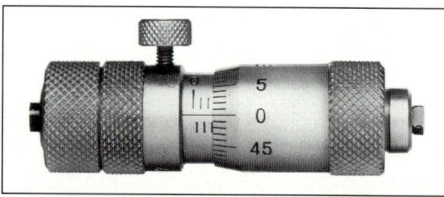

5 Innenmeßschraube

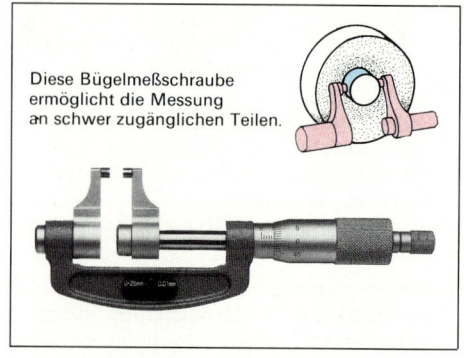

Diese Bügelmeßschraube ermöglicht die Messung an schwer zugänglichen Teilen.

6 Bügelmeßschraube mit Meßschnäbeln

2.5 Prüftechnik

2.5.9.4 Fehlermöglichkeiten beim Messen mit Meßschrauben

- Es ist wichtig, beim Messen die Kupplung zu verwenden, um die Meßkraft auf den richtigen Wert zu begrenzen.
- Beim Ablesen an der Skale können Fehler durch Parallaxe entstehen.
- Die Maßbezugstemperatur muß beim Meßgerät und beim Werkstück eingehalten werden.
- Bei Meßbereichen über 300 mm sollte die Meßschraube in einer Halterung aufgenommen werden, da sich sonst der Bügel durchbiegen kann.

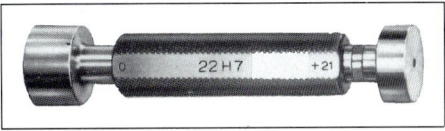

1 Laufrad

2.5.10 Grenzlehrdorne, Grenzrachenlehren

Neben dem Messen gibt es noch eine zweite Möglichkeit, mit der überprüft werden kann, ob ein Maß innerhalb der Toleranz liegt. Sie wird am Beispiel der Bohrung 52 mm des Laufrades gezeigt.

Die Grenzmaße der Bohrung liegen fest: 51,991 mm für das Höchstmaß; 51,961 mm für das Mindestmaß.

Wenn zwei **Prüfzylinder** mit diesen Maßen zur Verfügung stehen, kann die Bohrung überprüft werden, ohne daß sie gemessen werden muß.

- Das Mindestmaß ist erreicht, wenn sich der kleinere Prüfkörper in die Bohrung einführen läßt.
- Das Höchstmaß ist nicht überschritten, wenn der große Zylinder nur „anschnäbelt".

Mit dieser Methode kann also festgestellt werden, ob das Istmaß innerhalb der Toleranz liegt – ohne daß das Werkstück gemessen wird. Das hat zwar den Vorteil, daß Werkstücke einfacher und problemloser überprüft werden können, hat aber den Nachteil, daß kein Meßwert vorliegt. Bei der spanenden Bearbeitung kann der Meßwert sehr wichtig sein, denn daraus läßt sich die Zustellung ermitteln, die noch erforderlich ist, um das Maß in den Toleranzbereich zu bringen.

Die Prüfzylinder werden als **Lehren** bezeichnet. In diesem Fall sind sie auf die Grenzmaße ausgelegt, deshalb ist die richtige Bezeichnung **Grenzlehrdorn**. Der kleinere Durchmesser wird auch als **Gutlehre**, der Größere als **Ausschußlehre** bezeichnet. In vielen Fällen werden sie an den beiden Enden eines Lehrengriffes befestigt.

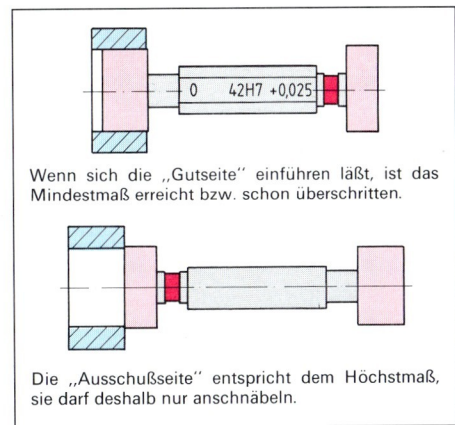

2 Grenzlehrdorn

Wenn sich die „Gutseite" einführen läßt, ist das Mindestmaß erreicht bzw. schon überschritten.

Die „Ausschußseite" entspricht dem Höchstmaß, sie darf deshalb nur anschnäbeln.

3 Prüfen einer Bohrung mit einem Grenzlehrdorn

> Zur Kennzeichnung der beiden Seiten eines Grenzlehrdornes
> - ist die Gutseite länger als die Ausschußseite,
> - erhält die Ausschußseite am Griff einen roten Farbring,
> - sind die Grenzabmaße an beiden Seiten angegeben.

Grenzlehren müssen mit einer sehr kleinen Toleranz und einer hohen Oberflächengüte hergestellt werden. Der Werkstoff muß sehr verschleißfest sein. Trotzdem sind die Grenzlehren relativ preisgünstig, denn die Grenzmaße, für die sie hergestellt werden, sind genormt, ähnlich wie die Allgemeintoleranzen. Deshalb benötigen viele Anwender die gleiche Grenzlehre. Es können also große Stückzahlen produziert werden.

Für Wellen gibt es entsprechende Gegenstücke: **Grenzlehrringe** und **Grenzrachenlehren**. Lehrringe werden allerdings nur bei dünnwandigen Werkstücken eingesetzt, weil die Handhabung an der Drehmaschine umständlich ist.

Für den Achsbolzen hätte die Grenzrachenlehre folgende Maße:
Gutseite: 25,000 mm   Ausschußseite: 24,987 mm

4 Grenzrachenlehre

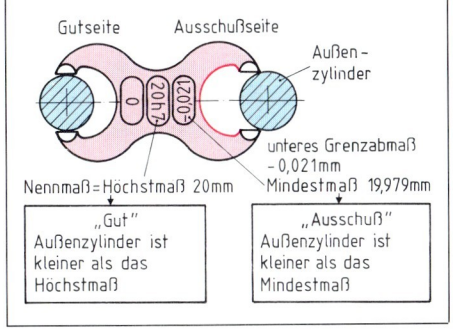

5 Prüfen einer Welle mit der Grenzrachenlehre

2.5 Prüftechnik — 2.5.11 Prüfen mit Lehren / 2.5.13 Einsatz der Meßuhr

Zur Kennzeichnung der beiden Seiten einer Grenzrachenlehre
- ist die Ausschußseite rot ausgemalt,
- sind die Prüfflächen der Ausschußseite angeschrägt,
- werden die Grenzabmaße an beiden Seiten angegeben.

Bei der Prüfung mit Lehrdornen und Rachenlehren darf keine zusätzliche Prüfkraft wirken! Die Prüfkörper dürfen nur durch ihr Eigengewicht belastet werden.

2.5.11 Prüfen mit Lehren

Der Radius am Außendurchmesser des Laufrades kann mit einer Rundungslehre überprüft werden. Es wäre auch denkbar, für die gesamte Kontur eine „Formlehre" herzustellen.

Lehren verkörpern die ideale Form, die das Werkstück haben sollte, es sind also keine Grenzlehren. Folglich wird die Abweichung von der richtigen Kontur überprüft.

Dabei muß der einzelne beurteilen, wie groß die Abweichung ist, und danach entscheiden, ob das Werkstück „Gut" oder „Ausschuß" ist.
Ähnlich sind die Verhältnisse, wenn
- eine Fläche mit einem Lineal auf Ebenheit,
- ein Werkstück mit einem Winkel,
- ein Zwischenraum mit einer Fühlerlehre überprüft wird.

2.5.12 Verwendung eines Tasters

Bei dem Laufrad kann der Bohrungsdurchmesser 45 mm nicht mit einem üblichen Meßschieber gemessen werden, weil die Meßflächen die Bohrung nicht erreichen.

Das Maß kann mit einem Taster erfaßt und anschließend mit einem Meßschieber ermittelt werden.

2.5.13 Einsatz der Meßuhr

Nach der Montage kann der **Rundlauf** eines Rades mit der Meßuhr überprüft werden.

Dazu wird die Meßuhr in einer Halterung festgeklemmt. Die Halterung wird dann so verstellt, daß der Meßbolzen der Meßuhr auf der Lauffläche des Rades aufsitzt. Durch langsames Drehen erfolgt die Prüfung. Bei einem unrunden Lauf verändert der Meßbolzen seine Stellung. Diese Bewegung wird – stark vergrößert – von dem Zeiger auf der Rundskale angezeigt.

Mit der Meßuhr können noch andere Prüfungen durchgeführt werden, z.B. die Kontrolle zweier **paralleler Flächen**.

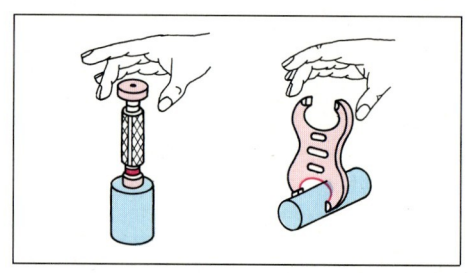

1 Handhabung der Ausschußseiten beim Prüfen mit Grenzlehren

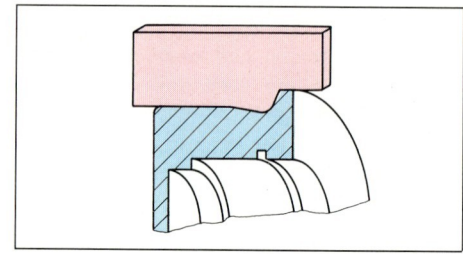

2 Formlehre für das Laufrad

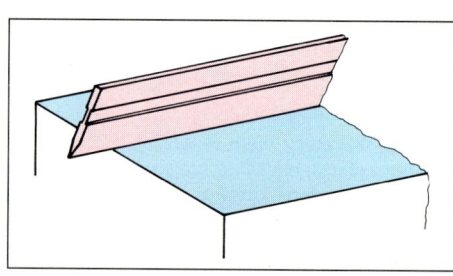

3 Ebenheitsprüfung mit einem Haarlineal

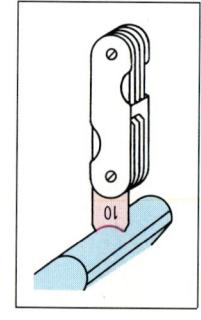

4 Rundungslehre

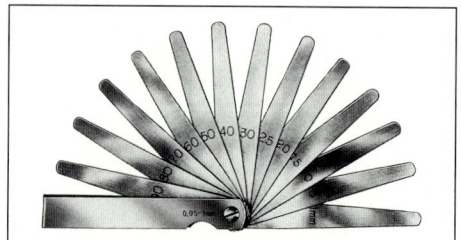

5 **Fühlerlehre** (mit dieser Lehre kann z.B. das Spiel von Lagern geprüft werden)

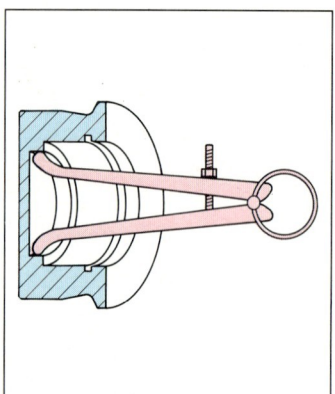

6 Einsatzmöglichkeiten eines Tasters

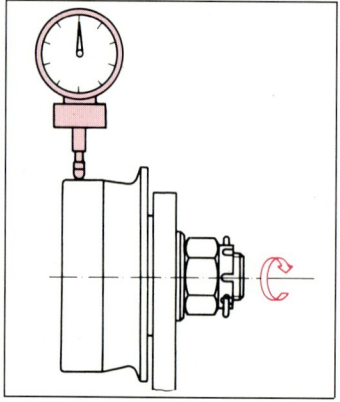

7 Prüfung des Rundlaufes

2.5 Prüftechnik

2.5.14 Messen von Winkeln

Auch **Maßkontrollen** können mit der Meßuhr durchgeführt werden. Dazu wird ein **Meßtisch** verwendet. Die Meßuhr wird mit Hilfe eines Endmaßes (z.B. 30,000 mm) eingestellt:

- Das Endmaß wird auf den Meßtisch gelegt. Anschließend wird die Meßuhr – wie bei der Prüfung des Rundlaufs – auf das Endmaß gesetzt.
- Zwischen dem unteren Ende des Meßbolzens und dem Meßtisch ist jetzt das Maß 30,00 mm eingestellt. Die Stellung, die der Zeiger bei diesem Maß einnimmt, muß festgehalten werden.
- Dazu wird die drehbare Rundskale so lange verstellt, bis die Nullstelle unter dem Zeiger steht.

Die Messung wird noch einfacher, wenn die Grenzabmaße des Werkstückes an der Meßuhr markiert werden. Dazu sind an der Meßuhr zwei verstellbare **Toleranzmarken** vorgesehen.

Für die Messungen sollte eine Meßuhr gewählt werden, die eine Abhebevorrichtung für den Meßbolzen besitzt. Nach dem Meßvorgang kann damit der Meßbolzen einfacher und schneller vom Werkstück abgehoben werden.

1 Meßuhr

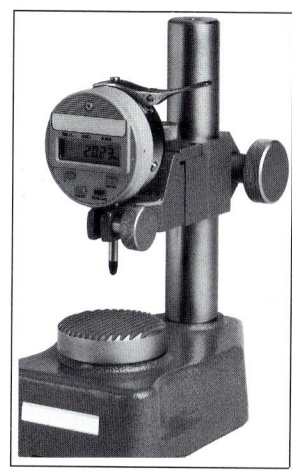

2 Meßtisch mit Meßuhr

2.5.14 Messen von Winkeln

Die Abschrägung des Seitenteils kann in der Zeichnung auch durch einen Winkel und ein Längsmaß festgelegt werden.

Bei der Toleranz, die in diesem Fall für die Abschrägung des Seitenteils angegeben ist (±1°), kann der **Gradmesser** verwendet werden.

Für Winkelmaße sind auch **Allgemeintoleranzen** festgelegt. Sie gelten – analog den Längenmaßen – wenn die Zeichnung keine Angaben enthält.

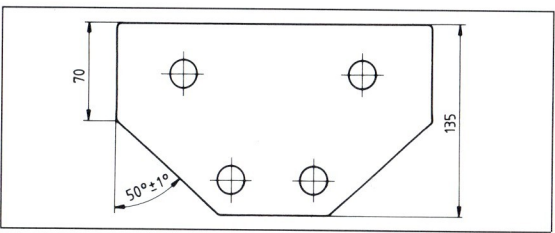

3 Seitenteil (die Schräge ist durch einen Winkel bemaßt)

Genauigkeits-grad	Abmaße in Winkeleinheiten für Nennmaß-bereiche des kürzeren Schenkels in mm				
	bis 10	über 10 bis 50	über 50 bis 120	über 120 bis 400	über 400
f (fein)	±1°	±30′	±20′	±10′	±5′
m (mittel)					
g (grob)	±1°30′	±50′	±25′	±15′	±10′
sg (sehr grob)	±3°	±2°	±1°	±30′	±20′

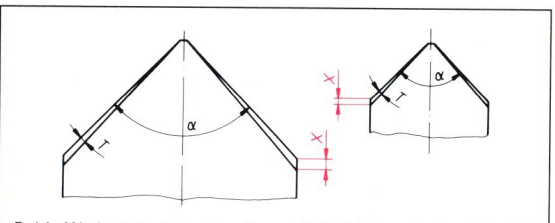

Beide Werkstücke haben in diesem Beispiel den gleichen Winkel α und die gleiche Winkeltoleranz T_W. Je länger die Schenkel sind, um so größer wird das Maß x. Deshalb sind bei längeren Schenkeln kleinere Winkeltoleranzen erforderlich.

4 Allgemeintoleranzen für Winkel

Die Winkelgrenzabmaße sind nicht von der Größe des Winkels, sondern von der Schenkellänge abhängig. Bei unterschiedlichen Längen wird das kleinere Maß für die Festlegung der Toleranz verwendet.

Die kegligen Drehflächen am Laufrad können mit einem „Universalwinkelmesser" gemessen werden. Diese Winkelmesser besitzen einen Nonius (Nonienwert: 5 Minuten). Durch eine Lupe kann das Ablesen erleichtert und verbessert werden.

2.5.15 Prüfen von Winkeln mit Stahlwinkeln

Die Stahlwinkel haben sehr unterschiedliche Einsatzgebiete: Der **Anschlagwinkel** kann sowohl zum Anreißen (z.B. bei dem Seitenteil) als auch zum Prüfen von 90°-

5 Gradmesser

2.5 Prüftechnik

2.5.16 Winkelendmaße

Winkeln verwendet werden. Für diese Aufgabe ist allerdings der **Haarwinkel** besser geeignet. Er berührt das Werkstück nur linienförmig. Deshalb ist eine sehr gute Kontrolle nach dem **Lichtspaltverfahren** möglich. Dabei wird das Werkstück mit dem angelegten Winkel gegen das Licht gehalten. Abweichungen der Werkstückkontur werden von dem durchtretenden Licht sichtbar gemacht. Haarwinkel werden außerdem mit einer kleineren Toleranz hergestellt.

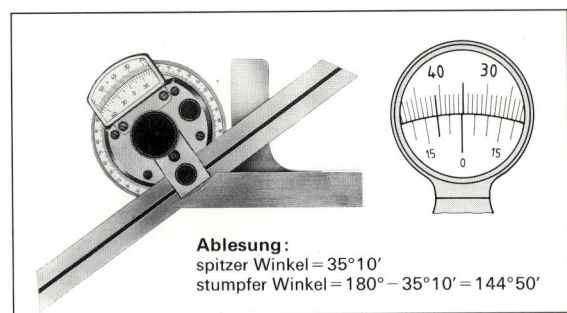

Ablesung:
spitzer Winkel = 35°10'
stumpfer Winkel = 180° − 35°10' = 144°50'

1 Universalwinkelmesser

2.5.16 Winkelendmaße

In dem abgebildeten Werkzeugwechsler werden spezielle Werkzeuge bereitgehalten, die die Maschine bei Bedarf abholt. Die Werkzeuge sind auf Schlitten befestigt, die von Schwalbenschwanzführungen aufgenommen werden.

Die Schwalbenschwanzführung hat dabei zwei Aufgaben: sie soll die Schlitten in Längsrichtung führen und gleichzeitig ein Kippen der Schlitten verhindern. Das ist nur möglich, wenn sowohl der Winkel als auch das Abstandsmaß sehr eng toleriert werden.

Die Winkel können mit Winkelendmaßen überprüft werden. Das sind Prüfkörper, die ein bestimmtes Winkelmaß verkörpern – analog den Parallelendmaßen in der Längenprüftechnik. Auch die Winkelendmaße werden als Sätze geliefert. Sie sind so zusammengestellt, daß alle Winkel zwischen 0° und 90° in Stufen von z.B. 10'' gebildet werden können.

Es ist deshalb mit einem Endmaßsatz möglich, Grenzlehren zusammenzustellen.

Überlegen Sie:

- Stellen Sie für die Schwalbenschwanzführung die beiden Winkelgrenzmaße zusammen ($\alpha = 60° \pm 3'$).
- Wo müssen die Winkelendmaße anliegen, wenn der Winkel innerhalb der Winkeltoleranz ist?

2 Anschlagwinkel

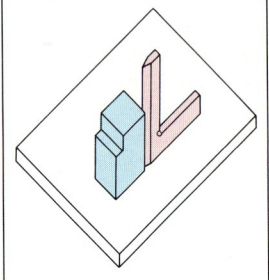

3 Haarwinkel

4 Werkzeugwechsler mit Schwalbenschwanzführung für eine Funkenerosionsmaschine

Inhalt: 10'' 30''
1' 2' 3' 4' 5' 10' 20' 30' 40' 50'
1° 2° 3° 4° 5° 10° 20° 30° 40° 50° 60° 70° 80°

6 Winkelendmaße

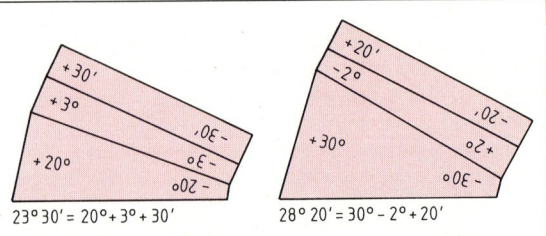

23°30' = 20° + 3° + 30'   28°20' = 30° − 2° + 20'

Winkelendmaße lassen sich additiv und subtraktiv kombinieren. Soll ein Maß subtrahiert werden, dann muß das Minuszeichen des Winkelendmaßes links stehen.

5 Winkelendmaßkombinationen

2.5.17 Fehlermöglichkeiten beim Messen und Lehren

Beim Messen bestehen vielfältige Fehlerquellen, die den Meßwert verfälschen und deshalb nach Möglichkeit auszuschalten sind, z.B.:

- Die Auswahl eines ungeeigneten Meßgerätes oder Prüfverfahrens, z.B. das Messen einer Bohrung, die eine Toleranz im µm-Bereich hat, mit einem Meßschieber. Auch das Gegenteil ist falsch, z.B. das Überprüfen einer Nutbreite mit einer Toleranz von 0,2 mm mit einem Parallelendmaß. Das Endmaß ist aufgrund seiner hohen Qualität für diese Anwendung nicht geeignet.
- Verwendung eines fehlerhaften Meßgerätes, z.B. eines Meßschiebers, dessen Meßflächen abgenutzt sind.
- Gratbildung oder Schmutz am Werkstück.
- Falsche, z.B. schräge Anlage des Meßgerätes.
- Messen an sich bewegenden Werkstücken. (Schon wegen der Unfallgefahr sind solche Messungen unbedingt zu vermeiden.)
- Falsche Meßkraft.
- Falsche Temperatur beim Messen.
- Falsches Ablesen des Meßwertes, z.B. wegen Parallaxe, durch Unachtsamkeit oder anderes.

Es ist bei einigen Meßfehlern möglich, ihren Einfluß festzustellen und das Meßergebnis entsprechend zu korrigieren. Diese Korrekturen sind sinnvoll bei Werkstücken, die Toleranzen im µm-Bereich haben.

Wenn in einer Serienfertigung Werkstücke z.B. immer bei einer Temperatur von 40 °C gemessen werden, dann kann die Längenänderung ausgerechnet werden, die sich bei dieser Temperatur einstellt. Damit ist es möglich, den Meßwert zu korrigieren. Ähnlich ist es, wenn bei einer sehr großen Bügelmeßschraube infolge der Meßkraft eine leichte Verformung des Bügels auftritt. Unter der Voraussetzung, daß die Meßkraft nahezu gleich bleibt, kann diese Verformung ermittelt und mit dem Meßwert verrechnet werden.

> Abweichungen, die bei wiederholten Messungen in jedem Meßwert vorkommen und immer den gleichen Betrag haben, werden als systematische Abweichungen bezeichnet.

> Daneben gibt es zufällige Abweichungen, deren Größe bei jedem Meßwert anders ausfällt. Auch das Vorzeichen kann sich laufend ändern, d.h., der Einfluß dieser Abweichungen ist völlig unregelmäßig. Zufällige Abweichungen können nicht erfaßt werden.

Zu einer zufälligen Abweichung kommt es beispielsweise, wenn beim Messen mit einer Bügelmeßschraube die Kupplung nicht verwendet wird und dadurch die Meßkraft schwankt oder wenn infolge von Ermüdung Ablesefehler vorkommen.

2.5.18 Einordnung der Begriffe Prüfen – Messen – Lehren

> Prüfen heißt feststellen, ob der Prüfgegenstand eine vorgegebene Bedingung erfüllt.

Das kann in manchen Fällen durch eine Sinneswahrnehmung erfolgen:

Beispiele: Die Wasserleitung ist undicht.
Die Oberfläche eines Werkstückes ist zu rauh.
Der Motor ist zu laut.

Diese Prüfungen reichen nicht in jedem Fall aus. Oft muß gemessen werden, wenn man feststellen will, ob die geforderten Eigenschaften erfüllt sind.
In der Längenprüftechnik wird durch Prüfen festgestellt, ob ein Werkstück die geforderten Maße und die geforderte Gestalt besitzt. Die **Gestalt** kann zunächst durch eine **Sichtprüfung** (Sinneswahrnehmung) kontrolliert werden, z.B. kann festgestellt werden, ob eine Bohrung vorhanden ist, ob sie an einer falschen Stelle liegt (anstatt links unten möglicherweise rechts unten) oder ob der Durchmesser viel zu groß ist (30 mm an Stelle von 10 mm). In diesen Fällen erübrigt sich eine weitere Kontrolle.

Ergeben sich bei der Sichtprüfung keine Fehler, dann muß geprüft werden, ob die Maße innerhalb der Toleranz liegen. Das kann nur durch

Messen oder Lehren

erfolgen.

> Durch **Messen** wird in der Längenprüftechnik ein **Meßwert** ermittelt, und zwar durch Vergleichen mit einer **Maßverkörperung**, z.B. der Millimeterteilung eines Maßstabes.
> Beim **Lehren** werden „feststehende" Verkörperungen eines **Maßes** (z.B. Lehrdorne) oder einer **Form** verwendet. Es wird festgestellt, ob der Prüfgegenstand das Maß oder die Form der Lehre besitzt, bzw. in welcher Richtung er abweicht. Der Betrag der Abweichung wird nicht festgestellt.
> Eine Grenzlehrung erfordert zwei Maßverkörperungen, die den beiden Grenzmaßen entsprechen.

Um funktionsfähig zu sein, müssen viele Bauteile nicht nur die maßlichen Bedingungen erfüllen; von ihnen werden noch andere Eigenschaften gefordert: Die Schrauben, mit denen der Elektrozug an dem Laufwerk befestigt ist, müssen die Kräfte vom Kran aufnehmen können. Bei ihnen sind bestimmte Festigkeitseigenschaften gefordert. Die Kolben eines Motors bewegen sich mit großer Geschwindigkeit in den Zylinderbohrungen. Selbst bei optimalen Schmierverhältnissen tritt unter diesen Bedingungen Verschleiß auf. Dieser Verschleiß kann nur in Grenzen gehalten werden, wenn die Oberflächenqualität sehr hoch ist und die Werkstoffe ein gutes „Verschleißverhalten" zeigen. Dafür ist – neben anderen Faktoren – die Härte wichtig.

In jedem Fall werden die angesprochenen „Größen" gemessen, um zu prüfen, ob die geforderten Bedingungen erfüllt sind.

Übungen

1. Welche Nachteile hätte es, wenn jedes Land eine eigene Längeneinheit festlegen würde?
2. a) Wieviel mm ist $1/16''$?
   b) Wieviel Zoll sind 30,25 mm?
3. Warum kann eine Längenangabe nicht nur aus einem Zahlenwert bestehen?
4. Ermitteln Sie für folgende Längenmaße die Allgemeintoleranzen (DIN 7168)
   a) 25 mm (Genauigkeitsgrad mittel)
   b) 120 mm (Genauigkeitsgrad fein)
5. Wie groß ist:
   a) A_o
   b) A_u
   c) G_o
   d) G_u
   e) T

   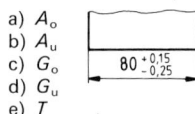

6. Ermitteln sie für das Nennmaß „x":
   a) A_o
   b) A_u
   c) G_o
   d) G_u
   e) T

   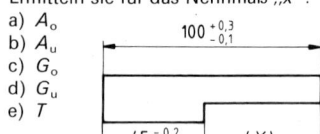

7. Welche Faktoren spielen bei der Festlegung der Toleranz für ein Werkstückmaß eine Rolle?
8. Erläutern Sie den Grundsatz „Toleranzen sind so groß wie möglich und so klein wie nötig zu wählen."
9. Erläutern Sie die Begriffe „Ziffernschrittwert", „Skalenteilungswert" und „Nonienwert".
10. Ermitteln Sie den Nonienwert für den abgebildeten Nonius.

11. Warum soll der Skalenteilungswert eines Meßgerätes zehnmal kleiner sein als die Toleranz des Werkstückes?
12. Nennen Sie Fehlermöglichkeiten, die beim Messen mit einem Meßschieber auftreten können.
13. Warum ist es wichtig, daß beim Prüfen von Längen und Winkeln die Maßbezugstemperatur eingehalten wird?
14. Wodurch unterscheidet sich eine Bügelmeßschraube mit 1 mm Spindelsteigung von einer Bügelmeßschraube mit 0,5 mm Steigung?
15. Welche Aufgabe hat die Kupplung (oder Gefühlsratsche) bei einer Meßschraube?
16. Warum ist bei Bügelmeßschrauben am Bügel eine Isolierung angebracht?
17. Welche Fehlermöglichkeiten gibt es beim Messen mit der Bügelmeßschraube?
18. Beschreiben Sie den Aufbau
    a) eines Grenzlehrdornes
    b) einer Grenzrachenlehre
19. Wie ist die Ausschußseite bei
    a) dem Grenzlehrdorn
    b) der Grenzrachenlehre
    gekennzeichnet?
20. Was ist bei der Handhabung der Grenzlehren zu beachten?
21. Ein Werkstück hat nach einer spanenden Bearbeitung eine Temperatur von 310 K. Trotzdem wird eine Bohrung mit einem Grenzlehrdorn überprüft. Beschreiben Sie die möglichen Folgen.
22. Wodurch unterscheiden sich Lehren von Grenzlehren?
23. Nennen Sie Einsatzgebiete der Meßuhr.
24. Nach DIN 7168 (Allgemeintoleranzen) hängt die Größe des Abmaßes von der Länge des (kürzeren) Schenkels ab und nicht von der Größe des Winkels. Welche Überlegung steht hinter dieser Festlegung?
25. Stellen Sie für einen Winkel von 27°30' einen Endmaßsatz zusammen.
26. Nennen Sie Fehlerquellen, die beim Messen und Lehren auftreten können.
27. Erläutern Sie die Begriffe „systematische Abweichungen" und „zufällige Abweichungen"! Nennen Sie Beispiele!
28. Was verstehen Sie unter den Begriffen „Prüfen", „Messen" und „Lehren"?

2.6 Planung einer Fertigungsaufgabe

2.6.1 Von der Aufgabenstellung zur Technischen Zeichnung

Die Hebeeinrichtung (Bild 1) muß veränderten Anforderungen angepaßt werden. Da die Seilwinde in ihrer bisherigen Lage den Produktionsablauf stören würde, ist sie zu verlegen. Deshalb ist der Verlauf des Seils durch eine Umlenkvorrichtung zu ändern. Am Beispiel der Achse, auf der die Umlenkrolle läuft, sollen die Entscheidungen für die Fertigungsplanungen deutlich gemacht werden.

Bei der Planung steht die Funktionstüchtigkeit im Vordergrund. Außerdem soll möglichst kostengünstig produziert werden. Die Werkstoffe müssen sowohl den technischen Anforderungen (Festigkeit) gerecht werden, als auch preisgünstig beschafft werden. Allgemeine Baustähle erfüllen im Vorrichtungsbau in vielen Fällen diese Anforderungen. Die Umlenkrolle wird in der Werkshalle eingesetzt und somit sind keine erhöhten Anforderungen an die Korrosionsbeständigkeit gestellt. Deshalb kann unter Kostengesichtspunkten als Werkstoff der St 60-2 gewählt werden. Die Forderung, kostengünstig zu produzieren, kann sich möglicherweise für die Umwelt als schädlich und für die Gesellschaft recht teuer erweisen. Werden Werkstoffe für Produkte gewählt, die nach Gebrauch nicht mehr wiederverwendet werden können, oder die bei der Entsorgung eine Gefahr für die Gesundheit darstellen, fallen zusätzlich Kosten an, die in vielen Fällen die Gesellschaft zu tragen hat.

Die Verantwortung des Konstrukteurs geht somit weit über die Gesichtspunkte des Betriebes hinaus. Er muß bestrebt sein, Produkte zu entwickeln, die außer der Funktionstüchtigkeit auch diesen weitergehenden Ansprüchen gerecht werden. So können Wertverluste in Mil-

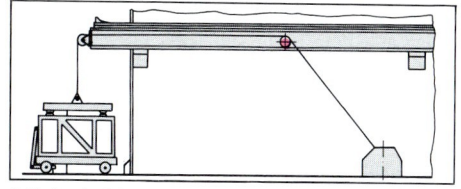

1 Hebeeinrichtung

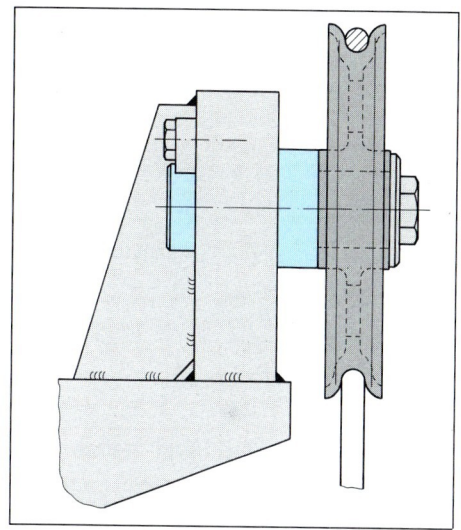

2 Umlenkvorrichtung

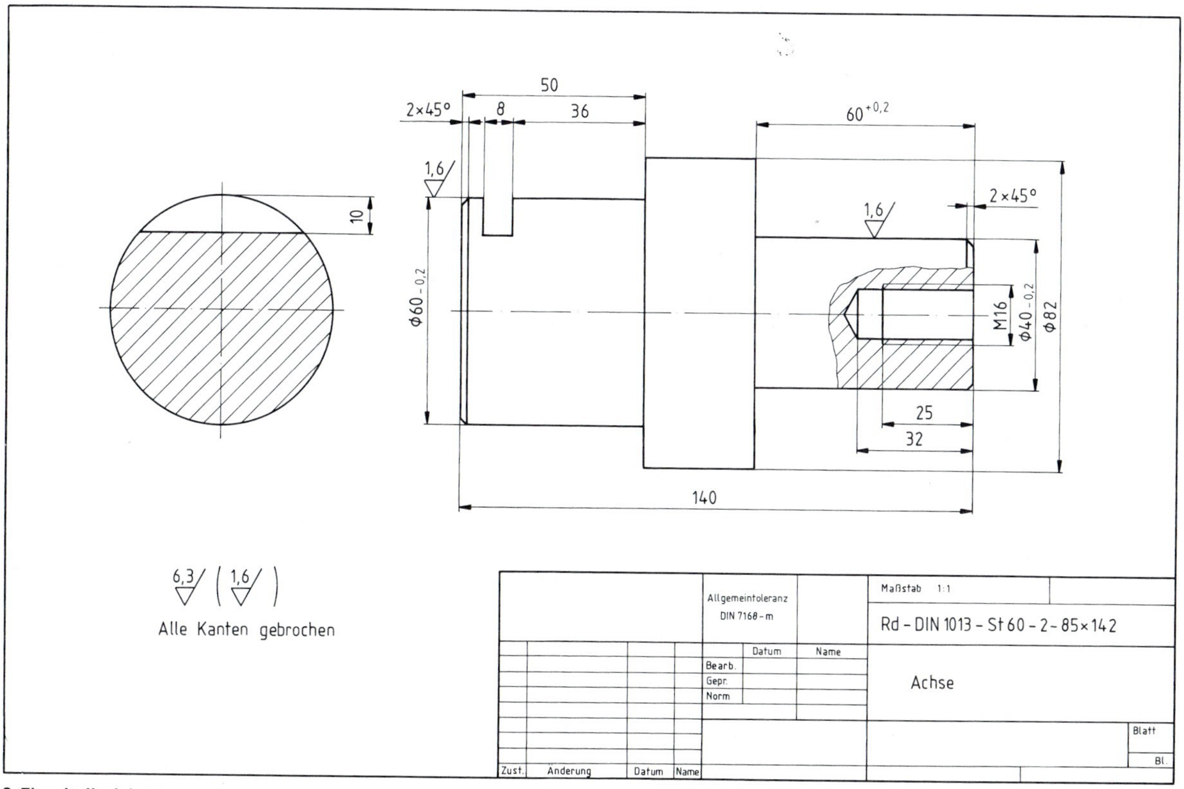

3 Einzelteilzeichnung

2.6 Planung einer Fertigungsaufgabe

2.6.2 Auswählen und Bereitstellen

liardenhöhe jedes Jahr vermieden werden, wenn zum Beispiel Bauteile angemessen korrosionsgeschützt gestaltet werden. So lassen sich scharfe Kanten bei Blechteilen oder Hohlräume, in denen sich Kondenswasser sammeln kann, schon bei der Konstruktion vermeiden. Die Forderung, auch für das Auge ansprechend und formschön zu gestalten, gilt auch für Maschinen und Geräte. Untersuchungen bestätigen, daß solche Vorrichtungen sorgsamer behandelt werden und somit eine längere Gebrauchsdauer bei geringeren Instandhaltungskosten aufweisen.

Das Ergebnis derartiger Überlegungen liegt in Form der Technischen Zeichnung vor. Sie ermöglicht es, die geeigneten Fertigungsverfahren, Spannmittel, Werkzeuge und Prüfmittel auszuwählen und bereitzustellen. Da alle wichtigen Angaben, wie zum Beispiel die Form, die Abmessungen mit den dazugehörenden Toleranzen, die Beschaffenheit der Oberflächen und der Werkstoff in ihr enthalten sind.

Anhand der Herstellung des Lagerbolzens (Bild 2; Seite 93) wird die Fertigungsplanung beschrieben.

2.6.2 Auswählen und Bereitstellen

2.6.2.1 Fertigungsverfahren

Nach DIN 8580 sind alle Fertigungsverfahren in Haupt- und Untergruppen eingeteilt (siehe Seite VII). Folgende Gesichtspunkte müssen für die Fertigung der Achse berücksichtigt werden:

- Sind die erforderlichen Qualitäten mit den zur Verfügung stehenden Werkzeugmaschinen zu erreichen?
- Kann kostengünstig produziert werden?
- Sind die Mitarbeiter fachlich geeignet?
- Sind die Maschinen zur fraglichen Zeit frei?

Fertigungsmöglichkeiten werden im Betrieb nach technischen und wirtschaftlichen Maßstäben bewertet und eingesetzt. Zur Fertigung des Lagerbolzens eignet sich das Drehen. Die Nut wird am einfachsten auf einer Waagerechtfräsmaschine gefertigt.

Aus der technischen Zeichnung entwickelt der Facharbeiter aufgrund seiner Erfahrung und seiner Kenntnis den Ablauf der Arbeitsgänge, die Auswahl der Spannmittel und stellt Vorüberlegungen über den konkreten Zerspanvorgang an.

Die folgenden Fragestellungen beschäftigen sich mit den Arbeiten auf der Drehmaschine für den geplanten Lagerbolzen.

2.6.2.2 Drehmeißel

Für unterschiedliche Drehverfahren stehen geeignete Drehmeißel zur Verfügung, die überwiegend genormt sind. Nebenstehend sind Drehmeißel dargestellt, aus denen die für die Fertigungsaufgabe geeigneten auszuwählen sind. Häufiger Werkzeugwechsel ist nach Möglichkeit zu vermeiden. Der rechte, abgesetzte Eckdrehmeißel nach DIN 4978 (Bild 2) ist sowohl für das Plan- als auch Langdrehen des Bolzens geeignet.

Die richtige Schneidstoffsorte muß ausgewählt werden. Bild 1; Seite 95 zeigt einen Ausschnitt einer Tabelle eines Schneidstoffherstellers, aus dem die Verwendung der einzelnen Hartmetallsorten entnommen werden kann. Der zu bearbeitende Werkstoff läßt sich gut zerspanen. Mit den zur Verfügung stehenden Maschinen lassen sich auch bei hohen Schnittgeschwindigkeiten günstige Zerspanbedingungen erzielen. Die Verwendung von Kühlschmier-Emulsionen vermindert den Werkzeugverschleiß und begünstigt die Wärmeabfuhr. Für das Drehen des Lagerbolzens kommt die Schneidstoffsorte P10 oder P20 in Frage. P10 wird als Schneidstoff gewählt, weil er höhere Schnittgeschwindigkeiten zuläßt.

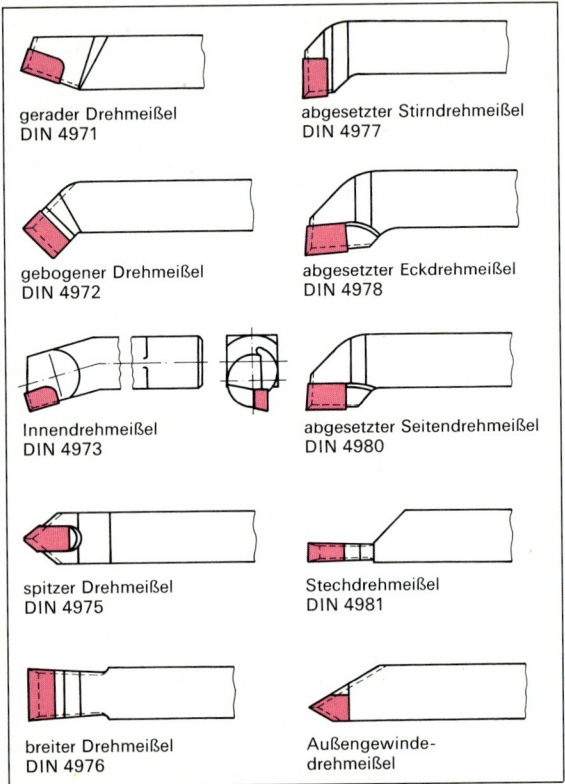

1 Auswahl verschiedener Drehmeißel

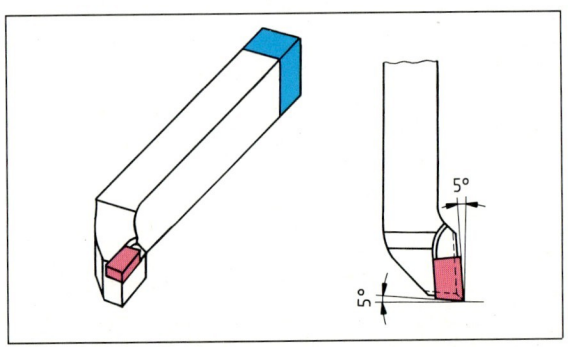

2 Abgesetzter Eckdrehmeißel, DIN 4978 in Rechtsausführung zum Plan- und Langdrehen

2.6 Planung einer Fertigungsaufgabe — 2.6.2 Auswählen und Bereitstellen

Neben diesem Drehmeißel werden noch weitere Werkzeuge benötigt, die im Bild 3 dargestellt sind.

2.6.2.3 Schnittgeschwindigkeit, Umdrehungsfrequenz, Vorschub

Vorgegeben ist für das Beispiel der Werkstoff St 60-2 und die Rauhtiefen $R_a = 6{,}3\ \mu m$ und $R_a = 1{,}6\ \mu m$ für die geschruppten und geschlichteten Flächen. In Versuchen haben Werkzeughersteller Werte für die Schnittgeschwindigkeit v_c in Abhängigkeit von der Festigkeit des Werkstoffs, der Schnittiefe a_p und dem Vorschub f ermittelt, bei denen kurze Fertigungszeiten bei ausreichender Standzeit zu erreichen sind. Die Oberflächengüte wird u.a. durch die Einstelldaten an der Maschine und durch die Geometrie der Schneidplatte bestimmt.

Im Betrieb sind Schneidplatten mit einem Eckenradius von 0,8 mm vorhanden. Aus Tabelle Bild 2 ergibt sich bei der geforderten Oberflächenqualität $R_a = 6{,}3\ \mu m$ (schruppen) ein Vorschub von 0,3 mm. Für diesen Vorschub ist bei einer Schnittiefe bis 4 mm ein Schnittgeschwindigkeitsbereich von 150 bis 240 m/min laut Tabelle möglich. Da St 60-2 eine mittlere Festigkeit aufweist, wird als Schnittgeschwindigkeit 200 m/min ausgewählt. Weitere Entscheidungskriterien für die Wahl der Schnittgeschwindigkeit sind

- Stabilität des Werkstücks
- Spannmöglichkeiten für das Werkzeug (Innen- und Außendrehen)
- Daten der Werkzeugmaschine, z.B. Leistung, Betriebsstunden, Qualität der Führungen.

P01	Feinbearbeitung von Stahl und Stahlguß				
P10	Fein- und mittlere Bearbeitung von Stahl und Stahlguß. Bei hohen Schnittgeschwindigkeiten und mittleren Vorschüben unter günstigen Bedingungen.				
P20	Mittlere und grobe Bearbeitung von Stahl und Stahlguß. Bei mittleren Schnittgeschwindigkeiten und mittleren Vorschüben unter weniger günstigen Bedingungen.				
P25	Grob- und Schruppbearbeitung von Stahl und Stahlguß. Bei mittleren bis niedrigen Schnittgeschwindigkeiten und großen Vorschüben unter ungünstigen Bedingungen.				
P30	Schruppbearbeitung von Stahl, Stahlguß, GG, GT				GX
P40	Schruppbearbeitung von Stahl und Stahlguß				
M10	Schlichtbearbeitung von Stahl, Stahlguß, GT. Schlicht- und Schruppbearbeitung von gehärtetem Stahl, GG				KMI
M20	Schlicht- und Schruppbearbeitung von Stahl, Stahlguß, GG, GT				
M30	Schruppbearbeitung von hochwarmfestem Stahl, Stahlguß, GG				
K05	Fein- und Schlichtbearbeitung von Hartguß, GG, gehärtetem Stahl, NE-Metallen, Nichtmetallen				KMI
K10	Schlicht- und Schruppbearbeitung von GG, Hartguß, NE-Metallen, Nichtmetallen				
K20					

GX Schruppbearbeitung von Stahl und Stahlguß. Bei mittleren und niedrigen Schnittgeschwindigkeiten und besonders ungünstigen Bedingungen. Für größere Schnittiefen und Vorschübe. Geeignet für unterbrochene Schnitte.

KMI Fein- und mittlere Bearbeitung von Grauguß, legiertem Grauguß und legierten Stählen. Eignet sich für Dreharbeiten mit hohen Schnittgeschwindigkeiten und hat ausreichende Zähigkeit, auch für den Einsatz unter weniger günstigen Bedingungen. Bearbeitung von harten Werkstoffen und Nichteisenmetallen. Verhindert Festkleben der Späne an der Schneidkante.

1 Auswahl des Schneidstoffes
Für herstellerspezifische Kurzzeichen (GX, KMI) ist mit Klammern der Anwendungsbereich angedeutet.

Oberflächengüte R_a μm	Spitzenradius (mm)				
	0,4	0,8	1,2	1,6	2,4
	Vorschub (mm)				
0,6	0,07	0,10	0,12	0,14	0,17
1,6	0,11	0,15	0,19	0,22	0,26
3,2	0,17	0,24	0,29	0,34	0,42
6,3	0,22	0,30	0,37	0,43	0,53
8	0,27	0,38	0,47	0,54	0,66
32				1,08	1,32

2 Vorschub in Abhängigkeit von Rauhtiefe und Eckenradius

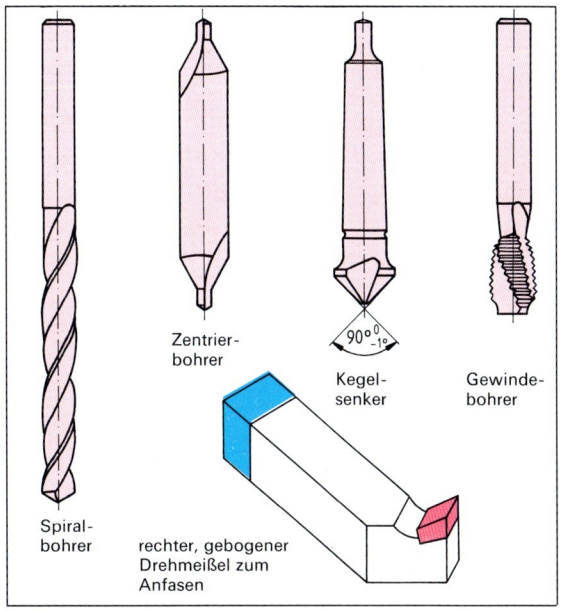

3 Weitere Werkzeuge für die Fertigung
(Spiralbohrer, Zentrierbohrer, Kegelsenker, Gewindebohrer, rechter, gebogener Drehmeißel zum Anfasen)

2.6 Planung einer Fertigungsaufgabe — 2.6.2 Auswählen und Bereitstellen

Schnittgeschwindigkeit beim Drehen mit Kühlschmierstoffen					
Werkstoffe	Zug-festigkeit N/mm²	Schnitt-tiefe a_p in mm	Vor-schub f in mm	Schnittge-schwindig-keit v_c in m/min	Hart-metall-sorten
Allgemeine Baustähle, unlegierte Einsatzstähle, Automatenstähle	...500	0,5...1	0,1...0,3	330...260	K10, P10
		1...4	0,2...0,4	330...220	P10
		4...8	0,3...0,6	240...120	P10
		>8	0,5...1,5	140...60	P20
Allgemeine Baustähle, legierte Einsatzstähle, Vergütungs-stähle	500...700	0,5...1	0,1...0,3	300...220	P10
		1...4	0,2...0,4	240...150	P10, P20, M10
		4...8	0,3...0,6	160...100	P30, M20
		>8	0,5...1,5	110...60	P30
Vergütungs-stähle	700...900	0,5...1	0,1...0,3	260...150	P10
		1...4	0,2...0,4	210...100	P10
		4...8	0,3...0,6	130...85	

1 Wahl der Schnittgeschwindigkeit

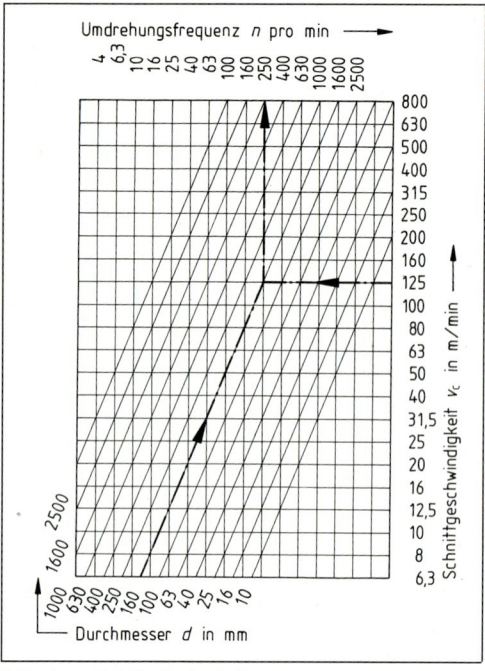

2 Rechentafel für Dreharbeiten

Für das Schlichten ($R_a = 1,6$ μm) ergibt sich ein Vorschub von 0,15 mm und bei einer Schnittiefe bis 1 mm ein Schnittgeschwindigkeitsbereich von 220 bis 300 m/min. Gewählt wird 260 m/min.

Schnittgeschwindigkeit, Umdrehungsfrequenz und der Durchmesser (beim Drehen der Werkstückdurchmesser), stehen in folgendem mathematischen Zusammenhang:

$$v = d \cdot \pi \cdot n$$

Aufgabe:
Der Lagerbolzen wird vom Rohmaß ⌀ 85 mm auf ⌀ 82 mm abgedreht. Die geeignete Schnittgeschwindigkeit wurde ermittelt. Die an der Maschine einzustellende Umdrehungsfrequenz ist zu berechnen.

Lösung:
gesucht: n
gegeben: $d = 82$ mm
$v = 200$ m/min
Lösung: $v_c = d \cdot \pi \cdot n$

$$n = \frac{v_c}{d \cdot \pi}; \quad n = \frac{200 \text{ m} \cdot 1000 \text{ mm}}{\text{min} \cdot 82 \text{ mm} \cdot \pi \cdot 1 \text{ m}}$$

$$\underline{\underline{n = 776/\text{min}}}$$

Weitere Aufgaben siehe Technische Mathematik Kap. 2.8.2

Die Umdrehungsfrequenz kann man auch mit Hilfe von Tabellen oder Diagrammen ermitteln (Bild 2), wie man sie häufig an Werkzeugmaschinen findet. An einer Maschine mit Stufengetriebe können nur ganz bestimmte Werte eingestellt werden. Je nach Schnittbedingung ist zu entscheiden, ob die nächsthöhere oder -niedere Schaltstufe einzustellen ist. Soll im Rahmen der gesamten Fertigungskosten der Verschleiß des Werkzeuges gering gehalten werden, dann ist die niedrigere Umdrehungsfrequenz zu wählen. Sind dagegen kurze Fertigungszeiten gefordert, wird die höhere Umdrehungsfrequenz gewählt. Die Entscheidung hierüber trifft der Facharbeiter an der Maschine aufgrund seiner Kenntnisse und Erfahrung.

Für alle weiteren Arbeitsgänge wie Längs- und Plandrehen, Bohren und Nutenfräsen werden Vorschub, Schnittgeschwindigkeit und Umdrehungsfrequenz in ähnlicher Weise ermittelt und an der Werkzeugmaschine eingestellt.

2.6.2.4 Bildliche Darstellung der Arbeitsschritte

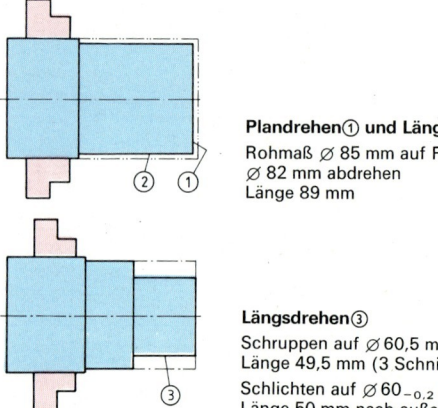

Plandrehen① und Längsdrehen②
Rohmaß ⌀ 85 mm auf Fertigmaß ⌀ 82 mm abdrehen
Länge 89 mm

Längsdrehen③
Schruppen auf ⌀ 60,5 mm
Länge 49,5 mm (3 Schnitte)
Schlichten auf ⌀ 60₋₀,₂ mm
Länge 50 mm nach außen planen

2.6 Planung einer Fertigungsaufgabe

2.6.2 Auswählen und Bereitstellen

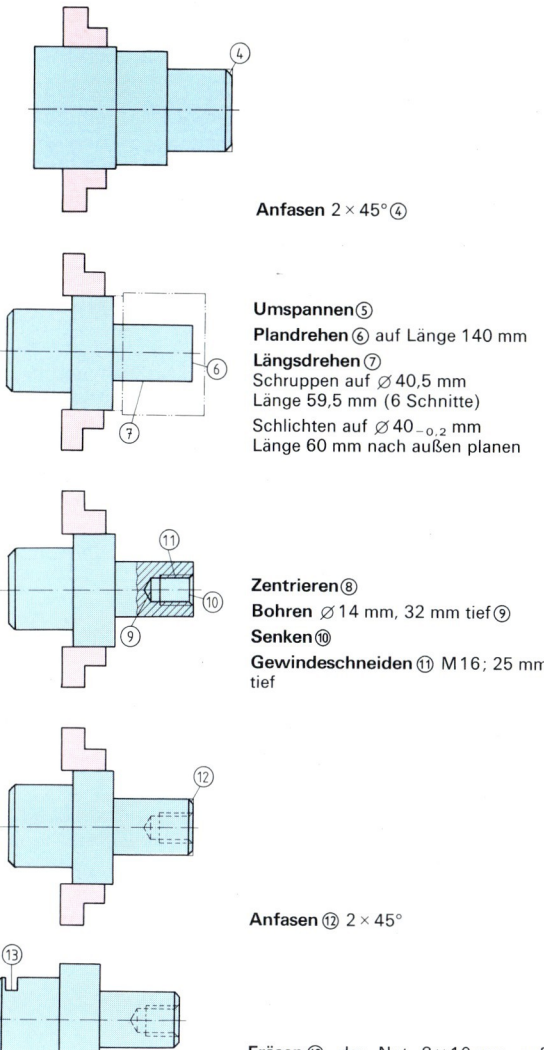

Anfasen 2 × 45° ④

Umspannen ⑤
Plandrehen ⑥ auf Länge 140 mm
Längsdrehen ⑦
Schruppen auf ⌀ 40,5 mm
Länge 59,5 mm (6 Schnitte)
Schlichten auf ⌀ 40 $_{-0,2}$ mm
Länge 60 mm nach außen planen

Zentrieren ⑧
Bohren ⌀ 14 mm, 32 mm tief ⑨
Senken ⑩
Gewindeschneiden ⑪ M 16; 25 mm tief

Anfasen ⑫ 2 × 45°

Fräsen ⑬ der Nut 8 × 10 mm auf Fräsmaschine

1 Schnellwechselhalter

2 Spannbackenfutter

2.6.2.5 Spannen der Drehmeißel

Um ein Durchbiegen des Werkzeugschaftes zu vermeiden, ist der Drehmeißel möglichst kurz und fest einzuspannen. Bei unsachgemäßem Spannen kann er durchfedern und schwingen. Die Folge wäre neben der rauhen Oberfläche auch eine erhöhte Unfallgefahr. An der eingesetzten Drehmaschine stehen Schnellwechselmeißelhalter zur Verfügung. Damit können die für einen Fertigungsgang benötigten Werkzeuge schnell eingespannt und in Arbeitsstellung gebracht werden. Bei Verwendung dieser Schnellwechselhalter kann man die Werkzeuge auch außerhalb der Maschine mit speziellen Einstellgeräten voreinstellen (Zeiteinsparung).

Zentrierbohrer, Spiralbohrer und Gewindebohrer werden im Spannbackenfutter Bild 2 gespannt, das in die Pinole des Reitstocks eingesetzt wird.

2.6.3 Spannmittel für Werkstücke

Die Achse ist auf der Werkzeugmaschine fest und sicher zu spannen. Je nach Form und Größe des Werkstücks, den verlangten Form- und Lagetoleranzen, ist das geeignete Spannmittel auszuwählen. Für die Drehmaschine stehen unterschiedliche Spannmittel zur Verfügung, von denen einige im Bild 1; Seite 98 dargestellt sind.

Das **Dreibackenfutter** ist ein vielseitig einzusetzendes Spannmittel. Es eignet sich zum Spannen runder, drei- oder sechskantiger Werkstücke. Muß man das Futter vor Arbeitsbeginn montieren, sind die Auflageflächen des Kurzkegels und das Gewinde der Arbeitsspindel vorher zu säubern. Niemals darf man den Schlüssel für die Backenverstellung im Futter stecken lassen oder das auslaufende Futter mit der Hand abbremsen. Beim Spannen zwischen **Spitzen** oder in **Spannzangen** sind höhere Rundlaufgenauigkeiten zu erzielen als mit dem Backenfutter. Diese sind aber für die Achse nicht erforderlich. Spannzangen finden häufig ihren Einsatz beim Aufnehmen von kurzen, zylindrischen Werkstücken mit kleinem Durchmesser. Damit die Rundlaufgenauigkeit erhalten bleibt, dürfen nur blanke und entgratete Werkstücke im Nenndurchmesserbereich gespannt werden. Wie aus der Halbzeugangabe der Zeichnung hervorgeht, wird als Rohmaterial ein gewalzter Rundstahl verwendet. Die Walzhaut und die große Maßtoleranz des Halbzeugs erlauben hier kein Spannen in der Spannzange.

2.6 Planung einer Fertigungsaufgabe

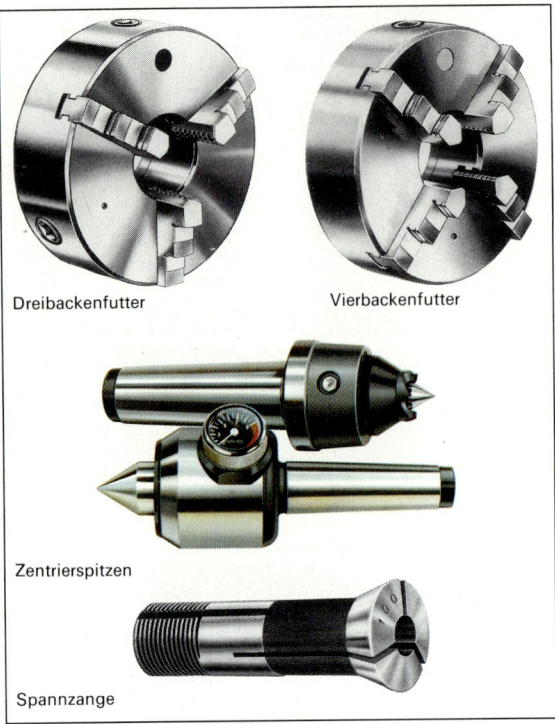

1 Auswahl der Spannmittel

2.6.4 Auswahl der Prüfmittel

Für die vorliegenden Maße und Maßtoleranzen kommt ein Prüfmittel in Frage, mit dem man Maße bis auf 0,1 mm sicher bestimmen kann. Mit einem Meßschieber lassen sich die Durchmesser und Längenmaße der Achse hinreichend genau messen.

2.6.5 Arbeitsschritte für Fertigungsaufgaben an Werkzeugmaschinen

1. Der Auftragsschein und die Zeichnung sind sorgfältig zu lesen. Um Unterbrechungen bei der Fertigung zu vermeiden, sind alle Unklarheiten vor Beginn der Arbeit zu beseitigen.
2. Die erforderlichen Tabellen und Daten für Schneidstoffe, Werkzeuge und Spannmittel sind bereitzulegen.
3. Das Rohmaterial ist vorzubereiten. Die Arbeitsschritte sind festzulegen.
4. Prüfmittel entsprechend den geforderten Genauigkeiten auswählen.
5. Die geltenden Sicherheitsvorschriften für Maschinenarbeiten sind zu beachten z.B. Maschinenabdeckungen zum Schutz gegen umherfliegende Teile schließen, geeignete Arbeitskleidung tragen, evtl. Schutzbrille tragen.
6. Maschinen einrichten und Maschinenarbeiten ausführen. Geeignete Kühlschmier-Emulsion verwenden.
7. Entgraten und säubern.
8. Werkstücke prüfen und sicher ablegen.

Nach Abschluß des Auftrages, dem Reinigen der Maschine und Vorrichtungen kann mit der Fertigung eines neuen Teils begonnen werden. Bei dem gewählten Beispiel hat der Facharbeiter weitgehend selbst entschieden, mit welchen Spannmitteln, Werkzeugen und Prüfmitteln er das Teil fertigt.

Sind viele Teile gleicher Art und komplizierten Bearbeitungsfolgen zu fertigen, werden die Arbeitsschritte und Einstelldaten vorgegeben. Bestimmte Abteilungen eines Betriebes (Arbeitsvorbereitung) legen fest, an welcher Maschine mit welcher Reihenfolge der Arbeitsschritte das Werkstück gefertigt wird.

Übungen

1. Nennen Sie wichtige Angaben in einer Einzelteilzeichnung, die zur Planung und Durchführung einer Fertigungsaufgabe notwendig sind.
2. Welcher Hauptgruppe der Fertigungsverfahren ist das Drehen, Bohren, Fräsen zugeordnet?
3. Wählen Sie für untenstehende Werkstückprofile ein jeweils geeignetes Spannmittel für das Drehen aus:
   - gewalzter Vierkantstahl 40 mm
   - gezogener Rundstahl 10 mm
   - gezogener Sechskantstahl, Schlüsselweite 14 mm
   - Aluminiumhülse mit Innendurchmesser $40^{+0,05}$ mm ist in einer Aufspannung auf Außendurchmesser 46 mm zu überdrehen.
4. Ermitteln Sie für das Bohren des Kernlochs M16 der Achse Bild 3; Seite 93:
   - Bohrerdurchmesser
   - v_c in $\frac{m}{min}$ für den Schneidstoff HSS
   - n in $\frac{1}{min}$
   - Kühl/Schmierstoff
5. Die Planung der Fertigungsaufgabe nach nebenstehender Zeichnung ist durchzuführen (vgl. Kap. 2.5.9.4).
   - Werkstoff und Abmessungen des Halbzeugs festlegen.
   - Arbeitsschritte bildlich darstellen
   - Schnitt- und Einstellwerte ermitteln
   - Prüfmittel auswählen

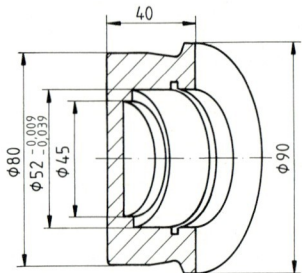

2.7 Betriebliche Kommunikation

Ein Betrieb, der Hochregalstapler für das Lagerwesen fertigt, übernimmt einen Auftrag, der eine Sonderserie erfordert. Notwendig wird aufgrund der Kundenforderung eine Verringerung der Spurweite um 150 mm. Zur Abwicklung dieses Auftrages stellen sich für die einzelnen betrieblichen Abteilungen aufgabenbezogene Fragen. Sie beziehen sich z.B. auf:

- die **Betriebsorganisation** (siehe Kap. 2.7.2.1) und **Betriebsgröße**: Kleinere Betriebe besitzen meistens eine geringere Arbeitsteilung und damit eine überschaubarere Organisation
- die **Fertigungsabwicklung**: Nutzbare Maschinen, Einzelfertigung, Gesamtfertigung, Zeichnungserstellung, Kontrollen
- die **Kostenplanung**: Erfassung der Gesamtkosten
- **Auftrag, Konstruktion und Fertigung**: Entwicklung und Konstruktion der Fahrzeugänderungen unter Fertigungs- und Kostengesichtspunkten.

Entscheidungen sind innerbetrieblich zu treffen. Dazu bedarf es einer Vielzahl qualifizierter Begründungen. Die Grundlagen dieser Entscheidungen bilden entsprechendes Fachwissen und Erfahrungen. Zusätzlich müssen die getroffenen Entscheidungen festgehalten (z.B. Zeichnungen, Angebote, Berechnungen, Aufspannpläne) und eindeutig an betroffene Mitarbeiter oder Abteilungen übermittelt werden. Die Darstellungsmöglichkeiten können unterschiedlichster Art sein. Sie fallen alle unter den Oberbegriff der Kommunikation.

> Die Kommunikation umfaßt alle Arten der Informationsübermittlung.

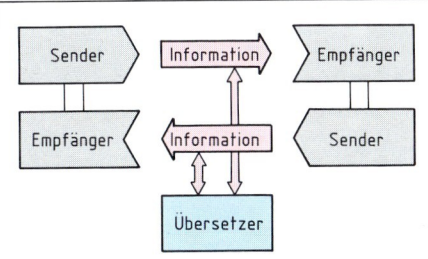

Bedingungen:
- Sender und Empfänger benutzen gleiche Vereinbarungen (z.B. Sprache, Symbole, Normen).
- Beginn und Ende der Informationsübertragung ist erkennbar.
- Zuordnung von Sender und Empfänger muß eindeutig sein.

In vielen Anwendungsfällen sind Übersetzungen erforderlich (z.B. Dolmetscher, Schnittstellen, Kodierer und Dekodierer).

2 Kommunikationsmodell

1 Hochregalstapler

2.7.1 Normung

Damit möglichst keine Fehler bei der Informationsübertragung entstehen, müssen eindeutige Vereinbarungen eingehalten werden. Das bedeutet, daß der Verfasser der Information (Sender) dieselben Vereinbarungen verwendet, die der Leser der Information (Empfänger) nutzt. Diese Eindeutigkeit ist in der Technik durch unterschiedliche Normen gewährleistet. Derartige Vereinbarungen zur Kommunikation zwischen Personen sind so alt wie die Menschheit (vgl. Kap. 3.1.2). Z.B. stellen Sprache, Zahlensystem, Schriftzeichen, Farbbezeichnung, Tonleiter usw. bekannte Vereinbarungen für bestimmte Anwendungen dar.

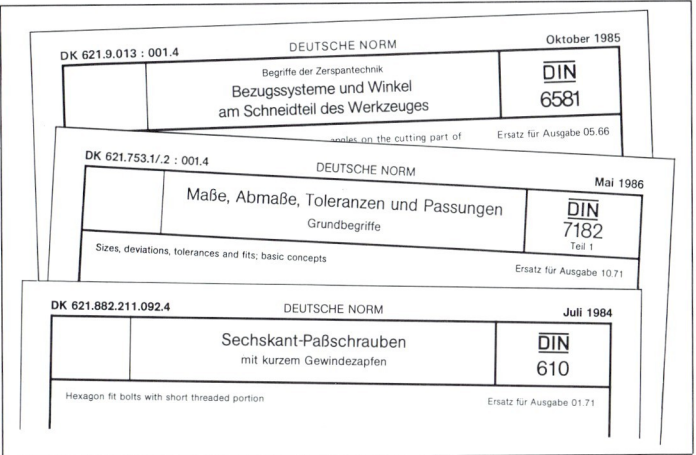

3 Ausgewählte Normblätter

2.7 Betriebliche Kommunikation

2.7.1 Normung

In der Technik regeln eine Vielzahl von Vereinbarungen die eindeutige Informationsgestaltung. Sie werden in den verschiedensten Normblättern festgehalten. Bekannte Normen sind:

DIN-Normen (Deutsches Institut für Normung e.V.)

ISO-Normen (Internationale Organisation für Normung)

VDI-Richtlinien (Verein Deutscher Ingenieure)

VDE-Bestimmungen (Verband Deutscher Elektrotechniker e.V.)

Technische Normen sind anerkannte Vereinbarungen (Regeln) in der Technik.

Die Normen werden in Normenausschüssen festgelegt und verbindlich bei Darstellungen genutzt, d.h., bei der Abwicklung des Auftrages halten sich alle Abteilungen an die normierte Darstellung.

Bedingt durch die heutige arbeitsteilige Fertigung sowie die Nutzung von Normteilen (siehe Bild 1) sind weitere Normungen (Standardisierungen) erforderlich. Hierzu zählen z.B. Vereinbarungen über Normteile, Maßtoleranzen, Formen und Werkstoffe. Sie werden ebenfalls in Normblättern festgelegt. Unter Berücksichtigung dieser Normen bei der Konstruktion können standardisierte Bauteile (z.B. Schrauben) und Baugruppen (z.B. Getriebe) kostengünstiger von Fremdfirmen gekauft und in der Montage funktionsfähig zusammengebaut werden.

Weiterhin müssen betriebliche Vorgaben (Betriebsnormen) eingehalten werden. Hierzu zählen unter anderem:

- Bezeichnungen von Bauteilen, Baugruppen, Abteilungen, Fertigungsprozessen usw.,
- Fertigungspläne (vgl. Kap. 2.6),
- CNC-Programmierung für die entsprechenden Werkzeugmaschinen,
- Werkzeugbezeichnungen und Werkzeug-Code-Nr.,
- Organisation der Kosten- und Zeitermittlungen.

Normteile

Sechskantschrauben DIN 601, 931, 960 DIN 558, 933, 961

Sechskantmuttern DIN 555, 934 — DIN 439

Scheibe Form B, Form A — DIN 125

Zahnscheibe Form A — DIN 6797

Formen

Senkungen für Senkschrauben DIN 74 — Maße in mm

Form A — Ausführung mittel (m), Ausführung fein (f)

für Schrauben DIN 963, 964, 965, 966, 7513, 7516

Neigung DIN 406 T2

Neigung = $\frac{28\,mm - 16\,mm}{60\,mm} = \frac{1}{5}$ = 1:5

Der Neigungswinkel kann als Hilfsmaß angegeben werden.

Maßtoleranzen DIN 7182 T1, DIN 406 T2

Zahlenmäßige Maßtoleranzangaben

$G_o = N + A_o$ N Nennmaß, G_o Höchstmaß
$G_u = N + A_u$ A_o oberes Grenzabmaß, G_u Mindestmaß
$T = G_o - G_u$ A_u unteres Grenzabmaß, T Maßtoleranz
$T = A_o - A_u$ P Höchstpassung

Längenmaße

Allgemeintoleranzen für Längen DIN 7168 T1

Genauigkeitsgrad	ab 0,5 bis 3	über 30 bis 120
	Grenzabmaße für Längenmaße	
f (fein)	±0,05	±0,15
m (mittel)	±0,1	±0,3
g (grob)	±0,15	±0,8
sg (sehr grob)	—	±1,5

Werkstoffe

Allgemeine Baustähle DIN 17100

Gütegruppe	Werkstoff-Nr.	Kurzzeichen	Chemische Zusammensetzung in Masse-%			Zugfestigkeit R_m in N/mm²	Streckgrenze R_e in N/mm²	Dehnung A_5 in %
			C	P	S			
1 Allgemeine Anforderungen	1.0033	St33	—	—	—	310...540	185	18
	1.0067	(St37-1)	0,2	0,07	0,05	340...510	235	26
	1.0052	(St50-1)	≈0,25	0,08		470...660	295	20
	1.0062	(St60-1)	≈0,35	0,08		570...770	335	16
2 Höhere Anforderungen	1.0036	USt37-2	0,15	0,05	0,05	340...510	235	26
	1.0044	St44-2	0,21			410...580	275	22
	1.0060	St60-2	≈0,4			570...770	335	16
	1.0070	St70-2	≈0,5			670...900	365	11

Festigkeitseigenschaften von Schrauben aus Stahl ISO 898 T1

Festigkeitsklasse	3.6	4.6
Mindestzugfestigkeit R_m in N/mm²	330	400
Mindeststreckgrenze R_e in N/mm²	190	240
Bruchdehnung A_5 in %	25	22

Festigkeitseigenschaften von Muttern aus Stahl ISO 898 T2

Mutterhöhe m	≥0,5·d	<0,8·d	≥0,3
Festigkeitsklasse	04	05	6
Prüfspannung in N/mm²	400	500	600

1 Ausgewählte Normungsbeispiele

2.7.2 Informationsfluß innerhalb eines Betriebes

Am Beispiel des Hochregalstaplers soll die enge Verknüpfung der einzelnen betrieblichen Abteilungen zur Auftragsabwicklung vereinfacht vorgestellt werden. Die Vielfalt unterschiedlichster Informationen zur Herstellung dieser Baugruppe vermittelt einen Eindruck von den betrieblichen Informationsflüssen und den Abhängigkeiten zwischen ihnen.

2.7.2.1 Verkauf und Vertrieb

Bei einer in Bild 1 dargestellten betrieblichen Organisation gelangt der Kundenauftrag über die Verkaufsabteilung oder Auftragsannahme in den Betrieb. Dabei müssen zwischen Auftraggeber (Kunde) und Verkauf (Vertreter) eindeutige Vereinbarungen getroffen werden über z.B.:

- Funktion
- Werkstoffe
- Kaufpreis
- Abmessungen
- Abnahmebedingungen
- Lieferzeitpunkt
- Service
- Gewährleistung

der Ware. Hierzu ist es erforderlich, daß bei Neuprodukten oder Sonderanfertigungen Vertreter des Verkaufs meistens mit weiteren Betriebsabteilungen in Verbindung treten (kommunizieren), z.B.:

- Arbeitsvorbereitung → Lieferzeitpunkt
- Kalkulation → Verkaufspreis
- Konstruktion → Funktion/Fertigung
- Lager → Werkstoffe

Zur Bewältigung dieser Aufgabe ist der Verkauf in einzelnen Betrieben beispielsweise über Rechner mit anderen Abteilungen verbunden. Der dadurch mögliche schnelle Informationsaustausch hilft den betroffenen Mitarbeitern, die Auswirkungen von Änderungen schneller oder eindeutiger zu erfassen, zu überprüfen, Korrekturen vorzunehmen und gezielt weiterzugeben.

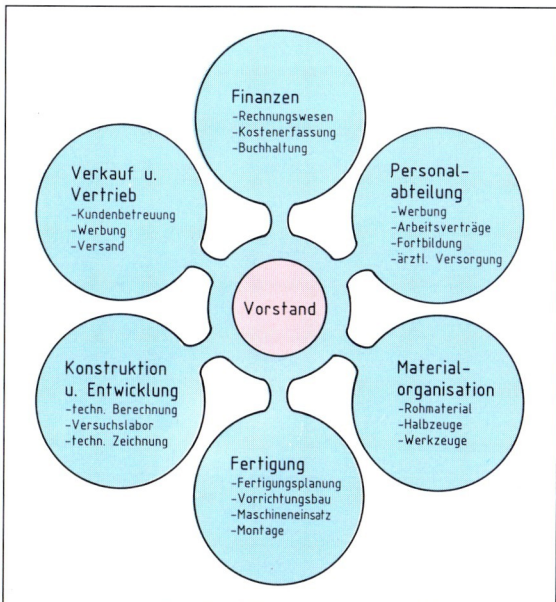

1 Organisationsmodell eines Betriebes

2.7.2.2 Konstruktion und Entwicklung

```
Kunde      : ........................
Auftr. Nr. : 1.055.030.00.000   *370.2/88/250
Ersterstellung 15.01.88  Letzte Eingabe 15.01.88
Datum      : 18.01.88                  156/3

Arbeitsgangbreite         AST        1770 mm
Fahrzeugbreite            B          1564 mm
Vorderrahmenbreite        b2         1350 mm
Spurweite                 S          1340 mm
Wenderadius               Wa         2424 mm
Drehpunkt-V.Achse         XD          950 mm
Einstapeltiefe            b          1300 mm
Palettenbreite            b1         1300 mm
Lastschwerpunkt           c           650 mm
Durchm. Antriebsrad       d           406 mm
Durchm. Lastrad           d1          406 mm
Bauhoehe                  h1         4130 mm
Hubhoehe                  h3         9300 mm
Gesamthoehe               h4        10625 mm
Radstand                  y          2150 mm
Batterie Spannung/Kapazitaet      80 / 600 V/AH
```

2 Auftragsbestätigung (Auszug)

Nach dem bestätigten Auftragseingang (siehe Bild 2) entwickelt und konstruiert diese Abteilung den Hochregalstapler mit der veränderten Spurweite entsprechend dem Auftrag. Ähnlich wie bei Neukonstruktionen berücksichtigt der Konstrukteur die betrieblichen Vorgaben. Die zu fällenden Entscheidungen unterliegen mehreren Forderungen. Hierzu zählen unter anderem

- für die **Fertigung**: Berücksichtigung der vorhandenen Fertigungsmaschinen, Werkstoffe, Werkzeuge, der verwendbaren Funktionsgruppen, Normteile.
- für die **Funktion**: Trotz veränderter Konstruktion (z.B. Spurweite, Wellendurchmesser) muß die Funktion (z.B. Standsicherheit, Festigkeit) gewährleistet sein.
- für den **Verkaufspreis**: Es ist für den Betrieb eine kostengünstige Lösung zu entwickeln (z.B. wenige fertigungs- und montagetechnische Änderungen).

Das Ergebnis der Konstruktion muß eine dem Anforderungskatalog (Pflichtenheft) eindeutig entsprechende Lösung sein. Die Konstruktionsunterlagen haben für den Empfänger eindeutig zu sein und der vorgegebenen Norm oder Vereinbarung zu entsprechen. Sie bestehen z.B. aus

- technischer Gesamt- und Einzelteilzeichnung (siehe Bild 1, Seite 102) mit allen erforderlichen Maßen und Bearbeitungshinweisen,
- Festigkeitsberechnungen aufgrund der konstruktiven Festlegungen,
- Hinweisen auf Kontrollen während der Einzelteilfertigung (siehe Bild 1, Seite 103) und Überprüfung der Gesamtfunktion und
- Funktionsbeschreibung, Montageanleitung, Wartungsanleitung (siehe Bild 2, Seite 102), räumliche Darstellung usw.

2.7 Betriebliche Kommunikation

2.7.2 Informationsfluß innerhalb eines Betriebes

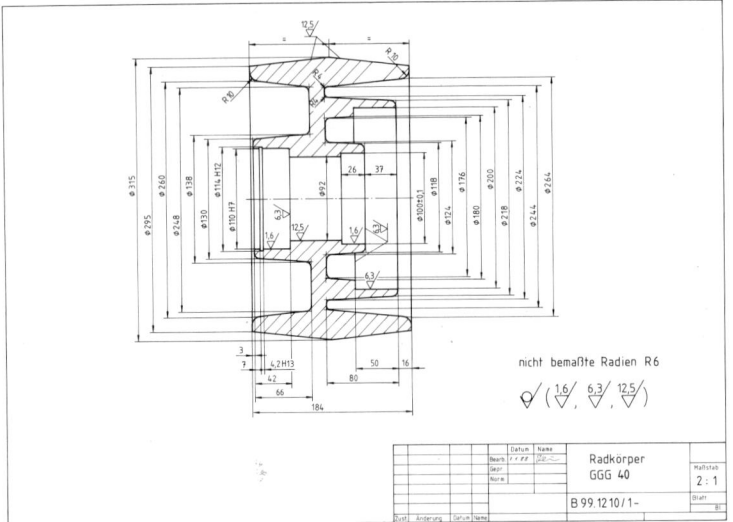

1 Einzelteilzeichnung

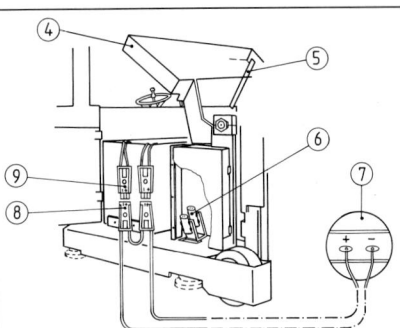

4 Batterie – Wartung, Aufladung, Wechsel
ACHTUNG: Bei Arbeiten an den Fahrzeugbatterien muß das Fahrzeug gesichert abgestellt sein.
Für das Laden und Wechseln der Batterien Sicherheitsregeln beachten.

4.1 Batterien zur Wartung freilegen
– Batteriehaube (4) hochklappen und mit Riegel (5) sichern.

4.2 Batterieaufladung
– Batterien freilegen.
– Batteriestecker (9) aus den Steckdosen (6) ziehen.
– Ladekabel (8) an das Ladegerät (7) anklemmen (rot = +, blau = –).
– Ladekabel (8) mit den Batteriesteckern (9) verbinden.
– Ladegerät (7) einschalten.

2 Wartungsanleitung (Auszug)

Für die Entwicklung der Konstruktionsunterlagen stehen dem Konstrukteur in den Betrieben problembezogene Hilfsmittel zur Verfügung (z.B.: teilweise bekannte Lösungen, Berechnungsunterlagen, Diagramme, Nachschlagewerke, Normblätter). Viele dieser Unterlagen sind heute Bestandteile von Dateien, die in Anwenderprogrammen genutzt werden.

Mit dem Einsatz eines **CAD**-Programms (**C**omputer **A**ided **D**esign) kann der Konstrukteur den Hochregalstapler mit Rechnerunterstützung auf dem Bildschirm zeichnen bzw. verändern. Die eigentliche Zeichenarbeit übernehmen Rechner und Plotter. Sind die Rechner miteinander verbunden (vernetzt), kann die Zeichnung direkt an weitere Benutzer elektronisch übertragen werden.

Notwendige Berechnungen (z.B. Festigkeit, Abmessungen, Massen, Standsicherheit, Leistung) übernehmen ebenfalls entsprechende Programme.

2.7.2.3 Fertigung

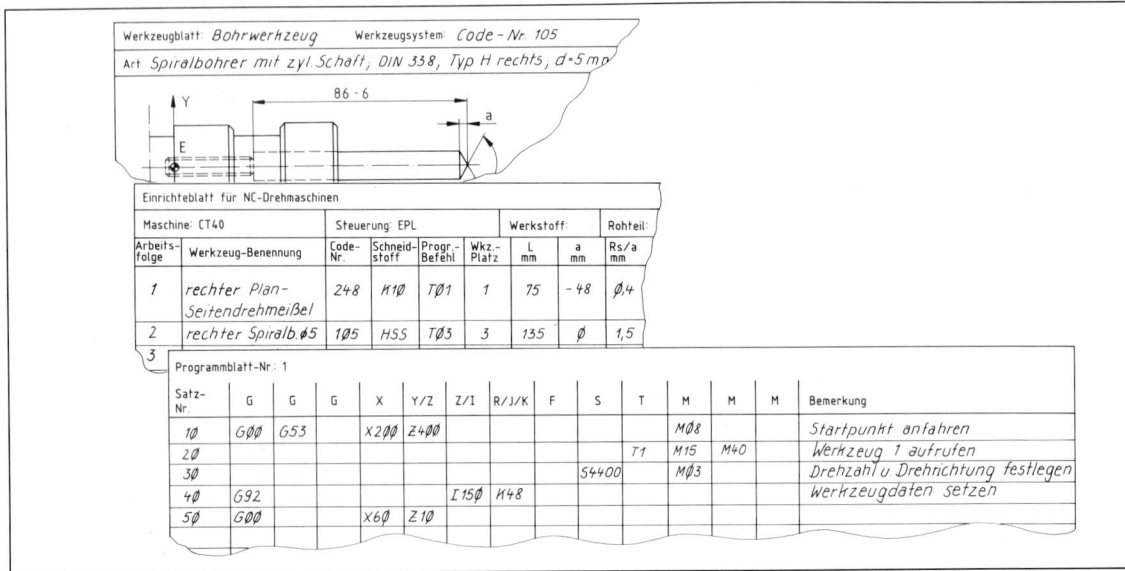

3 Werkzeug-, Einrichte -und Programmblatt

Aus den Unterlagen der Konstruktion entwickelt eine Unterabteilung der Fertigung – die **Arbeitsvorbereitung** – den Plan zur Herstellung des veränderten Hochregalstaplers. Bild 3 zeigt Arbeitsunterlagen für die Fertigung. Die Arbeitsvorbereitung plant den Ablauf der Fertigung. Hierzu sind zu klären:

- Art der Rohlinge und Normteile,
- genutzte Maschinen oder Arbeitsplätze,
- benötigte Werkzeuge und Lehren,
- Anfertigung einzelner CNC-Programme,
- Abfolge der Fertigung in den erforderlichen Fertigungsstationen,
- zeitliche Abfolge der Fertigungs- und Prüfschritte und
- Festlegung der Arbeitszeiten.

Auch zur Lösung dieser Probleme können Programme für Rechenanlagen genutzt werden. Z.B. ist es möglich, aus der elektronisch gespeicherten Zeichnung ein nahezu fertiges CNC-Programm durch den Rechner erstellen zu lassen. Unter dem Schlagwort **CAD/CAM** (**C**omputer-**A**ided-**M**anufactering = computerunterstützte Fertigung) wird diese Möglichkeit heute angewendet.

Aus der Arbeitsvorbereitung erfolgen Aufträge an die einzelnen Fertigungsplätze und an die Materiallager. Damit wird sichergestellt, daß der Facharbeiter an der Werkzeugmaschine zum vorgegebenen Zeitpunkt über Rohmaterial, Werkzeuge, Zeichnungen und Prüfmittel verfügt und ohne Wartezeit die Fertigung beginnen kann.

Die Organisation der Werkzeuglagerung, -ausgabe und -instandhaltung, der Transport aller erforderlichen Fertigungsmittel an die Werkzeugmaschine und die einzelnen Fertigungskontrollen (Bild 1) erfordern eine durchdachte Planung. Fertigungs- und betriebsbezogene Software kann diese Tätigkeiten sinnvoll unterstützen. Hierzu zählen Datenbanken (z.B. elektronische Speicherung: Daten für Werkzeuge, augenblicklicher Lagerbestand), die für die Steuerung des Materialflusses genutzt werden können (**CAP**: **C**omputer-**A**ided-**P**laning = computerunterstütztes Planen einer Fertigung).

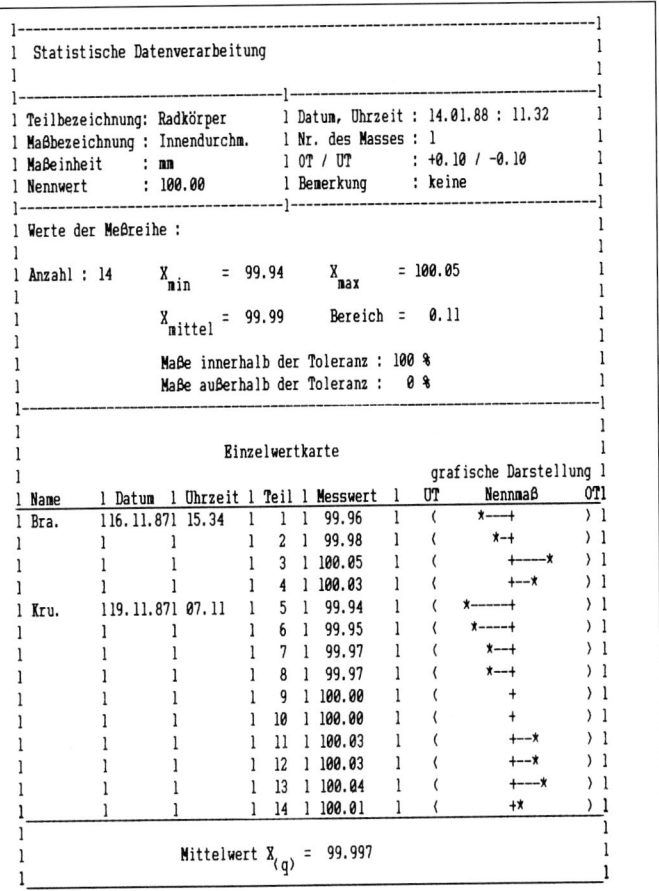

1 Prüfprotokoll

2.7.2.4 Finanzen (kaufmännische Abteilung)

Während der gesamten Zeit vom Auftragseingang bis zum Warenausgang besteht eine enge Kopplung zur kaufmännischen Abteilung. Sie übernimmt z.B.:

- die Bestellung und die Abwicklung von Materialbeschaffungen (Angebote einholen und prüfen, Bestellungen vornehmen, Rechnungen begleichen),
- Erfassung der Kosten für den Auftrag in den einzelnen Abteilungen,
- Bestimmen des Endpreises,
- Auszahlung der Löhne und Gehälter (Bild 2) an die Mitarbeiter entsprechend den erfaßten Leistungen bzw. Arbeitszeiten,
- Gewinn- und Verlustrechnung.

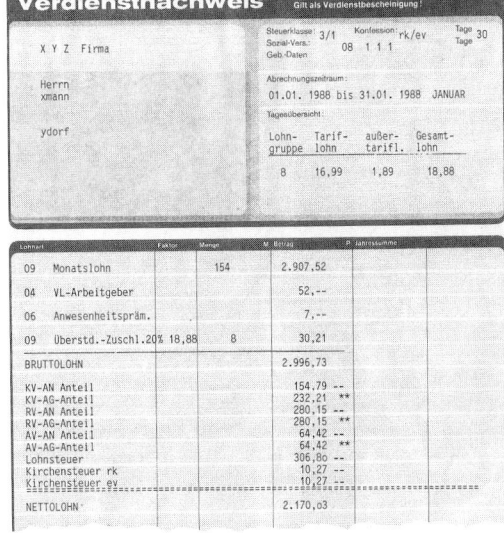

2 Lohn-/Gehaltsabrechnung

Für diese Aufgaben existieren eine Vielzahl von Anwenderprogrammen. Sie übernehmen teilweise die erforderlichen Daten aus den Datenspeichern der bisher genannten Rechner. Damit wird eine schnelle Auftragsabwicklung erleichtert.

2.7.3 Nutzung moderner Kommunikationsmittel

Betriebe mit modernen Fertigungsmethoden nutzen die Möglichkeiten von Microcomputern und Rechneranlagen als Informationssysteme. Die eingesetzten Programme, die den Angestellten oder Facharbeiter bei der Auftragsabwicklung unterstützen, müssen in der Ein- und Ausgabe ebenfalls den Normen genügen (z.B. Darstellung in technischen Zeichnungen, Berechnung der Kosten, Anfertigung eines Angebotes, Erstellung eines CNC-Programms).

Je nach betrieblicher Organisation und Anforderung an das zu verkaufende Produkt gelingt es Betrieben, die beschriebene Auftragsabwicklung immer stärker zu systematisieren. Ziel ist die Kostenminderung. Dies ist unter anderem erreichbar durch:

- frühzeitige und schnelle Erfassung der Fertigungskosten,
- personenunabhängige Planung und Fertigung,
- flexible Fertigung bei kleinsten Serien und
- geringe Lagerbestände und kleine Lagerflächen.

Diesem Ziel versuchen die Betriebe sich zu nähern. Unter dem Stichwort **CIM** (**C**omputer-**I**ntegrated-**M**anufacturing = Computer-Integrierte-Fertigung) können in einzelnen Betrieben erste betriebsspezifische Lösungen aufgezeigt werden. Die erfolgreiche Umsetzung hängt neben den technischen Voraussetzungen (Bild 1) auch von der Betriebsorganisation ab. CIM ist also kein kaufbares, fertiges Produkt, sondern wird durch Anpassung der Fertigung, Umorganisation des Betriebes sowie Umschulung und Weiterbildung der Mitarbeiter angestrebt.

Gelingt es für den in Kap. 2.7.2.1 aufgezeigten Betrieb,

- alle Tätigkeiten in den Einzelabteilungen zu systematisieren,
- Programme für diese Tätigkeiten einzusetzen,
- die Ergebnisse dieser Programme anderen Abteilungen (Programmen) wiederum zur Verfügung zu stellen und
- alle diese Einzelprogramme aufgabenbezogen zu organisieren,

dann ergäbe sich nebenstehendes CIM-Modell (siehe auch Kap. 3.4).

In einem solchen Betrieb erfolgt die Auftragsabwicklung (vom Auftrag bis zur Auslieferung) durch unterschiedlichste Rechnereinsätze mit entsprechender Software. Dem Menschen verbleiben planende Tätigkeiten sowie Wartungs- und Kontrollarbeiten.

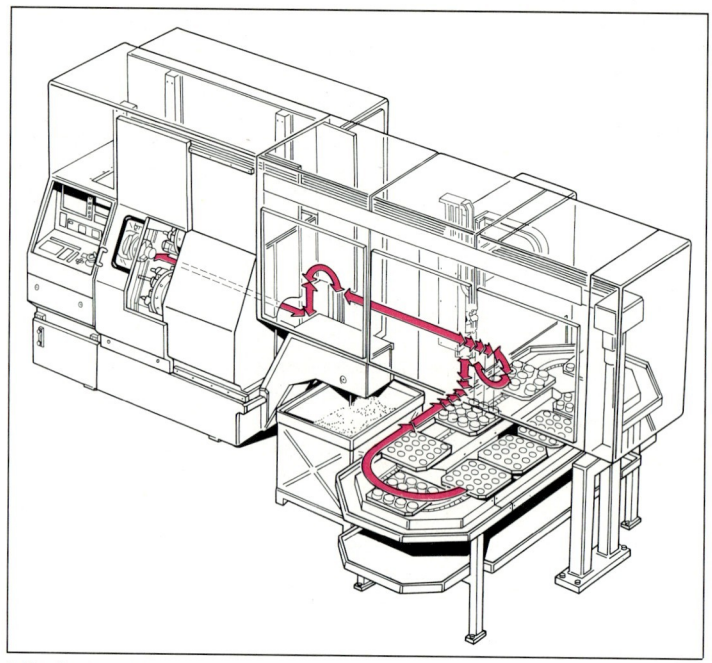

1 Fertigungszelle

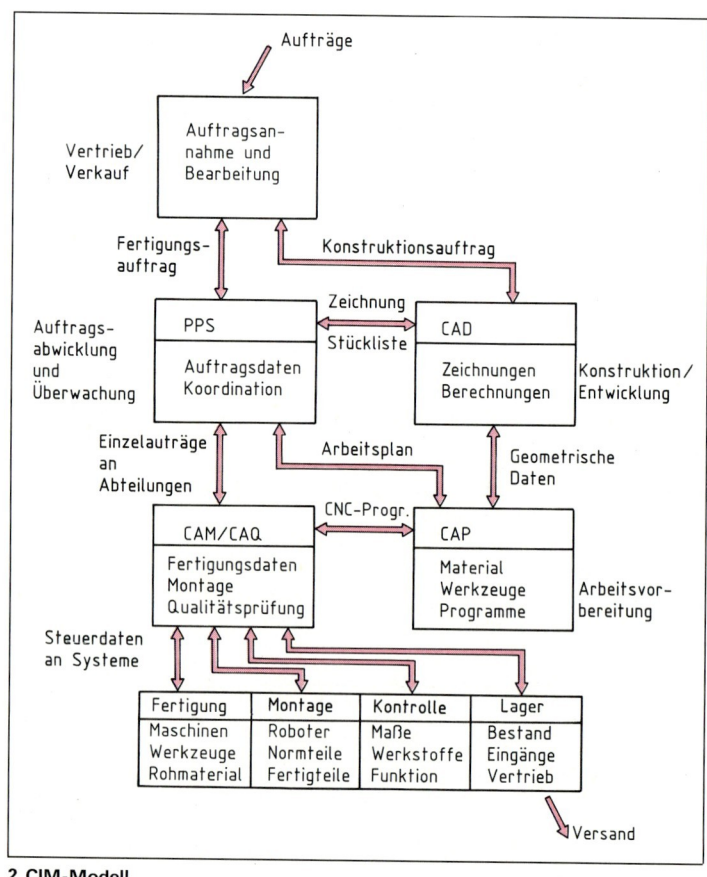

2 CIM-Modell

3 Informationsverarbeitung

3.1 Computer und Beruf

3.1.1 Computer in der Berufs- und Erfahrungswelt

Im täglichen Leben und in der Berufs- und Arbeitswelt erlebt der Jugendliche, der Auszubildende und der qualifizierte Mitarbeiter den ungewöhnlich schnellen Einzug des Mikrocomputers. In nahezu allen Konsum-, Verwaltungs- und Fertigungssystemen verändert er die Lebensgewohnheiten, Arbeitsanforderungen und Herstellungsverfahren. Die Vor- und Nachteile dieser Entwicklung sind das Dauerthema vieler Diskussionen. Die folgenden Beispiele können nur in Auszügen diesen Wandel aufzeigen.

1 Computerunterstützte Fertigung

Ausgewählte Anwendungen

Die Hersteller leistungsfähiger Fernsehgeräte, Videogeräte, Musikinstrumente und **Computerspiele** nutzen die umfassende Einsetzbarkeit des Mikrocomputers.

Im **Haushalt** ermöglicht er verbesserte Anpassungen an die Wünsche des Benutzers für nötige Energieeinsparungen, erhöhte Leistungsfähigkeit oder Komfort (z.B. Wasch-, Geschirrspül-, Nähmaschine).

Die exakte **Regelung der Heizungsanlage** durch geeignete Temperaturfühler, Brennanlagen und Regelungsprogramme zur notwendigen Energieeinsparung und Reduzierung der Umweltbelastung bewirken in hohem Maße leistungsfähige Mikrocomputerregelungen.

Die gezielte Anpassung des Zündzeitpunktes und der Benzineinspritzmenge zur optimalen Verbrennung des Kraftstoffes bei verringerten Abgaswerten stellt ein aktuelles Beispiel aus der **Kraftfahrzeugtechnik** dar. Weitere Anwendungen im Kraftfahrzeug sind z.B. Anti-Blokkiersysteme (ABS), Servo-Brems- und Servo-Lenksysteme.

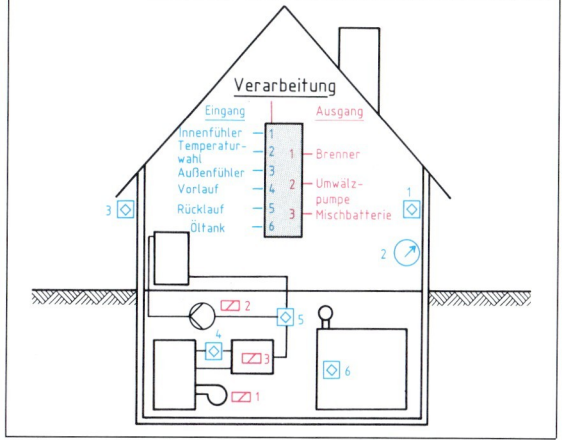

3 Heizungsanlage

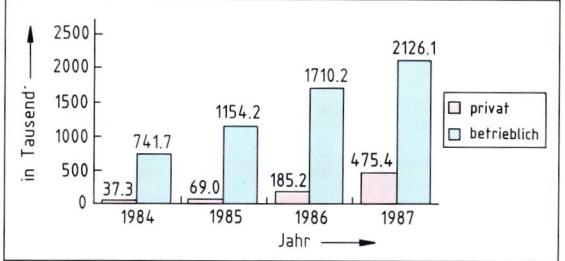

2 Einsatz von Mikrocomputern

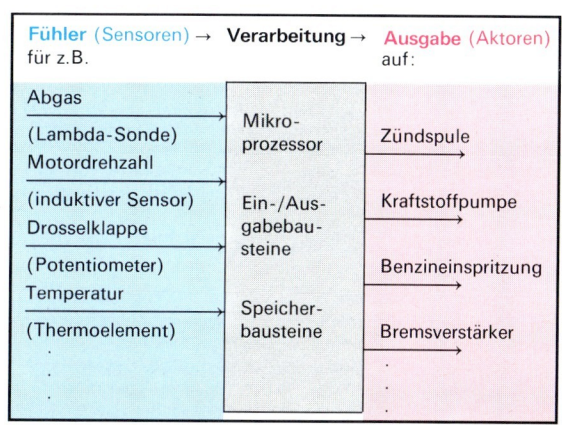

4 Informationsverarbeitung im Kfz

3.1 Computer und Beruf 3.1.1 Computer in der Berufs- und Erfahrungswelt

Im gesamten Bereich der **Planung** und **Fertigung** beherrscht der Einsatz **mikrocomputergesteuerter Maschinen** die Diskussion bei betrieblichen Veränderungen. Begriffe wie CNC und CAD und deren gegenwärtige Entwicklung hin zu Produktionsplanungssystemen (PPS) stehen stellvertretend für Maschinen und Fertigungsanlagen in der heutigen Fertigungstechnik.

Bezeichnung	Übersetzung
CNC **c**omputer **n**umeric **c**ontrol	computergesteuerte Werkzeugmaschine
CAD **c**omputer **a**ided **d**esign	computerunterstützte Konstruktion
PPS **P**roduktions- **p**lanungs- **s**ysteme	Zusammenfassung aller Arbeitsgänge bis zur Auslieferung

Leistungsfähigkeit und Wirtschaftlichkeit von Mikrocomputern

Die Berufs- und Arbeitswelt unterliegt durch den Einsatz der Mikroelektronik ähnlichen Veränderungen, wie sie durch die technische Nutzung der Dampftechnik eingeleitet wurden. Diese veränderte die Lebensgewohnheiten der Menschheit und die Belastungen am Arbeitsplatz in den vergangenen 100 Jahren erheblich. Ähnliche Entwicklungen bewirkten verbesserte Maschinen zur Energieumwandlung (z.B. Einsatz des Verbrennungskraftmotors im Kraftfahrzeug, Einsatz von Elektromotoren in technischen Geräten).

Zur Erzeugung von Bewegungen wird heute mit wenigen einsatzbedingten Ausnahmen (z.B. Kraftfahrzeug) der Elektromotor als Leistungsteil genutzt.

> Innerhalb dieser Maschinen wird in Zukunft der Mikrocomputer die Steuerungs- und Regelungsaufgaben (Kap. 4) übernehmen.

Die nachfolgend ausgewählten Merkmale verdeutlichen einerseits die hohe Leistungsfähigkeit und andererseits die besondere Wirtschaftlichkeit von Mikrokomputern:

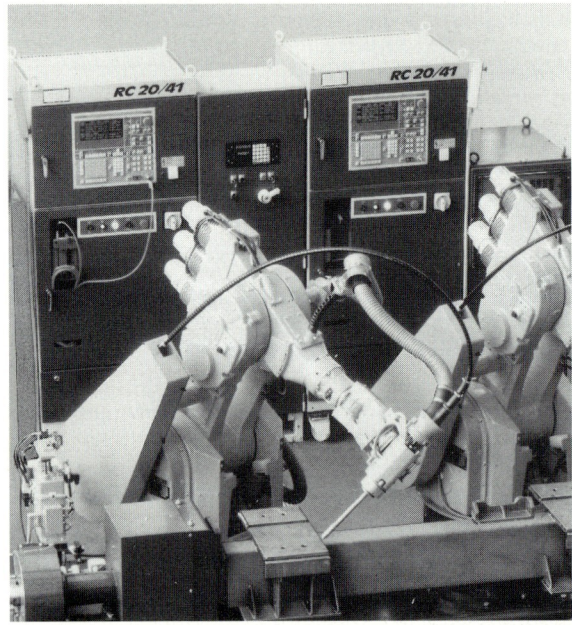

1 Schweißroboter

Leistungsfähigkeit	Wirtschaftlichkeit
Kleinste Bauteile mit **großem Speichervermögen** erlauben das Sortieren, Zuordnen, Übertragen und Ausgeben großer Datenmengen auf kleinstem Raum.	Gleiche Systeme für die unterschiedlichsten Aufgaben führen zu großen Stückzahlen und **geringen Kosten** für Hard- und Software.
Kurze Befehlsausführungszeiten (hohe elektrische Taktraten), die durch mechanische Systeme unerreichbar sind, sorgen für äußerst schnelle Verarbeitung der Daten.	Kurze elektrische Leitungsverbindungen und **geringer Energiebedarf** zum Datentransport erlauben hohe Kostenersparnis im Energiebereich.
Bedienerfreundliche Ein- und Ausgabeeinheiten erhöhen fortlaufend den Komfort und die Einsetzbarkeit und passen die Systeme dem Benutzer und seinen Problemen an.	Ausgefeilte Programmiersprachen ermöglichen fachbezogene Lösungen, **ohne daß besondere System- bzw. Programmierkenntnisse** erforderlich sind.

Pro Haushalt bisher → zukünftig		
Elektromotor	Mikroprozessor	
Waschmaschine, Geschirrspüler, elektr. Zahnbürste, Munddusche, Kühl- und Gefrierschrank, Tonband, Videogerät u. -kamera, Heizung, Heizlüfter, elektr. Messer, Mixer, elektr. Dosenöffner, Kaffeemaschine ...	Waschmaschine, Geschirrspüler, Fernsehgerät, Videogerät und -kamera, Taschenrechner, Heizung ...	**?**
ca. 60 Elektromotoren	ca. 10 Mikroprozessoren	

2 Einsatz von Mikroprozessoren

Überlegen Sie:
Suchen Sie für weitere Einsatzbereiche des Elektromotors Beispiele für einen möglichen Mikrocomputereinsatz (z.B. im Kraftfahrzeug).

3.1 Computer und Beruf

Der Computereinsatz erfordert weiterhin grundlegende Fachkenntnisse, wie sie für bisherige „Technische Werkzeuge" nötig waren.

Die Neuartigkeit des Einsatzes liegt in der Art und Weise, wie der Facharbeiter den Mikrocomputer für die Planung oder die Fertigung nutzen kann.

Die Einsetzbarkeit von Mikrocomputern als moderne Werkzeuge zur Lösung von technischen Problemen hängt im wesentlichen von der Leistungsfähigkeit der eingesetzten Programme ab.

Der Programmierer sollte die Programme nicht nur bedienerfreundlich, sondern praxisorientiert entsprechend den Erfahrungen und Kenntnissen des Facharbeiters schreiben.

3.1.2 Entwicklung der Informationsverarbeitung

Die Fähigkeit des Menschen, Wissen zu speichern und an die Nachfahren weiterzugeben, wird als ein maßgeblicher Grund dafür gewertet, daß der Mensch sich als Lebewesen über die Welt der Tiere erhöhen konnte. Viele Überlieferungen aus alten Kulturen zeigen dieses Bemühen um **schriftliche Informationsüberlieferung**.

Über bildhafte Darstellungen entwickelten sich im Laufe der Zeit aussagefähige Vereinbarungen mit Hilfe von Zeichen (Symbolen). Sie sind die Informationsträger in Form von Buchstaben und Ziffern. In der **richtigen Schreibweise (Syntax)** und mit der Einhaltung von **Regeln zur sinnvollen Verknüpfung (Semantik)** dieser vereinbarten Zeichen ergeben sich Wörter, Sätze und damit Beschreibungen für Zusammenhänge oder auch Zahlen.

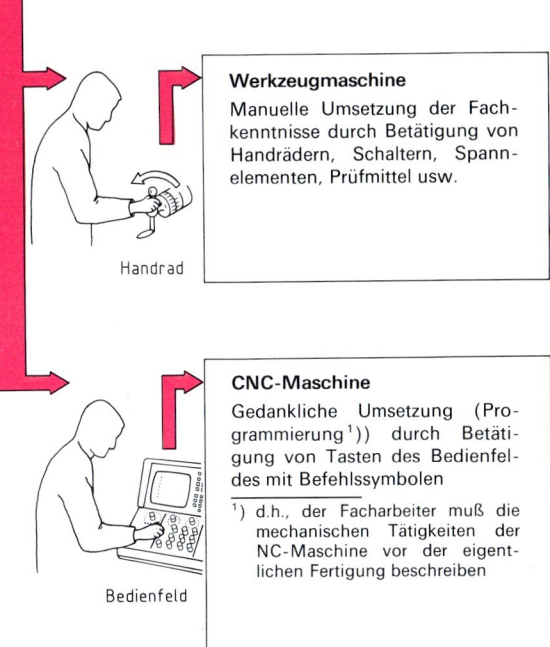

3 Erfordernisse grundlegender Fachkenntnisse

Ägyptische Bilderzahlschrift	Römische Zahlzeichen	Babylonische Keilschrift	
Keine Stellenschreibweise		60^1	60^0
I	I		𒐕
II	II		𒐖
III	III		𒐗
III I	IV		𒐘
III II	V		𒐙
∩	X		◁

1 Frühe Zahlensysteme

Dual-System	Dezimal-System
$2^{10}2^92^82^72^62^52^42^32^22^12^0$	$10^310^210^110^0$
0	0
1	1
1 0	2
1 1	3
1 0 0	4
1 0 1	5
1 0 1 0	1 0

2 Dual- und Dezimalsystem

4 Entwicklung der Informationstechnik. Erste Zahlzeichen

3.1 Computer und Beruf   3.1.3 Darstellungsarten von Informationen

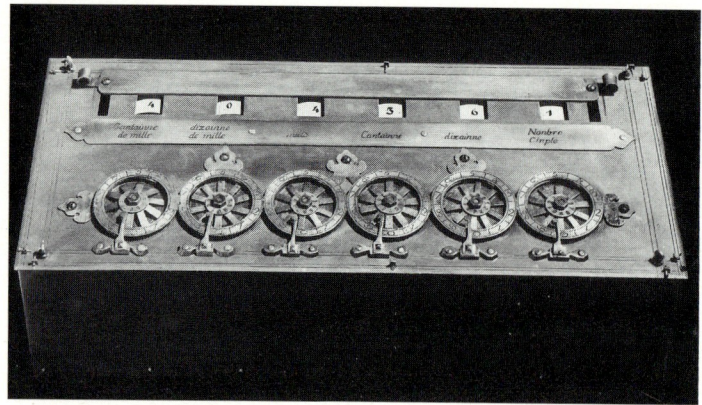
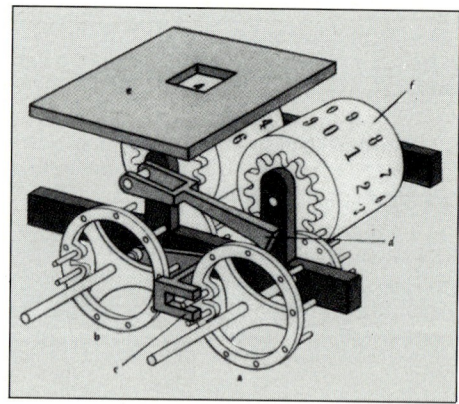

1 Erste Rechenmaschine von Pascal

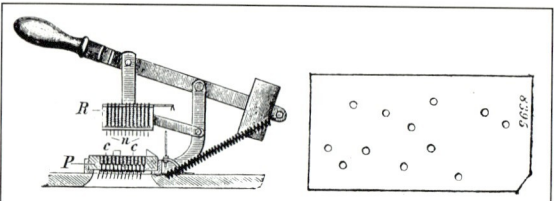

2 Lochkarte und Lesegerät, 19. Jahrhundert (Hollerithmaschine)

Mit der Entwicklung technischer Möglichkeiten der Informationsspeicherung, -verarbeitung und -übertragung mußten zweckdienlichere Darstellungsmöglichkeiten entwickelt werden. Bekannte Beispiele hierfür sind

- Stifttrommeln zum Betreiben von Spieluhren, Leierkasten und Puppen,
- Anordnungen von Wellen und Zahnrädern für mechanische Rechenmaschinen,
- Lochkarten und -streifen für Zähleinrichtungen, Webstuhlsteuerungen und Strickmaschinen,
- Vereinbarungen von Signallängen (Töne, elektrische Impulse, Licht) für das Morsealphabet,
- elektromechanische Bauteile mit elektrischen Verbindungen oder auch
- elektronische Bauteile und ihre Zusammenschaltung zu Steuereinheiten.

Hieraus wird ersichtlich, daß augenblicklich die elektronische Informationsverarbeitung am Beginn ihrer Entwicklung steht.

3 32 BIT-Mikroprozessor

3.1.3 Darstellungsarten von Informationen

Eine einfache Möglichkeit, Signale (Informationen) zu unterscheiden, liefert das Modell eines Schalters. Er besitzt zwei eindeutige Zustände. Damit liefert er bei einer angeschlossenen Spannungsquelle zwei unterschiedliche elektrische Signale. Die Bezeichnung der beiden **Signalzustände** ist in den Fachbüchern unterschiedlich (s. Tabelle Abb. 4).

Für die Praxis bedeuten diese 2 Signalzustände, daß ein Schalter zwei unterschiedliche Informationen signalisieren kann.

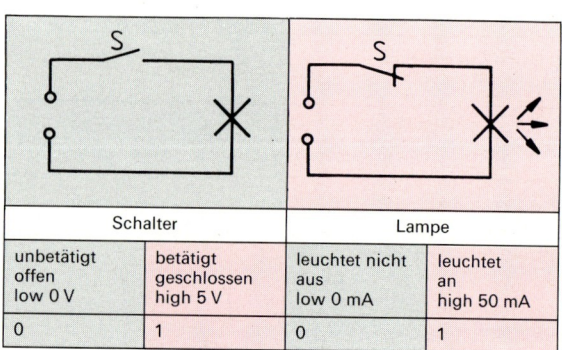

Schalter		Lampe	
unbetätigt offen low 0 V	betätigt geschlossen high 5 V	leuchtet nicht aus low 0 mA	leuchtet an high 50 mA
0	1	0	1

4 Schalter als 1-BIT-Information

3.1 Computer und Beruf 3.1.3 Darstellungsarten von Informationen

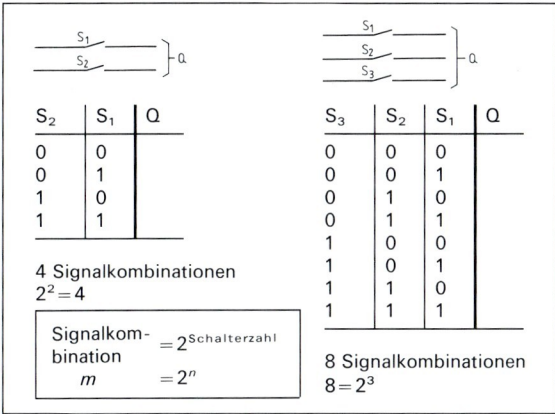

1 Mögliche Schalterkombinationen

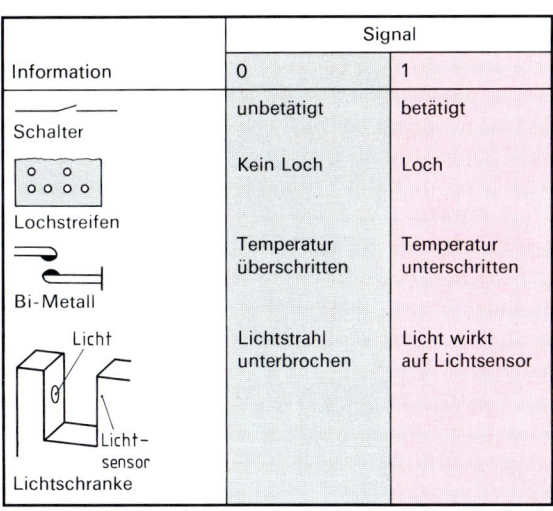

2 Signalzustände

Der Schalter stellt für die digitale Signalverarbeitung die kleinste Speichereinheit dar, die mit 1 BIT bezeichnet wird.

Bei der Nutzung von 2 Schaltern erhöhen sich die Darstellungsmöglichkeiten durch Kombinationen der unterschiedlichen Schalterstellungen auf 4.

Bei jeder Erhöhung um einen Schalter verdoppelt sich die Anzahl der unterschiedlichen Informationen.

D.h., bei 3 Schaltern sind 8 unterschiedliche Kombinationen möglich. Damit gilt allgemein, daß bei n Schaltern insgesamt 2^n unterscheidbare Signalkombinationen (m) vorliegen.
Für die Darstellung in informationsverarbeitenden Systemen hat sich die Nutzung der **Ziffern 0 und 1 (binäre Größen)** durchgesetzt. Mit der Festlegung sinnvoller Regeln oder Vereinbarungen lassen sich alle Zeichen durch Kombinationen der Ziffern 0 und 1 verschlüsselt darstellen. Weiterhin können Zahlen in Dualzahlen umgewandelt werden, auf die die bekannten Rechenregeln (z.B. Addieren, Dividieren) anwendbar sind.

Unabhängig vom Informationsträger zeigt sich, daß bis hin zur modernen Informationsverarbeitung alle Zeichen und Ziffern durch 0 und 1 darstellbar sind.

In den heutigen CNC-Werkzeugmaschinen wird unter anderem der Lochstreifen (Bild 3) als Informationsträger genutzt.
Ein moderner Rechner besteht modellhaft lediglich aus einer Vielzahl von „Schaltern", die auf die angeschlossenen Leitungen (Leiterbahnen) den Signalzustand 0 (bzw. 0 V) oder 1 (z.B. 5 V) senden und damit wiederum „Schalter" öffnen oder schließen. Diese Schalteraufgaben übernehmen in der Praxis äußerst kleine Schaltkreise (IC: integrated circuit), die in Halbleitermaterial geätzt werden. Erst die Winzigkeit der einzelnen Informationsträger ermöglichte die heutige preiswerte und leistungsfähige Informationstechnik.

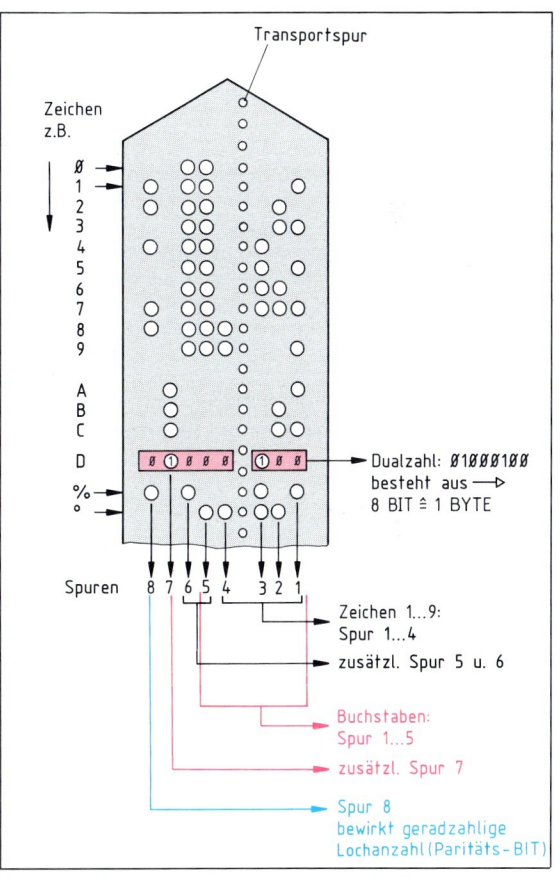

3 Information auf Lochstreifen

4 Integrierter Baustein

3.2 Hard- und Software für die Informationsverarbeitung

Jedes informationsverarbeitende System kann in drei Funktionsgruppen gegliedert werden:

‚Eingabe-Verarbeitung-Ausgabe' (kurz: E-V-A)

Hinter jedem dieser Begriffe verbirgt sich je nach Einsatz der Datenverarbeitung ein mehr oder weniger großer Aufwand an Hard- bzw. Software. Vereinfacht kann das Begriffspaar Hard-/Software folgendermaßen gedeutet werden:

Hardware: Alles, was faßbar, sichtbar (Diskette, Bildschirm, Drucker, Mikrocomputer) ist.
Software: Alles, was innerhalb dieser Hardware an Informationen (Daten und Programme) gespeichert ist oder wird.

Überlegen Sie:
Ordnen Sie folgende Bezeichnungen nach Hard- bzw. Software: Tastatur, Diskette, Programmieranweisung, Joy-Stick, Spieleprogramm, BASIC.

3.2.1 Hardware von informationsverarbeitenden Systemen

Die Hardware liefert die notwendige Voraussetzung für die sinnvolle Nutzung von Informationssystemen für bestimmte Aufgaben. Sie läßt sich ebenfalls in die Funktionsgruppen Eingabe-Verarbeitung-Ausgabe unterteilen.

3.2.1.1 Merkmale computergesteuerter Systeme

An einem sehr einfachen Beispiel soll das E-V-A-Prinzip anschaulich dargestellt werden. In der untenstehenden Skizze wird deutlich, daß die Glühlampe nur leuchtet, wenn entweder der Schalter S1 oder der Schalter S2 betätigt ist.

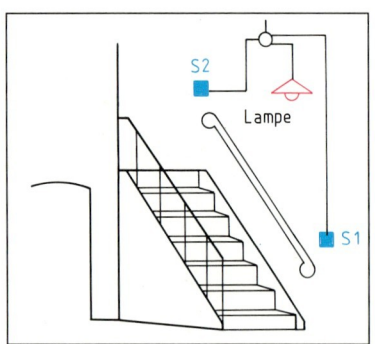

1 Treppenhausbeleuchtung

Die Eingabe besteht aus zwei Schaltern, die die Zustände geschlossen oder offen einnehmen können. Damit ergeben sich vier unterschiedliche Schalterkombinationen. Jeder Schalter kann den Strom unterbrechen (Schalter geöffnet) oder durchlassen (Schalter geschlossen).

Die Verarbeitung dieser beiden Schaltersignale ist hier zunächst nicht so eindeutig erkennbar. Sie liegt in der gezielten **Verdrahtung (Verbindungsprogrammierung)** der Schalteranschlüsse. Die Treppenbeleuchtung muß durch jeden Schalter einzeln ein- bzw. ausschaltbar sein. Bei einer Veränderung der Verdrahtung (Verarbeitung) entsprechend Bild 4 ergibt sich ein verändertes Ausgabesignal.

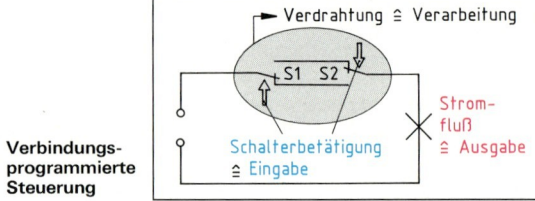

2 Verbindungsprogrammierte Steuerung

Die Ausgabe erfolgt auf die Glühlampe, die bei Stromfluß leuchtet.

Die computergesteuerten Systeme unterliegen ebenfalls dieser lange bekannten Systematik. Die Neuartigkeit liegt in der Art der Verarbeitung.

In computergesteuerten Systemen übernehmen Programme (Software) die Verknüpfung der Eingabeinformationen (speicherprogrammiert) innerhalb der Verarbeitungseinheit und bewirken die Ansteuerung der Ausgabeeinheit (Stromfluß durch die Lampe).

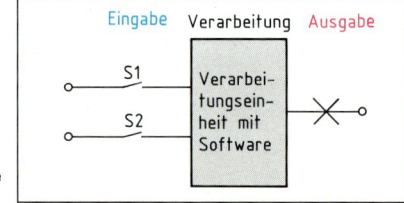

3 Speicherprogrammierte Steuerung

Eine Veränderung der Verdrahtung (z.B. NC-Werkzeugmaschine) entfällt meistens.

Überlegen Sie:
In der folgenden Schaltung sind Taster mit Schließerfunktion verwendet. Ein Taster schließt den Stromkreis nur so lange, wie er betätigt wird.
In welchem Fall erfolgt ein Warnsignal über die Hupe?

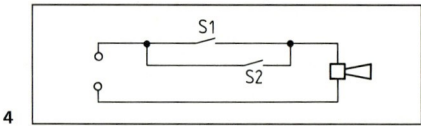

4

3.2 Hard- und Software
3.2.1 Hardware von informationsverarbeitenden Systemen

Wie muß die Verdrahtung geändert werden, wenn nur bei Betätigung beider Taster eine Signalausgabe erfolgen soll?

Jedes informationsverarbeitende System arbeitet nach dem Prinzip:
- Daten aufnehmen (über unterschiedliche Eingabegeräte),
- Daten verarbeiten (Art der Verarbeitung hängt von der Aufgabenstellung und dem Programm ab) und
- Daten ausgeben (über unterschiedliche Ausgabegeräte).

In der Übersicht (Bild 3) sind einige Beispiele für computergesteuerte Anwendungen zusammengefaßt.

Überlegen Sie:
Suchen Sie weitere Beispiele zu Bild 3 aus dem Betrieb oder dem täglichen Leben (z.B. automatische Türöffnung).

Eingabe →	Verarbeitung →	Ausgabe
Heizung: Raumtemperatur- und Außentemperaturfühler liefern Signale.	Programm ordnet Stellung von Schiebern zu.	Brenngas- oder Ölzufuhr wird erhöht; Durchflußmenge wird erhöht.
Textverarbeitung: Über die Tastatur wird der Text eingegeben.	Programm speichert den Text; zusätzliche Programme ermöglichen Korrekturen und Druckerausgabe.	Textausgabe zum Bildschirm, Drucker, Diskette ...

3 Beispiele zum E-V-A-Prinzip

3.2.1.2 Eingabeeinheiten

Eingabeeinheiten (z.B. Sensoren) ermöglichen die Kommunikation des Menschen mit dem Verarbeitungssystem. Das verbreitetste Eingabegerät ist die Tastatur, die der manuellen Eingabe von Zahlen, Texten oder Befehlen dient. Ihre Ausführungsform ist durch fachliche Anforderungen (z.B. Tastenfeld von Taschenrechnern, Textverarbeitungstastatur, Bedienfeld für CNC-Maschinen) bestimmt.

Tastatur

Die Tastatur besteht im wesentlichen aus einer sinnvollen Verdrahtung einzelner Tasten, die bei Betätigung einer Taste eine entsprechende Signalkombination (Dualzahl) an die Verarbeitungseinheit transportiert.

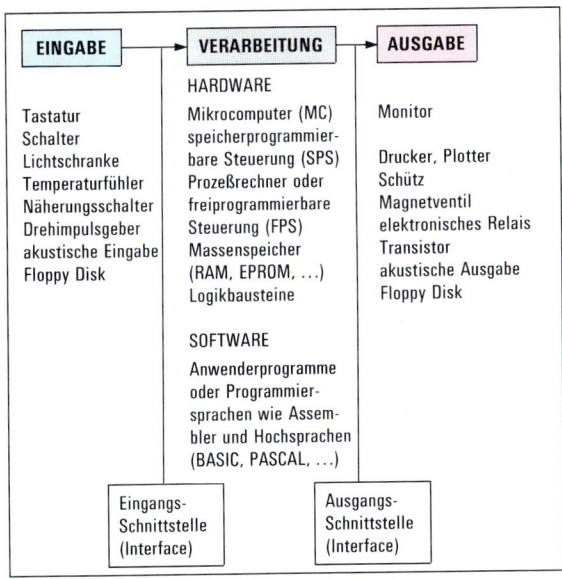

1 E-V-A-Prinzip der Datenverarbeitung

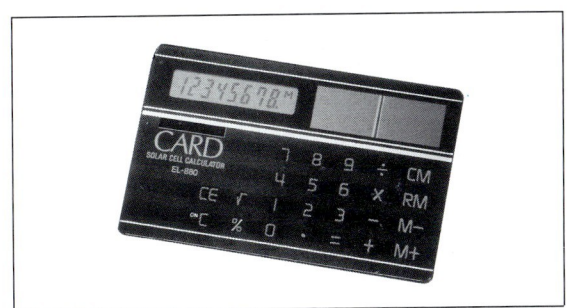

4 Taschenrechnertastatur

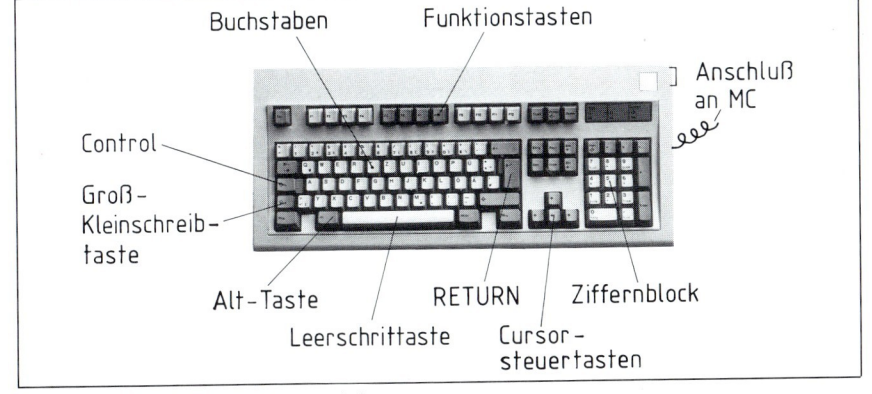

2 Rechnertastatur (z.B. für Texteingabe)

5 Bedienfeld einer CNC-Maschine

3.2 Hard- und Software
3.2.1 Hardware von informationsverarbeitenden Systemen

Sensoren

In der Technik werden vielfach besondere Sensoren angewendet. Sie bestimmen entscheidend die Leistungsfähigkeit mikroelektronischer Steuerungen.

> Die Verarbeitungseinheit nutzt die Sensoren als Fühler zur Umwelt. Sensoren setzen physikalische Größen wie Druck, Temperatur, Strahlung, Kraft u.a.m. in elektrische Signale um.

Meßgröße	Sensor	Anwendung
Licht	Fotozelle	Zählschranke, Arbeitsraumüberwachung
Magnetfeld, elektrisches Feld	induktive und kapazitive Näherungsschalter	Endlagenschalter für magnetische und unmagnetische Werkstoffe, Sensortasten
Druck/Kraft	piezoelektrische Aufnehmer	Verdichtungsdruck im Motorprüfstand
Temperatur	Thermoelement	Raumtemperaturmessung

2 Auswahl technischer Sensoren

Diese Signale erfaßt das in der Verarbeitungseinheit aktive Programm (Software) und gibt die vom Programmierer zugeordneten und gespeicherten Aktorenstellungen an die Ausgänge der Steuerung weiter (vgl. S. 152).

Die Entwicklung von Steuer- und Regelsystemen hängt in großem Maße von der Leistungsfähigkeit der verwendeten Sensoren ab. Sie sind in Steuerungen in vielfältigen Ausführungsformen anzutreffen, s. Bild 2.

Mit der Entwicklung der CAD-Technik entstand eine neue Form der Eingabe. Vorgegebene Auswahlentscheidungen (Bild 3) können durch besonders leicht handhabbare Wahlschalter (z.B. Maus, Stift) angewählt werden.

Maus

Durch Bewegen der Maus erfolgt die Auswahl eines Befehles aus dem Bildschirmmenü (z.B. Drucken). Mit der Bestätigung der Taster kommt es zur Befehlsausführung.

Stift

Der Stift wird auf den auszuführenden Befehl gesetzt. Durch Niederdrücken wird ein Kontakt geschlossen, der zur Befehlsausführung (z.B. Laden) führt.

Durch diese Programmunterstützung wird die Eingabe mittels Tastaturen ersetzt. Damit sind Schreibfehler des Benutzers bei der Eingabe ausgeschlossen. Bedienerfreundliche Menütechniken erleichtern in vielen zeitgemäßen Programmanwendungen die Handhabung von Verarbeitungssystemen.

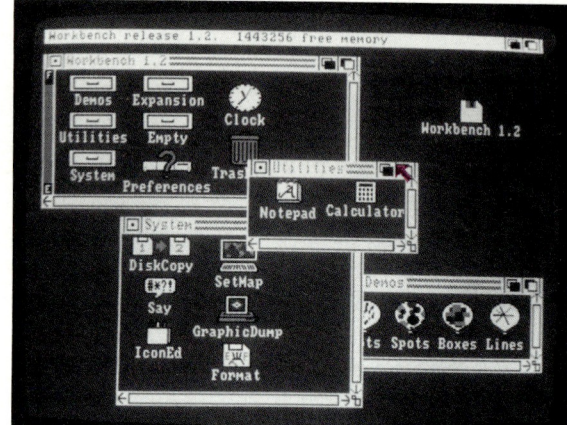

3 Bildschirmmenü mit Maus

Datenspeicher

Die aufwendige Eingabe umfangreicher Programme und anderer Daten erfolgt heute über Lesegeräte. Hierzu zählen **Diskettenlaufwerke** (Floppy-Disk), **Plattenlaufwerke** und **Magnetbandlaufwerke**. Mit Hilfe der entsprechenden externen Informationsspeicher (Disketten, Platten und Magnetbänder) ermöglichen sie das

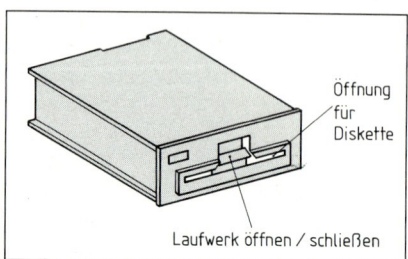

1 Diskettenlaufwerk

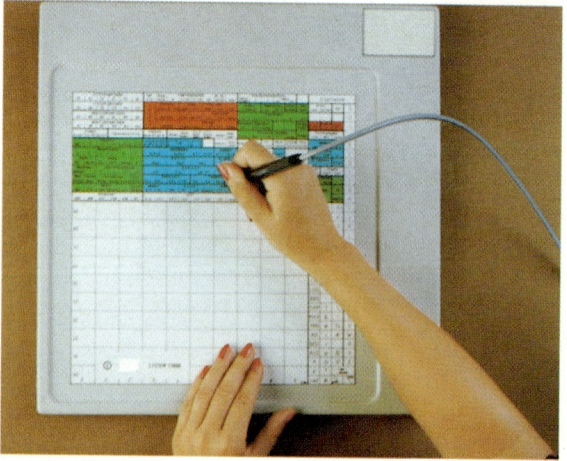

4 Tablett mit Stift

3.2 Hard- und Software 3.2.1 Hardware von informationsverarbeitenden Systemen

Speichern von Daten und Programmen, die beim Einsatz in die Verarbeitungseinheit gelesen werden können. Mit den unterschiedlichen Programmen wird der Mikrocomputer für entsprechende Anwendungsfälle nutzbar. Die erforderlichen, leistungsfähigen Programme werden von Softwarefirmen angeboten und den besonderen Kundenwünschen angepaßt.

Die Lesegeräte für externe Datenspeicher werden nicht nur für die Eingabe, sondern auch für die Ausgabe von Daten genutzt. Dabei können Daten und Programme im Mikrocomputer auf die genannten Speicher für spätere Verwendungen übertragen werden. Damit die Ein- bzw. Ausgabe organisiert wird, ist wiederum eine entsprechende Software erforderlich. Sie übernimmt beim Aufruf die Organisation der Datenübertragung.

3.2.1.3 Verarbeitungsbaugruppen

1946

1946 wurde der ENIAC gebaut. 18 000 Röhren, 500 000 Lötstellen, 200 kW Leistung und 135 m² Standfläche waren nötig, um 350 Multiplikationen zweier 10stelliger Zahlen in 1 Sekunde durchzuführen. Mit diesem Computer wurden die MERCURY-Raketenexperimente berechnet.

1973

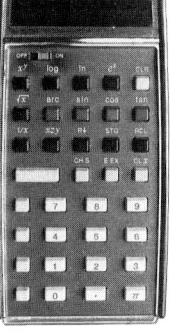

1973 war der erste wissenschaftliche Taschenrechner zum Preis von ca. 2 000,– DM zu kaufen. Mit diesem Gerät wurden die Kurskorrekturen der APOLLO-Mondflüge berechnet. Die Rechnerleistung ist vergleichbar mit der eines heutigen nicht programmierbaren Taschenrechners. Leistungsaufnahme ca. 10 W.

1986

1986: 32-Bit-Verarbeitungseinheit. Bei einer vielfachen Speicherkapazität und einer Leistungsaufnahme von ca. 2 W führt diese Verarbeitungseinheit ca. 1 Million Additionen zweier 10stelliger Zahlen in 1 Sekunde durch.

1 Entwicklung speicherprogrammierbarer Verarbeitungseinheiten

Die Verarbeitungseinheit (Home-, Mikro-, Personalcomputer, Großrechneranlage) übernimmt die Signale der Eingabeeinheit, ordnet die programmäßig festgelegten Ausgangssignale zu und übergibt sie an die Ausgabeeinheit (Aktoren). Hierfür benötigt sie die entsprechende Software. Damit die Übertragung der Ein- und Ausgabedaten ohne Informationsverlust möglich ist, müssen die Daten in der vereinbarten Form vorliegen. Den Transport der Information zwischen der Verarbeitungseinheit und den angeschlossenen Ein- und Ausgabegeräten übernehmen **Schnittstellen** (Interfaces). Sie können an allen informationsverarbeitenden Systemen als notwendige Zwischenglieder entdeckt werden.

Eine rasante Entwicklung, deren Ende noch nicht absehbar ist, findet im Bereich der speicherprogrammierten Verarbeitungseinheiten statt. Beispielhaft sei hier die Entwicklung zwischen 1946 und 1986 aufgezeigt (Bild 1).

Alle Rechner arbeiten nach dem gleichen Prinzip und sind daher ähnlich aufgebaut.

Sie unterscheiden sich im wesentlichen nur durch
- die Speicherkapazität,
- die Speicherorganisation,
- die Befehlsausführungszeit (Taktfrequenz) und
- die Zusammenfassung von Baugruppen zu komplexen Bauteilen.

Grundsätzlicher Aufbau eines Rechners

Mikroprozessor

Der Mikroprozessor ist der Hauptbestandteil eines Rechners. Sämtliche Arbeitsschritte erfolgen über ihn. Dazu muß der Mikroprozessor Befehle erkennen und ausführen, Speicherstellen auswählen, arithmetische und logische Verknüpfungen vornehmen und Entscheidungen anhand von Bedingungsprüfungen treffen.

3.2 Hard- und Software   3.2.1 Hardware von informationsverarbeitenden Systemen

Taktgeber

Der Taktgeber wirkt direkt auf den Mikroprozessor und bestimmt die Arbeitsgeschwindigkeit.

Festwertspeicher (ROM, EPROM u.a.m.)

Der Festwertspeicher enthält zunächst das Grundprogramm des Mikrocomputers. Beim Start des Mikrocomputers wird dieses wirksam, erkennbar an der Meldung auf dem Monitor oder an der Aktivierung des Diskettenlaufwerkes mit anschließendem Laden des Betriebssystems in den Schreib-Lese-Speicher. Das Betriebssystem beeinflußt wesentlich die Leistungsfähigkeit eines Mikrocomputers.

1 Mikrocomputer-Platine

Schreib-Lese-Speicher (RAM)

Dieser Speicherbereich steht für Programme, Daten und Zwischenspeicherungen des Mikrocomputers zur Verfügung. Die im RAM gespeicherten Daten gehen beim Ausschalten des Mikrocomputers verloren.

Ein-/Ausgabe

Damit der Mikrocomputer mit der Außenwelt (Tastatur, Diskettenlaufwerk, Monitor, Steueranschlüsse für Sensoren und Aktoren u.a.m.) in Kontakt treten kann, werden Ein- und Ausgabebausteine benötigt.

Der Mikroprozessor ist mit dem RAM, ROM und den Ein-Ausgabe-Bausteinen über ein Leitungssystem (Bus-System) verbunden.

- Über den **ADRESSBUS** wählt der Mikroprozessor die Speicherstellen an.
- Der Transport von Informationen vom und zum Mikroprozessor erfolgt über den **DATENBUS**.
- Über den **STEUERBUS** wird der Informationsfluß im Mikrocomputer organisiert.

3.2.1.4 Ausgabeeinheiten

Die unterschiedlichen Ausgabeeinheiten bilden das Ende einer Wirkkette. Sie (die Aktoren) stellen die Ergebnisse der Verarbeitungssysteme dem Menschen in einer ihm verständlichen Form (sichtbar/lesbar) zur Verfügung oder bewirken Veränderungen des Zustandes von technischen Aktoren (z.B. Spannen, Verschieben, Starten, Stoppen). Ihre eindeutige Funktion gibt erst Aufschluß über den korrekten Wirkungsablauf innerhalb des Informationssystems.

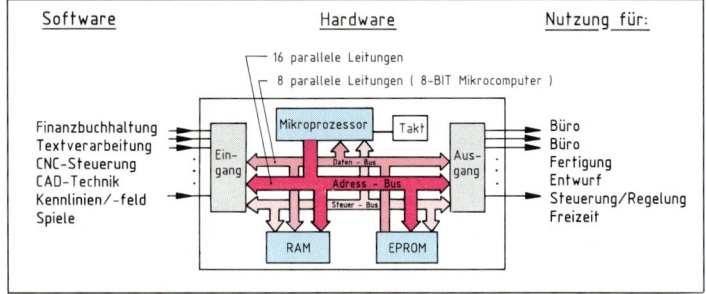

2 Modellhafter Aufbau eines Mikrocomputers

In der Praxis finden sich für die vielfältigsten Aufgabenstellungen anwendungsgerechte Lösungen. Die bekannteste Ausgabeform als Verbindungsstelle zwischen Mensch und Maschine ist der Monitor. Er ermöglicht dem Bediener eine Sichtkontrolle bei der Eingabe bzw. Veränderung von Daten.

Einen Einblick in die große Bandbreite der gebräuchlichsten Ausgabegeräte vermittelt folgende Übersicht auf S. 115.

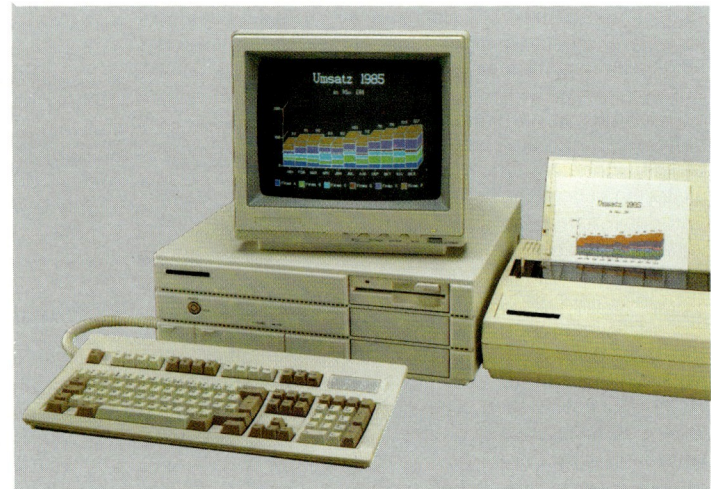

3 Farbbildmonitor

3.2 Hard- und Software 3.2.1 Hardware von informationsverarbeitenden Systemen

Ausgewählte Anwendungsbereiche	Beispielhafte Ausgabeeinheiten
Briefe, Rechnungen, Formulare, Manuskripte, Betriebsanleitungen	Matrixdrucker, Tintenstrahldrucker, Typenraddrucker, Laserdrucker, Diskettenlaufwerk
Zeichnungen, Datenblätter, Texte, Anschriftenlisten, Programme, Steuerdaten	Diskettenlaufwerk, Festplattenlaufwerk, Bandlaufwerk, Plotter, Drucker
CNC-Programme	Lochstreifenstanzer, Diskettenlaufwerk, an Programmierplatz angeschlossene CNC-Maschine
Steuerungsdaten zur Betätigung von Aktoren	Schrittmotor, Gleichstrommotor, Meldeeinrichtung
Sonderanwendungen für Bedienungsanleitungen, Fehlerkorrekturen	Lautsprecher für die Sprachausgabe, Meßwerke für optische Anweisungen

Die Informationen aus der Verarbeitungseinheit liegen in digitaler Form (0- und 1-Signale) auf dem Datenbus vor. Sie können nicht ohne weiteres vom Ausgabegerät in Bilder, Texte, Sprache oder Bewegungen umgesetzt werden. Dafür benötigen die angeschlossenen Systeme als Vermittler Schnittstellen (Interfaces). In den meisten Systemen liegen sie als komplette Baueinheiten vor. Sie lassen sich häufig sowohl für die Eingabe als auch die Ausgabe nutzen.

Überlegen Sie:
Nennen Sie für unterschiedliche Beispiele (Heizanlage, Computerspiel, Textverarbeitung usw.) Bauelemente, und ordnen Sie diese nach dem E-V-A-Prinzip!

1 Drucker

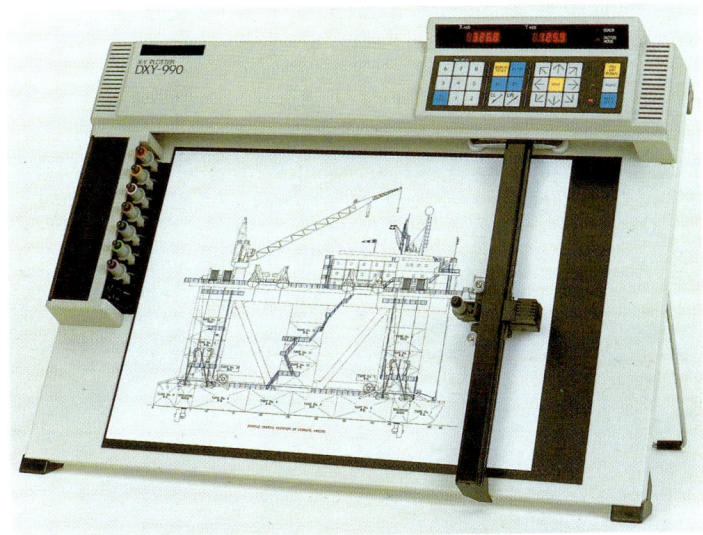
2 Plotter

3 Lochstreifenstanzer

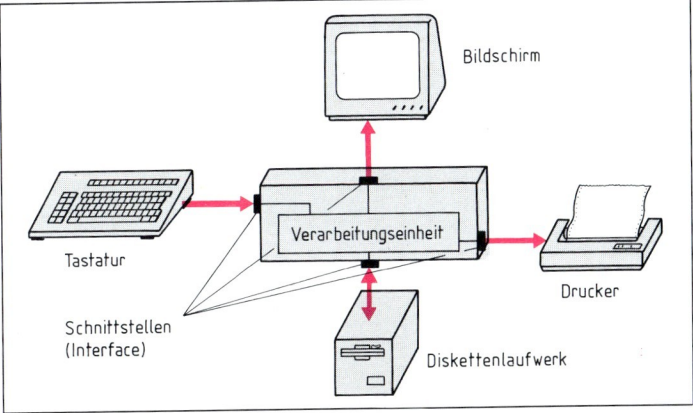
4 Schnittstellen

3.2.1.5 Interne und externe Datenspeicher

Interne und externe Datenspeicher dienen zum Speichern von Programmen und Daten (Informationen). Die internen Datenspeicher sind Bestandteil des Mikrocomputers (s. Bild 1).

Externe Datenspeicher sind magnetisch beschichtete oder optische Datenträger. Sie dienen zur Sicherung und Nutzung von Programmen und Daten.

Überlegen Sie:
In welchen Speichern sind die Daten nach Abschalten der Versorgungsspannung noch erhalten?

Floppy-Disk

In kleineren Anlagen wird häufig die Floppy-Disk für aktuelle Daten und als Sicherheitskopie genutzt. Sie besteht aus einer Kunststoffscheibe, einer äußerst dünnen magnetisierbaren Schicht, die der Informationsspeicherung dient, und einer Schutzhülle.

Vor dem erstmaligen Gebrauch ist eine Diskette zu formatieren. Das hierfür benötigte Formatierprogramm ist i.allg. Bestandteil beim Rechnerkauf. Bedienungshinweise und Anforderungen an die Qualität der Disketten sind den Handbüchern zu entnehmen. Beim Formatieren wird die magneti-

RAM (Random Access Memory) Schreib-Lese-Speicher	ROM (Read Only Memory) Nur-Lese-Speicher	EPROM (Erasable Programmable Read Only Memory) löschbarer und neu programmierbarer Nur-Lese-Speicher
• Universeller schneller Datenspeicher, • jede Speicherstelle einzeln adressierbar, • beliebig oft lesbar oder überschreibbar Flüchtiger Datenspeicher: Bei Ausfall der Versorgungsspannung sind die Daten verloren.	• Nichtflüchtiger Speicher, • nur einmal programmierbar, • Information daher nicht änderbar, • dienen z.B. zur Aufnahme der Grundprogramme.	• Nichtflüchtiger Speicher, • Dateninhalt mit UV-Bestrahlung durch ein Quarzglasfenster löschbar, • danach kann der Speicher neue Programme aufnehmen, • EPROM zum Löschen herausnehmen.

1 Interne Datenspeicher

Lochstreifen	Kassette (flexibles Magnetband)	Floppy Disk (flexible Magnet-Scheibe)	Harddisk (feste Magnet-Scheibe)
• geringe Speicherdichte, • unempfindlich gegen Magnetfelder beim Einsatz in Werkstätten, • nicht löschbar.	• preiswert, • lange Lade- bzw. Speicherzeit, • Einsatz in preiswerten Rekordern.	• kurze Lade- und Speicherzeit, • preiswert, • Formatierung erforderlich, • besondere Behandlungsregeln sind zu beachten.	• sehr kurze Lade- und Speicherzeit, • im Gerät i.allg. fest eingebaut, • vor Stoßbelastungen schützen. siehe Bild 2

3 Externe Datenspeicher

2 Festplattenlaufwerk (Harddisk)

sche Schicht in Spuren und jede Spur in Sektoren eingeteilt, um einen gezielten Zugriff auf einzelne Sektoren zu ermöglichen. Gleichzeitig werden einige Sektoren für das Inhaltsverzeichnis reserviert.

Die auf einer Diskette speicherbare Datenmenge hängt von der Anzahl der Spuren, der Anzahl der Sektoren pro Spur und der Anzahl der speicherbaren Informationen pro Sektor ab.

Es gilt:
Speicherkapazität
= Spurenzahl ·
 Sektoranzahl pro Spur ·
 speicherbare Information pro Sektor

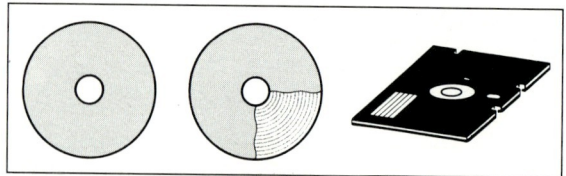

4 Aufbau einer Floppy-Disk

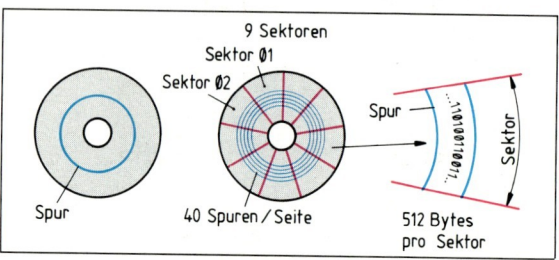

5 Einteilung einer Floppy-Disk in Spuren und Sektoren

> **Aufgabe:**
> Die Speicherkapazität einer Diskette mit den folgenden Daten ist zu berechnen:
> Spuranzahl   = 2·40
>   (2 Seiten mit je 40 Spuren)
> Sektoranzahl pro Spur   = 9
> sp. Inform. pro Sektor   = 512 Byte
>
> **Lösung:**
> Speicherkapazität   = 2·40·9·512 Byte
>   = 368 640 Byte
>   = 360·1024 Byte
>   = 360 KByte
>   (1024 Byte = 1 KByte)

Zur Speicherung eines Zeichens (Buchstabe, Ziffer) ist 1 Byte erforderlich.

Besitzt eine beschriebene Buchseite ca. 3000 Buchstaben, so könnten ca. 120 Buchseiten auf dieser Diskette gespeichert werden.

Überlegen Sie:
Wie viele Buchseiten können auf einer Festplatte mit nachfolgenden Werten gespeichert werden?
Spuranzahl   = 4·614
Sektoranzahl pro Spur = 18
sp. Inform. pro Sektor = 1024 Byte

Wichtige Behandlungsregeln für Disketten:

- Magnetschicht vor Verschmutzung schützen:
  Staub, Feuchtigkeit und Fingerabdrücke auf der Magnetschicht können Daten zerstören,

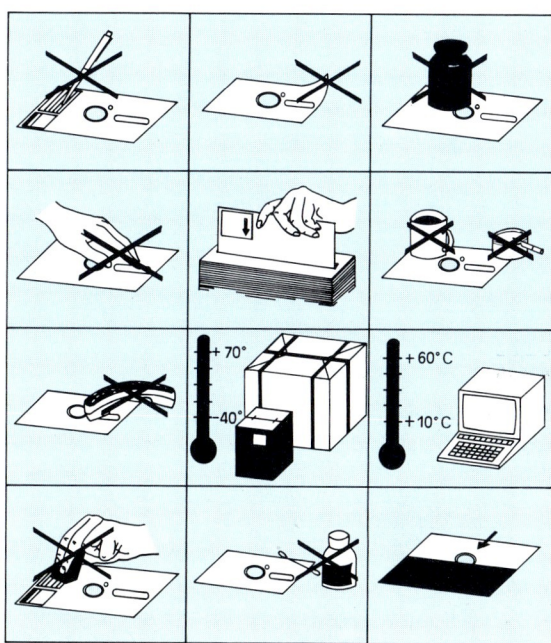

1 Behandlungshinweise für Datendisketten

- Diskette vor mechanischen Beanspruchungen schützen:
  Druckkräfte beim Beschriften, Knicken oder Biegen beim Einführen in das Laufwerk können Disketten zerstören,
- Thermische Belastungen vermeiden:
  Sonneneinstrahlung und Wärme können Disketten zerstören,
- Lagerung in Nähe von Magnetfeldern verhindern:
  die Speicherung erfolgt magnetisch, daher können äußere Magnetfelder die Daten verändern.

3.2.2 Software von informationsverarbeitenden Systemen

Soft- und Hardware bestimmen die Leistungsfähigkeit einer Computeranlage. Bei Neuanschaffungen bestimmt die Anforderung der ausgewählten Software den Umfang der anzuschaffenden Hardware. In allen anderen Fällen ist die Software für den Einsatz auf einen bestimmten Rechner anzupassen. Diese Aufgabe übernehmen Softwarefirmen.

3.2.2.1 Betriebssysteme

Die Inbetriebnahme leistungsfähiger Rechnersysteme erfolgt in einzelnen Stufen:

- Einschalten des Rechners,
- interner Test der Systembaugruppen mit Fehlermeldung bei Störungen
  (Programm im ROM),
- Aktivieren des Startprogramms zum Laden des Betriebssystems von Diskette oder Festplatte
  (Programm im ROM),
- Übertragen des Betriebssystems in den RAM-Speicher des Rechners,
- Systemmeldung des Betriebssystems.

Damit steht dem Benutzer die Leistungsfähigkeit des jeweiligen **Betriebssystem** – auch als **Grundprogramm** bezeichnet – zur Verfügung. Dieses Grundprogramm steuert den Informationstransport und die Informationsverarbeitung zwischen den Eingabe- und den Ausgabeeinheiten, z.B.:

- Formatieren von Disketten,
- Kopieren von Dateien oder Disketten,
- Anzeige von Inhaltsverzeichnissen,
- Löschen von Dateien,
- Ausgabe von Texten auf Bildschirm oder Drucker,
- Laden von Programmen in den RAM-Speicher,
- Starten dieser Programme.

Diese Möglichkeiten können vom Benutzer über die Tastatur oder durch Anwenderprogramme aufgerufen werden. Weitergehende Informationen über die Nutzung

3.2 Hard- und Software

3.2.2 Software von informationsverarbeitenden Systemen

und die Möglichkeiten des vorhandenen Betriebssystems sind den Handbüchern des Rechners zu entnehmen.

Soll das Betriebssystem oder ein Programm (Programmiersprache, Anwendersoftware) von einem Diskettenlaufwerk geladen werden, so ist die entsprechende Diskette in das Laufwerk einzulegen und die Laufwerkstür zu schließen. Für die Handhabung der Diskette sind die unter 3.2.1.5 gemachten Ausführungen zu beachten.

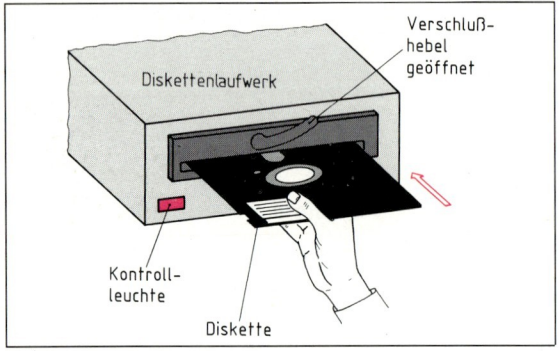

1 Diskette eingeben

Der Vorteil einheitlicher Betriebssysteme liegt darin, daß Rechner der unterschiedlichsten Hersteller für den Benutzer auf dieser Ebene gleiche Bedienerfunktionen zur Verfügung stellen. Ein Rechnerwechsel erfordert bei gleichem Betriebssystem keine zusätzlichen Maßnahmen.

Das Zusammenwirken von Mikrocomputer und Programmen läßt sich in einem vereinfachten Modell, dem Schalenmodell, darstellen. Das Betriebssystem stellt die erste Schale um die Hardware des Rechners dar.

Anwenderprogramme und Programmiersprachen nutzen die Funktionen des Betriebssystems.

Auf Personalcomputern sind die Betriebssysteme DOS, CP/M, MSDOS und UNIX besonders verbreitet. Bei Anwendungen in der Steuerungstechnik sind Betriebssysteme wie OS09 verbreitet, die die Vergabe von Prioritäten an die einzelnen Ein- und Ausgabegeräte gestatten.

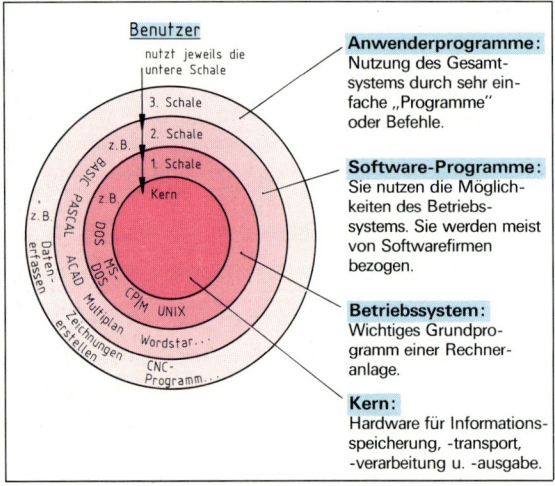

2 Schalenmodell eines Rechnersystems

3.2.2.2 Ausgewählte Anwenderprogramme

Anspruchsvolle, problemnahe Anwenderprogramme werden von Softwarefirmen angeboten. Diese Mikrocomputerprogramme sind in einer geeigneten Hochsprache geschrieben und unterstützen die unterschiedlichsten betrieblichen Tätigkeiten.

Typische Anwendungen sind z.B. Programme für
- die Textverarbeitung,
- die Tabellenkalkulation,
- die Berechnung von Lohn- und Gehalt,
- die Programmierung von CNC-Maschinen,
- die Zeichnungserstellung und Konstruktion (CAD),
- die Verwaltung von Materiallagern,
- die Überwachung von Fertigungsprozessen,
- die Erfassung von Meßwerten.

Tabellenkalkulation

Programme für eine tabellarische Verarbeitung von Daten teilen den Monitor in Zeilen und Spalten (Bild 3). Die dabei entstehenden Zellen können mit Wertangaben gefüllt und mathematisch (Addition, Subtraktion, Multiplikation usw.) oder logisch (UND, ODER, NICHT usw.) verknüpft werden.

Beispiel:

Die Multiplikation der Zelle Z1S1 (Zeile 1, Spalte 1) mit Zelle Z2S1 für die Zelle Z3S1 = Z1S1 · Z2S1 ergibt den Wert 54 (Bild 3). Ändert der Benutzer den Zahlenwert in der Zelle Z1S1 oder Z2S1, so erfolgt i.allg. eine augenblickliche Neuberechnung.

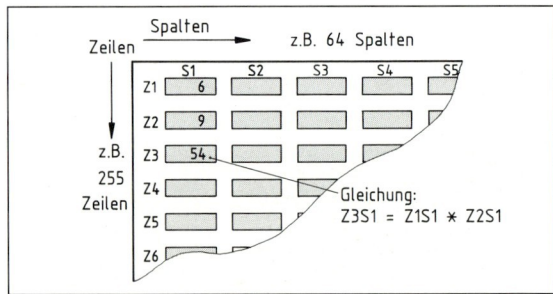

3 Prinzip der Tabellenkalkulation

Tabellenkalkulationsprogramme finden ihren sinnvollen Einsatz bei standardisierten Berechnungen (z.B. Zinsberechnungen, Gehaltsberechnungen, Volumenberechnungen, Getriebeberechnungen). Dabei erfüllen sie in der Regel folgende Forderungen:

- Erstellen, Verändern und Speichern von Programmen und -daten,
- Ausgabe von Ergebnissen auf Drucker und Diskette,
- Übergabe von Ergebnissen an Textverarbeitungen oder Grafikprogramme.

3.2 Hard- und Software 3.2.2 Software von informationsverarbeitenden Systemen

Textverarbeitung

Textverarbeitungsprogramme unterstützen z.B. die Sekretärin beim Bearbeiten von Texten. Häufig sich wiederholende Tätigkeiten übernimmt dabei der Mikrocomputer mit entsprechenden Zusatzgeräten wie Tastatur, Maus, Drucker, Spracheingabe usw.

Unter Verwendung der mitgelieferten Handbücher für das jeweilige Textverarbeitungssystem ermöglichen sie unter anderem:

- Texteingabe über Tastaturen, Diskette, Fernübertragung,
- Textspeicherung auf Diskette, Festplatte,
- Prüfung des Textes auf Rechtschreibfehler,
- Textwiedergabe über Monitor, Drucker,
- Textveränderungen durch besondere (vereinbarte) Befehlstasten, z.B.:
  - Löschen und Einfügen von Buchstaben, Wörtern,
  - Kopieren und Verschieben von Textteilen,
  - Unterstreichen und Hervorheben von Textteilen,
  - Automatische Trennhilfe am Zeilenende.

Die nutzbaren Befehle unterscheiden sich je nach eingesetztem Textverarbeitungssystem und können den mitgelieferten Handbüchern und Übungsanleitungen entnommen werden.

Hochsprache

Am Beispiel eines Drehteiles soll die unterschiedliche Bedeutung ausgewählter Anwenderprogramme für die Technik aufgezeigt werden. Die Nutzung für anspruchsvollere Aufgaben ist ohne weiteres möglich.

```
10 REM Drehteil zeichnen
20 CLS : SCREEN 1 : COLOR 1,0
30 REM Eingabe der Durchmesser und Laengen
40 PRINT "d1, l1, d2, l2"; : INPUT D1, L1, D2, L2
50 REM Ansicht des ersten Zylinders
60 LET X1 = 10 : LET Y1 = 100 - D1/2
70 LET X2 = X1 + L1 : LET Y2 = Y1 + D1
80 LINE (X1,Y1) - (X2,Y2),2,B
90 REM Ansicht des zweiten Zylinders
100 LET X3 = X2 : LET Y3 = 100 - D2/2
110 LET X4 = X3 + L2 : LET Y4 = Y3 + D2
120 LINE (X3,Y3) - (X4,Y4),2,B
130 END
```

1 BASIC-Programm zum Zeichnen eines Drehteils

2 Bildschirmausdruck des gezeichneten Drehteils mit zwei verschiedenen Eingaben für Durchmesser und Länge

Einfache geometrische Bauteile können durch eigene Programmierung in einer Programmiersprache (hier BASIC) auf dem Bildschirm gezeichnet werden.

Programmbeschreibung: Nach der Eingabe der Zahlenwerte für den Durchmesser d_1, die Länge l_1, den Durchmesser d_2 und die Länge l_2 wird das Drehteil auf dem Bildschirm gezeichnet (s. Bild 2).

CNC-Programmierung

Existiert in der Anwendersoftware ein Programm, das die mittels CAD-Software eingegebene Zeichnung in Steueranweisungen für CNC-Maschinen übersetzt, so ergeben sich folgende CNC-Anweisungen (s. Bild 3).

Der Benutzer muß lediglich die Anweisungen um die technologischen Daten z.B. Drehzahl, Schnittgeschwindigkeit, Vorschub, Werkzeug ergänzen, andernfalls sind die Anweisungen unter Benutzung einer CNC-Software über die Tastatur einzugeben.

```
1  %101
2  N0 G90 G95 G96 F0.3 S200 T4 M4 M8 M41
3  N1 G0 X84 Z0
4  N2 G1 X-1.6
5  N3 G1 Z2
6  N4 G0 X82
7  N5 G57 X1 Z0.5
8  N6 G81 X30 Z-51.5 I-3
9  N7 G0 X80 Z-50
10 N8 G1 Z-100
11 N9 G0 X200 Z100
  . . .
  . . .
```

Geometrische Daten
Maschinendaten
Technologische Daten

3 CNC-Programm zum Drehteil

CAD

CAD-Programme ermöglichen z.B. die graphische Darstellung von Werkstücken oder Schaltplänen auf dem Bildschirm. Sie nutzen eine Vielzahl unterschiedlichster Grundprogramme (Module) zum Zeichnen entsprechender Formen.

Sinnvolle CAD-Programme für den Einsatz in der Metall-Technik unterstützen und vereinfachen folgende Zeichenaufgaben:

- Zeichnen anspruchsvoller Konturen und Linienzüge durch die Nutzung grundlegender Zeichenelemente (z.B. Punkt, Linie, Rechteck, Kreis, Kreisbogen usw.),
- Zeichnen mit unterschiedlichen Linienarten (z.B. Vollinie, Mittellinie, Hilfslinie usw.),
- Übergabe der aktuellen Maße bei der Bemaßung und Schraffur der entsprechenden Flächen.

Weitere sinnvolle Konstruktionshilfen für den CAD-Benutzer sind folgende Möglichkeiten:

3.3 Programmieren von Verarbeitungssystemen
3.3.1 Systematische Lösungsschritte

- Variantenkonstruktion (formgleiche Werkstücke zeichnen), Makros (z.B. Normteile vollständig übernehmen), Zoomen (z.B. Ausschnitte vergrößern), 3D-Darstellung (Volumendarstellung), technische Berechnungen (z.B. Volumen, Masse, Flächen, Festigkeit), Beschriften,
- CNC-Programm aus der Kontur erstellen.

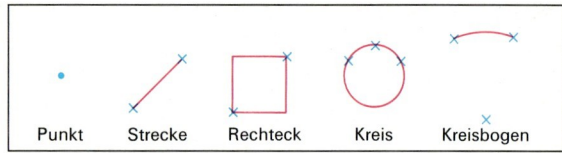

1 CAD-Zeichenelemente

3.3 Programmieren von Verarbeitungssystemen

3.3.1 Beschreibungsformen und systematische Lösungsschritte

Arbeitsanweisungen, Akkordscheine, Bauanleitungen sind Handlungsanweisungen, die nach einer bestimmten (endlichen) Anzahl von Schritten zum geforderten Ergebnis (z.B. Werkstück) führen.

> Eine endliche Anzahl von fachgerechten Lösungsschritten wird in der Informationstechnik mit Algorithmus bezeichnet.

Ein Algorithmus ist in verschiedenen Formen darstellbar, z.B. mittels

- Sprache, Schrift oder durch Vormachen (Arbeitsanweisung, eigene Arbeitsschritte, Akkordscheine, Arbeitsblätter, Handlungsanweisungen),
- Programmablaufplan nach DIN 66001 (Diagramm zum Drehteilvolumen),
- Struktogrammen nach DIN 66261 (Diagramm zum Drehteilvolumen).

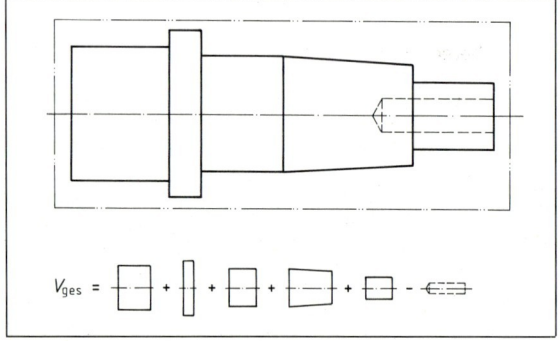

2 Drehteil

Am Beispiel für die Berechnung von Rohteil-, Fertigteil- und Zerspanvolumen für ein in Teilvolumen – Zylinder und Kegelstumpf – zerlegbares Drehteil soll die algorithmische Darstellung durch Text, Ablaufdiagramm und Struktogramm erfolgen.

Schriftliche Darstellung der Arbeitsschritte

a) Werkstoff des Rohteils ermitteln und den Wert für die Dichte aus einer Tabelle entnehmen,

b) Durchmesser und Höhe des Rohteils bestimmen, Rohteilvolumen und Rohteilmasse berechnen,

c) Form des Teilvolumens bestimmen und entscheiden, ob die Berechnung des Teilvolumens für den Zylinder oder den Kegelstumpf erfolgen soll,

   Zylinder: Durchmesser und Höhe bestimmen, Teilvolumen berechnen,

   $$V = G \cdot h = \frac{d^2}{4} \cdot \pi \cdot h$$

   Kegelstumpf: großen (d_1) und kleinen (d_2) Durchmesser und Höhe bestimmen, Teilvolumen berechnen,

   $$V = \frac{h}{12}(d_1^2 + d_1 d_2 + d_2^2) \cdot \pi$$

d) Kontrollieren und Entscheiden, ob das Teilvolumen zum Zwischenvolumen addiert oder davon subtrahiert werden soll,

   Addition: Erhöhen des Zwischenvolumens um das Teilvolumen,

   Subtraktion: Vermindern des Zwischenvolumens um das Teilvolumen,

e) Wiederholung der Schritte ab Punkt c), bis die Berechnung für alle Teilvolumen erfolgte,

f) Berechnung der Drehteilmasse, Berechnung des Zerspanvolumens, Berechnung der Zerspanmasse.

Die Aufgliederung des Berechnungsvorgangs zeigt, daß nach einer Folge von Arbeitsschritten (Bestimmung der Rohling-/Werkstückmaße, Ermittlung der Dichte und Teilberechnungen) die geforderten Endergebnisse vorliegen.

Aus dieser Beschreibung der Berechnungsfolge ist ersichtlich, daß alle Berechnungen oder Tätigkeiten, die in einer bestimmbaren Anzahl von Schritten zum geforderten Ergebnis führen, in folgende Grundstrukturen zerlegt werden können:

- die **Sequenz**
  Einzelne Arbeitsschritte werden nacheinander ausgeführt.
  Z.B.: die Schritte a) und b).

- die **Auswahl**
  Entscheidungen werden aufgrund vorgegebener Bedingungen getroffen.
  Z.B.: erster Teil des Schrittes c).
- die **Wiederholung**
  Die beschriebenen Schritte sind so oft zu wiederholen, bis die vorgegebene Bedingung erfüllt ist.
  Z.B.: Schritt e).

Überlegen Sie:
Erstellen Sie eine Handlungsanweisung (Algorithmus) für die fachgerechte Anfertigung einer Durchgangsbohrung.

Zur systematischen Erfassung der Vorgehensweise bei der Volumen-/Massenberechnung sind grafische Darstellungen hilfreich. Eine begrenzte Auswahl für die Schritte a) bis f) zeigt Bild 1.

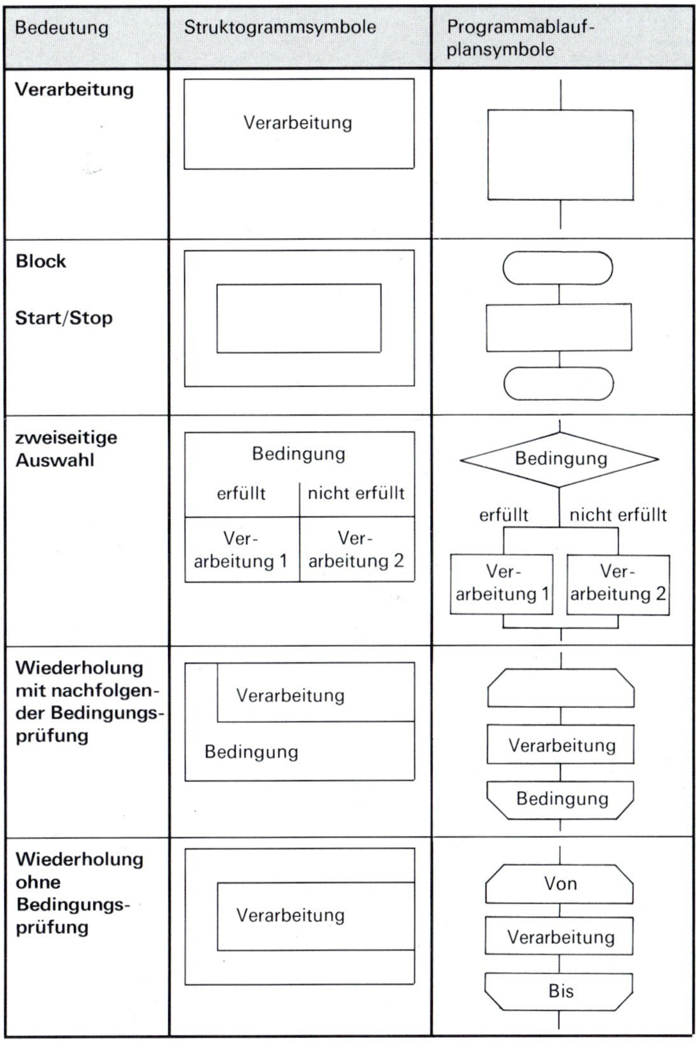

Strukturierte Darstellung der Vorgehensweise

Um den Algorithmus computergerecht aufzubereiten, sind Kenntnisse einer Programmiersprache zwingend erforderlich. Algorithmen können auch Handlungsanweisungen zur Fehlersuche für den Servicetechniker sein. Der Programmablaufplan (PA) und das Struktogramm sind bekannte Darstellungen bzw. hilfreiche Zwischenschritte, um den Algorithmus symbolhaft darstellen zu können. Dazu sind drei Voraussetzungen erforderlich:

Die Handlungsanweisung/das Programm muß
- in einer endlichen Anzahl von Schritten darstellbar sein und die Lösung erreicht haben,
- aus durchführbaren Teilen bestehen und
- eine eindeutige Reihenfolge für die Abarbeitung der Einzelschritte aufweisen.

Bedeutung	Struktogrammsymbole	Programmablaufplansymbole
Verarbeitung	Verarbeitung	□
Block Start/Stop	□	⬭
zweiseitige Auswahl	Bedingung / erfüllt | nicht erfüllt / Verarbeitung 1 | Verarbeitung 2	◇ Bedingung / erfüllt | nicht erfüllt / Verarbeitung 1 | Verarbeitung 2
Wiederholung mit nachfolgender Bedingungsprüfung	Verarbeitung / Bedingung	Verarbeitung / Bedingung
Wiederholung ohne Bedingungsprüfung	Verarbeitung	Von / Verarbeitung / Bis

1 Symbole nach DIN 66261 und DIN 66001

Für die Arbeitsschritte auf Seite 120, die den Lösungsweg der Volumenberechnung vorzeichnen, ergibt sich das Struktogramm/der Programmablaufplan auf Seite 122.

Überlegen Sie: Erweitern Sie Ihre Handlungsanweisung für die Durchgangsbohrung
a) in Form eines Struktogramms oder
b) in Form eines Programmablaufplans.

3.3.2 Programmiersprachen

Damit die strukturierte Darstellung in computergerechte Anweisungen übersetzt werden kann, sind Grundkenntnisse mindestens einer Programmiersprache erforderlich. Am Beispiel der Programmiersprachen BASIC und PASCAL sollen grundsätzliche Unterschiede und Gemeinsamkeiten dieser beiden Sprachen aufgezeigt und einfache Programme erarbeitet werden.

3.3.2.1 Ausgewählte Hochsprachen

BASIC (Beginners Allpurpose Symbolic Instruction Code)

Die Sprache BASIC ist auf fast allen Rechnern erhältlich und selbst auf vielen programmierbaren Taschenrechnern vorhanden. Schon mit wenigen Eingaben ist ein funktionsfähiges Programm erstellbar.

3.3 Programmieren von Verarbeitungssystemen — 3.3.2 Programmiersprachen

Symbolische Darstellung der Arbeitsschritte

Beginn der Berechnung des Drehteils

- Werkstoff des Rohteils ermitteln und Dichte aus der Tabelle entnehmen
- Ermitteln des Rohteildurchmessers
- Ermitteln der Rohteilhöhe
- Berechnung des Rohteilvolumens
  $V_R = \dfrac{d^2}{4} \cdot \pi \cdot h$
- Berechnung der Rohteilmasse
  $m_R = V \cdot \varrho$
- Gesamtvolumen des Drehteils auf Null setzen
  $V_G = 0$

WIEDERHOLE

Form des Teilkörpers?

Zylinder	Kegelstumpf
Ermitteln des Durchmessers d	Ermitteln des kleinen und großen Durchmessers d_1 und d_2
Ermitteln der Höhe h	Ermitteln der Höhe h
Berechnen des Teilvolumens $V_T = \dfrac{d^2}{4} \cdot \pi \cdot h$	Berechnen des Teilvolumens $V_T = \dfrac{h}{12} \cdot \pi \cdot (d_1^2 + d_1 d_2 + d_2^2)$

Volumenwert addieren?

Ja (Addieren)	Nein (Subtrahieren)
Gesamtvolumen um das Teilvolumen erhöhen $V_G = V_G + V_T$	Gesamtvolumen und das Teilvolumen vermindern $V_G = V_G - V_T$

Feststellen, ob bereits das letzte Teilvolumen berechnet wurde

BIS alle Teilvolumen berechnet sind

- Berechnung der Drehteilmasse
  $m_G = V_G \cdot \varrho$
- Berechnung des Zerspanvolumens
  $V_Z = V_R - V_G$
- Berechnung der Zerspanmasse
  $m_Z = m_R - m_G$

Ende

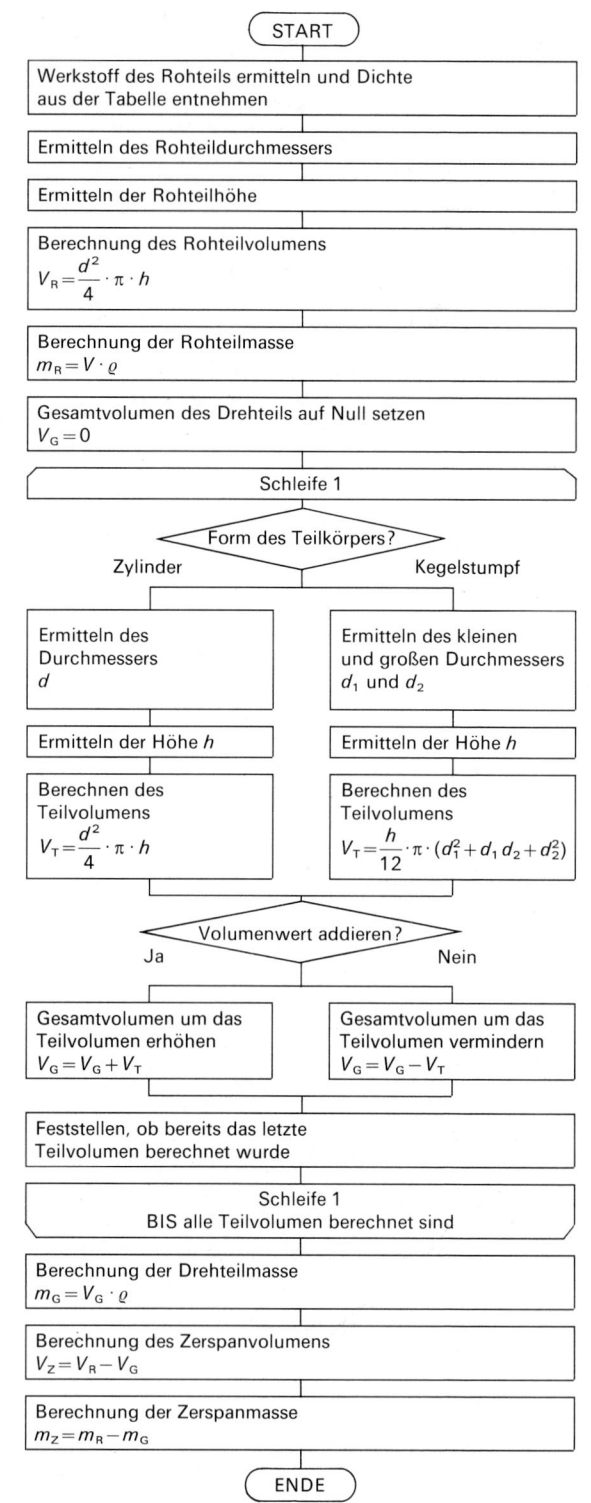

1 Struktogramm und Programmablaufplan (PA)

3.3 Programmieren von Verarbeitungssystemen 3.3.2 Programmiersprachen

Mit BASIC als Interpreterversion (vgl. S. 125) können direkte Berechnungen oder Textausgaben erfolgen.

Z.B. Berechnung:

```
PRINT 15.3 * 4.15
```

Nach der Eingabebestätigung mit der RETURN-Taste (oftmals die Taste mit dem ↵-Zeichen) erscheint das Ergebnis der Berechnung (hier: 63.495) auf dem Bildschirm. Diese Anwendungsmöglichkeit ist in der Praxis von untergeordneter Bedeutung.

Im allgemeinen besteht ein BASIC-Programm aus einer Zeilennummer und einer oder mehreren nachfolgenden Anweisungen, die jeweils durch das Zeichen : getrennt werden. Z.B.

```
10 PRINT "Faktor   : "; : INPUT A
20 PRINT "Ergebnis : "; : PRINT 15.3 * A
30 END
```

Dieses dreizeilige Programm kann über die Tastatur eingegeben werden. Jede Programmzeile wird mit der RETURN-Taste abgeschlossen und damit in den Mikrocomputer gespeichert. Der Startbefehl ‚RUN' und die anschließende Bestätigung bewirkt die Programmausführung und bei Eingabe des Zahlenwertes 4.15 für A die Monitorausgabe von Bild 1.

```
10 PRINT "Faktor   : "; : INPUT A
20 PRINT "Ergebnis : "; : PRINT 15.3 * A
30 END
RUN
Faktor   : ? 4.15
Ergebnis : 63.495
```

1 Monitorausgabe bei Programmeingabe und -start

Wie zu erkennen ist, wird für die Darstellung von Dezimalstellen der Punkt (amerikanische Schreibweise) anstatt des Dezimalkommas verwendet.

PRINT (schreiben) bedeutet die Ausgabe einer Information auf das aktuelle Ausgabegerät (meistens der Bildschirm). Der Cursor wird an den Anfang der nächsten Zeile positioniert (Zeilenvorschub).

INPUT (lesen) bedeutet die Eingabe einer Information vom aktuellen Eingabegerät (meistens die Tastatur).

Weitere arithmetische Verknüpfungen sind:

Verknüpfung	verwendetes Symbol	Beispiel	Ausgabe
Addieren	+	10 PRINT 4+5	9
Subtrahieren	−	10 PRINT 4−5	−1
Multiplizieren	*	10 PRINT 4 * 5	20
Dividieren	/	10 PRINT 4 / 5	0.8
Potenzieren	^	10 PRINT 4 ^ 5	1024

In den BASIC-Programmen können statt der Zahlen unterschiedliche Variable (Platzhalter, z.B. A für 4.15) benutzt werden. Sie müssen eine vereinbarte Kennzeichnung erhalten. Durch die Art der Kennzeichnung im Programm ist der jeweilige Datentyp eindeutig festgelegt:

A   ist ohne zusätzliche Kennzeichnung, und A steht für **alle Dezimalzahlen** (z.B.: 3.14).
A%   % ist die Kennzeichnung, und damit steht A für **alle ganzen Zahlen** (z.B.: 10).
A$ $ ist die Kennzeichnung, und damit steht A für **alle Zeichen** (z.B.: A) oder **Zeichenketten** (z.B.: Facharbeiter).

Um unter den Betriebssystemen CP/M und MSDOS ein BASIC-Programm schreiben zu können, muß i.allg. erst der BASIC-Interpreter von der Diskette in den Rechnerspeicher geladen werden. Ist dieser Interpreter im Inhaltsverzeichnis der Diskette unter dem Namen **BASICA.COM** enthalten, so wird er mit **BASICA ⟨RETURN⟩** geladen und gestartet. Mittels des Unterprogramms für die Eingabe über die Tastatur (Editor) kann der Programmtext in den Rechner eingegeben werden. Dieser Editor unterstützt den Bediener bei der Programmeingabe durch hilfreiche Eingabefunktionen (z.B. Löschen, Suchen, Verändern, Ordnen, Speichern/Laden, Hervorheben).

PASCAL (benannt nach Blaise Pascal)

PASCAL wurde von dem Schweizer Professor Wirth ca. 1970 entwickelt und war als reine Ausbildungssprache für Studenten gedacht. Durch Weiterentwicklungen wie TURBO-PASCAL ist diese Compilerversion inzwischen fast genauso verbreitet wie die interpretierenden BASIC-Dialekte. Sie bietet dabei größeren Benutzerkomfort und übersichtlichere Handhabung. Der Vorteil wird sichtbar, wenn die Programme länger als eine Bildschirmseite sind.

Pascalprogramme als Compilerversionen (vgl. S. 125) können nicht direkt ausgeführt werden.

Sie bestehen in der einfachsten Form aus drei Teilen:

```
PROGRAM Multiplikation;       dem Programmkopf
VAR A     : REAL;
    Faktor : REAL;            dem Vereinbarungsteil
BEGIN                         dem Ablaufteil
  A := 15.3;
  READLN (Faktor);
  WRITELN (A * Faktor)
END.
```

Im Gegensatz zu BASIC muß der Programmierer beim Erstellen von Pascalprogrammen angeben, aus welcher Menge die verwendeten Variablen kommen (Vereinbarungsteil), also z.B.:

3.3 Programmieren von Verarbeitungssystemen   3.3.2 Programmiersprachen

für **Dezimalzahlen** → VAR Faktor: **REAL;**
oder für **ganze Zahlen** → VAR Stückzahl: **INTEGER;**
oder für **Zeichenketten** mit maximal 30 Zeichen
→ VAR Nachname: **STRING [30];**

WRITELN (schreiben) bedeutet die Ausgabe einer Information auf das angewählte Ausgabegerät (meistens der Bildschirm). Der Cursor wird an den Anfang der nächsten Zeile positioniert (Zeilenvorschub).

READLN (lesen) bedeutet die Eingabe einer Information vom aktuellen Eingabegerät (meistens die Tastatur).

Das Semikolon (;) trennt die einzelnen Anweisungen. Vor oder nach bestimmten PASCAL-Anweisungen darf kein Semikolon stehen, z.B. UNTIL, IF, THEN.

Weitere arithmetische Verknüpfungen für Dezimalzahlen und ganze Zahlen sind:

Verknüpfung	verwendetes Symbol	Beispiel	Ausgabe
Addieren	+	WRITELN (4+5)	9
Subtrahieren	−	WRITELN (4−5)	−1
Multiplizieren	*	WRITELN (4 * 5)	20
Dividieren von Dezimalzahlen	/	WRITELN (4 / 5)	0.8
Dividieren von ganzen Zahlen	DIV	WRITELN (8 DIV 5)	1

Pascal besitzt sehr bedienerfreundliche Möglichkeiten, Unterprogramme zu erstellen und diese mit ihren Namen aufzurufen. Sollen mehrere Anweisungen zusammengefaßt werden, so kann dies durch das Bilden eines Unterprogrammes oder durch das Klammern mit BEGIN...END geschehen.

Damit im Programm Ergebnisse (z.B. Wert erreicht) oder Zustände (z.B. Taste gedrückt) abgefragt werden können, sind logische Verknüpfungen als Bedingungsprüfung Bestandteile aller Programmiersprachen.

BASIC	PASCAL	Bedeutung
A=B	A=B	A gleich B
A<B	A<B	A kleiner B
A<>B	A<>B	A ungleich B
A>=B	A>=B	A größer oder gleich B
A AND B	A AND B	A und B
A OR B	A OR B	A oder B

1 Ausgewählte logische Verknüpfungen

3.3.2.2 Besonderheiten der Programmiersprachen

Die Programmerstellung erfordert die Entscheidung für eine Programmiersprache. Grundsätzlich wird zwischen Assemblersprachen (Programmierung in den Anweisungen des Mikroprozessors) und Hochsprachen (Verwenden einfacher Wörter der englischen oder deutschen Sprache) unterschieden.

Assemblersprachen

> Der Einsatz von Assemblersprachen erfordert genaue Kenntnisse des vorliegenden Rechnersystems.

Für zeitkritische Aufgaben, z.B. Drehzahlmessung eines Ottomotors und Einstellung des Zündzeitpunktes, sind Assemblersprachen zwingend erforderlich.

Hochsprachen

Es gibt ca. 150 Hochsprachen, die für unterschiedlichste Betriebssysteme vorhanden sind.

> Alle diese Kunstsprachen besitzen wie unsere Alltagssprache feste Regeln für die Rechtschreibung und Zeichensetzung **(Syntax)**. Die erwarteten Ergebnisse stellen sich nur dann ein, wenn die Sinnhaftigkeit **(Semantik)** der Programmanweisungen korrekt ist.

Merkmal / Programmiersprache	Entwickelt seit ca.	Entwickelt für	Angewendet z.B. für
FORTRAN (**FOR**mula **TRAN**slation)	1955	mathematische, naturwissenschaftliche und technische Aufgaben	umfangreiche CAD-Programme auf Großrechnern
COBOL (**CO**mmon **B**usiness **O**riented **L**anguage)	1960	wirtschaftliche Aufgaben	umfangreiche Lohn-, Finanzbuchhaltung, Lagerhaltung
LISP (**LIS**t **P**rocessing) und **PROLOG**	1960 / 1972	mathematische Aufgaben (Algebra und Logik)	Programme zum Lösen von umfangreichen Gleichungssystemen, Programme für Diagnosezwecke (Motoren- und Getriebediagnose)
C	1972	Erstellen von Betriebssystemen	In C sind Teile der Betriebssysteme CP/M68K und UNIX programmiert. CAD-Programme, wie z.B. AUTOCAD
BASIC (**B**eginners **A**ll purpose **S**ymbolic **I**nstruction **C**ode)	1964	Hobbybereich, kleinere mathematische und technische Aufgaben	Spielprogramme, Ausbildungsbereich
PASCAL (nach Blaise Pascal 1623–1662)	1970	Ausbildung von Studenten, mathematische, naturwissenschaftliche, technische Aufgaben	Dateiprogramme, CAD-Programme, wie z.B. CADdy, Textverarbeitungsprogramme, Statistikprogramme

2 Ausgewählte Programmiersprachen

Jedes Hochsprachenprogramm muß in den Maschinencode des vorhandenen Prozessors übersetzt werden. Dafür besitzen Mikrocomputer **Interpreter** (z.B. für die Sprache BASIC) oder **Compiler** (z.B. für die Sprache PASCAL).

> **Interpreter:**
> Ein Interpreter übersetzt jede einzelne Anweisung dieser Sprache vor ihrer Ausführung erst in Steueranweisungen für den vorliegenden Mikroprozessor.
>
> **Compiler:**
> Der Compiler ist ein Programm, das den gesamten Programmtext (Quelltext) vor der Programmausführung in Steueranweisungen für den vorliegenden Mikroprozessor übersetzt. Erst jetzt kann das Programm gestartet werden.

Die Laufzeiten compilierter Programme sind also kürzer, da sie als Assemblerprogramme zur Ausführung gelangen.

Aufgrund der fortschreitenden Weiterentwicklung der oben genannten Programmiersprachen sind die Unterscheidungsmerkmale inzwischen fließend. Mit Programmiersprachen wie TURBO-BASIC oder TURBO-C lassen sich alle hier angesprochenen Anwendungen realisieren.

Die folgenden Programme beziehen sich alle auf Rechner mit CP/M-Betriebssystem oder MSDOS-Betriebssystem. Sie sind ohne aufwendige Änderungen auf Rechnern mit anderen Betriebssystemen nutzbar.

Programmierfehler

Der Interpreter prüft vor der Ausführung einer Anweisung deren korrekte Schreibweise. Bei einer fehlerhaften Anweisung weist der Rechner durch Programmabbruch und anschließende Fehlermeldung (s. Bild 1) darauf hin, daß die Anweisung falsch geschrieben wurde.

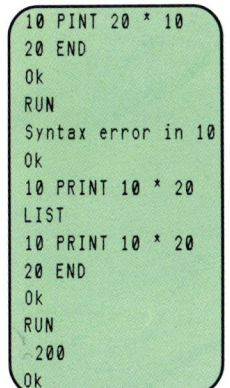

1 Fehlermeldung

Der Fehler in dieser Zeile ist z.B. durch Neuschreiben der Zeile zu berichtigen.

Durch gezielte Verwendung von Testdaten, für die die Ausgabedaten bekannt sein müssen, lassen sich Logikfehler im Programm auffinden.

3.3.2.3 Befehle für Dateioperationen

Damit Programme geladen, gespeichert, gelöscht, angezeigt usw. werden können, stehen eine Vielzahl unterschiedlicher Befehle zur Verfügung. Sie unterscheiden sich z.B. nach Betriebssystemen und/oder augenblicklich genutztem Programm. In der Übersicht kann die Vielfalt nur angedeutet werden.

	DOS (Disketten Operating System)[1]	**MS-DOS** (Micro Soft-DOS)	**CP/M** (Control Program for Microcomputer)
Disketten-inhalts-ver-zeichnis	**CATALOG, D1** D1 für Laufwerk-anschluß **LOAD "$", 8** und **LIST** 8 für Laufwerk-anschluß	**DIR** alle Programme des aktuellen Laufwerks **DIR /P** jeweils eine Bildschirmseite	**DIR** wie MS-DOS **DIR A:** Programme des Laufwerkes A
Formatie-ren der Diskette	**BRUN FORMATTER 80** **PRINT#1, "N:TEST,Ø1"**	**FORMAT** es folgt ein Menü	**FORMAT** es folgt ein Menü
Kopieren mit zwei Lauf-werken	**RUN COPY** **RUN "TURBOCOPY", 8**	**DSKCOPY A: B:** Ursprung Ziel	**COPY B:=A:** Ziel Ursprung
BASIC [Voraussetzung: BASIC-Interpreter ist aktiviert BASIC-Version kann Befehl verändern]	\-- BASIC-Programme des Laufwerkes A [bzw. 1] **auflisten**: --		
	wie Disketten-inhaltsverzeichnis	**FILES "A:"**	**FILES "A:*.*"**
	\-- BASIC-Programm „Drehteil" von Diskette **laden**: --		
	LOAD DREH-TEIL, D1 **LOAD "DREH-TEIL", 8**	**LOAD "A: Drehteil"**	**LOAD "A: Drehteil"**
	\-- BASIC-Programm „Drehteil" auf Diskette **speichern**: --		
	SAVE DREH-TEIL, D1 **SAVE "DREH-TEIL", 8**	**SAVE "A: Drehteil"** max. 8 Zeichen	**SAVE "A: Drehteil"** max. 8 Zeichen
	\-- BASIC-Programm „Drehteil" von Diskette **löschen**: --		
	DELETE DREH-TEIL, D1 **PRINT#1, "S: Drehteil"**	**KILL "A: Drehteil. BAS"**[2]	**KILL "A: Drehteil. BAS"**[2]
Turbo-Pascal		Auswahlmenü auf dem Bildschirm: Taste **D** für Inhaltsverzeichnis Taste **W** für Programm laden Taste **S** für Programm speichern	

[1] Beispielhaft für zwei verschiedene Typen von Home-Computern
[2] diese 3 Zeichen werden beim Speichern angehängt

2 Ausgewählte Dateioperationen

Weitere Informationen (Fehlermeldungen, Druckbefehle, besondere Auflistungsanweisungen usw.) finden sich in den Handbüchern zu den Betriebssystemen und genutzten Programmen.

3.3.3 Einführung in BASIC und PASCAL

Die allgemeinen Programmiersymbole auf Seite 121 sind von Programmiersprachen unabhängig. Im folgenden soll die Übersetzung dieser Elemente in zwei ausgewählte Programmiersprachen beispielhaft vorgenommen werden. Die Nutzung dieser Programmelemente für weitere Probleme ist mit geringfügigen Veränderungen möglich.

3.3.3.1 Symbole und ihre Übersetzung

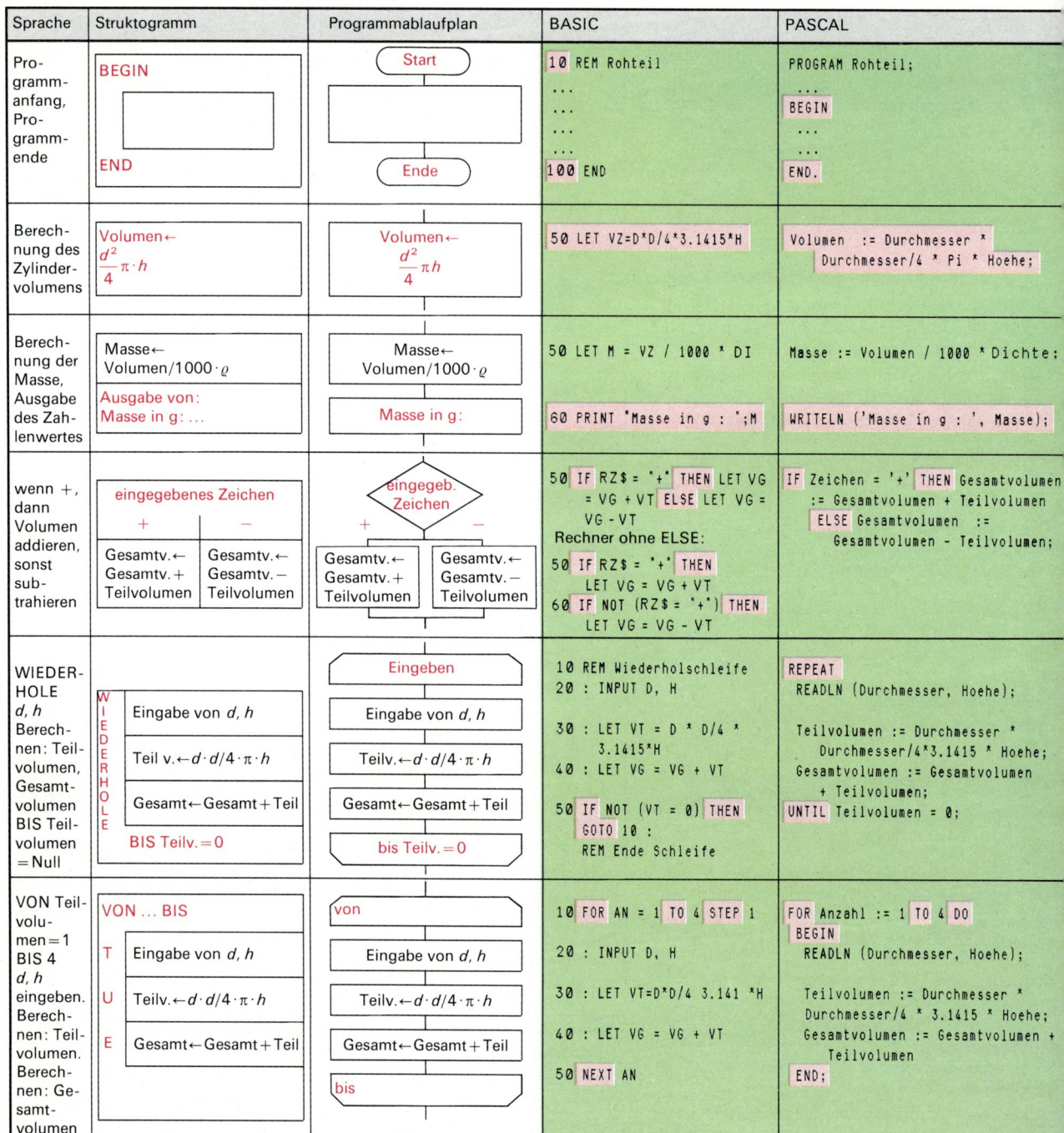

3.3.3.2 Programmierung

Für die Aufgabe Bild 1 kommen die beschriebenen Symbole und die entsprechenden Programmieranweisungen zur Anwendung.

Programmierbeispiel 1

Das Volumen und die Masse des Rohteils mit $d=100$ mm, $h=160$ mm und $\varrho=7{,}8$ g/cm³ sind zu berechnen.

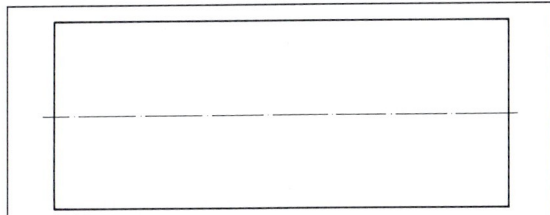

1 Rohteil

Symbolische Darstellung

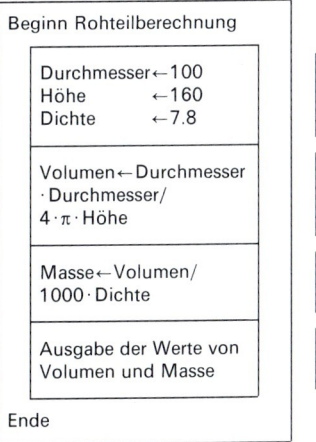
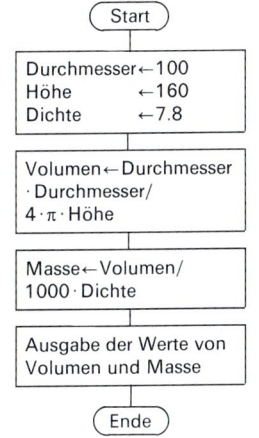

2 Struktogramm und Programmablaufplan zur Rohteilberechnung

Schriftliche Darstellung

Zuweisung des Wertes 100 an die Variable D (Durchmesser),

Zuweisung des Wertes 160 an die Variable H (Höhe),

Zuweisung des Wertes 7,8 an die Variable DI (Dichte),

Berechnung des Volumens und Zuweisung des Wertes an die Variable V (Volumen),

Berechnung der Masse und Zuweisung des Wertes an die Variable M (Masse),

Ausgabe der Werte von V und M (Volumen und Masse).

Übersetzung in BASIC

```
GW-BASIC 2.02
(C) Copyright Microsoft 1983,1984
GWBASIC version 2.14
(C) Copyright Zenith Data Systems 1984
60650 Bytes free
Ok
10 LET D = 100 : LET H = 160 : LET DI = 7.8
20 LET V = D * D * 3.1415 / 4 * H
30 LET M = V / 1000 * DI
40 PRINT V, M
50 END
```

3 Programmlisting zur Rohteilberechnung

```
GW-BASIC 2.02
(C) Copyright Microsoft 1983,1984
GWBASIC version 2.14
(C) Copyright Zenith Data Systems 1984
60650 Bytes free
Ok
10 LET D = 100 : LET H = 160 : LET DI = 7.8
20 LET V = D * D * 3.1415 / 4 * H
30 LET M = V / 1000 * DI
40 PRINT V, M
50 END
RUN
 1256600         9801.481
Ok
```

4 Programmausführung zur Rohteilberechnung

Übersetzung in PASCAL

```
     Line 7    Col 1    Insert    Indent    M:ROHTEIL.PAS

PROGRAM Rohteil;

VAR Durchmesser, Hoehe, Dichte : REAL;
    Volumen, Masse             : REAL;

BEGIN
 Durchmesser := 100; Hoehe := 160; Dichte := 7.8;
 Volumen := Durchmesser * Durchmesser * 3.1415 / 4 * Hoehe;
 Masse := Volumen / 1000 * Dichte;
 WRITELN (Volumen, Masse)
END.
```

5 Programmlisting zur Rohteilberechnung

3.3 Programmieren von Verarbeitungssystemen 3.3.3 Einführung in BASIC und PASCAL

```
Logged drive: M

Work file: M:ROHTEIL.PAS
Main file:

Edit    Compile  Run   Save

eXecute  Dir      Quit  compiler Options

Text:     310 bytes (802A-8160)
Free:   25253 bytes (8161-E406)

)

Running
   1.2566000000E+06   9.8014800000E+03
```

1 Programmausführung zur Rohteilberechnung

- Abfrage der Eingabedaten über den Bildschirm (Bedienerführung),
- Korrekturmöglichkeit bei falscher Eingabe,
- geordnete Bildschirmausgabe mit Einheiten und einer sinnvollen Begrenzung auf drei Stellen nach dem Komma,
- Möglichkeit, für Berechnungen weiterer Drehteile im Programm zu bleiben.

Übersetzung in die Programmiersprachen

Beschreibung der zusätzlichen Anweisungen:

- um mehrere Anweisungen in einer Zeile voneinander zu trennen oder die Schachtelung deutlich zu machen, wird das Zeichen : verwendet, z.B.: 30 : PRINT „Dichte in g/cm^3:";:INPUT DI.
- PRINT USING zur Formatierung einer Ausgabe, dabei gibt die Zeichenkette ######.### das Format an, hier: insgesamt 10 Stellen und davon 3 nach dem Dezimalpunkt, wobei der Dezimalpunkt auch eine Stelle darstellt.
- GOTO nn   Das Programm wird mit der Zeile mit der Nummer nn fortgesetzt.
- Textausgaben können mit einer Eingabeanweisung verknüpft werden. In diesem Fall entfällt die PRINT-Anweisung, so daß sich für die Zeile 30 folgende Schreibweise ergibt: 30:INPUT „Dichte in g/cm^3:"; DI.
- PRINT...; bedeutet die Ausgabe einer Information auf das aktuelle Ausgabegerät. Das Semikolon bewirkt, daß der Cursor nach dem letzten ausgegebenen Zeichen positioniert wird (kein Zeilenvorschub).

Dieses Programm zeigt folgende Mängel:
- andere Drehteildaten sind nur durch Programmänderungen möglich,
- eine weitere Berechnung ist nur durch einen Programmneustart möglich,
- die Ausgabe ist ungeordnet und unübersichtlich und
- es bleibt unklar, welche Zahlenausgabe zu welchem Ergebnis gehört.

Programmierbeispiel 2

2 Drehteil

Das Volumen und die Masse des Fertigteiles nach Bild 2 sind zu berechnen.

Aus dem Mängelbericht des ersten Beispiels ergeben sich zusätzliche Anforderungen an ein Programm:

BASIC

```
10 REM Berechnung des Fertigteils
20 REM Beginn der aeusseren Wiederholschleife
30 : PRINT "Dichte in g/cm^3      : ";: INPUT DI
40 : LET VG = 0
50 : REM Beginn der inneren Wiederholschleife
60 : : PRINT "Durchmesser in mm    : ";: INPUT D
70 : : PRINT "Hoehe in mm          : ";: INPUT H
80 : : LET VT = D * D / 4 * 3.1415 * H
90 : : PRINT "Soll das Teilvolumen dazugezaehlt (+) oder abgezogen (-) werden?"
100 : : PRINT "Eingabe von + oder - : ";: INPUT RZ$
110 : : IF RZ$ = "+" THEN LET VG = VG + VT ELSE LET VG = VG - VT
120 : : PRINT "Noch ein Teilvolumen berechnen?"
130 : : PRINT "Eingabe von J oder N : ";: INPUT AW$
140 : IF NOT (AW$ = "N") THEN GOTO 50
150 : PRINT "Fertigteilvolumen in cm^3 : ";: PRINT USING "######.###"; VG / 1000
160 : LET MG = VG / 1000 * DI
170 : PRINT "Fertigteilmasse in kg     : ";: PRINT USING "######.###"; MG / 1000
180 : PRINT "Berechnung eines andere Drehteils ? Eingabe von J oder N : ";
190 : INPUT AW$
200 IF NOT (AW$ = "N") THEN GOTO 20
210 END
```

3.3 Programmieren von Verarbeitungssystemen   3.3.3 Einführung in BASIC und PASCAL

Symbolische Darstellung

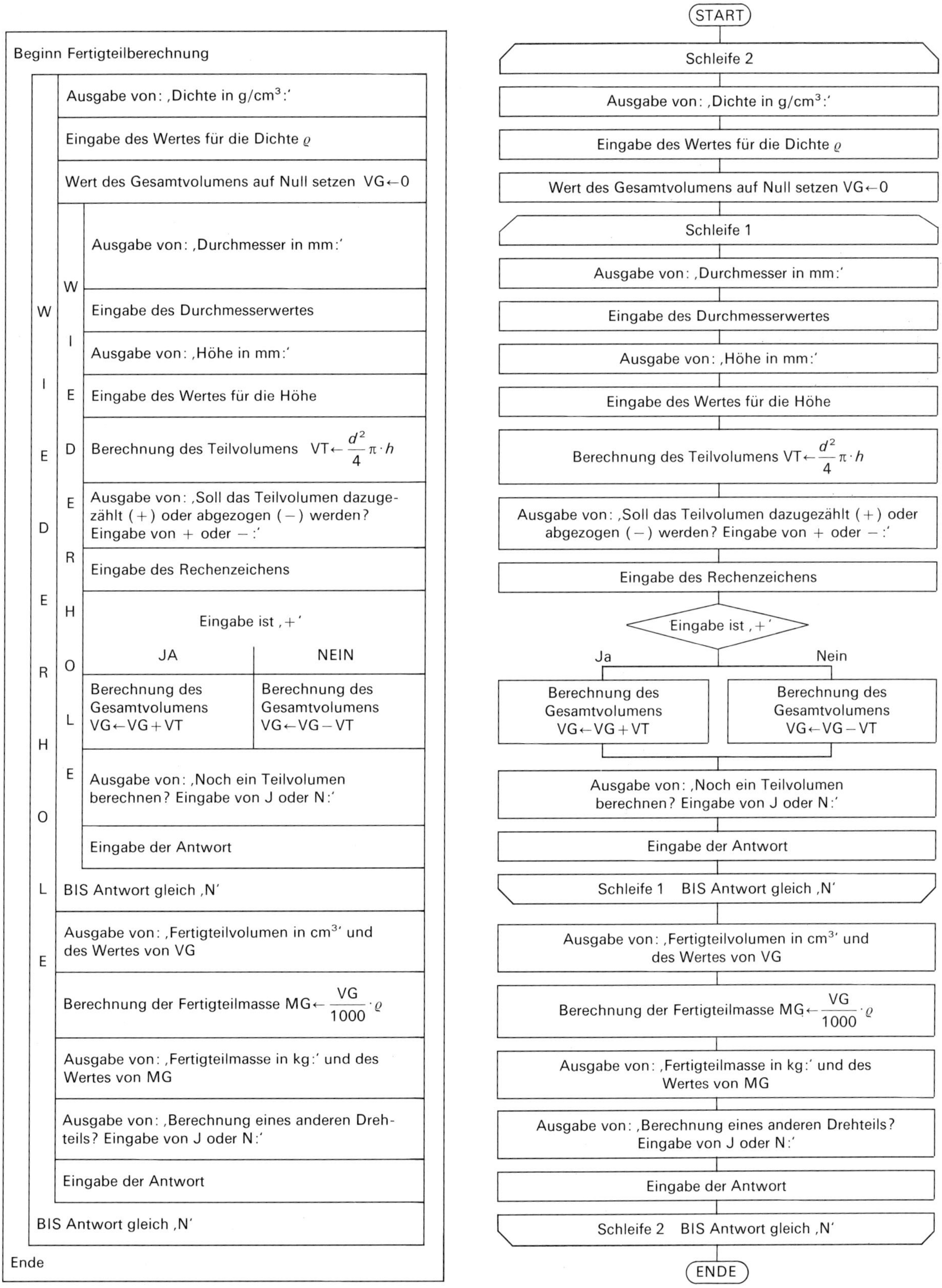

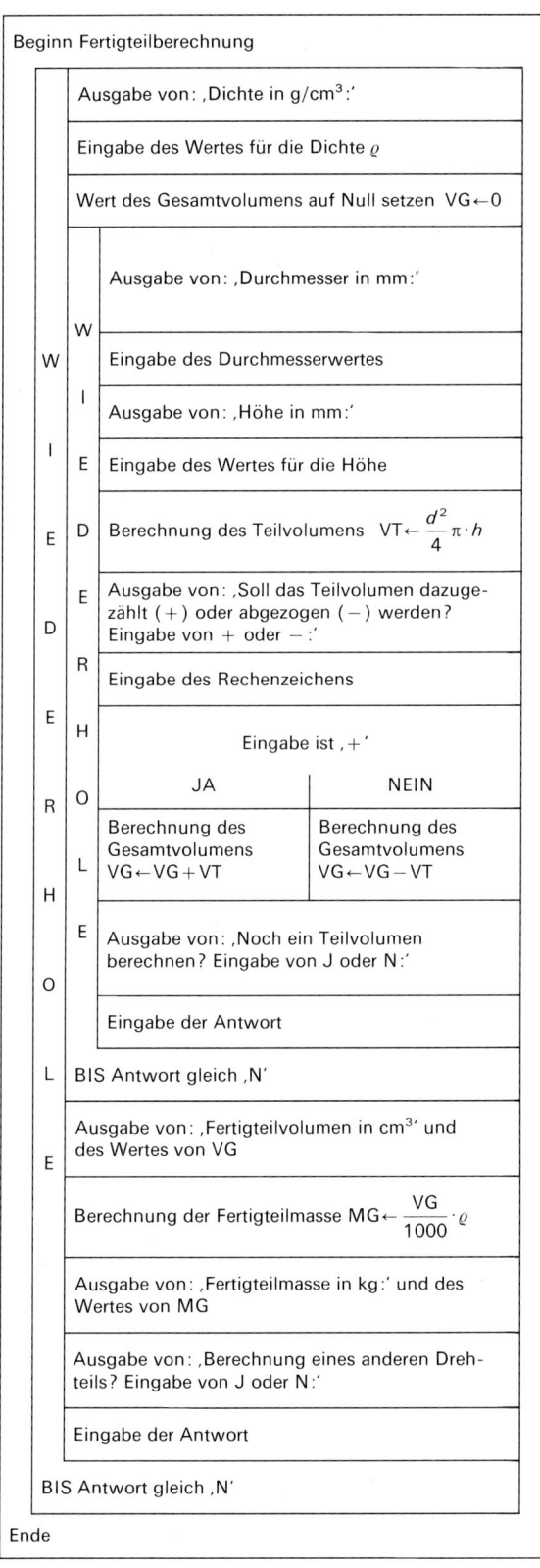

1 **Struktogramm und Programmablaufplan zur Fertigteilberechnung**

PASCAL

Beschreibung der neuen Anweisungen:

- Gesamtvolumen: 10:3 bedeutet, daß für die Ausgabe des Zahlenwertes des Gesamtvolumens insgesamt zehn Zeichen reserviert werden und die Ausgabe mit drei Stellen nach dem Komma erfolgt.
- WRITE bedeutet die Ausgabe einer Information auf das angewählte Ausgabegerät. Der Cursor wird hinter dem letzten ausgegebenen Zeichen positioniert (kein Zeilenvorschub).

```
PROGRAM Fertigteilberechnung;
  VAR Durchmesser, Hoehe, Dichte   : REAL;
      Rechenzeichen, Antwort       : CHAR;
      Teilvolumen, Gesamtvolumen   : REAL;
      Gesamtmasse                  : REAL;
  BEGIN
   REPEAT
     WRITE ('Dichte in g/cm^3    : ');
     READLN (Dichte);
     Gesamtvolumen := 0;
     REPEAT
       WRITE ('Durchmesser in mm   : '); READLN (Durchmesser);
       WRITE ('Hoehe in mm         : '); READLN (Hoehe);
       Teilvolumen := Durchmesser * Durchmesser / 4 *
                      3.1415 * Hoehe;
       WRITELN ('Soll das Teilvolumen dazugezaehlt (+) oder abgezogen (-) werden?');
       WRITE    ('Eingabe von + oder - : '); READLN (Rechenzeichen);
       IF Rechenzeichen = '+'
         THEN Gesamtvolumen := Gesamtvolumen + Teilvolumen / 1000
         ELSE Gesamtvolumen := Gesamtvolumen - Teilvolumen / 1000;
       WRITELN ('Noch ein Teilvolumen berechnen?');
       WRITE ('Eingabe von J oder N : '); READLN (Antwort)
     UNTIL Antwort = 'N';
     WRITELN ('Fertigteilvolumen in cm^3 : ', Gesamtvolumen : 10 : 3);
     Gesamtmasse := Gesamtvolumen / 1000 * Dichte;
     WRITELN ('Fertigteilmasse in kg     : ', Gesamtmasse : 10 : 3);
     WRITE ('Berechnung eines anderen Drehteils ? Eingabe von J oder N : ');
     READLN (Antwort)
   UNTIL Antwort = 'N'
  END.
```

```
Running
Dichte in g/cm^3    : 7.8
Durchmesser in mm   : 100
Hoehe in mm         : 160
Soll das Teilvolumen dazugezaehlt (+) oder abgezogen (-) werden?
Eingabe von + oder - : +
Noch ein Teilvolumen berechnen?
Eingabe von J oder N : N
Fertigteilvolumen in cm^3 :   1256.600
Fertigteilmasse in kg     :      9.801
Berechnung eines anderen Drehteils ? Eingabe von J oder N :
```

1 Programmlisting zur Fertigteilberechnung

Programmierbeispiel 3

Das folgende erweiterte Programm ermöglicht die zusätzliche Kegelberechnung und verbessert die Ausgabe der Ergebnisse auf dem Bildschirm durch hilfreiche Kommentare für den Bediener. Damit erreicht es den Komfort von Anwenderprogrammen, die den Benutzer bei der Eingabe und der Ergebnisauswertung unterstützen.

```pascal
PROGRAM Rohteil_und_Fertigteilberechnung;
 VAR Durchmesser, Hoehe, Dichte, Aussendurchmesser, Innendurchmesser : REAL;
     Rechenzeichen, Antwort                                           : CHAR;
     Teilvolumen, Fertigteilvolumen, Rohteilvolumen, Zerspanvolumen   : REAL;
     Fertigteilmasse, Rohteilmasse, Zerspanmasse                      : REAL;
BEGIN
 CLRSCR;
 REPEAT
  WRITE  ('Dichte in g/cm^3            : ');
  READLN (Dichte);
  WRITE  ('Durchmesser des Rohteils in mm : '); READLN (Durchmesser);
  WRITE  ('Hoehe des Rohteils in mm       : '); READLN (Hoehe);
  Rohteilvolumen := (Durchmesser * Durchmesser * 3.1415 / 4 * Hoehe) / 1000;
  Rohteilmasse   := Rohteilvolumen / 1000 * Dichte;
  Fertigteilvolumen := 0;
  REPEAT
   WRITE  ('Form des Teilvolumens (Zylinder : Z , Kegelstumpf : K) ? ');
   READLN (Antwort);
   IF Antwort = 'Z'
    THEN BEGIN
          WRITE ('Durchmesser des Teilzylinders in mm : '); READLN (Durchmesser);
          WRITE ('Hoehe des Teilzylinders in mm       : '); READLN (Hoehe);
          Teilvolumen := Durchmesser * Durchmesser / 4 * 3.1415 * Hoehe
         END
    ELSE BEGIN
          WRITE ('aeusserer Durchmesser des Kegelstumpfes in mm : '); READLN (Aussendurchmesser);
          WRITE ('innerer Durchmesse des Kegelstumpfes in mm    : '); READLN (Innendurchmesser);
          WRITE ('Hoehe des Teilzylinders in mm                 : '); READLN (Hoehe);
          Teilvolumen := 3.1415 * Hoehe / 12 *
              (Aussendurchmesser * Aussendurchmesser +
               Innendurchmesser  * Innendurchmesser  +
               Aussendurchmesser * Innendurchmesser);
         END;
   WRITELN ('Soll das Teilvolumen dazugezaehlt (+) oder abgezogen (-) werden?');
   WRITE   ('Eingabe von +  oder  -  : '); READLN (Rechenzeichen);
   IF Rechenzeichen = '+'
    THEN Fertigteilvolumen := Fertigteilvolumen + Teilvolumen / 1000
    ELSE Fertigteilvolumen := Fertigteilvolumen - Teilvolumen / 1000;
   WRITELN ('Noch ein Teilvolumen berechnen? ');
   WRITE   ('Eingabe von J oder N : '); READLN (Antwort)
  UNTIL Antwort = 'N';
  Fertigteilmasse := Fertigteilvolumen / 1000 * Dichte;
  Zerspanvolumen  := Rohteilvolumen - Fertigteilvolumen;
  Zerspanmasse    := Rohteilmasse - Fertigteilmasse;
  WRITELN;
  WRITELN ('! Drehteil         ! Volumen in cm^3   ! Masse in kg       !');
  WRITELN ('-----------------------------------------------------------');
  WRITELN ('! Rohteil          !',Rohteilvolumen:18:3,' !',Rohteilmasse:18:3,' !');
  WRITELN ('-----------------------------------------------------------');
  WRITELN ('! Fertigteil       !',Fertigteilvolumen:18:3,' !',Fertigteilmasse:18:3,' !');
  WRITELN ('-----------------------------------------------------------');
  WRITELN ('! Zerspanteil      !',Zerspanvolumen:18:3,' !',Zerspanmasse:18:3,' !');
  WRITELN ('-----------------------------------------------------------');
  WRITELN; WRITELN;
  WRITE ('Berechnung eines anderen Drehteils ? Eingabe von J oder N : ');
  READLN (Antwort)
 UNTIL Antwort = 'N'
END.
```

```
Dichte in g/cm^3                        : 7.78
Durchmesser des Rohteils in mm          : 200
Hoehe des Rohteils in mm                : 160
Form des Teilvolumens (Zylinder : Z , Kegelstumpf : K) ? K
aeusserer Durchmesser des Kegelstumpfes in mm : 180
innerer Durchmesse des Kegelstumpfes in mm    : 120
Hoehe des Teilzylinders in mm           : 150
Soll das Teilvolumen dazugezaehlt (+) oder abgezogen (-) werden?
Eingabe von + oder - : +
Noch ein Teilvolumen berechnen?
Eingabe von J oder N : N

! Drehteil            ! Volumen in cm^3  ! Masse in kg      !
--------------------------------------------------------------
! Rohteil             !        5026.400 !        39.105 !
--------------------------------------------------------------
! Fertigteil          !        2685.982 !        20.897 !
--------------------------------------------------------------
! Zerspanteil         !        2340.418 !        18.208 !
--------------------------------------------------------------

Berechnung eines anderen Drehteils ? Eingabe von J oder N :
```

Analyse des Programms

Ordnen Sie die farbig angelegten Programmteile (Seite 131) nach folgenden Gesichtspunkten (Programmanweisungen):

– Berechnungen (Volumen, Massen),
– Kommentare für Ein- und Ausgaben,
– Tastaturabfragen (Eingabe der Zeichnungsmaße usw.),
– logische Entscheidungen.

1 Monitorausgabe eines Berechnungsbeispiels

3.4 Auswirkungen der neuen Technologien auf die Berufs- und Erfahrungswelt

Die breite Anwendung der Mikroelektronik in Industrie und Handwerk, im privaten Bereich, in den Schulen und Bildungseinrichtungen sowie im Dienstleistungssektor hat zu erheblichen Veränderungen in der Berufs- und Erfahrungswelt der Menschen geführt.

Wie sind diese Veränderungen zu erklären?

Um einem veränderten Verhalten der Verbraucher mit vielfältigen unterschiedlichen Kundenwünschen gezielt begegnen zu können, beschleunigen die Hersteller das Vorhaben, flexiblere Fertigungs- und Produktionstechniken einzuführen.

Bei zunehmender internationaler Konkurrenz sind annehmbare Herstellungskosten für die Produkte nur über den verstärkten Einzug neuer Technologien in die Betriebe zu erzielen.

Damit bleibt die internationale Wettbewerbsfähigkeit erhalten, und Arbeitsplätze werden gesichert.

Am Beispiel der Automobilindustrie ist diese Entwicklung deutlich erkennbar und anschaulich zu erklären.

Wie ist den vielfältigen Sonderwünschen der Kunden beim Automobilkauf zu entsprechen?

2 Roboter in der Automobilproduktion

3.4 Auswirkungen der neuen Technologien auf die Berufs- und Erfahrungswelt

Roboter, computergesteuerte Werkzeugmaschinen und Automaten sowie leistungsstarke EDV-Anlagen für die Konstruktion, die Planung der Betriebsabläufe, der Materialbewirtschaftung und der Personalbetreuung ermöglichen eine flexiblere Fertigung von kundennahen Kleinserien mit kurzen Lieferzeiten.

CIM:	Computer Integrated Manufacturing Computerintegrierte Herstellung
CAE:	Computer Aided Engineering Computerunterstützte Entwicklung
CAD:	Computer Aided Design Computerunterstützte Konstruktion
CAP:	Computer Aided Planing Computerunterstützte Planung
CAQ:	Computer Aided Quality Computerunterstützte Qualitätssicherung
PPS:	Produktions-, Planungs- und Steuerungs-System
CAM:	Computer Aided Manufacturing Computerunterstützte Herstellung

1 Fachbegriffe der computerintegrierten Herstellung

Diese Entwicklung, die sich durch einen gezielten Computereinsatz in allen betrieblichen Abteilungen auszeichnet, ist auch auf andere Wirtschaftszweige zu übertragen.

Durch diesen umfassenden Einsatz von Computern und deren geplantem Zusammenschalten wird die betriebliche Organisationsstruktur grundlegend verändert.

Dies wirkt sich auf die erforderlichen Qualifikationen eines Facharbeiters aus.

Eine gezielte Analyse der veränderten Arbeitsplatzverhältnisse führt zu zusätzlichen Berufsqualifikationen.

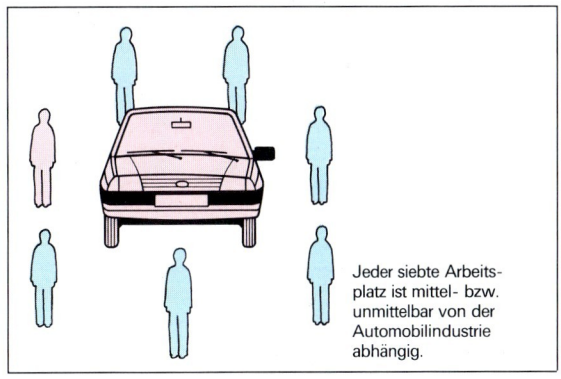

Jeder siebte Arbeitsplatz ist mittel- bzw. unmittelbar von der Automobilindustrie abhängig.

2 Automobilindustrie und Arbeitsmarkt

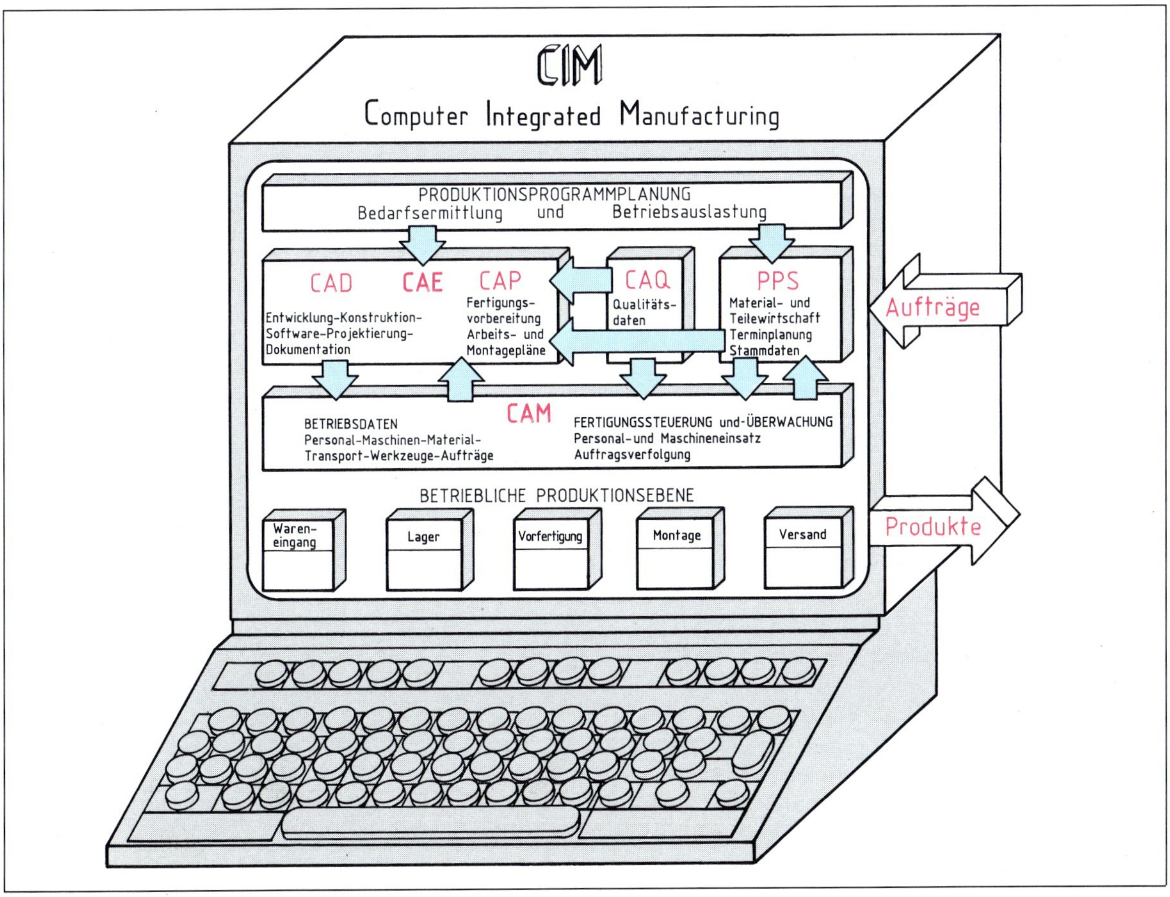

3 Computerintegrierte Herstellung, CIM (Computer Integrated Manufacturing)

3.4.1 Veränderte berufliche Qualifikationen

Die berufliche Bildung, d.h. die berufliche Erstausbildung und die Fort- und Weiterbildung, müssen heute den Ansprüchen der neuen Techniken betriebs- und branchenübergreifend entsprechen.

Qualifikationsanforderungen

Zusätzliche Qualifikationen, das sind neue Kenntnisse und Fertigkeiten in der beruflichen Tätigkeit, sind gefordert. Moderne Zerspanungstechniken, Programmieren und Umgang mit programmierbaren Systemen spielen zunehmend eine herausragende Rolle.

1 Qualifizierungsmaßnahmen

> Mitdenken, Vorausschauen, sich flexibel im Umgang mit programmierbaren Maschinen und Geräten auf neue Arbeitssituationen einzustellen, erfordert in Zukunft von dem Berufstätigen vermehrt Kreativität.

Fort- und Weiterbildung verbessern die beruflichen Entwicklungsmöglichkeiten, die Forderung nach dem ‚Lebenslangen Lernen' erhält für die Berufstätigkeit eine entscheidende Begründung.

Veränderungen der Arbeitsbelastung

Die Überlegungen, Arbeitsplätze durch Roboter und Automaten zu ersetzen, können vielfältig sein. Neben den erhöhten Produktionsraten, der Reduzierung der Lohnnebenkosten und der Qualitätssicherung sind die Umweltverhältnisse an bestimmten Arbeitsplätzen für den Robotereinsatz ausschlaggebend.

Für das Einsatzgebiet des Schweißroboters sind bestimmte Entscheidungsgrundlagen und die daraus abgeleiteten Zuwachsraten offenkundig.

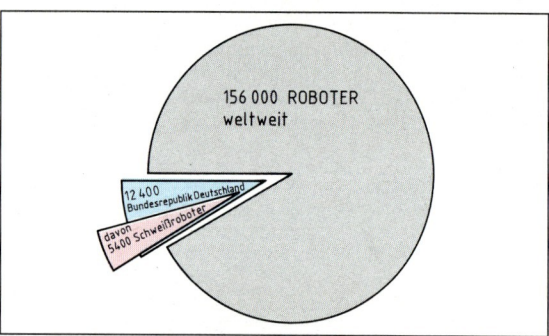

3 Einsatz von Robotern. Stand 1986

Entscheidungsgrundlagen für den Einsatz

Humanisierung des Arbeitsplatzes:

- Hitze, Staub, Lärm u.a.m. beeinträchtigen die Gesundheit des Menschen an diesem Arbeitsplatz.
- Monotone Arbeitsabläufe, Maschinentakt und Fließband bestimmen die Zeit- und Tätigkeitsabläufe an diesem Arbeitsplatz.

Der Schweißroboter-Einsatz ersetzt die menschliche Arbeitskraft an einem besonders belasteten Arbeitsplatz.

Die zuvor aufgezeigte veränderte betriebliche Organisationsstruktur erfordert von allen Betriebsangehörigen ständige **Kooperationsfähigkeit** auf allen Ebenen. Der Umgang mit hochwertigen, leistungsfähigen und teueren Maschinen und Programmen, das sind **Hardware und Software**, verlangt vom Facharbeiter Verantwortungsbewußtsein.

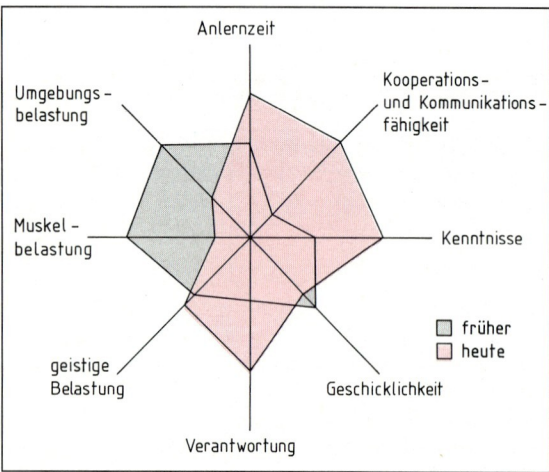

2 Veränderungen der Qualifikationsanforderungen

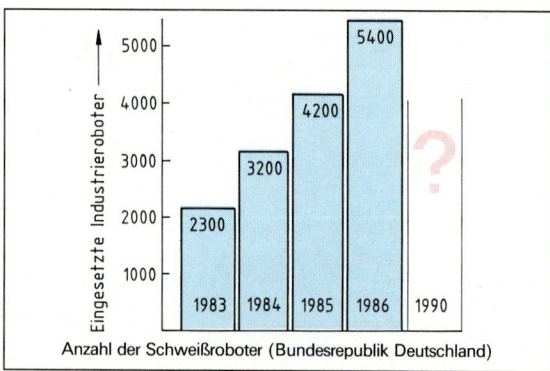

4 Entwicklung des Schweißrobotereinsatzes

3.4 Auswirkungen der neuen Technologien auf die Berufswelt   3.4.2 Datenschutz und Datensicherung

Aus diesen Entwicklungen auf eine menschenleere Automobilfabrik zu schließen, ist utopisch. Handhabungsautomaten und Roboter können die durch menschliche Geisteskraft eingesetzte Fingerfertigkeit, die Psychomotorik, nicht ersetzen.

Auswirkungen am Arbeitsplatz

Der zunehmende Einsatz von Rechnersystemen und EDV-Anlagen führt zu erheblichen Veränderungen an vielen Arbeitsplätzen. Diese Feststellung gilt für das Büro ebenso wie für die Werkstatt.

Die körperliche Beanspruchung nimmt ab, die Anforderungen an die menschliche Fähigkeit, konzentriert Bildschirminformationen aufzunehmen und zu verarbeiten, steigen.

Mit der stark zunehmenden Bedeutung und dem sich weiter verbreitenden Einsatz von diesen informationsverarbeitenden Systemen, d.h. Personal- und Homecomputern, sowohl im Privat- und Berufsleben haben die ‚Mensch-Maschine'-Schnittstellen dieser Systeme, das sind in erster Linie Bildschirm und Tastatur, den besonderen Ansprüchen der Benutzer zu entsprechen.

Bei beruflicher Tätigkeit achten die Berufsgenossenschaften auf eine entsprechende Gestaltung eines Bildschirmarbeitsplatzes.

Überlegen Sie:
Beschreiben Sie Tätigkeiten, die durch einen Robotereinsatz ersetzt werden könnten!

Nennen Sie zusätzliche Qualifikationen für einen Facharbeiter, der die neuen Techniken (z.B. CNC-Maschine) am Arbeitsplatz nutzt!

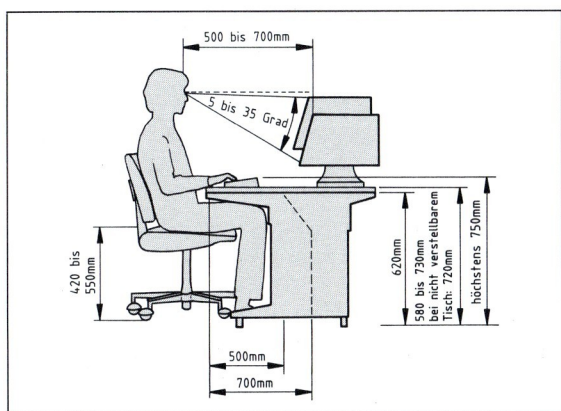

1 Bildschirmarbeitsplatz

3.4.2 Datenschutz und Datensicherung

Datenschutz

Wenn der Bürger mit Ämtern und Behörden Kontakt aufnimmt, werden Angaben zu Einkommen, Steuern, privater Lebenssituation u.a.m. gefordert. Diese Angaben werden ‚**personenbezogene Daten**' genannt.

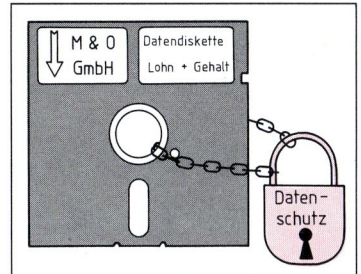

2 Datenschutz für personenbezogene Daten

Schon die Aufmachung der Formulare läßt die Wirkung der elektronischen Datenverarbeitung (EDV) erkennen. Riesige Datenmengen lassen sich durch die Normierung gleicher Anträge erfassen. Der Staat gewinnt notwendige Erkenntnisse für seine Planungs- und Verwaltungsaufgaben.

Die Probleme ergeben sich aus dem unbestrittenen Informationsbedarf des Staates und dem Unbehagen der Bürger gegenüber dem eventuellen Mißbrauch der personenbezogenen Daten.

Freie Daten	Personenbezogene Daten
Telefonbuch	Einkommen
Adreßbuch	Krankenakten
	Steuerbescheid

3 Zuordnung von Daten

Wo sind personenbezogene Daten gespeichert?	
Bereich	
öffentlich	nichtöffentlich
Einwohnermeldeamt	Arbeitgeber
Wohnungsamt	Gewerkschaften
Bundespost	Banken und Sparkassen
Sozialamt	Versicherungen
Arbeitsamt	Ärzte und Krankenhäuser
Bundeswehr	Versandhandel
Finanzamt	
KFZ-Bundesamt	

4 Staatliche und private Datenerfassung

Der Staat ist der Gefahr des Mißbrauchs von personenbezogenen Daten schon 1977 mit einem bundeseinheitlichen **DATENSCHUTZGESETZ** entgegengetreten. Es soll die grundgesetzlich verankerten Persönlichkeitsrechte schützen.

Daten, die in Telefon- oder Adreßbüchern nachzulesen sind, unterliegen nicht dem Datenschutz.

Schon bei der Datenerhebung erhält der Bürger die Hinweise auf die Rechtsgrundlagen, die die Auskunftspflicht begründen.

Ausdrücklich müssen die Fragen gekennzeichnet sein, die nicht auf der Auskunftspflicht beruhen. Ist eine staatliche Datenerhebung vorgenommen worden, so kann der Bürger die Richtigkeit und die Zulässigkeit der Spei-

3.4 Auswirkungen der neuen Technologien auf die Berufswelt   3.4.2 Datenschutz und -sicherung/Übungen

cherung schriftlich nachfragen. Ausgenommen sind hier die Daten der Sicherheitsbehörden, z.B. des Bundeskriminalamtes. Bei nicht korrekter Datenerfassung bzw. -speicherung hat der Bürger das Recht auf Löschung oder Änderung.

Die Aufgaben des Datenschutzbeauftragten

Mit der Schaffung von Datenschutzbeauftragten hat der Gesetzgeber eine unabhängige Institution eingesetzt, die auf Bundesebene und in den Bundesländern die Wahrnehmung der Bürgerinteressen im Bereich des Datenschutzes verfolgt.

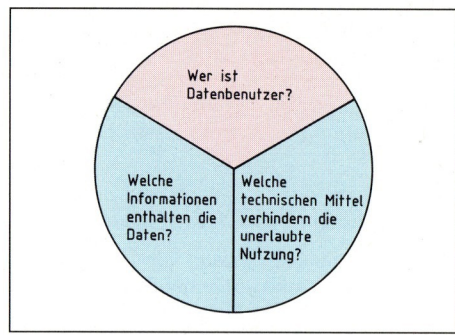

1 Organisation der Zugriffskontrolle

Datensicherung

Die modernen EDV-Systeme und Computer sind über Leitungssysteme (Netzwerke) verbunden. Mit technischen Systemen und entsprechenden Kenntnissen besteht die Möglichkeit des anonymen Zugangs zu gespeicherten Daten.
PERSONENBEZOGENE DATEN UNTERLIEGEN DEM DATENSCHUTZ

Der Datenmißbrauch ist zu verhindern

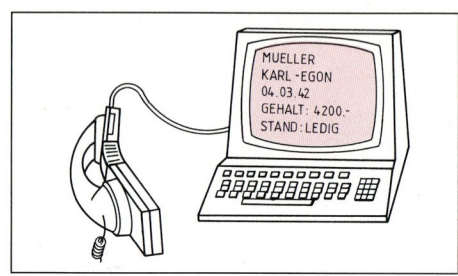

2 Datenübertragung mittels Telefon

Da die klassische Art, mit Akten und Protokollnotizen Betriebsvorgänge aufzuzeichnen, überholt ist, erhält die elektronische Datensicherung besondere Bedeutung.
Da der Zugang zu schriftlichen Unterlagen auf bestimmte, berechtigte Personen zu begrenzen ist, muß bei den elektronisch gespeicherten Daten ebenfalls eine Zugriffssicherung bestehen.
Spezielle Codeschlüssel, wie Spracherkennung und Paßwort, sollen den ungerechtfertigten Zugriff verhindern. Ist diese Barriere durchbrochen, können spezielle Prüfprogramme der EDV-Anlage die Datensicherungsmaßnahmen softwaremäßig unterstützen.
Im Rahmen der Datensicherung sind alle Betriebsangehörigen in den verantwortungsvollen Umgang mit Datenträgern eingebunden.
Unerlaubtes Kopieren von Betriebssoftware oder Weitergabe von Daten an Unbefugte ist in die betriebliche Datensicherung eingebunden.

3 Einfache Zugriffsicherung

Übungen

1. Mit welcher kleinsten Informationseinheit wird in der Informationstechnik gearbeitet? Erklären Sie die Informationseinheit an einem selbstgewählten Beispiel.
2. Beschreiben Sie die grundlegenden Veränderungen in der geistigen und körperlichen Beanspruchung bei der Bedienung einer CNC-Drehmaschine und einer klassischen Drehmaschine.
3. Welche Informationsträger werden bei CNC-Werkzeugmaschinen genutzt?
4. Beschreiben Sie, was die Begriffe ‚HARDWARE' und ‚SOFTWARE' in der Informationstechnik bedeuten.
5. Nach welchem grundlegenden Prinzip lassen sich alle informationsverarbeitenden Systeme darstellen? Erklären Sie dieses Prinzip an einem selbstgewählten Beispiel.
6. Der Begriff ‚SCHNITTSTELLE' hat in der Technik eine besondere Bedeutung. Zeigen Sie anhand einer CNC-Werkzeugmaschine diese Schnittstellen auf.

3.4 Auswirkungen der neuen Technologien auf die Berufswelt — Übungen

7. Nennen Sie typische Eingabe- und Ausgabegeräte in der Informationstechnik. Beschreiben Sie, wo diese Geräte eingesetzt werden.
8. Nennen Sie Speicher der Informationstechnik.
9. Aus welchen grundlegenden Bauelementen ist ein Microcomputer aufgebaut?
10. Erklären Sie die Begriffe ‚ROM', ‚EPROM' und ‚RAM'.
11. Wie unterscheiden sich ‚FLOPPY DISK' und ‚HARD DISK'?
12. Welche Bedeutung hat das Betriebssystem für einen Microcomputer? Beschreiben Sie die wichtigsten Aufgaben.
13. Was ist unter dem Vorgang des ‚FORMATIEREN EINER DISKETTE' zu verstehen?
14. Wie viele BITs sind zur Speicherung eines(r) Buchstabens/Ziffer nötig? Wie viele DIN-A4-Seiten oder Bücher mit einem Umfang von ca. 200 Seiten sind auf einer 1200-KByte-Diskette speicherbar?
15. Nennen Sie wichtige Merkmale, die bei der Handhabung einer Diskette zu beachten sind.
16. Nennen Sie Beispiele für Anwenderprogramme. Auf welcher Ebene sind die Anwenderprogramme auf dem Schalenmodell angeordnet?
17. Was ist unter Datensicherung zu verstehen?
18. Nennen Sie wichtige systematische Lösungsschritte bei der Erstellung eines Computerprogramms.
19. Für die Berechnung des Mittelwertes von 10 Längenmeßwerten ist ein Computerprogramm zu erstellen. Entwickeln Sie ein Struktogramm bzw. Programmablaufplan und daraus das entsprechende BASIC- oder PASCAL-Programm.
20. Wo liegen die grundlegenden Unterschiede zwischen der Assembler- und der Hochsprachenprogrammierung?
21. Wodurch unterscheiden sich in der BASIC-Programmiersprache die Variablen (Platzhalter) A bzw. A% bzw. A$?
22. Was bewirkt in einem PASCAL-Programm die Anweisung WRITELN bzw. READLN?
23. Für die Berechnung der Kreisfläche $A = \frac{d^2 \cdot \pi}{4}$ soll ein BASIC- bzw. PASCAL-Programm erstellt werden. Das Programm soll nur Durchmesser zwischen $d_{min} = 1$ mm und $d_{max} = 100$ mm verarbeiten.
24. Stellen Sie für folgende ausgewählte logische Verknüpfungen die entsprechenden BASIC- bzw. PASCAL-Schreibweisen dar. Übersetzen Sie: A größer B, A ungleich B, A kleiner oder gleich B.
25. Ein Berechnungsprogramm in einem Computer soll im Ergebnis auf zwei Stellen hinter dem Komma gerundet werden. Entwickeln Sie eine Lösung.
26. Was bewirken die Befehle ‚SAVE' bzw. ‚RUN'?
27. In einem Programm zur Geschwindigkeitsberechnung soll die Ausgabe des Ergebnisses sowohl in der Einheit m/s als auch in km/h erfolgen. Entwickeln Sie die dazugehörigen Programmanweisungen, wenn die Eingabe des Weges in m und die Eingabe der Zeit in s erfolgt.
28. Übersetzen Sie folgende Programmzeile in die übliche schriftliche mathematische Form:
120 PRINT A = 660 + (42*(4/3.14))/1.2
29. Beschreiben Sie die grundlegenden Aufgaben des Datenschutzbeauftragten.
30. Erklären Sie den Unterschied zwischen freien Daten und personenbezogenen Daten.
31. Welche Bedeutung hat der Begriff „Schnittstelle Mensch-Maschine" in der Arbeitswelt? Erläutern Sie die möglichen Probleme am Beispiel des Microcomputereinsatzes an einem Arbeitsplatz.
32. Welche Entwicklungen bestimmen den verstärkten Einsatz von modernen Technologien in den Betrieben?
33. Der Wellenzapfen einer Getriebewelle (Bild 1) soll gedreht werden. Fertigen Sie eine umfassende Beschreibung der Arbeitsgänge einschließlich Prüfen und evtl. Nachbearbeitung an.

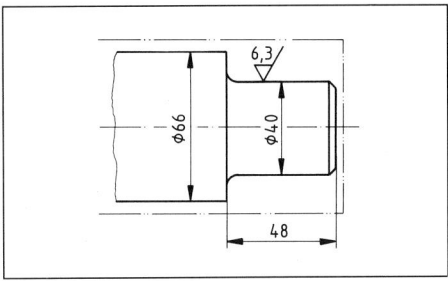

1 Wellenzapfen

34. Fertigen Sie aus der Beschreibung zu Aufgabe 33 einen systematischen Plan (Struktogramm und/oder Programmablaufplan) an.
35. Zur Fertigung auf einer Drehmaschine ist die Berechnung der Umdrehungsfrequenz erforderlich. Fertigen Sie ein Struktogramm zur Berechnung der Umdrehungsfrequenz an und schreiben Sie ein entsprechendes Programm.

Umdrehungsfrequenz
= Schnittgeschwindigkeit/($\pi \cdot$ Durchmesser)

$$n = \frac{v_c}{\pi \cdot d}$$

36. Erweitern Sie das Programm mit den entsprechenden Schritten um die Berechnung der Betriebsmittelhauptzeit pro Zerspanungsschritt.

$$t_h = \frac{l \cdot i}{n \cdot f}$$

4 Steuerungstechnik

4.1 Merkmale von Steuern und Regeln

In allen Industrie- und Handwerksbetrieben erfüllen Steuerungen und Regelungen zentrale Aufgaben in der Produktion bzw. im Betriebsablauf. Sehr häufig sind sie in komplexe Fertigungsanlagen eingebunden und somit in ihrer Funktion nicht eindeutig erkennbar. Für viele technische Anwendungen wird in der Umgangssprache nur der Begriff Steuern verwendet. Technische Beschreibungen erfordern jedoch eine eindeutige Unterscheidung zwischen **Steuern** und **Regeln**.

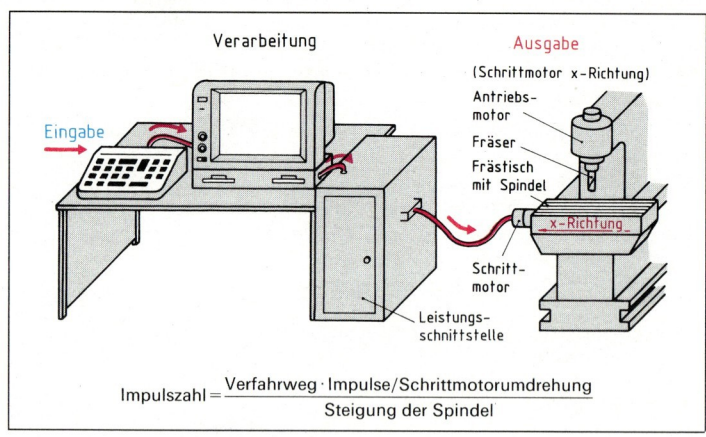

1 Steuerung

4.1.1 Beispiel für eine Steuerung

Über eine Tastatur oder ein Programm wird der Verfahrweg, z.B. $x = 12{,}300$ mm eingegeben. Die Steuerung soll den Tisch um diesen Wert (SOLLWERT) in X-Richtung verfahren.

Die Verarbeitungseinheit, z.B. ein Mikrocomputer, bildet aus dem X-Wert die entsprechenden Impulse für den Schrittmotor. Schrittmotoren setzen ihre Drehbewegung aus einzelnen Teilbewegungen, sogenannten Winkelschritten, zusammen. Jeder einzelne Winkelschritt wird durch einen Impuls der Verarbeitungseinheit ausgelöst.

Die Impulsanzahl ergibt sich aus den Impulsen/Schrittmotorumdrehung und dem Verfahrweg des Tisches pro Spindelumdrehung (Steigung der Spindel, siehe Bild 1).

Werden einzelne Impulse am Schrittmotor nicht wirksam (z.B. durch zu hohe Trägheit, Reibung), so ist der Wert des wirklichen Verfahrweges (ISTWERT) kleiner als der vorgegebene (SOLLWERT).

> Bei einer Steuerung findet keine Kontrolle der Endlage mit entsprechender Korrektur statt.

Soll- und Istwert können unterschiedlich sein! Das Steuerungsprinzip wird nach DIN 19226 als vereinfachtes Blockschaltbild dargestellt.

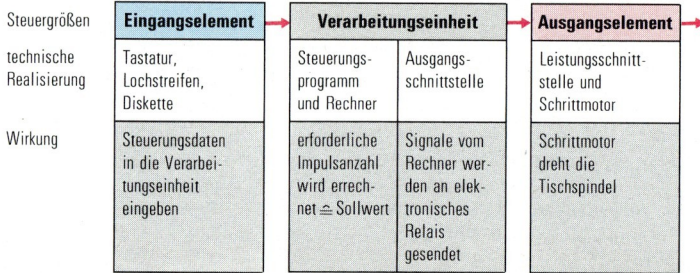

2 Steuerkette

4.1.2 Beispiel für eine Regelung

Der Sollwert der Regelung wird wie bei einer Steuerung eingegeben. Dieser Sollwert wird in der Verarbeitseinheit in Impulse umgewandelt. Die Verarbeitungseinheit führt folgende wesentliche Aufgaben aus:

- den Motor starten, der den Tisch mit dem Meßsystem (z.B. Längenmesser oder Drehimpulsgeber) bewegt,
- die Impulse aus dem angeschlossenen Meßsystem aufnehmen und zählen,

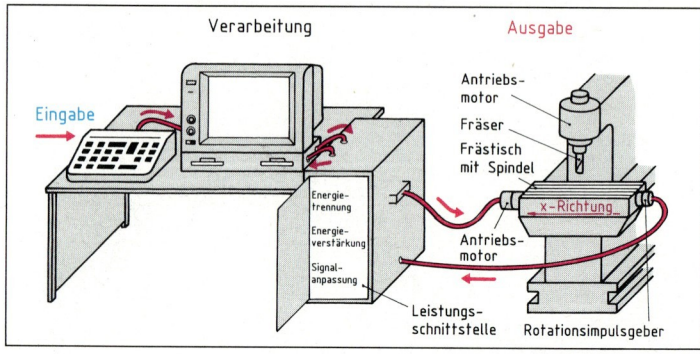

3 Regelung

4.1 Merkmale von Steuern und Regeln   4.1.3 Beispiele für Steuerungen in der Technik

- die über das Meßsystem erfaßten und gezählten Winkelschritte (ISTWERT) mit den aus der Verfahrwegseingabe errechneten Impulsen (SOLLWERT) vergleichen,
- den Motor stoppen, wenn Gleichheit von IST- und SOLLWERT besteht und
- bei Ungleichheit von IST- und SOLLWERT eine entsprechende Nachstellung (Regelung) des Motors vornehmen.

> Bei einer Regelung wird der ISTWERT durch die Rückkopplung und den Vergleich mit dem SOLLWERT ständig überprüft.

Das Regelungsprinzip wird nach DIN 19229 als vereinfachtes Blockschaltbild dargestellt.

4.1.3 Beispiele für Steuerungen in der Technik

In der Technik wird zwischen kombinatorischen Steuerungen sowie den prozeß- und zeitgeführten Ablaufsteuerungen unterschieden. Neben den möglichen technischen Ausführungsformen sind entsprechende Lösungsansätze bei der Planung und Realisierung zu berücksichtigen.

Kombinatorische Steuerung

Der Rohling ist nur dann zu lochen, wenn der Rohling eingelegt und der Arbeitsraumschutz der Presse heruntergefahren ist. Diese schaltungstechnische Verknüpfung von Sensoren (Schaltern) wird ‚**Kombinatorische Steuerung**' genannt. Das Ein-/Ausschalten eines Aktors, z.B. eines Lüfters in einer Werkhalle, von verschiedenen Stellen aus, ist ein weiteres Beispiel für eine solche Steuerung.

> Die kombinatorische Steuerung ist gekennzeichnet durch die Erfassung bestimmter Eingangssignale (Sensorensignale) und die logische Zuordnung der entsprechenden Ausgangssignale (Aktorensignale).

Das besondere Merkmal ist damit die Verknüpfung der Eingangssignale zum Erzeugen der geforderten Ausgangssignale.

Die durch die unterschiedlichen Sensorenbetätigungen bewirkten Aktorenstellungen sind an keine Reihenfolge gebunden. Zu jeder Sensorenkombination existiert eine eindeutige Aktorenstellung, die durch die Funktion der Steuerung in der Maschine vorgegeben ist.

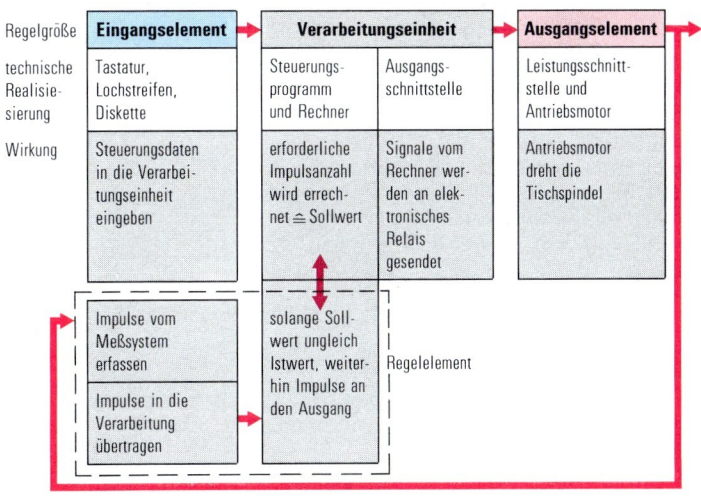

1 Regelkreis

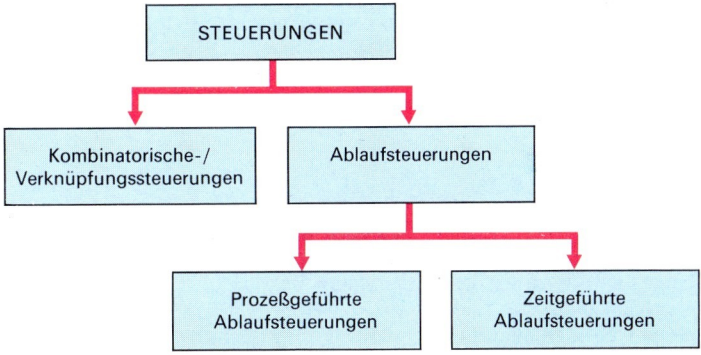

2 Übersicht der Steuerungsarten

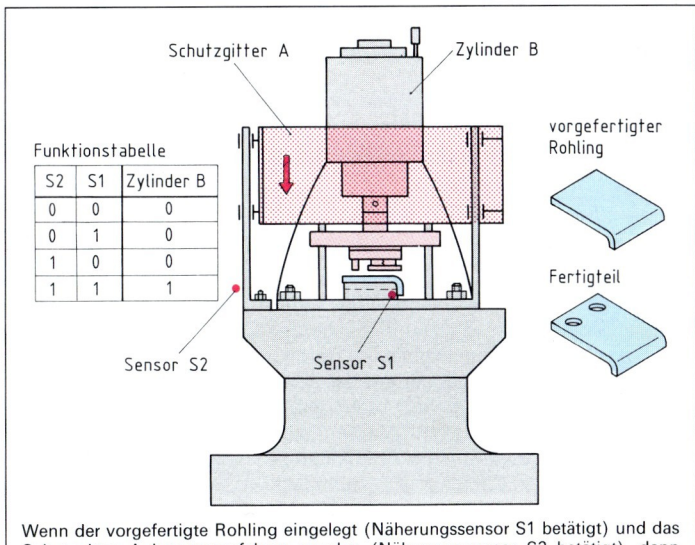

Wenn der vorgefertigte Rohling eingelegt (Näherungssensor S1 betätigt) und das Schutzgitter A heruntergefahren wurden (Näherungssensor S2 betätigt), dann locht der Zylinder B den Rohling. Bei jeder anderen Sensorkombination ist der Zylinder eingefahren.

3 Kombinatorische Steuerung

4.1 Merkmale von Steuern und Regeln 4.1.3 Beispiele für Steuerungen in der Technik

Ablaufsteuerung

Prozeßgeführte Ablaufsteuerung

In einer Folge von Fertigungsschritten soll ein Rohling in einer Presse gespannt, gelocht und gebogen werden. Für das Einleiten eines jeden Fertigungsschrittes sind bestimmte prozeßbedingte Schalterstellungen, d.h. Schalterkombinationen, gefordert. Die zeitliche Dauer der Fertigung ist abhängig von den Verfahrzeiten der Pneumatik/Hydraulikzylinder. Steuerungen dieser Art sind prozeßgeführte Ablaufsteuerungen. Die Bewegungsabläufe eines Kranes, z.B. das Heben einer Last, das weitere Verfahren der Last im Ausleger usw., stellt ebenfalls eine prozeßgeführte Ablaufsteuerung dar.

> Bei prozeßgeführten Ablaufsteuerungen wird der Folgeschritt durch die Verfahrzeiten von pneumatischen/hydraulischen Bauteilen verzögert eingeleitet. Die physikalischen Größen der Steuerung (z.B. Weg, Kraft, Druck, Temperatur) bewirken die prozeßbedingte Zeitverzögerung zwischen den Schritten.

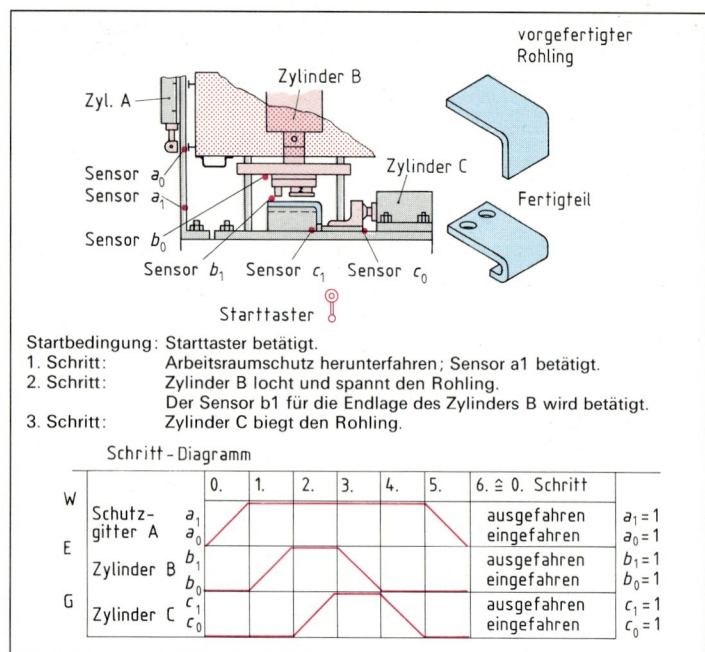

1 Prozeßgeführte Ablaufsteuerung

Zeitgeführte Ablaufsteuerung

Für die vorherige Steuerungsaufgabe soll zur eindeutigen Beendigung des Biegevorganges ein Verharren des Biegezylinders C in der ausgefahrenen Endlage erfolgen. Damit ist eine Verringerung der Rückfederung möglich. Diese programmierbare Wartezeit ist innerhalb der Schrittfolge nach dem Biegen einzuleiten. Nach Ablauf dieser „Zeitspanne" kommt es zur Ausführung des Folgeschrittes. Die Steuerung einer Ampelanlage ist ein weiteres Beispiel für eine zeitgeführte Ablaufsteuerung.

> Zeitgeführte Ablaufsteuerungen sind prozeßgeführte Ablaufsteuerungen mit stellbaren Wartezeiten. Die Prozeßzeiten können bei elektronischen Aktoren vernachlässigbar klein sein.

Der Begriff Ablaufsteuerungen umfaßt alle Steuerungen, die ausgehend von einer Startkombination der Sensoren die geforderten Aktoren auslösen. Die neue Aktorenstellung bewirkt eine Veränderung der Sensorenkombination. Diese Sensorenkombination löst die geforderten Aktoren des nächsten Taktes aus. Für die Ablaufsteuerung ist also die Folge von kombinatorischen Steuerungsschritten kennzeichnend. Die Anzahl der Sensorenkombinationen ist auf die zulässigen Kombinationen beschränkt. Die Folge der nacheinander geschalteten Aktoren entspricht der Schrittfolge (Taktkette).

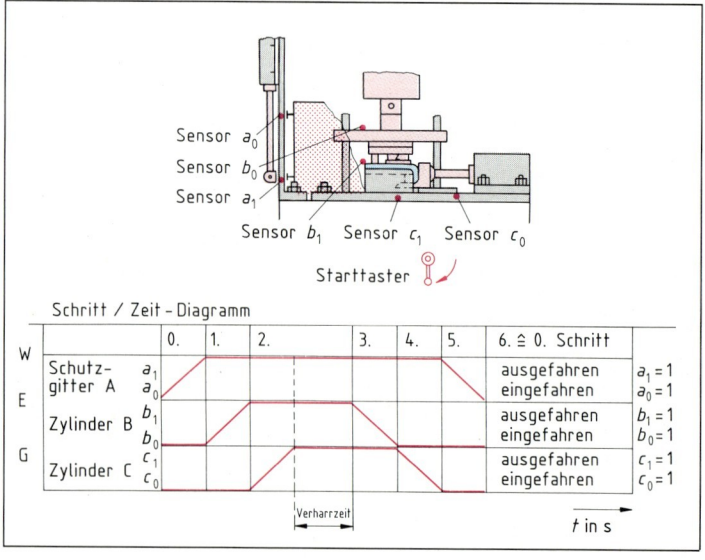

2 Zeitgeführte Ablaufsteuerung

In der Praxis sind Mischformen von kombinatorischen Steuerungen mit prozeß- und zeitgeführten Ablaufsteuerungen anzutreffen. Insofern stellen die hier beschriebenen Steuerungen nur Elemente der Lösungen von komplexeren Steuerungen dar.

4.2 Verbindungsprogrammierte Steuerungen

Unter verbindungsprogrammierten Steuerungen lassen sich alle Steuerungslösungen zusammenfassen, deren Steuerungsaufbau durch Druckschläuche oder elektrische Leitungen erfolgt. Steuerungsänderungen erfordern eine Änderung dieser Verschlauchung bzw. Verdrahtung.

4.2.1 Pneumatische Steuerungen

Bauteile der Pneumatik (pneu: griech. für Atem, Wind) arbeiten mit Druckluft. Diese transportiert die Information (z.B. Druck liegt an) und bewirkt das Verfahren der Zylinder. Die Luft muß vor ihrer Verdichtung auf ca. 6 bis 12 bar (600 bis 1200 kPa) von den Verunreinigungen (überwiegend Feuchtigkeit und Staubteilchen) befreit werden, da diese die Führungen und Dichtungen der Bauteile angreifen (Korrosion, Verschleiß). Hierzu dienen Wasserabscheider und feinste Luftfilter (Bild 1). Über einen im Luftkreislauf eingebauten Öler wird der Luft das Öl zur Schmierung der bewegten Teile zugesetzt. Für diese Wartungseinheit der Druckluft sind in Gesamtzeichnungen Ersatzbilder vereinbart (Bild 3).

Schon mit einer kleinen Auswahl pneumatischer Bauelemente lassen sich eine Vielzahl pneumatischer Steuerungen aufbauen. Die Tür (Bild 2) soll vom Sensor S1 oder S2 betätigt werden. Zur Lösung dieser Steuerungsaufgabe sind zunächst Kenntnisse über entsprechende Steuerungselemente erforderlich. Auch hier ist eine Gliederung der Bauelemente (Hardware) in Eingabe-, Verarbeitungs- und Ausgabebauteile möglich.

4.2.1.1 Eingabebauteile

Als Eingabebauteile (Signalglieder) zum Öffnen der Tür dienen z.B. Taster oder Schalter. Ihre Betätigung erfolgt unterschiedlich (s. Bild 4). Diese Betätigungssignale werden an die Verarbeitungsbauteile als Druck (pneumatisch/hydraulisch) weitergegeben. Damit stellt der Druck der Luft (Pneumatik) oder des Öles (Hydraulik) das Signal dar. Die Zuschaltung oder Abschaltung des Signals (Druckes) geschieht mechanisch.

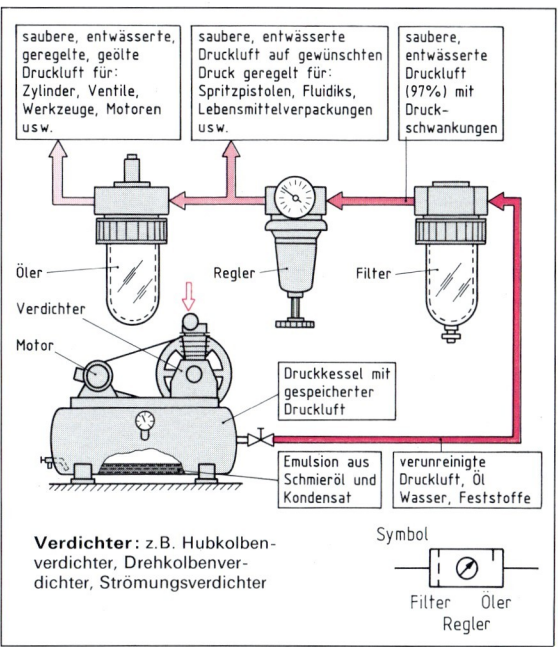

1 Druckluftaufbereitung

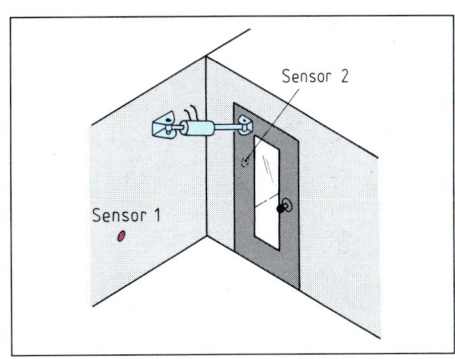

2 Türbetätigung

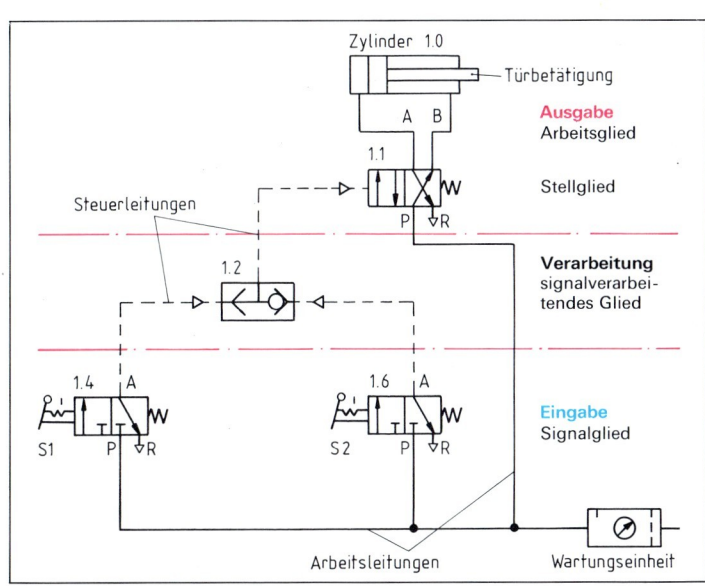

3 Schaltplan Türbetätigung

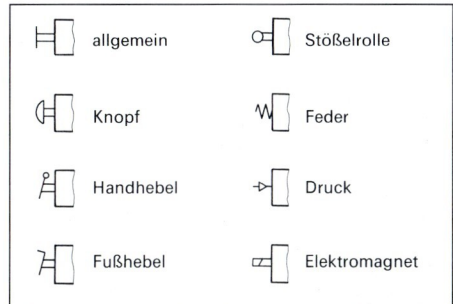

4 Ausgewählte Betätigungsarten

4.2 Verbindungsprogrammierte Steuerungen

4.2.1 Pneumatische Steuerungen

Die Steuerung der unterschiedlichen Durchflußrichtungen (s. Bild 1) geschieht über Bohrungen, die den Signalfluß freigeben oder sperren. An der vereinfachten Prinzipskizze läßt sich erkennen, daß im unbetätigten Zustand der Anschluß A (Signalausgang) drucklos ist, da eine Verbindung zur Außenluft über R (Rückluftausgang) besteht. Der bei P anliegende Druck ist durch ein Ventil gesperrt.

Bei Betätigung des Schalters und damit des Stößels wird die Verbindung von A nach R unterbrochen. Anschließend öffnet der Stößel das Ventil. Der Luftdruck von P wirkt am Ausgang A und liefert ein Drucksignal (logisch 1). Wird die Betätigung zurückgenommen, bewirken die Druckfedern das Verschieben des Stößels in die Ruhe- bzw. Ausgangsstellung.

Diesem Prinzip entsprechen im Schaltplan (Bild 3, Seite 141) die Schalter S1 und S2 zur Türbetätigung. Die symbolhafte Darstellung soll die beschriebene Funktion wiedergeben. Die Bezeichnung lautet: handbetätigtes 3/2-Wegeventil in Sperr-Nullstellung. Sie ergibt sich aus folgender Vereinbarung:

- der Druckknopf deutet die Handbetätigung an (weitere Betätigungsarten siehe Bild 4, Seite 141),
- die oben erwähnten steuerbaren drei Anschlüsse A, R und P pro Schaltstellung und
- die Anzahl der möglichen Schaltstellungen (hier 2), die durch Quadrate gekennzeichnet sind.

Die eingezeichneten Pfeile verdeutlichen die Verbindungen innerhalb der unterschiedlichen Schaltstellungen sowie die Durchflußrichtung. Weitere zusätzliche Angaben können z.B. die Durchflußrichtung in der Ruhestellung, die Art der Entlüftung und die Rückstellung sein.

> Pneumatische Eingabebauteile liefern unabhängig von der Betätigungsart Drucksignale.

Überlegen Sie:
Beschreiben Sie die Funktion der Schaltersymbole in Bild 3, und geben Sie die Bezeichnung an.

4.2.1.2 Verarbeitungsbauteile

Die Verarbeitungsbauteile (Steuerglieder oder signalverarbeitende Glieder) übernehmen die Signale der Schalter.

> Vereinbarung: betätigt ≙ logisch 1
>   unbetätigt ≙ logisch 0

Häufig verwendete Pneumatikelemente sind das **Wechsel-** und das **Zweidruckventil**. Sie unterscheiden sich in ihrem Wirkprinzip nicht von den elektrischen bzw. elektronischen Bauteilen.

Das **Wechselventil** (ODER-Verknüpfung) ermöglicht entsprechend der Aufgabenstellung die wahlweise Betätigung eines Aktors von zwei unterschiedlichen Stellen (Eingabebauteilen). Es besteht in der einfachsten Bauform aus einem Gehäuse mit Bohrungen und einer beweglichen Kugel (Bild 4). Die Kugel wird durch den Luftdruck verschoben und verschließt den zweiten Eingang. Liegen an beiden Anschlüssen Drucksignale an,

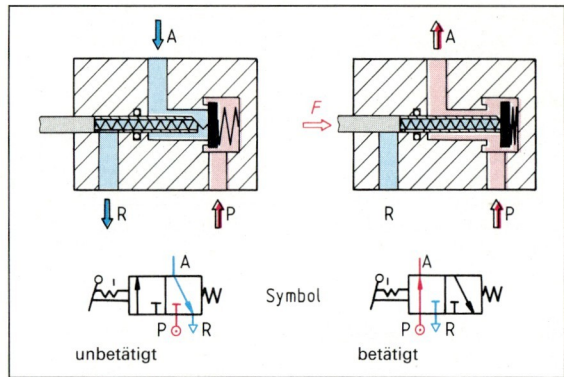

1 Wirkprinzip 3/2 Wegeventil

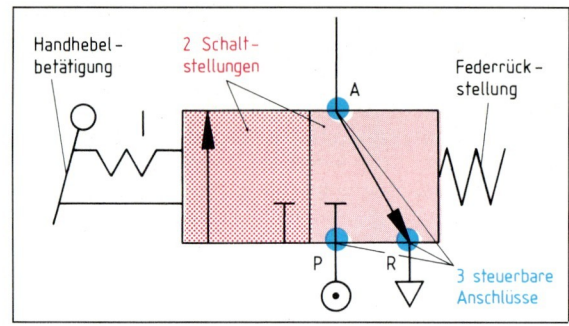

2 Symbol 3/2 Wegeventil

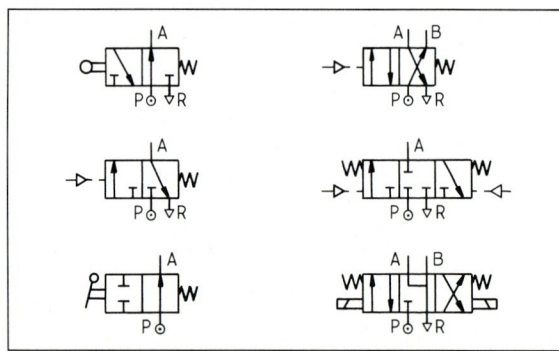

3 Ausgewählte Schaltersymbole

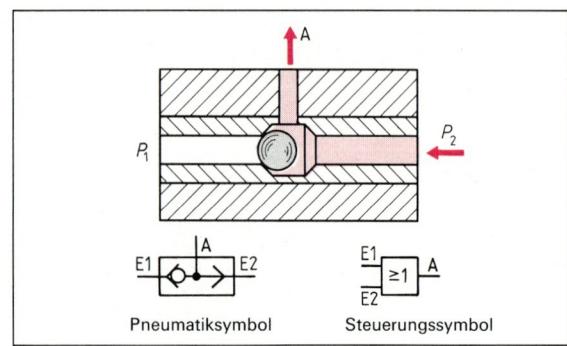

4 Wechselventil (ODER-Ventil)

4.2 Verbindungsprogrammierte Steuerungen
4.2.1 Pneumatische Steuerungen

dann wirkt der höhere Druck am Ausgang A des ODER-Bauteils. Damit ist sichergestellt, daß bei Betätigung von S1 oder S2, mindestens ein Signal am Ausgang A wirkt und zur Türöffnung genutzt werden kann.

Soll die Tür nur bei gleichzeitiger Betätigung von S1 und S2 öffnen, wird das Wirkprinzip eines weiteren Ventils genutzt. Das **Zweidruckventil** (UND-Verknüpfung) ermöglicht die Signalverknüpfung von mindestens zwei Eingabesignalen zu einem Ausgangssignal. Aus Bild 1 wird deutlich, daß am Ausgang A nur dann ein Drucksignal auftritt, wenn an beiden Eingangsanschlüssen S1 und S2 gleichzeitig ein Schaltsignal anliegt. Im Gegensatz zum Wechselventil wirkt am Ausgang A der niedrigere Druck eines der beiden Eingangssignaldrücke.

Ähnlich wie mit elektrischen Schaltern lassen sich in der Pneumatik durch Reihen- und Parallelschaltung von pneumatischen Schaltern die ODER- und UND-Steuerglieder schaltungstechnisch einsparen. In vielen Fällen verzichtet man auf diese Möglichkeit, um die Signalgeschwindigkeit zu erhöhen und Druckabfälle zu verringern.

> Die Verarbeitungseinheit der Pneumatik besteht aus den verschlauchten Verarbeitungsbauteilen.

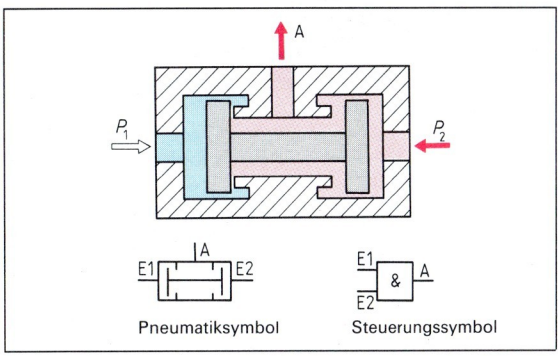

1 Zweidruckventil (UND-Ventil)

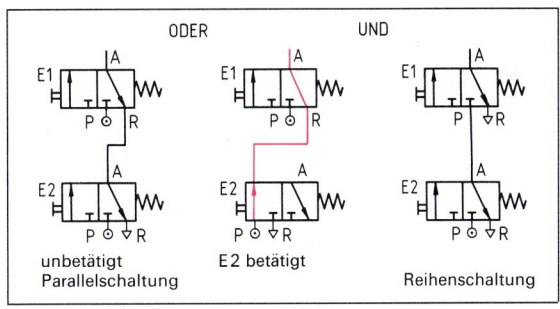

2 Logikschaltung (ODER/UND)

4.2.1.3 Ausgabebauteile

Nach der logischen Verknüpfung der Signale in den Verarbeitungsbauteilen wirken sie auf die Ausgabebauteile. Hauptsächlich werden in der Pneumatik druckluftbetätigte Zylinder angewendet. Sie lassen sich in einfach- und doppeltwirkende Zylinder unterscheiden (Bild 3). Im Einsatz betätigen sie mechanische Zusatzgeräte (z.B. Stempel, Greifarme, Hebel) und wirken somit am Ausgang der Steuerkette. In der Praxis finden Zylinder mit Hüben von 10 bis 500 mm und Kräften von 15 bis 50000 N Anwendung.

Jedes Ausgabebauteil (Antriebsglied) wird in der Regel durch ein **Stellglied** (Bild 3) angesteuert. Damit ist eine Trennung von **Steuerkreis** (Steuerdruck) und **Arbeitskreis** (Arbeitsdruck) möglich. In der Pneumatik werden hierfür 3/2-Wegeventile für einfachwirkende Zylinder bzw. 5/2-Wegeventile für doppeltwirkende Zylinder als Stellglieder verwendet.

In den Betrieben findet man immer seltener rein pneumatische Steuerungen. Mit Hilfe der Stellglieder können auch elektrische Signale Pneumatikzylinder betätigen. Dazu werden über einen Magnetschalter (siehe Relais, Kapitel 5.2.4) das 4/2-Wegeventil betätigt und der Luftdruck für den Kolben im Zylinder freigegeben.

Die allgemeinen Aussagen zu den pneumatischen Steuerungsbauteilen lassen sich überwiegend auf hydraulische Bauteile übertragen. Zusätzlich muß der Ölrückfluß sichergestellt sein. Weitergehende technische Besonderheiten (z.B. Druckerzeugung, Druckstöße usw.) müssen in der Hydraulik Berücksichtigung finden. Die Schaltzeichen der Hydraulik lassen sich an den Pfeilen im Signalfluß erkennen. Sie sind im Gegensatz zur Pneumatik voll gezeichnet.

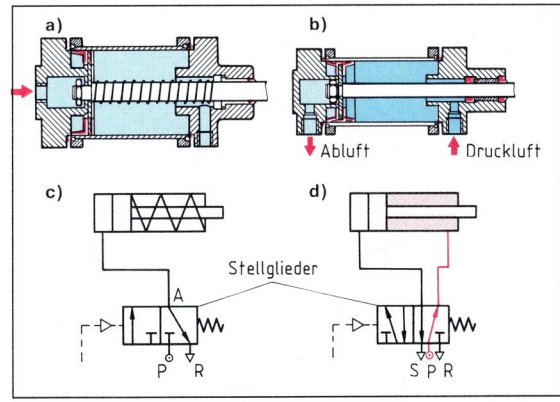

3 a) einfachwirkender Zylinder
b) doppeltwirkender Zylinder
c) indirekte Ansteuerung
d) indirekte Ansteuerung

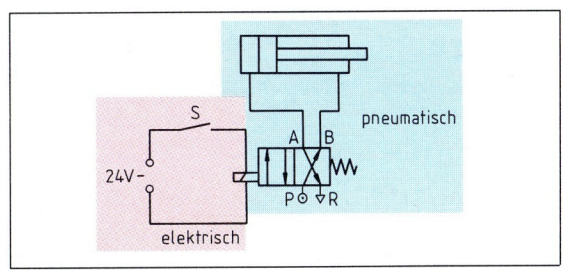

4 Elektrische Betätigung

4.2 Verbindungsprogrammierte Steuerungen

4.2.1.4 Stromventile

Damit die Steuerungsabläufe zusätzlichen Forderungen angepaßt werden können, sind Drossel- oder Drosselrückschlagventile erforderlich (z.B. einstellbar langsames Öffnen der Tür durch den Zylinder). Sie ermöglichen über Stellschrauben (Bild 1) die stufenlose Veränderung des Leitungsquerschnittes. Dadurch können der Luftvolumenstrom und somit die Verfahrgeschwindigkeit des Kolbens im Zylinder gedrosselt werden. Bei Drosselrückschlagventilen wirkt die Drossel lediglich in eine Verfahrrichtung des Kolbens (z.B. langsames Ausfahren und schneller Rückhub).

Bei der Abluftdrosselung (Bild 2) wirkt auf den Kolben der volle Luftdruck. Die Verfahrgeschwindigkeit wird durch die Behinderung der Abluft (d.h. Drosselung der aus dem Zylinder ausströmenden Luft) verringert. Dadurch entstehen eine konstante Kolbenkraft und somit eine gleichmäßigere Verfahrbewegung.

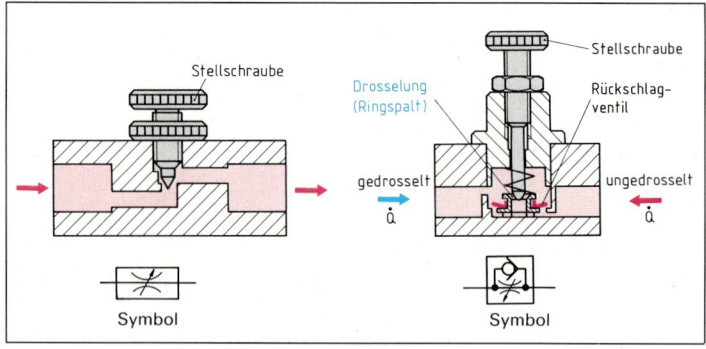

1 Drossel- und Drosselrückschlagventil

4.2.1.5 Pneumatischer Schaltplan

Der pneumatische Schaltplan erfaßt überwiegend lageunabhängig alle pneumatischen Bauelemente geordnet nach Eingabebauteilen, Verarbeitungsbauteilen und Ausgabebauteilen. Folgende Vereinbarungen sollten dabei eingehalten werden:

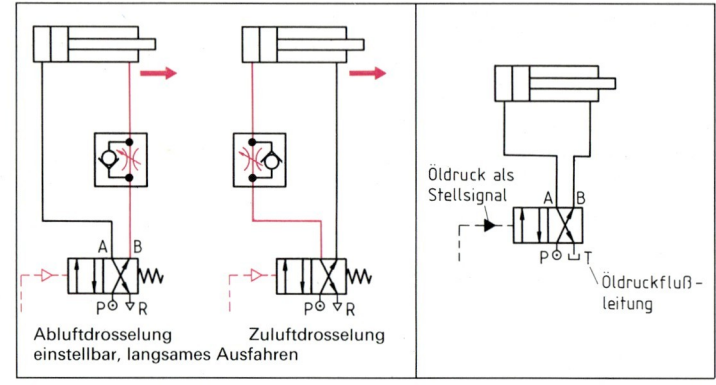

2 Drosseln der Verfahrgeschwindigkeit

3 Hydraulische Zylinderansteuerung

- Die Bauteile in ihrer Ruhestellung zeichnen, d.h. die Stellung, die sie druckbeaufschlagt ohne Betätigung eines Eingabebauteiles einnehmen.
- Die Steuerleitungen als gestrichelte Linien zeichnen.
- Die Arbeitsleitungen als Vollinien zeichnen.
- Die Anschlußbezeichnungen zur Montageerleichterung oder Fehlersuche in den Schaltplan eintragen (z.B. P für Druckanschluß; R, S für Abluft; A, B, C für Signalanschlüsse; X, Y, Z für Steueranschlüsse).

Weitere Darstellungsformen sind je nach Nutzung des Schaltplanes möglich (z.B. ortsabhängig bei Wartungsanleitungen).
Überlegen Sie:
Beschreiben Sie das Verhalten des Zylinders (Bild 4) bei Betätigung der Schalter S1 und S2 in beliebiger Reihenfolge. Vergleichen Sie das Ergebnis mit der Funktion der Türbetätigung und dem Beispiel zur Treppenbeleuchtung von Kapitel 3.2.1.1.

4.2.2 Elektrische Steuerungen

Bei der Verwirklichung technischer Steuerungen finden heute überwiegend elektrische Sensoren und elektrische Verarbeitungsbausteine Anwendung. Die wesentlichen Vorteile sind unter anderem:

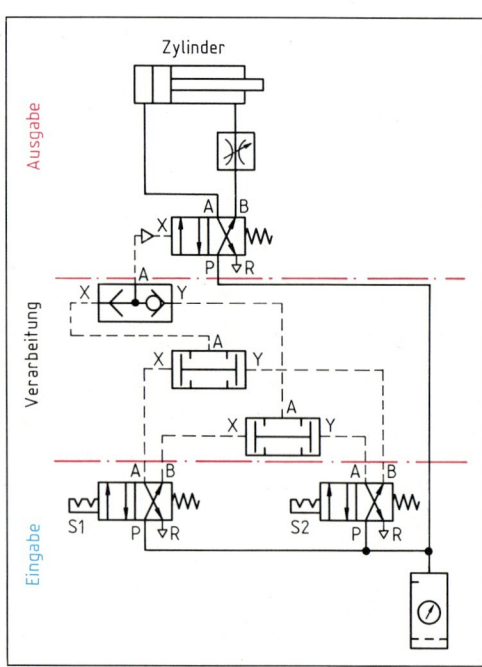

4 Lageunabhängiger Pneumatikschaltplan

4.2 Verbindungsprogrammierte Steuerungen

4.2.2 Elektrische Steuerungen

- geringerer Raumbedarf,
- geringerer Energiebedarf,
- geringere Wartungskosten und
- hohe Verarbeitungsgeschwindigkeit.

Weiterhin lassen sich mit elektrischen Sensoren im Gegensatz zu den pneumatischen nahezu alle physikalischen Größen (z.B. Kraft, Druck, Licht, Temperatur, Strahlung) sicher erfassen.

4.2.2.1 Eingabebauteile (Schalter und Sensoren)
Schaltgeräte als elektrische Eingabebauteile unterscheiden sich im Einsatz und im Schaltverhalten.

Bedienungsaufnehmer (Taster und Schalter)
Taster sind Eingabeelemente (Signalglieder), die das Signal so lange weitergeben, wie die Kraft auf den Taster wirkt. Das Bild 1 zeigt die Funktion eines hebelbetätigten Endlagentasters in der oberen Grenzlage eines Kranes. Damit erfolgt das Abschalten der Hebebewegung.

Elektrische Schaltgeräte mit Raste, das sind Signalglieder mit mechanischem Speicher, geben ein elektrisches Signal weiter, wenn eine Betätigung erfolgt ist. Erst ein erneutes Betätigen bringt den Schalter in seinen ursprünglichen Zustand zurück. Der Ein-/Aus-Schalter als Schlüsselschalter in Bild 2 erfüllt diese Aufgabe.

Rückmeldeaufnehmer (Sensoren)
In der modernen Steuerungstechnik bestimmen elektronische Rückmeldeaufnehmer, die Sensoren, entscheidend die Leistungsfähigkeit von mikroelektronischen Steuerungen. Die Verarbeitungseinheit nutzt die Sensoren als Fühler zur Umwelt.

> Die technischen Sensoren als elektrische Schalter setzen physikalische Größen, wie Druck, Temperatur, Strahlung, Kraft, in elektrische Schaltsignale um.

Sensoren erfassen als Tastorgane bestimmte physikalische Zustände, z.B. Temperatur erreicht, Kraft zu groß, Füllstand abgesunken, Druck vorhanden usw.

Diese Sensoren wandeln die erfaßte physikalische Größe zunächst in eine sich zeitlich stetig ändernde, sogenannte analoge Größe, z.B.: eine elektrische Spannung, um.

In Bild 3 ist ein elektrischer Magnetfeldsensor (induktiver Näherungsschalter) eingesetzt, um in einem Kraftfahrzeugmotor die Umdrehungsfrequenz zu erfassen. Die Zähne des Schwungradzahnkranzes führen im Magnetfeldsensor vor der elektronischen Auswertung zu einer analogen elektrischen Spannung. In Bild 3 wird die Umwandlung des analogen Signals in der Auswerteschaltung des Sensors in ein binäres elektrisches Signal gezeigt. Da die mikroelektronische Verarbeitungseinheit des Kraftfahrzeugs nur binäre Signale erfassen kann, ist über die Umwandlung der analogen Größe in eine binäre eine genaue Erfassung der Umdrehungsfrequenz des Motors gewährleistet.

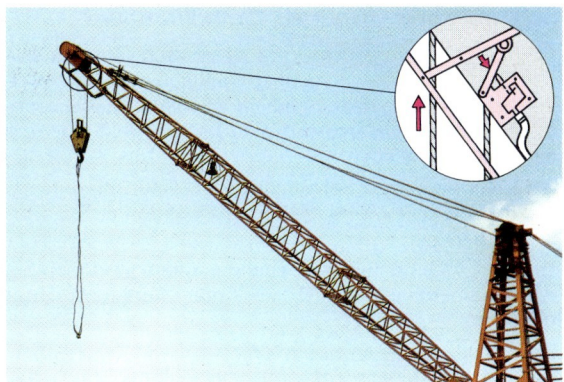

1 Grenztaster

2 Schlüsselschalter

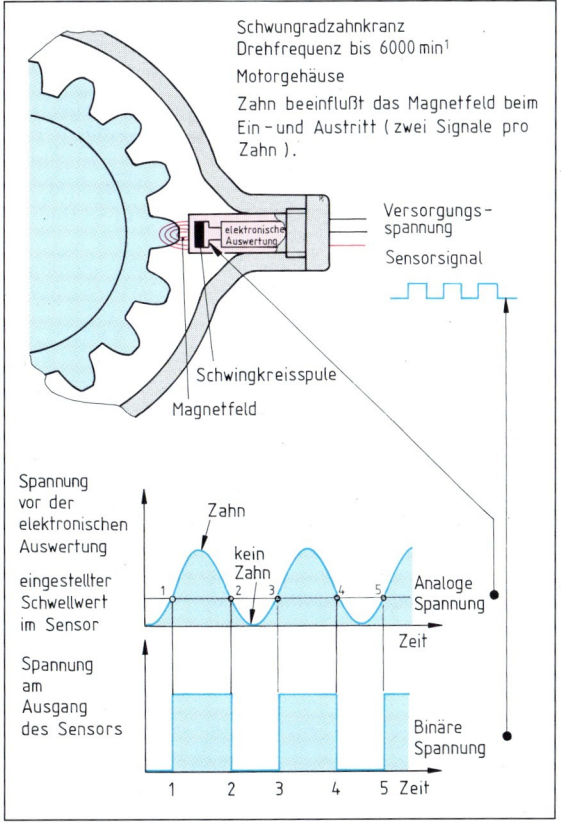

3 Erfassung der Umdrehungsfrequenz im Kraftfahrzeugmotor

4.2 Verbindungsprogrammierte Steuerungen

4.2.2 Elektrische Steuerungen

Schließer und Öffner als Grundkontakte

Für die Steuerungstechnik ist es wichtig, sowohl von den Bedienungsaufnehmern (Schalter, Taster) als auch von den Rückmeldeaufnehmern (Sensoren), die elektrischen Schaltzustände für eine bestimmte Steuerung eindeutig festzulegen.

Stellt ein betätigtes Schaltgerät eine elektrisch leitende Verbindung her, wird diese Kontaktfunktion als **Schließer** bezeichnet.

Unterbricht ein betätigtes Schaltgerät eine elektrisch leitende Verbindung, so wird diese Kontaktfunktion **Öffner** genannt.

Der Schaltzustand eines Aufnehmers, der eine Schließerfunktion erfüllt, kann z.B. so gekennzeichnet sein:

> Schalter/Sensor unbetätigt: logisch ‚0'
> Schalter/Sensor betätigt: logisch ‚1'

Die weitere Berücksichtigung dieser logischen Zustände bei der vollständigen Steuerungslösung zeigt das Beispiel auf Seite 148. Da sowohl Schalter und Taster als auch Sensoren überwiegend mit Spannungen ≥ 24 V arbeiten, sind sogenannte **Schnittstellenbausteine (Interfaces)** im Bild 2 nötig, um eine Anpassung der Eingabesignale an die mit 5 V arbeitende Verarbeitungseinheit vorzunehmen.

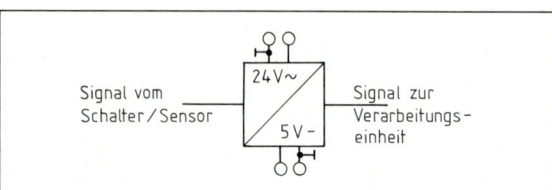

1 Grundkontakte

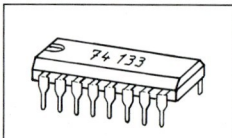

2 Eingangsschnittstelle

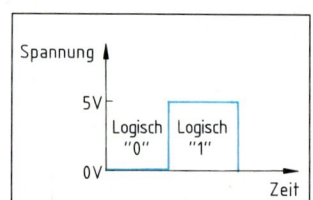

3 Elektronischer Logikbaustein

4.2.2.2 Verarbeitungseinheit und Ausgabebauteile (Aktoren)

Verarbeitungseinheit

Elektronische Logikbausteine, wie in Bild 3 dargestellt, sind Bestandteil mikroelektronischer Steuerungen und Verarbeitungseinheiten. Durch die gezielte Verknüpfung von elektronischen Schaltern, den Transistoren, lassen sich logische Schaltungen in den elektronischen Bauteilen herstellen.

Abhängig von den Eingangssignalen an der jeweiligen inneren Logikschaltung, bildet sich, vergleichbar mit Schließer- oder Öffnerkontakten, ein elektrisches Ausgangssignal.

Vereinfacht dargestellt verhält sich die Logikschaltung

- in einem gesperrten Zustand so, daß z.B. am Ausgang keine Spannung 0 Volt (logisch ‚0'),
- in einem leitenden Zustand so, daß z.B. am Ausgang eine Spannung 5 Volt (logisch ‚1')

anliegt.

Für das Steuerungsbeispiel der Türbetätigung auf der Seite 141 soll mit dem entsprechenden Logikbaustein 7432, 4 × Zweifach-ODER, die Funktion erklärt werden.

Die vier Zweifach-ODER-Verknüpfungen haben entsprechend dem Datenblatt des Herstellers in diesem Baustein eine feste Zuordnung:

Eingänge	Ausgang
Anschluß 1 und 2	Anschluß 3
Anschluß 4 und 5	Anschluß 6 hier nicht benötigt
Anschluß 9 und 10	Anschluß 8 hier nicht benötigt
Anschluß 12 und 13	Anschluß 11 hier nicht benötigt

4 Logische Schaltzustände

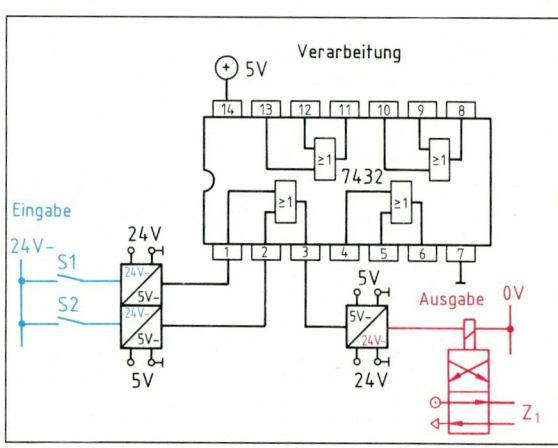

5 Schaltplan für die Türbetätigung

4.2 Verbindungsprogrammierte Steuerungen 4.2.2 Elektrische Steuerungen

Damit bietet sich z.B. folgende Verdrahtung an: Der Schalter S1 wird mit dem Anschluß 1, d.h. Eingang 1, und der Schalter S2 mit dem Anschluß 2, d.h. Eingang 2, verbunden. Der Anschluß 3, d.h. der Ausgang des Zweifach-ODER, wirkt auf eine Ausgangsschnittstelle. Diese Schnittstelle in Bild 5, Seite 146, kann dann Aktoren großer Leistung schalten. Die Schaltfunktion erklärt sich wie folgt: Hat einer der beiden Schalter S1 oder S2, oder haben beide Schalter S1 und S2 ein logisches 1-Signal auf die Eingänge des elektronischen Logikbausteins gegeben, so steht am Ausgang ebenfalls ein logisches 1-Signal. Die Schnittstelle verstärkt das Signal, damit schaltet das Relais das Magnetventil. Der Zylinder wirkt.

Wenn beide Schalter zugleich nicht betätigt, d.h. logisch 0 sind, dann ist der Ausgang des Logikbausteins ebenfalls logisch 0. Die Schnittstelle, und als Folge der Zylinder, wirkt nicht.

> Die Verarbeitungseinheit der Elektromechanik/Elektronik besteht aus den verdrahteten Verarbeitungsbauteilen.

Merkmale elektronischer Logikbausteine

Folgende Auswahl von einheitlichen Merkmalen kennzeichnen fast alle elektronischen Standard-Logik-Bausteine (Serie 74xxx):

- einheitliche Spannungsgrößen für die logischen Schaltzustände (0 V: log. 0; 5 V: log. 1) am Ein- und Ausgang des Bausteins,
- gleiche Baugrößen für unterschiedliche logische Schaltungen im Logikbaustein,
- einfache Handhabung der elektrischen Anschlüsse durch einheitliche Kennzeichnung und Zählrichtung.

In der Draufsicht ist die Markierung, eine U-förmige Einkerbung, so zu positionieren, daß sie links aus der Sicht des Betrachters erkennbar ist. Der linke Anschluß (Pin) der unteren Anschlußreihe ist dann der Anschluß 1. Gegen den Uhrzeigersinn weitergezählt, ist der Anschluß 7 die Masse (GND = Ground) 0 V. Der Anschluß 14, der gegenüber dem Pin 1 liegt, ist der +5 V Anschluß der Betriebsgleichspannung.

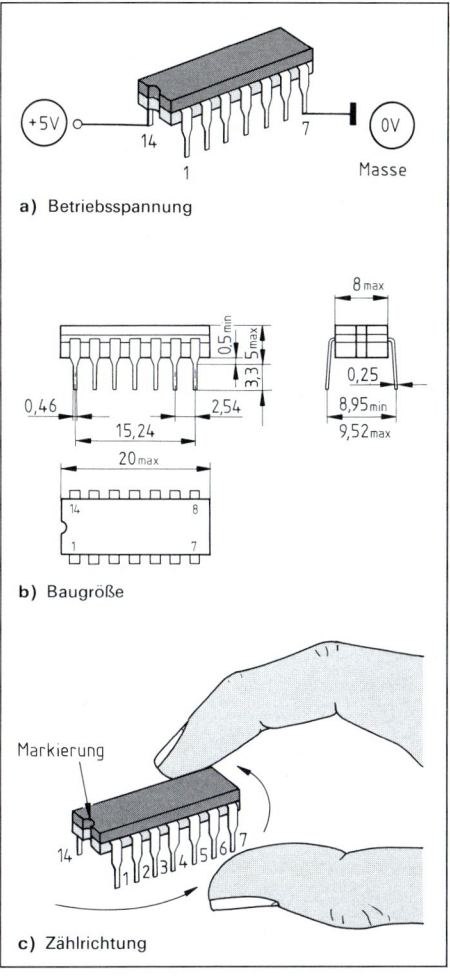

a) Betriebsspannung

b) Baugröße

c) Zählrichtung

1 Elektronischer Logikbaustein

Ausgabebauteile (Aktoren)

Unterschiedliche Aktoren erbringen die geforderte Wirkung in einer Steuerung. Zu jedem Betriebszustand des Steuerungssystems muß eine eindeutige Ausgabe der Aktoren sichergestellt sein. In der Praxis lassen sich für die vielfältigen

Symbol/Bezeichnung	Wirkprinzip	Einsatzbereich
Pneumatikzylinder, Hydraulikzylinder	Elektromagnetisch oder pneumatisch/hydraulisch betätigte Ventile stellen den Zylinder in die Endlagen. Die Kolbenstange bewirkt: Kraft = Arbeitsdruck · Kolbenfläche. Kräfte, Momente und Bewegungen.	Spannen, Öffnen/Schließen, Verfahren, Positionieren, Verformen, Prägen.
Gleichstrommotor, Wechselstrommotor, Drehstrommotor	Relais oder elektronische Schalter starten und stoppen den Motor durch die Steuerung des Energieflusses. Regeleinrichtungen bewirken die gewünschte Drehfrequenz. Dabei wird die elektrische Energie i. allg. in eine Drehbewegung umgesetzt. Zusätzliche mechanische Systeme wie Spindeln ermöglichen Längsbewegungen.	Antriebsmotore für Werkzeugmaschinen, Stellmotore für Regeleinrichtungen.
Schrittmotor	Über eine elektronische Steuereinheit erhält der Schrittmotor Impulse. Je nach Aufbau dreht sich der Motor um einen festen Winkel pro Impuls (z.B. 1 Grad/Impuls). Es werden elektrische Energieimpulse in Winkelschritte umgewandelt. Linkslauf oder Rechtslauf ist möglich.	Positionieren bei Regelungen für definierte Winkel und Strecken (mit Spindeln).
Relais mit Signalbauteilen, Verstärker	Das Relais dient als Schalter für eine Vielzahl unterschiedlicher technischer Baugruppen. Elektrische Energie wird in magnetische Energie umgewandelt.	Signallampen und Beleuchtung ein-/ausschalten. Schieber öffnen/schließen. Heizungen, Fördermotore ein-/ausschalten u.a.

2 Auswahl technischer Aktoren

4.2 Verbindungsprogrammierte Steuerungen

4.2.3 Lösungsschritte zur Verwirklichung

technischen Aufgabenstellungen produktionsgerechte Aktoren einsetzen. Eine Auswahl der großen Bandbreite der Aktorik vermittelt die Übersicht in Bild 2, Seite 147.

4.2.3 Lösungsschritte zur Verwirklichung

Anhand einer Steuerung einer Prägevorrichtung sollen die systematischen Lösungsschritte bis zur schaltungstechnischen Realisierung entwickelt werden.

4.2.3.1 Beschreibungsformen von Steuerungen

Die Art der Aufgabenstellung ist je nach Beruf, Betrieb und Umfang des Steuerungsproblems unterschiedlich. Steuerungen lassen sich z.B. durch Zeichnungen oder Texte gleichberechtigt darstellen.

Aufgabenstellung durch Text

In einer Prägevorrichtung soll der Stempelvorgang vom Prägezylinder Z1 nur dann ausgeführt werden, wenn die beiden Sensoren die richtige Position des Werkstückes melden. Der Teilesensor S1 überprüft das Vorhandensein des Prägeteils, und der Lagesensor S2 kontrolliert die richtige Prägeteillage.

Wenn der Lagesensor S2 nicht betätigt ist, also eine unerwünschte Position meldet, soll der Auswurfzylinder Z2 das Werkstück in ein Sammelmagazin befördern.

Die Steuerungsbedingungen für das Zurückfahren des Zylinders sowie die Vorschubeinheit für die Prägeteile bleiben zunächst unberücksichtigt.

Im Rahmen der Ablaufsteuerungen müßte diese Problematik behandelt werden.

In allen anderen Fällen soll weder der Zylinder Z1 noch der Zylinder Z2 ausfahren.

Aufgabenstellung durch Zeichnung

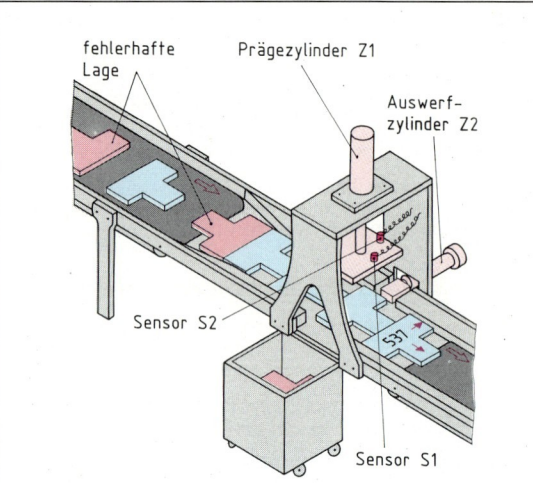

Bei richtiger Lage des Prägeteils sollen der Teilesensor S1 und der Lagesensor S2 den Prägevorgang mit Zylinder Z1 auslösen. Bei fehlerhafter Lage des Prägeteils soll der Auswurfzylinder Z2 ausgelöst werden.

1 Prägevorrichtung

4.2.3.2 Funktionstabelle

Die Funktionstabelle dient der systematischen Erfassung aller möglichen Sensorenverknüpfungen sowie der technisch geforderten Aktorenzustände.

Funktionale Aussagen der Steuerungsaufgabe

Wenn ...	und ...	dann ...	Bemerkung
Sensor S2 betätigt	Sensor S1 betätigt	Zylinder Z1 ausfahren	Prägeteil hat richtige Lage
Sensor S2 nicht betätigt	Sensor S1 betätigt	Zylinder Z2 ausfahren	Prägeteil hat fehlerhafte Lage
Sensor S2 betätigt	Sensor S1 nicht betätigt	Zylinder Z1 und Zylinder Z2 bleiben eingefahren	Prägeteil hat fehlerhafte Lage, z.B. Prägeteil verkantet
Sensor S2 nicht betätigt	Sensor S1 nicht betätigt	Zylinder Z1 und Zylinder Z2 bleiben eingefahren	Kein Prägeteil vorhanden

Eine einfache Vorgehensweise besteht darin, mit **Wenn ... dann ...** Beziehungen die Sensorenzustände und entsprechenden Aktorenstellungen zu erfassen.

In den meisten Fällen wirken bei einer Steuerung mehr als zwei Sensoren und Aktoren. Eine Vervielfachung der Sensoren und Aktoren führt bei dieser Darstellungsart sehr schnell zur Unübersichtlichkeit.

Bei der systematischen Erfassung aller Sensorenverknüpfungen helfen die folgenden Vereinbarungen:

Sensordarstellung	Aktordarstellung
Schalter/Sensor unbetätigt $\cong$ 0 betätigt $\cong$ 1	Zylinder (Aktor) eingefahren $\cong$ 0 ausgefahren $\cong$ 1

4.2 Verbindungsprogrammierte Steuerungen — 4.2.3 Lösungsschritte zur Verwirklichung

Aus der vereinfachten Funktionstabelle (Bild 1) kann sehr einfach die gleiche Information wie oben entnommen werden. Mit der korrekten Funktionstabelle ist das Steuerungsproblem verändert dargestellt. Außerdem bietet die digitale Darstellungsweise die Möglichkeit, diese Tabelle zur Verwirklichung der Steuerung zu nutzen. Sie stellt im Prinzip die allgemeinste Lösung für alle Steuerungsarten dar.

Funktionsgleichung

Aus der aufgestellten Funktionstabelle lassen sich die erforderlichen Steuerungsaussagen ableiten:

> Der Zylinder Z1 soll nur ausfahren, wenn der Aktorwert für Z1 eine logische „1" in der Funktionstabelle aufweist.

Diese Aussage stimmt für die Zeile 3.

> Der Zylinder Z2 soll nur ausfahren, wenn der Aktorwert für Z2 eine logische „1" in der Funktionstabelle aufweist.

Diese Aussage stimmt für die Zeile 1.

Zeile	SENSOREN		AKTOREN	
	Sensor S2	Sensor S1	Zylinder Z2	Zylinder Z1
0	0	0	0	0
1	0	1	1	0
2	1	0	0	0
3	1	1	0	1

1 Systematisch vereinfachte Funktionstabelle

Der nächste Lösungsschritt besteht in einer schaltungsgemäßen Beschreibung der dargestellten Verknüpfungen. Nur so sind sie für die Verwirklichung der Steuerung sinnvoll zu nutzen. Um aus der Funktionstabelle eine Funktionsgleichung zu entwickeln, sind die Begriffe ‚UND', ‚ODER' und ‚NICHT' durch Symbole zu ersetzen. Eine sprachliche Aussage für z.B. die Zeile 1 der Funktionstabelle
‚Wenn NICHT S2 UND S1 betätigt sind, dann fährt Zylinder Z2 aus'
verändert sich durch das Verwenden der vereinbarten Symbole in die Funktionsgleichung:

$$\overline{S2} \cdot S1 = Z2$$

nach DIN 5474	ersatzweise	Beschreibung
$E2 \wedge E1 = A1$	$E2 \cdot E1 = A1$	Wenn der Eingang E1 UND der Eingang E2 betätigt sind, dann wird der Ausgang A1 aktiviert.
$E2 \vee E1 = A1$	$E2 + E1 = A1$	Wenn der Eingang E1 ODER der Eingang E2 betätigt ist, dann wird der Ausgang A1 aktiviert.
$\neg\ E1 = A1$	$\overline{E1} = A1$	Wenn NICHT Eingang E1 betätigt ist, dann wird der Ausgang A1 aktiviert.

2 Grundverknüpfungen für Logiksymbole

Nach der Tabelle ist das Wort ‚UND' durch das Symbol ‚·', das Wort ‚ODER' durch das Symbol ‚+' und das Wort ‚NICHT' durch ‚‾' ersetzbar.

Beispiel:
Zeile 1:

> NICHT S2 und S1 bewirkt, daß Zylinder Z2 ausfährt.
> $\overline{S2}\ \cdot\ S1\ =\ Z2$

Zeile 3:

> S2 UND S1 bewirkt, daß Zylinder Z1 ausfährt.
> $S2\ \cdot\ S1\ =\ Z1$

Aus der Zeile 1 der Funktionstabelle ist ersichtlich, daß auch unbetätigte Sensorensignale zu erfassen sind ($\overline{S2}$). Hierauf gilt es bei allen Lösungen konsequent zu achten!

Logikplan

Liegt eine Funktionsgleichung mit den oben angeführten Vereinbarungen vor, so läßt sich daraus ein Logikplan entwickeln.

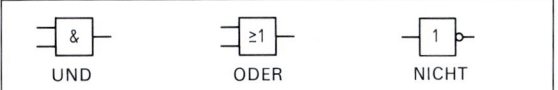

3 Logiksymbole für Verknüpfungen

Aus der Funktionsgleichung lassen sich alle Verknüpfungen mit Logiksymbolen, siehe Bild 3, eindeutig darstellen. Mit Hilfe der Logiksymbole ergibt sich der Logikplan in Bild 4 für die Aufgabe der Prägevorrichtung.

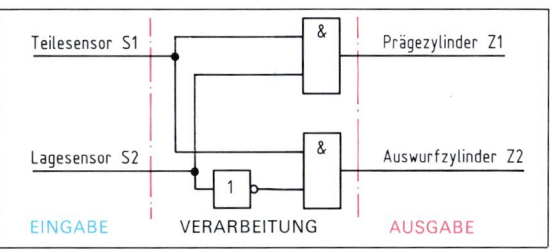

4 Logikplan der Prägevorrichtung

Mit der Fertigstellung des Logikplanes liegt noch keine eindeutige Entscheidung für eine bestimmte verbindungsprogrammierte Lösung vor.

Mögliche technische Ausführungsformen sind:
- pneumatisch,
- hydraulisch,
- elektrisch.

> Mischformen dieser Ausführungsformen sind in der Praxis häufig anzutreffen. Für alle genannten technischen Ausführungsformen sind die bisherigen Lösungsschritte uneingeschränkt nutzbar.

4.2 Verbindungsprogrammierte Steuerungen

4.2.3 Lösungsschritte zur Verwirklichung

Schaltpläne

Mit Hilfe von entsprechenden Zuordnungen (Tabellen) ist es möglich, für die jeweilige logische Verknüpfung die entsprechende technische Realisierungsmöglichkeit herauszufinden. Um in der Praxis schneller eine Zuordnung herzustellen, soll folgende Tabelle in Bild 1 bei der Anfertigung des Schaltplanes helfen.

Unter Zuhilfenahme der Übersicht der Verknüpfungselemente ergeben sich für die verbindungsprogrammierte Steuerung die nachfolgenden Schaltpläne:

Funktionstabelle	Bezeichnung	Logiksymbol	elektromechanisch	pneumatisch/hydraulisch	elektronisch
E2 E1 A 0 0 0 0 1 0 1 0 0 1 1 1 $A = E1 \cdot E2$	UND	E1, E2 → & → A	E1, E2 (Schließer in Reihe)	E1 ─ A ─ E2	7408 (IC), E1 E2 A
E2 E1 A 0 0 0 0 1 1 1 0 1 1 1 1 $A = E1 + E2$	ODER	E1, E2 → ≥1 → A	E1, E2 (Schließer parallel)	E1 ─ A ─ E2	7432 (IC), E1 E2 A
E A 0 1 1 0 $A = \overline{E}$	NICHT	E → 1 → A	E (Öffner)	E ─ A	7404 (IC), E A

1 Verknüpfungselemente

4.2.3.3 Pneumatischer Schaltplan

Bei dem Aufbau der pneumatischen Steuerung ist besondere Sorgfalt gefordert. Die Auswahl von unbeschädigten Schlauchleitungen und die einwandfreie Verbindung dieser Leitungen mit den pneumatischen Bauteilen sind unbedingt einzuhalten. Vor der Inbetriebnahme der Steuerung ist eine genaue Sichtkontrolle anhand des pneumatischen Schaltplanes vorzunehmen. Veränderungen der Verschlauchung sind nur nach dem Abschalten der Druckluft vorzunehmen.

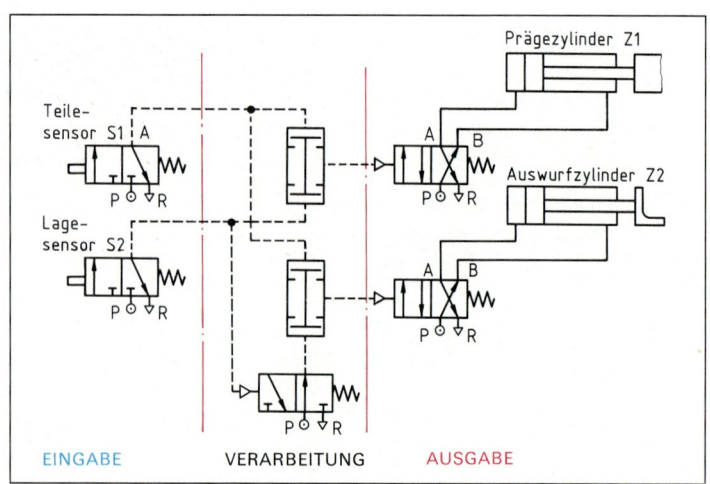

2 Pneumatischer Schaltplan

4.3 Speicherprogrammierte Steuerungen 4.3.1 Codierung der Funktionstabelle

4.2.3.4 Elektrischer Schaltplan

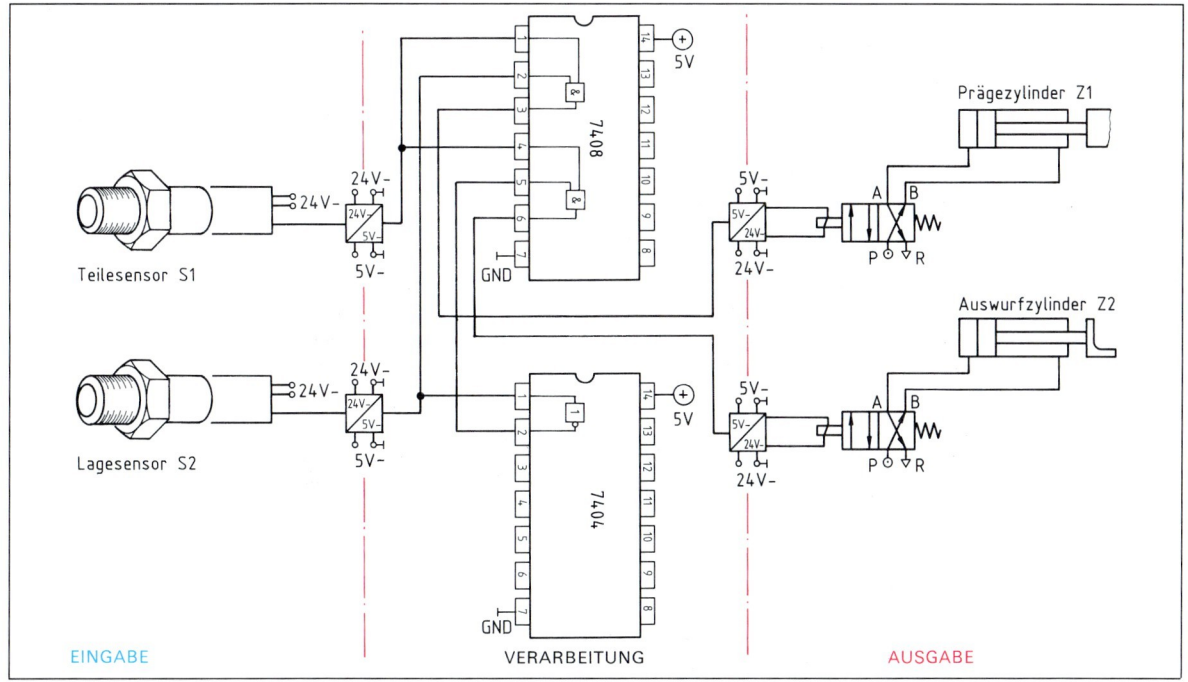

1 Elektrischer Schaltplan

4.3 Speicherprogrammierte Steuerungen

In den speicherprogrammierten Steuerungen werden die Verarbeitungsbauteile (z.B. UND, ODER, NICHT) mit ihrer logischen Verschlauchung/Verdrahtung durch den Rechner als Verarbeitungseinheit ersetzt.

4.3.1 Codierung der Funktionstabelle

Die in den folgenden Kapiteln entwickelten Programme beziehen sich auf den Schnittstellenbaustein 8255. Bei Einsatz anderer Schnittstellenbausteine müssen die in den Programmen gekennzeichneten Adressen und Befehle sinngemäß geändert werden.

Jedes mikroelektronische Verarbeitungssystem benötigt zur Aufnahme von Eingaben eine Vereinbarung, in welcher Form die Daten (z.B. Befehle, Speicherinhalte, Speicheradressen) vorliegen müssen. Die interne Datenverarbeitung erfolgt in binärer Form. Dekodierbausteine/-programme übernehmen die Umwandlung in eine für den Benutzer verständliche Form.

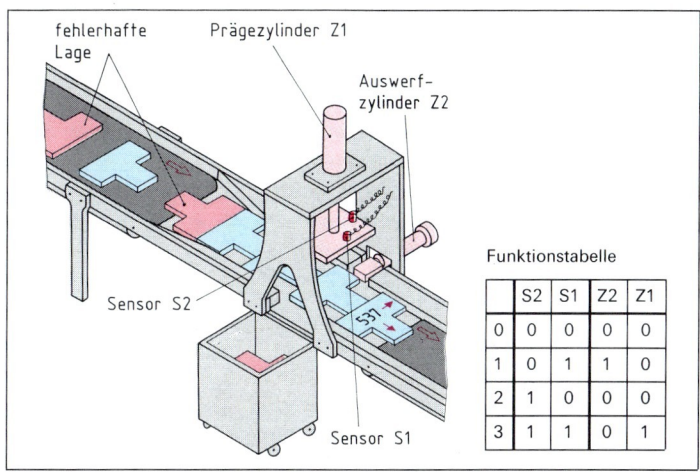

Funktionstabelle

	S2	S1	Z2	Z1
0	0	0	0	0
1	0	1	1	0
2	1	0	0	0
3	1	1	0	1

2 Prägevorrichtung mit Funktionstabelle

4.3 Speicherprogrammierte Steuerungen — 4.3.2 Steuerungsprogramm

Für die vorliegende Funktionstabelle wäre also die binäre/duale Eingabe der Tabellenwerte sinnvoll. Da die meisten Mikrocomputer hierfür nur z.T. geeignet sind, ist entweder ein Übersetzungsprogramm oder eine Umschreibung (Codierung) der Funktionstabelle erforderlich. Die Entscheidung muß bei der Programmierung fallen. Zur Umwandlung kann die nebenstehende Tabelle genutzt werden. Damit ergibt sich bei einer Übersetzung in das Dezimalsystem folgende Funktionstabelle:

Zeile	Sensorenstellung	Aktorenstellung
0	0	0
1	1	2
2	2	0
3	3	1

1 Funktionstabelle nach Dezimalsystem

Dezimalzahlen	Dualzahlen	Hexadezimalzahlen
0	0000	$00
1	0001	$01
2	0010	$02
3	0011	$03
4	0100	$04
5	0101	$05
6	0110	$06
7	0111	$07
8	1000	$08
9	1001	$09
10	1010	$0A
11	1011	$0B
12	1100	$0C
13	1101	$0D
14	1110	$0E
15	1111	$0F
16	10000	$10

2 Umwandlungstabelle

Prinzip der Tabellenverarbeitung:
Durch die systematische Organisation der Sensorenkombinationen stimmen Zeilennummer und Sensorenstellung überein. Damit kann die Sensorenstellung zur Zeilenzuordnung im Programm dienen.

4.3.2 Steuerungsprogramm

Am Beispiel des prinzipiellen Aufbaus eines Mikrocomputers in Kapitel 3 wird deutlich, daß ein Steuerungstechnikrechner zusätzliche Ein- und Ausgabebausteine benötigt. Sie ermöglichen die notwendige Einbeziehung technischer Sensoren und Aktoren. Damit ist der Mikrocomputer über die Schnittstellenbausteine mit der Außenwelt verbunden, so daß es möglich ist, Steuersignale einzulesen, zu verarbeiten und auszugeben.

Die Aufgabe des notwendigen Steuerungsprogramms im Mikrocomputer besteht darin, die in der Funktionstabelle festgelegten logischen Verknüpfungen zwischen Sensoren und Aktoren über Zuordnungen vorzunehmen.

Werden die Aufgaben der Zentraleinheit (Mikroprozessor) innerhalb des Mikrocomputers wie in Bild 3 modellhaft dargestellt, so ergeben sich nacheinander die dort dargestellten Aufgaben.

Diese Verarbeitungsphasen führt der Mikroprozessor fortwährend aus. Dadurch ist eine ständige Anpassung der Aktoren auf die veränderten Sensorensignale gewährleistet.

Die Verknüpfung von Sensorensignalen und Aktorensignalen im Programm erfolgt über die Verarbeitung der Funktionstabelle. Liegt z.B. am Eingang das Sensorensignal 0 an, befindet sich das entsprechende Aktorensignal in der Zeile 0 der Funktionstabelle.

Liegt am Eingang das Sensorensignal 3 an, befindet sich das entsprechende Aktorensignal in der Zeile 3 der Funktionstabelle.

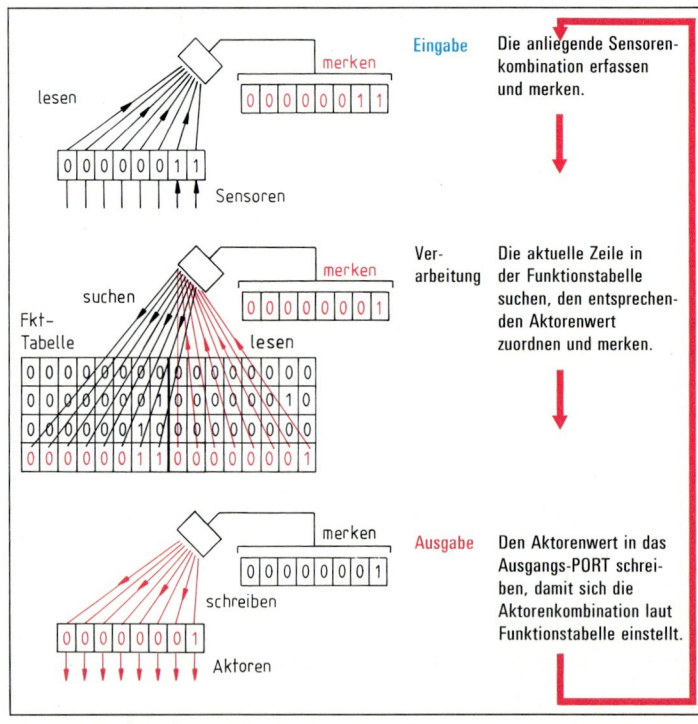

3 Prinzip der Tabellenverarbeitung

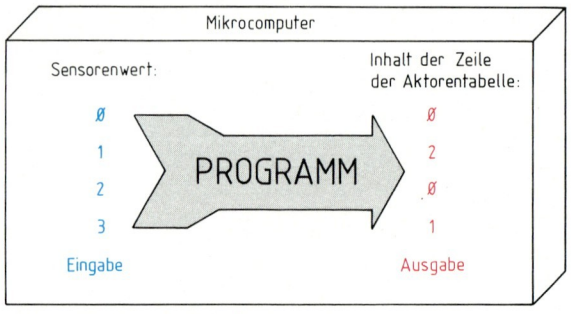

4 Ermitteln des aktuellen Aktorenwertes

4.3 Speicherprogrammierte Steuerungen   4.3.2 Steuerungsprogramm

Eine Zusammenfassung der bisherigen vereinfachten Programmdarstellung bieten der Programmablaufplan oder das Struktogramm. Beide beschreiben die allgemeine Lösung des Steuerungsprogramms.

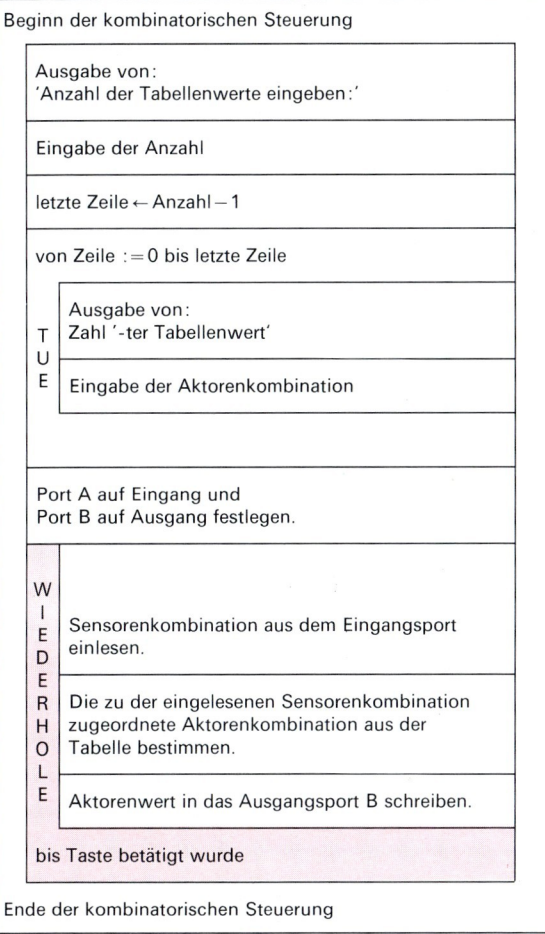

1 **Struktogramm und Programmablaufplan**

Die im Programm verwendeten Adressen für Eingänge, Ausgänge und das Festlegen (Initialisieren) der Ein- und Ausgänge sind den technischen Unterlagen des eingesetzten Mikrocomputers zu entnehmen. In der nachfolgenden Tabelle werden die Zusammenhänge nochmals dargestellt.

Name	Programmvariable	Adressen
EINGANG	PA	z.B. 432
AUSGANG	PB	z.B. 433
CONTROL	CO	z.B. 435

Steuerungsprogramm in BASIC

Diese Steueranweisungen lauten bei dem hier verwendeten BASIC-Interpreter

a) für das Einlesen von Daten:
   INP (Adresse des Eingabekanals),
   Beispiel: 120 LET SE = INP (PA)

b) für das Ausgeben von Daten:
   OUT Adresse des Ausgabekanals, auszugebender Aktorenwert.
   Beispiel: 140 OUT PB, AK

```
10 REM Programm kombinatorische Steuerung
20 LET PA = 432 : LET PB = 433 :
   LET CO = 435 : LET IN = 144
30 DIM TA (255) : REM Fuer maximal 8 Eingaenge
40 PRINT "Anzahl der Tabellenwerte eingeben : ";
50 INPUT AN
60 LET LZ = AN - 1
70 FOR ZE = 0 TO LZ
80 : PRINT ZE; "-ter Aktorenwert eingeben    : ";
90 : INPUT TA (ZE)
100 NEXT ZE
110 OUT CO,IN
120 : LET SE = INP (PA)
130 : LET AK = TA (SE)
140 : OUT PB, AK
150 IF INKEY$ = "" THEN 120
160 END
```

Die farbig gekennzeichneten Programmteile gelten für den Schnittstellenbaustein 8255.

Steuerungsprogramm in PASCAL

Für verschiedene PASCAL-Compiler lauten die Steueranweisungen

a) **für das Einlesen von Daten:**
PORT [Nummer des Eingabekanals]
Beispiel:
Sensorenkombination := PORT [Port_A];

b) **für das Ausgeben von Daten:**
PORT [Nummer des Ausgabekanals]
Beispiel:
Port [Port_B] := Aktorenkombination:

> Eine Änderung der kombinatorischen Steuerung für weitere Steuerungsbeispiele erfordert lediglich die Eingabe einer neuen Funktionstabelle, die durch die ersten Programmzeilen vom Benutzer über die Tastatur angefordert wird. Das Steuerungsprogramm bleibt unverändert.
>
> Damit ist eine Programmnutzung für alle kombinatorischen Steuerungen möglich. Die Beschränkung ergibt sich aus der Anzahl der maximalen Ein- und Ausgänge des Mikrocomputers.

```pascal
PROGRAM kombinatorische_Steuerung;
CONST Port_A                    = 432;
      Port_B                    = 433;
      Control                   = 435;
      Initialisierungswert      = 144;
VAR   Aktorentabelle            : ARRAY [0..255] OF BYTE;
      Sensorenwert, Aktorenwert : BYTE;
      Zeile, letzte_Zeile, Anzahl : BYTE;
BEGIN
  WRITE ('Anzahl der Tabellenwerte eingeben   : ');
  READLN (Anzahl);
  letzte_Zeile := Anzahl - 1;
  FOR Zeile := 0 TO letzte_Zeile DO
    BEGIN
      WRITE (Zeile,'-ter Aktorenwert eingeben   : ');
      READLN (Aktorentabelle [Zeile])
    END;
  Port [Control] := Initialisierungswert;
  REPEAT
    Sensorenwert := PORT [Port_A];
    Aktorenwert  := Aktorentabelle [Sensorenwert];
    Port [Port_B] := Aktorenwert
  UNTIL KEYPRESSED
END.
```

4.3.3 Programmsicherung/ Dokumentation

Große Sorgfalt ist bei der Datensicherung angezeigt. Ein Testlauf könnte möglicherweise das im Mikrocomputer befindliche Programm zerstören. Ist das Programm auf Fehlerfreiheit und Funktion getestet, sollte eine Sicherungskopie hergestellt werden. Diese Sicherungskopie ist an einem zentralen Ort geschützt zu verwahren. In der Industrie sind diese Maßnahmen von erheblicher Bedeutung, da bei aufwendigen Programmen Stillstandszeiten erheblich verkürzt werden können.

> Bevor ein Programm in der Testphase auf die geforderte Funktion hin geprüft wird, ist eine Sicherung des Programms vorzunehmen.

Neben der Programmsicherung ist grundsätzlich besondere Sorgfalt auf die Dokumentation zu verwenden.

Zu einer guten Dokumentation gehören unter anderem:

- Kurzbeschreibung des Programms,
- Struktogramm oder Programmablaufplan,
- kommentierter Programmausdruck (Listing),
- benötigte Hardware- und Softwarekomponenten,
  z.B.: Schnittstellenbaustein,
  Rechner,
  Betriebssystem,
- Bedienungsanleitung.

4.3.4 Anschluß der Hardware

Für den Anschluß der Sensoren und Aktoren sind unabhängig vom eingesetzten Mikrocomputer bestimmte technische Maßnahmen vorzunehmen. Zunächst sind die offenen, nicht benötigten Eingänge auf Masse (0 Volt) zu schalten. Bevor die Aktoren zugeschaltet werden, kann ein Testlauf z.B. nur mit den Magnetventilen erfolgen. Ist diese Funktionsprüfung des Steuerungsprogramms erfolgreich, sind die pneumatischen Lastteile anzuschließen. Die Steuerung ist für die Inbetriebnahme vorbereitet.

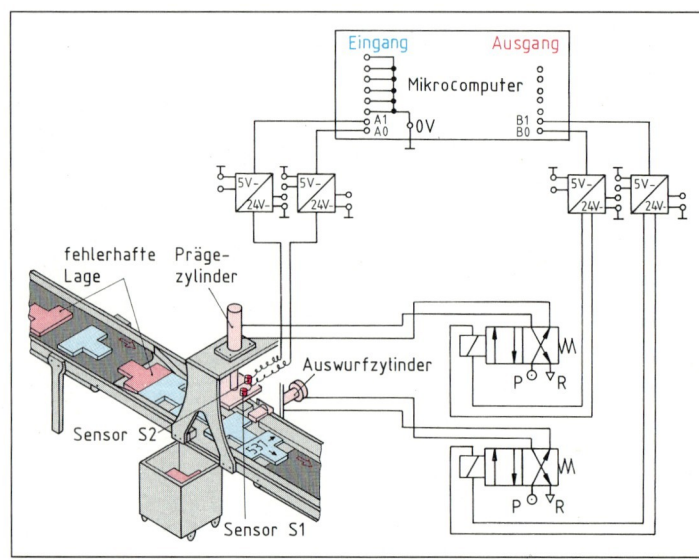

1 Schaltplan

4.3.5 Start der Steuerung

Die Inbetriebnahme einer Steuerung mit dem Mikrocomputer verlangt vom Bediener Umsicht und Übung. Insofern stellt die nebenstehende Übersicht das grundsätzliche Vorgehen dar. Die Wirkung der nebenstehenden Befehle auf die Steuerung sollten schon bekannt sein. Mit dem Start des Steuerungsprogramms wird in der Programmiersprache BASIC jede einzelne Programmzeile im Interpreter übersetzt (siehe Kapitel 3). Mit dem Start des Turbo-PASCAL-Programms erfolgt eine Programmübersetzung im Compiler (siehe Kapitel 3). In beiden Fällen erfolgt bei bestimmten Programmfehlern eine entsprechende Fehlermeldung.

Allgemein	Kommentar	MC	
		BASIC	TURBO PASCAL
1. Sensoren und Aktoren anschließen.	Die unbelegten Eingänge auf 0 V legen oder Software entsprechend ergänzen.		
2. a) Programm eingeben oder	Programmanweisungen über Tastatur eingeben.	10 REM ...	PROGRAM ...
b) Programm einlesen.	Programm von Diskette in den RAM-Speicher laden.	LOAD „KOMBI.BAS"	W KOMBI
3. Programm starten.	Start des Programms	RUN	R

4.3.6 Systematische Lösung

Bezogen auf die systematischen Lösungsschritte ergeben sich für die auf Seite 156 angeführten Ausführungsformen von Verarbeitungseinheiten technikbezogene Lösungsalgorithmen. Die einzelnen Lösungsstufen führen gezielt zu einer funktionsfähigen Steuerung.

Diese systematische Lösung stellt die grundlegenden Anforderungen an Steuerungen dar. In der betrieblichen Praxis sind weitere zusätzliche Forderungen bei einer Steuerung bzw. bei einem Steuerungsprogramm zu berücksichtigen. Die folgende Auswahl kennzeichnet besondere Situationen:

- **NOT-AUS**
  z.B. einem Bediener geschieht ein Unfall.

- **Arbeitsplatzbezogene Sicherheitsmaßnahmen**
  z.B. das unbefugte Bedienen von Maschinen durch einen Schlüsselschalter verhindern.

- **Arbeitsplatzbezogene Schutzmaßnahmen**
  z.B. eine Steuerung wird statt mit 220 V Netzspannung mit 24 V Kleinspannung für die Magnetventile aufgebaut.

- **Akustische und optische Störmeldungen**
  z.B. eine Sirene bzw. eine Warnleuchte bei Ausfall der Druckluftversorgung einschalten.

- **Stopp-Schalter**
  z.B. bei Werkzeugbruch die Maschine unverzüglich stoppen, um das beschädigte Teil zu entfernen.

- **Einrichtbetrieb**
  z.B. für das Einstellen und Richten der Werkzeuge in einer Maschine sind nur bestimmte Zylinder anzusteuern.

	Praxisorientierte Darstellung eines Steuerungsproblems	
Digitalisieren	Die Steuerungsaufgabe ist systematisch mit Hilfe einer Funktionstabelle zu erfassen. Dabei werden die logischen Zustände der Sensoren mit den logischen Zuständen der Aktoren in Tabellenform dargestellt. Die Besonderheiten einzelner technischer Ausführungsformen bleiben zunächst unberücksichtigt.	
	Entscheidung über die Art der technischen Ausführungsformen treffen.	
	verbindungsprogrammiert	speicherprogrammiert
	pneumatisch, hydraulisch, elektronisch, elektromechanisch	Mikrocomputer
Minimieren	Schaltfunktion mit Hilfe graphischer oder mathematischer Verfahren vereinfachen.	entfällt
Codieren	Übersetzen der Schaltfunktion in einen Logikplan. Hieraus läßt sich der Geräteplan erstellen.	Sensor- und Aktoranschlüsse festlegen, Tabellenwerte codieren.
	elektromechanisch	pneumatisch, hydraulisch, elektronisch
Speichern	Steuerung in elektromechanischer Ausführung aufbauen und verdrahten.	Logikbausteine nach Plan auswählen, verdrahten/verschlauchen.	Steuerungsprogramm und Tabellenwerte programmieren.
	Sensoren und Aktoren vereinbarungsgemäß anschließen.	

1 Allgemeiner Lösungsalgorithmus

Allgemein ist festzustellen:

> Eine Steuerung muß sowohl den grundlegenden Anforderungen der Funktion als auch den besonderen arbeitsplatzbezogenen Bediener-, Schutz- und Sicherheitsmaßnahmen entsprechen.

4.3.7 Steuerungstechnische Ausführungsformen

Eine Auswahl möglicher Ausführungsformen für das folgende Steuerungsbeispiel vermittelt Bild 2.

Jede Lösungsvariante besitzt besondere Vor- und Nachteile. In erster Linie bestimmen die Eigenschaften des betrieblichen Einsatzortes (Hitze, Staub, Feuchtigkeit, Gas u.a.m.) die Entscheidung für die zu installierende Steuerung.

Weitere Auswahlmerkmale sind u.a.

- Kosten,
- Wartung und Service,
- Verfügbarkeit von Ersatzteilen,
- Störanfälligkeit.

Beispiel

Die hydraulische Presse (Zylinder A) soll nur lochen, wenn der vorgefertigte Rohling korrekt eingelegt (Sensor S1) und der Arbeitsraumschutz (Sensor S2) heruntergefahren wurde.

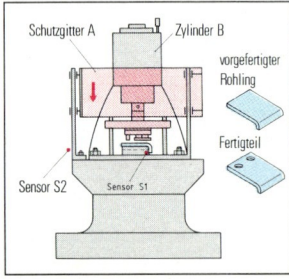

Schutzgitter A
Zylinder B
vorgefertigter Rohling
Fertigteil
Sensor S2
Sensor S1

1 Presse

Eingabe
Verarbeitung
Ausgabe
Pneumatik (Hydraulik)
S2
S1
A B
P R
Anwendung für einfache Steuerungen oder bei zusätzlichen technologischen Forderungen, z.B. in der Lebensmittelproduktion, Bekleidungsindustrie.
Elektronik
ØV +5V
z.B. 74Ø8
+5V-
Anwendung für komplexe elektronische Massenprodukte, z.B. Radio-, Fernseh-, Haushaltsgeräte, Computer.
Massenspeicher [EPROM]
ØV +5V
z.B. 2716
+5V
Anwendung für einfache Steuerungen mit großen Datenmengen, z.B. Waschmaschine, Heizung.
Speicherprogrammierbare Steuerung [SPS]
ØV +24V
Programmiergerät
Steuerungsprogramm eingeben
ØV
24V-
Ersatz für klassische Kontaktsteuerungen, z.B. elektrische Motorsteuerungen.
Freiprogrammierbare Steuerung [Entwicklungssystem]
Programm eingeben
Programm einlesen
Eingang
Ausgang
Diskettenlaufwerk
Tastatur
ØV +5V
EPROM-Programmiergerät
Neben dem Einsatz für die Textverarbeitung, für das computerunterstützte Konstruieren (CAD), für elektronische Spiele, zum Programmieren u.a.m. ist das System auch zur Entwicklung von Steuerungsprogrammen einsetzbar.
Prozeßrechner - Platine
ØV +5V
EPROM einsetzen
EPROM
Eingang
Ausgang
Einsatz z.B. in Werkzeugmaschinen, Kfz-Elektronik, Industrie-Robotern, Heizungssteuerungen, Ampelsteuerungen.

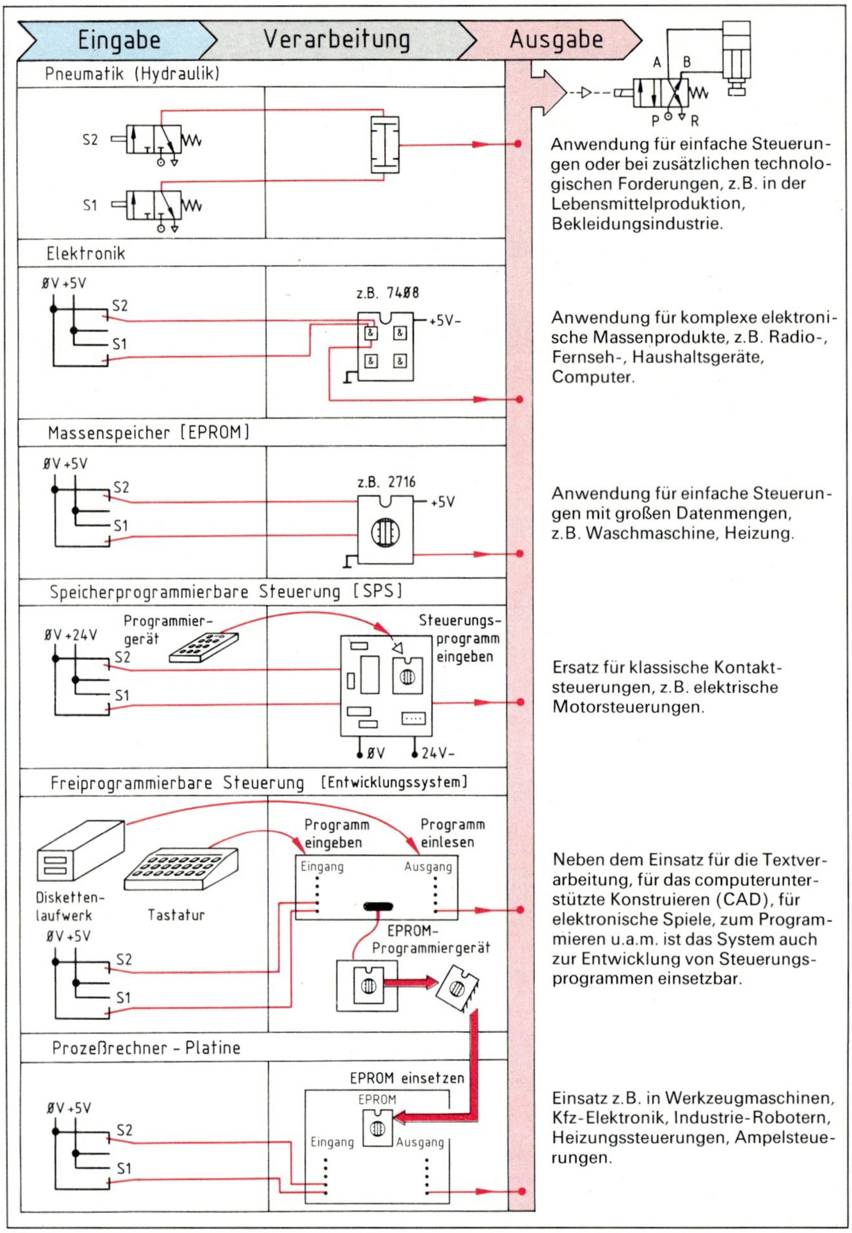

2 Ausgewählte Ausführungsformen

Übungen

1. In welchen der Beispiele wird gesteuert und in welchen wird geregelt?
   - Lenken eines Kraftfahrzeuges,
   - Schleudergang in einer Waschmaschine,
   - Einschalten einer Bohrmaschine,
   - Umdrehungsfrequenz einer einfachen Bohrmaschine,
   - Temperatur eines Bügeleisens,
   - Einstellen einer neutralen Brennerflamme,
   - Antiblockiersystem bei einem Kraftfahrzeug,
   - Überdruckventil bei Heizungen.

2. Ordnen Sie den drei Steuerungsskizzen die Begriffe Kombinatorische Steuerung, Prozeßgeführte Ablaufsteuerung und Zeitgeführte Ablaufsteuerung zu:

Spannen
Prägen
Auswerfen
Sensor
Signal

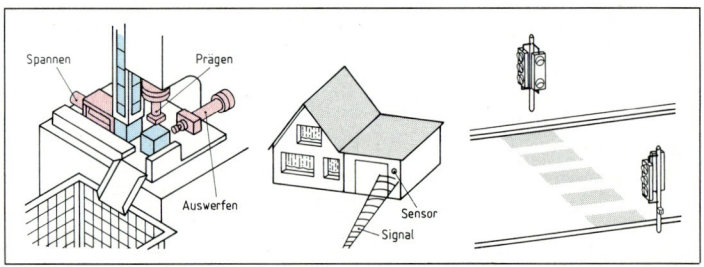

4.3 Speicherprogrammierte Steuerungen — Übungen

3. In einem Kraftfahrzeug ist der Startvorgang nur möglich, wenn die vier Wagentüren geschlossen sind und der Sicherheitsgurt für den Fahrersitz angelegt ist. Welche Steuerungsart liegt vor?

4. Welche Impulsanzahl muß an einem Schrittmotor wirksam werden, wenn der Verfahrweg des Tisches 56,8 mm betragen soll? Die Spindelsteigung beträgt 2 mm. Der Schrittmotor benötigt 200 Impulse pro Umdrehung.

5. Nennen Sie Beispiele aus der betrieblichen Praxis, wo stellbare Wartezeiten in einer Steuerung erforderlich sind.

6. Beschreiben Sie den grundsätzlichen Aufbau und die Funktion einer Druckluftaufbereitungseinheit für eine pneumatische Steuerungsanlage.

7. Skizzieren Sie ein pneumatisches UND-, ODER- und NICHT-Bauteil. Beschreiben Sie für diese Bauteile das Wirkprinzip.

8. Welche Vorteile besitzt die Abluftdrosselung gegenüber der Zuluftdrosselung.

9. An welchem Anschluß des integrierten Logikbausteins liegt die Betriebsspannung +5 V und an welchem die Masse?

10. Nennen Sie für die gezeichneten Logikbausteine die Anschlußbezeichnungen für die Eingänge und Ausgänge.

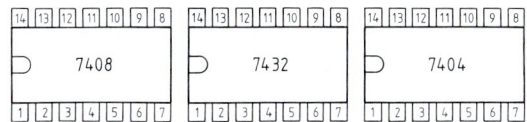

11. Wie viele pneumatische UND-Bauteile sind erforderlich, um alle UND-Funktionen des Logikbausteins zu erfüllen?

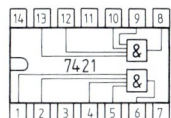

12. Wie lautet für die gegebene Funktionstabelle die Funktionsgleichung?

S3	S2	S1	K1
0	0	0	0
0	0	1	0
0	1	0	0
0	1	1	1
1	0	0	0
1	0	1	1
1	1	0	0
1	1	1	1

13. Zeichnen Sie für die gegebene Funktionsgleichung den entsprechenden Logikplan.
    $S1 \cdot S2 + S3 = K1$

14. Gegeben ist der folgende Logikplan:
    S1: Handtaster
    S2: Handtaster
    S3: Schlüsselschalter
    K1: Magnetventil

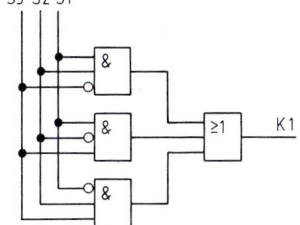

   a) Beschreiben Sie die Funktion der Schaltung.
   b) Entwickeln Sie
      • den pneumatischen und
      • den elektronischen Schaltplan.

15. Ein Auswurfzylinder soll von den Tastern S1 oder S2 oder S3 betätigt werden. Gegeben ist folgender fehlerhafter Schaltplan.

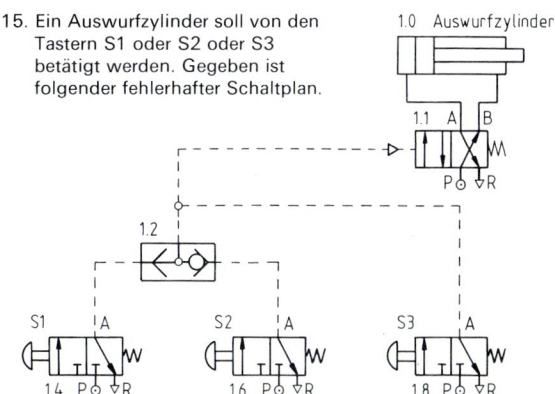

Wie ist der Schaltplan zu ändern, um die geforderte Funktion sicherzustellen?

16. Formen Sie die gegebene Funktionstabelle von der dualen in die dezimale Form um.

S3	S2	S1	K3	K2	K1
0	0	0	0	0	0
0	0	1	0	0	1
0	1	0	0	1	0
0	1	1	0	0	0
1	0	0	1	0	0
1	0	1	0	0	0
1	1	0	0	0	0
1	1	1	1	1	1

17. Beschreiben Sie das Prinzip der Tabellenverarbeitung.

18. Weshalb sollte eine Steuerung mit pneumatischen Lastteilen bei der ersten Inbetriebnahme ohne Druckluftanschluß geprüft werden?

19. In einem Kühlhaus soll die Kaltluftzufuhr über das Ventil K1 immer dann erfolgen,
    wenn
    mindestens zwei der drei Temperatursensoren S1, S2, S3 den eingestellten Temperaturgrenzwert überschreiten
    oder
    alle drei Temperatursensoren S1, S2, S3 den eingestellten Temperaturgrenzwert überschreiten.

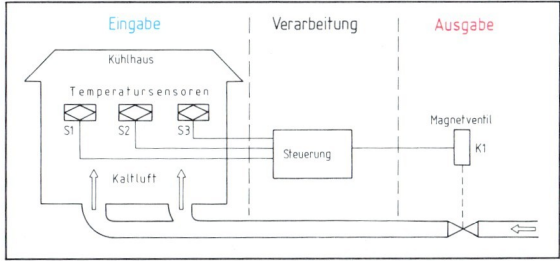

Entwickeln Sie zu der Steuerung
a) die Funktionstabelle
b) die codierte Tabelle für den Rechner in dezimaler Schreibweise
c) den Logikplan

20. Die Aufgabenstellung unter 19 ändert sich wie folgt: Wenn 3 Sensoren betätigt sind, erfolgt über ein zweites Ventil K2 eine zusätzliche Kaltluftzufuhr.
Entwickeln Sie zu dieser geänderten Steuerung:
a) die Funktionstabelle mit Codierung und
b) den Logikplan.
c) Welche Änderungen ergeben sich für
   • die verbindungsprogrammierte Ausführung bzw.
   • die speicherprogrammierte Ausführung
gegenüber der Lösung aus Aufgabe 19.

5 Elektrotechnik

5.1 Elektrizität als Energieform

Elektrizität ist eine Energieform. Sie läßt sich in alle technisch bedeutsamen Energieformen umwandeln: in Wärme, Strahlungsenergie (z.B. Licht, Röntgenstrahlen), Bewegungsenergie (Elektromotor), chemisch gebundene Energie (z.B. Laden einer Autobatterie).
Elektrische Energie kann durch Leitungen über große Entfernungen transportiert werden. Dabei treten nur geringe Verluste auf.

> Wirkt elektrische Energie auf den menschlichen (tierischen) Körper ein, so kann Lebensgefahr bestehen („elektrischer Schlag").

Darum muß man beim Umgang mit elektrischer Energie die geltenden Vorschriften zur Unfallverhütung gewissenhaft beachten.

5.2 Grundzusammenhänge im elektrischen Stromkreis

5.2.1 Aufbau und Darstellung des Stromkreises

Eine Lichtbogenschweißanlage dient als Beispiel für die technische Anwendung eines Stromkreises. Dessen wesentliche Bestandteile sind **Erzeuger** (Schweißstrom-Erzeuger), **Verbraucher** (Lichtbogen zwischen Schweißelektrode und Werkstück) und **Hin- und Rückleitung** (Schweißleitungen).
Der Erzeuger stellt elektrische Energie zur Verfügung, die – bei geschlossenem Stromkreis – über die Leitungen zum Verbraucher transportiert und dort z.B. in Wärmeenergie umgewandelt wird. Der elektrische Strom bewirkt den Transport und die Umwandlung der elektrischen Energie in die geplante Energieform.

> Elektrische Energie wird im Stromkreis technisch angewendet.

„Erzeuger" und „Verbraucher" sind Fachausdrücke. Ihre Verwendung ändert nichts an der Tatsache, daß es Energie-Erzeugung bzw. Energie-Verbrauch nicht gibt. Man kann eine Energieform in eine andere lediglich umwandeln.
Die Zusammenfassung von Stromkreisen, die der allgemeinen Versorgung mit elektrischer Energie dienen, heißt **Netz**. Als Erzeuger im Netz verwendet man Generatoren. Ein **Generator** ist in diesem Fall eine Maschine, die zugeführte Bewegungsenergie in elektrische Energie umformt. Generatoren findet man in den Kraftwerken, aber auch in Kraftfahrzeug als Lichtmaschine, am Fahrrad als Dynamo.
Einfaches und gefahrloses Schließen und Unterbrechen des Stromkreises ermöglicht der **Schalter**.
Stromkreise werden in einem **Schaltplan** zeichnerisch dargestellt. Man verwendet dazu genormte **Schaltzeichen** (DIN 40700 bis 40717), z.B. wie in Bild 3.

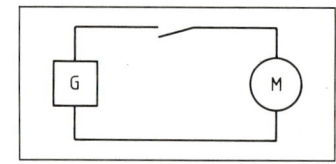

2 Stromkreis beim Lichtbogenschweißen

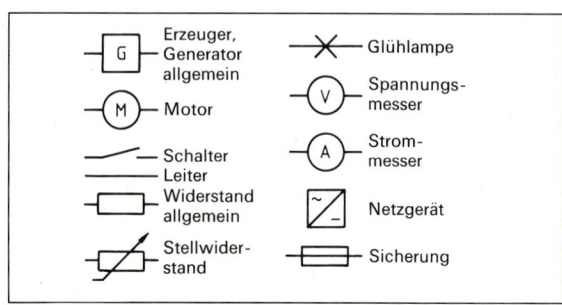

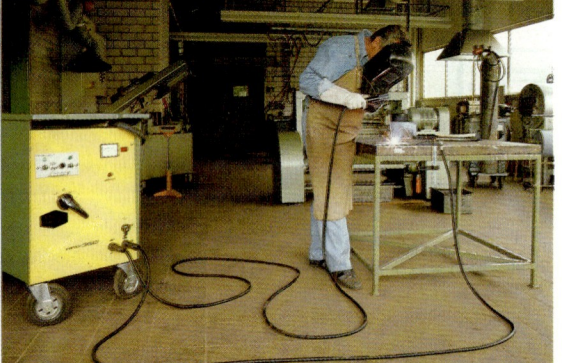

1 Lichtbogenschweißanlage

5.2.2 Elektrische Vorgänge in Werkstoffen

Zwei Erfahrungen im Alltag:

Geht man mit kunststoffbesohlten Schuhen über Teppich- oder Kunststoffböden, kann es sein, daß man beim Berühren elektrisch leitender Gegenstände, z.B. eines Geländers oder einer Türklinke, einen elektrischen Schlag verspürt. Bei Dunkelheit ist ein Funke zu sehen, der zwischen Hand und Metall überspringt. Ähnliches kann man erleben, wenn man nach einer Autofahrt im Sommer auf trockener Straße aus dem Wagen steigt und diesen sofort am Metall berührt.

Beide Erfahrungen machen deutlich, daß Körper elektrisch geladen sein können. Es gibt zwei Arten elektrischer Ladung: **negative Ladung** (Zeichen: −), z.B. auf dem Geländer, und **positive Ladung** (Zeichen: +), z.B. auf dem menschlichen Körper.

Zwischen elektrisch geladenen Körpern treten Kraftwirkungen auf: Bei gleichartiger Ladung erfolgt gegenseitige Abstoßung, bei ungleichartiger Ladung Anziehung.

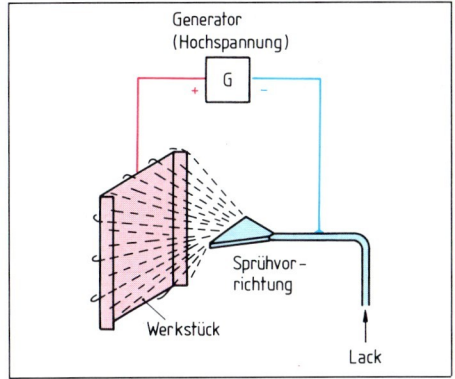

1 Elektrostatisches Lackspritzen

Dieses Verhalten wendet man technisch an, z.B. beim elektrostatischen Lack-Spritzen. Dabei wird das Werkstück aus Metall (z.B. eine Autokarosserie) elektrisch positiv, die Sprühvorrichtung (Spritzpistole) zusammen mit dem Lack negativ geladen. Alle Lacktröpfchen werden daher vom Werkstück angezogen und von der Sprühvorrichtung abgestoßen. Es entsteht eine gleichmäßige Beschichtung bei geringsten Lackverlusten.

Träger der kleinsten elektrischen Ladung (Elementarladung) sind die **Elektronen** und die **Protonen**. Sie sind Bestandteile des Atoms. Die Elektronen tragen die negative, die Protonen die positive Elementarladung.

Die Atome der Metalle haben in ihrer äußeren Schale (Umlaufbahn) Elektronen, die sie abgeben können. Diese heißen dann **freie Elektronen**. Sie sind im Kristallgitter des Metalles frei beweglich.

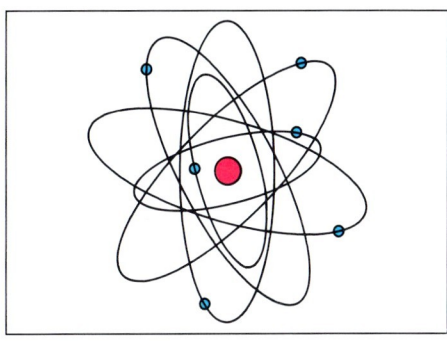

2 Bohrsches Atommodell
Die Elektronen auf kreisförmigen oder elliptischen Bahnen in bestimmtem Abstand vom Atomkern

Auch in Wasser gelöste Salze, Säuren und Basen enthalten frei bewegliche elektrisch geladene Teilchen. Solche Flüssigkeiten heißen **Elektrolyte**. Die Teilchen heißen **Ionen**. Diese bestehen aus Atomen oder Atomgruppen, die mehr oder weniger Elektronen enthalten, als Protonen in ihnen vorhanden sind.

Frei bewegliche Ionen können unter bestimmten Bedingungen auch in Gasen entstehen. Diese heißen dann **ionisierte Gase**.

Elektronen, Protonen und Ionen sind **elektrische Ladungsträger**.

Werkstoffe, die sehr viele frei bewegliche elektrische Ladungsträger je Volumeneinheit enthalten, heißen **Leiter** des elektrischen Stromes. Wenn Werkstoffe fast keine frei beweglichen Ladungsträger je Volumeneinheit enthalten, heißen sie **Nichtleiter** oder Isolierstoffe.

Es gibt Werkstoffe, bei denen sich die Zahl der frei beweglichen Ladungsträger durch Energieeinwirkung oder beim Herstellungsprozeß in weiten Grenzen verändern läßt. Sie heißen **Halbleiter**.

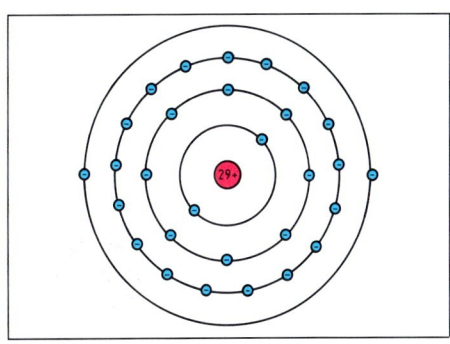

3 Kupfer-Atom
Der Kern enthält 29 Protonen und 35 Neutronen. 29 Elektronen bilden die Hülle

Elektrische **Leiter** sind alle Metalle, Kohle (Graphit), Elektrolyte (z.B. Säure in der Autobatterie, feuchtes Erdreich), ionisierte Gase (z.B. Schweiß-Lichtbogen, Quecksilberdampf in der eingeschalteten Leuchtstofflampe).

Nichtleiter (Isolierstoffe) sind z.B. Kunststoffe, Isolierpapiere, Gummi, Porzellan, Glas, Luft (unter Normalbedingungen).

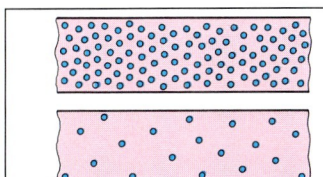

Leiter: Sehr viele freie Elektronen pro Volumeneinheit

Nichtleiter: Fast keine freien Elektronen pro Volumeneinheit

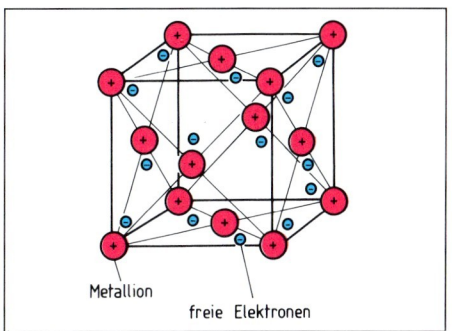

4 Kupferkristall

5 Freie Elektronen in Leiter und Nichtleiter (Modelldarstellung)

5.2 Grundzusammenhänge im Stromkreis — 5.2.3 Elektrische Spannung

Halbleiter sind z.B. die Grundstoffe Silicium, Germanium, Selen und einige chemische Verbindungen.

Bilden Leiter zusammen mit einem Erzeuger einen geschlossenen Stromkreis, so geraten die frei beweglichen Ladungsträger gemeinsam in gerichtete Bewegung.

> Die gerichtete Bewegung von elektrischen Ladungsträgern heißt **elektrischer Strom**.
> In Metallen ist der elektrische Strom die gerichtete Bewegung der freien Elektronen.

Zum Aufbau eines Stromkreises werden immer sowohl Leiter als auch Nichtleiter benötigt: Leiter als Stromwege, Nichtleiter zu deren Abgrenzung, z.B. um leitende Berührung (Kurzschluß) zwischen Hin- und Rückleitung in einem Kabel zu verhindern. So bestehen z.B. bei der Lichtbogen-Schweißanlage (Bild 1, S. 158) die Schweißleitungen aus Kupfer, das von gummiertem Gewebeband und Gummi umhüllt ist.

Halbleiter werden z.B. zur Herstellung von Transistoren benötigt, die in der elektrischen Steuerungstechnik als Verstärker oder als schnelle Schalter verwendet werden.

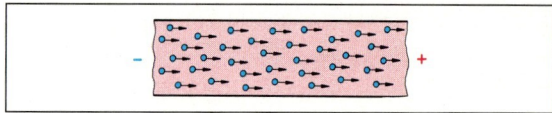

1 Elektronenbewegung in einem metallischen Leiter

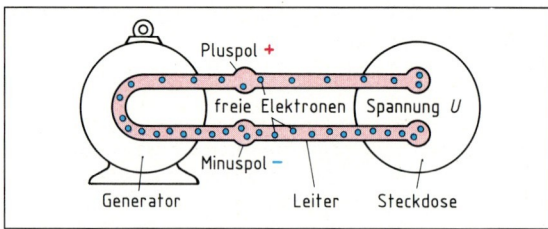

2 Elektrische Spannung (Modellvorstellung)

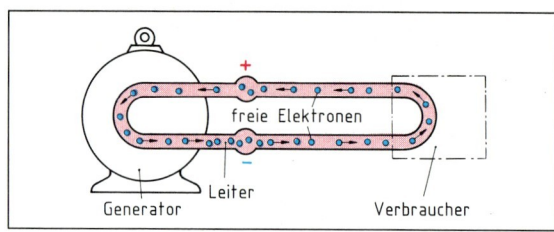

3 Elektrischer Strom (Modellvorstellung)

5.2.3 Elektrische Spannung

Die Anschlußklemmen mancher Erzeuger tragen die Zeichen „+" und „−". Diese Zeichen findet man z.B. am Schweißstrom-Erzeuger (Bild 1 u. 2, S. 158) oder an den Anschlüssen eines Akku-Ladegerätes.

Das bedeutet, daß die Anschlußklemmen elektrisch unterschiedlich geladen sind. Auf die eine „schiebt" der Erzeuger unter Energieaufwand viele freie Elektronen. Verglichen mit der normalerweise gleichmäßigen Verteilung, entsteht dort ein **Überschuß an freien Elektronen**, also negative Ladung. Diese Anschlußklemme heißt **Minuspol** (Zeichen: −). An der anderen Anschlußklemme entsteht folglich ein **Mangel an freien Elektronen**. Sie heißt **Pluspol** (Zeichen: +). Wegen ihrer gleichartigen (negativen) Ladung stoßen die freien Elektronen einander ab; sie haben also das Bestreben, sich wieder gleichmäßig zu verteilen und somit Elektronenüberschuß und -mangel wieder auszugleichen. Man sagt, zwischen Pluspol und Minuspol besteht eine **elektrische Spannung**.

Die Spannung bewirkt im **geschlossenen Stromkreis**, daß die freien Elektronen vom Minuspol des Erzeugers über die Leitungen und den Verbraucher zum Pluspol gelangen, d.h., es fließt elektrischer Strom. Der Erzeuger sorgt für die Aufrechterhaltung der Spannung und damit des Stromes, indem er die freien Elektronen wieder zum Minuspol verschiebt.

> Strom fließt nur, wenn Spannung vorhanden und der Stromkreis geschlossen ist.

Die elektrische Spannung ist eine physikalische Größe.

> Die Spannung hat das Formelzeichen U, ihre Einheit ist das Volt[1] mit dem Einheitenzeichen V.

Beispiel: $U = 220$ V

Zusammen mit Vorsatzzeichen sind üblich:

$1\ \mu V = {}^1/_{1000000}$ V; $1\ mV = {}^1/_{1000}$ V; $1\ kV = 1000$ V

Gebräuchliche Spannungen: 220 V und 380 V in Haushalt und Industrie (Niederspannungsnetz); 3 kV bis 400 kV in Verteiler- und Verbundnetzen der regionalen bzw. überregionalen Energieversorgung; 25 V bis 80 V beim Lichtbogenschweißen; 2 V bis 10 V beim Punktschweißen; 15 V bis 300 V beim funkenerosiven Abtragen; 1,5 V bei einer Monozelle. Spannungen unter 1 V bis hinunter zu 1 mV oder sogar 1 μV kommen in der elektrischen Steuerungs- und Nachrichtentechnik vor.

> Spannungen von 50 V und darüber können für den Menschen tödlich sein, wenn sie an seinem Körper wirksam werden.

---

[1] Volta, italienischer Physiker, 1737 bis 1798

5.2 Grundzusammenhänge im Stromkreis

5.2.4 Elektrischer Strom

Spannungen mißt man mit dem **Spannungsmesser**. Dieses Meßgerät hat zwei Anschlüsse. Bei der Messung verbindet man sie mit den Anschlußklemmen des Erzeugers oder des Verbrauchers (Bild 1).

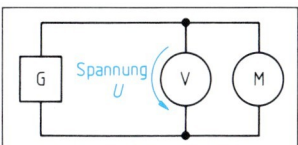

1 Spannungsmessung

> Einen Spannungsmesser schließt man mit seinen Anschlüssen **an** die Klemmen des Erzeugers oder Verbrauchers an.

Elektrische Meßgeräte gibt es mit stetiger oder sprungweiser Anzeige (Skalen- bzw. Ziffernanzeige). Das Schaltzeichen ist ein Kreis, der das Einheitenzeichen der Meßgröße enthält.

> Beim Messen elektrischer Größen muß man vorher den zu erwartenden Betrag vorsichtig abschätzen. Er darf nicht größer sein als der Skalen-Endwert des Meßgerätes.

Mit Meßgeräten, an denen sich z.B. mit einem Schalter verschiedene Meßbereiche einstellen lassen (Vielfachmeßgeräte), mißt man zunächst im größten Meßbereich und wählt dann kleinere, wenn der Meßwert es zuläßt.

5.2.4 Elektrischer Strom

Die dem elektrischen Strom zugeordnete physikalische Größe heißt **Stromstärke**. Sie ist eine der sieben Basisgrößen (Kap. 2.5.1). Anstelle des Begriffes Stromstärke wird auch das Wort Strom verwendet.

2 Meßgerät mit Skalenanzeige (stetiger Anzeige)

> Die Stromstärke hat das Formelzeichen I, ihre Einheit ist das Ampere[1]) mit dem Einheitenzeichen A.

Beispiel: $I = 16$ A

Zusammen mit Vorsatzzeichen sind üblich:

1 µA = $^1/_{1000000}$ A; 1 mA = $^1/_{1000}$ A; 1 kA = 1000 A

Beispiele für Stromstärken: 100 mA bis 1,5 A bei Glühlampen (für 220 V); 9 A bei einem Heizgerät (z.B. Heizlüfter); 20 A bis 300 A beim Lichtbogenschweißen; 5 kA beim Punktschweißen. Stromstärken unter 1 A bis hinunter zu 1 mA oder auch 1 µA kommen in der elektrischen Steuerungs- und Nachrichtentechnik vor.

> Stromstärken von 50 mA und darüber können für den Menschen tödlich sein, wenn sie durch seinen Körper fließen.

Die Stromstärke mißt man mit dem **Strommesser**. Auch dieses Meßgerät hat zwei Anschlüsse. Der Strommesser muß mit seinen Anschlüssen so mit dem Stromkreis verbunden werden, daß der Strom durch das Meßgerät fließt (Bild 4).

3 Meßgerät mit Ziffernanzeige (sprungweiser Anzeige)

> Einen Strommesser schaltet man **in** den Stromkreis. Man unterbricht dazu die Hin- oder die Rückleitung und verbindet die so entstehenden Leiterenden mit den Anschlüssen des Strommessers.

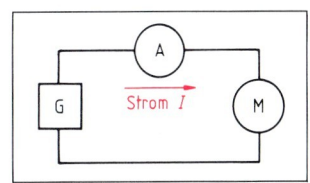

4 Strommessung

[1]) Ampère, französischer Physiker, 1775 bis 1836

5.2 Grundzusammenhänge im Stromkreis

5.2.4 Elektrischer Strom

Versuch 1: Messen Sie in einem Stromkreis (z.B. Bild 1) die Stromstärke in der Hin- und in der Rückleitung.

Beobachtung: Die Meßwerte des Stromes sind gleich.

Erkenntnis: Die Stromstärke ist an jeder Stelle eines einfachen (unverzweigten) Stromkreises gleich.

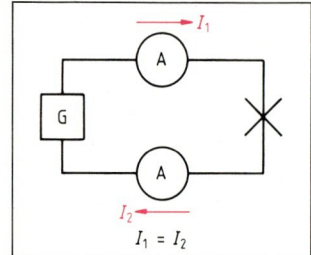

1 Strommessung in Hin- und Rückleitung

Stromrichtung

Der Strom fließt außerhalb des Erzeugers vom Pluspol über Leitungen und Verbraucher zum Minuspol. Diese **technische Stromrichtung** war schon vereinbart, bevor man Kenntnis hatte von der Elektronenbewegung im Stromkreis (s. Kap. 5.2.2).

Wirkungen des elektrischen Stromes

Elektrischen Strom kann man nur an seinen Wirkungen erkennen:

> **Wärmewirkung:**
> Jeder stromdurchflossene Leiter wird warm (Stromwärme).
>
> **Magnetische Wirkung:**
> Jeder stromdurchflossene Leiter erzeugt ein Magnetfeld.
>
> **Lichtwirkung:**
> Leiter, die infolge Stromdurchgang glühen, und Gase, in denen Strom fließt, strahlen Licht ab.
>
> **Chemische Wirkung:**
> Elektrolyte oder/und darin befindliche Elektroden werden chemisch oder/und physikalisch verändert, wenn Strom in ihnen fließt.

Die Wirkungen des Stromes entsprechen im allgemeinen den Umwandlungen elektrischer Energie in andere Energieformen.

Anwendungsbeispiele

- **Wärmewirkung:** Die Funktion der meisten Elektro-Wärmegeräte beruht auf der Erwärmung spezieller Heizleiter bei Stromdurchgang. Gut sichtbar angeordnet erkennt man die glühenden Heizleiter in einem eingeschalteten Toaster. Elektrisch beheizte Öfen für die Wärmebehandlung von Metallen erzeugen die Wärme ebenfalls mit Heizleitern. Man erreicht so Nutztemperaturen bis etwa 1300 °C.

  Die Elektro-Schweißverfahren wenden die hohe Temperatur des Lichtbogens an (ionisierte Gase) oder sie nutzen die zu verbindenden Werkstücke als „Heizleiter", z.B. beim Punktschweißen.

  Im Einsatz einer Schmelzsicherung (Bild 1, S. 166) erreicht die Wärmewirkung des Stromes, daß der Schmelzleiter bei Überlastung des betreffenden Stromkreises schmilzt, diesen also abschaltet (Kap. 5.2.6).

  Unerwünscht, aber unvermeidbar ist die Wärmewirkung des Stromes z.B. in Leitungen und in den Wicklungen von elektrischen Maschinen, Transformatoren, Schützen und Relais.

- **Lichtwirkung:** Die Wolframdraht-Wendel in einer Glühlampe erwärmt sich bei Stromdurchgang auf etwa 3000 °C. Dabei entsteht neben Wärme auch Licht. In anderen elektrischen Lichtquellen fließt Strom in ionisiertem Gas, was Lichtstrahlung bewirkt (z.B. in der Leuchtstofflampe).

  Die Lichtwirkung des elektrischen Stromes wird außer in Beleuchtungsanlagen auch zu Steuerungszwecken angewendet, z.B. bei Lichtschranken.

  Zur Lichtwirkung gehört genaugenommen auch die Erzeugung von Laser- und Röntgenstrahlen. In der Metalltechnik wendet man sie bei speziellen Schweiß- und Schneideverfahren bzw. bei der Werkstoffprüfung an.

- **Magnetische Wirkung:** Schütze (und Relais) sind Schalter, die nicht unmittelbar von Hand betätigt werden (vgl. Kap. 4.2.2.2). Ein Schütz besteht im wesentlichen aus einem Elektromagneten und mindestens einem Schaltkontakt.

  Bild 2: Der Elektromagnet bewegt den Schaltkontakt für den Motorstrom I_2 (Stromlauf rot). Die Energie für die Bewegung des Schaltkontaktes bezieht der Elektromagnet meistens von demselben Erzeuger wie der Motor (z.B. vom Netz). Der dazu erforderliche Steuerstromkreis wird über einen Tastschalter geschlossen (Steuerstrom I_1; Stromlauf blau).

  Anwendung: Schalten eines großen Laststromes mit einem wesentlich kleineren Steuerstrom. Dadurch ist eine Fernbetätigung von Verbrauchern großer Leistung (auch von mehreren Stellen aus) möglich. Die meisten Schützsteuerungen trennen bei einem Netzausfall den Verbraucher vom Netz, um z.B. das selbsttätige Anlaufen einer Maschine bei wiederkehrender Spannung auszuschließen.

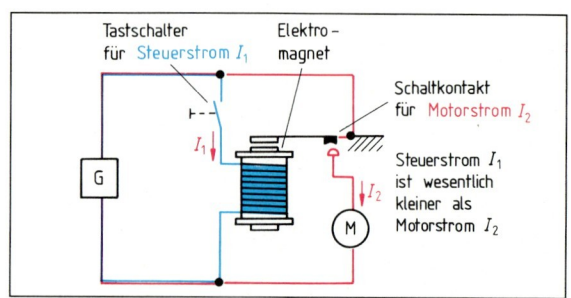

2 Prinzip einer Schützsteuerung
(Motor ist in Betrieb, solange Tastschalter betätigt (geschlossen) ist)

Auf der magnetischen Wirkung des Stromes beruht auch die Arbeitsweise von elektrischen Maschinen, also Elektromotoren und Generatoren. Auch der Abschaltmechanismus für Kurzschlußströme im Leitungsschutzschalter (Sicherungsautomat) beruht auf elektromagnetischer Wirkung.

- **Chemische Wirkung:** Durch Gleichstrom in geeigneten Elektrolyten und bei entsprechenden Elektroden kann man Werkstücke mit Metallüberzügen versehen (Galvanisieren, z.B. Verzinken, Vernickeln, Verchromen). Die chemische Wirkung des Stromes wendet man auch beim Laden eines Akkumulators (Akku) an. Beim Ladevorgang treten chemische Veränderungen an (mindestens) einer Elektrode (Platte) auf. Ursache ist elektrische Energie; sie wird in chemisch gebundene Energie umgewandelt. Beim Entladen des Akkus wird dieser Vorgang rückgängig gemacht.

5.2.5 Elektrischer Widerstand

Strom ist gerichtete Bewegung von Ladungsträgern. Innerhalb eines Körpers werden die Ladungsträger in ihrer Bewegung durch Zusammenstöße mit Atomen oder Molekülen behindert (Modellvorstellung). Dem Strom wird also ein Widerstand entgegengesetzt. Durch die Zusammenstöße werden die Atome bzw. Moleküle in Schwingungen versetzt. Der Körper erwärmt sich. Das ist die Erklärung für die Wärmewirkung des Stromes.

> Die Eigenschaft eines Körpers, z.B. eines Drahtes, den Strom mehr oder weniger zu hemmen, heißt **elektrischer Widerstand**.

Der elektrische Widerstand ist eine physikalische Größe.

> Der elektrische Widerstand hat das Formelzeichen R, seine Einheit ist das Ohm[1]) mit dem Einheitszeichen Ω.

Beispiel: $R = 24\,\Omega$

Zusammen mit Vorsatzzeichen sind üblich:

$1\,m\Omega = {}^1\!/_{1000}\,\Omega$; $1\,k\Omega = 1000\,\Omega$; $1\,M\Omega = 1\,000\,000\,\Omega$

Beispiele für Widerstandswerte: $24\,\Omega$ bis $1000\,\Omega$ bei mobilen Wärmegeräten (Heizlüfter, Tauchsieder, Lötkolben); $0{,}1\,\Omega$ bis $100\,M\Omega$ und mehr in Geräten und Anlagen der elektrischen Steuerungs- und Nachrichtentechnik; wenige Ohm bis hinunter zu $1\,m\Omega$ und kleiner bei Leitungen.

Widerstände mißt man mit dem **Widerstandsmesser**.

Widerstandsmesser werden mit einem Erzeuger betrieben, der meistens eingebaut ist. Widerstandsmessungen darf man deshalb nur in spannungsfreien (abgeschalteten) Stromkreisen durchführen. Andernfalls kann der Widerstandsmesser beschädigt werden, oder die Meßwerte sind unbrauchbar. Die Anschlüsse des Widerstandsmessers verbindet man mit den beiden Anschlüssen des Widerstandes (des Verbrauchers).

Meistens sind Widerstandsmesser Bestandteil von Vielfachmeßgeräten, an denen man außer Spannungs- und Strommeßbereichen auch Widerstandsmeßbereiche wählen kann (s. Bild 1 und Bild 2, S. 161).

Die Größe des Widerstandes eines Körpers hängt u.a. ab von seinem Werkstoff und seinen Abmessungen. Bei gleichen Abmessungen haben Körper aus verschiedenen Werkstoffen unterschiedliche Widerstandswerte. Bei Isolierstoffen sind diese überaus groß, bei Leitern sehr klein.

> Der Widerstand eines Leiters von 1 m Länge und 1 mm² Querschnitt heißt **spezifischer Widerstand**.

Der Widerstand ist auch abhängig von der Temperatur des Werkstoffes. Der spezifische Widerstand wird daher meistens für 20 °C angegeben.

> Der spezifische Widerstand hat das Formelzeichen ϱ („rho"), seine Einheit ist $\Omega \cdot mm^2/m$.

Häufig wird anstelle des spezifischen Widerstandes eines Leiters dessen Leitfähigkeit $\varkappa$ („kappa") angegeben (s. Kap. 1.1.1). Sie ist der Kehrwert des spezifischen Widerstandes, also $\varkappa = 1/\varrho$. Ihre Einheit ist folglich $m/(\Omega \cdot mm^2)$.

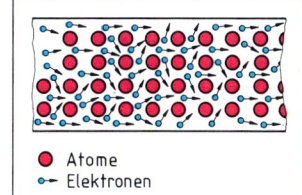

1 Elektrischer Widerstand in Metallen (Modellvorstellung)

● Atome
○– Elektronen

2 Skale eines Widerstandsmessers (nicht lineare Teilung, weil $0\,\Omega \ldots 1\,k\Omega$, $1\,k\Omega \ldots \infty$ angezeigt werden sollen)

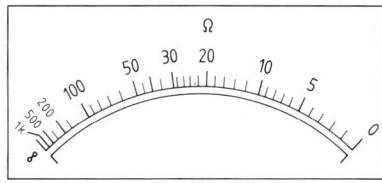

3 Zur Definition des spezifischen Widerstandes

Werkstoff	Spezifischer Widerstand ϱ in $\Omega \cdot mm^2/m$ bei 20 °C
Kupfer	0,0178
Aluminium	0,028
Eisen	0,10

---
[1]) Ohm, deutscher Physiker, 1787 bis 1854

5.2 Grundzusammenhänge im Stromkreis 5.2.6 Abhängigkeit des Stromes von Spannung u. Widerstand

Beispiel: $\varrho = 0{,}0178 \dfrac{\Omega \text{mm}^2}{\text{m}}$

Der Widerstand eines Leiters (eines Körpers) ist um so größer, je größer dessen spezifischer Widerstand ϱ, je größer die Leiter-Länge l und je kleiner der Leiter-Querschnitt S ist.

Dieser Zusammenhang wird mathematisch dargestellt durch die Bestimmungsgleichung für den Leiterwiderstand:

$$R = \dfrac{\varrho \cdot l}{S}$$

Widerstand	R in Ω
Spezifischer Widerstand	ϱ in $\Omega\text{mm}^2/\text{m}$
Drahtlänge (Leiterlänge)	l in m
Draht-(Leiter-)Querschnitt	S in mm^2

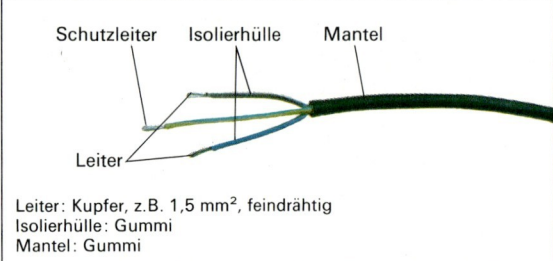

Leiter: Kupfer, z.B. 1,5 mm², feindrähtig
Isolierhülle: Gummi
Mantel: Gummi

1 Gummischlauchleitung

Alle Bestandteile eines Stromkreises haben elektrischen Widerstand. Dieser hat bei Erzeugern, Leitungen und Schaltern kleine Werte. Bei Verbrauchern ist er größer und bei Isolierstoffen am größten.

Bei der Anwendung vieler elektrotechnischer Bauelemente ist vor allem deren Widerstandswert maßgebend. Häufig bezeichnet man solche Bauelemente deshalb als „Widerstand". Widerstände findet man als Bauteile in elektrischen Anlagen und Geräten. Widerstände, deren Wert man verändern kann, heißen Stellwiderstände (Bild 2). In einer Glühlampe mit klarem Glaskolben ist deren Widerstand zu sehen: die Glühwendel. Bei einem eingeschalteten Toaster kann man seinen Widerstand deutlich erkennen als rotglühenden bandförmigen Draht.

Das Schaltzeichen eines Widerstandes zeigt Bild 4, S. 158.

Elektro-Wärmegeräte (z.B. Elektrolötkolben, Glühofen, Heizlüfter) nützen die Wärmewirkung des Stromes in ihrem Widerstand aus zur Umwandlung elektrischer Energie in Wärmeenergie. Leitungen, die ja auch Widerstand haben, sollen sich bei Stromdurchgang möglichst wenig erwärmen. Zu hohe Temperatur zerstört den umhüllenden Isolierstoff. Das kann zu Bränden führen. Außerdem entstehen vermeidbare Energieverluste.

Deshalb gilt:

> Elektrische Leitungen müssen einen möglichst kleinen Widerstand haben.

Aufgabe 1:

Die dreiadrige Gummischlauchleitung („Gummikabel") auf einer Kabeltrommel ist 50 m lang. Die Kupferleiter haben je 1,5 mm² Querschnitt. Berechnen Sie den Widerstand der Leitung.

(Zwei Leiter („Adern") dienen als Hin- und Rückleitung. Der dritte heißt Schutzleiter (s. Kap. 5.4); er wird bei der Berechnung nicht berücksichtigt.)

Lösung:

Aus der Tabelle Seite 163 oder aus dem Tabellenbuch entnimmt man den spezifischen Widerstand für Kupfer $\varrho = 0{,}0178\ \Omega\text{mm}^2/\text{m}$.

$$R = \dfrac{\varrho \cdot l}{S}; \quad R = \dfrac{0{,}0178\ \Omega\text{mm}^2/\text{m} \cdot 2 \cdot 50\ \text{m}}{1{,}5\ \text{mm}^2};$$

$$\underline{R = 1{,}19\ \Omega}$$

Weitere Aufgaben siehe Technische Mathematik Kap. 4.1.1

5.2.6 Die Abhängigkeit des Stromes von Spannung und Widerstand

Das Ohmsche Gesetz

Versuch 2: Erstellen Sie einen Stromkreis, wie in Bild 2 dargestellt.

1. Bringen Sie den Schieberkontakt des Stellwiderstandes etwa auf Mittelstellung. Ändern Sie dann die Spannung am Erzeuger (Netzgerät) stetig zwischen großen und kleinen Werten, und beobachten Sie dabei die Anzeige des Strommessers.

2. Stellen Sie die Spannung auf etwa 15 V ein. Ändern Sie jetzt die Stellung des Schieberkontaktes stetig so, daß zuerst größere, dann kleinere Widerstandswerte entstehen, und beobachten Sie dabei wieder die Anzeige des Strommessers.

Achtung! Stellen Sie den Widerstand nicht kleiner als 7 Ω ein!

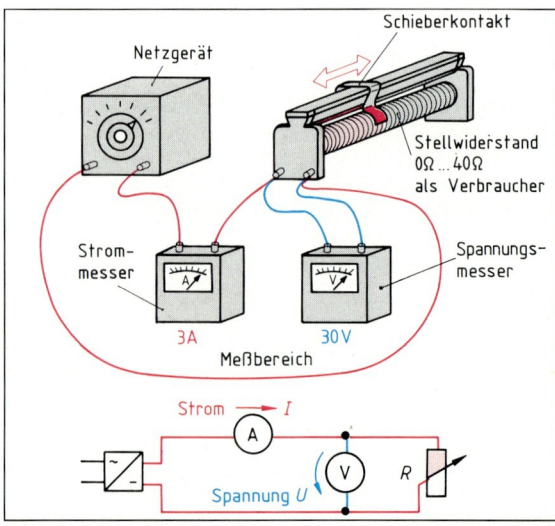

2 Versuchsaufbau mit Schaltplan zum Ohmschen Gesetz

5.2 Grundzusammenhänge im Stromkreis   5.2.6 Abhängigkeit des Stromes von Spannung u. Widerstand

Beobachtung

- **zu 1.:** Mit wachsender Spannung U, dabei aber gleichbleibendem Widerstand R, zeigt auch der Strommesser zunehmenden Strom I an.
- **zu 2.:** Mit größer werdendem Widerstand R, dabei aber gleichbleibender Spannung U, zeigt der Strommesser abnehmenden Strom I an.

Erkenntnis: Die Stromstärke I hängt von der Spannung U und vom Widerstand R ab: Zunahme des Stromes wird von zunehmender Spannung, aber auch von abnehmendem Widerstand hervorgerufen.

Spannung U in V	Widerstand R in Ω	Strom I in A	Bemerkung
10	10	1	R konstant gehalten
20	10	2	
15	30	0,5	U konstant gehalten
15	15	1	

Obige Tabelle ist das Ergebnis genauer Messungen. Dividiert man in jeder Zeile die Spannung U durch den jeweils eingestellten Widerstand R, so erhält man den Meßwert des Stromes I in derselben Zeile.

Dieser Zusammenhang wird mathematisch dargestellt durch die Bestimmungsgleichung:

$$I = \frac{U}{R}$$

Georg Simon Ohm hat diese Gesetzmäßigkeit in der Form $R = U/I$ entdeckt. Sie heißt seitdem: **Das Ohmsche Gesetz**.

Aufgabe 2:
Angenommen, es würde jemand entgegen der letzten Anweisung in Versuch 2 den Widerstand auf 1 Ω einstellen. Die Spannung am Widerstand betrage weiterhin 15 V.
1. Berechnen Sie den Strom. 2. Welche Folge hätte dieser Strom für den Strommesser?

Lösung zu 1.: $I = \frac{U}{R}$; $I = \frac{15\,V}{1\,\Omega}$; $\underline{\underline{I = 15\,A}}$

Lösung zu 2.:
Der Strommesser mit 3 A Meßbereich würde erheblich überlastet und könnte zerstört werden, wenn er nicht gegen Überlastung gesichert ist.

Die Umformung des Ohmschen Gesetzes in $U = I \cdot R$ sagt aus: Wenn in einem Widerstand ein Strom fließt, tritt an seinen Anschlüssen eine Spannung auf, die um so größer ist, je größer der Strom oder der Widerstand sind.

Aufgabe 3:
Auf welche Spannung darf der Erzeuger in Versuch 2 höchstens eingestellt werden, wenn der Experimentierwiderstand nur 1 Ω hat und ein Strommesser mit 10 A Meßbereich verwendet wird?
Lösung: $U = I \cdot R$; $U = 10\,A \cdot 1\,\Omega$; $\underline{\underline{U = 10\,V}}$

Aus der Umformung der Gleichung $I = \frac{U}{R}$ in $R = \frac{U}{I}$ folgt:

Der Widerstand eines Verbrauchers läßt sich berechnen aus dem Meßwert der Spannung an seinen Anschlüssen und dem Meßwert des Stromes, der ihn durchfließt.

Aufgabe 4:
Auf welchen Wert ist ein Experimentierwiderstand eingestellt, wenn bei 15 V Spannung ein Strom von 1,5 A gemessen wird?
Lösung: $R = \frac{U}{I}$; $R = \frac{15\,V}{1,5\,A}$; $\underline{\underline{R = 10\,\Omega}}$

Weitere Aufgaben siehe Technische Mathematik Kap. 4.1.2

Überlastung und Kurzschluß im Stromkreis

Aus der Gleichung $I = U/R$ folgt:

Ist der Widerstand des Verbrauchers zu klein, dann wird der Strom zu groß. Dies zeigt die Lösung von Aufgabe 2. Die entstehende Stromwärme kann den Verbraucher, die Leitungen oder den Erzeuger beschädigen oder zerstören. Der Stromkreis ist überlastet. Erreicht der Verbraucherwiderstand Werte gegen Null, dann heißt diese Überlastung **Kurzschluß**.

Kurzschluß entsteht immer dann, wenn Hin- und Rückleitung unmittelbare, leitende Verbindung zueinander erhalten. Das ist z.B. möglich durch schadhafte Isolierung oder durch Überbrückung mit Metallteilen.

Ein Kurzschluß kann durch glühende oder schmelzende Stromkreisbestandteile zu unmittelbarer Gefährdung von Menschen führen oder Brände verursachen. Man verhindert die Auswirkungen eines Kurzschlusses durch selbsttätiges Abschalten des Stromkreises. Diese Aufgabe übernimmt die **Überstromschutzeinrichtung**, gewöhnlich als **Sicherung** bezeichnet. Sie schaltet ab („spricht an"), wenn der Strom einen festgelegten Höchstwert überschreitet.

> Überstromschutzeinrichtungen (Sicherungen) schützen den Stromkreis vor Überlastung und Kurzschluß.

Die Sicherung wird wie ein Schalter in den Stromkreis eingefügt. Man unterscheidet zwei Arten von Überstromschutzeinrichtungen:

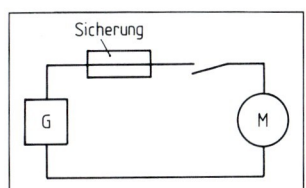

1 Stromkreis mit Sicherung

5.2 Grundzusammenhänge im Stromkreis

5.2.7 Mehrere Verbraucher im Stromkreis

Die **Schmelzsicherung**. Ihr wesentlicher Bestandteil ist der Schmelzeinsatz. Er enthält einen Leiter mit kleinem Querschnitt, den Schmelzleiter. Dieser schmilzt durch die Wärmewirkung des Stromes, wenn die Stromstärke zulässige Werte überschreitet. Der Stromkreis ist damit unterbrochen. Er darf nur durch Einsetzen eines **neuen** Schmelzeinsatzes mit gleichen Nenndaten wieder in Betrieb genommen werden.

Der **Leitungsschutzschalter** (Sicherungsautomat). Er unterbricht den Stromkreis im Gefahrenfall mit einem Schalter, der durch Stromwärme mit Hilfe eines Thermobimetalles oder durch Elektromagnetismus betätigt wird. Danach kann man den Leitungsschutzschalter erneut betriebsbereit machen, indem man ihn wieder einschaltet.

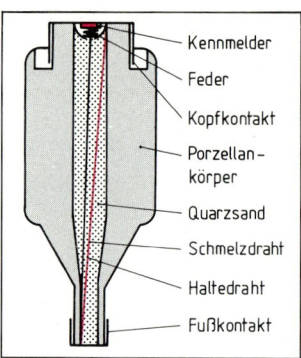 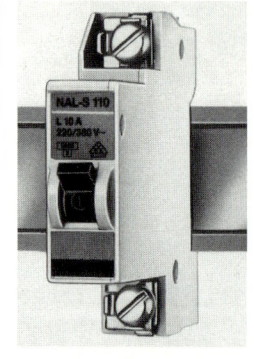

1 Aufbau einer Schmelzsicherung (Schmelzeinsatz)

2 Leitungsschutzschalter (Sicherungsautomat auf Montageschiene)

5.2.7 Mehrere Verbraucher im Stromkreis

In einem Stromkreis werden oft mehrere Verbraucher gleichzeitig betrieben. Besonders deutlich erkennbar ist das, wenn an eine Mehrfachsteckdose oder Steckdosenleiste z.B. die Komponenten einer Mikrocomputeranlage angeschlossen sind: das Zentralgerät, das Bildschirmgerät und der Drucker. Auch die elektrische Christbaumbeleuchtung ist ein Beispiel für mehrere Verbraucher in einem Stromkreis.

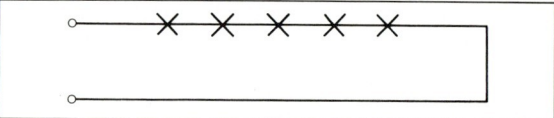

3 Reihenschaltung von Glühlampen

Reihenschaltung

Die Fassungen mit den Glühlampen (Kerzen) einer elektrischen Christbaumbeleuchtung sind deutlich erkennbar durch Leiter so miteinander verbunden, daß sie vom Strom der Reihe nach durchflossen werden. Der Schaltplan eines solchen Stromkreises ist in Bild 3 dargestellt, allerdings mit nur fünf Glühlampen.

> Eine Anordnung von Widerständen (Verbrauchern), die vom Strom der Reihe nach durchflossen werden, heißt **Reihenschaltung**.

Alle 16 Lampen einer Christbaumbeleuchtung für $U = 220$ V Netzspannung tragen am Sockel die gleiche Prägung, z.B. 14 V; 3 W. Wenn auch die Einheit W (Leistungsaufnahme in Watt) noch nicht behandelt wurde, so kann man doch aus den allen Lampen gemeinsamen gleichen Nenndaten auf gleichen Strom und gleichen Widerstand aller Lampen schließen.

Daraus läßt sich ableiten:

- In allen Verbrauchern (Widerständen) dieser Reihenschaltung fließt der gleiche Strom I.
- Die Summe der Einzelspannungen ergibt die Gesamtspannung:
  14 V + 14 V + ... + 14 V = 224 V, also etwa 220 V.
- Weil der Strom alle 16 Verbraucher der Reihe nach durchfließt, ist die Gesamtlänge aller Glühwendel gleich der Summe von deren Einzellängen, somit gilt wegen der Formel für den Leiterwiderstand ($R = \varrho \cdot l/S$): Den Gesamtwiderstand der Schaltung erhält man aus der Summe der Einzelwiderstände der Verbraucher.

Messungen, wie sie in Bild 4 dargestellt sind, bestätigen die vorausgegangenen Überlegungen.

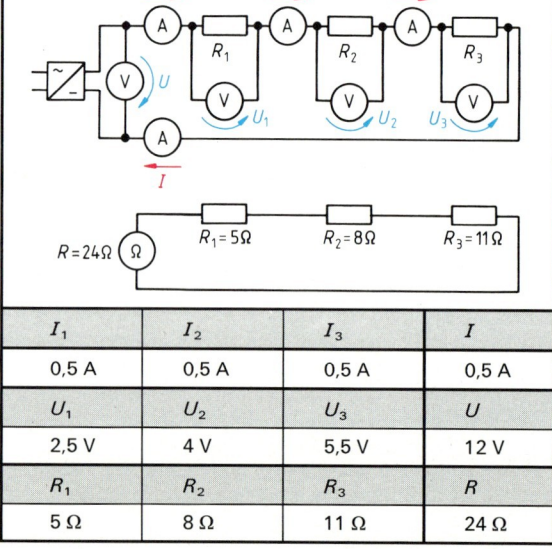

I_1	I_2	I_3	I
0,5 A	0,5 A	0,5 A	0,5 A
U_1	U_2	U_3	U
2,5 V	4 V	5,5 V	12 V
R_1	R_2	R_3	R
5 Ω	8 Ω	11 Ω	24 Ω

4 Meßschaltungen und Tabelle der Meßwerte zur Reihenschaltung

> **Gesetze der Reihenschaltung:**
> Die Stromstärke ist in allen Widerständen (Verbrauchern) gleich. $I = I_1 = I_2 = I_3 = \ldots$
>
> Die Summe der Spannungen an den Einzelwiderständen (Verbrauchern) ist gleich der Gesamtspannung (Spannung am Erzeuger). $U = U_1 + U_2 + U_3 + \ldots$
>
> Die Summe der Einzelwiderstände ist gleich dem Gesamtwiderstand. $R = R_1 + R_2 + R_3 + \ldots$

5.2 Grundzusammenhänge im Stromkreis 5.2.7 Mehrere Verbraucher im Stromkreis

Beispiele:

1. In jedem Stromkreis bildet der Widerstand der Leitungen zusammen mit dem Verbraucher eine Reihenschaltung. Demnach tritt infolge des Stromes an Hin- und Rückleitung jeweils eine Spannung auf. Diese Tatsache heißt **Spannungsfall** in Leitungen. Der Spannungsfall in Leitungen stellt im Blick auf den Verbraucher einen Spannungsverlust dar: Am Verbraucher tritt nur die Spannung des Erzeugers, vermindert um diesen Spannungsfall auf. Durch Wahl ausreichend großer Leiterquerschnitte wird der Leistungswiderstand und folglich der Spannungsfall in der Leitung klein gehalten.

2. Will man eine Glühlampe mit den Daten $U_1 = 6$ V; $I = 2$ A an einem Erzeuger mit $U = 24$ V Spannung betreiben, so kann man sie so in eine Reihenschaltung mit einem Widerstand R_2 einbauen, daß an diesem $U_2 = 18$ V und somit an der Glühlampe (an R_1) $U_1 = 6$ V auftreten.

   Ein derart verwendeter Widerstand heißt **Vorwiderstand**.

Aufgabe 5:
Berechnen Sie mit Hilfe des Ohmschen Gesetzes den Vorwiderstand aus obigem Anwendungsbeispiel.

Lösung:

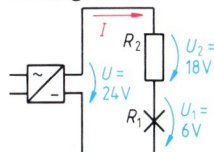

Lampenstrom $I_1 = I_2 = I = 2$ A
Vorwiderstand:
$R_2 = \dfrac{U_2}{I}$; $R_2 = \dfrac{18 \text{ V}}{2 \text{ A}}$; $\underline{\underline{R_2 = 9 \, \Omega}}$

Wenn man eine elektrische Christbaumbeleuchtung einschaltet und dann nur ein Lämpchen lockerdreht, erlöschen alle Lämpchen, denn der Stromkreis ist unterbrochen. In einer Reihenschaltung lassen sich die einzelnen Verbraucher demnach nicht unabhängig voneinander betreiben.

Parallelschaltung

Die weitaus meisten Verbraucher im Versorgungsnetz werden so angeschlossen, daß sie unabhängig voneinander betrieben werden können. Dies geschieht z.B. im Haushalt oder im Betrieb mit Elektrogeräten, die an einer Mehrfachsteckdose oder Steckdosenleiste angeschlossen sind. Die Verbraucher werden also an derselben Spannung betrieben.

> Eine Anordnung von Widerständen (Verbrauchern), die mit ihren Anschlüssen an derselben Spannung betrieben werden, heißt **Parallelschaltung**.

Die Schaltpläne Bild 1 stellen die Parallelschaltung dreier Widerstände dar. Diese liegen alle an derselben Spannung $U = 24$ V. Es ist ersichtlich, daß die Summe der Ströme in den einzelnen Widerständen gleich dem Gesamtstrom, also $I = 6$ A ist. Mit Hilfe des Ohmschen Gesetzes erhält man den Widerstand der gesamten Schaltung, Ersatzwiderstand genannt:

$$R = \dfrac{U}{I}; \quad R = \dfrac{24 \text{ V}}{6 \text{ A}}; \quad \underline{\underline{R = 4 \, \Omega}}.$$

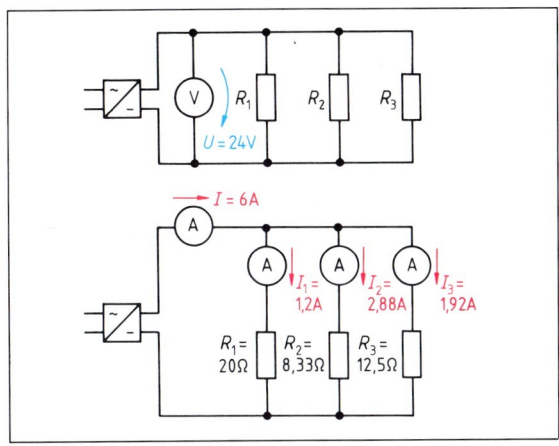

1 Parallelschaltung von drei Widerständen (Meßschaltungen)

Dieser Ersatzwiderstand ist somit kleiner als der kleinste Einzelwiderstand ($R_2 = 8{,}33 \, \Omega$) der Schaltung. Es gilt der Ansatz:

$$\dfrac{1}{R_1} + \dfrac{1}{R_2} + \dfrac{1}{R_3} = \dfrac{1}{20 \, \Omega} + \dfrac{1}{8{,}33 \, \Omega} + \dfrac{1}{12{,}5 \, \Omega} = \dfrac{1}{4 \, \Omega} = \dfrac{1}{R}$$

> **Gesetze der Parallelschaltung:**
>
> Die Spannung ist an allen Widerständen (Verbrauchern) gleich. $\quad U = U_1 = U_2 = U_3 = \ldots$
>
> Die Summe der Ströme in den Einzelwiderständen ist gleich dem Gesamtstrom (in der Hin- bzw. Rückleitung). $\quad I = I_1 + I_2 + I_3 + \ldots$
>
> Die Summe der Kehrwerte der Einzelwiderstände ist gleich dem Kehrwert des Ersatzwiderstandes.
>
> $$\dfrac{1}{R} = \dfrac{1}{R_1} + \dfrac{1}{R_2} + \dfrac{1}{R_3} + \ldots$$

Aufgabe 6:
Zwei Verbraucher werden an einer Doppelsteckdose betrieben. Der erste, ein Heizlüfter, hat 24 Ω, der zweite, ein Lötkolben, hat 96 Ω Widerstand.

1. Berechnen Sie den Ersatzwiderstand der Schaltung.
2. Ist die vorgeschaltete Sicherung mit 16 A Nennstrom überlastet?

(Benützen Sie bei Berechnung mit dem Taschenrechner dessen 1/x-Taste.)

Lösung zu 1.:

$$\dfrac{1}{R} = \dfrac{1}{R_1} + \dfrac{1}{R_2}; \, \dfrac{1}{R} = \dfrac{1}{24 \, \Omega} + \dfrac{1}{96 \, \Omega}; \, \dfrac{1}{R} = 0{,}0521 \dfrac{1}{\Omega}$$

$$\underline{\underline{R = 19{,}2 \, \Omega}}$$

Lösung zu 2.:

$$I = \dfrac{U}{R}; \, I = \dfrac{220 \text{ V}}{19{,}2 \, \Omega}; \, \underline{\underline{I = 11{,}46 \text{ A}}}$$

Die Sicherung ist nicht überlastet.

Weitere Aufgaben siehe Technische Mathematik Kap. 4.1.3.2

5.3 Elektrische Leistung und Arbeit

5.3.1 Elektrische Leistung

Auf dem Glaskolben einer Glühlampe ist unter anderem z.B. zu lesen: 220 V, 100 W. D.h., dieser Verbraucher nimmt bei einer Spannung von $U = 220$ V eine elektrische Leistung von $P = 100$ W auf.

Bei geschlossenem Stromkreis liefert der Erzeuger elektrische Arbeit (Energie) zum Verbraucher, z.B. zu der genannten Glühlampe oder zu einem Motor.

Leistung ist Arbeit durch Zeit, also $P = W/t$. Für die elektrische Leistung gilt demnach, Leistung ist gleich elektrische Arbeit pro Zeit. Dabei wird die elektrische Arbeit W von der Spannung U verrichtet, wenn sie die Elektronen durch den Leiter treibt gegen dessen Widerstand R.

Die folgende Überlegung soll aufzeigen, von welchen Größen die elektrische Leistung abhängig ist.

In Kap. 5.2.7 werden die Daten einer einzelnen Glühlampe (Kerze) einer elektrischen Christbaumbeleuchtung genannt: 14 V 3 W. 16 solcher Lampen werden in dieser Anlage gleichzeitig betrieben.

Wenn anstelle einer einzigen Glühlampe mit $U = 14$ V und $P = 3$ W zwei Lampen mit denselben Nenndaten an je $U = 14$ V Spannung betrieben werden, so muß die insgesamt aufgenommene elektrische Leistung zweimal so groß sein, also 6 W.

Die doppelte Leistungsaufnahme läßt sich sowohl mit einer Parallel- als auch mit einer Reihenschaltung der beiden gleichen Lampen erreichen (Bild 1).

- Wenn sie eine Parallelschaltung (Kap. 5.2.7) bilden, liegen bekanntlich beide Lampen an derselben Spannung $U = 14$ V. Bei jeder Lampe mißt man die Stromstärke $I_1 = 0{,}21$ A bzw. $I_2 = 0{,}21$ A. Folglich muß die Gesamtstromstärke

$I = I_1 + I_2$; $I = 0{,}21$ A $+ 0{,}21$ A; $\underline{I = 0{,}42 \text{ A}}$

betragen, was eine Messung bestätigt.

Es ist somit ersichtlich, daß zweifache Stromstärke bei gleicher Spannung doppelte elektrische Leistung bewirkt.

- In der Reihenschaltung (Kap. 5.2.7) beider Lampen fließt bekanntlich in jeder derselbe Strom I, also $I = 0{,}21$ A. Damit jede Lampe ihre Nennspannung $U_1 = 14$ V bzw. $U_2 = 14$ V erhält, muß der Erzeuger jetzt eine Gesamtspannung von

$U = U_1 + U_2$; $U = 14$ V $+ 14$ V; $\underline{U = 28 \text{ V}}$

liefern, was eine Messung bestätigt.

Folglich bewirkt zweifache Spannung bei gleicher Stromstärke doppelte elektrische Leistung.

Die elektrische Leistung hängt also von der Spannung und von der Stromstärke ab:

Die elektrische Leistung P in einem Stromkreis ist um so größer, je größer die Spannung U am Erzeuger und je größer die (Gesamt-)Stromstärke I ist

Mathematisch wird diese Gesetzmäßigkeit formuliert mit der Gleichung:

$$\boxed{P = U \cdot I} \qquad \begin{array}{ll} \text{Spannung} & U \text{ in V} \\ \text{Stromstärke} & I \text{ in A} \\ \text{Elektrische Leistung} & P \text{ in W} \end{array}$$

$1 \text{ W} = 1 \text{ V} \cdot 1 \text{ A} = 1 \text{ J/s} = 1 \text{ Nm/s}$

Die elektrische Leistung 1 W wird erbracht, wenn z.B. eine Spannung von 1 V einen Strom von 1 A durch einen Stromkreis treibt.

Für Anlagen und Geräte, die an Wechselspannung betrieben werden, gilt die obige Gleichung nur mit Einschränkungen.

Beispiel: $P = 100$ W
Zusammen mit Vorsatzzeichen sind üblich:
$1 \text{ mW} = {}^1\!/_{1000}$ W; 1 kW = 1000 W; 1 MW = 1 000 000 W

Beispiele für elektrische Leistungen:

15 W bis 300 W bei Glühlampen im Haushalt und Betrieb; 20 W bis 500 W bei elektrischen Lötkolben; 2 kW bei mobilen Heizgeräten (Heizlüfter); bis 600 MW bei Generatoren in Kraftwerken. Leistungen von wenigen Watt bis hinunter zu 1 mW und weniger kommen in der elektrischen Steuerungs- und Nachrichtentechnik vor.

Bei den meisten Elektrogeräten werden auf dem sogenannten Leistungsschild mindestens die Nennspannung in V und die Nennleistung in W bzw. in kW angegeben.

Elektrische Leistung läßt sich mit je einer Strom- und Spannungsmessung und anschließender Berechnung ermitteln. Eine direkte Messung erlaubt der Leistungsmesser (Bild 2). Er hat vier Anschlüsse, je zwei für Strom- und für Spannungsmessung.

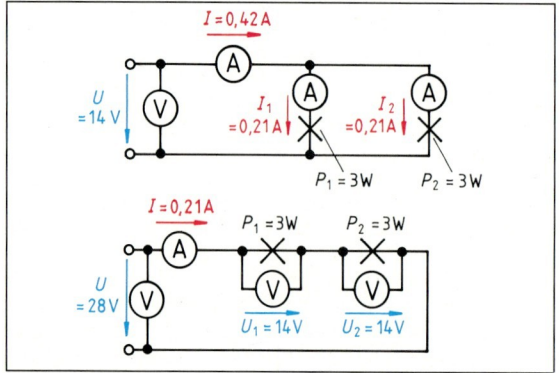

1 Abhängigkeit der elektrischen Leistung von Stromstärke und Spannung

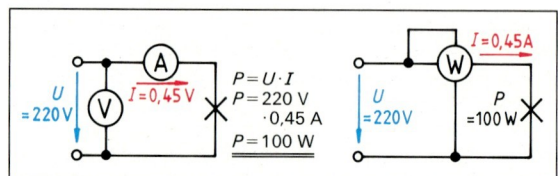

2 Leistungsermittlung mit
a) Strom- und Spannungsmesser
b) Leistungsmesser

> **Aufgabe 7:**
> Das Heiz-/Lüftungsgebläse (Gleichstrommotor) eines Pkw wird an einer Spannung von 12 V betrieben. Seine Leistungsaufnahme beträgt 100 W. Berechnen Sie den Motorstrom.
>
> Lösung: $P = U \cdot I$; $I = \dfrac{P}{U}$; $I = \dfrac{100 \text{ W}}{12 \text{ V}}$; $\underline{\underline{I = 8,3 \text{ A}}}$

Weitere Aufgaben siehe Technische Mathematik Kap. 4.2.1

5.3.2 Elektrische Arbeit

Ein elektrischer Lötkolben mit z.B. $P = 440$ W Leistungsaufnahme wandelt um so mehr elektrische Energie in Wärmeenergie um, d.h., er verrichtet um so mehr Arbeit W, je länger die Zeit t ist, während der seine Leistung P in Anspruch genommen wird.

> Arbeit W wird verrichtet, wenn eine Leistung P während einer Zeit t in Anspruch genommen wird.

Diesen Sachverhalt erhält man auch durch mathematische Umformung der Gleichung $P = W/t$ in

$$W = P \cdot t$$

Mit $P = U \cdot I$ erhält man für die elektrische Arbeit:

$$\boxed{W = U \cdot I \cdot t}$$

Spannung	U in V
Stromstärke	I in A
Elektrische Arbeit	W in Ws

$1 \text{ Ws} = 1 \text{ V} \cdot 1 \text{ A} \cdot 1 \text{ s} = 1 \text{ J} = 1 \text{ Nm}$

Die elektrische Arbeit 1 Ws wird verrichtet, wenn z.B. eine Spannung von 1 V einen Strom von 1 A 1 s lang durch einen Stromkreis treibt.

Als elektrische Arbeitseinheiten sind außerdem üblich:
Die Wattstunde 1 Wh = 3600 Ws; 1 kWh = 1000 Wh = 3 600 000 Ws.

Die elektrische Arbeit oder Energie wird von den Energieversorgungsunternehmen z.B. an Haushalte und Betriebe verkauft. Dort entstehen Energiekosten (keine Stromkosten!). Die Durchschnittspreise liegen z.Z. etwa zwischen 0,10 DM/kWh und 0,50 DM/kWh je nach Energieversorger und vereinbartem Abnehmertarif.

Elektrische Energie ist im Vergleich mit anderen Energieträgern (z.B. Kohle, Heizöl, Erdgas, Benzin) teuer. Ihre trotzdem verbreitete Anwendung verdankt sie ihrer vielseitigen, einfachen und – auf Verbraucherseite – umweltfreundlichen Anwendbarkeit bei meist großem Wirkungsgrad. Elektrische Raumheizung ist allerdings nur mit Sondertarifen wirtschaftlich. Aber für Beleuchtungs- und Antriebszwecke in Haushalt und Industrie sowie für die Steuerungs- und Kommunikationstechnik ist elektrische Energie unentbehrlich.

Elektrische Arbeit oder Energie wird mit dem Kilowattstunden-Zähler gemessen. Aufgrund seiner Messung rechnen die Energieversorgungsunternehmen mit ihren Kunden ab.

> **Aufgabe 8:**
> Ein elektrischer Lötkolben führt bei 220 V eine Stromstärke von 2 A. Er wird 7 Stunden lang betrieben. Der Energiepreis beträgt 0,15 DM/kWh. Berechnen Sie die Energiekosten K.
>
> Lösung: $W = U \cdot I \cdot t$; $W = 220 \text{ V} \cdot 2 \text{ A} \cdot 7 \text{ h}$
> $W = 3080 \text{ Wh}$; $W = 3,08 \text{ kWh}$
> $K = 3,08 \text{ kWh} \cdot 0,15 \dfrac{\text{DM}}{\text{kWh}}$; $\underline{\underline{K = 0,46 \text{ DM}}}$

Weitere Aufgaben siehe Technische Mathematik Kap. 4.2.2

5.4 Unfallgefahr durch elektrischen Strom

5.4.1 Wirkung des Stromes auf den menschlichen Körper

Um festzustellen, ob in einer elektrotechnischen Anlage oder an einem Elektrogerät Spannung vorhanden ist, benötigt man ein geeignetes Meß- oder Prüfgerät, denn elektrische Energie, die auf den menschlichen Körper einwirkt, kann lebensgefährlich sein.

Das Körpergewebe aller Lebewesen ist elektrisch leitfähig, weil es unter anderem aus Elektrolyten besteht. Daher fließt Strom durch den menschlichen Körper, wenn dieser elektrische Anlage- oder Geräteteile berührt, die unter elektrischer Spannung stehen.

Im Körperinneren fließt der Strom auch über die Nerven. Diese sind Leiter für sehr kleine elektrische Ströme, die vom Gehirn und von den Steuerzentren des Herzens ausgehen. Sie steuern unter anderem die Muskelbewegung. Wird der von außen bewirkte Strom im Körper größer als 50 mA, so besteht Lebensgefahr, weil die kleinen Steuersignale in den Nerven dann so verfälscht werden, daß Muskelverkrampfungen und das sogenannte Herzkammerflimmern sowie Atemlähmung entstehen können. Z.B. kann der Betroffene die mit den Händen umfaßten unter Spannung stehenden Teile nicht mehr loslassen, und es kommt schließlich zum Tod durch Herzversagen. Die Folgen für einen Verunglückten hängen

5.4 Unfallgefahr

auch von der Einwirkdauer des Stromes auf seinen Körper ab. Bei Unfällen mit Hochspannung (Spannungen ab 1000 V) treten durch die Wärmewirkung des Stromes meistens Verbrennungen der Haut und der Muskulatur auf.

Aufgrund von Erfahrungen wurde die Mindestspannung, die beim Menschen einen gefährlichen Körperstrom von 50 mA bewirken kann, international auf 50 V festgesetzt.

> Ströme von mehr als 50 mA und Spannungen von mehr als 50 V sind für den Menschen lebensgefährlich, wenn sie auf seinen Körper einwirken.

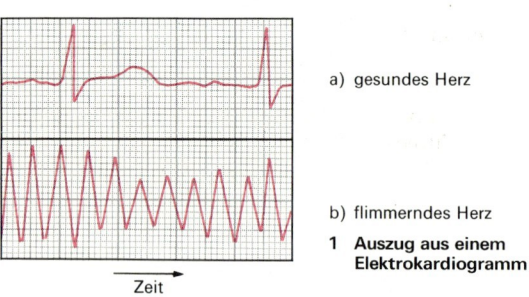

a) gesundes Herz
b) flimmerndes Herz

1 Auszug aus einem Elektrokardiogramm

5.4.2 Erste Hilfe

Ob ein durch elektrischen Strom Verunglückter überlebt, hängt oft von rasch einsetzender erster Hilfe ab. Es ist sofort ein Arzt zu verständigen.

Achtung! Den Verunglückten nicht berühren, bevor die elektrische Anlage, mit der er in Verbindung ist, spannungsfrei gemacht worden ist. Man muß also den NOT-AUS-Schalter betätigen oder den Netzstecker des betreffenden Gerätes ziehen oder die Leitungsschutzschalter (Sicherungsautomaten) ausschalten bzw. die Schmelzsicherungseinsätze herausschrauben, andernfalls besteht Lebensgefahr auch für den Helfer. Kann die Anlage nicht spannungsfrei gemacht werden, sollte man versuchen, den Verunglückten z.B. mit Hilfe isolierender Gegenstände aus dem Gefahrenbereich herauszuholen.

Im übrigen sind die bei erster Hilfe üblichen Maßnahmen durchzuführen, wie Seitenlage des Verletzten und Atemspende bei Atemstillstand.

5.4.3 Schutzmaßnahmen gegen gefährliche Körperströme

Wer elektrische Anlagen herstellt, errichtet oder betreibt, ist verpflichtet, die **Vorschriften des VDE** (Verband deutscher Elektrotechniker) zu beachten. Elektrogeräte, die diesen Bestimmungen genügen, tragen das VDE-Zeichen (Bild 2). In den Bestimmungen des VDE sind auch die Schutzmaßnahmen gegen gefährliche Körperströme niedergelegt (DIN 57100 VDE 0100). Danach muß in elektrischen Anlagen sichergestellt sein, daß weder direktes Berühren, noch indirektes Berühren von elektrischen Anlageteilen möglich ist.

2 VDE-Zeichen

Direktes Berühren: Körperlicher Kontakt mit betriebsmäßig unter Spannung stehenden Teilen (aktive Teile).

Beispiel: Offenliegender Kontakt einer beschädigten Steckdose. Der Strom kann den in Bild 3 dargestellten Weg durch den menschlichen Körper nehmen.

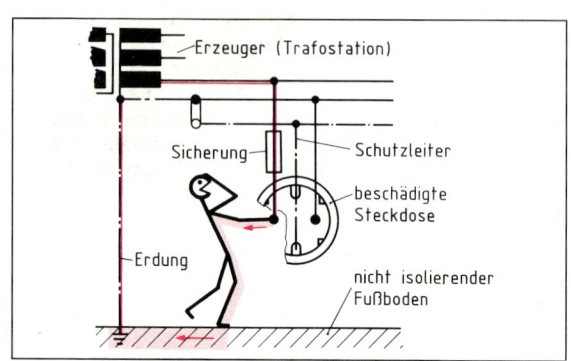

3 Direktes Berühren

Direktes Berühren muß verhindert werden durch Isolation (z.B. isolierte Leitung) oder Abdeckung (z.B. „Gehäuse" einer Steckdose).

Indirektes Berühren: Körperlicher Kontakt mit betriebsmäßig nicht unter Spannung stehenden Teilen (inaktive Teile), die aber wegen schadhafter Isolation unter Spannung stehen (**Körperschluß**).

Beispiel: Durchgescheuerte Isolation einer Leitung ermöglicht Kontakt des Leiters zum Metallgehäuse eines Elektrogerätes (Bild 4).

Indirektes Berühren muß verhindert werden durch die **Schutzmaßnahmen gegen gefährliche Körperströme.** Diese Schutzmaßnahmen können das auf verschiedene Weise bewirken.

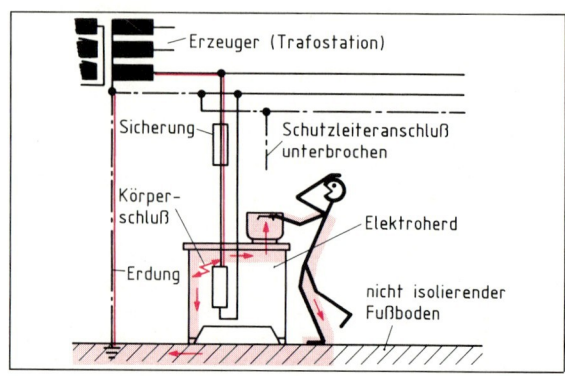

4 Indirektes Berühren

5.4 Unfallgefahr

5.4.4 Umgang mit Elektrogeräten – Unfallverhütung/Übungen

Einige Beispiele:
- Man umgibt einen Verbraucher mit einer zusätzlichen Isolierung, z.B. mit einem Kunststoffgehäuse. Diese Schutzmaßnahme heißt **Schutzisolierung**. Anwendung z.B. bei elektrischen Handbohrmaschinen.
- Der Verbraucher wird an einer für den Menschen ungefährlichen Spannung betrieben. Diese Schutzmaßnahme heißt **Kleinspannung**. Anwendung z.B. beim Elektroschweißen.
- Man schließt das Metallgehäuse eines Verbrauchers an einen besonderen Leiter (Schutzleiter) an, über den sich bei Körperschluß ein zusätzlicher Stromkreis (Fehlerstromkreis) bildet, der ein sofortiges Abschalten des schadhaften Verbrauchers oder der betroffenen Anlage (oder eine Fehlermeldung) bewirkt. Es handelt sich um Schutzmaßnahmen mit **Schutzleiter**. Anwendung z.B. bei Geräten, die mit einem Schutzkontakt-Stecker an einer Schutzkontakt-Steckdose (Schuko-Stecker bzw. Schuko-Steckdose) betrieben werden müssen (Bild 1). Die Schutzkontakte sorgen für durchgehende Verbindung des Schutzleiters vom Gerät bis zum Netz.

rät darf nicht eingeklemmt (gequetscht) werden; auch dürfen sich keine Knoten bilden. Steckvorrichtungen soll man nicht gegen harte Gegenstände schlagen. Elektrogeräte dürfen nicht naß sein oder gar in Wasser getaucht werden, außer es handelt sich um geeignete Spezialgeräte.

Ist die Handhabung eines Elektrogerätes nicht bekannt, so muß vor der Anwendung eine sachkundige Unterweisung erfolgen oder die Bedienungsanleitung genau gelesen werden.

> Elektrische Geräte und Anlagen mit Schäden z.B. an Isolation, Gehäusen, Steckvorrichtungen oder Schaltern müssen **sofort** außer Betrieb gesetzt werden.

Schäden an elektrischen Geräten und Anlagen – und scheinen sie noch so geringfügig zu sein – darf ausschließlich der Elektrofachmann beheben.

Schilder mit Anweisungen und mit Hinweisen auf Gefahren im Zusammenhang mit elektrischen Anlagen oder Geräten sind zu beachten; den Anweisungen ist unbedingt zu folgen. Das gilt auch für entsprechende Anweisungen von Fachleuten.

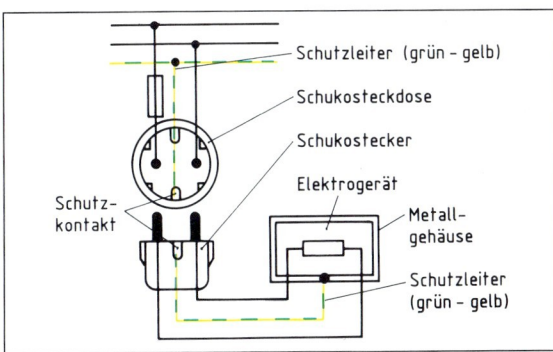

1 Schuko-Steckdose und -Stecker

Die jeweils angewendete Schutzmaßnahme ist auf VDE-gerechten Geräten durch ein entsprechendes **Schutzklassenzeichen** angegeben (Bild 2).

2 Schutzklassenzeichen

5.4.4 Umgang mit Elektrogeräten – Unfallverhütung

Die Schutzmaßnahmen gegen gefährliche Körperströme gewährleisten nur dann Sicherheit, wenn mit elektrischen Anlagen und Geräten sorgfältig umgegangen wird.

So darf man einen Stecker nicht an der Leitung aus der Steckdose ziehen oder ein Gerät nicht an seiner Zuleitung anheben. Die Leitung zwischen Steckdose und Ge-

Übungen

Elektrizität als Energieform

1. Nennen Sie Beispiele für die Umwandlung von Elektrizität in andere Energieformen mit je einer technischen Anwendung.

Elektrischer Stromkreis

2. Welche Bestandteile muß ein elektrischer Stromkreis mindestens enthalten?
   Skizzieren Sie den Schaltplan dieses Stromkreises.
3. Nennen Sie Beispiele für Erzeuger und Verbraucher.
4. Zählen Sie einige elektrische Leiterwerkstoffe und einige Isolierstoffe auf!
5. Erklären Sie, weshalb z.B. Kupfer ein guter elektrischer Leiter ist, weshalb aber z.B. Porzellan den elektrischen Strom nicht leitet!
6. Unter welchen Voraussetzungen fließt Strom in einem elektrischen Stromkreis?
7. Sie messen in einem Stromkreis die Stromstärke zuerst in der Hinleitung, also vor dem Verbraucher, dann in der Rückleitung.
   Vergleichen Sie die Meßergebnisse!
8. Nennen Sie die Wirkungen des elektrischen Stromes und je zwei technische Anwendungen!
9. Nennen Sie Beispiele für unerwünschte Wärmewirkung des elektrischen Stromes!
10. Bei einem Stück Draht mißt man 10 Ω Widerstand. Dieses Drahtstück soll so verändert werden, daß dann nur noch 2,5 Ω gemessen werden.
    Beschreiben und begründen Sie die Veränderung!

Übungen

11. Weshalb verwendet man vorwiegend Kupfer als Werkstoff für elektrische Leitungen?
12. In einem Stromkreis wird als Erzeuger ein Akku (z.B. Autobatterie) und als Verbraucher ein Elektromotor verwendet. Außerdem sind ein Schalter sowie ein Strom- und ein Spannungsmesser eingebaut. Der Spannungsmesser ist so angeschlossen, daß die Erzeugerspannung unabhängig von der Schalterstellung stets angezeigt wird.
    Zeichnen Sie den Schaltplan!
13. In einem Stromkreis mißt man 12 A. Nennen Sie zwei Möglichkeiten, diesen Strom auf 4 A zu verringern!
14. Welche Aufgaben haben Überstromschutzeinrichtungen (Sicherungen)?
15. Welche Meßgeräte zeigen gleiche Meßwerte an
    – in Bild 1?
    – in Bild 2?

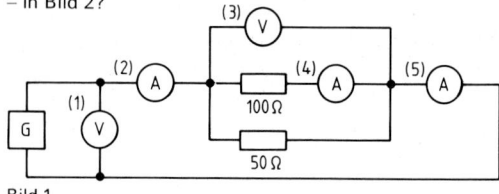

Bild 1

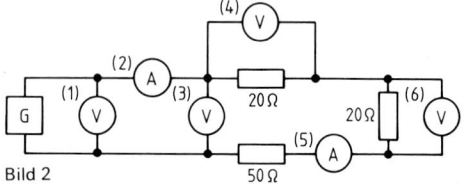

Bild 2

16. Ein Elektroheizgerät wird über eine Gummischlauchleitung („Gummikabel") von 50 m Länge betrieben. Eine Spannungsmessung am Anfang der Leitung (an der Steckdose) ergibt 220 V, eine Messung am Heizgerät aber nur 210 V.
    Begründen Sie die unterschiedlichen Meßwerte (s. auch Aufg. 1 in Kap. 5.2.5).
17. In eine Schaltung von zwei Widerständen wird zusätzlich ein dritter Widerstand eingebaut.
    Wie ändert sich die Gesamtstromstärke, wenn nach wie vor eine
    – Parallelschaltung
    – Reihenschaltung vorliegt?
18. Die Widerstände $R_1 = 45\ \Omega$ und $R_2 = 10\ \Omega$ bilden eine Parallelschaltung.
    Geben Sie – ohne zu rechnen – den Bereich an, in dem der Wert des Ersatzwiderstandes liegt. Begründen Sie Ihre Schätzung!

Elektrische Leistung und Arbeit

19. Erzeuger oder Verbraucher von Energie gibt es nicht.
    Erklären Sie in diesem Zusammenhang die trotzdem verwendeten Begriffe „Erzeuger" und „Verbraucher" als Bestandteile eines Stromkreises.
20. Nennen Sie die Einheiten-Namen und -zeichen
    – der Arbeit,
    – der Leistung.
21. Die Leistungsformel $P = U \cdot I$ kann wie folgt abgewandelt werden:
    $$P = I^2 \cdot R \text{ und } P = \frac{U^2}{R}.$$
    Erklären Sie beide Abwandlungen mit Hilfe des Ohmschen Gesetzes.
22. Ein elektrischer Lötkolben hat die Nennleistung 400 W. Wenn er an der Hälfte seiner Nennspannung betrieben wird, beträgt seine Leistung nur noch 100 W.
    Begründen Sie diesen Sachverhalt.
23. Weshalb ist „Stromverbrauch" ein unzulässiger Begriff?
24. Berichtigen Sie den folgenden Satz in elektrotechnischer Hinsicht:
    „Im vergangenen Jahr hatte unser Betrieb sehr hohe Stromkosten."

Unfallgefahr durch elektrischen Strom

25. Weshalb ist es für den Menschen gefährlich, wenn ein Strom von mehr als 50 mA durch seinen Körper fließt?
26. Warum kann man spannungsführende Teile, die man mit den Händen umfaßt, möglicherweise nicht mehr loslassen?
27. Sie wollen einem durch elektrischen Strom Verunglückten erste Hilfe leisten.
    Worauf müssen Sie besonders achten?
28. Welche Gefahr entsteht durch einen Körperschluß?
29. Wozu dient der Schutzkontakt einer Schukosteckdose oder eines Schukosteckers?
30. Der Schukostecker einer Arbeitsplatz-Leuchte ist beschädigt, so daß der Anschluß eines Steckerstiftes im Inneren sichtbar ist.
    Wie verhalten Sie sich
    – wenn die Lampe noch „funktioniert"?
    – wenn Sie aufgefordert werden, die Lampe mit einem neuen Stecker zu versehen? Sie meinen, dies auch zu können.
    Begründen Sie Ihr Verhalten!

6 Maschinen- und Gerätetechnik

Mit der Entwicklung von Maschinen zur Umwandlung von Wärmeenergie in mechanische Energie (z.B. Dampfmaschine) setzte die Industrialisierung ein. Der Industrie standen damit, im Gegensatz zur Wind- und Wasserenergie, vom Standort unabhängige Arbeitsmaschinen an wirtschaftlich interessanten Orten zur Verfügung (z.B. Rohstoffvorkommen, große Ansiedlungen). Mit Hilfe dieser Maschinen konnten dem Menschen die schweren körperlichen Arbeiten abgenommen werden. Hierzu zählen der Transport schwerer Lasten, Schmiedearbeiten, Antriebe für Maschinen usw. Die Energien wurden durch einfallsreiche Konstruktionen (Bild 1) zur Einsatzstelle transportiert. Hierzu sind Wellen, Zahn- und Riementriebe, Riemenscheiben usw. erforderlich.

Die Begriffe **Maschinen** und **Geräte** umfassen alle Systeme der Technik, angefangen beim Handrad als überschaubare Baueinheit bis hin zur Fertigungszelle (Kap. 2.7.3) als ein zunächst unübersichtliches Maschinensystem. Bei eingehender Betrachtung der Maschinen zeigt sich, daß alle noch so komplexen Systeme aus einer Vielzahl von einfachsten Bauelementen bestehen (z.B. Schrauben, Leitungen, Kontakte, Zahnräder, Hebel). Ihre durchdachte konstruktive Verknüpfung bewirkt erst die anspruchsvollen Funktionen. In Bild 2 läßt sich der Aufbau unüberschaubarer Systeme aus einer großen Anzahl einzelner Bauelemente erkennen.

1 Beginn der Industrialisierung

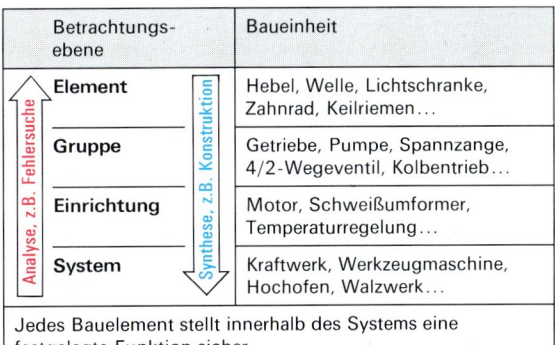

2 Baueinheiten nach DIN 40150

6.1 Blockdiagramm eines Heizungssystems

Das nebenstehende Bild 3 zeigt eine zeitgemäße Heizung für ein Wohnhaus. Die Beschreibung der Funktion hängt davon ab, wie detailliert die einzelnen Baugruppen (z.B. Brenner, Thermostat, Regler, Umwälzpumpe, Mischbatterie) betrachtet werden.

Mit drei Hauptgruppen läßt sich die Funktion eines Heizungssystems vereinfacht beschreiben:

- Der **Energiefluß**, der die Heizwärme in die Räume transportiert und über die Heizkörper abgibt.
- Der **Stoffluß**, der in diesem Fall den Energiefluß durch die Bewegung des erwärmten Wassers oder der Raumluft erst ermöglicht.
- Der **Informationsfluß**, der im Heizungssystem die erforderliche Funktion sicherstellt (z.B. Temperatur erfassen, Brenner ein- und ausschalten, Wassertemperatur regeln).

Das Zusammenspiel von Energie-, Stoff- und Informationsfluß gewährleistet die Funktion einer Heizungsanlage.

Bei der Gestaltung einer Heizungsanlage sind heute folgende zusätzliche Forderungen verstärkt zu beachten:

- **Energieeinsparung** durch möglichst vollkommene Nutzung der umgesetzten Energie, Vermeidung von überheizten Räumen, Heizungsregelung in Abhängigkeit von der Tageszeit, Außentemperatur usw.
- **Senkung der Umweltbelastung** durch Regelung einer möglichst vollkommenen Verbrennung (bei chemischer Energie wie Gas, Öl, Kohle).

3 Ausschnitt einer Heizungsanlage

6.1 Blockdiagramm eines Heizungssystems

Energieform	Einteilung	techn. Anwendung
mechanisch	Lageenergie Bewegungsenergie Verformungsenergie	– Stausee – Schwungrad – Zugfeder
thermisch	Wärmeleitung Wärmestrahlung Wärmeströmung	– Löten – Glühtemperatur – Heizung
elektrisch	elektrischer Strom elektrische Felder (Kondensator) magnetische Felder (Spule)	– Heizwendel – Sensoren – Relais
chemisch	Verbrennung (Kohle, Öl, Acetylen) elektrochemisch	– Kraftwerk – Heizung – Akkumulator
Sonder- formen	Kernenergie piezoelektrische Energie	– Kraftwerk – Druck- oder Kraftmeßgeräte

1 Energieformen

Der Begriff Energie unterliegt in der Technik einer bestimmten Bedeutung. Wird z.B. ein Hammer gegen seine Gewichtskraft angehoben, so wird von außen Arbeit verrichtet. Man sagt, seine Energie hat sich erhöht. Diese Energie kann zum Verformen eines Bleches genutzt bzw. zurückgewonnen werden. Arbeit oder Energie ergeben sich aus dem Produkt von Kraft mal Weg, wobei die wirksame Kraft in Wegrichtung zeigen muß. Allgemein gilt:

$$W = F \cdot s$$

W: Arbeit, Energie; F: Kraft; s: Weg

Arbeit und Energie werden in der Einheit Joule (J) gemessen. $1\,J = 1\,Nm = 1\,Ws$

> Gespeicherte Arbeit oder die Fähigkeit, Arbeit zu verrichten, bezeichnet man als Energie.

Die zugeführte Energie einer Heizung liegt z.B. in chemischer Form vor. Durch Verbrennung und geeignete Wärmetauscher wird diese Energie in eine andere Energieform (Wärmeenergie) umgewandelt. Diese Umwandlung von Energieformen (Bild 1) ist die Grundlage vieler

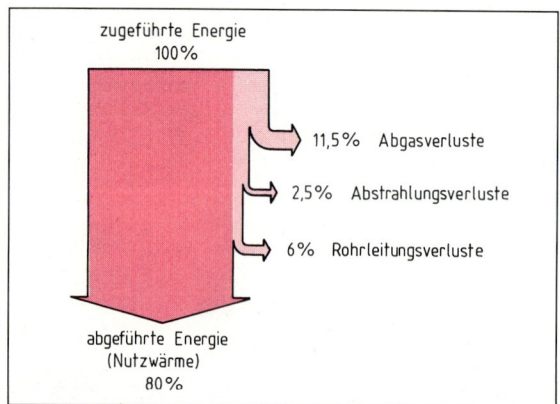

2 Energieerhaltung

technischer Maschinen. Aus Bild 2 wird deutlich, daß nicht die gesamte umgesetzte Energie für die Raumheizung genutzt werden kann. Sie geht allerdings nicht verloren, sondern ist nur für bestimmte technische Abläufe nicht mehr nutzbar.

> Energie kann nicht erzeugt werden oder verlorengehen. Sie wird stets nur in eine andere Energieform umgewandelt.

Die augenblickliche Energiediskussion fordert deshalb von technischen Lösungen,
- daß insgesamt nur eine geringe Energie benötigt wird,
- daß nur geringe Energieanteile technisch ungenutzt bleiben,
- daß umweltfreundliche Energien vorrangig genutzt werden.

6.1.1 Energiefluß

In jedem Haushalt dient das Heizungssystem zum Erwärmen der Räume und des Brauchwassers. Die Energie zum Aufheizen des Wassers wird z.B. aus chemischer Energie durch Verbrennung gewonnen oder mittels Strom vom Elektrizitätswerk genutzt.

Den Energietransport übernimmt in vielen Fällen ein Heizungskreislauf aus Wasser. Das Wasser erfährt im Wärmetauscher des Heizkessels eine Temperaturerhöhung und damit eine Energieerhöhung. Diese gespeicherte Wärmeenergie wird durch das Temperaturgefälle in den Räumen mit Heizkörpern an die Umgebungsluft abgegeben. Dabei nehmen die Energie des Wassers ab und die Energie der Raumluft zu. Entsprechende Temperaturänderungen sind die Folge. Durch einen geschlossenen Wasserkreislauf erfolgt auf diese Weise eine Erwärmung aller Räume über die angeschlossenen Heizkörper (Wärmetauscher im Raum). Der Kreislauf des Wassers wird überwiegend mit Umwälzpumpen aufrechterhalten.

Zum Energietransport könnten grundsätzlich alle flüssigen und gasförmigen Medien verwendet werden. Durch die hohe Wärmespeichereigenschaft des Wassers (2,5mal höher als Maschinenöl) ist dieses trotz anderer Nachteile (z.B. Korrosion, Gefrierpunkt) besonders zum Energietransport geeignet.

Überlegen Sie:
- Nennen Sie weitere Beispiele aus der Natur und der Technik, in denen das hohe Wärmespeichervermögen des Wassers genutzt wird.
- Welche Energien treten beim Kraftfahrzeug auf, die nicht für den Antrieb genutzt werden können?

Energiefluß	Stoffluß	Informationsfluß
Ölpumpe	Öltransport	Öldurchsatz
Brenner	Öl zerstäuben	Brennerreglung
Wärmetauscher	Verbrennungsluft	Temperatursensoren
Mischbatterie	Abgase	Verarbeitungseinheit
Wasserkreislauf	Wasserkreislauf	Funktionskontrolle
Thermostat	Mischbatterie	Funktionsanzeige
Heizkörper		Mischbatterie
Raum		

3 Funktionsgruppen einer Heizungsanlage

6.1 Blockdiagramm eines Heizungssystems

6.1.2 Stofffluß

In vielen technischen Anwendungsfällen ist der Energiefluß mit einem Materie- bzw. Stofffluß gekoppelt. Im Heizungssystem sichert das umgewälzte Wasser den Wärmetransport in die Räume. Damit wird das Wasser zum Energieträger. In diesem Fall ist der Energie- und Stofffluß untrennbar miteinander verknüpft.

Die notwendige elektrische Energie für die Umwälzpumpe ist nicht an einen Stofffluß gebunden. Hier bewirken bewegte Elektronen (Wechselstrom) innerhalb elektrischer Leiter die Energieübertragung.

Überlegen Sie:

- Nennen Sie Beispiele aus der Natur und der Technik, in denen fließende Medien gleichzeitig Energie transportieren.
- Nennen Sie weitere Beispiele, in denen Energie ohne Stofffluß transportiert wird.

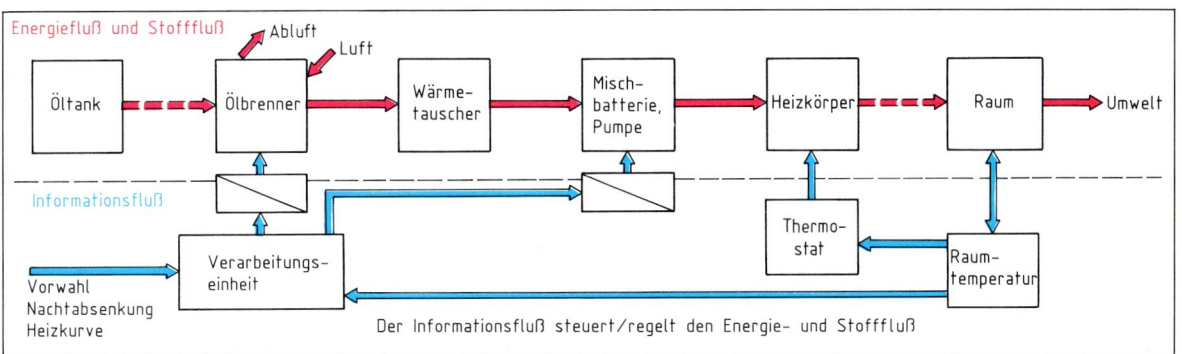

1 Blockdiagramm einer Heizungsanlage

6.1.3 Informationsfluß

Das Prinzip der Heizung in der dargestellten Form erfährt seine sinnvolle Nutzung erst mit der Einbeziehung von zusätzlichen Informationen (Signalen). Hierzu zählen unter anderem die augenblickliche und gewünschte Raumtemperatur, die Außentemperatur und die daraus abgeleitete Brennerleistung. Diese Signale werden in Verarbeitungseinheiten für Informationen zusammengeführt und sind Voraussetzung für die Einhaltung der installierten Heizungsfunktionen, z.B.:

- die gezielte Einhaltung der gewünschten Raumtemperatur durch Innentemperaturfühler,
- das schnelle Aufheizen des Wassers bei Temperatureinbrüchen durch Außentemperaturfühler.

Weiterhin wird durch anspruchsvolle Heizungsregelungen Energie eingespart. Hierzu zählt z.B. die exakte Einhaltung der eingestellten Raumtemperatur oder die Absenkung der Temperatur für vorgewählte Zeitbereiche (Nachtabsenkung).

Die Weiterentwicklung technischer Sensoren sowie die gezielte Berücksichtigung dieser Signale zur Heizungsregelung zeichnen kostengünstige und umweltfreundliche Heizungssysteme aus. Auch im Hinblick auf die Nutzung unterschiedlicher Heizungstechniken in einem Gesamtsystem (z.B. Wärmepumpe und elektrische Zusatzheizung) kommt dem Informationsfluß eine große Bedeutung zu.

6.1.4 Systematisierung (Funktionsmodell)

Bei einer Zusammenfassung der Funktionsgruppen und deren vereinfachte Darstellung in Form von Funktionsblöcken ergibt sich für die sehr komplexe Heizungsanlage ein übersichtliches Modell, das die Gesamtfunktion einer Heizung angemessen widerspiegelt. Mit Hilfe dieses Blockdiagramms (Bild 1) lassen sich unüberschaubare technische Einrichtungen einfacher darstellen, so daß der Betrachter das grundlegende Funktionsprinzip erfährt. Für Montage, Reparatur und Wartungsarbeiten müssen natürlich detailliertere Zeichnungen vorliegen.

> Die Einteilung technischer Systeme in Energie-, Stoff- und Informationsfluß erleichtert das Erkennen der Gesamtfunktion.

Jeder einzelne Block steht stellvertretend für eine mehr oder weniger komplexe Baugruppe. Ist die Gesamtfunktion der Anlage gestört, ermöglicht die Überprüfung der einzelnen Funktionsblöcke eine gezielte Fehlersuche und -eingrenzung.

Überlegen Sie:

- Wie verändert sich das Blockdiagramm bei Darstellung einer Gasheizung?
- Erstellen Sie für ein Kraftfahrzeug ein ähnliches Blockdiagramm vom Kraftstofftank bis hin zu den treibenden Reifen.
- Beschreiben Sie den Energiefluß an einer Säulenbohrmaschine als Blockdiagramm.

6.2 Maschinen als technische Systeme

In Kapitel 6.1 wurde aufgezeigt, daß ein technisches System sich in unterschiedliche Bau- und Funktionseinheiten untergliedern und in Funktionsblöcken darstellen läßt. Erst die vom Konstrukteur festgelegte Abstimmung aller drei Grundfunktionen liefert eine Maschine mit der geplanten Wirkung.

In konkreten Maschinen treten bestimmte Funktionsgruppen aufgrund ihrer sichtbaren technischen Wirkung in den Vordergrund (Hauptfunktion). So interessiert bei der Bohrmaschine in erster Linie die Wirkung der Energie an den Bohrerschneiden, also der Energiefluß für die Stoffumsetzung (Zerspanung und Kühlschmiermittelfluß) vom Elektromotor bis zur Bohrerschneide. Trotzdem ist der Informationsfluß nicht bedeutungslos (z.B. Umdrehungsfrequenz, Drehrichtung, Vorschub). Ähnliches ließe sich für weitere technische Anwendungen feststellen (z.B. Fahrrad, Drehmaschine, Pumpe, Lichtmaschine, Verbrennungskraftmotor, Verdichter).

Kraftmaschinen stellen die erforderliche Energie und Energieform (siehe Bild 1) für einen Arbeitsprozeß zur Verfügung. Sie werden daher in erster Linie energieumsetzenden Systemen zugeordnet. Der Begriff Kraftmaschine ist geschichtlich bedingt und eigentlich unzutreffend, da die Kraft nur **eine Größe** zur Bestimmung der Energie ist (vgl. Kap. 6.2.1.3).

Arbeitsmaschinen nutzen die Energie der Kraftmaschinen und wirken auf den Stoffluß. Ihre Aufgabe besteht vornehmlich darin, den Stoffluß aufrechtzuhalten bzw. sicherzustellen. Somit zählen z.B. Pumpen, Verdichter, Förderbänder, Transportsysteme und Werkzeugmaschinen zu den Arbeitsmaschinen. Dabei kann der Stoffluß weitere Funktionen im Gesamtsystem übernehmen:

- Energietransport (z.B. Heizungsanlage, siehe Kap. 6.1)
- Informationstransport (z.B. Pneumatik oder Hydraulik, siehe Kap. 4.2)

Die Hauptfunktion von Kraft- und Arbeitsmaschinen liegt in der Wandlung und gezielten Nutzung der unterschiedlichen Energien im betrieblichen Produktionsprozeß.

Informationsmaschinen verknüpfen in sinnvoller Weise den Energiefluß und den Stoffluß. Zu den Informationsmaschinen zählen Systeme zur Datenerfassung, Datenverarbeitung und Datenausgabe (siehe Kap. 3).

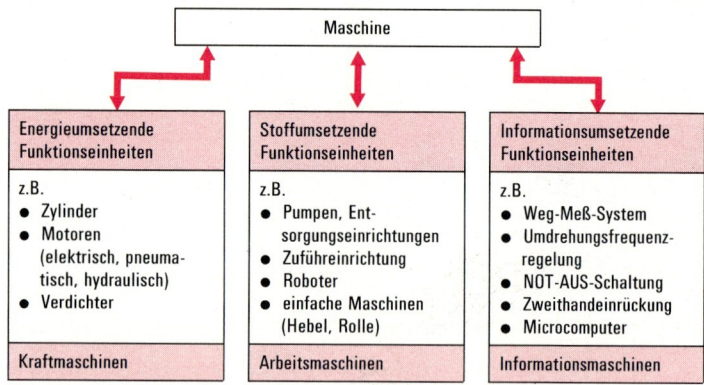

1 Gliederung nach Hauptfunktionen

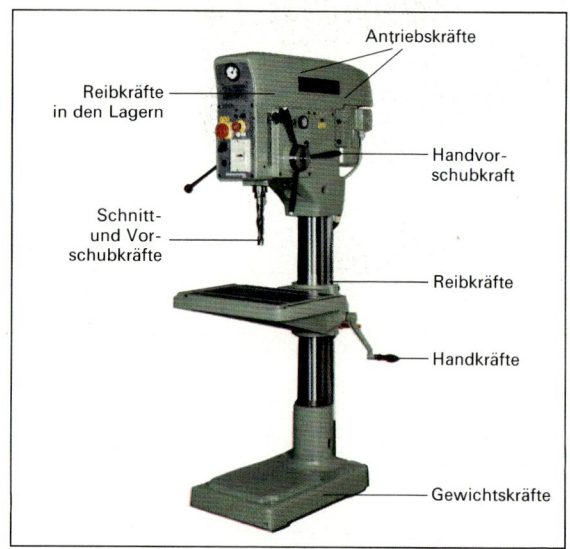

2 Auftretende Kräfte an einer Bohrmaschine

6.2.1 Physikalisch-technische Grundlagen
6.2.1.1 Kraft

In nahezu allen Werkzeugmaschinen, Motoren und Transporteinrichtungen können die vielfältigen Wirkungen der Kraft (Bild 2) beobachtet werden. Die grundlegenden Wirkungen der Kraft sind:

- Bauteile verformen (z.B. Bleche, Druckfedern, Stifte),
- Geschwindigkeit von Massen verändern (Abbremsen oder Beschleunigen) und
- gleichzeitiges Auftreten beider Kräfte (häufigster Fall).

Beispiel:

Ein Werkstück soll mit Hilfe eines Krans transportiert werden. Der Transport erfolgt in der skizzierten Form (siehe Bild 1; S. 177). Besitzt das Werkstück laut Herstellerangabe eine Masse von $m = 5260$ kg, sind für den verantwortungsvollen Bediener folgende Einschätzungen (Berechnungen) wichtig:

- Welche Gewichtskraft besitzt das Werkstück, um die Belastung für den Kran abzuschätzen und
- welche Kraft wirkt in den Seilen, Ketten oder Stangen, um eine Überbeanspruchung der Verbindung zu verhindern?

6.2 Maschinen als technische Systeme 6.2.1 Physikalisch-technische Grundlagen

1 Transport eines Werkstücks

Dabei berücksichtigt er aufgrund seiner Erfahrungen:
- die erforderliche Arbeit bzw. die Energie, sie ist für den Transport (meistens nur als Rechenzwischenschritt) erforderlich und
- die Leistung, die mindestens benötigt wird (unter ungünstigsten Bedingungen).

Ist die Masse des Werkstücks bekannt, läßt sich die Gewichtskraft durch Anwendung des Newtonschen[1] Axioms berechnen. Axiome sind Festlegungen, die durch Versuche nicht beweisbar sind. Erst die Anwendung auf physikalisch-technische Probleme beweist die Richtigkeit. Das Axiom zur Berechnung der Kraft lautet:

$$\text{Kraft} = \text{Masse} \cdot \text{Beschleunigung}$$

$$F = m \cdot a$$

[1] Isaac Newton (engl. Physiker, 1643–1727)

Diese allgemeine Bestimmungsgleichung zur Kraftberechnung kann auch auf die Gewichtskraft angewendet werden. Hierzu ist die Kenntnis des Beschleunigungswertes notwendig. Aus Bild 4 wird deutlich, daß die Erdbeschleunigung an der Erdoberfläche 9,81 m/s² beträgt. Die aufgezeigten Abweichungen spielen für die meisten technischen Anwendungen keine Rolle. Dieser Wert für die Erdbeschleunigung wird mit g bezeichnet. Damit lautet die Gleichung für die Gewichtskraft:

$$F_G = m \cdot g \quad \begin{array}{l} F_G \text{ in N} \\ m \text{ in kg} \\ g \text{ in m/s}^2 \end{array}$$

Die Kraft von einem Newton bewirkt die Beschleunigung einer Masse von 1 kg in der Zeit von 1 s um 1 m/s. Aufgrund der Vereinbarung zur Einheit N (Newton) gilt: 1 kgm/s² = 1 N.

Aufgabe:
Welche Gewichtskraft wirkt auf den Kran, wenn das Werkstück eine Masse von $m = 5260$ kg hat?

$F_G = m \cdot g$

$F_G = \dfrac{5260 \text{ kg} \cdot 9{,}81 \text{ m}}{\text{s}^2}$

$F_G = 51\,600$ kgm/s²

$F_G = 51\,600$ N

$F_G = 51{,}6$ kN

Weitere Aufgaben siehe
Technische Mathematik Kap. 2.9.

Berechnung der Gewichtskraft

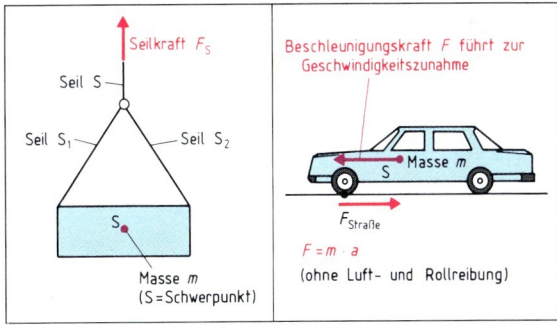

2 Vereinfachte Darstellung   3 Beschleunigung einer Masse

Beispiel		a in m/s²
Personenzug		0,35
Mond		1,63
Kraftfahrzeug		2,5
Motorrad		4,5
Rakete		65,0
Sonne		273,0
Erde	Pole	g 9,83
	Äquator	g 9,78
	Rechenwert	g 9,81

4 Ausgewählte Beschleunigungswerte

6.2 Maschinen als technische Systeme 6.2.1 Physikalisch-technische Grundlagen

Überlegen Sie:
1. Welche Gewichtskraft besitzt ein Fahrzeug mit der Masse $m = 1080$ kg auf der Erde und auf dem Mond?
2. Wie groß ist die Masse eines Werkstückes, wenn eine Gewichtskraft von 780 N gemessen wird?
3. Warum wird man beim Anfahren eines Kraftfahrzeuges in den Sitz gedrückt?

6.2.1.2 Kraftdarstellung

Aus vielen Beispielen der Physik und Technik ist die maßstäbliche Darstellung (Bild 1) von Größen bekannt (z.B. Längen von Bauteilen, Wege auf Landkarten, Zeitachse bei Bewegungen). Die Kraft ist eine gerichtete Größe, das heißt, sie besitzt nicht nur einen Betrag (z.B. 51,6 kN), sondern auch immer eine Richtung. Derartige Größen werden als Vektoren bezeichnet (z.B. auch Weg, Geschwindigkeit, Beschleunigung, Drehmoment); deshalb werden zur Darstellung von Vektoren Pfeile verwendet.

> Die Pfeilspitze zeigt in die Richtung der Kraft, und die Länge des Pfeiles ist ein Maß für den Betrag der Kraft.

Daher muß zur eindeutigen Darstellung der Kraft der Kraftmaßstab mit angegeben werden (Bild 2).

Da Seile nur Zugkräfte übertragen können, sind die Richtungen der Seilkräfte für den Werkstücktransport eindeutig festgelegt. Für die obere Seilkraft ergibt sich mit dem vereinbarten Maßstab der Kraftpfeil in Bild 3. In der Darstellung muß die Seilkraft dem Betrag der Gewichtskraft entsprechen (Gewichtskräfte der Seile vernachlässigt) und entgegengesetzt gerichtet sein.

Die Kräfte in den beiden gespreizten Seilen können mit der Gleichung $F = m \cdot g$ nicht ermittelt werden. Eine Möglichkeit hierzu bietet aber ein Modellversuch (siehe Bild 4). Die Auswertung ergibt, daß die Seilkräfte von der Gewichtskraft und dem Spreizwinkel abhängen. Da die Gewichtskraft bei gleichem Spreizwinkel direkt proportional eingeht, läßt sich die wirksame Seilkraft $F_{S1\,Werkst.}$ mit dem Dreisatz leicht berechnen.

Aufgabe:
Bei einer Gewichtskraft $F_G = 50$ N und einem Spreizwinkel $\alpha = 30°$ zwischen den Seilen, wirkt auf ein Seil die Kraft $F_{S1} = 26$ N.
Wie groß ist dann bei gleichem Spreizwinkel die Seilkraft $F_{S1\,Werkst.}$, wenn $F_{G\,Werkst.} = 51{,}6$ kN ist?

$$F_G = 50\text{ N} \mathrel{\hat=} F_{S1} = 26\text{ N}$$

$$1\text{ N} \mathrel{\hat=} \frac{26\text{ N}}{50\text{ N}}$$

$$F_{G\,Werkst.} = 51{,}6\text{ kN} \mathrel{\hat=} \frac{26\text{ N} \cdot 51\,600\text{ N}}{50\text{ N}} = 26\,832\text{ N}$$

$\underline{F_{S1\,Werkst.} = 26{,}8\text{ kN}}$

Weitere Aufgaben siehe Technische Mathematik Kap. 1.4.

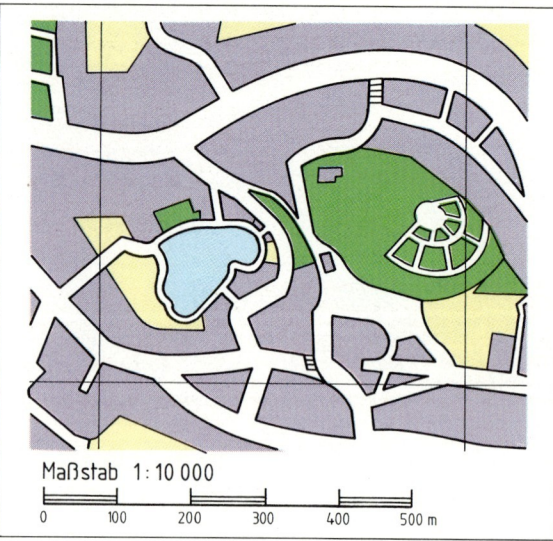

1 Maßstab auf einer Landkarte

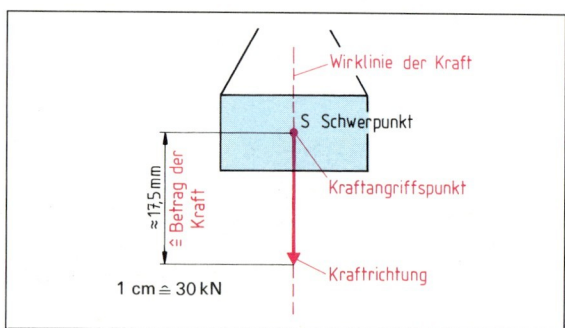

2 Kraftdarstellung

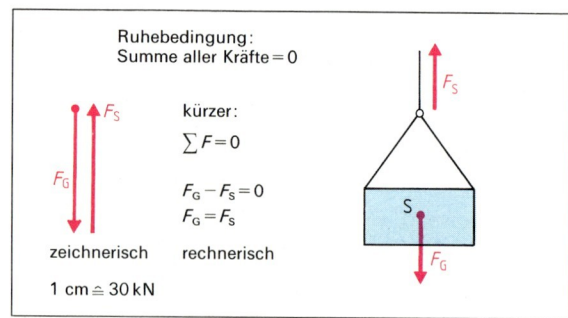

3 Kräfteaddition

Nr.	gewählt		gemessen	
	α in °	F_G in N	F_{S1} in N	F_{S2} in N
0	0	50	25	25
1	10	50	25,1	25,2
2	20	50	25,6	25,7
3	30	50	26,0	26,1
4	40	50	26,7	26,8
5	50	50	27,7	27,9
6	60	50	30,0	30,1

4 Versuch zur Seilkraftermittlung

6.2 Maschinen als technische Systeme — 6.2.1 Physikalisch-technische Grundlagen

Eine weitere Möglichkeit bietet die grafische Lösung (Bild 1). Hierbei wird das Gesetz der Ruhebedingungen der Körper angewendet.

> Erst wenn sich alle Kräfte in ihrer Wirkung auf einen Körper aufheben, bleibt dieser in seinem augenblicklichen Zustand (in diesem Fall Ruhe).

Das bedeutet, daß die Ersatzkraft (Resultierende) für die beiden Seilkräfte gleich groß, aber entgegengesetzt gerichtet zur oberen Seilkraft liegen muß. Mit Hilfe des Kräfteparallelogramms (siehe Bild 1) lassen sich die Seilkräfte ermitteln.

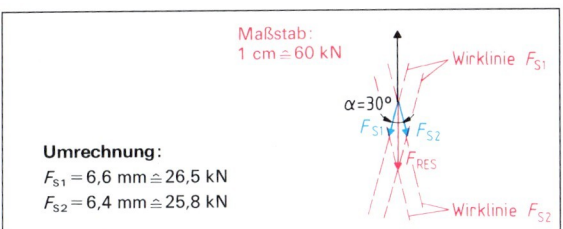

1 Kräfteparallelogramm

Weitere Angaben siehe Technische Mathematik Kap. 2.10.

Überlegen Sie:
1. Wie verändern sich die Seilkräfte, wenn der Winkel zwischen F_{S1} und F_{S2} größer wird?
2. Welche Kraft wirkt in F_{S1} und F_{S2}, wenn der Winkel 0° beträgt?
3. Durch welchen Versuchsaufbau könnte die Kraftermittlung mit dem Kräfteparallelogramm bestätigt werden?

Damit besitzt der Körper gegenüber seiner Ausgangslage eine erhöhte Energie. Sie wurde ihm durch die Hubarbeit zugeführt.

> Energien sind ein Maß für die Arbeitsfähigkeit von Maschinen. Energien können wieder zurückgewonnen werden.

Aufgabe:
Welche Arbeit muß der Kran verrichten, wenn er das Werkstück mit $F_G = 51{,}6$ kN um $s = 2{,}4$ m anhebt?

$W = F_G \cdot s$
$W = 51\,600$ N $\cdot$ 2,4 m
$W = 123\,840$ Nm
$W = 123\,840$ J
$W = 123{,}8$ kJ

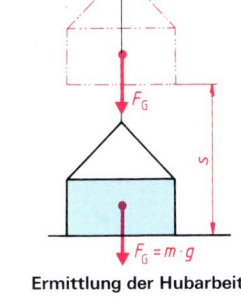

Ermittlung der Hubarbeit

Weitere Aufgaben siehe Technische Mathematik Kap. 2.12.1.

Überlegen Sie:
1. Wie verändert sich die aufzuwendende Arbeit, wenn der Weg verdoppelt wird?
2. Welche Arbeit ist aufzuwenden, um eine Masse mit $m = 24$ kg reibungsfrei horizontal um $s = 2$ m zu verschieben?
3. Wie verändert sich die Arbeit aus Aufgabe 2, wenn eine Reibkraft von $F_R = 30$ N wirkt?

6.2.1.3 Arbeit und Energie

Damit die erforderliche Leistung des Krans ermittelt werden kann, ist als Zwischenschritt die Bestimmung der notwendigen Arbeit sinnvoll. Die Definition der Arbeit in der Technik lautet:

> Wirkt eine Kraft in Richtung der Bewegung, so wird am Körper Arbeit verrichtet.

Das bedeutet für den Werkstücktransport das Anheben der Masse gegen die Erdanziehung (Gewichtskraft), also Kraft in Richtung der Bewegung.
Die notwendige Arbeit errechnet sich somit:

Arbeit = Gewichtskraft · Hubweg

$W = F \cdot s$

$W =$ in Nm oder J (J = Joule)
F in N
s in m

6.2.1.4 Energieerhaltung

Das Gesetz über die Erhaltung der Energie besagt, daß Energie nicht erzeugt oder vernichtet werden kann. Die Energie kann lediglich in andere Energieformen umgewandelt werden. Hierzu werden energieumsetzende Maschinen (Arbeitsmaschinen) eingesetzt (siehe Kap. 6.2).
Sehr anschaulich kann diese Erscheinung am Pendel des Kerbschlagbiegeversuchs beobachtet werden (Bild 1, Seite 180). Wird das Pendel mit der Masse m um die Höhe h_I angehoben, wird von außen Arbeit an dem Pendel verrichtet.

> Um diesen Betrag der Arbeit hat sich die Lageenergie (E_{pot}, Bild 2, Seite 180) des Pendels erhöht (siehe Kap. 6.2.1.3).

Nach dem Loslassen bewirkt diese Energie, daß sich das Pendel beschleunigt bewegt. In der ursprünglichen Ruhelage beträgt die Lageenergie $E_{pot} = 0$, da die Höhe $h_{II} = 0$ mm ist.

6.2 Maschinen als technische Systeme
6.2.1 Physikalisch-technische Grundlagen

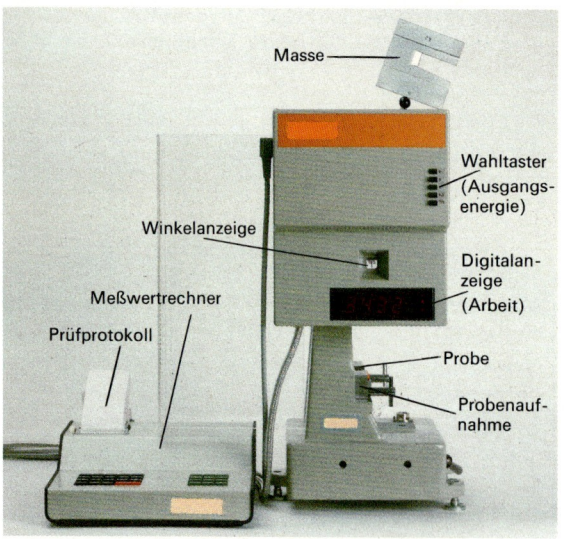

1 Pendelschlagwerk für Kerbschlagbiegeversuch

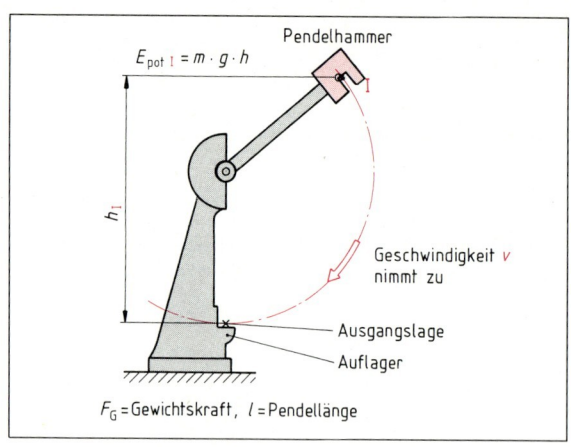

2 Maximale Lageenergie (Ausgangsenergie)

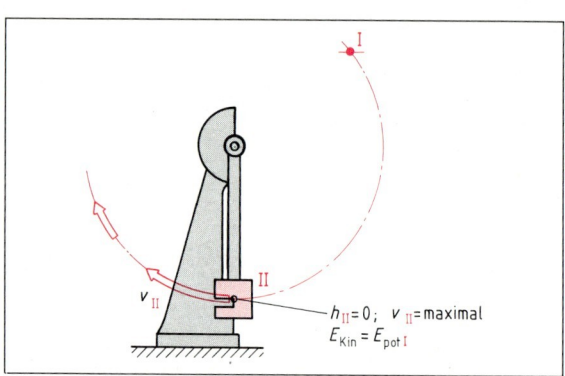

3 Maximale Geschwindigkeitsenergie (Aufprallenergie)

Die gesamte Lageenergie E_{pot} ist in die Geschwindigkeitsenergie E_{kin} (Bild 3) umgewandelt worden (**Energieerhaltung**).

Diese verringert sich nach Durchlaufen der Ruhelage fortwährend, wobei die Lageenergie sich gleichzeitig erhöht.

Beim Erreichen der Lage III ist die Geschwindigkeitsenergie $E_{kin}=0$ und die Lageenergie hat ihren Höchstwert.

Tritt in der Lagerung keine Reibung auf (praktisch nicht möglich), entspricht der Betrag der Lageenergie in Punkt III der Lageenergie in Punkt I (Energieerhaltung).
Beim Beobachten des Pendels stellt man allerdings fest, daß mit fortschreitender Zeit immer geringere Höhen erreicht werden.

Die Lagerreibung und im geringeren Maße die Luftreibung entzieht dem System Energie (Reibungsenergie).

Sie wird in Form von Wärme an die Umwelt abgegeben. Der Energieerhaltungssatz bleibt also auch in der praktischen Anwendung erfüllt.

Energieerhaltungssatz:

Energie kann nicht erzeugt werden oder verlorengehen. Sie wird stets nur in eine andere Energieform umgewandelt.
Der Energieerhaltungssatz gilt uneingeschränkt für alle Abläufe in der Natur und Technik.

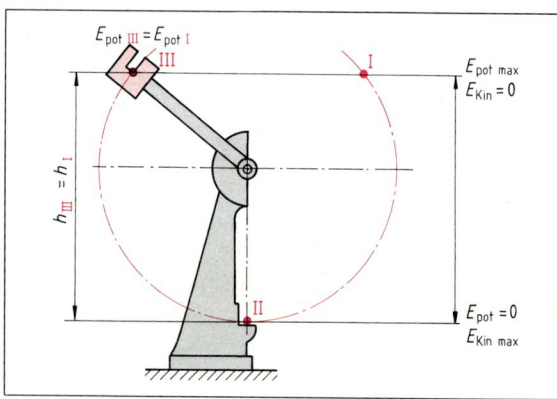

4 Maximale Lageenergie

Überlegen Sie:
1. Im Versuch wird die Energie des Pendels (Ausgangsenergie = Aufprallenergie) zur Bestimmung der Zähigkeit eines Werkstoffes genutzt. Dazu wird die Probe zerstört. Welchen Einfluß hat die Zerstörenergie auf die Pendelbewegung?

6.2.1.5 Leistung

In der Technik ist allein die zugeführte Arbeit noch kein Maß für die Leistungsfähigkeit von Maschinen. Die Arbeit kann in unterschiedlichen Zeiteinheiten verrichtet werden und ist somit nicht vergleichbar.

> Die Leistung wird als verrichtete Arbeit pro Zeiteinheit definiert.
>
> $$\text{Leistung} = \frac{\text{Arbeit}}{\text{Zeit}}$$
>
> $P = \dfrac{W}{t}$ P in W (Watt)[1]
> W in Nm
> t in s

Aufgabe:
Beim Heben der Last verrichtet der Kran eine Arbeit von 123840 Nm. Er benötigt hierfür $t = 72$ s. Wie groß ist die Leistung des Krans?

$P = \dfrac{W}{t}$

$P = \dfrac{123840 \text{ Nm}}{72 \text{ s}}$

$P = 1720$ Nm/s

$P = 1720$ W $= 1{,}72$ kW

Weitere Aufgaben siehe Technische Mathematik Kap. 2.12.2.

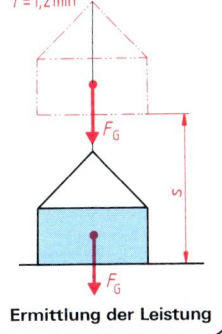

Ermittlung der Leistung

Überlegen Sie:
1. Welche Leistung wäre erforderlich, wenn das Werkstück in der selben Zeit um den doppelten Weg angehoben werden soll?
2. In welcher Zeit könnte der Motor mit 1,72 kW dieses (siehe Aufgabe 1) leisten?

6.2.1.6 Reibung und Wirkungsgrad

Bei jeder Bewegung von Bauteilen (z.B. Lager, Seile, Kolben, Wellen) tritt zwangsläufig Reibung an den Berührungsstellen auf (vgl. Kap. 2.4.3).

> Zur Überwindung dieser Reibung ist eine Reibarbeit (Reibkraft · Weg) erforderlich.

Sie geht dem System an Energie für die technische Nutzung verloren, da sie in Form von Wärme an die Umwelt abgegeben oder zum Abrieb von Masseteilchen benötigt wird.

1 Wirkungsgrad bei Energieumsetzung
(Wandlung und Transport)

> Das Verhältnis von abgegebener Leistung (wirkt als Hubleistung auf die Last) und der zugeführten Leistung (in diesem Fall des Elektromotors) wird als Wirkungsgrad der Anlage definiert (Bild 1).

Durch die bei der Energieumwandlung und dem Energietransport auftretenden ‚Energieverluste' ist der Wirkungsgrad immer kleiner als eins.

> $$\text{Wirkungsgrad} = \frac{\text{abgegebene Leistung}}{\text{zugeführte Leistung}}$$
>
> $\eta = \dfrac{P_{ab}}{P_{zu}}$ η ohne Einheit
> P_{ab} in kW
> P_{zu} in kW

Überlegen Sie:
1. Welche Energie müßte dem Stromnetz entnommen werden, wenn der Wirkungsgrad nur 60% beträgt?
2. Wie beeinflußt z.B. das Schmieren der Lager den Wirkungsgrad?
3. Wie könnte ein Versuchsaufbau zur Ermittlung von Wirkungsgraden aussehen?

Weitere Aufgaben siehe Technische Mathematik Kap. 2.12.2.

---
[1] James Watt (engl. Physiker 1736–1819)

6.2.2 Ausgewählte Arbeitsmaschinen

In vielen Anwendungsfällen hilft die Berücksichtigung der Energieerhaltung bei der fachlichen Erarbeitung der Funktion.

6.2.2.1 Schiefe Ebene

Schon in vergangenen Kulturen (z.B. Bau der Pyramiden) wurde die schiefe Ebene als Möglichkeit der Kraftreduzierung zum Transport schwerer Lasten genutzt. Betrachtet man die Masse am Beginn und am Ende der schiefen Ebene, so hat sich die Energie um den Betrag Kraft · Höhe verändert. Diese Energie gewinnt die Masse aber nicht durch Anheben, sondern durch Bewegung auf der Schrägen (siehe Bild 1).

> Je länger der Weg zum Erreichen derselben Höhe gewählt wird, um so geringer wird die erforderliche Kraft.

Damit gilt allgemein für die schiefe Ebene:

> Zugeführte Arbeit = Energie der Masse (des Systems)
> Kraft · Weglänge = Gewichtskraft · Höhe

$$F \cdot s = F_G \cdot h$$

F und F_G in N
s und h in m

Dieses Wirkprinzip der schiefen Ebene wird in vielen technischen Anwendungen genutzt. Hierzu zählen unter anderem der Keil als Verbindungselement, die Schraube als Bewegungs- und Befestigungsgewinde (je nach Steigung P der Schraube), Gewindespindeln für Umsetzung von Dreh- in Längsbewegungen sowie Führungs- und Stellkeile für Justierarbeiten (siehe Bild 2).

Überlegen Sie:
1. Wie groß wird F, wenn die Masse senkrecht bewegt wird?
2. Wie verhält sich F zu F_G, wenn der Weg $s = 4 \cdot h$ beträgt?
3. Welchem Maß entspricht die Steigung der Schraube bezogen auf die Schiefe Ebene?
4. Welchem Maß entspricht die Weglänge der schiefen Ebene bezogen auf die Einschraubarbeit (Bild 3)?

Weitere Aufgaben siehe Technische Mathematik Kap. 2.11.3.

6.2.2.2 Hebel

Der Hebel und seine Gesetzmäßigkeiten werden ebenfalls seit Jahrtausenden angewendet und sind auch in heutigen Baugruppen oftmals enthalten (z.B. Zahnradtrieb, Riementrieb, Kurbeltrieb, Rollen).

Gegenüber der Energiebetrachtung hat sich für diese einfache Maschine die Betrachtung der Momente durchgesetzt, da sie für viele Festigkeits- und Bewegungsfragen (Drehbewegung) wesentlich sind.

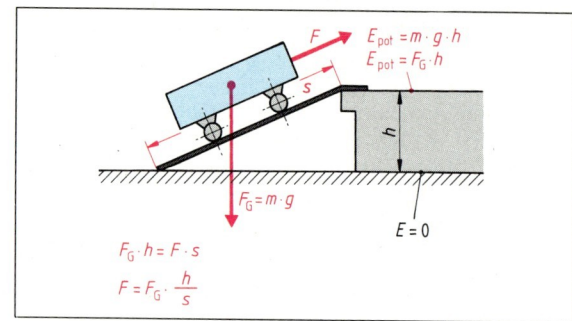

1 „Schiefe Ebene"

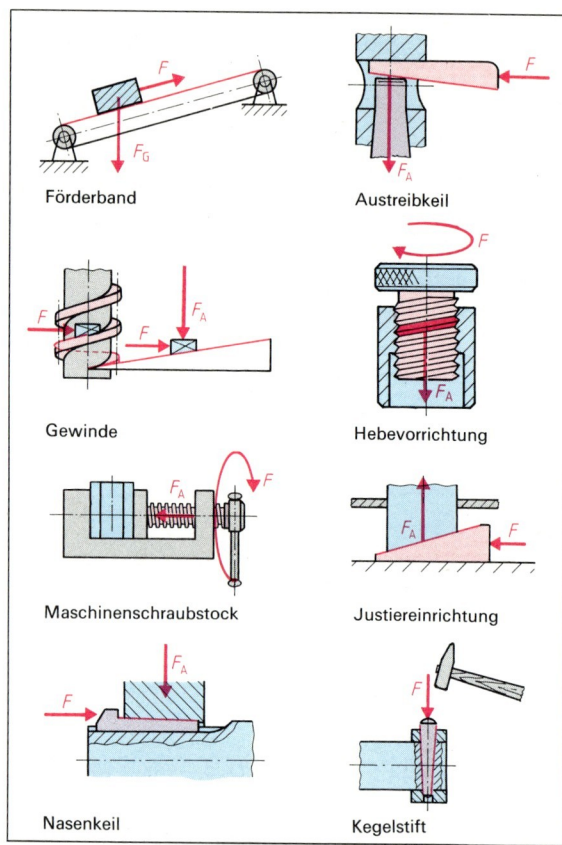

2 Anwendungen der „Schiefen Ebene"

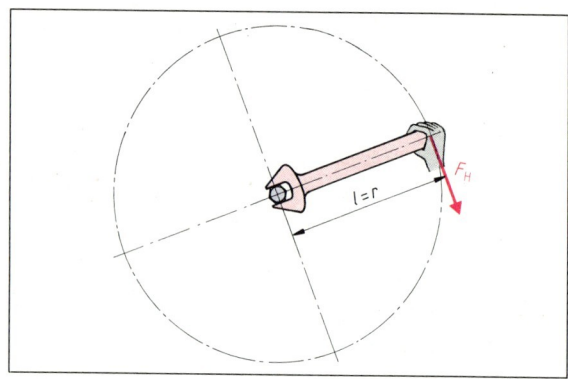

3 Einschraubarbeit

Als Moment ist das Produkt aus der wirksamen Kraft und dem senkrechten Hebelarm zum Drehpunkt des Hebels festgelegt (siehe Bild 1).

Je nach Lage des Drehpunktes wird zwischen einseitigem und zweiseitigem Hebel unterschieden (siehe Bild 2). Als Drehrichtung, die sich aus der Kraftrichtung und der Lage der Kraft zum Drehpunkt ergibt, sind links- und rechtsdrehende Momente möglich (vgl. Kap. 6.2.1).

Erst wenn links- und rechtsdrehende Momente an einem Bauteil gleich groß sind, entsteht keine Drehbewegung (siehe Bild 2).

Die Einheit der Momente entspricht der Einheit der Arbeit bzw. Energie und kann damit leicht zu Verwechselungen führen.

Die technischen Anwendungen der Hebelgesetze sind vielfältig. Sie sind z.T. in den Bauteilen nur schwer zu entdecken. Einige Beispiele zeigt das Bild 3.

Überlegen Sie:

1. Ordnen Sie den Bauelementen in Bild 3 die für die Anwendung des Hebelgesetzes notwendigen Angaben zu: Drehpunkt, Kraftangriffspunkte und Hebelarme.
2. Wie groß ist das wirksame Moment, wenn die Wirklinie der angreifenden Kraft F_1 durch den Drehpunkt des Hebels geht (z.B. Pedale)?

Weitere Aufgaben siehe Technische Mathematik Kap. 2.11.1.

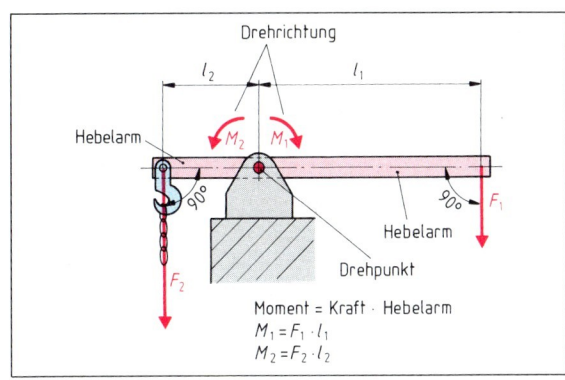

1 Hebelgesetz (zweiseitiger Hebel)

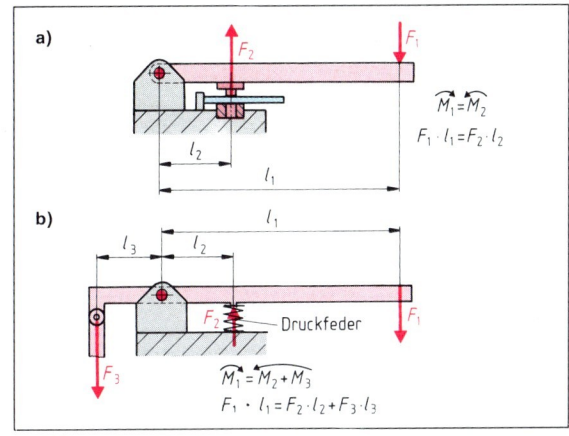

2 a) Einseitiger Hebel
b) Zweiseitiger Hebel

6.2.2.3 Rolle

In Bild 4 ist eine feste Rolle dargestellt.

Die feste Rolle dient in den meisten Fällen der Veränderung der Kraftrichtung. Die lose Rolle halbiert die aufzuwendende Kraft zum Anheben der Masse. Nach dem Energieerhaltungssatz verdoppelt sich dann der Weg, auf dem die Kraft wirkt (Bild 1, S. 184).

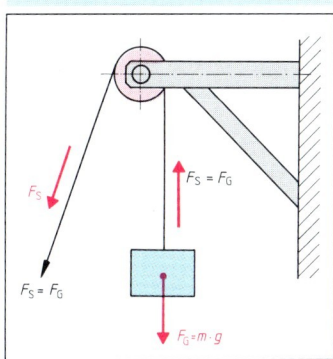

4 Feste Rolle

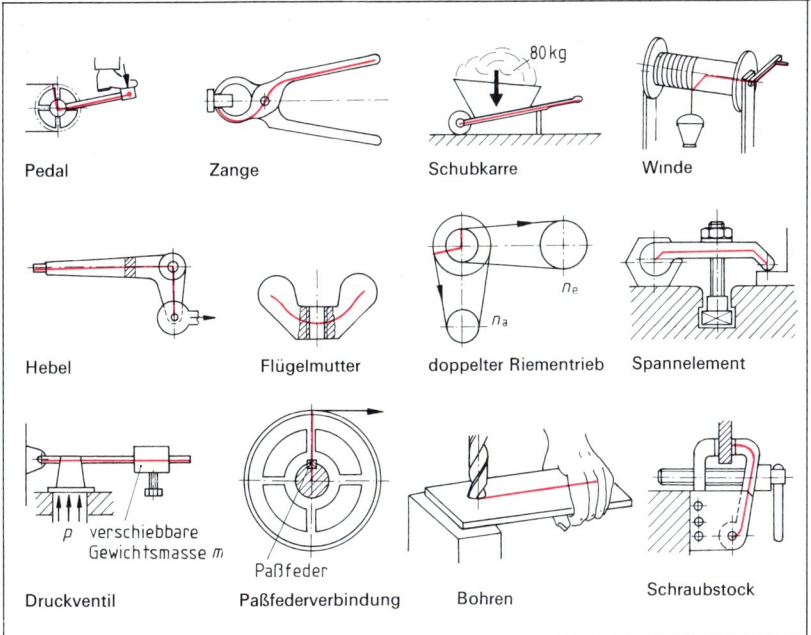

3 Anwendungen des Hebels

6.2 Maschinen als technische Systeme

6.2.2 Ausgewählte Arbeitsmaschinen

Dieser Zusammenhang läßt sich an der einzelnen losen Rolle gut erkennen (siehe Bild 1). Auf jedes Seilstück wirkt $F_G/2$, so daß sich die aufzubringende Kraft halbiert. Wird das Seil um 1 m nach unten gezogen, bewegt sich die Masse allerdings nur um 0,5 m nach oben. Der Energieerhaltungssatz ist damit erfüllt (Reibung bleibt unberücksichtigt). Es gilt somit für eine lose Rolle:

$$F_S \cdot s = F_G \cdot h$$

Eine mehrfache Nutzung dieser Gesetzmäßigkeit stellt der Flaschenzug dar (siehe Bild 2). Je nach Anzahl der losen und entsprechenden festen Rollen verringert sich die aufzubringende Zugkraft. Die erforderliche Weglänge am Seil erhöht sich entsprechend.

$$s = n\,(2 \cdot h) \qquad n = \text{Anzahl der losen Rollen}$$

Damit ergibt sich für einen beliebigen Flaschenzug die aufzuwendende Kraft mit der Bestimmungsgleichung:

$$F_S = \frac{\frac{F_G}{2}}{n} \qquad n = \text{Anzahl lose Rollen}$$

Überlegen Sie:

1. Welchen Betrag hat die tatsächlich aufzubringende Kraft F_{S1} beim Anheben der Masse (Bild 1) gegenüber der theoretisch berechneten (Reibung berücksichtigen)?
2. Welchen Betrag hat die tatsächlich aufzubringende Kraft F_S beim Absenken der Masse (Bild 1) gegenüber der theoretisch berechneten (Reibung berücksichtigen)?

6.2.2.4 Werkzeugmaschinen

Hinter der Bezeichnung Werkzeugmaschinen verbergen sich eine Vielzahl unterschiedlichster Ausführungsformen zur Herstellung einfacher oder komplexer Werkstücke. In den meisten Fällen werden zur Fertigung eines Werkstückes mehrere Werkzeugmaschinen eingesetzt. Wichtig ist dabei die Berücksichtigung einer sinnvollen Fertigungsreihenfolge. In Kapitel 2.3.2 sind wesentliche Merkmale häufig anzutreffender Werkzeugmaschinen vorgestellt.

> Trotz äußerer Unterschiede besitzen die Werkzeugmaschinen gemeinsame grundlegende Baueinheiten, die den grundsätzlichen Aufbau der Werkzeugmaschinen kennzeichnen (siehe Bilder S. 185 und 186).

Antriebseinheiten

> Sie liefern als energieumsetzende Systeme die geforderte Energieform.

Die Energie wird z.B. für den Antrieb der Hauptspindel, zur Gewährleistung der Vorschub- und Zustellbewegung, zur Sicherstellung der Versorgung mit Kühlschmierstoffen und zur Betätigung der Spannvorrichtungen benötigt.

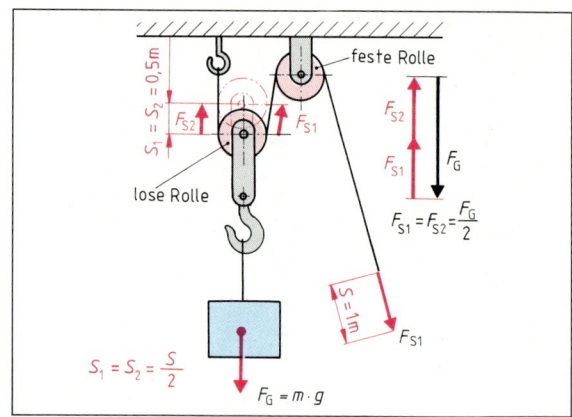

1 Lose und feste Rolle

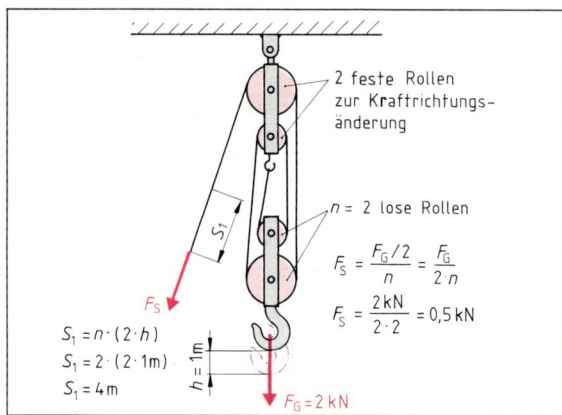

2 Flaschenzug [Prinzip]

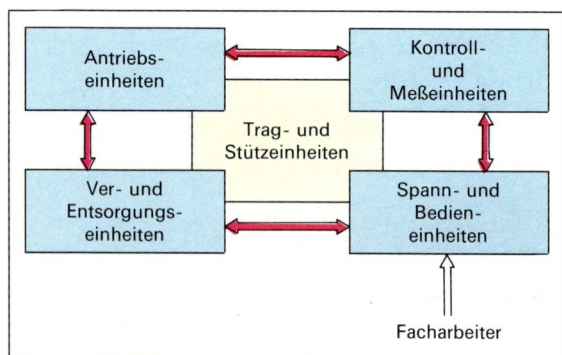

3 Aufbau von Werkzeugmaschinen

Ver- und Entsorgungseinheiten

> In der Fertigung sorgen diese Systeme für den Stofffluß während der Bearbeitung.

Hierzu zählen die Kühlschmierstoffe, die durch entsprechende Pumpen und Rohrleitungssysteme Werkzeuge und Werkstücke bei der Bearbeitung kühlen und bewegte Teile schmieren.

6.2 Maschinen als technische Systeme 6.2.2 Ausgewählte Arbeitsmaschinen

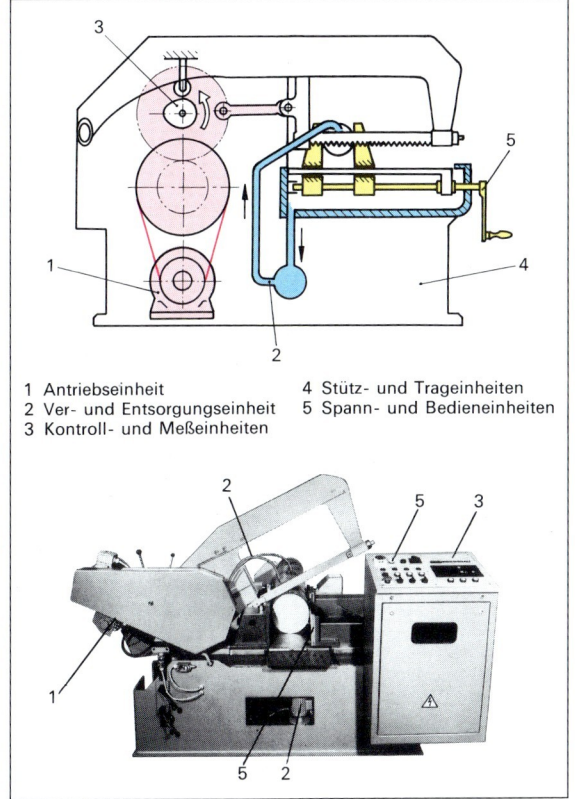

1 Antriebseinheit
2 Ver- und Entsorgungseinheit
3 Kontroll- und Meßeinheiten
4 Stütz- und Trageinheiten
5 Spann- und Bedieneinheiten

1 Hubsägemaschine (Prinzip)

2 Ständerbohrmaschine

- Antriebseinheit
- Stütz- und Trageinheiten
- Spann- und Bedieneinheiten

Stütz- und Trageinheiten

Damit die bisher genannten Baueinheiten miteinander verbunden werden können, sind Stütz- und Trageinheiten (vgl. Kap. 6.3.5) erforderlich.

Hierzu zählen z.B. Maschinengestelle, Lager, Flansche, Maschinenbett und Führungen. Sie nehmen die Kräfte beim Spannen und Zerspanen auf und sichern den konstruktiven Aufbau einer Werkzeugmaschine.

> An vielen Maschinen findet man Entsorgungssysteme.

Sie transportieren die entstehenden Späne ab. Weiterhin zählen Bestückungssysteme (z.B. Roboter) hierzu.

Kontroll- und Meßeinheiten

> In jeder Werkzeugmaschine sind Informationen gespeichert.

Sie werden mehr oder weniger bewußt vom Bediener genutzt. Hierzu zählen z.B. Spindelsteigungen für Vorschub und Zustellung, Getriebestufungen für Umdrehungsfrequenzen, Endlagensignale zum Schutz der Maschine, des Werkzeugs und des Werkstücks, gespeicherte Programme mit entsprechenden Meßeinheiten bei CNC-Maschinen und NOT-AUS-Schalter.

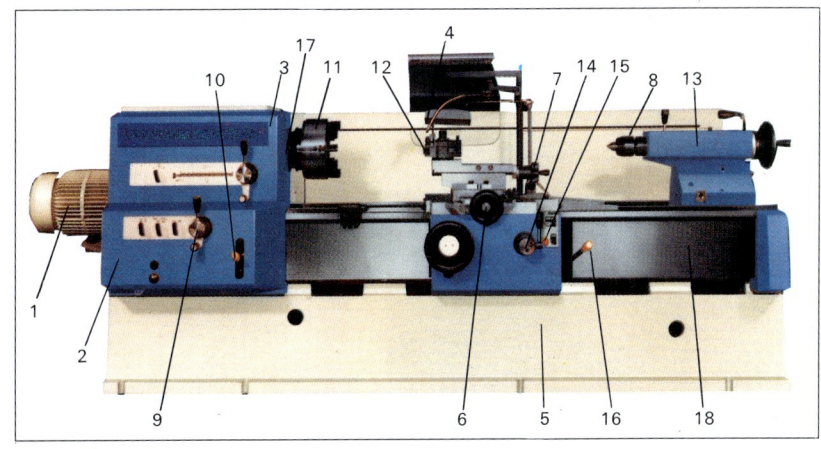

3 Universaldrehmaschine

1…3 Antriebseinheiten
4, 5 Ver- und Entsorgungseinheiten
6…9 Kontroll- und Meßeinheiten
10…16 Spann- und Bedieneinheiten
17, 18 Stütz- und Trageinheiten

6.2 Maschinen als technische Systeme 6.2.2 Ausgewählte Arbeitsmaschinen

Spann- und Bedieneinheiten

Über die Spann- und Bedieneinheiten kann der Facharbeiter die einzelnen Systeme für die Fertigung nutzen (siehe Bild 3; S. 184).

Hierzu zählen je nach Maschine z.B. Schalthebel, elektrische Schalter, Handräder, Schlüssel, Aufspannvorrichtungen, Spannfutter oder das Bedienfeld einer Werkzeugmaschine.

6.2.2.5 Transport- und Fördersysteme

Die im vorhergehenden Abschnitt gemachten Aussagen lassen sich ohne weiteres auf Transport- und Fördersysteme übertragen (siehe Bilder 2 und 3). Lediglich der konstruktive Aufbau der Baueinheiten unterscheidet sich entsprechend den unterschiedlichen Aufgaben.

Transport- und Fördersysteme werden für feste Körper, Schüttgut sowie flüssige und gasförmige Stoffe verwendet.

Sie können auf ein höheres Energieniveau gefördert werden, z.B. Wasserversorgung in Häusern, Beschickung eines Hochofens und Zwischenlagerung in Hochregallagern. Dabei wird im wesentlichen der senkrechte Transport (Hebezeug, Bild 2) angestrebt.

Fördermittel finden überwiegend Anwendung beim waagerechten Transport (Bild 3), z.B. Werkstückdurchlauf bei der Fertigung an unterschiedlichen Maschinen, Flaschenabfüllanlagen, Montagebänder.

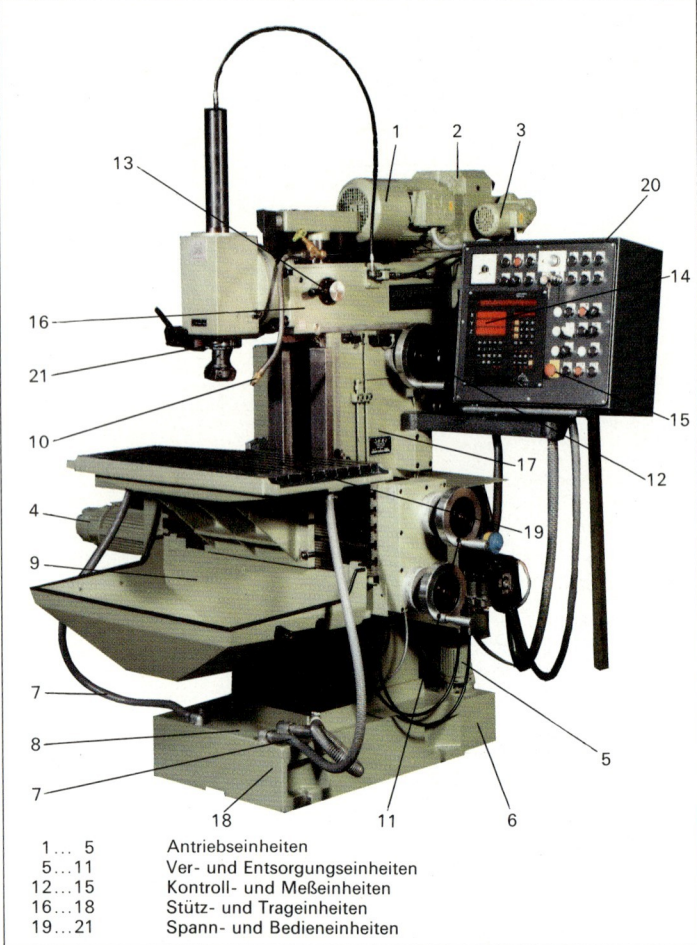

1…5	Antriebseinheiten
5…11	Ver- und Entsorgungseinheiten
12…15	Kontroll- und Meßeinheiten
16…18	Stütz- und Trageinheiten
19…21	Spann- und Bedieneinheiten

1 Universal-Fräsmaschine

1 Antriebseinheiten
2 Stütz- und Trageinheiten
3 Spann- und Bedieneinheiten

2 Hubwerk

3 Stückgutförderer

6.2 Maschinen als technische Systeme

Bezeichnung	Wirkungsgrad	technischer Einsatz
Verbrennungskraftmotor	20...35%	Kraftfahrzeug, Notstromaggregat
Gleichstrommotor	60...90%	Regelung der Umdrehungsfrequenz
Schrittmotor	60...90%	Positionieren von Schiebern
Hydromotor	70...90%	Fahrzeugantriebe, Werkzeugmaschinen
Dampf-Turbine	18...38%	Antrieb von Generatoren im Kraftwerk

1 Antriebe und Wirkungsgrade (ohne Energiebereitstellung)

Energieumsetzende Maschine	Wirkprinzip	Beispiele
Verbrennungskraftmaschine	Wandelt chemische Energie (Kraftstoffe) in mechanische Energie um.	Otto-Motor, Dieselmotor, Wankel-Motor, Turbine.
Elektromotor	Wandelt elektrische Energie in mechanische Energie um.	Wechselstrommotor, Gleichstrommotor, Schrittmotor.
Pumpe	Wandelt mechanische Energie in Strömungs- oder Druckenergie von Gasen und Flüssigkeiten um.	Zahnradpumpe, Kolbenpumpe
Generator	Wandelt Bewegungsenergie in elektrische Energie um.	Dynamo, Lichtmaschine.
Heizgerät	Wandelt chemische oder elektrische Energie in Wärmeenergie um.	Lötkolben, Schweißbrenner, Heizofen.
Zylinder	Wandelt Druckenergie in mechanische Energie um.	Einfach- und doppeltwirkende Pneumatik- und Hydraulikzylinder.

2 Maschinen zur Energieumwandlung

6.2.3 Ausgewählte Kraftmaschinen

> Die Kraftmaschinen stellen die notwendige Energie und die erforderliche Energieform (Kap. 6.1) für die Arbeitsmaschinen zur Verfügung.

Dazu sind in vielen Fällen Energieumwandlungen nötig. Alle diese Energieumwandlungen sind verlustbehaftet, d.h., daß nicht die gesamte zugeführte Energie nach der Umwandlung technisch zur Verfügung steht. Über die Wirkungsgrade (Bild 1) wird die technisch nutzbare Energie erfaßt. Weiterhin treten Energieverluste beim Energietransport auf, z.B. Getriebe, Keilriemen, Lagerungen, Führungen. Diese werden in den meisten Fällen in Form von Wärme an die Umwelt abgegeben.

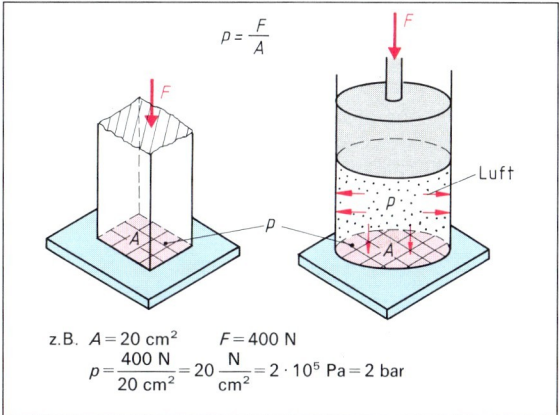

z.B. $A = 20 \text{ cm}^2$ $F = 400 \text{ N}$
$$p = \frac{400 \text{ N}}{20 \text{ cm}^2} = 20 \frac{\text{N}}{\text{cm}^2} = 2 \cdot 10^5 \text{ Pa} = 2 \text{ bar}$$

3 Druckberechnung

6.2.3.1 Pneumatische Kraftmaschinen

Pneumatische Kraftmaschinen arbeiten mit Luft. Im Einsatz müssen die besonderen Eigenschaften der Gase (Luft) berücksichtigt werden. Hierzu zählt insbesondere, daß Gase:

- jeden zur Verfügung gestellten Raum ausfüllen,
- sich zusammendrücken (komprimieren) lassen,
- den Druck in alle Richtungen gleichmäßig wirksam werden lassen und
- einen gesetzmäßigen Zusammenhang zwischen Volumen, Druck und Temperatur besitzen.

6.2.3.1.1 Physikalisch-technische Grundlagen

Der Druck ist festgelegt (definiert) als das Verhältnis der senkrecht wirkenden Kraft pro Fläche (vgl. Technische Mathematik Kap. 3.1.1). Das bedeutet, daß mit zunehmender Kraft oder mit abnehmender Fläche sich der Druck erhöht.

$$\text{Druck} = \frac{\text{Kraft}}{\text{Fläche}}$$

$$\boxed{p = \frac{F}{A}}$$

Als abgeleitete Einheit ergibt sich damit

$[p] = \text{N/m}^2 = 1 \text{ Pa}$ (Pa für Pascal)[1]
$1 \text{ bar} = 10 \text{ N/cm}^2$

Den gesetzmäßigen Zusammenhang von Volumen, Druck und Temperatur beschreiben die Gesetze von Boyle-Mariotte[2] und Gay-Lussac[3].

---
[1] Blaise Pascal (franz. Physiker, 1623–1662)
[2] Robert Boyle (engl. Physiker, 1627–1691), Edme Mariotte (franz. Physiker, 1620-1684)
[3] Louis Gay-Lussac (franz. Physiker, 1778–1850)

6.2 Maschinen als technische Systeme

6.2.3 Ausgewählte Kraftmaschinen

Die Erscheinungen dieser Zusammenhänge sind im täglichen Leben beobachtbar. Beim Aufpumpen eines Reifens (Erhöhung des Luftdrucks) bemerkt man die Erwärmung der Luftpumpe. Eine erwärmte Luftmatratze erschlafft (verliert an Luftdruck), wenn sie in kühles Wasser getaucht wird (Abkühlung der Luft in der Matratze). Mit Hilfe einfacher physikalischer Versuche lassen sich die Zusammenhänge darstellen und die Gesetzmäßigkeiten ableiten.

Gesetz von Boyle-Mariotte

Mit dem Versuch in Bild 1 läßt sich der Zusammenhang von Druck und Volumen anschaulich erfassen. Durch Verändern der eingefüllten Wassermenge verkleinert sich das Volumen für die eingeschlossene Luftmenge V_{Luft}. Gleichzeitig vergrößert sich der Luftdruck, der am Manometer abgelesen werden kann.

Gesetz von Gay-Lussac

In dem vereinfachten Versuchsaufbau (Bild 2) kann durch die Handwärme die Temperatur der Luft innerhalb des Glases erhöht werden. Bei Erwärmung steigt die Wassersäule. Die Luft dehnt sich also bei Erwärmung aus. Beim exakten Versuch von Gay-Lussac muß der Druck konstant gehalten werden. Genaue Messungen ergeben, daß sich Gase bei Veränderung von jeweils 1 °C um 1/273 ihres Volumens verändern.

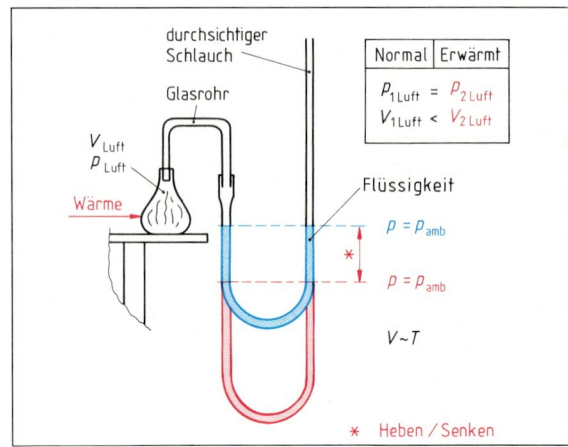

2 Versuch zum Gesetz von Gay-Lussac

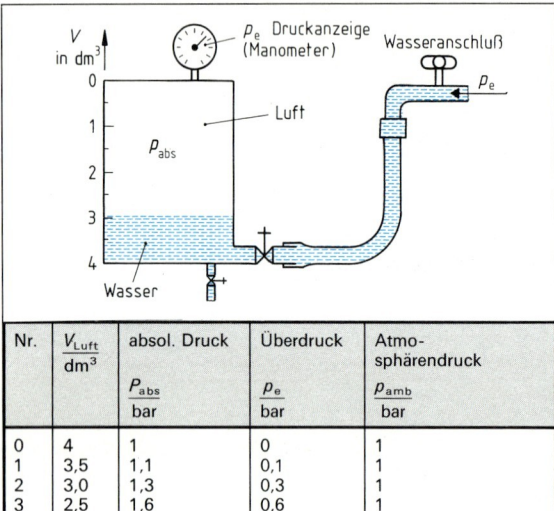

Nr.	V_{Luft} dm³	absol. Druck p_{abs} bar	Überdruck p_e bar	Atmosphärendruck p_{amb} bar
0	4	1	0	1
1	3,5	1,1	0,1	1
2	3,0	1,3	0,3	1
3	2,5	1,6	0,6	1
4	2,1	1,9	0,9	1
5	1,5	2,7	1,7	1

1 Versuch zum Gesetz von Boyle-Mariotte

Bei der Versuchsdurchführung wird für unterschiedliche Luftdrücke das eingeschlossene Luftvolumen festgehalten (siehe Tabelle). Die Tabelle zeigt, daß das Produkt aus Luftdruck und Luftvolumen konstant bleibt.

Ergebnis:

> In komprimierten Gasen verhalten sich der Druck und das eingeschlossene Volumen umgekehrt proportional (Temperatur konstant).

Überlegen Sie:
1. Wie verändert sich das Volumen, wenn statt des Überdruckes ein Unterdruck erzeugt wird?
2. Wie verändert sich der Verdichtungsdruck bei einem Verbrennungskraftmotor, wenn das Verdichtungsvolumen verkleinert wird?

> Bei Temperaturveränderung eingeschlossener Gase ist die Volumenänderung direkt proportional der Temperaturveränderung (Druck konstant).

Überlegen Sie:
1. In welchem Verhältnis steht der Volumenausdehnungskoeffizient von festen Stoffen (z.B. Stahl) zu dem von gasförmigen Stoffen (z.B. Luft)?
2. Welche Gefahr besteht, wenn Gasflaschen (z.B. Spraydosen, Sauerstoffflaschen) erhöhten Temperaturen ausgesetzt werden?

6.2.3.1.2 Zylinder

Im wesentlichen unterscheidet man den einfachwirkenden und doppeltwirkenden Zylinder (Bild 3).

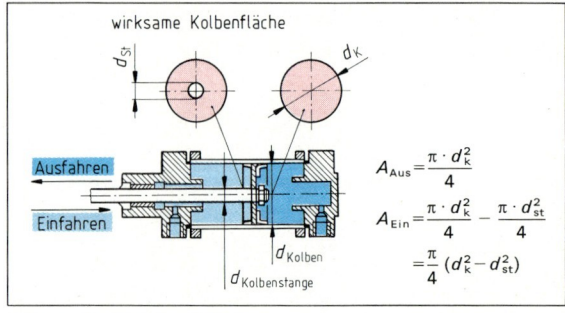

3 Doppeltwirkender Zylinder

Der angeschlossene Luftdruck wirkt auf den beweglichen Kolben. Über die Kolbenstange wird die Kraft z.B. zum Spannen, Verschieben, Zuführen, Zerteilen, Verformen und Ausrichten genutzt.

> Die wirksame Kolbenkraft für das Ein- bzw. Ausfahren ist aufgrund der wirksamen Fläche unterschiedlich.

Für das Ausfahren gilt:

$$F = p \cdot A_{Kreisfläche}$$

Für das Einfahren gilt:

$$F = p \cdot A_{Kreisringfläche}$$

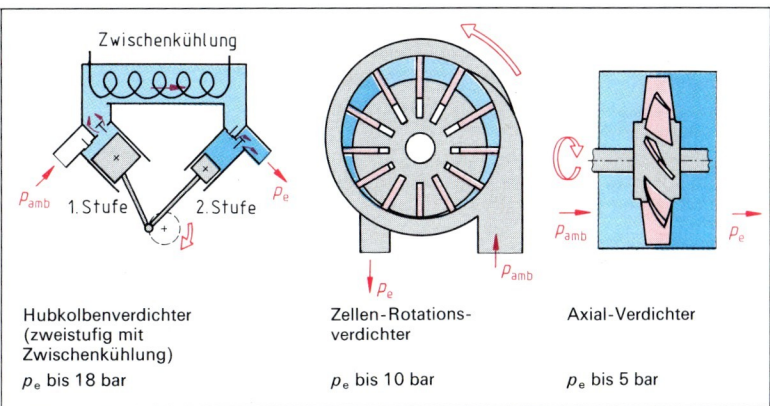

3 Wirkprinzip ausgewählter Verdichter

Für das Ausfahren des Kolbens ist ein größeres Luftvolumen als für das Einfahren erforderlich (Volumen der Kolbenstange entfällt). Es stellt sich bei gleicher äußerer Kraft eine höhere Einfahrgeschwindigkeit ein.

Überlegen Sie:
1. In welche Endlage verfährt der doppeltwirkende Pneumatikzylinder, wenn auf beide Anschlüsse derselbe Druck $p = 6$ bar wirkt?
2. Wie verhält sich ein einfachwirkender Zylinder, wenn die Luftaustrittsöffnung im Einsatz verschmutzt?

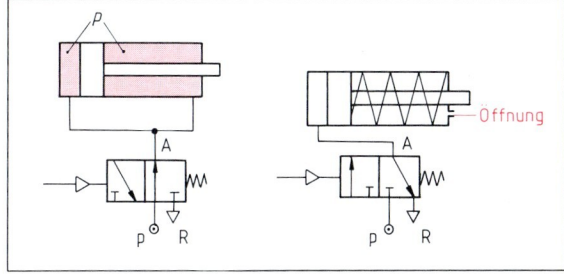

1 Aufgabe 1 und 2

6.2.3.1.3 Verdichter

Zur Erzeugung der Druckluft werden Verdichter (Kompressoren) eingesetzt. Die betrieblichen Anforderungen im Hinblick auf die Liefermenge und den erforderlichen Luftdruck des Verdichters entscheiden über seine Bauart. Grundsätzlich unterscheidet man drei unterschiedliche Konstruktionsprinzipien (Bild 2).

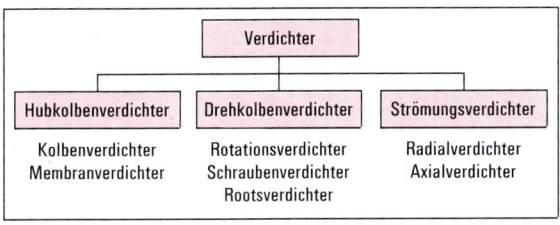

2 Verdichterbauarten

Der Verdichter erzeugt den Betriebsdruck (Speicherdruck) im Kessel. Er wird in der Regel höher gewählt als der Arbeitsdruck an den Zylindern und den Druckluftmotoren. Dadurch kann der Luftdruck am Einsatzort leichter konstant gehalten werden.

> Der konstante Luftdruck ist eine Voraussetzung für z.B. das Einhalten der Verfahrgeschwindigkeiten der Zylinder, die Erzeugung gleichbleibender Druckkräfte und die Sicherstellung der zeitlichen Abläufe einer Steuerung.

Eine Übersicht über gebräuchliche Verdichter liefert Bild 3.

6.2.3.1.4 Druckluftmotoren

Für explosionsgefährdete Räume werden Druckluftmotoren (Bild 4) als Kraftmaschinen gewählt. Hier wird das entgegengesetzte Prinzip der Verdichter angewendet. Mit Druckluftmotoren lassen sich hohe Drehzahlen erreichen, die je nach Bedarf bis zum Stillstand abgebremst werden können, ohne daß Beschädigungen am Motor auftreten.

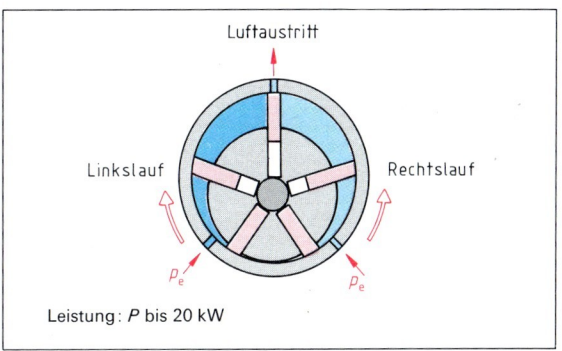

4 Druckluftmotor

6.2.3.2 Hydraulische Kraftmaschinen

Hydraulische Kraftmaschinen arbeiten im Gegensatz zu pneumatischen mit einem flüssigen Medium (griech. Hydor = Wasser, flüssig). In den meisten Fällen werden Hydrauliköle eingesetzt, die je nach Einsatzbereich besondere Anforderungen erfüllen müssen (Bild 1). Flüssigkeiten besitzen gegenüber Gasen veränderte physikalisch-technische Eigenschaften, die bei der Nutzung gezielt angewendet werden.

Für die Eigenschaften von Flüssigkeiten gilt:

- Der Druck pflanzt sich in alle Richtungen gleichmäßig fort.
- Sie sind nicht bzw. technisch unbedeutend zusammendrückbar (inkompressibel).
- Sie sind formlos, d.h., sie nehmen die Form des Behälters an.
- Sie sind aufgrund ihrer Masse merkbar träge.

Die Aufzählung der unterschiedlichen Bauarten erübrigt sich, da die Konstruktionsprinzipien den pneumatischen Kraftmaschinen entsprechen.

> Die wesentlichen Abweichungen werden durch die Trägheit und Inkompressibilität der Flüssigkeit notwendig.

Hierzu müssen z.B. bei der Druckfreigabe Steuerkanten (Bild 2) in den Schaltelementen konstruktiv berücksichtigt werden, um den Druckaufbau bzw. Druckabbau nicht schlagartig zu bewirken (Druckstöße). Derartige Druckstöße können hydraulische Bauelemente beschädigen. Weiterhin müssen Druckregelungseinrichtungen die Anlage vor Überdruck schützen, da die Hydraulikpumpe im allgemeinen nicht wie ein Kompressor in einen Kessel als Druckspeicher arbeiten kann.

6.2.3.2.1 Physikalisch-technische Grundlagen

Sollen im Rahmen von Steuerungen exakte Verfahrwege und Verfahrgeschwindigkeiten eingehalten werden, eignet sich die hydraulische Lösung aufgrund der Inkompressibilität des Hydrauliköls. Dadurch ist ein konstanter Massen- und Volumenstrom (bei Vernachlässigung der geringen Leckverluste) gewährleistet.

Berechnung des Volumenstroms $\dot{V}$

Fließt durch einen Rohrquerschnitt von $A_1 = 3$ cm² eine Flüssigkeit mit der Geschwindigkeit $v_1 = 9$ m/s, so strömt durch das Rohr ein Volumen pro Zeiteinheit von $\dot{V}_1 = A_1 \cdot v_1 = 0{,}03$ dm² $\cdot$ 90 dm/s $= 2{,}7$ dm³/s   (Bild 3). Dieses strömende Volumen bleibt konstant (Flüssigkeiten sind inkompressibel), so daß $V_1 = V_2$ gilt (Kontinuitätsprinzip vgl. Technische Mathematik Kap. 3.1.4). Bei einer Rohrquerschnittsvergrößerung auf $A_2 = 12$ cm² muß sich die Strömungsgeschwindigkeit entsprechend verringern. Damit ergibt sich für Berechnungen folgender Zusammenhang:

$$\dot{V}_1 = \dot{V}_2 \quad \text{oder} \quad v_1 \cdot A_1 = v_2 \cdot A_2$$

Die Aufgaben der Druckflüssigkeit sind:
- Übertragung der hydraulischen Leistung z.B. zum Zylinder,
- Schutz der Metallflächen vor Korrosion,
- Abführung der Verunreinigungen (z.B. Abrieb, Wasser),
- Abführung von Wärme und
- Schmierung der beweglichen Teile.

Diese Forderungen sind in DIN-Normen vereinbart. Sie erscheinen in der Bezeichnung der Hydrauliköle.

1 Anforderungen an Hydrauliköle

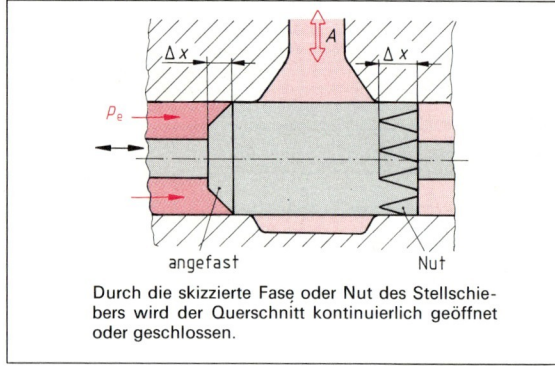

Durch die skizzierte Fase oder Nut des Stellschiebers wird der Querschnitt kontinuierlich geöffnet oder geschlossen.

2 Steuerkanten in Hydraulikbaugruppen

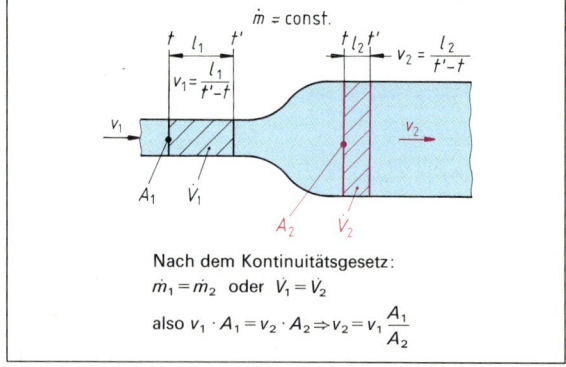

Nach dem Kontinuitätsgesetz:
$\dot{m}_1 = \dot{m}_2$ oder $\dot{V}_1 = \dot{V}_2$

also $v_1 \cdot A_1 = v_2 \cdot A_2 \Rightarrow v_2 = v_1 \dfrac{A_1}{A_2}$

3 Volumenstrom einer Flüssigkeit

Stellt der zweite Querschnitt A_2 die wirksame Kolbenfläche dar, verfährt der Kolben mit der angegebenen Geschwindigkeit von 2,25 m/s (Bild 3).

Druckwandler

Zur Druckwandlung bieten sich viele technische Lösungen an. Das Grundprinzip baut auf die Druckfortpflanzung in gasförmigen und flüssigen Medien. Auf der Druckeingangsseite wirkt der Druck $p_1 = 30$ bar und erzeugt damit die Kraft $F_1 = 942$ N (Bild 1, Seite 191). Diese Kraft wirkt direkt auf einen zweiten Kolben mit

6.3 Grundlegende Funktionsgruppen 6.3.1 Übersetzung

verringertem Querschnitt A_2. Damit wirkt auf der Druckausgangsseite der erhöhte (gewandelte) Druck $p_2 = F_1/A_2$. Allgemein gilt, daß sich die Drücke umgekehrt wie die Flächen verhalten.

$$\boxed{\frac{p_1}{p_2} = \frac{A_2}{A_1}}$$

Aufgabe:
Wie groß ist p_2, wenn $p_1 = 30$ bar, $A_1 = 314$ mm² und $A_2 = 50,3$ mm²?

$$\frac{p_1}{p_2} = \frac{A_2}{A_1}$$

$$p_2 = \frac{p_1 \cdot A_1}{A_2}$$

$$p_2 = \frac{30 \text{ bar} \cdot 314 \text{ mm}^2}{50,3 \text{ mm}^2}$$

$$p_2 = 187,3 \text{ bar}$$

Weitere Aufgaben siehe Technische Mathematik Kap. 3.1.3.

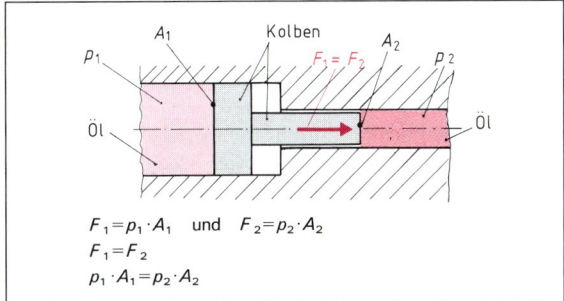

$F_1 = p_1 \cdot A_1$ und $F_2 = p_2 \cdot A_2$
$F_1 = F_2$
$p_1 \cdot A_1 = p_2 \cdot A_2$

1 Druckwandlung (Prinzip)

Überlegen Sie:
1. Wie verändert sich der Volumenstrom bei einer Verdoppelung des Rohrdurchmessers?
2. Welchen Einfluß hat die Halbierung des Kolbendurchmessers auf die Verfahrgeschwindigkeit beim Ausfahren des Kolbens?
3. Um welchen Faktor erhöht sich der Druck im Druckwandler, wenn der Durchmesser d_2 um den Faktor 5 vergrößert wird?

6.3 Grundlegende Funktionsgruppen

In konkreten Anlagen (siehe Kap. 6.4.1) bestehen die Funktionseinheiten Energie-, Stoff- und Informationsfluß aus konstruktiv festgelegten **Bauelementen** (z.B. Schrauben, Muttern, Stiften, Wellen) bzw. **Baugruppen** (z.B. Getrieben, Führungen, Spannvorrichtungen). Sie sind in ähnlicher Form in vielen weiteren technischen Lösungen zu finden. Aufgrund ihrer Funktionen bilden sie die Grundlage für die komplexesten technischen Lösungen. Daher sind Kenntnisse hierüber für Analyse und Konstruktion von Anlagen hilfreich.
Am Beispiel des Bohrständers (Bild 2) für Handbohrmaschinen sollen ausgewählte Funktionsgruppen erläutert werden.

6.3.1 Übersetzung

In handelsübliche Spannbackenfutter für Handbohrmaschinen können Spiralbohrer bis 13 mm Durchmesser gespannt werden. Zur Herstellung einer Bohrung mit

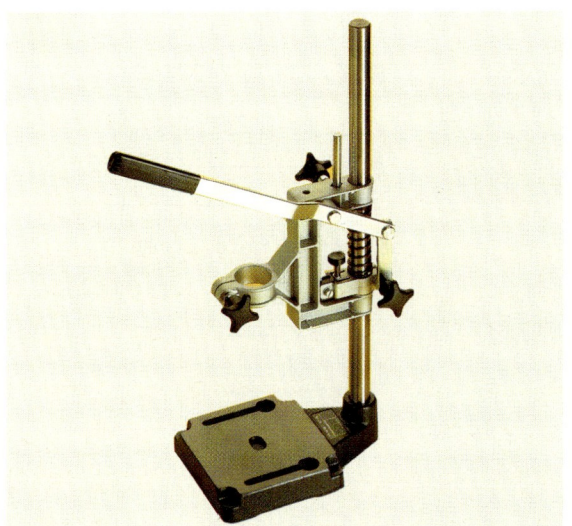

2 Bohrständer

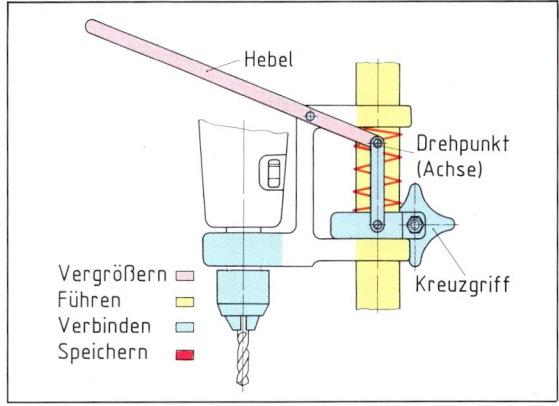

3 Funktionsgruppen des Bohrständers

6.3 Grundlegende Funktionsgruppen

6.3.2 Führen / 6.3.3 Verbinden

diesem Durchmesser ist eine große Vorschubkraft aufzubringen. Eine Möglichkeit, die Handkraft zu verstärken, ist beim abgebildeten Bohrständer die Nutzung eines Hebels (Bild 3, Seite 191).

Der verwendete einseitige Hebel (siehe Kapitel 2.4.4.4) ist um eine Achse drehbar gelagert. Diese Baugruppe findet bei vielen einfachen Handwerksgeräten Anwendung (z.B. Zangen, Schlagscheren, Gabelschlüsseln). Soll zusätzlich die Bewegungsrichtung zwischen Handkraft und Wirkkraft geändert werden, bietet sich der zweiseitige Hebel als einfachste Lösung an (z.B. Zangen, Scheren, Kipphebel). Damit stellt die Baugruppe **‚Hebel'** den Energiefluß her und die Wahl der Hebelanordnung den Informationsfluß sicher.

> Hebel vergrößern oder verkleinern Kraftwirkungen bei gleichzeitiger Verkleinerung oder Vergrößerung des Weges (vgl. Kap. 6.2.2.2).

Überlegen Sie:

- Suchen Sie in den ausgewählten Baugruppen die Achse für den Drehpunkt, und legen Sie die Hebellängen unter Berücksichtigung des Drehpunktes fest.
- Beschreiben Sie an weiteren praktischen Beispielen die Nutzung des Hebels, und nennen Sie die wesentliche technische Nutzung (Kraft vergrößern/verkleinern, Weg vergrößern/verkleinern, Richtung ändern).
- Warum benötigt der einseitige Hebel gegenüber dem zweiseitigen Hebel bei gleicher Kraftübersetzung kleinere Abmessungen?

Bezeichnung	Gesetz	vereinfachte Darstellung
hydraulisches Prinzip	$p_1 = p_2$ $\dfrac{F_1}{A_1} = \dfrac{F_2}{A_2}$	
Zahnradtrieb	$n_1 \cdot z_1 = n_2 \cdot z_2$	
Keil	$s_2 = s_1 \cdot \tan \alpha$	

1 Übersetzungen

6.3.2 Führen

In vielen Fällen werden an die Bohrung hinsichtlich der Lage, des Verlaufs und der Formgenauigkeit Anforderungen gestellt, die beim Bohren von Hand nur schwer erreichbar sind. Mit Hilfe einer Führung kann dieser Anspruch eingehalten werden. Der dargestellte Bohrständer besitzt eine einfache Rundführung (Rohr), die die geradlinige Bewegung der Handbohrmaschine und des Bohrers sicherstellt. Führungen bewirken aufgrund ihrer Form und durch das Aufnehmen der erforderlichen Führungskräfte das Einhalten der Bewegungsrichtung von Werkzeugen, Maschinenelementen oder Baugruppen.

Bezeichnung	vereinfachte Darstellung	Beispiel
Flachführung		Schraubstock, Spannvorrichtung
Prismenführung		Drehmaschine
Schwalbenschwanzführung		Maschinenschraubstock, Fräsmaschine

2 Führen

Die Auswahl der Führungsart richtet sich nach den Bewegungsanforderungen im Hinblick auf die Genauigkeit, die Schnelligkeit, den Kraftaufwand usw. Je nach Art und Form der Führungsflächen können Unterscheidungsmerkmale herausgestellt werden. Eine Auswahl bekannter einfacher Führungen ist in Bild 2 tabellarisch aufgelistet.

> Führungen gewährleisten aufgrund ihrer Form vorgegebene Bewegungen.

Überlegen Sie:

- Welche Nachteile besitzen Flach- und Prismenführungen beim Auftreten von Kräften in beliebigen Richtungen?
- Welchen Einfluß haben bei Werkzeugmaschinen die Führungen auf die Fertigungsgenauigkeit?

6.3.3 Verbinden

Aufgrund der geometrischen Hebelverhältnisse ist der Hub am Bohrständer begrenzt. Bei der Bearbeitung unterschiedlich großer Werkstücke muß je nach Werkstückhöhe die Aufnahme für die Handbohrmaschine ver-

Bezeichnung	vereinfachte Darstellung	Beispiel
Stiftverbindung		Handräder, Kurbeln, Hebel auf Wellen
Zahnriementrieb		Nockenwellentrieb; Rotationsgeber, CNC-Maschine
Kerbverzahnung		Verbindung an der Lenkung
Klauenkupplung		schaltbare Verbindung (in Ruhe)

3 Verbinden

6.3 Grundlegende Funktionsgruppen — 6.3.4 Speichern / 6.3.5 Tragen und Stützen

stellbar sein. Hierzu dient beim vorgegebenen Bohrständer eine kraftschlüssige Verbindung (siehe Kapitel 2.4). Mit Hilfe der Anpreßkraft durch den Kreuzgriff wird das Gestell auf dem Führungsrohr positioniert. Die maximal übertragbare Kraft ergibt sich aus der Reibkraft. Sie ist abhängig von der Anpreßkraft (Normalkraft) auf das Rohr und von dem Reibwert. Ein ähnliches Prinzip ist bei der Befestigung der Handbohrmaschine erkennbar.

> Kraft-, form- und stoffschlüssige Verbindungen übertragen Kräfte, sie sind damit Voraussetzung für einen Energiefluß.

Überlegen Sie:
- Beschreiben sie die Verbindung zwischen dem Bohrer und dem Spannfutter.
- Skizzieren sie das Bauelement, das die Funktion der Drehachse sicherstellt.

6.3.4 Speichern

Damit der Bohrer sich zu Beginn des Bohrens immer in der Ausgangslage befindet, wird hier eine vorgespannte Druckfeder verwendet. Sie dient zur eindeutigen Positionierung im unbetätigten Zustand (Informationsspeicher), da die Vorspannkraft zum Festhalten der Ausgangslage ausreicht.
Während des Bohrens wird die Druckfeder aufgrund ihrer Einbaulage zwischen der festen und beweglichen Endlage verformt. Daraus folgt, daß die Feder in Abhängigkeit ihrer Federkonstanten

(Federkonstante = Kraft/Weg)

und der Verformung Energie speichert. Je größer die Verformung, um so höher ist die gespeicherte Energie. Wirkt auf den Hebel keine Handkraft mehr, gibt die Feder den größten Teil dieser Energie zurück. Dadurch verfährt der bewegliche Teil des Bohrständers in seine Ausgangslage.

> Federn dienen je nach Einsatzschwerpunkt als Informations- oder Energiespeicher.

Überlegen Sie:
- Welche Funktion übernimmt die Druckfeder in dem skizzierten Druckbegrenzungsventil.

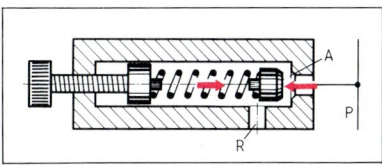

- Nennen Sie weitere einfache Einsatzbeispiele für Zug- und Druckfedern.

6.3.5 Tragen und Stützen

Jede Kraft- und Arbeitsmaschine benötigt für das Aufstellen der Maschine, das Befestigen und die eindeutige Positionierung der Baugruppen und zur Aufnahme und Weiterleitung von Kräften Trag- und Stützelemente. Hierzu zählen z.B. Motorbefestigungen im Kraftfahrzeug, Werkzeugmaschinengestelle bei Dreh-, Fräs- und Schleifmaschinen, Führungssäulen bei Ständer- und Säulenbohrmaschinen. Die Baugruppen unterliegen je nach Einsatz besonderen Anforderungen. So sind Maschinengestelle für Werkzeugmaschinen größtenteils aus Grauguß. Dieser Werkstoff läßt sich gut gießen und dämpft weiterhin durch seinen Gefügeaufbau (siehe Kapitel Werkstofftechnik) auftretende Schwingungen.
Weiterhin sollen an Maschinengestellen durch die Wirkung der verschiedenen Kräfte (z.B. Gewichts-, Spann- und Zerspankräfte) möglichst geringe elastische Verformungen auftreten. Je größer die Formänderungen am Gestell sind, um so geringer wird die Fertigungsgenauigkeit der Werkzeugmaschine.

Bezeichnung	vereinfachte Darstellung	Anwendung
Druckspeicher	Symbol — Energie	Pneumatische Anlagen
Nocken	Information	Ventilsteuerung in Motoren
Schablone	Fühlstift — Information	Kopierdrehen, -stoßen
Schwungscheibe	Schwungmasse, Zahnkranz — Energie	Verbrennungskraftmotoren, Pressen

1 Speichern

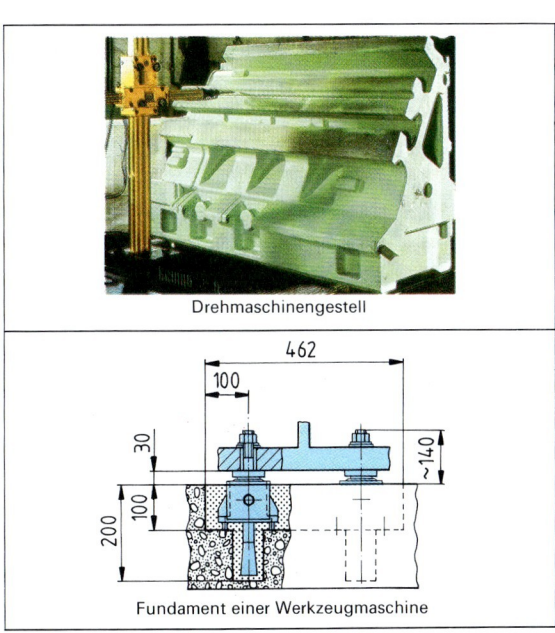

2 Ausgewählte Stütz- und Trageinheiten

Das Fahrwerk eines Kraftfahrzeuges muß z.B. Verformungen elastisch aufnehmen und ein möglichst geringes Eigengewicht besitzen. Daher werden dort meist Schweißkonstruktionen aus Stahl angewendet.

> Trag- und Stützeinheiten gewährleisten das Zusammenwirken der verschiedenen Funktionsgruppen.

Aus den bisherigen Erläuterungen wurde deutlich, daß die Verbindung einfacher Bauelemente zu technisch anspruchsvollen Lösungen führt. In gleicher Weise hilft die Kenntnis der einzelnen Funktionselemente zum Verstehen komplexer Anlagen bzw. deren Zeichnungen. Die Tabellen auf den Seiten 192 und 193 stellen eine Erweiterung ausgewählter Funktionsgruppen dar. Sie können für weitere technische Systeme angewendet werden. Einzelne Bauelemente oder Baugruppen können dabei teilweise mehrere Funktionen innerhalb einer Funktionsgruppe übernehmen (z.B. Druckfeder).

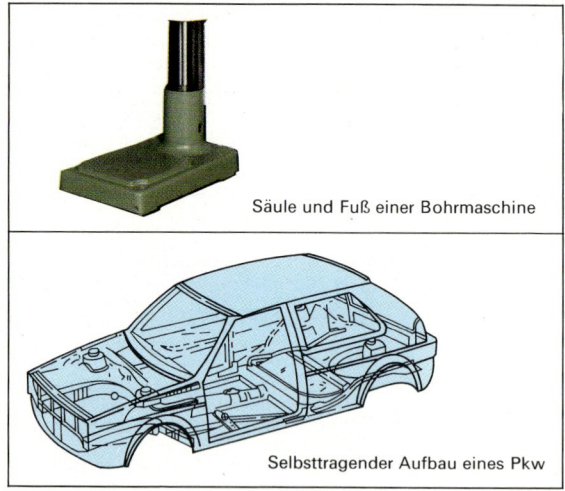

1 Ausgewählte Stütz- und Trageinheiten

6.4 Bau- und Funktionseinheiten einer Bohrmaschine

Je nach herzustellender Bohrung werden in den Betrieben unterschiedliche Bohrmaschinen angewendet. Die Auswahl richtet sich nach dem Durchmesser und der Qualität der Bohrung sowie nach der Nutzungszeit der Maschine. Die untenstehend abgebildete Säulenbohrmaschine kann in die Reihe der ortsfesten Bohrmaschinen mit senkrechter Spindelachse eingeordnet werden. Säulenbohrmaschinen werden für Bohrerdurchmesser bis 50 mm gebaut.

Die Funktionseinheiten der Bohrmaschine verknüpfen die Eingangs- und Ausgangsgrößen miteinander. Als Eingangsgrößen stehen zur Verfügung:

Energie: elektrischer Strom aus der Steckdose.
Stoff: Kühlschmierstoff, Werkstück und
Information: Schaltersignale, Bohrerdurchmesser und Einstellwerte für die Umdrehungsfrequenz und den Vorschub.

Diese Eingangsgrößen werden durch konstruktiv festgelegte Baueinheiten

transportiert: z.B. Energietransport von der Steckdose zur Bohrerschneide, Schaltersignale zu den entsprechenden Baugruppen (Elektromotor, Getriebe), Kühlschmierstoff vom Behälter zur Bohrerschneide.

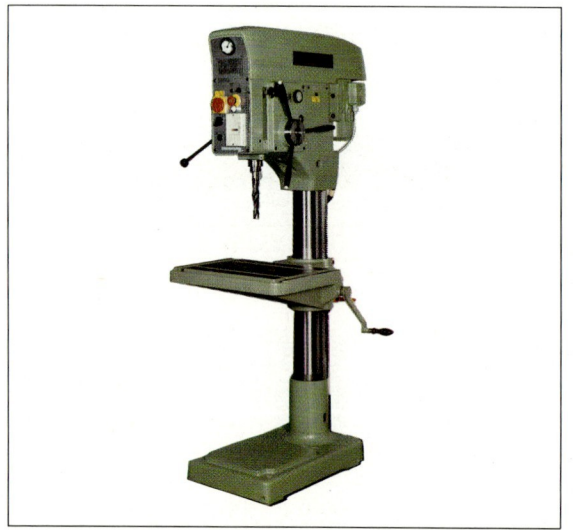

2 Säulenbohrmaschine

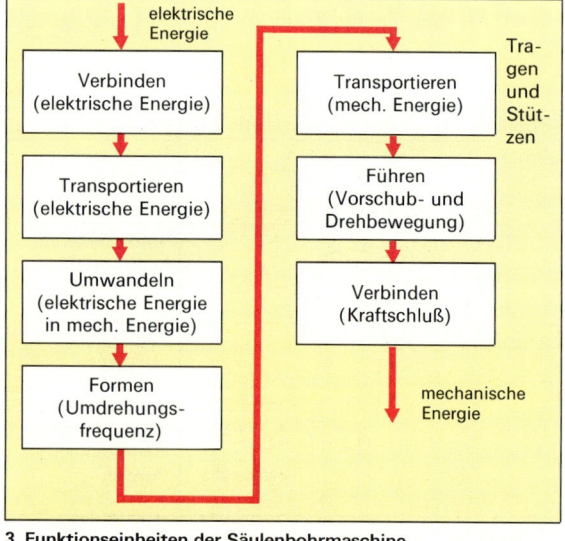

3 Funktionseinheiten der Säulenbohrmaschine

6.4 Bau- und Funktionseineinheiten einer Bohrmaschine — Übungen

umgewandelt: z.B. elektrische Energie durch den Elektromotor in Drehenergie bzw. durch Motor und Pumpe in Strömungsenergie des Kühlschmierstoffes, mechanisches Schaltersignal in ein elektrisches Signal.

geformt: z.B. Umdrehungsfrequenz des Elektromotors in Umdrehungsfrequenz des Bohrers.

Die Ausgangsgrößen (Drehbewegung des Bohrers, Vorschubbewegung des Bohrers und Kühlschmierstoffluß) bewirken die Zerspanung an der Bohrerschneide.

> Die Bohrmaschine stellt ein abgeschlossenes, funktionsfähiges technisches System dar.

Überlegen Sie:

1. Benennen Sie die einzelnen Bauelemente aus Bild 2, die den Energiefluß von der Steckdose bis zur Bohrerschneide sicherstellen.

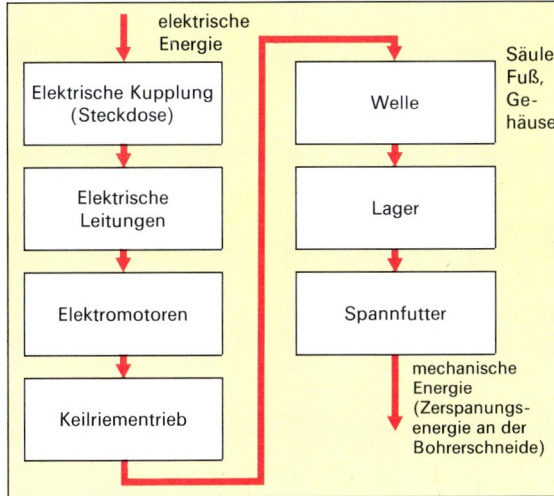

1 Baueinheiten der Säulenbohrmaschine

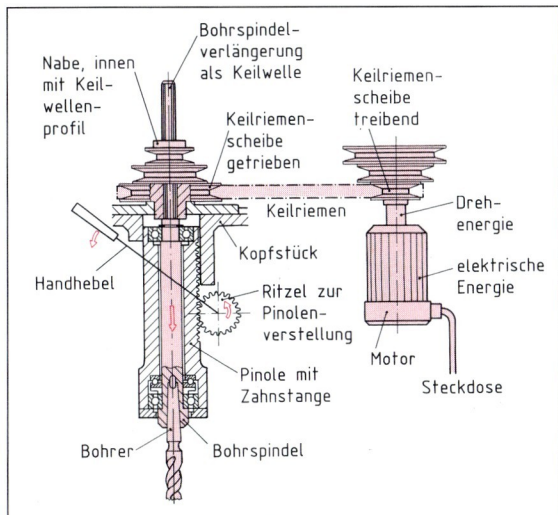

2 Energiewandlung und Energiefluß

Übungen

1. Unterteilen Sie die Baugruppe „Maschinenschraubstock" in die einzelnen Bauelemente. Ordnen Sie den Bauelementen Funktionen zu.
2. Welche Bauelemente eines Parallelreißers ermöglichen als Baugruppe die genaue Maßeinstellung?
3. Skizzieren Sie das Blockdiagramm für den Energiefluß an einer Drehmaschine.
4. Skizzieren Sie das Blockdiagramm für den Informationsfluß einer einfachen pneumatischen Steuerung.
5. Skizzieren Sie für die Aufbereitungseinheit der Luft für pneumatische Anlagen den Stofffluß als Blockdiagramm (siehe Kapitel Steuerungstechnik).
6. Die Schmierstoffe verringern die Reibung und die Abnutzung beweglicher Maschinenteile. Welchen Einfluß hat der Schmierstoff auf den Wirkungsgrad?
7. Welche Energieformen treten in dem technischen System Kraftfahrzeug auf?
8. In welche Energieform wird beim Abbremsen eines Fahrzeuges die Bewegungsenergie umgewandelt?
9. Beschreiben Sie die Aufgabe eines Vorschubgetriebes an einer Säulenbohrmaschine.
10. Nennen Sie mindestens vier technische Beispiele, in denen die Wirkung eines Keiles zur Weg- oder Kraftveränderung Anwendung findet.
11. Ordnen Sie folgende Baugruppen den vier Funktionsgruppen auf den Seiten 192 und 193 zu: Schloßmutter, Leitspindel, Spannfutter, Druckminderventil, Acetylenflasche, Fahrzeugreifen, Kurbelwelle, Grenzlehre, elektrischer Schalter, Reihenschaltung mit Vorwiderstand.
12. Nennen Sie drei stoffschlüssige Verbindungen. Warum werden diese den unlösbaren Verbindungen zugeteilt?
13. Welche Verbindungsart stellt die Nietverbindung dar?
14. Erarbeiten Sie, warum das 4/2-Wegeventil für den Pneumatikzylinder als Speicher wirkt?
15. Welche Information ist in einem Überdruckventil eines Druckspeichers vorhanden?
16. Beschreiben Sie die Speicheraufgabe einer Kraftfahrzeugbatterie.
17. Durch welche Baugruppe wird der Kühlschmierstoffluß an einer Werkzeugmaschine hergestellt?
18. Nennen Sie die Bauelemente, die den Energiefluß beim Elektroschweißen sicherstellen.
19. Bei welchen Arbeiten sollten Sie die folgenden Unfallverhütungsvorschriften beachten, um körperliche Schäden zu verhindern?
    - Haarnetz bei längeren Haaren tragen,
    - enganliegende Arbeitskleidung tragen,
    - Werkstück vor der Weiterbearbeitung entgraten,
    - Spanhaken benutzen,
    - Schutzbrille tragen,
    - Werkzeug vor Herumschlagen sichern,
    - keine elektrischen Anschlüsse an Werkzeugmaschinen reparieren,
    - Werkzeugmaschine vom elektrischen Stromnetz trennen,
    - Lichtblende als Augenschutz verwenden,
    - Räume ausreichend belüften,
    - nicht an bewegten Werkstücken messen,
    - nicht in gestartete Steuerungen greifen,
    - Werkstücke möglichst formschlüssig spannen.

Technische Mathematik

1 Grundlagen für technische Berechnungen

1.1 Grundrechenarten

1.1.1 Mathematische Zeichen und Begriffe

Die Symbole für allgemeine mathematische Zeichen und Begriffe sind in DIN 1302 vereinbart.

Zeichen	Beispiel	Sprechweise
$=$	$l = 4$ cm	l gleich 4 cm
$\neq$	$l \neq 5$ cm	l ungleich 5 cm
$<$	2 cm $<$ 4 cm	2 cm kleiner 4 cm
$>$	4 cm $>$ 2 cm	4 cm größer 2 cm
$\leq$	$l \leq 4$ cm	l kleiner oder gleich 4 cm
$\geq$	$l \geq 4$ cm	l größer oder gleich 4 cm
$+$	5 cm $+$ 4 cm	5 cm plus 4 cm
$-$	5 cm $-$ 4 cm	5 cm minus 4 cm
$\cdot$	5 cm $\cdot$ 4 cm	5 cm mal 4 cm
$-, /$	$\frac{5 \text{ cm}^2}{4 \text{ cm}}$, 5 cm²/4 cm	5 cm² geteilt durch 4 cm
$\sum$	$\sum_{i=1}^{n} l_i$	Summe aller l von l_1 bis l_n
$\sim$	$l \sim h$	l ist proportional zu h
$\hat{=}$	$l \hat{=} h$	l entspricht h
$\approx$	$l \approx 4$	l ist ungefähr gleich 4
$\ldots$	z.B. 1,4142...	und so weiter oder Punkt Punkt Punkt
π	3,14159...	Kreiszahl Pi
$\sqrt{}$	$\sqrt{100}$	(Quadrat-)Wurzel von 100
∞	$l = \infty$	l gleich unendlich
$\sphericalangle$	$\sphericalangle$ (a, b)	Winkel zwischen den Seiten a und b
$\%$	10 %	10 Prozent
$‰$	0,8 ‰	0,8 Promille
Δ	Δt	Delta-t (Zeitdifferenz)
sin	sin x	Sinus von x
cos	cos x	Cosinus von x
tan	tan x	Tangens von x
$\mathbb{N}$	$\{0; 1; 2; 3; \ldots\}$	Menge der natürlichen Zahlen
$\mathbb{Z}$	$\{0; 1; -1; 2; -2; \ldots\}$	Menge der ganzen Zahlen
$\mathbb{Q}$	$\{0; \frac{1}{1}; -\frac{1}{1}; \frac{1}{2}; -\frac{1}{2}; \ldots\}$	Menge der rationalen Zahlen
$\mathbb{R}$	$\{0; 1; -\frac{1}{1}; \ldots; \sqrt{2}; \pi; \ldots\}$	Menge der reellen Zahlen

Begriff	Beispiel	Beschreibung
Aussage	Es ist kein Kühlschmiermittel vorhanden. Der Pneumatikzylinder befindet sich in der hinteren Endlage.	Eine Aussage ist ein Satz, von dem festgestellt werden kann, ob wahr oder falsch ist.
Aussageform	Die Maschine x hat kein Kühlschmiermittel. $M = F \cdot s$	Aussageformen sind Sätze, die erst nach dem Einsetzen von Werten Aussagen werden.
Bestimmungsgleichung	$M = F \cdot s \Rightarrow F = \frac{M}{s}$	Aussageform, die durch Umstellungen nach der Unbekannten aufgelöst und damit in eine Aussage überführt werden kann.
Formel	$a^2 + b^2 = c^2$ $M = F \cdot s$	Das Wort Formel wird in der Technik mit doppelter Bedeutung verwendet: als Bezeichnung mathematischer Sätze oder zur Beschreibung der Gesetzmäßigkeit zwischen Größen.
Koeffizient	$2 \cdot l$	Der Koeffizient ist die Beizahl, mit der eine Variable zu multiplizieren ist.
Term	$l_1 + 2 \cdot l_2 - l_3$ $G \cdot h$	Verknüpfung von Koeffizienten und Variablen nach den Rechenregeln
Variable	10 cm = x + 6 cm	Die Variable steht als Platzhalter stellvertretend für mögliche Zahlenwerte.

1.1.2 Zahlen und Zahlenmengen

Zwar gibt es für die Darstellung von Zahlen und Zahlensystemen unterschiedliche Arten, üblich ist jedoch die Darstellung in dezimaler Form im Stellensystem (Positionssystem). Hierbei werden die Zahlzeichen (Ziffern von 0 bis 9) zum Erstellen von Dezimalzahlen verwendet.

Im Rahmen einer Dezimalzahl besitzt jede Ziffer dabei ihren Zahlenwert und zusätzlich den Stellenwert, z.B.:

1**4**37

↑ Ziffer 4 an der dritten Stelle von rechts (Hunderter)

Zahlenwerte	Beispiel für die Verwendung	Bemerkung
1; 14; 1000	Anzahl der Zähne eines Zahnrades, Anzahl der Glieder einer Kette, Stückzahlen	natürliche Zahlen (positive ganze Zahlen)
$-10; 0; +12;$ $+18; +20$	Temperaturwerte, Grenzabmaße von ISO-Paßmaßen nach DIN 7154	ganze Zahlen
$\frac{4}{3}; \frac{13}{2}; \frac{25}{111}; \frac{12}{1}$	Übersetzungsverhältnis bei Riemen-, Ketten-, Zahnrad- und Schneckentrieben, Teilung auf Lochscheibe, Maßstäbe	rationale Zahlen (Brüche ganzer Zahlen)

1.1.3 Rechenregeln für Zahlen und Zahlsymbole

Addition und Subtraktion

Rechenoperation	Beispiele	Anwendung/Anmerkung
$a+b=b+a$	$4+5=5+4$; $4+(-5)=(-5)+4$	(Vertauschungs- oder Kommutativgesetz) Längen, Kosten Reihenschaltung ohmscher Widerstände
$a+b=a-(-b)$	$4+5=4-(-5)$	Rohteilvolumen – Fertigteilvolumen
$a-b\neq b-a$	$4-5\neq 5-4$	Die Reihenfolge beim Subtrahieren darf nicht verändert werden.
$a+(-b)=a-b$	$50+(-0,3)=50-0,3$	Nennmaß plus unteres Grenzabmaß
$(a+b)+c=a+(b+c)=a+b+c$	$(4+5)=4+(5+6)=4+5+6$	(Verbindungs- oder Assoziativgesetz) Berechnung gestreckter Längen
$a+0=a$	$4+0=4$	Addition von Null verändert das Ergebnis nicht

Multiplikation und Division

Vorzeichen des Produktes		Vorzeichen des ersten Faktors	
		+	−
Vorzeichen des zweiten Faktors	+	+	−
	−	−	+

Rechenoperation	Beispiel	Anwendung/Anmerkung
$a\cdot b=b\cdot a$ $(a\cdot b)\cdot c=a\cdot(b\cdot c)=a\cdot b\cdot c$	$4\cdot 5=5\cdot 4$ $(4\cdot 5)\cdot 6=4\cdot(5\cdot 6)=4\cdot 5\cdot 6$	(Vertauschungs- oder Kommutativgesetz) (Verbindungs- oder Assoziativgesetz) Querschnittsfläche, Leistung, Arbeit, Volumen von Quadern, Gesamtwirkungsgrad
$1\cdot a=a$ $a=a/1=\dfrac{a}{1}$	$1\cdot 4=4$ $4=4/1=\dfrac{4}{1}$	Bei Multiplikation oder Division mit 1 verändert sich das Ergebnis nicht.
$1/a=a^{-1}$ $1/a^n=a^{-n}$	$1/10=10^{-1}=0,1$ $1/10^3=10^{-3}$	Umwandlung von Quotienten in Produktschreibweise
$a:b=a\cdot\dfrac{1}{b}=\dfrac{a}{b}$	$4:5=4\cdot\dfrac{1}{5}=\dfrac{4}{5}$	elektrischer Widerstand, Geschwindigkeit
$a/b\neq b/a$	$4/5\neq 5/4$	Die Reihenfolge beim Dividieren darf nicht verändert werden.
$\dfrac{a}{b}\cdot\dfrac{c}{d}=\dfrac{a\cdot c}{b\cdot d}=\dfrac{ac}{bd}$	$\dfrac{4}{5}\cdot\dfrac{6}{7}=\dfrac{4\cdot 6}{5\cdot 7}$	Getriebe, mehrfacher Riementrieb
$\dfrac{a}{b}:\dfrac{c}{d}=\dfrac{a}{b}\cdot\dfrac{d}{c}=\dfrac{ad}{bc}$	$\dfrac{4}{3}:\dfrac{5}{7}=\dfrac{4\cdot 7}{3\cdot 5}$	Getriebe, mehrfacher Riementrieb
$\dfrac{a}{a}=1$	$\dfrac{10}{10}=1$	Kürzen in Gleichungen
$\dfrac{a}{0}$	$\dfrac{10}{0}$	Division durch Null ist nicht erklärt und somit verboten

Verknüpfung der Grundrechenarten

Rechenoperation	Beispiele	Anwendung/Anmerkung
$(a+b)\cdot c=(a\cdot c)+(b\cdot c)$ $=a\cdot c+b\cdot c$	$(4+5)\cdot 6=(4\cdot 6)+(5\cdot 6)$ $=4\cdot 6+5\cdot 6$ $5\cdot 4+7\cdot 4=(5+7)\cdot 4$	(Verteilungs- oder Distributivgesetz) Teilungen Ausklammern von Faktoren
$(a\cdot b)+c\neq(a+c)\cdot(b+c)$	$(4\cdot 5)+6\neq(4+6)\cdot(5+6)$	Die Multiplikation bindet stärker als die Addition
$\dfrac{a}{d}+\dfrac{b}{d}=\dfrac{a+b}{d}$	$\dfrac{1}{10}+\dfrac{2}{10}=\dfrac{1+2}{10}$	Parallelschaltung (gleicher) ohmscher Widerstände
$\dfrac{a}{b}+\dfrac{c}{d}=\dfrac{a\cdot d+c\cdot b}{b\cdot d}$	$\dfrac{1}{10}+\dfrac{1}{20}=\dfrac{20\cdot 1+10\cdot 1}{10\cdot 20}$	Parallelschaltung ohmscher Widerstände, Hauptnenner
$\dfrac{a\cdot b+a\cdot c}{a\cdot d}=\dfrac{a\cdot(b+c)}{a\cdot d}=\dfrac{b+c}{d}$	$\dfrac{2\cdot 2+2\cdot 4}{2\cdot 5}=\dfrac{2+4}{5}$	Kürzen von Brüchen

1.1 Grundrechenarten   1.1.4 Umformen von Bestimmungsgleichungen

Potenzieren und Radizieren

Rechenoperation	Beispiele	Anwendung/Anmerkung
$a \cdot a \cdot \ldots \cdot a = a^n$ $a^b \cdot a^c = a^{b+c}$	$10 \cdot 10 \cdot 10 = 10^3$ $10^2 \cdot 10^3 = 10^5$	Vorsätze von Vielfachen und Teilen
$a^b + \ldots + a^b = n \cdot a^b$	$2^4 + 2^4 + 2^4 = 3 \cdot 2^4$	Summieren von Potenzen mit gleicher Basis und gleichem Exponenten
$\dfrac{a^c}{b^c} = \left(\dfrac{a}{b}\right)^c$	$\dfrac{2^4}{3^4} = \left(\dfrac{2}{3}\right)^4$	Bei Potenzen mit gleichem Exponenten kann man auch zuerst die Basen dividieren oder multiplizieren.
$\dfrac{a^b}{a^c} = a^{b-c}$	$\dfrac{10^9}{10^3} = 10^{9-3}$	Vorsätze von Vielfachen und Teilen
$(a \cdot b)^c = a^c \cdot b^c$	$(10 \text{ m})^3 = 10^3 \cdot \text{m}^3$	Berechnen von Potenzen von Produkten
$a^0 = 1$		
$\sqrt{a} = a^{1/2}$		Potenzdarstellung von Wurzeln
$\sqrt[b]{a} = a^{1/b}$		Potenzdarstellung von Wurzeln

1.1.4 Umformung von Bestimmungsgleichungen

Alle Bestimmungsgleichungen sind Aussageformen, die durch Einsetzen von Zahlenwerten in Aussagen überführt werden. Mittels Umformungen (Äquivalenzumformungen) wird die Bestimmungsgleichung unter Anwendung der Rechenregeln (Addieren, Subtrahieren, Multiplizieren, Dividieren, Potenzieren, Radizieren) so umgestellt, daß die gesuchte Größe allein auf einer Seite der Gleichung, i.allg. der linken, steht.

Beispiele für Umformungen:

1. **Gesucht:** l_2
 Gegeben: $l_3 = 15$ mm; $l_1 = 10$ mm
 Gleichung: $l_3^2 = l_1^2 + l_2^2$
 Umformung: $l_3^2 = l_1^2 + l_2^2 \quad | -l_1^2;$
 Ziel: l_2 auf einer Seite alleine
 $l_3^2 - l_1^2 = l_2^2 \quad$ | Seiten vertauschen;
 Ziel: l_2 auf der linken Seite
 $l_2^2 = l_3^2 - l_1^2$
 Ziehen der Quadratwurzel
 $l_2 = \sqrt{l_3^2 - l_1^2}$
 Hinweis: Da es keine negativen Längen gibt, wird die mathematisch mögliche zweite Lösung
 $l_2 = -\sqrt{l_3^2 - l_1^2}$ nicht betrachtet.
 $l_2 = 11{,}2$ mm

2. **Gesucht:** F
 Gegeben: $M = 10$ Nm; $s = 100$ mm
 Gleichung: $M = F \cdot s$
 Umformung: $M = F \cdot s$
 Bei Produktformen ist ein vorangestellter Seitentausch sinnvoll.
 $F \cdot s = M \quad | \cdot \dfrac{1}{s};$
 Ziel: F auf einer Seite alleine
 $F \cdot s \cdot \dfrac{1}{s} = M \cdot \dfrac{1}{s}$
 $F = M \cdot \dfrac{1}{s} \qquad F = \dfrac{M}{s} \qquad F = \dfrac{10 \text{ Nm}}{0{,}1 \text{ m}}$
 $F = 100$ N

3. **Gesucht:** d
 Gegeben: $h = 500$ mm; $V = 10\,000$ mm³
 Gleichung: $V = h \cdot d^2 \cdot \dfrac{\pi}{4}$
 Umformung: $V = h \cdot d^2 \cdot \dfrac{\pi}{4}$
 Vertauschen der Seiten
 $h \cdot d^2 \cdot \dfrac{\pi}{4} = V \quad \Big| \dfrac{1}{h};$
 Ziel: Freistellen von d^2
 $d^2 \cdot \dfrac{\pi}{4} = V \cdot \dfrac{1}{h} \quad \Big| \dfrac{4}{\pi};$
 Ziel: Freistellen von d^2
 $d^2 = V \cdot \dfrac{1}{h} \cdot \dfrac{4}{\pi} \quad |$ Radizieren;
 Ziel: Freistellen von d
 $d = \sqrt{V \cdot \dfrac{1}{h} \cdot \dfrac{4}{\pi}}$
 $d = \sqrt{\dfrac{10\,000 \text{ mm}^3 \cdot 4}{500 \text{ mm} \cdot \pi}}$
 $d = 5{,}05$ mm

Übungen

Stellen Sie die Bestimmungsgleichung nach der farbig gekennzeichneten Größe um.

$A = \dfrac{d^2 \cdot \pi}{4}; \quad n = \dfrac{v}{d \cdot \pi}$

$(m \cdot z_1 + m \cdot z_2)/2 = a; \quad F_1 \cdot s_1 = F_2 \cdot s_2$

$a^2 + b^2 = c^2; \quad W = U \cdot I \cdot t$

$A = \dfrac{l_1 + l_2}{2} \cdot b; \quad P = \dfrac{m \cdot g \cdot s}{t}$

$A = \dfrac{\pi}{4} \cdot (D^2 - d^2); \quad \eta = \dfrac{P_{ab}}{P_{zu}}$

$v = \dfrac{Q}{A}; \quad \dfrac{1}{R} = \dfrac{1}{R_1} + \dfrac{1}{R_2}$

$R = \dfrac{\varrho \cdot l}{s}; \quad \tan \beta = \dfrac{d/2}{l_s}$

$l = l_1 + l_2 + l_3; \quad l = l_0 + \alpha \cdot l_0 \cdot \Delta\vartheta$

$V = \dfrac{d^3 \cdot \pi}{6}; \quad V = \dfrac{\pi}{4} \cdot d^2 \cdot \dfrac{h}{2}$

1.2 Größenwert, Zahlenwert, Einheit

1.2.1 Umgang mit Zahlenwert, Einheit und Größenwert

Beim Rechnen mit physikalischen Größen sind nachfolgende Zusammenhänge zu beachten (s. auch DIN 1313):

> Als Symbole (Formelzeichen) für physikalische Größen werden lateinische ($l, h, s, A, \ldots$) oder griechische Buchstaben ($\beta, \Theta, \ldots$) verwendet.

Es gilt: Größenwert = Zahlenwert · Einheit

$$v = 50 \cdot \frac{km}{h}$$

Zahlenwert und Einheit sind Faktoren. Dieses Produkt läßt sich nach den Rechenregeln für Zahlen und Zahlsymbole umformen, z.B.:

$$\text{Zahlenwert} = \frac{\text{Größenwert}}{\text{Einheit}} \qquad 50 = \frac{v}{km/h}$$

$$\text{Einheit} = \frac{\text{Größenwert}}{\text{Zahlenwert}} \qquad \frac{km}{h} = \frac{v}{50}$$

Schreibweisen: [Größenwert] = Einheit

$$[v] = \frac{km}{h}$$

{Größenwert} = Zahlenwert

$$\{v\} = 50$$

Beispiel:

An einem Drehmomentschlüssel wirkt die Kraft $F = 100$ N bei einer Hebellänge von 0,4 m. Für das Moment lassen sich grundsätzlich drei Gleichungen aufstellen.

Bezeichnung nach DIN 1313	Beispiel
Größengleichung	$M = F \cdot s$
	$M = 100$ N · 0,4 m
Einheitengleichung	$[F] = 1$ N; $[s] = 1$ m
	1 N · 1 m = 1 Nm $\Rightarrow [M] = 1$ Nm
Zahlenwertgleichung	$\{F\} = 100$; $\{s\} = 0,4$
	$100 \cdot 0,4 = 40 \Rightarrow \{M\} = 40$

Damit Mißverständnisse beim Verwenden von Einheiten vermieden werden, sollten die nachfolgenden Hinweise beachtet werden:
- Das Zeichen für dezimale Vielfache oder Teile (Vorsatz) und die Einheit werden ohne Zwischenraum geschrieben.
  Vorsatz: m   für Milli
  Einheit: m   für Meter
  zusammengesetzt: mm für Millimeter
- Es ist jeweils nur ein Vorsatz erlaubt
  falsch: 100 mm = $1 \cdot 10^2$ mm = 1 hmm
  richtig: 100 mm = $1 \cdot 10^2 \cdot 10^{-3}$ m = 0,1 m = 10 cm
- Um die Zuordnung des jeweiligen Vorsatzes kenntlich zu machen, erfolgt bei Produkten von Einheiten entweder ein Leerraum zwischen den Faktoren von Einheiten oder es wird der Malpunkt gesetzt.

Beispiele:

kN m   oder   kN · m,
km s^{-1} oder   km · s^{-1}

- Da das Zeichen m sowohl für die Basiseinheit als auch für den Vorsatz genutzt wird, ist es bei der Verwendung für die Basiseinheit der Länge als letzter Buchstabe rechts zu schreiben.

Beispiele:

Nm bedeutet Newton · Meter
mN bedeutet Milli-Newton

- Häufig werden zur Vermeidung von Einheitenbrüchen die unter dem Bruchstrich (im Nenner) befindlichen Einheiten mit negativem Exponenten im Zähler geschrieben.

$$\frac{1}{K} = K^{-1} \qquad \frac{1}{min} = min^{-1}$$

- Die Vorsätze der Einheiten werden zur besseren Lesbarkeit im allgemeinen so gewählt, daß die Zahlenwerte im Bereich zwischen 0,1 und 1000 liegen.
  statt: 10000 N   besser: 10 kN
  statt: 0,001 m   besser: 1 mm

1.2.2 Vielfache und Teile von Einheiten

Für die aus den Basiseinheiten (s. Technologie Kap. 2.5.1) und daraus abgeleiteten Einheiten existieren nach DIN 1301 Abkürzungen für die Vorsätze.

Vorsatz	Kurzzeichen	Faktor für die Multiplikation mit der Einheit	
Tera	T	1 000 000 000 000	$= 10^{12}$
Giga	G	1 000 000 000	$= 10^{9}$
Mega	M	1 000 000	$= 10^{6}$
Kilo	k	1000	$= 10^{3}$
Hekto	h	100	$= 10^{2}$
Deka	da	10	$= 10^{1}$
Dezi	d	0,1	$= 10^{-1}$
Zenti	c	0,01	$= 10^{-2}$
Milli	m	0,001	$= 10^{-3}$
Mikro	µ	0,000 001	$= 10^{-6}$
Nano	n	0,000 000 001	$= 10^{-9}$
Pico	p	0,000 000 000 001	$= 10^{-12}$

Die Umrechnung auf die nächst kleinere Einheit erfolgt durch Multiplikation, die Umrechnung auf die nächst größere Einheit durch Division.

Umrechnung für Längen-, Flächen- und Volumeneinheiten

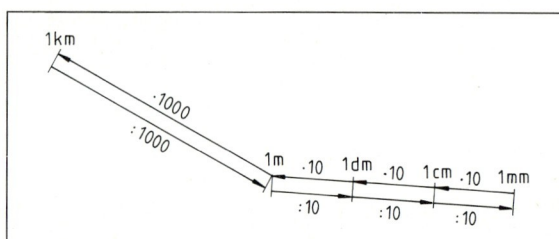

1 Umrechnung für Längeneinheiten

1.2 Größenwert, Zahlenwert, Einheit 1.2.2 Vielfache und Teile von Einheiten

Beispiel:

1 m = 10 · 1 dm = 100 · 1 cm = 1000 · 1 mm
1 m = 1 km : 1000 = 0,001 km
1 mm = 1 cm : 10 = 0,1 cm
1 mm = 1 dm : 100 = 0,01 dm
1 mm = 1 m : 1000 = 0,001 m

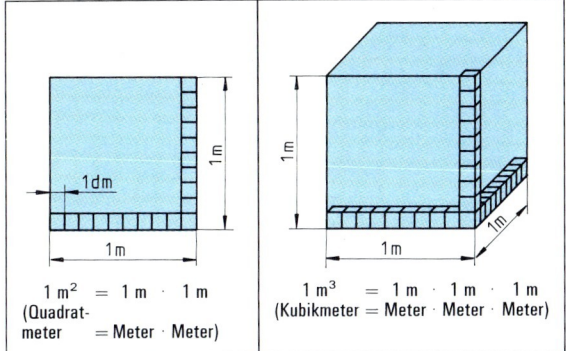

1 Zusammenhang zwischen Länge und Fläche

2 Zusammenhang zwischen Länge und Volumen

Beispiel:

Die Fläche eines Bleches betrage $A = 1\,m^2$ (Quadratmeter).
Wie groß ist die Fläche in mm^2 (Quadratmillimeter)?

$1\,m^2 = 1\,m \cdot 1\,m$
$1\,m^2 = 1000 \cdot 1\,mm \cdot 1000 \cdot 1\,mm$
$1\,m^2 = 1000 \cdot 1000 \cdot 1\,mm \cdot 1\,mm$
$1\,m^2 = 1\,000\,000 \cdot 1\,mm^2$
$1\,m^2 = \underline{\underline{1\,000\,000\,mm^2}}$

Beispiel:

Das Volumen eines Quaders betrage $V = 1\,m^3$ (Kubikmeter).
Wie groß ist das Volumen in dm^3 (Kubikdezimeter)?

$1\,m^3 = 1\,m \cdot 1\,m \cdot 1\,m$
$1\,m^3 = 10 \cdot 1\,dm \cdot 10 \cdot 1\,dm \cdot 10 \cdot 1\,dm$
$1\,m^3 = 10 \cdot 10 \cdot 10 \cdot 1\,dm \cdot 1\,dm \cdot 1\,dm$
$1\,m^3 = 1000 \cdot 1\,dm^3$
$1\,m^3 = \underline{\underline{1000\,dm^3}}$

Umrechnung für Zeiteinheiten

Es gelten die Einheitengleichungen: 1 h = 60 min
1 min = 60 s

Beispiel 1:

Die Zeit $t = 1$ h ist in der Einheit s anzugeben.

1 h = 60 min
1 h = 60 · 1 min
1 h = 60 · 60 s
1 h = 3600 · 1 s = $\underline{\underline{3600\,s}}$

Beispiel 2:

Die Zeit $t = 100$ s ist in der Einheit h anzugeben.

$t = 100\,s = 100 \cdot 1\,s$ $\quad 60\,s = 1\,min \Rightarrow 1\,s = \frac{1}{60}\,min$

$100\,s = 100 \cdot \frac{1}{60}\,min$

$100\,s = \frac{10}{6} \cdot 1\,min$ $\quad 60\,min = 1\,h \Rightarrow 1\,min = \frac{1}{60}\,h$

$100\,s = \frac{10}{6} \cdot \frac{1}{60}\,h$

$100\,s = \frac{10}{360}\,h = \frac{1}{36} = \underline{\underline{0{,}028\,h}}$

Umrechnung für Winkelwerte

Nach DIN 1315 wird der Winkel α als das Verhältnis von Länge l des Kreisbogens zu Radius r des Kreises angegeben $\left(\alpha = \frac{l}{r}\right)$. Die Einheit wird Radiant genannt. Einheitenzeichen: rad.

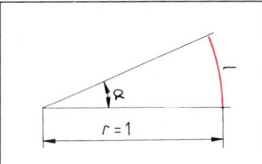

3 Winkel

Für den Winkel des Vollkreises mit dem Radius $r = 1$ m ergibt sich:

$$U = 2 \cdot \pi \cdot 1\,m$$
$$\text{Vollwinkel} = \frac{2 \cdot \pi \cdot 1\,m}{1\,m}\,rad = 2 \cdot \pi\,rad$$

Der Grad ist als der 360te Teil des Vollwinkels mit dem Einheitenzeichen ° festgelegt. Damit ergibt sich der Zusammenhang zwischen Radiant und Grad.

Winkelwert in der Einheit °	Winkelwert in der Einheit rad
360	$2 \cdot \pi$
180	π
90	$\frac{\pi}{2}$

Einheitengleichungen:

1 rad = 57,2957...° $\left(l = r \Rightarrow \frac{l}{r} = 1\right)$
1° = 0,01745329... rad
1° = 60' (' ist das Einheitenzeichen für die Minute.)
1' = 60'' ('' ist das Einheitenzeichen für die Sekunde.)
Die Umrechnung Grad-Minute-Sekunde entspricht der Umrechnung für Stunde-Minute-Sekunde.

Beispiel:

Bei der Berechnung des Freiwinkels eines Sägeblattes ergibt sich der Wert 0,663 rad.
Wie groß ist der Winkel in der Einheit Grad?

$\alpha = 0{,}663$ rad   Einheitengleichung:
$\qquad\qquad\qquad$ 1 rad = 57,2958...°
$\alpha = 0{,}663 \cdot 1$ rad
$\alpha = 0{,}663 \cdot 57{,}296°$
$\alpha \approx 38°$

1.2 Größenwert, Zahlenwert, Einheit 1.2.3 Umrechnung von Einheiten innerhalb von Bestimmungsgleichungen

1.2.3 Umrechnung von Einheiten innerhalb von Bestimmungsgleichungen

Beispiel 1:
Ein Auto legt in einer Stunde eine Strecke von 50 Kilometern zurück. Welche mittlere Geschwindigkeit v in m/s hat das Auto?
Für das Umrechnen von Einheiten in Gleichungen bieten sich verschiedene Vorgehensweisen an.

1. Vorgehensweise
Die jeweils umzurechnende Einheit wird unter Verwendung von Einheitengleichungen ersetzt.

gegebene Einheit: $\frac{km}{h}$; gesuchte Einheit: $\frac{m}{s}$

$v = \frac{50 \text{ km}}{h} = \frac{50 \cdot 1 \text{ km}}{1 \text{ h}}$ Einheitengleichungen: 1 km = 1000 m
                                                                                1 h = 3600 s

$v = \frac{50 \cdot 1000 \text{ m}}{3600 \text{ s}} = \frac{50 \cdot 1000 \cdot 1}{3600 \cdot 1} \frac{m}{s} = 13{,}889 \frac{m}{s}$

2. Vorgehensweise
Die Größengleichung wird mit der nach 1 aufgelösten Einheitengleichung erweitert. Multiplikation oder Division mit dem Zahlenwert 1 verändern einen Term nicht.

gegebene Einheit: $\frac{km}{h}$; gesuchte Einheit: $\frac{m}{s}$

$v = \frac{50 \text{ km}}{h} = \frac{50 \cdot 1 \text{ km}}{1 \text{ h}} = \frac{50 \cdot 1 \text{ km}}{1 \text{ h}} \cdot \boxed{\frac{1 \text{ h}}{3600 \text{ s}}} \cdot \boxed{\frac{1000 \text{ m}}{1 \text{ km}}} = \frac{50 \cdot 1000}{3600} \cdot \frac{m}{s} = 13{,}889 \frac{m}{s}$

  = 1   = 1
 weil   weil

3600 s = 1 h ⇒ $\boxed{1 = \frac{1 \text{ h}}{3600 \text{ s}}}$ 1 km = 1000 m ⇒ $\boxed{\frac{1000 \text{ m}}{1 \text{ km}} = 1}$

Einheitengleichungen

Beispiel 2:
Sprinter benötigen für die Strecke von 100 Metern etwa 10 Sekunden. Welche mittlere Geschwindigkeit v in km/h haben sie?

1. Vorgehensweise

gegebene Einheit: $\frac{m}{s}$; gesuchte Einheit: $\frac{km}{h}$

$v = \frac{100 \text{ m}}{10 \text{ s}} = \frac{10 \cdot 1 \text{ m}}{1 \text{ s}}$ Einheitengleichungen:
1000 m = 1 km ⇒ 1 m = $\frac{1}{1000}$ km

3600 s = 1 h ⇒ 1 s = $\frac{1}{3600}$ h

$v = \frac{10 \cdot 1/1000 \text{ km}}{1 \cdot 1/3600 \text{ h}} = \frac{10 \cdot 1 \cdot 3600 \text{ km}}{1 \cdot 1000 \cdot 1 \text{ h}} = \frac{36 \text{ km}}{h} = 36 \frac{km}{h}$

2. Vorgehensweise

gegebene Einheit: $\frac{m}{s}$; gesuchte Einheit: $\frac{km}{h}$

$v = \frac{100 \text{ m}}{10 \text{ s}} = \frac{100 \cdot 1 \text{ m}}{10 \cdot 1 \text{ s}} \cdot \boxed{\frac{1 \text{ km}}{1000 \text{ m}}} \cdot \boxed{\frac{3600 \text{ s}}{1 \text{ h}}} = \frac{100 \cdot 3600}{10 \cdot 1000} \cdot \frac{km}{h} = 36 \frac{km}{h}$

  = 1   = 1
 weil   weil

1000 m = 1 km ⇒ $\boxed{1 = \frac{1 \text{ km}}{1000 \text{ m}}}$ 1 h = 3600 s ⇒ $\boxed{\frac{3600 \text{ s}}{1 \text{ h}} = 1}$

Einheitengleichungen

Übungen:

1. Stellen Sie die Gleichungen nach den Zahlenwerten um.
   $l = 5$ m; $R = 50$ Ω; $V = 10$ m³; $F = 20$ N

2. Bilden Sie die Einheiten- und Zahlenwertgleichungen.
   $M = 2000$ N · 0,4 m; $A = 5$ m · 35 mm;
   $v = \frac{25 \text{ km}}{2 \text{ h}}$

3. Rechnen Sie jeweils in die vorgegebene Einheit um.
   $l = 550$ mm ⇒ $l = ?$ m;
   $d = 0{,}5$ m ⇒ $d = ?$ mm;
   $U = 33{,}5$ cm ⇒ $U = ?$ dm;
   $b = 12$ dm ⇒ $b = ?$ mm;
   $A = 0{,}345$ dm² ⇒ $A = ?$ mm²;
   $S = 25$ mm² ⇒ $S = ?$ cm²;
   $A = 1{,}25$ m² ⇒ $? $ dm²;
   $A = 251$ mm² ⇒ $A = ?$ dm²;
   $V = 3{,}71$ m³ ⇒ $V = ?$ dm³;
   $V = 7235$ mm³ ⇒ $V = ?$ cm³;
   $t = 36$ min 12 s ⇒ $t = ?$ h;
   $t = 1{,}52$ h ⇒ $t = ?$ min $?$ s;
   $t = 12$ min + 0,57 h + 123 s ⇒ $t = ?$ min;
   $t = 35$ s ⇒ $t = ?$ min;
   $\alpha = 63{,}7°$ ⇒ $\alpha = ?° \ ?' \ ?''$;
   $\alpha = 375'$ ⇒ $\alpha = ?°$;
   $\alpha = 1° \ 39' \ 57''$ ⇒ $\alpha = ?°$;
   $\alpha = 138{,}632°$ ⇒ $\alpha = ?° \ ?' \ ?''$.

4. Rechnen Sie die Einheiten innerhalb der vorgegebenen Bestimmungsgleichungen so um, daß das Ergebnis die angegebene Einheit hat.
   $v = \frac{0{,}3 \text{ m}}{1{,}35 \text{ s}} = ? \frac{km}{h}$;
   $M = 0{,}87$ N · 2,5 dm = ? mN m;
   $l = 38{,}2$ m + 12,5 dm − 480 cm + 8252 mm
      = ? dm
   $A = \frac{\pi}{4} \cdot [(20 \text{ cm})^2 - (120 \text{ mm})^2] = ?$ dm²;
   $V = 0{,}32$ m³ − 120 dm³ + 2553 cm³ − 65000 mm³
      = ? dm³

5. Stellen Sie die Gleichungen nach der gekennzeichneten Größe um.
   $U = 2 \cdot (l + b)$;
   $A = \frac{n \cdot l \cdot d}{4}$;
   $M = F \cdot \frac{d}{2}$;
   $P = \frac{m \cdot g \cdot s}{t}$;
   $F_G \cdot h = F \cdot s$
   $\eta = \frac{P_{zu} - P_v}{P_{zu}}$
   $A = \pi (2 \cdot r_1^2 + h^2)$

1.3 Taschenrechner

Taschenrechner besitzen fast alle die gleiche Rechenlogik. Sie orientiert sich an den allgemeinen mathematischen Rechenregeln, auch algebraische Notation genannt. Wissenschaftliche Taschenrechner bieten für das Lösen technologischer Fragestellungen u.a. folgende Funktionen:

- einfache Sonderfunktionen wie x^2, $\sqrt{x}$, $1/x$, %,
- Potenz- und Logarithmusfunktionen wie z.B. x^y, 10^x, $\sqrt[y]{x}$
- trigonometrische Funktionen wie sin, cos, tan und ihre Umkehrfunktionen,
- Vorzeichentaste für die Eingabe des negativen Vorzeichens,

Beispiel:
$4-(-5)$

Eingabe: $\boxed{4}$ $\boxed{-}$ $\boxed{5}$ $\boxed{+/-}$ $\boxed{=}$
Ausgabe: 9.

- Taste(n) für verschiedene Betriebsarten (Modusfunktionen) wie Exponentialdarstellung der Zahlenwerte, Einstellen der angezeigten Nachkommastellen, Anzeige der Winkelwerte in Radiant oder Grad.

Eine internationale Vereinbarung für Taschenrechner existiert nur für die Tastenbezeichnung und -anordnung des Zifferntastenfeldes und für den Dezimalpunkt. Die Tastenkombination für die zu verwendende Funktion ist, soweit nicht in der Tabelle enthalten, der Bedienungsanleitung zu entnehmen.

Funktion		mögliche Tastenfolgen	
Prozentwert	%	$\boxed{INV}$ $\boxed{=}$	$\boxed{\%}$
Kehrwert	$\frac{1}{x}$	$\boxed{INV}$ $\boxed{Min}$	$\boxed{1/x}$
Quadrat	x^2	$\boxed{INV}$ $\boxed{\sqrt{\ }}$	$\boxed{x^2}$ oder $\boxed{2nd}$ $\boxed{\sqrt{\ }}$ oder $\boxed{F}$ $\boxed{\sqrt{\ }}$
Quadratwurzel	$\sqrt{x}$	$\boxed{\sqrt{\ }}$	$\boxed{INV}$ $\boxed{x^2}$ oder $\boxed{2nd}$ $\boxed{x^2}$
Potenzieren	x^y	$\boxed{INV}$ $\boxed{\times}$	$\boxed{x^y}$ oder $\boxed{y^x}$
Radizieren	$\sqrt[y]{b}$	$\boxed{INV}$ $\boxed{\div}$	$\boxed{INV}$ $\boxed{x^y}$ oder $\boxed{2nd}$ $\boxed{y^x}$
Winkelwerte in Grad (DEGree)		$\boxed{MODE}$ $\boxed{4}$ Anzeige von DEG im Display	$\boxed{D-R-G}$ Die Taste ist so oft zu drücken, bis DEG angezeigt wird.
Winkelwerte in rad (RADians)		$\boxed{MODE}$ $\boxed{5}$ Anzeige von RAD im Display	$\boxed{D-R-G}$ Die Taste ist so oft zu drücken, bis RAD angezeigt wird.
Arcussinus	arcsin (x)	$\boxed{INV}$ $\boxed{sin}$	$\boxed{2nd}$ $\boxed{sin}$ oder $\boxed{sin^{-1}}$
Arcuscosinus	arccos (x)	$\boxed{INV}$ $\boxed{cos}$	$\boxed{2nd}$ $\boxed{cos}$ oder $\boxed{cos^{-1}}$
Arcustangens	arctan (x)	$\boxed{INV}$ $\boxed{tan}$	$\boxed{2nd}$ $\boxed{tan}$ oder $\boxed{tan^{-1}}$

1 Beispiele für Tastenfolgen

1.3.1 Aufbau eines wissenschaftlichen Taschenrechners

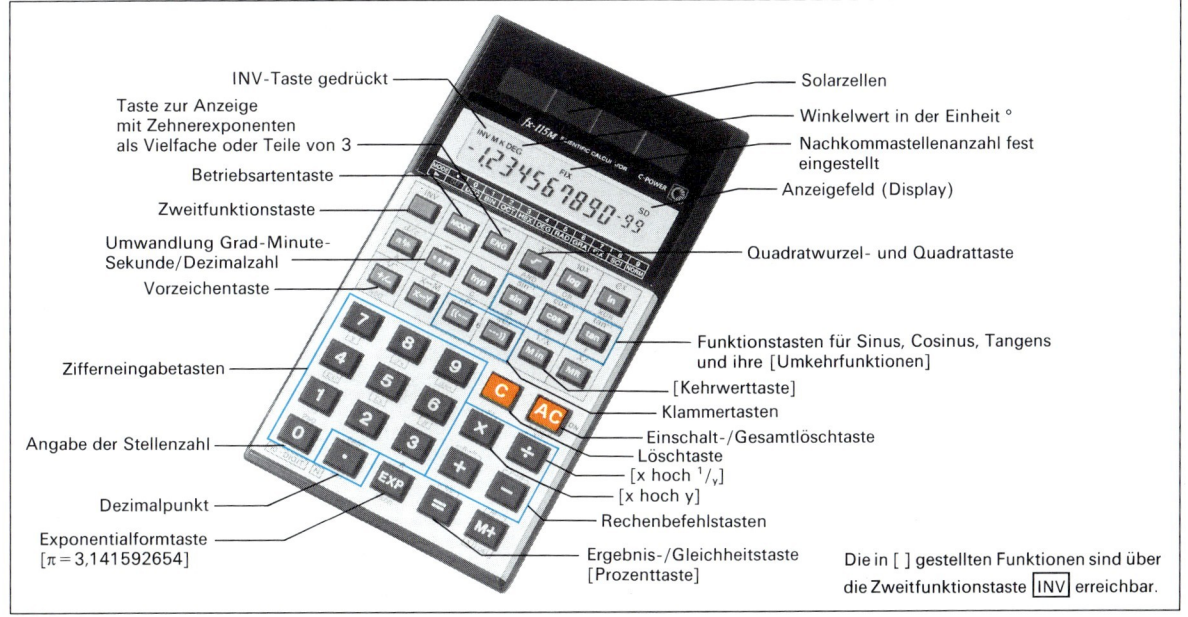

2 Wissenschaftlicher Taschenrechner

1.3 Taschenrechner

Rechenbereich

In der Sichtanzeige (Display) werden die Eingabedaten, alle Zwischen- und Endergebnisse dargestellt. Bei diesem Taschenrechner ist die Mantisse bis zu 10 Stellen lang und der Exponent zweistellig.

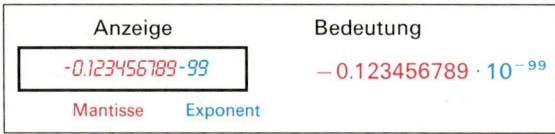

1 Anzeige eines wissenschaftlichen Taschenrechners

Der Zahlenbereich des Taschenrechners ist also nur eine Teilmenge der Menge der rationalen Zahlen.

Bei dem Über- oder Unterschreiten des in Bild 2 dargestellten Rechenbereiches, bei der Division durch Null oder anderen nicht erlaubten Operationen erfolgt die Ausgabe einer Überlauf-/Fehleranzeige. Diese Überlauf-/Fehleranzeige muß im allgemeinen durch Betätigen der Taste [AC] (Gesamtlöschtaste) quittiert werden.

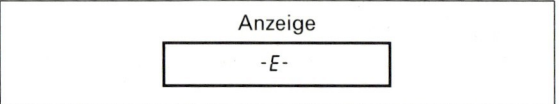

2 Beispiel für eine Überlauf-/Fehleranzeige

1.3.2 Hinweise zum grundsätzlichen Umgang

- Für Probleme oder Schwierigkeiten beim Umgang mit dem Taschenrechner sollte die Bedienungsanleitung stets im Zugriff sein.
- Statt des Dezimalkommas (,) wird der Punkt (.) verwendet.
- Führende Nullen brauchen nicht eingegeben werden (.12 statt 0.12).
- Berechnungen, z.B. Addieren, Subtrahieren, Multiplizieren, Dividieren, Potenzieren und Radizieren sind durch die Ergebnistaste abzuschließen. (Eingabe: [2] [+] [4] [=] Ausgabe: 6.)
- Vor dem Arbeiten mit dem Taschenrechner ist zu beachten, daß die richtige Betriebsart eingestellt ist.

Beispiel 1:

Für den Winkel 60° ist der Sinus zu ermitteln. Da der Winkelwert in der Einheit Grad angegeben ist, muß als Betriebsart DEG (DEGree = Grad) eingestellt werden.

Ergebnis: 0.866   bei Betriebsart DEG
          – E –   bei Betriebsart RAD

Beispiel 2:

Es sind die Zahlen 9 und 11 zu addieren.
Ergebnis: 20   in Dezimalbetriebsart
Ergebnis: 14   in Hexadezimalbetriebsart

- Wird der Taschenrechner zum Lösen von Aufgaben der fachbezogenen Mathematik eingesetzt, so ist darauf zu achten, daß nur so viele Stellen verwendet werden, wie technisch sinnvoll sind. Der vom Taschenrechner angezeigte Zahlenwert ist dabei unter Berücksichtigung der Aufgabenstellung zu runden (DIN 1333).

Beispiel:

Für die längste Seite im rechtwinkligen Dreieck ergibt sich $l_3 = \sqrt{1003 \text{ mm}^2}$. Bei Verwenden der Wurzeltaste gibt der Taschenrechner z.B. aus:

Technologisch sinnvoll ist für dieses Beispiel die Angabe des Zahlenwertes mit z.B. einer Stelle nach dem Komma.
Ist aufzurunden, so wird diese Nachkommastelle (hier die Ziffer 6) um 1 erhöht, da die Ziffer der folgenden Nachkommastelle größer oder gleich 5 ist (hier die Ziffer 7).
Ergebnis: 31,7 mm
Soll grundsätzlich abgerundet werden, entfällt die Betrachtung der folgenden Nachkommastelle.
Ergebnis: 31,6 mm

- Vor der Eingabe der Zahlenwerte sind, falls notwendig, die Einheiten umzurechnen.

Beispiel:

$l = 2{,}5 \text{ cm} + 12 \text{ mm} = 25 \text{ mm} + 12 \text{ mm}$

- Eingabefehler können im allgemeinen durch Betätigen der Löschtaste [C] korrigiert werden.

Beispiel:

[6] [×] [4] [+] [8] [=]
falsche Eingabe: [6] [×] [5]
Korrektur: [C]
weitere Eingabe: [4] [+] [8] [=]
Ausgabe: 32

- Wegen möglicher Eingabefehler ergibt sich die Notwendigkeit, grundsätzlich zum Abschätzen des Rechenergebnisses eine Überschlagsrechnung durchzuführen.
- Wegen der Doppelbelegung der Tasten wird die zweite Funktion der jeweiligen Taste durch die vorangestellte Betätigung der Umkehrtaste/Zweitfunktionstaste [INV] bewirkt.
Bei anderen Taschenrechnern erfolgt dies durch die Taste [F] oder [2nd].
- Die Terme – vor allem Bruchterme – sind von der Eingabe der Zahlenwerte unter Berücksichtigung der Rechenregeln für die Eingabe aufzubereiten.

1.3 Taschenrechner

Beispiel 1:

$\vartheta = \left(\dfrac{10{,}01 - 10}{10 \cdot 0{,}00002} + 20\right)\,°\mathrm{C}$

falsche Eingabe: `1 0 . 0 1 − 1 0 ÷`
`1 0 × . 0 0 0 0 2`
`+ 2 0 =`

Ausgabe: *30.00998*

Termumformung:
$\dfrac{10{,}01 - 10}{10 \cdot 0{,}00002} + 20 = (10{,}01 - 10)/(10 \cdot 0{,}00002) + 20$

korrekte Eingabe: `[( 1 0 . 0 1 −`
`1 0 )] ÷ [( 1 0 ×`
`. 0 0 0 0 2 )] +`
`2 0 =`

Ausgabe: *70*

Beispiel 2:

$n = \dfrac{1000}{0{,}05 \cdot \pi} \cdot \dfrac{1}{\min}$

falsche Eingabe: `1 0 0 0 ÷ . 0 5`
`× INV EXP =`

Ausgabe: *62831.85307*

Termumformung: $\dfrac{1000}{0{,}05 \cdot \pi} = 1000/(0{,}05 \cdot \pi)$

korrekte Eingabe: `1 0 0 0 ÷ [( . 0`
`5 × INV EXP )] =`

Ausgabe: *6366.197724*

1.3.3 Einsatz des Taschenrechners

Tasten $\overset{\%}{\boxed{\text{INV}}\,\boxed{=}}$ (Prozentwert)

Beispiel 1:

Die Rohteilmasse eines Werkstücks beträgt 39,1 kg und der Zerspananteil 18,2 kg.
Wie groß ist der Zerspananteil in %?

Lösung: $p = \dfrac{18{,}2\,\mathrm{kg} \cdot 100\%}{39{,}1\,\mathrm{kg}} = 46{,}5\%$

Rechenoperation	Taste(n)	Anzeige	Bemerkung
dividieren	18.2	*18.2*	Zahlenwert eingeben
	÷	*18.2*	
	39.1	*39.1*	Zahlenwert eingeben
Prozentsatz berechnen	INV =	*46.5473*	Prozentsatz ausgeben

Beispiel 2:

Aufgrund von Tarifvereinbarungen erhöht sich der Monatslohn von DM 2907,52 eines Facharbeiters (bei 164 Arbeitsstunden) um 3,25%. Wie groß sind die Lohnerhöhung und der neue Bruttolohn?

Lösung: Lohnerhöhung $= \dfrac{2907{,}52\,\mathrm{DM} \cdot 3{,}25\%}{100\%}$
$\phantom{\text{Lohnerhöhung}} = 94{,}49\,\mathrm{DM}$

neuer Bruttolohn $= 2907{,}52\,\mathrm{DM} + 94{,}49\,\mathrm{DM}$
$\phantom{\text{neuer Bruttolohn}} = 3002{,}01\,\mathrm{DM}$

Rechenoperation	Taste(n)	Anzeige	Bemerkung
multiplizieren	2907.52	*2907.52*	Zahlenwert eingeben
	·	*2907.52*	
	3.25	*3.25*	Prozentsatz eingeben
Prozentwert berechnen	INV =	*94.49*	Prozentwert ausgeben
addieren	+	*94.49*	
	2907.52	*2907.52*	neuen Grundwert berechnen
gleich	=	*3002.01*	

Tasten $\boxed{\text{INV}}\,\boxed{\text{Min}}$ (Kehrwert)

Beispiel:

Der Gesamtwiderstand einer Parallelschaltung einer Magnetspule eines 5/2-Wegeventils mit $R_1 = 130\,\Omega$ und einer Leuchtanzeige mit $R_2 = 3500\,\Omega$ ist zu berechnen.

Lösung: $\dfrac{1}{R} = \dfrac{1}{R_1} + \dfrac{1}{R_2}$

$\dfrac{1}{R} = \dfrac{1}{130\,\Omega} + \dfrac{1}{3500\,\Omega}$

$R = 125\,\Omega$

Rechenoperation	Taste(n)	Anzeige	Bemerkung
Kehrwert bilden	130	*130*	Zahlenwert eingeben
	INV Min	*7.6923 - 03*	bilden von 1/130
addieren	+		
	3500	*3500*	Zahlenwert eingeben
Kehrwert bilden	INV 1/x	*2.8571 - 04*	bilden von 1/3500
gleich	=	*1.9780 - 03*	Gesamtleitwert 1/R berechnen
Kehrwert bilden	INV 1/x	*125.344*	bilden von R Gesamtwiderstand

Tasten $\overset{x^y}{\boxed{\text{INV}}\,\boxed{\times}}$
(Potenzieren) und
$\boxed{\text{INV}}\,\boxed{÷}$ (Radizieren)

Beispiel 1:

Das Volumen eines Würfels mit der Kantenlänge $l = 7\,\mathrm{mm}$ ist zu berechnen.

Lösung: $V = l^3$
$V = 7^3\,\mathrm{mm}^3$
$V = 343\,\mathrm{mm}^3$

Rechenoperation	Taste(n)	Anzeige	Bemerkung
potenzieren	7	*7*	Zahlenwert eingeben
	INV ×	*7*	
	3	*3*	Zahlenwert eingeben
gleich	=	*343*	Potenzwert ausgeben

Beispiel 2:

Das Volumen eines Würfels beträgt $V = 600\,\mathrm{mm}^3$. Wie groß ist die Kantenlänge?

Lösung: $V = l^3$
$l = \sqrt[3]{V}$
$l = \sqrt[3]{600\,\mathrm{mm}^3}$
$l = 8{,}4\,\mathrm{mm}$

1.3 Taschenrechner

1.3.3 Einsatz des Taschenrechners

Rechenoperation	Taste(n)	Anzeige	Bemerkung
radizieren	600 INV ÷ 3	600 600 3	Zahlenwert eingeben Zahlenwert eingeben
gleich	=	8.434	Wurzelwert ausgeben

Tasten $\boxed{\sin}$, $\boxed{\cos}$, $\boxed{\tan}$ (Winkelfunktionen) und
$\boxed{\text{INV}}\,\boxed{\text{SIN}}$, $\boxed{\text{INV}}\,\boxed{\cos}$, $\boxed{\text{INV}}\,\boxed{\tan}$ (Arcusfunktionen)
    arcsin   arccos   arctan

Beispiel 1:
Von einem Bohrer sind die Spitzenhöhe $l_s = 6$ mm und der halbe Durchmesser $r = 9{,}8$ mm bekannt.
Wie groß ist der halbe Spitzenwinkel β in Grad?

Lösung:

$\tan \beta = \dfrac{r}{l_s}$

$\tan \beta = \dfrac{9{,}8 \text{ mm}}{6 \text{ mm}}$

$\underline{\beta = 58{,}5°}$

Hinweis:
Bevor der Zahlenwert mit dem Taschenrechner berechnet werden kann, ist die richtige Betriebsart einzustellen, hier als DEG (vgl. S. 204, Beispiel 1).

Rechenoperation	Taste(n)	Anzeige	Bemerkung
dividieren	9.8 ÷ 6	9.8 9.8 6	Zahlenwert eingeben Zahlenwert eingeben
gleich	=	1.6333	Quotient ausgeben
Winkelwert best.	INV tan	58.5231	Ergebnis ausgeben

Beispiel 2:
Von einem Bohrer sind der Durchmesser $d = 6$ mm und der Spitzenwinkel $\sigma = 80°$ bekannt.
Wie groß ist die Spitzenlänge l_s?

Lösung:

$\tan \dfrac{\sigma}{2} = \dfrac{d/2}{l_s}$

$l_s = \dfrac{d/2}{\tan(\sigma/2)}$

$l_s = \dfrac{3 \text{ mm}}{\tan 40°} = 3{,}57$ mm

Rechenoperation	Taste(n)	Anzeige	Bemerkung
dividieren	3 ÷ 40 tan	3 3 40 0.8390	Zahlenwert eingeben Zahlenwert eingeben tan 40° berechnen
gleich	=	3.5752	Ergebnis ausgeben

Tasten $\boxed{\text{EXP}}$ (Exponenteneingabe) und $\boxed{\text{ENG}}$ (technische Schreibweise)

Beispiel:
$l = 3{,}5 \cdot 10^3$ mm $- 1600$ mm

Rechenoperation	Taste(n)	Anzeige	Bemerkung
	3.5	3.5	Mantisse eingeben
	EXP	3.5 00	Exponenteneingabe einstellen
	3	3.5 03	Exponenten eingeben
subtrahieren	−	3500	Zahlenwert in Standardform umwandeln
	1600	1600	Zahlenwert eingeben
gleich	=	1900	Differenz ausgeben
	ENG	1.9 03	Anzeige in Exponentialform, Bedeutung: $1{,}9 \cdot 10^{03}$

Mit der Taste $\boxed{\text{ENG}}$ oder den Tasten $\boxed{\text{INV}}\,\boxed{\text{ENG}}$ wird der Zahlenwert in Exponentialform so dargestellt, daß der Exponent durch 3 teilbar ist.

Beispiel:
3 kg einer 70%igen Kupferlegierung werden mit 2 kg einer 50%igen Kupferlegierung gemischt.
Welche Kupferkonzentration hat die neue Legierung?

Lösung:

$p_1 \cdot m_1 + p_2 \cdot m_2 = p \cdot (m_1 + m_2)$

$p = \dfrac{p_1 \cdot m_1 + p_2 \cdot m_2}{m_1 + m_2}$

$p = \dfrac{0{,}7 \cdot 3 \text{ kg} + 0{,}5 \cdot 2 \text{ kg}}{3 \text{ kg} + 2 \text{ kg}} = \dfrac{0{,}7 \cdot 3 + 0{,}5 \cdot 2}{3 + 2}$

$p = (0{,}7 \cdot 3 + 0{,}5 \cdot 2)/(3 + 2) = 0{,}62 = 62\%$

Rechenoperation	Taste(n)	Anzeige	Bemerkung
	[(		erste Klammer geöffnet
	.7		Zahlenwert eingeben
multiplizieren	×		
	3		Zahlenwert eingeben
addieren	+		Produkt: 0,7 ∗ 3
	.5		Zahlenwert eingeben
multiplizieren	×		
	2		Zahlenwert eingeben
	)]		Klammer schließen Ergebnis der Klammer
dividieren	÷		
	[(		erste Klammer geöffnet
	3		Zahlenwert eingeben
addieren	+		
	2		Zahlenwert eingeben
	)]		Klammer schließen
gleich	=		Ergebnis ausgeben

1.4 Dreisatz, Verhältnis (Proportionen)

Gleiche Verhältnisse (direkte Proportionalität)

Beispiel:
Ein kaltgewalztes Feinblech, Kennzeichnung 1.0333-03-g, mit einer Blechdicke von 0,35 mm und einer Fläche von 2,88 m² hat die Masse 7,92 kg. Welche Masse hat ein Feinblech gleicher Kennzeichnung und Blechdicke mit einer Fläche von 4,74 m²?

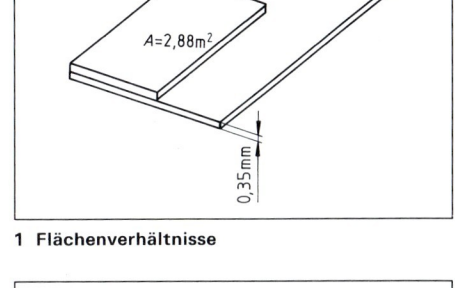

1 Flächenverhältnisse

Lösungsvermutung
Da die Fläche des Bleches mit der gesuchten Masse etwas unter der doppelten Fläche des Bleches mit der bekannten Masse liegt, ist ein Ergebnis $m < 2 \cdot 8 \text{ kg} = 16 \text{ kg}$ zu erwarten.

Diese Lösungsvermutung nutzt die Kenntnisse über gleiche Verhältnisse. In Bild 2 wird das Verhältnis zwischen Blechfläche und Masse bei gleicher Blechdicke dargestellt. Gleiche Verhältnisse ergeben immer Geraden.

Liegen gleiche (direkte) Verhältnisse vor, so kann mit der Aussage „Je mehr ..., desto mehr ..." diese Verhältnisart beschrieben werden.

> Gleiche Verhältnisse: Je mehr, desto mehr.

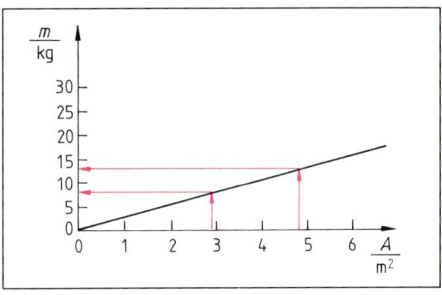

2 Direkte Proportionalität

Lösung mit dem Dreisatz als Rechenschema
Nach der Feststellung der gleichen Verhältnisse kann durch Anwendung der Dreisatzberechnung die Masse berechnet werden.

Gesucht: Masse $m = ?$ kg für 4,74 m² Feinblech	
Gegeben: Feinblechfläche $A = 2{,}88$ m² mit einer Masse $m = 7{,}92$ kg	
Der Behauptungssatz sagt aus: 2,88 m² haben die Masse 7,92 kg	Im 1. Satz die Behauptung aufstellen.
Von der Mehrheit auf die Einheit schließt der Mittelsatz: 1 m² hat die Masse $\dfrac{7{,}92 \text{ kg}}{2{,}88 \text{ m}^2}$	Im 2. Satz von der Mehrheit auf die Einheit schließen. **Bei gleichen Verhältnissen wird im Mittelsatz geteilt (dividiert).**
Von der Einheit auf die neue Mehrheit folgert der Schlußsatz: 4,74 m² haben die Masse $\dfrac{7{,}92 \text{ kg} \cdot 4{,}74 \text{ m}^2}{2{,}88 \text{ m}^2}$ 4,74 m² haben die Masse $m = 13{,}035$ kg	Im 3. Satz von der Einheit auf die neue Mehrheit schließen.

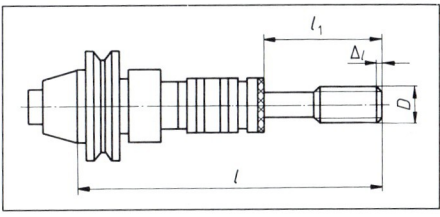

3 Gewindeformer

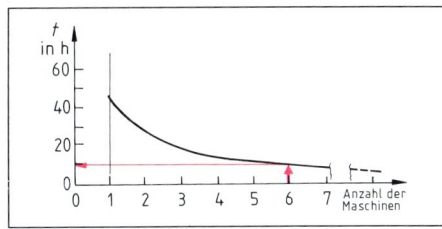

4 Indirekte Proportionalität

Auswertung des Ergebnisses
Das Ergebnis der Dreisatzrechnung bestätigt die Lösungsvermutung. Mit zunehmender Feinblechfläche nimmt die Masse im gleichen Verhältnis zu, d.h., je größer die Fläche des Feinblechs ist, desto größer wird die Masse des Feinblechs.

Umgekehrtes Verhältnis (indirekte Proportionalität)

Beispiel:
Mit vier CNC-Drehmaschinen werden Gewindeformer gefertigt, die in 12 Stunden 182 Paletten füllen (s. Bild 3). Wie viele Stunden benötigen 6 CNC-Drehmaschinen für die gleiche Menge?

Lösungsvermutung
Eine Lösungsvermutung ist in einer Darstellung des umgekehrten Verhältnisses, die das Bild 4 zeigt, überschlägig möglich. Aus dem Bild ist eine Zeit von ca. 10 h entnehmbar. Das umgekehrte Verhältnis kennzeichnet eine Verhältnisart, die mit der Aussage „Je mehr ..., desto weniger ..." beschrieben werden kann.

> Umgekehrte Verhältnisse: Je mehr, desto weniger.

1.4 Dreisatz, Verhältnis (Proportionen)

Lösung mit dem Dreisatz als Rechenschema
Nach der Feststellung des umgekehrten Verhältnisses kann durch Anwendung der Dreisatzberechnung die Fertigungszeit berechnet werden.

Gesucht:
Produktionszeit $t = ?$ h mit 6 CNC-Maschinen für 182 Paletten mit Gewindeformern.

Gegeben:
Produktionszeit 12 h mit 4 CNC-Maschinen für 182 Paletten mit Gewindeformern.

Der Behauptungssatz sagt aus: 4 CNC-Maschinen produzieren die Gewindeformer in 12 h.	Im 1. Satz die Behauptung aufstellen.
Von der Mehrheit auf die Einheit schließt der Mittelsatz: 1 CNC-Maschine produziert die Gewindeformer in $4 \cdot 12$ h.	Im 2. Satz von der Mehrheit auf die Einheit schließen. **Bei umgekehrten Verhältnissen wird im Mittelsatz malgenommen (multipliziert).**
Von der Einheit auf die neue Mehrheit folgert der Schlußsatz: 6 CNC-Maschinen produzieren die Gewindeformer in $t = \dfrac{4 \cdot 12 \text{ h}}{6} = 8$ h	Im 3. Satz von der Einheit auf die neue Mehrheit schließen.

Auswertung des Ergebnisses
Das Ergebnis der Dreisatzrechnung bestätigt die Lösungsvermutung.

Mit zunehmender Anzahl der CNC-Maschinen nimmt die Produktionszeit für die gleiche Anzahl von Gewindeformern ab, d.h., je größer die Anzahl von CNC-Maschinen ist, desto weniger Produktionszeit ist zu veranschlagen.

Das Bild 4, S. 207, zeigt den Bereich auf, in dem eine sinnvolle Produktion möglich ist.

Wirtschaftliche Überlegungen, d.h. Kosten, Rüstzeiten, Personal usw. begrenzen den Maschineneinsatz.

Übungen

1. Eine Rolle mit Kupferrohr hat die Masse $m = 36{,}44$ kg. Wieviel Meter Kupferrohr sind auf der Rolle, wenn 4 m Rohr 0,484 kg wiegen?

2. Die vier Lüfter in einer Werkhalle tauschen in 4 Stunden insgesamt 194 000 m³ Luft aus. In welcher Zeit wird bei dem Einsatz von zwei zusätzlichen Lüftern gleicher Leistung die gleiche Luftmenge ausgetauscht?

3. In einer Fabrik fertigen Wickelautomaten die elektrischen Spulen für die Magnetschalter von elektropneumatischen Ventilen. In einer Schicht, d.h. 8 Stunden, produzieren drei Wickelautomaten 2676 Spulen. Wie viele Spulen können gefertigt werden, wenn ein Automat für eine Schicht ausfällt?

4. Aus 4,2 m kaltgewalztem Band (Stahl) lassen sich 12 Schlauchschellen herstellen. Vorrätig sind noch 74 m Band. Können damit die benötigten 260 Schellen gefertigt werden?

5. Zwei Bandförderanlagen können in $6\,^1/_2$ Stunden insgesamt 2 400 000 kg (64 Güterwagen) mit Eisenerz füllen. Auf welche Zeit verkürzt die Installation einer gleichen, dritten Förderanlage den Transport der gleichen Menge?

6. Kaltgezogener Stahldraht nach DIN 177 (4 mm Durchmesser) hat eine Masse von 98,9 kg/1000 m. Wieviel Meter befinden sich auf einer Rolle mit der Masse von 226 kg, wenn die Masse der Rolle selbst 16,4 kg beträgt?

7. Die Notstrombatterie einer zentralen Rechneranlage kann 18 angeschlossene Personalcomputer über 36 Stunden versorgen. Wie lange kann die Versorgung aufrechterhalten werden, wenn der Verbund um vier gleiche Personalcomputer erweitert wird?

8. In einer mit Regenwasser gefüllten Baugrube auf einer Werkhallenbaustelle können zwei Pumpen in 15 Stunden die Grube leeren. In welcher Zeit ist die Grube mit sieben gleichen Pumpen zu leeren?

9. Bei der Montage von Feinmeßgeräten sind 3 Facharbeiter 56 Stunden mit Einstellarbeiten beschäftigt. Wie viele Arbeitskräfte müßten eingesetzt werden, wenn die Arbeit in mindestens 20 Stunden durchgeführt sein sollen?

10. Vier Meter kaltgezogene Präzisionsstahlrohre mit 12 mm Außendurchmesser, Wanddicke 1 mm, haben eine Gewichtskraft von 10,64 N. Welche Gewichtskraft haben 26 m Rohr?

11. Eine Gruppe von 6 Facharbeitern benötigt für das Aufstellen und Einfahren einer CNC-Fertigungslinie 21 Tage bei $7\,^1/_2$ Stunden täglicher Arbeitszeit. Für die gleiche Aufgabe wird die Gruppe später um 3 Facharbeiter verstärkt und die tägliche Arbeitszeit auf $9\,^1/_2$ Stunden erhöht. In welcher Zeit ist die Montage nun durchzuführen?

12. Ein kaltgewalztes Stahlblech mit 3 mm Dicke hat bei 2,4 m² Fläche eine Masse von 56,54 kg. Welche Masse haben 1,7 m² Stahlblech?

1.5 Prozentrechnung

Beispiel:

Für einen Pumpenrotor (Bild 1) aus ungeglühtem Gußeisen ist ein Durchmesser von 430 mm am Gußteilwerkstück gefordert. Aus dem Tabellenbuch ergibt sich für Gußeisen (GGG, ungeglüht) ein Schwindmaß von 1,2%. Wie groß ist das Modellmaß für den Pumpenrotor zu gestalten?

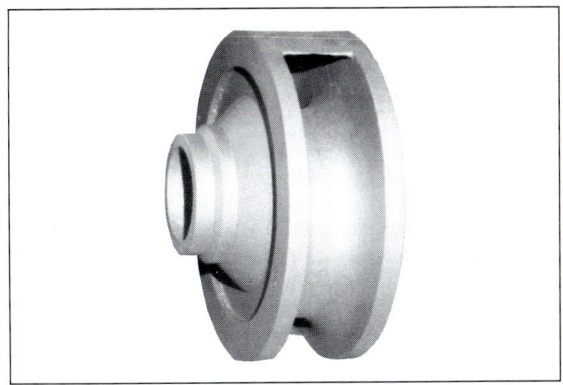

1 Pumpenrotor

Lösungsvermutung

Da das Schwindmaß mit 1,2% angegeben ist, d.h., größer als $^1/_{100}$ des Modellmaßes ist, ist ein Schwund >4,3 mm zu vermuten.

Lösung

Gesucht: Modellmaß d_m = ? mm

Gegeben: Schwindmaß s_m = 1,2%
Werkstückdurchmesser d = 430 mm

> 100% ≙ dem Ganzen (Grundwert)
> x% ≙ dem Teil vom Ganzen (Prozentwert)
> 1% ≙ $\frac{1}{100}$ des Grundwertes

Unter Anwendung der Prozentrechnung ist folgende Zuordnung zu treffen:

Das Modellmaß d_m ≙ 100 %, das ist der Grundwert.
Das Schwindmaß s_m ≙ 1,2%, das ist der Prozentsatz.
Der Werkstückdurchmesser
d ≙ 98,8%, das ist der Prozentwert.

Der Behauptungssatz sagt aus:
98,8% entsprechen 430 mm

Vom Prozentwert auf die Einheit 1% schließt der Mittelsatz:

1% entsprechen $\frac{430 \text{ mm}}{98,8\%}$

Von der Einheit auf den Grundwert folgt der Schlußsatz:

100% entsprechen $\frac{430 \text{ mm} \cdot 100\%}{98,8\%}$

Das Modellmaß d_m beträgt 435,22 mm.

Hinweis: Einsatz des Taschenrechners bei der Prozentrechnung vgl. Kap. 1.3.3.

Auswertung des Ergebnisses

Um nach dem Gießen den geforderten Werkstückdurchmesser d = 430 mm zu erhalten, ist im Modellmaß der Durchmesser um 5,22 mm größer zu veranschlagen.

Übungen

1. Der Barpreis einer drehzahlgeregelten Schlagbohrmaschine beträgt 489 DM. Bei Teilzahlung in drei Raten wird ein Aufschlag von 43 DM berechnet. Wieviel % beträgt der Aufschlag?

2. Der Verbrennungskraftmotor eines Notstromaggregats verbraucht bei Nennbelastung 34 l Dieselkraftstoff in 1,5 Stunden. Wie lange kann bei einer Tankfüllung von 660 l, von denen noch 75% vorhanden sind, das Notstromaggregat arbeiten?

3. Ein Anlagenteil eines Hochregallagers wird im Rahmen der Gesamtkosten der kompletten Anlage mit 143000,– DM veranschlagt. In diesem Anlagenteil sind 23540,– DM für Lohnnebenkosten enthalten. Aufgrund des kurzfristigen Termins soll mit Überstunden, d.h. 17% Zuschlag zu den Lohnnebenkosten, das Anlagenteil termingerecht gefertigt werden. Um wieviel DM verteuert sich das Anlagenteil?

4. Ein Elektromotor einer Arbeitsmaschine hat eine Nenndrehfrequenz von 2870 1/min bei Nennbelastung. In kurzzeitigen Belastungsspitzen sinkt die Umdrehungsfrequenz um 19%. Welche minimale Umdrehungsfrequenz stellt sich in den kurzzeitigen Belastungsspitzen ein?

5. Ein Elektro-Gabelstapler wird bei konstantem Ladestrom in 9 Stunden in der Nacht aufgeladen. Im Zweischichtbetrieb eingesetzt, stehen nur noch $6^1/_2$ Stunden Ladezeit zur Verfügung. Um wieviel Prozent ist die durchschnittliche Nutzungsdauer des Fahrzeugs gemindert?

6. Der Werkstoffverlust (Verschnitt) bei der Fertigung von Frontplatten für Elektroschaltschränke aus Feinblech beträgt 21,4%. Wieviel DM sind für den Verschnitt zu berechnen, wenn pro Serie für 14446,– DM Feinblech benötigt wird?

7. Der zulässige Anzeigefehler bei einer elektronischen Drehmomentenanzeige beträgt ±1,5% des Meßbereich-Endwertes von 25 Nm. Bestimmen Sie den Anzeigefehler in Nm.

8. Maschinenteile einer Produktionsmaschine bestehen aus glasfaserverstärktem Material (Polypropylen). Der Hersteller der Maschinenteile gibt als obere Grenztemperatur 130 °C an. Welche Betriebstemperatur für die Produktionsmaschine ist einzuhalten, wenn 82% des max. Wertes der Grenztemperatur nicht überschritten werden sollen?

9. Die Facharbeiter eines metallverarbeitenden Betriebes erhalten 0,04% Gewinnbeteiligung. Wie hoch war der erwirtschaftete Gewinn des Unternehmens, wenn jedem Mitarbeiter 872,– DM ausbezahlt werden?

10. Beim Kauf eines auslaufenden Typs einer Ständerbohrmaschine erhält der Inhaber einer Bauschlosserei 28% Preisnachlaß, d.h. 1947,– DM. Wie hoch war der empfohlene Richtpreis für die Ständerbohrmaschine?

1.6 Grafische Darstellungen

1.6.1 Entwicklung einer grafischen Darstellung

Zur Klärung von technischen Fragestellungen werden wie in den Naturwissenschaften (Physik, Chemie) in vielen Fällen gezielte Versuche genutzt. Sie müssen geplant, durchgeführt und ausgewertet werden. Während der Versuchsdurchführung werden oftmals Meßwerte (Meßdaten) festgehalten.

Versuchsbeispiele: s. Bild 1

Zur Aufnahme der Abkühlungskurve wird z.B. alle 30 s die Temperatur der Schmelze gemessen. Dabei ergibt sich die Wertetabelle in Bild 2.

Wertetabellen sind in den meisten Fällen schwer zu deuten. Die zeichnerische (grafische) Darstellung ist überwiegend anschaulicher. In der Technik erfolgt die Darstellung im allgemeinen im Koordinatensystem nach DIN 461.

Zunächst müssen die Achsenbezeichnungen festgelegt werden. Die unabhängig Veränderliche (Variable) entspricht in diesem Fall der Zeit, da sie unbeeinflußbar ist. Sie wird auf der waagerechten Achse abgetragen. Folglich wird die Temperatur (die abhängig Veränderliche) auf der senkrechten Achse abgetragen.

Die Wahl der Aufteilung (Maßstab) der Zeit- und Temperaturachse hängt von der Größe der Darstellung und der Größe der gemessenen Werte ab. In diesem Fall stehen für beide Achsen ca. 3 cm zur Verfügung. Damit ergeben sich folgende Maßstäbe:

Zeitachse:	4 min pro cm
Temperaturachse:	200° C pro 1,5 cm

Jedes gemessene Wertepaar (Zeit; Temperatur) ergibt im Koordinatensystem einen Meßpunkt (siehe Bild 3).

Um die Meßpunkte zu verbinden, muß sichergestellt sein, daß alle Zwischenwerte ebenfalls meßbar sein könnten. Für diesen Versuch trifft die Annahme zu. Das Ergebnis ist die Abkühlungskurve für die oben genannte Blei-Zinn-Legierung.

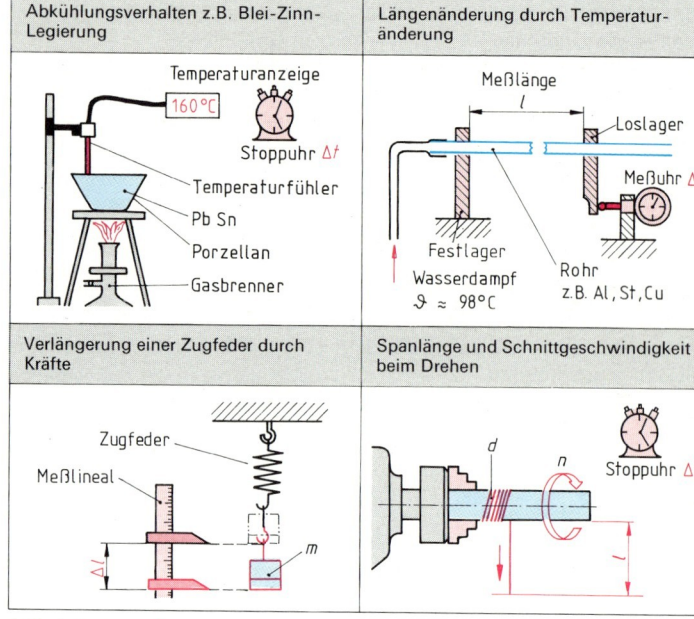

1 Einfache Grundlagenversuche

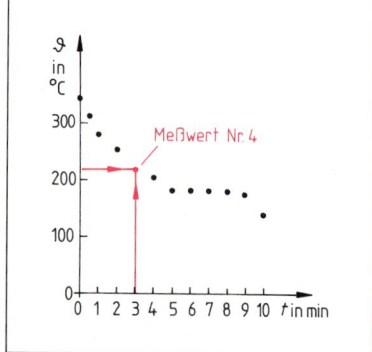

Meß-Nr.	Zeit t in min	Temperatur ϑ in °C
0	0,0	346
1	0,5	316
2	1,0	283
3	2,0	256
4	3,0	223
5	4,0	201
6	5,0	182
7	6,0	182
8	7,0	182
9	8,0	182
10	9,0	180
11	10,0	141

2 Meßwerttabelle

3 Meßwertepaare

1.6.2 Lesen einer grafischen Darstellung

Eine wesentliche Voraussetzung zum Lesen einer grafischen Darstellung ist die Kenntnis der im Versuch bewußt ausgegrenzten Randbedingungen (z.B. konstante Größen, Größen mit unwesentlichen Einflüssen, Versuchsgrenzen). Welche Informationen können nun aus dieser grafischen Darstellung herausgelesen werden?

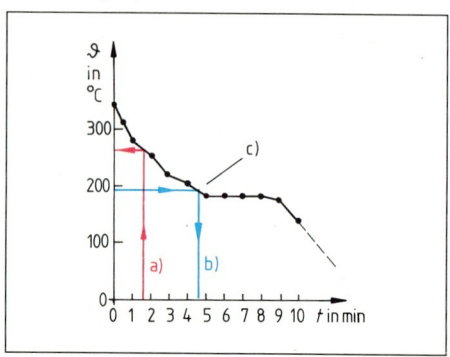

4 Abkühlungskurve

1.6 Grafische Darstellungen   1.6.3 Beispiele für grafische Darstellungen

- Die Temperatur sinkt für bestimmte Teilbereiche in gleichen Zeiten um gleiche Beträge. Derartige Zusammenhänge heißen in der Mathematik direkt proportional (vgl. Kap. 1.4). Dieses Merkmal ist in einer grafischen Darstellung bei der gewählten Achsenaufteilung immer am geraden Verlauf erkennbar.
- Die Temperatur der Schmelze sinkt bis zu einer bestimmten Temperatur ($\vartheta = 182\,°C$) gleichmäßig. Anschließend bleibt die Temperatur eine bestimmte Zeit konstant und fällt anschließend wieder gleichmäßig.
- Für den gesamten Meßbereich können Temperaturen/Zeiten abgelesen werden, ohne daß sie direkt gemessen wurden (interpolieren). Z.B.:
  a) Zur Zeit $t = 1,8$ min beträgt $\vartheta = 265\,°C$.
  b) Die Temperatur $\vartheta = 186\,°C$ ist nach $t = 4,4$ min erreicht.
- Das langsamere Absinken der Temperatur bzw. das Verharren bei 182 °C im Bereich c) muß technologisch gedeutet werden (siehe Technologie Kap. 1.3.1.3). Der Restschmelze wird bei der Bildung von Pb- und Sn-Kristallen Wärmeenergie zugeführt und verändert dadurch die Abkühlgeschwindigkeit.

1.6.3 Beispiele für grafische Darstellungen

Grafische Darstellung	Erklärung	Ausgewählte Beispiele
Torten-/Kreisdiagramm LAg 49, Sonderlot 49% Ag, 16% Cu, 7,5% Mn, 4,5% Ni, 23% Zn	Darstellung der Legierungsbestandteile Zur Aufteilung stehen 100% ≙ 360° zur Verfügung. Damit entspricht 1% einem Winkel von 3,6°. Für die entsprechenden Anteile lassen sich die Winkel berechnen, z.B. für Kupfer $\Delta\varphi = \dfrac{360° \cdot 16\%}{100\%} = 57,6°$ allgemein: $\Delta\varphi = \dfrac{360° \cdot \text{darzustellendes Ereignis}}{\text{Summe der Ereignisse}}$	• Leistungsbilanz (Motoren, Heizungen usw.) • Gewinnaufteilung • Sitzverteilung in Parlamenten s. auch Technologie Kap. 3.4.1, 3.4.2
Sankey*-Diagramm 100% ≙ b 31% Kühlung 34% Abgase 7% Reibung 28% Nutzleistung * Irischer Ingenieur (1853–1921)	Leistungsbilanz Otto-Motor Zur Aufteilung stehen 100% ≙ Ausgangsbreite b für alle zugeführten Energieanteile (Energieerhaltung) zur Verfügung. Die ermittelten Energieanteile können prozentual aufgeteilt und in der entsprechenden Breite gezeichnet werden z.B. für Kühlung: $\Delta b = \dfrac{2,3\,\text{cm} \cdot 31\%}{100\%} = 0,7\,\text{cm}$ allgemein: $\Delta b = \dfrac{b}{100\%} \cdot \text{Prozentwert des Anteils}$	• Energiebilanz eines Elektromotors • Gewinnaufteilung • Berufsgliederung der Mitarbeiter s. auch Technologie, Kap. 6.1
Balkendiagramm Stückzahl: Jan, Feb, März, April Kostenentwicklung: '84, '85, '86, '87, '88 Jahr / Bezugsgröße	Fertigungszahlen Die senkrechte Achse wird gemäß der maximal zu erwartenden Stückzahl und der zur Verfügung stehenden Darstellungslänge aufgeteilt. Auf der waagerechten Achse erscheinen z.B. Tage, Wochen, Monate. Die ermittelte Stückzahl wird mit dem festgelegten Maßstab umgerechnet und als Balken gezeichnet.	• Histogramm aus der Fertigung • Stromverbrauch pro Monat • Auslastung einer Werkzeugmaschine • Lehrstellenentwicklung • Wahlanalysen s. auch Technologie, Kap. 2.5.4, 3.1.1, 3.4.1

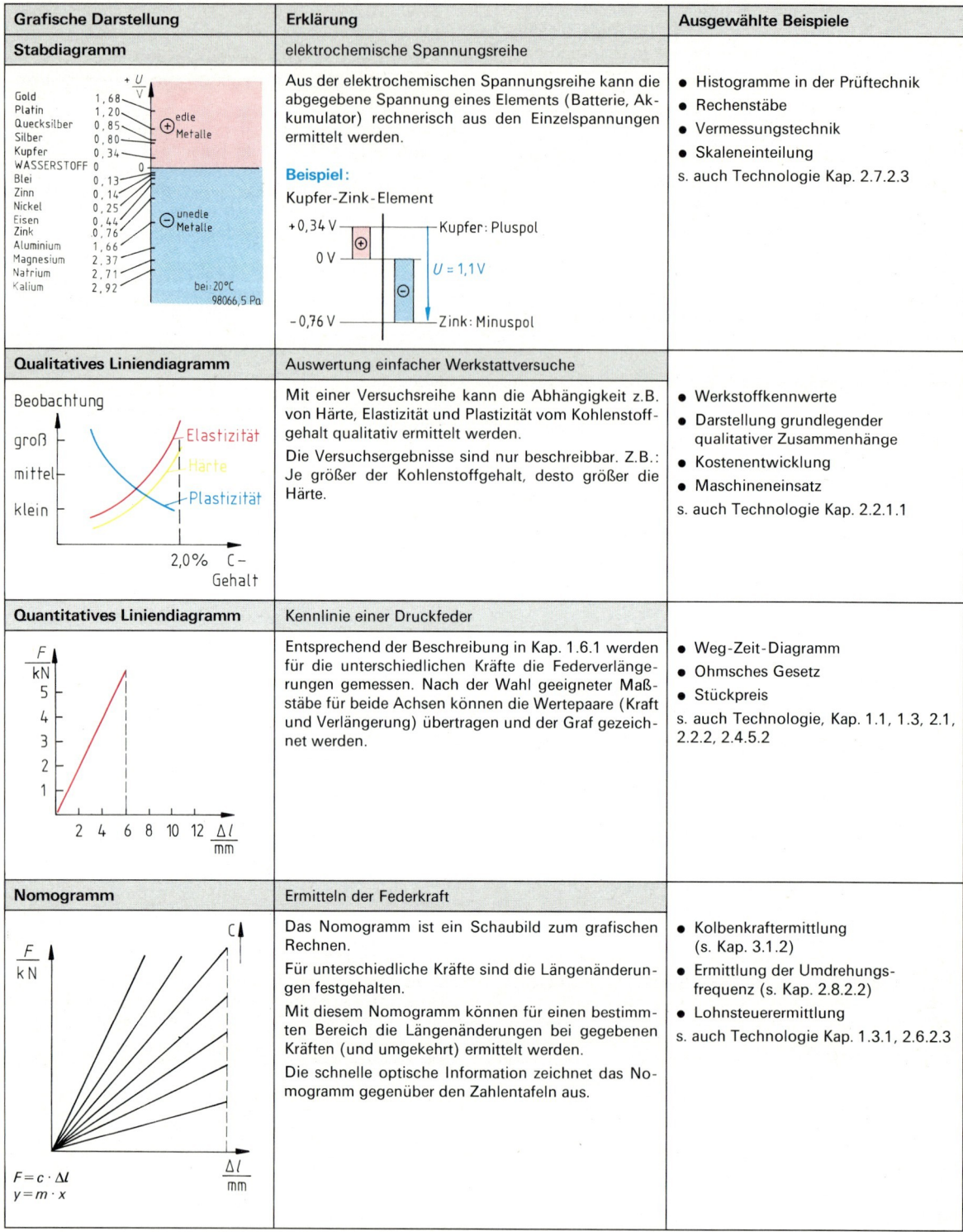

1.6 Grafische Darstellungen — Übungen

Übungen

1. Zeichnen Sie für die Wertetabellen (Zugfeder und Spanlänge) die grafischen Darstellungen und interpretieren sie den Grafen.

Meß-Nr.	m in kg	Feder 1 Δl in mm	Feder 2 Δl in mm
0	0,2	10	3
1	0,4	19	6
2	0,6	30	8
3	0,8	40	11
4	1,0	49	14
5	1,2	59	17
6	1,8		26
7	2,4		34
8	2,8		39
9	3,6		51
10	4,0		57

1 Zugfeder (s. Kap. 1.6.1)

1. Versuch

Meß-Nr.	d_1 in mm	s in m	t in s
0	50	2	8
1	50	3	11
2	50	4	15
3	50	6	22
4	50	8	30
5	50	10	37

$n = 100\ \text{min}^{-1}$

2. Versuch

Meß-Nr.	d_2 in mm	s in m	t in s
0	75	2	5
1	75	3	8
2	75	4	10
3	75	6	15
4	75	8	20
5	75	10	26

$n = 100\ \text{min}^{-1}$

2 Spanlänge (s. Kap. 1.6.1)

2. Welche Aussagen über den Längenausdehnungskoeffizienten der einzelnen Werkstoffe lassen die grafischen Darstellungen in Bild 4 zu?

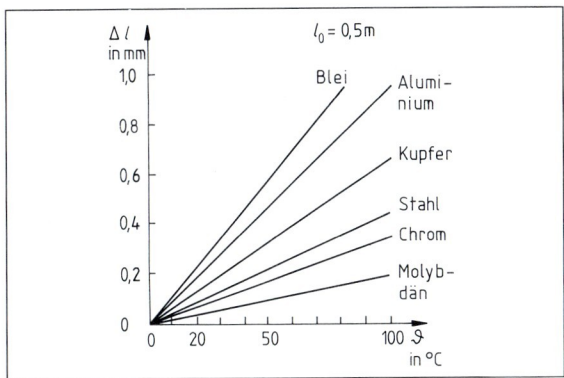

3 Wärmeausdehnung (s. Kap. 1.6.1)

3. Für die Beschreibung der Bewegung zweier Fahrzeuge (A und B) als Abstand s vom Startpunkt gilt das Diagramm Bild 3. Beschreiben Sie die unterschiedlichen Bewegungen.

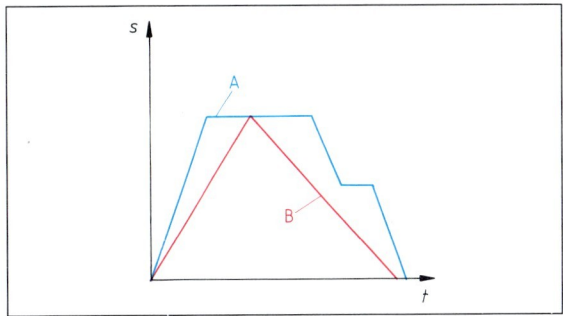

4 Weg-Zeit-Diagramm

4. Zeichnen Sie das Tortendiagramm für folgende Zusammensetzung eines Betriebes:

   Facharbeiter: 239; Angestellte: 196; Außendienstmitarbeiter: 56; Auszubildende: 52.

5. Welche rechnerische Einzelspannung entsteht bei einer Werkstoffpaarung Eisen-Aluminium (s. S. 212)?

6. Beschreiben Sie das Verhalten der drei unterschiedlichen Federn (Bild 5) bei Krafteinwirkung.

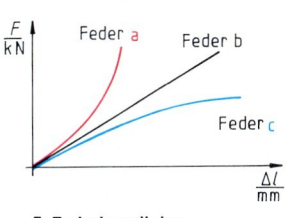

5 Federkennlinien

7. Ermitteln Sie aus dem Zustandsdiagramm (Bild 6) für eine Kupfer-Nickel-Legierung
   a) die Schmelztemperatur für reines Kupfer und Nickel,
   b) die Schmelz- und Erstarrungstemperatur für CuNi 25.
   c) Welche Versuchsreihe ermöglicht die Darstellung dieses Zustandsschaubildes?

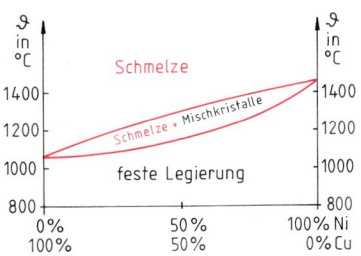

6 Zustandsdiagramm Cu-Ni

1.7 Der Satz des Pythagoras

In einer Bauschlosserei soll aus Vierkantrohr (40 mm) eine Gartentür mit den angegebenen Maßen (Bild 1) gefertigt werden. Zur Stabilisierung ist eine Querstrebe einzuschweißen.

Für den Facharbeiter ergibt sich aufgrund der vorliegenden Maße das Problem, die Länge der Querstrebe ermitteln zu müssen.

In der Praxis bieten sich mehrere Möglichkeiten an:
1. Der Rahmen wird hergestellt.
   Die Querstrebe wird an den vorliegenden Rahmen angepaßt.
2. Das anzufertigende Werkstück wird in einem geeigneten Maßstab aufgezeichnet.
   Die Länge der Querstrebe läßt sich durch Ausmessen bestimmen.
3. Die Länge der Querstrebe wird berechnet.

Können die Lösungswege unter 1. und 2. nicht verwendet werden, so erfolgt die Rechnung. Die Bestimmungsgleichung für rechtwinklige Dreiecke wird der Satz des Pythagoras (Pythagoras: griechischer Mathematiker, ca. 550 v.Chr.) genannt.

In der Mathematik gilt nachfolgende allgemeine Vereinbarung:

> In einem rechtwinkligen Dreieck ist die Summe der Kathetenquadrate gleich dem Hypotenusenquadrat.
> $$a^2 + b^2 = c^2 \qquad l_3^2 = l_1^2 + l_2^2$$

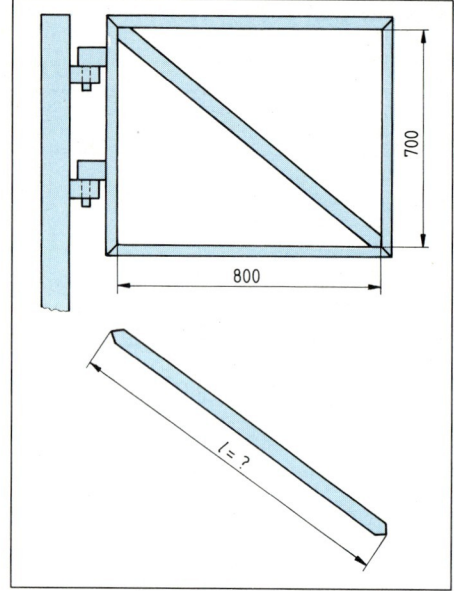

1

Umgeformt ergeben sich:

$l_3 = \sqrt{l_1^2 + l_2^2} \qquad l_2 = \sqrt{l_3^2 - l_1^2} \qquad l_1 = \sqrt{l_3^2 - l_2^2}$

Berechnung der Querstrebe:

Gesucht: l_3
Gegeben: l_1, l_2
Berechnung: $l_3 = \sqrt{l_1^2 + l_2^2}$
$l_3 = \sqrt{(700 \text{ mm})^2 + (800 \text{ mm})^2}$
$l_3 = \sqrt{490\,000 \text{ mm}^2 + 640\,000 \text{ mm}^2}$
$l_3 = \sqrt{1\,130\,000 \text{ mm}^2}$
$\underline{\underline{l_3 = 1063{,}01 \text{ mm}}}$

Berechnung mit dem Taschenrechner

Rechenoperation	Taste(n)[1]	Anzeige	Bemerkung
quadrieren	700 INV √	700 490000	Zahlenwert eingeben 700^2
addieren	+	490000	
quadrieren	800 INV √	800 640000	Zahlenwert eingeben 800^2
gleich	=	1130000	Summe von: 490 000 + 640 000
Quadratwurzel	√	1063.014	1063.014581

[1] s. Handhabung Taschenrechner (Kapitel 1.3)

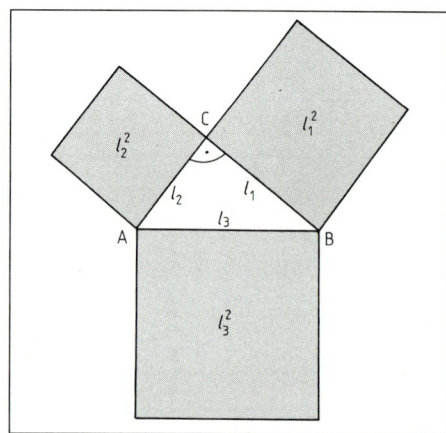

2

Auswertung des Ergebnisses:
abgerundeter Wert: $\underline{\underline{l_3 = 1063{,}0 \text{ mm}}}$

Der Zahlenwert für die Länge muß abgerundet werden, damit das Teil ohne Nachbearbeitung eingepaßt werden kann.

Nach dem Ablängen des Vierkantrohrer auf 1063,0 mm sind die Enden der Querstrebe auf Gehrung zu schneiden.

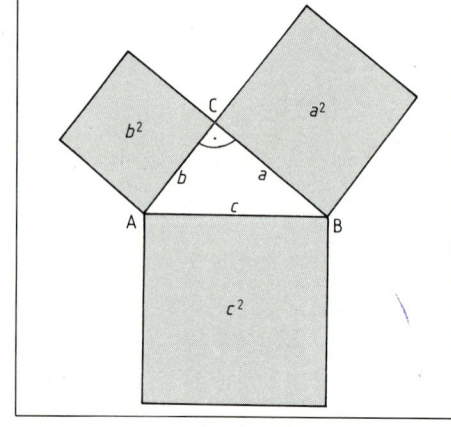

3

1.7 Der Satz des Pythagoras — Übungen

Für die Ergebniskontrolle bieten sich verschiedene Möglichkeiten an, z.B.:
- maßstäbliche Freihandskizze mit anschließendem Ausmessen von l_3,
- Wegen der Beziehungen im rechtwinkligen Dreieck gilt

l_3 ist größer als l_1, $l_3 > l_1$
l_3 ist größer als l_2, $l_3 > l_2$
l_3 ist kleiner als l_1 plus l_2. $l_3 < l_1 + l_2$

Bei fast allen Anwendungen des Satzes des Pythagoras ist das Entdecken des rechtwinkligen Dreiecks das eigentliche Problem.

Übungen

1. Bestimmen Sie die Seitenlängen des jeweiligen rechtwinkligen Dreiecks aus den nachfolgenden Zeichnungen (Profile wählen).

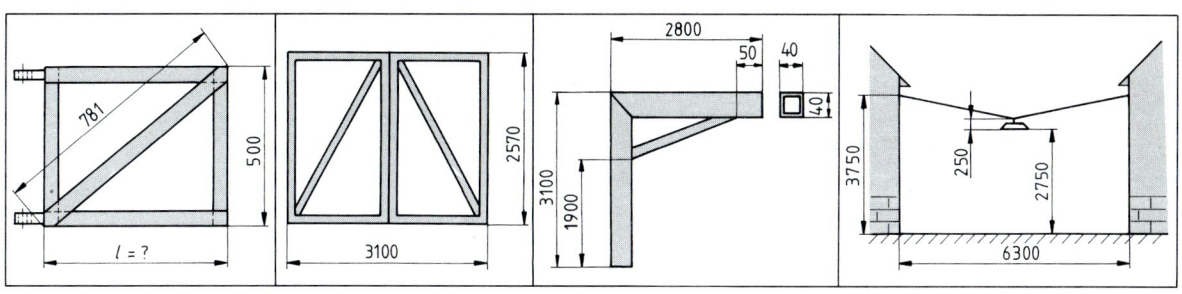

1 Gartenpforte   2 Werktor   3 Ausleger   4 Lampe

2. a) Erstellen Sie ein Struktogramm zur Berechnung der unbekannten Kathete l_1.
   b) Übersetzen Sie das Struktogramm in eine Programmiersprache. Testen Sie das Programm mit der gegebenen Kathete $l_2 = 3$ m und der Hypotenuse $l_3 = 5$ m.
   c) Wie verändert sich das Programm für die Berechnung der unbekannten Kathete l_2?

3. Aus einem gezogenen Rundmaterial aus Stahl ist ein Vierkant mit der Schlüsselweite $s = 32$ mm zu fräsen.
   a) Welchen Durchmesser muß das Rundmaterial mindestens haben? Welches Rundmaterial ist nach DIN 668 zu verwenden?
   b) Welche Schnittiefe muß beim Stirnfräsen in einem Schnitt eingestellt werden?

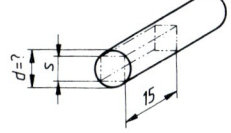

4. Berechnen Sie den Mindestdurchmesser des Rohmaterials für eine Sechskantmutter M30 mit der Schlüsselweite $s = 44$ mm (Sonderanfertigung).
   Hinweis: Sechseckkonstruktion siehe „Technische Kommunikation" (Kap. 3.1).

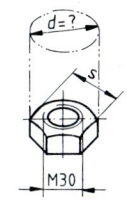

5. Für ein 3,19 m langes Gewächshaus ist eine Aluminiumkonstruktion mit 40 mm T-Profilen herzustellen. Auf welche Länge sind die Streben zu sägen?

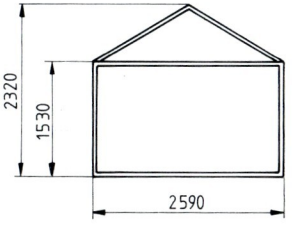

6. Für die Reparatur einer Anhängergabel entsprechend nebenstehender Skizze ist die Strebe a zu erneuern. Auf welche Länge muß das verwendete Rohmaterial zugeschnitten werden?
(U-Profil 80 × 60)

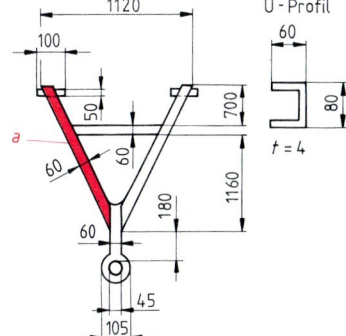

7. Für die Berechnung der Schnittkraft, die zum Ausschneiden der skizzierten Ausgleichsmassen erforderlich ist, wird die Schnittlänge l (Umfang) benötigt. Berechnen Sie hierfür die Länge des geraden Schnittverlaufes.

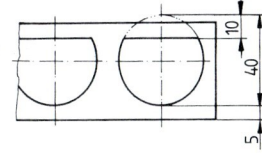

8. In der Platte zur Befestigung eines Flanschlagers sind 4 Bohrungen für M12-Schrauben zu bohren.
Wie groß ist der Lochmittenabstand x?

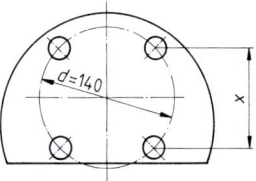

1.8 Winkelfunktionen

9. Der Mittelpunkt des Walzenfräsers mit $d = 60$ mm befindet sich $l = 24$ mm vor der Werkstückkante. Welchen Anlauf l_a hat der Facharbeiter zur Sicherheit eingehalten?

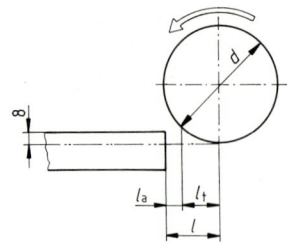

11. Für einen Einfülltrichter gelten die Abmessungen der Skizze.
Berechnen Sie die Länge x der Seitenwände.

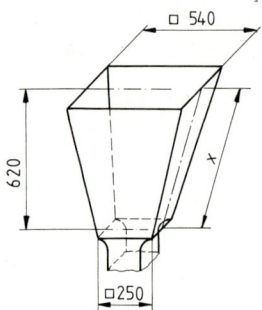

10. Der Ausleger wird durch eine Druckstrebe mit $l = 3{,}30$ m gestützt.
Wie groß ist der Abstand x der beiden Lager?

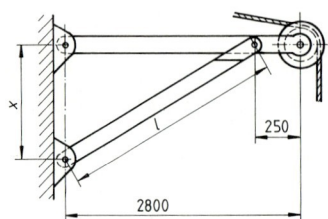

12. Aus dem Ende einer runden Welle mit $d = 70$ mm ist zur formschlüssigen Aufnahme einer Kurbelwange ein Zapfen mit dreieckförmigem Querschnitt herauszuarbeiten.
Berechnen Sie die Schnittiefe beim Fräsen für das größtmögliche gleichseitige Dreieck.

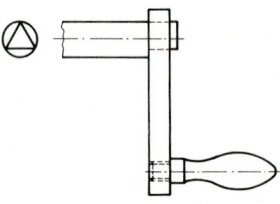

1.8 Winkelfunktionen

Aufgabe
Im Tabellenbuch ist für Spiralbohrer (Stahl) die Angabe für die Bohrerspitze mit $l_s = 0{,}3 \cdot d$ angegeben. Für einen 19,6 mm Spiralbohrer der Anwendungsgruppe N mit einem Spitzenwinkel von 118° (s. Bild 1) soll mit mathematischen Berechnungen diese Angabe nachgewiesen werden.

Lösung
Für die Lösung der Aufgabe sollen die Winkelfunktionen Anwendung finden.

Allgemeine Aussagen zum rechtwinkeligen Dreieck
Die Abbildung (s. Bild 2) zeigt die Abhängigkeiten der Seitenverhältnisse im rechtwinkeligen Dreieck.

Für die gestellte Aufgabe ist nun das Dreieck im Spiralbohrer zu finden, das die Grundlage der weiteren Berechnung ist (s. Bild 1 Seite 217).

1 Spiralbohrerspitze

ähnliche Dreiecke	Seitenabhängigkeit	Bezeichnung	Schreibweise
	$\dfrac{\text{Gegenkathete}}{\text{Hypotenuse}}$	Sinusfunktion	$\sinus\ \alpha = \dfrac{a}{c} = \dfrac{a'}{c'} = \dfrac{a''}{c''} \ldots$
	$\dfrac{\text{Ankathete}}{\text{Hypotenuse}}$	Cosinusfunktion	$\cosinus\ \alpha = \dfrac{b}{c} = \dfrac{b'}{c'} = \dfrac{b''}{c''} \ldots$
	$\dfrac{\text{Gegenkathete}}{\text{Ankathete}}$	Tangensfunktion	$\tangens\ \alpha = \dfrac{a}{b} = \dfrac{a'}{b'} = \dfrac{a''}{b''} \ldots$
	$\dfrac{1}{\tan}$	Cotangensfunktion	$\cotangens\ \alpha = \dfrac{1}{\tan \alpha}$

2 Winkelfunktionen in rechtwinkligen Dreiecken

1.8 Winkelfunktionen — Übungen

Berechnung

Gesucht: Bohrerspitze $l_s = ?$ mm (entspricht der Ankathete).

Gegeben: Halber Durchmesser des Spiralbohrers $d = 19{,}6$ mm (entspricht der Gegenkathete).
Winkel $\beta = 59°$ (entspricht dem halben Spitzenwinkel).

Bestimmungsgleichung: $\tan \beta = \dfrac{\text{Gegenkathete}}{\text{Ankathete}}$

$\text{Ankathete} = \dfrac{\text{Gegenkathete}}{\tan \beta}$

Bezogen auf den Spiralbohrer:

$l_s = \dfrac{\frac{d}{2}}{\tan \beta} \qquad l_s = \dfrac{19{,}6 \text{ mm}}{2 \cdot 1{,}66} \to$ Taschenrechner (Bild 2)

$l_s = \dfrac{d}{2 \cdot \tan \beta} \qquad l_s = 5{,}90 \text{ mm}$

Hinweis: Einsatz des Taschenrechners beim Rechnen mit Winkelfunktionen vgl. Kap. 1.3.3.

Auswertung der Ergebnisse

Aus der Gleichung $l_s = \dfrac{d/2}{\tan \beta}$ ist erkennbar, daß l_s vom Spitzenwinkel $\sigma = 2 \cdot \beta$ und dem Durchmesser des Spiralbohrers abhängt. Ein Vergrößern des Spitzenwinkels hat eine kleinere Spitzenhöhe l_s bei gleichem Durchmesser zur Folge.

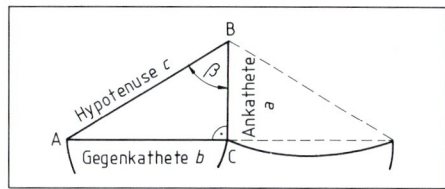

1 Rechtwinkliges Dreieck

Taschenrechner

Bedienung	Anzeige	Bemerkung
Mode 4	DEG	Umschalten auf Grad (engl. degree)
59	59	Winkelwert eingeben
tan	1.6642	tan des Winkels

2 Ermitteln des tan-Wertes für den Winkel $\beta = 59°$

Übungen

1. Aus einem Rundstahl, Durchmesser $d = 30$ mm, soll
   a) das größtmögliche Vierkant gefertigt werden.
   b) Welche größtmögliche genormte Schlüsselweite s läßt sich fertigen?

2. Bestimmen Sie den Bohrabstand s.

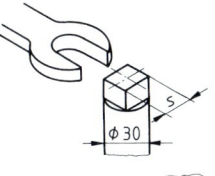
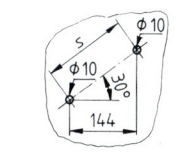

3. Mit Drahtseilen, Spreizwinkel 30°, werden Stahlbleche mit einer Gewichtskraft von 1700 N gehoben. Welche Kraft wirkt in jedem Drahtseil?

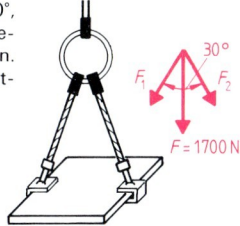

4. Mit einem Bohrautomaten ist die Bohrung 10 mm nach nebenstehender Zeichnung zu fertigen. Welcher Verfahrweg s ergibt sich, wenn der Bohrer nach dem Werkzeugwechsel an dem gekennzeichneten Punkt steht?

5. In welchem Abstand a sind die Dübel der Wandkonsole zu setzen, wenn eine Strebe lt. Skizze zur Versteifung eingebaut wird?

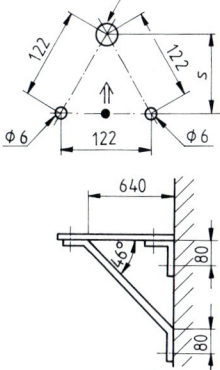

6. An einem Rundstahl mit 40 mm Durchmesser soll der größtmögliche Sechskant angefräst werden. Welche Schnittiefe (Frästiefe h) ist einzustellen?

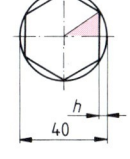

7. Welches Kontrollmaß s ist bei genauer Fertigung der Bohrungen nachzumessen?

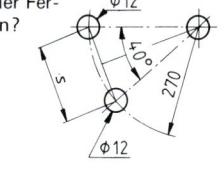

8. Ein Steuernocken mit einem Anfahrwinkel von $\alpha = 27°$ betätigt einen pneumatischen Endlagenschalter. Wie groß ist bei einem Schaltweg s von 4 mm der Anfahrweg s_a?

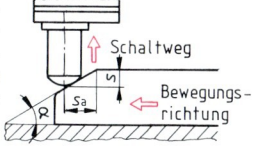

9. Der Gabelstapler soll im Rahmen von Montagearbeiten über eine provisorische Rampe, die einen max. Winkel von 20° nicht überschreiten darf, das geladene Werkstück transportieren. Welche Länge x müssen die Holzbohlen mindestens haben, wenn die Kante der Rampe 0,30 m überstehen soll und der Gabelstapler zum Absetzen der Last die Rampe nicht verläßt.

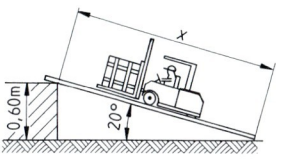

1.9 Lösen von Textaufgaben

1. Beispiel:

In einem kellergeschweißten quaderförmigen Öltank, der für 7000 l ausgelegt ist, mit der Grundfläche 4,6 m² und einer Höhe von 1,60 m wird der Ölstand mittels Peilstab mit $h = 86$ cm gemessen. Wieviel Liter Öl befinden sich noch im Tank?

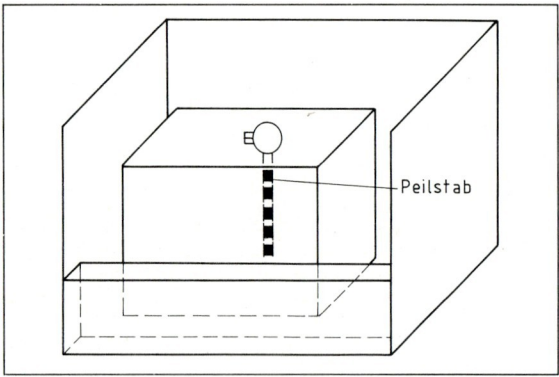

1 Kellergeschweißter Öltank (Schema)

Sinnvoll ist das Anfertigen einer Skizze, in der alle Größen gekennzeichnet werden. Aus dieser läßt sich bereits abschätzen, daß sich ca. 3500 Liter Öl noch im Tank befinden (2 · 86 cm ungefähr 160 cm).

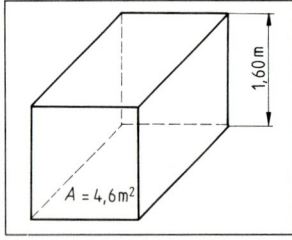

2 Lösungsskizze

Ermitteln der Zusammenhänge aus dem Text

Welche Größe ist gesucht?
Das Volumen des Heizöls: $V_ö = ?$ l

Welche Größen sind gegeben?
Das Gesamtvolumen des Tanks: $V_T = 7000$ l
Die Grundfläche des Tanks: $A_T = 4,60$ m²
Die Höhe des Öltanks: $h_T = 1,60$ m
Die Höhe des Ölstands: $h_ö = 86$ cm

Wie ist die gesuchte Größe mit den gegebenen Größen verknüpft?
Die Form des Tanks wird als quaderförmig angegeben.
Damit ist die Bestimmungsgleichung für Quader in der Form $V = A \cdot h$ anwendbar (s. Tabellenbuch).
Hier gilt: $V_ö = A_T \cdot h_ö$

Welche Angaben sind zusätzlich und werden für die Lösung nicht benötigt?
Die Gesamthöhe des Tanks: $h_T = 1,60$ m.
Das Fassungsvermögen des Tanks: $V_T = 7000$ l.

Berechnen der gesuchten Größe

$V_ö = A_T \cdot h_ö$	Da die gesuchte Größe bereits auf einer Seite alleine steht, entfällt eine weitere Umformung
$V_ö = 4,6$ m² $\cdot 86$ cm	1 m² $= 1$ m $\cdot 1$ m $=$ 10 dm $\cdot 10$ dm $= 100$ dm²
$V_ö = 4,6 \cdot 100$ dm² $\cdot 86$ cm $V_ö = 460$ dm² $\cdot 8,6 \cdot 10$ cm $V_ö = 460$ dm² $\cdot 8,6$ dm $V_ö = 3956$ dm³	10 cm $= 1$ dm 1 dm³ $= 1$ l; Umformung, da nach der Einheit l gefragt wird
$V_ö = 3956$ l	

Auswertung des Ergebnisses

In Tank befinden sich noch 3956 l Heizöl.

2. Beispiel:

Eine 10 m lange Dachrinne aus Titanzink verändert ihre Länge aufgrund von Temperaturschwankungen. Die Längenänderung zwischen Sommer (höchste Temperatur: 60 °C) und Winter (niedrigste Temperatur: −25 °C) ist zu bestimmen, damit geeignete Ausgleichsmaßnahmen bei der Installation durchgeführt werden.

Ermitteln der Zusammenhänge aus dem Text

Welche Größe ist gesucht?
Betrag der Längenänderung: $\Delta l = ?$ mm

Wie ist die gesuchte Größe mit den gegebenen Größen verknüpft?
Nach dem Tabellenbuch gilt:
$\Delta l = \alpha \cdot l_0 \cdot \Delta T$

Welche Größen sind gegeben?
Die Materialart ist mit Titanzink angegeben.
Damit ist der Längenausdehnungskoeffizient z.B. aus dem Tabellenbuch entnehmbar.
Längenausdehnungskoeffizient für Titanzink:
$\alpha = 0,000022$ K^{-1}
Länge: $l_0 = 10$ m

Welche Angaben sind zusätzlich und werden für die Lösung nicht benötigt?
Keine Angaben

Berechnen der gesuchten Größe

$\Delta \vartheta = \vartheta_1 - \vartheta_0$
$\Delta \vartheta = 60$ °C $- (-25$ °C$)$
$\underline{\Delta \vartheta = 85}$ °C $\Delta T \triangleq \Delta \vartheta$
$\underline{\Delta T = 85}$ K

$\Delta l = \alpha \cdot l_0 \cdot \Delta T$
$\Delta l = 0,000022$ K$^{-1} \cdot 10$ m $\cdot 85$ K
$\Delta l = 85 \cdot 0,000022 \cdot 10$ m
$\underline{\Delta l = 0,0187}$ m 1 m $= 1000$ mm

gerundet: $\underline{\Delta l = 19}$ mm

1.9 Lösen von Textaufgaben

Auswertung des Ergebnisses
Die berechnete Ausdehnung muß je nach der Dachrinnenart, -befestigung und Lage der Rinne am Gebäude fachlich korrekt berücksichtigt werden (Längenänderung s. Technologie Kapitel 1.1.1).

Je nach Augabenstellung sind zwei Wege sinnvoll:
a) Ermitteln der gegebenen Größen aus dem Text und dann Aufsuchen der Bestimmungsgleichung z.B. aus dem Tabellenbuch.
b) Aufsuchen der Bestimmungsgleichung z.B. aus dem Tabellenbuch und dann Ermitteln der gegebenen Größen aus dem Text.

Allgemeines Schema zum systematischen Lösen von Textaufgaben

Allgemeines Schema zum systematischen Lösen von Textaufgaben
Aufgabenstellung
Ermitteln der Zusammenhänge aus dem Text
Gegebenenfalls Anfertigen einer Skizze
Ermitteln der Unbekannten: Welche Größe(n) ist (sind) gesucht?
Ermitteln der im Text enthaltenen Daten: Welche Größen sind gegeben?
(Tabellenbuch)
Ermitteln der Bedingungen: Wie ist (sind) die gesuchte(n) Größe(n) mit den gegebenen Größen verknüpft?
(Tabellenbuch)
Welche der gegebenen Größen werden aufgrund der Bestimmungsgleichung nicht benötigt?
Lösen der Aufgabe
Abschätzen des zu erwartenden Ergebnisses (z.B. Überschlagsrechnung)
Gegebenenfalls Umstellen der Bestimmungsgleichung nach der gesuchten Größe.
Einsetzen von Zahlenwert und Einheit
Berechnung und Einheitenkontrolle
Auswertung des Ergebnisses
Vergleich von Überschlagswert und berechnetem Wert (gegebenenfalls mit Korrektur)
technologische Folgerung
Ende

Beispiel:
Die von Norddeutschland in das Ruhrgebiet verlegte Rohölleitung ist ca. 363 km lang. Die Stahlrohre haben $d_i = 750$ mm und $d_a = 800$ mm. Wegen Reparaturarbeiten muß auf einem 16 km langen Teilstück das Rohöl in Tanks umgefüllt werden. Wieviel Tonnen Rohöl müssen diese Tanks mindestens aufnehmen können?

Gesucht:
$m_1 = ?$ t

Gegeben:
$l_1 = 363$ km, $l_2 = 16$ km
$d_i = 750$ mm, $d_a = 800$ mm
$\varrho = 0{,}8$ kg/dm³

Bestimmungsgleichung:
$$V_ö = \frac{d_i^2 \cdot \pi}{4} \cdot h$$
$$m = V \cdot \varrho$$

Nicht benötigte Größen:
l_1, d_a

Überschlagsrechnung:
$d_i = 750$ mm $\Rightarrow A \approx 0{,}5$ m² $\Rightarrow V \approx 8000$ m³
$m \approx 6400$ t

Berechnen der gesuchten Größe:
$$V_ö = \frac{d_i^2 \cdot \pi}{4} \cdot h$$

$V_ö = \frac{(750 \text{ mm})^2 \cdot \pi}{4} \cdot 16$ km   1 m³ = 1000 dm³

$V_ö = 7068{,}583$ m³
$m_ö = V_ö \cdot \varrho$
$m_ö = 7068{,}583$ m³ $\cdot$ 800 kg/m³   1 t = 1000 kg
$m_ö = 5654{,}867$ t
gerundet: $m_ö = 5655$ t

Auswertung des Ergebnisses:
Der berechnete Wert stimmt größenordnungs- und einheitenmäßig mit dem Schätzwert überein.

Es sind 5655 t Rohöl umzufüllen.

2 Berechnung fertigungs- und prüftechnischer Größen

2.1 Längen

Die dargestellte Schelle (Bild 1) aus St 37-2 mit einer Breite von 30 mm und einer Dicke von 5 mm ist zu biegen. Vor dem Biegen muß der Flachstahl abgesägt werden. Soll kein oder nur wenig Verschnitt, d.h. in diesem Fall Flachstahlabfall, entstehen, stellt sich die Frage, wie groß die gestreckte Länge (Länge des ungebogenen Teils) für das Biegeteil ist.

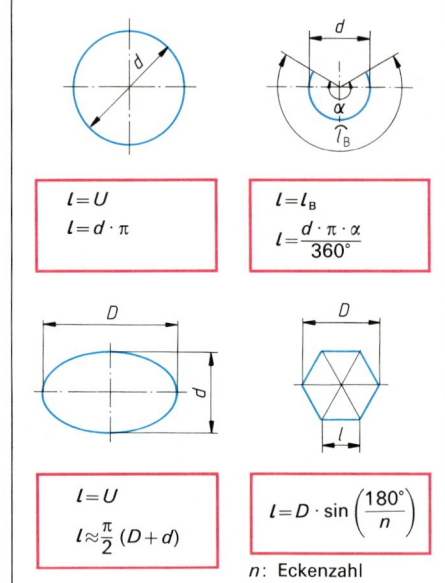

1 Schelle

> Gestreckte Länge des Biegeteils = Länge der neutralen Zone[1])

> Die neutrale Zone liegt auf der Schwerpunktachse[2])

Bei der Schelle, die aus einem rechteckigen Profil gebogen wird, ist die Schwerpunktachse leicht zu bestimmen: Sie liegt auf der farblich gekennzeichneten Mittellinie. Die Schwerpunktlagen von verschiedenen Profilen sind in Bild 3 dargestellt, weitere können Tabellenbüchern entnommen werden. Auf diese müssen sich die Berechnungen beziehen.

$l = 2 \cdot l_1 + 2 \cdot l_2 + 2 \cdot l_3 + l_4$	Gesamtlänge in berechenbare Teillängen zerlegen (siehe farbliche Kennzeichnung im Bild 1)
$l_1 = 15$ mm $l_2 = \dfrac{d \cdot \pi}{4}$ $l_2 = \dfrac{25 \text{ mm} \cdot \pi}{4}$ $l_2 = 19{,}6$ mm $l_3 = 10$ mm $l_4 = \dfrac{d \cdot \pi}{2}$ $l_4 = \dfrac{35 \text{ mm} \cdot \pi}{2}$ $l_4 = 55$ mm	Teillängen bestimmen (siehe nebenstehende Formeln und Tabellenbuch) **Vorsicht:** Radius auf Schwerpunktachse beziehen! (Schwerpunktlage siehe nebenstehende Darstellungen oder Tabellenbuch)
$l = 2 \cdot 15 \text{ mm} + 2 \cdot 19{,}6 \text{ mm}$ $\quad + 2 \cdot 10 \text{ mm} + 55 \text{ mm}$ $l = 144{,}2$ mm	Addition der Teillängen

In der Praxis wird der Flachstahl nicht genau auf den berechneten Wert abgesägt sondern mit einer Zugabe versehen (z.B. Zuschnittlänge = 150 mm) und zum Schluß auf eine Gesamtbreite von 90 mm gefertigt. Die Zugabe hängt von den jeweiligen Fertigungsbedingungen ab. Sie ist unter Berücksichtigung der Gegebenheiten vom Facharbeiter festzulegen und bleibt daher bei den vorliegenden Aufgaben unberücksichtigt.

Bei der Ermittlung der gestreckten Längen von Zug- und Druckfedern werden für die Ösen bzw. das Planschleifen der Federn zwei zusätzliche Windungen vorgesehen, so daß für die Berechnung die im Bild 4 aufgeführte Formel benutzt wird.

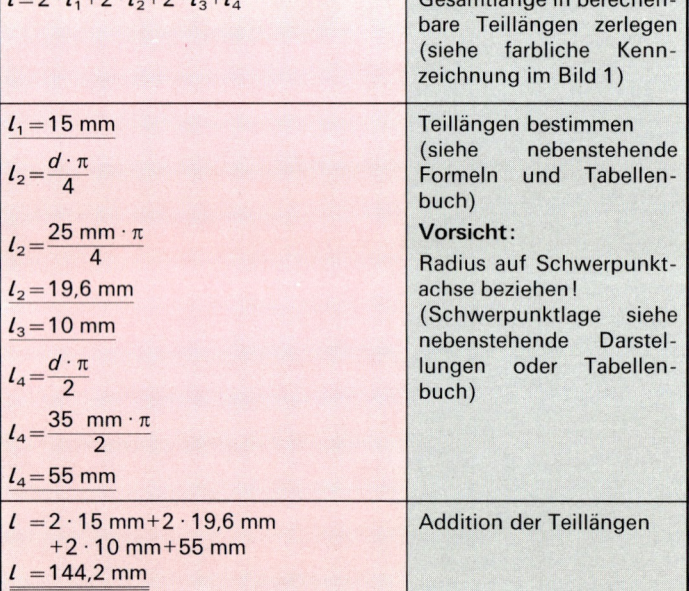

2 Längen

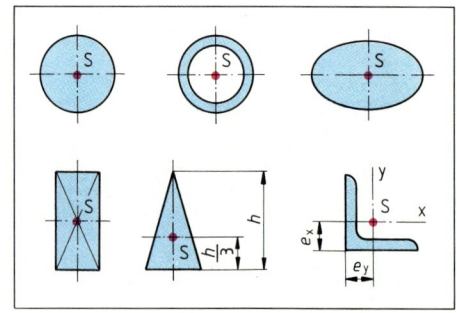

3 Schwerpunktlagen

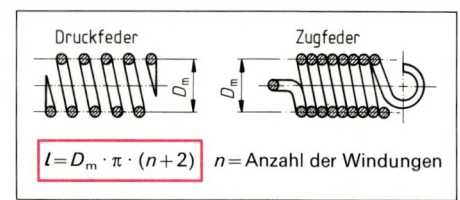

4 Gestreckte Längen von Federn

---

[1]) siehe Kapitel 2.2.1.1 Biegen (Technologie)
[2]) Nach DIN 6935 sind bei der genauen Berechnung von gestreckten Längen die auftretenden Abweichungen der neutralen Zone von der Schwerpunktachse durch entsprechende Korrekturfaktoren zu berücksichtigen.

2.1 Längen — Übungen

1. Wie groß ist die gestreckte Länge für den dargestellten gebogenen Bügel einer Aufhängevorrichtung?

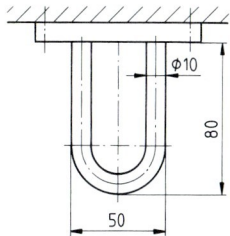

2. Wie viele der skizzierten Haken können aus einem 2 m langen Stab mit 3 mm Durchmesser hergestellt werden, wenn die Einzelstücke abgeschert werden?

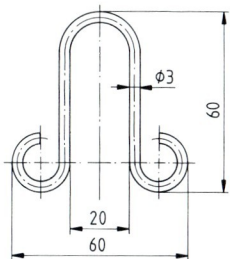

3. Aus einem Flachstahl von 20 mm Breite und 4 mm Dicke sollen die dargestellten Bügel gebogen werden. Wieviel Bügel können aus einer 2 m langen Stange gefertigt werden, wenn für das Absägen jeweils 3 mm für den Sägeschnitt erforderlich sind?

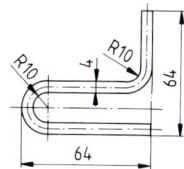

4. Wie groß ist die gestreckte Länge für den dargestellten Rohrbügel?

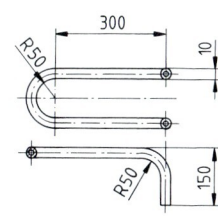

5. Wie groß muß die Ausgangslänge des Profils DIN 1028-L40×5 USt 37-2 für den dargestellten Kreisring sein?

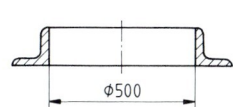

6. Eine Druckfeder mit 8 Windungen, 40 mm Außendurchmesser und 6 mm Federdrahtdurchmesser ist zu wickeln. Wie lang muß der dafür benötigte Federdraht sein?

7. Welche gestreckte Länge wird beim Biegen des dargestellten Blechprofils benötigt?

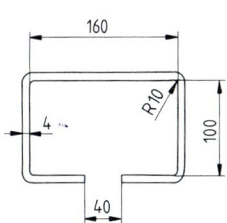

8. Welcher Innendurchmesser d wird erreicht, wenn ein Stab von 157 mm Länge zu einem Kreisring gebogen wird?

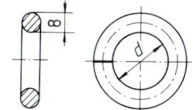

9. a) Welche Ausgangslänge wird für die dargestellte Öse benötigt?
   b) Um wieviel Prozent muß sich die gestreckte Länge verlängern, wenn bei sonst gleichen Biegeradien, Winkeln und Längen statt eines 4 mm-Drahtes ein 6 mm-Draht eingesetzt wird?

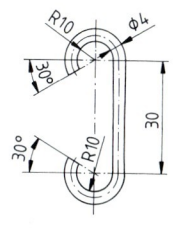

10. Aus einem Stab mit 6 mm Durchmesser und 165,4 mm Länge sollen Kettenglieder gebogen werden. Welche Abmessungen erhalten die Glieder, wenn sich $L:D = 2{,}5:1$ verhalten?

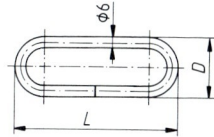

11. Elliptische Ringe der dargestellten Art sollen gebogen werden.
    a) Wie groß muß die gestreckte Länge für die angegebenen Maße sein?
    b) Wie lautet die allgemeine Formel für die gestreckte Länge in Abhängigkeit vom großen und kleinen Durchmesser (D und d) sowie der Höhe h?
    c) Welchen großen Durchmesser D kann man bei einer gestreckten Länge von 600 mm erzielen, wenn die Höhe des Dreikant-Profils 15 mm und das Verhältnis $D:d = 2:1$ betragen?

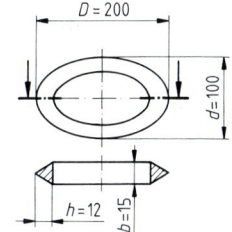

12. Welche Ausgangslänge wird für die Stahlbügel mit einem Drahtdurchmesser von 4 mm und einem Biegeradius von 12 mm benötigt? (Lösungshinweis: zunächst eine räumliche Skizze anfertigen.)

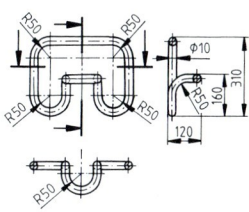

13. Die skizzierte Schweißkonstruktion besteht aus vier Teilstücken. Wie lang müssen die Stähle aus [-Profil DIN 1026-[40×20-USt 37-2 sein?

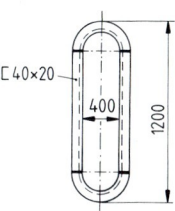

14. Wie groß ist die gestreckte Länge für die skizzierte Halteöse?

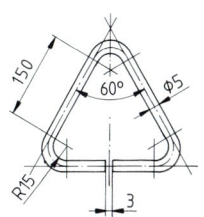

2.1 Längen — Übungen

15. Ein Kranseil von 16 mm Außendurchmesser und 20 m Länge soll auf eine Seiltrommel mit 350 mm Durchmesser gewickelt werden. Wie breit muß die Seiltrommel mindestens sein, wenn das Seil dicht nebeneinanderliegend in einer Lage aufgerollt wird?

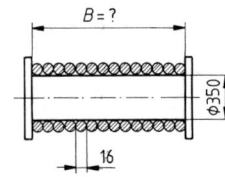

16. Mit wieviel Windungen kann eine Zugfeder mit 50 mm Außendurchmesser gewickelt werden, die aus einem Federstahl von 4 mm Durchmesser und einer Federstahllänge von 5 m hergestellt wird?

17. Welche Ausgangslänge wird für den Haken benötigt?

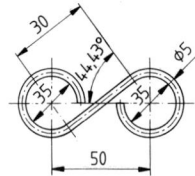

18. Aus einem Stab von 130,9 mm Länge wird ein Kreisbogen nach Skizze hergestellt. Wie groß ist der eingetragene Öffnungswinkel α?

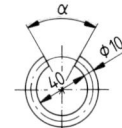

19. Wie lang ist der Schnitt, der beim Brennschneiden der skizzierten Platte durchzuführen ist?

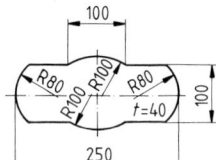

20. Die dargestellte achteckige Scheibe mit Langlöchern soll vollständig durch Brennschneiden aus einer Stahlplatte hergestellt werden. Wie lange dauert der Schneidvorgang, wenn eine Schneidgeschwindigkeit von 550 mm/min eingehalten wird?

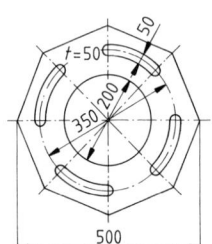

21. Der Rohling für ein Stehlager wird durch Brennschneiden hergestellt. Wie lange dauert das Brennschneiden, wenn die Schneidgeschwindigkeit 350 mm/min beträgt?

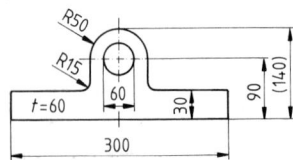

22. Entwickeln Sie für das Berechnen von Biegeteilen, die aus geraden und kreisbogenförmigen Teilstücken beliebiger Anzahl bestehen, Programmablaufplan bzw. Struktogramm und Programm. (Lösungshinweis: siehe Programmieren von Verarbeitungssystemen Kapitel 3.3; Technologie.)

23. Für die skizzierte Bandsäge ist ein Sägeblatt herzustellen.
    a) Mit welcher größten bzw. kleinsten Länge ist das Sägeblatt noch funktionsfähig?
    b) Für welche Länge würden Sie sich entscheiden, wenn die Rolle, von der das Sägeblatt abgeschnitten wird, 25 m lang ist?

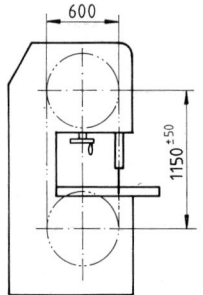

24. Für das dargestellte Biegeteil sind die Abwicklung zu skizzieren und deren Längen zu bestimmen.

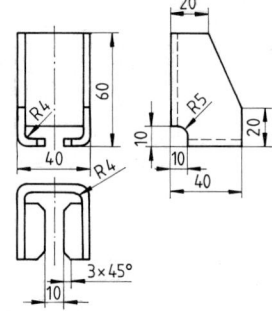

25. Wieviel kreisrunde Ringe können aus einem Stabstahl von 2,5 m Länge und 5 mm Durchmesser hergestellt werden, wenn der Innendurchmesser der Ringe 50 mm beträgt und für den Sägeschnitt jeweils 3 mm verloren gehen?

26. Eine Druckfeder mit einem mittleren Federdurchmesser von 50 mm und einem Drahtdurchmesser von 5 mm soll 12 Windungen erhalten. Wie lang muß der dafür erforderliche Draht sein?

27. Bei einer Zugfeder soll der Federaußendurchmesser 40 mm nicht überschreiten. Der Federaußendurchmesser verhält sich zum Drahtdurchmesser wie 8:1. Wie viele Windungen können aus einem Draht von 5 m gebogen werden?

28. Entwickeln Sie für die Längenberechnung von Zug- und Druckfedern Programmablaufplan bzw. Struktogramm, wobei die Berechnung der Länge L, des mittleren Durchmessers D_m und der Windungsanzahl n möglich sein soll und die jeweils gegebenen Größen im Dialog eingegeben werden.

29. Welche Länge hat die Schweißnaht. (Lösungshilfe: Der große Durchmesser der Ellipse kann mit Hilfe des Lehrsatzes des Pythagoras berechnet werden.)

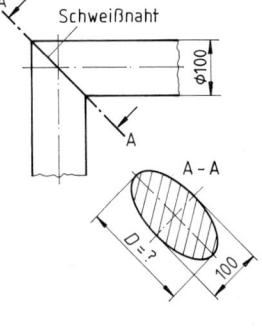

30. Wie groß muß die gestreckte Länge für das dargestellte Biegeteil sein. (Lösungshinweis: zunächst eine räumliche Skizze anfertigen und die erforderlichen Maße bestimmen).

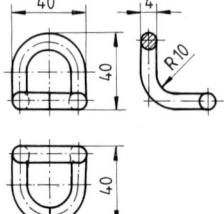

31. Die gestreckte Länge des nierenförmigen Biegeteils ist zu ermitteln.

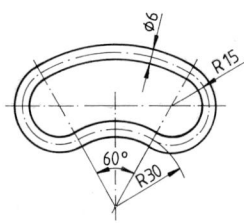

2.2 Flächen

Aus einem Aluminium-Blechstreifen von 100 mm × 132 mm × 2 mm ist die Schubstangenführung nach Bild 1 und Bild 2 herzustellen. Dazu muß der Facharbeiter zunächst die Abwicklung erstellen, wie sie in Bild 3 dargestellt ist. Die Abwicklungsmaße wurden unter der Voraussetzung ermittelt, daß die neutrale Zone in der Blechmitte liegt[1]. Aus betriebswirtschaftlichen Gründen sollen vom Facharbeiter der prozentuale Verschnitt ermittelt und Lösungsvorschläge für eine wirtschaftlichere Ausnutzung des Aluminium-Bleches bei der Herstellung von 20 Schubstangenführungen gemacht werden.

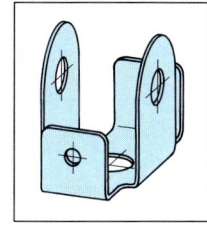

1 Schubstangenführung

$A_{ges.} = A_1 + 2 \cdot A_2 + A_3 - A_4$ $- 2 \cdot A_5 - 2 \cdot A_6$	Gesamtfläche in berechenbare Teilflächen zerlegen: Bild 4
$A_1 = a \cdot b$ $A_1 = 3 \text{ cm} \cdot 10{,}08 \text{ cm}$ $A_1 = 30{,}24 \text{ cm}^2$	Teilflächen berechnen (siehe nebenstehende Formeln und Tabellenbuch)
$A_2 = a \cdot b$ $A_2 = 4 \text{ cm} \cdot 3{,}04 \text{ cm}$ $A_2 = 12{,}16 \text{ cm}^2$	Hinweis: Sinnvolle, d.h. überschaubare Einheiten wählen (im vorliegenden Fall z.B. cm)
$A_3 = \dfrac{d^2 \cdot \pi}{4}$ $A_3 = \dfrac{3^2 \text{ cm}^2 \cdot \pi}{4}$ $A_3 = 7{,}07 \text{ cm}^2$	
$A_4 = \dfrac{d^2 \cdot \pi}{4}$ $A_4 = \dfrac{2^2 \text{ cm}^2 \cdot \pi}{4}$ $A_4 = 3{,}14 \text{ cm}^2$	
$A_5 = \dfrac{d^2 \cdot \pi}{4}$ $A_5 = \dfrac{1^2 \text{ cm}^2 \cdot \pi}{4}$ $A_5 = 0{,}785 \text{ cm}^2$	
$A_6 = \dfrac{d^2 \cdot \pi}{4}$ $A_6 = \dfrac{0{,}5^2 \text{ cm}^2 \cdot \pi}{4}$ $A_6 = 0{,}196 \text{ cm}^2$	
$A_{ges.} = 30{,}24 \text{ cm}^2 + 2 \cdot 12{,}16 \text{ cm}^2$ $+ 7{,}07 \text{ cm}^2 - 3{,}14 \text{ cm}^2$ $- 2 \cdot 0{,}785 \text{ cm}^2 - 2 \cdot 0{,}196 \text{ cm}^2$ $A_{ges.} = 56{,}528 \text{ cm}^2$	Addition der Teilflächen

[1] siehe Biegen und Längenberechnung

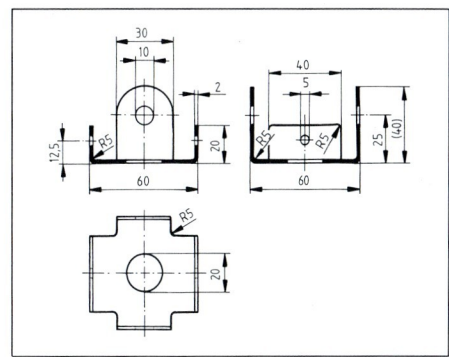

2 Schubstangenführung in drei Ansichten

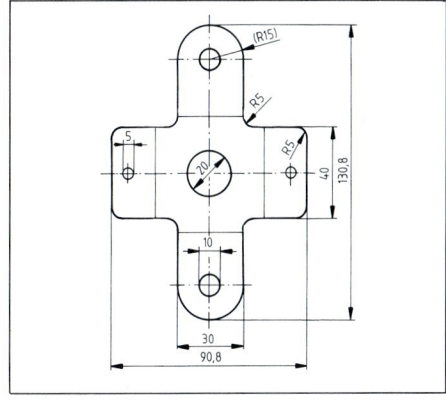

3 Abwicklung der Schubstangenführung

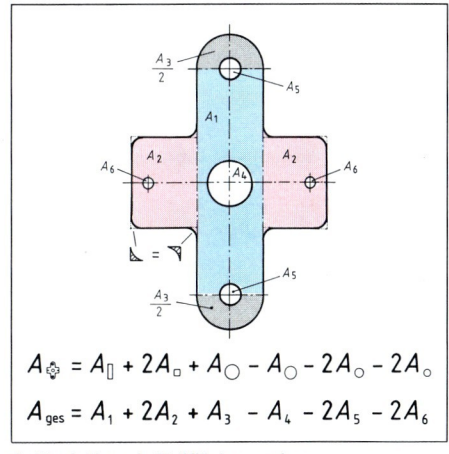

$$A_{\clubsuit} = A_{[]} + 2A_{\square} + A_{\bigcirc} - A_{\bigcirc} - 2A_{\bigcirc} - 2A_{\bigcirc}$$

$$A_{ges} = A_1 + 2A_2 + A_3 - A_4 - 2A_5 - 2A_6$$

4 Abwicklung in Teilflächen zerlegt

2.2 Flächen — Formeln

Berechnung des Verschnitts

Verschnitt A_V = Ausgangsblechfläche A_B − Werkstückfläche A_{ges}

$A_B = a \cdot b$
$A_B = 10 \text{ cm} \cdot 13{,}2 \text{ cm}$
$A_B = 132 \text{ cm}^2$

$A_V = 132 \text{ cm}^2 - 56{,}528 \text{ cm}^2$
$A_V = 75{,}472 \text{ cm}^2$

Prozentualer Verschnitt

bezogen auf die Ausgangsfläche	bezogen auf die Werkstückfläche
132,000 cm² ≙ 100% 75,472 cm² ≙ ?% 1,000 cm² ≙ $\frac{100\%}{132}$ 75,472 cm² ≙ $\frac{100\% \cdot 75{,}472}{132}$ Der Verschnitt beträgt 57% der Ausgangsfläche.	56,528 cm² ≙ 100% 75,472 cm² ≙ ?% 1,000 cm² ≙ $\frac{100\%}{56{,}528}$ 75,472 cm² ≙ $\frac{100\% \cdot 75{,}472}{56{,}528}$ Der Verschnitt beträgt 133% der Werkstückfläche.

Anordnung der Blechteile

Bei der Herstellung von 20 Abwicklungen wird der Facharbeiter durch eine entsprechende Anordnung der Werkstücke versuchen, den Verschnitt zu minimieren, d.h. die Ausgangsfläche besser auszunutzen. In den Bildern 2 und 3 sind zwei mögliche Anordnungen der Abwicklungen dargestellt. Die Stegbreite zwischen den Abwicklungen beträgt 3 mm (siehe Zoomdarstellung).

a) Wie hoch schätzen Sie den prozentualen Verschnitt bezogen auf die Werkstückoberfläche bzw. Ausgangsfläche für beide Möglichkeiten ein?
b) Bestimmen Sie rechnerisch den jeweiligen Verschnitt.
c) Versuchen Sie, eine andere, eventuell günstigere Anordnung für die 20 Abwicklungen zu finden. Der Abstand zwischen den Abwicklungen (Stegbreite) beträgt 3 mm.

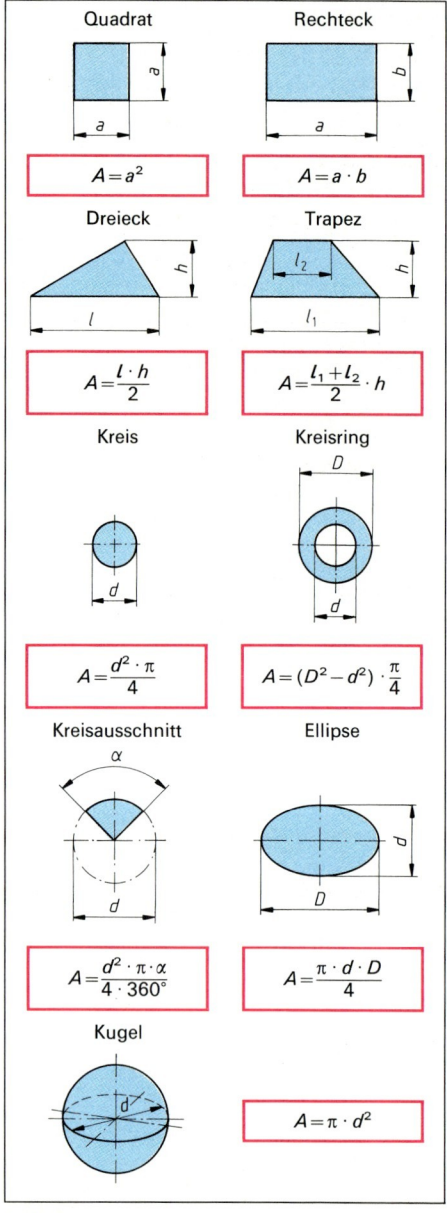

1 Flächen

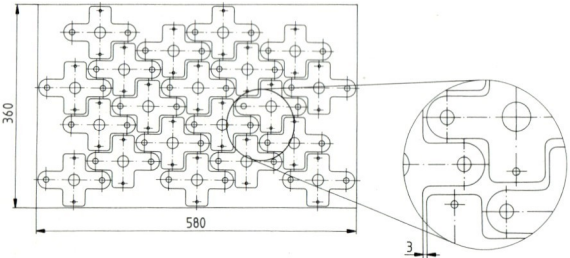

2 Aufteilung der Abwicklung (Alternative 1)

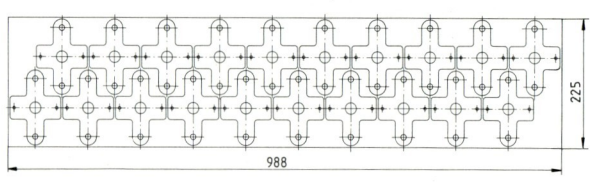

3 Aufteilung der Abwicklung (Alternative 2)

2.2 Flächen — Übungen

1. Aus einem Blechstreifen von 250 mm Breite sollen 28 Scheiben mit 40 mm Durchmesser für das Tiefziehen von Bechern ausgestanzt werden. Die Schnittkanten der einzelnen Scheiben sollen untereinander und vom Blechrand jeweils 1,4 mm entfernt sein. Wählen Sie zwei Ihnen günstig erscheinende Verteilungen der Scheiben, und entscheiden Sie sich für eine der beiden.

2. 30 der dargestellten Bleche sollen aus einem Blechstreifen von 70 mm Breite ausgestanzt werden.
   a) Ermitteln Sie eine optimale Aufteilung unter der Bedingung, daß die Schnittkanten voneinander und vom Blechrand mindestens 3 mm entfernt liegen.
   b) Wie groß ist der prozentuale Verschnitt bei Ihrer Aufteilung?

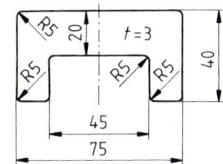

3. Beim Tiefziehen wird davon ausgegangen, daß die Flächen von Ronde (ebene Kreisfläche) und Tiefziehteil gleich groß sind[1]).
   a) Wie groß muß der Rondendurchmesser für das dargestellte Tiefziehteil sein?
   b) Wie lautet die allgemeine Formel zur Berechnung ähnlicher Tiefziehteile in Abhängigkeit von d_1, d_2, h_1 und h_2?

4. Bestimmen Sie für das skizzierte Tiefziehteil
   a) den Rondendurchmesser und
   b) die allgemeine Formel für den Rondendurchmesser in Abhängigkeit von d_1, d_2, d_3, h_1, h_2 und h_3.
   c) Überprüfen Sie anhand des unter a) errechneten Rondendurchmessers, ob die allgemeine Formel gültig ist?

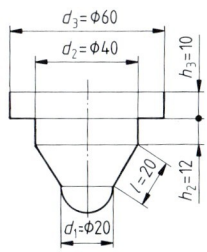

5. Für das Tiefziehteil mit Kegelstumpf und Halbkugelspitze sind
   a) Rondendurchmesser und
   b) die allgemeine Formel für den Rondendurchmesser in Abhängigkeit von d_1, d_2, d_3, h_2, h_3 und l zu bestimmen.

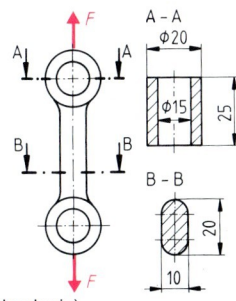

6. a) Ein Drahtseil besteht aus 144 Einzeldrähten mit jeweils 1 mm Durchmesser. Wie groß ist die auf Zug beanspruchbare Fläche des Seils?
   b) Auf welchen Durchmesser ist der Einzeldraht zu vergrößern, wenn die tragende Fläche verdoppelt werden soll?

7. Die skizzierte Stange wird auf Zug beansprucht. An welcher der dargestellten Flächen wird die Stange zuerst reißen?

8. Damit der Druck (genaugenommen die Flächenpressung) zwischen einem Maschinenfuß und der Bodenfläche nicht zu groß wird, benötigt man eine Auflagefläche von 150 cm². Auf welchen Außendurchmesser muß der Maschinenfuß gefertigt werden, damit die Flächenpressung nicht zu groß wird?

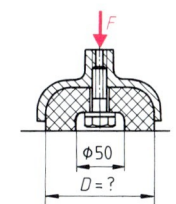

9. Der quadratische Belüftungskanal einer Klimaanlage verjüngt sich von 300 mm × 300 mm auf 200 mm × 200 mm. Dazu wird das pyramidenstumpfförmige Übergangsstück benötigt, dessen Abwicklung gezeichnet ist? Wie schwer wird das Werkstück, wenn 1 m² des Bleches 3,14 kg wiegt? (Lösungshinweis: Satz des Pythagoras anwenden.)

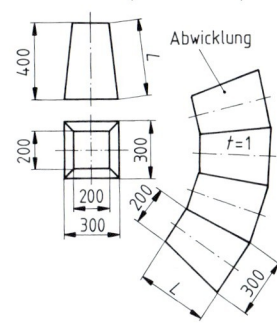

10. Wie groß ist die Masse der Schutzhaube, deren Abwicklung skizziert ist. 1 m² des verwendeten Bleches wiegt 6,28 kg.

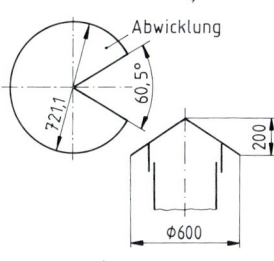

11. Die dargestellte Scheibe wird aus einem Blech ausgestanzt. Wie groß ist die Scherfläche?

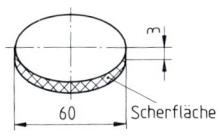

12. Das Führungsblech wird in einem Arbeitsgang ausgestanzt.
    a) Wie groß ist die gesamte Scherfläche in mm²?
    b) Wie schwer ist das Teil, wenn 1 dm² des Bleches 392,5 g wiegt?

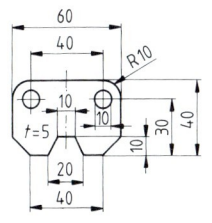

13. Das Ende eines Rohres soll so gestaltet werden, daß sich die Strömungsgeschwindigkeit vom Eintritt bis zum Austritt des Konus verdoppelt. Um das zu erreichen, muß der Austrittquerschnitt halb so groß wie der Eintrittquerschnitt sein.
    a) Wie groß muß der Austrittdurchmesser sein?
    b) Wie lautet die allgemeine Gleichung zur Bestimmung des Austrittdurchmessers?
    c) Formulieren Sie eine allgemeingültige Aussage, welche Folgen eine Verdoppelung des Durchmessers für den Kreisquerschnitt hat (z.B. wenn ... dann ...).

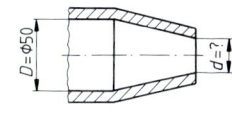

14. Damit das Drehteil korrosionsgeschützt ist, wird es allseitig mit einer 0,1 mm dicken Chromschicht überzogen. Wieviel Chrom wird bei 20 Drehteilen gebraucht?

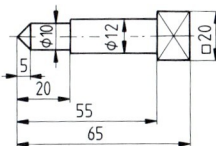

---
[1]) siehe Tiefziehen Kapitel 2.2.1.2 (Technologie)

2.3 Volumen

Der dargestellte Bolzen mit halbkugelförmigem Kopf soll duch Formpressen ohne Grat[1]) aus einem Stahlstab von ⌀15 mm geschmiedet werden. Welche Länge l_R muß der Rohling haben, wenn:

Volumen des Rohlings = Volumen des Schmiedeteils[2])

$$V_R = V_W$$

$V_W = V_{Zylinder} + V_{Halbkugel}$	Schmiedeteil in berechenbare Einzelvolumen zerlegen (Bild 2)
$V_Z = \dfrac{d^2 \cdot \pi}{4} \cdot h$ $V_Z = \dfrac{(1{,}6 \text{ cm})^2 \cdot \pi}{4} \cdot 4 \text{ cm}$ $\underline{V_Z = 8{,}042 \text{ cm}^3}$ $V_H = \dfrac{d^3 \cdot \pi}{12}$ $V_H = \dfrac{(3 \text{ cm})^3 \cdot \pi}{12}$ $\underline{V_H = 7{,}069 \text{ cm}^3}$	Einzelvolumen aufgrund gegebener Maße berechnen Formel für die Volumenberechnung Bild 3 oder Tabellenbuch entnehmen
$V_W = 8{,}042 \text{ cm}^3 + 7{,}069 \text{ cm}^3$ $\underline{V_W = 15{,}111 \text{ cm}^3}$	Addition der Einzelvolumen
$V_R = 15{,}111 \text{ cm}^3$	$V_R = V_W$
$V_R = \dfrac{d^2 \cdot \pi}{4} \cdot h$ $V_R = \dfrac{d^2 \cdot \pi}{4} \cdot l_R$ $l_R = \dfrac{4 V_R}{d^2 \cdot \pi}$ $l_R = \dfrac{4 \cdot 15{,}111 \text{ cm}^3}{(1{,}5 \text{ cm})^2 \cdot \pi}$ $l_R = 8{,}55 \text{ cm}$ $\underline{l_R = 85{,}5 \text{ mm}}$	Gesucht ist das fehlende Maß eines Körpers bei gegebenem Volumen Formel für das jeweilige Volumen bestimmen und nach der gesuchten Größe umstellen Werte einsetzen und ausrechnen

[1]) siehe Schmieden (Kapitel 2.2.2.1, Technologie)
[2]) siehe Rohlängenberechnung (Kapitel 2.2.2.1, Technologie)

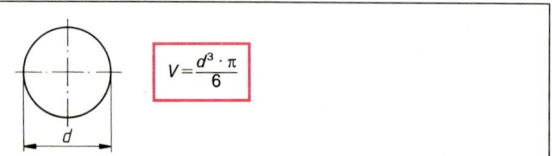

1 Kugel

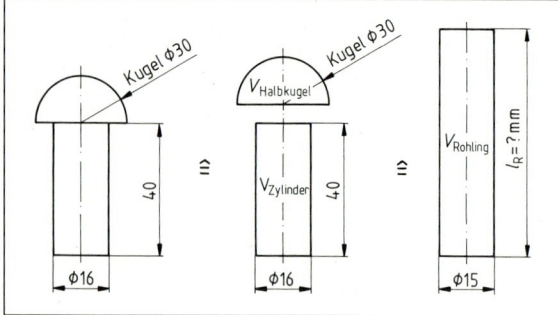

2 Bolzen

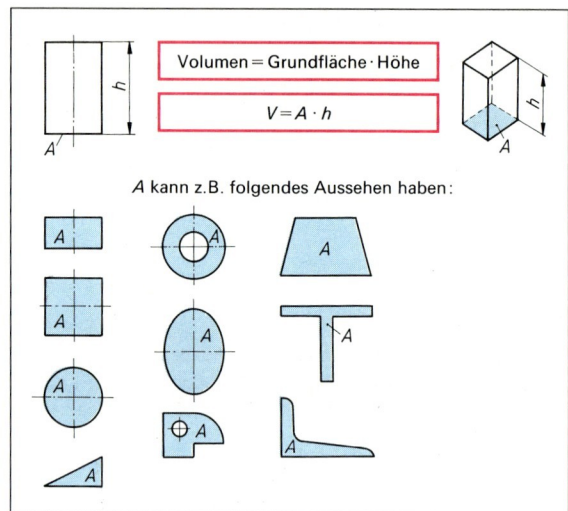

3 Prismatische Körper (gleicher Querschnitt über gesamter Höhe)

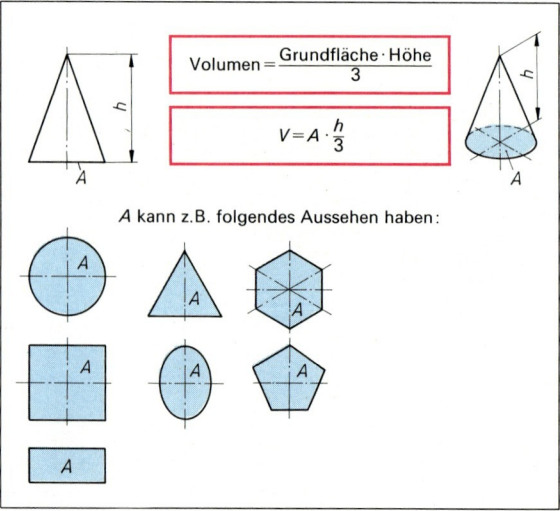

4 Kegelige und pyramidenförmige Körper

2.3 Volumen

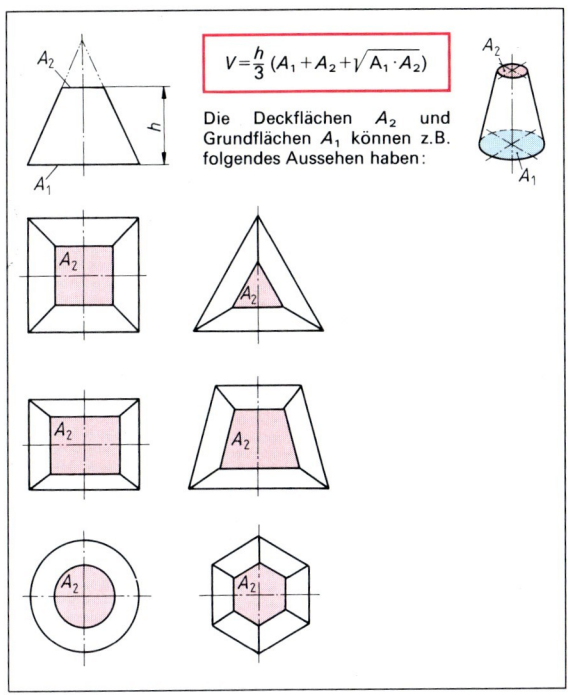

1 Kegel- und pyramidenstumpfförmige Körper

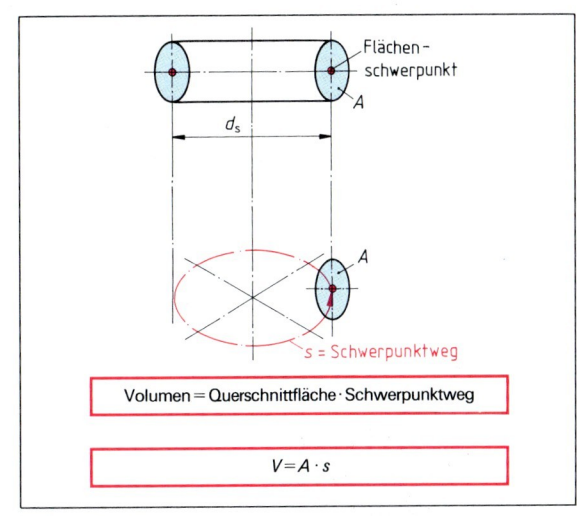

2 Guldinsche Regel

Übungen

1. Aus Quadratstahl mit 25 mm Kantenlänge soll das dargestellte Schmiedeteil durch Formpressen ohne Grat gefertigt werden. Wie lang muß das Rohmaterial sein?

2. An einem Rundstahl ist durch Gesenkformen ein Bund herzustellen. Wie lang sind l_R und l_{ges} zu wählen, wenn für Abbrand und Grat eine Zugabe von 4% des Bundvolumens erforderlich ist?

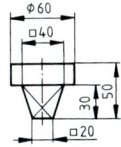
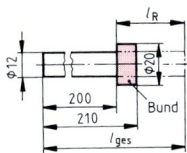

3. Die Kugeln für Kugellager werden zunächst durch Formpressen mit Grat geschmiedet. Wie lang müssen die Rohlinge aus Rundstahl mit ⌀10 mm sein, wenn Kugeln mit 12 mm Durchmesser geschmiedet werden sollen und für Grat und Abbrand 5% des Kugelvolumens zu berücksichtigen sind?

4. Bei einem Schraubenrohling wird der Sechskantkopf durch Formpressen aus Rundstahl mit ⌀12 mm geschmiedet. Welche Rohlänge muß der Rundstahl erhalten?

5. Wie lang muß l_R und l_{ges} gewählt werden, wenn an einen Quadratstahl von 32 mm Kantenlänge ein quadratischer Bund nach Skizze geschmiedet wird?

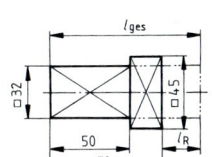

6. An eine Flachstumpffeile wird eine Feilenangel geschmiedet. Wie lang muß für die Angel die Zugabe l_R sein, wenn 6% ihres Volumens für Abbrand zugegeben werden müssen?

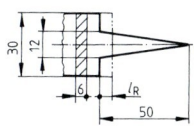

7. Wie lang muß die Rohlänge l_R für die pyramidenförmige Spitze sein, wenn für Abbrand eine Zugabe von 3 mm erforderlich ist?

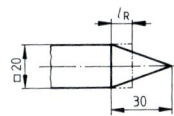

8. Durch Formpressen mit Grat wird aus Rundstahl mit ⌀70 mm ein Flansch mit kegelstumpfförmigem Ansatz geschmiedet. Welche Rohlänge muß der Rundstahl haben, wenn für Grat und Abbrand 12% des Schmiedeteilvolumens verloren gehen?

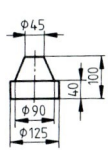

9. Wie groß muß l_R für die kegelige Spitze werden, wenn der Rundstahl um 4 mm für Abbrand verlängert wird?

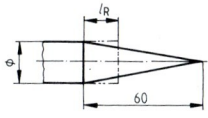

10. Aus einem zylindrischen Aluminiumblock mit ⌀250 mm und 1250 mm Länge wird durch Strangpressen das dargestellte Profil hergestellt. Welche Länge erhält der Profilstab?

2.3 Volumen — Übungen

11. Wie lang wird das skizzierte elliptische Rohr, das aus einem Aluminiumblock von ⌀200 und 800 mm Länge durch Strangpressen hergestellt wird?

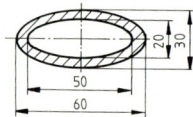

12. Aus einem Stahlblock von 800 mm × 300 mm × 1250 mm wird Stahlband von 2 mm Dicke und 600 mm Breite gewalzt. Welche Länge erhält das Stahlband?

13. Welche Länge muß ein Stahlblock von quadratischem Querschnitt mit 250 mm Kantenlänge haben, wenn daraus 4000 m Stahldraht von 5 mm Durchmesser gewalzt werden soll?

14. Ein Gußteil erstarrt in der Form um so rascher, je schneller die Wärmeabfuhr erfolgt. Die Wärmeabfuhr ist (unter sonst gleichen Bedingungen) um so günstiger, je kleiner das Verhältnis von Volumen zur Oberfläche des Gußteils ist. Welches der skizzierten Gußteile erstarrt schneller?

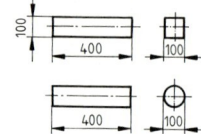

15. Welches der eingezeichneten Teilvolumen des Gußteils erstarrt zuletzt (siehe Aufgabe 14)?

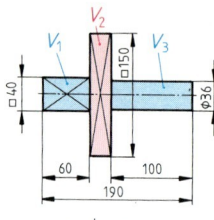

16. Der skizzierte elliptische Befestigungsflansch wird durch Fräsen aus einer Stahlplatte von 120 mm × 80 mm × 20 mm gefräst. Wieviel Prozent des Rohlings werden zerspant?

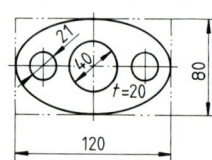

17. Das nierenförmige Frästeil soll aus einem rechteckigen Rohling mit 25 mm Dicke zerspant werden.
    a) Welche Maße muß der Rohling erhalten, wenn er an allen Seiten 3 mm größer als das fertige Teil sein soll?
    b) Wieviel Prozent des Fertigteils werden zerspant?

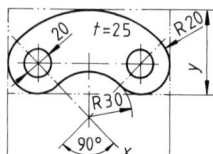

18. Bei einem Vierzylindermotor beträgt der Zylinderdurchmesser 75 mm und die Hublänge 90 mm. Wie groß ist der gesamte Hubraum?

19. Der Hubraum eines Sechszylindermotors beträgt 2,8 Liter. Welche Durchmesser müssen die Zylinder haben, wenn der Hub 88 mm beträgt?

20. Wie groß ist der Blechbedarf für eine zylindrische Dose mit geschlossenem Deckel, wenn sie ein Volumen von 1 Liter aufnehmen soll und Durchmesser und Höhe gleich groß sind?

21. Ein kegelstumpfförmiger Plastikbecher soll ein Volumen von 1/4 Liter aufnehmen. Welche Höhe h muß der skizzierte Becher erhalten?

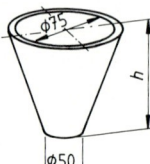

22. Die Oberfläche einer Kugel beträgt 1 dm². Wie groß ist das Volumen der Kugel?

23. Ein Würfel besitzt eine Kantenlänge von 250 mm. Welchen Durchmesser muß eine Kugel haben, die das gleiche Volumen hat?

24. Ein prismatischer Behälter ist mit Öl gefüllt. Nachdem 1200 Liter Öl entnommen wurden, ist der Ölspiegel von 1,60 m auf 0,70 m gefallen. Wieviel Liter Öl sind noch in dem Behälter?

25. Eine Pumpe fördert in der Minute 400 Liter Kühlwasser in den skizzierten leeren Behälter. Wie lange dauert es, bis der Behälter gefüllt ist, wenn
    a) während des Pumpens kein Kühlwasser entnommen wird und
    b) wenn während des Pumpens 4 Liter pro Sekunde dem Behälter entnommen werden?

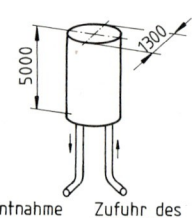

26. a) Wie groß ist das Volumen des skizzierten elliptischen Ringes?
    b) Welche Maße müßte ein elliptischer Ring mit gleichen Außenmaßverhältnissen und gleichem Volumen besitzen, wenn sein elliptischer Querschnitt statt $D = 20$ mm 10 mm und statt $d = 10$ mm 5 mm betragen?

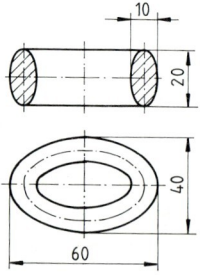

27. Um das Wievielfache vergrößert sich das Volumen der folgenden Körper, wenn alle Körpermaße verdoppelt werden?
    a) Würfel,
    b) Rechtecksäule,
    c) Kugel,
    d) Zylinder,
    e) Hohlzylinder,
    f) Kegel und
    g) Kegelstumpf.

28. Wieviel Liter Flüssigkeit kann der skizzierte Behälter aufnehmen?

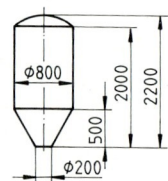

29. Der dargestellte zylindrische Behälter mit halbkugelförmigen Böden soll 2500 dm³ Flüssigkeit aufnehmen. Wie groß müssen seine Abmessungen sein, wenn $L:D = 2:1$ ist?

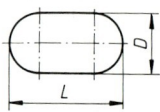

30. Das Volumen einer Pyramide beträgt 1000 cm³. Wie lang sind die Kanten der rechteckigen Grundfläche, die sich wie 3:1 verhalten, wenn die Pyramide eine Höhe von 100 mm hat?

2.4 Massen

Im Flugzeugbau soll aus Gründen der Treibstoffersparnis die Flugzeugmasse möglichst gering gehalten werden. Aus diesem Grunde wird ein Distanzstück (Bild 1) aus Vergütungsstahl (42 Cr Mo 4) durch eines aus einer Aluminiumlegierung (Al Cu Mg 2) ersetzt. Damit die Stabilität des Aluminiumwerkstückes gewährleistet ist, muß es größer dimensioniert werden. Wie groß ist die Massenersparnis?

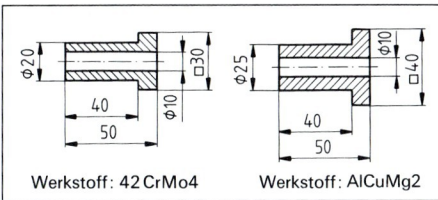

Werkstoff: 42 CrMo4   Werkstoff: AlCuMg2

1 Distanzstück

Wie alle anderen Körper besitzen auch die beiden dargestellten Werkstücke jeweils eine bestimmte **Masse**. Sie ist eine der sieben Basisgrößen. Ihre Einheit ist das **Kilogramm** (kg). Je nach Anwendungsfall werden die Einheiten **Gramm** (g) [1 kg = 1000 g] oder **Tonne** (t) [1 t = 1000 kg = 1 Mg] benutzt.

Aufgrund der beiden Werkstücke ist ersichtlich, daß ihre Massen vom

- Volumen V des Körpers und seiner
- Dichte ϱ (Rho) abhängen.

Die Dichte ist ein werkstoffspezifischer Wert. Sie gibt die Masse pro Volumeneinheit an (z.B. 1 m³ Stahl hat eine Masse von 7850 kg $\Rightarrow \varrho = 7850$ kg/m³). Die Dichte von Stoffen kann Tabellenbüchern bzw. Bild 2 entnommen werden. Die normgerechte Angabe der Dichte erfolgt in kg/m³. Durch Umrechnung kann man die Dichte auch in anderen Einheiten, abgestimmt auf den Einzelfall, angeben:

$$\varrho = \frac{7850 \text{ kg}}{\text{m}^3} \cdot \frac{1 \text{ m}^3}{1000 \text{ dm}^3} = 7{,}85 \text{ kg/dm}^3$$

$$\varrho = \frac{7{,}85 \text{ kg}}{\text{dm}^3} \cdot \frac{1000 \text{ g}}{1 \text{ kg}} \cdot \frac{1 \text{ dm}^3}{1000 \text{ cm}^3} = 7{,}85 \text{ g/cm}^3$$

Um überschaubare Zahlenwerte zu erhalten, ist es sinnvoll, die Einheit der Masse der jeweiligen Aufgabenstellung anzupassen, d.h., bei kleineren Werkstücken wird als Einheit g/cm³, bei mittleren kg/dm³ und bei sehr großen kg/m³ gewählt.

Masse = Volumen · Dichte

$$m = V \cdot \varrho$$

$m = V \cdot \varrho$	allgemeine Formel für die Massenberechnung
$m_{St} = V_{St} \cdot \varrho_{St}$	spezielle Formel
$V_{St} = V_{1St} + V_{2St} - V_{3St}$	Volumen des Werkstücks bestimmen
$V_{1St} = \dfrac{d^2 \cdot \pi \cdot h}{4}$	Bei zusammengesetzten Körpern die einzelnen Volumen bestimmen
$V_{1St} = \dfrac{(2 \text{ cm})^2 \cdot \pi \cdot 4 \text{ cm}}{4}$	
$V_{1St} = 12{,}57 \text{ cm}^3$	
$V_{2St} = a^2 \cdot h$ $V_{2St} = (3 \text{ cm})^2 \cdot 1 \text{ cm}$ $V_{2St} = 9 \text{ cm}^3$	
$V_{3St} = \dfrac{d^2 \cdot \pi \cdot h}{4}$	
$V_{3St} = \dfrac{(1 \text{ cm})^2 \cdot \pi \cdot 5 \text{ cm}}{4}$	
$V_{3St} = 3{,}93 \text{ cm}^3$	
$V_{St} = 12{,}57 \text{ cm}^3 + 9 \text{ cm}^3$ $\phantom{V_{St} =} - 3{,}93 \text{ cm}^3$ $V_{St} = 17{,}64 \text{ cm}^3$	
$m_{St} = 17{,}64 \text{ cm}^3 \cdot 7{,}85 \text{ cm}^3$ $m_{St} = 138{,}5 \text{ g}$	Stahlmasse errechnen
$m_{Al} = V_{Al} \cdot \varrho_{Al}$	spezielle Formel
$V_{Al} = V_{1Al} + V_{2Al} - V_{3Al}$	
$V_{1Al} = 19{,}63 \text{ cm}^3$	
$V_{2Al} = 16 \text{ cm}^3$	
$V_{3Al} = 3{,}93 \text{ cm}^3$	
$V_{Al} = 19{,}63 \text{ cm}^3 + 16 \text{ cm}^3$ $\phantom{V_{Al} =} - 3{,}93 \text{ cm}^3$ $V_{Al} = 31{,}70 \text{ cm}^3$	
$m_{Al} = 31{,}70 \text{ cm}^3 \cdot 2{,}7 \text{ g/cm}^3$ $m_{Al} = 85{,}6 \text{ g}$	Aluminiummasse errechnen
$m_{Dif} = m_{St} - m_{Al}$ $m_{Dif} = 138{,}5 \text{ g} - 85{,}6 \text{ g}$ $m_{Dif} = 52{,}9 \text{ g}$	Massendifferenz bestimmen

Werkstoff	Dichte in kg/dm³ bzw. g/cm³	Werkstoff	Dichte in kg/dm³ bzw. g/cm³
Aluminium	2,7	PVC	ca. 1,35
Blei	11,3	Quecksilber	13,6
Cu-Al-Legierung	ca. 7,5	Stahl	ca. 7,85
Cu-Sn-Legierung	ca. 8,2	Zink	7,13
Cu-Zn-Legierung	ca. 8,5	Zinn	7,29
Gußeisen	ca. 7,25	Petroleum	ca. 0,8
Kupfer	8,96	Schmieröl	ca. 0,9
Magnesium	1,74		

2 Dichte verschiedener Werkstoffe

2.4 Massen — Übungen

1. Die Gleitlagerbuchse besteht aus Kunststoff (Polytetrafluorethylen) mit einer Dichte von 2,2 kg/dm³. Um wieviel Gramm wäre sie schwerer, wenn sie aus einer Cu-Sn-Legierung gefertigt würde?

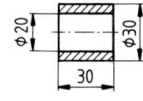

2. Welche längenbezogene Massen (Masse pro 1 m Länge) haben die dargestellten Profile aus Stahl?

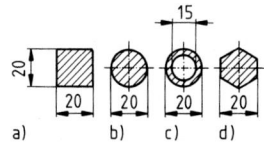

3. Ein Kupferrohr mit 30 mm Außendurchmesser und 3 mm Wanddicke besitzt eine Masse von 6,5 kg. Wie lang ist es?

4. Welche Masse haben 20 Aluminiumblechtafeln von 2,5 m Länge 1,25 m Breite und 1,5 mm Dicke?

5. Wie schwer ist eine Stahlkette, die aus 55 der dargestellten Kettenglieder besteht?

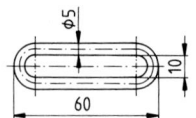

6. Eine Verstellplatte wird aus einer Cu-Zn-Legierung gefertigt. Welche Masse hat sie?

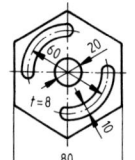

7. Eine Führungsleiste aus Gußeisen mit 250 mm Länge wird aus einem Rohling mit 65 mm × 35 mm × 255 mm gefräst. Welche Masse wird dabei zerspant?

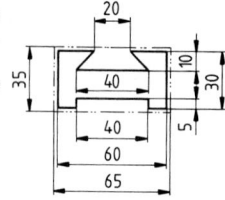

8. Eine Spule mit ⌀1 mm Kupferdraht hat eine Masse von 4,5 kg. Wie lang ist der Draht?

9. Eine Magnesiumplatte von 20 mm Dicke wiegt 2,35 kg. Wie groß sind die Länge und die Breite der Platte, wenn sie sich wie 3:1 verhalten?

10. Die gezeichnete Zentrierspitze besteht aus Stahl. Sie wurde aus einem Rohling von ⌀35 mm × 125 mm gedreht. Welche Masse haben
    a) die Zentrierspitze und
    b) der zerspante Werkstoff?

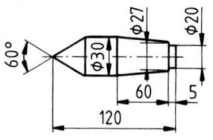

11. In einen zylindrischen Behälter mit 500 mm lichtem Durchmesser werden 200 kg Schmieröl gepumpt. Wie hoch steht das Öl im Behälter?

12. Wie groß ist die Masse des gezeichneten Zink-Werkstückes?

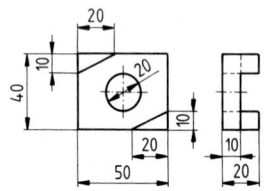

13. Welche Masse hat der dargestellte Lagerblock aus Stahl?

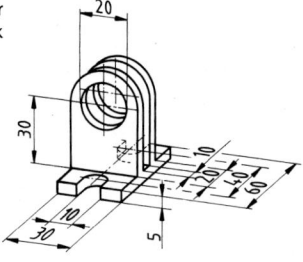

14. Bei einem Kegelstumpf aus Gußeisen verhalten sich die Durchmesser wie 3:1. Wie groß sind beide, wenn seine Masse 10 kg und die Länge 200 mm betragen?

15. Welche Masse hat das Schmiedestück aus Aluminium?

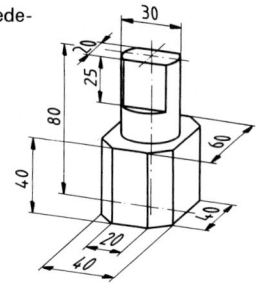

16. Eine Hohlkugel aus einer Cu-Zn-Legierung hat eine Masse von 200 g bei einem Außendurchmesser von 100 mm. Wie groß ist die Wandstärke der Kugel?

17. Eine Bleikugel soll eine Masse von 0,5 g erhalten. Welchen Durchmesser muß sie besitzen?

18. a) Welche Masse hat das dargestellte Frästeil aus Aluminium?
    b) Wie groß ist die Spanmasse, wenn das Rohteil 125 mm × 105 mm × 55 mm groß war?
    c) Wieviel Prozent des Rohteils mußten zerspant werden?

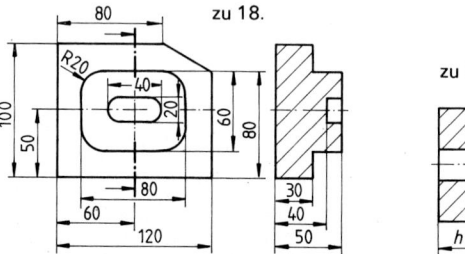

19. Es soll ein Gegengewicht nach Skizze mit einer Masse von 50 kg aus Gußeisen hergestellt werden. Welche Höhe h muß das Teil haben?

20. Wie groß ist die Masse des dargestellten Zinnringes?

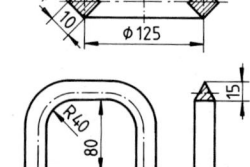

21. Welche Masse besitzt der skizzierte Stahlbügel mit dreieckigem Profil?

22. Welche Maße muß der zylindrische Teil des nebenstehenden Gewichtstückes aus Gußeisen erhalten, wenn der Griff 500 g wiegt und die Höhe einundhalbmal so groß wie der Durchmesser sein soll?

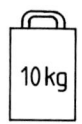

2.5 Grenzmaße, Mittenmaß, Grenzabmaße, Toleranz

Die Umlenkrolle[1]) ist durch eine Schraube und eine Scheibe in axialer Richtung gesichert. Bei dieser Konstruktion muß darauf geachtet werden, daß die Rolle beim Anziehen der Schraube nicht festgeklemmt wird. Das ist nur möglich, wenn die Grenzabmaße für das Nennmaß 60 mm bei beiden Teilen richtig gewählt werden.

Für das Nennmaß 60 mm bei der Umlenkrolle sind folgende Werte zu ermitteln: das Höchstmaß G_O, das Mindestmaß G_U, die Toleranz T und das Mittenmaß C.

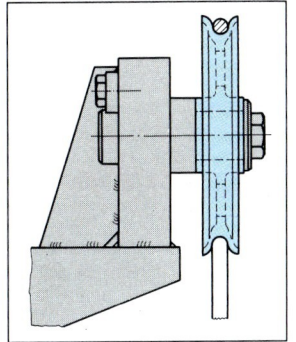

1 Umlenkvorrichtung

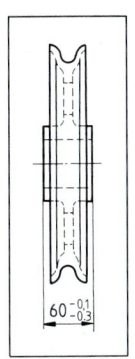

2 Umlenkrolle

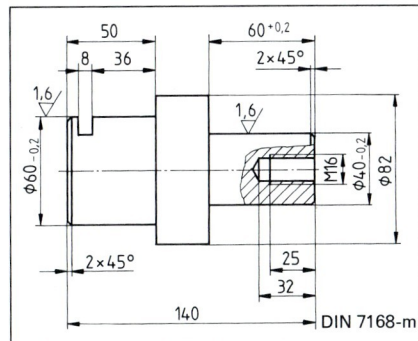

3 Achse

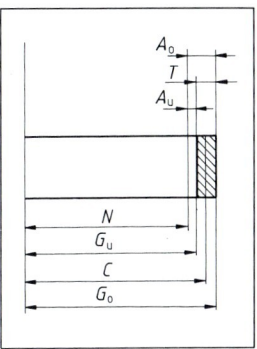

4 Beziehung wichtiger Begriffe bei Längenmaßen

$G_O = N + A_O$ $G_O = 60{,}0 \text{ mm} + (-0{,}1 \text{ mm})$ $G_O = 59{,}9 \text{ mm}$ $G_U = N + A_U$ $G_U = 60{,}0 \text{ mm} + (-0{,}3 \text{ mm})$ $G_U = 59{,}7 \text{ mm}$	Wenn die formelmäßigen Beziehungen zwischen den einzelnen Begriffen nicht mehr bekannt sind, können sie mit Hilfe der Zeichnung (Bild 4) ermittelt werden, z.B. $G_O = N + A_O$
$T = G_O - G_U$ $T = 59{,}9 \text{ mm} - 59{,}7 \text{ mm}$ $T = 0{,}2 \text{ mm}$	
$C = G_O - \dfrac{T}{2}$ $C = 59{,}9 \text{ mm} - \dfrac{0{,}2 \text{ mm}}{2}$ $C = 59{,}8 \text{ mm}$	In vielen Fällen wird das **Sollmaß** in die Mitte des Toleranzfeldes gelegt. Bei dieser Festlegung entspricht das Sollmaß dem **Mittenmaß C**.

Überlegen Sie:
- Wie können die Toleranz T und das Mittenmaß C noch berechnet werden?

Welches Meßgerät sollte für das o.a. Maß gewählt werden, wenn das Verhältnis v zwischen dem Noniuswert N und der Toleranz T 1:4 betragen soll? Zur Auswahl stehen ein Meßschieber mit $1/20$-Nonius und ein Meßschieber mit Ziffernanzeige (Ziffernschrittwert $1/100$ mm). Bei beiden ist der Maßstab 200 mm lang.

[1]) vgl. Kap. 2.6 (Technologie)

Gesucht: Noniuswert N bzw. Ziffernschrittwert Z **Gegeben:** $v = 1:4$; $T = 0{,}2$ mm; $l = 200$ mm $v = \dfrac{N}{T}$; $\left(v = \dfrac{\text{Noniuswert}}{\text{Toleranz}} \right)$ $N = T \cdot v$	Die Entscheidung für ein bestimmtes Meßgerät kann getroffen werden, wenn der Noniuswert (bzw. der Ziffernschrittwert) bekannt ist. Die Länge des Meßschiebers wird nicht benötigt.
$N = 0{,}2 \text{ mm} \cdot \dfrac{1}{4}$	Schätzen: Das Ergebnis muß auf jeden Fall kleiner sein als die Toleranz.
$N = 0{,}05$ mm $N \cong Z$	Der berechnete Wert erfüllt die Bedingungen des Schätzwertes. Gewählt wird der Meßschieber mit $1/20$-Nonius.

Hinweis: Der Facharbeiter führt diese Berechnung im allgemeinen nicht mehr durch. Auf Grund seiner Erfahrung kann er abschätzen, welches Meßgerät er verwenden muß.

Überlegen Sie:
- Welche Maße der Achse können mit einem Meßschieber ermittelt werden, der eine Tiefenmeßstange und schneidenförmige Meßflächen besitzt (Kap. 2.5.7.1 Technologie)?
- Ist für diese Maße die Bedingung $v = 1:4$ erfüllt, wenn der oben gewählte Meßschieber mit einem 1/20 Nonius verwendet wird?

2.5 Grenzmaße, Mittenmaß, Grenzabmaße, Toleranz — Übungen

Übungen

1. Zeichnen Sie die Toleranzfelder für folgende Nennmaße der Achse (Bild 3; S. 231) a) $N=140$ mm; b) $N=50$ mm; c) $N=60$ mm. Wählen Sie dazu den Maßstab 100:1. Beachten Sie: Für Maße ohne Toleranzangaben gelten die „Allgemeintoleranzen".

2. Berechnen Sie für die in Aufgabe 1 angegebenen Nennmaße G_O, G_U, C und T.

3. Eine Zeichnung enthält folgende Maße:
   a) $40^{+0,5}_{+0,2}$ b) $30^{+0,15}$ c) $50^{+0,3}_{-0,2}$ d) $45_{-0,4}$ e) $60^{-0,1}_{-0,5}$
   f) $55^{+0,15}_{+0,1}$ g) $70^{+0,4}$ h) $90^{+0,15}_{-0,15}$ i) $35_{-0,05}$ j) $65^{-0,05}_{-0,2}$

   Zeichnen Sie die Toleranzfelder, und berechnen Sie G_O, G_U, C und T.

4. a) Berechnen Sie für die in Aufgabe 3 angegebenen Maße das Verhältnis v zwischen dem Noniuswert N und der Toleranz T ($v = N/T$). Es wird ein Meßschieber mit $1/20$-Nonius verwendet.
   b) Bei welchen Maßen muß ein anderes Meßgerät verwendet werden, wenn das Verhältnis v den Wert $1:3$ nicht unterschreiten soll.

5. Ermitteln Sie für die angegebenen Nennmaße nach den Allgemeintoleranzen die Grenzabmaße und ermitteln Sie G_O, G_U, C und T.

Nennmaß	Genauigkeitsgrad
a) 15	mittel
b) 120	fein
c) 260	grob
d) 400	fein

6. Ermitteln Sie die fehlenden Werte. Rechnung auf einem gesonderten Blatt.

	G_O mm	G_U mm	A_O mm	A_U mm	T mm	C mm	N mm	Genauigkeitsgrad	N, S, bzw. Z. mm	$v \dfrac{\text{Noniuswert}}{\text{Toleranz}}$
a)							120	mittel	0,1	
b)							60	fein		1:4
c)			+0,3	−0,3			50		0,1	
d)			+2,0	−2,0			500		1,0	
e)					0,4		25	mittel	0,05	
f)					0,2		8	fein		1:4

   N: Noniuswert; S: Skalenteilungswert; Z: Ziffernschrittwert

7. a) Ermitteln Sie nach den Allgemeintoleranzen für die Nennmaße $N=25$ mm, $N=50$ mm und $N=40$ mm das Mindestmaß G_U und das Höchstmaß G_O.
   b) Berechnen Sie G_O und G_U für das Maß „x" mit den unter a) ermittelten Werten.
   c) Legen Sie G_O und G_U für das Nennmaß $N=115$ mm fest.
   d) Diskutieren Sie die unter b) und c) gefundenen Ergebnisse.

   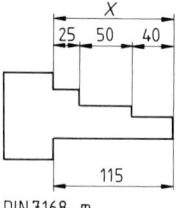
   DIN 7168 - m

8. Berechnen Sie für die angegebenen Maße das größte und das kleinste Spiel.

   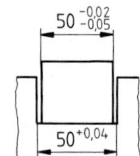 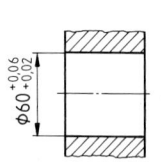 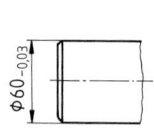

9. Berechnen Sie G_O, G_U, C und T. Geben Sie die Ergebnisse in Millimeter an.
   a) $3''{}^{+3/128''}_{+1/128''}$ b) $5''{}^{2/128''}_{-4/128''}$ c) $9''{}^{-1/128''}_{-5/128''}$

10. Zur Kontrolle einer Waage soll ein zylindrisches Prüfstück aus Stahl mit der Masse $m=1$ kg hergestellt werden. Die Masse des Prüfkörpers ist mit ± 500 mg toleriert. Der Durchmesser wurde mit 49,98 mm gemessen. Berechnen Sie das Nennmaß und die Grenzabmaße für die Länge des Prüfkörpers.

11. Eine zylindrische Bohrung soll als Prüfvolumen für $V=1$ Liter verwendet werden. Von diesem Volumen darf es eine Abweichung von $\pm 0,1\%$ geben.
    Der Durchmesser und die Tiefe der Bohrung müssen so toleriert werden, daß die angegebene Volumentoleranz eingehalten wird.
    Die Bohrung ist mit $100 \pm 0,02$ mm angegeben.
    a) Berechnen Sie die beiden Grenzvolumen.
    b) Überlegen Sie: bei welchen Maßkombinationen von Bohrungsdurchmesser und -tiefe liegt das obere bzw. das untere Grenzvolumen vor?
    c) Ermitteln Sie das Nennmaß und die Grenzabmaße für die Bohrungstiefe.

    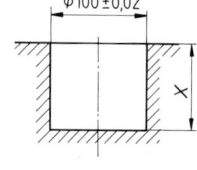

12. Berechnen Sie für folgende Werkstücke G_{OW}, G_{UW}, S_W und T_W.

    a) 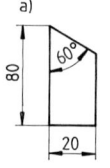 b) 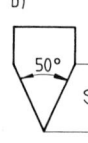 c) 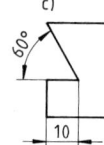 d)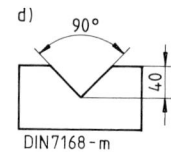
    DIN 7168 - m

13. Ermitteln Sie für die angegebenen Winkel G_{OW}, G_{UW}, T_W und S_W.
    a) $50°{}^{+30'}_{+10'}$ b) $70°{}^{+25'}$ c) $30°{}_{-40'}$ d) $15°{}^{+10'}_{-30'}$
    e) $45°{}^{-15'}_{-35'}$

2.5 Grenzmaße, Mittenmaß, Grenzabmaße, Toleranz — Beispiel/Übungen

Im Bild ist ein Ausschnitt aus dem Boden eines Wärmetauschers gezeichnet. Für dieses Bauteil sind die Grenzmaße G_O und G_U des Kontrollmaßes „x" zu ermitteln.

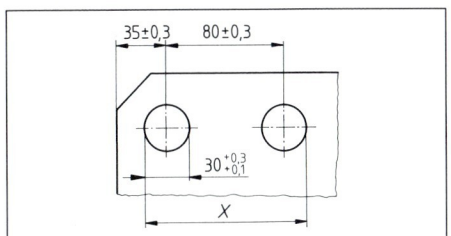

1 Kontrollmaß für Bohrungen

Überlegen Sie:
Bei einem Werkstück wird das Maß x mit 110,4 mm ermittelt. Trotzdem liegt Ausschuß vor.
Welche Maßkombination bei den Bohrungen und bei dem Mittenabstand könnte zu dieser Situation geführt haben?

Gesucht:
G_O und G_U für das Maß „x"

Gegeben:
Bohrungsdurchmesser: $30^{+0,3}_{+0,1}$
Mittenabstand: $80 \pm 0,3$

Höchstmaß G_O:

$$G_{OX} = \frac{G_{OB}}{2} + G_{OM} + \frac{G_{OB}}{2}$$

$G_{OX} = G_{OB} + G_{OM}$:
$G_{OB} = 30,3$ mm
$G_{OM} = 80,3$ mm

$G_{OX} = 30,3$ mm $+ 80,3$ mm
$\underline{G_{OX} = 110,6 \text{ mm}}$

Mindestmaß G_U:

$$G_{UX} = \frac{G_{UB}}{2} + G_{UM} + \frac{G_{UB}}{2}$$

$G_{UX} = G_{UB} + G_{UM}$:
$G_{UB} = 30,1$ mm
$G_{UM} = 79,7$ mm

$G_{UX} = 30,1$ mm $+ 79,7$ mm
$\underline{G_{UX} = 109,8 \text{ mm}}$

Die Bedingungen, die zu dem Höchst- bzw. zu dem Mindestmaß führen, werden am besten an Hand einer Zeichnung verdeutlicht.

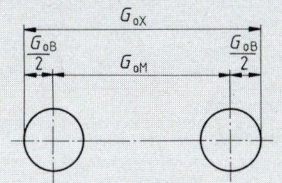

G_{OX}: Höchstmaß für „x"
G_{OB}: Höchstmaß der Bohrung
G_{OM}: Höchstmaß des Mittenabstandes

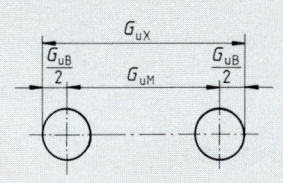

G_{UX}: Mindestmaß für „x"
G_{UB}: Mindestmaß der Bohrung
G_{UM}: Mindestmaß des Mittenabstandes

Übungen

14. Berechnen Sie für die beiden Werkstücke die Grenzabmaße G_O und G_U für das Nennmaß „x".

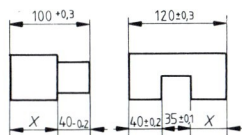

15. Für das Nennmaß $N = 5$ mm steht kein spezielles Meßgerät zur Verfügung. Deshalb wird das Maß über die Nuttiefe und das Kontrollmaß „x" ermittelt. Die Differenz dieser Maße ist das gesuchte Istmaß. Welche Werkstücke sind gut?

Istmaß ($N = 50$ mm)	Istmaß ($N = x$ mm)
a) 50,01	45,02
b) 50,02	45,00
c) 49,95	44,89
d) 49,97	44,95
e) 49,98	44,95
f) 50,01	44,97

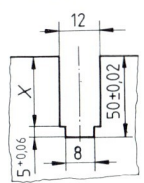

16. Für das Werkstück liegen folgende Meßergebnisse vor:

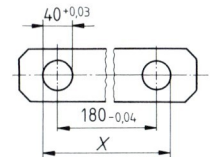

	Linke Bohrung (mm)	Rechte Bohrung (mm)	Kontrollmaß x (mm)
a)	40,02	40,00	220,00
b)	40,01	40,02	219,98
c)	40,02	40,02	220,04
d)	40,01	40,05	220,02

Welche Werkstücke sind gut?

17. Ermitteln Sie für das dargestellte Werkstück die Grenzwerte für das Kontrollmaß „x".

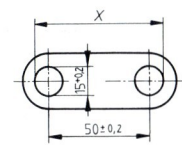

18. Für die beiden äußeren Bohrungen des Hebels ist der Mittenabstand durch eine besondere Toleranzangabe festgelegt worden: In Bild 16b sind zwei Kreise mit einem Durchmesser $d = 0,1$ mm eingezeichnet. In diesen Kreisflächen dürfen die Mittelpunkte der Bohrungen liegen.

Ermitteln Sie die Grenzmaße G_O und G_U für

a) das Maß 80 mm und
b) für das Maß „x".

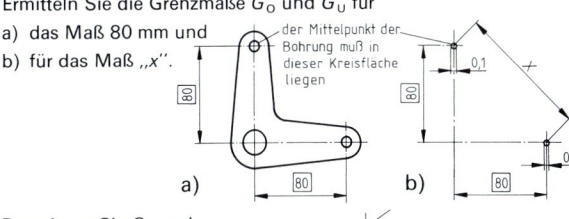

19. Berechnen Sie G_O und G_U für $\widehat{p}$.

20. Berechnen Sie G_O und G_U für das Maß x.

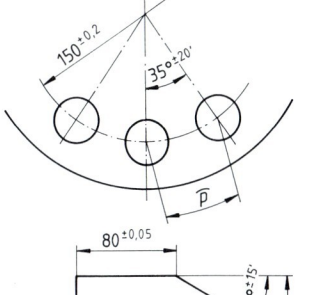

2.6 Rand-, Mitten- und Lochabstände

Für den Boden des Wärmetauschers (Bild 1) ist die Länge l zu berechnen.

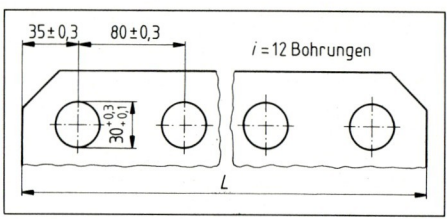

1 Boden eines Wärmetauschers

Gegeben:	Bei dieser Berechnung ist das Nennmaß für die Länge L gesucht. Die Grenzabmaße bzw. die Toleranzen brauchen deshalb nicht berücksichtigt zu werden.
Randabstand $R = 35$ mm Mittenabstand $M = 80$ mm, $i = 12$ Bohrungen	
Gesucht: Länge L	Das Auszählen der Längen ergibt: 2 Randabstände 11 Mittenabstände
$L = 2 \cdot R + (i-1) \cdot M$ $L = 2 \cdot 35$ mm $+ 11 \cdot 80$ mm $\underline{L = 950 \text{ mm}}$	Nach der Abbildung läßt sich nebenstehende Bestimmungsgleichung aufstellen.

Übungen

1. a) Ermitteln Sie die Länge des Werkstücks.
   b) Berechnen Sie die Länge, wenn 9 Bohrungen erforderlich sind und die Abstandsmaße nicht geändert werden.

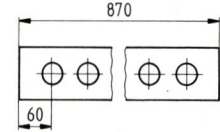

2. Das Werkstück soll 16 Bohrungen erhalten. Wie groß sind die Bohrungsabstände?

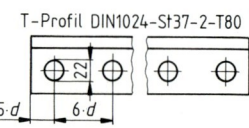

3. Das Werkstück soll 12 Bohrungen erhalten. Berechnen Sie die Länge L.

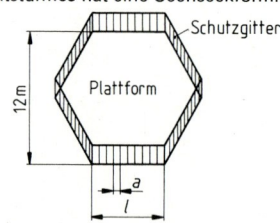

4. Die Plattform eines Aussichtsturmes hat eine Sechseckform.
   a) Ermitteln Sie das Maß l.
   b) Wie viele Gitterstäbe sind für eine Seite erforderlich, wenn der Mittenabstand zwischen den Stäben nicht größer als 110 mm sein soll?

5. Eine Rundskala soll 360 Teilungen erhalten. Der Abstand der Teilstriche ist mit 3 mm gewählt worden. Welcher Durchmesser ist für die Skalentrommel erforderlich?

6. Auf einem Grundstück soll mit 12 Pfählen eine möglichst große Fläche abgesteckt werden. Der Abstand zwischen zwei Pfählen soll 2 m nicht überschreiten.
   a) Suchen Sie die optimale Form, wenn die Fläche ein Viereck sein muß. Welche Fläche kann eingeschlossen werden?
   b) Welche Flächenform ist am günstigsten? Welche Fläche wird eingegrenzt?

7. a) Berechnen Sie für das Kettenrad das Bogenmaß s' und das Sehnenmaß s.
   b) Überlegen Sie: Welches Maß (s' oder s) muß als Mittenmaß zwischen zwei Kettengliedern vorliegen?

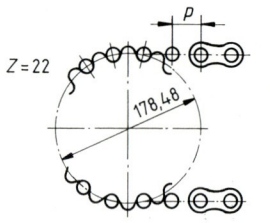
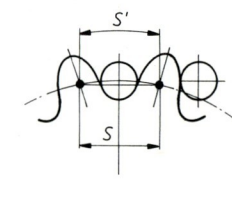

8. Bei einem Wärmetauscher sind die Rohre auf 4 Lochkreisen angeordnet. ($d_1 = 730$ mm; $d_2 = 620$ mm; $d_3 = 510$ mm; $d_4 = 400$ mm). Der Abstand $\bar{p}$ darf 55 mm nicht unterschreiten. Wieviel Rohre können insgesamt untergebracht werden?

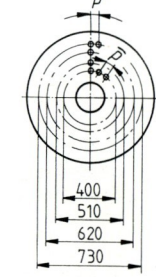

9. Berechnen Sie für das Sieb das Maß a

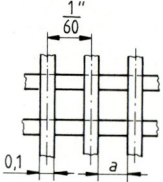

10. Berechnen Sie die Differenz $\bar{p}_1 - \bar{p}_2$ für folgende Lochzahlen
    a) 69 Bohrungen
    b) 70 Bohrungen

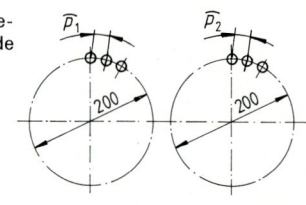

2.7 Koordinatensysteme

Bild 1 zeigt einen Kühlmittelbehälter, bei dem die Pumpe an der Oberseite befestigt ist.

Bei der Bemaßung dieses Bleches ist es sinnvoll, die Bohrungsmitten für die Pumpenbefestigung von zwei Bezugsebenen aus anzugeben. Die Darstellungsweise in Bild 2 ist zwar eindeutig, es ist aber nicht in jedem Fall die optimale Form, um Maße „mitzuteilen". Erhält ein Werkstück z.B. 10 Bohrungen, dann muß sich der Facharbeiter, der das Werkstück anreißt, bei jeder Bohrung wieder neu in die Zeichnung einlesen. Es ist einfacher, die Maße in einer Tabelle anzugeben.

Dazu werden die beiden Bezugsebenen durch zwei Koordinatenachsen ersetzt (Kap. 1.6). Sie erhalten die Bezeichnungen x und y. Die x- und y-Werte für die einzelnen Bohrungen entsprechen den Maßen der Zeichnung.

In Bild 4 ist der Nullpunkt in die große Bohrung in der Mitte gelegt worden. Dadurch erhalten verschiedene Werte ein negatives Vorzeichen.

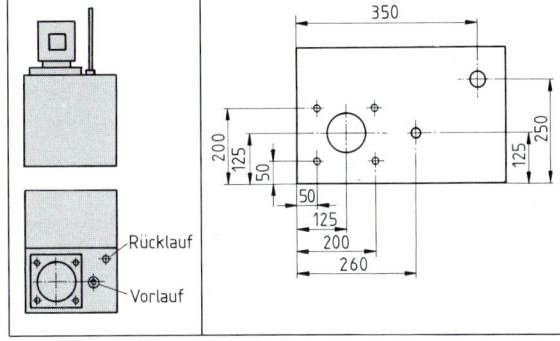

1 Kühlmittelbehälter 2 Bezugsbemaßung

Bohrung	x	y	⌀
1.1	0	0	100
1.2	−30	30	30
1.3	−40	−30	40
1.4	20	−35	20
1.5	35	30	25

4

Bohrung	x	y	⌀
1.1	125	125	100
1.2	50	200	13
1.3	50	50	13
1.4	200	50	13
1.5	200	200	13
1.6	260	125	20
1.7	350	250	25

3 Bemaßung mit Hilfe von Tabellen

Übungen

1. a) Übernehmen Sie die Tabelle auf ein gesondertes Blatt und tragen Sie die Maße für die Mittelpunkte der Bohrungen ein.
   b) Der Koordinatenursprung ist in die Mitte der Bohrung ⌀120 verlegt worden. Geben Sie in einer Tabelle die neuen Maße für die Bohrungsmitten an.

Punkt	x	y	Bohrungs-⌀
1			120
1.1			20
1.2			20
1.3			20
1.4			20
1.5			35
1.6			40
1.7			60

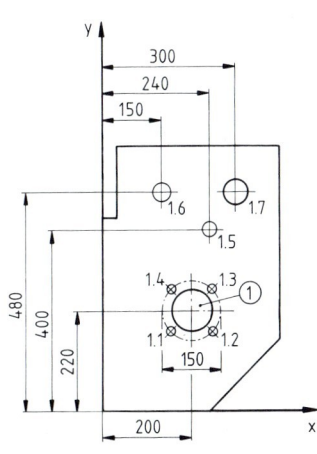

2. Zeichnen Sie in ein Koordinatensystem folgende Punkte ein und verbinden Sie die Punkte in der angegebenen Reihenfolge.

   a) Punkt 1 2 3 4 5 6 7 8 8 10 11 12
      x   0 0 20 80 80 120 120 100 75 75 45 25
      y   0 60 80 80 65 45 25 0 0 30 30 0

   b) Punkt 1 2 3 4 5 6 7 8 9 10 11 12 13 14
      x   25 25 15 15 35 45 50 65 70 85 100 100 70 45
      y   15 30 40 60 95 95 65 65 95 95 65 30 30 15

3. Übernehmen Sie die Tabelle auf ein gesondertes Blatt und tragen die Maße des Werkstückes ein.

Punkt	x	y
1		
2		
3		
4		
5		
6		
7		
8		
9		
10		

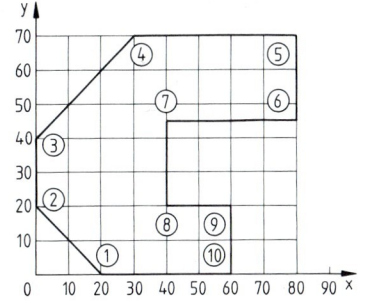

2.8 Gleichförmige Bewegungen

Ein Auszubildender erhält den Auftrag, an einer Bandsäge 25 Werkstücke aus C 60 zu bearbeiten (Bild 1).

Die Maschine besitzt ein Getriebe, mit dem die Geschwindigkeit des Sägeblattes stufenlos verstellt werden kann. Der aktuelle Wert wird an einer Anzeige abgelesen. Für C 60 ist ein Schnittgeschwindigkeitsbereich von 40...45 m/min angegeben. Wie ist eine Überprüfung möglich, wenn die Anzeige ausgefallen ist und der Auszubildende zu wenig Erfahrung besitzt, um die Einstellung „nach Gefühl" vorzunehmen?

Es bieten sich zwei Möglichkeiten an:
a) Überprüfung im geradlinigen Teil der Bewegung (z.B. in der Nähe der Schnittstelle).
b) Überprüfung im kreisförmigen Teil der Bewegung.

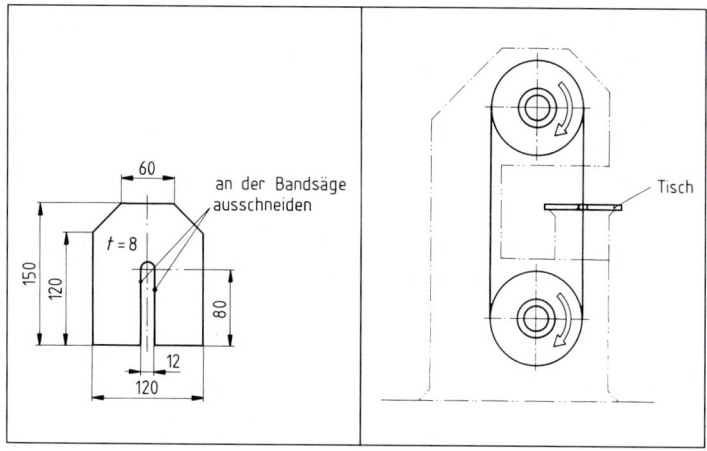

1 Seitenteil

2 Bandsäge (schematische Darstellung)

2.8.1 Geradlinige Bewegung

Geschwindigkeit = Weg : Zeit

$$v = \frac{s}{t}$$

v z.B. in $\frac{m}{s}$; $\frac{m}{min}$; $\frac{km}{h}$

v_c: Schnittgeschwindigkeit

- Als Weg s wird die Länge des Sägeblattes (oder ein Vielfaches dieser Länge) gewählt. Nach einem Durchlauf entspricht der Weg s der Länge des Sägeblattes.
  Zur besseren Kontrolle wird ein Punkt an dem Blatt markiert.
- Die Zeit für mehrere Durchläufe (z.B. 3) wird gemessen.

Nach der Zeitaufnahme und dem Ausmessen des Sägeblattes liegen folgende Angaben vor:

Länge des Sägeblattes $l = 4{,}1$ m; Anzahl der Durchläufe: 3; Zeit $t = 21$ s.

Gesucht: v_c in m/min

1. Lösung

$21\ \text{s} \triangleq 3 \cdot 4{,}1\ \text{m}$

$1\ \text{s} \triangleq \dfrac{3 \cdot 4{,}1\ \text{m}}{21}$

$60\ \text{s} \triangleq \dfrac{3 \cdot 4{,}1\ \text{m} \cdot 60}{21}$

$60\ \text{s} \triangleq 35\ \text{m}$

$v_c = 35\ \dfrac{\text{m}}{\text{min}}$

2. Lösung

$v_c = \dfrac{s}{t}$

$v_c = \dfrac{3 \cdot 4{,}1\ \text{m}}{21\ \text{s}}$

$v_c = 0{,}59$ m/s

$v_c = 0{,}59\ \dfrac{\text{m} \cdot 60\ \text{s}}{\text{s} \cdot 1\ \text{min}}$

$v_c = 35$ m/min

Die Geschwindigkeit kann mit Hilfe eines Dreisatzes berechnet werden (siehe Kap. 1.4)

Gesucht ist der Weg, der in 1 Minute (= 60 s) zurückgelegt wird.

In 60 s wird ein Weg von 35 m zurückgelegt.

Damit ist die Geschwindigkeit in m/min berechnet.

Die Schnittgeschwindigkeit kann noch erhöht werden.

Die Geschwindigkeit wird in die Einheit m/min umgeformt (siehe Kap. 1.2.3)

Mit welcher Vorschubgeschwindigkeit kann beim Bohren der Auslaufbohrung ⌀12 mm (Bild 1) gearbeitet werden,

$n = 355\ \dfrac{1}{\text{min}}$; $f = 0{,}12$ mm

$v_f = n \cdot f$

$v_f = 355\ \dfrac{1}{\text{min}} \cdot 0{,}12\ \text{mm}$

$v_f = 42{,}6\ \dfrac{\text{mm}}{\text{min}}$

Für die Vorschubgeschwindigkeit gilt zwar auch die Formel $v = s/t$. Sie kann in diesem Fall nicht angewendet werden, weil der Weg s, der in einer bestimmten Zeit zurückgelegt wird, nicht bekannt ist. Dafür ist

- der Vorschubweg f für eine Umdrehung und
- die Umdrehungsfrequenz n

bekannt.

2.8 Gleichförmige Bewegungen — Übungen

Übungen

1. Eine Wandergruppe plant eine Tagestour über 25 km. Nach ihren Erfahrungen können Sie mit einer durchschnittlichen Geschwindigkeit von 3 km/h rechnen. Wie lange sind sie unterwegs?

2. Ein Auto fährt 280 km in 3 Stunden. Wie groß ist die durchschnittliche Geschwindigkeit?

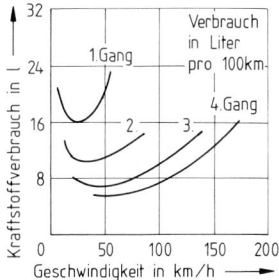

Verbrauchskurven einer Reiselimousine in verschiedenen Gängen.
Bei kleineren Fahrzeugen ist der Verbrauch niedriger, die Zusammenhänge sind aber die gleichen.

3. Bestimmen Sie mit Hilfe des Diagramms den Benzinverbrauch eines Pkw für folgende Geschwindigkeiten:
  a) $80 \frac{km}{h}$; b) $120 \frac{km}{h}$; c) $160 \frac{km}{h}$.

   Welche Strecke kann theoretisch mit einer Tankfüllung von 46 l bei den angegebenen Geschwindigkeiten gefahren werden?

4. Berechnen Sie die fehlenden Werte

	v	t	s
a)	32 km/h	? h	112 km
b)	? km/h	4 h 10 min	360 km
c)	120 m/min	5 h 48 min	? km
d)	4 m/s	5,2 min	? m
e)	? m/s	42,8 min	54 km
f)	12 m/min	? h	620 m

5. Berechnen Sie die Zeit, die für folgende Bohrarbeit erforderlich ist: $f = 0,11$ mm, $n = 180$ 1/min, $s = 28$ mm.

6. Beim Fräsen eines Werkstückes wird mit einer Vorschubgeschwindigkeit $v = 350$ mm/min gearbeitet. Dabei muß ein Weg $s = 110$ mm zurückgelegt werden. Welche Bearbeitungszeit ist erforderlich?

7. An einer Drehmaschine ist ein Vorschub $f = 0,2$ mm und eine Umdrehungsfrequenz $n = 540$ 1/min eingestellt. Wie groß ist die Vorschubgeschwindigkeit?

8. Berechnen Sie die Zeit, die zum Schlichten des Werkstückes erforderlich ist. Dabei werden nur die ⌀ 35 mm bearbeitet. $n = 1200$ 1/min, $f = 0,1$ mm. Beim Überqueren der ⌀ 33 mm wird die Vorschubgeschwindigkeit auf 2000 mm/min erhöht.

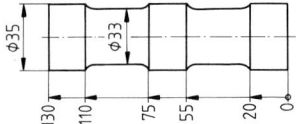

9. An einem Fließband werden Montagearbeiten verrichtet. Das Band rückt in bestimmten Taktzeiten vor.
   Welche Stillstandszeit hat das Band pro Takt unter folgenden Bedingungen?
   Geschwindigkeit des Bandes: 15 m/min, Abstand der Arbeitsplätze: 1,20 m. Das Band ist auf 80 Takte pro Stunde eingestellt.

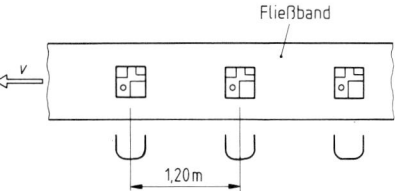

10. Ein Radfahrer schafft an einem Berg ($h = 180$ m, Steigung: 3,5%) die Auffahrt mit einer durchschnittlichen Geschwindigkeit $v = 15$ km/h. Bergab fährt er mit 50 km/h ($h = 220$ m, Steigung: 3%).
    a) Wieviel km hat er zurückgelegt?
    b) Welche Zeit hat er insgesamt benötigt?
    c) Berechnen Sie die Durchschnittsgeschwindigkeit.

11. Ein Flugzeug erreicht nach dem Start eine Durchschnittsgeschwindigkeit $v_1 = 620$ km/h. 1 Stunde später startet eine zweite Maschine mit dem gleichen Ziel. Sie erreicht eine Durchschnittsgeschwindigkeit $v_2 = 780$ km/h.
    a) Nach welcher Zeit haben beide Flugzeuge die gleiche Strecke zurückgelegt?
    b) Wieviel km sind sie in dieser Zeit geflogen?

12. In einem Kaufhaus sind Rolltreppen und Fahrstühle im Einsatz. Die Rolltreppen sind unter einem Steigungswinkel von 40° eingebaut. Sie bewegen sich mit einer Geschwindigkeit $v = 12$ m/min. Die Geschwindigkeit der Fahrstühle liegt bei 48 m/min. Welche Zeit wird bei beiden Fahrmöglichkeiten benötigt, um das nächste Stockwerk ($h = 3,8$ m) zu erreichen? (Der Fahrstuhl hat in der betrachteten Strecke keine Beschleunigungs- bzw. Verzögerungsphase.)

13. Ein Kran fährt in Längsrichtung mit 30 m/min. Gleichzeitig bewegt sich die Laufkatze (quer zur Fahrrichtung) mit 15 m/min.
    Mit welcher Geschwindigkeit bewegt sich das Werkstück?

14. In der Tabelle sind die Durchschnittsgeschwindigkeiten eines Autos für einzelne Zeitabschnitte angegeben.

t in h	2	3	1
v in km/h	80	100	120

    Berechnen Sie die Durchschnittsgeschwindigkeit für die gesamte Zeit.

15. Ein Auto fährt in den einzelnen Streckenabschnitten die angegebenen Durchschnittsgeschwindigkeiten.

s in km	200	150	60
v in km/h	80	110	50

    Berechnen Sie die Durchschnittsgeschwindigkeit für die gesamte Strecke.

2.8.2 Kreisförmige Bewegungen

2.8.2.1 Bestimmen der Umfangsgeschwindigkeit

Das Sägeblatt wird an beiden Scheiben umgelenkt. Wenn es nicht durchrutscht, ist seine Geschwindigkeit so groß wie die Umfangsgeschwindigkeit der Scheiben.

Für die Überprüfung der Schnittgeschwindigkeit kann deshalb auch die Umfangsgeschwindigkeit einer Scheibe bestimmt werden. Wie ist die rechnerische Ermittlung möglich?

Auch in diesem Fall gilt die Formel $v = s/t$. Deshalb kann der Lösungsweg übertragen werden, der bei der geradlinigen Bewegung angewendet wurde:

- Als Weg„einheit" bietet sich der Umfang der Scheibe an. Nach einer Umdrehung entspricht der Weg s dem Umfang der Scheibe.

  Für die Berechnung werden 10 Umdrehungen gewählt.

- Die Zeit für diese Umdrehungen wird gemessen.

Nach der Zeitaufnahme liegen folgende Werte vor:
Durchmesser $d = 350$ mm, Umdrehungen $N = 10$,
Zeit $t = 19$ s.

Gesucht: v_c in m/min

$v_c = \dfrac{s}{t}$

$v_c = \dfrac{d \cdot \pi \cdot N}{t}$

$v_c = \dfrac{0{,}35 \cdot \pi \cdot 10}{19} \dfrac{m}{s}$

$v_c = 0{,}58$ m/s

$\underline{\underline{v_c = 35 \text{ m/min}}}$

Bei einer Umdrehung entspricht der Weg s dem Umfang U:
$s = d \cdot \pi$
($s = 0{,}35$ m $\cdot \pi$)
Bei $N = 10$ Umdrehungen ist der Weg:
$s = d \cdot \pi \cdot N$
($s = 0{,}35$ m $\cdot \pi \cdot 10$)

Die Formel für v kann noch vereinfacht werden: Mit dem Ausdruck N/t wird berechnet, wieviel Umdrehungen in einer Sekunde (bzw. in einer Minute) vorliegen. Dieser Wert wird auch als Umdrehungsfrequenz n bezeichnet.

$v_c = \dfrac{d \cdot \pi \cdot N}{t}; \quad \dfrac{N}{t} = n; \quad \boxed{v_c = d \cdot \pi \cdot n}$

Die beiden Schnittgeschwindigkeitswerte sind (annähernd) gleich, obwohl sie nach verschiedenen Möglichkeiten berechnet wurden. Kleine Differenzen treten auf, weil bei der Zeit- und auch bei der Wegaufnahme Abweichungen vorkommen.

Damit ist nachgewiesen, daß die Geschwindigkeit im geradlinigen und im kreisförmigen Teil der Bewegung gleich ist.

2.8.2.2 Bestimmen der Umdrehungsfrequenz

Beispiel 1:
Welche Umdrehungsfrequenz n ist an einer Bohrmaschine für folgende Angaben zu wählen:

Werkstoff C 10; Schneidstoff: HSS; $d = 20$ mm;
Maschinenleistung $P = 3$ kW;
$l = 15$ mm.
Kühlschmiermittel ist vorhanden.

Gesucht: Umdrehungsfrequenz n

Aus der Schnittgeschwindigkeitstabelle (Technologie Kap. 2.3.2.3) wird unter Berücksichtigung der dort angegebenen Kriterien $v_c = 27$ m/min gewählt.

1. Rechnerische Lösung

$v_c = d \cdot \pi \cdot n$

$n = \dfrac{v_c}{d \cdot \pi}$

$n = \dfrac{27 \text{ m} \cdot 1000 \text{ mm}}{\text{min} \cdot 20 \text{ mm} \cdot \pi \cdot 1 \text{ m}}$

$\underline{\underline{n = 430 \dfrac{1}{\text{min}}}}$

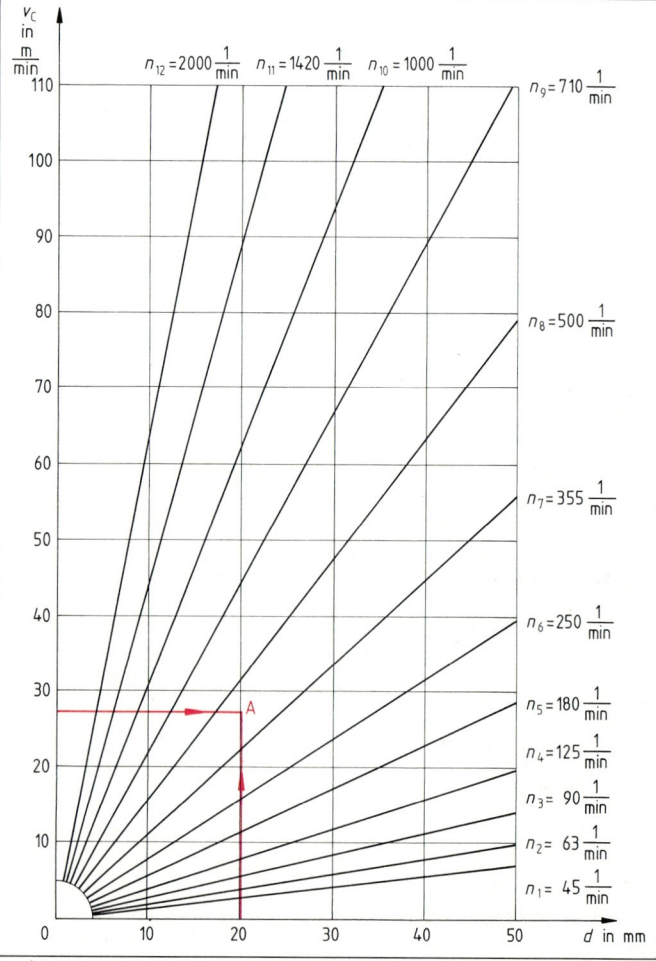

1 $v_c - d$-Nomogramm

2.8 Gleichförmige Bewegungen 2.8.2 Kreisförmige Bewegungen

2. Lösung mit Hilfe eines v_c–d-Nomogramms

Die mathematische Beziehung zwischen v_c, d und n kann in Nomogrammen dargestellt werden. Eine Darstellungsmöglichkeit zeigt Bild 1; Seite 238.

Für die oben gestellte Aufgabe soll mit Hilfe des Nomogrammes die Umdrehungsfrequenz bestimmt werden. Dazu sind folgende Lösungsschritte erforderlich:

- Durchmesser 20 mm aufsuchen und senkrecht nach oben gehen.
- Schnittgeschwindigkeit 27 m/min suchen und eine waagrechte Linie ziehen.
- Mit Hilfe des Schnittpunktes A die Umdrehungsfrequenz festlegen. Meistens wird die niedrigere Umdrehungsfrequenz gewählt (in diesem Beispiel $n = 355$ 1/min), weil die Standzeit stark zurückgeht, wenn die Schnittgeschwindigkeit den angegebenen Wert übersteigt.

Bild 1 zeigt den Aufbau eines v_c–d-Nomogramms:

- Für drei verschiedene Durchmesser (100 mm; 200 mm und 400 mm) und gleicher Umdrehungsfrequenz ($n = 250$ 1/min) ist die Schnittgeschwindigkeit v_c berechnet worden.
- Die gefundenen Wertepaare (z.B. $d = 100$ mm; $v_c = 78{,}5$ m/min) sind im Diagramm eingetragen.
- Die Punkte können durch eine Gerade verbunden werden.

Überlegen Sie:
Welche Beziehung zwischen d und v_c wird durch die Gerade ausgedrückt?

- Wird die gleiche Betrachtung für eine andere Umdrehungsfrequenz durchgeführt (z.B. $n = 500$ 1/min), entsteht ein neuer „n-Strahl".

An der Werkzeugmaschine werden die Umdrehungsfrequenzen gewählt, die dort eingestellt werden können.
Zum Zeichnen des Diagramms müssen für die einzelnen Umdrehungsfrequenzen nicht drei verschiedene Rechengänge durchgeführt werden (wie in dem oben vorgestellten Beispiel). Der „n-Strahl" kann gezeichnet werden, wenn ein Wertepaar berechnet ist.

Überlegen Sie:
Wie läßt sich diese Behauptung begründen?

Beispiel 2:

Der HSS-Bohrer aus Beispiel 1 soll durch einen Bohrer mit Hartmetallschneiden ersetzt werden. Es ist zu prüfen, ob sich die o.a. Maschine (mit $P = 3$ kW) dafür eignet.
Nach Tabelle 2 ist für v_c ein Bereich von 80...110 m/min angegeben. Gewählt wird $v_c = 90$ m/min.
Zu prüfen ist:
a) ob die geforderte Umdrehungsfrequenz eingestellt werden kann und
b) ob die Maschine die benötigte Leistung abgeben kann.

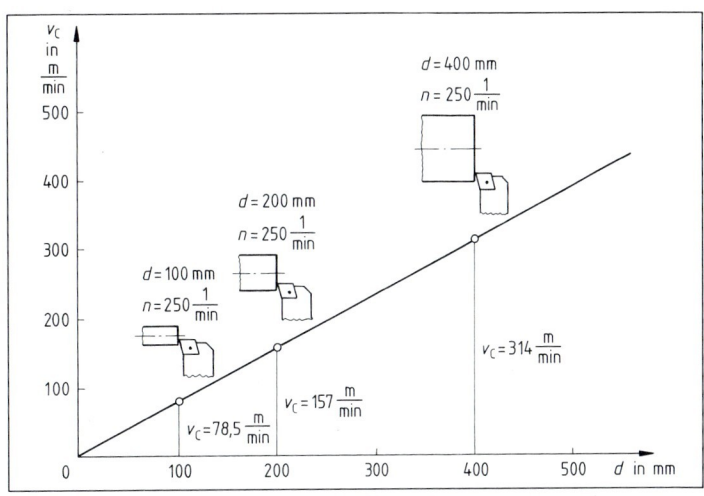

1 Konstruktion eines v_c–d-Nomogramms

Werkstoff	Brinell-Härte HB	Schnittgeschwindigkeit v_c in m/min	Vorschub f in mm
Unlegierter Kohlenstoffstahl nicht gehärtet $C \leq 0{,}14$ nicht gehärtet $C = 0{,}15...0{,}25$	90...200 125...225	80...110 65...80	0,10...0,25 0,25...0,30
Niedriglegierter Stahl	150...220 220...270 270...450	60...90 55...60 40...55	0,16...0,21 0,20...0,24 0,23...0,26
Werkzeugstahl, gehärtet	≤400	45...55	0,18...0,25
Hochlegierter, nichtrostender Stahl gehärtet	≥300	50...55	0,10...0,20
Grauguß	125...330	80...100	0,30...0,40
Nichtrostender Stahl	150...200	25...40	0,20...0,30

2 Schnittdaten für Bohrer mit Hartmetallschneiden (Bohrtiefe bis 3,5 d, Bohrerdurchmesser 10 bis 20 mm)

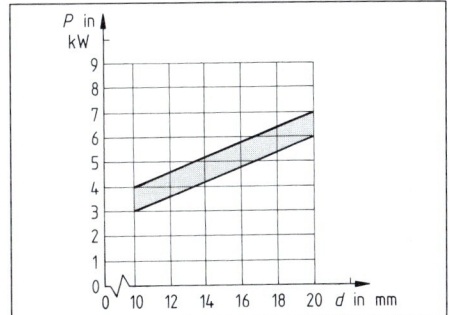

3 Leistungsbedarf für Bohrer mit Hartmetallschneiden

Mit der Umdrehungsfrequenz $n = 1420$ 1/min wird eine Schnittgeschwindigkeit $v_c = 89$ m/min erreicht. Damit ist die erste Bedingung erfüllt.

Nach dem Diagramm Bild 3 ist für $d = 20$ mm eine Leistung vom $P = 6$ kW erforderlich.

Ergebnis: Die Bohrmaschine ist für den geplanten Einsatz nicht geeignet.

2.8 Gleichförmige Bewegungen — Übungen

Übungen

1. Welche maximale Umdrehungsfrequenz ist für ein Drehteil ($d = 50$ mm) zu wählen, wenn v_c mit 150 m/min festgelegt wurde?

2. Ein Hubwerk hat folgende Daten: Durchmesser d der Seiltrommel: 300 mm; $n = 10$ 1/min. Berechnen Sie v in m/min.

3. An einer Bohrmaschine beträgt die maximale Umdrehungsfrequenz $n = 1200$ 1/min. Berechnen Sie den kleinsten Bohrerdurchmesser, bei dem die Schnittgeschwindigkeit $v_c = 20$ m/min noch erreicht wird.

4.

	a	b	c	d	e
n (1/min)	?	500	200	?	500
d (mm)	15	120	?	50	320
v_c (m/min)	40	?	160	300	?

5. Die Scheibe überträgt die Drehbewegung vom Antrieb auf den Abtrieb. Sie kann in Längsrichtung verstellt werden. Dadurch ist es möglich, die Umdrehungsfrequenz auf der Abtriebsseite stufenlos zu verstellen.

   Berechnen Sie die maximale und die minimale Umdrehungsfrequenz.

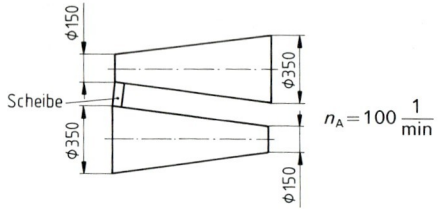

6. Mit welcher Geschwindigkeit bewegt sich Teil 2 in den Fällen a) und b)?

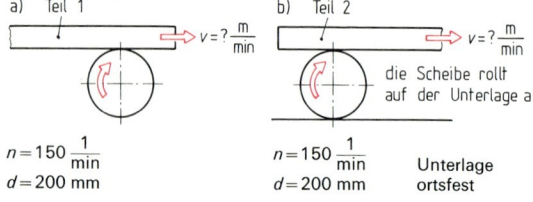

7. Eine Bohrmaschine wird für folgende Arbeit vorbereitet:
   Werkstoff: St 60-2; Bohrer aus HSS;
   Durchmesser: a) 8 mm; b) 15 mm; c) 25 mm
   Kühlmittel ist vorhanden.
   a) Ermitteln Sie v_c und f.
   b) Legen Sie die Umdrehungsfrequenzen nach dem v_c–d-Nomogramm fest.
   c) Welche Leistung ist im ungünstigsten Fall erforderlich, wenn die Bohrung $\varnothing$ 15 mm mit einem Bohrer mit Hartmetallschneiden hergestellt werden soll?
   d) Warum ist für die Nutzleistung ein Bereich angegeben – an Stelle eines bestimmten Wertes.

8. An einer Drehmaschine soll mit einem Bohrer mit Hartmetallschneiden gearbeitet werden.
   Werkstoff: Ck 10; Bohrerdurchmesser: 20 mm,
   Leistung der Maschine: 10 kW; Kühlschmierstoff kann in ausreichender Menge zugeführt werden.
   a) Legen Sie v_c und f fest.
   b) Berechnen Sie die Umdrehungsfrequenz.
   c) Prüfen Sie, ob die Leistung der Maschine ausreicht.

9. Das Werkstück wird aus 28 Mn 6 hergestellt.
   a) Wählen Sie die Werkzeuge (Bohrer, Reibahlen, Gewindebohrer) für das Werkstück aus.
   b) Legen Sie die Schnittgeschwindigkeiten v_c und Vorschübe fest.
   c) Ermitteln Sie aus dem v_c–d-Nomogramm die Umdrehungsfrequenzen.

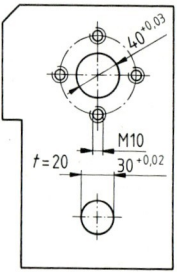

10. Ein Auszubildender hat mit einem Bohrer $d = 22$ mm und einer Umdrehungsfrequenz $n = 355$ 1/min gearbeitet. Anschließend wechselt er für das gleiche Werkstück einen Bohrer $\varnothing$ 27 mm ein. Die Schnittgeschwindigkeit soll 30 m/min nicht übersteigen.
    Muß er die Umdrehungsfrequenz ändern? (Die Lösung ist mit Hilfe des v_c–d-Nomogramms zu suchen.)

11. Zeichnen Sie ein v_c–d-Nomogramm für folgende Umdrehungsfrequenzen: 25; 35; 50; 70; 100; 140; 200; 280; 400; 560; 800; 1120 (1/min).
    Das Diagramm soll folgende Bereiche abdecken:
    Durchmesser: 0...300 mm
    Schnittgeschwindigkeit: 0...250 m/min
    Maßstab: 1 cm $\triangleq \varnothing$ 20; 1 cm $\triangleq$ 10 m/min.

12. Eine Drehmaschine wird für folgende Werkstücke eingerichtet:
    Werkstoff: 10 S 20; Durchmesser: 50 mm; Schnittiefe $a_p = 1$ mm; Vorschub $f = 0,1$ mm; Werkstücklänge: 80 mm;
    Schneidstoff: Hartmetall;
    Kühlschmierstoff ist vorhanden; es soll geschlichtet werden.
    Ermitteln Sie die Umdrehungsfrequenz.

13. Das abgebildete Werkstück soll vorgedreht werden.
    Werkstoff: St 70; Bearbeitungszugabe: 1 mm;
    Schneidstoff: Hartmetall;
    Maximale Schnittiefe: 8 mm (bei $f = 0,6$ mm);
    Kühlschmierstoff ist nicht vorhanden, die in der Tabelle angegebene Standzeit wird angestrebt.
    a) Legen Sie mit Hilfe Ihres Tabellenbuches die Schnittgeschwindigkeit fest.
    b) Welche Umdrehungsfrequenzen sind zu wählen?
    c) Bei welchen Durchmessern muß die Umdrehungsfrequenz geändert werden?
    (Verwenden Sie das v_c–d-Nomogramm Ihres Tabellenbuches.)

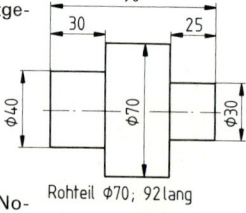

14. An einer Fräsmaschine sollen Werkstücke aus GGG – 15 mit einem Scheibenfräser aus HSS bearbeitet werden.
    Der Fräser hat einen Durchmesser $d = 100$ mm, ist 14 mm breit und hat 20 Zähne.
    Es liegt eine Schruppbearbeitung vor, dabei wird im Gegenlaufverfahren gearbeitet.
    a) Legen Sie v_c und f_z fest.
    b) Ermitteln Sie die Umdrehungsfrequenz aus dem v_c–d-Nomogramm ihres Tabellenbuches.
    c) Berechnen Sie die Vorschubgeschwindigkeit (Technologie, Kap. 2.3.2.5).
    d) Welche Werte ergeben sich, wenn ein Fräser mit Hartmetallschneiden verwendet wird?

2.8 Gleichförmige Bewegungen — 2.8.3 Weg-Zeit-Diagramm

2.8.3 Weg-Zeit-Diagramm

In Bild 1 ist ein Kran dargestellt, der ein Werkstück auf einen Maschinentisch hebt. In dem Diagramm daneben ist in vereinfachter Form der Bewegungsablauf festgehalten für die senkrechte Vorfahrbewegung.

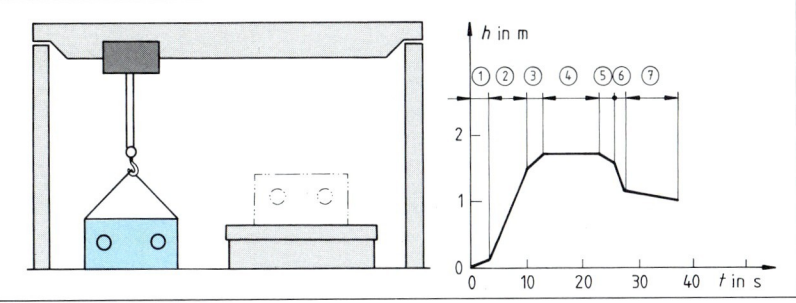

1 Weg-Zeit-Diagramm

Phase 1: Beim Anheben ist der Kranfahrer vorsichtig, um Belastungsspitzen beim Kran zu vermeiden und um das Werkstück zu schonen. Die Linie verläuft deshalb sehr flach, d.h., in einer bestimmten Zeit (z.B. 3 Sekunden) wird nur ein kleiner Weg zurückgelegt.

Phase 2: Die Linie verläuft steiler, d.h., in nahezu der gleichen Zeit (5 s) ist der zurückgelegte Weg größer.

Phase 3: Kurz vor dem Erreichen der gewünschten Höhe wird die Geschwindigkeit wieder herabgesetzt.

Phase 4: Das Werkstück wird seitlich verfahren, dabei ist die Höhenlage unverändert. Über die Länge des Verfahrweges macht dieses Diagramm keine Aussage.

Überlegen Sie:

Welche Informationen enthält der Linienverlauf für die Phasen 5 bis 7?

Übungen

1. Zeichnen Sie das Weg-Zeit-Diagramm für eine Autofahrt mit folgenden Werten:

s in km	0…150	150…400	Aufenthalt am Zielort	400…0
t in h	2	2	3	3
	Hinfahrt		Rückfahrt	

Für die einzelnen Bereiche werden Durchschnittsgeschwindigkeiten angenommen.

2. Zeichnen Sie das Weg-Zeit-Diagramm für die dargestellte Fräsarbeit.
Vorschubgeschwindigkeit: $v_f = 300$ mm/min; Geschwindigkeit des Eilganges: 2000 mm/min.

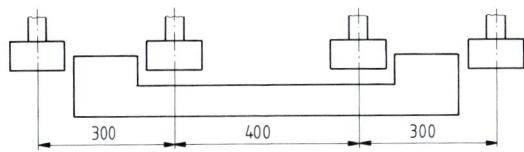

3. Zeichnen Sie das Weg-Zeit-Diagramm für den „freien Fall" (Kap. 2.9.1) in den ersten fünf Sekunden.

4. Welche Kurve zeigt
   a) das Anfahren
   b) das Bremsen eines Fahrzeuges?
   Begründen Sie Ihre Meinung.

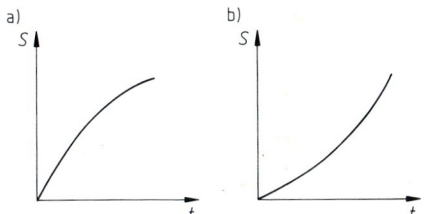

5. Welche Arbeitsfolge beim Drehen ist in dem Diagramm dargestellt? s_1 ist die Werkstücklänge.

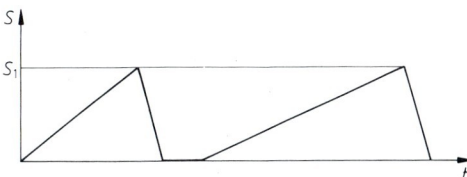

6. Interpretieren Sie den Kurvenverlauf.
   s: Fahrweg eines Fahrzeuges.

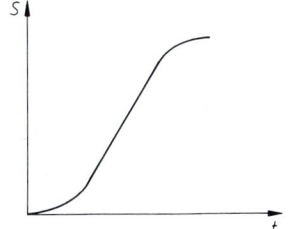

7. Zeichnen Sie das Weg-Zeit-Diagramm für den Kran (Bild 1) mit der richtigen Darstellung der Beschleunigungs- und Verzögerungsphasen.

8. Warum ist ein senkrechter Anstieg im Weg-Zeit-Diagramm nicht möglich?

9. Eine Pumpe füllt einen 15 m hohen zylindrischen Behälter. Zeichnen Sie den Weg der Flüssigkeitsoberfläche über der Zeit für folgende Bedingungen:
   a) Eine Pumpe ist 18 h in Betrieb.
   b) Vier gleiche Pumpen sind gleichzeitig eingeschaltet.
   c) Zu Beginn sind vier Pumpen im Einsatz. Nach je zwei Stunden wird eine Pumpe abgeschaltet.

2.9 Kräfte

2.9.1 Berechnung von Gewichtskräften

Wirken Kräfte auf ruhende Körper, dann werden diese verformt (z.B. beim Schmieden oder bei Zug- und Druckfedern). Der jeweilige Verformungsgrad ist ein Maßstab für die Größe der einwirkenden Kraft. Kräfte selbst sind nicht sichtbar, sondern nur ihre Wirkungen. Wenn Zug- bzw. Druckfedern in ihrem elastischen Bereich beansprucht werden (plastische Verformungen machen sie unbrauchbar), verhalten sich Kraft F und Verlängerung ΔL proportional[1]), d.h., eine Verdoppelung der Kraft führt zu einer Verdoppelung der Verlängerung. Daher können Federn zur Kraftmessung genutzt werden (Federwaage).

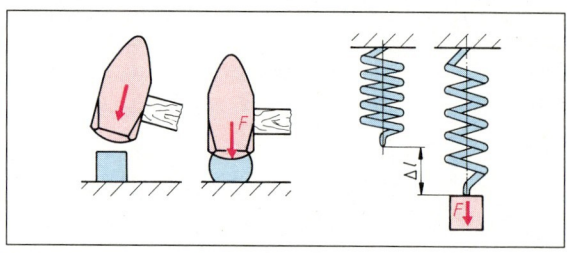

1 Verformungen durch Krafteinwirkung

Kräfte sind auch die Ursache für Bewegungsänderungen von Körpern. Zum Anschieben eines Pkw werden Kräfte benötigt. Die Erfahrung zeigt, daß dafür unter sonst gleichen Bedingungen bei einem kleinen Auto weniger Personen erforderlich sind als bei einem großen. D.h., **je größer die zu beschleunigende Masse m ist, um so größer muß die einwirkende Kraft F sein.**

Wird in einer Zeit t von 10 Sekunden der gleiche Pkw zum einen von 0 m/s auf 3 m/s und zum anderen von 0 m/s auf 4 m/s beschleunigt, wird beim zweitenmal eine größere Kraft benötigt. D.h., **je größer die Beschleunigung ist, um so größer ist die erforderliche Kraft.** Unter Beschleunigung a wird die Geschwindigkeitszunahme v pro Zeiteinheit t verstanden.

$$\text{Beschleunigung} = \frac{\text{Geschwindigkeitszunahme}}{\text{Zeit}} \qquad \boxed{a = \frac{v}{t}}$$

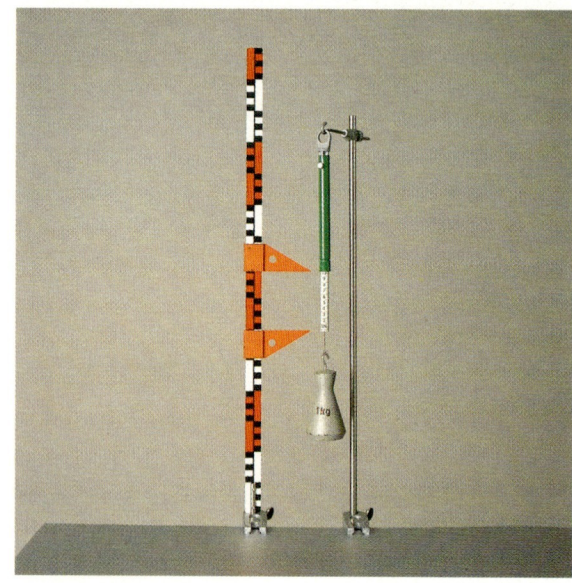

2 Kraftmesser

Bei gleichmäßig beschleunigter Bewegung gelten folgende Formeln:

$$\boxed{v = \sqrt{2 \cdot a \cdot s}} \qquad \boxed{s = \frac{v \cdot t}{2}} \qquad \boxed{s = \frac{a \cdot t^2}{2}}$$

v = Geschwindigkeit $\qquad t$ = Zeit
s = Weg $\qquad\qquad\quad\; a$ = Beschleunigung

1. Fall: $\qquad\qquad$ **2. Fall:**
$t = 10$ s $\qquad\qquad\;\; t = 10$ s
$v = 3$ m/s $\qquad\qquad v = 4$ m/s
$a = \dfrac{3 \text{ m/s}}{10 \text{ s}} \qquad\qquad a = \dfrac{4 \text{ m/s}}{10 \text{ s}}$
$a = 0{,}3 \text{ m/s}^2 \qquad\quad\; a = 0{,}4 \text{ m/s}^2$

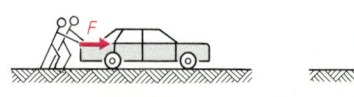

3 Anschieben von Pkws

Die gewonnenen Erkenntnisse (je größer Masse m und Beschleunigung a, desto größer die Kraft F) sollen in einen formelmäßigen Zusammenhang gebracht werden. Dafür bieten sich folgende Formeln an, die qualitativ überprüft werden sollen:

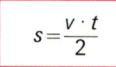 $\quad$ Je größer m, um so größer F: richtig
$\qquad\quad$ Je größer a, um so kleiner F: falsch

$\qquad\quad$ **Falsche Formel!**

 $\quad$ Je größer a, um so größer F: richtig
$\qquad\;\,$ Je größer m, um so kleiner F: falsch

$\qquad\;\,$ **Falsche Formel!**

$\boxed{F = m \cdot a}$ $\quad$ Je größer m, um so größer F: richtig
$\qquad\qquad\;$ Je größer a, um so größer F: richtig

$\qquad\qquad\;$ **Richtige Formel!**

Dieser Zusammenhang ist von so großer Bedeutung, daß man ihn als das **Grundgesetz der Dynamik** bezeichnet. Es wurde von Isaak Newton (1643–1727) entdeckt.

---
[1]) Vgl. Zugversuch Kapitel 1.1.1 (Technologie)

2.9 Kräfte — Übungen

Aufgabe:
Welche Kraft ist erforderlich, wenn ein Auto von 800 kg Masse mit 0,3 m/s² beschleunigt werden soll (Reibung wird vernachlässigt)?

	Dynamisches Grundgesetz
$F = m \cdot a$ $F = 800 \text{ kg} \cdot 0{,}3 \text{ m/s}^2$ $F = 240 \dfrac{\text{kg} \cdot \text{m}}{\text{s}^2}$ $\underline{\underline{F = 240 \text{ N}}}$	$1 \dfrac{\text{kg} \cdot \text{m}}{\text{s}^2} =$ 1 Newton = 1 N (Definition)

1 N ist die Kraft, die bei einer Masse von 1 kg eine Beschleunigung von 1 m/s² bewirkt.

Fällt ein Körper im luftleeren Raum nach unten, so erfährt er in unseren Breitengraden eine Beschleunigung von 9,81 m/s². Diese Größe wird Erdbeschleunigung g genannt. In Anlehnung an das Dynamische Grundgesetz läßt sich die **Gewichtskraft F_G** des Körpers berechnen:

$$\boxed{F_G = m \cdot g}$$

Die Gewichtskraft ist immer auf den Erdmittelpunkt gerichtet, sie wirkt somit immer lotrecht nach unten.

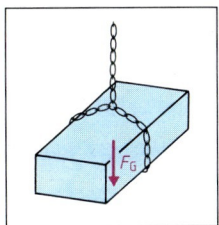

1 Stahlblock an Krankette

Aufgabe:
An der Kette eines Krans hängt ein Stahlblock von 200 mm × 300 mm × 1000 mm. Mit welcher Kraft wird die Kette auf Zug beansprucht?

	Dynamisches Grundgesetz
$F_G = m \cdot g$ $F_G = V \cdot \varrho \cdot g$ $F_G = a \cdot b \cdot h \cdot \varrho \cdot g$ $F_G = \dfrac{0{,}2 \text{ m} \cdot 0{,}3 \text{ m} \cdot 1{,}0 \text{ m} \cdot 7850 \text{ kg} \cdot 9{,}81 \text{ m}}{\text{m}^3 \cdot \text{s}^2} \cdot \dfrac{1 \text{ N} \cdot \text{s}^2}{1 \text{ kg} \cdot \text{m}}$ $F_G = 4620{,}5 \text{ N}$ $\underline{\underline{F_G = 4{,}62 \text{ kN}}}$	$m \cdot v \cdot \varrho$ $V = a \cdot b \cdot h$

Übungen

1. Welche Gewichtskraft hat eine Masse von 5,4 kg?
2. Wie groß ist die Gewichtskraft eines Stahlrohres, das 2 m lang ist, einen Außendurchmesser von 50 mm und eine Wanddicke von 4 mm besitzt?
3. Welche Masse hat ein Aluminiumteil mit einer Dichte von 2,7 kg/dm³, das eine Gewichtskraft von 1250 N hat?
4. Wieviel Liter Kraftstoff sind in einem Tank, der mit Füllung 120 N wiegt, wenn der Tankbehälter eine Masse von 1,5 kg hat und die Dichte des Kraftstoffes 0,75 kg/dm³ beträgt?
5. Welche Durchmesser hat ein Kupferrohr (Dichte = 8,96 kg/dm³), das eine Gewichtskraft von 50 N und eine Länge von 1,5 m besitzt, wenn sich $D : d = 4 : 3$ verhält?
6. Welche Beschleunigung erfährt beim Kegeln eine Kugel von 2 kg, wenn auf sie eine Kraft von 100 N einwirkt?
7. Welche Kraft ist erforderlich, um einen Pkw mit 800 kg Masse in 10 Sekunden von 0 auf 100 km/h zu beschleunigen? (Reibung bleibt unberücksichtigt.)
8. Zum Beschleunigen eines Wagens wird eine Kraft von 500 N wirksam. Wie groß ist die Masse des Körpers, wenn die Beschleunigung 2 m/s² beträgt?
9. Ein Pkw fährt mit einer Geschwindigkeit von 50 km/h frontal gegen eine sehr große Mauer. Dabei wird der Pkw im Bereich der Knautschzone um 75 cm kürzer ($s = 0{,}75$ m). Mit welcher Kraft wird der Fahrer mit 75 kg Masse in die Sicherheitsgurte gedrückt?
10. An einem Kranseil hängt eine Masse von 850 kg. Beim Anheben wird die Masse in 3 Sekunden auf eine Geschwindigkeit von 0,3 m/s gleichmäßig beschleunigt und dann mit konstanter Geschwindigkeit weiter hochgehoben. Welche Kraft wirkt
    a) während der Beschleunigung und
    b) beim Anheben mit konstanter Geschwindigkeit im Seil?
11. Welche Länge müßte ein senkrecht hängendes Drahtseil aus Stahl mit 144 Drähten bei 1 mm Drahtdurchmesser haben, damit es bei einer Reißkraft von 90 kN durch sein Eigengewicht reißt?

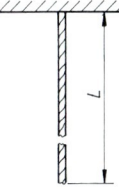

12. Um das Wievielfache muß die Kraft zum Beschleunigen eines Pkw zunehmen, wenn bei gleicher Geschwindigkeitszunahme die Beschleunigungsstrecke auf die Hälfte verringert wird?
13. Um das Wievielfache muß die Kraft zum Beschleunigen eines Pkw zunehmen, wenn bei gleicher Beschleunigungsstrecke die Geschwindigkeitszunahme verdoppelt wird?
14. Wie groß ist die Dichte des dargestellten Werkstückes, dessen Gewichtskraft 2,937 N beträgt?

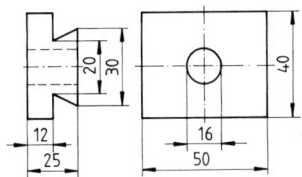

2.10 Zeichnerische Darstellung von Kräften

2.10.1 Kräfte auf einer Wirkungslinie

Eine Gießpfanne soll mit Hilfe eines Hebezugs angehoben und verfahren werden. Für die Auslegung der gesamten Einrichtung ist es wichtig zu wissen, welche Belastungen für den Hebezug, die Laufschienen und die Tragketten auftreten können. Die Kraft, die beim langsamen Anheben der Gießpfanne aufgebracht werden muß, entspricht der Gewichtskraft der Last und muß nach oben gerichtet sein. Hebekraft und Gewichtskraft haben gleichen Betrag, sind aber entgegengerichtet. Wie in diesem Beispiel treten zu allen Kräften gleich große Gegenkräfte auf.

> Kraft und Gegenkraft haben gleichen Betrag und sind gegeneinander gerichtet.

Kräfte werden zeichnerisch durch Kraftpfeile (Vektoren) dargestellt (vgl. Technologie Kap. 6.2.1.2). Die Länge gibt den Betrag an, die Pfeilspitze die Richtung. Ein Vektor ist eindeutig festgelegt durch Richtung, Betrag und Angriffspunkt. Die Gerade, in der der Kraftvektor liegt, heißt **Wirkungslinie**. Der Angriffspunkt läßt sich auf dieser Linie beliebig verschieben. Lassen sich durch Kräfte gemeinsame Geraden legen, spricht man von Kräften auf einer Wirkungslinie. Kraft und Gegenkraft liegen immer auf einer Wirkungslinie, wie im Beispiel die Gewichtskraft und die Zugkraft in der Tragkette.

> Kräfte dürfen auf ihrer Wirkungslinie verschoben werden. Liegen sie auf einer gemeinsamen Wirkungslinie, können sie je nach Richtung dem Betrag nach addiert bzw. subtrahiert werden. Das Ergebnis ist die resultierende Kraft F_R.

Ergibt sich eine resultierende Kraft $F_R = 0$, dann ruht der Körper oder er bewegt sich mit gleichbleibender Geschwindigkeit. Bei einer Kraft $F_R \neq 0$ wird der Körper beschleunigt.

Beispiel:

Die Kräfte, die beim Hebevorgang einer Gießpfanne mit 1,8 t Gesamtgewicht wirken, sind zeichnerisch darzustellen.

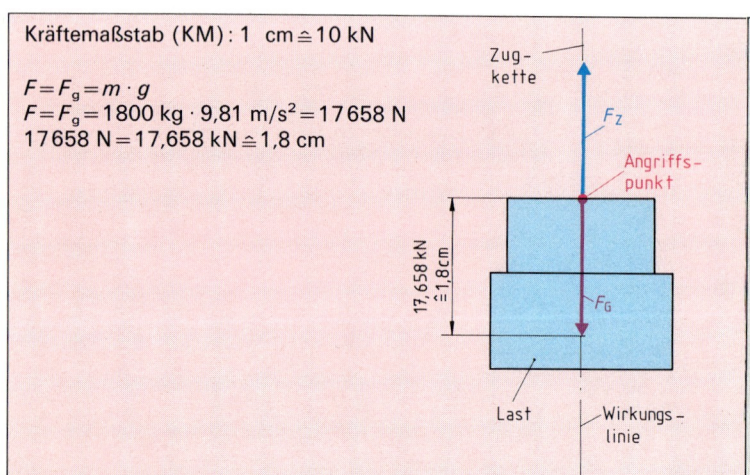

Kräftemaßstab (KM): 1 cm ≙ 10 kN

$F = F_g = m \cdot g$
$F = F_g = 1800 \text{ kg} \cdot 9{,}81 \text{ m/s}^2 = 17658 \text{ N}$
$17658 \text{ N} = 17{,}658 \text{ kN} \triangleq 1{,}8 \text{ cm}$

Erstellen einer Prinzipskizze. Wahl eines geeigneten Kräftemaßstabs.

Die Länge der Pfeile für Gewichts- bzw. Hebekraft (F_G bzw. F) wird ermittelt. Bestimmung des Kraftangriffspunkts und Eintragung der Kräfte.

Eine resultierende Kraft ist in diesem Fall nicht vorhanden, da Gewichtskraft und Zugkraft entgegengerichtet sind und gleiche Beträge haben.

2.10 Zeichnerische Darstellung von Kräften   2.10.2 Zusammenfassen von Kräften

Übungen

1. Stellen Sie die Kraft 25 kN dar, die in einer Schubstange unter 45° schräg nach rechts oben wirkt! (KM: 1 cm ≙ 10 kN.)

2. An dem Tragseil eines Förderkorbs ziehen $F_1 = 500$ N und $F_2 = 600$ N nach unten. Stellen Sie die beiden Teilkräfte F_1, F_2, die resultierende Kraft F_R nach unten und die Gegenkraft F_Z im Seil nach oben dar. (KM: 1 cm ≙ 200 N.)

3. An einem waagerechten Seil ziehen $F_1 = 250$ N, $F_2 = 300$ N nach links und $F_3 = 350$ N nach rechts. Ermitteln Sie die Kraft F_4, die das Kraftgleichgewicht herstellt. (KM: freigestellt.)

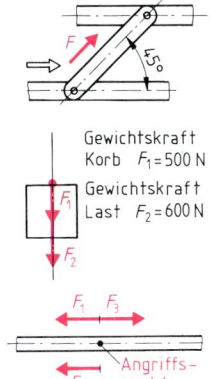

4. Die Kräfte in dem dargestellten Beispiel haben gleichen Betrag und gegenläufige Richtung. Begründen Sie, warum sie sich, so wie dargestellt, trotzdem in ihrer Wirkung nicht aufheben können. Wie wirken sich die Kräfte auf das Kantholz aus?

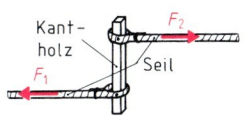

5. An einem Seil ziehen Kräfte von insgesamt 500 N nach rechts und Kräfte von insgesamt 530 N nach links. Was geschieht? Ist die Behauptung Kraft und Gegenkraft haben immer gleichen Betrag falsch?

2.10.2 Zusammenfassen von Kräften auf verschiedenen Wirkungslinien

Im nebenstehenden Beispiel soll eine Kiste mit Werkstücken im Materiallager von zwei Personen in eine neue Position geschoben werden. Wegen Platzmangel können beide nicht in die Richtung schieben, in die sich die Kiste eigentlich bewegen soll. Wirken mehrere Kräfte gleichzeitig, liegen sie in den meisten Fällen nicht auf einer gemeinsamen Wirkungslinie. In welche Richtung wird sich die Kiste bewegen, wenn sie wie dargestellt geschoben wird? Die Erfahrung zeigt, daß die Richtung der resultierenden Kraft zwischen den Richtungen der Teilkräfte liegt. Sind beide Teilkräfte gleich groß, liegt sie genau auf der Winkelhalbierenden des von den Teilkräften gebildeten Winkels. Je mehr sich die Richtungen der beiden Teilkräfte angleichen, desto größer wird die Kraft. Denn bei großem Winkel zwischen den Wirkungslinien hebt sich ein Teil der Kräfte gegenseitig auf. Zeichnerisch läßt sich dieser Zusammenhang durch ein Parallelogramm darstellen, bei dem die beiden Teilkräfte benachbarte Seiten bilden. Die Diagonale in dieser Darstellung entspricht nach Richtung und Betrag (Länge) der resultierenden Kraft F_R.

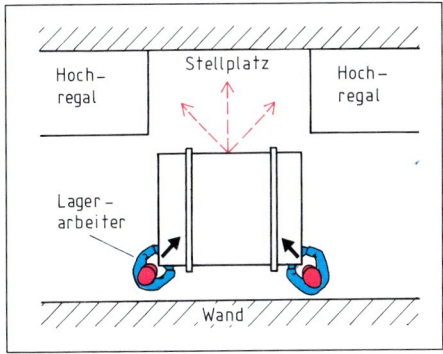

> Kräfte auf verschiedenen Wirkungslinien lassen sich mit Hilfe des Kräfteparallelogramms zu einer Resultierenden zusammenfassen.

Beispiel:

Die resultierende Kraft ist für obiges Beispiel zeichnerisch zu ermitteln, wenn $F_1 = 600$ N unter 40° und $F_2 = 800$ N unter 45° zur Senkrechten wirken. KM: 1 cm ≙ 400 N.

$F_1 = 600$ N ≙ 1,5 cm;
$F_2 = 800$ N ≙ 2,0 cm

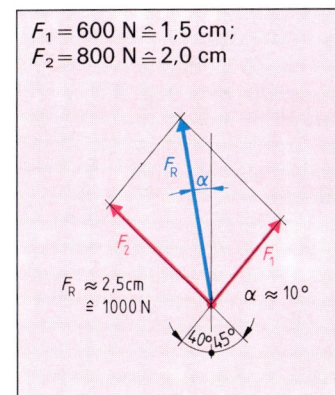

Ermittlung der Kraftpfeillängen mit Hilfe des Kräftemaßstabs.

Zeichnen der Wirkungslinien nach Winkelangaben, dann darauf die Kräfte abtragen (Kräfteplan).

Das Kräfteparallelogramm wird durch Parallelen dazu gezeichnet.

Die Resultierende ist als Diagonale vom Kraftangriffspunkt ausgehend einzutragen. Länge und Winkel der Diagonalen kann bestimmt und der Betrag mit dem Kräftemaßstab berechnet werden.

2.10 Zeichnerische Darstellung von Kräften — Übungen

1. Ermitteln Sie mit Hilfe des Kräfteparallelogramms aus den Kräften laut Skizze die resultierenden F_R nach Betrag und Richtung.

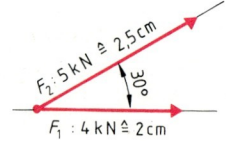

2. Eine Masse von 35 kg wird über eine Seilrolle langsam nach oben gezogen. Wie groß ist die Lagerbelastung, wenn unter 25° gezogen wird? Legen Sie zur Lösung den Angriffspunkt der Kräfte an den Scheitel des Winkels (Skizze).

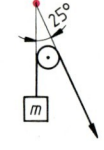

3. An einem Mauerhaken sind zwei Spannseile befestigt. Fertigen Sie einen Kräfteplan an, und ermitteln Sie zeichnerisch die resultierende Kraft auf den Haken mit Betrag und Richtung.

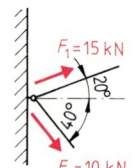

4. Ein Ozeandampfer darf in einem Hafenbecken nicht mit eigenem Antrieb fahren. Er wird von zwei Schleppern an seine Liegestelle gezogen. Der eine Schlepper zieht mit $F_1 = 500$ kN, der andere mit $F_2 = 0{,}4$ MN Zugkraft. Der Schleppwinkel ist der Skizze zu entnehmen. Wie groß ist die resultierende Zugkraft?

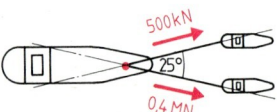

5. An einem Drehmeißel wirkt eine Kraft im Umfangrichtung von 3,5 kN und eine Kraft von 800 N in Vorschubrichtung. Wie groß ist die wirksame Zerspankraft?

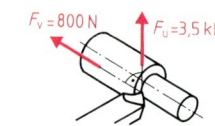

6. Ein schrägverzahntes Stirnrad eines Hauptgetriebes wird mit einer axialen Lagerkraft von 400 N und einer Umfangskraft von 2 kN belastet. Wie groß ist der Schrägungswinkel?

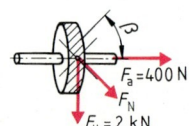

7. Auf ein Wälzlager wirkt eine axiale Lagerkraft von 800 N und eine radiale Kraft von 3,2 kN. Ermitteln Sie die gesamte Lagerkraft nach Betrag und Richtung.

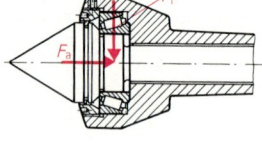

8. Auf einen Pfeiler wirken die Kräfte $F_1 = 2{,}2$ kN; $F_2 = 1{,}5$ kN und $F_3 = 1{,}9$ kN nach Skizze ein. In welche Richtung muß der Pfeiler abgestützt werden?

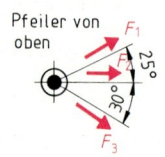

9. Eine Schiffsschraube aus Sphäroguß wird mit zwei Hebezeugen zur Montage angehoben. Beide Kräne können maximal 0,2 MN aufbringen. Wie schwer darf die Schraube sein, wenn beim Heben der Winkel zwischen den Seilen bis auf 120° anwachsen kann.

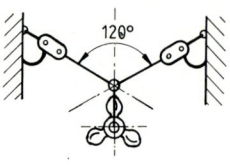

10. Ermitteln Sie für die Aufgaben a...d zeichnerisch Betrag und Richtung der Resultierenden Kraft.

a)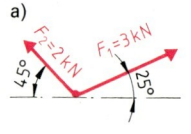

b)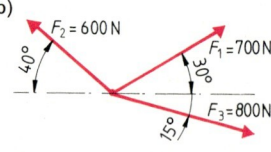

c)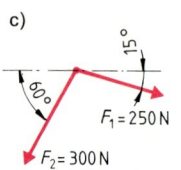

d)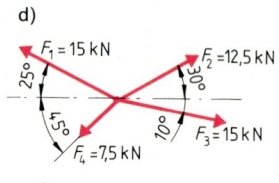

11. In den Profilstangen einer Auslegerkonstruktion sollen höchstens ca. $F_1 = 20$ kN Zugkraft, bzw. $F_2 = 30$ kN Druckkraft auftreten (s. Skizze). Welche Masse darf die angehängte Last nicht überschreiten?

Hinweis: Bedenken Sie, daß die Gewichtskraft immer senkrecht nach unten wirkt. Wie läßt sich die Aufgabe lösen, wenn die resultierende Kraft nicht senkrecht wirkt?

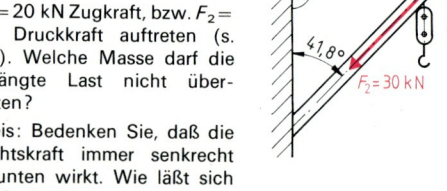

12. Ermitteln Sie die resultierende Zerspankraft beim Gegenlauffräsen. Die Vorschubkraft F_f beträgt 2 kN, die Schnittkraft $F_c = 5$ kN. In welche Richtung wird das Werkstück bei mangelhafter Einspannung weggedrückt? Beim Gleichlauffräsen sollen am Anschnitt die gleichen Kräfte auftreten. Welche Folgerungen ergeben sich für die Einspannung des Werkstücks?

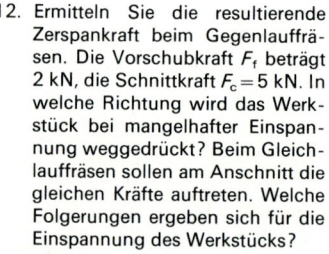
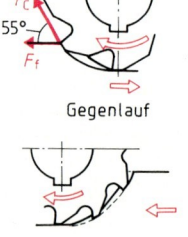

13. Eine Umlenkrolle mit nebenstehenden Abmessungen wird durch eine Feder mit 0,45 kN Spannkraft und einer Zugkraft von 0,6 kN im Schwenkarm gehalten. Mit welcher Kraft und in welche Richtung ziehen die Seile an der Rolle?

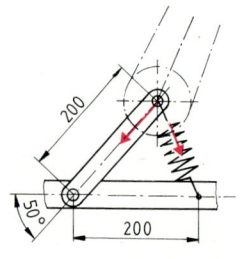

2.10.3 Kräftezerlegung in Teilkräfte (Komponenten)

Ein Keil, der zwischen zwei Bauteile eingetrieben wird, kann nur durch Kräfte senkrecht zu den Keilflächen beide Teile verspannen. Zur Ermittlung der wirksamen Kräfte an den Keilflächen muß die eintreibende Kraft in Teilkräfte

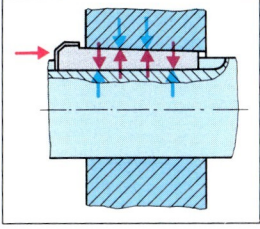

zerlegt werden. Dies geschieht ebenfalls mit Hilfe eines Kräfteparallelogramms. Wenn die Gegenkräfte, die zum Gleichgewicht notwendig sind, nur auf vorgegebenen Wirkungslinien wirken können, wird die Zerlegung notwendig. Zwischen ebenen Flächen zweier Körper können Kräfte nur senkrecht übertragen werden, sonst würde Gleiten auftreten (vgl. Kap. 2.3.1). Zur zeichnerischen Lösung des Problems muß aus der eintreibenden Kraft als Diagonale und zwei Wirkungslinien als Richtung ein Kräfteparallelogramm gebildet werden.

> Eine Kraft läßt sich in Teilkräfte zerlegen, wenn mit der Kraft als Diagonalen und zwei Wirkungslinien als Richtungen ein Parallelogramm gebildet wird mit den beiden Teilkräften als Seiten.

Beispiel:

Ermitteln Sie zeichnerisch die Teilkräfte, die sich aus der eintreibenden Kraft $F = 5$ kN bei 5° Keilwinkel ergeben. Reibungsverluste bleiben unberücksichtigt (KM: 1 cm ≙ 10 kN).

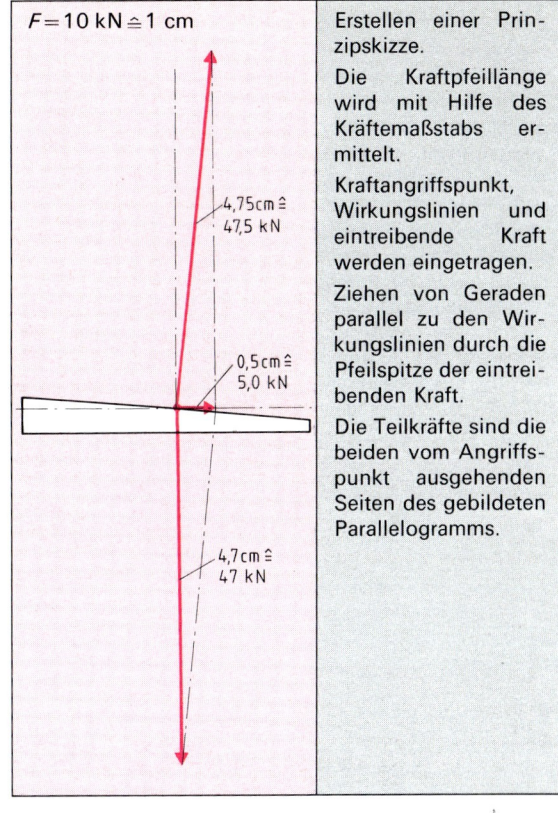

Erstellen einer Prinzipskizze.

Die Kraftpfeillänge wird mit Hilfe des Kräftemaßstabs ermittelt.

Kraftangriffspunkt, Wirkungslinien und eintreibende Kraft werden eingetragen.

Ziehen von Geraden parallel zu den Wirkungslinien durch die Pfeilspitze der eintreibenden Kraft.

Die Teilkräfte sind die beiden vom Angriffspunkt ausgehenden Seiten des gebildeten Parallelogramms.

Übungen

1. Ermitteln Sie die Trennkräfte für einen Trennmeißel. Der Keilwinkel β beträgt 60° (75°), die Hammerkraft F_H zum Durchtrennen eines Flachstahls beträgt 500 N. Wie verändern sich die Trennkräfte, wenn der Hammerschlag nicht senkrecht von oben erfolgt?

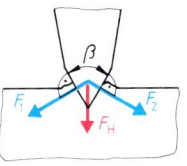

2. Über eine feste Rolle an einem Ausleger (s. Skizze) wird eine Last von 80 kg nach oben gezogen. Wie groß ist die Kraft, die auf die Rollenachse wirkt? Ermitteln Sie die Zug- und Druckkräfte in den Auslegerarmen!

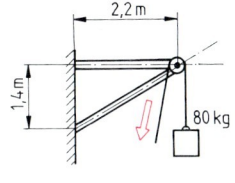

3. In einer Werkshalle sind Halogenstrahler zur Beleuchtung an Spannseilen aufgehängt, die mit einer Gewichtskraft von 200 N nach unten ziehen. Ermitteln Sie die Zugkräfte im Spannseil!

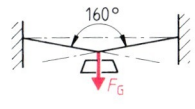

4. An einem Kranseil wird eine 1,5 t schwere Papierwalze hochgezogen. In welchem der beiden skizzierten Aufhängungen werden die Seile geringer belastet? Ermitteln Sie die Seilkräfte bei einem Winkel $\alpha = 100°$!

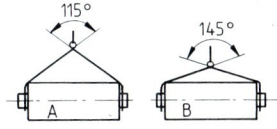

5. Eine Hebelschere mit nebenstehender Schneidengeometrie arbeitet mit einer Schneidkraft von 2,6 kN. Ermitteln Sie die Trennkräfte ohne Reibungsverluste.

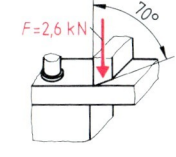

6. Zerlegen Sie die Kräfte auf den vorgegebenen Wirkungslinien.

7. Eine Kiste mit 60 kg liegt auf einer Rutsche, die einem Neigungswinkel von 30° hat. Wie groß ist die Kraft, die die Kiste rutschen läßt, wenn die Reibung überwunden wird? (Kräftezerlegung in Kraft senkrecht und parallel zur Schrägen.)

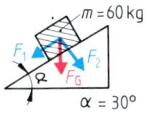

2.10 Zeichnerische Darstellung von Kräften

2.10.4 Krafteck

Treten mehrere Kräfte gleichzeitig auf, wie bei dem gezeigten Leitungsmast, kann man sie mit dem **Krafteck** leicht addieren. Das Zusammenfassen und Zerlegen von Kräften entspricht mathematisch der **Addition bzw. Subtraktion** (Anfang und Ende vertauschen) von gerichteten Größen (Vektoren). Dazu werden die Teilkräfte so parallel verschoben, daß an die Pfeilspitze der vorherigen, der Anfang der folgenden Kraft angetragen wird. Die Kraft, die das Vieleck (Krafteck) schließt, d.h., die Verbindung der Spitze der letzten Kraft mit dem Anfang

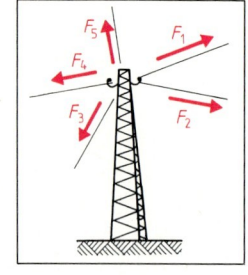

der ersten, bringt das Kräftesystem ins Gleichgewicht. Die Gegenkraft dazu ist die Resultierende der Teilkräfte. Die Reihenfolge der Summanden bei der Addition ist beliebig.

> Mit dem Krafteck können Kräfte zeichnerisch addiert und subtrahiert werden.

Beispiel:

Ermitteln Sie die resultierende Kraft für das obige Beispiel.

Teilkräfte: $F_1 = 500$ N; $F_2 = 600$ N; $F_3 = 550$ N; $F_4 = 800$ N; $F_5 = 650$ N

Winkel: F_1/Senkrechte $= 70°$; $F_1/F_2 = 40°$; $F_2/F_3 = 100°$; $F_3/F_4 = 50°$; $F_4/F_5 = 90°$.

KM: 1 cm $\widehat{=}$ 200 N $\Rightarrow F_1 \widehat{=} 2{,}5$ cm; $F_2 \widehat{=} 3$ cm; $F_3 \widehat{=} 2{,}75$ cm; $F_4 \widehat{=} 4$ cm; $F_5 \widehat{=} 3{,}25$ cm

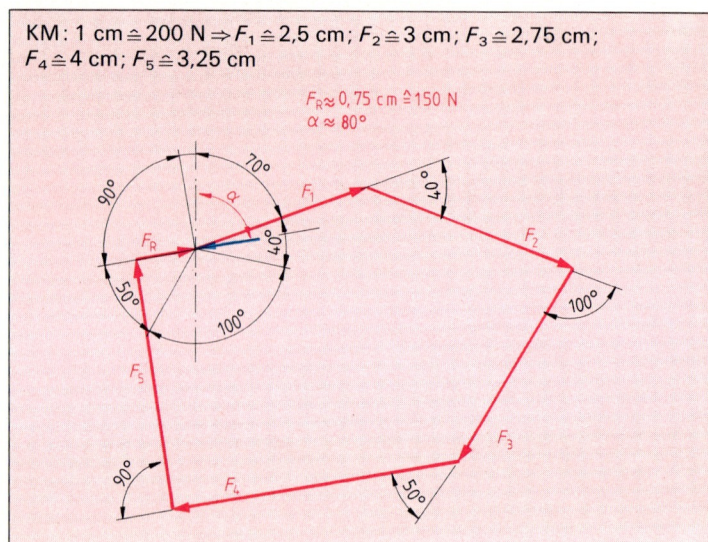

Wahl eines Maßstabs und Ermittlung der Kraftpfeillängen.

Wahl eines geeigneten Anfangspunktes, und Antragen der ersten Kraft.

Die übrigen Kräfte werden aneinander gesetzt.

Die Verbindung vom Ende der letzten Kraft zum Anfangspunkt schließt das Krafteck. Die Resultierende ist die Gegenkraft dazu.

Betrag und Winkel der Resultierenden werden bestimmt.

Übungen

1. Ermitteln Sie zeichnerisch Betrag und Winkel der resultierenden Kraft bei den Aufgaben a...c.

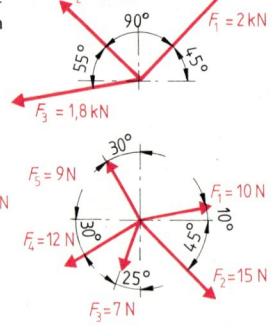

2. Am Knotenpunkt einer Stahlkonstruktion für ein Hallendach wurden die in der Skizze dargestellten Kräfte errechnet. Ermitteln Sie, ob sich die Kräfte gegenseitig aufheben. Ist dies nicht der Fall, ermitteln Sie, wie sich der 60°-Winkel ändern muß, damit Gleichgewicht herrscht.

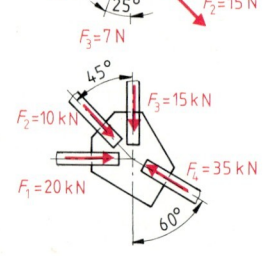

3. Ein Riesentanker wird von 3 Schleppern an die Anlegestelle geschleppt. Die Schlepperkräfte und -richtungen sind der Skizze zu entnehmen. In welche Richtung wird das Schiff bewegt?

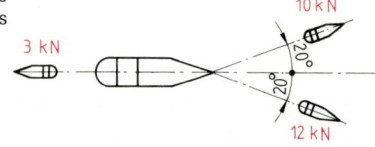

4. An einem Leitungsmast sind mehrere Überlandleitungen aus unterschiedlichen Richtungen befestigt. In welche Richtung muß der Mast abgestützt werden?

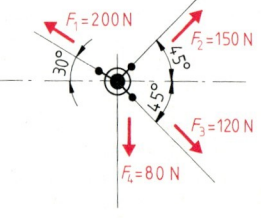

2.11 Berechnung von Kräften

2.11.1 Kräfte am Hebel (Drehmoment, Gleichgewichtsbedingung)

Ein Kipphebel dient zur Betätigung eines Ventils für eine Kolbenpumpe. Die Kraft der Ventilfeder muß überwunden werden, um das Ventil zu öffnen. Dies geschieht dadurch, daß ein Nocken den Kipphebel hochdrückt. Ein solcher Hebel kann ganz unterschiedlich geformt sein. Trotzdem lassen sich Drehmomente und Kräfte eindeutig ermitteln.

Der Hebel wird in der Technik sehr häufig angewendet, wenn es darum geht, Kräfte zu übersetzen. Das Produkt aus Kraft und Hebelarm nennt man Dreh- oder Kraftmoment. Zur Vergrößerung des Drehmoments kann entweder die Kraft vergrößert oder der Hebelarm verlängert werden. Bei Berechnungen wird der Hebel in Ruhe (Gleichgewicht) behandelt. Das Produkt aus Kraft und Hebelarm, das in einer Richtung dreht, ist genauso groß, wie Kraft mal Hebelarm in der anderen Drehrichtung (vgl. Technologie Kap. 2.3.3.1 und 6.2.2.2). Dies Produkt nennt man Dreh- oder Kraftmoment.

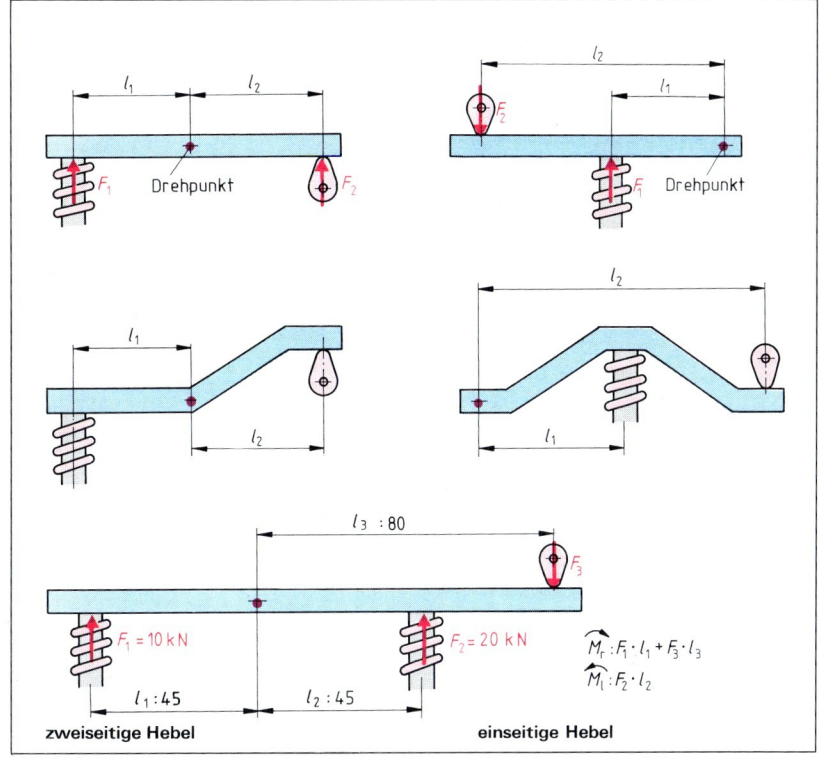

zweiseitige Hebel   einseitige Hebel

Ein Drehmoment ist das Produkt aus Kraft und Hebelarm. Der Hebelarm ist der senkrechte Abstand vom Kraftangriffspunkt zum Drehpunkt des Hebels.

$$M = F \cdot l \quad \text{z.B. in N m}$$

Gleichgewichtsbedingung: Die Summen der Drehmomente, die rechts herumdrehen, ist gleich der Summe der Momente links herum.

$$M_r = M_l$$

Beispiel:

a) Ermitteln Sie die Drehmomente in N m, die durch die Federn in den oberen beiden Beispielen erzeugt werden. Die Federkraft beträgt jeweils 20 kN, der zugehörige Hebelarm l ist 8 cm lang.

b) Berechnen Sie für das untere Beispiel die Kraft, die auf den Nocken drücken muß, damit Gleichgewicht herrscht.

a)
$M = F \cdot l$
$M = 20 \text{ kN} \cdot 8 \text{ cm} = 160 \text{ kN cm}$
$\dfrac{160 \text{ kN cm}}{\text{kN}} \cdot \dfrac{1000 \text{ N}}{} \cdot \dfrac{\text{m}}{100 \text{ cm}}$
$\quad\quad\quad\quad\quad = \underline{1600 \text{ Nm}}$

b)
$F_1 \cdot l_1 + F_3 \cdot l_3 = F_2 \cdot l_2$
$F_3 = \dfrac{F_2 \cdot l_2 - F_1 \cdot l_1}{l_3}$
$F_3 = \dfrac{20 \text{ kN} \cdot 45 \text{ mm} - 10 \text{ kN} \cdot 45 \text{ mm}}{80 \text{ mm}}$
$F_3 = \underline{5{,}625 \text{ kN}}$

Da für alle Hebelarten Kraft und Hebelarm gleich groß sind, ist auch die Größe des Drehmoments gleich.

Die Einheit für das Drehmoment soll in N m umgewandelt werden.

Im gegebenen System drehen die Kräfte F_1 und F_3 den Hebel rechtssinnig, die Kraft F_2 linkssinnig. Die Kraft F_3 ist gesucht.

Summe der rechtsdrehenden Momente gleich Summe der linksdrehenden Momente

Bei anderen Kraft- oder Längenangaben könnten auch negative Ergebnisse auftreten. Dann ist die Drehrichtung des jeweiligen Moments falsch angesetzt. Die Richtung der Kraft oder die Seite des Hebelarms ist zu vertauschen.

2.11 Berechnung von Kräften — Übungen

Übungen

1. Über ein Schaltgestänge muß eine Schaltkraft von 300 N aufgebracht werden. Wie groß wird dann die Handkraft? Entnehmen Sie die zur Berechnung notwendigen Größen der Skizze.

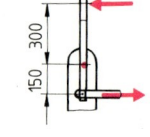

2. Bei einem Sicherheitsventil eines Druckkessels wird der Maximaldruck über eine Feder und einen Kipphebel eingestellt. Wie groß muß die Federkraft bei einem Maximaldruck von 12 bar werden, wenn die kreisförmige Ventilfläche 20 mm Durchmesser hat?

$$F = p \cdot A = \frac{12 \text{ bar} \cdot (20 \text{ mm})^2 \cdot \pi}{4} = 377 \text{ N}$$

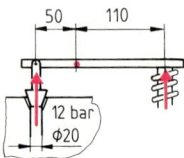

3. Mit einer Hebelschere soll im Abstand von 250 mm vom Drehpunkt ein Blechstreifen durchtrennt werden. Die dazu notwendige Scherkraft beträgt 1 kN. Wieviel % der Kraft wird eingespart, wenn die Gesamthebellänge nicht 650 mm, sondern 800 mm ist?

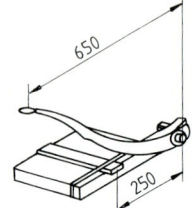

4. Ein Handwerker benutzt eine Beißzange mit nebenstehenden Abmessungen. Welchen Drahtdurchmesser kann er damit durchtrennen, wenn er eine maximale Handkraft von 300 N aufbringen kann und der Draht pro mm² eine Widerstandskraft von 500 N entgegensetzt?

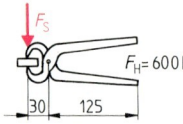

5. Mit einem Spannhebel wird ein Blechstreifen auf eine Gußeisenunterlage gedrückt. Der Blechstreifen muß von der Andruckrolle mit 1 kN gehalten werden. Welche Federkraft ist notwendig, damit keine Verschiebung eintritt? (Längenangaben s. Skizze.)

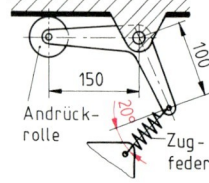

6. Stellen Sie für das nebenstehende Hebelsystem die Gleichgewichtsbedingung auf. Stellen Sie die Formel nach den Kräften F_1 bis F_3 und den Längen l_3 bis l_5 um.

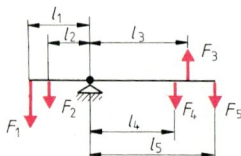

7. Berechnen Sie für das Hebelsystem von Aufgabe 6 die Kraft F_4, wenn $F_1 = F_2 = 200$ N; $F_3 = F_5 = 800$ N und $l_1 = l_3 = 800$ mm; $l_2 = l_4 = 600$ mm; $l_5 = 1200$ mm. Wie ist das Ergebnis zu deuten?

8. Eine Schubkarre ist leichter anzuheben, wenn die Last weit vorn aufgeladen ist. Begründen Sie dies mit Hilfe einer Skizze.

9. Ein geradverzahntes Stirnradpaar überträgt ein Antriebsmoment von 120 N·m. Wie groß ist die Kraft, die das treibende Zahnrad aufbringt? Wie groß ist das Kraftmoment an der angetriebenen Welle?

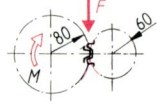

10. Mit einem Lochstempel werden dünne Bleche gelocht. Wie groß muß die Handkraft sein, wenn der Werkstoff eine Widerstandskraft von 2,5 kN aufbringt?

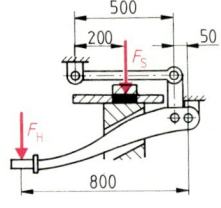

11. Mit einer Seilwinde soll eine Last von 60 kg angehoben werden. Wie groß ist die Kraft an der Handkurbel?

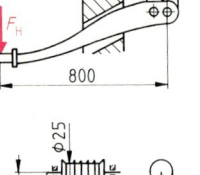

12. Der Ausleger eines Krans wird mit 100 kN belastet. Das Eigengewicht des Auslegers beträgt 2,5 t. Welche Masse muß das Gegengewicht haben, damit Kräftegleichgewicht herrscht?

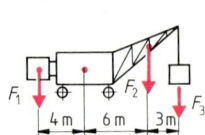

13. Ein Kupplungspedal wirkt über ein mehrfaches Hebelsystem auf einen Hydraulikzylinder. Wie groß muß die Pedalkraft sein, wenn zur Betätigung 1 kN auf den Hydraulikzylinder wirken müssen?

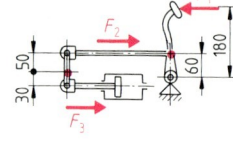

14. Ein 135°-Winkelhebel mit nebenstehenden Abmessungen wird durch die Federkraft von 250 N und die Kraft $F_2 = 850$ N belastet. Wie groß ist die Kraft F_1? Wie groß müßte sie werden, wenn F_1 senkrecht nach oben wirkt?

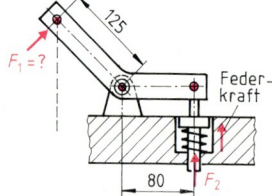

15. Der dargestellte Handhebel wird mit 300 N betätigt. Wie groß ist die Kraft in der Druckstange, wenn die Federkraft 125 N beträgt?

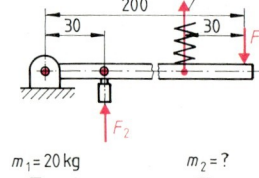

16. Welche Masse muß bei der dargestellten Balkenwaage das Prüfgewicht haben, damit bei einer Belastung mit 20 kg die Waage im Gleichgewicht ist? Welche Vor- und Nachteile haben solche Waagen?

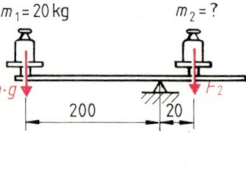

17. Ein Stahlträger, der durch sein Eigengewicht von 350 kg und eine zusätzliche Kraft von 12 kN, wie in der Abbildung zu sehen, belastet ist, liegt auf beiden Seiten auf einer Mauer auf. Um die Belastung der Mauer zu ermitteln, behandeln Sie den Träger als einseitigen Hebel und ersetzen abwechselnd eine Mauer durch eine Stützkraft von unten. Drehpunkt ist dann jeweils die andere Auflage.

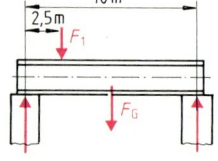

2.11 Berechnung von Kräften — 2.11.2 Reibkräfte

2.11.2 Reibkräfte

Ein Werkzeugschlitten soll auf einer Führungsbahn gleiten. Der Widerstand, der durch Reibung entsteht, soll ermittelt werden.

Die Reibkraft bildet die Gegenkraft zur Bewegungskraft und hat damit den gleichen Betrag, wenn keine Bewegung auftritt. Sie kann aber nicht beliebig anwachsen. Die maximale Reibkraft ist bestimmbar, denn gerade diese Kraft muß überwunden werden, um nicht beschleunigtes Gleiten zu bewirken.

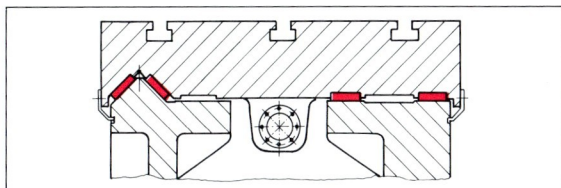

1 Kombinierte V-Flachführung mit Laufflächen aus Spezialkunststoff

Vorüberlegung:

Die Reibkraft könnte von folgenden Bedingungen abhängen:
1. Anpreßkraft der Flächen (Normalkraft)
2. Beschaffenheit der Flächen (Rauhigkeit)
3. Gestalt der Flächen (Ebenheit)
4. Größe der Flächen
5. Größe der Verschiebungskraft
6. Bewegungszustand (Ruhe, Gleiten, Rollen)
7. Werkstoffpaarung (z.B. Stahl auf Stahl)

Im Versuch läßt sich ermitteln, daß im allgemeinen die Größe der Fläche und der Verschiebungskraft keinen Einfluß haben (vgl. Technologie Kap. 2.4.3 und 6.2.1.6). Der Quotient aus Reibkraft F_R und Normalkraft F_N ist bei gleicher Flächenbeschaffenheit und Werkstoffpaarung konstant. Es wird Reibungszahl μ genannt und ist aus Tabellenbüchern für verschiedene Werkstoffpaarungen, Oberflächen- und Bewegungszustände zu entnehmen. Damit ergibt sich die Reibkraft als Produkt von Normalkraft (in der Ebene meist Gewichtskraft) und Reibungszahl.

$$\frac{F_R}{F_N} = \mu = \text{const} \qquad F_R = F_N \cdot \mu$$

Versuch: Ein Stahlklotz wurde mit verschiedenen Belastungen einmal flach und einmal hochkant über eine Gleitbahn gezogen.

Versuch	F_N in N	$F_{2\,flach}$ in N	$F_{2\,hochk.}$ in N
1	150	32,1	31,5
2	200	41,4	42,3
3	250	49,0	50,6
4	300	59,5	61,1

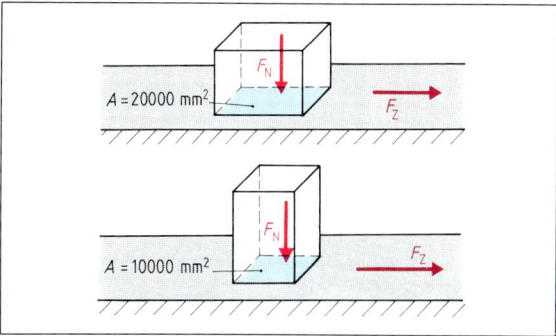

Die Reibungszahl ist je nach Bewegungszustand unterschiedlich. Bei einem Körper, der aus der Ruhelage bewegt wird, ist sie im Anfangszustand größer (Haftreibung) als bei einem bereits bewegten Körper (Gleitreibung). Rollen zwei Körper aufeinander ab (Rollreibung), ist die Reibungszahl kleiner als beim Gleiten.

Beispiel:

Wie groß ist die Reibkraft des Werkzeugschlittens mit der Eigenmasse von 120 kg, der mit Speziallaufflächen auf der Führung aus Gußeisen gleitet?

$F_N = m \cdot g$ $F_N = 120\text{ kg} \cdot 9{,}81\text{ m/s}^2$ $F_N = 1177{,}2\text{ N}$	Ermitteln der Normalkraft
μ für Kunststofflauffläche/Gußeisen: 0,05	Ermitteln der Reibungszahl laut Herstellerangabe oder Tabellenbuch
$F_R = F_N \cdot \mu$ $F_R = 1177{,}2\text{ N} \cdot 0{,}05$ $F_R = 58{,}86\text{ N}$	Berechnen der Reibkraft

Übungen

1. Eine Maschine mit der Masse 1,2 t soll auf ebenem Betonboden von Hand um einen Meter verschoben werden. Wie viele Hilfskräfte werden gebraucht, wenn jeder eine Schubkraft von 300 N aufbringen kann?

2. Ein Karren, mit 80 kg beladen, soll aus dem Stillstand angeschoben werden (Haftrollreibung $\mu_{ro} = 0{,}018$). Er ist gummibereift und der Untergrund ist Asphalt. Um wieviel % ändert sich die Schubkraft, wenn der Karren unbeschleunigt weitergeschoben werden soll?

3. Auf einer schrägen Rutsche liegt eine Holzkiste. Wie kann es geschehen, daß nach einer Erschütterung durch die zuschlagende Tür die Kiste zu gleiten beginnt und weiterrutscht, ohne daß sich der Neigungswinkel geändert hat?

4. An einem Schleifstein wird ein Stahlstück geschliffen. Es wird mit 150 N gegen den Stein gedrückt, dabei wirkt eine Reibkraft von 110 N. Wie groß ist die Reibungszahl?

5. Welches Kraftmoment darf der Antrieb eines Motorrades aufbringen, ohne daß das Hinterrad durchdreht? (Normalkraft auf dem Hinterrad 400 N, Durchmesser des Antriebsrades 580 mm.)

Tabelle Reibzahlen (Auswahl)				
Paarung	Haftreibung μ_0	Gleitreibung trocken μ_g	Gleitreibung geschmiert μ_g	Rollreibung μ_r
Stahl–Stahl	0,20	0,12	0,04	0,001
Gußeisen–Stahl	0,22	0,15	0,05	0,001
Beton–Stahl	0,42	0,30	–	–
Holz–Stahl	0,50	0,35	–	–
Kunststoff–Stahl	0,30	0,35	0,05	0,005
Gummi–Asphalt	0,85	0,80	–	0,015

2.11.3 Kräfte an der schiefen Ebene

Mit einen Schrägaufzug sollen für einen Fertigungsablauf Rohlinge auf eine höher gelegenen Ebene befördert werden. Für welche Zugkraft ist die Fördereinrichtung auszulegen?

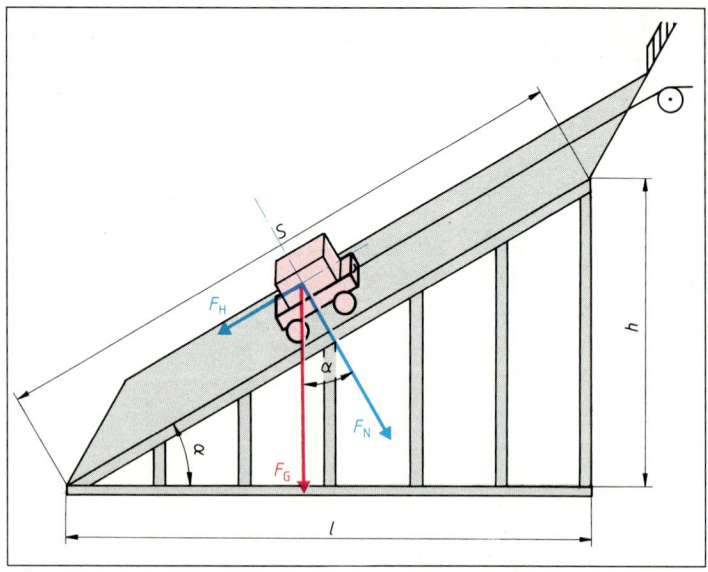

Die Skizze zeigt Wirkungslinien und Richtungen der Kräfte. Daraus läßt sich der Zusammenhang ermitteln. Die Gesamtgewichtskraft F_G muß zerlegt werden. Eine Komponente, die Hangabtriebskraft F_H wirkt parallel zur Schrägen. Die andere, die Normalkraft steht dazu senkrecht und verursacht beim Gleiten oder Rollen Reibung. Da die Kräfte F_G und F_N auf Grundseite und Schräge senkrecht stehen (paarweise senkrechte Geraden), tritt der Neigungswinkel α dazwischen wieder auf (vgl. Technologie Kap. 6.2.2.1).

Es gilt:

$$F_H = F_G \cdot \sin \alpha \quad \text{bzw.} \quad F_H = F_G \cdot \frac{h}{s}$$

und

$$F_N = F_G \cdot \cos \alpha \quad \text{bzw.} \quad F_N = F_G \cdot \frac{l}{s}$$

Beispiel:

Für eine Last von 0,5 t und einem Eigengewicht (Masse) des Rollwagens von 60 kg ist die Kraft im Zugseil des Schrägaufzugs bei 30° Neigungswinkel zu ermitteln. Außerdem ist die Normalkraft zu berechnen.

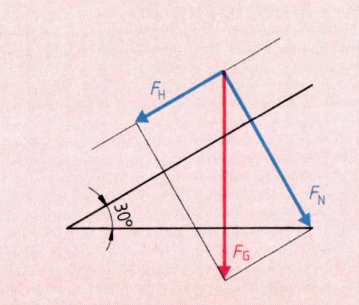

$F_G = (500 \text{ kg} + 60 \text{ kg}) \cdot 9{,}81 \text{ m/s}^2$
$F_G = 560 \text{ kg} \cdot 9{,}81 \text{ m/s}^2 = 5493{,}6 \text{ N}$
$F_H = F_G \cdot \sin \alpha$
$F_H = 5493{,}6 \text{ N} \cdot \sin 30° = \underline{2746{,}8 \text{ N}}$

Die Zugkraft beträgt 2746,8 N.

$F_N = F_G \cdot \cos \alpha$
$F_N = 5493{,}6 \text{ N} \cdot \cos 30° = \underline{4757{,}6 \text{ N}}$

Die Normalkraft beträgt 4757,6 N

Die Zugkraft ist die Gegenkraft zur Hangabtriebskraft. Sie ist demnach entgegengerichtet und hat gleichen Betrag. Erstellen eines Kräfteplans mit beliebigem Maßstab.

Die gesuchte Kraft muß in Abhängigkeit vom Neigungswinkel kleiner sein als die gesamte Gewichtskraft, und zwar je kleiner der Winkel, um so kleiner die Kraft.

Berechnen der gesamten Gewichtskraft.

Berechnung der Zugkraft.

Die andere Komponente der Gewichtskraft, die Normalkraft, belastet die Lager des Rollwagens und verursacht Reibung, die hier unberücksichtigt bleibt.

Übungen

1. Ein Karren ($F_G = 450$ N) soll einen leicht ansteigenden Weg hinaufgeschoben werden. Wie groß muß die Kraft sein, wenn Reibung unberücksichtigt bleiben soll? Die gegebenen Werte sind der Skizze zu entnehmen.

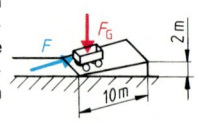

2. Ein Stahlfaß, mit 200 l Schneidöl gefüllt, soll auf eine Rampe gerollt werden. Die Reibung ist vernachlässigbar klein. Das Faß hat ein Leergewicht von 12 kg. Welchen Neigungswinkel kann die Rampe haben, damit ein Arbeiter, der nicht mehr als 400 N Schubkraft aufbringen kann, diese Arbeit bewältigt? (Dichte Schneidöl 0,89 kg/dm³.)

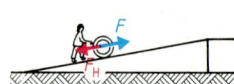

3. Über einen geneigten Rollengang mit nebenstehenden Abmessungen werden Kisten mit Werkstücken befördert. Welche Kraft belastet die Rollen (Normalkraft), wenn eine Kiste mit 720 kg Gewicht darüber rollt? Wie groß ist die Belastung für eine Rolle, wenn die Kiste 50 cm lang ist?

4. Ein Pkw mit 1,1 t Eigengewicht rollt auf einer abschüssigen Straße (12% Neigung) ungebremst nach unten. Wie groß sind Hangabtriebskraft und Normalkraft?

2.11 Berechnung von Kräften 2.11.4 Kräfte am Keil

5. Mit welcher Kraft wird der Pkw aus Aufgabe 4 talwärts beschleunigt, wenn die Rollreibung berücksichtigt wird? Welche weiteren Kraftverluste müssen bei wachsender Geschwindigkeit noch berücksichtigt werden?

6. Welche Neigung muß eine Rutsche aus Stahlblech mindestens haben, damit Halbfertigteile aus Kunststoff mit einer Masse von 500 g hinunterrutschen können? Wie groß muß die Neigung bei doppelt so schweren Werkstücken sein? Erklären Sie das Ergebnis.

7. Eine Seilbahn läuft auf einem Tragseil. Zwischen zwei Stützpfeilern mit 180 m Höhenunterschied und 300 m Abstand hängt es etwas durch. Begründen Sie, warum die Zugkraft im Zugseil nicht konstant ist. Berechnen Sie die durchschnittliche Zugkraft zwischen den beiden Pfeilern, wenn die Kabine leer 0,5 t wiegt und mit 10 Personen von insgesamt 820 kg besetzt ist.

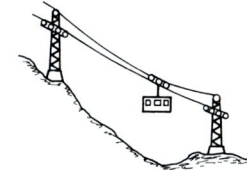

8. Ein Kraftfahrzeug (Masse 1,2 t) wird mit einer Kraft von 0,2 kN auf ebener Straße beschleunigt. Wie muß sich diese Kraft ändern, wenn die Straße um 5% ansteigt und weiter gleich stark beschleunigt werden soll?

9. Ein Eisenbahnzug mit 16 Waggons, die je 12 t wiegen, wird auf einer Steigungsstrecke mit 2% Steigung gezogen. Welche Kraft muß die Lokomotive (Masse 32 t) aufbringen? Ist die Zugkraft ohne Durchrutschen der Antriebsräder aufzubringen?

10. Über ein Förderband aus Gummi mit Stahleinlage wird Schüttgut auf 3 m Höhe befördert. Nachdem der Antrieb ausgefallen ist, sollen die noch auf dem Band liegenden 0,8 t Material mittels Handkurbel hochgefördert werden. Wie groß ist die notwendige Kraft zu Beginn bei 80 cm Kurbelradius und 60 cm Rollendurchmesser? (Ohne Reibungsverluste.)

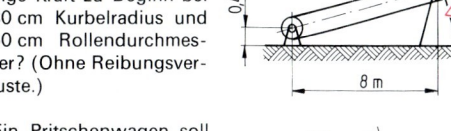

11. Ein Pritschenwagen soll über eine schräge Rampe beladen werden. Mit welcher Kraft wird die Rampe durchgebogen? Wie groß ist die Rollreibungskraft zwischen dem Stahlfaß und den Holzbohlen?

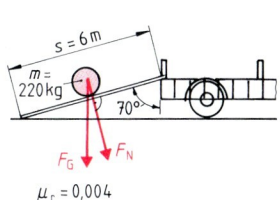

12. Ein Kraftfahrzeug kommt auf eine leicht ansteigende Straße. Welche Kraft muß an der Antriebsachse zusätzlich aufgebracht werden, um mit gleicher Geschwindigkeit weiterzufahren.

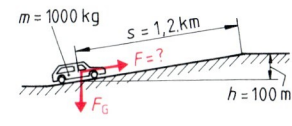

13. Eine Riesenrutsche in einem Freizeitpark soll so ausgelegt werden, daß die Hangabtriebskraft an keiner Stelle mehr als 10 N größer wird als die auftretende Reibkraft zwischen Filzunterlage und Stahlblech ($\mu = 0{,}1$). Welches maximale Gefälle in % kann eingeplant werden? (Masse der Person max. 80 kg)

2.11.4 Kräfte am Keil

Ähnliche Verhältnisse wie an der schiefen Ebene treten bei einem Keilschuh auf, der zum genauen Ausrichten eines Maschinenbettes eingesetzt wird. Die Stellkraft wirkt nicht wie die Hangabtriebskraft parallel zur Schrägen, sondern parallel zur Grundfläche. Die Gewichtskraft des Maschinenbettes wird zerlegt in Stellkraft und Normalkraft. Es ergeben sich nebenstehende Zusammenhänge:

$$F_1 = F_G \cdot \tan \alpha \quad \text{bzw.} \quad F_1 = F_G \cdot \frac{h}{l}$$

und

$$F_N = F_G \cdot \cos \alpha \quad \text{bzw.} \quad F_N = F_G \cdot \frac{l}{s}$$

Beispiel:

Die Stellkraft für einen Keilschuh 1:10-Neigungsverhältnis, der mit 20 kN belastet ist, soll ermittelt werden.

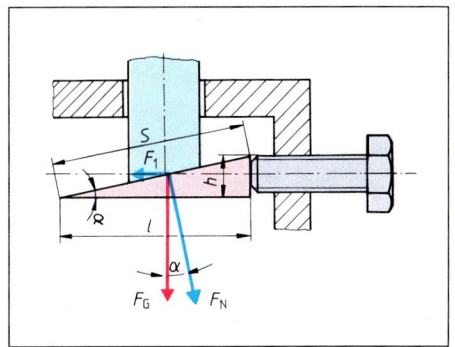

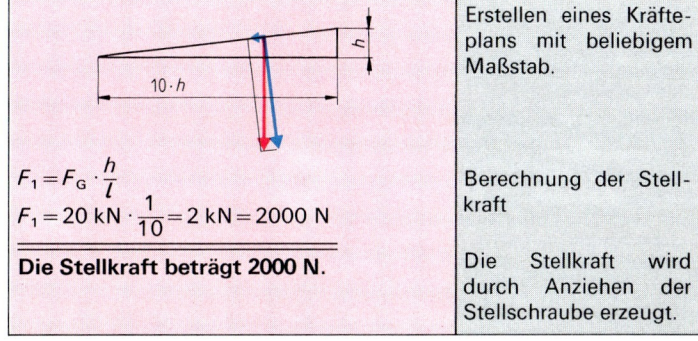

$$F_1 = F_G \cdot \frac{h}{l}$$
$$F_1 = 20 \text{ kN} \cdot \frac{1}{10} = 2 \text{ kN} = 2000 \text{ N}$$

Die Stellkraft beträgt 2000 N.

Erstellen eines Kräfteplans mit beliebigem Maßstab.

Berechnung der Stellkraft

Die Stellkraft wird durch Anziehen der Stellschraube erzeugt.

2.12 Energie, Arbeit, Leistung, Wirkungsgrad

Übungen

1. Ein Treibkeil soll ein Lüfterrad auf einer Welle befestigen. Dazu muß eine Verspannkraft von 5 kN erzeugt werden. Mit welcher Kraft muß er, ohne die Reibung zu berücksichtigen, eingetrieben werden? (Neigung 1:100.)

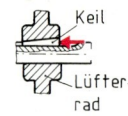

2. Mit einem Austreibkeil wird ein Bohrer aus der Bohrspindel entfernt. Welche Austreibkraft wird ohne Reibungsverluste durch eine Hammerkraft von 150 N aufgebracht bei einer Keilneigung von 1:20?

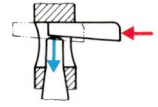

3. Mit einem Flachmeißel, der einen Keilwinkel von 60° besitzt, soll ein Flacheisen durchtrennt werden. Wie groß werden die Trennkräfte nach beiden Seiten bei einer Schlagkraft von 10 kN? (Hinweis: Betrachten Sie nur eine Seite des symmetrischen Systems.)

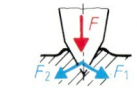

4. Eine Langhobelmaschine soll mit Stellkeilen ausgerichtet werden. Die Maschine hat ein Gesamtgewicht von 24 t, das sich auf 12 Maschinenfüße verteilt. Wie groß muß die Stellkraft der Schraube in einem Stellkeil 1:20 werden, der mit 2 t belastet ist? (Ohne Reibungsverluste.)

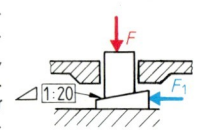

5. Ein 12 t schweres Maschinenteil soll durch vier Keile angehoben werden, damit ein Kranseil durchgeschoben werden kann. Mit welcher Kraft muß zum Anheben auf die Keile geschlagen werden, wenn die Keilneigung 1:20 beträgt.

6. Eine Tafelblechschere trennt Blechstreifen mit einer Kraft von 24 kN ab. Welche Trennkräfte treten dabei auf, wenn die Schneide einen Keilwinkel von 80° aufweist?

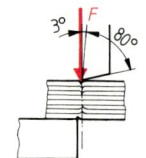

7. Ein Kegelstift dient zur Befestigung eines Handrades auf einer Stahlwelle. Wie groß wird die Reibkraft, mit der der Kegelstift in der Bohrung gehalten wird?

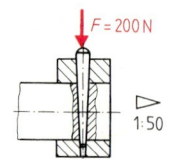

8. Ein Hebekeil 1:20 wird mit einer Stellkraft von 800 N bewegt. Welche Last kann damit ohne Berücksichtigung der Reibung gehoben werden. Wie groß wäre bei dieser Last die Reibkraft, wenn Stahl auf Gußeisen mit Schmiermittel gleitet?

9. Eine Spannzange zum Spannen von Drehteilen hat einen Spannkegel mit 60° Kegelwinkel. Mit welcher Kraft muß sie angezogen werden, damit 20 kN Spannkraft das Werkstück halten? Reibung ist nicht zu berücksichtigen.

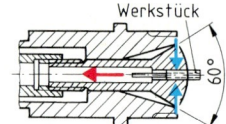

2.12 Energie, Arbeit, Leistung, Wirkungsgrad

2.12.1 Energie und Arbeit (Kraft an der Schraube, Hubarbeit, Reibarbeit)

Mit einem Wagenheber kann ein Kraftfahrzeug mit geringer Handkraft angehoben werden. Dazu muß an dem Fahrzeug eine Hubarbeit verrichtet werden. Die Arbeit läßt sich berechnen, indem man das Produkt aus der notwendigen Kraft und dem zurückgelegten Weg bildet. Dabei müssen Kraft und Weg die gleiche Richtung haben (vgl. Technologie Kap. 6.2.1.3).

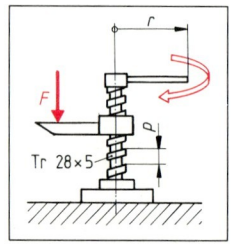

$W = F \cdot s$ z.B. in N m = J (Joule)

Die Lageenergie (potentielle Energie) des Fahrzeugs wird dabei um die Hubarbeit vergrößert. Da Energie nicht erzeugt und auch nicht vernichtet, sondern nur umgewandelt werden kann (Energieerhaltungssatz), muß dem Wagenheber entsprechend Energie zugeführt werden. Die zugeführte Energie muß sogar noch etwas größer sein, da durch Reibung an den Flanken der Trapezspindel ein Teil in Wärmeenergie umgewandelt wird (Reibarbeit).

Der Vorgang der Energieumwandlung ist die Arbeit. Die Fähigkeit, eine Arbeit zu verrichten, ist die Energie.

Zum Anheben des Fahrzeugs wird dem System Energie zugeführt, indem an der Ratsche gedreht wird. Eine Handkraft wirkt entlang eines Kreisbogens. Handkraft und Weg sind gleichgerichtet. Also läßt sich die Arbeit für eine Umdrehung berechnen, auch wenn diese Umdrehung in mehreren Teilstücken vollzogen wird.

$$W = F_H \cdot 2 \cdot r \cdot \pi$$

Bei reibungsfreier Betrachtung ist diese Arbeit genauso groß wie die Hubarbeit bei einer Umdrehung.

$$F_H \cdot 2 \cdot r \cdot \pi = F \cdot p$$

Beispiel:

a) Mit welcher Kraft (ohne Reibungsverluste) muß an der Ratsche des Wagenhebers gedreht werden, um eine Hebekraft von 8 kN zu erzeugen?

b) Wieviel % der aufgewendeten Arbeit kann wirklich genutzt werden (Nutzungsgrad ζ (Zeta)), wenn tatsächlich 100 N notwendig sind?

c) Wie groß ist der Teil der Energie in J, der in nutzlose Wärme umgewandelt wurde (Reibarbeit)?

2.12 Energie, Arbeit, Leistung, Wirkungsgrad — Übungen

a)
$s = P$
$s = 5 \text{ mm}$
$F_H \cdot 2 \cdot r \cdot \pi = F \cdot s$
$F_H = \dfrac{F \cdot s}{2 \cdot r \cdot \pi}$
$F_H = \dfrac{8000 \text{ N} \cdot 5 \text{ mm}}{2 \cdot 150 \text{ mm} \cdot \pi} = \underline{42{,}44 \text{ N}}$

b)
$\zeta = \dfrac{F \cdot s}{F_H \cdot 2 \cdot r \cdot \pi}$
$\zeta = \dfrac{8000 \text{ N} \cdot 5 \text{ mm}}{100 \text{ N} \cdot 2 \cdot 150 \text{ mm} \cdot \pi} = \underline{0{,}4244}$
$\zeta = 0{,}4244 \triangleq 42{,}44\%$

c)
$W_R = W_{zu} - W_{ab}$
$W_R = F_H \cdot 2 \cdot r \cdot \pi - F \cdot s$
$W_R = 100 \text{ N} \cdot 2 \cdot 150 \text{ mm} \cdot \pi - 8000 \text{ N} \cdot 5 \text{ mm}$
$W_R = \dfrac{54247{,}78 \text{ N mm} \cdot \text{m}}{1000 \text{ mm}} = \underline{54{,}25 \text{ N m} = 54{,}25 \text{ J}}$

Der Hubweg bei einer Umdrehung entspricht der Gewindesteigung.

Formelumstellung nach F_H

Nach der goldenen Regel der Mechanik muß der Kraftweg sich entsprechend der Kraftersparnis verlängern.

Der Nutzungsgrad oder Arbeitsgrad wird als Faktor kleiner 1 oder in % ausgedrückt.

Die Reibarbeit ergibt sich aus der Differenz der aufgewendeten Arbeit W_{zu} und der nutzbaren Arbeit W_{ab}.

Umrechnung in N m und J.

Übungen

1. Berechnen Sie die Hubarbeit, die notwendig ist, um eine Masse von 2,6 t mit einem Kran 6,2 m anzuheben.

2. Welche Reibarbeit muß verrichtet werden, wenn ein 0,7 t schweres Maschinenteil aus Stahl auf einer Holzunterlage um 2 m verschoben werden muß?

3. Ein höhenverstellbarer Maschinenfuß mit metrischem Regelgewinde dient zum Ausrichten einer Langhobelmaschine. Welche Hubarbeit muß verrichtet werden, wenn der Fuß um 5 mm gegen eine Belastung von 20 kN höher gestellt wird? Welche Kraft muß am 15 cm langen Schraubenschlüssel (Schlüsselweite SW = 19 mm) ausgeübt werden?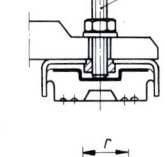

4. Eine Abziehvorrichtung dient zur Demontage von Kugellagern. Dazu muß die Reibung zwischen Innenring und Welle überwunden werden, die 20 kN beträgt. Der Nutzungsgrad der Gewindespindel beträgt 45%. Wie groß wird die Handkraft, wenn der Radius 15 cm beträgt? Was geht an Reibarbeit verloren?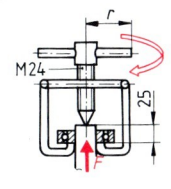

5. In einem Wasserspeicher eines Pumpenkraftwerks befinden sich 30000 m³ Wasser. Wieviel Lageenergie ist gespeichert, wenn sich die Turbinen 55 m tiefer befinden?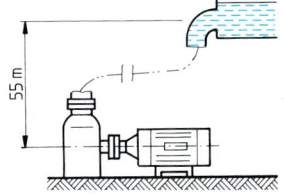

6. Auf einer Drehmaschine wird Rundmaterial von 80 mm Durchmesser zerspant. Welche Schneidarbeit pro Umdrehung wird dabei verrichtet, wenn die Zerspanungskraft 4300 N beträgt?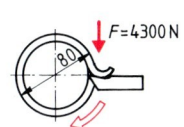

7. Ein Hubstapler mit Dieselantrieb befördert Massen von 5 t auf 2,2 m Höhe. Wie viele Lasten kann er mit einem Liter Dieselkraftstoff heben, der 42 000 kJ an nutzbarer chemischer Energie enthält? (Gesamtnutzungsgrad 0,22.)

8. Begründen Sie folgenden Satz: Für den Betrag einer Hubarbeit ist der tatsächlich zurückgelegte Weg ohne Bedeutung. (Vergleichen Sie einen Hebevorgang auf einer schiefen Ebene und das Heben mittels Seilzug.)

9. Mit einer Seilrolle (250 mm Durchmesser) soll eine Last von 120 kg um 6 m angehoben werden. Der Kurbelradius beträgt 50 cm. Wie groß ist die nötige Hubarbeit? Wieviel Kurbelumdrehungen sind notwendig? Wie groß ist die Handkraft ohne Berücksichtigung der Reibung?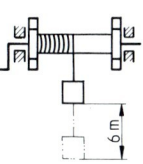

10. Ein Kraftfahrzeug soll mit einem hydraulischen Wagenheber angehoben werden. Erklären Sie an diesem System den Energieerhaltungssatz.

11. Mit dem gezeichneten Flaschenzug wird eine Masse von 200 kg um 2,5 m angehoben. Dabei muß das Seil um insgesamt 15 m verkürzt werden. Wie groß ist die Zugkraft? Überlegen Sie, welche Kräfte die einzelnen Seilstränge tragen.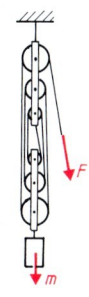

2.12.2 Leistung und Wirkungsgrad

Eine Arbeit, in einer bestimmten Zeit verrichtet, nennt man Leistung P. Vor allem durch Strömungs- oder Wärmeverluste wird nicht die gesamte eingesetzte Energie in nutzbare Leistung umgewandelt (vgl. Technologie Kap. 6.2.1.5 und 6.2.1.6). Das Verhältnis von nutzbarer (abgegebener) Leistung zu eingesetzter (zugeführter) Leistung ist der Wirkungsgrad η (Eta). Der Wirkungsgrad wird als Faktor kleiner 1 oder in % angegeben.

$$P = \frac{W}{t} \quad \text{z.B. in N m/s} = \text{J/s} = \text{W (Watt)}$$

$$\eta = \frac{P_{ab}}{P_{zu}}$$

Beispiel:

Ein elektrisches Hebezeug hat eine elektrische Leistungsaufnahme von 2,5 kW. Der Elektromotor hat einen Wirkungsgrad von 0,9. Im Getriebe gehen weitere 20% verloren. Welche Last kann in 15 s mit dem Hebezeug auf 3 m angehoben werden?

$\eta_{ges} = \eta_{el} \cdot \eta_{ge}$
$\eta_{ges} = 0{,}9 \cdot 0{,}8 = 0{,}72$
$P_{ab} = 2{,}5 \text{ kW} \cdot 0{,}72 = 1{,}8 \text{ kW}$
$P = \dfrac{W}{t} = F \cdot \dfrac{s}{t}$
$F = P \cdot \dfrac{t}{s}$
$F = \dfrac{1{,}8 \text{ kW} \cdot 15 \text{ s}}{3 \text{ m}} \cdot \dfrac{1 \text{ kN m}}{1 \text{ kW s}}$
$F = 9 \text{ kN}$

$F = m \cdot g \Rightarrow m = \dfrac{F}{g}$

$m = \dfrac{9000 \text{ N s}^2}{9{,}81 \text{ m}} \cdot \dfrac{\text{kg m}}{\text{N s}^2}$

$m = 917{,}43 \text{ kg}$

Leistungsverlust tritt im Motor und im Getriebe auf. Die dem Getriebe zugeführte Leistung beträgt somit nur 90%. Der gesamte Wirkungsgrad ist das Produkt der Teilwirkungsgrade.

Ermittlung der nutzbaren Leistung.

Berechnung der möglichen Zugkraft.

Massenberechnung.

Übungen

1. Wie groß ist die maximale Schnittkraft einer Drehmaschine mit 6 kW Leistungsaufnahme bei einer Umdrehungsfrequenz von 500/min eines Werkstücks mit 80 mm Durchmesser? Hinweis: $P = F \cdot s/t = F \cdot v$ (Wirkungsgrade: Motor 0,9; Getriebe 0,75!).

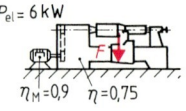

2. Ermitteln Sie den Gesamtwirkungsgrad einer Hebebühne, die eine Masse von 1,1 t in 0,8 min um 1,95 m anhebt. Die Leistungsaufnahme der Hydraulikanlage beträgt 0,65 kW.

3. Welche Umdrehungsfrequenz ist an einer Drehmaschine eingestellt, wenn an einem Werkstückdurchmesser von 120 mm eine Schnittkraft von 8500 N gemessen wird? (Leistungsaufnahme 6 kW, Gesamtwirkungsgrad 70%.

4. Mittels einer Seilwinde soll eine Last von 1,5 t um 5 m angehoben werden. Die Anschlußleistung beträgt 2 kW. Wie lange dauert der Hebevorgang? (Wirkungsgrad siehe Skizze.)

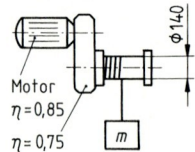

5. Ein Hubstapler hat eine maximale Traglast von 2500 kg. Die Hubgeschwindigkeit beträgt 150 mm/s. Welche Antriebsleistung ist bei einem Wirkungsgrad von 78% notwendig?

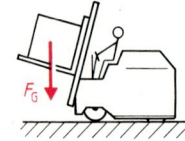

6. Die Pumpe einer Hydraulikanlage fördert $\dot{V} = 30$ l/min bei einem Druck von $p = 6$ bar. Wie groß ist ihre Leistung und wie groß ist der Wirkungsgrad, wenn zum Antrieb des Elektromotors 0,4 kW benötigt werden? (Hinweis: $p \cdot \dot{V} = (F/A) \cdot (s \cdot A/t)$.)

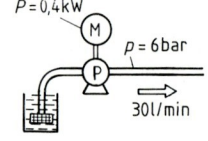

7. Welche Antriebsleistung benötigt ein Pkw, wenn die Widerstandskräfte durch Reibung und Luftwiderstand bei 130 km/h 500 N betragen?

8. Ein Elektromotor mit 2,5 kW Anschlußleistung und einer Drehfrequenz von 1400 Umdrehungen pro Minute treibt über ein Getriebe eine doppelte Riemenscheibe mit 150 mm Durchmesser an. Wie groß kann die Zugkraft in einem Treibriemen werden?

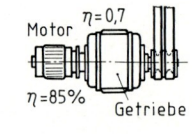

9. Ein Förderkorb soll Lasten von 200 kg in 15 s auf 3,4 m heben können. Welche Leistung muß der Antriebsmotor erbringen, wenn ein mechanischer Wirkungsgrad von 75% zu berücksichtigen ist? Welche Zugkraft herrscht im Zugseil, wenn 6,8 m Seil auf die Trommel gewickelt werden?

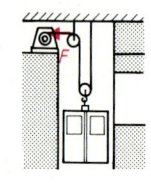

10. Welche Leistung im physikalischen Sinn vollbringt ein 80 kg schwerer Sprinter, der 100 m in 9,95 s läuft? Welche Leistung vollbringt er, wenn er in der gleichen Zeit 50 Treppenstufen von 18 cm Höhe überwindet?

3 Ermitteln steuerungstechnischer Größen

3.1 Pneumatik und Hydraulik

3.1.1 Druckwirkungen allgemein

Der Druck ist festgelegt (definiert) als

Druck = Normalkraft/Fläche

$$p_m = \frac{F_N}{A} \quad [p] = \frac{N}{m^2}$$

Mit **Normalkraft** wird die senkrecht auf die Fläche wirkende Kraft bezeichnet.

Einheiten:
Als Druckeinheit ist die Einheit Pascal[1]) Pa vereinbart.

$$1 \frac{N}{m^2} = 1 \, Pa$$

Diese sehr kleine Druckeinheit findet im allgemeinen Maschinenbau seltener Anwendung. Üblich sind die Einheiten: bar, kPa, N/cm²

1 bar	= 10 N/cm²
1 bar	= 100 kPa
1 mbar	= 100 Pa
1 Pa	= 1 N/m²
1 Pa	= 10^{-5} bar

Druckeinheiten

Übungen

Beispiele:

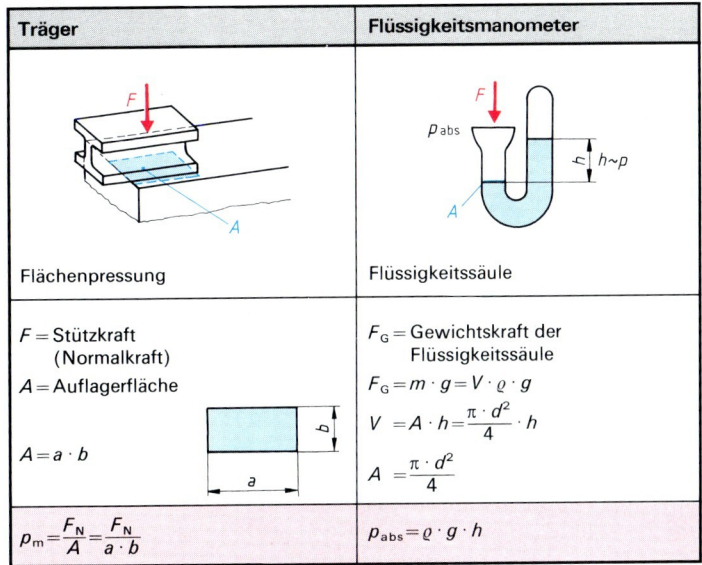

1 Druckwirkungen

Beispiel:
Der Kolben eines Kolbenverdichters (siehe Bild 1) besitzt einen Kolbendurchmesser $d_K = 90$ mm. Welcher Druck (N/cm², bar und Pa) wird am Manometer (p_e) des Verdichters gemessen, wenn die wirksame Kolbenkraft $F_K = 6360$ N beträgt?

Gesucht: p_e in N/cm², bar, Pa	
Gegeben: $d_K = 90$ mm = 9 cm, $F = 6360$ N	gegebene Einheiten umrechnen
Bestimmungsgleichung: $p_e = \frac{F_K}{A_K} \quad A_K = \frac{\pi \cdot d_K^2}{4}$ $p_e = \frac{6360 \, N}{63{,}6 \, cm^2}$ $A_K = \frac{\pi \cdot 9^2 \, cm^2}{4}$ $A_K = 63{,}6 \, cm^2$	Kolbenfläche A_K als Zwischenlösung
$p_e = 100 \, N/cm^2 = 10$ bar $p_e = 10 \cdot 10^5$ Pa	Einheiten umrechnen

---
[1]) Blaise Pascal, französischer Physiker (1623–1662).

Übungen

1. a) Ergänzen Sie das BASIC-Programm zur Druckberechnung sinnvoll:

```
100 REM Druckberechnung
110 INPUT ''Flaeche in cm2 : '', A
120 INPUT ''Kraft in XXXXXX : '', XXX
130 LET P1=F/A
140 LET P2=XXXXXXXXX
150 PRINT ''Der Druck betraegt : '', P1, '' N/cm2''
160 PRINT ''Der Druck betraegt : '', P2, '' bar''
170 END
```

2. Auf den Kolben eines Dieselmotors wirkt beim Arbeitshub eine maximale Kolbenkraft von $F_K = 32\,500$ N.

   a) Wie groß ist der maximale Verbrennungsdruck (N/cm², bar), wenn die Kolbenfläche $A_K = 40{,}7$ cm² beträgt?
   b) Wie verändert sich der Druck, wenn sich der Kolben nach unten bewegt?

3. Eine hydraulisch angetriebene Waagerechtstoßmaschine mit einem Hydraulikkolben von $A_K = 8$ cm² benötigt eine Schnittkraft von 4200 N.

   a) Welchen Arbeitsdruck muß die Zahnradpumpe mindestens erzeugen?
   b) Wie beeinflußt die Reibung die wirksame Schnittkraft?

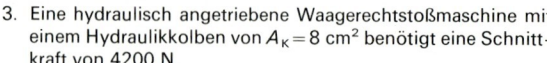
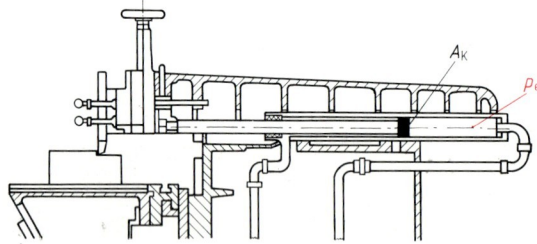

4. Die Kolbenstange eines Pneumatikzylinders überträgt beim Ausfahren eine Kraft $F_K = 15{,}5$ kN. Welcher Druck wirkt auf den Kolben, wenn der Kolbendurchmesser $d_K = 65$ mm beträgt?

5. Für ein Schnittwerkzeug ist eine Kraft von 43,5 kN erforderlich.

   a) Welchen Druck muß die Hydraulikpumpe mindestens erzeugen, wenn der Kolbendurchmesser des Hydraulikzylinders 150 mm mißt?
   b) Wie verändert sich der erforderliche Druck bei einer Verdoppelung des Kolbendurchmessers?

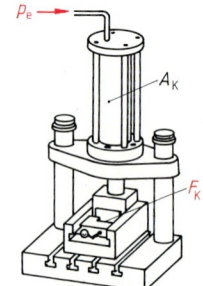

6. Auf den Kolben eines Hydraulikzylinders mit dem Durchmesser $d_K = 45$ mm wirkt eine Kraft von $F_K = 225$ N. Wie hoch ist der effektive Druck im Zylinderraum in bar?

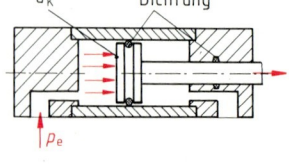

7. Bei der Verdichtung in einem Verbrennungskraftmotor wirkt auf den Kolben eine Kraft von 8400 N. Welcher Verdichtungsdruck herrscht im Motor, wenn der Kolbendurchmesser 84,6 mm beträgt?

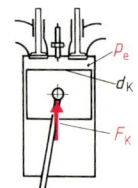

8. Ein Pneumatikzylinder soll zerbrechliches Material mit einer maximalen Kraft von 800 N spannen. Der Kolbendurchmesser ist mit 50 mm angegeben.

   a) Auf welchen maximalen Druck (Überdruck) muß das Druckbegrenzungsventil eingestellt werden?
   b) Welchem absoluten Druck entspricht dieser Wert bei $p_{amb} = 1$ bar?

9. Ein Transportzylinder benötigt zum Verschieben eines Stückgutes eine Kraft von 1800 N. Welcher Druck muß auf den Kolben mit einem Durchmesser von 60 mm wirken, wenn durch Abluftdrosselung ein Gegendruck von 0,8 bar entsteht. (Kolbenstangendurchmesser = 22 mm.)

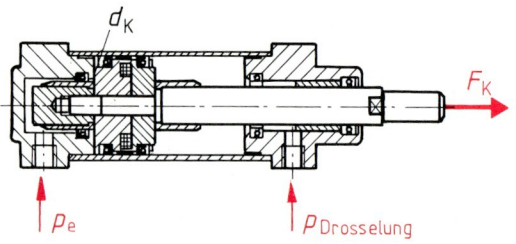

10. Am Druckmanometer wird ein Überdruck von $p_e = 1{,}3$ bar abgelesen. Rechnen Sie diese Messung in den absoluten Druck p_{abs} in bar und Pa um. (Atmosphärendruck 1 bar.)

11. Der absolute Druck im Ansaugrohr eines Benzinmotors wird mit $p_{abs} = 650$ mbar angegeben. Wie groß ist der effektive Druck (Unterdruck p_e) in bar, wenn der Atmosphärendruck 1033 mbar beträgt?

12. In pneumatischen Meßeinrichtungen dient das Flüssigkeitsmanometer zur Meßanzeige. Welchen Überdruck zeigt das Manometer an, wenn der Unterschied zwischen beiden Wasserspiegeln 25,3 mm beträgt? ($\varrho_{Wasser} = 1$ g/cm³.)

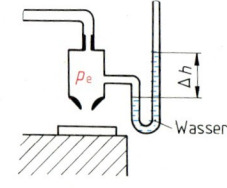

13. Welcher Flüssigkeitsdruck in N/cm² wirkt auf einen Taucher in 2,80 m Tauchtiefe? ($\varrho_{Wasser} = 1$ kg/dm³.)

14. Die Spannbacken eines Maschinenschraubstocks haben als Spannfläche die Maße 180 mm · 60 mm. Welche Flächenpressung wirkt auf das eingespannte Werkstück, wenn die Spannkraft 18 000 N beträgt?

15. Eine Flüssigkeitspumpe kann auf der Ansaugseite theoretisch einen Druck von $p_{abs} = 0$ bar erzeugen.

    a) Welcher Wassersäule (max. Ansaughöhe) entspricht dieser theoretische Wert?
    b) Wie hoch ist p_e, wenn lediglich eine Ansaughöhe von 7,80 m erreichbar ist? ($\varrho_{Wasser} = 1$ kg/dm³; $p_{amb} = 1040$ mbar.)

3.1.2 Kolbenkräfte

Das physikalische Gesetz zur gleichmäßigen Druckverteilung von Flüssigkeiten und Gasen in verbundenen Gefäßen findet in der Technik vielfache Anwendung.

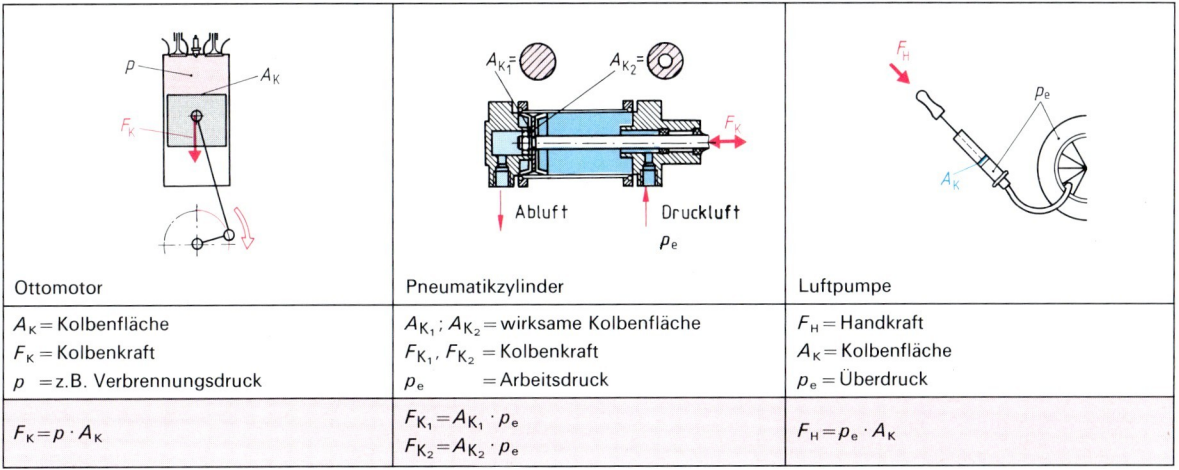

Ottomotor	Pneumatikzylinder	Luftpumpe
A_K = Kolbenfläche F_K = Kolbenkraft p = z.B. Verbrennungsdruck	A_{K_1}; A_{K_2} = wirksame Kolbenfläche F_{K_1}, F_{K_2} = Kolbenkraft p_e = Arbeitsdruck	F_H = Handkraft A_K = Kolbenfläche p_e = Überdruck
$F_K = p \cdot A_K$	$F_{K_1} = A_{K_1} \cdot p_e$ $F_{K_2} = A_{K_2} \cdot p_e$	$F_H = p_e \cdot A_K$

1 Kolbenkräfte

Beispiel:
Der pneumatische Spannzylinder [siehe Bild 1] besitzt für das Ausfahren einen wirksamen Kolbendurchmesser von 58 mm. Mit welcher Kraft wird das Werkstück gespannt, wenn ein Druck $p_e = 8{,}3$ bar eingestellt ist?

Gesucht: F in N	Umrechnen der Einheiten
Gegeben: $d_K = 58$ mm $= 5{,}8$ cm $p_e = 9{,}3$ bar $= 93$ N/cm²	
Bestimmungsgleichung:	Kolbenfläche als Zwischenrechnung
$F = p_e \cdot A_K \qquad A = \dfrac{\pi \cdot d^2}{4}$	
$F = \dfrac{93\text{ N} \cdot 26{,}4 \text{ cm}^2}{\text{cm}^2} \qquad A = \dfrac{\pi \cdot 5{,}8^2 \text{ cm}^2}{4}$	
$F = 2455{,}2$ N $\qquad A = 26{,}4$ cm²	

Die wirkliche Kraft ist geringer, da die Reibung noch nicht berücksichtigt wurde.

$$F = 2400 \text{ N}$$

Zur Vermeidung von Berechnungsfehlern und zur Vereinfachung der Bestimmung von Kolbenkräften bzw. Kolbendurchmessern bzw. Drücken finden in den Betrieben z.T. Nomogramme Anwendung (s. Kap. 1.6.3).

Anwendung:
- Druck auf der waagerechten Achse festlegen,
- Senkrechte nach oben bis zum Schnittpunkt mit der Durchmesserlinie (evtl. mitteln),
- Gerade vom Schnittpunkt waagerecht bis zur Kraftachse ziehen und
- Kraft maßstabsgerecht ablesen.

Für die Größen Durchmesser und Druck gilt eine ähnliche Vorgehensweise.

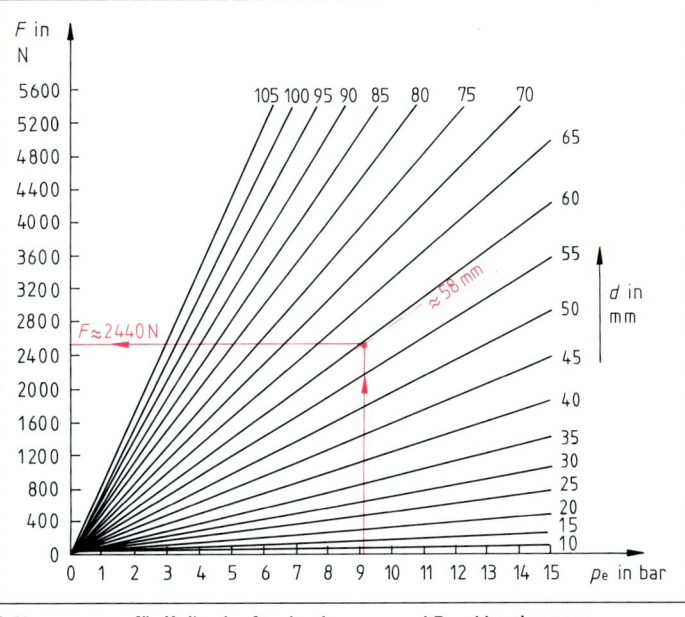

2 Nomogramm für Kolbenkraft, -durchmesser und Druckbestimmung

Übungen

1. a) Entwickeln Sie ein Struktogramm zur Berechnung von Kolbenkräften.
   b) Übersetzen Sie das Struktogramm in eine Programmiersprache (z.B. Pascal).
   c) Speichern und Testen Sie das Programm.

2. In einer hydraulischen Spannvorrichtung wirkt ein Überdruck von 9,6 bar.
   a) Wie groß ist die Spannkraft bei einer Kolbenfläche im Druckzylinder von 200 cm²?
   b) Welchen Einfluß hat die Reibung auf diese errechnete Kraft?

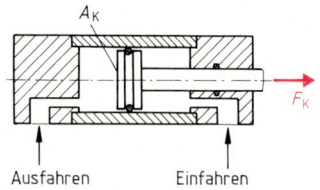

3. Mit einer pneumatischen Schnellspannvorrichtung wird der Kolben mit einem Überdruck $p_e = 6{,}2$ bar beaufschlagt. Der wirksame Kolbendurchmesser ist $d_K = 60$ mm, der Stangendurchmesser ist $d_{St} = 18$ mm.
   a) Wie groß ist die Kolbenkraft F_1 für das Ausfahren?
   b) Wie groß ist die Kolbenkraft F_2 für das Einfahren?

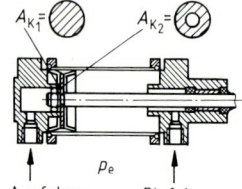

4. Der Druck in einer Lkw-Druckluftbremse beträgt 6,5 bar.
   a) Berechnen Sie die Kolbenkraft bei einer Kolbenfläche von 38,5 cm².
   b) Welche Bremsbetätigungskraft ergibt sich, wenn durch die Rückholfeder und die Reibung ca. 26% der Kolbenkraft nicht wirksam werden?

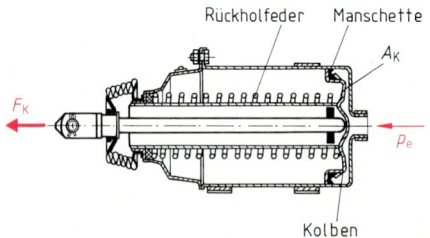

5. Auf den Kolben eines Ottomotors mit dem Kolbendurchmesser von 76 mm wirkt ein Verbrennungshöchstdruck von $p_e = 52$ bar. Welche Kolbenhöchstkraft wirkt im Motor?

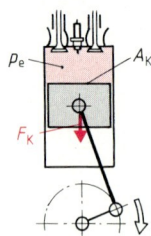

6. a) Berechnen Sie für einen doppeltwirkenden Hydraulikzylinder die maximale Kolbenkraft auf der Kolbenseite und der Kolbenstangenseite bei einem Arbeitsdruck von 650 kPa.
   b) In welche Endlage verfährt der Kolben, wenn auf beiden Seiten derselbe Druck wirkt (mathematisch begründen)?

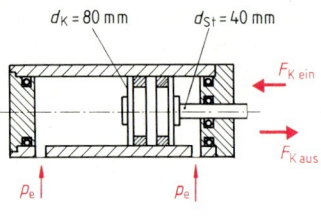

7. Zur Begrenzung der Spannkraft eines Hydraulikzylinders ist ein Druckbegrenzungsventil eingebaut.
   a) Welche maximale Spannkraft ist bei einem Kolbendurchmesser von 70 mm und einem eingestellten Grenzdruck von 42 bar möglich?
   b) Welche Federkraft muß auf den Kolben im Druckbegrenzungsventil wirken?

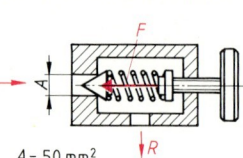

8. Der Arbeitskolben einer Hubanlage muß eine Kraft von mindestens $F = 32$ kN erzeugen.
   a) Bestimmen Sie bei einem Arbeitsdruck von 72 bar den erforderlichen Kolbendurchmesser.
   b) Wie müßte der tatsächliche Kolbendurchmesser bei Berücksichtigung der Reibung gewählt werden?

9. Bei einer Mehrspindel-Bohrmaschine soll die Vorschubkraft mindestens 24,5 kN bei einem Öldruck von 580 kPa betragen. Wählen Sie den erforderlichen Zylinder aus.
   Zylinderdurchmesser 100 mm, 125 mm, 160 mm, 200 mm, 240 mm.

10. An einer kleinen Fräsmaschine werden die Werkstücke für die Bearbeitung durch einen einfachwirkenden Pneumatikzylinder mit $d_K = 50$ mm Kolbendurchmesser gespannt. Welche Spannkraft wirkt auf das Werkstück bei einem Druck von $p_e = 5{,}8$ bar und einem Wirkungsgrad von $\eta = 80\%$?

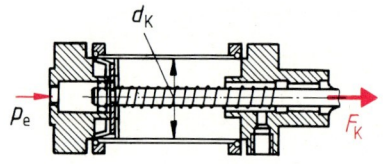

11. Für eine Vorrichtung ist eine Spannkraft von 4200 N erforderlich. Bestimmen Sie den kleinstmöglichen Durchmesser bei einem Überdruck von 6,5 bar und Reibungsverlusten von 15%.
    Wählbare Zylinder: 35 mm, 50 mm, 70 mm, 100 mm, 140 mm.

12. Auf eine Spannfläche 90 mm · 40 mm soll eine Flächenpressung von maximal 20 N/mm² zugelassen werden. Mit welcher Kraft darf der Hydraulikzylinder ausfahren?

3.1.3 Kraftübersetzung

Die hydraulische und pneumatische Kraftübersetzung wird in der Technik vielfältig genutzt. Im wesentlichen wird mit unterschiedlichen Kolbendurchmessern gearbeitet (z.B. Bremskraftanlage beim Pkw oder Hydraulikheber).

Beschreibung:
Wirkt auf den Kolben 1 (s. Bild 5) die Kraft F_1, entsteht im Hydrauliköl der Druck $p_1 = F_1/A_{K1}$. Da dieser Druck sich in alle Richtungen gleichmäßig auswirkt, muß der Druck $p_2 = p_1$ sein. Damit wirkt auf den Arbeitskolben die Kraft

$$F_2 = p \cdot A_{K2}$$

Damit gilt in hydraulischen/pneumatischen Anlagen folgender allgemeiner Zusammenhang für die Kraftübersetzung:

$$\boxed{\begin{array}{c} p_1 = p_2 \\ \dfrac{F_1}{A_{K1}} = \dfrac{F_2}{A_{K2}} \end{array}}$$

1 Hydraulikheber

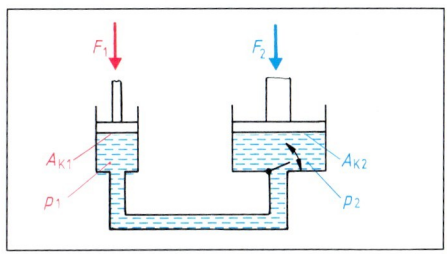

2 Prinzipbild des Hydraulikhebers

Beispiel:
Zum Richten der Querstrebe (siehe Bild 6) ist eine Kraft von 11 000 N erforderlich. Der Arbeitskolben hat eine Fläche von 700,0 mm² und der ‚Pumpkolben' 80,0 mm². Welche Kraft muß mindestens auf den Pumpkolben wirken?

Gesucht: F_1 in N **Gegeben:** $F_2 = 11\,000$ N $\quad\quad\quad A_{K_1} = 80$ mm² $\quad\quad\quad A_{K_2} = 700$ mm² Bestimmungsgleichung: $F_1 = F_2 \cdot \dfrac{A_{K_1}}{A_{K_2}}$ $F_1 = \dfrac{11\,000 \text{ N} \cdot 80 \text{ mm}^2}{700 \text{ mm}^2}$ $\underline{\underline{F_1 = 1257 \text{ N}}}$	Indices in Kraftflußrichtung Gleichung nach der gesuchten Größe F_1 umgestellt.

Die berechnete Handkraft kann von einem Bediener nicht aufgebracht werden. Daher findet zusätzlich bei nahezu allen einfachen Hydraulikhebern das Hebelgesetz Anwendung (siehe Bild 3 und 4).

3 Prinzip der hydraulischen Kraftübersetzung

Gesucht: F_H in N? **Gegeben:** $l_1 = 20$ mm $\quad\quad\quad l_H = 320$ mm $\quad\quad\quad F_1 = 1260$ N $\quad\quad\quad$ (siehe Aufg. vorher) Bestimmungsgleichung: $F_H = \dfrac{F_1 \cdot l_1}{l_H} = \dfrac{1260 \text{ N} \cdot 20 \text{ mm}}{320 \text{ mm}}$ $\underline{\underline{F_H = 78{,}75 \text{ N} \approx 80 \text{ N}}}$	Hebelgesetz, Gleichung umstellen

Durch eine entsprechende Anzahl von Hüben wird das Ölvolumen vom kleinen Zylinder in den großen Zylinder gepumpt. Es findet der Energieerhaltungssatz Bestätigung.

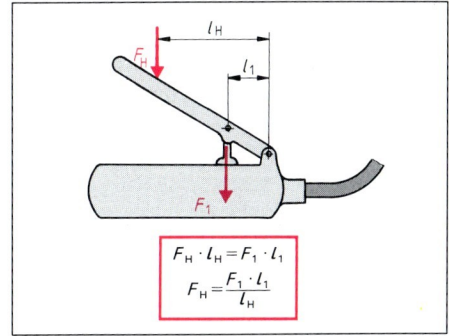

4 Anwendung Hebelgesetz

3.1 Pneumatik und Hydraulik

Übungen

1. Der Arbeitskolben wird mit einer Kraft von $F_1 = 120$ N betätigt. Die Flächen der Kolben sind mit $A_1 = 25$ cm² und $A_2 = 144$ cm² konstruktiv festgelegt.
   Welche Kraft F_2 wird über den Kolben 2 erzeugt?

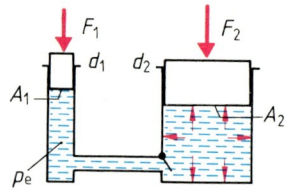

2. In einer hydraulischen Presse wird der Druckkolben (Druckfläche $A_1 = 10$ cm²) mit der Handkraft $F_1 = 480$ N betätigt.
   a) Welche Druckfläche A_2 muß der Arbeitskolben für die Preßkraft $F_2 = 15\,000$ N haben?
   b) Welcher Hub am Druckkolben ist erforderlich, um den Arbeitskolben um 140 mm zu bewegen?

3. Die hydraulische Presse ist mit den Kolbendurchmessern $d_1 = 35$ mm und $d_2 = 240$ mm ausgelegt. Wie groß muß die Kraft F_1 mindestens sein, damit am Arbeitskolben die erforderliche Preßkraft von 25 kN genutzt werden kann?

4. Bestimmen Sie die Kraft F_1 zum Anheben der Masse $m = 2,4$ t. Die Kolbendurchmesser betragen $d_1 = 38$ mm und $d_2 = 320$ mm. Wie verändert sich die Kraft F_1, wenn mit einem Wirkungsgrad von $\eta = 0,83$ gerechnet werden muß?

5. Bei der Betätigung der Fußbremse wirkt eine Kraft von 160 N. Mit welcher Kraft F_2 werden die Bremsbacken gegen die Bremstrommel gedrückt?

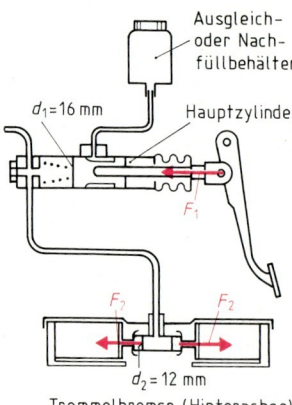

Trommelbremse (Hinterachse)

6. a) Mit Druckwandlern können z.B. in Druckluftanlagen hohe Kräfte trotz eines Arbeitsdruckes von ca. 7 bar bei vertretbaren Zylinderabmessungen erreicht werden. Bestimmen Sie für einen Arbeitsdruck von 6,5 bar die wirksame Kraft F_2 und den Druck p_2.
   b) Welche Kraft wirkt damit in einem Zylinder mit $d = 80$ mm?

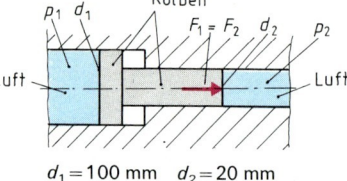

$d_1 = 100$ mm $d_2 = 20$ mm

3.1.4 Kolbengeschwindigkeit

In hydraulischen Anlagen bleibt bis auf geringfügige Leckverluste die Masse und somit auch das Volumen des strömenden Hydrauliköls konstant (Flüssigkeiten sind inkompressibel, vgl. Technologie Kap. 6.2.3.2). Das bedeutet, daß der zugeführte Volumenstrom pro Zeiteinheit ($\dot{V}$) den beweglichen Kolben durch Verdrängung mit der Kraft $F = p \cdot A$ verschiebt. Durch die konstruktiv festgelegten unterschiedlichen Kolbenquerschnitte ergeben sich bei konstantem Volumenstrom (Kontinuitätsgesetz: $\dot{V} = $ const.; Bild 1) entsprechende Kolbenhübe bzw. Kolbengeschwindigkeiten (vgl. Technologie Kap. 6.2.3.2.1).

$$v_1 \cdot A_1 = v_2 \cdot A_2 = \dot{V}$$

Beispiel:
Beim Heben eines Kraftfahrzeugs auf einer hydraulischen Hebebühne (siehe Bild 2) werden $\dot{V} = 188,5$ l/min Hydrauliköl in den Arbeitszylinder gepumpt. Der Kolbendurchmesser des Zylinders ist mit $d = 200$ mm angegeben. Mit welcher Geschwindigkeit wird das Kraftfahrzeug angehoben?

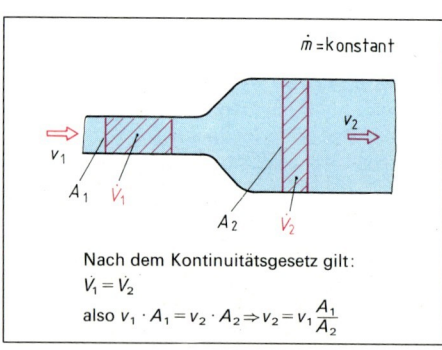

Nach dem Kontinuitätsgesetz gilt:
$\dot{V}_1 = \dot{V}_2$
also $v_1 \cdot A_1 = v_2 \cdot A_2 \Rightarrow v_2 = v_1 \dfrac{A_1}{A_2}$

1 $\dot{V} = $ constant

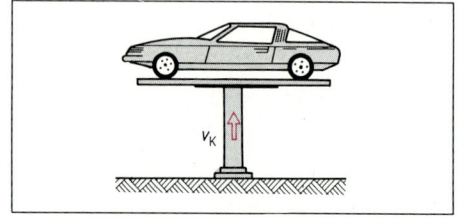

2 Hebebühne

3.1 Pneumatik und Hydraulik — Übungen

Gesucht: v_K in $\frac{m}{min}$

Gegeben: $\dot V = 188{,}5 \frac{l}{min} = 188{,}5 \frac{dm^3}{min}$

$d_K = 200\ mm = 20\ cm$

Bestimmungsgleichung:

$v_K = \dfrac{\dot V}{A_K}$ $\qquad A_K = \dfrac{\pi \cdot d_K^2}{4}$

$v_K = \dfrac{188{,}5\ dm^3}{min\ 314{,}2\ cm^2} \cdot \dfrac{1000\ cm^3}{1\ dm^3}$ $\qquad A_K = \dfrac{\pi \cdot 20^2\ cm^2}{4}$

$\underline{\underline{v_K = \dfrac{599{,}9\ cm}{min} \approx 6\ \dfrac{m}{min}}}$ $\qquad \underline{\underline{A_K = 314{,}2\ cm^2}}$

Einheit wählbar $1\ l = 1\ dm^3$

Mit $\dot V_1 = \dot V_2$ ergibt sich v_K

Kolbenfläche als Zwischenrechnung

Einheit umrechnen

Übungen

1. Durch ein Rohr mit einer Querschnittsfläche von $9{,}6\ cm^2$ fließt Öl mit einer Geschwindigkeit von $v_1 = 24\ cm/s$. Mit welcher Geschwindigkeit muß das Öl bei einer Querschnittsverringerung auf $2{,}4\ cm^2$ fließen?

2. Ein Hydraulikzylinder mit einem Kolbendurchmesser von $d_K = 100\ mm$ soll mit einer Geschwindigkeit von $v_K = 0{,}6\ m/s$ ausfahren.
   a) Welches Ölvolumen muß pro Minute von der Pumpe gefördert werden?
   b) Wie groß ist die Strömungsgeschwindigkeit in der Zuleitung, wenn der Innendurchmesser 20 mm beträgt?
   c) Welchen Einfluß hat eine Verdoppelung der Zylindergeschwindigkeit auf die Berechnung des geförderten Ölvolumens und die Bestimmung der Strömungsgeschwindigkeit in der Zuleitung?

3. Übersetzen Sie das Struktogramm in ein Programm (Basic oder Pascal). Speichern und testen Sie dieses Programm.

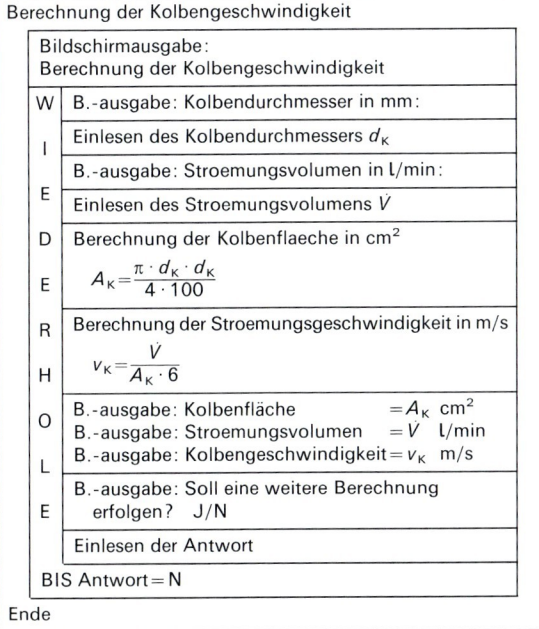

Berechnung der Kolbengeschwindigkeit	
Bildschirmausgabe: Berechnung der Kolbengeschwindigkeit	
W	B.-ausgabe: Kolbendurchmesser in mm:
I	Einlesen des Kolbendurchmessers d_K
E	B.-ausgabe: Stroemungsvolumen in l/min:
	Einlesen des Stroemungsvolumens $\dot V$
D	Berechnung der Kolbenflaeche in cm²
E	$A_K = \dfrac{\pi \cdot d_K \cdot d_K}{4 \cdot 100}$
R	Berechnung der Stroemungsgeschwindigkeit in m/s
H	$v_K = \dfrac{\dot V}{A_K \cdot 6}$
O	B.-ausgabe: Kolbenfläche $= A_K$ cm²
	B.-ausgabe: Stroemungsvolumen $= \dot V$ l/min
L	B.-ausgabe: Kolbengeschwindigkeit $= v_K$ m/s
E	B.-ausgabe: Soll eine weitere Berechnung erfolgen? J/N
	Einlesen der Antwort
BIS Antwort = N	
Ende	

4. Für einen Zylinder mit den gegebenen Abmessungen ist die Ausfahrgeschwindigkeit zu bestimmen. Der Volumenstrom ist auf $\dot V = 10\ l/min$ eingestellt.

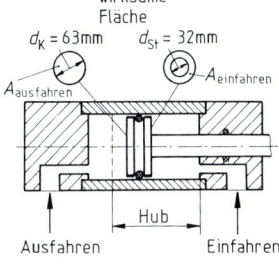

5. Für denselben Zylinder ist bei einem Kolbenstangendurchmesser von $d_{St} = 32\ mm$ die Einfahrgeschwindigkeit zu ermitteln.

6. Berechnen Sie die Verfahrgeschwindigkeit eines Hydraulikzylinders ($d = 30\ mm$) in m/min, wenn der Volumenstrom auf $\dot V = 420\ cm^3/min$ eingestellt ist?
   Wie beeinflussen Leckverluste die Verfahrgeschwindigkeit?

7. Der Hydraulikzylinder einer automatischen Zuführeinrichtung besitzt einen Kolbendurchmesser von 80 mm und einen Kolbenstangendurchmesser von 35 mm. Über die Zahnradpumpe ist ein Volumenstrom von $8\ dm^3/min$ sichergestellt.
   a) Berechnen Sie für den Vor- und Rücklauf des Kolbens die jeweilige Kolbengeschwindigkeit.
   b) Wie groß ist die Zeit für einen Doppelhub, wenn Vorlaufweg und Rücklaufweg jeweils 1,2 m lang sind?

8. Berechnen Sie den einzustellenden Volumenstrom für den Vorschub an einer Bohrmaschine mit 85 mm/min. Der Kolbendurchmesser ist auf $d = 50\ mm$ festgelegt.

9. Über eine Zahnradpumpe ist ein Volumenstrom von $\dot V = 41\ l/min$ vorgegeben.
   a) Mit welchem Zylinderdurchmesser ist die Verfahrgeschwindigkeit von 4500 mm/min für das Ausfahren gerade noch erreichbar?
   b) Welchen Einfluß hat eine Verdoppelung des Kolbendurchmessers auf die Verfahrgeschwindigkeit?

10. Eine Flügelzellenpumpe fördert $45\ cm^3/$Umdrehung. In welcher Zeit erfolgt ein Doppelhub des Hydraulikzylinders, wenn die Pumpe mit einer Umdrehungsfrequenz von $960\ min^{-1}$ angetrieben wird?

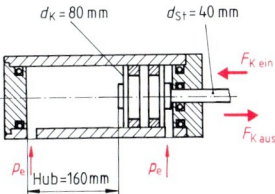

3.1.5 Luftverbrauch

Bei jedem Kolbenhub z.B. eines doppeltwirkenden Zylinders wird dem Kessel ein Luftvolumen entnommen. Beim Folgehub preßt der Kolben dieses Luftvolumen über das Stellglied (Anschlüsse R, S oder T) in die Umwelt (siehe Bild). Damit entspricht der Luftverbrauch dem entnommenen Luftvolumen umgerechnet auf den normalem Luftdruck. Bleibt die Lufttemperatur unberücksichtigt (vgl. Technik Kap. 6.2.3.1) ergeben sich für die Berechnung des Luftverbrauchs folgende allgemeine Zusammenhänge:

$$p_1 \cdot V_1 = p_2 \cdot V_2$$

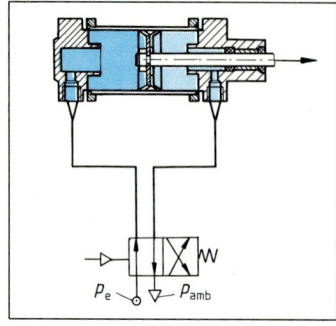

1 Ausfahrender Kolben

Beispiel:

Ein doppeltwirkender Zylinder hat einen Kolbendurchmesser $d = 80$ mm und einem Hub von 45 mm. Die Anlage wird mit einem Arbeitsdruck $p_e = 8$ bar betrieben ($p_{amb} = 1$ bar).
Wie groß ist der Luftverbrauch beim Ausfahren des Zylinders?

Gesucht: $V_{Ausf.}$ in dm³	
Gegeben: $d_K = 80$ mm	
$\quad p_e = 8$ bar	
$\quad p_{abs} = p_e + p_{amb}$	
$\quad\quad\quad = 9$ bar	
$V_{Ausf.} = \dfrac{p_{abs} \cdot V_{Zyl.}}{p_{amb}}$	Mit der Zuordnung $V_1 = V_{Zyl.}$ $V_2 = V_{Ausf.}$ $p_1 = p_{abs}$ $p_2 = p_{amb}$
$V_{Zyl.} = A_K \cdot h = \dfrac{\pi d_K^2}{4} \cdot h$	
$V_{Zyl.} = \dfrac{\pi \cdot 80^2 \text{ mm}^2 \cdot 45 \text{ mm}}{4}$	
$V_{Zyl.} = 226194$ mm³ ≈ 226 cm³	Auch die Luft in den Zylinderzuleitungen zählt zum Luftverbrauch
$V_{Ausf.} = \dfrac{9 \text{ bar} \cdot 226 \text{ cm}^3}{1 \text{ bar}}$	
$\underline{V_{Ausf.} = 2034 \text{ cm}^3 \approx 2{,}1 \text{ dm}^3}$	

Übungen

1. Welche Luftmenge muß der Kolbenverdichter in den Druckkessel mit $V = 120$ l der Pneumatikanlage pumpen, bis ein Überdruck von 10 bar gemessen werden kann. Wie groß ist das gesamte Luftvolumen, wenn $p_{amb} = 1000$ mbar beträgt?

2. Der Druckkessel ($V = 400$ l) einer pneumatischen Anlage wird von einem Luftverdichter mit einem Überdruck von $p_e = 14{,}5$ bar gefüllt.
   a) Bestimmen Sie die nutzbare Luftmenge (normaler Luftdruck $p_{amb} = 1$ bar) bis zum Erreichen des Mindestkesseldrucks (Arbeitsdruck) von 6 bar (Verdichter füllt wieder auf).
   b) Bestimmen Sie das gesamte Luftvolumen in Kessel beim Erreichen des Enddruckes.

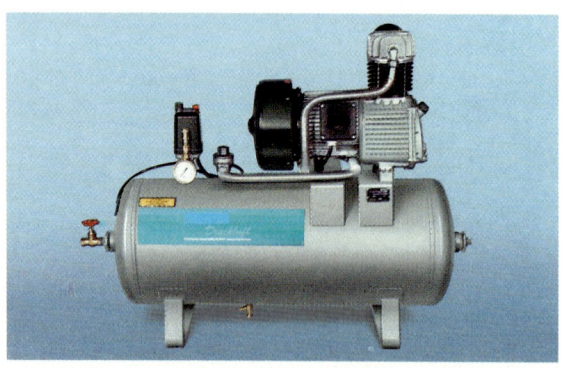

3. Ermitteln Sie das Luftvolumen für einen einfachwirkenden Pneumatikzylinder, das pro Hub (100 mm) an die Umwelt abgegeben wird. Der Arbeitsdruck p_e ist auf 7,5 bar eingestellt, der Kolbendurchmesser beträgt 140 mm. (Luftdruck $p_{amb} = 1$ bar.)

4. Ein einfachwirkender Pneumatikzylinder transportiert aus einem Fallmagazin 64 Werkstücke pro Minute. Der Kolbendurchmesser beträgt 80 mm und der Kolbenhub 120 mm.
   a) Welche Luftmenge ($p_{amb} = 1$ bar) entnimmt der Zylinder der Pneumatikanlage pro Stunde bei $p_e = 6{,}0$ bar?
   b) Um wieviel Prozent erhöht sich der Luftverbrauch, wenn statt dessen ein doppeltwirkender Zylinder mit einem Kolbenstangendurchmesser von 20 mm Verwendung findet.
   c) Wie viele Zylinder (Aufg. 4a, 4b) könnten theoretisch an einen Verdichter mit einem Volumenstrom von 9 m³/min angeschlossen werden?

5. Beim Hartlöten werden der Sauerstoffflasche ($V = 40$ l) 800 l Sauerstoff entnommen. Auf welchen Druck fällt das Druckmanometer nach der Arbeit, wenn der Anfangsdruck $p_{e1} = 95$ bar betrug?

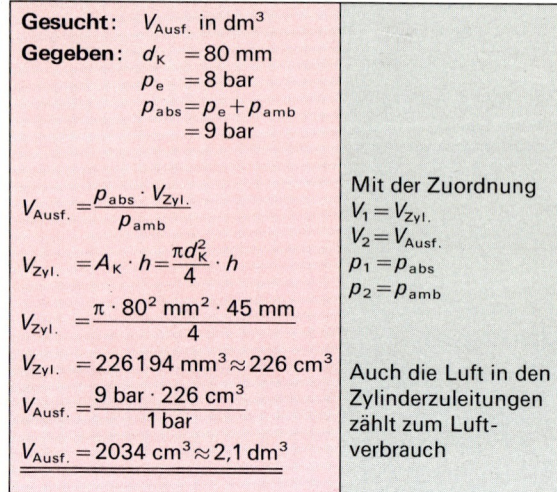

Sauerstoff

$V_{Fl} = 40$ l
$p_e = 150$ bar

6. Das Inhaltsmanometer einer vollen Sauerstoff-Normalflasche zeigt einen Druck von $p_e = 150$ bar an. Das Flaschenvolumen beträgt 40 l. Wie groß ist die Gasmenge in l, die bei Normaldruck ($p_{amb} = 1$ bar) zur Verfügung steht?

7. Aus einer undichten Pneumatikkupplung (entsprechend einem Loch von 0,9 mm Durchmesser) entweicht bei einem Arbeitsdruck von $p_e = 7$ bar ca. 0,062 m³ Luft je Minute.
   a) Welchen Druckabfall bewirkt dieses Leck nach einer Stunde in einem Kessel mit 800 l und einem Kesseldruck von $p_e = 12$ bar?
   b) Wieviel DM Verlust entstehen pro Tag an dieser einen Leckstelle, wenn die Energiekosten zur Erzeugung von 1 m³ Druckluft 0,01 DM betragen und die Leitung dauernd unter Druck steht?

3.2 Aussagenlogik

Der Verarbeitungsteil der pneumatischen Steuerung (s. Bild 1) ist durch elektronische Logikbausteine zu ersetzen. Aus der gegebenen Steuerung ist die Funktionsgleichung zu bestimmen.
Unter Anwendung der Aussagenlogik soll systematisch die Entwicklung der Schaltfunktion erfolgen.

Pneumatische Logikbauteile der Steuerung:

3 × Zweidruckventile oder auch 3 × 2fach UND-Verknüpfung sowie 2 × Wechselventile oder auch 2 × 2fach ODER-Verknüpfung.

Die Aussagenlogik verwendet die Begriffe ‚Wahr' und ‚Falsch' bei der Beschreibung von Zuständen. In der Technik, in der die Betrachtung von Schaltsignalen vorrangig ist, werden die entsprechenden Größen z.B. logisch ‚1' (Wahr) und logisch ‚0' (Falsch) verwendet (Bild 2).
In dem Bild 3 sind die schaltalgebraischen und die aussagenlogischen Darstellungsformen für die Grundverknüpfungen UND und ODER gegenübergestellt.

Um den beschriebenen Lösungsweg unabhängig von der gegebenen technischen Ausführungsform, z.B. pneumatisch, hydraulisch, elektromechanisch oder elektronisch zu entwickeln, wird der pneumatische Schaltplan in einen allgemeinen Logikplan mit den dafür vorgesehenen Logiksymbolen (siehe Tabellenbuch) umgewandelt. Für die Entwicklung der Funktionsgleichung aus dem Logikplan (s. Bild 4) ist folgende Vorgehensweise sinnvoll:

- Unter Berücksichtigung der Grundfunktion der verwendeten UND- und ODER-Logikbausteine, sind die Ausgangssignale dieser Bausteine abhängig von den anliegenden Eingangssignalen der betätigten oder unbetätigten Sensoren zu erfassen.
- Diese Grundfunktionen sind in Form der Funktionsgleichung der entsprechenden Verbindungsleitung zuzuordnen.
- Von den Betätigungselementen weiter der logischen Verknüpfung folgend, sind diese Funktionsgleichungen unter Berücksichtigung des danach geschalteten Logikbausteins zu erweitern.
- Der nach dem letzten Logikbaustein so entstandene Funktionsterm (lat. Term ≙ Glied einer Formel) stellt die Schaltbedingung dar.

Ermittelte Funktionsgleichung

$$\overbrace{\underbrace{S1 \cdot S2 + S2 \cdot S3 + S1 \cdot S3}_{}}^{O2} = K1$$

Beispiel:

Die logische Aussage der Funktionsgleichung soll an einer Schaltersignalkombination kontrolliert werden:
Annahme: S1 = 1, S2 = 0, S3 = 1
$S1 \cdot S2 + S2 \cdot S3 + S1 \cdot S3 = K1$

$\underbrace{1 \cdot 0}_{0} + \underbrace{0 \cdot 1}_{0} + \underbrace{1 \cdot 1}_{1} = 1 = K1$

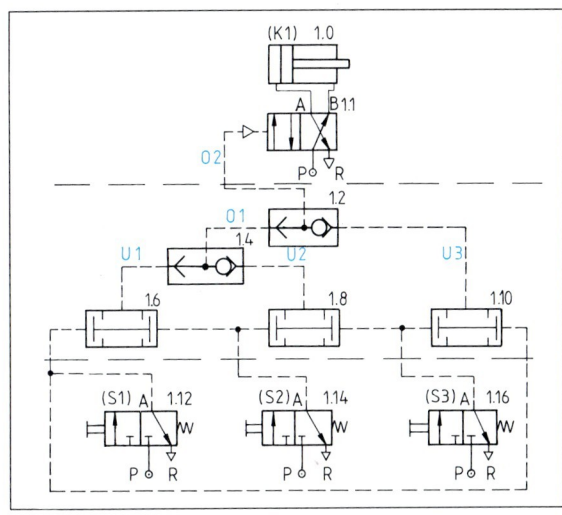

1 Pneumatischer Schaltplan

ZUORDNUNG	
Aussagenlogik	Steuerungstechnik
F	0
W	1

2 Logikzustände

		UND			ODER	
Aussagenlogik:	S2	S1	S2∧S1=U1	U2	U1	U2∨U1=O1
	F	F	F	F	F	F
	F	W	F	F	W	W
	W	F	F	W	F	W
	W	W	W	W	W	W
Technik:	S2	S1	U1	U2	U1	O1
	0	0	0	0	0	0
	0	1	0	0	1	1
	1	0	0	1	0	1
	1	1	1	1	1	1

3 Aussagenlogische und schaltalgebraische Darstellungsformen

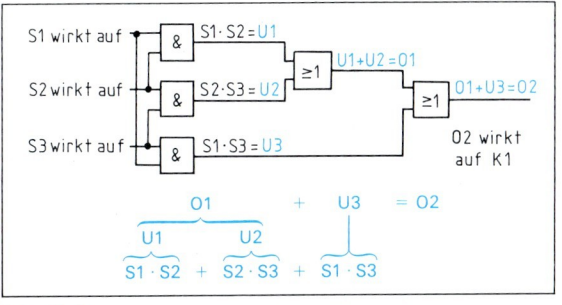

4 Logikplan

3.2 Aussagenlogik — Übungen

Interpretation

Diese Schaltfunktion hat zur Folge, daß immer dann, wenn der Zylinder betätigt wird, mindestens zwei Schalter betätigt sind. Diese Schaltung wird in der Steuerungstechnik als

"2 aus 3 Auswerteschaltung"

bezeichnet. Sie wird dort eingesetzt, wo mit drei Schaltern ein Betätigungszustand sicher zu erfassen ist.

Übungen

1. Für die Pressensteuerung ist mit den Begriffen ‚WENN', ‚UND' und ‚DANN' die Steuerung für alle vier Startschalter S1, S2, S3, S4 für das Auslösen eines Zyklus in ihrer Funktion zu beschreiben.

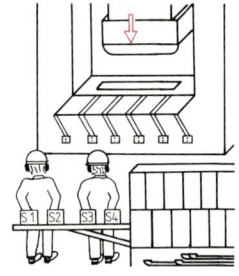

2. Welchen Zustand haben die Ausgänge A bzw. B der gegebenen Pneumatikschaltung, wenn X1 und X2 wahr sind?

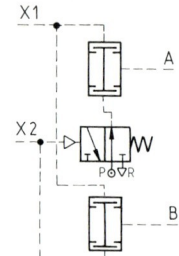

3. Entwickeln Sie aus der Wahrheitstabelle die entsprechende Funktionsgleichung bzw. den Logikplan.

P	Q	Z
F	F	F
F	W	W
W	F	W
F	W	F

4. WENN der eingestellte Druck p_1 unterschritten ist UND der Füllstand F2 im Öler stimmt UND der elektrische Stromkreis S3 für die Steuerung eingeschaltet ist, DANN schaltet die Druckklufteinheit H1 ein.

   Erstellen Sie die Wahrheitstabelle. Die Begriffe ‚WAHR' und ‚Falsch' sind dabei für die Zustände für den Druck p_1, den Füllstand F2 und den Stromkreis S3 sowie für die Druckklufteinheit H1 zu verwenden.

5. Entwickeln Sie für die Pneumatikschaltung die Wahrheitstabelle. Kennzeichnen Sie die Zeile der Wahrheitstabelle, die den Zustand ‚Wahr' für die Ausgangsgröße X darstellt.

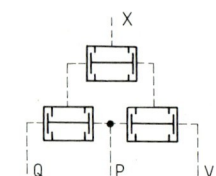

6. Erstellen Sie für den Logikplan eine Wahrheitstabelle.

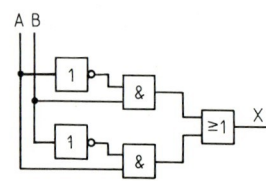

7. Für die Innenbeleuchtung H1 eines Kraftfahrzeugtransporters gilt die nebenstehende Funktionstabelle. Beschreiben Sie mit den Begriffen ‚WENN', ‚ODER' ‚UND' und ‚DANN' die Funktion dieser Steuerung.

T1: linke Seitentür
T2: rechte Seitentür
S3: Heckklappe
H1: Innenbeleuchtung

S3	T2	T1	H1
0	0	0	0
0	0	1	1
0	1	0	1
0	1	1	1
1	0	0	1
1	0	1	1
1	1	0	1
1	1	1	1

8. Ein pneumatischer Scherenhubtisch hat im Rahmen der Gesamtsteuerung für die Betätigung der Auf (S1)- und Abwärtsbewegung (S2) die nebenstehende Funktionstabelle.

   Entwickeln Sie aus der Funktionstabelle die entsprechende pneumatische Steuerung. Beschreiben Sie die Funktion dieser Steuerung.

S2	S1	Z2	Z1
F	F	F	F
F	W	F	W
W	F	W	F
W	W	F	F

9. Erstellen Sie für die Teilfunktion ‚MÜNZPRÜFUNG' eines Automaten den Logikplan. Beschreibung: WENN NICHT der Durchmesser D1 der Münze unterschritten wird UND WENN NICHT das Gewicht G2 der Münze unterschritten wird, DANN nimmt der Sammler M die Münze an.

10. Ein Robotergreifer H faßt nicht, wenn der eingestellte Hydraulikdruck p_1 unterschritten ist, der Greifraumsensor S2 einen Gegenstand im Kontrollbereich meldet, bzw. der Positionsgeber D3 nicht die senkrechte Achse des Greifers feststellt. Wie ist dieser Betriebszustand in einer Funktionstabelle (‚0' ‚1') darzustellen?

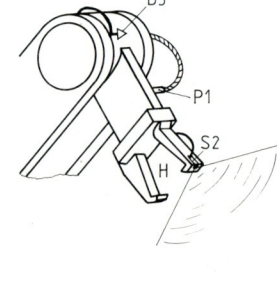

11. Beschreiben Sie mit den Begriffen der Aussagenlogik die Funktion der Schalter S1, S2, S3 und S4 und ihre Wirkung auf die Aufwärtsbewegung der Hebebühne H_1.

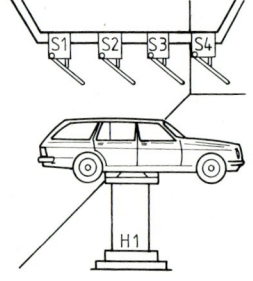

3.3 Zahlensysteme

Zahlensysteme im Mikrocomputer

Für die Eingabe der unterschiedlichen Zahlensysteme, d.h. hier dezimal, dual, hexadezimal (sedezimal), in den Mikrocomputer, sind bestimmte Kennzeichnungen zu beachten. In Bild 1 sind in einer Übersicht die Kennzeichnungen dargestellt.

Zahlensystem	Kennzeichnung	Beispiel
Dezimal	entfällt	173
Dual	%	%10110
Hexadezimal	$	$ 10EA
	H	01B0H

1 Kennzeichnung der Zahlensysteme im Mikrocomputer

3.3.1 Dualsystem

Berechnungen zur Umwandlung einer Dualzahl in eine Dezimalzahl

In einer kombinatorischen Steuerungsaufgabe ist in einer Zeile der Funktionstabelle (s. Bild 2) die Dualzahl für die Aktoren in eine entsprechende Dezimalzahl umzuwandeln, damit das vorhandene BASIC-(PASCAL-)Steuerungsprogramm genutzt werden kann.
Im Dezimalsystem erfolgt die Bewertung jeder Stelle zur Basis 10 (s. Bild 3). Im Dualsystem (lat. Duo = 2) ist die Basis 2 (Bild 4). Die Stellenbewertung ist dem Dezimalsystem gleich, d.h., der Wert der Exponenten erhöht sich von Stelle zu Stelle von rechts nach links um 1. Die Ziffern 1 und 0 an diesen Stellen geben dann als Faktoren dieser Stellenwerte an, ob der jeweilige Stellenwert mit 1 oder 0 zu multiplizieren ist.

Sensoren			Aktoren				
S3	S2	S1	K5	K4	K3	K2	K1
1	0	1	1	0	1	1	0

2 Zeile der gegebenen Funktionstabelle

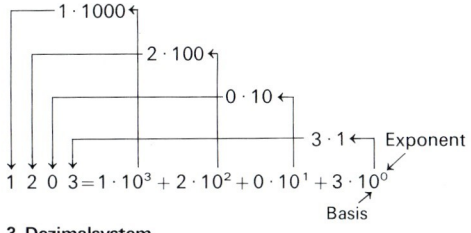

3 Dezimalsystem

Zeile aus der gegebenen Funktionstabelle:

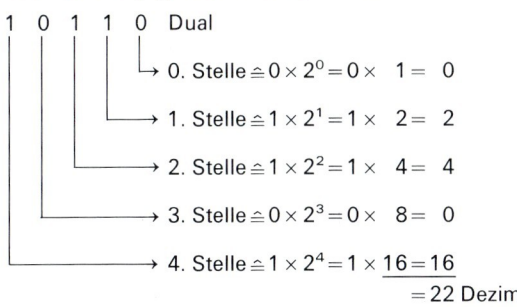

Dualzahl	Duales System	Dezimalzahl
10110	$1 \times 2^4 + 0 \times 2^3 + 1 \times 2^2 + 1 \times 2^1 + 0 \times 2^0$	22

$$10110_{(2)} = 22_{(10)}$$

Das durchgeführte Verfahren läßt sich auf jede Umwandlung von Dualzahlen in Dezimalzahlen anwenden. Für die schriftliche Darstellung bietet sich die Kennzeichnung durch einen Index ((2) oder (10)) an.

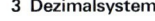

4 Dualsystem

Taschenrechner:

Bedienung	Anzeige	Bemerkung
Tasten: MODE 1	1	Umschalten auf Dualzahl
Eingabe: 10110	10110	
Tasten: MODE 0	22	Umschalten auf Dezimalzahl

5 Dual-/Dezimalzahl – Umwandlung mit dem Taschenrechner

	Dezimalzahl	Dualzahl
2^0	1	1
2^1	2	1 0
2^2	4	1 0 0
2^3	8	1 0 0 0
2^4	16	1 0 0 0 0
2^5	32	1 0 0 0 0 0
2^6	64	1 0 0 0 0 0 0
2^7	128	1 0 0 0 0 0 0 0
	⋮	

7 Dezimal-/Dualzahltabelle

Zahlensystem	Ziffern
Dezimal	0, 1, 2, 3, 4, 5, 6, 7, 8, 9
Dual	0, 1
Hexadezimal	0, 1, 2, 3, 4, 5, 6, 7, 8, 9, A, B, C, D, E, F

6 Ziffern von Zahlensystemen

3.3 Zahlensysteme

Berechnungen zur Umwandlung einer Dezimalzahl in eine Dualzahl

Über das Port eines Mikrocomputers (s. Bild 1) in einer Steuerung wird die binärcodierte Dezimalzahl 174 ausgegeben. Auf den 8 Ausgabeleitungen der Schnittstelle stellt sich, über Leuchtdioden sichtbar, nebenstehendes Bitmuster dar:
Entspricht diese Anzeige der Dezimalzahl 174?

Für die Umrechnung von Dezimalzahlen in Dualzahlen bietet sich das Restwerteverfahren an. Die Dezimalzahl wird dabei schrittweise durch die Basis 2 geteilt.

Für kleine Zahlenwerte bietet sich die Umrechnung über die Tabelle in Bild 7, vorherige Seite an.

Das Bild 3 zeigt die Umwandlung der Dezimalzahl $174_{(10)}$ in eine Dualzahl $Z_{(2)}$.

Das auf den Ausgabeleitungen angezeigte Bitmuster 10101110 entspricht der Dezimalzahl 174.

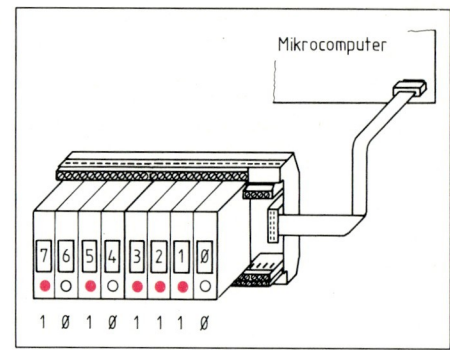

1 Ausgabeleitungen des Mikrocomputers

Taschenrechner:

Bedienung	Anzeige	Bemerkung
Tasten: MODE 0	0	Umschalten auf Dezimalzahl
Eingabe: 174	174	
Tasten: MODE 1	10101110	Umschalten auf Dualzahl

2 Dezimal-/Dualzahl-Umwandlung mit dem Taschenrechner

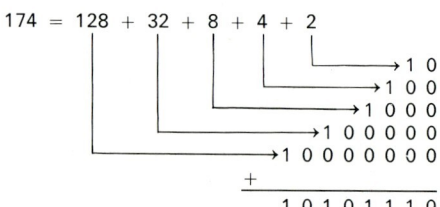

3 Kontrollrechnung

3.3.2 Hexadezimalsystem

Berechnungen zur Umwandlung einer Hexadezimalzahl in eine Dezimalzahl

Die Portadresse eines Mikrocomputers (s. Bild 4) ist mit hexadezimal 10EA angegeben. Für ein Hochsprachenprogramm ist eine Umwandlung der Portadresse in die entsprechende Dezimalzahl gefordert.

Im Hexadezimalsystem ist die Basis die Zahl 16. Entsprechend sind 16 verschiedene Ziffern erforderlich. Da dezimal nur die Ziffern 0...9 zur Verfügung stehen, werden zusätzlich die ersten Buchstaben des Alphabets verwendet:
A ≙ 10; B ≙ 11; C ≙ 12; D ≙ 13; E ≙ 14; F ≙ 15.

Im Hexadezimalsystem ergeben sich Zahlen, die aus Ziffern (0...9) und/oder Buchstaben (A...F) bestehen können (siehe Bild 6, Seite 267).

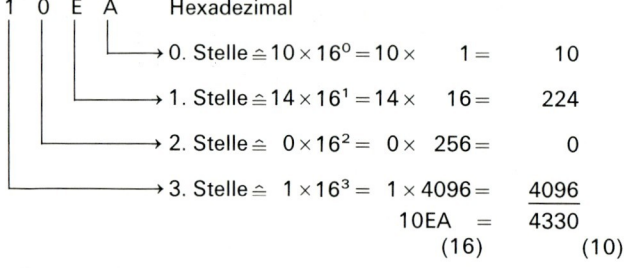

Hexadezimalzahl	Hexadezimales System	Dezimalzahl
10EA	$1 \times 16^3 + 0 \times 16^2 + 14 \times 16^1 + 10 \times 16^0$	4330

$$10EA_{(16)} = 4330_{(10)}$$

4 Auszug aus dem Mikrocomputer-Handbuch

Taschenrechner:

Bedienung	Anzeige	Bemerkung
MODE 3	3	Umschalten auf Hexadezimalzahl
10EA	10 EA	Hexadezimalzahl eingeben
MODE 0	4330	Umschalten auf Dezimalzahl

6 Hexadezimal-/Dezimalzahl – Umwandlung mit dem Taschenrechner

	Dezimalzahl	Hexadezimalzahl
16^0	1	1
16^1	16	1 0
16^2	256	1 0 0
16^3	4096	1 0 0 0
16^4	65536	1 0 0 0 0
16^5	1048576	1 0 0 0 0 0
⋮		

5 Dezimal-/Hexadezimalzahltabelle

3.3 Zahlensysteme

3.3.2 Hexadezimalsystem

Das durchgeführte Verfahren läßt sich auf jede Umwandlung von Hexadezimalzahlen in Dezimalzahlen anwenden.

Die umgewandelte hexadezimale Portdresse des Mikrocomputers ist die dezimale Portadresse 4330.

Umwandlung einer Hexadezimalzahl in eine Dezimalzahl

Gegeben ist die Adresse $D9A3. Gesucht ist die Dezimalzahl der Adresse.

Umwandlung mit Hilfe der Dezimal-/Hexadezimalzahltabelle (s. Bild 1).
Festlegung: 8 Bit $\hat{=}$ 1 Byte

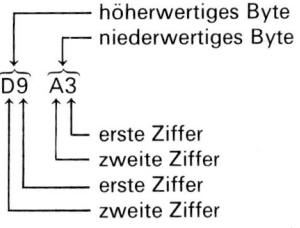

Mit dieser Zuordnung ergibt sich aus der Dezimal-/Hexadezimaltabelle (s. Bild 1):

Das höherwertige Byte D9 in der unteren Tabelle mit D von links nach rechts und 9 von oben nach unten gelesen ergibt die Dezimalzahl 55 552.

Das niederwertige Byte A3 in der oberen Tabelle mit A von links nach rechts und 3 von oben nach unten gelesen ergibt die Dezimalzahl 163.

$$D9A3_{(16)} = 55552_{(10)} + 163_{(10)}$$
$$D9A3_{(16)} = 55715_{(10)}$$

		erste Ziffer									(Niederwertiges Byte)					
		0	1	2	3	4	5	6	7	8	9	A	B	C	D	E	F
z	0	0	1	2	3	4	5	6	7	8	9	10	11	12	13	14	15
w	1	16	17	18	19	20	21	22	23	24	25	26	27	28	29	30	31
e	2	32	33	34	35	36	37	38	39	40	41	42	43	44	45	46	47
i	3	48	49	50	51	52	53	54	55	56	57	58	59	60	61	62	63
t	4	64	65	66	67	68	69	70	71	72	73	74	75	76	77	78	79
e	5	80	81	82	83	84	85	86	87	88	89	90	91	92	93	94	95
	6	96	97	98	99	100	101	102	103	104	105	106	107	108	109	110	111
	7	112	113	114	115	116	117	118	119	120	121	122	123	124	125	126	127
Z	8	128	129	130	131	132	133	134	135	136	137	138	139	140	141	142	143
i	9	144	145	146	147	148	149	150	151	152	153	154	155	156	157	158	159
f	A	160	161	162	(163)	164	165	166	167	168	169	170	171	172	173	174	175
f	B	176	177	178	179	180	181	182	183	184	185	186	187	188	189	190	191
e	C	192	193	194	195	196	197	198	199	200	201	202	203	204	205	206	207
r	D	208	209	210	211	212	213	214	215	216	217	218	219	220	221	222	223
	E	224	225	226	227	228	229	230	231	232	233	234	235	236	237	238	239
	F	240	241	242	243	244	245	246	247	248	249	250	251	252	253	254	255

		erste Ziffer									(Höherwertiges Byte)					
		0	1	2	3	4	5	6	7	8	9	A	B	C	D	E	F
z	0	0	256	512	768	1024	1280	1536	1792	2048	2304	2560	2816	3072	3328	3328	3840
w	1	4096	4352	4608	4864	5120	5376	5632	5888	6144	6400	6656	6912	7168	7424	7680	7936
e	2	8192	8448	8704	8960	9216	9472	9728	9984	10240	10496	10752	11008	11264	11520	11776	12032
i	3	12288	12544	12800	13056	13312	13568	13824	14080	14336	14592	14848	15104	15360	15616	15872	16128
t	4	16384	16640	16896	17152	17408	17664	17920	18176	18432	18688	18944	19200	19456	19712	19968	20224
e	5	20480	20736	20992	21248	21504	21760	22016	22272	22528	22784	23040	23296	23552	23808	24064	24320
	6	24576	24832	25088	25344	25600	25856	26112	26386	26624	26880	27136	27392	27648	27904	28160	28416
	7	28672	28928	29184	29440	29696	29952	30208	30464	30720	30976	31232	31488	31744	32000	32256	32512
Z	8	32768	33024	33280	33536	33792	34048	34304	34560	34816	35072	35328	35584	35840	36096	36352	36608
i	9	36864	37120	37376	37632	37888	38144	38400	38656	38912	39168	39424	39680	39936	40192	40448	40704
f	A	40960	41216	41472	41728	41984	42240	42496	42752	43008	43264	43520	43776	44032	44288	44544	44800
f	B	45056	45312	45568	45824	46080	46336	46592	46848	47104	47360	47616	47872	48128	48384	48640	48896
e	C	49152	49408	49664	49920	50176	50432	50688	50944	51200	51456	51712	51968	52224	52480	52736	52992
r	D	53248	53504	53760	54016	54272	54528	54784	55040	55296	(55552)	55808	56064	56320	56576	56832	57088
	E	57344	57600	57856	58112	58368	58624	58880	59136	59392	59648	59904	60160	60416	60672	60928	61184
	F	61440	61696	61952	62208	62464	62720	62976	63232	63488	63744	64000	64256	64512	64768	65024	65280

1 Umwandlungstabelle Dezimalzahlen – Hexadezimalzahlen

3.3 Zahlensysteme

Übungen

1. Bei einem Mikrocomputer ist der Adreßbereich im Handbuch von $0000...$FFFF angegeben. Wie viele Speicherstellen (dezimal) hat der Mikrocomputer?

Bsp.: CP/M-Computer

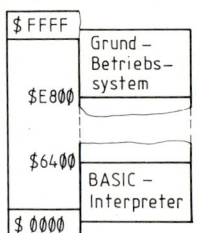

7. Vom Programmierplatz einer Werkzeugmaschine werden nacheinander Bitmuster übertragen. Wandeln Sie die Bitmuster in Hexadezimalzahlen um.

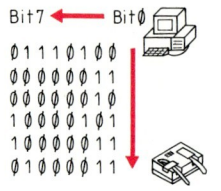

2. Für die gebräuchlichen EPROMs (vgl. Technologie Kap. 3.2.1.5) ist lt. Datenblatt folgende Speicherkapazität angegeben. Wieviel Byte bzw. Bit haben die einzelnen Festwert-Massenspeicher?

Typ: Speicherkapazität:
2716   2 K · 1 Byte
2732   4 K · 1 Byte
2764   8 K · 1 Byte
27128   16 K · 1 Byte
27256   32 K · 1 Byte

EPROM 2716

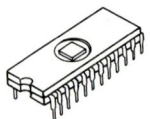

8. In welchen Zeilen des Lochstreifens fehlt das Paritätsbit bei gerader Parität?

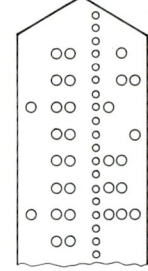

3. Der freie Speicherbereich eines Mikrocomputers ist nach nebenstehender Speicheraufteilung dargestellt. Wie viele Speicher (hexadezimal) stehen im Rechner für Programme und Daten zur Verfügung?

Bsp.: CP/M-Computer

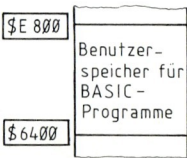

9. Erstellen Sie für eine Sieben-Segment-Anzeige für die Ziffern 0...9 die entsprechenden Binärmuster.

4. Die dezimale Adresse einer Druckerschnittstelle in einem Personalcomputer ist 40960. Intern wird beim Ansteuern der Druckerschnittstelle hexadezimal gearbeitet. Bestimmen Sie diese Adresse.

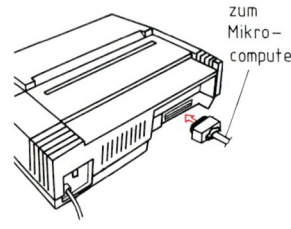

10. Die Dualzahlen eines Lochstreifens sind unter Vernachlässigung des Paritätsbit in Hexadezimalzahlen umzuwandeln.

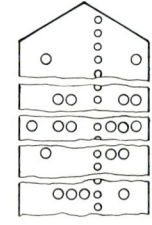

5. Über die Leuchtdioden einer Relaisschnittstelle stellen sich nacheinander folgende Binärmuster ein.

K7 ⟶ K0
01010101
11001100
10101010
00110011

Welches Binärmuster entspricht $55 bzw. $AA, wenn ein Dualzahlensystem auf das Binärmuster angewendet wird?

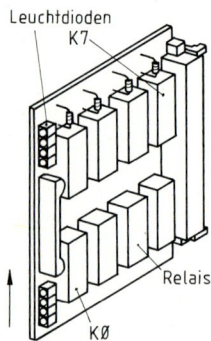

11. Wandeln Sie um:

dezimal	dual	hexadezimal
17	—	—
—	10110	—
—	—	AA
—	11011	—
139	—	—
—	—	D39
—	—	C0D0
—	1111110	—
41306	—	—
—	—	F900
—	1000001	—

6. Erstellen Sie ein Struktogramm für die Umwandlung von Dualzahlen in Dezimalzahlen.

4 Berechnen elektrischer Größen

4.1 Der elektrische Stromkreis

4.1.1 Widerstand elektrischer Leiter

Wegen der großen Stromstärke beim Lichtbogenschweißen muß die Leitung zwischen Erzeuger und Schweißstelle (Verbraucher) einen äußerst kleinen elektrischen Widerstand haben. Dieser beträgt – z.B. bei 6 m Gesamtlänge und 185 mm² Querschnitt der Hin- und Rückleitung aus Kupfer – etwa 0,6 mΩ.

Wegen ungünstiger Lage der Schweißstelle stellt ein noch wenig erfahrener Facharbeiter die Verbindung zur Rückleitung mit einem Stück Flachstahl her (s. Bild 1). Abmessungen des Stahlprofiles: 900 mm Länge (Länge des Stromweges), (5 × 2) mm² Querschnittsfläche.

a) Berechnen Sie den Widerstand des Stahlprofiles in mΩ. (Übergangswiderstände an den Auflagestellen werden nicht berücksichtigt.)
b) In welchem Verhältnis steht der Widerstand des Stahlprofiles zum Widerstand der Schweißleitung?
c) Welche Folgerung für die Praxis ergibt sich aus der Lösung dieser Aufgabe?

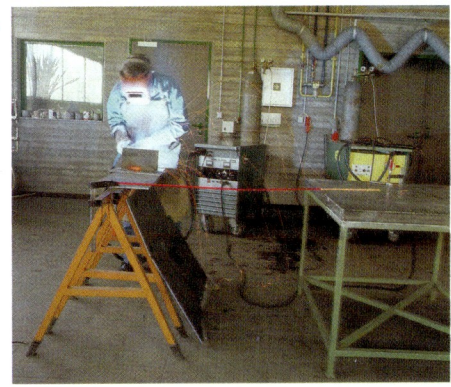

1 Lichtbogenschweißen mit „Überbrückung"

Leiterwiderstand:

> Der Widerstand eines elektrischen Leiters ist um so größer, je größer sein spezifischer Widerstand, je größer seine Länge und je kleiner sein Querschnitt ist.

$$R = \frac{\varrho \cdot l}{S}$$

ϱ: spezifischer Widerstand in $\Omega\text{mm}^2/\text{m}$
l: Leiterlänge in m
S: Leitungsquerschnitt in mm²

(Siehe auch Kap. 5.2.5 Technologie.)

Gesucht: a) R_{St} in mΩ; b) $\frac{R_{St}}{R_{Cu}}$; c) Folgerung **Gegeben:** Schweißleitung: $l_{Cu} = 6$ m $S_{Cu} = 185$ mm²; $R_{Cu} = 0,6$ mΩ Stahlprofil mit $l_{St} = 900$ mm; $S = (5 \times 2)$ mm² Spezifischer Widerstand von Stahl (Eisen) $\varrho_{St} = 0,1 \frac{\Omega \cdot \text{mm}^2}{\text{m}}$. **Nicht benötigte Größen:** l_{Cu}, S_{Cu} **Aufgabenteil a:** $S_{St} = 10$ mm² $R_{St} = \frac{\varrho \cdot l_{St}}{S_{St}}$ $R_{St} = \frac{0,1 \frac{\Omega \cdot \text{mm}^2}{\text{m}} \cdot 900 \text{ mm}}{10 \text{ mm}^2}$; $R_{St} = \frac{0,1 \, \Omega \cdot \text{mm}^2 \cdot 900 \text{ mm} \cdot 1 \text{ m}}{\text{m} \cdot 10 \text{ mm}^2 \cdot 1000 \text{ mm}}$	Der spezifische Widerstand von Eisen lt. Tabellenbuch. Umrechnung der Längeneinheit mm in m und Berechnung der Widerstandseinheit.	$R_{St} = 0,009 \, \Omega$; $R_{St} = 0,009 \cdot 1000$ mΩ; $\underline{R_{St} = 9 \text{ mΩ}}$ Das Stahlprofil hat 9 mΩ Widerstand. **Aufgabenteil b:** $\frac{R_{St}}{R_{Cu}} = \frac{9 \text{ mΩ}}{0,6 \text{ mΩ}}$; $\underline{\frac{R_{St}}{R_{Cu}} = \frac{15}{1}}$ Der Widerstand des Stahlprofiles ist fünfzehnmal so groß wie der Widerstand der Schweißleitung. **Aufgabenteil c:** Eine Überbrückung im Schweißstromkreis mit Stahlprofilen, Werkstücken etc. kann den Widerstand im Schweißstromkreis erheblich erhöhen und somit zu Störungen im Arbeitsablauf führen.	Siehe auch Einführungsbeispiel in Kap. 4.2.

4.1 Der elektrische Stromkreis — 4.1.2 Das Ohmsche Gesetz

Übungen

1. Wieviel Ω Widerstand hat ein Widerstandsdraht aus CuNi44 („Konstantan") von 5 m Länge und 0,8 mm Durchmesser?

2. Eine Verlängerungsleitung ist 6 m lang. Ihre drei Leiter aus Kupfer haben je $S_1 = 0,75$ mm² Querschnitt. Da die Leitung bei Belastung mit einem Heizgerät sich zu stark erwärmt, verwendet man eine andere mit $S_2 = 1,5$ mm² bei gleicher Länge.
   a) Berechnen Sie den Widerstand R_1 bzw. R_2 beider Leitungen. (Der Schutzleiter – als dritter Leiter – ist normalerweise nicht am Stromkreis beteiligt; s. Technologie Kap. 5.4.)
   b) Vergleichen Sie die Widerstände beider Leitungen miteinander, indem Sie das Verhältnis R_2/R_1 berechnen.
   c) Begründen Sie das Ergebnis von Aufgabenteil b.

3. Wieviel m Draht von 0,5 mm² Querschnitt erfordert die Herstellung eines Experimentierwiderstandes mit 15 Ω Widerstand bei Verwendung von CuNi44 („Konstantan")?

4. Wieviel m lang darf eine Gummischlauchleitung („Gummikabel") mit zwei stromführenden Leitern aus Kupfer von je 1,5 mm² Querschnitt höchstens sein, wenn aus Sicherheitsgründen maximal 0,6 Ω Leiterwiderstand zulässig sind?

5. Welchen Drahtdurchmesser hat eine Heizwendel eines Ofens zur Wärmebehandlung von Stahl, wenn sie bei 8 m Leiterlänge (und bei Betriebstemperatur) 12 Ω Widerstand hat? Der Heizleiterwerkstoff ist CrAl25 5 mit $\varrho = 1,49$ Ω · mm²/m (bei 1200 °C).

6. Der Standort einer Drehmaschine mußte so verändert werden, daß die Zuleitung für den Antrieb jetzt 1,7mal so lang ist wie zuvor. Mit welchem Faktor k muß der Leiterquerschnitt mindestens multipliziert werden, damit die neue Leitung denselben Widerstand hat wie die vorherige.

7. Bearbeiten Sie die Aufgabenstellung der blau gekennzeichneten Tabellenfelder.

Nr.	Widerstand R	Leiterwerkstoff	Leiterlänge l	Leiterquerschnitt S bzw. -durchmesser d
7.1	in Ω	Kupfer	75 m	0,5 mm²
7.2	45 Ω	CuNi 44 („Konstantan)	in m	0,2 mm
7.3	300 mΩ	Werkstoff? (Tab.-Buch)	147 mm	0,1 mm
7.4	1,2 kΩ	Graphit	5 cm	in mm² (auf einem Schichtwiderst.)?

4.1.2 Das Ohmsche Gesetz

Die Heckscheibenheizung eines Pkw hat 0,6 Ω Widerstand. Sie ist an 12 V Spannung angeschlossen.
Welche Nennstromstärke muß die zugehörige Schmelzsicherung mindestens haben?

> Die Stromstärke in einem elektrischen Stromkreis ist um so größer, je größer die Spannung und je kleiner der Widerstand ist.

$$I = \frac{U}{R} \quad \begin{array}{l} I \text{ in A} \\ U \text{ in V} \\ R \text{ in Ω} \end{array}$$

(Siehe auch Kap. 5.2.6 Technologie.)

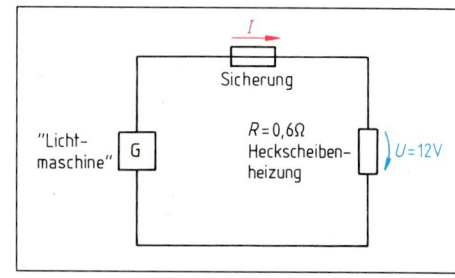

1 Schaltplan zum Einführungsbeispiel

Gesucht:
I in A

Gegeben:
$R = 0,6$ Ω; $U = 12$ V

$I = \frac{12 \text{ V}}{0,6 \text{ Ω}}$; $I = 20 \frac{\text{V}}{\text{Ω}}$; $I = 20 \frac{\text{V}}{\frac{\text{V}}{\text{A}}}$; $I = 20 \frac{\text{V} \cdot \text{A}}{\text{V}}$

$\underline{I = 20 \text{ A}}$

Die Heckscheibenheizung hat 20 A Stromaufnahme. Die Nennstromstärke der Sicherung muß mindestens 20 A betragen.

Berechnung der Stromstärkeeinheit.

4.1 Der elektrische Stromkreis

Übungen

1. Der Widerstand einer Heizwendel in einem Härteofen beträgt 24 Ω, die Anschlußspannung 220 V. Berechnen Sie die Stromstärke in der Wendel.

2. Die Heizwicklung eines Zinnschmelztiegels besteht aus bandförmigem Heizleiter von 15 m Länge, 2 mm Breite und 0,3 mm Dicke. Sein spezifischer Widerstand beträgt 0,95 Ωmm²/m. Die Anlage wird an 220 V Spannung betrieben.
   Berechnen Sie die Stromstärke.

3. Das Typenschild eines Experimentierwiderstandes enthält die Angaben: 46 Ω, 6 A. An welche größte Spannung darf man den Widerstand anschließen?

4. Der elektrische Kühler-Ventilator eines Pkws nimmt 25 A Strom auf. Die einadrige Zuleitung aus Kupfer von 1,5 mm² ist 1,2 m lang. Die Autobatterie hat 12 V Spannung.
   a) Berechnen Sie den Widerstand der Zuleitung.
   b) Wieviel % der Batteriespannung gehen am Widerstand der Zuleitung verloren? (Der Widerstand der Karosserie als Rückleitung wird vernachlässigt.)

5. Zwei Stahlblechteile von je 0,4 mm Dicke werden durch Widerstandspreßschweißen (Punktschweißen) miteinander verbunden. Wieviel Ω Widerstand hat die Schweißstelle, wenn sie von 800 A durchflossen wird und eine Spannung von 1 V anliegt?

6. Ein Kleinlötkolben für 12 V Spannung hat 6 Ω Widerstand. Darf er an die Steckdose in einem Pkw angeschlossen werden, wenn sie mit 12 V Spannung betrieben wird und mit 20 A abgesichert ist?

7. Messungen zur Bestätigung des Ohmschen Gesetzes ergaben bei Verwendung von zwei verschiedenen Widerständen die beiden nebenstehenden Wertetabellen.
   a) Skizzieren Sie den Schaltplan für diese Messung.
   b) Erstellen Sie in einem Koordinatensystem (s. Kap. 1.6) zu jeder der beiden Wertetabellen den Graf (Kennlinie). Berücksichtigen Sie dabei, daß die Meßwerte mit Meßunsicherheiten behaftet sind. Ordnen Sie die Spannung der waagrechten Achse, die Stromstärke der senkrechten Achse zu.
   c) Auf welche Weise werden in diesem Diagramm die beiden Widerstandswerte dargestellt?
   d) Entnehmen Sie dem Diagramm die Stromstärke I, die im Widerstand R_2 bei $U = 10$ V Spannung fließt. Überprüfen Sie den abgelesenen Wert durch Berechnung.
   e) Zeichnen Sie in das Koordinatensystem zusätzlich die Kennlinie eines Widerstandes von $R_3 = 9$ Ω.

Meß-Nr.	Widerstand R_1 in Ω konstant	Spannung U in V	Stromstärke I in A
1	4	0	0
2	4	4	0,95
3	4	8	2,05
4	4	12	3,0
5	4	16	3,9

Meß-Nr.	Widerstand R_2 in Ω konstant	Spannung U in V	Stromstärke I in A
6	16	0	0
7	16	4	0,25
8	16	8	0,55
9	16	12	0,8
10	16	16	1,0

Meßwertetabellen zu Aufgabe 7

4.1.3 Mehrere Verbraucher im Stromkreis

4.1.3.1 Reihenschaltung

Im Einführungsbeispiel Kap. 4.1.1 stellt der Facharbeiter für eine Lichtbogen-Schweißarbeit mit Hilfe eines Stahlprofiles eine Überbrückung zur Rückleitung her. Dadurch entsteht eine Reihenschaltung aus den Widerständen Stahlprofil R_{St}, Schweißlichtbogen R_L und Schweißleitung R_{Cu} (s. Bild 1).

Die im Einführungsbeispiel Kap. 4.1.1 gegebenen bzw. bereits berechneten Größen: Widerstand der Schweißleitung $R_{Cu} = 0,6$ mΩ, des Stahlprofils $R_{St} = 9$ mΩ. Die Schweißstromstärke beträgt $I = 250$ A und die augenblickliche Lichtbogenspannung $U_L = 25$ V.

Berechnen Sie
a) den Spannungsverlust (Spannungsfall) U_{St},
b) die Spannung U, die an den Anschlüssen des Schweißstrom-Erzeugers während des Schweißens zur Verfügung steht,
c) den Gesamtwiderstand R, mit dem der Erzeuger belastet wird.

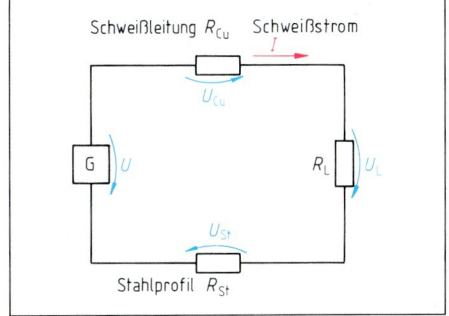

1 Schaltplan zum Einführungsbeispiel
Schweißleitung, -lichtbogen und Stahlprofil sind je als Widerstand veranschaulicht

4.1 Der elektrische Stromkreis — 4.1.3 Mehrere Verbraucher im Stromkreis

Gesetze der Reihenschaltung:
Die Stromstärke ist in allen Widerständen (Verbrauchern) gleich. $I = I_1 = I_2 = I_3 = \ldots$
Die Summe der Spannungen an den Einzelwiderständen (Verbrauchern) ist gleich der Gesamtspannung (Spannung am Erzeuger). $U = U_1 + U_2 + U_3 = \ldots$
Die Summe der Einzelwiderstände ist gleich dem Gesamtwiderstand. $R = R_1 + R_2 + R_3 + \ldots$

(Siehe auch Kap. 5.2.7 Technologie.)

Gesucht:
a) U_{St} in V; b) U in V;
c) R in Ω

Gegeben:
$R_{Cu} = 0,6$ mΩ; $R_{St} = 9$ mΩ;
$I = 250$ A; $U_L = 25$ V

Aufgabenteil a:
Spannungsverlust am Stahlprofil
$U = R \cdot I$, also $U_{St} = R_{St} \cdot I$
$U_{St} = 9$ m$\Omega \cdot 250$ A;
$U_{St} = \frac{9}{1000} \Omega \cdot 250$ A

$U_{St} = 0,009 \frac{V}{A} \cdot 250$ A;

$\underline{U_{St} = 2,25\ V}$

An dem Stahlprofil entsteht ein Spannungsverlust von 2,25 V.

Aufgabenteil b:
Spannung am Erzeuger
$U_{Cu} = R_{Cu} \cdot I$
$U_{Cu} = 0,6$ m$\Omega \cdot 250$ A;
$U_{Cu} = \frac{6}{10000} \Omega \cdot 250$ A

Berechnung der Spannungseinheit.

$U_{Cu} = 0,0006 \frac{V}{A} \cdot 250$ A;
$U_{Cu} = 0,15$ V
$U = U_{Cu} + U_L + U_{St}$
$U = 0,15$ V $+ 25$ V $+ 2,25$ V;
$\underline{U = 27,4\ V}$

In der Schweißleitung entsteht ein Spannungsverlust von 25 V. Zusammen mit den Spannungen U_L und U_{St} erhält man 27,4 V Spannung am Erzeuger.

Aufgabenteil c:
Gesamt-Belastungswiderstand
$R = \frac{U}{I}$; $R = \frac{27,4\ V}{250\ A}$;
$\underline{R = 0,11\ \Omega}$

Der Schweißstrom-Erzeuger wird mit insgesamt 0,11 Ω Widerstand belastet. Der Lichtbogenwiderstand ändert sich während des Schweißens dauernd; R_L gilt also nur für kurze Zeit.

Berechnung der Spannungseinheit.

Übungen

1. Weil beim Einschalten eines Winkelschleifers (Trennschleifmaschine) älterer Bauart der Leitungsschutzschalter (Sicherungsautomat) häufig ansprach, baute ein Betriebselektriker zur Begrenzung des großen Anlaufstromes einen Vorwiderstand von 0,7 Ω in die Maschine ein (Bild 1).

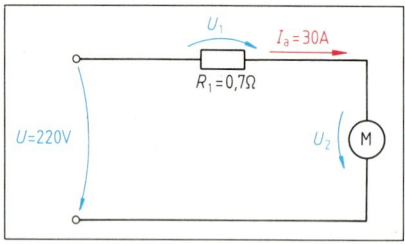

1 Vorwiderstand zur Verringerung des Anlaufstromes eines Winkelschleifers

Das Leistungsschild des Gerätes nennt 220 V Anschlußspannung. Mit Vorwiderstand beträgt der Anlaufstrom 30 A. Welche Spannung tritt im Augenblick des Anlaufes des Winkelschleifers auf
a) am Vorwiderstand, b) am Winkelschleifer?

2. Eine Handlampe wird an einer abgelegenen Stelle benötigt. Die nächste Steckdose ist 10 m entfernt. Man ermöglicht den Anschluß der Lampe über eine Verlängerungsleitung. Der gesamte Stromkreis besteht somit

- aus der fest mit der Handlampe verbundenen Anschlußleitung (R_1):
  Länge 5 m; 2 stromführende Kupfer-Leiter mit einem Querschnitt von je 0,75 mm²
- aus der Verlängerung (R_2):
  Länge 8 m; 2 stromführende Kupfer-Leiter mit einem Querschnitt von je 1,5 mm²

a) Skizzieren Sie den Schaltplan. Stellen Sie die Leitungen als Widerstände dar.

Berechnen Sie

b) den Widerstand R_1 bzw. R_2 jeder Leitung in mΩ,
c) den Gesamtwiderstand R zwischen Lampe und Steckdose.

3. Aus den Nenndaten eines Heißluftgebläses für 220 V Spannung ergibt sich eine Stromaufnahme von 9,1 A. Das Gerät wird über eine 20 m lange Verlängerungsleitung mit je 1,5 mm² Querschnitt der beiden stromführenden Leiter aus Kupfer betrieben. Die Steckdose führt 220 V Spannung.

Berechnen Sie

a) den Widerstand R_1 des Heißluftgebläses (die kurze Zuleitung am Gerät wird nicht berücksichtigt),
b) den Widerstand R_2 der Verlängerungsleitung,
c) die Stromstärke I im Stromkreis,
d) die Spannung U_1, mit der das Gerät tatsächlich betrieben wird.

4.1 Der elektrische Stromkreis 4.1.3 Mehrere Verbraucher im Stromkreis

4.1.3.2 Parallelschaltung

Die Heckscheibenheizung eines Pkw hat $R_1 = 0,6\ \Omega$ Widerstand, der Zigarettenanzünder $R_2 = 1,88\ \Omega$. Beide Verbraucher werden in Parallelschaltung an $U = 12\ V$ Spannung über eine gemeinsame Sicherung betrieben. Die Sicherung ist beim Betrieb beider Verbraucher zu 89% ihres Nennstromes ausgelastet.
a) Welche Stromstärke I nimmt die Schaltung auf?
b) Welche Nennstromstärke I_n hat die Sicherung?

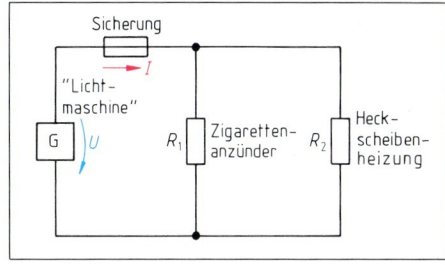

1 Schaltplan zum Einführungsbeispiel

> **Gesetze der Parallelschaltung:**
> Die Spannung ist an allen Widerständen (Verbrauchern) gleich.
> $U = U_1 = U_2 = U_3 = \ldots$
> Die Summe der Ströme in den Einzelwiderständen ist gleich dem Gesamtstrom (in der Hin- bzw. Rückleitung). $I = I_1 + I_2 + I_3 + \ldots$
> Die Summe der Kehrwerte der Einzelwiderstände ist gleich dem Kehrwert des Ersatzwiderstandes. $\frac{1}{R} = \frac{1}{R_1} + \frac{1}{R_2} + \frac{1}{R_3} + \ldots$

(Siehe auch Kap. 5.2.7 Technologie.)

Übungen

1. In einer Experimentierschaltung sind an 20 V Spannung drei Widerstände parallelgeschaltet. Bei zweien von ihnen kann man den Typenschildern entnehmen: 8 Ω bzw. 5 Ω. Da die Angabe beim dritten Widerstand nicht lesbar ist, wurde zuvor eine Messung vorgenommen: Bei 10 V Spannung an diesem Widerstand floß ein Strom von 2,5 A.
   a) Skizzieren Sie den Schaltplan und tragen Sie alle obengenannten Größen ein.
   b) Berechnen Sie den Ersatzwiderstand dieser Parallelschaltung.
   c) Welche Stromstärke muß der Erzeuger aufbringen?

2. Bei 220 V Netzspannung ist ein Leitungsschutzschalter durch Anschluß eines Spezialtauchsieders an eine Zweifachsteckdose zu 85% ausgelastet. Der Tauchsieder nimmt 13,6 A Stromstärke auf.
   a) Überlastet der gleichzeitige Anschluß eines Elektrolötkolbens mit 1,8 A Stromaufnahme den Leitungsschutzschalter?
   b) Wieviel Ω Ersatzwiderstand bilden die beiden Verbraucher bei gemeinsamem Anschluß?

3. Die Parallelschaltung dreier Widerstände ist an $U = 24\ V$ angeschlossen. Bearbeiten Sie die Aufgabenstellung der blau gekennzeichneten Tabellenfelder.

Gesucht:
a) I in A b) I_n in A

Gegeben:
$R_1 = 0,6\ \Omega$; $R_2 = 1,88\ \Omega$;
$U = 12\ V$
Auslastungsgrad der Sicherung: 89%

Aufgabenteil a:
Stromstärke der Schaltung
$\frac{1}{R} = \frac{1}{0,6\ \Omega} + \frac{1}{1,88\ \Omega}$;
$\frac{1}{R} = 2,199\ \frac{1}{\Omega}$; $R = 0,45\ \Omega$

$I = \frac{12\ V}{0,45\ \Omega}$; $I = \frac{12\ V}{0,45\ \frac{V}{A}}$;

$I = 26,67\ \frac{V \cdot A}{V}$

$\underline{\underline{I = 26,67\ A}}$

Die Stromaufnahme dieser Parallelschaltung beträgt 26,67 A.

Für diese Berechnung beim Taschenrechner die Kehrwert-Taste benützen!
Eingabe z.B.: 0,6
[1/X] [+] 1,88 [1/X] [=]
[1/X]

Aufgabenteil b:
Nennstromstärke der Sicherung
$I = \frac{89\%}{100\%} \cdot I_n$,
also $I = 0,89 \cdot I_n$
$I_n = \frac{I}{0,89}$; $I_n = \frac{26,7\ A}{0,89}$;
$\underline{\underline{I_n = 30\ A}}$

Die Sicherung hat 30 A Nennstromstärke.

	Aufgabe			
	3.1	3.2	3.3	3.4
Ersatzwiderstand R	in Ω	50 Ω	in Ω	in kΩ
Einzelwiderstände R_1	12 Ω	200 Ω	in Ω	1,2 kΩ
R_2	17 Ω	in Ω	in Ω	in Ω
R_3	8 Ω	350 Ω	in Ω	in Ω
Gesamtstrom I	in A	in A	in A	50 mA
Einzelströme I_1	in A	in A	30 mA	in mA
I_2	in A	in A	12 mA	15 mA
I_3	in A	in A	45 mA	in mA

4.2 Elektrische Leistung und Arbeit

4.2.1 Elektrische Leistung

In den Einführungsbeispielen Kap. 4.1.1 und Kap. 4.1.3.1 wurden Berechnungen zu einem Lichtbogenschweiß-Vorgang ausgeführt.

Unter anderem sind daher folgende Größen bekannt (s. auch Bild 1):

- Spannungsverlust an der Schweißleitung $U_{Cu} = 0{,}15$ V
- Spannungsverlust am Stahlprofil $U_{St} = 2{,}25$ V
- Spannung am Schweißlichtbogen $U_L = 25$ V
- Spannung am Generator (unter diesen Bedingungen) $U = 27{,}4$ V
- Schweißstromstärke $I = 250$ A

a) Berechnen Sie in Watt
- Die Leistungsabgabe des Schweißstrom-Erzeugers P_G
- Die Verlustleistung im Stahlprofil P_{St}
- Die Leistung des Lichtbogens P_L
- Die Verlustleistung in der Schweißleitung P_{Cu}.

b) Aus den berechneten elektrischen Leistungen entstehen bekanntlich über die Wärmewirkung des elektrischen Stromes entsprechende Wärmeleistungen.

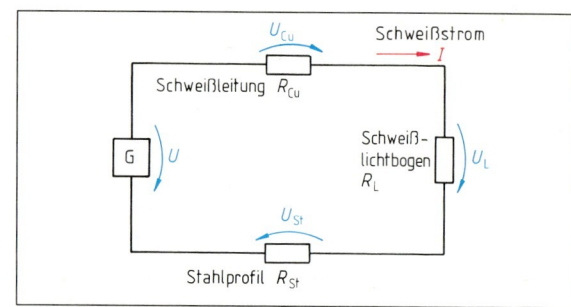

1 Schaltplan zum Einführungsbeispiel. Schweißleitung, -lichtbogen und Stahlprofil sind je als Widerstand veranschaulicht

Nennen Sie die Folgen für
- Die Schweißstelle (Lichtbogen),
- das überbrückende Stahlprofil,
- die Schweißleitung.

Die elektrische Leistung ist um so größer, je größer die Spannung und je größer die Stromstärke ist.

$$P = U \cdot I$$

P in W
$1\,\text{W} = 1\,\text{V} \cdot 1\,\text{A} = 1\,\text{J/s} = 1\,\text{Nm/s}$

(Siehe auch Kap. 5.3.1 Technologie.)

Aufgabenteil a:

Gesucht:
P_G in W; P_L in W; P_{St} in W; P_{Cu} in W

Gegeben:
$U = 27{,}4$ V; $U_L = 25$ V; $U_{St} = 2{,}25$ V; $U_{Cu} = 0{,}15$ V; $I = 250$ A

Leistungsabgabe des Schweißstrom-Erzeugers
$P_G = U \cdot I$; $P_G = 27{,}4$ V $\cdot$ 250 A; $\quad \underline{P_G = 6650\,\text{W}}$

Leistung des Lichtbogens
$P_L = U_L \cdot I$; $P_L = 25$ V $\cdot$ 250 A; $\quad \underline{P_L = 6250\,\text{W}}$

Verlustleistung im Stahlprofil
$P_{St} = U_{St} \cdot I$; $P_{St} = 2{,}25$ V $\cdot$ 250 A; $\quad \underline{P_{St} = 562{,}5\,\text{W}}$

Verlustleistung in der Schweißleitung
$P_{Cu} = U_{Cu} \cdot I$; $P_{Cu} = 0{,}15 \cdot 250$ A; $\quad \underline{P_{Cu} = 37{,}5\,\text{W}}$

Aufgabenteil b:

Von der angebotenen Leistung des Generators wird der weitaus größte Teil durch den Lichtbogen als Wärmeleistung an der Schweißstelle wirksam (Zweck der Anlage).

Die große Verlustleistung im Stahlprofil kann dieses zum Glühen bringen (Energieverschwendung, Unfallgefahr. Siehe auch Bild 2).

Abhilfe: Schweißrückleitung möglichst am Werkstück anschließen.

Die Verlustleistung in der Schweißleitung ist äußerst gering, so daß sich diese kaum erwärmt.

2 Gefahr durch „Überbrückung" beim Lichtbogenschweißen

4.2 Elektrische Leistung und Arbeit 4.2.2 Elektrische Arbeit

Übungen

1. Das Leistungsschild eines Elektrolötkolbens ist beschädigt, so daß nur noch die Nennspannung 220 V erkennbar ist. Bei Anschluß an 220 V mißt ein Elektro-Fachmann eine Stromstärke von 91 mA. Welche elektrische Leistung nimmt das Gerät auf?

2. Eine Steckdose am 220-V-Netz ist mit einem 16-A-Leitungsschutzschalter abgesichert. Kann ein Heißluftgebläse mit den Nenndaten 220 V; 2000 W an dieser Steckdose auf Dauer betrieben werden?

3. Ein elektrisch betriebener Härteofen wird von drei Heizwendeln erwärmt. Jede ist an 220 V angeschlossen und hat (bei Betriebstemperatur) einen Widerstand von 12 Ω. Berechnen Sie die Leistungsaufnahme des Ofens in kW. (Vgl. Aufg. 5, Kap. 4.1.1.)

4. Eine Gummischlauchleitung („Gummikabel") ist 30 m lang. Die beiden stromführenden Kupferleiter haben je 1,5 mm² Querschnitt.
   a) Welche elektrische Leistung (Verlustleistung) P_1 bzw. P_2 wird in der Leitung wirksam
      - bei einer zulässigen Stromstärke von $I_1 = 15$ A?
      - bei einer kurzzeitigen Überlastung mit $I_2 = 30$ A?
   b) Vergleichen Sie die Verhältnisse I_2/I_1 und P_2/P_1 miteinander und begründen Sie das Ergebnis mit Hilfe der entsprechenden Bestimmungsgleichung für die elektrische Leistung.
   c) „Eine Gummischlauchleitung darf man bei voller (zulässiger) Belastung nicht in aufgewickeltem Zustand benützen."

   „Elektrische Leitungen dürfen nicht überlastet werden."

   Begründen Sie die beiden Anweisungen anhand der Lösungen zu den vorangegangenen Aufgabenteilen.

5. Ein Tauchsieder trägt die Angaben: 220 V; 1000 W.
   a) Die Netzspannung steigt um 5%. Welche Leistung nimmt das Gerät dann auf?
   b) An welcher Spannung nimmt der Tauchsieder nur 300 W auf?

   Anmerkung: Widerstandsänderungen durch Temperaturänderungen werden vernachlässigt.

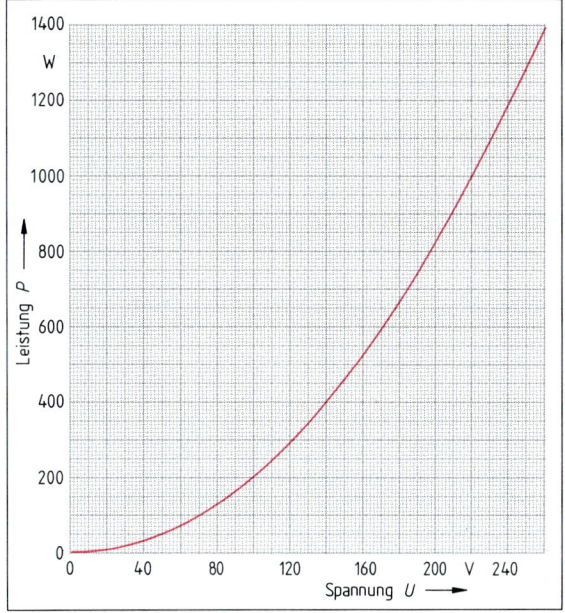

1 Grafische Darstellung des Gesetzes $P = \dfrac{U^2}{R}$

6. Bild 1 stellt das Leistungsgesetz $P = U^2/R$ (s. Tabellenbuch) für den Widerstand des Tauchsieders in Aufgabe 5 grafisch dar. Beantworten Sie die Fragen von Aufgabe 5 anhand dieses Diagrammes.

7. Vom Motor des Kühlerventilators eines Pkws sind folgende Daten bekannt: Spannung $U = 12$ V, Stromaufnahme $I = 18,3$ A, Leistungsabgabe $P_{ab} = 180$ W. Berechnen Sie den Wirkungsgrad des Motors.

4.2.2 Elektrische Arbeit

Die zum Lichtbogenschweißen im Einführungsbeispiel Kap. 4.2.1 dargestellten Berechnungen ergeben eine Leistungsabgabe des Schweißstromerzeugers von 6650 W bei einer Schweißstromstärke von 250 A.

a) Berechnen Sie die elektrische Arbeit, die der Schweißstrom-Erzeuger aufnimmt, wenn 5 Minuten unter obigen Bedingungen geschweißt wird und der Nutzungsgrad ζ der Anlage mit durchschnittlich 85% angenommen wird?

b) Welche Energiekosten K entstehen in dieser Zeit, wenn mit $k = 0{,}25$ DM/kWh kalkuliert wird?

Die elektrische Arbeit ist um so größer, je größer die Spannung, je größer die Stromstärke und je länger die Betriebsdauer ist.

$$W = U \cdot I \cdot t$$

W in Ws
1 Ws = 1 V · 1 A · 1 s
= 1 J = 1 Nm

$$W = P \cdot t$$

$$\eta = \dfrac{W_{ab}}{W_{zu}}$$

$$K = W \cdot k$$

K: Energiekosten in DM
k: Arbeitspreis in $\dfrac{\text{DM}}{\text{kWh}}$

(Siehe auch Kap. 5.3.2 Technologie)

4.2 Elektrische Leistung und Arbeit — 4.2.2 Elektrische Arbeit

Gesucht:

W_{zu} in kWh; K in DM

Gegeben:

$P_{ab} = 6650$ W; $t = 4$ h; $\eta = 85\%$

Nicht benötigte Größe:

I

Aufgabenteil a:

$W_{ab} = P_{ab} \cdot t$; $W_{ab} = 6650$ W $\cdot$ 5 min

$W_{ab} = 6650 \cdot \dfrac{1}{1000}$ kW $\cdot \dfrac{5}{60}$ h;

$W_{ab} = 0{,}554$ kWh

$\eta = \dfrac{85\%}{100\%}$; $\eta = 0{,}85$;

$W_{zu} = \dfrac{0{,}554 \text{ kWh}}{0{,}85}$; $W_{zu} = 0{,}652$ kWh

Die dem Schweißstrom-Erzeuger in 5 Minuten zugeführte elektrische Arbeit beträgt 0,652 kWh.

Umrechnen der Leistungseinheit von W in kW, der Zeiteinheit von min in h. Umrechnung des Nutzungsgrades in Dezimalzahl.

Aufgabenteil b:

$K = W_{zu} \cdot k$; $K = 0{,}652$ kWh $\cdot 0{,}25 \dfrac{\text{DM}}{\text{kWh}}$;

$\underline{K = 0{,}16 \text{ DM}}$

Die Energiekosten für 5 min Schweißzeit betragen 0,16 DM.

Übungen

1. Der Durchgang zwischen den Kellergeschossen zweier Gebäudeteile eines Betriebes wird aus Sicherheitsgründen ununterbrochen von 18 Glühlampen je 220 V; 100 W beleuchtet. Wieviel kWh elektrische Arbeit erfordert die Beleuchtung in 24 Stunden?

2. Eine Kompressoranlage wird täglich – Tag und Nacht durchgehend – betrieben. Der Antriebsmotor hat eine Leistungsaufnahme von 11,2 kW. Seine durchschnittliche Einschaltdauer beträgt 60%.

   a) Berechnen Sie den monatlichen Bedarf an elektrischer Arbeit. (Rechnen Sie mit 30 Tagen/Monat.)

   b) Berechnen Sie für die Anlage die monatlichen Kosten an elektrischer Energie, wenn 0,18 DM/kWh kalkuliert wird.

3. Wie lange war ein Ventilator von 30 W Leistungsaufnahme in Betrieb, wenn ihm 1 kWh elektrische Energie zugeführt wurde?

4. Die Batterie eines elektrisch betriebenen Gabelstaplers wird nachgeladen. Bei einer mittleren Ladespannung von 80 V und einem mittleren Ladestrom von 40 A beträgt die Ladezeit 9 h. Wieviel kWh elektrische Arbeit ist für die Nachladung erforderlich, wenn das Ladegerät einen Nutzungsgrad von 93% hat?

5. Sie sollen sich die Arbeits- bzw. Energie-Einheit 1 kWh mit der Lösung folgender Aufgabe veranschaulichen:

   Wie viele Personen mit je 720 N Gewichtskraft können unter Aufwand von 1 kWh mit einer Seilbahn um 1000 m Höhenunterschied transportiert werden? (Die Gewichtskraft der Kabine ist ausgeglichen durch die talwärts fahrende Kabine. Verluste sind zu vernachlässigen.)

6. Bearbeiten Sie die Aufgabenstellung der blau gekennzeichneten Tabellenfelder.

Nr.	Elektrische Arbeit W	Elektrische Leistung P	Anschlußdauer t des Verbrauchers	Spannung U	Strom I	(Ohmscher) Widerstand R
6.1	in kWh	in kW	3,5 h	220 V	14 A	in Ω
6.2	25 kWh	in kW	7 h	in V	16,2 A	in Ω
6.3	500 Ws	in W	in s	12 V	in A	100 Ω
6.4	500 kWh	9000 W	in h	in V	in A	17,8 Ω

Technische Kommunikation

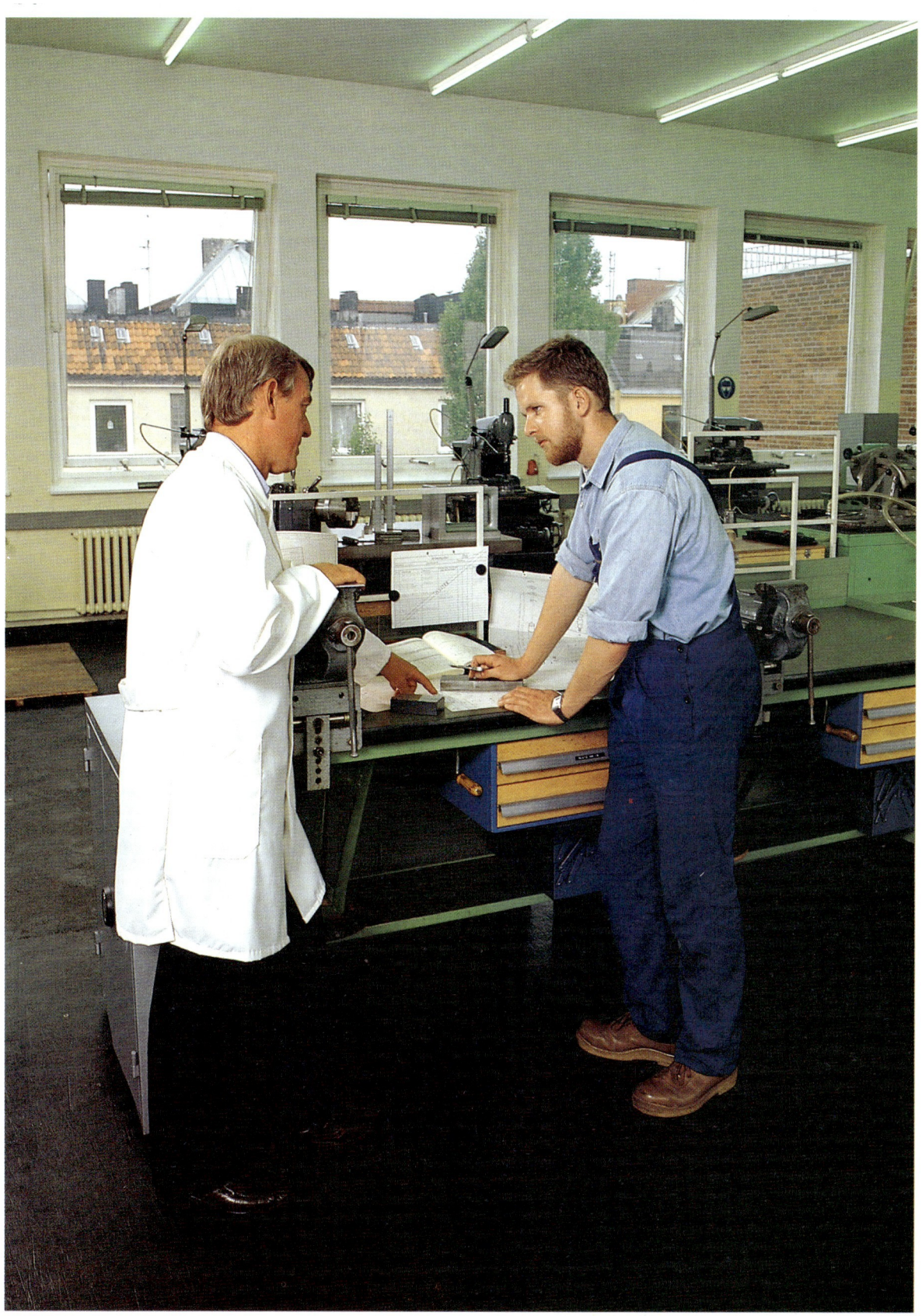

1 Grundlagen

1.1 Die Technische Kommunikation: Überblick

Die Technische Kommunikation erfaßt die Verständigung mit Hilfe von Sprache und Zeichen unter besonderer Berücksichtigung der Fachsprache und des Technischen Zeichnens.

Der Facharbeiter/Geselle muß alle berufstypischen Unterlagen lesen, verstehen und anwenden können. Dazu muß er die jeweiligen Fachausdrücke, zeichnerischen Darstellungen, Tabellen und Normen, die Zeichen und Symbole erkennen, um ihre Bedeutung wissen und mit ihnen umgehen können. Außerdem muß er technische Hinweise und Sicherheitsvorschriften verständlich erklären können.

Die Technische Kommunikation soll ihn weiterhin befähigen, neue Technologien fortlaufend in seinen Wissensstand aufzunehmen und anzuwenden.

Beispiele:

Fertigungs-Zeichnung

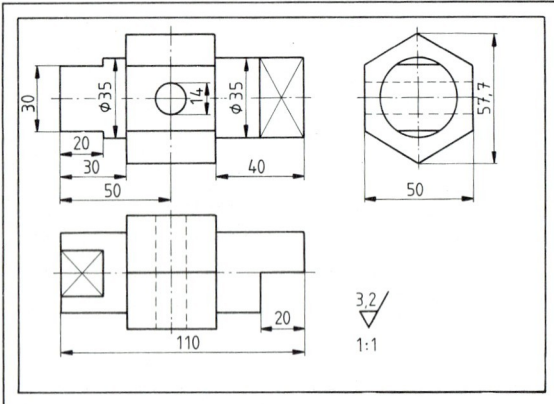

In ihr sind die für die Fertigung wichtige Darstellung eines Teiles und alle notwendigen Angaben enthalten.

Skizze

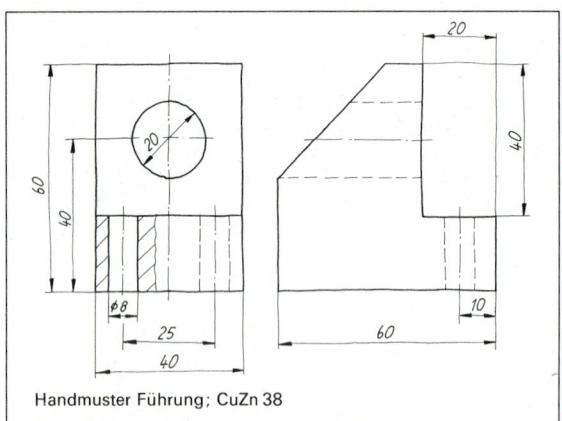

Skizzen benötigt man für Reparaturaufträge, Bestandsaufnahmen, für letzte Maßabstimmungen auf der Baustelle, um Funktionszusammenhänge zu erklären usw.

Stückliste

Pos.	Menge	Einh.	Benennung
1	1		Grundplatte
2	1		Aufsatz
3	1		
4	1		

Sie enthält alle Teile einer Baugruppe, eines Gerätes usw. Sie wird für den Einkauf, die Lagerhaltung, die Arbeitsvorbereitung, die Wartung usw. benötigt.

Gesamt-Zeichnung

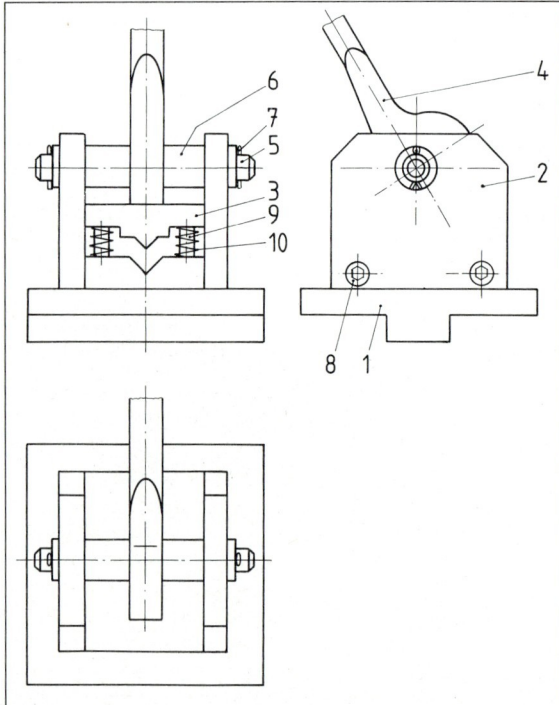

Sie zeigt das Gerät, die Baugruppe im montierten Zustand. In ihr können Hinweise für die Montage enthalten sein.

1.1 Technische Kommunikation: Überblick

Anordnungs-Plan (Explosions-Zeichnung)

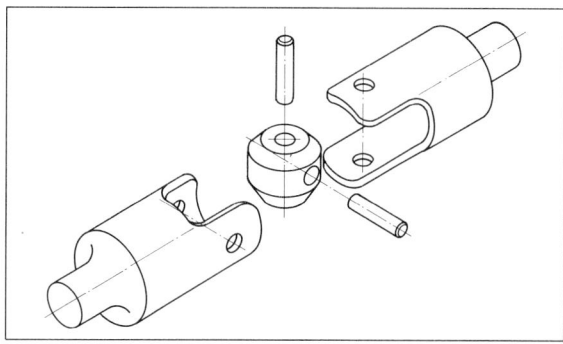

Dieser Plan zeigt alle Bauteile perspektivisch in ihrer räumlichen Lage zueinander. Dies erleichtert, ermöglicht die Montage bzw. die Demontage bei Wartung und Reparatur.

Schaltplan

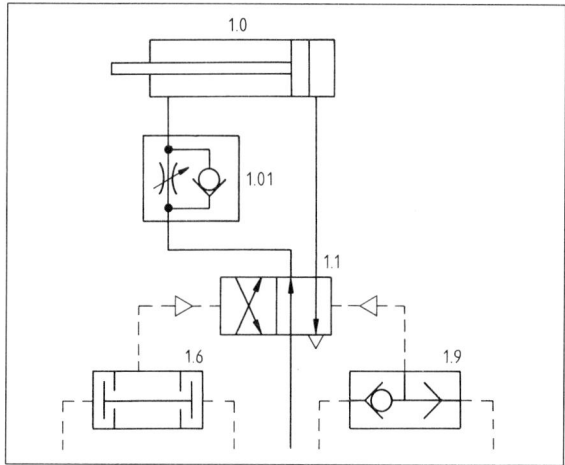

Er zeigt die funktionelle Verknüpfung von Bauteilen, die Funktionszusammenhänge einer Schaltung und verdeutlicht Ereignisfolgen, die für den Aufbau und die Wartung wichtig sind.

Diagramm

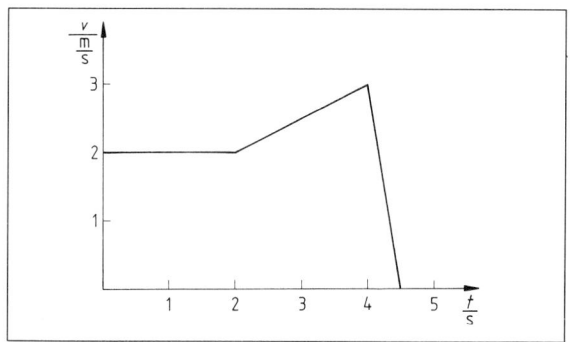

In einem Diagramm wird die Abhängigkeit von zwei Größen graphisch in einem Koordinatensystem dargestellt.

Prüfprotokoll

CBS	Prüfprotokoll
Serie: 1–438/2	Prüfgerät: HRC–1–03
Datum: 03.09.87	Prüfer: O. Maier
Teilnummer	Härtewerte in HRC
01	53
02	50
03	52

Es beinhaltet die Prüfergebnisse z.B. einer Qualitätskontrolle oder einer Stoffkontrolle. Diese Ergebnisse sind für die Entwicklung und Gewährleistung von Bedeutung.

Arbeitsplan

Auftragsbearbeitungsbogen			
Auftragsnummer: 0347/43		Anlagebezeichnung: Spannvorrichtung	
Zeichnungsnummer: 0347/43.3		Teilbezeichnung: Spannschraube	
Arbeitsplan			
Nr.	Arbeitsschritte	Werkzeug Maschinenauswahl	Prüfm
1	Sägen	Maschinenbügelsäge	Stahl
2	Drehen	Drehmaschine	Meß s

Er wird z.B. für die Fertigung benötigt. In ihm sind alle erforderlichen Arbeitsschritte, Werkzeuge und Maschinendaten enthalten.

Drehzahlschaubild (Nomogramm)

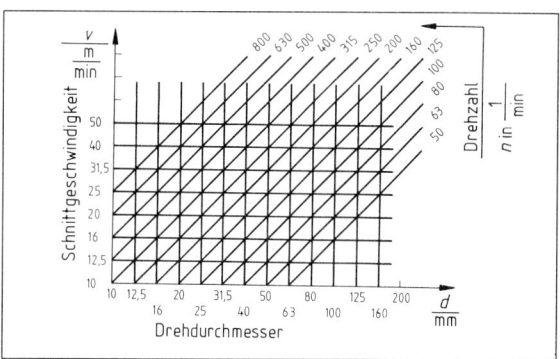

Ein Drehzahlschaubild ermöglicht ohne zusätzliche Rechnungen die Ermittlung von Einstellwerken. Es gehört zu jeder Werkzeugmaschine

1.2 Zeichengeräte und ihre Handhabung

Für **Auszubildende in Metallberufen** nimmt die reine Zeichentätigkeit naturgemäß einen geringeren Raum ein. Das Zeichnen dient hier vor allem dem Ziel „Lesen und Verstehen technischer Zeichnungen".

Zum Zeichnen und Skizzieren **werden die folgenden Zeichengeräte benötigt:**

1. Zeichenstifte

Zeichenstifte sind Bleistifte mit kantigen Außenformen, die das Herunterrollen vom Zeichenbrett verhindern. Die Minen der Zeichenstifte sind verschieden hart.

Übersicht über die Härtegrade:
3H 2H H F HB B 2B 3B

Die Buchstaben bedeuten dabei:
H = hard (hart)   HB = hard black (hart schwarz)
F = firm (fest)   B = black (schwarz)

Sie benötigen einen Stift 2H zum Vorzeichnen und einen Stift F oder HB zum Nachziehen der Linien.

Je härter eine Mine ist, desto dünner kann man mit ihr zeichnen. Harte Minen werden für Vorzeichnungen benutzt. Die dünnen Konstruktionslinien lassen sich nur mit einem harten, spitzen Stift genau an der richtigen Stelle zeichnen. Die Schnittpunkte solcher dünnen Linien bilden dann auch nur einen Punkt. Breite, stumpfe Stifte bewirken breite und ungenaue Konstruktionslinien.

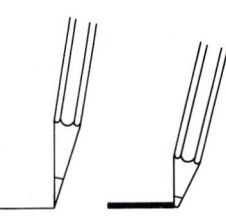

Weiche Minen werden zum Nachziehen der fertigen Zeichnung benutzt. Um bestimmte Linienbreiten (vgl. Kap. 3.4) dabei zu erhalten, ist es notwendig, die Mine anzuschleifen, zu wetzen. Die Minen werden dabei zweiseitig abgeflacht, so daß die Bleistiftdicke der gewünschten Linienbreite entspricht. Anschleifen kann man die Minen auf Sandpapier. Das Anschleifen kann man sich ersparen, wenn man sich Druckstifte mit Minen bestimmter Durchmesser kauft. Allerdings braucht man für jede Linienbreite einen speziellen Stift.

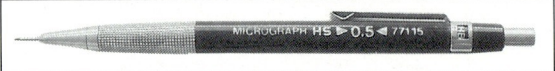

2. Radiermittel

Zum Radieren brauchen Sie ein Radiergummi, das für Bleistiftradierungen geeignet ist, und eine Radierschablone. Dies ist ein dünnes Blech mit verschiedenen Löchern, mit dem Sie radieren können, ohne Linien in unmittelbarer Nähe der Radierstelle mit zu entfernen.

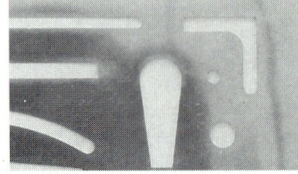

3. Zeichenbretter, Zeichenschienen und Zeichendreiecke

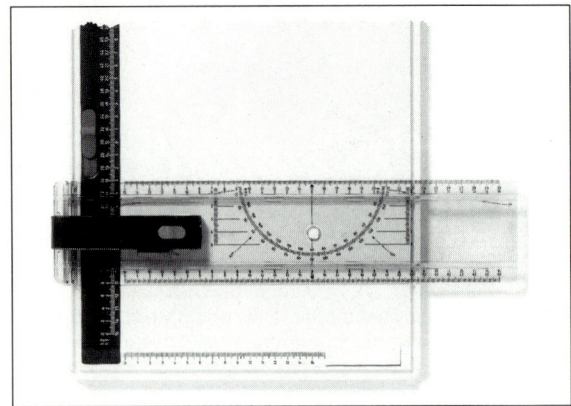

Sie benötigen ein Zeichenbrett der Größe A4 mit Schiene und Dreieck. Hierzu bieten verschiedene Firmen Kunststoffplatten mit Zubehör an. Zeichenschablonen sind für die Lösung der gestellten Aufgaben nicht erforderlich.

4. Zirkel

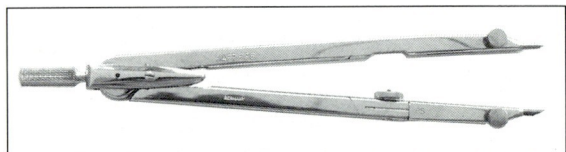

Ein sehr guter Einzelzirkel ist mehr wert als ein preiswerter Zirkelkasten, um die gestellten Aufgaben zu lösen. Achten Sie darauf, daß der Zirkel nicht zu schwer ist, vor allem daß er nicht kopflastig ist. Zirkelminen werden einseitig angeschliffen.

5. Rechnergestütztes Zeichnen

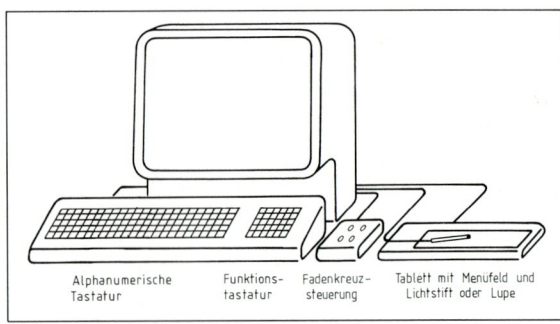

Das rechnergestützte Zeichen und Konstruieren am graphischen Bildschirm, kurz CAD (Computer Aided Design) genannt, löst die traditionellen Zeichenmaschinen ab. Mit einem CAD-System werden erstellt:

Teil- und Gesamtzeichnungen, Variantenkonstruktionen, Perspektiven und Anordnungs-Pläne, Tabellen, Stücklisten, usw.

1.3 Normschrift

Zeichnungen sind Arbeitsanweisungen, die jeder Facharbeiter lesen können muß. Dazu gehört auch die Beschriftung einer Zeichnung. Eine genormte Schrift bewirkt, daß alle, die mit der Zeichnung zu tun haben, diese Schrift auch lesen können. Sogenannte „Arztschriften" sind auf Arbeitsanweisungen nicht zu gebrauchen. Maßzahlen werden – wie alle anderen Beschriftungen in technischen Zeichnungen – in **gerader** Normschrift eingetragen. Umfangreiche Stücklisten werden häufig auf EDV-Anlagen erstellt.

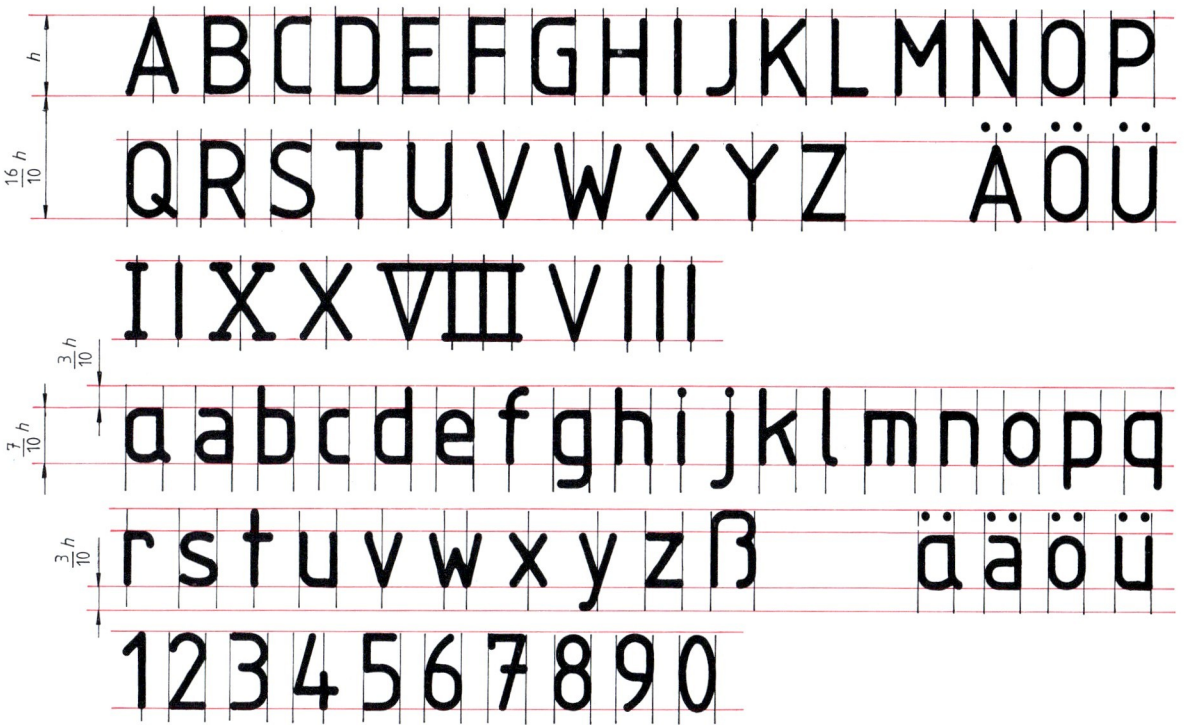

Bei freihändiger Beschriftung von technischen Unterlagen, z.B. Skizzen, wird häufig die **schräge** Normschrift nach DIN 6776 angewendet.

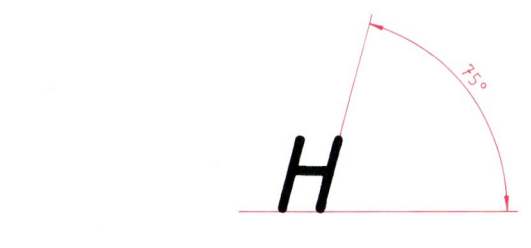

Größenverhältnisse

Große Buchstaben . . . . $\frac{10}{10}h$
Kleine Buchstaben . . . . $\frac{7}{10}h$
Mindestabstand . . . . $\frac{16}{10}h$
Linienbreite . . . . $\frac{1}{10}h$
Kleinster Buchstabenabstand . . $\geq \frac{2}{10}h$
Kleinster Zeilenabstand . . . . . $\geq \frac{10}{10}h$

Schrifthöhe und Strichbreiten

Schrifthöhe h . .	2,5	3,5	5	7
Strichbreite . . .	0,25	0,35	0,5	0,7
Breite Vollinie . .	0,35	0,5	0,7	1

Indizes und Exponenten werden eine Liniengruppe kleiner geschrieben.

Bleistifte

Schriftübungen werden mit weichem, nicht zu spitzem Bleistift (F oder HB) ausgeführt.

2 Darstellung eines technischen Gerätes

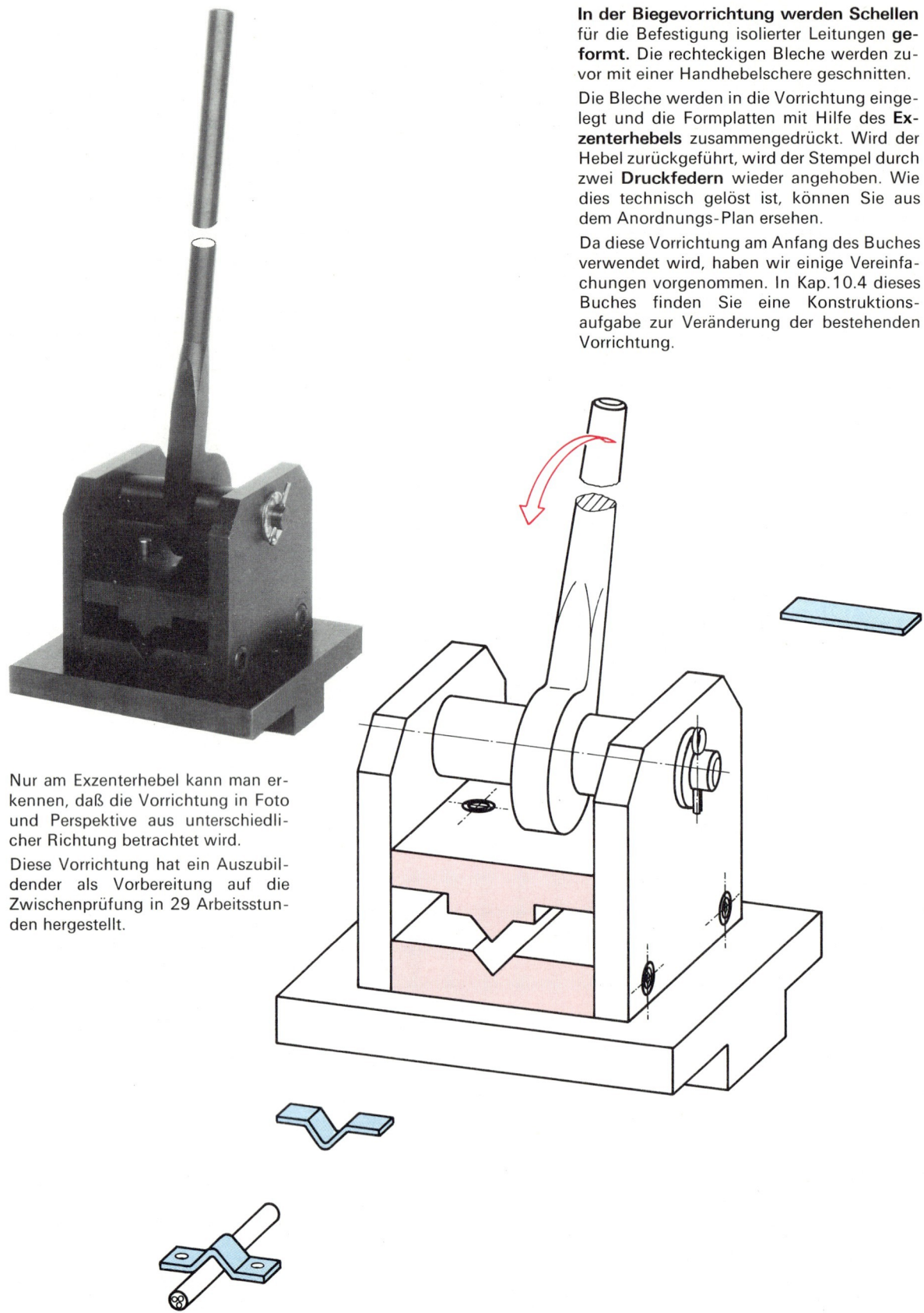

In der Biegevorrichtung werden Schellen für die Befestigung isolierter Leitungen **geformt.** Die rechteckigen Bleche werden zuvor mit einer Handhebelschere geschnitten.

Die Bleche werden in die Vorrichtung eingelegt und die Formplatten mit Hilfe des **Exzenterhebels** zusammengedrückt. Wird der Hebel zurückgeführt, wird der Stempel durch zwei **Druckfedern** wieder angehoben. Wie dies technisch gelöst ist, können Sie aus dem Anordnungs-Plan ersehen.

Da diese Vorrichtung am Anfang des Buches verwendet wird, haben wir einige Vereinfachungen vorgenommen. In Kap. 10.4 dieses Buches finden Sie eine Konstruktionsaufgabe zur Veränderung der bestehenden Vorrichtung.

Nur am Exzenterhebel kann man erkennen, daß die Vorrichtung in Foto und Perspektive aus unterschiedlicher Richtung betrachtet wird.

Diese Vorrichtung hat ein Auszubildender als Vorbereitung auf die Zwischenprüfung in 29 Arbeitsstunden hergestellt.

2.1 Anordnungs-Plan (Explosions-Zeichnung)

Jedes Einzelteil der Biegevorrichtung kann in Perspektive gezeichnet werden. Die untenstehende Anordnung der Einzelteile weist schon auf das fertige Gerät hin. Eine solche Anordnung bezeichnet man als **Anordnungs-Plan** oder als **Explosions-Zeichnung**.

Anordnungs-Pläne
- verdeutlichen Aufbau und Funktion eines Geräts
- ermöglichen ein sicheres Erkennen der Einzelteile nach ihrer Form und ihrer Lage im Gerät
- ermöglichen eine verwechslungsfreie Montage
- ermöglichen Reparatur, Wartung und den Austausch von Verschleißteilen
- ermöglichen den Arbeitseinsatz an unbekannten Geräten.

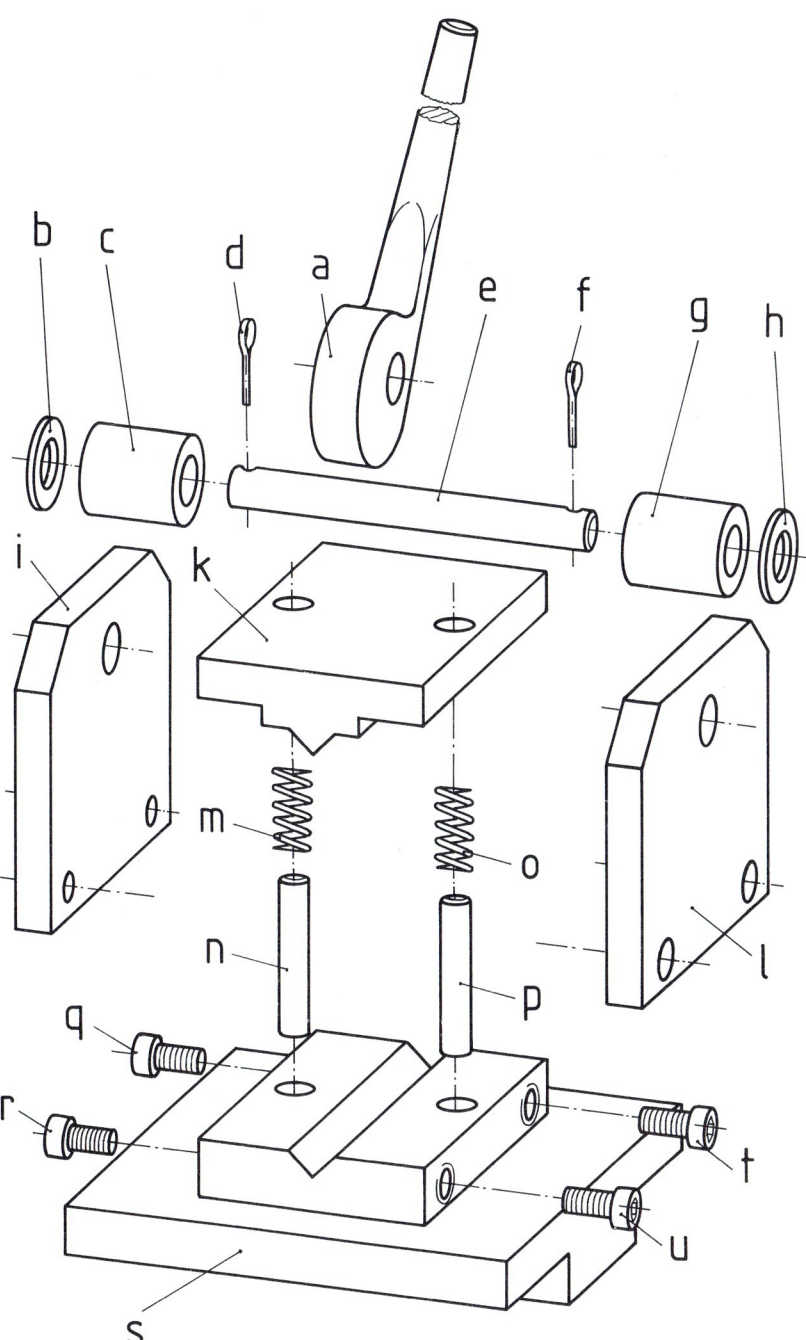

Die Biegevorrichtung besteht aus 20 Einzelteilen. Jedes Einzelteil hat seine **Positionsnummer** und ist in der **Stückliste** aufgeführt. Wird ein Teil mehrfach benötigt, muß die entsprechende **Mengenabgabe** in der Stückliste eingetragen sein. Vergleichen Sie die Angaben zu Position 8 in der Stückliste (S. 286) mit der Montage-Zeichnung. Hier sind auch die Positions-Nummern durch Kennbuchstaben ersetzt, um das **Zeichnungslesen üben** zu können.

Aufgaben

1. Fertigen Sie in Ihrer Kladde eine **Tabelle mit den Kennbuchstaben** von a bis u an.

Kenn-buchstabe	a	b	c	d	e	...	s	t	u
Positions-nummer									

Finden Sie die **Benennungen der Einzelteile** auf der Nebenseite anhand der Stückliste heraus. Ordnen Sie in Ihrer Tabelle die Positionsnummern der Einzelteile 1 bis 11 den Kennbuchstaben a bis u zu.

2. Vergleichen Sie Ihre **Tabelle** mit der **Stückliste,** und kontrollieren Sie, ob alle **Mengen** richtig eingetragen sind.

3. Welche Einzelteile sind in der Perspektive nicht oder nur schwer zu erkennen?

Die Teile 1 bis 6 der Stückliste müssen nach **Teil-Zeichnungen** angefertigt werden. Teil-Zeichnungen enthalten alle Maße, die für die Fertigung erforderlich sind.

Die Teile 7 bis 11 sind **Normteile**; für Normteile sind Teil-Zeichnungen nicht erforderlich.

2.1 Anordnungs-Plan (Explosions-Zeichnung)

Pos.	Menge	Benennung	Sachnr./Norm-Kurzbez.	Bemerkung/Werkst.
11	2	Scheibe	DIN125 – 8,4	St
10	2	Druckfeder	DIN2098 – 0,5×6,3×20	Federstahl
9	2	Zylinderstift	DIN7 – 5h8×36	St
8	4	Schraube	DIN912 – M5×12	8.8
7	2	Splint	DIN94 – 2×15	St
6	2	Buchse		St42-2 Rd16×20
5	1	Achse		St42-2 Rd8×77
4	1	Exzenterhebel		St42-2 40×10×220
3	1	Stempel		St42-2 50×20×72
2	2	Seitenteil		St42-2 60×8×72
1	1	Grundplatte		St42-2 100×35×97

Stückliste

Maßstab 1:1

Biegevorrichtung

Schriftfeld

Fragen zum Aufbau und zur Funktion der Biegevorrichtung

Verwenden Sie bei der Beantwortung der Fragen möglichst viele der folgenden **Fachausdrücke**
- geradlinige Bewegung, kreisförmige Bewegung, Längsbewegung, Drehbewegung
- Lagefixierung, Spiel, Führung, Drehsinn
- fixieren, fluchten, leichtgängig

1. Fragen zu den Einzelteilen

1.1. Welche Teile bewegen sich bei der Betätigung von Pos. 4?
1.2. Welche Arten von Bewegungen erkennen Sie an den Einzelteilen?
1.3. Welche Teile sind bei Betätigung von Pos. 4 in Ruhe?
1.4. Welche Teile müssen speziell für die Biegevorrichtung hergestellt werden?
1.5. Welche Teile können als Normteile gekauft werden?

2. Fragen zum Aufbau

2.1. Bei zusammengebauten Teilen spricht man davon, daß diese in ihrer Lage fixiert und/oder gehalten werden.
Beschreiben Sie jeweils die Lagefixierung und Befestigung von:
a) Pos. 2
b) Pos. 3
c) Pos. 4

2.2. Bei der Montage ist es unerläßlich, daß die Einzelteile aufeinander abgestimmt werden müssen.
a) Worauf ist beim Einbau von Pos. 2 zu achten?
b) Worauf ist beim Einbau von Pos. 4 zu achten?
c) Welche Aufgabe erfüllen die Teile Pos. 6?

3. Fragen zur Wirkungsweise

3.1. Welche Funktion muß nach dem Einbau der Pos. 8 gewährleistet sein?
3.2. Welche Funktionen müssen nach dem Einbau der Pos. 7 gewährleistet sein?
3.3. Welche Funktionsstörung tritt ein, wenn Pos. 10 ausfällt?
3.4. Welchen Sinn hat der Steg von Pos. 1?

2.2 Schriftfeld, Stückliste

2.2.1 Schriftfeld

Schriftfelder sind genormt. D.h., der Aufbau, die Linienbreiten und die Inhalte der Felder sind festgelegt. Diese Einheitlichkeit aller Schriftfelder hat zur Folge, daß niemand lange nach einer bestimmten Information suchen muß.

Grundschriftfeld für Zeichnungen – DIN 6771 T1 (12.70)

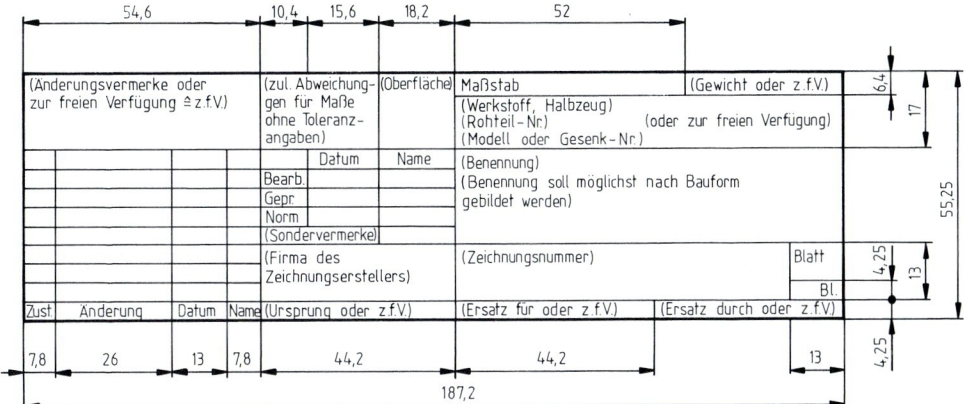

In den Betrieben haben alle Zeichenblätter einen vorgedruckten Rand und ein Schriftfeld. In den Schulen verwendet man aus Kostengründen weißes Papier. Es empfiehlt sich, ein vereinfachtes Schriftfeld zu verwenden.

In diesem Schriftfeld sind alle wichtigen Angaben enthalten, wie sie mit Hilfe eines Tabellenbuches zu bestimmen sind. Betriebliche Angaben, wie z.B. Änderungsvermerke, sind weggelassen worden.

2.2.2 Stückliste

Stücklisten sind genormt. Sie enthalten wesentliche Informationen für die Fertigung, die Montage, die Lagerhaltung, die Reparatur, den Einkauf usw.

Stückliste, Form A – DIN 6771 T 2 (1987)

1	2	3	4	5	6
Pos.	Menge	Einheit	Benennung	Sachnummer / Norm-Kurzbezeichnung	Bemerkung
2	2		Seitenteil		St42-2
1.1	2		Scheibe	DIN 125 - 8,4	

Die **Positionsnummer (Pos.)** ist die präzise Benennung eines Teiles. Sie besteht meistens aus vielen Einzelziffern. Sie dient dem Auffinden eines Teils in Zeichnungen, Bedienungsanleitungen, Ersatzteillisten usw.

Die **Menge** gibt an, wie viele Stücke des gleichen Teils in dem Gerät vorkommen. Diese Angabe ist wichtig für die Montage/Demontage, Lagerhaltung und ein gutes Servicesystem.

Die **Einheit** gehört zur Menge und meint z.B. kg, m, usw. In der Schule wird diese Spalte meistens weggelassen.

2.2 Schriftfeld, Stückliste

2.2.3 Normteile

Die **Benennung** wird immer in der Einzahl angegeben.
Die **Sachnummer/Norm-Kurzbezeichnung** ist die entscheidende Aussage über Normteile und Fremdteile. Die Norm-Kurzbezeichnung beinhaltet eine Aussage über Form, Maße, Toleranzen und Festigkeiten. Im Feld **Bemerkung** finden Sie wichtige zusätzliche Angaben über Halbzeuge, Fremdteile, vorgefertigte Teile, spezielle Eigenschaften und Hinweise für die Fertigung, die benötigten Vorrichtungen und mögliche Alternativlösungen. In den Schulen werden hier häufig die Werkstoffe eingetragen.

2.2.3 Normteile

In speziellen Blättern sind diese Teile genormt. D.h., die Form, die Maße, die Toleranzen und weitere Dinge sind festgelegt worden. Entsprechende Tabellen finden Sie in Ihrem Tabellenbuch. Solchermaßen standardisierte Teile können kostengünstig auf Sondermaschinen hergestellt werden und dann von Firmen und Einzelpersonen preiswert gekauft werden. Weiterhin ermöglichen sie die Austauschbarkeit und verringern die Lagerhaltung.

Die folgenden 20 Normteile kommen in der Metalltechnik häufig vor. Sicher werden Sie die meisten von ihnen schon kennen:

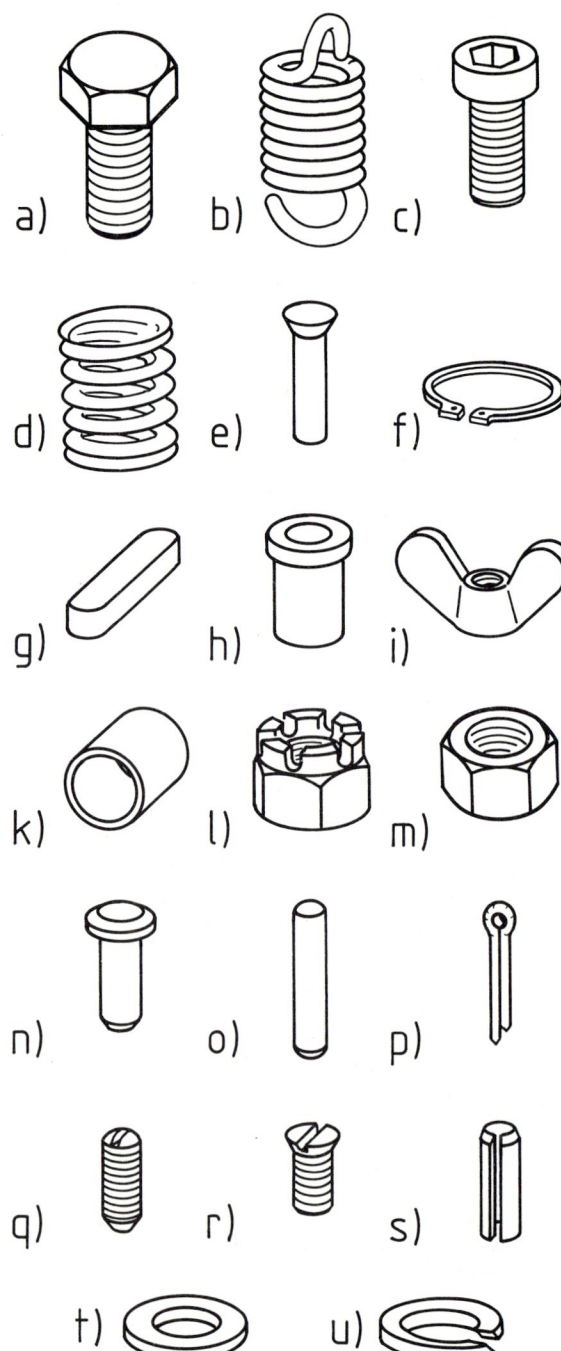

Bolzen	DIN 1444
Bundbohrbuchse	DIN 172
Druckfeder	DIN 2098
Federring	DIN 127
Flügelmutter	DIN 315
Gewindestift	DIN 553
Kronenmutter	DIN 935
Lagerbuchse	DIN 1850
Paßfeder	DIN 6885
Scheibe	DIN 125
Sechskantschraube	DIN 931
Sechskantmutter	DIN 934
Senkniet	DIN 661
Senkschraube	DIN 963
Sicherungsring	DIN 471
Spannstift	DIN 1481
Splint	DIN 94
Zylinderschraube	DIN 912
Zylinderstift	DIN 7
Zugfeder	DIN 2097

Aufgabe

Ordnen Sie in Ihrem Heft die Normteile a) bis u) den Benennungen zu.

Norm- und Fremdteile machen in der Regel **mehr als die Hälfte aller Bauteile** in einem technischen Gerät und damit auch in der zugehörigen Gesamt-Zeichnung aus. Überprüfen Sie diese Aussage anhand aller technischen Zeichnungen, die Sie in die Hand bekommen. Suchen Sie die Teile in Ihrem Tabellenbuch auf.

2.2.4 Fremdteile

Als Fremdteile werden alle Teile bezeichnet, die für die Produktion gekauft werden und die keine Normteile sind. Das können Einzelteile und ganze Baugruppen und Geräte, wie z.B. Lichtmaschinen, Anlasser sein. Die Abmessungen dieser Teile werden vom Hersteller festgelegt. Fremdteile können – wie auch Normteile – per Katalog bestellt werden.

Federnde Druckstücke mit Schlitz

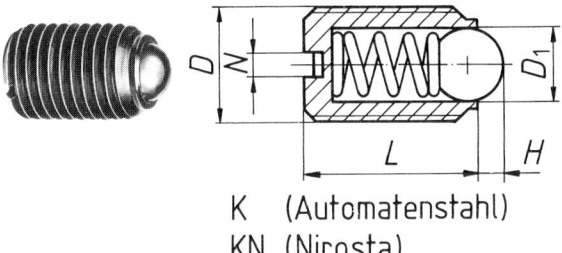

K (Automatenstahl)
KN (Nirosta)

Schnellspann-Kreuzgriffe

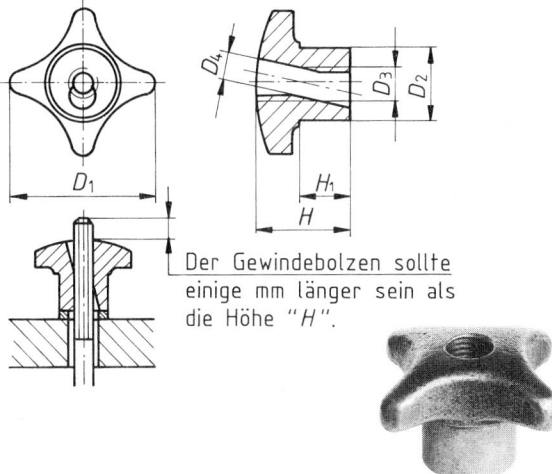

Der Gewindebolzen sollte einige mm länger sein als die Höhe "H".

Universal-Spannunterlagensatz

Bohrplatte

Exzenterhebel einfach

Lagerbock kurz

Kipp-Spannhebel mit Außengewinde

Arretierbolzen

3 Darstellung in Ansichten

3.1 Geometrische Basiskonstruktionen

Konstruktion einer Parallelen durch einen Punkt P

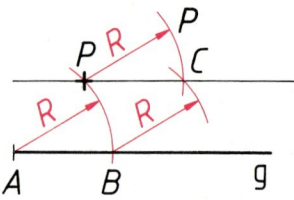

Um den angenommenen Punkt A schlägt man einen Kreisbogen mit dem Radius R durch den Punkt P und erhält den Punkt B. Um die Punkte B und P schlägt man mit demselben Radius R jeweils einen Kreisbogen und erhält den Schnittpunkt C. Die Verbindung $\overline{PC}$ ist die gesuchte Parallele.

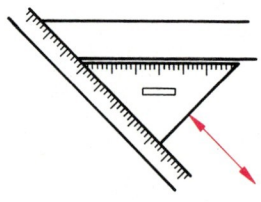

Mit Hilfe von Parallelverschiebung eines Dreiecks.

Teilen einer Strecke in n gleiche Abschnitte (Teile)

Auf der Hilfsgeraden g wird mit Hilfe eines Winkels die gewünschte Anzahl der Abschnitte abgetragen. Den letzten Punkt C verbindet man mit B. Durch die anderen Hilfspunkte werden Parallelen zu $\overline{BC}$ gezogen.

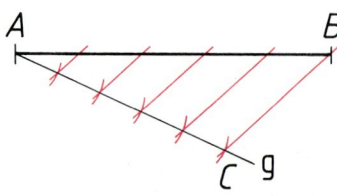

Übertragen eines Winkels

Der Winkel α soll im Punkt D an die Gerade g übertragen werden. Um den Punkt S wird mit beliebigem Radius R_1 ein Kreisbogen geschlagen, ebenso um den Punkt D. Das ergibt die Schnittpunkt A, B und E. Der Abstand $\overline{AB}$ wird von E aus auf dem Kreisbogen abgetragen. Der Schnittpunkt F wird mit D verbunden. EDF ist der Winkel α.

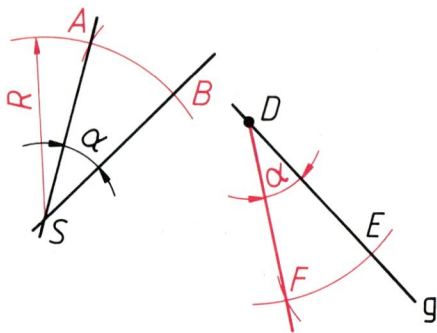

Halbieren eines Winkels

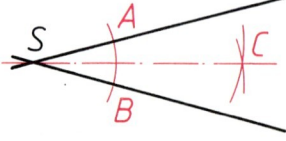

Um den Scheitelpunkt S schlägt man einen Kreisbogen. Um die Schnittpunkte mit den freien Schenkeln A und B schlägt man mit jeweils dem gleichen Radius R einen Kreisbogen. Diese Kreisbogen schneiden sich in C. Die Linie $\overline{SC}$ ist die Winkelhalbierende.

Kreisteilungen

Aus der 12er-Teilung lassen sich

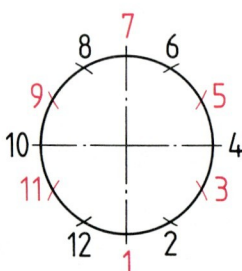

zwei 6er-Teilungen

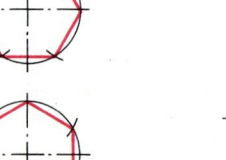

und vier 3er-Teilungen entwickeln.

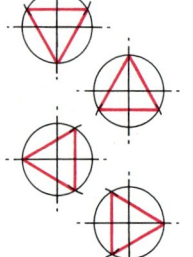

Diagonalen und Eckverbindungen

Sie werden für die Vergrößerung bzw. Verkleinerung regelmäßiger Körper beim Skizzieren verwendet.

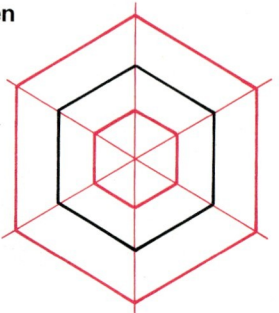
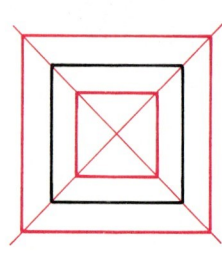
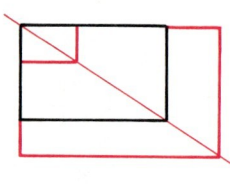

3.1 Geometrische Basiskonstruktionen

Kreisanschlüsse

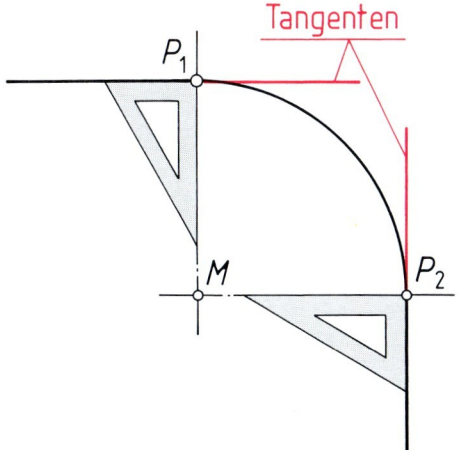

Bei Werkstücken mit abgerundeten Ecken, wie z.B. bei Gußteilen, gehen gerade und gekrümmte Werkstückkanten ineinander über. Diese Übergangsstellen bilden keine Eckpunkte. Die geraden Kanten gehen ohne Knickstelle in Kreisbögen über und umgekehrt.

Solche Übergänge lassen sich nur dann richtig zeichnen, wenn die Lage der **Übergangspunkte** und des **Kreismittelpunkts** genau bekannt sind. Der Kreismittelpunkt M ist der Einstechpunkt für den Zirkel, die Übergangspunkte P_1 und P_2 bezeichnen Anfang und Ende des Kreisbogens.

Im Übergangspunkt P_1 bzw. P_2 sind die gerade Kante und die Tangente an den Kreis deckungsgleich.

Die Tangente durch den Übergangspunkt und die Verbindungslinie zwischen dem Übergangspunkt und dem Mittelpunkt des Kreises (Berührradius) stehen immer senkrechter aufeinander.

Die Konstruktion von Übergangspunkten und Mittelpunkten

Beispiel: Zwei Kanten sollen durch einen Kreisbogen verbunden werden.

Bekannt sind die Lage der Kanten und die Größe des Radius.

Gesucht sind die Übergangspunkte und der Mittelpunkt.

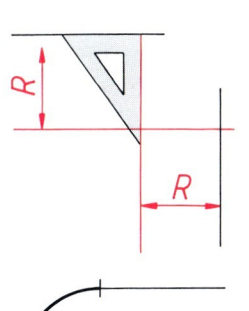

Sie zeichnen parallele Hilfslinien im Abstand R zu den beiden Kanten.

Sie erhalten den gesuchten Mittelpunkt als Schnittpunkt der beiden Hilfslinien.

Mit Hilfe eines rechten Winkels können Sie jetzt die Übergangspunkte bestimmen.

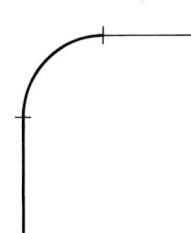

Wenn die Konstruktionspunkte festliegen, werden zuerst die Kreisbögen gezeichnet und danach die geraden Kanten.

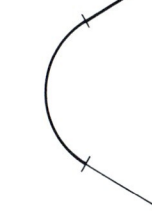

Aufgabe

Führen Sie die Konstruktion für einen Winkel durch, der größer als 90° ist.

Zwei Kreisbögen sollen miteinander verbunden werden

Zuerst werden mit Mittelpunkte M_1 und M_2 konstruiert.
Danach wird die Verbindungslinie zwischen den Mittelpunkten gezogen. Sie kennzeichnet den späteren Übergangspunkt der beiden Kreisbögen.
Zum Schluß werden die Kreisbögen geschlagen.

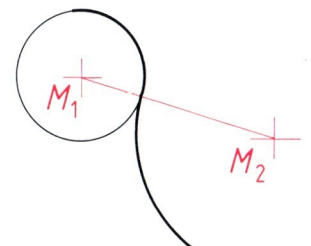
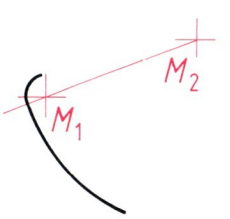

3.2 Raumecke und Darstellung eines Werkstücks in drei Ansichten

In dieser Raumecke sehen Sie den Stempel der Biegevorrichtung aus drei Richtungen: von vorn, von der Seite und von oben.

So wie sich das Werkstück dem Betrachter aus der jeweiligen Blickrichtung zeigt, wird es auf der dahinterliegenden Fläche gezeichnet.

In Kap. 2 ist der Stempel in der **Gebrauchslage** gezeichnet. Im Gegensatz dazu wird das Einzelteil hier in der **Fertigungslage** dargestellt.

- Die blau gerasterte Fläche entspricht der Vorderansicht,
- die drei rot gerasterten Flächen bilden zusammen die Seitenansicht
- und die grau gerasterten Flächen bilden zusammen die Draufsicht.

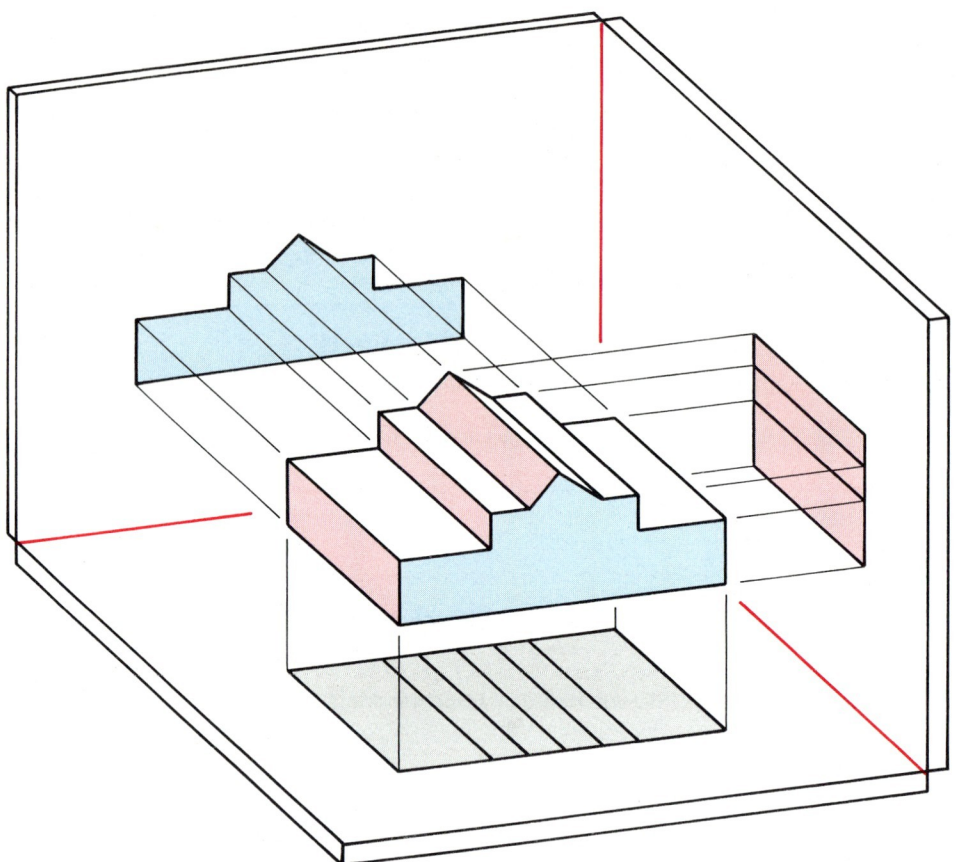

Schrittweise wird die Raumecke in die Zeichenebene geklappt:

1. Schritt:
Zuerst wird die **Vorderansicht** erkennbar.

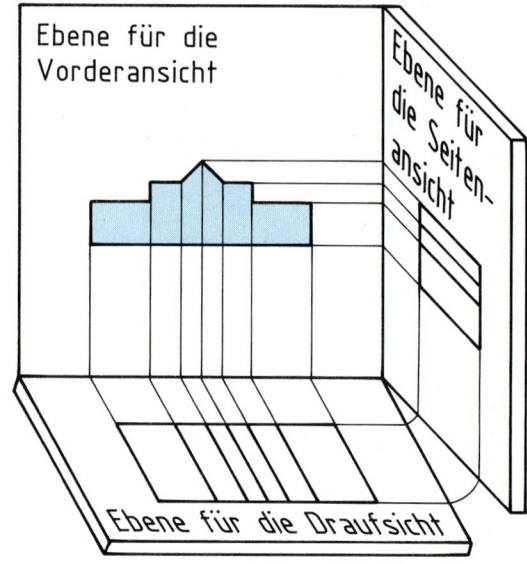

3.2 Raumecke und Darstellung eines Werkstücks in drei Ansichten

2. Schritt:
Durch das Herunterklappen der Bodenfläche in die Zeichenebene entsteht die **Draufsicht**.

3. Schritt:
Durch das Umklappen der Seitenwand in die Zeichenebene entsteht die **Seitenansicht**.

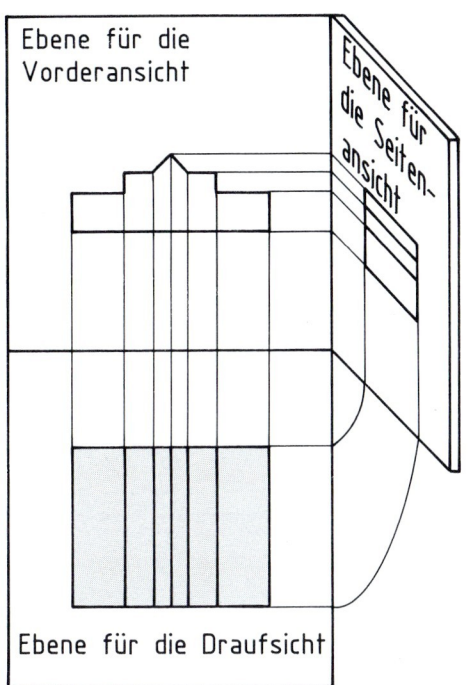
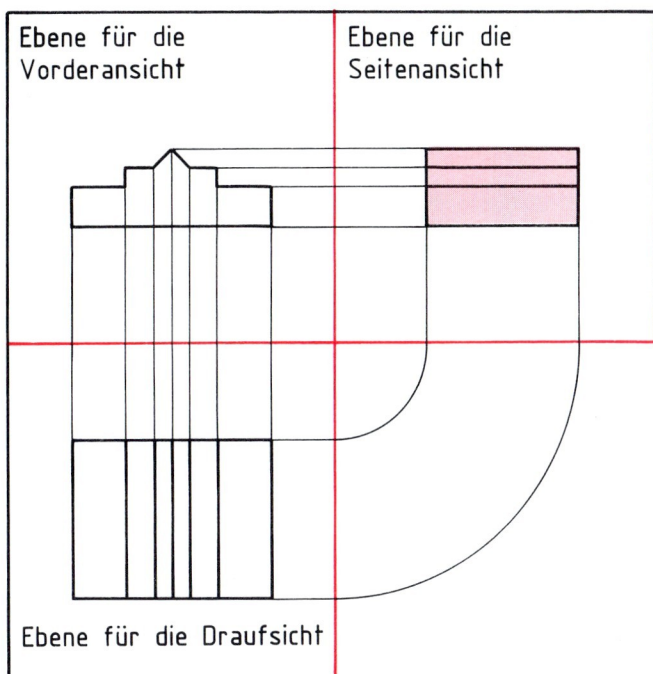

Drei Ansichten – Achsenkreuz

Der Stempel ist jetzt nach dem Aufklappen der Raumecke in **drei Ansichten** dargestellt. Auf diesem Wege könnte jede technische Zeichnung entwickelt werden. Einfacher ist es jedoch, gleich mit der aufgeklappten Raumecke zu beginnen. Die Kanten, um die die Raumecke aufgeklappt wurde, bilden jetzt ein **Achsenkreuz**. Dieses Achsenkreuz ist die Grundlage für die geometrische Konstruktion eines Körpers in drei Ansichten. Mit Hilfe der in den Zeichnungen sichtbaren dünnen **Konstruktionslinien** lassen sich die einzelnen Ansichten konstruieren.

Methode 1 beschreibt die in Europa übliche Form der Anordnung der Ansichten. Auf Zeichnungen wird die Methode 1 – soweit es erforderlich ist – folgendermaßen gekennzeichnet:

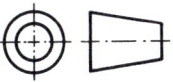

Lage der Ansichten

Die Lage der Ansichten zueinander ist genormt. Sie entspricht der Darstellung oben rechts. Danach werden die Seitenansicht von links immer rechts neben die Vorderansicht und die Draufsicht immer unter die Vorderansicht gezeichnet.

Kanten begrenzen Flächen

Die in den Ansichten auftauchenden Kanten sind grundsätzlich Begrenzungslinien von Flächen.

An ihnen kann man erkennen, wenn mehrere Flächen auf unterschiedlicher Höhe in der Ansicht vorkommen.

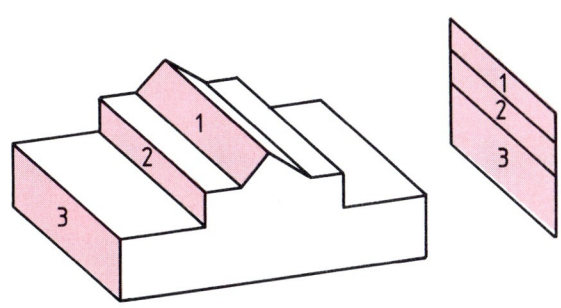

3.3 Papierformate

Die Abmessungen (Länge × Breite) von Zeichenblättern, Schreibblättern, Umschlägen usw. sind in der DIN 476 und der DIN 823 genormt. Folgende Festlegungen sind dort getroffen worden:

1. Das **Ausgangsformat** A0 hat einen Flächeninhalt von $A_{A0} = 1\ m^2$.
2. Die Seiten (Länge und Breite) verhalten sich wie $1 : \sqrt{2}$.
3. Durch Halbieren der jeweils längeren Seite läßt sich das nächstkleinere Format herstellen. Zwei aufeinanderfolgende Formate verhalten sich wie $A_3 : A_4 = 2 : 1$. Beim Formatwechsel ergeben sich die folgenden Formate und Abmessungen.

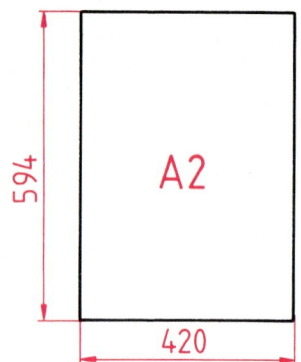
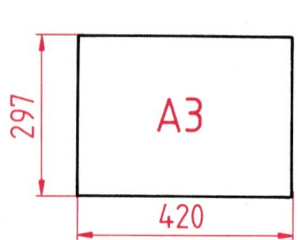
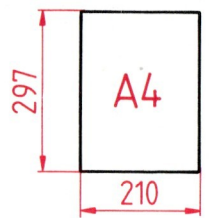
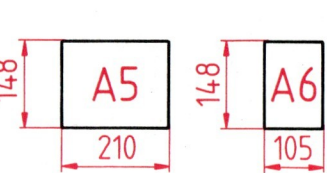

4. Für Briefumschläge, Zeichenmappen, Aktenordner usw. gibt es die **Zusatzformate B** und **C**.

   Damit wird gewährleistet, daß ein zweimal gefalteter A4-Bogen in einen C6 Briefumschlag (114 mm · 162 mm) hineinpaßt.

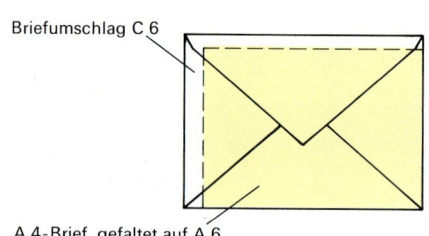

Briefumschlag C 6

A 4-Brief, gefaltet auf A 6

Verkürzungen der Linien und Kanten

Wird von A3 nach A4 die Fläche halbiert, so werden die Kanten der Zeichnung nur um $\approx 30\%$ kleiner. Aus 10 mm werden ≈ 7 mm. Der genaue Umrechnungsfaktor ist $\sqrt{2}$. Beispiel: $\dfrac{10\ mm}{\sqrt{2}} = \dfrac{10\ mm}{1{,}414} = 7\ mm$

Beispiel:

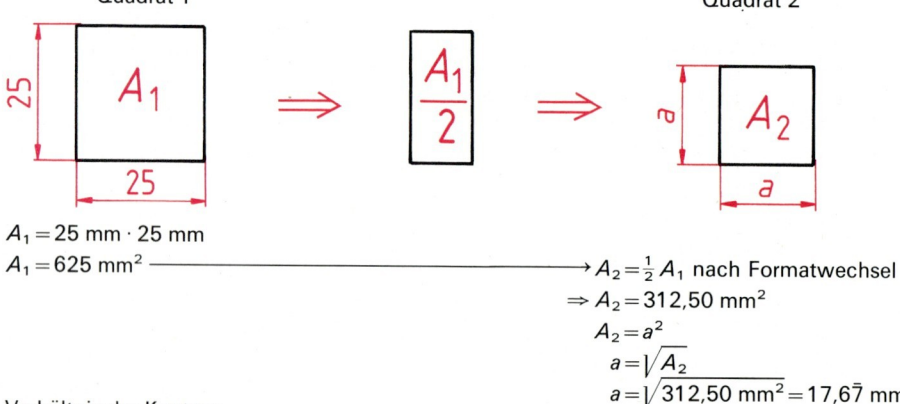

$A_1 = 25\ mm \cdot 25\ mm$
$A_1 = 625\ mm^2 \longrightarrow A_2 = \tfrac{1}{2} A_1$ nach Formatwechsel
$\Rightarrow A_2 = 312{,}50\ mm^2$
$A_2 = a^2$
$a = \sqrt{A_2}$
$a = \sqrt{312{,}50\ mm^2} = 17{,}6\overline{7}\ mm$

Verhältnis der Kanten:
$\dfrac{25\ mm}{17{,}67\ mm} = \dfrac{\sqrt{2}}{1}$

Damit haben wir den Umrechnungsfaktor für die Kantenlängen gefunden, wenn das Format geändert wird.

3.4 Linienarten und Linienbreiten

In der DIN 15 Teil 1 (T1) und Teil 2 (T2) ist festgelegt, welche **Linienarten** es gibt und wo sie anzuwenden sind. Weiter legen sie fest, daß es in einer technischen Zeichnung nur zwei **Linienbreiten** gibt. In Abhängigkeit von der größten Linienbreite sind die vorkommenden Linien in **Liniengruppen** zusammengefaßt.

1. Die Breiten unterscheiden sich durch den Faktor $\sqrt{2}$ von Gruppe zu Gruppe.

Vergrößern der Linienbreite 0,5:
$0,5 \cdot \sqrt{2} = 0,7$

Verkleinern der Linienbreite 0,5 innerhalb einer Gruppe:
$0,5 : 2 = 0,25$

Man muß immer die Linienbreiten einer Liniengruppe beachten. Zeichnet man zu dünne Linien, kann es passieren, daß diese beim Verkleinern – insbesondere bei der Mikroverfilmung – undeutlich werden oder gar verschwinden.

2. Die Linienarten haben alle eine unterschiedliche Bedeutung.

Linienarten	Linienbreiten für die Liniengruppen		Benennung	Anwendungen
	0,5	0,7		
————	0,5	0,7	Vollinie, breit	sichtbare Kanten und Umrisse, Gewindeabschlußlinien
————	0,25	0,35	Vollinie, schmal	Maßlinien, Maßhilfslinien, Schraffuren, Lichtkanten, Hinweislinien, Umrisse eingeklappter Querschnitte, Gewindegrund, Diagonalkreuze, Biegelinien
∼∼⋀∼∼	0,25	0,35	Freihandlinie, schmal Zickzacklinie, schmal	Begrenzung von abgebrochenen oder unterbrochenen Ansichten und Schnitten
– – – – –	0,25	0,35	Strichlinie, schmal	verdeckte Kanten und Umrisse
– · – · –	0,25	0,35	Strichpunktlinie, schmal	Mittellinien, Symmetrielinie
– · – · –	0,5	0,7	Strichpunktlinie, breit	Kennzeichnung von Schnittebenen und geforderten Behandlungen
– ·· – ·· –	0,25	0,35	Strich-Zweipunkt-Linie, schmal	Umrisse angrenzender Teile, Umrisse vor der Verformung, Grenzstellungen
	0,35	0,5		Maßzahlen, Maßbuchstaben, Oberflächensymbole

Um einheitliche Zeichnungen zu erhalten, soll für eine Blattgröße (A3, A4) nur eine Liniengruppe verwendet werden. Im Beispiel der Tabelle ist die Liniengruppe 0,5 gezeichnet.

Leider muß die Beschriftung in der jeweils dazwischenliegenden Linienbreite ausgeführt werden, so daß diese neue Norm (06.84) für den Benutzer keine Vereinfachung zur Folge hat.

3.5 Maßstäbe

Häufig muß man mit Hilfe von Verkleinerungen die Abmessungen eines Bauteils an die Blattgröße anpassen, z.B. bei Häusern, Werkzeugmaschinen und großen Maschinenteilen.

Als Maßstäbe für Verkleinerungen sind zu wählen:
1:2   1:5   1:10   1:20   usw.

Sehr kleine Werkstücke, bzw. Werkstücke, bei denen es nicht genug Platz für die Bemaßung gibt, werden vergrößert dargestellt.

Als Maßstäbe für Vergrößerungen sind zu wählen:
2:1   5:1   100:1

Alle Maßstäbe sind in der DIN ISO 5455 genormt.

In Zeichnungen wird die Maßstabsangabe entweder im Schriftfeld oder unter der Positionsnummer über dem Werkstück angegeben.

ISO ist die Abkürzung für internationale Normen:
International
Organization for
Standardization

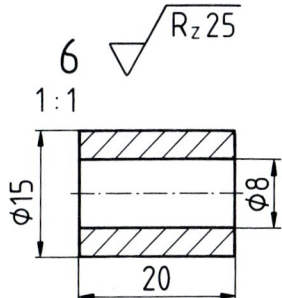

3.6 Beziehungen (Relationen) zwischen den Ansichten eines Werkstücks

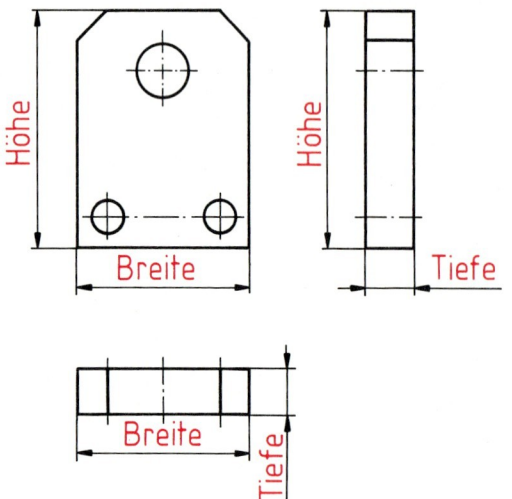

In der Perspektive erkennt man die Eckpunkte 1 bis 12. **Je zwei Punkte begrenzen eine Werkstückkante**. Bei der technischen Darstellung liegen in einer der Ansichten häufig zwei Punkte hintereinander. Sie ergeben in der Darstellung nur einen Punkt. In einer weiteren Ansicht sind dann beide Punkte einzeln als Begrenzungspunkte einer Kante zu erkennen.

Vergleichen Sie die Perspektive und die Vorderansicht miteinander, so erkennen Sie daß die **Kante zwischen den Eckpunkten 3 und 9** in der Vorderansicht nicht zu sehen ist. Dazu braucht man die Seitenansicht oder die Draufsicht.

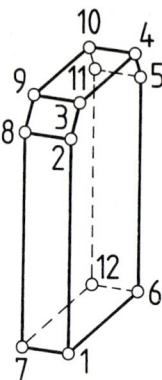

Wenn man die Raumecke aufklappt, erkennt man, daß Vorderansicht und Seitenansicht die **gleiche Höhe** haben müssen. Ebenso haben Vorderansicht und Draufsicht die **gleiche Breite**, Draufsicht und Seitenansicht die **gleiche Tiefe**.

Aufgaben:

1. Skizzieren Sie das Teil in Ansichten und Perspektive.
2. Übertragen Sie die Zahlen für die Eckpunkte in die Ansichten.
3. Kennzeichnen Sie in der Perspektive alle Flächen, die zur Vorderansicht oder zur Draufsicht gehören, in unterschiedlichen Farben.
4. Welche Eckpunkte gehören zur „verkürzt" erscheinenden Fläche?

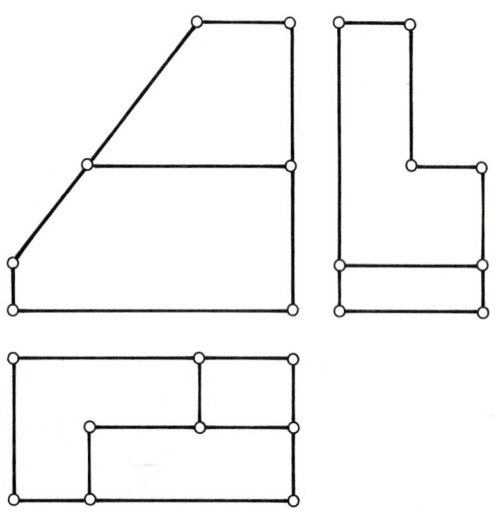
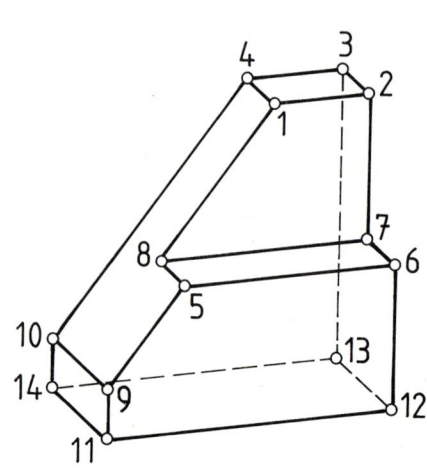

3.7 Entwicklung einer Draufsicht

Beispiel:
Wie zeichnet man die Draufsicht eines Werkstücks, wenn die Vorderansicht und die Seitenansicht bekannt sind?

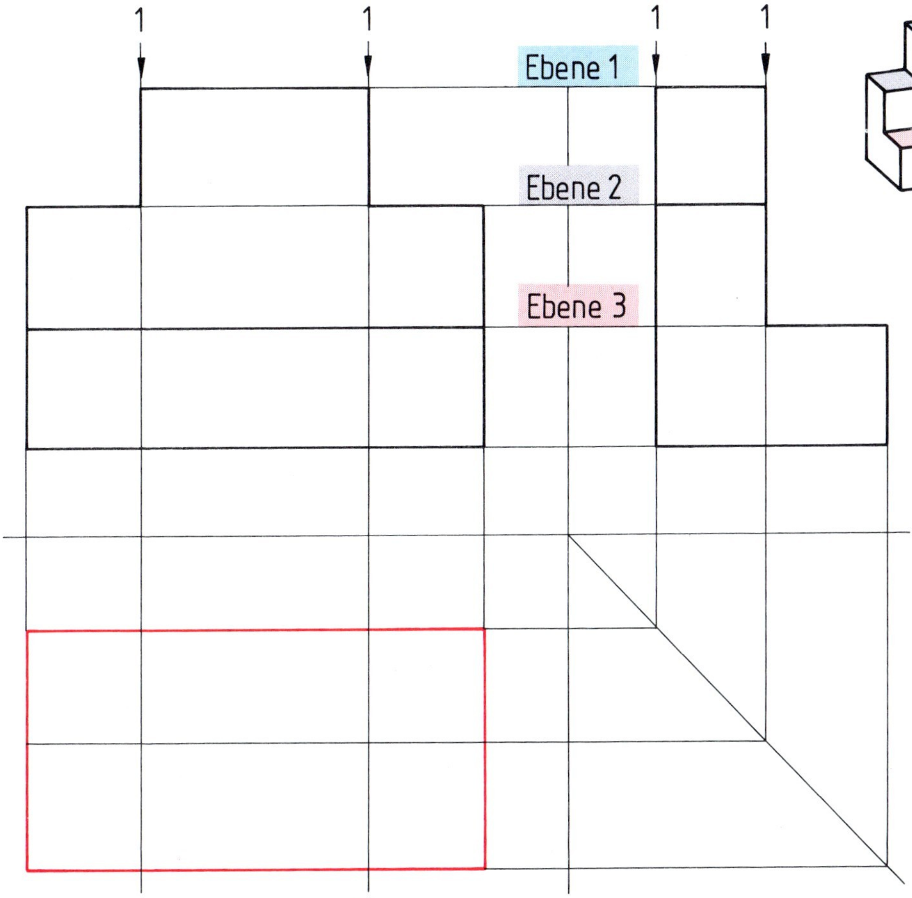

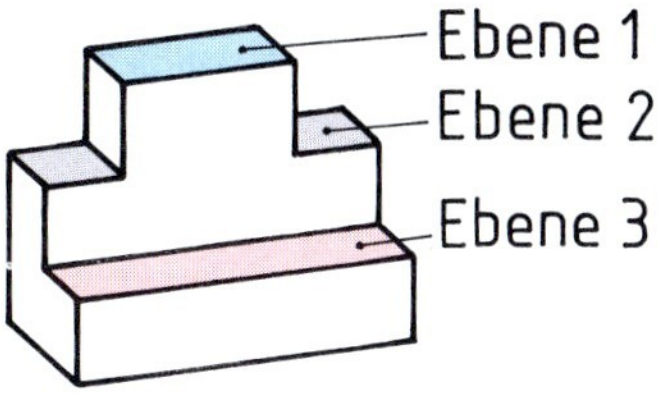

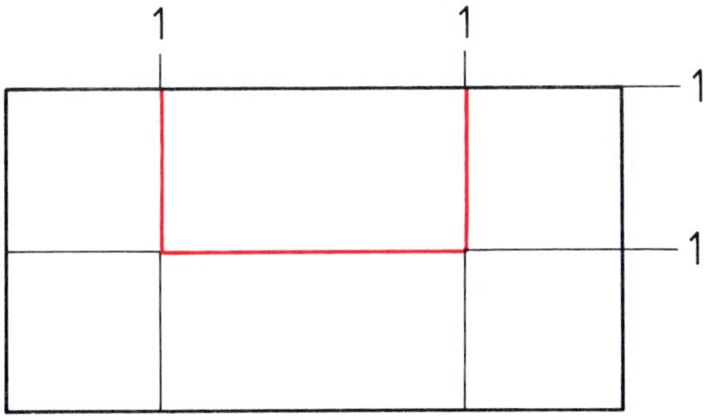

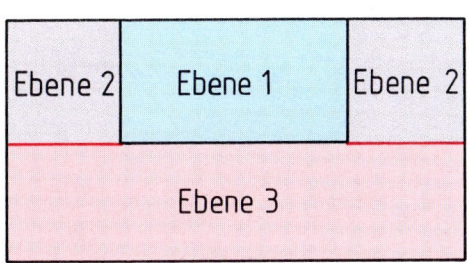

Zuerst werden in ein **Achsenkreuz** die Vorderansicht und die Seitenansicht gezeichnet. Dann wird die Draufsicht schrittweise entwickelt:

Alle **Konstruktionslinien in schmalen Vollinien** einzeichnen. Sie erkennen bereits den Umriß der Draufsicht.

Eine **waagerechte Hilfsebene** festlegen (hier: Ebene 1). Sie hat die Eckpunkte ① in der Vorderansicht und in der Seitenansicht.

Von diesen Eckpunkten werden **Hilfslinien nach unten** gezogen.

- Die Hilfslinien der Vorderansicht verlaufen in der Draufsicht senkrecht.
- Die **Hilfslinien** der Seitenansicht verlaufen in der Draufsicht waagerecht, weil sie an **der 45°-Achse gespiegelt** sind.

Die Hilfslinien schneiden sich in der Draufsicht:
Diese Schnittpunkte sind die Eckpunkte der Ebene 1 damit können die Begrenzungslinien der Ebene gezeichnet werden.

Die weiteren Ebenen werden genauso konstruiert.

3.8 Verkürzt erscheinende Flächen in technischen Zeichnungen

Beispiel:

Hier ist ein Werkstück in Perspektive und in drei Ansichten dargestellt. Sie erkennen an diesem Beispiel, daß **Flächen, die nicht parallel zu den Achsen des Achsenkreuzes liegen,** in den Ansichten verkleinert wiedergegeben werden.

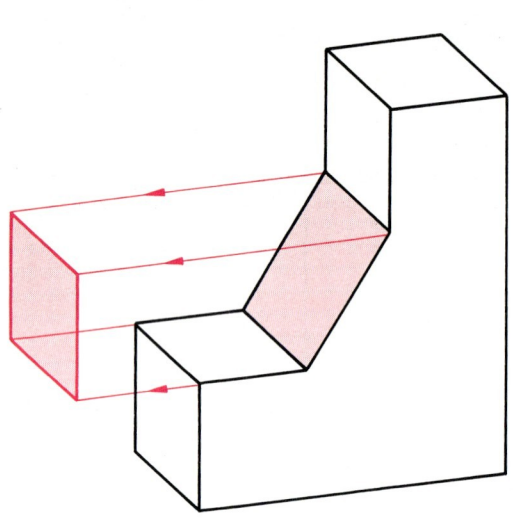
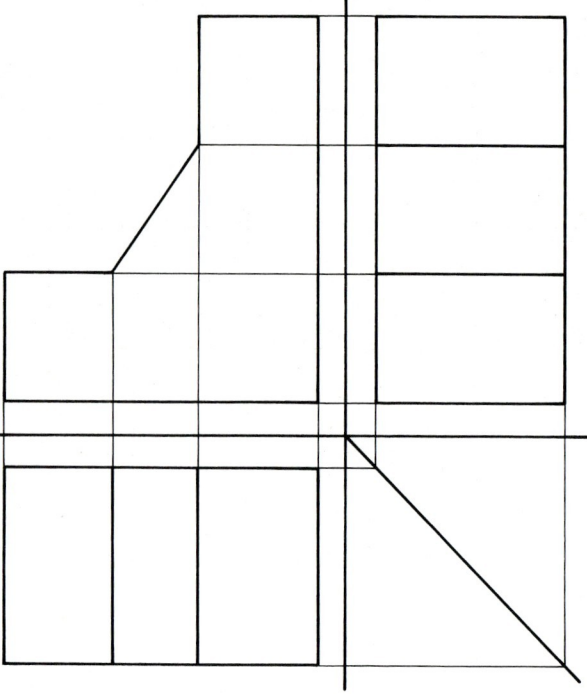

Aufgaben

Zeichnen Sie entsprechend dem Lösungsbeispiel zu den gegebenen 10 Vorderansichten jeweils die Seitenansicht und die Draufsicht.

Die Außenmaße sind 60 × 60 × 30, die übrigen Maße können frei gewählt werden.

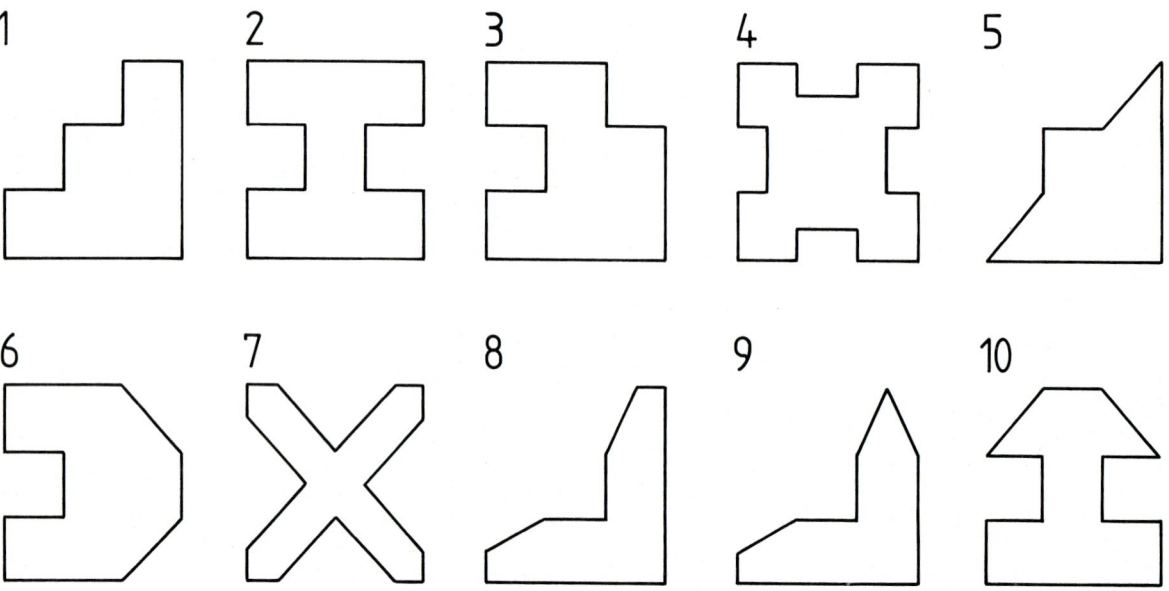

3.8 Verkürzt erscheinende Flächen in technischen Zeichnungen

Zuordnungsaufgaben

Die Zahl der Ansichten, die man braucht, um ein Werkstück eindeutig darzustellen, ist verschieden. Im allgemeinen kommt man mit drei Ansichten aus:
- der Vorderansicht
- der Seitenansicht von links und
- der Draufsicht.

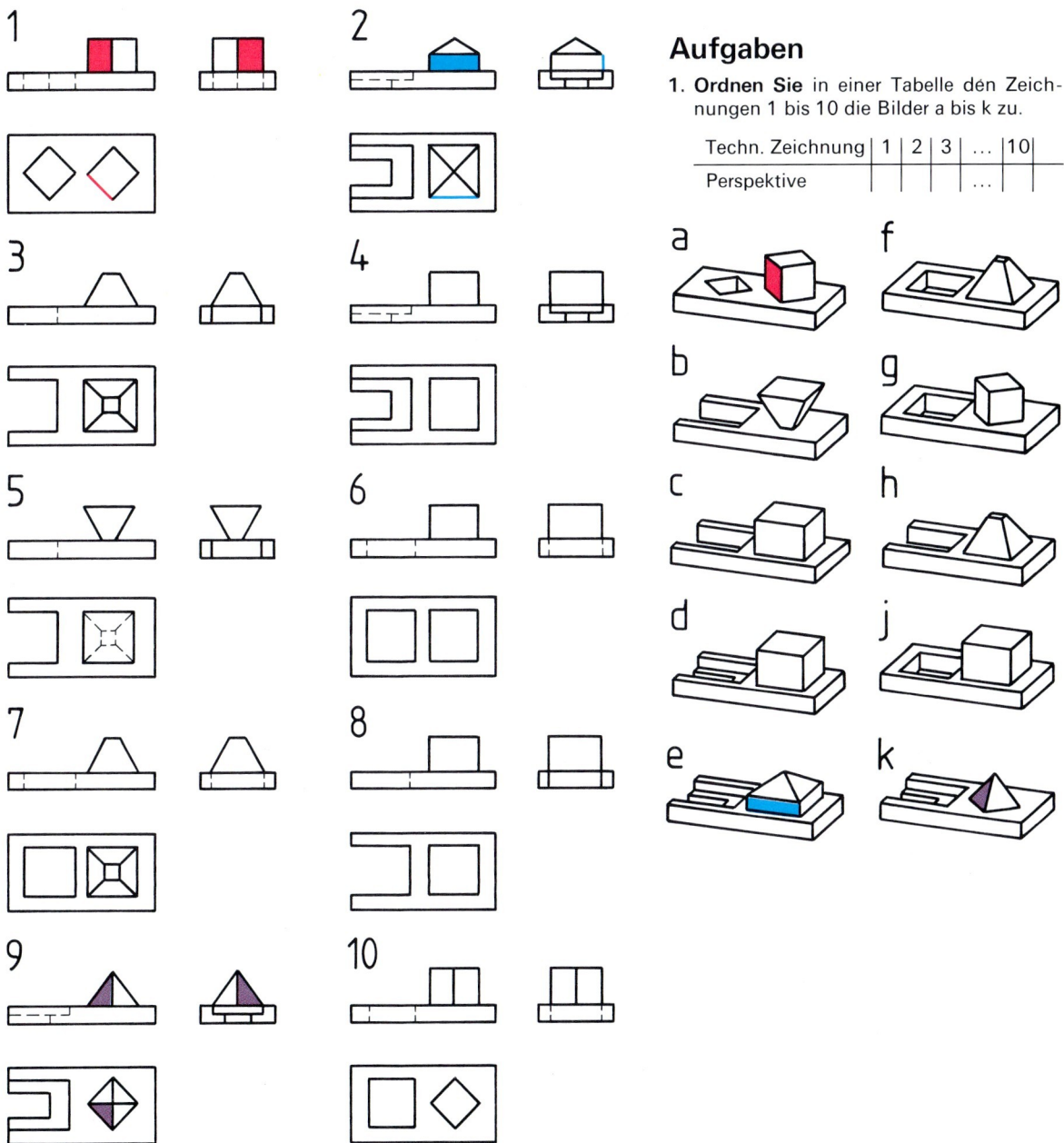

Aufgaben

1. **Ordnen Sie** in einer Tabelle den Zeichnungen 1 bis 10 die Bilder a bis k zu.

Techn. Zeichnung	1	2	3	...	10
Perspektive				...	

Die Lage von Flächen in der perspektivischen Darstellung und in 3 Ansichten:

- Flächen, die **parallel** zu einer Projektionsebene liegen, werden in einer Ansicht in wahrer Größe und in den anderen zwei Ansichten als Kanten abgebildet.
- Flächen, die **schief** zu einer Projektionsebene liegen, werden in 2 Ansichten verzerrt, verkleinert und in der 3. Ansicht als Kante abgebildet.
- Flächen, die **windschief** zu einer Projektionsebene liegen werden in drei Ansichten verzerrt und verkleinert abgebildet.

3.9 Geometrische Basiskörper

Technische Bauteile lassen sich in geometrische Basiskörper zerlegen, bzw. als Summe und/oder Differenz solcher Basiskörper darstellen. Sie sind bereits aus dem Mathematik-Unterricht bekannt.
Hier werden sie in technischen Ansichten und Perspektiv-Bildern dargestellt.

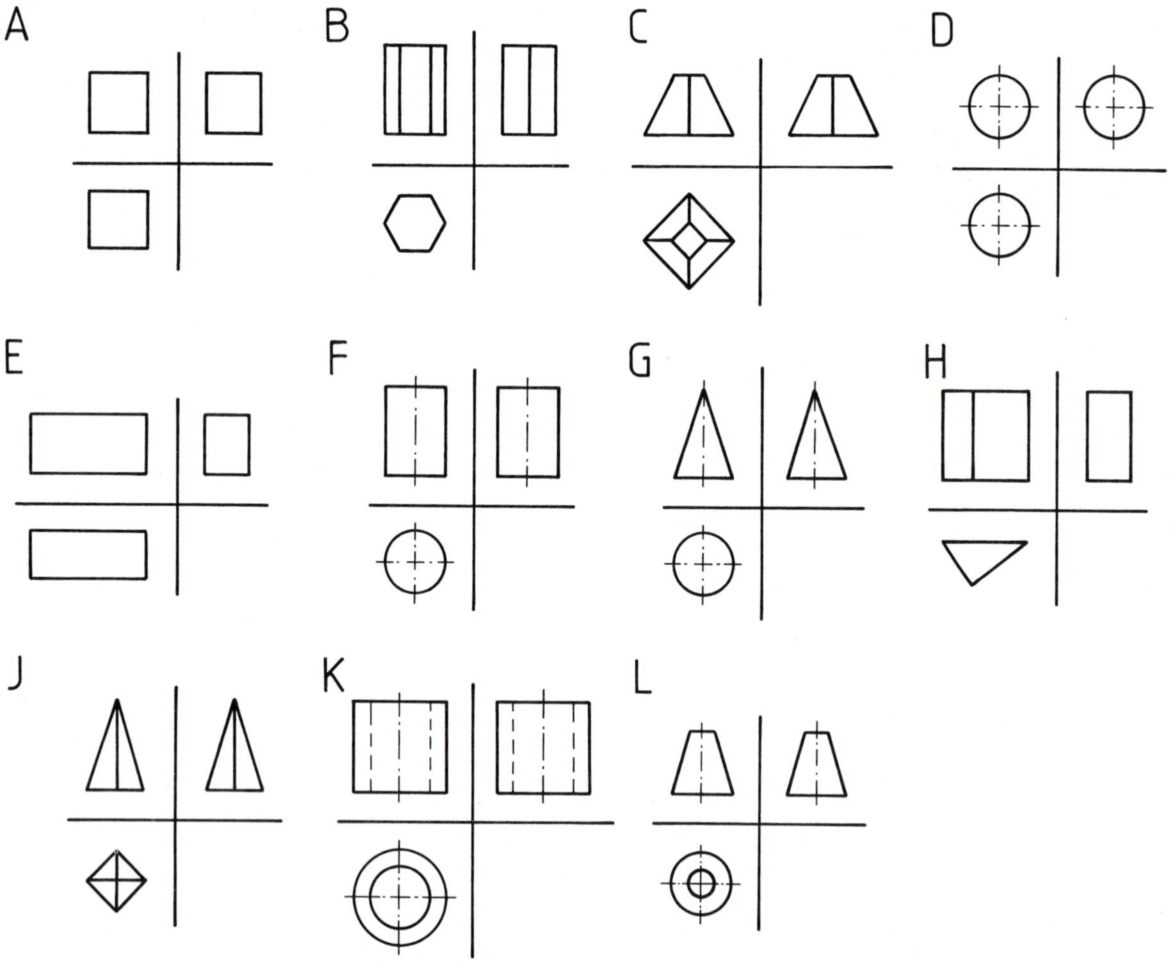

A B C D

E F G H

J K L

Aufgaben

1. Ordnen Sie die Ansichten und Perspektiven einander zu.
2. Benennen Sie die Basiskörper.
3. Skizzieren Sie die Basiskörper – ohne Hilfe des Zeichenbuches – in den notwendigen Ansichten. Notwendig bedeutet:
   - so viel wie nötig
   - so wenig wie möglich

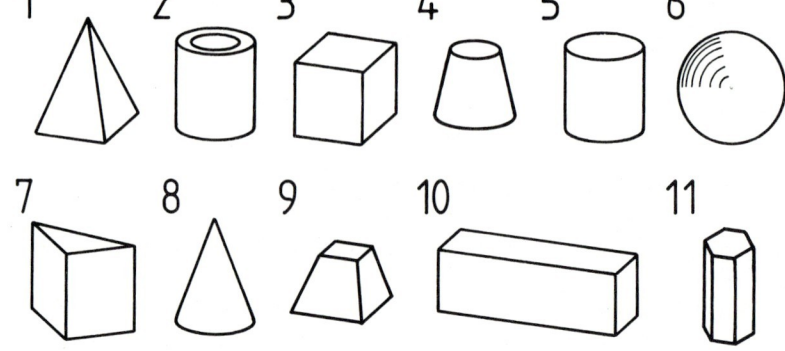

3.10 Rundungen und Übergänge

Rundungen und Übergänge von Rundungen in ebenen Flächen ergeben bei der Darstellung in Ansichten **keine Kanten**.

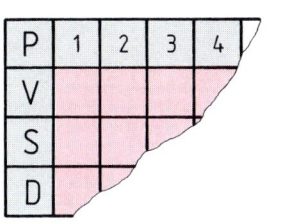

Aufgaben

1. Zeichnen oder skizzieren Sie zu einer der Perspektiven die Vorderansicht, Seitenansicht und die Draufsicht.
2. Den Perspektiven 1 bis 6 sind jeweils

    sechs Vorderansichten (V)
    sechs Seitenansichten (S) und
    sechs Draufsichten (D)

zuzuordnen.
Zeichnen Sie zur besseren Übersicht eine Tabelle nach dem angedeuteten Muster.

Perspektiven

1   2   3   4   5   6

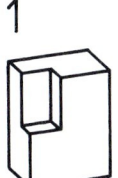    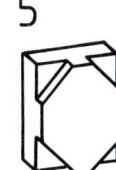 

Vorderansichten

1   2   3   4   5   6

 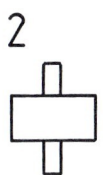  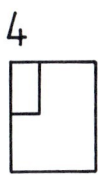  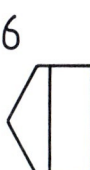

Seitenansichten

1   2   3   4   5   6

  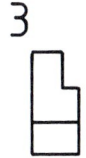 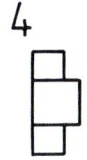  

Draufsichten

1   2   3   4   5   6

  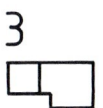 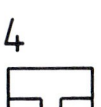 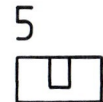 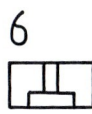

3.11 Bearbeitungsformen

Bei der spanenden Bearbeitung wird von einem Ausgangskörper Material abgetrennt. Dabei ergeben sich immer wieder ähnliche Bearbeitungsformen.

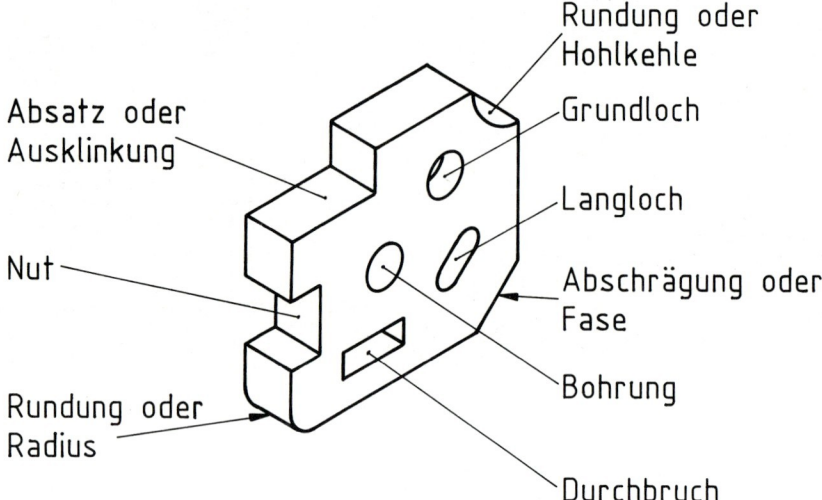

Die Kenntnis dieser Bearbeitungsformen hilft:
- beim Erkennen der Formen von Einzelteilen und ihren Gegenstücken
- bei der Erstellung eines Arbeitsplanes.

Prüfungen werden oft in programmierter Form durchgeführt. Aus einer Reihe von Darstellungen ist dabei die richtige auszuwählen. Bei den folgenden Aufgaben sind jeweils eine richtige und eine fehlerhafte Darstellung nebeneinander gezeichnet.

Aufgaben

1. Im Vergleich der beiden Zeichnungen A und B sollen Sie die fehlerhafte erkennen.
2. Auf einem Extrablatt solle Sie den Fehler beschreiben.

Beispiel:

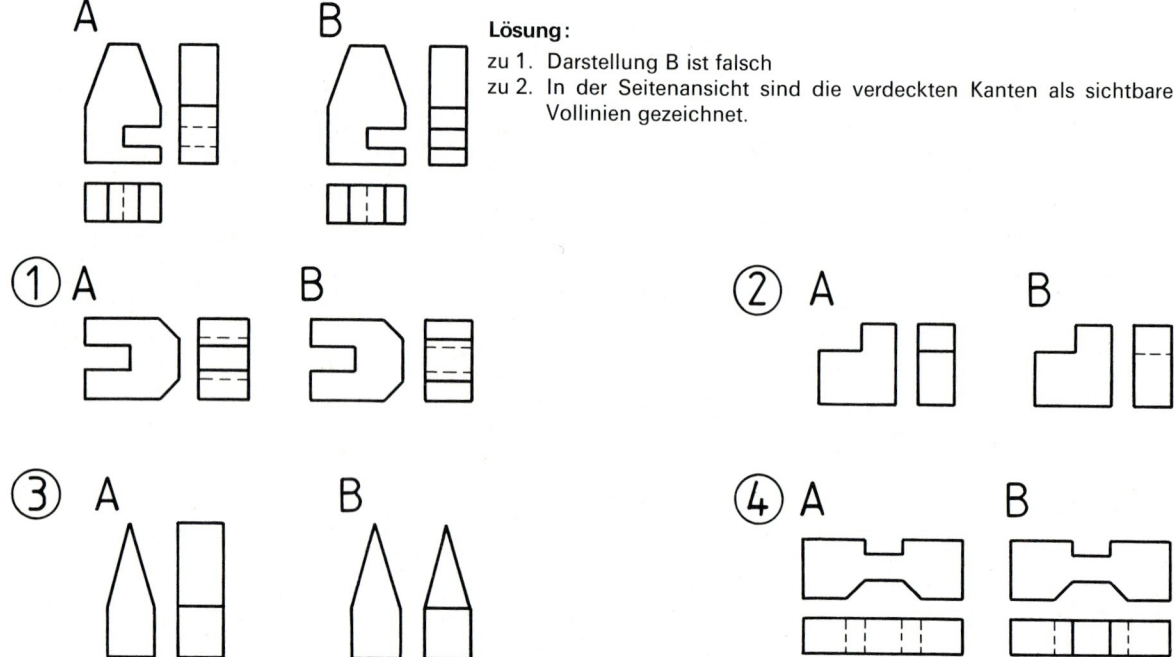

Lösung:
zu 1. Darstellung B ist falsch
zu 2. In der Seitenansicht sind die verdeckten Kanten als sichtbare Vollinien gezeichnet.

3.12 Raumvorstellung

3.12.1 Elemente eines Werkstücks: Flächen, Ecken und Kanten

Um die Raumvorstellung zu schulen, sollen Sie mit einem alten Lehrsatz arbeiten. Nach diesem Satz gilt für alle Aufgaben auf dieser Seite **Anzahl der Flächen plus Anzahl der Ecken gleich der Anzahl der Kanten plus 2**.

Als Gleichung geschrieben:

$$F + E = K + 2$$

Der Lehrsatz $F+E=K+2$ gilt für alle von ebenen Flächen begrenzten Körper, die keine Einschnitte, d.h. einspringende Kanten haben. Diese Körper nennt man **Polyeder** (Vielflächner), und weil der Mathematiker Euler diesen Satz bewiesen hat, wird er auch der **Polyedersatz von Euler** genannt.

Um die Form der Teile zu verdeutlichen, sind alle schräg nach hinten verlaufenden Flächen eingefärbt, d.h. nur die weißen Flächen liegen in der Zeichenebene.

Beispiel 1:
Hier ist der Satz **gültig**

$F + E = K + 2$
$7 + 10 = 15 + 2$
$17 = 17$

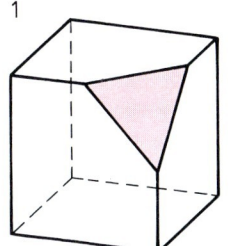

1

Beispiel 2:
Hier ist der Satz **nicht gültig**

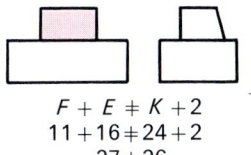

$F + E \neq K + 2$
$11 + 16 \neq 24 + 2$
$27 \neq 26$

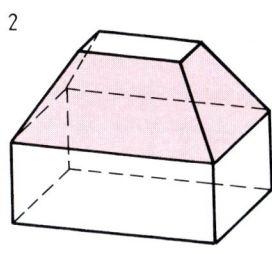

2

Aufgaben

1. Ermitteln Sie für alle gezeichneten Körper die Anzahl der Flächen, Ecken und Kanten.
2. Überprüfen Sie die Richtigkeit ihrer Lösungen anhand der Formel $F+E=K+2$.

Die **Lösung** der Aufgaben vereinfacht sich, wenn man die Körper **aus Knetmasse** herstellt.

Die Teile in Bild 1 und 2 sind gut verständlich, weil in der Perspektive alle Elemente – Flächen, Ecken, Kanten – genau einmal gezeichnet sind. Die Bilder 3 bis 10 zeigen die Teile in Ansichten. Hier dürfen die Elemente in der Rechnung nur einmal berücksichtigt werden, obwohl sie z.T. in der 2. oder 3. Ansicht wiederkehren.

3. Berechnen Sie $F+E=K+2$ für folgende Körper, ohne eine Zeichnung anzufertigen: a) Fünfkantprisma b) Sechskantpyramide c) Fünfkantpyramiden
4. Zerlegen Sie die Teile 1, 2, 3, 4, 6, 7, 8 und 9 so, daß sie als Summe oder Differenz geometrischer Grundkörper beschrieben werden können (vgl. Kap. 3.9).

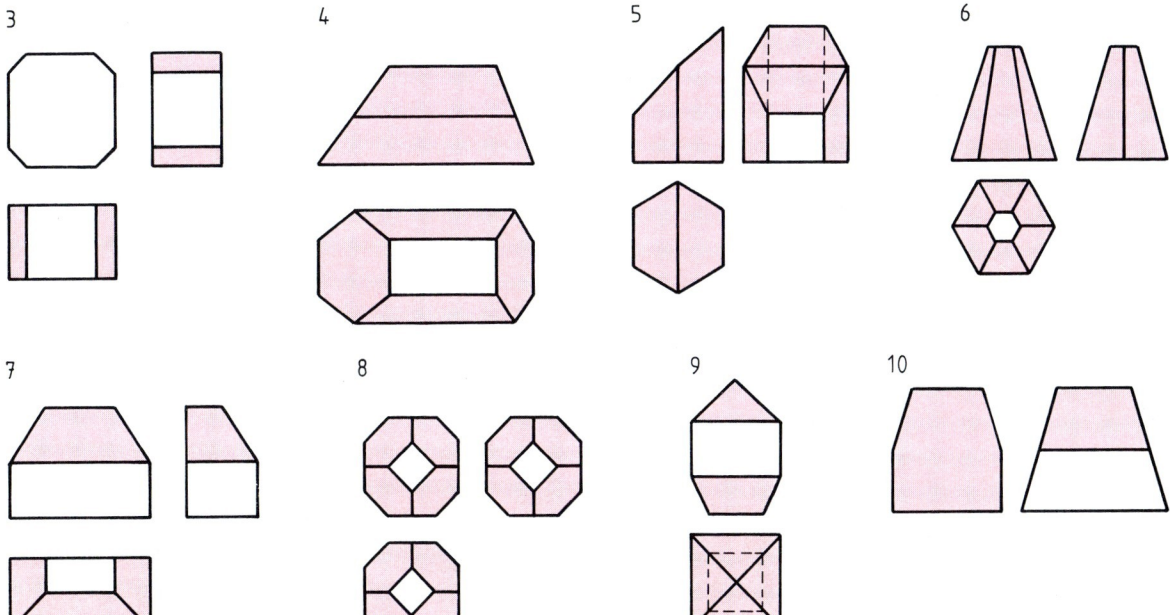

3.12.2 Zeichnungen in sechs Ansichten

Technische Werkstücke und Geräte müssen in so viel Ansichten dargestellt werden, daß das Zeichnungslesen dem Fachmann keine Schwierigkeiten bereitet. In der Praxis kommen sowohl Zeichnungen in einer Ansicht (Bleche) als auch in mehr Ansichten (schwierige Einzelteile und Geräte) vor. Deshalb müssen Sie mit der Darstellung in den genormten sechs Ansichten vertraut sein. Sie sollen sich Bauteile in sechs Ansichten vorstellen und einfache Beispiele auch zeichnen können. Auf dieser Doppelseite werden dazu die Grundlagen vermittelt.

Bild 1:
Durch ein waagerechtes Parallelenpaar wird die **Höhe** des Werkstücks in der Vorderansicht, den Seitenansichten von links und rechts und der Rückansicht festgelegt.

Durch ein zweites, senkrechtes Parallelenpaar wird die **Breite** der Vorderansicht, der Draufsicht und der Untersicht festgelegt.

Die Parallelenpaare erzeugen eine **Schnittfläche**; damit ist der Umriß der Vorderansicht in Breite und Höhe begrenzt.

Bild 2:
Die **Tiefe** des Werkstücks wird in der Draufsicht und der Untersicht, sowie in den beiden Seitenansichten abgebildet.

Die Tiefenmaße können ausgemessen oder über einen 45°-Winkel gespiegelt werden (vgl. Kap. 3.7).

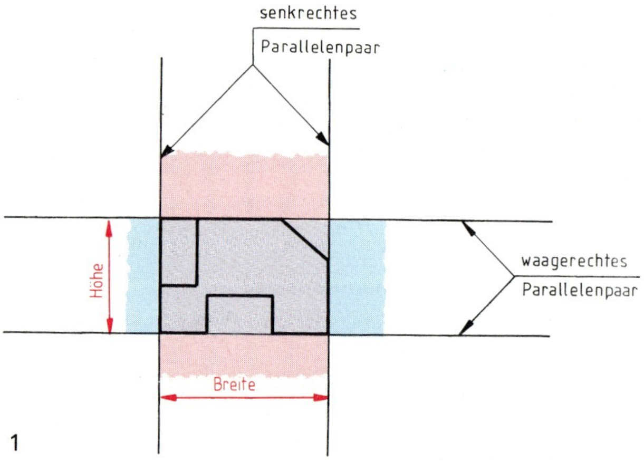

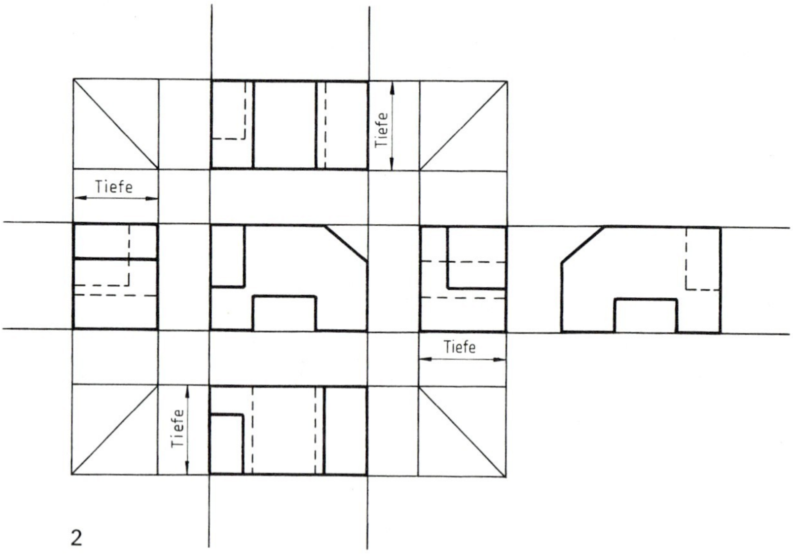

Bild 3:
Je zwei Ansichten sind paarweise zueinander gespiegelt: Vorderansicht und Rückansicht; die Seitenansichten von rechts und links, Draufsicht und Untersicht.

Diesen Zusammenhang muß man beherrschen, um in der Praxis alle technischen Zeichnungen lesen und verstehen zu können.

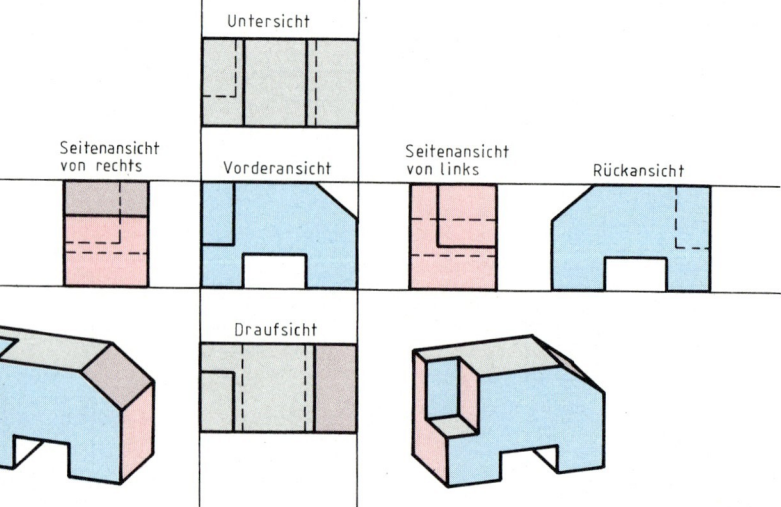

3.12 Raumvorstellung
3.12.2 Zeichnungen in sechs Ansichten

Auch *innerhalb der Umrisse* herrscht immer *Symmetrie*. Man unterscheidet drei Fälle:

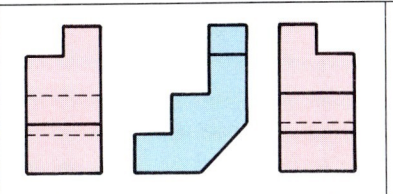 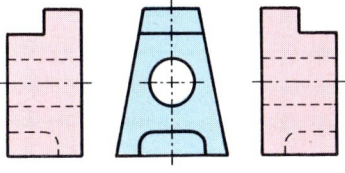 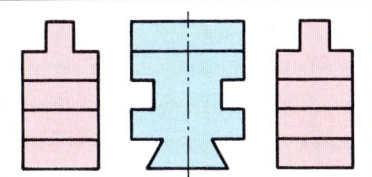

1. Fall: Ansichten mit vertauschten Kanten: Was in der Ansicht von links sichtbar ist, ist in der Ansicht von rechts verdeckt und umgekehrt.

2. Fall: Innere Konturen, wie Bohrungen und Durchbrüche, sind in beiden Fällen des Spiegelbildes verdeckt gezeichnet.

3. Fall: Äußere symmetrische Formen sind auch in den gespiegelten Ansichten von beiden Seiten sichtbar.

Aufgabe

Untersuchen Sie in der Abbildung 3 auf der Nebenseite, wie oft die Fälle 1, 2 oder 3 auftreten, und zwar zwischen Vorderansicht und Rückansicht, den Seitenansichten von rechts und links sowie zwischen Draufsicht und Untersicht.

Zeichenaufgaben zur Darstellung in sechs Ansichten: Stellen Sie die folgenden Teile – wie auf der Nebenseite gezeigt – in sechs Ansichten zwischen Parallelenpaaren dar. Die Zeichnung soll A4- oder A3-Format haben.

Grundmaße:

	Breite:	Höhe:	Tiefe:
A4:	60	40	35
A3:	90	60	50

Die übrigen Maße sollen den Abbildungen entsprechen

1 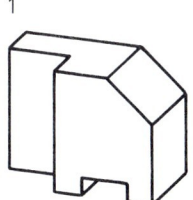 2 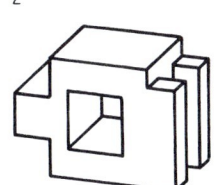 3 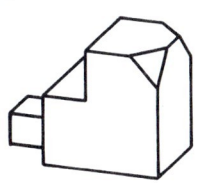 4  5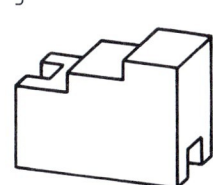

Zeichnen Sie die folgenden Werkstücke
Breite des Werkstücks: 80 mm; Höhe des Werkstücks: 60 mm; Tiefe: 40 mm.
Die übrigen Maße sollen den Abbildungen entsprechen.
Bei jeder Aufgabe sind die verlangten Ansichten zwischen Parallelenpaaren zu zeichnen.

Aufgabe Nr.	1	2	3	4	5	6
Vorderansicht	×	×	×	×	×	×
Seitenansicht von links	×	×	×	×	×	×
Seitenansicht von rechts	×	×			×	×
Draufsicht			×	×	×	×
Untersicht				×		
Rückansicht		×				×

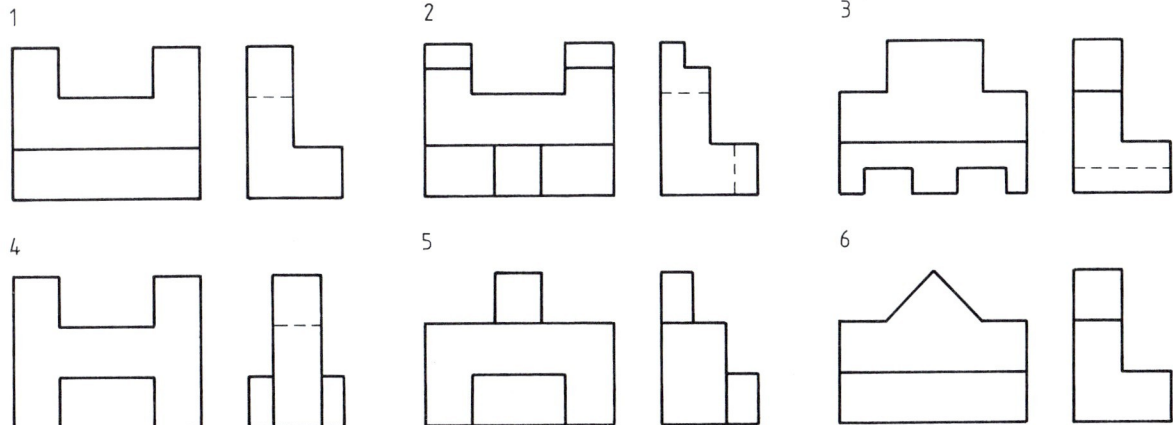

3.13 Gesamt-Zeichnung

Die Analyse der Biegevorrichtung von Kap. 2.1 hat unter anderem gezeigt, wie wichtig es ist, daß die Bohrungen für die Achse in den Seitenteilen (Pos. 2) fluchten, und daß die Seitenteile gleichzeitig formschlüssig in Pos. 1 anliegen. Damit nicht jeder immer wieder neu dieses Problem für sich lösen muß, soll eine Bohrvorrichtung gebaut weden. Eine solche Vorrichtung bewirkt, daß alle in ihr gebohrten Teile „gleich" sind. Jedes Seitenteil ist mit jedem anderen kombinierbar. Außerdem entfällt eine Kontrolle der Bohrungsabstände.

So wie bei diesem Entwurf und der Arbeitsplanung zur Herstellung müssen in der Berufspraxis Entscheidungen für einzelne Arbeitsgänge getroffen werden. Manchmal ergeben sich daraus Verbesserungsvorschläge für die betriebliche Fertigung.

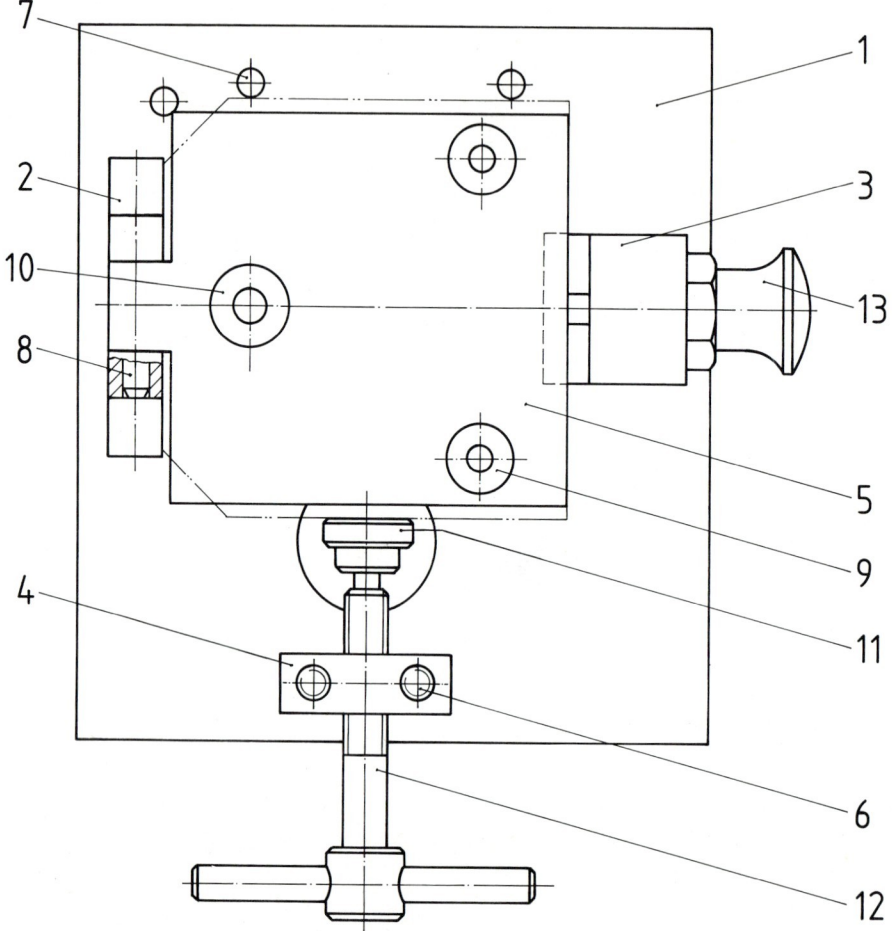

13	1		Arretierbolzen	Fremdteil 309-105	M10x1
12	1		Knebelschraube	Fremdteil 615-108X	M8
11	1		Drückstück	Fremdteil 714-08	
10	1		Bohrbuchse	DIN 172-A8x10	Stahl, gehärtet
9	2		Bohrbuchse	DIN 172-A4,2x8	Stahl, gehärtet
8	1		Stift	DIN 7-5m6x30	St50K
7	5		Stift	DIN 7-5m6x20	St50K
6	5		Schraube	DIN 912-M5x12	8.8
5	1		Bohrplatte		St37-2K
4	1		Spannbock		St37-2K
3	1		Stützbock		St37-2K
2	1		Lagerbock		St37-2K
1	1		Grundplatte		St37-2K
Pos.	Menge	Einheit	Benennung	Sachnummer/Norm-Kurzbezeichnung	Bemerkung

3.13 Gesamtzeichnung

3.13.1 Form und Anwendung der Einzelteile

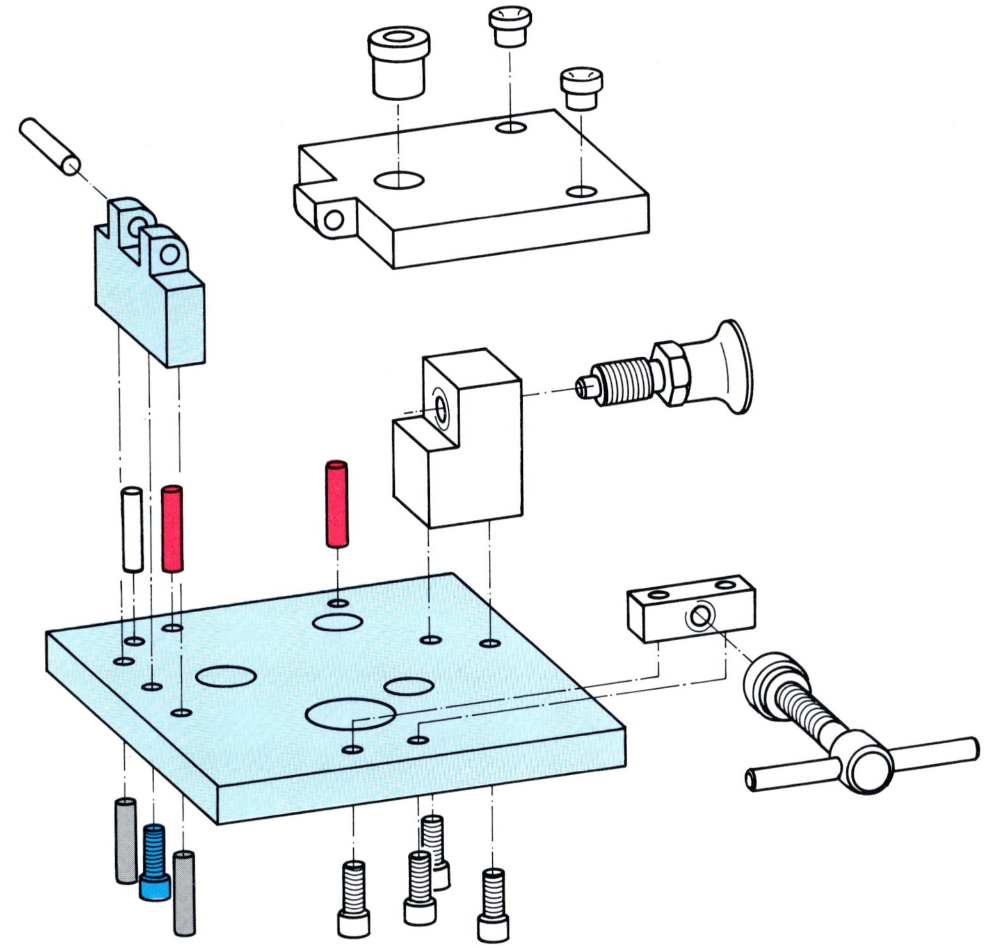

3.13.2 Arbeitsplanung: Anordnungs-Plan, Fertigungs-Plan

Fragen zur Montage
1. Wie ist Pos. 2 auf Pos. 1 befestigt?
2. Wie sind Pos. 3 und 5 auf Pos. 1 befestigt?
3. Warum sind unterschiedliche Befestigungen möglich (Pos. 2, 3, 4, auf Pos. 1), ja erforderlich?
4. Worauf ist beim Einbau von Pos. 4 zu achten?
5. Worauf ist beim Einbau von Pos. 11/12 zu achten?

Beispiel für eine Arbeitsplanung: Einbau von Pos. 2

Problemstellung: Für diese Vorrichtung ist wichtig, daß die beiden Stifte Pos. 7 rechtwinklig zu Pos. 2 liegen.

Arbeitsplanung:
1. Zwei Stifte (Pos. 7) werden eingeschlagen.
2. Es wird geprüft, ob der Lagerbock sorgfältig entgratet ist.
3. Der Lagerbock (Pos. 2) wird mit einer Schraube (Pos. 6) auf der Grundplatte (Pos. 1) festgeschraubt. Dabei darf die Schraube nicht zu fest angezogen werden.
4. Mit Hilfe eines Winkels wird der Lagerbock (Pos. 2) rechtwinklig zu den Stiften (Pos. 7) ausgerichtet (vgl. Kap. 5.1).
5. Die Schraube (Pos. 6) wird fest angezogen.
6. Nochmalige Kontrolle des rechten Winkels.
7. Grundplatte (Pos. 1) und Lagerbock (Pos. 2) werden gemeinsam gebohrt ($\varnothing$ 4,8) und gerieben.
8. Zwei weitere Stifte (Pos. 7) werden eingeschlagen.

Aufgaben

1. Stellen Sie einen Arbeitsplan für den Einbau von Pos. 3 auf.
2. Stellen Sie einen Fertigungsplan für die Herstellung von Pos. 2 auf.

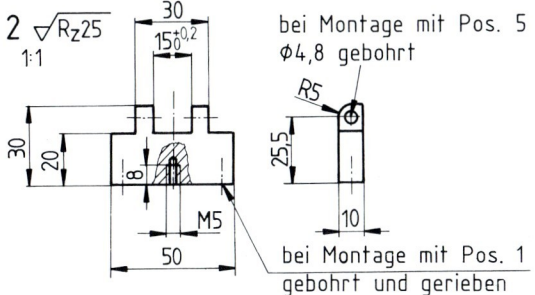

4 Regeln zur Maßeintragung an prismatischen Körpern

Die allgemeinen Regeln für die Maßeintragung in Zeichnungen und Skizzen sind in DIN 406 T2 genormt. Diese Regeln legen die Elemente der Bemaßung fest und sie helfen, Bemaßungen nach einheitlichen Gesichtspunkten durchzuführen. Am Beispiel von Einzelteilen der Bohrvorrichtung (Kap. 3.13) soll die Norm erläutert werden.

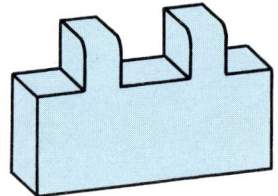

4.1 Elemente der Maßeintragung

Maßzahlen, Maßlinien und Maßhilfslinien

Alle Maße gelten in mm. Die Angabe mm wird deshalb in technischen Zeichnungen nicht geschrieben. Die **Maßzahlen** werden über die **Maßlinie** geschrieben.

Sie sind in Normschrift in Richtung der Maßlinien so einzutragen, daß sie **von unten oder von rechts lesbar** sind.

Die Maßlinie wird durch Maßpfeile begrenzt. **Maßpfeile** enden an der **Maßhilfslinie**.

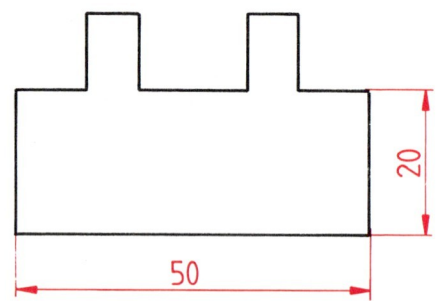

Maßlinien werden nach Möglichkeit parallel zu der anzugebenden Abmessung angeordnet.

Sie sollen mindestens 10 mm von den Körperkanten entfernt liegen.

Untereinander sollen sie einen Mindestabstand von 7 mm haben. Innerhalb einer Zeichnung sollen alle entsprechenden Abstände gleich sein.

Maßlinien können zwischen Maßhilfslinien oder zwischen Körperkanten eingezeichnet werden.

Mittellinien und Körperkanten, bzw. deren Verlängerungen, dürfen nicht als Maßlinien benutzt werden.

Maßlinien sollen sich mit anderen Linien und untereinander möglichst nicht schneiden. Dies läßt sich aber nicht immer vermeiden.

Maßhilfslinien beginnen unmittelbar außen an den Körperkanten, bei Bohrungen innerhalb der Kreislinie. Sie werden im allgemeinen senkrecht herausgezogen und ragen 1 bis 2 mm über die Maßlinie hinaus.

Mittellinien und Körperkanten können als Maßhilfslinien benutzt werden.

Maßpfeile und Schrägstriche

Maßpfeile begrenzen die Maßlinien. Die Spitze der Maßpfeile zeigt auf die Maßhilfslinie.

Die Länge der Pfeile entspricht der fünffachen Breite der Vollinie, das entspricht der Höhe der Maßzahlen.

Der Spitzenwinkel beträgt ca. 15°.

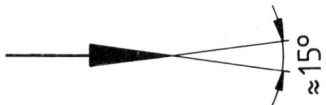

Schrägstriche begrenzen Maßlinien. Sie verlaufen von links unten nach rechts oben bezogen auf die jeweilige Maßlinie.

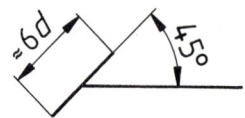

Weitere Beispiele für Maßeintragungen

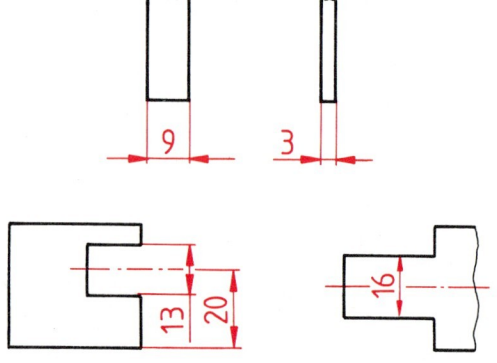

4.2 Anordnung der Maße in einer Zeichnung

Technische Zeichnungen sollen übersichtlich sein. Jeder Facharbeiter muß sie lesen können und muß nach den in der Zeichnung eingetragenen Maßen und Anweisungen seine Arbeit ausführen können.

Jedes Maß darf **nur einmal** eingetragen werden.

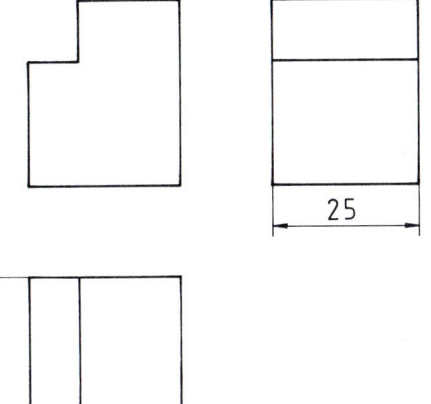

Maßliche **Überbestimmungen** sind verboten.

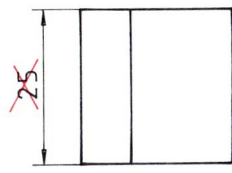

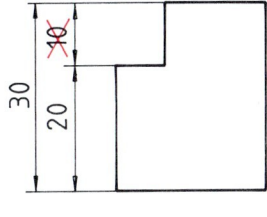

Die Maße werden in der Ansicht eingetragen, in der die zu bemaßende Form am deutlichsten zu erkennen ist. Maße, die miteinander in Beziehung stehen, sollen möglichst in derselben Ansicht eingetragen werden.

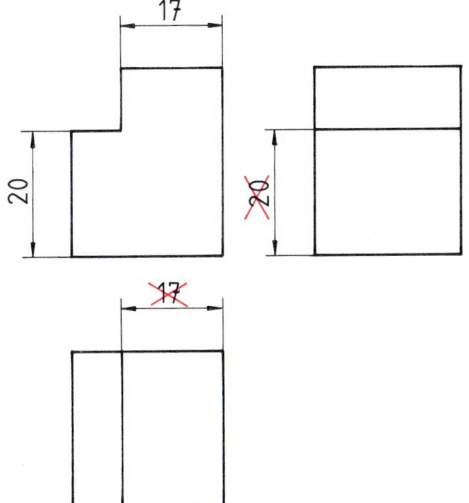

Die **Maße** sollen nach Möglichkeit aus dem Werkstück **herausgezogen** werden.

Begründung: Wer eine Teilzeichnung liest, soll sich zunächst die Form des Werkstücks vorstellen können, bevor er sich mit den Maßen befaßt.

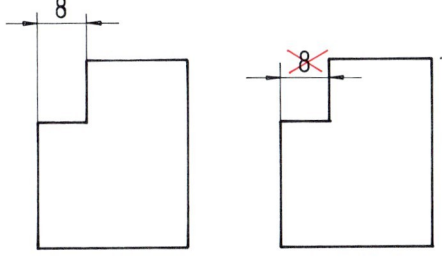

Maßhilfslinien sollen an sichtbaren Kanten beginnen, nicht an verdeckten Kanten.

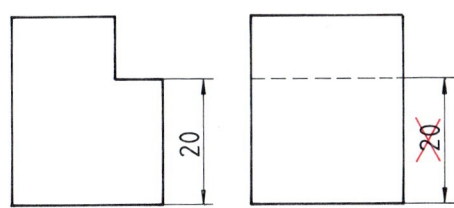

Zur eindeutigen **Darstellung flacher Werkstücke,** wie Bleche oder Platten, kommt man in der Regel mit einer Ansicht aus: Man gibt die Dicke des Werkstücks an, z.B.: „$t = 10$".

Die Blechdicke kann in der Blechfläche oder bei Platzmangel neben der Darstellung angegeben werden.

4.3 Kettenmaße

Die Praxis zeigt, daß es nicht möglich ist, ein Maß genau herzustellen. Abweichungen treten bei jeder Fertigung auf. Aus diesem Grund sind alle nicht besonders tolerierten Maße mit **Allgemeintoleranzen nach DIN 7168 T1** versehen.

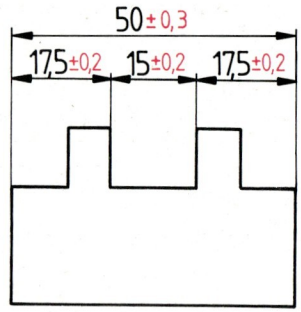

In diesem Beispiel sind zwei Möglichkeiten der Bemaßung der Werkstückbreite eingetragen.

	Eintragung	Höchstmaß G_o	Mindestmaß G_u	Maßtoleranz T
a	Gesamtmaß	50,3	49,7	0,6
b	Summe der Einzelmaße	50,6	49,3	1,2

Für das Längenmaß 50 mm kommt es hier zu einem Unterschied von 0,6 mm in der Herstellungstoleranz. Deshalb dürfen nicht mehr als zwei Maße aneinandergehängt werden.

Verbot von Maßketten

In einer technischen Zeichnung oder Skizze dürfen maximal zwei Maße aneinandergehängt werden.

Auch die Verteilung auf mehrere Ansichten ist nicht zulässig.

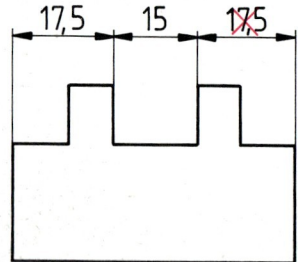

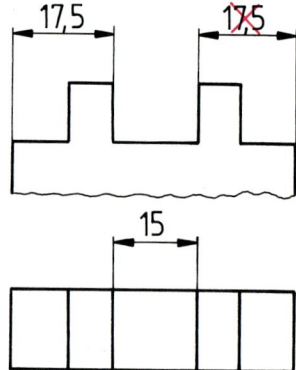

Ausgenommen von dem Verbot der Kettenmaße sind z.B. Lochteilungen und Kreisteilungen.

4.4 Hilfsmaße

Hilfsmaße sind maßliche Überbestimmungen, die dem Verständnis dienen. Sie helfen Rechenfehler zu vermeiden bzw. machen einen Arbeitsauftrag verständlicher. Sie werden in Klammern gesetzt. Sie dürfen weder für die Fertigung noch für die Funktion von Bedeutung sein.

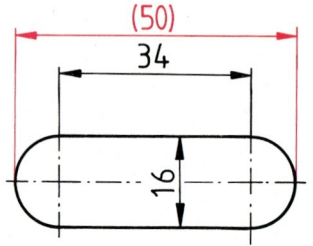

4.5 Maßbezugsebenen

Bei der Herstellung und Bemaßung eines Werkstücks muß man darauf achten, daß alle Maße, die parallele Maßlinien haben, möglichst von derselben Kante oder derselben Fläche ausgehen.
- Diese Flächen können Stand- oder Auflageflächen des Werkstücks sein.
- Bei symmetrischen Werkstücken können auch Mittellinien als Bezugslinie dienen.

Jedes Werkstück braucht drei **Maßbezugsebenen (MBE)**, die jedoch in den einzelnen Ansichten nur als **Maßbezugslinien** (MBL) erkennbar sind:
- für die Breitenmaße (X-Richtung)
- für die Höhenmaße (Z-Richtung)
- für die Tiefenmaße (Y-Richtung)

Mittellinien sind Symmetrielinien; sie können auch als Maßbezugslinien verwendet werden.

Maße zu den Kanten entfallen dabei.

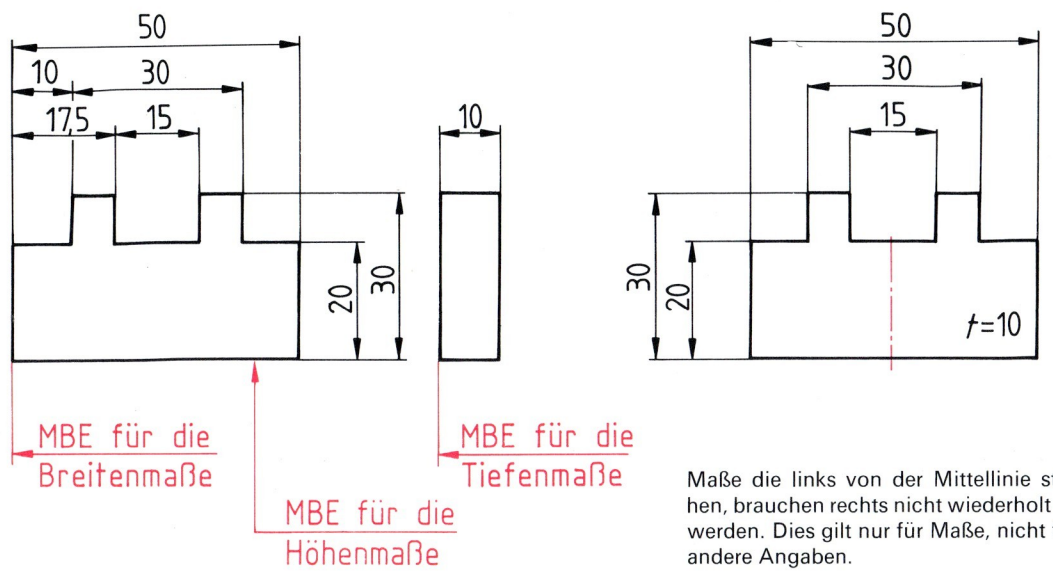

Maße die links von der Mittellinie stehen, brauchen rechts nicht wiederholt zu werden. Dies gilt nur für Maße, nicht für andere Angaben.

Maßbezugsebenen werden vom Konstrukteur bestimmt. Sie dürfen danach nicht verändert werden. Der Konstrukteur legt dabei fest, um welche Bemaßung es sich handelt:

Fertigungsbezogene Bemaßung   **Funktionsbezogene Bemaßung**   **Prüfbezogene Bemaßung**

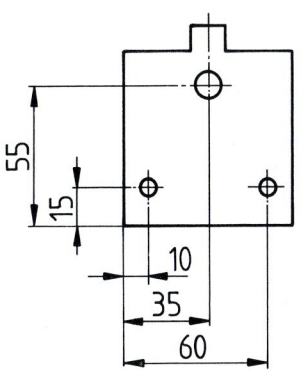 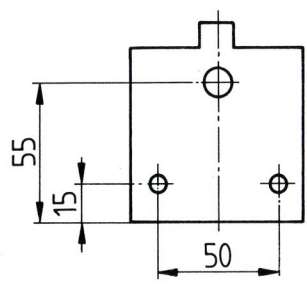 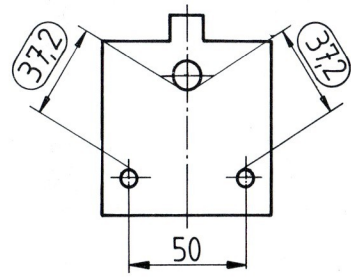

Die Maßbezugsflächen sind Auflageflächen für das Anreißen. Alle Maße sind direkt verwendbar.

Bis zum Einbau der Bohrbuchsen kann die Platte noch gedreht werden. Ein Einfluß auf die Funktion wird nicht vorzeitig eingeengt.

Die Abstände der Bohrungen sind direkt meßbar. Häufig werden Prüfmaße gesondert von den anderen Maßen eingetragen. Sie erhalten dann eine Umrandung.

4.6 Teilzeichnungen

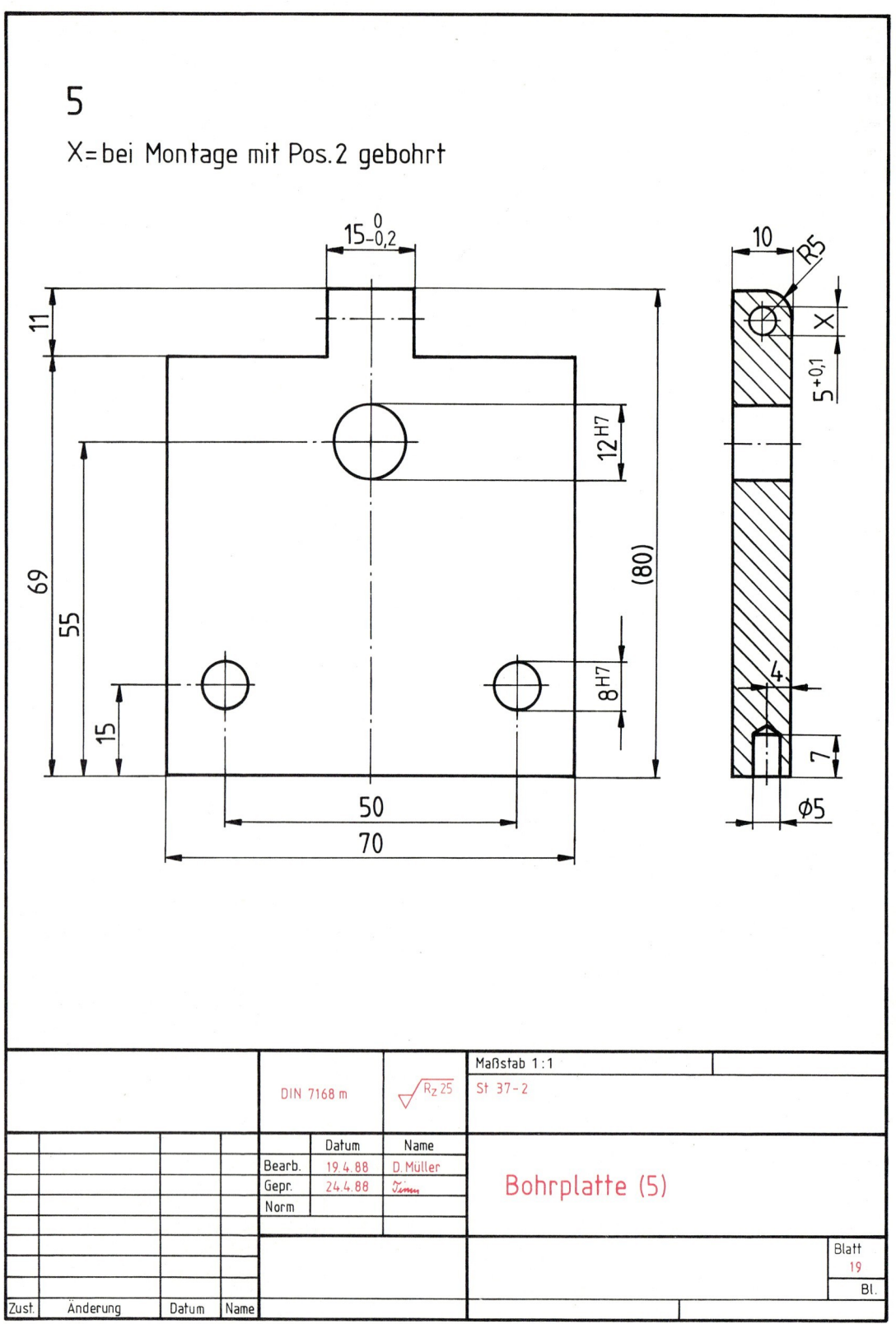

4.6 Teilzeichnungen — Aufgaben

Aufgaben

Zeichnen Sie die Werkstücke in Ansichten. Der **Abstand** zwischen den Ansichten muß genügend groß sein, um die Maße nach Norm eintragen zu können.

Die Vorderansicht in der Perspektive erkennen Sie daran, daß alle Kanten und ihre Maße im Verhältnis 1:1 dargestellt sind.

Bestimmen Sie die **Maßbezugsebenen.**

Zeichnen Sie **Maßpfeile und Maßzahlen** nach den **Vorbildern** auf dieser Seite.

Achten Sie auf **saubere Eckverbindungen.** Haben Sie eine Linie zu lang gezeichnet, so decken Sie den richtigen Teil der Zeichnung mit einem Blatt Papier oder einer **Radierschablone** so ab, daß Sie die falsche Linie genau wegradieren können.

Aufgabe Nr.	1	2	3	4	5	6
Vorderansicht	×	×	×	×	×	×
Seitenansicht von links				×	×	×
Seitenansicht von rechts			×	×		
Draufsicht			×	×	×	×
Untersicht						
Rückansicht					×	

1
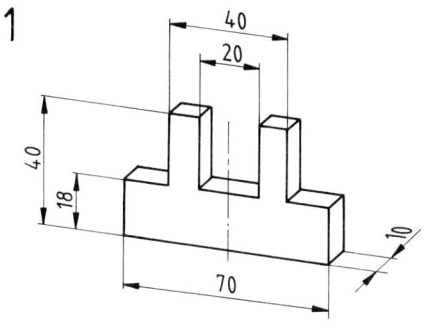

2
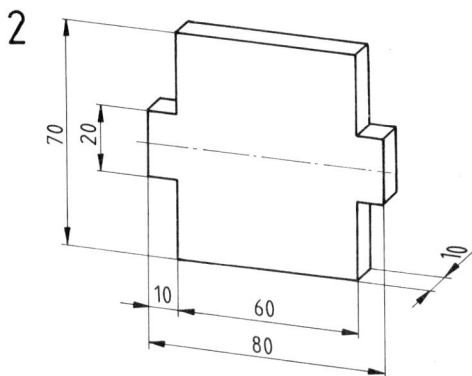

3
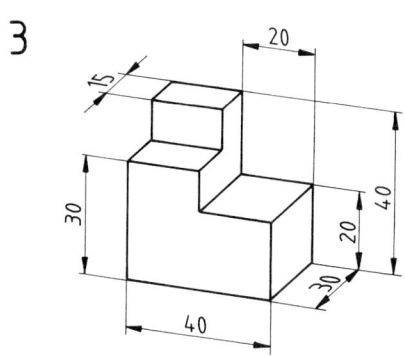

4
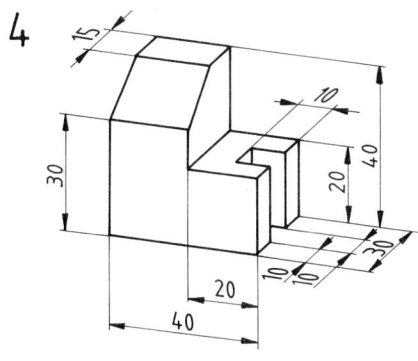

5
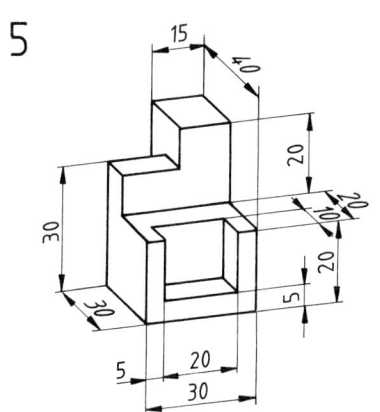

6
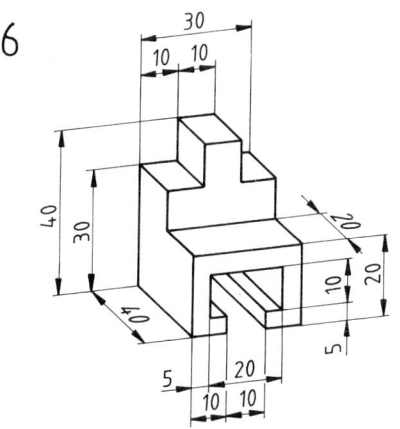

4.6 Teilzeichnungen — Aufgaben

Bei den folgenden Aufgaben sind jeweils eine richtige und eine fehlerhafte Darstellung nebeneinander gezeichnet (vgl. Kap. 3.11).

Aufgaben
1. Im Vergleich der beiden Zeichnungen (A und B) sollen Sie die fehlerhafte erkennen.
2. Auf einem Extrablatt sollen Sie den Fehler beschreiben.

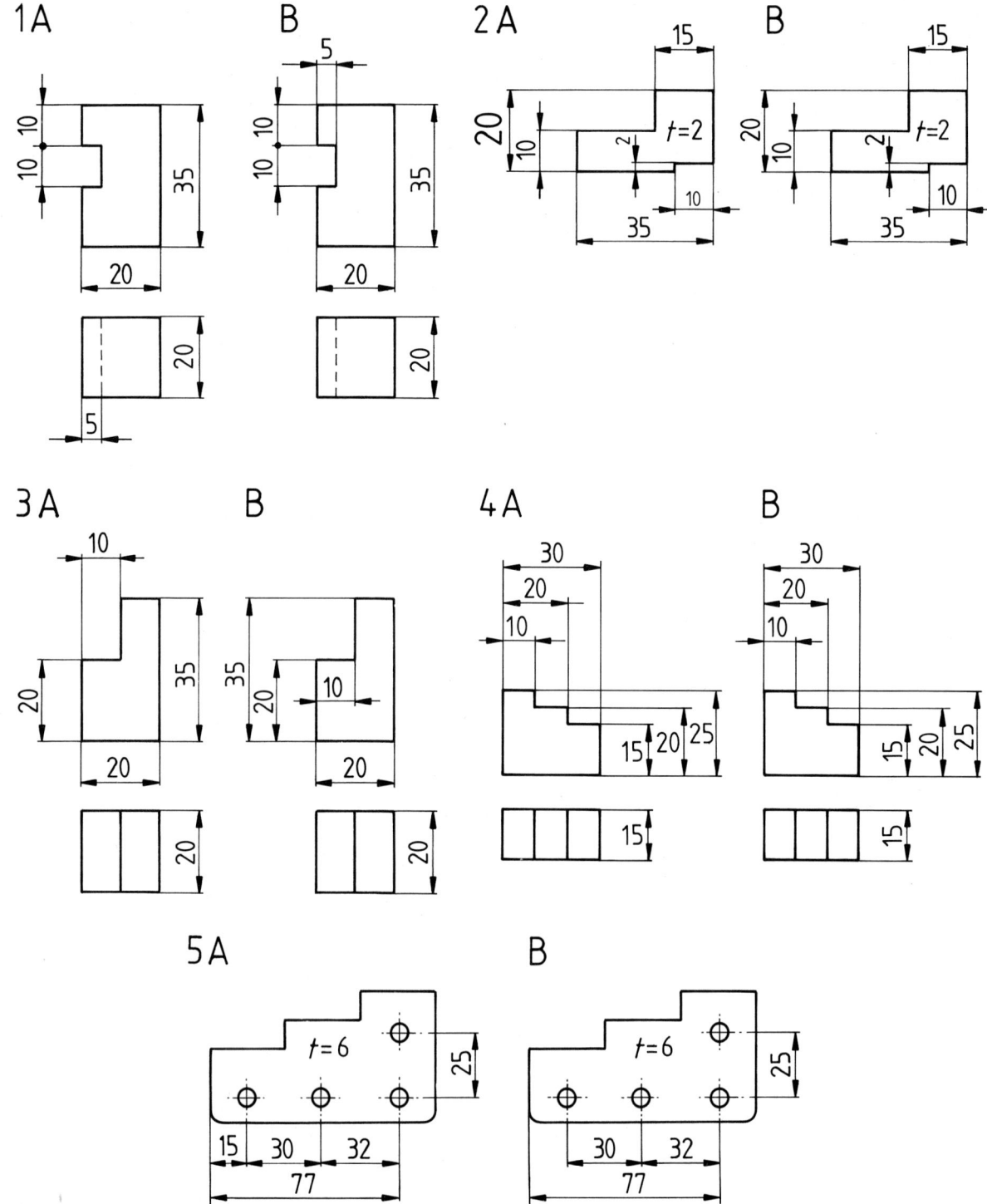

5 Skizzen

5.1 Anfertigen von Skizzen

Das Anfertigen von Freihandskizzen hat für den Facharbeiter eine größere Bedeutung als das Erstellen von Teil- und Gesamtzeichnungen. In der Praxis ist es wichtig, z.B. Funktionszusammenhänge mit Hilfe von Prinzipskizzen erklären zu können, z.B. für Reparaturaufträge, Bestandsaufnahmen oder letzte Maßabstimmungen auf der Baustelle. Dabei kann es sich um einzelne Werkstücke oder auch um Anschlußmaße handeln.

Hier einige Hilfestellungen für das Anfertigen von Skizzen:

- Wenden Sie die Regeln für die Darstellung in Ansichten und die Bemaßungsregeln an.
- Eine Skizze muß nicht maßstäblich sein.
- Wesentliches kann überbetont werden.
- Die Skizze soll so groß wie möglich sein.
- Ziehen Sie Linien in einem einzigen geraden Strich durch.

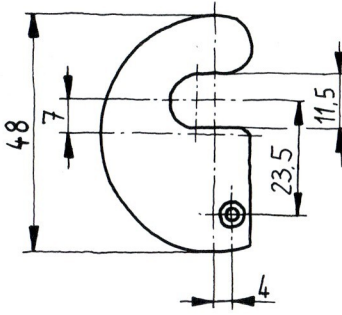

| Handhabung bei einer waagerechten Linie | und einer | senkrechten Linie. |

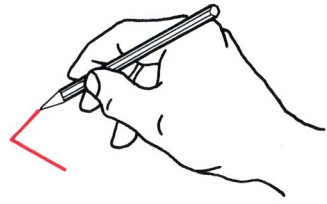 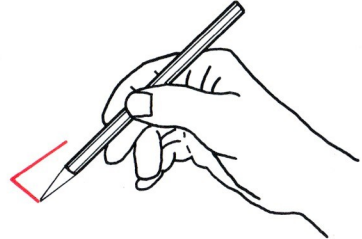

Beispiel:
Skizze als Arbeitsanweisung

Mit Hilfe dieser Skizze wird der für die Funktion der Vorrichtung wichtige Arbeitsgang des Ausrichtens bei der Montage verdeutlicht. Es sind hier nur die erforderlichen Elemente und Umrisse gezeichnet worden.

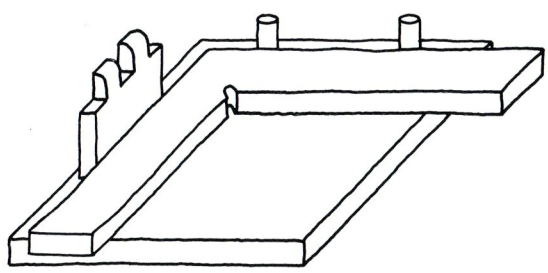

5.1 Anfertigen von Skizzen — Aufgaben

Hier sind 12 Werkstücke in Perspektive gezeichnet (Bild 1 bis 12). Darunter finden Sie die zugehörigen Draufsichten (Bild A bis M).

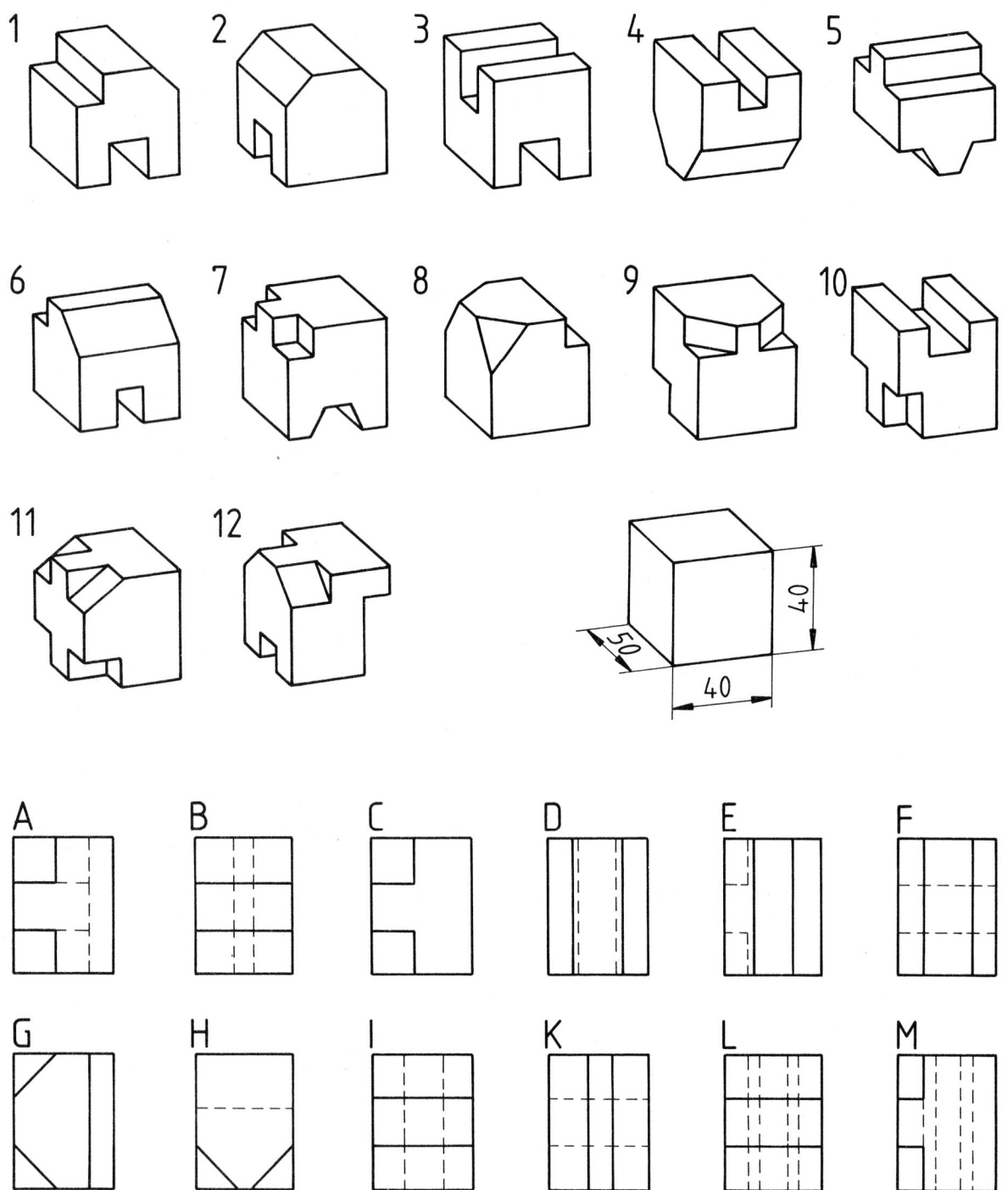

Aufgaben
1. **Ordnen Sie** in einer Tabelle alle Draufsichten den entsprechenden Perspektiven zu.
2. Skizzieren Sie die Prismen in den notwendigen Ansichten.

5.2 Axonometrische Projektionen

Neue technische Inhalte, Montageabläufe, Funktion und Aufbau technischer Geräte lassen sich mit Hilfe von Perspektiven leichter verstehen.
Technische Perspektiven (axonometrische Projektionen) **erfassen das Werkstück anders als sie das menschliche Auge sieht:** Für alle Perspektiven mit Kreisen und Rundungen braucht der Zeichner Schablonen.
Perspektiven werden oft freihändig skizziert. Als **Hilfsmittel** können dafür Liniennetze benutzt werden.

Die isometrische Projektion (DIN 5 T10)
Alle Höhen (H) sind senkrechte Linien.
Alle Breiten (B) und Tiefen (T) liegen im Winkel von 30 zur Waagerechten.
Die Kanten stehen im Verhältnis $B:H:T = 1:1:1$.

Die Würfelflächen werden dabei zu Rhomben. Die Rhomben sind deckungsgleich, ebenso die eingezeichneten Ellipsen.

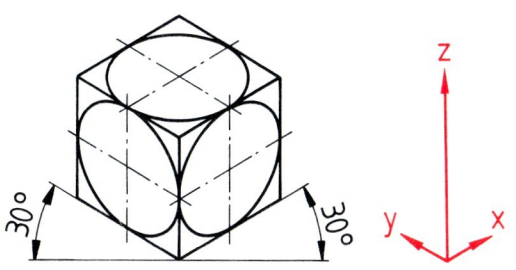
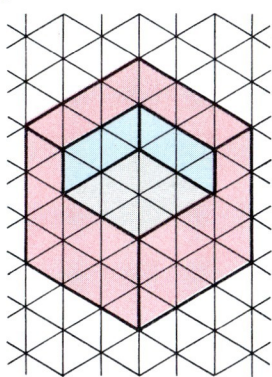

Die dimetrische Projektion (DIN 5 T10)
Alle Höhen sind senkrechte Linien.
Alle Breiten liegen im Winkel von 7° zur Waagerechten.
Alle Tiefen liegen im Winkel von 42° zur Waagerechten und werden verkürzt dargestellt.
Die Kanten stehen im Verhältnis $B:H:T = 1:1:0,5$.

Die Seitenfläche und die Deckfläche können beim Würfel als deckungsgleich angesehen werden, ebenso die eingezeichneten Ellipsen.

Die Projektion ermöglicht die günstigste Perspektive: Werkstücke sehen so aus, wie sie das menschliche Auge wahrnimmt.

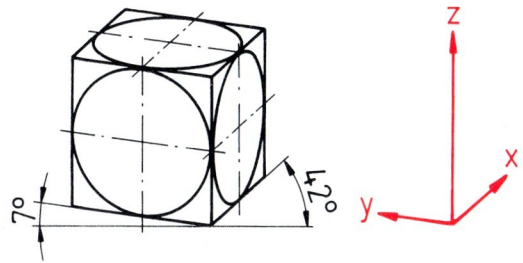
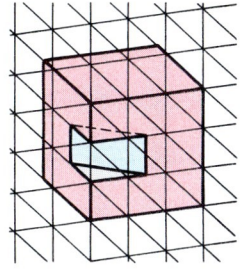
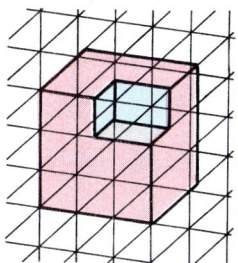

Die Kabinett-Projektion (DIN 5 T10)
Alle Höhen sind senkrechte Linien.
Alle Breiten liegen auf der Waagerechten.
Alle Tiefen liegen im Winkel von 45° zur Waagerechten und werden verkürzt dargestellt.
Die Kanten stehen im Verhältnis $B:H:T = 1:1:0,5$.

In der Vorderfläche bleibt der Kreis erhalten. Die Seitenfläche und die Deckfläche sind deckungsgleich, ebenso die Ellipsen.

Diese Projektion wird in der Praxis beim Anfertigen von Freihandskizzen häufig angewandt.

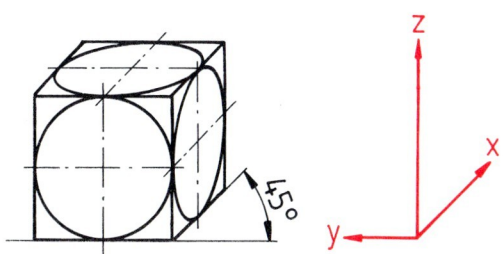
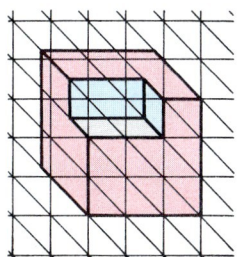
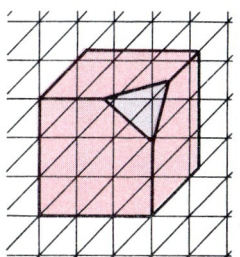

5.2 Axonometrische Projektionen — Aufgaben

Aufgaben

Skizzieren Sie zu den Aufgaben 1 bis 8 die Perspektiven.

Benutzen Sie bei Ihrer Arbeit den 5-mm-Raster als Hilfestellung. Die Skizzen müssen nicht exakt stimmen, sie sollen aber in ihren Proportionen zu den vorgegebenen Ansichten passen.

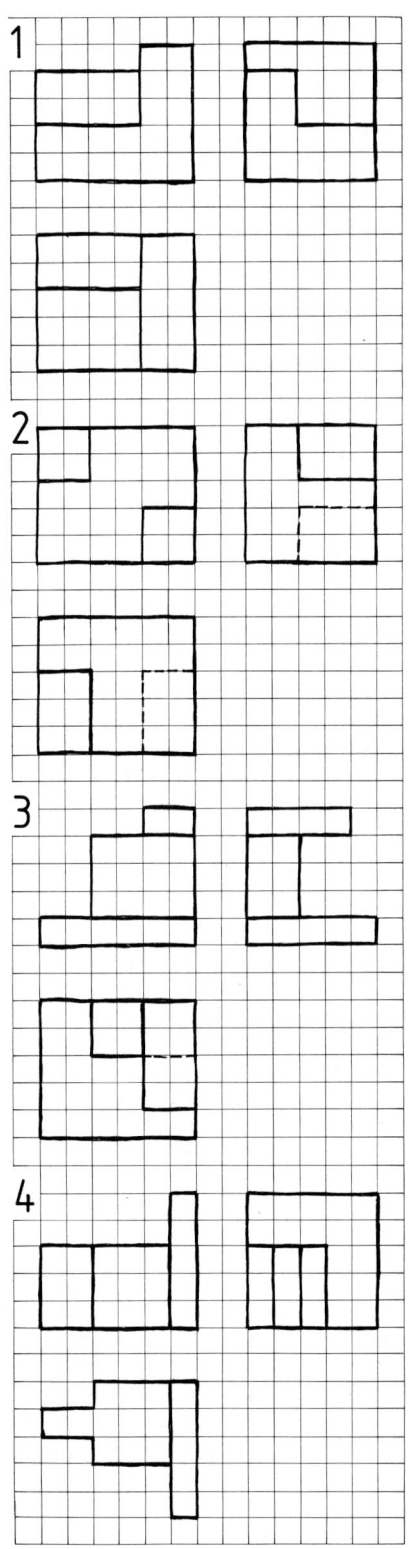
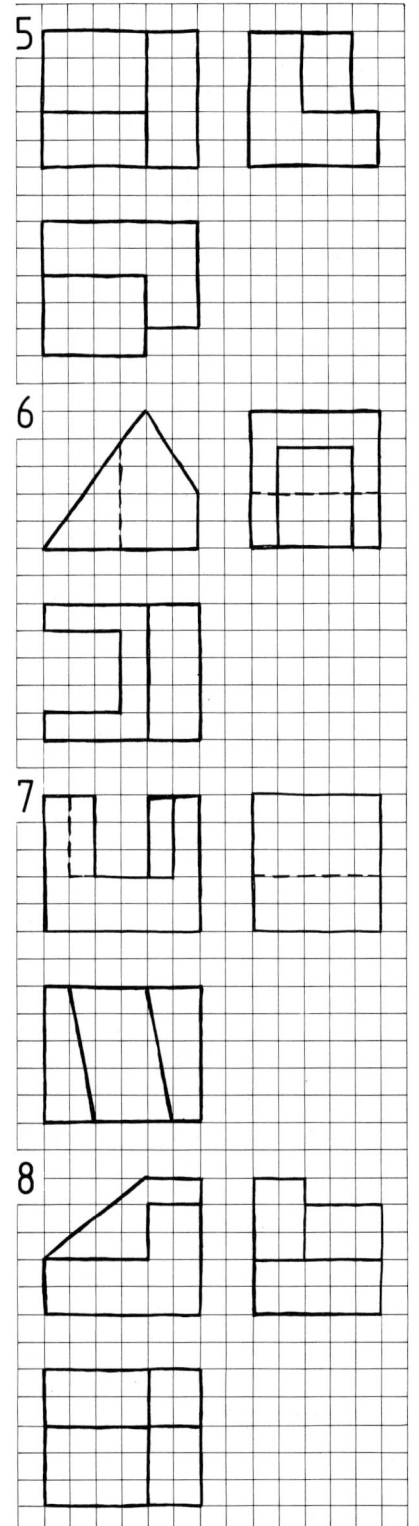

5.2 Axonometrische Projektionen — Aufgaben

Aufgaben

Skizzieren Sie zu den Perspektiven 1 bis 12 jeweils die notwendigen Ansichten.

Benutzen Sie bei Ihrer Arbeit den 5-mm-Raster als Hilfestellung. Die skizzierten Ansichten müssen nicht exakt stimmen, sie sollen aber in ihren Proportionen zu den vorgegebenen Ansichten passen.

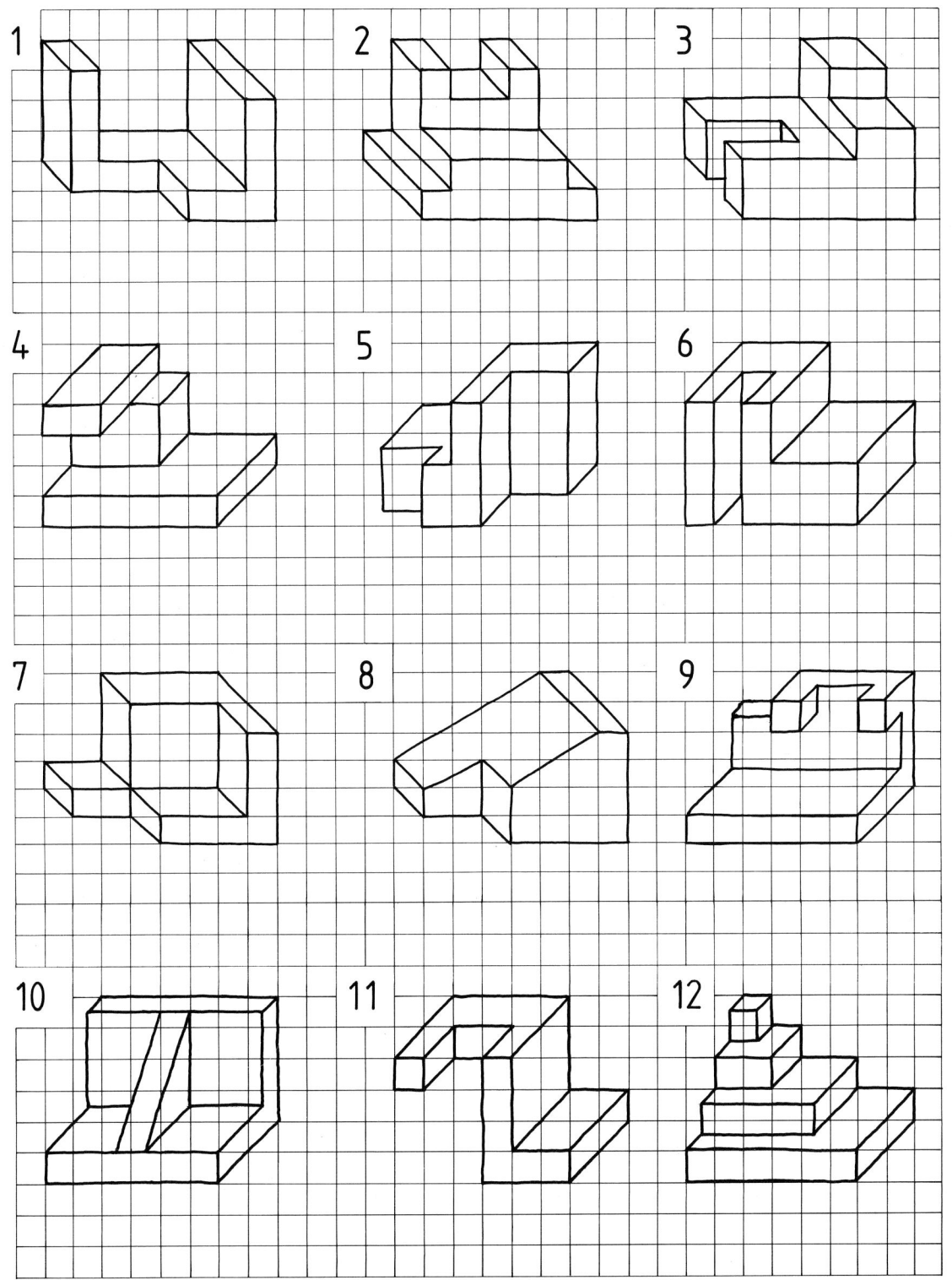

6 Form und Bemaßung von zylindrischen Formen und Werkstücken

6.1 Beispiele zur Einführung

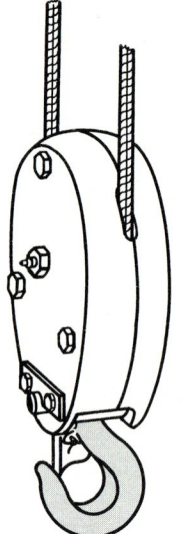

Unterflasche

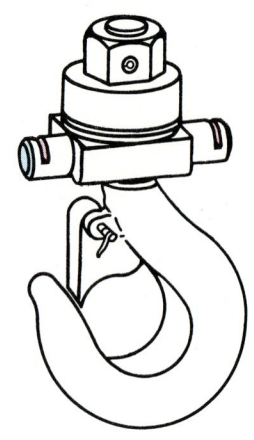

Baugruppe an der Unterflasche

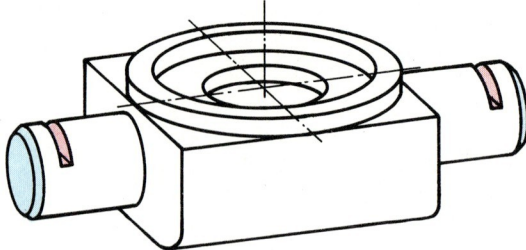

Traverse der Unterflasche

Von Gestalt und Bemaßung von Drehteilen und anderen zylindrischen Formen, wie Bohrungen, Langlöcher usw., handelt dieses Kapitel. Sie sollen diese Zusammenhänge in technischen Zeichnungen erkennen und Einzelteile nach Zeichnung anfertigen können.

In Maschinen, technischen Geräten und Apparaten nehmen zylindrische Werkstücke eine besondere Stellung ein: Sie sind grundsätzlich erforderlich für sich drehende Maschinenteile und deren Lagerung. Als bewegliche Teile haben sie keine vorstehenden Ecken und Kanten.

Zylindrische Werkstücke sind in der Regel leicht herstellbar: Sie können z.T. aus gezogenem Rundmaterial gefertigt werden. Bei reinen Drehteilen sind die inneren und äußeren Flächen gedreht bzw. gebohrt.

Häufig sind zylindrische Werkstücke erforderlich, die zusätzlich mit Nuten, Durchbrüchen, ebenen Flächen und sonstigen Ausfräsungen versehen sind.

Bevor Sie mit den folgenden Aufgaben beginnen, sehen Sie sich alle Zeichnungen auf dieser Doppelseite gründlich an.

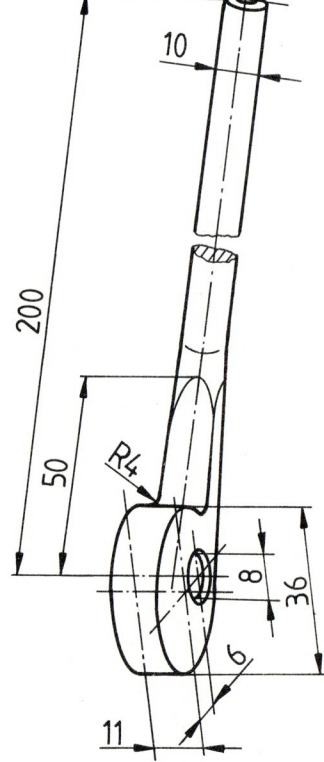

Exzenterhebel
Teil 4 der Biegevorrichtung

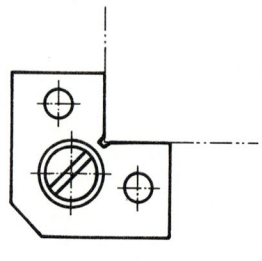

Positionswinkel

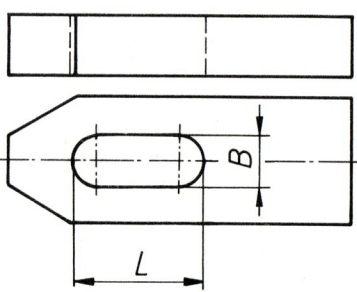

Spannstück

6.1 Beispiele zur Einführung

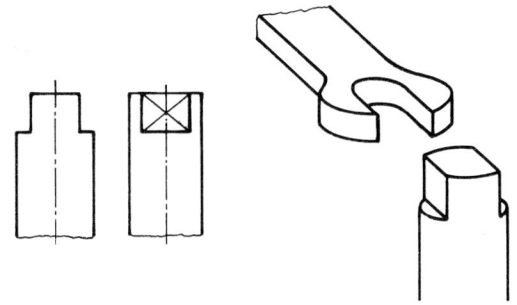

Maulschlüssel und Schlüsselweite an einem Wellenende mit Zapfen

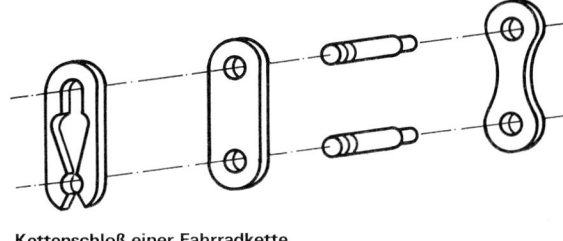

Kettenschloß einer Fahrradkette

Bolzen im Maßstab 1:1

Aufgaben

1. Versuchen Sie den Sinn und den technischen Zusammenhang möglichst vieler Teile auf dieser Doppelseite zu verstehen.
2. Welche Teile wurden hier vergrößert, welche wurden verkleinert dargestellt? Geben Sie für jeden Einzelfall eine Begründung.
3. Welche Teile bezeichnet man als Werkzeug?
4. Welche Teile gehören zu einer Vorrichtung?
5. Worin besteht die Aufgabe eines Positionswinkels?
6. Welche Teile kann man aus Rundmaterial herstellen?
7. Der Exzenterhebel besteht aus zwei Teilen, die durch Hartlötung verbunden sind. Bestimmen Sie die Länge des Hebels und die Lage der Lötstelle.
8. Welche Aufgabe haben die zwei Nuten in der Traverse?
9. Warum bilden die Maße 1; 0,7; 8,6 und 12 keine Maßkette?
10. Berechnen Sie die Masse für 1000 Kettenbolzen aus 28 Mn6.
11. Welche Aufgabe hat das Langloch im Spannstück?
12. Wozu dienen die kleinen Bohrungen im Positionswinkel?
13. Vergleichen Sie die Ringnut im Bolzen der Fahrradkette und in der Kolbenstange. Welchen Zweck haben beide?
Für welche Teile sind die Nuten vorgesehen?
14. In welches Bauteil wird ein Axiallager eingesetzt?
15. Beim **Fließformen** wird ein rotierender Dorn durch dünnwandiges Metall gedrückt. Welche Bedeutung haben die Durchmesser D_1, D_2 und D_3 am Dorn für den Arbeitsvorgang?

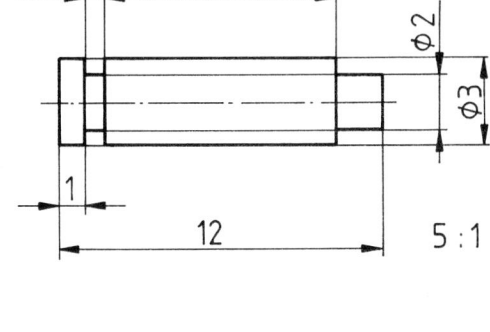

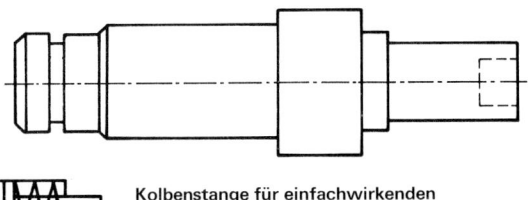

Kolbenstange für einfachwirkenden Kolbenzylinder (vgl. Kap. 8.4)

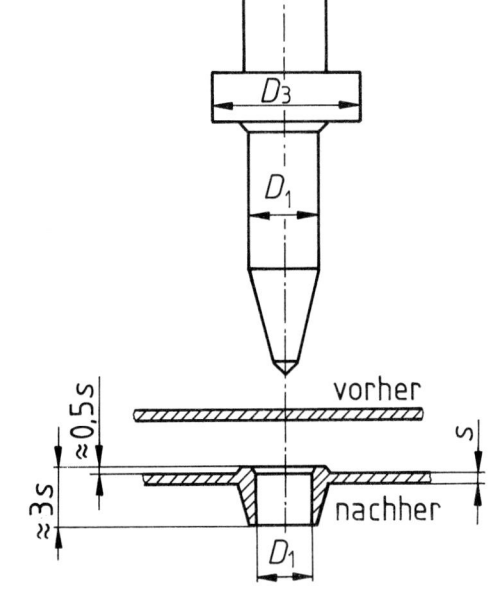

Fließlochformer

6.2 Zylindrische Werkstücke mit Ausfräsungen in drei Ansichten

Betrachten Sie die nebenstehende Perspektive: **Ausklinkungen** an zylindrischen, aber auch an prismatischen Werkstücken, **ergeben** in der Seitenansicht **besondere Kanten** und **Flächen**.

In technischen Zeichnungen kann man solche Werkstückformen gut erkennen und auf ihre Richtigkeit überprüfen, wenn man **drei** grundsätzliche **Möglichkeiten** unterscheidet:
- Die Ausklinkung liegt **auf** der Mittellinie,
- die Ausklinkung liegt **links** von der Mittellinie,
- die Ausklinkung liegt **rechts** von der Mittellinie.

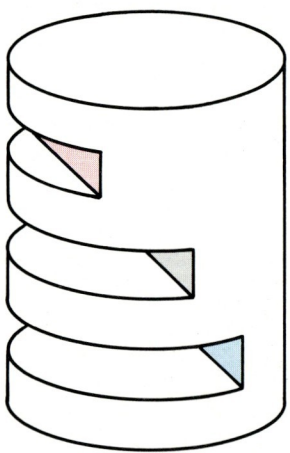

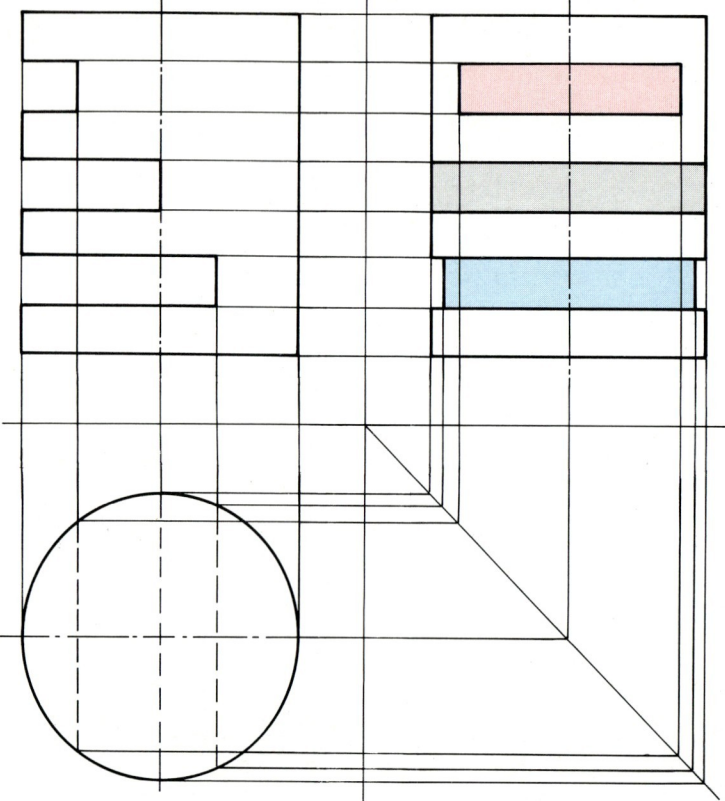

Die mathematische Betrachtungsweise, genau drei Fälle zu unterscheiden, wird kurz **Fallunterscheidung** genannt. Fallunterscheidung besagt hier, daß jedes beliebige Beispiel auf genau eine der drei Möglichkeiten zutrifft.

Die Darstellung zeigt diese **drei Möglichkeiten** an einem zylindrischen Werkstück.

Fallunterscheidungen werden in diesem Buch für das Zeichnungslesen genutzt.

Auf der Nebenseite sind vier Grundkörper in Vorderansicht und Draufsicht gezeichnet:
Zylinder, Vierkantprismen, Fünfkantprismen und Sechskantprismen.
In allen vier Grundkörpern sind die Möglichkeiten verwirklicht, die wir auf dieser Seite entwickelt haben:
- Ausfräsungen, die **vor** der Mittellinie liegen,
- Ausfräsungen, die **bis** zur Mittellinie reichen,
- Ausfräsungen, die **über** die Mittellinie hinausreichen.

Aufgaben

1. Fertigen Sie eine Tabelle an, und ordnen Sie die Vorderansicht und Draufsicht der Körper je einer Perspektive zu.
2. Skizzieren Sie die zwölf Aufgaben in Vorderansicht, Seitenansicht und Draufsicht. Nutzen Sie dabei alle Vorteile, die Sie hier kennengelernt haben.
3. Vergleichen Sie die zwölf Lösungen miteinander.
   Stellen Sie fest, welche der zwölf Darstellungen von den übrigen abweicht. Begründen Sie diese Abweichung.

Anwendungen der Fallunterscheidung — Aufgaben

Zeichnungslesen / Skizzierübung

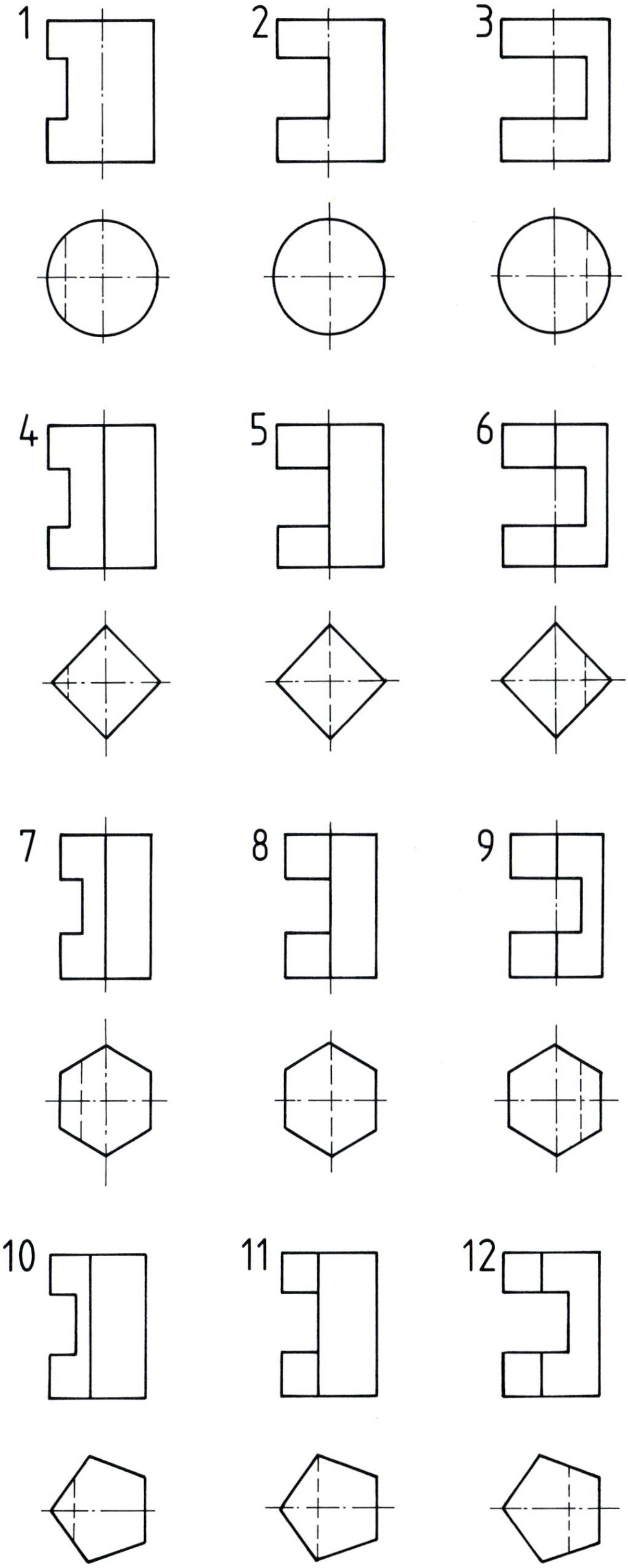

Anwendung der Fallunterscheidung

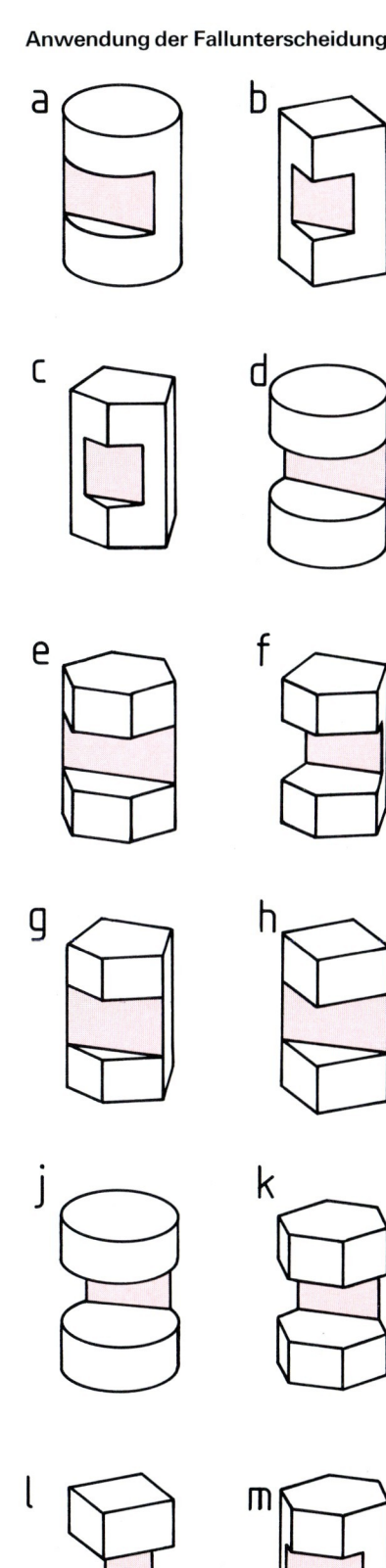

6.3 Bemaßung von Drehteilen, Bohrungen, Rundungen und Kugeln

Zylindrische Teile erhalten grundsätzlich eine Mittellinie. Eine solche Mittellinie hilft in einer Zeichnung beim Erkennen von Bohrungen, Drehteilen, Rundungen und Kugeln.

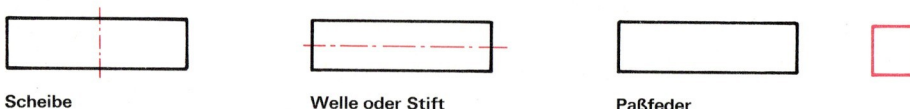

Bemaßungsregeln

- Bei **Drehteilen**

werden die Maße angegeben, die die zylindrische Form bestimmen
– Kreisdurchmesser
– Länge

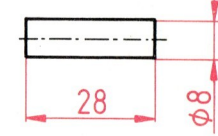

Ist die Kreisform nicht zu erkennen, muß ein **Durchmesserzeichen** vor die Maßzahl geschrieben werden.

- Bei **Bohrungen**

werden die Maße angegeben, die die zylindrische Form (Formmaße) und die Lage (Lagemaße) bestimmen.
– Kreisdurchmesser (d)
– Lage des Mittelpunkts (x; y)
– Tiefe (z)

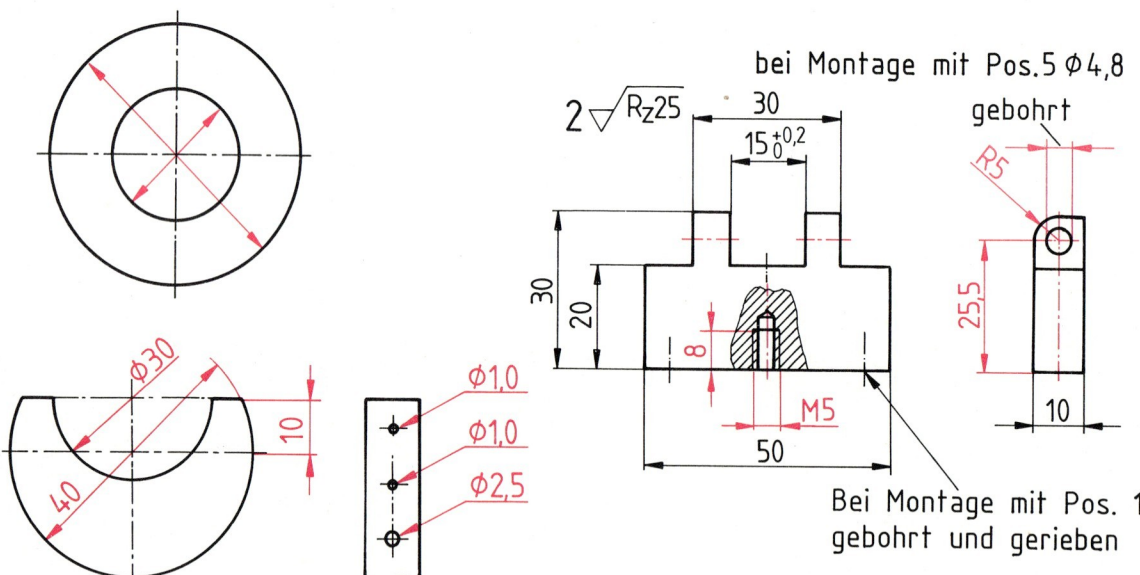

- Bei **Rundungen**

erhält der Radius nur einen Maßpfeil, der auf die Körperkante zeigt.

Die Maßlinie verläuft in Richtung zum Mittelpunkt; vor die Maßzahl muß ein R geschrieben werden.

6.3 Bemaßung von Drehteilen, Bohrungen, Rundungen und Kugeln — Aufgaben

- Bei **Kugeln**

muß vor dem ⌀-Zeichen oder dem R der Zusatz Kugel stehen.

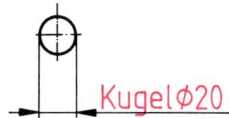

Winkelangaben:

Winkelangaben müssen von unten und von rechts zu lesen sein. Im schraffierten Bereich sollten möglichst keine Maße eingetragen werden.

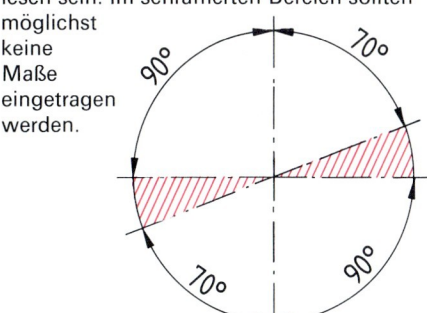

Aufgaben

Skizzieren oder zeichnen Sie die Werkstücke in den notwendigen Ansichten. Tragen Sie jeweils eine fertigungsgerechte Bemaßung ein.

Segmentstück

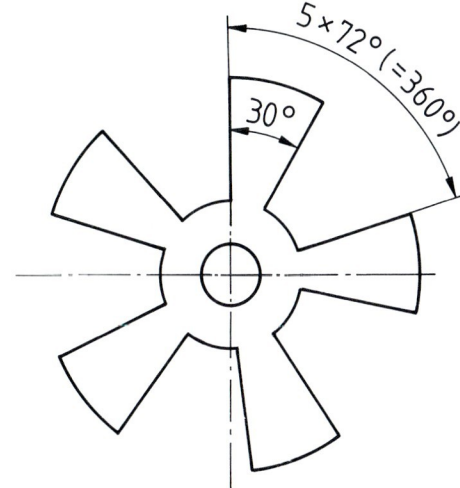

Außendurchmesser	80 mm
Innendurchmesser	30 mm
Nabendurchmesser	12 mm
Tiefe	1 mm

Sterngriff

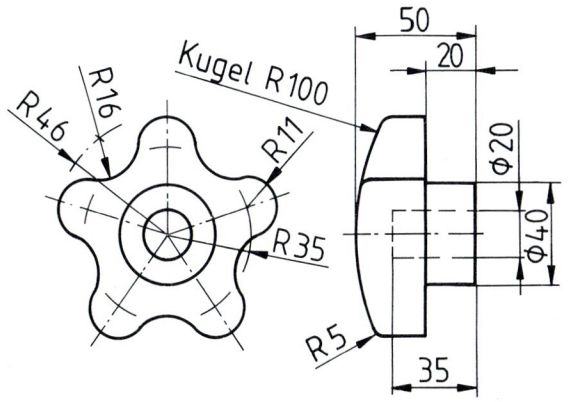

Schwenksegment
$t = 8$

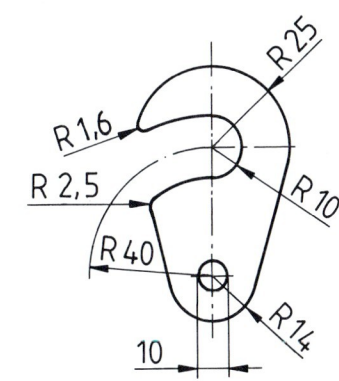

Anschlußstück

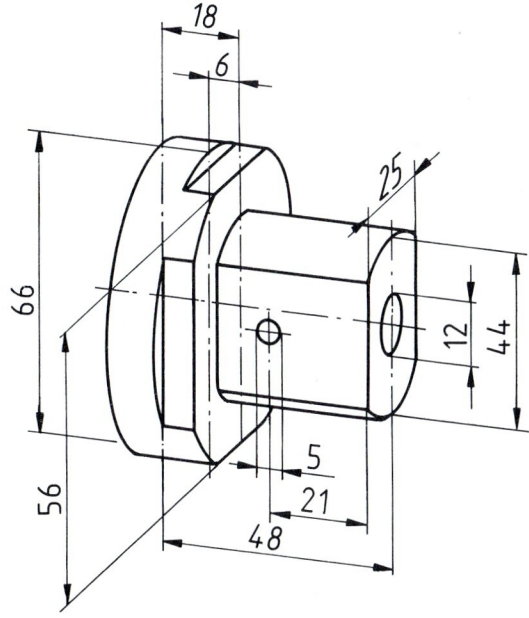

6.4 Symbole in technischen Zeichnungen

6.4.1 Darstellung der Oberflächenbeschaffenheit in technischen Zeichnungen

Werkstücke müssen Qualitätsansprüchen genügen; dazu gehört auch die Beschaffenheit der Oberfläche.
In DIN ISO 1302, das ist eine von der Bundesrepublik übernommene internationale Norm, ist die Darstellung der Oberflächenbeschaffenheit in technischen Zeichnungen festgelegt.

Grundsymbol

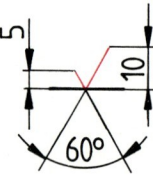

für die Linienbreite 0,5 mm

Spezielle Symbole

spanend (materialabtrennende Bearbeitung)

spanlos oder im Zustand der vorhergehenden Bearbeitung belassen

bei besonderen Angaben z.B. R_z erhält das Symbol eine waagerechte Linie.

Beispiele für das Eintragen von R_a- und R_z-Werten

Es gibt zwei Verfahren:
1. Die Kennzeichnung des Mittenrauhwertes R_a.
2. Die Kennzeichnung der gemittelten Rauhtiefe R_z.

Die Oberflächensymbole sind für beide Verfahren gleich.
Symbole müssen an alle zu kennzeichnenden Flächen geschrieben werden, auch beiderseits von Mittellinien.

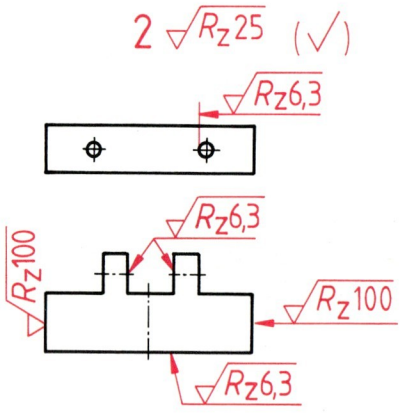

Rauhtiefe R_z
Die Symbole müssen von unten und rechts zu lesen sein.

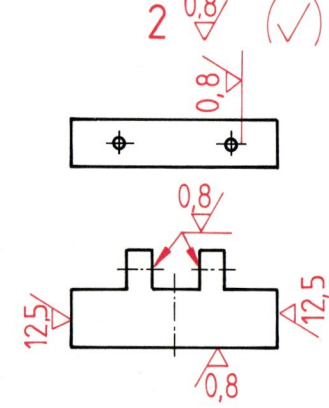

Mittenrauhwert R_a
Die Lage der Symbole ist frei. Nur die Angaben müssen von unten und rechts zu lesen sein.

6.4.2 Weitere Symbole in technischen Zeichnungen

Das Quadratzeichen

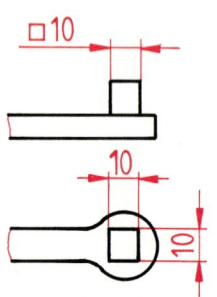

Das **Quadratzeichen** kennzeichnet eine quadratische Form, wenn diese aus der gezeichneten Ansicht nicht erkennbar ist.

Beispiel
für die Ausführung: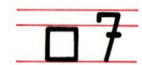

Zu bevorzugen ist eine Maßeintragung in der Ansicht, in der die quadratische Form erkennbar ist.

6.4 Symbole in technischen Zeichnungen — Aufgaben

Das Diagonalkreuz

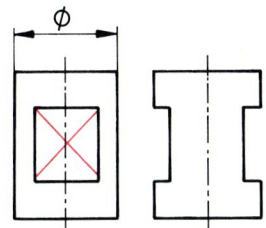

Das **Diagonalkreuz** kennzeichnet eine ebene Fläche an einem Drehteil oder an einem zylindrischen Teil eines Werkstücks. Wird ein solches Werkstück in nur einer Ansicht dargestellt, muß ein Diagonalkreuz gezeichnet werden.

Das Diagonalkreuz wird mit schmalen Volllinien gezeichnet.

Die Fase

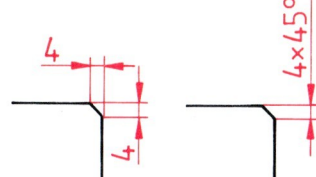

Fasen mit einem Winkel von 45° dürfen in vereinfachter Form bemaßt werden. Solche Fasen kommen an prismatischen und zylindrischen Werkstücken vor.

Die Bruchlinie bei zylindrischen Teilen

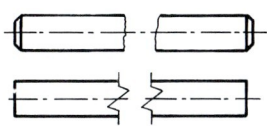

Lange Werkstücke können abgebrochen dargestellt werden, wenn dadurch keine Mißverständnisse entstehen.

Aufgaben

1. Zeichnen und bemaßen Sie den Bolzen in der Vorderansicht, in der Draufsicht und in den Seitenansichten von rechts und links. Verdeckte Kanten sollen nicht gezeichnet werden. Ebene Flächen werden mit einem Diagonalkreuz gekennzeichnet.

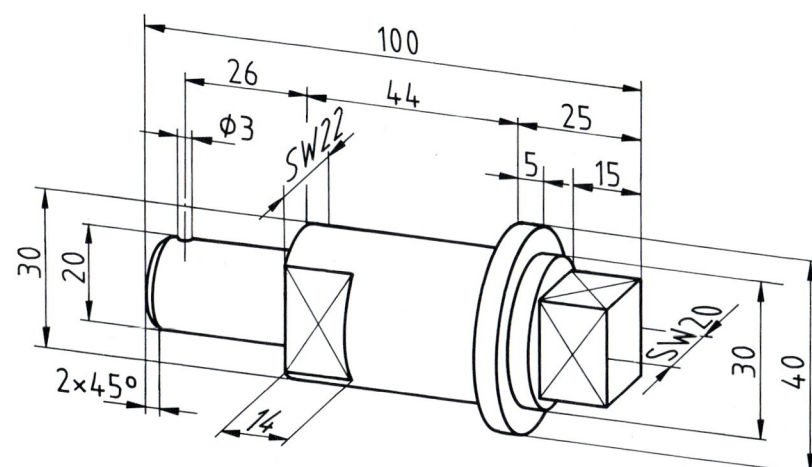

Kontrollaufgaben: 1. Notieren Sie, ob die Darstellung A oder B falsch ist.
2. Begründen Sie Ihre Entscheidung schriftlich.

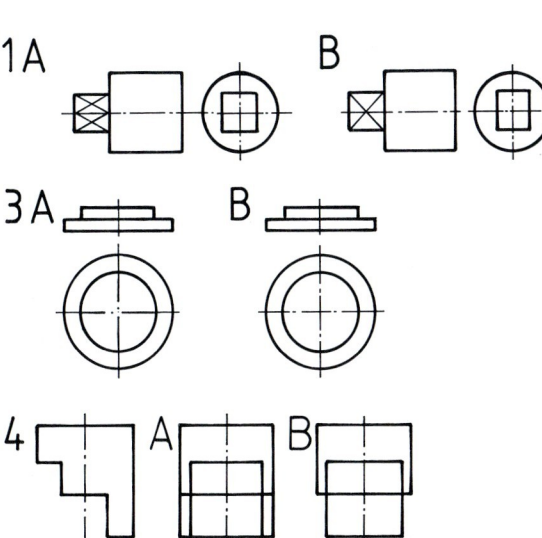

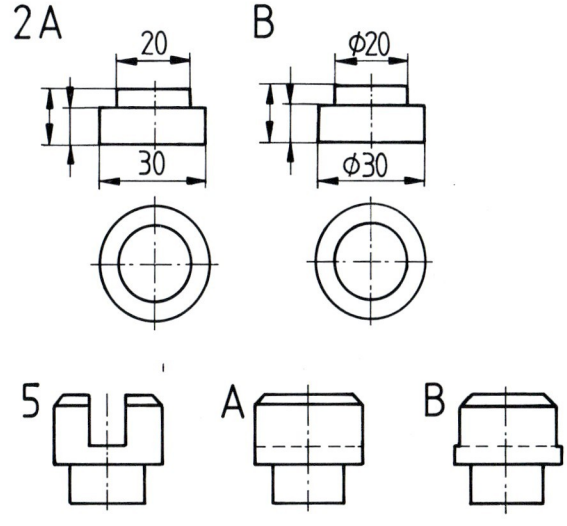

7 Darstellungen im Vollschnitt

7.1 Beispiele zur Einführung

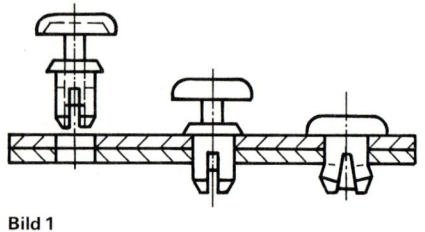

Bild 1

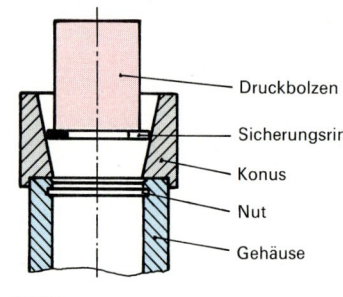

– Druckbolzen
– Sicherungsring
– Konus
– Nut
– Gehäuse

Bild 2

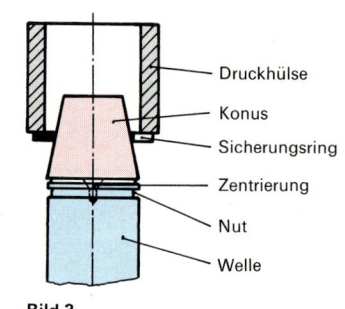

– Druckhülse
– Konus
– Sicherungsring
– Zentrierung
– Nut
– Welle

Bild 3

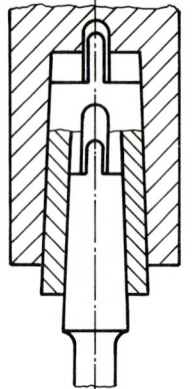

Bild 12

Werkstücke und kleinere Geräte sind auf dieser Doppelseite im „Schnitt" dargestellt.

Durch die Schnittdarstellung sind die Einzelteile im Innern einer Baugruppe gut zu unterscheiden, so daß die meisten technischen Zusammenhänge erkennbar werden.

Gesamt-Zeichnungen enthalten in der Regel keine Maße, also auch keine Durchmesserzeichen. Zylindrische Werkstücke, wie Wellen und Achsen, erkennt man aber in Verbindung mit anderen Teilen häufig an der Mittellinie und den umgebenden Teilen, wie z.B. Zylinderbuchsen, Kegelhülsen, Lagerschalen usw.

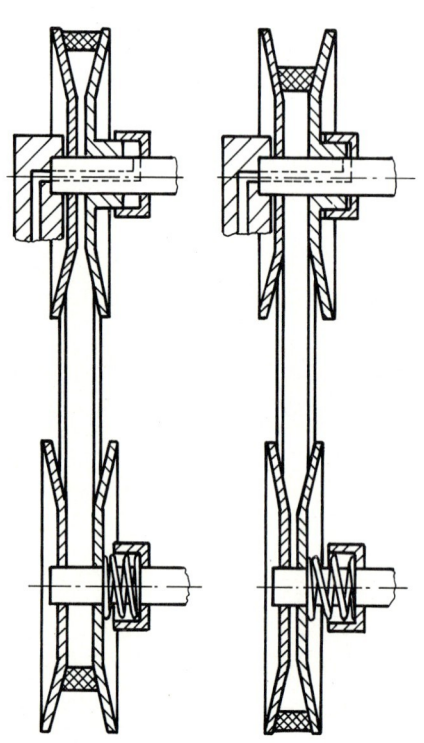

Bild 11

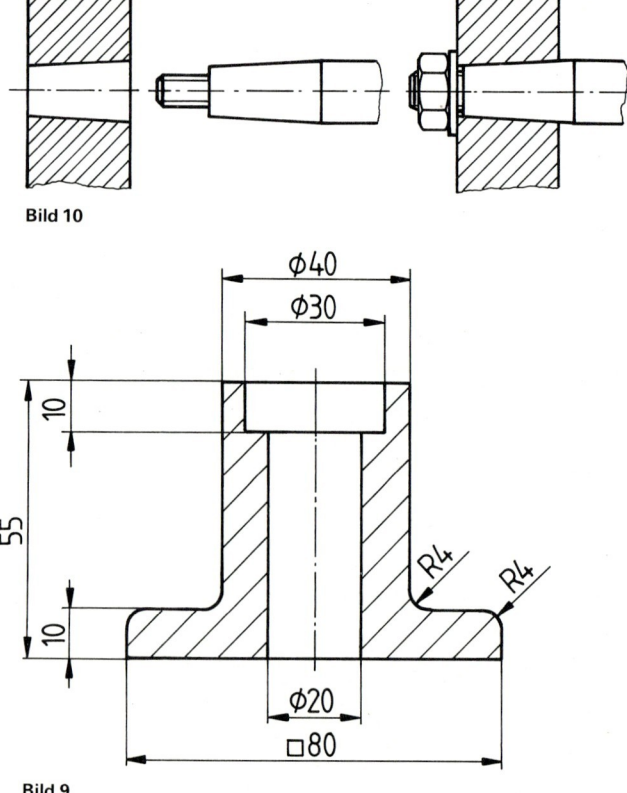

Bild 10

Bild 9

7.1 Beispiele zur Einführung — Aufgaben

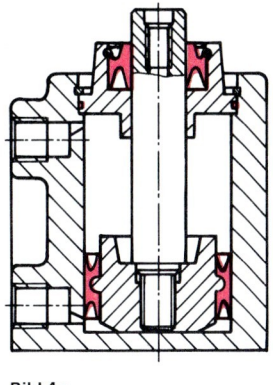

Bild 4a

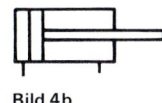

Bild 4b

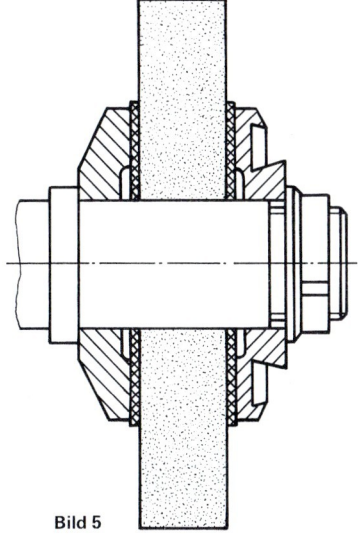

Bild 5

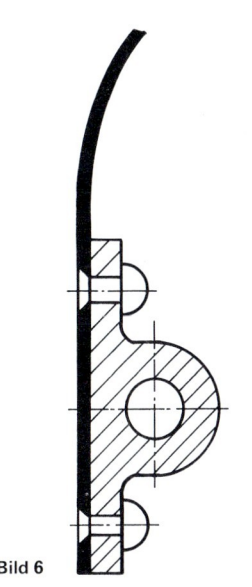

Bild 6

Aufgaben

1. Ordnen Sie in einer Tabelle die Benennungen den Abbildungen 1 bis 12 dieser Doppelseite zu: Schleifscheibe, Kolbenbolzen-Lagerung, konisches Wellenende, Standlager, Schutzhauben-Befestigung, Anschlußstück für ein Belüftungssystem, Blech-Verbindung durch Spreizniete, doppeltwirkender Kolbenzylinder, Spiralbohrer mit Reduzierhülse, stufenloses Getriebe, Montage-Zeichnung für Sicherungsring.

   Hinweis: Von der Schutzhaube einer Drehmaschine ist nur ein kleiner Abschnitt gezeichnet.

2. Deuten Sie die unterschiedlichen Schraffuren (45°-Linien) in den Bildern 5, 7, 11 und 12.
3. Warum sind in den Zeichnungen 5, 7, 10 und 12 einige Flächen nicht schraffiert?
4. Wie werden dünne Werkstücke im Schnitt dargestellt?
5. In welchen Fällen hat sich die Schraffur-Richtung geändert?
6. Nach welcher Methode wurden hier Druckfedern gezeichnet?
7. Berechnen Sie die Masse für das Standlager aus GG15 (Bild 9).
8. Was wird in den Bildern 2 und 3 erklärt?
9. Wie sind in den Bildern 4, 5 und 11 nichtmetallische Bauteile im Schnitt dargestellt?

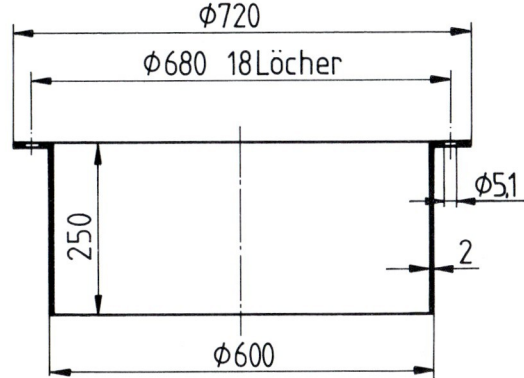

Bild 8

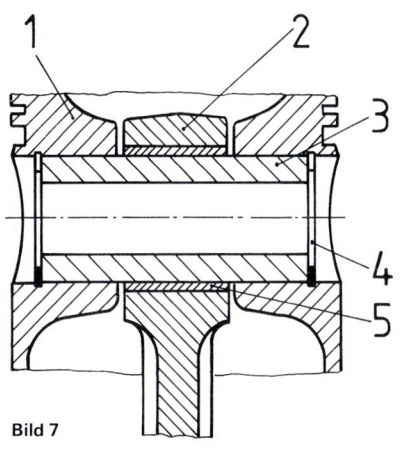

Bild 7

7.2 Regeln zur Schnittdarstellung

Je nach Art und Verlauf des Schnittes unterscheidet man zwischen Vollschnitt (Beispiele Kap. 7.1), Halbschnitt (Kap. 9.1) und Teilschnitt (Kap. 9.4).

Durch den Schnitt werden auch die in der Schnittebene liegenden inneren Kanten sichtbar und als solche gezeichnet: Im Beispiel sind es die beiden äußeren Bohrungen und die Mittelbohrung. Die Ringfläche der Senkung dient als Auflagefläche für den Kopf einer Zylinderschraube. Diese Fläche erscheint als umlaufende Kante.

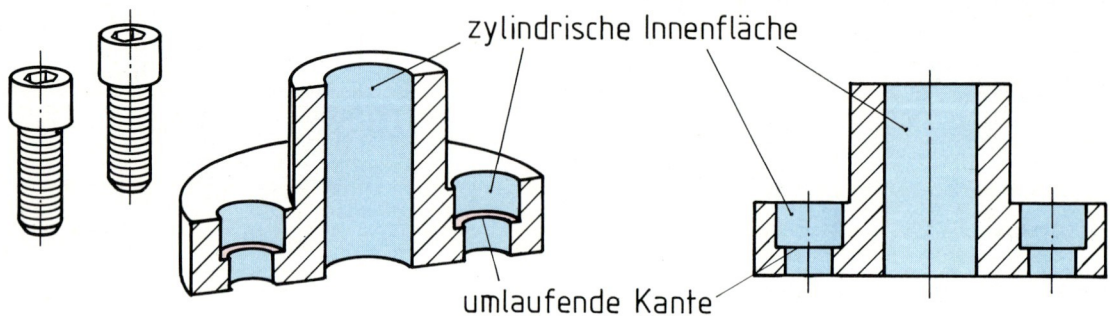

Vollschnitt und Schnittebene

Bei der Darstellung eines Werkstücks im Schnitt denkt man sich das Werkstück aufgeschnitten (aufgesägt) und zeichnet nur den aufgeschnittenen Teil.

Ein Schnitt ist eine vorgestellte Zerlegung eines Werkstücks. Die dabei entstehende Ebene im Werkstück wird als Schnittebene bezeichnet.

Die Schnittebene wird mit schmalen Vollinien schraffiert. Diese Schraffur hat einen Winkel von genau 45° zur Achse oder zu den Hauptabmessungen des Werkstücks. Durch die Schraffur lassen sich die vorgestellten Schnittflächen von vorhandenen (wahren) Flächen am Werkstück unterscheiden.

Schraffurlinien sind halb so breit wie sichtbare Kanten, also 0,35 mm bei 0,7 mm breiten sichtbaren Kanten.

Verdeckte Kanten entfallen bei der Schnittdarstellung.

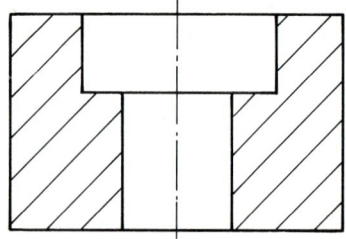 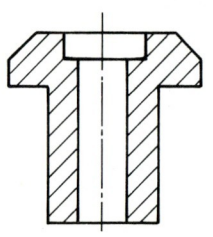 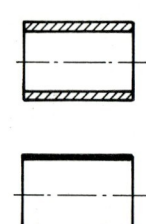

Je größer die Schnittfläche ist, desto weiter soll der Abstand der Schraffurlinien untereinander sein. Ganz dünne Werkstücke werden in Schnittdarstellungen geschwärzt.

Angrenzende Schnittflächen verschiedener Teile

In einer Baugruppe kann man die Einzelteile schon an ihrer unterschiedlichen Schraffur deutlich voneinander unterscheiden:

Teile, die aneinanderstoßen, werden abwechselnd nach rechts und nach links mit einer 45°-Schraffur gezeichnet.

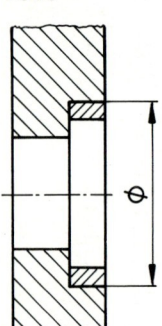

Lagerring

Schraffierte Flächen innerhalb eines Werkstücks

Wenn man ein Werkstück im Schnitt darstellt, müssen fast immer mehrere Flächen schraffiert werden. Die Schraffur wird dabei in gleicher Richtung und mit gleichem Abstand gezeichnet. Dies gilt auch, wenn die Flächen weit auseinander liegen oder auf mehrere Ansichten verteilt sind.

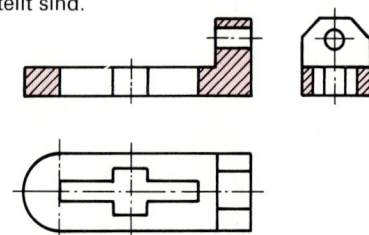

Riegel

7.2 Regeln zur Schnittdarstellung (DIN 6) — Aufgaben

Teile, die nicht geschnitten werden dürfen (DIN 6)

Sowohl **Normteile** als auch die nichtgenormten **Vollkörper**, wie Wellen, Achsen, Stempel usw. werden nicht geschnitten, weil sonst zu viele Flächen schraffiert werden müssen.

Außerdem ergibt ein Schnitt durch einen Vollkörper keine neuen Informationen. Weil Normteile und Vollkörper nicht geschnitten werden, bleiben Schnittzeichnungen übersichtlich; so wird das Zeichnungslesen erleichtert.

Die Kenntnis von **Normteilen** wird ohnehin vorausgesetzt. Im Zweifelsfall informiert man sich in Normblättern oder Katalogen.

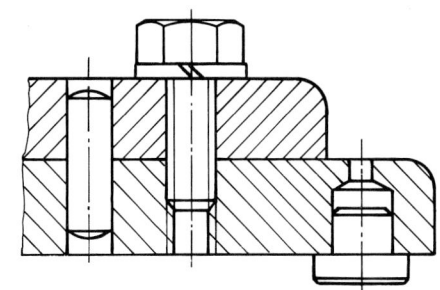

Aufgaben

1. Wie viele Einzelteile in den Abbildungen 5, 10 und 12 auf der Doppelseite 328 und 329 sind nicht geschnitten?

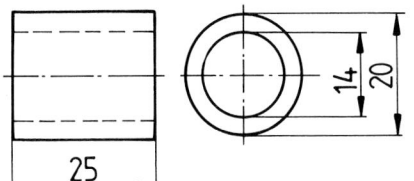

2. Vergleichen Sie die beiden Zeichnungen einer Distanzbuchse.
Welche Vorteile hat hier die Schnittdarstellung?

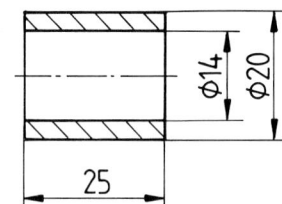

Kontrollaufgaben: 1. Notieren Sie, ob Darstellung A oder B falsch ist.
2. Begründen Sie Ihre Entscheidung schriftlich.

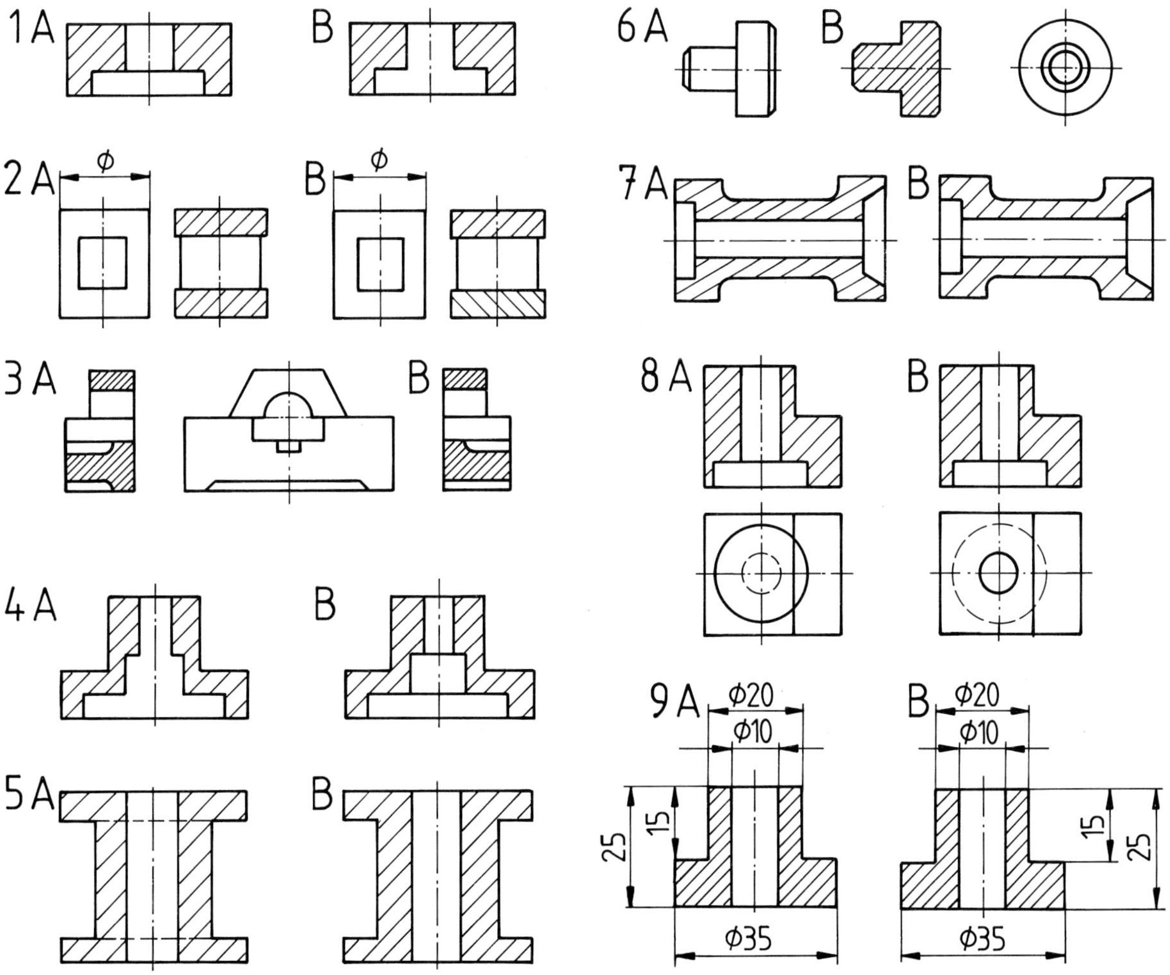

7.3 Zylindrische Werkstücke im Schnitt

Vergleichen Sie in allen drei Abbildungen die Bohrung ⌀40. Die umlaufende Kante erscheint im rechten Bild

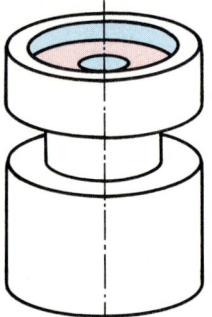
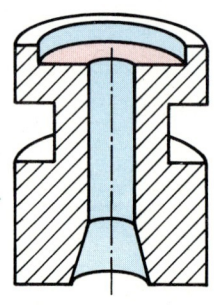
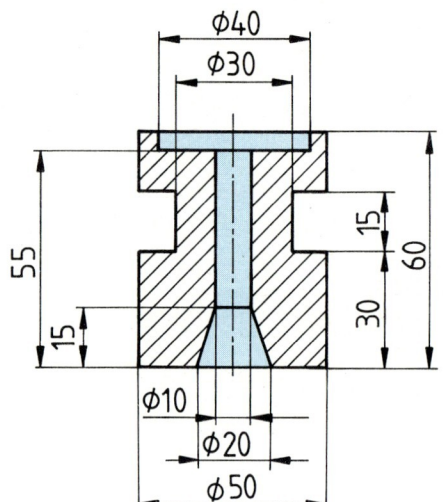

nur noch als Vollinie. Solche Kanten werden beim Zeichnen oft vergessen.

Drehteile mit inneren Konturen werden im Schnitt dargestellt. Es erleichtert die Fertigung, wenn die Bemaßung gut aufgeteilt wird.

Zu trennen sind: Maße der inneren und äußeren Form; Maße für Zylinderform und Längenmaße; Maße für die Form und Maße für die Lage (Ring ⌀30 × 15).

Aufgaben

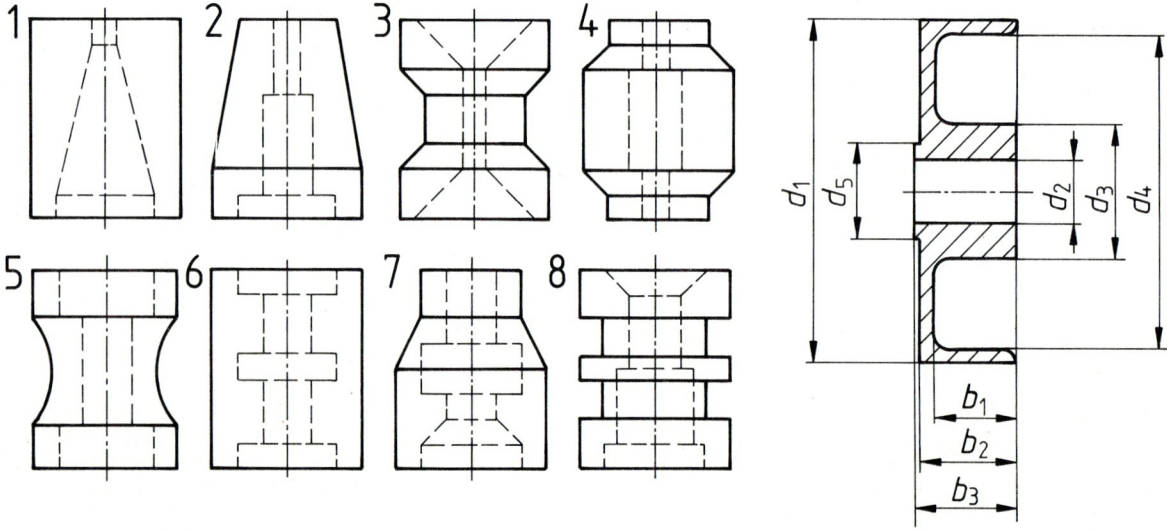

1. Zeichnen Sie aus jeder Reihe ein Werkstück:

   aus Reihe 1: Vorderansicht im Schnitt und Draufsicht, ohne Bemaßung,

   aus Reihe 2: Vorderansicht im Schnitt, mit Bemaßung.

   Grundmaße für Teil 1 bis 8: ⌀50 × 65.

   Die übrigen Maße sind frei zu wählen, sie sollen aber durch fünf teilbar sein.

2. Zeichnen und bemaßen Sie auf einem A4-Blatt eine Riemenscheibe. Benutzen Sie die nebenstehende Tabelle.

   Wenn Sie eine Scheibe auswählen, deren Außendurchmesser größer als 200 mm ist (d_1 = 200 mm), müssen Sie entweder im Maßstab 1:2 verkleinern oder ein größeres Papierformat wählen.

d_1 mm	d_2 mm	d_3 mm	d_4 mm	d_5 mm	b_1 mm	b_2 mm	b_3 mm
160	45	70	140	50	50	60	62
200	50	80	180	58	65	75	77
250	60	95	225	70	83	95	97
315	80	130	285	78	103	118	120
400	90	145	370	90	135	150	153
500	100	160	465	115	173	190	193
630	120	190	580	125	211	236	240
710	140	220	660	140	240	265	269

Zeichnen Sie die Rundungen nach der Formel $(b_2 - b_1):2$.

7.4 Werkstücke, die in einer Ansicht eindeutig dargestellt werden können

Ausführliche Darstellung
Das dargestellte Zwischenstück verbindet Maschinenteile miteinander.

Oben sehen Sie die ausführliche Darstellung, darunter die genormte, vereinfachte Darstellung in nur einer Ansicht.

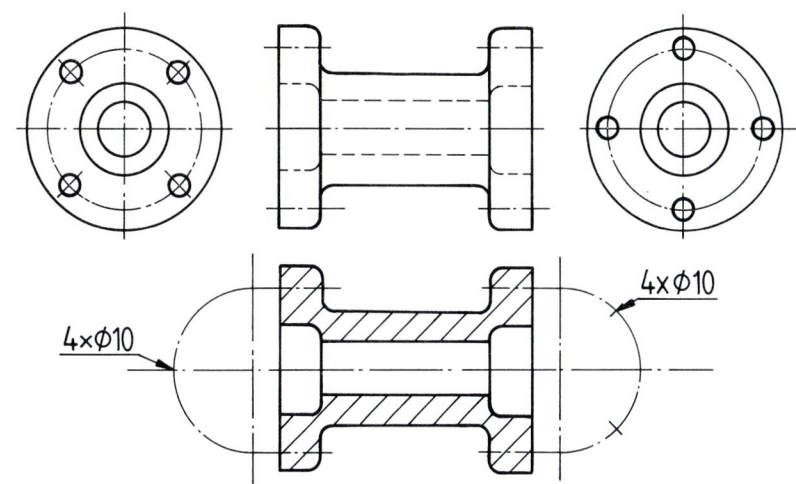

Vereinfachte Darstellung nach DIN 6 Teil 1

Eingeklappte Lochkreise: Durch sie wird die richtige Lage der Bohrungen dargestellt, ohne daß eine zusätzliche Ansicht gezeichnet werden muß.
Bei Schnittdarstellungen von Flanschen werden die Löcher in die Schnittebene gedreht, um Verzerrungen der Darstellung zu vermeiden und die Formen der Löcher erkennbar zu machen.
Die Lochkreise werden als schmale Strich-Punkt-Linien ausgeführt. Das Mittellinienkreuz des Lochkreises wird aus dem Schnitt herausgezogen; die Lage der Bohrungen wird durch schmale Teilstriche markiert.

Eingeklappte Querschnitte: Typische Querschnitte können nach nebenstehendem Beispiel in die Zeichenebene geklappt werden.
Nach DIN 6 werden in die Zeichenebene geklappte Schnittflächen in schmalen Vollinien ausgeführt.

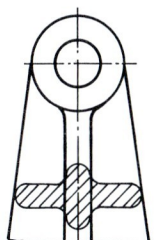

Es gibt drei Möglichkeiten, Werkstücke in einer Ansicht eindeutig darzustellen:

1. Kennzeichnung durch Hinzufügen eines Wortes oder seiner Abkürzung
   - bei Blechen durch die Angabe Tiefe (Dicke), z.B. $t = 10$
   - bei kugelförmigen Werkstücken durch die Angabe „Kugel", z.B. Kugel ∅ 80, Kugel R 20

2. Kennzeichnung durch ein Kurzzeichen (Symbol)
   - Zylindrische Werkstücke erhalten ein ∅-Zeichen, z.B. ∅ 25
   - Werkstücke mit quadratischem Querschnitt erhalten ein kleines Quadrat, z.B. □ 12
   - Hervorhebung ebener Flächen durch Diagonalkreuze

3. Kennzeichnung durch Einklappen einer zweiten Zeichenebene in die Ansicht des Werkstücks
   - bei Lochkreisen, wie auf dieser Seite oben eingeführt
   - bei Flanschformen
   - bei markanten Querschnitten mit eingeklapptem Querschnitt

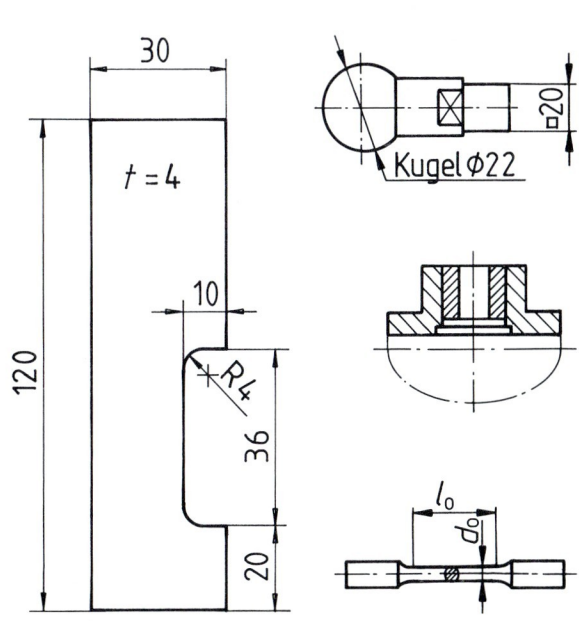

7.5 Anwendungen der Schnittdarstellung

Sicherheitsschloß: Funktion und Aufbau

Sie sollen sich zunächst von den Vorteilen der Schnittdarstellung überzeugen. Als Beispiel dienen hier Aufbau und Funktion eines Sicherheitsschlosses.

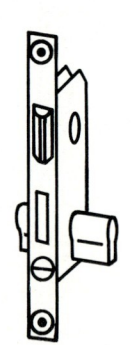 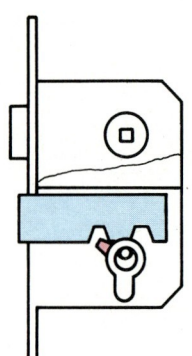 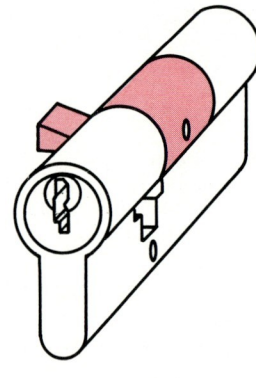

Der Blick in das Innere zeigt, wie Schlüssel, Schließzylinder und Zuhaltungen ineinandergreifen und wie das Schloß funktioniert. Weitere Einzelteile heißen: Grundkörper, Feder, Mitnehmer für Riegel, Sicherungswippe, Zylinderstift.

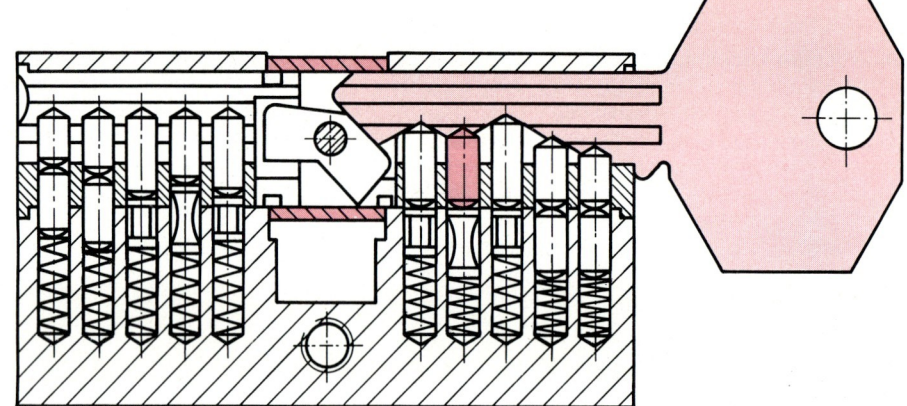

Nach DIN 18252 gilt: (Das ist die Deutsche Normvorschrift für Schließzylinder mit Stiftzuhaltungen.)

Für Schließzylinder mit wenigstens fünf Stiftzuhaltungen müssen sich aus den Stufensprüngen der Schlüsseleinschnitte, also aus den unterschiedlichen Längen der Stifte, mindestens 30000 unterschiedliche Schließungen ergeben.

Es müssen also mehr als 30000 Schlösser für das gleiche Schlüsselprofil (s. Seitenansicht des Schlosses) hergestellt sein, bis sich zwei Schlösser gleichen dürfen.

Aufgaben

1. Wieviele bewegliche Bauteile erkennen Sie in der Zeichnung? Lösungskontrolle: Die Anzahl der Bauteile hat die Quersumme „7".

2. Wie wird das Sicherheitsschloß im Schloßkasten befestigt?

3. Warum ist im Grundkörper dieser rechteckige Durchbruch eingefräst?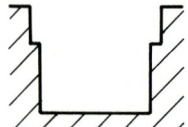

4. Wie ist diese Rundung am Schloß entstanden und welchen technischen Zweck erfüllt sie?

5. Beschreiben Sie den Aufbau und die Funktion des Sicherheitsschlosses, und erklären Sie dabei, durch welche Maßnahmen die Sicherheit durch das Schloß gegeben ist.

6. Kann man dieses Schloß bei eingestecktem Schlüssel von der Gegenseite öffnen?

7. Läßt sich das Schloß öffnen und schließen, wenn der farblich gekennzeichnete Stift versehentlich nicht eingesetzt wurde?

7.5 Anwendungen der Schnittdarstellung

Windeisen

1. Lesen Sie die Zeichnung „Windeisen" und versuchen Sie
   - die Form der Einzelteile zu erkennen,
   - das Zusammenwirken der Teile zur Funktion zu erkennen,
   - die Arbeitsschritte für den Zusammenbau zu bestimmen.

   Lösen Sie die beiden letzten Aufgaben schriftlich.
2. Skizzieren Sie Pos. 4 in den notwendigen Ansichten. Die Vorderansicht ist im Schnitt darzustellen.

Doppeltwirkender Kolbenzylinder

1. Vergleichen Sie die Schnittzeichnung mit dem nebenstehenden Symbol. Welche Einzelheit ist im Symbol nicht enthalten: Lufteintritt, Luftaustritt, Zylinder, Kolben, Kolbendichtung, Kolbenstange.

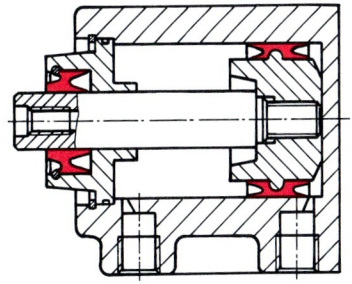

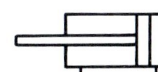

2. Erklären Sie anhand der Schnitt-Zeichnung den Begriff „Doppeltwirkender Kolbenzylinder".

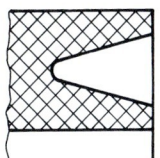

3. Welchen Sinn hat diese Form in der Dichtung?
   - Sie spart Material.
   - Die Dichtung ist leichter einzusetzen.
   - Sie erhöht den Anpreßdruck an die Zylinderwand.

4. Skizzieren Sie den Kolben als Einzelteil ohne Dichtung in doppelter Größe.

Spannvorrichtung

In technischen Unterlagen kommen oft Zeichnungen vor, die, wie die Zeichnung zum Zylinderschloß, in nur einer Ansicht oder einem Schnitt dargestellt sind. Oft reicht diese verkürzte Darstellung aus, um die wesentlichen Informationen zu vermitteln. Dies gilt auch für die folgende Zeichnung.

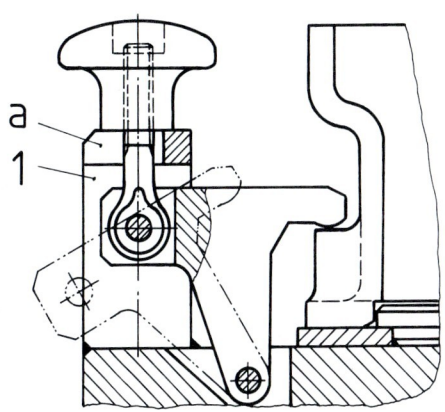

1. Wieviel erkennbare Einzelteile können in dieser Darstellung unterschieden werden?
2. Welche Aufgabe hat diese Baugruppe?
3. Erklären Sie die Funktion.
4. Welchen Weg nimmt die Kraft vom Handgriff bis zum eingespannten Werkstück?
5. Warum ist die Fläche „a" nicht schraffiert?
6. Überlegen Sie, wie Teil 1 zweckmäßig gestaltet sein könnte, und fertigen Sie eine Skizze in den notwendigen Ansichten und Schnitten an.

8 Gewindedarstellung

8.1 Beispiele zur Einführung

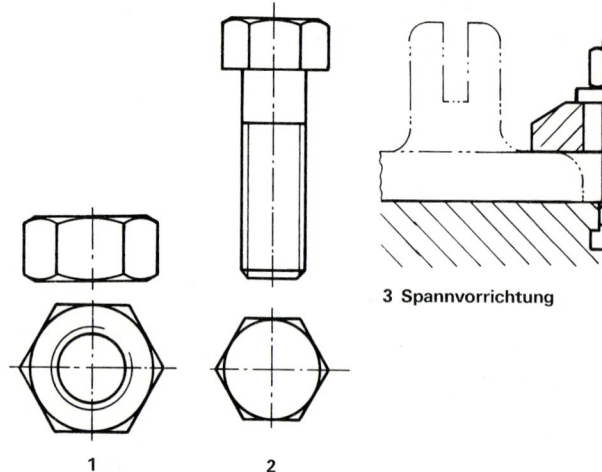

1 2

3 Spannvorrichtung

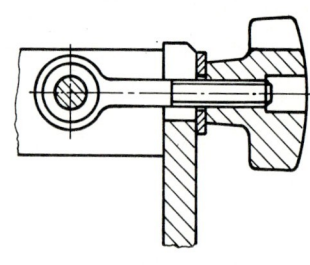

4 Verschluß

Die Bilder 1 bis 12 zeigen Gewinde und ihre Anwendung. Aus den Beispielen lassen sich bereits die wichtigsten Darstellungsmöglichkeiten von Gewinden in technischen Zeichnungen erkennen.

Aufgaben

1. Wieviel Sechskantschrauben und wieviel Sechskantmuttern gibt es auf dieser Doppelseite?
2. In welchen Abbildungen erkennen Sie „Augenschrauben"?
3. In welcher Zeichnung muß es ein Linksgewinde geben?
4. Welche Abbildung zeigt einen „Sterngriff"?
5. Beschreiben Sie Aufgabe und Funktion des Spannschlosses am Schwenktor.
6. Welchen Sinn hat die angefräste Fläche am Grundkörper des Spannschlosses?

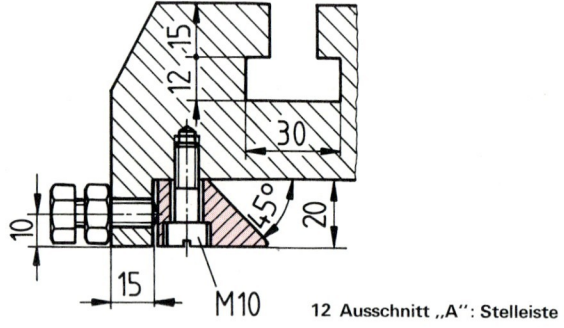

12 Ausschnitt „A": Stelleiste

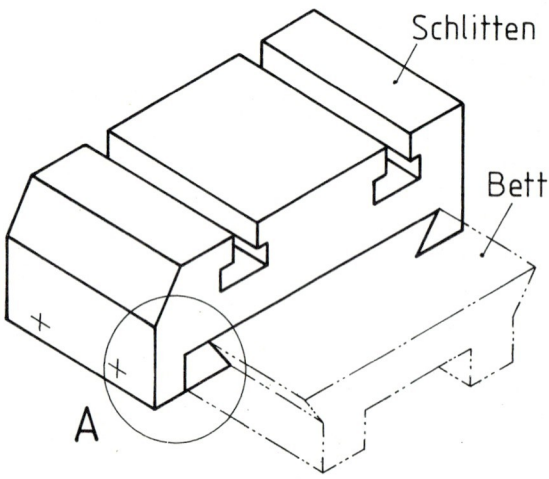

11 Bett und Schlitten

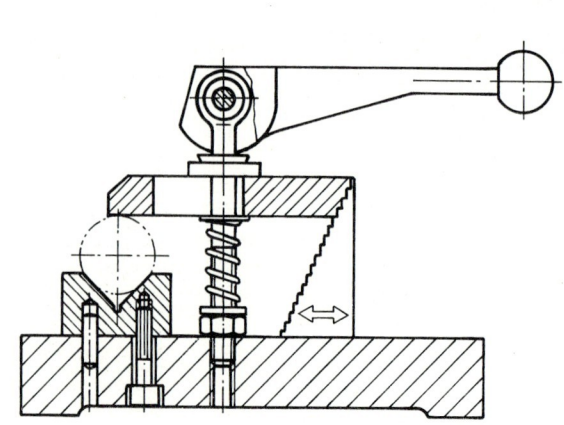

10 Spannelement

8.1 Beispiele zur Einführung

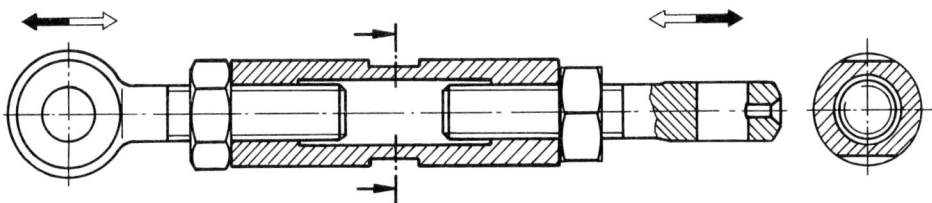

5 „A": Einzelheit: Spannschloß

7. Welcher technische Vorgang wird in Bild 4 dargestellt?
8. Im Spannelement drückt ein Spannstück auf die Welle. Was bedeutet die nicht schraffierte Fläche in diesem Spannstück?
9. Durch welche Teile verläuft die Kraft beim Spannelement vom Kugelgriff bis zur Welle im Prisma?
10. Welche Aufgabe hat die Druckfeder im Spannelement?
11. Vergleichen Sie die Abbildungen 3 und 10. Welche Gemeinsamkeiten und welche Unterschiede erkennen Sie?
12. Beschreiben Sie den Zusammenhang zwischen den Bauteilen Bett und Führung, sowie den Ausschnitt zur Stelleiste.
13. Beschreiben Sie den Abziehvorgang für das Wälzlager.
14. In welchen Abbildungen gibt es „Bewegungsgewinde"?
15. Erklären Sie die Aufgabe aller Bauteile am Abstützelement und seiner Anwendungsskizze.
16. Welches Bauteil in Bild 7 muß geteilt sein, damit die Abziehvorrichtung hinter das Wälzlager fassen kann?
17. Erklären Sie alle Schraffur-Richtungen in Bild 7.
18. Am Schwenktor ist ein Laufrad schematisch dargestellt. Skizzieren Sie die Laufradlagerung mit den Bauteilen Laufrad, Achse, Buchse, Scheiben, Splinte.

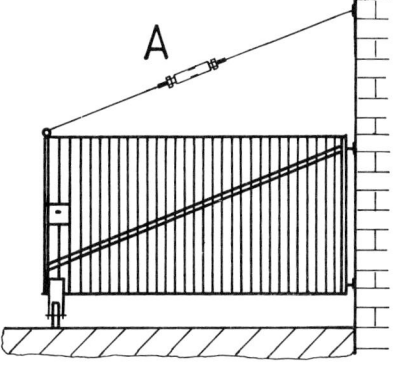

6 Schienengeführtes Schwenktor

7 Abziehvorrichtung für Wälzlager

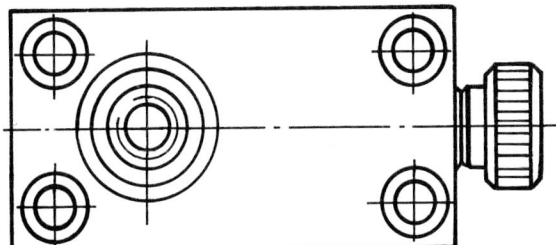

9 Abstützelement

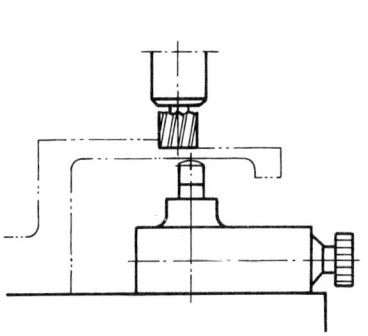

8 Anwendung für Abstützelement

8.2 Regeln zur Gewindedarstellung

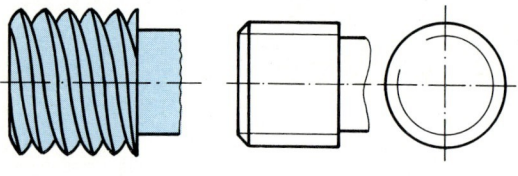

Bolzengewinde

Gewinde werden nur symbolisch, d.h. in vereinfachter Form gezeichnet:

Der Gewindebolzen wird als Vollkörper (Zylinder) gezeichnet, dessen Außendurchmesser dem Gewindenenndurchmesser entspricht. Der Kerndurchmesser wird durch schmale Vollinien begrenzt.

Betrachtet man den kreisförmigen Querschnitt eines Gewindes (hier die Seitenansicht), so wird die schmale Vollinie als Dreiviertelkreis gezeichnet (siehe auch Seite 339).

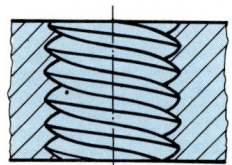 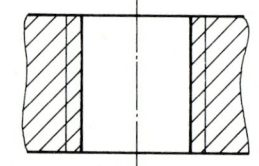

Auch **Muttergewinde** werden nur symbolisch gezeichnet. Statt der naturgetreuen Schnittdarstellung wird die Grenze des geschnittenen Muttergewindes durch eine **schmale Vollinie** angegeben.

Hinweise zum Zeichenvorgang:

Bolzengewinde: Ein Bolzengewinde kann entsprechend dem **Fertigungsvorgang** gezeichnet werden.

1. Schritt: Schraubenkopf und Bolzen als Vollkörper zeichnen.

2. Schritt: Gewindelänge durch Gewindeabschlußlinie festlegen.

3. Schritt: Gewindelinien als schmale Vollinien einzeichnen.

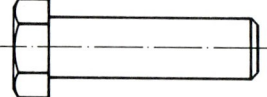 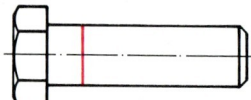 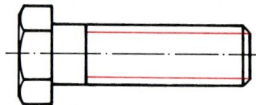

Durchgangsgewinde:

1. Schritt: Kernlochbohrung zeichnen.

2. Schritt: Schraffur zeichnen.

3. Schritt: Gewindelinien einzeichnen.

Verdeckte Kanten

 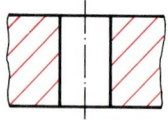 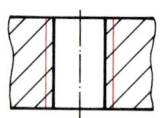 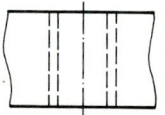

 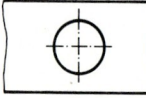 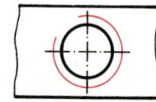 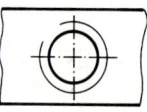

In der Draufsicht wird der Kerndurchmesser als normale Bohrung gezeichnet, das „Gewinde" wird mit einem schmalen 7/8 Kreis gekennzeichnet.

Gewindegrundloch:

1. Schritt: Kernlochbohrung zeichnen und Schraffur eintragen.

2. Schritt: Gewindelänge durch Gewindeabschlußlinie festlegen.

3. Schritt: Gewindelinien einzeichnen.

Verdeckte Kanten

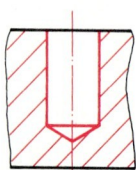 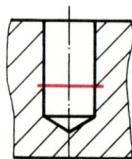 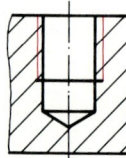 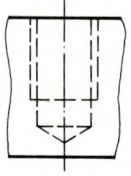

Bei Gewindedarstellungen im Schnitt muß die **Schraffur bis an die Vollinie**, den Kerndurchmesser, gezeichnet werden.

8.2 Regeln zur Gewindedarstellung — Verschraubungen

Verschraubungen

Für die Fertigung werden in der Regel Einzelteile gezeichnet. In Gesamtzeichnungen müssen Gewinde aber auch in verschraubtem Zustand gezeichnet werden.

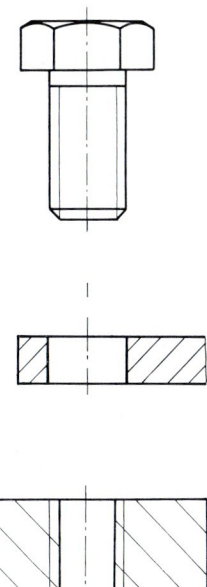

Bolzengewinde werden zuerst dargestellt. Das Muttergewinde erscheint nur dort, wo der Bolzen nicht hinreicht. Anwendungen zeigen die folgenden Beispiele für Verschraubungen. Achten Sie auf das größer gezeichnete Durchgangsloch im oberen Werkstück.

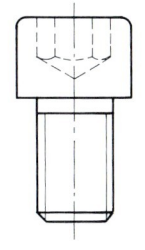
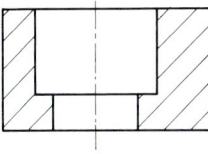
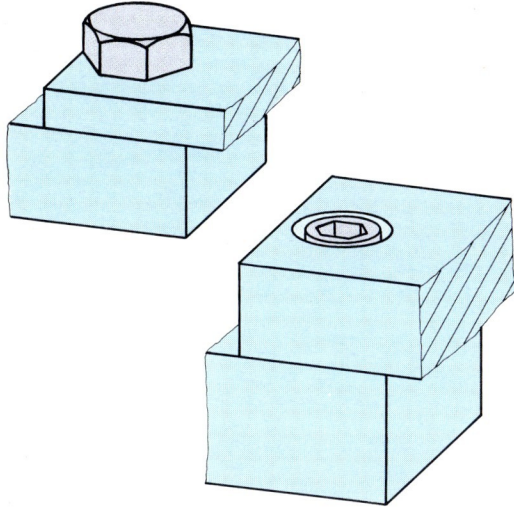
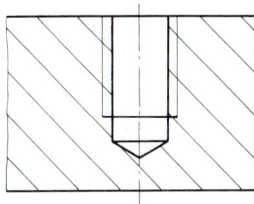

Die Schraffur reicht auch im verschraubten Zustand bis an den Kerndurchmesser des Muttergewindes heran.

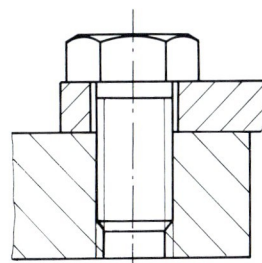

Aufgaben

1. Zeichnen Sie die rechts dargestellte Entwicklung mit einem Gewindegrundloch für eine Sechskantschraube DIN 933 – M12 × 30.
2. Skizzieren Sie eine Schraubverbindung für zwei Platten mit $2 \cdot t = 20$ mit einer Sechskantschraube DIN 601 – M10 × 55 – 4.6 mit Mutter und Federring DIN 127 – A10 im Schnitt. Zur Orientierung dient die noch unvollständige Skizze.

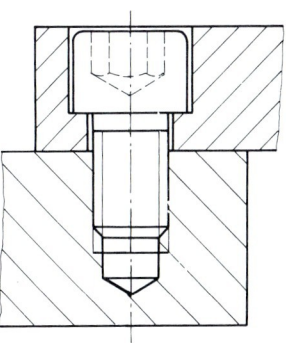

Zu Aufgabe 1.

Gewindebolzen im Muttergewinde

Auch genormte Darstellungen enthalten mitunter Tücken: Wenn ein Gewindebolzen das Muttergewinde vollständig verdeckt, ist der Zusammenhang nicht gut zu erkennen.

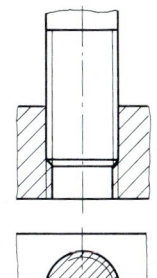
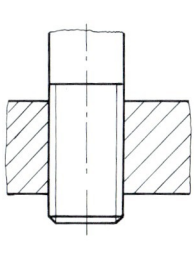
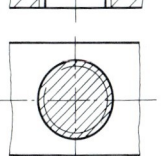

Aufgabe

Suchen Sie auf den Seiten 336 und 337 Beispiele für solche Darstellungen.

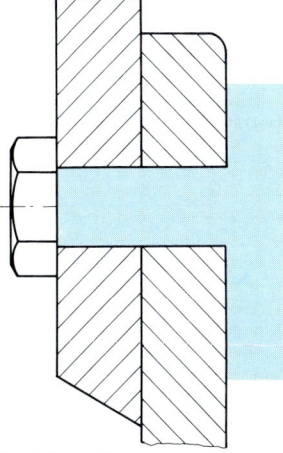

Zu Aufgabe 2.

8.3 Gewindebemaßung

Für die hier eingetragenen Begriffe sind die entsprechenden Werte den Gewindetabellen zu entnehmen.

Bolzengewinde   Bolzengewinde im Schnitt   Muttergewinde

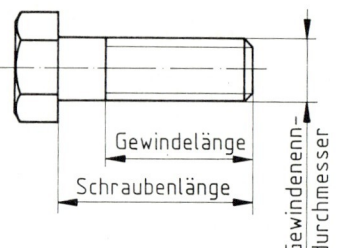 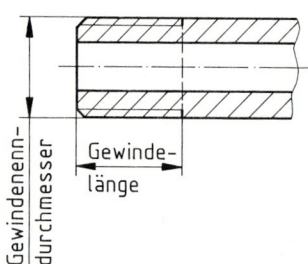 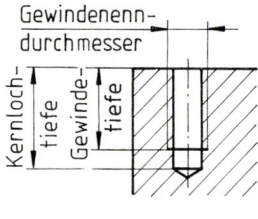

Beispiele zur Bemaßung

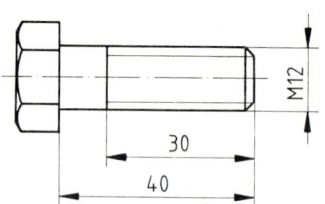 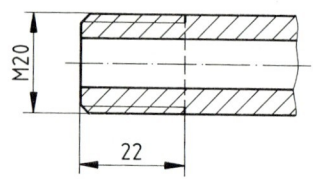 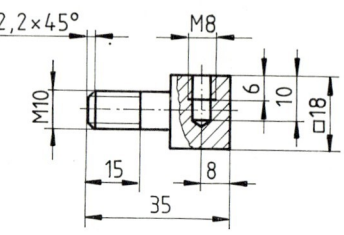

Konstruktion von Sechskantmuttern und Schraubenköpfen

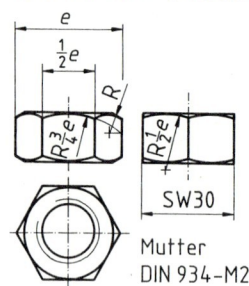

Die Kurven von Sechskantmuttern und Sechskantschrauben lassen sich als Näherungskreise aus dem Eckenmaß bestimmen. Höhenmaße s. Tabellenbuch.

Beispiel für M12: nach Tabelle ist $e = 26{,}8$ mm

Für den Radius $R\,\tfrac{1}{2}e$ ist $\tfrac{1}{2}e = 13{,}4$ mm : R 13,4

Für den Radius $R\,\tfrac{3}{4}e$ ist $\tfrac{3}{4}e = 20{,}1$ mm : R 20,1

Radius R ergibt sich aus der Konstruktion.
Die Kurven werden in der Praxis vom Zeichner mit Schablonen gezeichnet.

Kontrollaufgaben

1. Notieren Sie, ob die Darstellung A oder B falsch ist.
2. Begründen Sie Ihre Entscheidung schriftlich.

1A   B   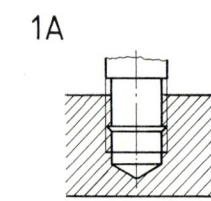   2A 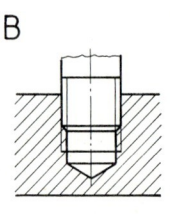   B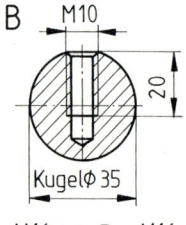

3A B 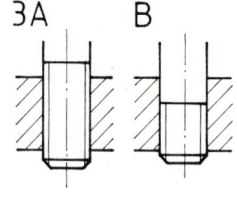   4A B 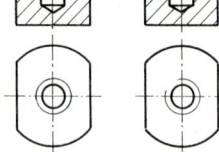   5A B 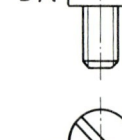   6A B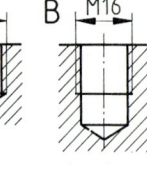

7A B 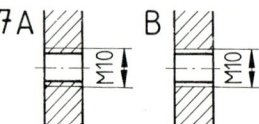   8A B 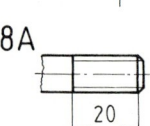 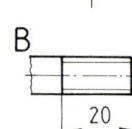   9A B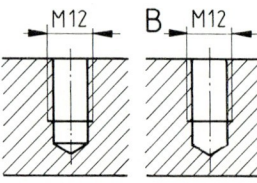

340

8.4 Technische Beschreibung: Einfachwirkender Zylinder

Kolben-⌀ 25 mm

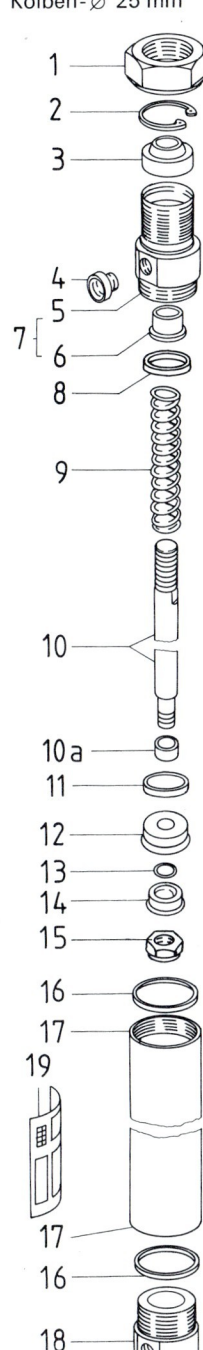

Im Anordnungs-Plan und in der Gesamt-Zeichnung ist ein einfachwirkender Pneumatik-Zylinder dargestellt.

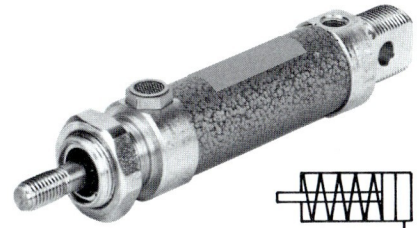

Aufgaben

1. Ordnen Sie in einer Tabelle die Kennbuchstaben der Gesamt-Zeichnung den Positionsnummern des Anordnungs-Planes zu.
2. Notieren Sie, wie viele Bolzengewinde und Muttergewinde in der Gesamt-Zeichnung zu erkennen sind.
3. Was bedeutet dieses Kreuz am Bolzen?

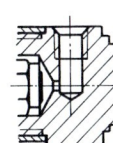

4. Das Gehäuse ist aus fünf Bauteilen zusammengesetzt. Notieren Sie deren Positionsnummern.
5. Wie viele Dichtungen und Dichtringe erkennen Sie? Beschreiben Sie die Lage und den Zweck von Position 3; 8; 12 und 16.
6. Welche technische Funktion wird in diesem Teil des Gerätes ermöglicht?
7. Notieren Sie die Positionsnummern aller Teile, die sich während des Arbeitshubes in bezug auf das Gehäuse bewegen.
8. Skizzieren Sie Position 18 in der Fertigungslage. Das Teil ist ohne Maße in der Vorderansicht im Schnitt, in der Draufsicht, sowie in den beiden Seitenansichten darzustellen. Verdeckte Kanten sollen nicht gezeichnet werden.
9. Erklären Sie anhand der Bilder die Bauteile, sowie die Montageschritte für die Befestigung des Pneumatik-Zylinders.

Schwenkbefestigung   Lagerbock

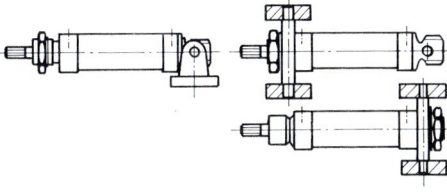

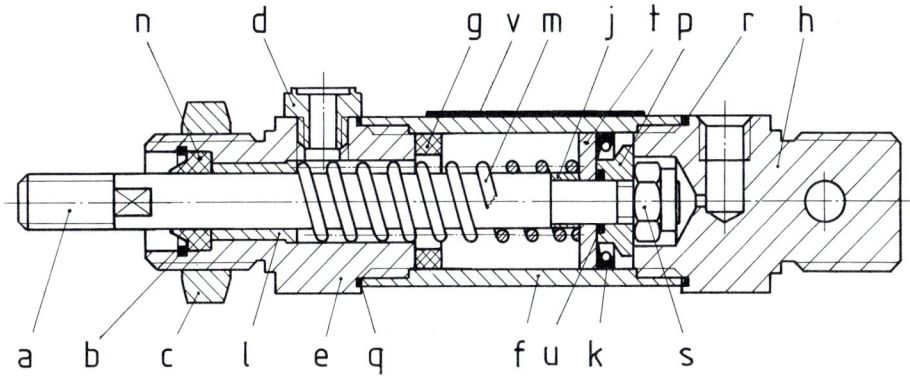

Nachdem Sie nun den Pneumatik-Zylinder durchgearbeitet haben, sollen Sie eine **Technische Beschreibung** des Gerätes anfertigen. Verwenden Sie dazu die folgende Gliederung:

1. Der Zweck des einfachwirkenden Zylinders im Zusammenhang mit anderen Baugruppen.
2. Der Aufbau mit seinen wichtigsten Bauteilen.
3. Die Montageschritte für den Zusammenbau und die notwendigen Werkzeuge.
4. Der Anschluß an ein Gesamt-System und die Energie-Versorgung, sowie die Steuerung.
5. Erklärung der stark vereinfachten Elemente im nebenstehenden Symbol.

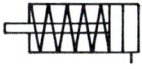

8.5 Anwendungen der Gewindedarstellung

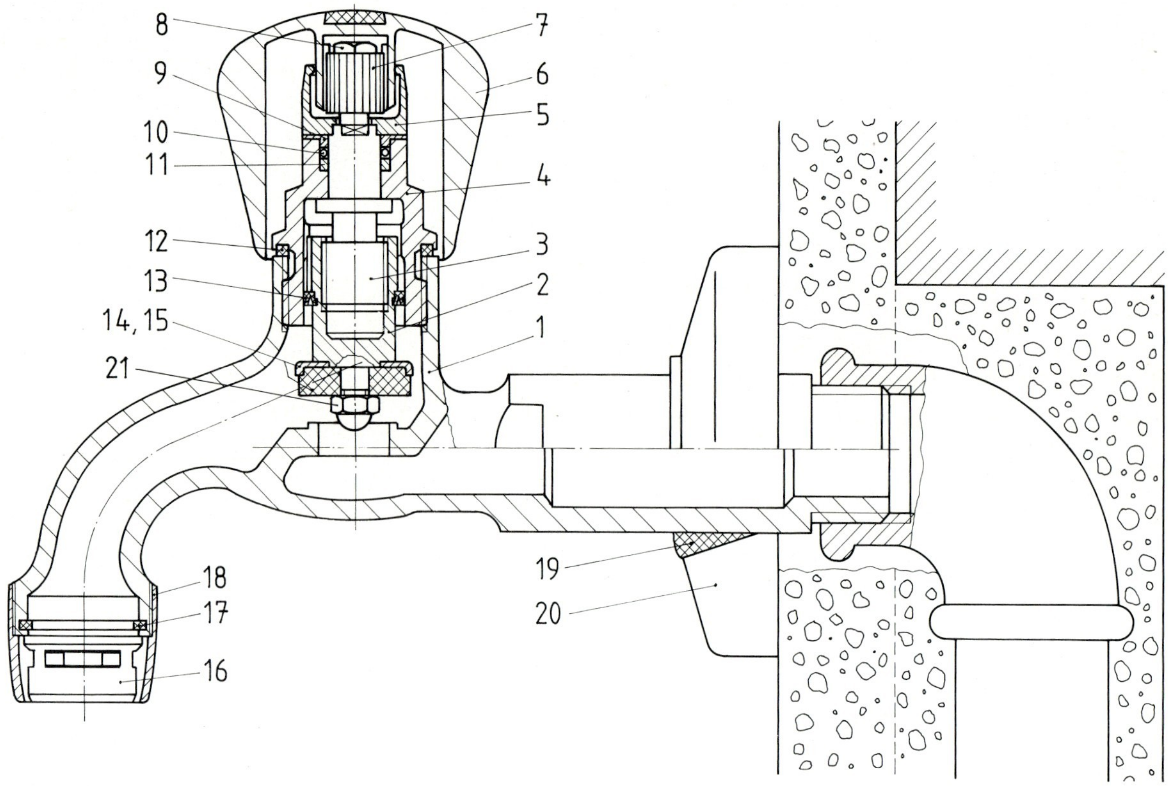

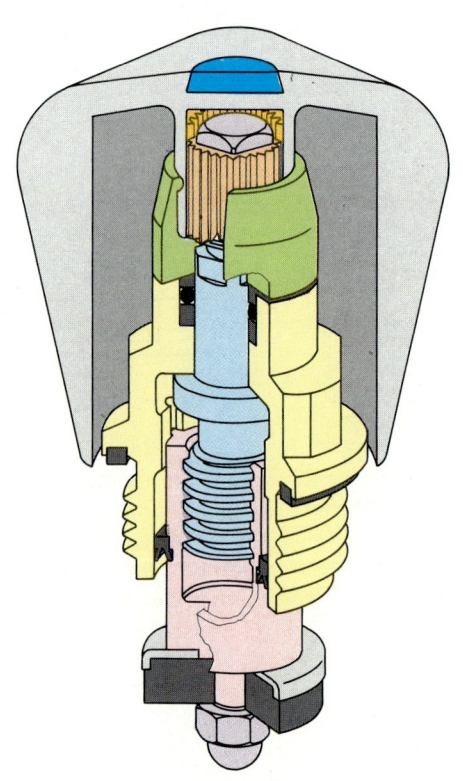

Das technisch Besondere an der Funktion des Wasserhahns ist, daß der Handgriff sich zwar drehen läßt, dabei seine Höhenlage aber nicht verändert, obwohl sich der Ventilteller nach unten bewegt.

Dieses Prinzip kommt in der Technik häufig vor; deshalb soll es an einem bekannten Gegenstand erarbeitet werden.

Aufgaben

1. Suchen Sie die folgenden Teile in der Schnitt-Zeichnung des Wasserhahns auf und notieren Sie Benennungen und Positionsnummer:

Zahnkupplung	Spindel	Verschlußteil
Stößel	Perlator	Verschlußkappe
Handgriff	Dichtring	Gleitring
Hutmutter	Schubrosette	Ventilteller

2. Notieren Sie, welche der Bauteile nur eine Drehbewegung ausführen und welche Bauteile sich nur vertikal bewegen.
3. Beschreiben Sie die Aufgaben aller Gewinde am Wasserhahn.
4. Wie wird der Ventilteller befestigt?
5. Skizzieren Sie den Ventilstößel, die Spindel und die Verschlußmutter als Einzelteile, so daß ihre Form und das Zusammenwirken untereinander erkennbar werden.

   Hinweis: Der Stößel wird in sechs Längsnuten der Verschlußmutter geführt.

8.5 Anwendungen der Gewindedarstellung — Analyse und Vergleich

Welche Gemeinsamkeiten gibt es zwischen dem Wasserhahn auf der Nebenseite und dem *Membranventil*?

Vergleichen Sie die beiden Zeichnungen und beschreiben Sie Aufbau und Funktion beider Ventile. Berücksichtigen Sie dabei vor allem
- Art und Anzahl der Bauteile,
- Prinzip des Verschließens, z.B. Art und Richtung der Bewegungen der Bauteile,
- die technische Lösung für das Abdichten und die
- mögliche Anwendung der Ventile.

Für die gezeichnete *Schlauchklemme* muß in einem Betrieb schnellstens Ersatz beschafft werden. Dieser kann nur mit vorhandenen Mitteln angefertigt werden.

Zur Verfügung stehen:
- Eine Scheibe Stangenmaterial ⌀50 für das Druckstück
- Eine Vierkantschraube DIN 479–M10 mit Kernansatz

Die Haltestifte für das Spannband, sowie die Nietung sind durch eine Verschraubung zu ersetzen. Die übrigen Teile sind noch verwendungsfähig.

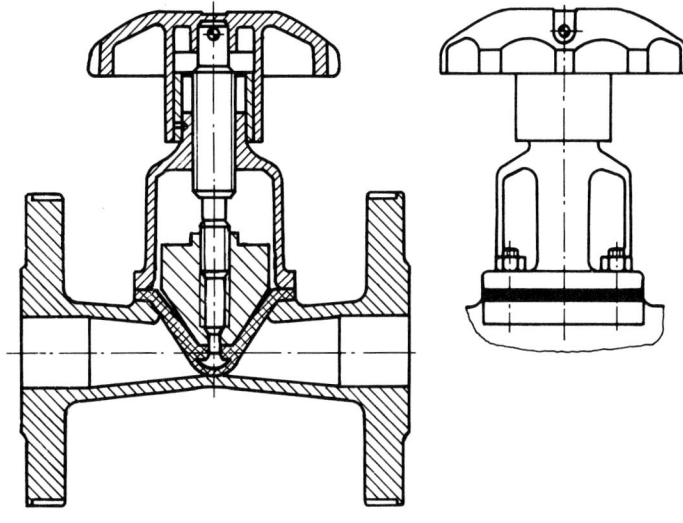

Membranventil

Aufgabe

Skizzieren Sie die neue *Schlauchklemme* für einen Schlauch ⌀46 in der Vorderansicht im Schnitt sowie in der Seitenansicht; M 1:1.

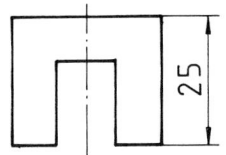
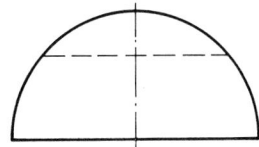

Rohteilskizze

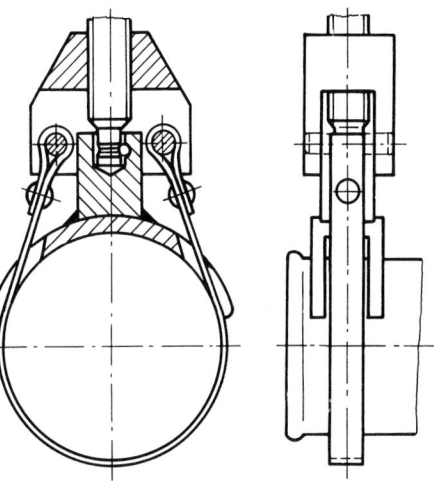

Werkstücke werden vor dem Fräsen fest aufgespannt. Zur Unterstützung dient u.a. der gezeichnete höhenverstellbare *Schraubbock*.

Aufgaben

1. Aus wieviel Teilen besteht der Schraubbock?
2. Bestimmen Sie die Gesamthöhe nach 3,5 Umdrehungen des Spindeltellers.
3. Skizzieren und bemaßen Sie die beiden Hauptteile, und zwar die Vorderansicht jeweils im Schnitt, sowie die Seitenansicht von links; Maßstab: 1:1.

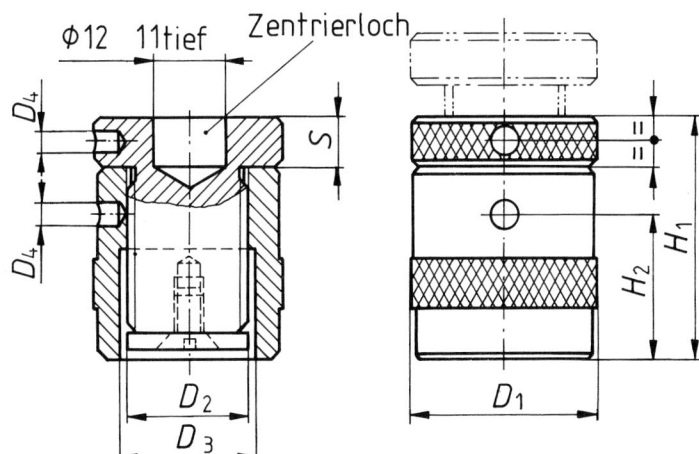

D_1	D_2	D_3	D_4	H_1	H_2	S	S_1	$P_{max.}$ daN	☐ kg
50	Tr 28×6	36	6	50	30	12	6	6000	0,643

9 Darstellungen im Halbschnitt

9.1 Beispiele zur Einführung

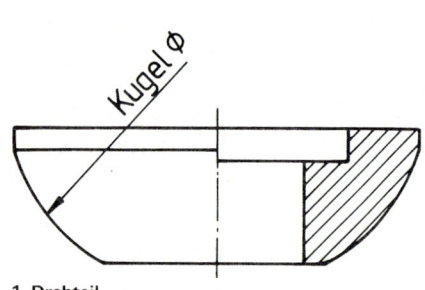

1 Drehteil

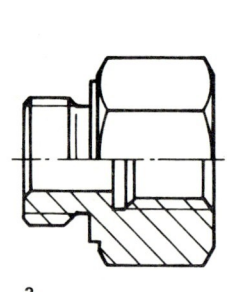

2

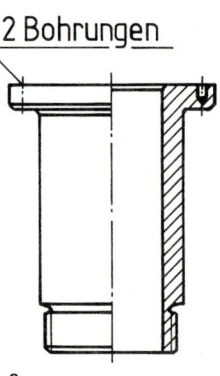

3

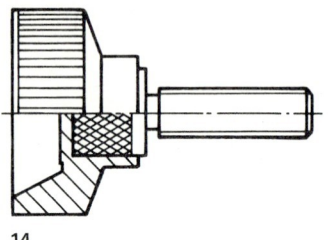

14

Viele Werkstücke haben symmetrische Form, d.h., sie sind spiegelbildlich zur Mittelachse aufgebaut. Solche Teile können in technischen Zeichnungen vereinfacht dargestellt werden:

- Reine Drehteile werden in nur einer Ansicht gezeichnet; sie werden mit Durchmesser und Längenangabe eindeutig bemaßt.

Haben solche Teile Hohlformen, werden sie im Halbschnitt wie auf dieser Doppelseite dargestellt. Der Halbschnitt kommt auch in Baugruppen oder Geräten vor; dafür sind zwei Beispiele angegeben.

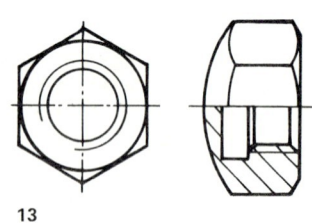

13

Aufgaben

1. Was erkennen Sie in den Darstellungen 1 bis 14? Sie sollten Aufbau und Einsatzmöglichkeit von wenigstens 10 Abbildungen beschreiben können, ohne den weiteren Text zu lesen.
2. Fertigen Sie eine Tabelle an und ordnen Sie die Benennungen und die Bildnummern einander zu.
   Benennungen: Keilriemenscheibe, Schlauchanschluß, Lagerschale, Handgriff, Wellenlager für ein Laufrad, Konushülse, Hutmutter, Führungshülse, Hohlachse, Lager, Reduzierstück, Schraubbock mit Magnetfuß, Rändelschraube aus Kunststoff, Kronenmutter.

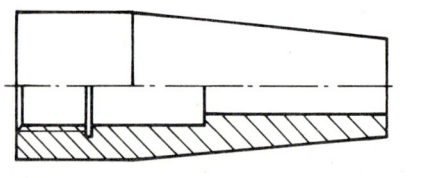

12

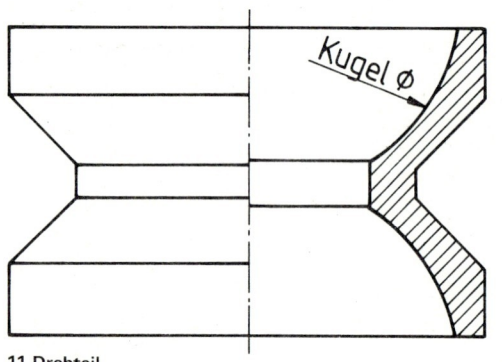

11 Drehteil

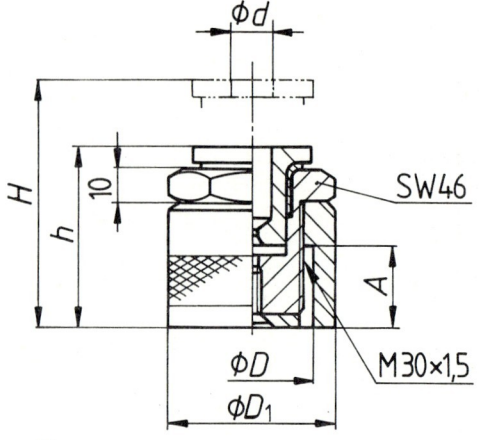

10

344

9.1 Beispiele zur Einführung

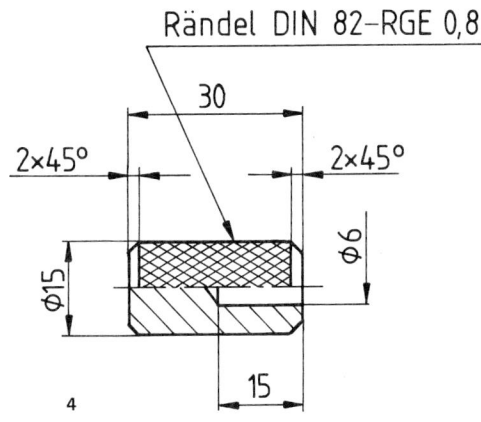

4

3. Im Halbschnitt wird jeweils die eine Hälfte des symmetrischen Teiles geschnitten. Welche gemeinsame Anordnung erkennen Sie
   - bei waagerechter Mittelachse,
   - bei senkrechter Mittelachse?
4. Wie viele Muttergewinde und wie viele Bolzengewinde enthalten die gezeichneten Werkstücke und Gruppen?
5. Stellen Sie fest und notieren Sie, welche Teile nach Ihrer Meinung genormt sind. Überprüfen Sie Ihre Überlegungen anhand eines Tabellenbuches.
6. In der Hohlachse Bild 3 dienen zwei Bohrungen zum Eindrehen des Gewindes. Beschreiben Sie das Einschrauben und das notwendige Werkzeug.
7. Vergleichen Sie die beiden Zeichnungen in Bild 9. Welche Vor- oder Nachteile erkennen Sie in der Art der Darstellung der Führungshülse?

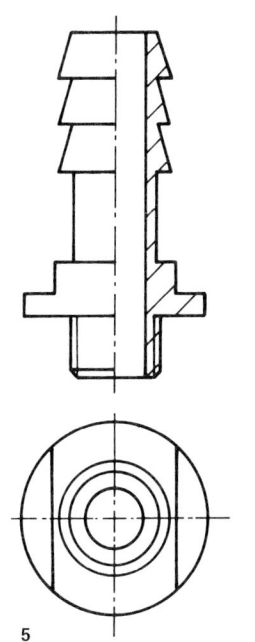

5

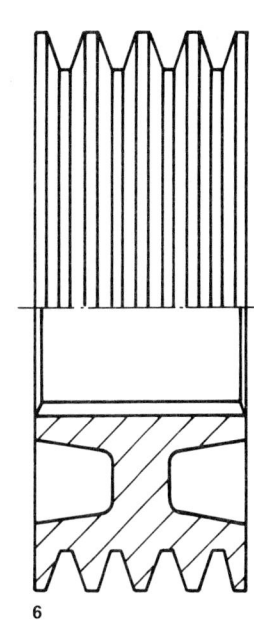

6

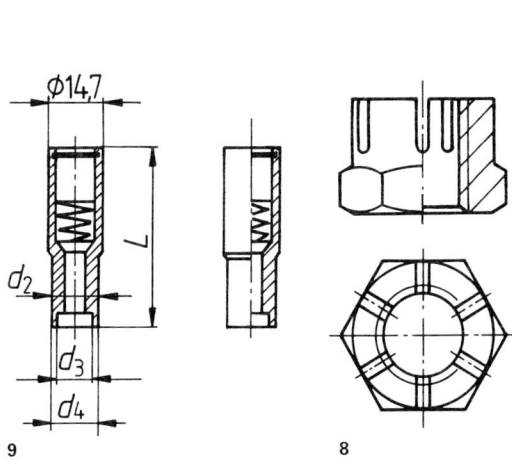

9 8 7

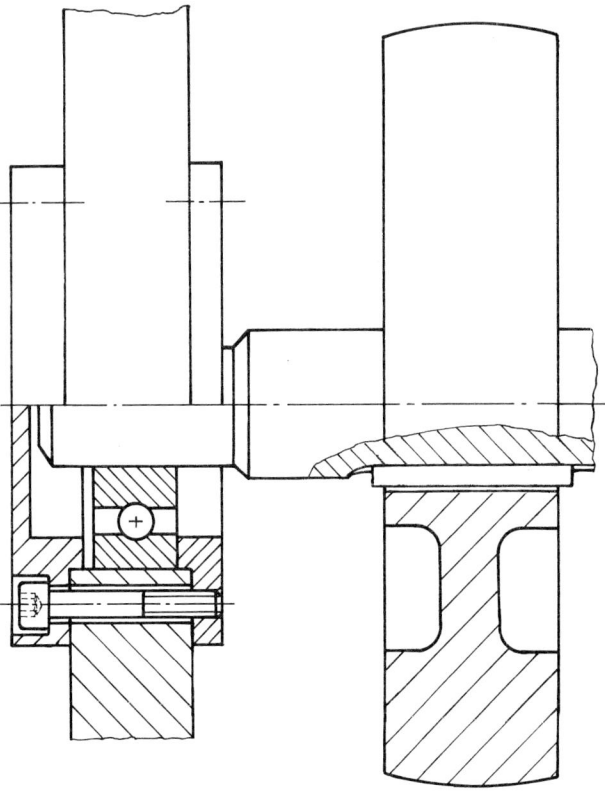

9.2 Regeln zur Darstellung im Halbschnitt

Hier ist ein Drehteil in Perspektive und in zwei Ansichten dargestellt.

Das Werkstück hat sowohl außen als auch innen **umlaufende Kanten.** Sie sind als waagerechte Linien gezeichnet.

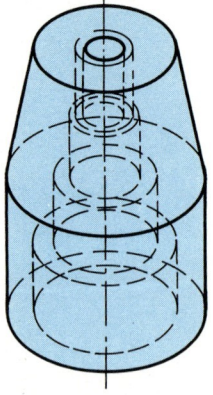

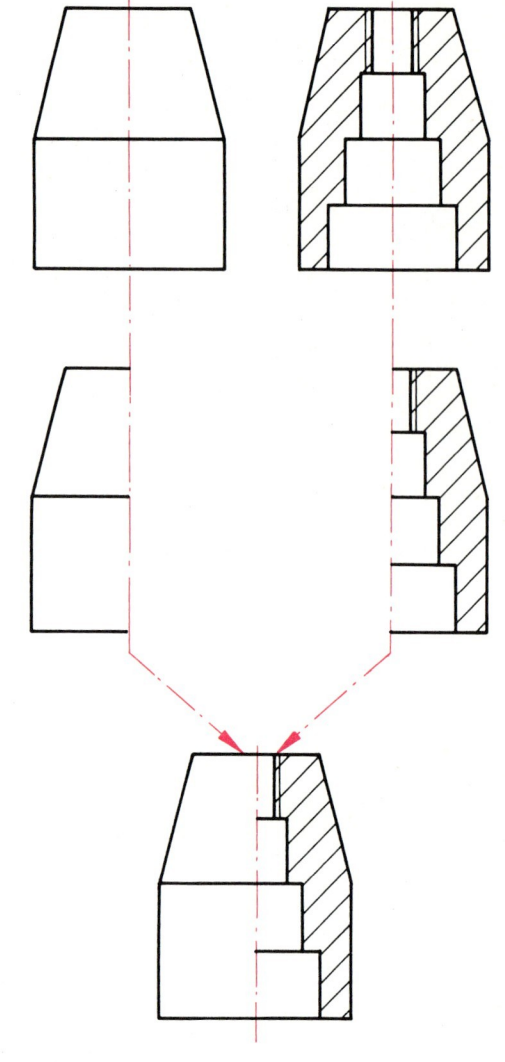

Die folgenden Werkstücke sind reine Drehteile. Sie lassen sich daher in nur einer Ansicht im Halbschnitt einwandfrei darstellen.

Weil jede der Darstellungen spiegelbildlich zur Mittellinie ist, läßt man je eine Hälfte entfallen. Die Restbilder werden an der Mittellinie zu einer neuen Zeichnung zusammengesetzt.

Diese Darstellung ist genormt und heißt **Halbschnitt.**

Auch **symmetrische Teile in waagerechter Lage** lassen sich im Halbschnitt darstellen. In diesem Fall wird die **Hälfte unterhalb der Mittellinie im Schnitt,** oberhalb der Mittellinie als Ansicht gezeichnet.

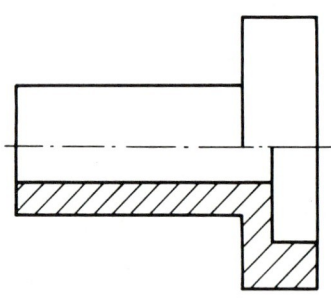

Darstellungen im Halbschnitt enthalten keine verdeckten Kanten, weil alle Kanten – sowohl an der Außen- wie auch an der Innenfläche – als sichtbare gezeichnet werden.

Aufgaben

1. Zeichnen Sie das Werkstück in senkrechter Lage im Halbschnitt.

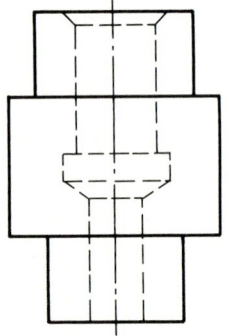

2. Zeichnen Sie das Werkstück in waagerechter Lage im Halbschnitt.

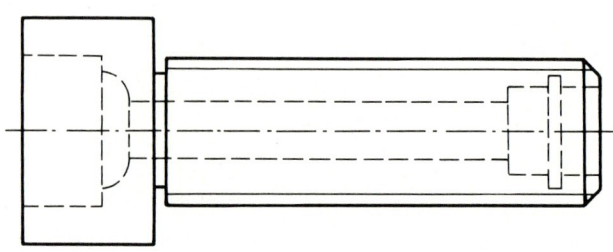

9.2 Regeln zur Darstellung im Halbschnitt — Aufgaben

Die Drehteile auf dieser Seite sind für die Darstellung im Halbschnitt gut geeignet. Hier kommt es auf die Werkstückform und die normgerechte Darstellung an. Deshalb sollen alle Teile ohne Maße in den jeweils sinnvollen Ansichten skizziert werden.

Für die Aufgaben 7 und 8 gilt nach DIN 6 eine weitere Regel:

Fallen bei der Darstellung im Halbschnitt Kanten und Mittellinien zusammen, so haben die breiten Vollinien Vorrang. Die Kanten werden dabei genauso breit gezeichnet wie alle übrigen sichtbaren Kanten.

Aufgaben

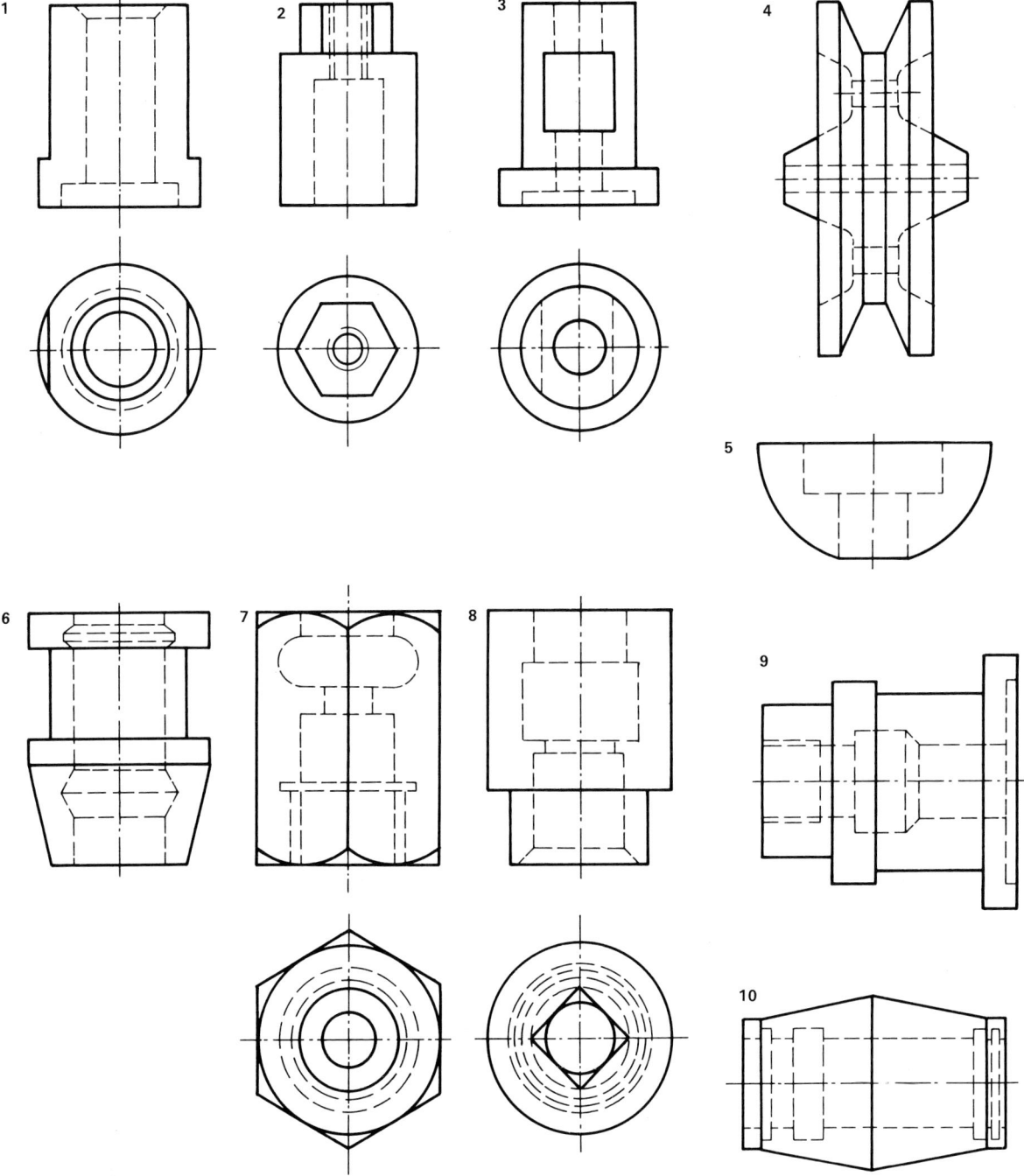

9.3 Regeln zur Bemaßung im Halbschnitt

Im Halbschnitt werden Bohrungen, Gewinde und andere Hohlformen rechts der Mittellinie sichtbar, bei waagerechter Mittelachse unterhalb. Für **Maßpfeile fehlt** dabei **die Gegenfläche**. Deshalb gelten für die **Maßeintragung** bei der Darstellung im **Halbschnitt** weitere Regeln:

- Der Maßpfeil im linken bzw. im oberen Teil des Werkstücks entfällt,
- die Maßlinie geht über die Mittellinie hinaus.

Innen- und Außenformen werden getrennt bemaßt. So kann man die Maße bei der mechanischen Fertigung besser erkennen.

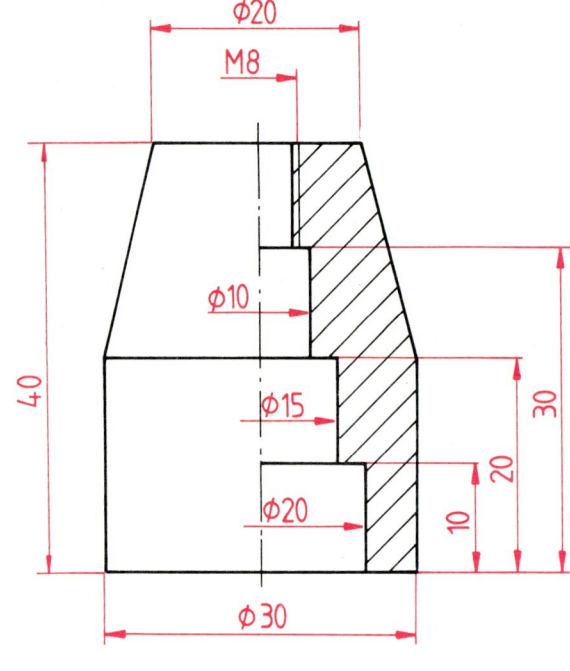

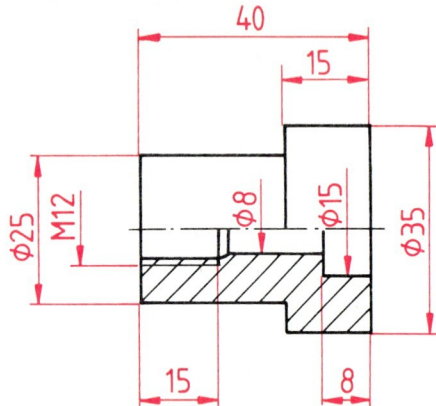

Aufgaben

1. Zeichnen und bemaßen Sie das nebenstehende Werkstück in einer Ansicht, und zwar im Halbschnitt. Die Mittellinie soll waagerecht verlaufen. Verdeckte Kanten werden nicht gezeichnet.

   Achten Sie auf die Einhaltung aller Normen.

2. Zeichnen und bemaßen Sie im Halbschnitt die Teile 1, 3, 11 und 12 von Seite 344.

   Beachten Sie dabei die Zeichnungsnormen zur Kugelbemaßung. Die Maße sind frei zu wählen.

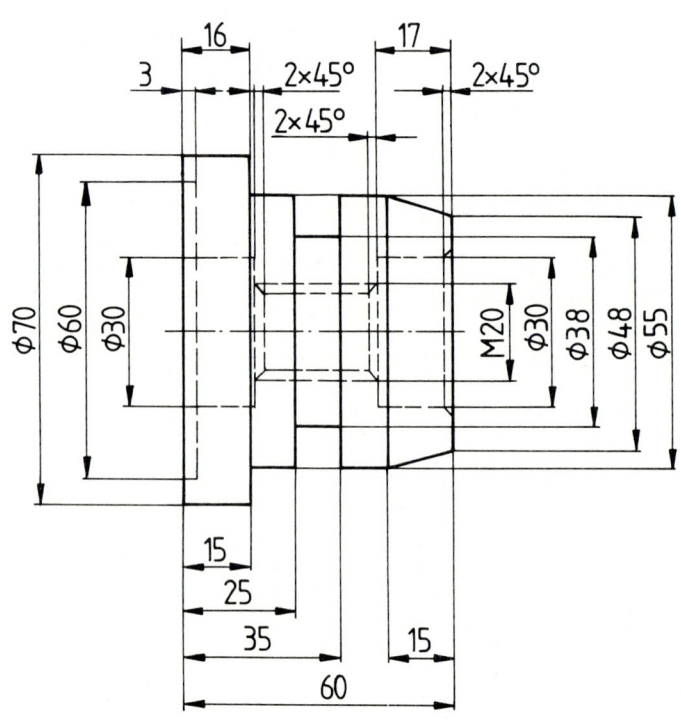

9.3 Regeln zur Bemaßung im Halbschnitt — Aufgaben

Kontrollaufgaben: 1. Notieren Sie, ob die Darstellung A oder B falsch ist.
2. Begründen Sie Ihre Entscheidung schriftlich.

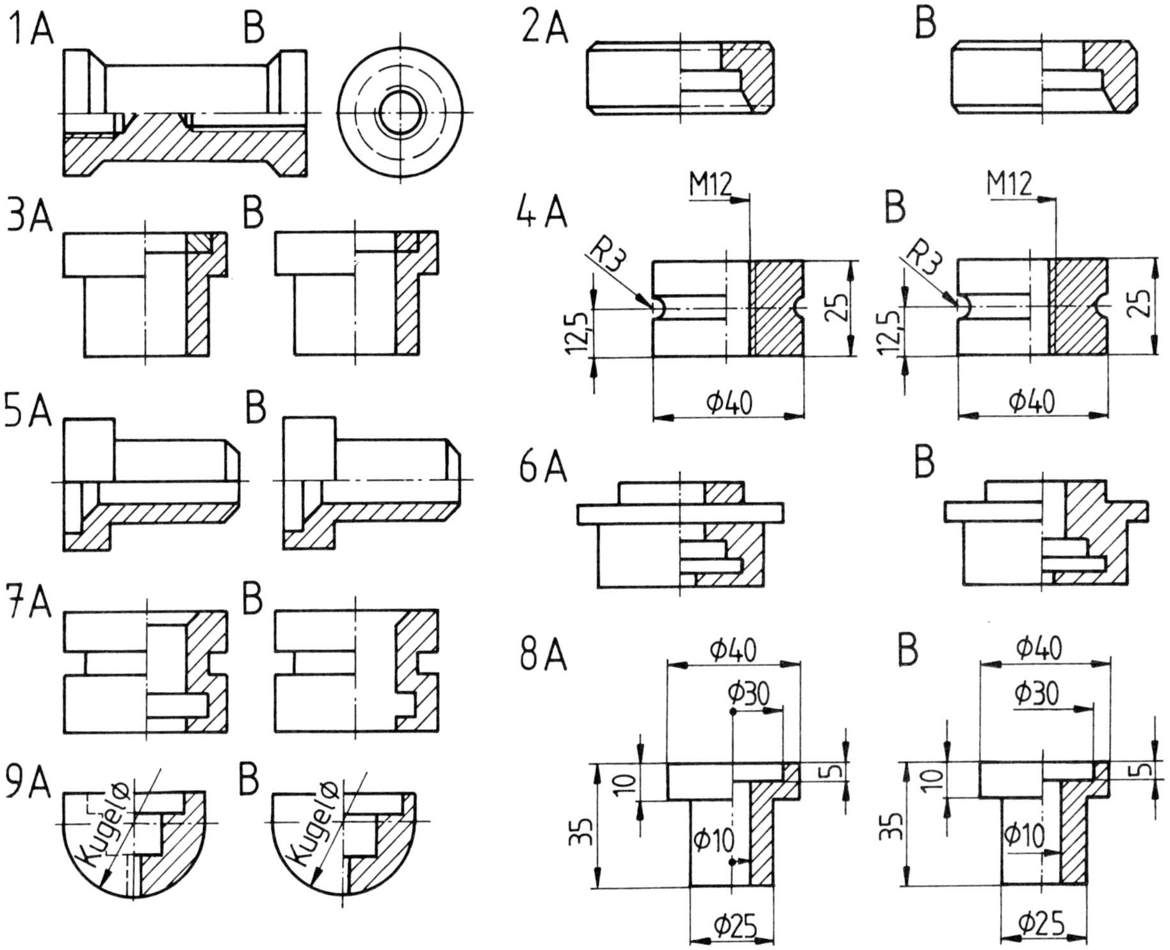

Fliehkraft-Kupplung

In der Feinwerktechnik kommt man mit sehr geringen Kräften aus. Damit wird es möglich, Fliehkraft-Kupplungen der hier gezeichneten Bauart zu verwenden. Fliehkraft-Kupplungen sind selbsttätige Kupplungen; sie werden also nicht von außen geschaltet, sondern regeln sich über die Geschwindigkeit der Antriebswelle von selbst.

Aufgaben zum Zeichnungslesen:

Um das Prinzip und den Schaltvorgang zu verstehen, stellen Sie zunächst die Anzahl der Bauteile beider Kupplungen fest, und benennen sie diese Teile. Beide Kupplungen bestehen nur aus zylindrischen Bauteilen. Beachten Sie auch, daß Vollkörper nicht geschnitten werden.

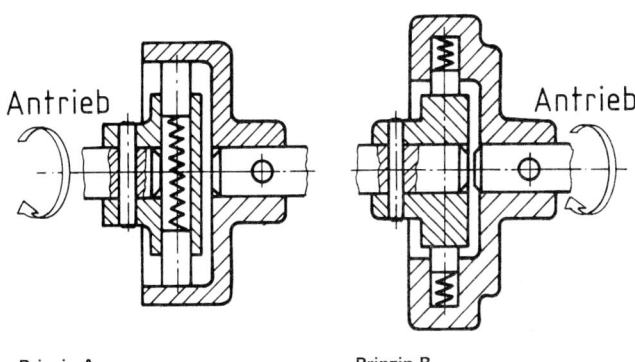

Prinzip A   Prinzip B

Technische Beschreibung

Wenn Sie die Gesamt-Zeichnungen verstanden haben, fertigen Sie eine technische Beschreibung beider Kupplungen an. Es kommt darauf an, den Aufbau und die Funktion deutlich zu machen. Der Text kann auch durch kleine Skizzen veranschaulicht werden.

9.4 Weitere Schnittarten

Im Gegensatz zum Vollschnitt wird im **Teilschnitt** nur ein ausgewählter Bereich geschnitten. **Zum Teilschnitt gehört der Teilausschnitt und der Ausbruch.** Ein Ausbruch kann sowohl in Gesamt-Zeichnungen als auch in Teil-Zeichnungen sinnvoll sein.

In Gesamt-Zeichnungen ist die Lage von Bauteilen untereinander als Ausbruch zu zeichnen, wenn die Umgebung besser nicht im Schnitt darzustellen ist, vgl. den Ausbruch aus einer Vorrichtungs-Zeichnung.

Ein Beispiel aus der betrieblichen Praxis ist die Verlängerungssäule für Vorrichtungen.

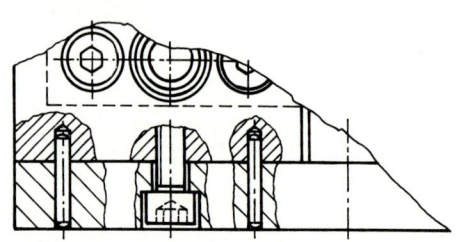

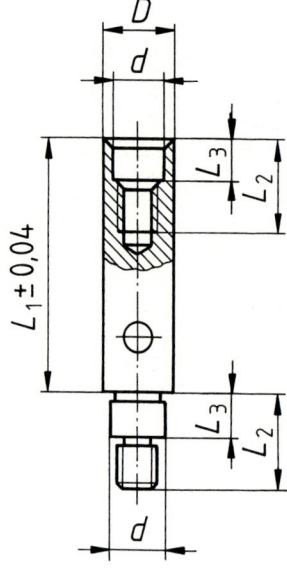

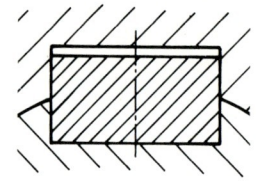

Ein Teilausschnitt ist aus seiner Umgebung gelöst und wird ohne Begrenzungslinie gezeichnet. Das Beispiel zeigt den Schnitt durch eine Paßfeder, die eine Welle mit einer Hülse formschlüssig verbindet.

In Teil-Zeichnungen sind Einzelheiten oft günstiger im Schnitt darzustellen und zu bemaßen, obwohl das gesamte Teil für den Schnitt ungeeignet ist; Abbildung Druckkolben: hier wird ein Vollkörper nur geschnitten, um das Muttergewinde zu zeigen.

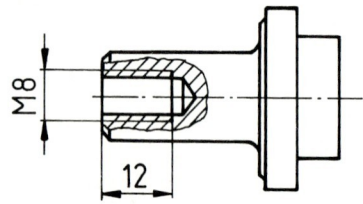

Aufgaben

1. Überlegen Sie, welches wirtschaftliche Prinzip dieser Konstruktion zugrundeliegt.
2. Zeichnen und bemaßen Sie eine Verlängerungssäule in der Fertigungslage in der Vorderansicht und den Seitenansichten von links und rechts.
   Maße: L_1: 120 L_2: 43 L_3: 18 $D = 40$ $d = 24$; M 20 × 1,5

   Die Säule wird mit einem Rundstahl ⌀ 12 angezogen. Bestimmen Sie Lage und Durchmesser der Bohrung.

Abgewinkelter Schnittverlauf

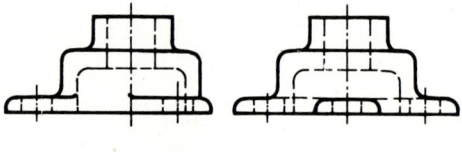

Hier ist ein Augenlager in zwei unterschiedlichen Zeichnungen dargestellt
1. in drei Ansichten,
2. in zwei Ansichten. Diese zweite Darstellung zeigt eine neue Möglichkeit des Schnittverlaufs.

Die Unterschiede zwischen den Zeichnungen liegen in der Vorderansicht. Während die linke Darstellung die unsymmetrische Form hervorhebt, wird rechts ein geeigneter Schnitt verwendet.

Bei einem Schnitt, der im Winkel verläuft, sollen Verkürzungen schrägliegender Flächen vermieden werden. Deshalb dreht man abgewinkelte Schnittflächen so in die Projektionsebene, wie es der offene Pfeil erkennen läßt.

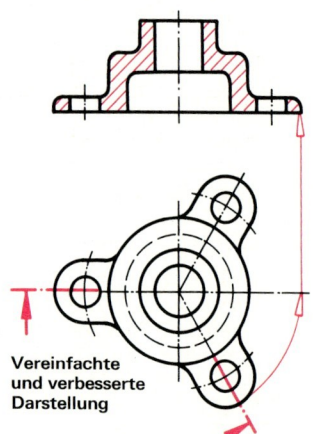

Mögliche Darstellung, aber ungünstig

Vereinfachte und verbesserte Darstellung

9.5 Besonderer Schnittverlauf

Bei der üblichen Darstellung im Schnitt oder im Halbschnitt verläuft der Schnitt durch die Mitte des Werkstücks. Nicht alle Werkstücke lassen sich damit hinreichend darstellen. Dieser Abschnitt handelt von Werkstücken, die in besonderer Weise geschnitten sind: **Hier liegen die wesentlichen Querschnitte nicht in der Werkstückmitte.**

Ist der Schnittverlauf nicht ohne weiteres ersichtlich, so muß er gekennzeichnet werden. Dabei werden Anfang, Ende und Knicke des Schnittverlaufs durch breite Strichpunktlinien markiert. Die Blickrichtung auf die Schnittfläche wird durch **Pfeile** angedeutet. Knickstellen werden in der schraffierten Fläche nicht berücksichtigt.

Verlaufen mehrere Schnitte durch ein Werkstück, oder soll ein Schnitt besonders gekennzeichnet werden, so erhalten Anfang, Ende und Knicke des Schnittverlaufs **Großbuchstaben.** Dabei gilt folgende Möglichkeit A–A, B–B, C–C usw.

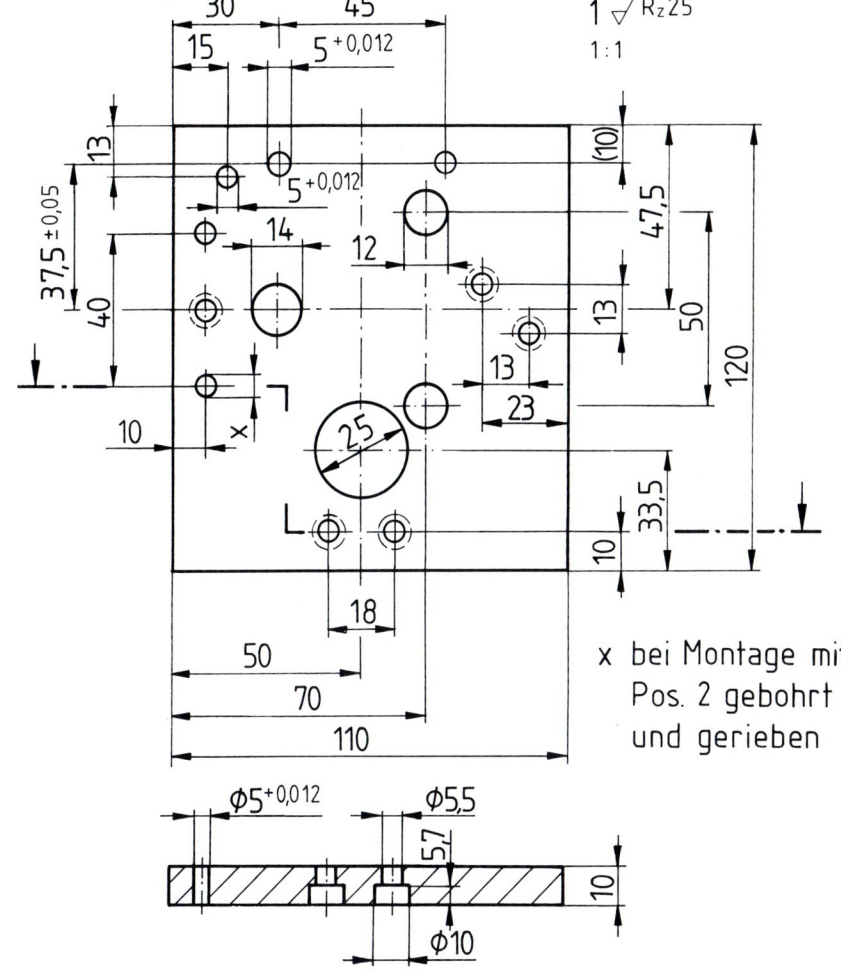

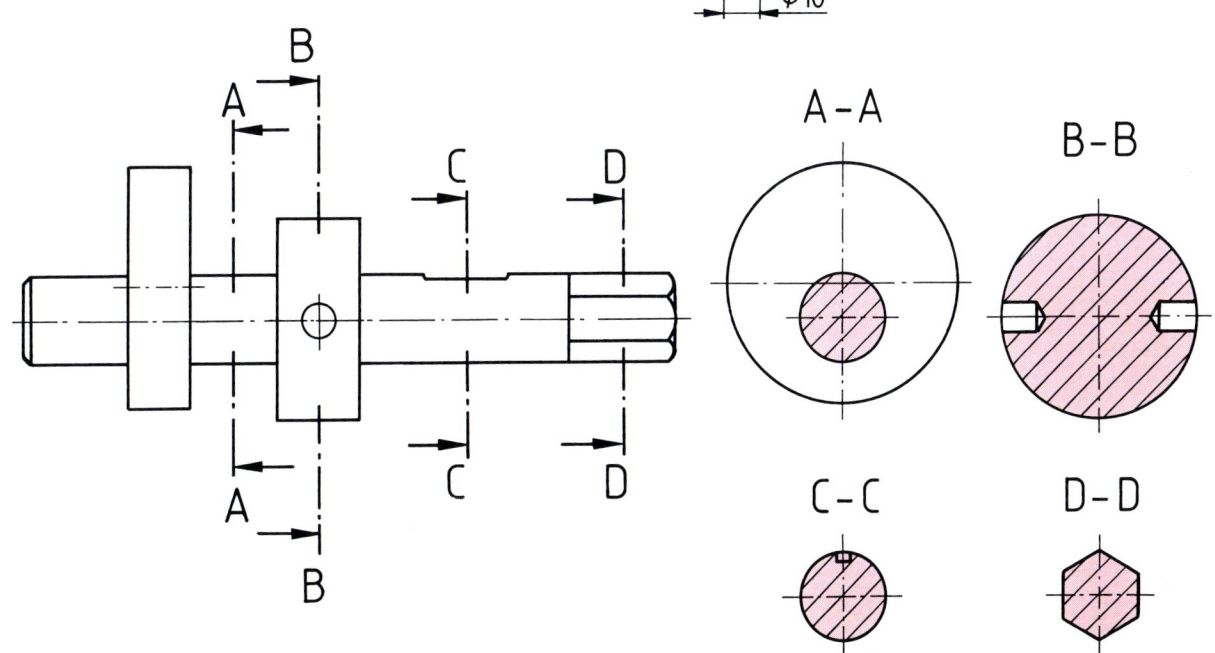

9.5 Besonderer Schnittverlauf — Aufgaben

Aufgaben
Ordnen Sie die 12 Vorderansichten der Werkstücke ihren Schnitten zu. **Fertigen Sie** dazu **eine Tabelle an.**

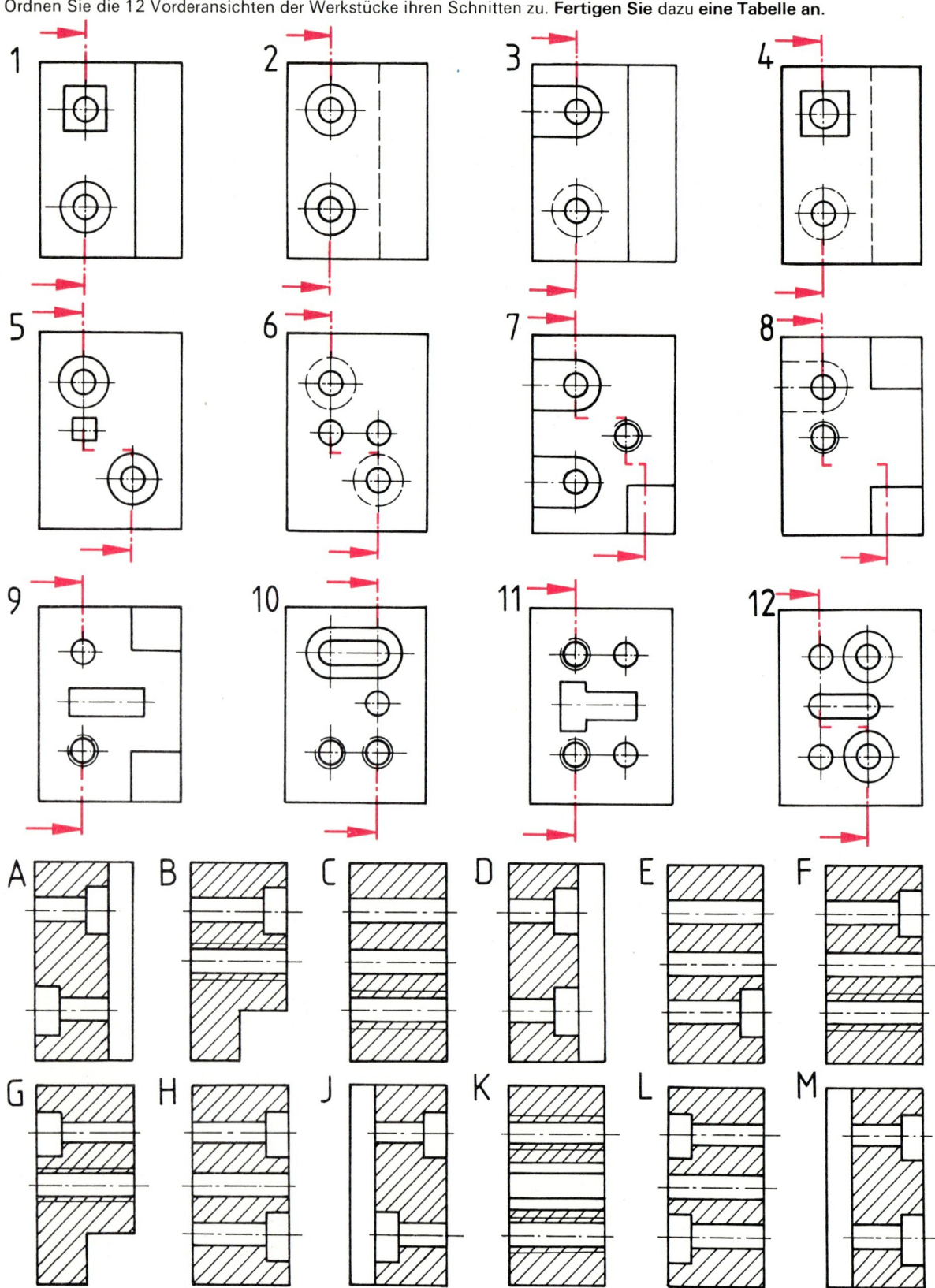

9.6 Zusammenfassung und Anwendung der Schnittdarstellungen

1. Fertigen Sie eine **Tabelle nach** der **Vorlage** an.
2. Welchen **Zweck und** welche **Benennung** haben die einzelnen Werkstücke? Schreiben Sie die Werkstück-Nummer unter die Benennung.
3. Suchen Sie für jedes Werkstück eine **geeignete Darstellungsart** aus, und kreuzen Sie diese in Ihrer Tabelle an.
4. **Skizzieren Sie je ein Werkstück** aus den Beispielen 1...12 **im Vollschnitt, im Halbschnitt und im Teilschnitt.**

	Hülse	Wellenende	Schraube für Öler	Druckplatte	Schlauchanschluß	Keilriemenscheibe	Stufenscheibe	Verbindungsstück	Wellenzapfen	Buchse mit Bund	Buchse	Düse
Werkstück Nr.												
Ansicht mit verdeckten Kanten												
Vollschnitt												
Halbschnitt												
Teilschnitt												

1

2

3

4

5

6

7

8

9

10

11

12

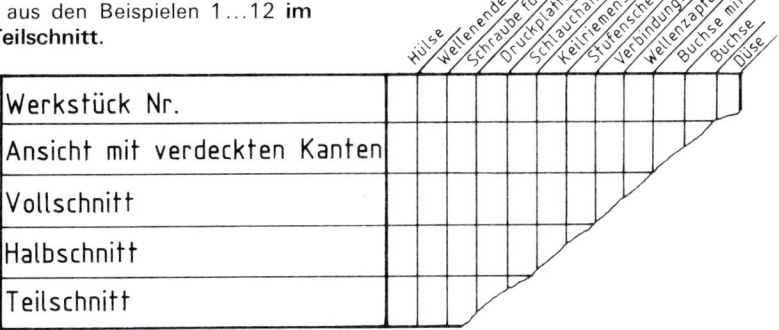

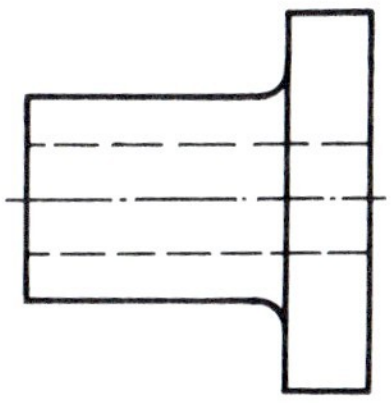

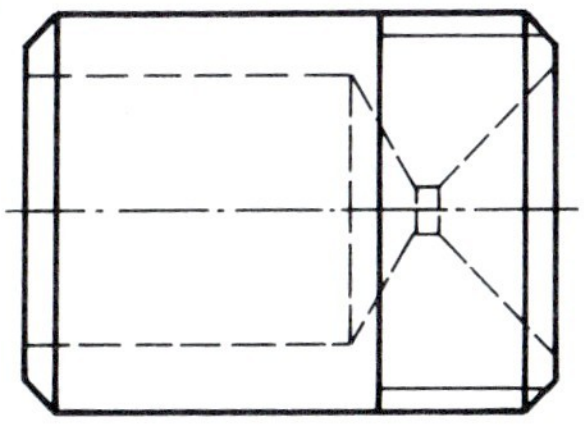

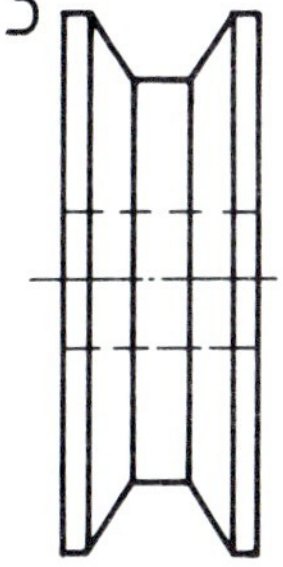

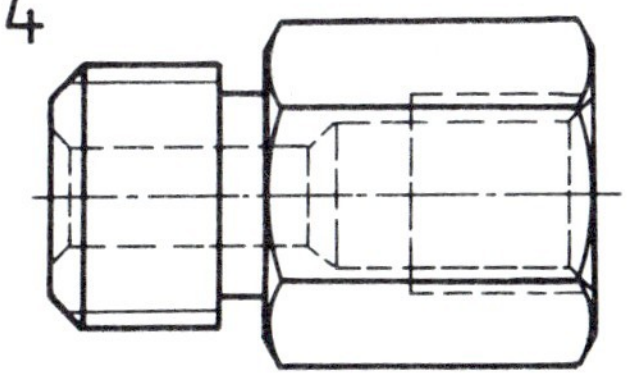

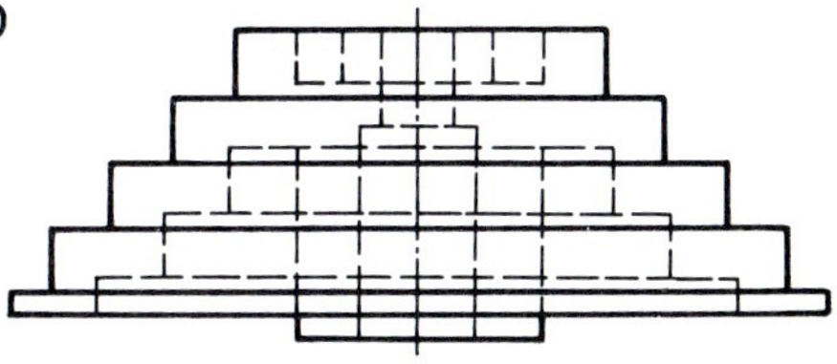

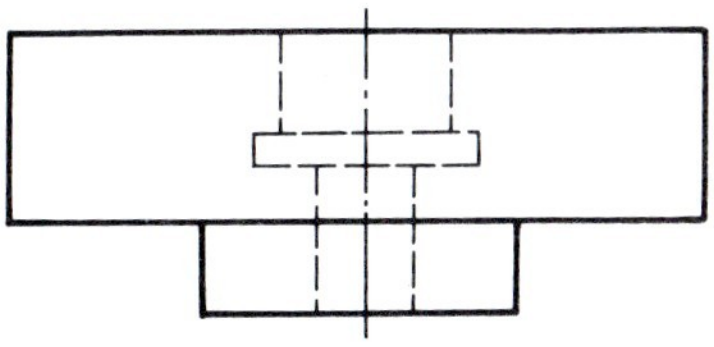

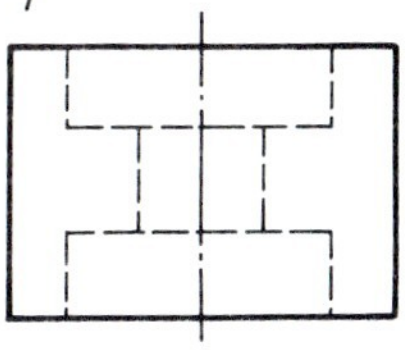

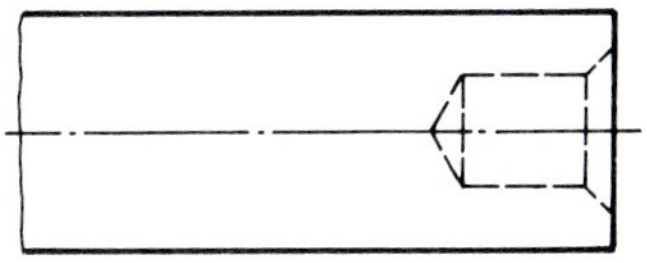

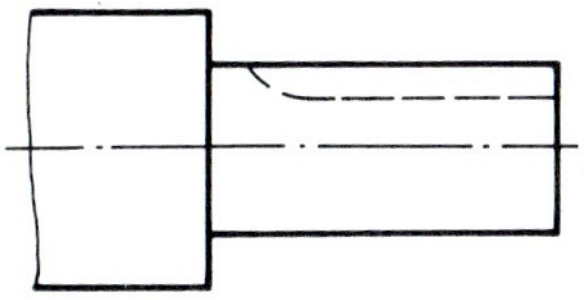

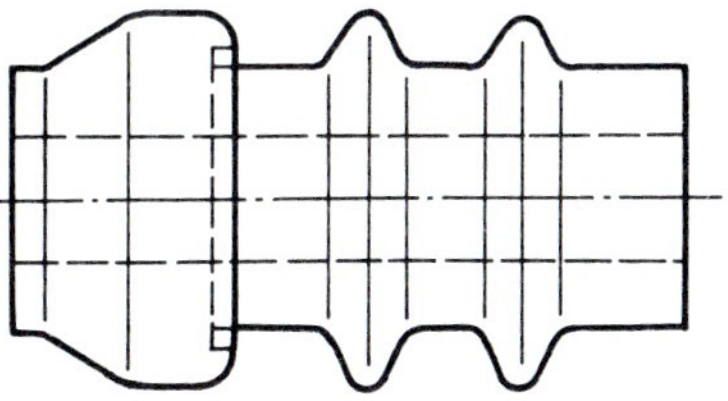

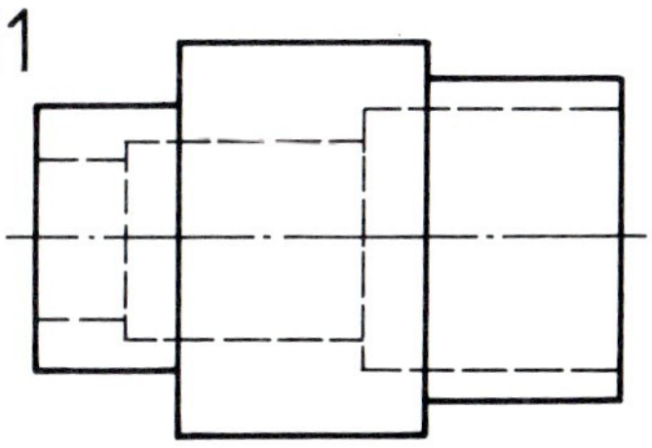

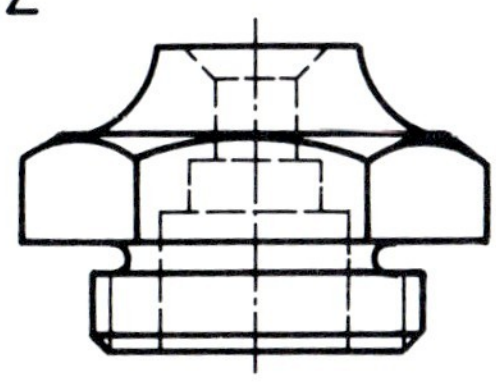

10 Technische Systeme

10.1 Anordnungs-Plan zur Scheibenkupplung

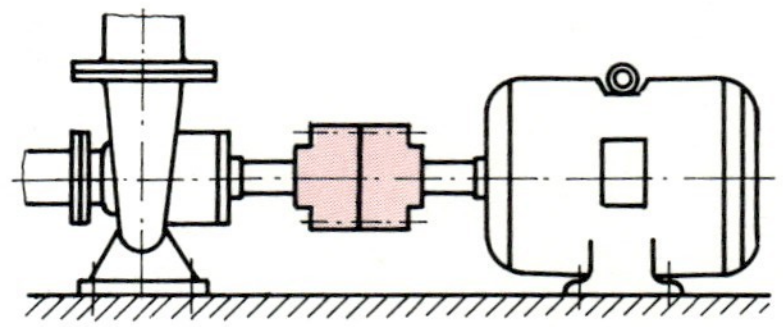

In dieser Schema-Zeichnung erkennt man die Aufgabe einer Scheibenkupplung: Sie verbindet das Antriebsaggregat mit dem anzutreibenden Gerät, z.B. eine Pumpe mit einem Motor. Dazwischen kann zur Umdrehungsfrequenzwandlung ein Getriebe montiert werden.

Eine Scheibenkupplung verbindet die Geräte fest miteinander und ermöglicht den Ausbau jedes einzelnen Gerätes, indem nur einige Schrauben gelöst werden. Die Scheibenkupplung gehört zu den einfachen, festen Kupplungen.

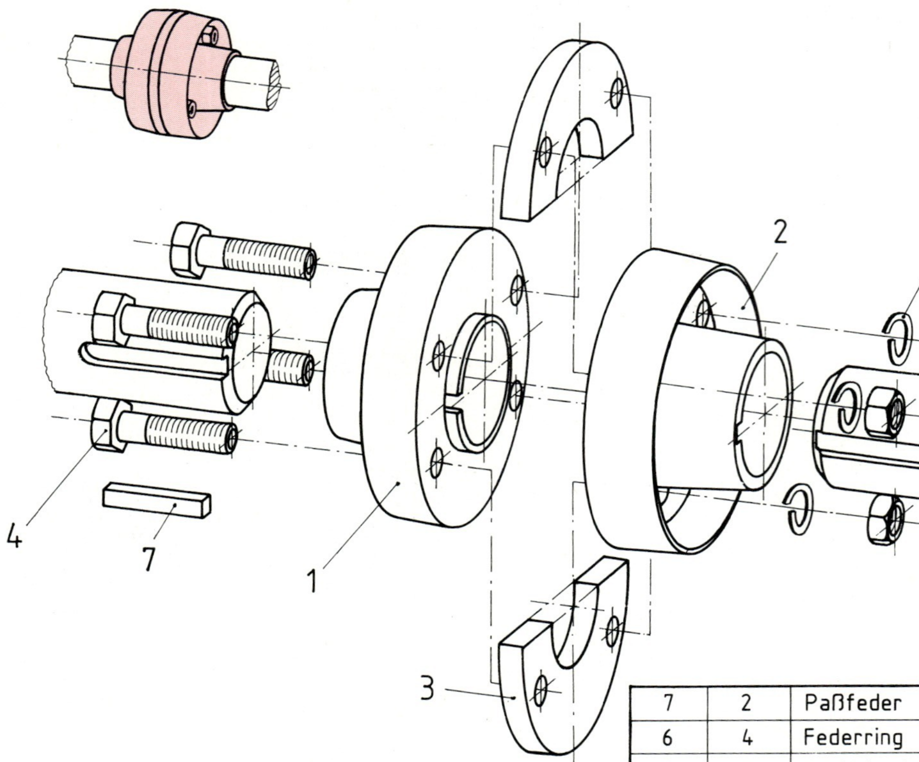

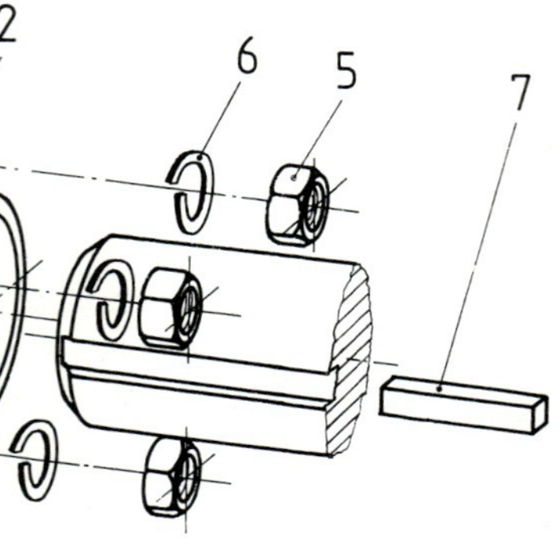

Pos.	Menge	Benennung	Norm-Kurzbez.	zul. Abweichung	Oberfläche	Werkstoff/Bemerkung
7	2	Paßfeder	DIN 6885-B10×8×45			C45K
6	4	Federring	DIN 127-B12			Federstahl
5	4	Sechskantmutter	DIN 934-M10			8
4	4	Sechskantschraube	DIN 931-M10×50			8.8
3	2	Halbring				Gummi
2	1	Kupplungshälfte				GGG-40
1	1	Kupplungshälfte				GGG-40

Scheibenkupplung

bearb. / gepr. / Datum / Name
Maßstab:
Schule:
Zeichnung

Im Anordnungs-Plan erkennen Sie, daß die Kupplungsscheiben durch Sechskantschrauben miteinander verbunden werden. Zwischen Kupplung und Welle wird die Kraft durch eine Feder (Pos. 6) übertragen.

Aufgaben

1. Vergleichen Sie die Normteile im Anordnungs-Plan mit den Angaben der Stückliste. Sind die Angaben vollständig?
2. Überlegen und notieren Sie die Reihenfolge, in der die Einzelteile montiert werden müssen.

Aufgabe

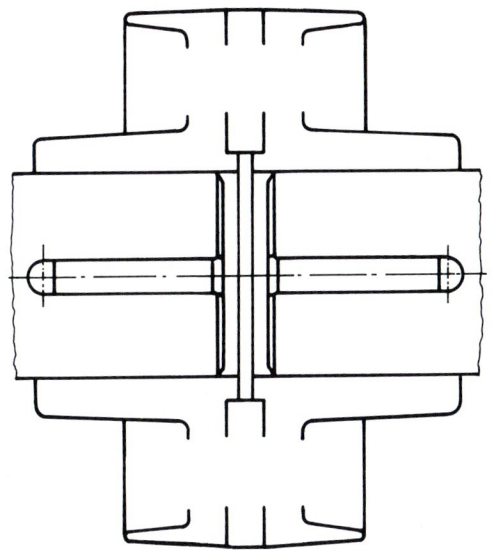

Skizzieren und vervollständigen Sie die Kupplung im Vollschnitt. Zeichnen Sie die Schraubenverbindung ein, und tragen Sie alle erforderlichen Schraffuren ein.

Sie haben jetzt die Scheibenkupplung in unterschiedlichen Darstellungen und Zusammenhängen bearbeitet:

1. Als starre Verbindung zwischen einem Motor und einer Pumpe. Motor und Pumpe sind auf einer gemeinsamen Grundplatte montiert, die Kupplung ermöglicht die Kraftübertragung zwischen beiden.
2. a) Als Explosions-Zeichnung, in der alle Einzelteile in einem auch für technische Laien verständlichen Zusammenhang dargestellt sind.
   b) Als Zeichenaufgabe im Schnitt. Dies ist die technisch übliche Darstellung, in der es u.a. auf die richtige Darstellung der Verschraubung als kraftschlüssige Verbindung ankommt.
3. In der Stückliste sind alle Einzelteile aufgeführt, die bereits in der Explosions- und der Gesamt-Zeichnung enthalten sind und deren Positionsnummern in vielen technischen Aufgaben benötigt werden.

10.2 Darstellung im Blockschaltbild

Wir betrachten nun die Kombination
Pumpe – Kupplung – Motor
als ein sinnvolles **Technisches System** und stellen dieses in einem **Blockschaltbild**, also rein symbolisch, dar:

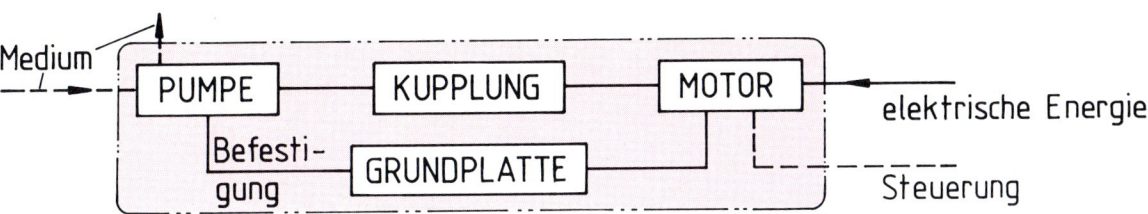

Jedes technische **System** ist nur in einer bestimmten **Umgebung** mit den notwendigen Verbindungen sinnvoll:

Das vorliegende System ist
1. fest (kraftschlüssig) mit der Grundplatte verbunden,
2. an die Stromzufuhr (380 V) angeschlossen,
3. über einen EIN/AUS- Schalter (Schütz) gesteuert,
4. in ein Rohrsystem zum Ansaugen und Fördern von Wasser oder einem anderen Medium eingebunden.

Die **Umgebung des Systems** besteht also aus
- Der Grundplatte/dem Fundament,
- dem elektrischen Leitungssystem
- dem elektrischen Schaltkreis und
- dem Wasserkreislauf.

Diese enggefaßte „technische Umgebung" ist ihrerseits wieder Teil einer natürlichen und technischen **Umwelt**. Die Bedeutung dieser Umwelt muß künftig Teil jeder Behandlung und Lösung technischer Probleme werden.

Die untenstehende Darstellung ist ein **Maßbild**. Hier werden die Maße der unmittelbaren Umgebung der Kupplung eingetragen. Ein Maßbild soll keine Fertigungsmaße enthalten, es dient dem Einbau bzw. der Montage eines technischen Produkts. Auch hier spielt der Begriff der Umgebung eine Rolle; er wird unter den jeweiligen Zielen und Bedingungen eines technischen Problems aufgegliedert.

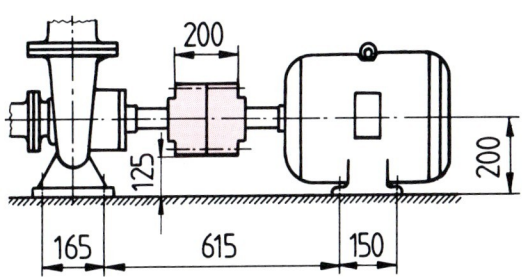

10.3 Maßbild

Kniehebelpresse – Druckkraft 6 kN

Die abgebildete Kniehebelpresse stammt aus der Fertigungspraxis. Sie erreicht bei nur 50 N Kraftaufwand eine Druckkraft von 6000 N. Die folgenden acht Symbole zeigen ihr Einsatzfeld:

Stanzen Biegen
Lochen Abkanten
Einpressen Stempeln Formpressen Prägen

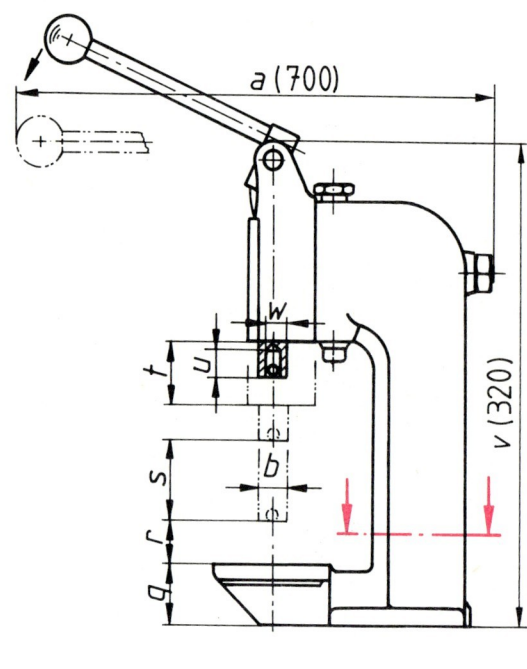

Die Presse hat einen relativ großen Stößelhub; der Schlitten, d.h. die Kniehebeleinheit, ist in der Höhe verstellbar.

Aufgabe

Lesen Sie die Zeichnung und beantworten Sie die folgenden Fragen schriftlich:
- Welche der vier Schnittmöglichkeiten kommen vor: Vollschnitt, Halbschnitt, Teilschnitt, Schnittverlauf.
- Welche Hauptbauteile oder Baugruppen erkennen Sie?
- Was bedeuten die Konturen in Strich – 2-Punktlinien?

Das Maßbild – eine vereinfachte Gesamt-Zeichnung

Technische Produkte werden in der Regel ohne Fertigungs-Zeichnungen geliefert. Zur Information über notwendige Maße werden in Prospekten sowie in Einbau-, Betriebs- und Wartungsanleitungen Maßbilder verwendet. In einem Maßbild werden die Umrisse und die wichtigsten Formen und Funktionen eines Produkts dargestellt.

Wie die gezeichnete Kniehebelpresse zeigt, können Gesamt-Zeichnungen zu Maßbildern vereinfacht werden. Man kommt in diesem Fall mit zwei Ansichten aus, weil der innere Aufbau nicht dargestellt werden soll. Die eingetragenen Maße beziehen sich nicht auf die Herstellung oder Funktion, sondern auf die Verwendung der Presse in der Fertigung. Das Maßbild erklärt also nicht das **System** Kniehebelpresse, sondern die Beziehungen zwischen dem System und seiner **Umgebung**.

Umgebung heißt hier:
1. Räumliche Umgebung im Fertigungsbereich, Standort und Befestigung der Presse.
2. Verbindung mit einem Werkzeugober- und -unterteil.
3. Der Einstellbereich des Arbeitshubes für den Fertigungsprozeß.
4. Die räumlichen Bedingungen und Maße für das Einlegen oder Entfernen von Werkstücken, Halbzeugen oder das Verbleiben von Materialresten.

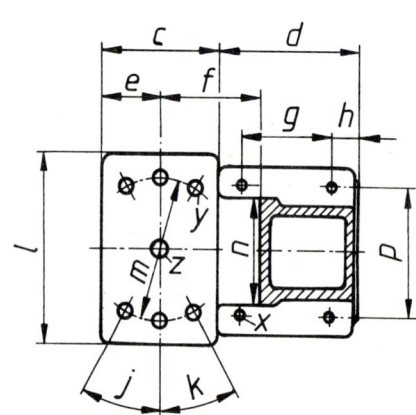

Aufgaben

1. Fertigen Sie eine Tabelle nach folgendem Muster an:

	a	b	c	......
1.				
2.				
3.				
4.				

2. Kreuzen Sie für jedes Maß von *a* bis *z* an, welches der vier genannten Kriterien zutrifft.

Beispiel:

g = 75 mm wird bei 1. angekreuzt, weil der Abstand der Bohrungen für die Befestigung auf dem Arbeitstisch benötigt wird.

10.4 Änderung der Biegevorrichtung

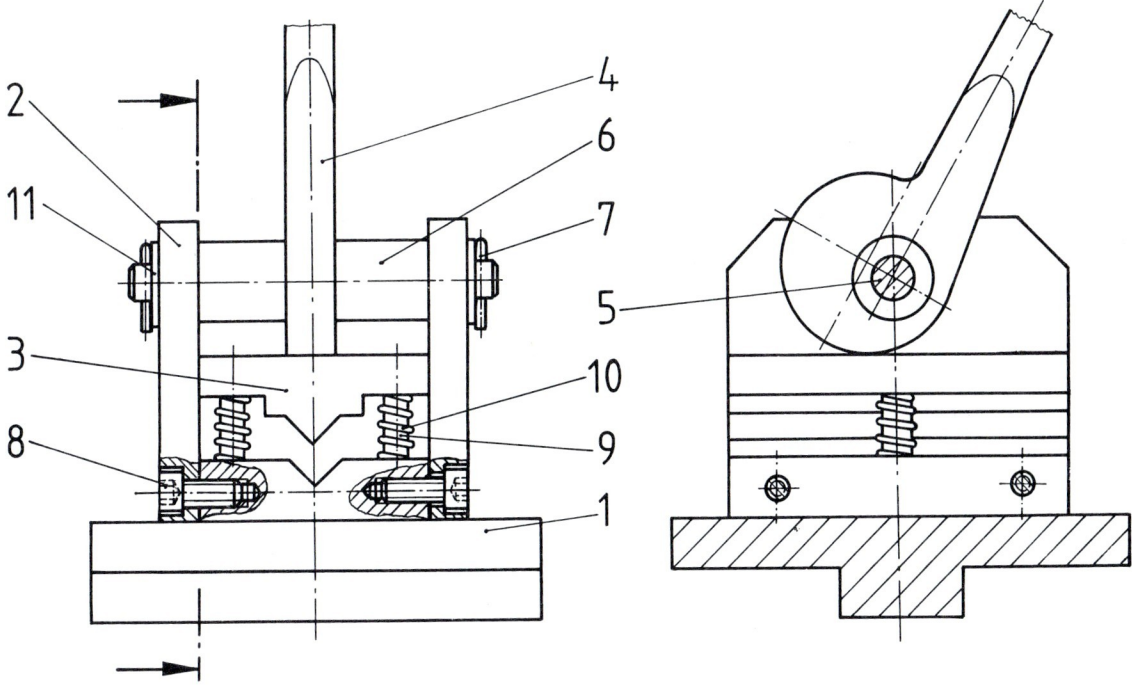

Zu dieser verkleinerten Gesamt-Zeichnung gehört die Stückliste in Kap. 2.1. Sie sollen jetzt Ihre Kenntnisse und Fertigkeiten auf die Umgestaltung der Biegevorrichtung anwenden. Dabei kann die Vorrichtung in folgenden Punkten geändert werden:

1. Die herzustellende **Schelle** bekommt eine **neue Form**:

Versuchen Sie, die Vorrichtung mit möglichst geringem Aufwand so zu ändern, daß der neue Querschnitt gebogen werden kann.

2. Weil die Vorrichtung freistehend benutzt werden soll, muß die Grundplatte geändert werden:
   - Der **Steg** zum Einspannen im Schraubstock wird **durch** genormte **Vorrichtungs-Füße ersetzt**.
   - Damit die Vorrichtung nicht in Arbeitsrichtung kippt, wird die Grundplatte so verlängert, wie es in der folgenden Skizze dargestellt ist.

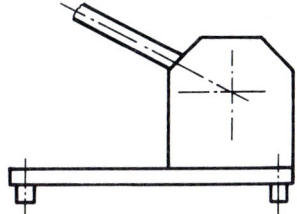

3. Der **Exzenterhebel** soll bei einer Stellung von 30° gegen Überschlagen nach hinten gesichert werden.
4. Berücksichtigen Sie, daß das Material der Schellen **zurückfedern** kann.
5. Für genaues Einlegen ist ein **flacher Anschlag** vorzusehen.
6. Stellen Sie nach dem Vorbild in Kap. 2.1 eine **Stückliste** auf, in der die konstruktiven Veränderungen berücksichtigt werden.

Die beste Kontrolle der Ergebnisse ist die anschließende **Herstellung** der neuen Biegevorrichtung **in der Ausbildungswerkstatt** eines Betriebes oder in der Schulwerkstatt.

11 Arbeitsplanung

Das Seitenteil der Biegevorrichtung (Kap. 2.1) soll hergestellt werden. Ausgangsmaterial: DIN 1017 – FL 75 × 8 – St 42-2, abgelängt auf 75 mm. Es liegt von dem Werkstück eine technische Zeichnung vor, aus der alle für die Fertigung wichtigen Angaben zu entnehmen sind. Insgesamt sind bei der Planung zu berücksichtigen:

- Die Arbeitsschritte in ihrer notwendigen Reihenfolge.
- Die Fertigungsverfahren und die notwendigen Maschineneinstellungen.
- Die Werkzeuge.
- Die Spannmittel.
- Die Prüfmittel.
- Die Sicherheitsvorschriften.

In einer Übersicht werden die Arbeitsschritte ihrer Reihenfolge nach eingetragen und mit den anderen Bedingungen verknüpft. Eine solche Übersicht hilft, Fehler und Auslassungen zu vermeiden (siehe Kap. 12.2.1).

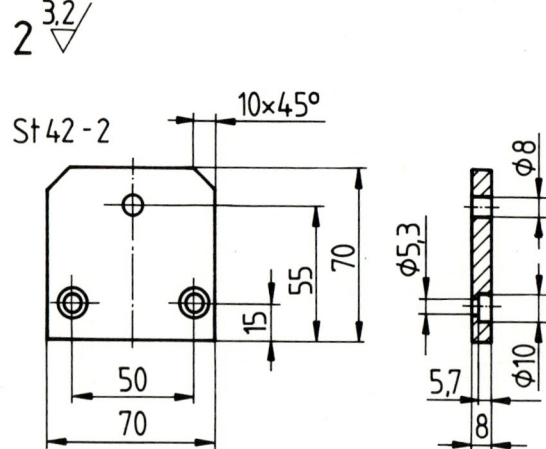

11.1 Fräsen (der 1. Stirnfläche)

Arbeitsschritte und Fertigungsverfahren	Werkzeug	Maschineneinstellung	Spannmittel	Sicherheitsvorkehrungen	Prüfmittel
Anfangskontrolle • Prüfen der Profilmaße und der Bearbeitungszugaben • Prüfen, ob das Werkstück entgratet ist.					Meßschieber, Anschlagwinkel, Sichtkontrolle
1. Stirnfläche planfräsen • Werkstück einspannen			Maschinenschraubstock	Schraubstock muß ausgerichtet sein Unterlegstücke im Schraubstock müssen fest sein	Kontrolle von Hand
• Fräser einspannen	Walzenstirnfräser: HSS $\varnothing 75$; $z=10$			Herstellerangaben beachten	
• Drehfrequenz und Vorschub einstellen Aus dem Tabellenbuch entnehmen wir: $v_c = 20 \frac{m}{min}$ Aus dem Tabellenbuch entnehmen wir: $f_z = 0{,}1$ mm		An der Maschine ist eine Zuordnungstabelle von Fräser $\varnothing$ und Schnittgeschwindigkeit, aus der die einzustellende Drehfrequenz n zu entnehmen ist $n = 160$ $v_f = f_z \cdot z \cdot n$ $v_f = 0{,}1$ mm $\cdot$ 10 $\cdot$ 160 $\frac{1}{min}$ $v_f = 160 \frac{mm}{min}$ eingestellt: $v_f = 145 \frac{mm}{min}$		Herstellerangaben beachten	
• Bearbeitungsausgangsstellung. Fräser bei laufender Maschine auf Werkstückkontakt fahren		x-, y- und z-Skala auf Null stellen		Schutzbrille tragen	

11.2 Anreißen, Körnen und Bohren

Arbeitsschritte und Fertigungsverfahren	Werkzeug	Maschineneinstellung	Spannmittel	Sicherheitsvorkehrungen	Prüfmittel
• Werkstück und Werkzeug trennen • Zustellbewegungen ausführen • fräsen		Schnittiefe $a_p = 0{,}5$ mm zustellen Nicht benötigte Richtungen feststellen Fräser, Vorschub und Kühlung einschalten		Arbeit beobachten, notfalls Hauptschalter betätigen	Sichtkontrolle
• Vorschub ausschalten bei laufendem Fräser Tisch zurückfahren • Fräser ausschalten • Werkstück ausspannen, entgraten und kontrollieren	Feile			Grat entfernen	Anschlagwinkel Meßschieber

Aufgaben

1. Stellen Sie einen Arbeitsplan für die Herstellung der 2. Stirnfläche auf. Beachten Sie dabei die Gesamtlänge des Werkstücks.

2. Stellen Sie einen Arbeitsplan für die Herstellung einer Fase (10 × 45°) von Hand auf.

11.2 Anreißen, Körnen und Bohren

Sie haben jetzt eine Arbeitsplanung für das Fräsen kennengelernt.

Sie sollten nun in der Lage sein, eigenständig eine entsprechende Arbeitsplanung für das Anreißen, Körnen, Bohren und Senken durchzuführen.

Aufgaben

1. Erstellen Sie einen Arbeitsplan zum Anreißen, Körnen und Bohren für das Seitenteil der Biegevorrichtung. Gebohrt wird auf einer Tischbohrmaschine. Der Wahlschalter wird auf Stufe II gestellt. Zum Vorbohren $\varnothing 5$ wird $n = 1600$ 1/min gewählt. Zum Fertigbohren $\varnothing 8$ wird $n = 1040$ 1/min gewählt. Die Bohrungen sind mit einem Kegelsenker zu entgraten.

2. Vervollständigen Sie den Arbeitsplan für die Durchgangslöcher mit den Senkungen. Beachten Sie dabei die Prüfmaße.

3. Stellen Sie einen Arbeitsplan für die Bohrung $\varnothing 8$ auf, wenn zwei Seitenteile zusammen gebohrt werden sollen.

4. Stellen Sie einen Arbeitsplan bei Verwendung der Vorrichtung aus Kap. 3.11 auf.

	I ↻/min	St 60 ⌀	GG-20 ⌀	St 60 ⌀	GG-20 ⌀	II ↻/min
	900	9	8	4	3	1800
	520	14	12	8	7	1040
	300	16	14	12	10	600
	175			16	14	350
	100			20	18	200
	Drehfrequenzen nur im Lauf regeln					

Viele Tischbohrmaschinen besitzen einen elektrischen Wahlschalter, mit dem zwei Drehfrequenzbereiche eingestellt werden können.

Mit dem Verstellhebel wird die Drehfrequenz stufenlos geregelt.

12 Grafische Darstellungen

12.1 Diagramme

Diagramme bieten auf „einen Blick" die notwendigen Informationen, sind leicht zu entschlüsseln und verdeutlichen zugleich den Zusammenhang. Dies zeigt ein Vergleich zwischen Formel, Tabelle und Diagramm zur Flächenberechnung.

Formel:

$$A = \frac{d^2 \pi}{4}$$

Tabelle:

d	A
1	0,7854
2	3,1416
3	7,0686
4	12,5646

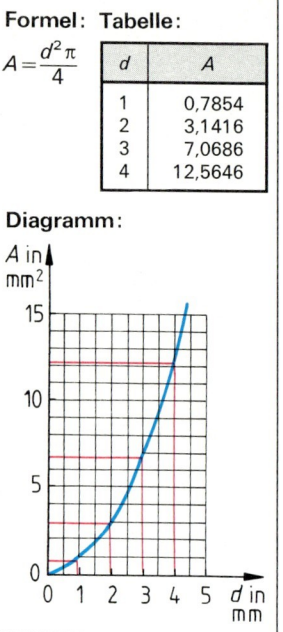

Diagramm:

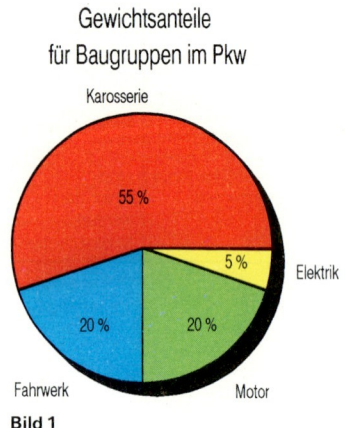

Bild 1

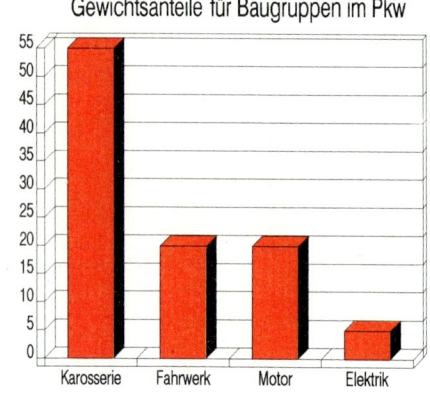

Bild 2

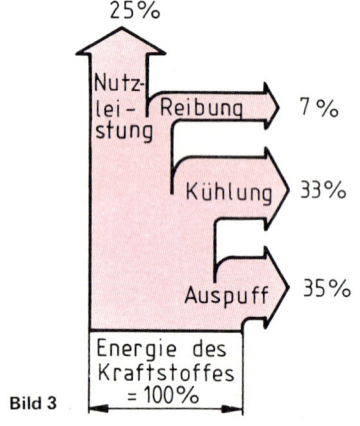

Flächendarstellung (Sankey-Diagramm)

Bild 3

Beispiele zur Einführung:

Für jeden Zweck in Naturwissenschaft, Technik und Wirtschaft gibt es besondere Formen von Diagrammen. Arbeiten Sie zur Einführung die Bilder 1 bis 10 durch. Finden Sie Gemeinsamkeiten und Unterschiede anhand der folgenden Überlegungen heraus:

1. Es gibt u.a. Diagramme in Kreisflächenform, in Säulenform und Liniendiagramme in Koordinatendarstellung.
2. Es gibt Diagramme, in denen sich 100% einer Menge in verschiedene Bereiche aufteilen lassen.
3. Es gibt Diagramme, in denen der Zusammenhang zwischen zwei oder mehr Objekten verdeutlicht wird (s. nächste Seite).
4. Es gibt Diagramme, in denen Prozesse oder Funktionen veranschaulicht werden.
5. Es gibt Diagramme, in denen Entwicklungen über einen ausgewählten Zeitraum veranschaulicht werden.
6. In Diagrammen werden entweder
   - ablesbare Zahlen oder Zahlenpaare dargestellt oder
   - prinzipielle Zusammenhänge ohne Zahlenangaben gezeigt.

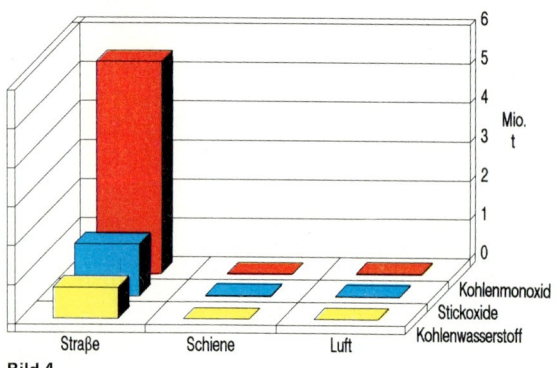

Bild 4

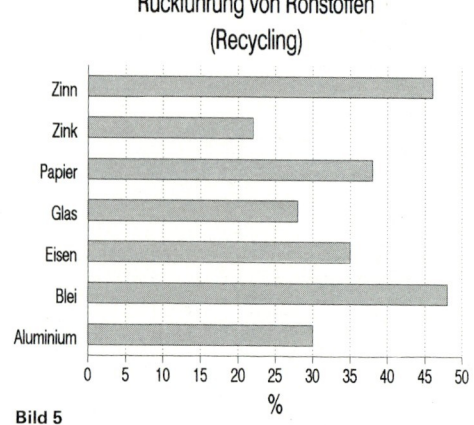

Bild 5

12.1 Diagramme

Kreisflächendiagramm, Säulendiagramm und Sankey-Diagramm sind sehr anschaulich und bedürfen keiner weiteren Erläuterung. Liniendiagramme im Koordinatensystem haben jedoch einen besonderen mathematischen Hintergrund; wir betrachten vier Fälle:

1. Zwei Werte steigen verhältnisgleich an (proportional)

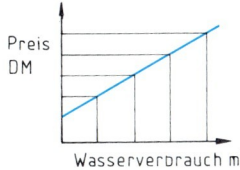

Der Preis einer Ware steigt im Verhältnis zu ihrer Menge

2. Ein Wert steigt überproportional an

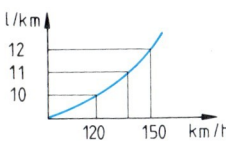

Je schneller man fährt, um so mehr Treibstoff verbraucht man auf 100 km

3. Ein Wert steigt unterproportional an

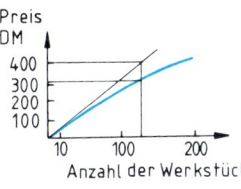

Je höher die Stückzahl in der Produktion, desto günstiger wird der Stückpreis

4. Ein Wert verändert sich indirekt proportional

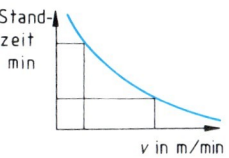

Je geringer die Schnittgeschwindigkeit, desto größer wird die Standzeit

Quantität heißt Menge. Ein Diagramm nennt man **quantitativ**, wenn für den Verlauf der Kurven Zahlenwerte auf den Achsen gegeben sind. Jeder Punkt läßt sich durch ein Zahlenpaar darstellen.

Qualität heißt Beschaffenheit. Ein Diagramm nennt man **qualitativ**, wenn keine Zahlenwerte gegeben sind. Hier kommt es auf den grundsätzlichen Verlauf der Kennlinien (Bildtypen) an.

Welche der vier Kennlinien enthalten nur eine qualitative Aussage?

Aufgaben

1. Suchen Sie zu jeder der vier Kennlinien eine weitere Anwendung.

2. Gehen Sie die folgenden Grafiken und Diagramme durch, und formulieren Sie für jede Darstellung ihre wesentliche Information in ein bis drei Sätzen.

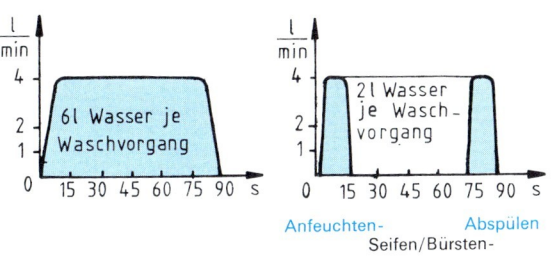

Bild 6
Normale Mischbatterie

Bild 7
Einhand-Selbstschluß-Armatur

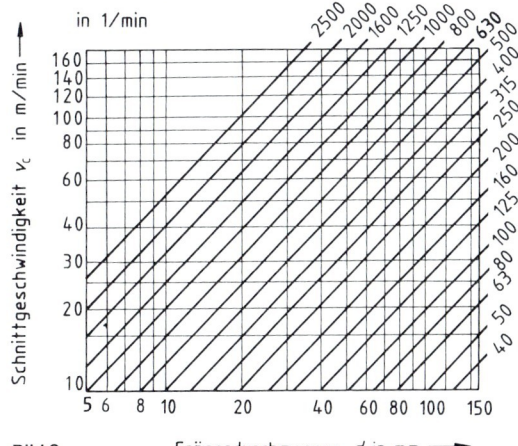

Bild 8

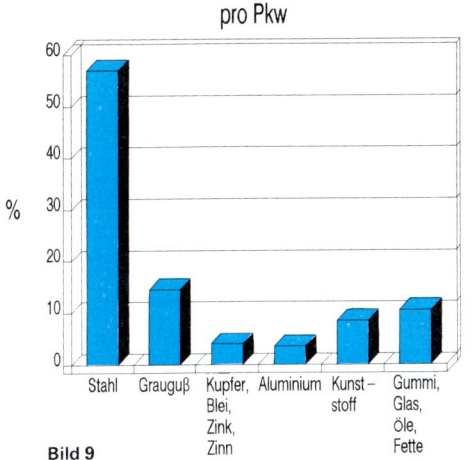

Bild 9

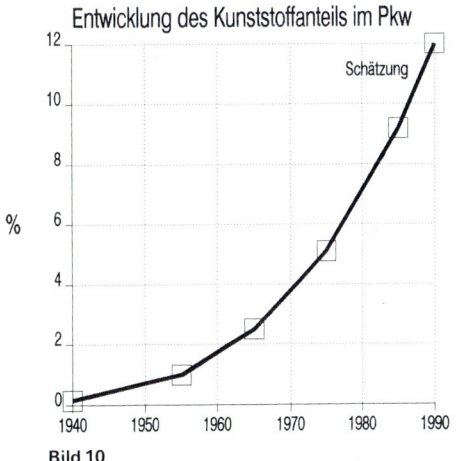

Bild 10

12.2 Pläne

Bei allen Fertigungsprozessen, Wartungsarbeiten, Montagearbeiten, Reparaturarbeiten usw. müssen vorgegebene Arbeitsschritte eingehalten werden, damit das angestrebte Ziel erreicht wird. Diese Arbeitsschritte muß ein Facharbeiter beherrschen. In vielen Fällen helfen ihm hierbei Pläne (Schaltpläne, Funktionspläne, Wartungspläne, Schmierpläne), Anleitungen (Montageanleitungen, Reparaturanleitungen, Bedienungsanleitungen) und Zeichnungen (Einzelteilzeichnungen, Gesamtzeichnungen, Anordnungspläne). Eine Auswahl von Plänen soll auf den folgenden Seiten dargestellt werden.

Auf einer Drehmaschine ist der Zapfen nach Bild 1 als Einzelstück mit den geforderten Allgemeintoleranzen nach DIN 7168 zu fertigen.

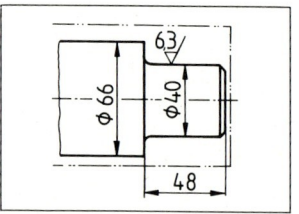

1 Wellenzapfen

12.2.1 Struktogramm und Ablaufplan

Eine Abfolge von Arbeitsschritten, die nach ihrer korrekten Ausführung zum Fertigprodukt führen, werden in der Technik auch als Algorithmus bezeichnet. Anhand des Beispiels ‚Fertigen und Prüfen von Drehteilen' soll gezeigt werden, wie die einzelnen Arbeitsschritte des Facharbeiters in einem Struktogramm oder Ablaufplan darstellbar sind.

Arbeits-schritt	Beschreibung durch		
	Sprache	Struktogrammsymbole	Ablaufplansymbole
1	Drehmaschine rüsten: Werkzeug, Rohling, Einstelldaten	Drehmaschine rüsten	Drehmaschine rüsten
2	Rohling nach Zeichnung auf Maß drehen	Drehen des Werkstücks	Drehen des Werkstücks
3	Istwert des Drehteils mit dem Meßschieber messen	Ermitteln eines Istwertes mit dem Meßschieber	Ermitteln eines Istwertes mit dem Meßschieber
4	Meßwerte mit den Nennmaßen unter Berücksichtigung der Toleranz vergleichen	WIEDERHOLE Vergleich: Istwert mit Sollwert BIS alle Maße kontrolliert sind oder ein Übermaß vorliegt oder ein Untermaß vorliegt	Schleife 3 / Vergleich: Istwert mit Sollwert / Schleife 3 BIS alle Maße kontrolliert sind oder ein Übermaß vorliegt oder ein Untermaß vorliegt
5	Ergibt der Meßvorgang ein Übermaß, ist eine Nachbearbeitung ab Punkt 3 erforderlich	WIEDERHOLE Drehen des Werkstücks ⋮ BIS Maßhaltigkeit gegeben ist oder Untermaß vorliegt	Schleife 2 / Drehen des Werkstücks / Schleife 2 Bis Maßhaltigkeit gegeben ist oder Untermaß vorliegt
6	Ergibt der Meßvorgang ein Untermaß, ist das Werkstück Ausschuß	Untermaß liegt vor? JA / NEIN — Werkstück ist Ausschuß	JA — Untermaß liegt vor? — NEIN / Werkstück ist Ausschuß
7	Bei Ausschuß wird der gesamte Arbeitsvorgang wiederholt	WIEDERHOLE Beschaffen von Rohling und Werkzeug ⋮ BIS Maßhaltigkeit gegeben ist	Schleife 1 / Beschaffen von Rohling und Werkzeug / Schleife 1 Bis Maßhaltigkeit gegeben ist

Die Beschreibung des Fertigungsvorganges zeigt, daß aus dem Rohling nach einer Folge von Arbeitsschritten (Spannen, Drehen und Messen) das fertige Werkstück vorliegt.

12.2 Pläne   12.2.1 Struktogramm und Ablaufplan

Dieser Fertigungsvorgang läßt sich in die Grundstrukturen Sequenz, Auswahl und Wiederholung zerlegen:

- **die Sequenz,**
  Beschaffung von Rohling und Werkzeug
  Einspannen des Rohlings
  Einspannen des Werkzeugs

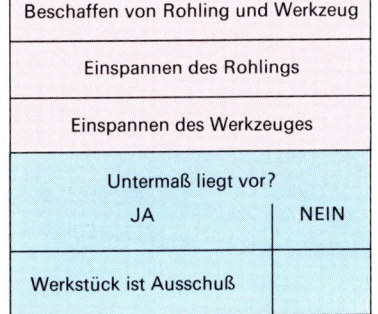
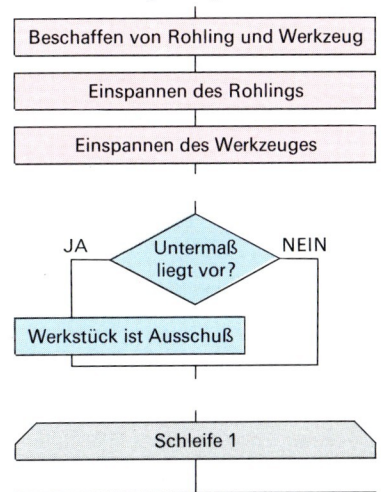

- **die Auswahl,**
  Entscheidung aufgrund der Messung:
  Übermaß (Nachbearbeitung) bzw.
  Untermaß (Ausschuß),

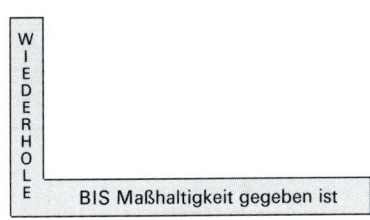

- **die Wiederholung**
  Die beschriebenen Fertigungsschritte sind so oft zu wiederholen, bis das Einzelstück gefertigt ist, also die Istmaße innerhalb der vorgegebenen Toleranz liegen

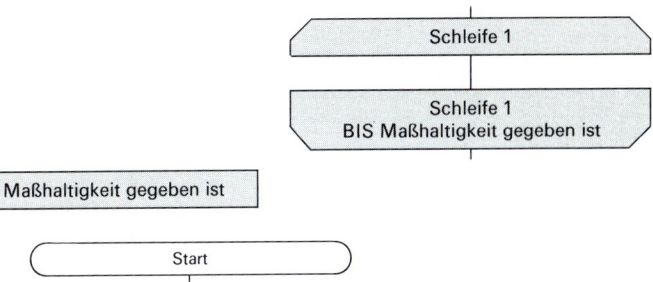

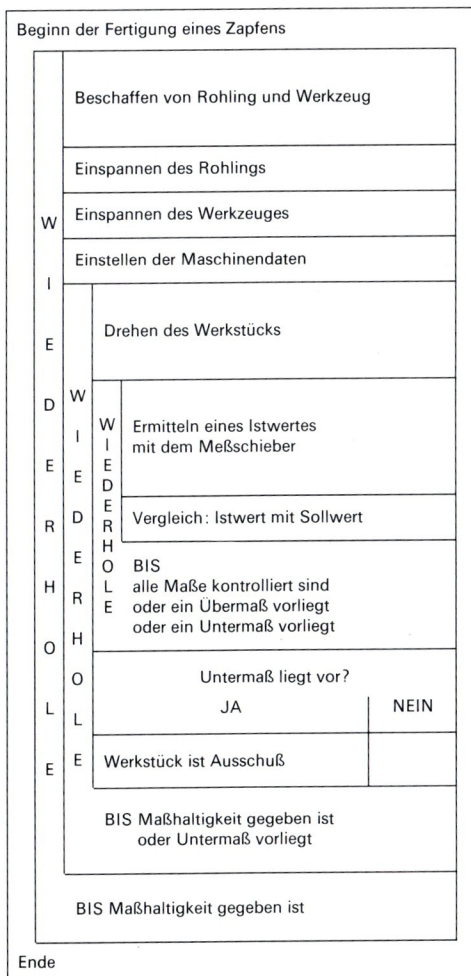

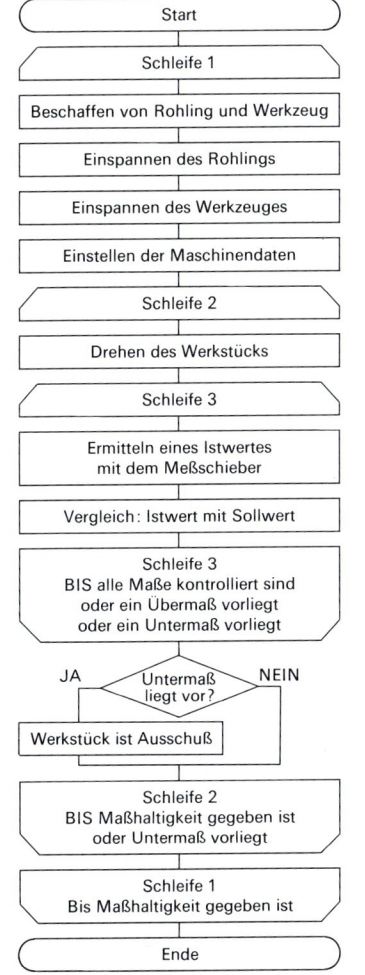

1 Struktogramm   **2 Ablaufplan**

12.2.2 Darstellungsarten von Algorithmen

Die Beschreibungen durch Ablaufplan und Struktogramm sind somit nur die formale Wiedergabe/Umsetzung einer Fertigungsfolge. Dieser Algorithmus wird von einem Facharbeiter in der Fertigung täglich entwickelt und ausgeführt.

Mit dem Begriff Algorithmus wird eine genau angebbare Folge einzelner Tätigkeiten bezeichnet, die auf eingegebene Daten (hier Zeichnung, Rohteil und Werkzeug) nach endlich vielen Schritten Ausgabedaten (hier das Fertigteil) erzeugen (vgl. Technologie, Kap. 3.3).

Somit sind alle Handlungsanweisungen (Reparatur-, Bedienungs-, Montageanleitungen u.a.m.), die Arbeitsschritte zum Lösen von Aufgaben beschreiben, Algorithmen.

Die nebenstehende Übersicht (Bild 1) enthält die wesentlichen Elemente eines Algorithmus.

Algorithmen	
• bestehen aus durchführbaren Teilen	z.B.: Rohteil beschaffen
• sind in einer endlichen Anzahl von Schritten darstellbar	Schritte im Beispiel Drehteil Anlassen eines Pkw-Motors
• haben die Lösung nach endlich vielen Schritte erreicht	Zapfen gefertigt Motor läuft
• weisen eine Reihenfolge für die Abarbeitung der Einzelschritte auf	Checkliste bei Inspektionen eines Kfz
• erreichen ihr Ziel im allgemeinen mit möglichst wenig Aufwand	Zeiteinheiten bei Kfz-Reparaturen

1 Algorithmus

Ein Algorithmus ist in verschiedenen Formen beschreibbar oder darstellbar.

Beschreibungsmöglichkeit	Anwendungsbeispiel
Vormachen	Demonstration des Feilens durch den Ausbilder in der Lehrwerkstatt Film über das Schweißen
Sprache	Arbeitsauftrag des Meisters an den Facharbeiter: „Baue eine neue Lichtmaschine ein!" „Suche die Bestellnummer für das 5/2-Wege-Ventil aus dem Katalog."
Text oder/und Graphik/Zeichnung	Arbeitsblätter und Zeichnungen (z.B. Kap. 4.6) Montage-/Demontageanleitungen (z.B. Kap. 3.13.1) Reparatur-, Bedienungsanleitungen
Ablaufpläne nach DIN 66001	Darstellung in Bild 2 (vorherige Seite)
Struktogramme nach DIN 66261	Darstellung in Bild 1 (vorherige Seite)
Logik-/Funktionspläne DIN 19239, DIN 40719, Teil 6	Darstellung in Kap. 12.2.3.3 Der Logikplan beschreibt in allgemeiner Form Steuerungen. Dargestellt werden Logiksymbole sowie ihre Verknüpfung. Für besondere Steuerungen (**S**peicher**p**rogrammierbare **S**teuerungen: SPS) gelten genormte Darstellungsregeln. Diese hardwarebezogene Darstellungsform wird als Funktionsplan bezeichnet. Der Funktionsplan ist für kombinatorische Steuerungen und Ablaufsteuerungen gleichermaßen nutzbar.
pneumatischer Schaltplan	Darstellung in Kap. 12.2.3.1
elektromechanischer Schaltplan	Darstellung in Kap 12.2.3.2
Anleitungen/Programme in formalen Sprachen	BASIC-Programm PASCAL-Programm CNC-Programm Notenblätter für Musikstücke Zugfolgen beim Schachspiel

Aufgaben

1. Erstellen Sie eine Handlungsanweisung für das Anziehen von Zylinderkopfschrauben.
   a) Text,
   b) Struktogramm/Ablaufdiagramm.
2. Beschreiben Sie die Handlungsanweisungen für das Auswechseln des Ölfilters bei einem Pkw.

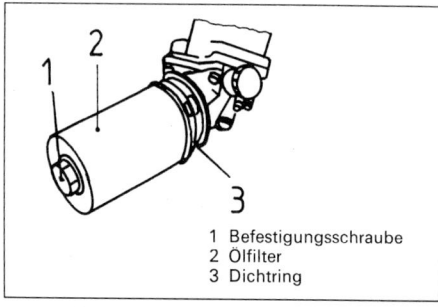

1 Befestigungsschraube
2 Ölfilter
3 Dichtring

12.2 Pläne

12.2.3 Schalt- und Funktionsplan

3. Lesen Sie den nebenstehenden Anordnungs-Plan für den Einbau (Armaturentafel-Unterbau) eines Auto-Cassettenspielers.
Beschreiben Sie die Reihenfolge der Arbeitsschritte für die Befestigung (Teil A u. B).

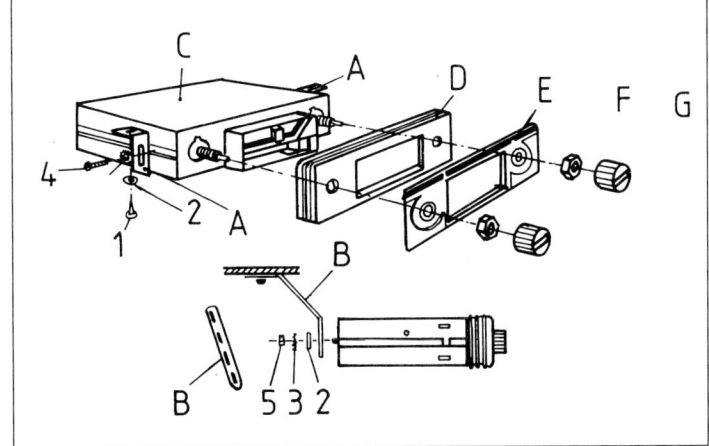

12.2.3 Schalt- und Funktionsplan
12.2.3.1 Pneumatischer Schaltplan

Bedienungsanleitung

In die pneumatische Transportvorrichtung (s. Bild 1) ist ein Zweihand-Steuergerät eingebaut worden. Der Auszug aus der Kurzbeschreibung der Schaltungsfunktion, d.h. die Bedienungsanleitung der Transportvorrichtung, besagt:

Numerierung der Bauteile

Aktoren
1.0 Zylinder

Stromventile
1.01 Drossel-Rückschlag-Ventil

Stellglieder
1.1 5/2-Wegeventil

Signalverarbeitende Glieder (Steuerglieder)
1.8 ODER-Ventil
1.10 UND-Ventil
1.12 ODER-Ventil
1.14 Zweihandsteuerblock

Signalglieder (Sensoren)
1.2 Schlüsselschalter
1.4 Handtaster 1
1.6 Handtaster 2

allgemein:
geradzahlige Ziffern für das Ausfahren des Zylinders

Signalglied
1.3 Endlagenschalter

allgemein:
ungeradzahlige Ziffern für das Einfahren des Zylinders

0.1 Wartungseinheit
0.2 Hauptschalter
Baugruppen für die Energieversorgung

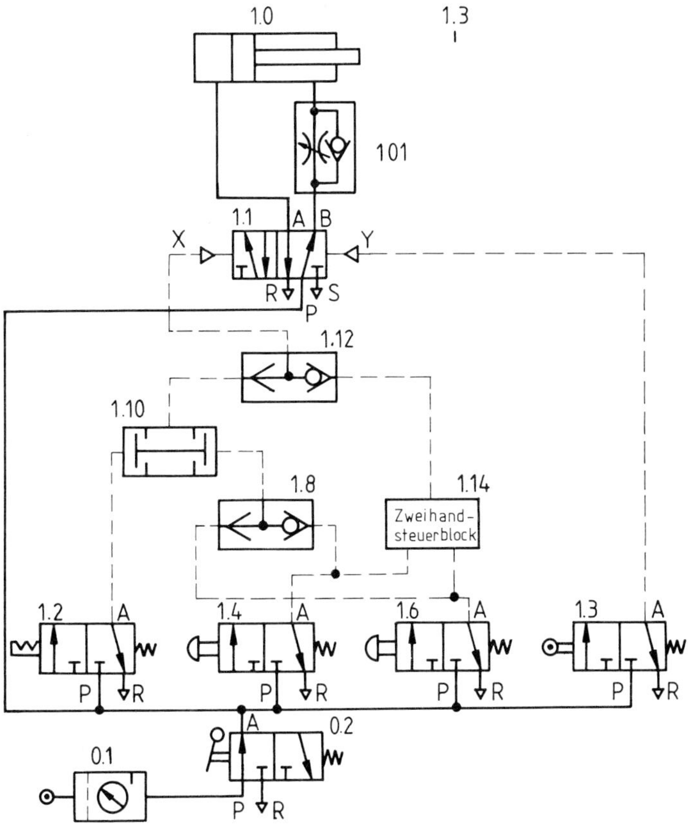

1 Transportvorrichtung

12.2 Pläne — 12.2.3 Schalt- und Funktionsplan

Transportbetrieb:
Bei Betätigung der beiden Taster S1 (im Schaltplan 1.4) und S2 (1.6) innerhalb einer einstellbaren Zeit (0,2...0,5 s) fährt der Transportzylinder (1.0) langsam aus (siehe vorherige Seite Bild 1). Bei Erreichen der Endlage erfolgt der Rückhub nach Betätigung von Endlagenschalter (1.3).

Einrichtbetrieb:
Bei Betätigung des Schlüsselschalters S3 (1.2) und dem jeweiligen Betätigen von mindestens einem Taster durch den Maschineneinrichter fährt der Transportzylinder aus und nach Betätigen des Endlagenschalters (1.3) zurück.

Funktionskontrolle

Während der praktischen Nutzung im Betrieb wird bei einer Kontrolle der Transportvorrichtung folgendes festgestellt:
Der Bediener kann nach Betätigen der Taster S1 und S2 die Hände von den Tastern nehmen, der Transportvorgang wird dennoch vollständig ausgeführt.
Dieser gefährliche Zustand für den Bediener soll abgestellt werden. Die Steuerung ist so zu ändern, daß nach dem Loslassen der Taster S1 oder S2 durch den Bediener der Transportzylinder sofort in die Ruhestellung zurückfährt.

Fehlereingrenzung mittels Schaltplan

Unter Einbeziehung der Übersichten (s. Anhang) wird eine Schaltungsanalyse vorgenommen. Dabei wird die Wirkung des 5/2-Wege-Ventils (1.1) in der Schaltung der Transportvorrichtung untersucht:
Wenn die beiden Taster S1 und S2 betätigt sind und die eingestellte Zeit für die gleichzeitige Taster-Betätigung ($t = 0,2$ s) nicht überschritten wird, erhält das 5/2-Wege-Ventil über die ODER-Verknüpfung (1.12) das Druckluftsignal zum Ausfahren. Dieser Vorgang des Ausfahren kann nun durch S1 und S2 nicht mehr unterbrochen werden. Erst wenn der Transportzylinder die Endlage erreicht und damit der Endlagenschalter für die Rücksteuerung betätigt wird, schaltet das 5/2-Wege-Ventil in die Ausgangsstellung (wenn S1 und S2 unbetätigt sind) und der Transportzylinder fährt zurück.

Maßnahme

In der Schaltung soll sichergestellt sein, daß bei Wegfall des Druckluftsignals aus dem Zweihand-Steuergerät (1.14) der Transportzylinder einfährt. Diese Forderung ist z.B. durch eine Federrückstellung beim 5/2-Wege-Ventil erfüllt. Damit kann der Endlagenschalter entfallen. Allerdings hat der Bediener durch Sichtkontrolle das Erreichen der Endlage sicherzustellen. Es ergibt sich somit der geänderte Schaltplan nach Bild 1.

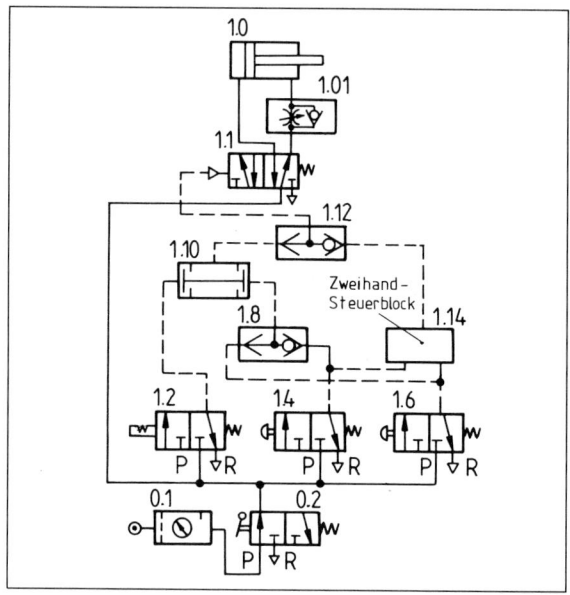

1 Transportvorrichtung

Allgemeine Regeln für das Erstellen von Schaltplänen

Pneumatisch	Elektrisch
• Sinnbilder und Schaltzeichen werden waagerecht dargestellt.	• Schaltpläne sind grundsätzlich im stromlosen Zustand und Schalter im mechanisch nicht betätigten Zustand darzustellen.
• Die Steuerungselemente sind dem Signalfluß entsprechend von unten nach oben anzuordnen.	• Schaltzeichen und -elemente sind senkrecht angeordnet darzustellen.
• Steuerleitungen werden durch Strichlinien dargestellt.	• Die Geräte und Bauteile sind im Schaltplan zu kennzeichnen (DIN 40719).
• Arbeitsleitungen werden durch Vollinien dargestellt.	• Hauptstromkreis und Steuerstromkreise werden getrennt dargestellt.
• Ventile werden in ihrer Ausgangsstellung dargestellt, d.h., die beweglichen Teile der Ventile haben die Stellung eingenommen, die sie in einer eingeschalteten Steuerung einnehmen.	• Die Stromwege sind geradlinig und im Verlauf parallel zu zeichnen und von links nach rechts fortlaufend zu numerieren.
• Die gleiche Druckquelle kann mehrfach dargestellt werden.	• Für Elemente eines Gerätes, z.B. Schließer, Öffner, Schütz, sind die gleichen Gerätebezeichnungen vorzusehen (siehe Anhang).
• Die Numerierung der Steuerungselemente setzt sich aus der Nummer der Steuerkette und einer angefügten Ordnungszahl zusammen (siehe Bild 1, vorherige Seite).	

12.2 Pläne   12.2.3 Schalt- und Funktionsplan

Aufgaben

1. Beschreiben Sie mit Hilfe der Übersichten im Anhang die Schaltfunktion des Zweihand-Steuerblockes.

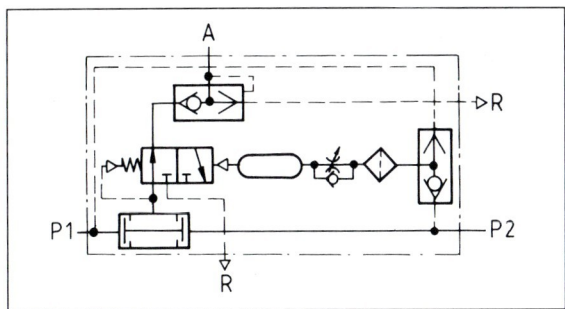

2. Erklären Sie anhand des Schaltplanes die Funktion des Schlüsselschalters in der pneumatischen Transportvorrichtung (Bild 1, vorherige Seite).

3. Der Schaltplan beschreibt eine Steuerung.

   a) Kontrollieren Sie, unter welchen Bedingungen der Zylinder Z1 ausfährt.

   b) Kontrollieren Sie, unter welchen Bedingungen der Zylinder Z2 ausfährt.

   c) Welcher Zylinder fährt langsam (gedrosselt) aus und schnell zurück?

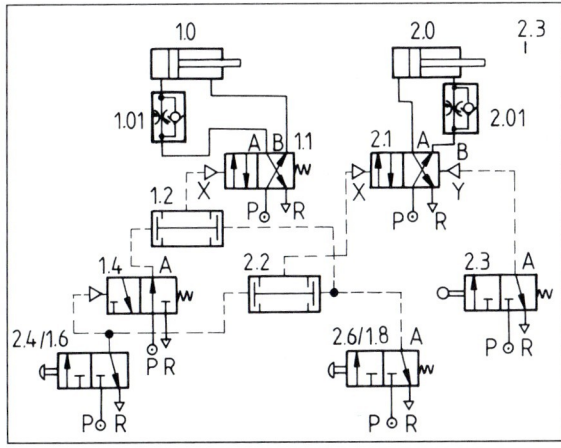

4. Das pneumatische Bauteil 1.4 in Bild 1 wird als Zeitverzögerungs-Ventil bezeichnet.

   a) Aus welchen pneumatischen Grundbaugruppen besteht es?

   b) Beschreiben Sie die Funktion des Zeitverzögerungs-Ventils bei Betätigung von 1.2.

   c) Wie kann die Verzögerungszeit vergrößert bzw. verkleinert werden?

   d) Beschreiben Sie das Ein- und Ausfahrverhalten des doppeltwirkenden Zylinders.

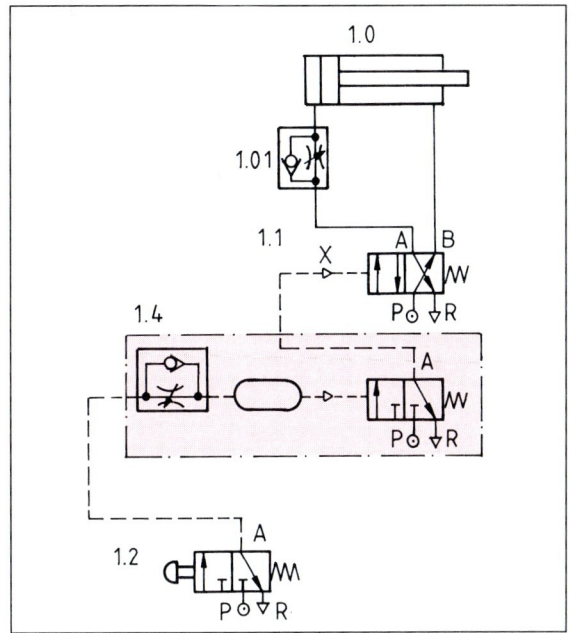

Bild 1

12.2.3.2 Elektrischer Schaltplan

Für die pneumatische Steuerung der Transportvorrichtung wird alternativ ein elektrischer Schaltplan wie in Bild 2 erstellt. Beschreiben Sie die Funktion dieses Schaltplanes unter der Zuhilfenahme der Übersichten im Anhang.

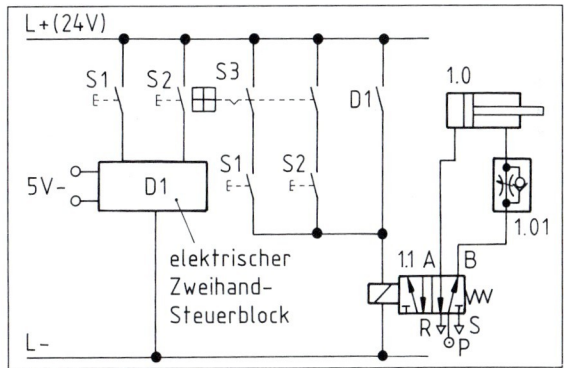

2 Transportvorrichtung

Aufgaben

1. In den elektrischen Schaltplan in Bild 2 ist ein Ausschalter einzusetzen. Begründen Sie, wo dieser Schalter im Schaltplan zu plazieren ist.

2. a) Erklären Sie die beiden unterschiedlichen Steuerungsarten in Bild 2 für den Bediener und für den Einrichter.

   b) Wie läßt sich die Steuerung im Einrichtbetrieb vereinfachen?

3. Zeichnen Sie einen elektrischen Schaltplan, in dem ein elektrisches Relais mit zwei Schaltern von unterschiedlichen Betätigungsstellen einen Lüftermotor einschalten kann.

12.2 Pläne   12.2.3 Schalt- und Funktionsplan

12.2.3.3 Funktionsplan

Der Funktionsplan beschreibt eine Steuerung ähnlich wie der Logikplan (vgl. Technologie, Kap. 4.2.3.2). In Abwandlung zum Logikplan müssen vorgegebene Darstellungsregeln beachtet werden (DIN 19239 und DIN 40719 Teil 6). Am Beispiel einer kombinatorischen Steuerung (Bild 1) soll ein einfacher Funktionsplan erläutert werden. Grundsätzlich entspricht der Funktionsplan dem E-V-A-Prinzip (Eingabe-Verarbeitung-Ausgabe):

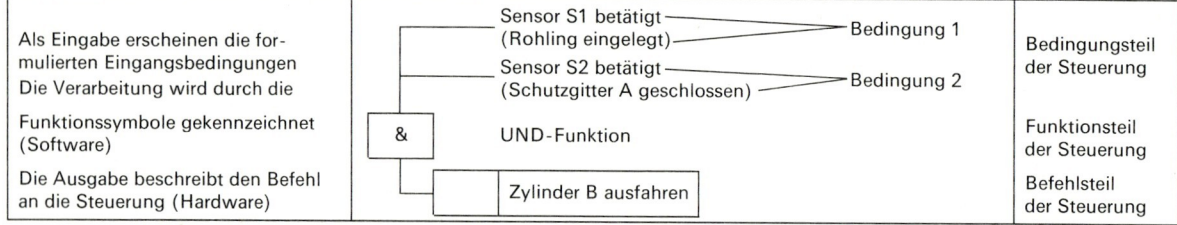

Die Darstellungsart ermöglicht die grafische Konstruktion (z.B. grafische Programmierung) von kombinatorischen Steuerungen und Ablaufsteuerungen.

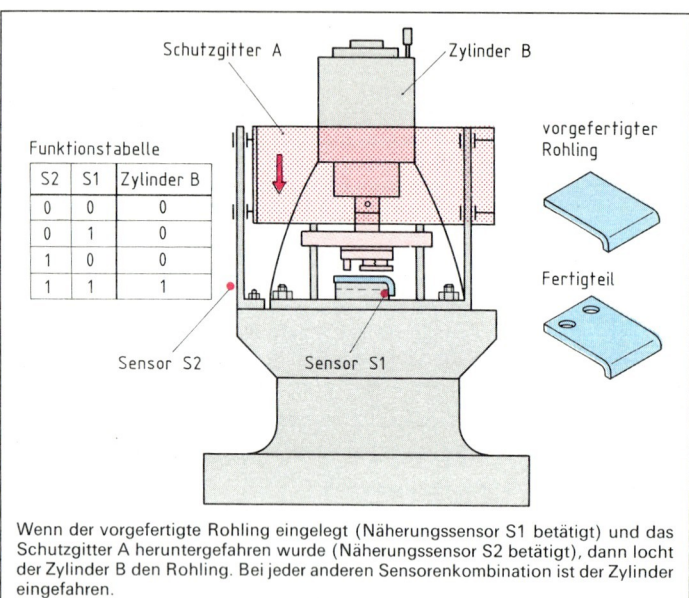

Wenn der vorgefertigte Rohling eingelegt (Näherungssensor S1 betätigt) und das Schutzgitter A heruntergefahren wurde (Näherungssensor S2 betätigt), dann locht der Zylinder B den Rohling. Bei jeder anderen Sensorenkombination ist der Zylinder eingefahren.

1 Kombinatorische Steuerung

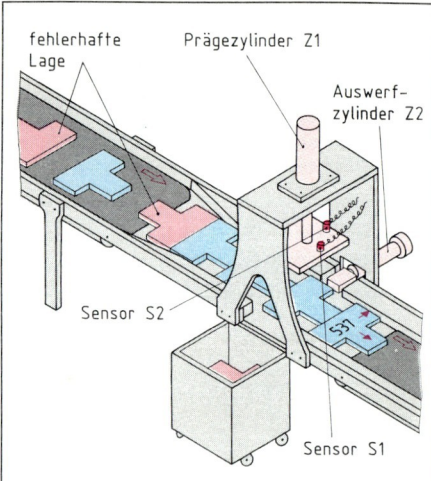

Bei richtiger Lage des Prägeteils sollen der Teilesensor S1 und der Lagesensor S2 den Prägevorgang mit Zylinder Z1 auslösen. Bei fehlerhafter Lage des Prägeteils soll der Auswurfzylinder Z2 ausgelöst werden.

2 Prägevorrichtung

Aufgaben

1. Zeichnen Sie für eine ODER-Verknüpfung den Funktionsplan.
2. Für die Aufgabe (Bild 2) gilt der Funktionsplan. Welche Bezeichnungen müssen in den Feldern für den Bedingungs-, Funktions- und Befehlsteil der Steuerung ergänzt werden?

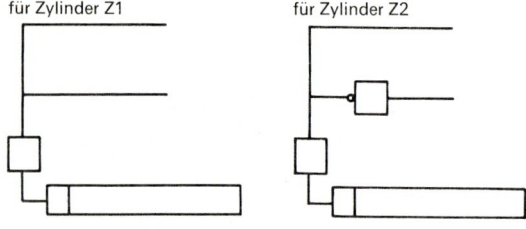

3. Entwickeln Sie für den pneumatischen Schaltplan in Bild 3 den Funktionsplan.

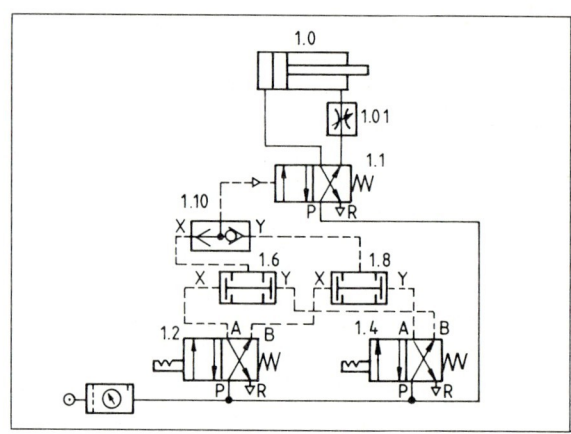

3 Wechselschaltung

12.2 Pläne

Verknüpfungselemente

Bezeichnung und Logiksymbol	Ausführungsform			Anmerkung
	pneumatisch	elektromechanisch	elektronisch	
UND $\frac{S1}{S2}$ &— A	(Zweidruckventil) Alternativen: 3/2-Wegeventile in Reihe	S1, S2 Schalter in Reihe	z.B. 7408	Alle logischen Schaltungsverknüpfungen können mit diesen Ausführungsformen realisiert werden
ODER $\frac{S1}{S2}$ ≥1 — A	(Wechselventil) Alternative: 3/2-Wegeventile parallel	S1, S2 Schalter parallel	z.B. 7432	
NICHT S —1o— $\bar{S}$	3/2-Wegeventil (Öffner)	S Öffner	z.B. 7404	

Pneumatische Bauelemente

Symbol	Bezeichnung	Wirkung	Symbol	Bezeichnung	Wirkung
	3/2-Wegeventil mit Federrückstellung in Sperr-Nullstellung	Schaltet bei Betätigung Druck p auf Anschluß A		Zweidruckventil (UND-Ventil)	Leitet nur ein Drucksignal an A, wenn an S1 **und** S2 ein Signal anliegt
	4/2-Wegeventil mit Federrückstellung	Schaltet bei Betätigung Druck p auf A und entlüftet B		Drossel-Rückschlag-Ventil	Drosselt den Volumenstrom und damit z.B. die Zylinderverfahrgeschwindigkeit in einer Richtung
	5/2-Wegeventil mit Federrückstellung	Schaltet bei Betätigung Druck p auf A und entlüftet B		Einfachwirkender Pneumatikzylinder	Fährt durch Druck aus und durch Federkraft zurück
	Wechselventil (ODER-Ventil)	Leitet Drucksignal S1 oder S2 an A und versperrt 2. Anschluß		Doppeltwirkender Pneumatikzylinder	Fährt durch Druck aus bzw. ein

12.2 Pläne

Schaltzeichen (Auswahl)

pneumatisch

- Hydraulikdruckquelle
- Pneumatikdruckquelle
- Elektromotor
- Arbeitsleitung Rücklaufleitung
- Steuerleitung
- elektrische Leitung
- Leitungsverbindung
- nicht verbundene Leitungskreuzung
- Druckbehälter
- Filter, Sieb
- Öler
- Aufbereitungseinheit (Symbol)
- Verdichter

elektrisch

- Generator
- Gleichrichtergerät
- Wechselstrommotor
- (220 V) Netzeinspeisung
- Leitung mit Leiterzahlangabe
- Leitungsverbindung
- Leitungskreuzung
- Akkumulator, Batterie
- Sicherung
- Widerstand
- veränderbarer Widerstand
- Steckverbindung Stift Buchse

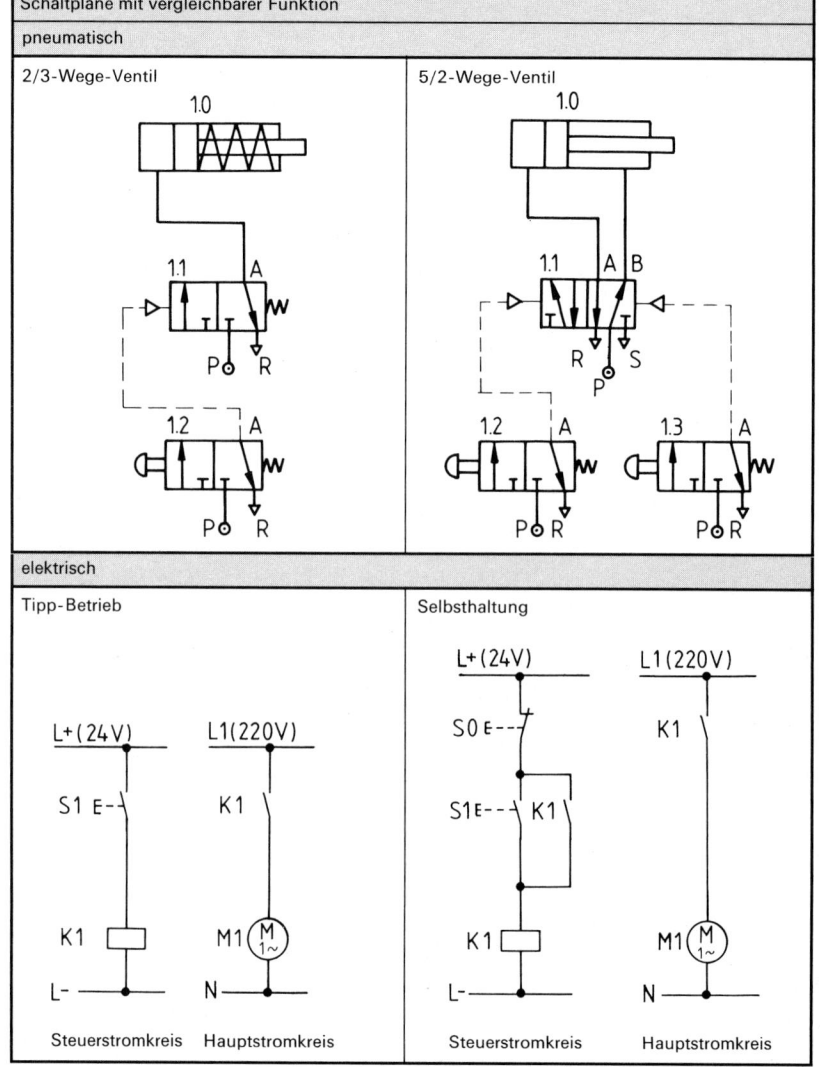

Sachwortverzeichnis

A

Abkantpresse 30
Abkühlungskurve 6
Ablaufplan 362
Ablaufsteuerung, prozeßgeführte 140
–, zeitgeführte 140
absoluter Druck 257
Abwicklung 29, 223
Acetylen 74
Achsenkreuz 293
Addition 198
– von Kräften 244, 248
Adhäsion 70
ADRESSBUS 114
Aggregatzustand 5
Aktoren 114, 146, 148
Aktorenstellung 139
Algorithmus 120, 364
Allgemeintoleranzen 80
– für Winkel 89
Aluminium 16
Aluminiumgußlegierung 17
Aluminiumknetlegierung 17
Ampere 161
analoge Spannung 145
Anhängezahlen 13
Anlassen 9, 10
Anordnungs-Plan 281, 285
Anschlagwinkel 89
Ansichten, drei 292
–, sechs 304
–, zylindrische Werkstücke 322
Antriebseinheiten 184
Anwenderprogramme 118
Arbeit 174, 179, 254
–, elektrische 169, 277
Arbeitsgrad 255
Arbeitskreis 143
Arbeitsmaschinen 176, 182
Arbeitsplan 281
Arbeitsplanung 307, 358
Arbeitspreis 277
Arbeitsspindel 50
Arbeitstemperatur beim Löten 72
Arbeitsvorbereitung 101
Assemblersprachen 124
Assoziativgesetz 198
Atmosphärendruck 257
Atom 159
Atommodell 159
Ausbreitprobe 4
Ausgabebauteile 143, 146, 148
Ausgabeeinheiten 114
Ausgangselement 138
Aussage 197
Aussageform 197
Aussagenlogik 265
Austenit 8
Auswahl 121, 363
axonometrische Projektion 317

B

Balkendiagramm 211, 360
Bandsägenmaschine 41
bar 257
BASIC 121, 126
Basiseinheit 77
Basiskörper, geometrische 300
Basiskonstruktion, geometrische 290
Baueinheiten 195
Bauelemente 191
Baugruppen 191
Baustähle 12
Beanspruchungen von Werkstoffen 1

Bearbeitungsformen 302
Bearbeitungszugabe 22
Bedieneinheiten 186
Behandlungsteil 14, 16
Beißschneiden 55
Bemaßung 311
–, Bohrung 324
–, Drehteil 324
– im Halbschnitt 348
–, Kugel 324
–, Rundung 324
–, zylindrische Werkstücke 320
Benetzung 72
Beschleunigung 177, 242
Bestimmungsgleichung 197, 199
Betriebsorganisation 99
Betriebssystem 117
Bewegung, geradlinige 40, 236
–, gleichförmige 236
–, kreisförmige 41, 237
Biegen 28, 220
–, freies 29
– von Rohren 31
Biegeprobe 4
Biegeumformen 35
Biegevorrichtung 284, 357
Bildschirmarbeitsplatz 135
Bildschirmmenue 112
binäre Größe 109
– Spannung 145
BIT 109
Blechumformen 28
Blei 18
Blockdiagramm 173
Blockschaltbild 355
Bördelnaht 74
Bohren 43
Bohrertypen 43
Bohrmaschinen 45
Bohrung, Bemaßung 324
Bolzenschneider 55
Boyle-Mariotte, Gesetz von 188
Bruchdehnung 3
Bruchlinie 326
Bügelmeßschraube 84

C

C (Programmiersprache) 124
CAD 119, 133, 282
CAD-Programm 102
CAD/CAM 103
CAE 133
CAM 133
CAP 103, 133
CAQ 133
chemische Eigenschaften 4
– Energie 174
CIM 104, 133
CNC-Biegezentrum 30
CNC-Programm 103
CNC-Programmierung 119
COBOL 124
Codierung 151
Compiler 125
computergesteuerte Systeme 110
CP/M 125

D

Dateioperationen 125
Daten, freie 135
–, personenbezogene 135
DATENBUS 114
Datenschutz 135
Datenschutzbeauftragter 136
Datenschutzgesetz 135
Datensicherung 135
Datenspeicher 112

Datenübertragung 136
Dehnbarkeit 3
Dehnverbindung 62
Dezimalsystem 267
Dezimal-/Dual-Umwandlung 267
Dezimal-/Hexadezimal-Umwandlung 268, 269
Diagramm 211, 281, 360
Dichte 2, 229
Diffusion 71
Diffusionsglühen 9
dimetrische Projektion 317
DIN-Normen 100
Diskettenlaufwerk 112
Distributivgesetz 198
Division 198
doppeltwirkender Zylinder 143
Doppel-T-Stoß 74
Doppel-V-Naht 74
DOS 125
Draufsicht 293
Drehen 47
Drehmeißel 94
–, Auswahl 49
Drehmoment 54, 68, 249
Drehmomentenschlüssel 67
Drehteil, Bemaßung 324
Drehzahlschaubild 281
Dreibackenfutter 50, 98
Dreieck 224
Dreisatz 207
Drosselrückschlagventil 144
Drosselventil 144
Druck 187, 257
Drucker 115
Druckgießen 25
Druckluftaufbereitung 141
Druckluftmotor 189
Druckumformen 35
Druckwandler 190
Drücken 35
Dualsystem 107, 267
Dual-/Dezimal-Umwandlung 267
Durchdrücken 35
Durchlaufschere 54
Durchsetzen 35
Durchziehen 35
Duroplaste 19
Dynamik, Grundgesetz der 242

E

Eckdrehmeißel 94
Eckenradius 95
Eckenwinkel 48
Eckstoß 74
Eigenschaften, chemische 4
–, physikalische 2
–, technologische 4
– von Werkstoffen 1
Eindrücken 35
einfachwirkender Zylinder 143, 341
Eingabebauteile 141, 145
Eingabeeinheiten 111
Eingangselement 138
eingeklappter Querschnitt 333
Einheit(en) 77, 200
–, Umrechnung von 200
–, Vielfache und Teile von 200
Einheitengleichung 200
Einlagerungsmischkristall 7
Einrichteblatt 102
Einrichtung 173
Einstellwinkel 48
Einteilung der Werkstoffe 5
Einzelteilzeichnung 101
Eisenbegleiter 11

Eisenerz 10
Eisengefüge 6
Eisenwerkstoffe 10
Elaste 19
elastische Verformung 2, 28
Elastizität 2
elektrische Arbeit 169, 277
– Energie 169, 174
– Größen, Berechnung 271
– Ladung 159
– Leistung 168, 276
– Leiter 159
– Leitfähigkeit 2, 163
– Schaltzeichen 158, 370
– Schutzmaßnahmen 170
– Spannung 160
– Steuerung 144
– Stromstärke 161
elektrischer Schaltplan 151, 158, 367
– Strom 160, 161
– Widerstand 163
Elektrolyse 16
Elektrolyt 159
Elektron 159
elektronischer Logikbaustein 147
Elektrotechnik 158
Elektro-Lichtbogenofen 13
Element 173
Elementarladung 159
Ellipse 224
Energie 179, 254
–, chemische 174
–, elektrische 169, 174
–, mechanische 174
–, potentielle 254
–, thermische 174
Energieerhaltung 174, 179
Energieerhaltungssatz 180
Energiefluß 173, 174
Energieträger 175
Entsorgungseinheiten 184
Entsorgungsvorschriften 20
Entwicklung 101
EPROM 114, 116
Erdbeschleunigung 243
Erstzug 32
Erzeuger 158
Eutektikum 8
Explosions-Zeichnung 281, 285
externe Datenspeicher 116
E-V-A-Prinzip 110

F

Fase 43
–, Bemaßung 326
Faserverlauf 33
Federwaage 242
Feilen 41
Feilenblatt 42
Feilmaschinen 42
Feilprobe 4
Feingießen 24
Ferrit 9
Fertigung 101
Fertigungsabwicklung 99
Fertigungs-Plan 307
Fertigungsverfahren 94
Fertigungs-Zeichnung 280
Fertigungszelle 104
Festigkeit 3
Festkörperschwindung 22
Festplattenlaufwerk 116
Festwertspeicher 114
Flachführung 192
Flachsenker 45
Fläche 223
Flächendiagramm 360

371

Sachwortverzeichnis

Flaschenzug 184
Fliehkraft-Kupplung 349
Fließspan 39
Floppy-Disk 116
Flußmittel 73
Fördersysteme 186
Formatieren 117
Formmaß 324
Formel 197
Formpressen 34
formschlüssige Verbindung 59, 61
FORTRAN 174
Fräsen 50
–, Arbeitsplanung 358
Fräser, Auswahl 51
Fräsmaschine 52
Frässpindel 52
Freifläche 39
Freiformen 33, 35
Freihandskizze 315
freiprogrammierbare Steuerung 156
Freiwinkel 38, 43
Fremdteile 288
Fügen 58
Führungen 192
Funktionseinheiten 194
Funktionsgleichung 149, 265
Funktionsgruppen 191
Funktionsplan 368
Funktionstabelle 148, 151

G

ganze Zahlen 197
Gasschmelzschweißen 74
Gasschweißen 74
Gay-Lussac, Gesetz von 188
gefräste Zähne 41
Gefüge 6
Gegenlauffräsen 51
gehauene Zähne 41
Generator 158
geometrische Basiskörper 300
– Basiskonstruktion 290
geradlinige Bewegung 40, 236
Gerät 173
Gerätetechnik 173
Gesamt-Zeichnung 280, 306
Geschwindigkeit 40, 236
Gesenkbiegen 35
Gesenkformen 33, 35
gestreckte Länge 29, 220
Gewichtskraft 177, 242
Gewindebemaßung 340
Gewindebohrer 47
Gewindedarstellung 336
–, Anwendung 342
–, Regeln 338
Gewindeschneiden 47
Gewindestift 66
Gießbarkeit 4
Gießen 21
Gießereiroheisen 11
Gitterbaufehler 6
gleichförmige Bewegung 236
Gleichgewichtsbedingung von Kräften 249
Gleichlauffräsen 51
Gleitebene 6
Gleitreibung 61
Glühen 7, 9
Grad 201
Gradmesser 89
grafische Darstellung 210, 360
Grenzabmaß 79, 231
Grenzlehrdorn 87
Grenzlehrring 87
Grenzmaß 79, 231
Grenzrachenlehre 87
Größenangabe 77
Größengleichung 200
Größenwert 200

Grundgesetz der Dynamik 242
Grundprogramm 117
Grundrechenarten 197
Grundstähle 12
Gruppe 173
Guldinsche Regel 227
Gußeisen 15

H

Haarwinkel 90
Härten 10
Haftreibung 61
Hakenschlüssel 67
Halbleiter 159
Halbschnitt 344
–, Bemaßung 348
Halbzeuge 14
Haltepunkt 6
Handbohrmaschine 45
Handschere 54
Harddisk 116
Hardware 110
–, Anschluß 154
Hartguß 15
Hartlöten 73
Hartmetall 19, 49
Hauptbewegung 48
Hauptfreifläche 43
Hauptschneide 43, 50
Hebel 68, 182, 192, 249
Hebelgesetz 54, 183
Hebelschere 54
Hebelvorschneider 55
Heizungssystem 173
Herstellungsteil 14, 16
Hexadezimalsystem 268
Hiebteilung 42
Hilfsmaß 310
hochlegierte Stähle 12, 14
Hochofenanlage 11
Hochsprachen 119
–, ausgewählte 121
Höchstmaß 79, 231
Hookesche Gerade 3
Hubarbeit 254
Hubsägemaschine 40, 185
Hutmutter 66
Hydraulik 141, 257
hydraulische Kraftmaschinen 190
Hypotenuse 214

I

Induktionsofen 13
Industriemüll 4
Information 108
Informationsfluß 173, 175
Informationsmaschinen 176
Informationsverarbeitung 105
Innendrehmeißel 94
Innenmeßschraube 86
Innensechskantschraube 66
INPUT 123
INTEGER 124
Interface 146
interne Datenspeicher 116
Interpreter 125
Ionen 159
Isolierstoff 159
isometrische Projektion 317
ISO-Normen 100
ISTWERT 138
I-Naht 74

J

Joule 174, 179

K

Kabinett-Projektion 317
Kaltkammerverfahren 25, 26
Kaltschroten 55
kapillarer Fülldruck 73
Kassette 116
Kathete 214
kegelige Körper 226
Kegelkerbstift 64
Kegelsenker 45, 95
Kegelstift 64
Kehrwert 205
Keil 192, 253
Keilwinkel 38, 43
Keramik 18
Kerbverzahnung 192
Kerbwinkel 53
Kettenmaß 310
Kilogramm 229
Kilowattstundenzähler 169
Kippfehler 83
Klauenkupplung 192
Kleben 69
Kneifzange 55
Knickbauchen 35
Knickpunkt 7
Koeffizient 197
Körper, kegelige 226
–, prismatische 226
–, pyramidenförmige 226
Kohäsion 70
Kolbengeschwindigkeit 262
Kolbenkräfte 259
kombinatorische Steuerung 139
kommaförmiger Span 51
Kommunikation, betriebliche 99
–, technische 280
Kommutativgesetz 190
Konstruktion 101
Kontinuitätsgesetz 262
Kontrolleinheiten 185
Kontrollmaß 233
Koordinatensystem 235
Korn 6
Kornbildung 6
Korngrenze 8
Korrosionsbeständigkeit 4
Kostenplanung 99
Kraft 59, 176, 242
–, zeichnerische Darstellung 244
– am Keil 253
– an der schiefen Ebene 252
–, Berechnung 249
Kräfte am Hebel 249
Kräfteparallelogramm 37, 245
Kräftezerlegung 247
Kraftdarstellung 178
Krafteck 248
Kraftmaschinen 176, 187
–, hydraulische 190
–, pneumatische 187
Kraftmoment 249
kraftschlüssige Verbindung 59, 61
Kraftübersetzung 261
Kraft-Verlängerungs-Diagramm 3
Kragenziehen 35
Kreis 224
Kreisausschnitt 224
Kreisdiagramm 211, 360
kreisförmige Bewegung 41, 237
Kreisring 224
Kreissägemaschine 41
Kreuzlochmutter 66
Kristallbildung 7
Kristallgemischbildung 7
Kristallgitter 5
Kristallgitterformen 8
Kristallite 6
Kronenmutter 66
Kühlstoffe 20
Kugel 224, 226
–, Bemaßung 324
Kugelgraphit 15

Kunststoffe 18
Kupfer 17
Kupolofen 15
Kurzschluß 165

L

Ladung 159
Ladungsträger 159
Lagemaß 324
Längen 35, 220
Längenausdehnungskoeffizient 2
Längsdrehen 94
Längspreßverbindung 62
Längsrunddrehen 48
Lageenergie 254
Lamellengraphit 15
Leerstelle 6
Legierungselemente 12
Lehre 88
Lehren 91
Leistung 181, 256
–, elektrische 168, 276
Leistungsmesser 168
Leiter 159
Leiterwiderstand 271
Leitfähigkeit, elektrische 2, 163
Leitungsschutzschalter 166
Lichtspaltverfahren 90
Linienarten 295
Linienbreiten 295
Liniendiagramm 212, 360
Liniengruppen 295
LISP 124
Lochabstand 234
Locheisen 55
Lochkreis 333
Lochschere 54
Lochstreifen 109, 116
Lochstreifenstanzer 115
lösbare Verbindung 58
Lötbarkeit 4
Löten 71
Logikbaustein 265
–, elektronischer 146, 147
Logikplan 149, 265
Logiksymbol 369
logische Schaltzustände 146
– Verknüpfungen 124
Lote 72
Luftverbrauch 264
L-D-Konverter 12

M

Magnesium 18
Magnetbandlaufwerk 112
Magnetfeldsensor 145
Makromoleküle 18
Martensit 10
Maschine 173
Maschinenschere 54
Maschinentechnik 173
Masse 177, 229, 242
Massenspeicher 156
Massivumformen 33
Maßbezugsebene 311
Maßbezugstemperatur 84
Maßbild 356
Maßeintragung 308
Maße, Anordnung 309
Maßhilfslinie 308
Maßlinie 308
Maßpfeil 308
Maßstäbe 295
Maßtoleranz 79
Maßverkörperung 91
Maßzahl 308
mathematische Begriffe 197
– Zeichen 197
Matrize 31
Maulschlüssel 67
Maus 112

Sachwortverzeichnis

mechanische Beanspruchungen 1
– Energie 174
Messen 91
Messerkopf 50
Messerschneiden 55
Meßeinheiten 185
Meßfehler 83, 87, 91
Meßschieber 80
Meßschraube 84
Meßuhr 88
Meßwert 91
Metallbindung 5
Metalle 5
Mikrocomputer 106
Mikroprozessor 113
Mindestbiegeradien 29
Mindestmaß 79, 231
Mindestzugfestigkeit 14
Minuspol 160
Mischkristallbildung 7
Mittellinie 311
Mittenabstand 234
Mittenmaß 231
Mittenrauhwert 326
Modell 22
Modellteilung 22
Monitor 114
MS-DOS 125
Multiplikation 198
Muttern 66

N

Nachlinksschweißen 75
Nachrechtsschweißen 75
Nahtformen 74
natürliche Zahlen 197
Nebenschneide 43, 50
Nennmaß 79
Netz 158
neue Technologien, Auswirkungen 132
neutrale Zone 28, 220
Newton 177, 242
Nichteisenmetalle 16
Nichtleiter 159
Nichtmetalle 18
NICHT-Verknüpfung 150
Niederhalter 31
niedriglegierte Stähle 12, 14
Nomogramm 212, 239, 281, 361
Nonius 81
Noniuswert 82, 231
Normalglühen 9
Normalkraft 59, 67, 257
Normschrift, gerade 283
–, schräge 283
Normteile 288
Normung 99
Nur-Lese-Speicher 116
Nutzungsgrad 254, 277

O

Oberflächenbeschaffenheit, Darstellung 326
ODER-Verknüpfung 142, 150
Öffner 146
Ohm 163
Ohmsches Gesetz 164, 272
Organisation, betriebliche 101

P

Papierformat 294
Parallaxe 84
parallel 299
Parallelendmaße 86
Parallelschaltung 167, 275
PASCAL 123, 126
Pascal 187, 257
Paßfederverbindung 61, 63
Perlit 9
physikalische Eigenschaften 2

Plan 362
–, Anordnungs- 281, 307
–, Fertigungs- 307
Plandrehen 94
plastische Verformung 2, 28
Plattenlaufwerk 112
Plotter 115
Pluspol 160
Pneumatik 141, 257
pneumatische Bauelemente, Schaltzeichen 369
– Kraftmaschinen 187
– Steuerungen 141
pneumatischer Schaltplan 144, 150, 365
Polyedersatz von Euler 303
potentielle Energie 254
Potenzieren 199
PPS 106, 133
Preßverbindung 61, 62
PRINT 123
prismatische Körper 226
Prismenführung 192
Programmablaufplan 126
Programmieren 120
Programmiersprachen 121
Programmierung 127
Programmsicherung 154
Projektion, axonometrische 317
–, dimetrische 317
–, isometrische 317
–, Kabinett 317
Proportionalität, direkte 207
–, indirekte 207
Proton 159
Prozentrechnung 209
Prozentwert 205
prozeßgeführte Ablaufsteuerung 140
Prüfen 91
Prüfprotokoll 281
Prüftechnik 77
pyramidenförmige Körper 226
Pythagoras, Satz des 214

Q

Quadrat 224
Qualifikationen, berufliche 134
Qualitätsstähle 12
Querplandrehen 48
Querpreßverbindung 62
Querschneide 43

R

rad 201
Radizieren 199
RAM 114, 116
Randabstand 234
rationale Zahlen 197
Rauhtiefe 95, 326
Raumecke 292
REAL 124
Rechenregeln 198
Rechner, grundsätzlicher Aufbau 113
Rechteck 224
rechteckiger Span 51
rechtwinkliges Dreieck 214
Recycling 5
Regelgröße 139
Regelkreis 139
Regeln 138
Reibahle 46
Reibarbeit 254
Reiben 46
Reibung 60
Reibungskraft 60, 251
Reibungszahl 60
Reihenschaltung 166, 273
Reißspan 39
Reitstock 50

Rekristallisationsglühen 9
resultierende Kraft 244
Ringschlüssel 67
Roheisen 11
Rohlängenberechnung 34, 226
Rohrschneider 55
Rollbiegen 35
Rolle 183
ROM 114, 116
Ronde 31
Rosten 4
Rückfederung 28
Rückmeldeaufnehmer 145
Rundung 301
–, Bemaßung 324

S

Sägemaschine 40
Sägen 38
Säulenbohrmaschine 45
Säulendiagramm 360
Sandguß 21
Sankey-Diagramm 211, 360
Satz des Pythagoras 214
Sauerstoff 74
Sauerstoffblasverfahren 12
Schalter 108, 145, 158
Schaltersymbole, pneumatische 142
Schaltplan 281
–, elektrischer 151, 158, 367
–, pneumatischer 144, 150, 365
Schaltzeichen, elektrische 158, 370
–, pneumatische Bauelemente 369
Schaltzustände, logische 146
Scheibenkupplung 354
Scheren 52
Scherfestigkeit 53
Scherschneiden 52
Scherspan 39
Scherwiderstand 53
schief 299
Schiefe Ebene 102, 252
Schlichten 49, 96
Schließer 146
Schlitzmutter 66
Schloßplatte 50
Schmelzpunkt 2
Schmelzsicherung 166
Schmiedbarkeit 33
Schmieden 33
Schmiedepresse 33
Schmierstoffe 20
Schneiden am Bohrer 43
Schneidkeil 37, 50
Schneidstoffe 19, 49
–, Auswahl 95
Schnellwechselhalter 97
Schnitt, zylindrische Werkstücke 332
Schnittbewegung 50
Schnittdarstellung, Anwendungen 334
–, Regeln 330
Schnittdaten für Bohrer 239
Schnittfläche 39
Schnittgeschwindigkeit 40, 44
– beim Bohren 45
– beim Drehen 96
–, Auswahl 96
Schnittiefe 48
Schnittstelle 113
Schnittstellenbaustein 146, 151
Schnittverlauf, abgewinkelter 350
–, besonderer 351
Schrägstoß 74
Schrägstrich 308
Schraubendreher 67
Schraubenschlüssel 67
Schraubensicherung 68
Schraubenverbindung 65

Schreib-Lesespeicher 114, 116
Schriftfeld 287
Schrittmotor 138
Schritt-Zeit-Diagramm 140
Schroten 55
Schrumpfklebung 69
Schrumpfverbindung 62
Schruppen 49
Schubumformen 35
Schütz 162
Schutzisolierung 171
Schutzklassenzeichen 171
Schutzkleinspannung 171
Schutzkontakt 171
Schutzleiter 171
Schutzmaßnahmen, elektrische 170
Schwalbenschwanzführung 192
Schweißbarkeit 4
Schweißen 74
Schweißflamme 75
Schweißprobe 4
Schweißroboter 106
Schwenkbiegemaschine 29
Schwenkbiegen 35
Schwerkraftgießen 21
Schwerpunktachse 220
Schwindmaße 23
Sechskantmutter 66
Seitenansicht 293
Seitendrehmeißel 94
Seitenschneider 55
Sektor 116
Semantik 107
Senken 46
Sensor 145
Sensoren, technische 112
Sensorensignale 139
Sequenz 120, 363
Sicherheitsschloß 334
Sicherung 165
Sicherungsblech 68
Sichtprüfung 91
Siedepunkt 2
Signalglied 141, 145
Signalzustände 108
Sintern 26
Sinterwerkstoffe 19
Skalenteilungswert 82
Skizze 280, 315
Software 110
Sollmaß 231
SOLLWERT 138
Sortenklassen 13
Span, kommaförmiger 51
–, rechteckiger 51
Spanarten 39
Spanen 38
Spanfläche 39
Spannbackenfutter 97
Spanneinheiten 186
Spannmittel 97
Spannstift 65
Spannung, elektrische 160
Spannungsarmglühen 9
Spannungsmesser 161
Spannut 43
Spannzange 98
Spanraum 40
Spanungsbreite 48
Spanungsdicke 48
Spanwinkel 38, 43
Speicher 193
speicherprogrammierbare Steuerung 110, 151, 156
spezifischer Widerstand 2, 163, 272
Spiralbohrer 43
Spiralspannstift 64
Spitzenwinkel 43
Splint 68
Spritzgießen 26
Sprödigkeit 3
Spur 116

373

Sachwortverzeichnis

Stabdiagramm 212
Ständerbohrmaschine 45, 185
Stahl 11
Stahlerzeugung 12
Stahlnormung 13
Stahlroheisen 11
Standzeit 37
Stauchen 52
Stechdrehmeißel 94
Stellglied 143
STEUERBUS 114
Steuerglied 142
Steuergröße 138
Steuerkette 138
Steuerkreis 143
Steuern 138
Steuerung, elektrische 144
–, freiprogrammierbare 156
–, speicherprogrammierbare 156
–, speicherprogrammierte 110, 151
–, verbindungsprogrammierte 110
Steuerungen, Ausführungsformen 156
–, Beschreibungsformen 148
–, pneumatische 141
–, verbindungsprogrammierte 141
Steuerungsprogramm 152
Steuerungstechnik 138
steuerungstechnische Größen 257
Stift 112
Stiftschraube 66
Stiftverbindung 61, 64, 192
Stirndrehmeißel 94
Stirnfräsen 51
Stirn-Planfräsen 50
Stirn-Umfangsfräsen 52
Stoffluß 173, 175
Stoffkonstante 2
stoffschlüssige Verbindung 58, 69
Stoßarten 74
Streckgrenze 3
Strichmaßstab 80
STRING 124
Strom, elektrischer 160
Stromkreis 158
Strommesser 161
Stromrichtung 162
Stromstärke, elektrische 161
Stromventile 144
Stromwirkungen 162
Struktogramm 126, 362
Stückliste 280, 287
Stützeinheiten 185, 194
Stumpfstoß 74
Substitutionsmischkristall 7
Subtraktion 198
– von Kräften 244, 248
Symmetrielinie 311
Syntax 107
System, technisches 173, 354
systematische Abweichung 91

T

Tabellenkalkulation 118
Tabellenverarbeitung 152
Tablett 112
Tafelschere 54
Taktgeber 114
Taschenrechner 203
Tastatur 111
Taster 88, 145
technische Beschreibung 341
– Kommunikation 280
technologische Eigenschaften 4
Teile von Einheiten 200
Teilschnitt 350
Teilzeichnung 312
Temperguß 15
Term 197
Textaufgabe(n), Lösen von 218
Textverarbeitung 119
thermische Energie 174
Thermoplaste 18
Tiefen 35
Tiefziehen 31, 35
Tiefziehverhältnis 32
Titan 18
Toleranz 231
Tortendiagramm 211
Trageinheiten 185, 194
Transportsysteme 186
Trapez 224
Trennen 37
T-Stoß

U

Überdruck 257
Übersetzung 191
Umdrehungsfrequenz 41, 52, 95, 238
Umfangsfräsen 51
Umfangsgeschwindigkeit 41, 237
Umformen 28
– von Bestimmungsgleichungen 199
Umrechnung von Einheiten 200
Umweltverträglichkeit 5
UND-Verknüpfung 143, 150
Übergangsradien 22
Überlappstoß 74
Unfallgefahren durch elektrischen Strom 169
Universaldrehmaschine 50, 185
Universalfräsmaschine 52, 186
unlegierte Stähle 12, 14
unlösbare Verbindung 58
Urformen 21

V

Variable 197
VDE-Bestimmungen 100, 170
VDI-Richtlinien 100
Ventile 142
Verarbeitungsbaugruppen 113
Verarbeitungsbauteile 142
Verarbeitungseinheit 138, 146
Verbindung(en) 192
–, formschlüssige 59, 61
–, kraftschlüssige 59, 61
–, lösbare 58
–, stoffschlüssige 58, 69
–, unlösbare 58
Verbindungsgesetz 198
verbindungsprogrammierte Steuerung(en) 110, 141
Verbindungsschweißen 74
Verbraucher, elektrischer 158
Verbundwerkstoffe 19
Verdichter 189
Verdrehen 35
Verformbarkeit 4
Verformung, elastische 2, 28
–, plastische 2, 28
Vergüten 9, 10
Verkauf 101
Verknüpfungselemente 150
Verschieben 35
Verschnitt, Berechnung 224
–, prozentualer 224
Verschraubung 339
Versetzung 6
Versorgungseinheiten 184
Vertauschungsgesetz 198
Verteilungsgesetz 198
Vertrieb 101
Vielfache von Einheiten 200
Vierbackenfutter 98
Vierkantmutter 66
V-Naht 74
Vollschnitt 328
Volt 160
Volumen 226
Volumenstrom 190, 262
Volumenverminderung 22
Vorderansicht 293
Vorschub 44, 48, 95
– beim Bohren 45
Vorschubbewegung 44
Vorschubgeschwindigkeit 52
Vorspannkraft 67
Vorwiderstand 167, 274

W

Wärmebehandlung von Stahl 8
Wärmeenergie 174
Walzen 35
Walzenfräser 50
Walzenstirnfräser 50
Walzrichtung 29
Walzrunden 35
Warmkammerverfahren 25
Warmschroten 55
Wartungsanleitung 101
Wasserhahn 342
Watt 181
Wechselventil 142
Wegeventil 142
Weg-Schritt-Diagramm 140
Weg-Zeit-Diagramm 241
Weichglühen 9
Weichlöten 72
Weiten 35
Weiterzug 32
Wendeschneidplatte 49
Werkstattfeilen 42
Werkstoffe, Eigenschaften 1
–, Einteilung 5
–, metallische 5
–, nichtmetallische 18
Werkstoffhauptgruppen 13
Werkstofftechnik 1
Werkstoffverluste 30
Werkstück in drei Ansichten 292
Werkzeugblatt 102
Werkzeugmaschinen 184
Werkzeugschlitten 50
Werkzeugschneide, keilförmige 37
Werkzeugstähle 12
Werkzeugvorschub 52
Werkzeugwinkel 39
Widerstandsmesser 163
Widerstand, elektrischer 163
–, spezifischer elektrischer 2, 163, 271
Wiederholung 121, 363
windschief 299
Winkel am Bohrer 43
Winkelangabe 325
Winkelendmaße 90
Winkelfunktion 206, 216
Winkelgrenzabmaße 89
Wirkungsgrad(e) 174, 181, 187, 256, 277
Wirkungslinie 244

Z

Zähigkeit 2
Zahlen 197
Zahlenmengen 197
Zahlensysteme 107, 267
Zahlenwert 200
Zahlenwertgleichung 200
Zahnformen bei Feilen 42
Zahnradtrieb 192
Zahnriementrieb 192
Zahnteilung 39, 50
Zahnvorschub 52
Zeichengeräte 282
zeitgeführte Ablaufsteuerung 140
Zementit 9
Zentrierbohrer 95
Zentrierspitzen 98
Zerspanbarkeit 4
Zerteilen 52
Ziehspalt 32
Ziehstempel 31
Ziffernschrittwert 82, 231
Zink 18
Zinn 18
zufällige Abweichung 91
Zugdruckumformen 31, 35
Zugfestigkeit 53
Zugkraft 67
Zugriffsicherung 136
Zugriffskontrolle 136
Zugumformen 35
Zugversuch 3
Zuschläge 11
Zustandsdiagramm Eisen-Kohlenstoff 8
Zustandsschaubild 7
Zustellbewegung 50
Zweidruckventil 142
Zweilochmutter 66
Zweistoffsystem 7
Zwischengitteratom 6
Zylinder 143, 188
–, einfachwirkender 341
Zylinderstift 64
zylindrische Werkstücke 320
–, mit Ausfräsung 322
–, Schnitt 332